U0925623

■ 2015年4月，中共中央政治局常委、国务院副总理、国务院南水北调工程建设委员会主任张高丽在河南调研南水北调工程建设管理有关工作。这是4月23日，张高丽在河南南阳召开南水北调工程建设管理工作座谈会并讲话。（新华社 供稿）

■ 2015年4月，中共中央政治局常委、国务院副总理、国务院南水北调工程建设委员会主任张高丽在河南调研南水北调工程建设管理有关工作。这是4月22日，张高丽巡视丹江口水库，了解库区水环境保护情况。（新华社 供稿）

■ 2015年3月，国务院南水北调办主任鄂竟平带队飞检南水北调中线一期工程邯郸段至邢台市区段工程通水运行情况。（国务院南水北调办监督司 供稿）

■ 2015年7月，国务院南水北调办副主任张野检查南水北调中线一期工程丹江口大坝101m高程廊道监测设备。（国务院南水北调办建管司 供稿）

2015年3月，国务院南水北调办副主任蒋旭光调研南水北调东线一期工程江苏境内工程运行管理工作。（夏 晶 摄）

2015年8月，国务院南水北调工程建设委员会专家委员会主任陈厚群院士出席丹江口大坝加高后蓄水安全监测技术咨询会。（专家委员会秘书处 供稿）

■ 2015年4月，北京市委常委、常务副市长李世祥调研北京市南水北调配套工程东干渠工程。

（北京市南水北调办　供稿）

■ 2015年5月，江苏省委常委、副省长徐鸣检查南水北调东线江苏段工程调水工作情况。

（江苏省南水北调办　供稿）

■ 2015年10月，山东省副省长赵润田在山东省聊城市冠县调研南水北调配套工程建设情况。
（山东省南水北调建管局 供稿）

■ 2015年5月，河南省副省长王铁在南阳市调研移民工作。 （河南省移民办 供稿）

■ 2015年1月，南水北调工作会议在河南省南阳市召开。（余培松　摄）

■ 2015年8月，国务院南水北调办主任鄂竟平与河北省省长张庆伟商谈河北省南水北调供用水有关事宜。

（国务院南水北调办建管司　供稿）

■ 2015年9月，北京中线断水应急模拟演练观摩现场。 （国务院南水北调办建管司 供稿）

■ 2015年8月，国务院南水北调办主任鄂竞平出席中央和国家机关“强素质 作表率”读书活动主题讲坛，并作题为《南水北调：资源配置的实践》的演讲。 （李 萌 摄）

■ 2015年4月，山东省第十二届人民代表大会常务委员会第十三次会议表决通过《山东省南水北调条例》。（李新强 摄）

■ 2015年6月，国务院南水北调办在江苏省淮安市召开南水北调工程运行管理工作会暨现场观摩会。

（国务院南水北调办建管司 供稿）

■ 2015年6月，国务院南水北调办组织实施的“十二五”国家科技支撑计划“南水北调中线工程膨胀土和高填方渠道建设关键技术研究与示范”项目通过科技部验收。

（国务院南水北调办建管司　供稿）

■ 2015年11月，国务院南水北调办组织举办“水污染防治和水质保护学术报告会”，邀请英国专家来华作学术报告，并交流探讨南水北调水污染防治和水质保护有关工作。

（国务院南水北调办政研中心　供稿）

■ 2015年3月，北京市南水北调配套工程南水北调来水调入密云水库调蓄工程首次试通水。

（北京市南水北调办　供稿）

■ 2015年10月，北京、天津市民代表考察南水北调中线建管局河南分局中线备调中心。

（朱文君　摄）

■ 2015年3月，世界水日饮水思源团走进北京市南水北调工程。（北京市南水北调办　供稿）

■ 2015年10月，京津市民代表参加“金秋走中线 饮水话感恩”活动。（何韵华　摄）

■ 2015年4月，南水北调东线一期工程台儿庄泵站工程开始供水运行。

（东线总公司 供稿）

■ 2015年5月，南水北调东线一期工程长沟泵站工程正在供水运行。

（东线总公司 供稿）

■ 2015年5月，南水北调东线一期工程邓楼泵站工程正在供水运行。

（东线总公司　供稿）

■ 2015年5月，南水北调东线一期工程韩庄泵站工程。　（李新强　摄）

■ 2015年6月，南水北调东线一期工程小运河穿聊城城区段工程。（丁晓雪　摄）

■ 2015年7月，南水北调中线一期工程引江济汉工程进口段俯瞰。（湖北省移民局　供稿）

■ 2015年12月，全部使用南水北调水的北京市第九水厂。 （北京市南水北调办 供稿）

■ 2015年7月，郑州市刘湾水厂用南水北调水源供水。

（余培松 摄）

■ 2015年7月，南水北调中线一期工程为河南省鹤壁市淇河生态补水。（余培松　摄）

■ 2015年7月，运行中的南水北调中线一期工程陶岔渠首枢纽工程。（中线建管局　供稿）

2015年9月，平静的南水北调中线一期工程方城段渠道。

（中线建管局 供稿）

2015年6月，南水北调中线工程滹沱河倒虹吸工程航拍全景。

（中线建管局 供稿）

■ 2015年4月，夕阳下的南水北调中线澧河渡槽工程。

（中线建管局　供稿）

■ 2015年9月，北京市南水北调配套工程南水北调来水调入密云水库调蓄工程泵站。

（北京市南水北调办 供稿）

中国南水北调工程建设年鉴

2016

《中国南水北调工程建设年鉴》编纂委员会

图书在版编目（CIP）数据

中国南水北调工程建设年鉴．2016／《中国南水北调工程建设年鉴》编纂委员会编．—北京：中国电力出版社，2016.11
ISBN 978-7-5123-9812-2

Ⅰ．①中… Ⅱ．①中… Ⅲ．①南水北调－水利工程－中国－2016－年鉴 Ⅳ．①TV68－54

中国版本图书馆 CIP 数据核字（2016）第 226535 号

中国电力出版社出版、发行
（北京市东城区北京站西街 19 号 100005 http://www.cepp.sgcc.com.cn）
北京盛通印刷股份有限公司印刷
各地新华书店经售
*
2016 年 11 月第一版 2016 年 11 月北京第一次印刷
787 毫米×1092 毫米 16 开本 39.5 印张 957 千字 11 彩页
印数 0001—2000 册 定价 **300.00** 元

《中国南水北调工程建设年鉴》
编 纂 委 员 会

《中国南水北调工程建设年鉴》编纂委员会办公室

主　　任： 苏克敬

副 主 任： 杜丙照　曹为民　刘国华

编　辑　部

主　　任： 刘国华

副 主 任： 张元教　何韵华

责任编辑： 肖　军　任志远　张玉山　陈　梅　张　栋　肖慧莉
胡桂全　曹鹏飞　孟令广　侯　坤　杨晓婧　罗　敏

特约编辑：（按姓氏笔画排序）

丁西峰　丁晓雪　马　云　马兆龙　马　黔　王乃卉
王文杰　王永刚　王志文　王晓森　王家永　王　琦
王　熙　邓文峰　邓　杰　史志刚　史晓立　史海波
白咸勇　冯晓波　朱东恺　任　静　刘丽敬　刘顺利
严丽娟　苏治中　杜晓琳　杨占军　杨立彬　杨　伟
杨金海　李庆中　李松柏　李宪文　李笑一　李　婧
李道峰　吴大俊　吴世凡　邱型群　汪　敏　张秀丽
张德华　张　玫　武玉清　武　健　周　波　周珺华
周智伟　赵　彬　赵　镝　胡敏锐　郝　毅　荣以红
相福亮　侯纯辉　侯鹏生　姜成山　班静东　袁红琳
耿新建　殷立涛　郭　鹏　曹纪文　盛　晴　崔　荃
章　佳　阎红梅　梁钟元　董树龙　蒋勇杰　鲁　璐
普利锋　赖斯芸　谭　文　熊雁晖　潘新备

编　辑　说　明

一、《中国南水北调工程建设年鉴》是由国务院南水北调工程建设委员会办公室主办的专业年鉴，是逐年集中反映南水北调工程建设、运行管理、治污环保及征地移民等过程中的重要事件、技术资料、统计报表的资料性工具书，自2005年起每年编印一卷。

二、《中国南水北调工程建设年鉴2016》记载2015年的重要事件，重点反映工程建设、运行管理、质量安全、征地移民、治污环保和重大技术攻关等方面的工作情况。共设16个篇目，包括：通水效益（特辑）、重要会议、重要讲话、重要事件、政策法规、重要文件、考察调研、文章与专访、综合管理、东线工程、中线工程、西线工程、配套工程、组织机构、统计资料、大事记。另有重要活动剪影和英文目录。

三、本年鉴所载内容实行文责自负。年鉴内容、技术数据及是否涉密等均经撰稿人所在单位把关审定。

四、本年鉴一律使用法定计量单位。技术术语、专业名词、标点符号等使用力求符合规范要求或约定俗成。

五、本年鉴力求内容全面、资料准确、整体规范、文字简练，并注重实用性、可读性和连续性。

《中国南水北调工程建设年鉴》编辑部

2016年10月

篇　　目

目　　录

特辑　通水效益

壹　重要会议

贰 重要讲话

叁 重要事件

肆 政策法规

伍 重要文件

陆 考察调研

文章与专访

综合管理

玖 东线工程

拾 中线工程

拾壹 西线工程

拾贰 配套工程

拾叁 组织机构

拾肆 统计资料

拾伍 大 事 记

特辑 | 通水效益

2015 年 3 月 5 日，国务院总理李克强在《2015 年政府工作报告》中指出“经过多年努力，南水北调中线一期工程正式通水，惠及沿线亿万群众。”

概述

2015年是东、中线一期工程由建设管理期向运行管理期全面转型的第一年。2015年中线一期工程累计为沿线省市调水25.8亿 m³。东线一期工程连续两年完成调水任务，抽江水95.6亿 m³，向山东供水6亿 m³。中线水源区水质持续向好，陶岔取水口、汉江干流水质达到Ⅱ类。东线通水期间水质保持在Ⅲ类。

通水一年来，南水北调工程综合效益逐步显现。供水保障方面，中线受水区30座城市的供水保证能力得到改善，3800多万居民喝上了南水北调水。水质改善方面，北京市使用南水北调水后，自来水硬度明显降低；河南省受水区不少家庭净水器具下岗，直接使用自来水；河北省沧州市逐步切换为南水北调水源，告别饮用苦咸水、高氟水的历史。生态效益方面，沿线省市通过南水北调工程调水或置换当地原有水源，向河湖进行补水；绝迹多年的中华秋沙鸭、黑鹳等国家一级保护动物出现在丹江口、兴隆等水域。防灾减灾方面，江苏境内工程累计抽水5.8亿 m³，为缓解淮北地区旱情和宝应湖周边排涝发挥了积极作用；引江济汉工程多次向沿线河湖补水，满足农田灌溉用水及水产养殖需求。

（政研中心　整理）

北京市

北京市自来水集团数据显示，南水北调水硬度比原来少了100多毫克每升

（一）供水效益显著

南水北调中线一期工程于2014年12月27日通水进京，截至2015年12月31日，累计向北京输水8.83亿m^3，极大缓解了北京市水资源短缺现状，南水北调来水已成为首都可持续发展的重要水源。2015年北京市南水北调工程运行调度有序、水质达标，供水效益初显，主要体现在以下几个方面：

1. 多调水，确保首都水资源总量

近年来，北京市全面加强开源节流，逐步压缩用水，年均节水1亿m^3，以年均21亿m^3的水资源量支撑了年均36亿m^3的用水需求，支撑了首都经济社会平稳较快发展，但也付出了巨大的资源和环境代价。南水北调中线一期工程通水后，北京市每年可接收江水10.5亿m^3，人均水资源量由原来的100m^3提升到150m^3，可有效缓解首都水资源紧缺局面。

城区主力水厂逐步使用南水北调水置换密云水库水，密云水库水位下降趋势得到遏制，呈现回升趋势，密云水库蓄水量维持在10亿m^3左右，保障了首都水资源战略储备。

2. 用好水，科学制定用水计划

北京市加速推进南水北调配套工程建设进度，成功实现配套工程输水通道与中线干线通水能力的同步对接，根据水厂用水情况和城市用水需求，按照"喝、存、补"的原则，科学制定用水计划，其中：

喝：郭公庄水厂、第三水厂、309水厂、第九水厂、城子水厂、田村山水厂和长辛店第一水厂等7座水厂累计使用南水北调水5.89亿m^3，日取水量达190万m^3，占城区自来水日供水总量的60%以上。2015年7月13日，北京市城区日供水量达332.7万m^3，创历史新高，自来水厂取用南水北调水增加至206万m^3，有力保障了城市用水安全。

南水北调来水基本覆盖中心城区、丰台河西地区及大兴、门头沟等新城，惠及人口1100万，中心城区城市供水安全系数由1.0提升至1.2；居民用水水质明显改善，特别是南城地区，自来水硬度显著下降、水碱减少、口感变甜。

● 丰台市民饮用南水北调水

存：南水北调水入大宁调蓄水库3912万m^3，入怀柔水库3586万m^3；入密云水库5338万m^3，入十三陵水库452万m^3，累计存水1.33亿m^3，为北京市增加水面面积约550hm^2，密云水库蓄水量稳定在10亿m^3以上。

● 向密云水库存水

补：遵循南水北调“先节水后调水、先治污后通水、先环保后用水”的“三先三后”原则，北京市制定“三年治污行动”计划，大力改善城市水环境。按照“不截污，不给水；截了污，水就到”原则，南水北调向城市河湖及潮白河水源地进行了试验性补水1.4845亿m^3，其中：累计向城市河湖补水约1.11亿m^3，重点城市河湖水质接近地表水Ⅲ类，有力保障了中国人民抗日战争暨世界反法西斯战争胜利70周年纪念大会及国际田联世界田径锦标赛等重大活动的水环境安全；累计向水源地补水约3745万m^3，其中，通过北长河向西郊三厂水源地补水约244万m^3，通过小中河向潮白河水源地试验性补水约3379万m^3，通过雁栖河向潮白河怀柔水源地补水约122万m^3。

3. 有效减缓地下水位下降速率

随着南水北调水进京，地下水开采量逐步减少，使得地下水生态环境得到有效改善，主要体现在：一是应急备用水源地开采量大大减少。二是逐渐推进城乡自备井置换。三是平原区地下水位下降速率降低，部分区域地下水位呈现回升迹象。

（姚宣德）

（二）水质稳定达标

1. 加强工艺水质基础管理

根据南水北调水进京后工艺及管网水质实际状况，全面评价水厂净水工艺和配水管网的适应性。编制多水源水质条件下地表水厂预处理工艺应用技术导则。有序推进再生水、污水水质检测站建站工作。在门头沟区建成全市第一座压力式超滤膜供水系统。

2. 增强水质监测预警能力

开展地下水水源地污染源问题排查。实施管网水质在线监测项目，完成方案制定及 17 处管网水质在线监测试点建设。水质监测中心及郊区的水质检测项目分别增至 210 项和 76 项。

3. 积极应对南水北调水质变化

针对持续 7 个月的“高藻水”问题，通过强化预加氯、调整药剂及臭氧投加量工艺组合等措施，确保出厂水符合国家标准。针对低温低浊水问题，及时根据水温情况精准调整药剂投加量，水厂出厂水浊度控制在 0.3NTU 以下。南水北调水进京后，自来水硬度由之前 380mg/L 减少到 120 ~ 130mg/L，居民普遍反映自来水硬度明显下降、水碱减少。

（北京市自来水集团）

● 用水户龙头进行水质检测

● 在管网终端对水质进行检测

（三）生态效益显现

按照南水北调来水“喝、存、补”的利用原则，北京市科学调度，在最大限度满足自来水厂用水的情况下，积极将南水北调水存入水库调蓄、向应急水源地试验性补水、尝试向重点城市河湖补水，取得了显著的生态环境效益：

（1）城区主力水厂及重点城市河湖逐步使用江水置换密云水库水，密云水库水位下降趋势得到遏制，呈现回升趋势，确保密云水库蓄水量维持在10亿m^3左右，保证了水库的自净能力，大大降低了水华发生的风险，保证水库一直维持在Ⅱ类优质水体。

（2）截至2015年底，南水北调水累计存入大宁水库、十三陵水库、怀柔水库、密云水库约1.33亿m^3，在增加首都水资源战略储备的同时，也为北京市增加水面面积约550hm^2。

（3）向重点城市河湖补水，增强河湖水体流动性，使得重点城市河湖水质接近地表水Ⅲ类，有力保障了中国人民抗日战争暨世界反法西斯战争胜利70周年纪念大会及国际田联世界田径锦标赛等重大活动的水环境安全。替代了密云水库向城市河湖补水的任务，保证了密云水库的蓄水量。

（4）向潮白河水源地、怀柔水源地、西郊水源三厂水源地进行试验补水，累计补水约3745万m^3，促进了区域地下水位的回升，改善了区域地下水环境。

（5）南水北调水进京后，地下水开采量逐步减少。应急备用水源地实现热备涵养，并逐步推进城乡自备井置换，使得我市平原区地下水下降速率降低，部分区域地下水位呈现初显回升迹象。

（6）切实践行南水北调“三先三后”原则，严格按照“不截污，不给水，截了污，水就到”，向城市河湖、应急水源地试验性补水，倒逼引水河道水环境治理提升。金河于2009年12月完成截污改造，海淀区在完成截污的基础上，实行河长制管理，顺义区引水河道全部实行截污，全线采用硬隔离封闭管理。

（姚宣德）

海淀区小中河治理前后对比

向大宁调蓄水库存水

天津市

天津海河两岸欣欣向荣

2014 年 12 月 27 日，引江水正式进入天津市。通水一年来，天津引江供水系统整体运行平稳、水质良好，累计收水 3.8 亿 m^3，水质常规监测 24 项指标一直保持在地表水Ⅱ类标准及以上。中心城区、环城四区、静海区以及滨海新区部分区域居民用上引江水。全市形成一横一纵、引滦引江双水源保障的供水格局，水资源保障能力实现战略性突破。

（一）供水效益显著

天津南水北调中线配套工程曹庄泵站总控室

2014 年 12 月 27 日，引江水正式进入天津市。南水北调中线工程通水一年来，天津引江供水系统整体运行平稳、水质良好，已累计收水 3.65 亿 m^3，向城市供水 3.45 亿 m^3，安全输水 343 天，水质常规监测 24 项指标一直保持在地表水Ⅱ类标准及以上。

南水北调工程缓解了天津水资源短缺的问题。引江通水一年来，供水区域覆盖中心城区、环城四区、静海区和滨海新区部分地区，面积达 1200km²，超过常住人口数量一半的天津居民从中受益，较好地满足了城市生产生活用水需求。

（政研中心　整理）

（二）提高供水保障

南水北调曹庄泵站前池

天津市地处海河流域最下游，河网密布、水系众多，素有“九河下梢”、“北方水城”之称。进入20世纪70年代，随着海河流域上游经济社会快速发展、拦蓄水工程建设和气候的变化，天津逐步演变为水资源严重短缺的地区。1983年建成的引滦入津工程，结束了天津人民喝苦咸水的历史，有效缓解了水资源供需矛盾。2000年以来，引滦上游来水日趋衰减，又不得不先后实施7次引黄济津应急调水，才保证了全市的供水安全。

由于水资源短缺，生态用水长期得不到补给，天津市河道大多断流，河湖水域面积萎缩，河道水质难以保证。天津从2008年开始，投入170亿元，实施了两轮6年水环境治理，正在实施的清水河道行动是第3轮治理。虽然水环境质量有所好转，但由于生态环境用水长期得不到补充，水环境无法得到根本性的转变。

南水北调中线工程引江通水前，天津城市生产生活用水主要依靠引滦单一水源，风险很大。南水北调中线工程通水后，很大程度上缓解了天津市水资源短缺的问题。城市生活生产用水水源得到了有效补给，替换出一部分引滦外调水和本地自产水，有效补充农业和生态环境用水。天津市年均新增可供水量8.6亿m^3，预测2020年，城市生产生活可供水量将达到15.51亿m^3，基本能够满足今后一个时期的城市生产生活用水需求。

（朱文君　何睦　王延）

（三）水质稳定达标

● 工作人员取水检查

南水北调中线一期工程引江水入津门。根据用水调度，引江水进入天津市后，将率先流入津滨水厂，替代之前的滦河水源，供应东丽区和滨海新区大部分地区。在津滨水厂，工作人员正在通过24h在线监测仪表，巡视水厂各个工艺流程上的参数指标，尤其要关注的是表明出厂水水质的浑浊度这一指标。据监测显示，出厂水的浑浊度稳定保持在0.12NTU，远优于国家标准。

（吴昱滨）

（四）促进地下水压采

作为南水北调中线受水区，2014 年 8 月 1 日，天津市政府批复了《天津市地下水压采方案》，要求到 2015 年底，全市深层地下水年开采量控制在 2.1 亿 m³ 以内；到 2020 年底，全市深层地下水年开采量控制在 0.9 亿 m³ 以内。市政府办公厅也印发通知，重新划定地下水禁采区和限采区区域范围，要求引江通水后更加严格管理地下水。通水一年多来，天津市加快了滨海新区、环城四区地下水水源转换工作，共有 80 余户用水单位完成水源转换，吊销许可证 73 套，减少地下水许可水量 1010 万 m³，回填机井 110 余眼。与此同时，由于天津市深层地下水多年超采，引江通水时日尚短，据观测，仍不足以引起地下水位的明显回升。但是，随着引江供水的常态化和调水量的持续增加，地下水压采目标逐步实现，假以时日，天津市地下水位一定会出现较为明显的回升状态。

（刘丽敬）

（五）生态效益显现

从 2008 年开始，天津市实施了两轮为期 6 年的水环境治理，正在实施的清水河道行动是第 3 轮治理。虽然水环境质量有所好转，但由于环境用水长期得不到补充，水环境无法得到根本的转变。南水北调中线通水后，城市生产生活用水水源得到有效补给，替换出一部分引滦外调水和本地自产水，从而有效地补充农业和生态环境用水。同时，促进了环境用水调度机制的创新，变应急补水为常态化补水，扩大了水系循环范围，促进了水生态环境的改善。截至 2015 年底，天津已累计向景观河道补水 3.93 亿 m³，创历年环境补水量之最，显著地改善了城市水环境，为“美丽天津”建设提供了有力支撑。

（刘丽敬）

（六）居民饮用南水北调水

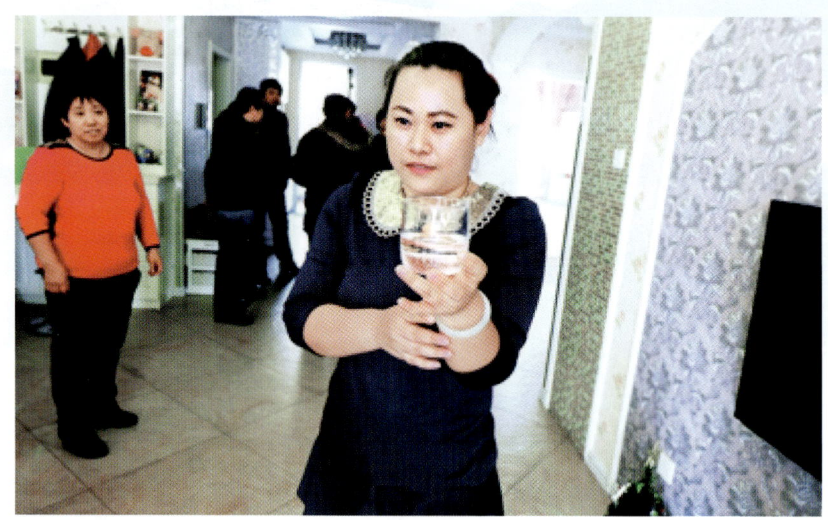

天津市民捧着来之不易的南水北调水

天津市东丽区华明新城是天津市率先用上引江水的地区之一。住在这里的冯怀超一家是茶道爱好者。说起新切换的引江水水质，一家人赞不绝口。冯怀超说："感觉口感还挺好，沏茶挺好的，焖米饭也挺香。"

冯怀超一家在五年前经过小城镇建设后，搬入华明新城。童年时代一直生活在农村的他，对于这些年生活用水的改善，颇有感触。他告诉记者："以前在村里是喝井水，早晨六点多，下午四五点，放 1 ~ 2h，接到缸里，都得沉淀下，含氟比较高，你看我们牙都比较黄。"他妻子说："有点咸。现在滦河水也好，长江水也好，都过滤很多遍。对下一代也特别好，用着也方便。"

在华明镇泽园 8 号楼 1 单元 4 门魏欣欣女士家，全家人正在品尝着南水北调水冲泡的香茗。魏欣欣作为土生土长的天津人，在拧开水龙头看见清澈的南水北调水流出的那一刻，心里无比的激动，兴奋地拿杯子接了一杯，直接喝了一口，心里充满了甜意。

她的母亲许大妈说，没想到这么快就喝上南水北调的水了，年轻的时候喝的水，又咸又涩，烧开后，壶里还有厚厚的水垢。现在不仅没有异味，喝到嘴里还很绵柔，感觉就一个字，甜。

当得知自己家是首批喝上南水北调水的住户时，魏欣欣全家都十分高兴。她说，除了荣幸，更多的是感谢、感激、感恩。通过观看新闻，她知道南水北调中线工程建设艰辛，知道丹江水来之不易，一定要节约用水，珍惜水资源。

她的小女儿，用稚嫩的声音在一旁说着："节约用水，人人有责，我们幼儿园的小朋友都知道。"

（政研中心　整理）

河北省

中线工程京石段俯瞰

南水北调中线总干渠河北段2014年12月18日正式通水，截至2015年12月，中线工程向河北省分水1.68亿m³，南水北调水进入河北效益初显。

（一）供水效益显著

● 工作人员监测水厂运行情况

基本建成的南水北调配套工程水厂以上输水工程2056km线路，覆盖河北省的7个设区市、92个县（市、区）。截至2015年12月4日，河北省新建成南水北调地表水厂48座，在建56座。随着水厂建成，沿线市县陆续用上长江水，在广袤的冀中南大地形成一条稳定优质、助力发展的绿色水网。

（二）提高供水保障

据2015年12月1日资料分析，由于2015年汛期河北省太行山地区降水量偏少，向石家庄、保定、邯郸市供水的岗南、黄壁庄、西大洋、岳城、东武仕等水库蓄水比常年同期偏少2到4成，南水北调工程的稳定水源，为中线河北省沿线大中城市提供了可靠的饮用水保证。

（三）水质稳定达标

清亮、甘甜、没有水垢，这是河北居民用上南水北调水后的普遍感受。为了保障南水北调水的品质，河北重重把关。

在石家庄，实行西北水厂与疾控中心双重监测。据报道，石家庄在已有74个监测点的基础上，又在全市范围内增加了100个监测点，每天进行水质检测。西北水厂内的国家城市供水水质监测网石家庄监测站是国家级的水质监测站，能完成150多项检测，包括106个国家标准的检测项目。同时，石家庄市疾控中心也会对市区水样进行集中采集检测，与水厂监测配合、互补，保证居民饮用水安全。

在邯郸，为了进一步保障水质安全，邯郸市城管执法局自来水公司还专门邀请供水专家对水处理工艺进行研讨，目的是实现邯郸市供水水质与发达国家标准接轨，开启从“安全水”进入“优质水”的时代。据邯郸日报报道，邯郸市东部水厂是南水北调配套工程，项目对于

（一）供水效益显著

● 郑州刘湾水厂

2014年底中线干线一期工程正式通水后，河南省切实加强运行管理，加快受水水厂建设，不断扩大供水范围和供水量。2014 ~ 2015年度累计供水7.38亿m^3。截至2015年11月30日，河南省累计有29个口门及3个退水闸开闸分水，累计向引丹灌区、35个水厂、禹州市颍河供水，向3个水库充库及郑州市西流湖、鹤壁市淇河生态补水，累计供水8.37亿m^3，占中线工程总供水量的40%。供水目标涵盖南阳、漯河、平顶山、许昌、郑州、焦作、新乡、鹤壁、濮阳9个省辖市及省直管邓州市，受益人口达1400余万人，农业有效灌溉面积115.4万亩，供水效益逐步扩大。

（政研中心　整理）

（二）提高供水保障

为顺利实现南水北调工程建设管理向运行管理顺利转型，河南省南水北调办把制度建设作为运行管理规范化的重要抓手，制定了《关于加强南水北调配套工程供用水管理的意见》等规章制度。广泛宣传、贯彻落实《南水北调工程供用水管理条例》，及早颁布《河南省南水北调配套工程供用水管理办法》。实行了河南省配套工程运行管理月例会制度，规范运行管理行为，确保供水安全平稳。

（田自红）

（三）水质稳定达标

丹江口水库的水质长期稳定保持Ⅱ类标准，而许多指标其实已达到Ⅰ类标准。

“鹤壁市原来的水源——淇河水中的碳酸钙含量，比丹江水高出两倍还多。”鹤壁第三水厂负责人说。

在郑州市刘湾水厂，深达3m多的沉淀池清澈见底。水厂负责人说，丹江水浊度远低于黄河水。

（张海涛）

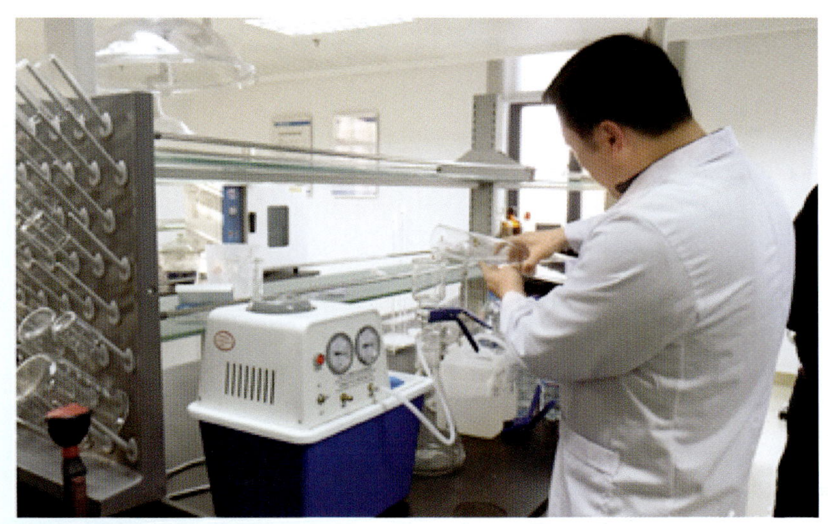

南水北调中线建管局河南分局实验室的工作人员正在对渠首水质进行检测

（中国经济网　供稿）

（四）促进地下水压采

河南省是水资源严重短缺地区，人均水资源占有量仅为全国平均水平的五分之一，多年来为维系经济社会发展，严重超采地下水。据河南省水利厅首次公布的消息，河南省地下水超采区域面积约 4.4 万 km^2，超采区约占全省面积 25%。

郑州市区、航空港区、开封城市中心区、商丘市中心城区、永城市城市规划区及近郊存在深层承压水严重超采区。其中，南水北调受水区地下水超采总量为 5.73 亿 m^3，形成了大面积的地下水漏斗区。南水北调中线工程通水后，年均向河南省供水 37.7 亿 m^3，将极大缓解水资源严重短缺局面，为各受水区压采地下水提供了条件。关闭城市自备井（在城市公共供水之外企业机构等开凿的水源井）是压采地下水的主要措施。

根据河南省制定印发的《河南省南水北调受水区地下水压采实施方案》，城区计划到 2020 年 5 年时间，减少开采地下水 2.7 亿 m^3。主要针对受水区内的城市超采区实施压采，以受水区城区、开发区、工业聚集区、园区等为重点，逐步实现城区地下水采补平衡。

（政研中心　整理）

（五）生态效益显现

生态补水后的淇河

南水北调供水生态效益逐步显现。许昌市通过孟坡分水口门向许昌市区的北海、石梁河、清潩河生态补水 615 万 m³。许昌市利用南水北调水与当地水优化配置，不但解决了许昌市居民的吃水问题，还同步实施水安全、水生态、水景观、水文化规划，启动了水生态文明城市、水系连通工程、50 万亩高效节水灌溉三大项目。贯通水系，修复生态，高效调配，南水北调工程正在为许昌市的“兴水之梦”源源不断注入活力。

郑州市通过退水闸向西流湖生态补水 2000 多万 m³，利用置换出来的黄河水，用于生态水系建设，因缺水而萎缩的湖泊、水系重现生机。鹤壁市通过退水闸向淇河生态补水 700 多万 m³，有效缓解了淇河水资源不足问题。

鹤壁市作为国家首批“海绵城市”试点和河南省唯一一座“海绵城市”，主要依靠淇河得天独厚的水资源，但是淇河也经常面临水资源不足的问题。南水北调向淇河生态补水为鹤壁市“海绵城市”建设提供了水资源保障，发挥了明显的生态效益和社会效益。

此外，为保护总干渠水质，加强总干渠沿线生态带建设，河南省共完成总干渠两侧生态走廊绿化 320 余 km，完成造林面积 9.1 万余亩，占计划任务的 50%，南水北调生态走廊已初具规模，生态效益和社会效益明显。

● 湿地上的群鸟

在南水北调中线渠首所在地淅川县有了国家湿地公园。波光粼粼的水面，展翅飞翔的水鸟，随风摇曳的芦苇荡……虽是冬季，但时下的丹江国家湿地，景色依然宜人。如诗似画，碧水绿妆。满眼的绿色既让人心旷神怡，又为丹江一库碧波筑起了一道美丽的生态屏障，提高了中线水源地水环境质量。

这里是刚刚晋升为国家湿地公园的河南省淅川丹阳湖湿地公园，也是南水北调中线工程渠道水源地首个国家湿地公园。

淅川丹阳湖国家湿地公园规划总面积 25226.4hm²，涉及香花、九重、仓房、马蹬等 4 个乡镇及丹江口水库部分水域。湿地公园设置为南北两园，均划分为生态保育区、恢复重建区、宣教展示区、合理利用区和管理服务区五个功能区，湿地率达 95.8%。

淅川丹阳湖湿地公园及周边区域生物资源种类繁多，是生物多样性保护基因库。有国家一级重点保护野生动物达氏鲟、黑鹳等 7 种，国家二级重点保护野生动物角、黄嘴白鹭等 30 种。

（冷新星 王成敏）

（六）居民饮用南水北调水

● 郑州市民使用南水北调水的生活场景

2015 年 7 月 31 日，高温酷暑。住在郑州市管城区鸿基紫荆苑的赵慧珠拧开水龙头，高兴地说，“你看，这水多清。以前水烧开上面一层漂浮物，水壶里都是水垢，过段时间我都用小苏打清洗壶，自从吃上刘湾水厂的水，现在半年都没有清理水壶了。”

许昌市市民胡甲付表示，南水北调给许昌人民的用水带来了很多便利。他说：“原来烧开水后有很多的水垢，现在使用南水北调水后，水垢都没有了，净水器也不需要了，过去水喝起来有苦味，现在口感偏甜，夏天有时还会直接饮用，这在以前都是不可能的事情。”

（赵川　杨淼）

江苏省

● 淮安水利枢纽

（一）提高供水保障

2015年，江苏省南水北调工程在以江水北调工程为主导的基础上，按照新建南水北调工程和现有江水北调工程统一调度、联合运行的原则，多次组织省内外调水运行发挥工程效益。一是圆满组织完成年度向省外调水任务。4月20日～5月20日，按照新建南水北调工程和现有江水北调工程统一调度、联合运行的原则，组织圆满完成南水北调工程年度向省外调水3.28亿m^3的任务。二是全力投入省内抗旱排涝运行。根据省防指统一调度，江苏省南水北调刘山站、解台站、金湖站、淮安四站、淮阴三站等工程分别于6月18日至6月24日、6月26日至7月6日、11月10日至12月7日投入省内新老工程联合抗旱、排涝运行，累计运行5022台时，累计抽水5.8亿m^3，为缓解淮北旱情和宝应湖周边防洪排涝发挥了积极作用。经过省南水北调领导小组成员单位的共同努力，投入调水的泵站工程运行有序，河道工程运行平稳，输水水质稳定达标，水量调度满足要求，充分发挥了工程效益和社会效益，获得各级领导、地方政府和人民群众的肯定。

工程建成以来，江苏省水利厅、省南水北调办会同江苏水源公司等省南水北调领导小组成员单位，按照江苏省南水北调新老工程统一调度、联合运行的原则，统筹加强南水北调工程运行管理，充分发挥了南水北调工程综合效益，为缓解北方地区水资源短缺、推动苏北经济社会发展发挥了积极作用。至2015年，江苏省南水北调工程完成了全线试通水、试运行、正式通水，2013～2014年度第二次向山东供水，2014～2015年度向山东供水以及向南四湖生态补水等6次向省外调水运行，累计调水出省5.83亿m^3，同时，根据南水北调规划，一期工程建成后江苏省使用南水北调增供水量达到19.25亿m^3，进一步增加了江苏现有水利工程的供水能力，补充了苏北地区缺乏的水资源，从根本上优化了苏北用水条件，提高了苏北供水保证率；尤其是保障了苏北用水高峰期的缺水量，提升了农业抗旱灌溉保证率。据初步统计，截至2015年底，自一期工程正式通水以来，累计投入抗旱抽水18.4亿m^3。

（政研中心　整理）

（二）水质稳定达标

江都水利枢纽

从境内南水北调工程开工到现在，江苏省为保证南水北调输水水质，规划实施了大量治污工程，一是根据治污规划完成了工业结构调整、工业综合治理、城镇污水处理、流域综合整治、截污导流工程等5类102项治污工程，累计完成投资70.2亿元。二是江苏省政府为确保南水北调沿线水质持续稳定达标，自行投资实施了重点断面综合整治、污水处理厂管网配套、干线水质自动监测站、尾水资源利用及导流工程等4类203项深化治污工程，总投资63亿元，截至2015年底，已经基本建设完成。随着南水北调东线江苏段治污工程的逐步建成运行，江苏段输水干线水质改善明显，且日趋稳定。根据江苏省环保部门统计数据，江苏南水北调干线水质已经全部达到地表Ⅲ类标准，沿线区域水环境得到了显著提升。2014年，李克强总理作出重要批示，江苏保护水质措施有力，为清水北送提供了经验；张高丽副总理批示，江苏四管齐下，确保东线输出放心水，做法很好。

（政研中心　整理）

（三）生态效益显现

● 整治后的里运河淮安城区段

● 中运河宿迁城区段新貌

随着治污工程的逐步运行，沿线城市水环境得到进一步改善，区域水环境容量和水环境承载能力得到有效增加，城乡居民用水质量得到显著提升，为推动沿线经济社会可持续发展提供了保障。此外，工程通水后，大量优质水源不断补充到沿线地区，增加了水循环，增强了水体的流动性，沿线水质得到了较大改善，城市水环境质量也得到了较大的提高。同时，长江优质水输送到各用水区，蓄水湖泊水位普遍上升，湖泊面积扩大，换水频繁，换水率明显提高，有效防止了湖泊富养化的发生，改善了水生态环境。由于有充足的水源保证，输水干线受水区河道的基本流态、基本功能得以恢复，自净能力增强，水环境承载能力得到了大幅度提高。

在徐州市，东线工程通水以来，为保护大运河沿线水质，徐州市截污导流工程发挥了重要的作用。为了最大限度地把尾水利用起来，不让这些水资源白白浪费，徐州市南水北调办要求，沿线污水处理厂必须满足双重排放标准，即《城镇污水处理厂排放标准》和《农田灌溉水质标准》。不断完善水质控制措施，严格执行水质检测程序及检测标准，定期通报水质检测结果。在南水北调期间，杜绝了尾水进入调水通道。在农业灌溉期，及时调度干渠相关建筑物，合理控制水源，服务农业灌溉。与此同时，为了彻底净化尾水，实现资源化利用，徐州市初步建立起了丰县大沙河西湿地生态工程和沛县张双楼安国湿地生态工程，进行试点，通过湿地循环净化，把污水处理过的尾水变成好水，从而实现当地景观和生态效益的双赢。

在淮安市，通过南水北调淮安市截污导流工程项目的建设，包括里运河沿线建筑物拆迁改造、周边环境美化、河道清淤和清安河疏浚整治等，淮安市里运河沿线一些脏乱差现象得到了根本整治，周边环境进一步美化，进一步提高了淮安作为“运河之都”的形象，为淮安旅游业发展奠定了坚实的基础，也为更好地展示、宣传淮安发挥了重要作用，进而为招商引资、经济发展服务。另外，清安河疏浚整治后，排涝标准从不足一年一遇提高到三年一遇，并将主城区两个污水处理厂的尾水排进入海水道归入大海，解决了沿线广大群众的水患之苦。同时，淮安市将南水北调截污导流工程与城市建设结合在一起，改善了里运河和清安河周边人居环境，将里运河打造成了一道亮丽的风景线，亦为广大市民提供更多的休闲场所。

在扬州市，作为国家南水北调东线工程的源头地区，扬州治污、防污、监管、涵养多管齐下，全力打造“清水走廊”，编制了《南水北调东线水源地生态保护区功能规划》，把输水沿线周边地区 340 km^2 范围划定为核心保护区，大力实施植树造林和水生态修复。先后创建成宝应射阳湖、北河，高邮市东湖，江都区的沿运灌区等 4 处省级水利风景区，宝应湖、凤凰岛等 2 处国家级水利风景区，陆续建设了江都水利枢纽风景区、邵伯湖旅游度假区、“七河八岛”等旅游景观。严格的生态保护措施，让贯穿扬州的“清水走廊”变成生态文明最美的风景线。

在宿迁市，为响应南水北调工程建设，确保调水水质，启动了中运河城区段综合整治工程。在历时 5 年的整治中，共投入资金 5.5 亿元，整治岸线 16.5km，完成居民拆迁 3098 户，搬迁企业 78 家，填筑堤防 10.2km，新铺绿地 100 万 m^2，建成集防洪、城建、环保、文化、旅游功能于一体的中运河风光带。中运河城区段综合整治工程的实施，使中运河上的“脏乱差”现象从根本上改变，使调水河沿线的生态与环境得到很大的改善，对保护东线水质安全起到了积极作用。中运河风光带 2006 年 8 月被批准为省级旅游风景区，2008 年 9 月被水利部批准为国家级水利风景区。

（王晓森）

（四）防灾减灾效益

● 金湖站运管人员测流速

● 南水北调江苏段向骆马湖补水

南水北调东线工程助力江苏排涝。2015 年 6 月 26 日下午，为确保宝应湖周边地区度汛安全，根据江苏省防指调度指令，江苏省启用金湖泵站开机排涝，这也是江苏段南水北调工程 2015 年首次投入排涝运行。6 月 24 日，宝应湖周边地区连续出现暴雨、大暴雨，江苏省防办调度相关工程全力排涝水后，宝应湖水位仍快速上涨。根据江苏省防指安排，6 月 26 日下午，江苏水源公司紧急协调供电等事宜，在接到通知 1.5h 内，组织南水北调金湖泵站开机，迅速投入排涝运行。截至 7 月 2 日上午 8 时，金湖站已抽排水量 4861 万 m^3。泵站运行情况良好，每日抽排涝水 900 万 m^3，大大缓解了宝应湖水位快速上涨的紧张局势。

据了解，自 2013 年 5 月份试通水至 2015 年 7 月 2 日上午 8 时，江苏各泵站累计抽水 60.43 亿 m^3。此前，为缓解淮北地区日益严重的干旱形势，江苏省于 6 月中旬启用刘山站、解台站投入淮北地区抗旱运行，南水北调工程效益明显。

南水北调江苏段向骆马湖补水。2015 年 11 月 10 日，江苏省开启淮安四站、淮阴三站

投入骆马湖补水运行，以应对江苏省淮北地区湖库蓄水不足的问题，保障用水和江苏省淮北地区人民生活、工农业生产、交通航运供水安全。截至 11 月 23 日，淮安四站累计抽水 1 亿 m³，淮阴三站累计抽水 1.1 亿 m³，泵站运行情况良好。

（程霁月　王晨）

山东省

南水北调东线山东境内工程

（一）供水效益显著

2015 年，山东省降水量仅为 512mm，较常年偏少近 4 成，是近十年来降水最少的年份，降水稀少也使全省小麦受旱面积接近 1000 万亩。由于南水北调东线一期工程已经正式通水，山东省境内规划的南北、东西两条输水干线形成了“T”字形输水大动脉和现代水网大骨架，所以山东省已经实现了长江水、淮河水、黄河水和当地水的联合调度，位于山东省中部地区的双王城水库紧急调引长江水 1600 万 m³ 加入抗旱“队伍”，使当地绝望的农民重新燃起希望。

2015 年 10 月 7 日，山东省南水北调局开始利用南水北调济平干渠工程，从平阴田山沉沙池引黄河水向济南市生态补水，补水流量为 5 ~ 8m³/s，计划生态补水 1500 万 m³。

据统计，2015 年 8 月份以来，山东南水北调在干线工程正常运行管理的基础上，分别向潍坊市城区、寿光市、德州市进行区域调水工作，有力保障了以上三市水源供给。截至 2015 年 9 月 25 日，累计向寿光市供水 446.55 万 m³，向潍坊城区供水 1228.99 万 m³，向寿光市南水北调配套工程南干线供水 446.55 万 m³，向德州市供水约 415.27 万 m³。

（政研中心　整理）

（二）生态效益显现

2015 年曾被称作济宁“大染坊”的如意印染厂正在紧锣密鼓地拆除设备。为确保一泓清水过境北上，这个有近 50 年历史的企业正“退城进园”。为筑牢生态屏障，打造清水走廊，山东建立完善的“治用保”防控体系，“治”是全过程污染防治，“用”是合理利用达标中水，“保”是流域生态修复和保护。从 2003 年起，山东省对流域内的污染大户造纸企业用 8 年时间、分 4 个阶段实现了污染物排放由行业标准向流域最严标准的过渡。到 2010 年，造纸行业 COD 排放量比 2002 年减少了 62%，仅剩的 10 家大企业产业规模却是原来 700 家的 3.5 倍，利税是原来的 4 倍。2015 年 2 月 3 日，山东输水干线测点基本达到地表水Ⅲ类标准，对水质要求比较严格的小银鱼、鳜鱼、毛刀鱼等鱼类在南四湖重现。

（邓研　王金虎）

湖北省

（一）提高供水保障

引江济汉工程节制闸 5 孔闸门全部开启向汉江供水

2015 年夏秋两季，湖北省大部分地区持续晴热，较少降雨，汉江中下游水位走低，时令将至油菜、小麦等作物播种的关键时期，农业用水需求量较大。有效缓解汉江水位持续偏低带来的不利影响，按照引江济汉工程调度规程要求，2015 年 9 月 7 日 9：40 引江济汉工程进水节制闸 5 孔闸门全部开启（均开 0.4m），以 122.9m^3/s 的流量开始从长江引水，截至 2015 年底，已累计向汉江调水 14.86 亿 m^3，汉江兴隆以下河段生态、航运、灌溉、供水条件得以改善，下游 645 万亩土地、889 万人从中受益。

此外，湖北省引江济汉工程管理局还与荆州市政府签订“美化荆州城，净化护城河”战略合作协议。2015 年，引江济汉工程向荆州市护城河供水 0.66 亿 m^3，极大改善了城区水环境。

（朱树娥）

（二）生态效益显现

在兴隆水利枢纽大坝前飞翔的中华秋沙鸭

兴隆水利枢纽水域发现国家一级重点保护野生动物中华秋沙鸭活动的消息不胫而走。2015 年 2 月 5 日，经权威专业机构认定，此物种实系已在湖北境内绝迹 30 余年的中华秋沙鸭。

湖北省野生动植物保护管理站专家、湖北省野生动植物保护协会资深观鸟爱好者 5 日午间深入兴隆水利枢纽下游隔流堤、下引航道口门区等近水处，通过近距离守候观察，以隐蔽方式拍摄到中华秋沙鸭成群结队嬉戏的场景。

武汉大学鸟类专家胡鸿兴称，在湖北看到中华秋沙鸭十分罕见，这种鸭子对湖北来说属于冬候鸟，1980 年代以前在洪湖、长湖几个湖都看到过，但数量只有一两只、三四只，"非常稀少"，之后就再也没出现过。

据江汉油田观鸟爱好者陈德智介绍，2015 年 1 月 18 日，他在兴隆水利枢纽泄水闸坝桥上首次观察到中华秋沙鸭，数量在 4 只以上。中华秋沙鸭属国家一级保护鸟类，被列入国际自然资源保护同盟濒危鸟类红皮书和国际鸟类保护委员会濒危鸟类名录，是与大熊猫、华南虎、滇金丝猴齐名的国宝。中华秋沙鸭也被称为"水中大熊猫"，全球仅存 2000 对左右。它对栖息地的要求苛刻，多选择水质清澈、水流湍急、鱼虾丰富、干扰少的溪流、河道、水库等水源地。

兴隆水利枢纽管理局近年来逐步加大生态环境保护力度，实施了植树造林、退耕还江、恢复原生湿地、联合打击非法捕捞等举措。随着兴隆水利枢纽库区生态环境的显著好转，滩地草长莺飞，清流映带左右，吸引来各类野生动物，其中不乏国家级濒危珍稀保护物种。

据悉，在湖北潜江市境内共发现鸟类 238 种，黑鹳、红腹滨鹬、中杓鹬、阔嘴鹬、斑胸滨鹬、北鹨、斑脸海番鸭、斑头鸭、绿头鸭、麦鸡、燕鸥、红嘴鸥、苍鹭、白鹭等珍稀鸟类均选择在汉江兴隆水利枢纽水域常住或经停，兴隆水利枢纽俨然已成鸟类天堂。

（陈　奇）

（三）防灾减灾效益

● 引江济汉工程通过拾桥河枢纽向长湖补水

2015年入伏以后，天气持续晴热高温，蒸发量加剧，长江上游来水偏少，导致荆州引江灌区引水量下降，一些渠系末端断流，荆州旱情抬头。时值中稻孕穗、出穗、灌浆的关键时期，农业生产用水需求大。2015年8月12日上午8：18起，湖北省引江济汉工程管理局先后开启拾桥河下游泄洪闸8孔闸门和进水节制闸5孔闸门，以平均135m³/s的流量从长江引水、通过干渠补给长湖。期间，相关闸站派员24h现场值班防守，确保了补水抗旱安全平稳。截至8月17日15：00，共向长湖补水6172.2万m³，及时满足了荆州市江陵县、监利县等160万亩农田灌溉用水需求。2015年10月上半月，荆州市因干旱少雨，长湖水位偏低，湖泊环境受到影响，尤其不利于长湖水产养殖。10月15日12：00，拾桥河下游泄洪闸开启4孔闸门，均开80cm，以90m³/s的流量再次向长湖补水。截至11月1日11：00，向长湖补水1.097亿m³。先后两次向长湖补水1.714亿m³，及时满足了荆州市江陵县、监利县等160万亩农田灌溉和渔业用水需求。

（朱树娥）

（特辑中图片摘自各大新闻媒体，或由南水北调系统等各单位提供）

壹 重要会议

IMPORTANT MEETING

国务院副总理张高丽在南水北调工程建设管理工作座谈会上强调 确保工程安全平稳运行 不断造福民族造福人民

2015年4月22~23日，中共中央政治局常委、国务院副总理、国务院南水北调工程建设委员会主任张高丽在河南调研南水北调工程建设管理有关工作。22日，张高丽副总理巡视了丹江口水库，察看现场提取的水样，听取库区水环境保护情况汇报；深入到河南淅川县陶岔村实地考察南水北调中线渠首枢纽工程，察看大坝，了解并听取通水有关情况介绍；走进九重镇桦栎扒移民新村调研和看望村民。23日上午，在河南省南阳市召开南水北调工程建设管理工作座谈会，传达学习习近平总书记和李克强总理关于南水北调建设管理的重要指示批示精神，听取南水北调工程工作情况汇报，研究部署下一阶段工作。

张高丽副总理强调，党中央、国务院高度重视南水北调工程建设和管理，历届中央领导集体都非常关心和支持。习近平总书记指出，南水北调工程功在当代，利在千秋。要继续坚持先节水后调水、先治污后通水、先环保后用水的原则，加强运行管理，深化水质保护，强抓节约用水，保障移民发展，做好后续工程筹划，使之不断造福民族、造福人民。李克强总理要求继续精心组织、科学管理，确保工程安全平稳运行，移民安稳致富。我们一定要认真学习领会，坚决贯彻落实，优化我国水资源配置，促进经济社会可持续发展。

在充分肯定南水北调工程建设取得的显著成绩后，张高丽副总理强调，要再接再厉、科学管理，扎实做好新阶段的南水北调工作。要抓紧组建运行管理机构，加快配套工程建设，加强工程设施管理和保护，确保工程安全有序、高效科学运行。要把水污染治理和生态环境保护放到更加重要的位置，建立长效机制，加强水质监测，强化沿线污染源防控和水污染应急处置能力，确保水质稳定达标，一渠清水送往北方。要合理调配各种水源，强化节约用水，坚决限采地下水，建立良好的调水、用水分配机制，把所调之水用到最该用的地方。要视移民如亲人，加大移民后期帮扶力度，促进移民就业创业，帮助移民增收致富，确保移民群众安居乐业。要搞好对口协作，以保水质、强民生、促转型为主线，通过政策扶持和体制机制创新，增强水源区自我发展能力。要按照国务院批复的南水北调工程总体规划，抓紧谋划南水北调后续工程建设。

张高丽副总理最后指出，做好南水北调工作责任重大，使命光荣。我们要在以习近平同志为总书记的党中央坚强领导下，紧紧围绕“四个全面”战略布局，改革创新，扎实工作，为全面建成小康社会、实现中华民族伟大复兴的中国梦做出贡献。

（摘自新华网，略有删改）

国务院南水北调办传达贯彻张高丽副总理在南水北调工程建设管理工作座谈会上的重要讲话精神

2015年4月27日上午，国务院南水北调办主任鄂竟平主持召开会议，传达贯彻中共中央政治局常委、国务院副总理、国务院南水北调工程建设委员会主任张高丽在南水北调工程建设管理工作座谈会上的重要讲话精神，部署南水北调有关工作。国务院南水北调办副主任蒋旭光、王仲田出席会议。

2015年是东、中线一期工程全面运行元年，南水北调工作翻开了崭新的一页。4月

22～23 日，张高丽副总理专程到河南调研南水北调工程建设管理有关工作，巡视丹江口水库水质和水环境保护情况，实地考察中线渠首枢纽工程和大坝，走进九重镇桦栎扒移民新村调研和看望村民，并出席南水北调工程建设管理工作座谈会，听取南水北调工程工作情况汇报，研究部署下一阶段工作。

鄂竟平原汁原味传达了张高丽副总理的重要讲话。张高丽副总理指出，党中央、国务院高度重视南水北调工程建设和管理，历届中央领导集体都非常关心和支持，并传达了习近平总书记、李克强总理关于南水北调工程的重要指示。张高丽副总理在讲话中充分肯定了南水北调工程开工建设以来取得的显著成绩和缓解北方水资源不足做出的重要贡献，强调再接再厉，科学管理，扎实做好新阶段的南水北调工作。

鄂竟平强调，这次座谈会成果丰硕，张高丽副总理的重要讲话内涵丰富、系统全面，具有很强的指导性和针对性：一是为南水北调东、中线一期工程此前 12 年的工作画上了圆满的句号；二是为南水北调工程今后的工作指明了方向；三是就一些重大问题做出了明确的指示。鄂竟平指出，张高丽副总理对工程平稳运行、“三先三后”、后续工程建设等方面的工作提出了更高的要求，这也是南水北调工程近期工作的重中之重，必须切实抓紧抓实抓好。

鄂竟平要求，机关各司、各单位要认真学习、深刻领会、贯彻落实张高丽副总理的重要讲话精神，并贯彻落实到南水北调各项工作中去。重新审视和部署年度工作计划，咬定目标不放松，完善工作方案，细化工作措施，进一步加大工作力度；认真做好协调、督促、检查等工作，同中央有关部门和沿线省（直辖市）一道，共同推进南水北调有关工作。

国务院南水北调办总工程师李新军、总经济师朱卫东，机关各司、各直属单位全体干部参加会议。

（摘自南水北调网，略有删改）

国务院南水北调办召开系统会议　深入贯彻落实张高丽副总理重要讲话精神

2015 年 5 月 10 日，国务院南水北调办主任鄂竟平主持召开系统会议，深入贯彻落实张高丽副总理在南水北调工程建设管理工作座谈会上的重要讲话精神，听取工程沿线各省市学习贯彻情况汇报，进一步研究和部署南水北调有关工作。鄂竟平强调，南水北调系统要抓住机遇，深入领会，突出重点，各司其职，把南水北调各项工作推向新水平。国务院南水北调办副主任张野、蒋旭光、王仲田出席会议。

鄂竟平指出，在南水北调东线一期工程通水一年多、中线一期工程通水四个多月的运行关键期，中共中央政治局常委、国务院副总理、国务院南水北调工程建设委员会主任张高丽视察南水北调，并主持召开了座谈会，这不仅是对南水北调工程全体建设者极大的精神鼓舞，更体现了南水北调工程在国家战略中的地位和分量。

鄂竟平指出，南水北调工程建设管理工作座谈会后，沿线各省市迅速行动，学习贯彻落实张高丽副总理重要讲话精神，纷纷召开会议传达落实，结合各自实际，全力推动南水北调各项工作。特别是河南省委召开常委（扩大）会议，研究措施，细化责任，强力推动。

鄂竟平强调，当前，深入贯彻和落实好张高丽副总理重要讲话精神，全面推进南水北调工作再上新水平，是南水北调系统最为重要的一项工作，重点要在四个方面下功夫。

一是抓住机遇。在工程建设向运行管理转型的关键时期，张高丽副总理深入到丹江口库区和渠首，巡视丹江口水库水质和水环境保护情况，看望慰问南水北调工程建设者和移民，不仅带来了党中央、国务院的深切关怀，还为我们今后的工作指明了方向，这是推进南水北调工作的重大机遇。抓住机遇，就要把张高丽副总理的重要讲话精神迅速落实到行动中，决不能因为懈怠而错失良机。

二是深入领会。张高丽副总理在讲话中从工程实现提前通水、质量放心可靠、移民安全稳定、水质持续达标、工程不超概算、干部没有倒下等方面，充分肯定了工程建设所取得的成绩。张高丽副总理的重要讲话为我们指明了南水北调今后工作的方向，对工程中重大问题做出了明确指示。深入领会张高丽副总理重要讲话精神，就是要原原本本地学习，吃透精神实质，更加清楚我们的职责，保证工程平稳运行，盯住“三先三后”任务的落实，加快后续工程前期工作，盯紧重大事项，全力督促推动落实。

三是突出重点。一要保证工程平稳运行。南水北调工程是缓解我国北方地区水资源严重短缺局面的重大战略性基础设施，涉及亿万人口的安全饮水问题，党中央、国务院高度重视，我们必须全力以赴，确保工程平稳运行，这是第一位、最重要的任务。二要实现工程效益最大化。足量输水事关工程效益的充分发挥，倍受舆论关注。为了尽快实现供水效益的最大化，必须进一步加快配套工程建设，坚持压采地下水，执行好水价政策，筹划好水费的缴纳工作。同时，要高度重视治污和环保，保证水质长期稳定达标，做好防汛工作，应对好应急突发事件。三要加快推进后续工程。按照规划确定的目标任务将南水北调工程全面建成，是我们的职责所在。要配合相关部委，大力推动东线二、三期工程和西线工程前期工作，做好移民帮扶发展规划。四要做好收尾和后处理工作。要加快中线工程渠道围网缺口建设、桥梁移交、用地手续办理、调蓄水库前期规划等工作，完善中线工程的安全运行功能。当前，桥梁移交缓慢，影响着通水安全，务必加快移交速度，确保运行安全。

四是各司其职。深入落实张高丽副总理重要讲话精神，需要我们南水北调系统把各自下一步的工作任务梳理清楚，列出计划，各司其职，各负其责。国务院南水北调办要以身作则，针对重点工作完善督办制度，做好督促检查，保证按时完成。

鄂竟平最后强调，南水北调工程进入运行管理的新时期，我们面临的问题更多更复杂，更加难以处理。要继续发扬“负责、求精、创新、务实”的南水北调精神，及时沟通，全力配合，兢兢业业地把工作做好，把南水北调各项工作推向一个新水平。

（摘自南水北调网，略有删改）

河南省委召开常委(扩大)会议传达学习张高丽调研南水北调工作时的重要讲话精神

2015年4月27日，河南省委召开常委（扩大）会议，传达学习习近平总书记、李克强总理关于南水北调工程建设管理的重要指示批示精神和张高丽副总理在河南调研南水北调工程建设管理工作时的重要讲话精神，研究部署河南省贯彻落实意见。省委书记、省人大常委会主任郭庚茂主持会议并讲话。

谢伏瞻、叶冬松、邓凯、李克、尹晋华、刘满仓、吴天君、赵素萍、夏杰、陈雪枫、李文慧、陶明伦、刘春良、蒋笃运、储亚平、段喜中、王铁、张广智、李亚、张维宁、史济春、靳绥东、邓永俭、龚立群、靳克文、钱国玉、张立勇、蔡宁、徐元鸿等出席会议。

郭庚茂指出，在南水北调东、中线工程由建设管理进入运行管理新阶段的关键时期，张高丽副总理到河南省调研指导南水北调工程建设管理工作，体现了对河南省工作的高

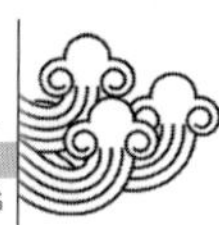

度重视，不仅是对南水北调工程建设管理工作的有力推动，也是对河南省经济社会发展的有力促进。张高丽副总理在南阳主持召开座谈会，传达学习了习近平总书记和李克强总理关于南水北调工程建设管理的重要指示批示精神。习近平总书记指出，南水北调工程功在当代，利在千秋。要继续坚持先节水后调水、先治污后通水、先环保后用水的原则，加强运行管理，深化水质保护，强抓节约用水，保障移民发展，做好后续工程筹划，使之不断造福民族、造福人民。李克强总理要求继续精心组织、科学管理，确保工程安全平稳运行，移民安稳致富。张高丽副总理在讲话中充分肯定了南水北调工程建设管理取得的显著成绩，提出做好新阶段南水北调工作要加强运行管理、深化水质保护、强化节约用水、保障移民发展、搞好对口协作、做好后续工程筹划，强调要加强协调配合、完善体制机制、强化督促检查，推动南水北调工作在新的历史起点上取得新成绩。张高丽副总理对河南省经济社会发展取得的成绩给予充分肯定，对我们科学谋划的发展布局、发展思路给予积极评价，这是对我们的信任、鼓励、期望和嘱托。我们一定要把学习贯彻习近平总书记、李克强总理重要指示批示精神和张高丽副总理重要讲话精神作为当前的一项重要任务切实抓紧抓好，加强南水北调中线工程河南段建设管理工作，确保工程安全平稳运行。

郭庚茂强调，做好南水北调中线工程河南段建设管理工作，一要提高认识，坚持把南水北调工程作为重大战略性基础设施建好管好。南水北调工程是百年大计和世纪工程，既关系到国家发展大局，对河南省来说又利在千秋，是支撑经济社会长远发展的重要工程。我们要提高认识、勇于担当，坚持不懈、善始善终做好工程建设管理的各项工作。二要抓好关键，确保工程安全运行，尽早发挥最大效益。重点做好防范和治理环境污染，确保水质持续达标；建立健全运行管理机制，确保工程效能发挥；继续做好移民后期帮扶，确保移民生活改善、安居乐业。三要加强领导，创新政策机制，强化措施保障。河南省南水北调中线工程建设领导小组和各成员单位要继续发挥作用，重新分解部门事项、工作任务，明确责任、督促落实。要适应新形势的需要，按照中央要求，结合河南省实际，理顺和转换工程建设管理体制。要改革创新，建立科学有效的运行机制，把水资源统一管理调度好，合理确定水价。要积极推动完善水源地和受水区的协作、帮扶机制，共同构建互利双赢的区域协作发展新格局。

（摘自河南日报，略有删改）

国务院南水北调办召开会议研究部署南水北调安全生产工作

2015年1月2日，接到中共中央办公厅、国务院办公厅关于切实做好当前安全生产和人员密集场所安全管理工作的紧急通知后，国务院南水北调办主任鄂竟平、副主任张野于当日立即做出指示，要求有关方面迅速贯彻落实通知精神，加强南水北调工程巡查，加大安全隐患排查力度，做好意外事故防范，确保工程输水运行安全。

1月4日上午，鄂竟平主持召开了南水北调安全生产工作专题办公会议，传达贯彻中共中央总书记习近平、国务院总理李克强等中央领导同志近日有关安全方面的重要批示精神，研究部署春节、元宵节期间南水北调安全生产工作。张野出席会议。

鄂竟平指出，南水北调东、中线一期工程已经全面通水，正承担着向北方亿万群众供水的重要任务，抓好安全生产、保障供水安全十分重要。他要求各有关方面，认真贯彻落实中央领导同志重要批示精神，以对党和人民高度负责的态度，以务实的作风，精心组织安排，严格落实好工程安全管理和安全防范各项保障措施。要突出重点，重在落实，提高针对性，强化应急处置能力，确保春节、元宵节等重要节假日期间南水北调工程安全和输水安全，保障人民群众生命财产安全，维护社会稳定大局。

国务院南水北调办有关司和中线建管局负责人参加会议。

（摘自南水北调网，略有删改）

2015年南水北调工作会议召开

2015年1月14～15日，2015年南水北调工作会议在河南省南阳市召开，贯彻落实党的十八大和十八届三中、四中全会精神，深入落实党中央、国务院有关南水北调工程建设的重大决策部署，深入学习贯彻中共中央总书记习近平、国务院总理李克强、国务院副总理张高丽等中央领导关于南水北调的系列重要指示批示精神，全面系统总结南水北调工程建设工作，客观分析南水北调工作面临的新形势和新任务，安排部署2015年南水北调工作。国务院南水北调办主任鄂竟平出席会议并讲话。国务院南水北调办副主任张野、于幼军出席会议。

鄂竟平在讲话中指出，2014年是南水北调工程建设的决战攻坚和收尾转型年，经全体建设者不懈努力，实现了东、中线一期工程建设的完美收官，中线正式通水，东线有序运行。中线一期工程于9月29日通过全线通水验收，于12月12日正式通水，逐步转入运行管理阶段。通水以来，工程运行平稳、工况良好，输水水质达标。同时，汉江中下游治理工程如期完成。中线干线河南段工程、引江济汉工程已在抗旱减灾中发挥重要作用。东线总公司于9月30日正式挂牌成立，初期组建工作基本完成。东线通水以来，累计抽江水47.93亿m^3，调水到山东2.57亿m^3，圆满完成了年度调水任务、南四湖应急补水和江苏省应急抗旱等工作。

鄂竟平全面回顾了南水北调12年来的建设历程。一是全力强推进度，如期全面通水。紧紧围绕通水目标，抓要害、抓关键、抓落实，强化监督检查，严格奖惩措施，简化审批流程，强化资金保障，组织科技攻关，优化施工方案，全方位提升工程建设进度。截至2014年底，南水北调东、中线一期工程（含丹江口库区移民安置工程）累计完成投资2543亿元，累计完成土石方159 649万m^3，混凝土浇筑4276万m^3。二是强化质量责任，建设一流工程。通过高压高压再高压，延伸完善抓关键，实施了具有南水北调特色的查、认、罚新机制，创新实施了质量责任追究、信用管理、质量责任终身制、飞检、有奖举报等一系列质量监管新办法新措施。通过多措并举，综合施策，保证了工程质量总体可控并持续向好。三是坚持以人为本，和谐征地移民。通过建立有效的移民征迁管理体制机制，层层抓落实，充分利用各项移民补偿和支农惠农政策，为移民办实事、解难题，确保移民搬得出、稳得住、能发展、可致富。四是狠抓治污环保，保证调水水质。按照“三先三后”原则，先后实施了东线工程治污规划和中线丹江口库区及上游水污染防治和水土保持规划、丹江口库区及上游地区经济社会发展规划等，严格考核，确保水质达标。五是严格资金使用，建设廉洁工程。通过源头控制、一线举报、严防腐败等举措，形成了一套严控投资、严管资金的工作体系，经受住了历次稽察和审计的检验。

鄂竟平强调，以上成绩的取得离不开党中央、国务院的正确领导，离不开中央有关部门的大力支持和沿线各地的积极配合。习近平总书记、李克强总理、张高丽副总理等中央领导多次对南水北调做出重要指示、批示，为南水北调各项工作的开展指明了方向。中央有关部门在计划安排、资金筹措、用地保障、治污环保等诸多工作中，急工程所急，帮工程所需。沿线各级党委、政府在工程建设、移民征迁、水质保护、建设环境维护、工程设施保护等方面步调一致、全力以赴。同时，南水北调取得以上成果，离不开40多万移民搬迁群众舍小家、为国家所做出的奉献和牺牲，离不开数万名基层移民干部无怨无悔、务实重干所付出血汗和艰辛，离不开数十万工程建设者扎根工程、默默奉献的艰苦劳动，也得益于全系统大力弘扬“负责、务实、求精、创新”的南水北调精神，尤其是在各项工作中将立规矩、建机制、善创新、求实效、敢负责、讲合作贯穿始终，探索出了一条符合南水北调实际、富具南水北调特色的工程建管新路子。

鄂竟平指出，当前南水北调工程建设有许多有利条件：一是党中央、国务院对南水北调工程高度重视。二是有关部门和省市对南水北调工程更加关注。三是社会各界对南水北调工程更加理解。四是有了过硬的队伍、作风和机制。五是有关省市对后续工程建设需求强烈。鄂竟平同时指出，在看到有利条件的同时，也要清醒认识南水北调工作进入新时期后，面临着很多新的困难和问题：面对转型、开拓，不熟悉的领域太多；体制问题处理难度大；水费收缴工作不易；遗留问题处理起来矛盾很多等。

鄂竟平指出，2015年是东、中线一期工程全面运行元年，南水北调工作翻开了崭新的一页。2015年南水北调系统要重点做好以下几方面工作。一是规范运行管理。实现运行管理正规化，确保足量供水、水质达标。二是落实“三先三后”。强化“三先”基础，巩固治污成果，协调落实环保、节水措施，发挥南水北调工程效益。三是开拓后续工程。加强协调沟通，促进东线二期工程和西线前期工作。四是抓好尾工建设。确保尾工项目基本扫尾，移民群众安稳致富，资金使用安全可控，工程验收顺利推进，工程隐患基本消除。

鄂竟平最后要求，必须适应新常态，以新的要求、新的方法、新的措施推进各项工作，确保圆满完成各项工作任务。一是克服自满倾向，必须继续发扬“负责、务实、求精、创新”的南水北调精神，以“南水北调工程建设在路上”的认识，以更加饱满的热情和昂扬的斗志适应新常态、迎接新挑战。二是继续改革创新。以改革创新的精神，加强交流沟通，充分吸收借鉴，构建符合南水北调实际的运行管理体制机制，确保工程安全有序、高效科学运行，确保调水目标的实现和国有资产保值增值，最大程度发挥工程效益。三是坚持依法管理，认真执行《南水北调工程供用水管理条例》，确保水量调度、水质保障、用水管理、工程设施管理和保护等各项工作落到实处。四是增强大局观念。南水北调是个整体，保证工程安全高效运行、实现国有资产保值增值、充分发挥工程效益是共同的目标。要继续维护南水北调工作大局，步调一致、同心同力。五是坚守廉洁底线。要始终绷紧廉政这根弦，严格资金使用，严守财经纪律，确保“工程上去，干部不倒”，维护南水北调系统良好形象。

会上，南水北调工程沿线各省（直辖市）南水北调办事机构、移民机构、环保机构和项目法人负责同志分别进行交流发言，并分组进行讨论，就有关工作提出了建议。

国务院办公厅、发展改革委、公安部、财政部、国土资源部、住房与城乡建设部、水利部、农业部、人民银行、国资委、林业局、法制办、保监会、能源局、文物局、国家开发银行等部门有关司局负责同志出席会议。国务院南水北调办总工程师沈凤生，机关各司、各直属单位，工程沿线各省（直辖市）南水北调办事机构、移民机构、环保机构和项目法人负责同志参加会议。

（摘自南水北调网，略有删改）

国务院南水北调办召开安全生产领导小组和重特大事故应急处理领导小组第十四次全体会议

2015年1月30日，国务院南水北调办安全生产领导小组和重特大事故应急处理领导小组（以下简称领导小组）在京组织召开第十四次全体会议。国务院南水北调办副主任、领导小组组长张野主持会议并讲话，领导小组全体成员参加会议。

会议传达学习了全国安全生产电视电话会议精神，听取了领导小组办公室关于2014年南水北调工程建设安全生产工作情况和2015年安全生产工作安排建议的汇报，对南水北调工程2015年安全生产工作进行了研究讨论。

张野在讲话中充分肯定了2014年南水北调工程建设安全生产工作取得的成绩。2014年是南水北调工程建设的决战攻坚和收尾转型年。一年来，办公室各有关部门及参建单位深入贯彻落实国务院关于安全生产工作的各项部署，采取有效措施，不断加大安全生产监督和管理力度，为工程建设、平稳运行创造了良好条件，保障了2014年工程建设目标的顺利实现。

张野指出，2015年南水北调东、中线工程正逐步转入运行管理阶段，安全生产管理面临着新的形势和挑战，安全生产形势严峻。各单位要高度重视安全生产工作，以认真负责的态度，全面做好南水北调工程安全生产工作。

对2015年安全生产工作，张野强调，要认真贯彻落实全国安全生产电视电话会议精神和南水北调工作会议精神，紧密结合工程建设、运行实际，强化监管，突出重点，以加强预防、落实责任等为措施，坚决杜绝群死群伤重特大事故的发生，保证工程建设、运行安全。要做好尾工建设安全生产管理工作，继续督促各参建单位落实安全生产责任，开展经常性的安全生产隐患排查治理活动，严防各类事故发生；要加强工程运行安全管理工作，完善运行管理制度，落实安全生产责任制和巡视检查责任制，加强对设施设备的检查检测，严防事故发生；要按照《企业事业单位内部治安保卫条例》等有关文件要求，采取有效措施，扎实做好单位内保和工程安保工作。要认真落实安全保卫主体责任，完善安全保卫组织机构和相关规章制度，加强工程保护，确保工程安全平稳运行；要不断加大隐患排查治理的力度，保持隐患排查工作的常态化，切实消除事故隐患；要高度重视节假日等特殊时期安全生产工作，及时做出安排部署，保证节日期间生产社会稳定；要协调加快地方防洪影响处理工程建设，认真落实好各项防汛准备工作，开展好防汛检查，保证工程度汛安全；要加强安全教育培训，努力提高工作人员安全生产意识和安全技能，增强防范能力；要密切与沿线各级地方政府加强协调，建立应急沟通联系，完善应急预案，做好预案演练，加强应急保障能力建设，提高突发事件应急能力；要加强事故处理工作，严格按照“四不放过”和“依法依规、实事求是、注重实效”的原则，追究有关责任单位和责任人的责任，保证监管效果。

（摘自南水北调网，略有删改）

国务院南水北调办召开会议研究部署2015年度定点扶贫工作

2015年3月12日，国务院南水北调办副主任、国务院南水北调办扶贫工作领导小组组长蒋旭光主持召开定点扶贫领导小组全体成员会议，研究部署2015年度定点扶贫工作。领导小组成员单位负责同志出席会议。

会议听取了扶贫工作领导小组办公室所做的2014年定点扶贫工作总结及2015年工作安排建议的汇报，并进行了充分讨论。蒋旭光副主任在讲话中对各成员单位的工作开展给予了充分肯定。他指出，2014年度国务院南水北调办定点扶贫工作，以南水北调各项业务为依托，加大对定点扶贫县的支持帮助；以挂职干部为纽带，加强内引外联，帮助支持定点扶贫县经济社会各项事业发展。各成员单位密切协作，共同推进，取得成效。

对于2015年度工作，蒋旭光强调：一是各成员单位要认真学习领会中央对定点扶贫工作的要求，继续高度重视、关心定点扶贫工作。二是要立足国务院南水北调办特点和优势，结合南水北调业务，加大对定点扶贫县的支持。三是要加大外协力度，发挥南水北调品牌优势，积极争取对定点扶贫县工作的支持。四是继续做好挂职干部选派工作。五是利用国务院南水北调办网站、周刊等系统内平台，开辟专栏，加强对定点扶贫县工作、产品等宣传推介。

（摘自南水北调网，略有删改）

2015年京宛南水北调对口协作工作座谈会在京召开

2015年4月20日，为推进京宛对口协作工作，河南省南阳市委书记穆为民率领南阳市党政代表团一行40余人到北京市进行交流。北京市委书记郭金龙会见了代表团一行，当天下午，两地各级部门共同召开2015年京宛对口协作工作座谈会，会议由北京市支援合作办主任张力兵主持。

座谈会上，张力兵首先传达了郭金龙书记在上午会面时的讲话，郭金龙强调：在水源地水质和生态环境保护上要加大协作力度；在产业优化升级上要加大对接力度；要不断完善协作体制机制，继续强化区县结对、统分统筹的协作思路。南阳市委常委、副市长曹鹏程介绍了南阳市2014年对口协作工作进展及2015年工作安排。北京市支援合作办副主任梁义介绍了北京市2014年对口协作工作情况及2015年工作重点。双方各相关单位进行了交流发言。

河南省南阳市长程志明表示，南阳市将主动担当起保水质的政治责任，制定专项政策，促进京宛两地开展好对口协作工作，为一库清水永续北送和两地共同繁荣发展做出积极贡献。

张力兵主任表示，开展全面对口协作和交流合作，对于促进水源地经济社会发展、保护调水水质具有重要意义。作为受水区域，北京将进一步发挥优势，加大协作和帮扶力度，积极探索经济发展和生态建设互促共赢的发展路子。

双方在座谈时始终围绕“保水质，强民生，促转型”的对口协作工作指导方针，并表示将一如既往地做好南水北调水源区水质保护工作，建设好水源区的生态环境，推动对口协作工作向更深层次、更高水平迈进。

河南省南阳市委市政府各部门负责人、各对口区县行政领导，北京市各委办局主管领导参加了此次座谈。

（王飞）

南水北调工程安全生产工作会召开

2015年5月14日，国务院南水北调办在江苏徐州组织召开了南水北调工程安全生产工作会议，张野副主任出席会议并讲话。公安部、国家安全生产监督管理总局有关负责人出席会议。

张野在讲话中指出，2014年是南水北调工程建设的决战收尾转型年。一年来，南水北调工程安全生产工作坚持“安全第一，预防为主，综合治理”的工作方针，以“强化监督，落实责任”为重点，全面贯彻落实国家安全生产法律法规和有关要求，紧紧围绕工程建设和运行管理任务，周密部署，狠抓落实，认真做好安全生产各项工作，为顺利实现东线工程平稳运行、中线工程全线通水目标奠定了坚实基础。

张野在肯定成绩的同时，客观分析了南水北调工程安全生产工作面临的形势，明确了2015年安全生产管理工作的总体思路和目标任务。他强调，2015年南水北调工程已全面转入运行管理，安全生产管理面临着新的形势，尾工建设、运行管理、安全防汛、应急体系建设、工程安全保卫等多方面安全生产管理任务更加复杂、艰巨。各单位要充分认识当前安全生产工作的艰巨性、复杂性，时刻保持清醒头脑，坚决克服麻痹思想，统一认识、坚定信心，不断增强做好安全生产工作的责任感、使命感和紧迫感，切实采取有效措施，全面加强安全生产工作，保持工程建设和运行安全平稳。

对2015年南水北调工程安全生产工作，张野要求重点抓好以下几方面：一是严格落实安全生产责任。工程建设正处于扫尾、逐步转入运行的特殊阶段，一定要克服侥幸心理，切实加强安全生产组织管理，严格落实工作责任，确保安全生产管理工作有序进行。二是认真抓好工程运行安全管理。各有关单位要结合工作实际，认真分析工程运行过程中可能存在的隐患风险，扎实落实好管理措施，保证工程运行安全，加强对运行管理规律研究，努力实现运行安全管理制度化、规范化、标准化，不断提高运行安全管理水平。三是做好隐患排查治理。要高度重视隐患排查工作，继续保持隐患排查治理工作的常态化，组织参建、运行等单位不断加大隐患排查力度，切实消除事故隐患。四是做好防汛工作。要建立完善防汛组织机构，逐级落实防汛责任，确保责任到人，步步受控。五是完善应急预案体系，提高应急管理水平。要结合工程实际，进一步完善预案，明确各类突发事件的防范措施和处置程序，要加强救援能力和应急队伍建设，开展应急演练，切实提高应急能力和水平。六是认真抓好工程安保工作。要按照南水北调工程供用水管理条例、企业事业单位内部治安保卫条例和南水北调工程安保工作会议等有关要求，建立完善安全保卫组织机构和相关规章制度，确保安保工作有章可循，要突出安保重点，落实主体责任，加强安保能力建设，不断提高安保水平。七是加强安全生产宣传教育培训。要加大安全生产宣传力度，营造加强安全生产的舆论氛围。突出做好南水北调工程供用水管理条例宣贯，营造和谐的工程运行环境，强化安全生产教育培训，进一步提高从业人员工作水平和自我防范能力。八是强化监管，严肃事故查处。要继续加大安全生产监督检查力度，努力实现监督检查的制度化、规范化，确保安全监督检查工作做到全面覆盖、不留死角。

国务院南水北调办安全生产领导小组成员，各省（直辖市）南水北调办（建管局）、各项目法人有关负责同志，以及部分项目管理、监理、施工单位代表参加了会议。

（摘自南水北调网，略有删改）

河南省政府召开全省南水北调工程建设管理工作会议

2015年5月18日，河南省政府在郑州召开全省南水北调工程建设管理工作会议，传达中央领导同志重要指示批示精神，表彰河南省南水北调工作先进单位和先进个人，安排部署下一步南水北调工作。河南省政府副省长王铁出席会议并作重要讲话；国务院南水北调办总工程师李新军出席会议并讲话，河南省政府副秘书长胡向阳主持会议并宣读省政府对80个先进单位和280名先进个人的表彰通报，河南省南水北调办负责同志向大会报告工作。

河南省南水北调中线工程建设领导小组省直成员单位、省直有关部门负责同志，有关省辖市、直管县市政府分管负责同志、南水北调办主任，以及受表彰的先进单位和先进个人代表参加会议。

王铁副省长首先传达了习近平总书记、李克强总理的重要指示批示精神，张高丽副总理在南水北调工程建设管理座谈会上的重要讲话精神，省委常委（扩大）会议就学习贯彻中央领导同志重要指示批示和讲话精神的要求和部署。王铁副省长强调，中央领导的重要指示、批示，省委领导的要求，为河南省南水北调工作指明了方向，全省各级各有关部门、南水北调系统各单位要把学习领会、贯彻落实中央领导同志重要指示批示精神和讲话精神作为一个时期的重要任务，真正学深吃透，融会在心中，落实在行动中，切实把河南省南水北调工程建设好，运行好，管理好。

王铁副省长总结了河南省南水北调工程建设取得的突出成绩，向受表彰的80个先进单位和280名先进个人表示祝贺；同时，分析了河南省南水北调工作当前面临的形势。他强调，2015年是河南省南水北调工作从建设管理向运行管理转型之年，工作头绪多，任务重。要进一步理清思路，突出工作重点，着力抓好落实。一要抓紧抓好工程运行管理。抓紧组建河南省南水北调工程运行管理机构，进一步完善方案，争取早日批复；加快配套工程建设扫尾，力争6月底全部建成；进一步加快沿线水厂建设，力争让受水区群众早日用上南水北调水；加强供水调度管理，保证供水安全；全面启动水费征缴工作，按时完成水费上缴任务；强化节约用水，全面启动河南省受水要地下水压采工作，真正使南水北调水成为受水区主要水源，充分发挥南水北调工程供水效益。二要抓紧抓好沿线水质保护。继续加强水源区和总干渠水质保护，加快总干渠两侧生态带建设和环境监测能力建设，加强环境执法，严肃查处环境违法行为；全面完成“十二五”规划剩余项目建设任务，做好规划项目实施考核工作；建立水污染防治和水土保持项目库，抓紧谋划、储备一批能够有效促进水质保护、优化产业结构、改善生态环境的重大项目，争取纳入国家“十三五”规划实施范围；及早编制环境突发事件应急预案，一旦发生突发环境事件，及时得到妥善处置；抓住机遇，积极配合推进京豫对口协作项目实施，力争更多项目落地河南省，造福水源区人民。三要抓紧抓好移民生产发展。坚持产业为基、就业为本、生计为先的原则，大力实施“强村富民”战略，围绕“一村一品”，优化产业结构，拉长产业链条，促进移民增收致富。深入开展社会治理创新，健全民主管理机构，完善民主决策机制，不断提升公共服务水平；认真落实移民后期帮扶措施，在政策、资金等方面向移民村倾斜、支持，帮助移民群众解难题、办实事、促发展；全力做好征地移民维稳工作，保持社会大局稳定。四要抓紧抓好后续工程项目。积极争取在河南省规划建设调蓄工程，抓紧开展前期工作，一旦条件成熟，抓紧开工建设。抓紧开工建设总干渠左岸防洪影响处理工程，确保总干渠防汛度汛安全。

王铁副省长要求，要把推动工作的措施保障到位。一是组织保障要到位。要建立完善组织机构，切实为南水北调工程运行管理提供必要的组织保障。省南水北调中线工程建设领导小组各成员单位要根据调整后的职责分工，认真履职尽责，确保工作有效持续开展；各级党委政府要把管好、用好南水北调工程作为经济社会发展的一件大事，主要领导要亲自过问，协调解决重大问题。二是质量保障要到位。工程通水运行后，质量管理仍不能有丝毫松懈，要持续加大质量监管和巡查力度，一旦发现问题，要及时处置，认真整改，确保工程安全。三是安全保障要到位。加强工程防汛风险排查，提前制定预案，做好防汛料物和抢险队伍准备，进行必要的演练；加强中小学生安全警示教育，加强安全巡查，防止无关人员进入总干渠；工程管理部门要加强红线内的安全巡查，一旦发现有人进入，及时阻止、劝离，确保沿线人民群众生命安全。四是制度保障要到位。要切实加强《南水北调工程供用水管理条例》的宣传、贯彻和落实，加快出台《河南省南水北调工程供用水管理办法》，建立健全南水北调运行管理有关制度，使河南省南水北调工程运行管理纳入法治化、制度化轨道。

国务院南水北调办总工程师李新军在讲话中充分肯定了河南省各级各有关部门、沿线干部群众和广大建设者为南水北调中线工程顺利建成通水做出的巨大贡献，分析了工程面临的困难和问题，对工程收尾、生态环境保护、运行管理、供水安全等工作提出了具体要求。

河南省南水北调办负责同志向大会报告工作时，明确了下阶段南水北调工作的主要任务：加强运行管理工作，确保工程安稳运行；加快干线和配套工程扫尾，确保全面建成投用；加强工程设施管理和保护，确保工程安全和人民生命安全；配合有关部门切实做好水污染治理和生态环境保护，确保水质稳定达标；配合有关厅局强化节约用水，压采地下水，确保水资源优化调配；积极争取尽早规划建设南水北调中线工程调蓄工程，确保正常供水；配合推进总干渠左岸防洪影响处理工程建设，确保度汛安全。

（河南省南水北调办）

南水北调工程运行监管工作会议在郑州市召开

2015年6月4日，国务院南水北调办在河南省郑州市召开南水北调工程运行监管工作会议，分析工程运行监管形势，研究部署工程运行监管工作，确保工程平稳安全运行。国务院南水北调办副主任蒋旭光出席会议并讲话。

蒋旭光指出，南水北调工程质量监管是运行监管的基础，建设期的质量监管工作始终保持高压严管态势，建立健全质量监管制度体系，建立完善了以“查、认、罚”为核心的“三位一体”质量监管工作体系，强化了“三查一举”质量监管措施，突出重点、紧盯关键，严肃追责、从重处罚，持续强化信用管理，注重统筹协调，形成了合力管控质量的局面，取得了显著成效，在南水北调系统内外产生了良好反响，为确保工程质量、实现工程按期顺利通水奠定了坚实基础，也积累了宝贵经验。

蒋旭光充分肯定了南水北调东、中线工程通水以来，运行监管工作取得的成绩，分析了当前运行监管工作面临的形势和挑战。他强调，作为21世纪国家重点工程，南水北调工程运行管理距离标准化、规范化的目标还有一定差距。要保证工程安全运行，就要居安思危，实践证明，加强监管是一个行之有效的抓手，国务院南水北调办将一如既往，切实抓好运行初期的运行监管工作，促使运行管理逐步进入正轨。

蒋旭光对工程运行监管下一步工作做出部署：一是建立运行监管制度体系和管理机制，实现运行管理有章可循，有规可依，通过机制的良性运行，保障对工程运行的长效管理。二是明确运行监管责任，落实责任追究机制，强化法人主体地位，明确各层级的监管责任，做到责任清晰、层次分明，同时要严肃责任追究，不留管理空白。三是梳理运行监管重点，加强管理，增强防范，提高监管效率，按照分级负责、分级管理的原则，切实落实运行管理关键点的管理责任，加强重点部位安全监测、分析研判和隐患预警。四是落实运行监管措施。通过常规检查、飞

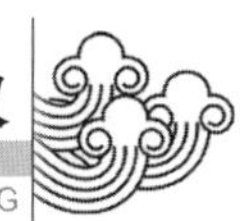

检、专项治理、专项稽察、专题研判、重点督导、挂牌督办、驻点行动等方式进行监管，综合施策，统筹力量，提高监管效率和成效。五是加强运行值守和巡查监督，做好相关记录和信息报送，进一步增强责任心，切实提高警惕性，特别是汛期，要做好充分的思想准备、物资储备、预案演练和人员动员，落实防汛检查要求，确保工程安全度汛。

蒋旭光强调，南水北调工程是事关国计民生的国家重要基础设施，中央重视，社会关注度高，工程运行安全无小事。他要求，南水北调系统党员干部和运管人员要全面贯彻中央“三严三实”要求，以从严从实的作风抓运行监管；要高度重视，加强领导，把加强运行监管工作提上重要议事日程；要主动作为，敢于担当，从维护国家利益的角度出发迎难而上；要协调协作，形成合力，在一致目标下团结合作，上下联动；要立足长远，谋划发展，改善工作生活条件，稳定队伍，为工程长治久安奠定基础。

会上，监督司、监管中心、稽察大队分别通报了运行监管工作情况和运行飞检情况，并对即将出台的运行监管办法作了说明。与会代表围绕运行管理工作、存在问题及有关工作建议做了交流发言。

国务院南水北调办投计司、建管司、监督司、监管中心、稽察大队以及南水北调工程沿线省（市）南水北调办、项目法人代表参加了会议。

（摘自南水北调网，略有删改）

2015 年南水北调工程运行管理工作会暨现场观摩会在淮安市召开

2015 年 6 月 25 日，南水北调工程运行管理工作会暨现场观摩会在江苏省淮安市召开。国务院南水北调办副主任张野出席会议并讲话，江苏省委常委、副省长徐鸣陪同观摩。

张野充分肯定了南水北调工程运行管理工作，充分肯定了江苏省南水北调运行管理取得的成绩。他指出，经过十余年的艰苦奋斗，南水北调东、中线一期工程如期实现通水大目标。东线工程已经完成 2014 ~ 2015 年度调水入山东任务计划，中线工程安全平稳运行，南水北调工程运行管理工作顺利起步，取得了显著的经济效益、社会效益和生态效益，体现了南水北调工程对我国水资源的优化配置作用，展示了南水北调工程的战略性基础设施地位。

张野强调，要深入贯彻落实张高丽副总理在南水北调工程建设管理工作座谈会上的指示精神和年度工作部署，全面做好运行管理各项工作，任务还十分艰巨。

为规范运行管理，确保平稳过渡，实现年度供水目标，张野对下一步的工作做出部署：一是结合辖区的工作特点建立有效的运行管理制度。做到组织到位、人员到位、技术到位；实现有制度可依、有规程可查、有纪律可循；突出重点项目管理，以深挖方、高填方、膨胀土、采空区等渠段和平原水库、穿黄、PCCP 管道等工程实体，闸门、启闭机、发电机等设施设备，以及跨渠桥梁等为重点，加强巡查力度，确保输水任务完成。二是强化工程调度。主体工程和配套工程管理单位要加强协调配合，按照年度水量调度计划制定并落实月度水量调度方案；加强运行管理经验交流、业务培训，提高运行管理水平。三是加强安全管理。重点做好防汛、节假日等安全管理工作，确保万无一失；进一步加强供用水管理条例宣贯力度，各级南水北调办公室和有关部门要切实做好执法工作，加强工程安全保护；完善运行安全应急预案体系，做好应急物资储备，抓好应急演练，协调加快中线总干渠左岸防洪影响处理工程建设。四是提高管理水平和能力，建立健全员成本核算机制。要做好基础准备工作，制定科学的考核目标，建立严格的考核制度，出台合理的激励机制。五是抓好工程收尾。要认真做好东线工程管理设施、自动化调度系统、南四湖水资源监测工程和中线工程尾工、桥梁验收移交等工作，加强督促检查，落实节点目标和责任，及时解决突出问题，确保完成年度计划目标。六是加强工程安全监管工作。沿线各省市南水北调办要加强监督协调服务，制止河道湖泊内违法乱采乱挖现象，保证工程建筑物的安全；严格执行配套工程建设计划和用水计划，开展督促检查，切实加快配套工程建设，尽快提高用水量，确保完成年度水量调度计划。

（王晓森）

南水北调中线金属结构机电及相关自动化运行监管专题会在郑州市召开

2015 年 7 月 10 日，南水北调中线金属结构机电及相关自动化运行监管专题工作会在河南省郑州市召开。国务院南水北调办副主任蒋旭光出席会议并讲话。

蒋旭光充分肯定了中线工程金属结构机电及相关自动化运行管理工作取得的成绩。他指出，南水北调工程通水以来，国务院南水北调办组织了多次飞检和专项稽察，结果显示金属结构机电及相应的自动化设备运行基本正常，各节制闸实现了现地自动和远程控制，现地手动控制操作可靠，闸站运行管理平稳有序。中线工程一千多公里战线，160 多座闸站，上千台套金属结构机电及自动化设备保持正常运行，保障了工程运行和供水安全。这与金属结构机电及相关自动化运管、维护、设计、施工等单位的共同努力是分不开的。

蒋旭光指出，工程运行初期安全责任重大，金属结构机电及自动化是保证工程正常运行调度的关键，是整个工程中专业技术含量高、运管精细的部分，而且，其是工业制成品，在运行过程中才易发现问题。因此，我们一定要高标准、严要求，以张高丽副总理在南水北调工程建设座谈会上指出的建设一流工程、确保工程安全的高标准，认真检查金属结构机电及相应自动化设备运行中存在的问题。要进一步明确各方责任和任务，加强问题排查，深入分析原因，采取切实措施予以整改，消除工程隐患，从而推动工程运行规范化、精细化管理。要以“三严三实”精神认真抓好此项工作。

对于下一步金属结构机电及相关自动化监管工作，蒋旭光提出五点要求：一是抓紧时间排查问题，不能拖延。要以“问题为导向”进行全面排查，对查出的所有问题都要登记造册，建立台账。二是高标准、严要求。做到标准要高，眼界要高，严格按照设计规范排查问题、查找原因、实施整改，不能马虎。三是分清轻重缓急，有序整改。对于影响工程安全、影响通水运行、影响设备寿命的问题，要克服困难，创造条件加强整改。对于一时不能整改的，要定出合理的时限，务必督促盯紧。四是注重工作的系统性。运管单位要与建管、设计、维护施工、制造厂家等方面密切合作，形成合力，确保高效，同时要统筹考虑，保证各项工作平稳有序。五是要强化运管单位的主导作用。做到统一协调，明确思路、明确要求，运行管理各方共同努力，真正提高金属结构机电及相关自动化的运行管理水平。

蒋旭光最后强调，对于金属结构机电及相关自动化运行监管工作，必须严格落实责任。有关单位对每个问题都要明确整改方案，明确时限要求，做到事事有着落，件件有回音，整改完成情况要及时报告。国务院南水北调办将组织督查，对于不能按时完成整改的单位和人员实施责任追究。主汛期将至，他要求运行管理单位不可麻痹，不能松懈，认真做好日常工作，重新梳理应急预案和度汛准备工作，确保工程度汛安全。

会上，国务院南水北调办监督司、监管中心、稽察大队分别通报了中线工程金属结构机电及相关自动化检查情况。与会专家和代表就加强金属结构机电及相关自动化运行管理提出意见和建议。

国务院南水北调办监督司、监管中心、稽察大队以及中线建管局、特邀专家，现场运管单位，部分设计单位、金属结构机电制造单位及自动化施工单位代表参加了会议。

（摘自南水北调网，略有删改）

南水北调中线干线工程跨渠桥梁建设协调小组会暨验收移交协调会在新乡市召开

2015 年 9 月 22 日，国务院南水北调办在河南省新乡市召开中线干线工程跨渠桥梁建设协调小组会暨验收移交协调会，交流跨渠桥梁验收移交工作情况，研究加快推进跨渠桥梁验收移交工作措施。国务院南水北调办副主任张野出席会议并讲话。

张野指出，加快桥梁移交，规范桥梁管理是保证南水北调工程安全、运行安全、供水安全的需要，各有关单位要坚决落实第七次建委会和南阳市座谈会精神，严格按照四部委文件要求，采取积极有效措施，加快桥梁验收移交，保证 2015 年底实现基本完成桥梁验收移交工作的目标。

针对下一步工作，张野强调，一是高度重视，履行职责。桥梁移交工作是各地方政府有关部门和建管单位的工作职责，有关单位必须在实际工作中按照“三严三实”的要求，密切配合，分清责任，共同协作，严格履行岗位职责，实现桥梁移交目标。二是强化责任落实。各有关单位要按照既有工作计划，进一步细化、分解责任，将工作职责与岗位职责结合起来，落实专人负责。同时，要加强督促考核，扎实推进桥梁验收移交工作。三是充分发挥地方协调机制作用。各级省、市南水北调办要积极发挥地方跨渠桥梁验收移交工作领导小组的协调作用，加强工作沟通协调，定期、不定期组织有关部门、单位召开协调工作会，切实解决相关问题。四是要认真总结桥梁移交试点工作经验教训，以点带面，全面推广，推动跨渠桥梁验收移交工作。五是继续加大桥梁移交工作督办力度。对于未按计划完成桥梁验收移交任务的部门和单位，严格责任追究。六是加强移交桥梁的维护管理。地方政府有关单位要督促桥梁接收管养单位研究制定相关管理制度，切实履行起管养职责，保证桥梁运行安全。南水北调工程管理单位要加强与桥梁管养单位的联络，建立联动机制，加强巡视，保证工程供水、运行安全。

国务院南水北调办建管司、投计司、征移司，河北、河南省、市南水北调办以及交通运输、公路管理等部门，中线建管局有关负责同志参加了会议。

（摘自南水北调网，略有删改）

南水北调工程丹江口库区移民商处会在武汉市召开

2015 年 9 月 24 日，国务院南水北调办在武汉市召开南水北调工程丹江口库区移民商处会，研究部署库区移民总体验收和移民后续帮扶发展规划编制工作。蒋旭光副主任出席会议并讲话。

会上，河南、湖北省移民办（局）、中线水源公司、长江勘测规划设计研究院等汇报了有关库区移民工作进展情况，围绕库区移民总体验收和库区移民后续帮扶发展规划编制工作的重点问题和工作措施进行了研究讨论。

蒋旭光对 2015 年以来库区两省和有关各

方开展的库区移民尾工项目扫尾、移民总体验收和移民后续帮扶发展规划编制工作取得的良好进展给予了充分肯定，针对当前的新形势和新情况，进一步明确了工作任务、工作目标和工作要求。蒋旭光强调，党中央、国务院高度重视南水北调丹江口库区移民有关后续工作，各地区、各单位要认真贯彻落实中办湖北调研报告建议和中央领导批示精神，借鉴三峡库区经验编制《南水北调丹江口库区移民后续帮扶发展规划》，促进移民生产发展和库区经济社会协同发展。针对下一步库区移民后续帮扶发展规划编制工作，蒋旭光要求：一是进一步明确规划编制的指导思想，要紧扣移民后续帮扶发展这个主题，兼顾解决移民发展涉及的其他相关问题。二是要在前阶段已开展规划编制的基础上，进一步加强规划工作组织协调，调整规划工作思路，统一规划范围、规划内容、规划标准和规划深度，确保按计划完成规划编制工作。三是要充分研究和借鉴三峡后续工作总体规划和河南省淅川县九重镇南水北调移民村产业发展试点方案编制工作经验，以帮扶移民发展为规划重点，实施精准帮扶，实事求是解决移民生产发展面临的突出问题，促进移民就业增收，让广大移民群众得到实惠，确保库区移民长治久安。

国务院南水北调办征地移民司、设计管理中心，河南、湖北省移民办（局），中线水源公司，长江勘测规划设计研究院等负责同志参加会议。

（摘自南水北调网，略有删改）

南水北调干线工程征迁工作会在南京市召开

2015 年 11 月 5 日，国务院南水北调办在南京市召开南水北调干线工程征迁工作会，研究协调落实干线征迁安置重点工作。会议由征地移民司主持，沿线各省（直辖市）南水北调办（建管局），河南省移民办、中线建管局、江苏水源公司、安徽省南水北调项目办分管负责同志和业务部门负责人参加会议。蒋旭光副主任出席会议并讲话。

会议听取了干线工程沿线各省（直辖市）征迁部门和项目法人的征迁工作进展情况汇报，以确保东中线一期工程平稳运行、推进征迁扫尾和专项验收为目标，围绕当前干线征迁工作主要任务和存在的问题进行了分析讨论，并研究提出解决有关征迁遗留问题的措施建议。

蒋旭光肯定了征迁工作的成效，征迁工作是保证南水北调工程建设和平稳运行的前提和基础，为南水北调工程社会效益、生态效益和经济效益的实现发挥了重大作用。广大征迁干部多年来付出了大量心血和汗水，工作中的经验和做法值得认真总结；要巩固现有成果，深化工作，善始善终。

蒋旭光分析了目前征迁工作面临的形势，一是征迁工作处于全面收尾的关键时期，遗留的都是难点问题，要用啃硬骨头的精神加以推进，不留隐患；二是部分省仍面临新增的征迁任务，要继续及时完成，为工程尾工建设提供保障；三是维护沿线稳定的任务繁重，必须认真对待，对重点地区、重点问题要始终关注，不能放松；四是巩固和深化征迁工作成果的要求更高，征迁各方面工作都要合法合规，验收前要完成全面梳理、整改。各地各级征迁部门不能自满，不能停滞，要继续努力，圆满完成征迁任务。

蒋旭光指出，下一步做好干线征迁工作，妥善处理征迁遗留问题，要强化几个意识。强化加压的意识，通过再检查、再梳理，提前做出预案，及时解决矛盾，像抓工程进度一样抓征迁收尾工作，适时追责。强化规矩的意识，按照新常态的要求，严格把握新尺度，纪律挺在前面，程序要严，做到合理合法，资料详实。强化担当的意识，不等不靠、团结一致，用负责的态度迎难而上。强化严

谨细致的意识，征迁工作政治性、政策性很强，与群众利益息息相关，要结合“三严三实”教育的要求，在“严”和“细”上花力气、下工夫。加强协作的意识，项目法人与有关省之间、各省之间要加强沟通协调，齐心协力，把事办扎实，防止反复。

蒋旭光最后强调，巩固和深化南水北调工程和谐征迁的成果，要认真分析，把握重点，系统推进。当前的重点工作主要是，加快解决征迁遗留问题，完成剩余的具体任务，做好临时用地复垦退还、用地组卷、维护稳定、新增用地和验收前的程序性工作；项目法人要主动与当地政府协调，征迁部门要与有关部门配合，抓紧研究和解决有关影响群众生产生活的遗留问题；对征迁资金加强监管，严格执纪，严格要求，警钟长鸣，常抓不懈，狠抓落实，确保南水北调征迁工作圆满成功。

（摘自南水北调网，略有删改）

水污染防治和水质保护学术报告会在北京市召开

为借鉴国外先进技术和成熟经验，进一步推进南水北调东、中线水污染防治和水质保护工作，2015 年 11 月 6 日，国务院南水北调办环保司和政研中心在北京市联合组织举办了“水污染防治和水质保护学术报告会”，邀请英国阿特金斯咨询公司水与环境战略评估部首席专家司马博文教授和英国生态水文研究中心水文化学营养物研究资深专家迈克·鲍斯博士来华做学术报告。国务院南水北调办副主任王仲田出席会议并致辞。

王仲田在致辞中指出，南水北调工程是实现我国水资源优化配置、促进经济社会可持续发展、保障和改善民生的重大战略性基础设施。南水北调东、中线一期工程的全面建成通水，标志着这项历经 50 年的艰苦论证，12 个年头的卓越奋战，党和国家第一代中央领导集体 1952 年提出的宏伟设想终于变成了现实。将来随着工程的全部建成，将会产生巨大的经济、社会和生态环境效益，江河会为之改道，水源因之均衡，经济因之繁荣，社会因之和谐，生态因之美丽，南来之水将会永远润泽中华大地，造福子孙后代。

王仲田强调，治污环保是南水北调成功的前提和关键。目前，南水北调东、中线一期工程已由建设管理转入运行管理初期。面对全面通水的新形势，要求我们既要充分总结这些年来南水北调治污环保工作的实践经验，也要合理吸收和借鉴国外先进的技术经验和成功案例，以解决南水北调水质保护中的实际问题，实现水质的长期稳定向好。本次报告会我们荣幸地邀请到英国专家来做学术报告，这是一次难得的学习交流机会，必将有助于我们开阔视野，深入研究，有效解决有关问题，进一步促进南水北调工程水污染防治和水质保护工作，确保一泓清水永续北上！

司马博文教授就“英国和中国的水质管理”做了专题报告，介绍了欧盟水框架指令，英国流域综合管理和环境监管现状，源解析地理信息系统（SAGIS）及其在中国黄河、松花江等流域的应用等。

迈克·鲍斯博士就“藻类暴发风险及防控技术”做了专题报告，介绍了英国泰晤士河污染治理和藻类水华防控措施，藻类生长水槽试验情况，分析了河道藻类大量增殖的原因，介绍了水体磷酸盐浓度、驻留时间、水温和光照等影响藻类增殖主要因素的有关研究成果，并针对长距离输水渠道提出了预防和控制藻类增殖的可行措施。

会上，针对报告内容和工作实际情况，与会代表和专家围绕中英河流水污染防治和水质保护经验，污染源解析模型的使用效果，长距离输水渠道藻类防控手段，水源区面源污染控制方法等方面进行了细致深入的交流讨论。与会代表纷纷表示，报告针对性强，既有理论高度，又紧密联系实际，开阔了眼界、增强了知识、共享了经验，将促进我们尽快地站在世界调水工程工作的前沿，进一步做好南水北调水污染防治和水质保护工作，进一步提高南水北调工程运行管理工作水平，从而保障南水北调工程健康良性运行、发挥最大综合效益。

英国驻华使馆新能源及水资源主管、阿特金斯中国公司相关负责人，机关各司、各直属事业单位和项目法人单位的负责同志和有关代表，各省南水北调办环保部门负责同志，以及有关专家学者，共 70 多人参加了报告会。

（摘自南水北调网，略有删改）

国务院南水北调办召开党的十八届五中全会精神学习情况交流会

2015 年 11 月 26 日，国务院南水北调办召开党的十八届五中全会精神学习情况交流会，办党组书记、主任鄂竟平主持会议并讲话，党组成员、副主任张野、王仲田出席会议，办机关全体公务员，事业单位、中线建管局、东线公司领导班子成员参加会议。

学习交流会上，机关各司各直属单位负责同志结合自身实际和业务工作特点，从五中全会的重大意义、五大发展理念、对南水北调工作的指导作用、加强党的建设等诸多方面畅谈了学习心得体会，见仁见智，达到了相互启发和共同提高的目的。

鄂竟平指出，党的十八届五中全会至少有六大贡献，一是确立了今后的发展目标，二是创新了发展理念，三是提出了发展要求，四是破解了发展难题，五是厚植了发展优势，六是强化了发展保证。五中全会精神深刻体现了以习近平同志为总书记的党中央对共产党执政规律、社会主义建设规律和人类社会发展规律的新认识，体现了系列治国理政的新理念新思想新战略，对各行各业都有重要的指导意义。

鄂竟平要求，南水北调办党员干部要把五中全会精神真正学深悟透、融会贯通，把学习成果转化为谋划南水北调事业发展的工作思路和举措。一要继续深入学习全会精神。结合学习习近平总书记在全会上的重要讲话，把学习贯彻习近平总书记系列重要讲话精神引向深入，内化于心、外化于行，进一步统一思想，凝聚共识，为“十三五”时期履职尽责打牢思想理论基础。二要以五中全会精神指导南水北调工程建设和运行管理各项工作。三要全面从严治党管党。认真学习贯彻习近平总书记对加强和改善党的领导提出的新要求，贯彻好《南水北调办贯彻落实全面从严治党要求实施意见》，落实好党风廉政建设主体责任和监督责任，强化党支部（党委）书记“一岗双责”的意识和能力。当前，要组织党员干部认真学习《中国共产党廉洁自律准则》和《中国共产党纪律处分条例》，继续开展好“三严三实”专题教育，开好专题民主生活会，立行立改，善做善成。四要配合中央巡视组做好有关工作。

（摘自南水北调网，略有删改）

国务院南水北调办传达贯彻中央扶贫开发工作会议精神

2015 年 11 月 30 日，国务院南水北调办传达学习中央扶贫开发工作会议精神，安排部署定点扶贫工作。办党组书记、主任鄂竟平主持会议。办党组成员、副主任张野、王仲田出席。机关副司以上干部参加学习。

会议传达了中共中央总书记、国家主席、中央军委主席习近平，中共中央政治局常委、国务院总理李克强在中央扶贫开发工作会议上的重要讲话精神，并就国务院南水北调办定点扶贫工作提出了明确要求。

鄂竟平在主持会议时谈了自己的学习体会。他指出，中央扶贫开发工作会议，是党的十八届五中全会后召开的第一个中央工作会议，有着特别重要的意义。一是充分体现党中央对扶贫工作的高度重视。中央领导全面阐述了推进扶贫工作的重大意义，并明确了扶贫工作的方针政策、目标任务、工作要求等。二是扶贫工作任重道远。国家实施大规模扶贫开发行动，大多数农村贫困人口已成功脱贫，仍有7000多万贫困人口，扶贫工作还面临着一些矛盾和问题，脱贫攻坚形势依然严峻。三是扶贫工作部署已经到位。从此次会议可看出，中央关于脱贫攻坚的决心已定，目标十分明确，工作部署也已经到位。

就国务院南水北调办定点扶贫工作，鄂竟平要求：一是深入领会中央领导的重要讲话精神，把思想统一到中央关于扶贫工作的部署上来，切实增强扶贫工作的紧迫感和责任感。二是积极行动，主动作为，加大扶贫工作力度，形成扶贫工作合力。三是创新扶贫工作措施，以更明确的思路、更精准的举措、更可行的项目，扎实推动扶贫工作，确保如期完成定点扶贫工作任务。

（摘自南水北调网，略有删改）

国务院南水北调办传达中央经济工作会议精神和中央城市工作会议精神

2015年12月22日，国务院南水北调办党组书记、主任鄂竟平主持召开会议，传达学习中央经济工作会议和中央城市工作会议精神。办党组成员、副主任王仲田出席会议。

会议传达了中共中央总书记、国家主席、中央军委主席习近平，中共中央政治局常委、国务院总理李克强在中央经济工作会议和中央城市工作会议上的重要讲话精神。

鄂竟平在主持会议时谈了自己的学习体会。他指出，两个会议非常重要，内容十分丰富，提出了许多新观点、新思路、新措施。习近平总书记、李克强总理的重要讲话，站在全局高度、以国际视野谋划国家发展战略，总结2015年经济工作，分析国内外经济形势，部署2016年经济工作，对于全党全国进一步统一思想、认清形势、把握大局具有十分重要的指导意义。

他要求，各单位要结合各自工作实际情况，全面地组织学习、传达和领会会议精神；将南水北调纳入国家发展大局中统筹考虑，谋划好南水北调各项工作；研究安排好2016年南水北调工作重点，为“十三五”规划落实谋篇布局；进一步认识新常态、适应新常态、引领新常态，将南水北调工作与会议精神紧密结合，确保各项工作部署落实到位。

总工程师李新军、总经济师朱卫东，办机关、直属单位副司级以上党员干部参加学习。

（摘自南水北调网，略有删改）

国务院南水北调办党组召开2015年度专题民主生活会

2015年12月29日，南水北调办党组书记、主任鄂竟平主持召开2015年度办党组专题民主生活会，以“严以修身、严以用权、严以律己，谋事要实、创业要实、做人要实”为主题，认真开展对照检查，深刻进行思想剖析，以整风精神开展批评与自我批评。中央纪委、中央组织部、中央国家机关工委和中央第十五巡视组有关领导到会指导。办党组成员、副主任张野、蒋旭光、王仲田参加会议。

在认真组织开展“三严三实”专题教育的基础上，办党组为开好此次专题民主生活会作了充分准备。组织深入学习党的十八大、十八届三中四中五中全会精神、习近平总书记系列重要讲话精神和《中国共产党廉洁自律准则》《中国共产党纪律处分条例》；通过书面、召开座谈会、设置意见箱等形式广泛征集意见建议；查摆践行“三严三实”方面的突出问题并列出问题清单；深入开展谈心谈话，从多方面了解对党组和党组成员的意见建议；对巡视期间发现的问题立行立改，直面问题和不足，积极主动地整改落实；深刻剖析检查，鄂竟平亲自主持起草党组班子对照检查报告，党组成员自己动手撰写个人对照检查报告。

民主生活会上，鄂竟平首先代表办党组汇报了会议准备情况，之后，班子成员之间开展了严肃的批评与自我批评。在自我批评中，鄂竟平带头，每位同志都开门见山，直奔主题，结合征求到的意见建议，对照党章、中央八项规定精神和“三严三实”要求，围绕自身存在的突出问题，联系思想、作风、工作实际，主动揭短亮丑，深刻剖析主观原因，深挖思想和党性上的不足，求真务实提出整改措施。在相互批评中，党组成员本着对同志负责的精神，坦诚相见，真提意见，提真意见，善意地指出其他同志存在的问题和不足，真诚地提出改进意见建议，被批评者则虚心诚恳地接受批评，达到了找准问题、形成共识、融合感情、增进团结的目的。

鄂竟平在总结讲话时说，南水北调办党组召开了一次严肃认真、富有成效的民主生活会，党组成员经受了一次党内组织生活的严格锻炼，思想上受到了一次深刻的教育。鄂竟平指出，办党组要把这次民主生活会作为新的起点，按照中央巡视组的反馈意见和整改要求，以整风精神着力解决存在的问题，以民主生活会的实效、“三严三实”的作风，进一步加强全面从严治党力度，有效推进各项工作，确保南水北调工程平稳安全运行、清水永续北送。

综合司、机关党委、机关纪委主要负责同志列席了会议。

（摘自南水北调网，略有删改）

贰 重要讲话

IMPORTANT SPEECHES

国务院南水北调办主任鄂竟平在国务院副总理张高丽召开的南水北调工程建设管理工作座谈会上的汇报

（2015年4月23日）

经过长达50年的民主论证、勘测设计和科学比选，2002年国务院正式批复《南水北调工程总体规划》。东、中线一期工程分别于2002年、2003年开工兴建，历经12年的艰苦奋战，先后于2013年11月15日、2014年12月12日如期实现通水目标，习近平总书记、李克强总理、张高丽副总理均作出重要指示批示。至今，东线累计抽水47.93亿m^3，调水到山东2.57亿m^3；中线京石段自2008年累计向北京输水16.1亿m^3，全线通水后累计向4省市供水6亿m^3。目前，东、中两线运行平稳、工况良好，输水水质达标；34.5万丹江口库区移民在安置地身安、心安、业安，生活水平总体高于搬迁前水平；9万沿线征迁群众安置补偿全部到位，整体比较稳定；累计完成投资2812亿元（工程总投资3082亿元），没有发现重大违规违纪行为。

东、中线一期工程先后如期顺利通水，并平稳运行至今，其中的艰辛令人难忘。这里我简要汇报一下建设历程和下步工作安排。

一、建设历程回顾

（一）实现了提前通水

由于种种原因，工程开建以后进展缓慢，至2009年底前8年共完成投资390亿元，约占总投资的1/7，余下4年左右时间，要完成6/7左右的投资，才能保证如期通水，所以任务十分艰巨，只能奋力一搏。

2010年开始，针对在建项目多、未开工项目多、剩余时间少的“两多一少”态势，我们客观分析工程建设“高峰期、关键期”的难题和风险，紧紧围绕通水目标，抓要害、抓关键、抓责任落实，死盯重点项目，盯死关键节点和责任单位，建立风险项目挂牌督导、关键事项驻地督办、重点项目半月会商、全线进度季度协调、跨渠桥梁专题协调、铁路交叉部办联席等工作机制，强化监督检查，严格奖惩措施，并简化审批流程，强化资金保障，组织科技攻关，优化施工方案，全方位提升工程建设进度。

同时，我们妥善处理征迁，减少施工扰民，并就近吸收劳力，努力为民办事，取得群众理解，赢得群众支持，沿线各地严厉打击各种强买强卖、强装强卸等违法行为，共同营造无障碍施工环境，保障了工程建设顺利进行。

通过积极努力，先后实现了东线一期工程提前一个半月通水，中线一期工程提前一个多月具备通水条件。

（二）工程质量可靠

我们高度重视工程质量，始终把质量监管作为核心任务来抓，下狠心，出重拳，采取了一系列具有南水北调特色的措施加强质量监督和管理，对高填方、膨胀土、跨渠桥梁、隐蔽工程等容易出现质量问题的薄弱环节，采取了相应的特殊处理措施，以保工程质量万无一失。

监管过程中，我们在“狠”上下功夫，建立质量监管制度，落实质量责任，创新监管手段。创造了符合南水北调实际的查、认、罚新机制，先后出台质量责任追究、信用管理、质量责任终身制等一系列以责任制为核心的质量监管新办法和新措施，并联合水利部、住建部、工商总局、国资委等建立质量监管联席会议制度。组建稽察大队，实施质量飞检，突袭施工现场；成立举报中心，实行有奖举报，接受社会监督；联合驻地监督、专项稽察、质量巡查、质量集中整治、监理专项整顿等多种手段，实现了全天候、全过程、全方位质量监管。

建设过程中，我们注重发挥技术优势，

提升质量保证。在科技部的大力支持下，开展了特殊地质、水文、气候等条件下关键技术和施工工艺的专题研究，攻克了丹江口大坝加高新老混凝土结合、复杂地质条件下穿黄隧洞建设等技术难题，充分发挥技术创新对工程质量的保障作用。

（三）移民稳定且发展势头良好

东、中线一期工程永久征地96万亩，临时用地45万亩，移民搬迁43.5万人（其中丹江口库区移民34.5万人，干线工程搬迁9万人）。

34.5万丹江口库区移民“四年任务、两年完成”，移民强度在水利工程移民史上前所未有。结合工程建设实际和我国经济综合发展水平，对丹江口库区移民在水利工程史上率先实行16倍补偿，并采取大分散小集中、整建制的有土安置方式。豫、鄂两省在移民点选择、土地调整、新村建设、集中搬迁等方面，采取了一系列倾斜性惠民措施，实现了“四年任务、两年完成”和“不漏、不伤、不亡一人”的双目标。移民搬迁后，两省以特色产业发展和就业服务为重点，发展移民经济，开展技能培训，加强创业扶持，创新社会管理，逐步实现了移民身安、心安、业安，移民生活水平总体高于搬迁前水平，自我发展能力不断增强。据国务院南水北调办2014年抽样调查，豫、鄂两省移民人均年收入分别高于库区留居群众同期水平11%、20%；人均净收入分别高于留居群众同期水平10%、25%。

沿线各省市紧紧围绕服务征地拆迁、保障工程建设大局，层层分解任务，逐级动员部署，充分利用包干条件，创造性地开展工作，实事求是地解决实际问题，有效破解各种征迁难题，营造了良好的征迁和建设环境。目前，沿线群众安置补偿全部到位，整体比较稳定。

东、中线一期工程涉及文物710处，考古发掘140万m^2，遇真宫等一批国家重要文物得到妥善保护，树立了在工程建设中切实做好文物保护工作、尊重历史和文化的典范。

（四）水质长期稳定达标

国务院明确了“三先三后”原则，先后实施了东线工程治污规划、中线丹江口库区及上游水污染防治和水土保持规划、丹江口库区及上游地区经济社会发展规划等。

东线治污规划及实施方案共包括工业结构调整、工业综合治理、城市污水处理及再生利用、流域综合整治、截污导流5个方面426个治污项目，总投资183亿元。2010年，针对项目完成近90%，还有1/3断面不达标的问题，研究编制了东线治污补充方案，200亿元补充项目全部纳入重点流域水污染防治“十二五”规划。2012年底，东线治污规划项目全部建成，补充重点项目全面开工，沿输水干线排污口全部关闭，水质得到明显改善，36个水质考核断面自2012年11月至今持续实现全达标（规划实施前的2003年仅1个断面达标）。

中线水源区地方政府和国家有关部门各司其职，相互配合，通过加大环保设施投入，强化污染防治监管，淘汰“两高一低”企业，专项整治入库河流，出台促进经济社会发展政策等，使水源区水质总体保持良好。丹江口库区及上游水污染防治和水土保持“十一五”规划具备条件的项目全部实施，“十二五”规划项目已完成80%多，工业、城市点源和农业面源污染得到有效遏制，生活污水和垃圾直排面貌大为改观，重点区域水土流失现象得以控制。丹江口库区水质总体稳定保持在地表水Ⅱ类标准。同时，划定了总干渠两侧及库区水源保护区，实施了库周生态隔离带和总干渠两侧生态带建设规划，加大了中央财政对水源重点生态功能区转移支付力度，开展了受水区对水源区的对口协作，为保证清水永续北送提供了可靠的制度保障和稳定的社会基础。

（五）投资可以实现不超概算

我们始终把严格投资监管、节约建设成本、控制工程投资作为重要任务。制定并实施加强投资控制的一系列管理办法，在加强资金筹措、加快价差调整、及时拨付资金等保障现场资金供应的基础上，确保把每一分钱都用到刀刃上，把投资规模控制在合理范围之内。认真做好初步设计，保证设计成果技术可行、经济合理、投资可控、运行可靠。公开、公平、公正招标，合理控制中标价格。优化设计方案和施工工艺，降低物料消耗和运输成本。同时，强化两个“严控”，“严控重大设计变更”“严控索赔”，防止顺风搭车和随意增加投资。制定并落实投资控制奖惩办法，调动参建单位主动节约积极性。加强账面资金管理，合理调度资金，优化资金结构，提高资金使用效益。例如，仅通过管理调度资金，就节约了银行利息几十亿元。在国务院批复的536亿元增加投资中，因工程量增加和设计方案变更增加的投资只占可研总投资的5.3%。现在看，如无意外，东、中线一期工程总投资不会超过国务院批复的投资规模。

（六）干部没倒

这些年，我们特别注意加强反腐倡廉工作，构筑教育、制度、监督并重的惩治和预防腐败体系，并和最高检联合建立了惩治和预防腐败工作联系机制；加强监督、审计，对全系统资金使用情况进行全面核查、全方位内审，努力完善监管制度，规范使用程序，堵塞管理漏洞。通过源头控制、一线举报、严防腐败等举措，形成了一套严控投资、严管资金的工作体系，顺利通过了国家发展和改革委、审计署等组织的历次稽察和审计。2012年审计署对工程进行了开工以来全面审计，未发现重大违规违纪行为。12年来，南水北调系统没有干部因工程资金贪腐问题被查处。

总之，通过大家的不懈努力，初步实现了工程建设阶段的目标。我们认为，南水北调工程取得今天的建设成绩，是上下一心、多方联动的结果。历届中央领导都非常关心南水北调工作，习近平总书记、李克强总理多次作出重要指示批示，李克强总理等在百忙之中视察工程现场，张高丽副总理、汪洋副总理多次听汇报、作指导，为我们指明了方向，提供了保障，注入了动力。中央有关部门在计划安排、资金筹集与使用、用地保障、治污环保措施落实、跨渠桥梁建设管理、科技攻关、治安管理、运行管理体制设计、调度运行、供用水管理、生态带建设、文物保护、舆论支持和铁路、电力、通信等专项设施迁建等诸多工作中，急工程所急、帮工程所需，实事求是地出主意、想办法，特事特办、重点倾斜，完善规则、修订政策；中央各大媒体及沿线地方媒体始终关注南水北调工程，并予以持续深入报道，为工程建设创造了良好的舆论环境，极大地鼓舞了广大建设者的士气和热情；沿线各级党委、政府成立组织机构，建立协调机制，科学组织、有序动员，在工程建设、库区移民、干线征迁、治污环保、资金筹措、建设环境维护、配套工程建设、工程设施保护等各个方面步调一致、全力以赴，付出了艰辛努力，创造了良好条件；征地移民和沿线群众识大体、顾大局，舍小家、为大家，积极支持工程建设，尤其是丹江口库区移民毅然离别祖祖辈辈生息繁衍的故乡，背井离乡到异地开始新的生活，展现出中华民族大团结、社会主义大协作的精神；数万名基层征地移民干部面对艰巨的任务、艰辛的工作、沉重的压力，毫无怨言、毫不退缩，务实重干、默默奉献，在工作中洒下了汗水、泪水和血水，一些干部长期超负荷工作，积劳成疾，豫、鄂两省先后有18名干部因过度劳累牺牲在移民搬迁工作的第一线；广大建设者牢记使命，扎根工程，不畏艰险，埋头苦干，克服复杂地质地貌条件和工期紧、标准高等一系列困难，解决一个个疑难问题，经受一个个严峻考验。

在这里，我代表南水北调办向所有关心、支持、帮助过南水北调工程建设的领导和同志们，以及全体工程建设者表示崇高的敬意和衷心的感谢!

二、下步工作安排

东、中线一期工程通水，习近平总书记、李克强总理、张高丽副总理先后作出重要指示批示，习近平总书记并在2015年新年贺词中专门提到中线一期工程，这是对我们的巨大鼓舞和鞭策，也是我们做好新时期南水北调工作的基本遵循。

今年是南水北调工程运行管理元年，出现了一些新的问题和矛盾。一是用水量上不去。东线一期工程设计年调水入山东13.53亿m^3，2013~2014年度实际调入7750万m^3，2014~2015年度也只计划调水2.31亿m^3，只占工程设计年调水规模的17%。中线一期工程设计年调水规模95亿m^3，2014~2015年度计划供水36.78亿m^3，自2014年11月1日至今累计供水6亿m^3，占同期计划供水量的45%，占年度计划供水量的16%，供水计划执行严重滞后。二是水费收缴困难。按照两部制水价政策和2014~2015年度计划调水量，东、中线应分别约计缴水费20亿元、62亿元。目前，部分省份尚未明确缴纳水费（特别是基本水费）的资金来源，中线工程供水合同补充协议、东线供水合同尚未签订，落实水价政策和及时足额收缴水费存在较大困难。三是中线运行机构尚未组建。中线工程已经全线通水4个多月了，运行管理机构尚未组建，将影响工程安全运行。四是尾工收口任务繁重。中线跨渠桥梁管理移交，临时用地复垦退还，库区移民安稳发展，线上留置资产处理，淹没线上留置人口，库底清理，高切坡治理，库周交通复建等处理起来矛盾很多。五是防洪影响处理工程建设严重滞后，危及工程及沿线群众生命财产安全。至今为止，中线所有防洪影响处理工程均未建成，其中有些工程的可研尚未批复，中线工程的防汛形势十分严峻。

遵照中央领导的重要指示批示精神，下一步，我们将重点开展以下几项工作：

（一）扎实做好运行管理工作

一是抓紧组建运行管理机构，健全运行管理机制，配齐运行管理人员。东线总公司去年9月份开始组建，初期人员配备、规章制度建立等已基本完成。中线运行管理机构组建方案即将按程序上报国务院。二是建立、健全安全生产责任制，加强对工程设施的监测、检查、巡查、维修和养护，加强应急预案编制与实地演练，并设立界桩、界碑和安全警示标志，确保工程和沿线群众安全。三是完善监测网络体系，加强水质监测与考核，强化沿线污染源、桥面污染物流入渠道的风险防控和水污染应急处置能力，确保水质安全。四是协调建立科学合理、操作性强的水费收缴保障机制，督促有关省市和相关单位尽快协商签订供用水协议，引导各地多用南水北调水，严格执行两部制水价政策，及时足额计缴水费，为工程良性运行提供经济支撑。五是依据水量调度计划，制定年度工程调度方案，确保科学、有序调度。

（二）加快尾工收口工作

一是加快跨渠桥梁验收与移交，原则上年底前基本完成；协调加快完成中线干渠左岸防洪影响处理工程建设。二是加快临时用地复垦退还，确保剩余约3万亩年底前全部退还。协调加快干线及库区用地手续办理工作。三是协调完善配套工程建设，早日具备全面消纳来水能力，充分发挥工程效益。四是加快水保环保、工程档案、征地移民、完工结算等专项验收。五是按照建设管理程序，适时组织东、中线一期工程后评价，为南水北调后续工程建设提供借鉴。六是协调研究东、中线一期工程后续问题，统筹解决丹江口水库初期工程留置人口、移民生产生活帮扶发展及线上留置资源处置、消落区文物抢救保护、库区高边坡地质灾害处置、完善工程设计等问题，如研究增加中线工程的调蓄水库等。

（三）全力实现用水效益最大化

通水只是第一步，只有落实好“节水、治污、环保”这“三先”，才有“调水、通水、用水”这“三后”的最大效益。一是继续开展深度治污工作，加快实施中线“两规划一方案”、不达标河流“一河一策”和东线治污补充方案，协调建立包括政策法规、投入保障、监测预警、突发污染事件应急处置等东、中线水质保护长效机制，加快中线生态带、生态文化旅游带及丹江口库周生态隔离带建设，适时启动丹江口库区及上游水污染防治和水土保持“十三五”规划编制工作，确保调水水质。二是协调落实地下水压采计划，统筹配置南水北调之水和当地水资源，以调入水源逐步置换出长期被严重超采的地下水，退还被挤占的农业和生态用水，促进生态文明建设。三是协调落实最严格的节水管理制度，建立起组织、投资、财政税收政策、节水标准体系和宣传教育等一系列保障措施，提高用水效率和效益。

（四）积极开拓后续工程

习近平总书记、李克强总理、张高丽副总理多次强调要做好后续工程筹划。沿线各级党委、政府和社会各界对加快东线二、三期工程和西线前期工程建设呼声很高，要求尽快开工、早日达效。我们将加强协调沟通有关部门和省市，力争“十三五”前期开工建设东线二、三期工程，“十三五”末期开工建设西线工程，早日形成“四横三纵、南北调配、东西互济”的水资源宏观配置格局。

南水北调东、中线一期工程已全面由建设阶段进入运行阶段，面临的问题和困难更多，所以恳请中央各部委、沿线各省市给予更大的理解与支持。请各省市尽快接收桥梁，多用水并足额交费，同时要做好防汛工作，落实“三先三后”。请中央各部委加快防洪工程建设和后续工程前期工作，做好环保、用地手续办理、协助组建运行管理机构等方面工作，确保工程充分发挥效益。

南水北调：资源配置的实践

——国务院南水北调办主任鄂竟平在中央和国家机关“强素质 作表率”读书活动主题讲坛上的演讲

（2015 年 8 月 15 日）

大家上午好，今天我专门说说南水北调。

首先，我想给大家报告两个方面的情况。第一，南水北调东线、中线一期工程已经如期顺利通水了。通水之后情况也不错，一直平稳运行。到目前为止，在南水北调工程的直接供水区，已有近 5000 万人喝上了长江水。现在北京大部分地区都喝上了南水北调的水。在座的各位，我估计你们大部分都喝上了。北京一天的用水量平时是 250 万 m^3 左右，最多的时候是 320 万 m^3，目前南水北调工程一天要给北京供应 200 万 m^3 水，并且还在逐步增加，运行情况还是不错的。

第二，我想告诉大家，南水北调工程是党和国家的一件大事，是跨世纪的伟大工程。在东、中线一期工程通水时，习近平总书记、李克强总理、张高丽副总理每一次都曾分别作出一大段的重要批示、指示，对工程建设给予了肯定并提出了要求，这充分说明南水北调工程是党和国家的大事。

我想要说的是，越是大事，这个题目越不好讲，因为事情越大，关注的人就越多，议论的人也就越多，就越难说清楚。

南水北调不单单是一个水利工程，它涉及到了经济、社会多个方面，有经济问题、社会问题、生态问题、环境问题，甚至还有政治问题。要想说清楚这些问题，我个人就显得有点力不从心了，因为我就是个水利工程师，水利之外的知识不够、经历也不够。

好在现在南水北调东、中线一期工程已经通水，并且分别运行了一、两年时间。通水之后，对于过去一些人担忧的经济问题、社会问题、生态问题、环境问题，其中一大部分现在可以说清楚了。比如水价问题，在通水前国内外都有议论：有的说南水北调工程耗资这么大，引来的水的价格会非常高；有的说水价会极高，用不起。现在通水了，水价去年已经公布了。到北京是2.33元/m^3、天津是2.16元/m^3、河北是0.97元/m^3，河南是0.13～0.58元/m^3，根本不像有些人说的那样，十几块钱一立方米的水喝不起。这个水价不是国务院南水北调办定的，是国家发展改革委组织团队计算出来的，是成本价。

就是因为通水了，有些问题容易说清楚了，所以我今天才敢来说说南水北调这些事。今天我尽量少说水利专业方面的事，更多的是把南水北调摆在国家发展大局中，谈谈我的一些看法，争取让大家或多或少有点收获。

一、南水北调到底是什么样的工程？

本来这个题目很简单，但被人为搞得不简单了。说它简单，是因为国务院在2002年正式批准南水北调工程总体规划时，里面有一句话，实际上就是给南水北调工程的定位，这句话是：南水北调工程是缓解我国北方水资源严重短缺局面的重大战略性基础设施。

但是我为什么说又不简单了呢？就是因为对上面这句话有的人认同、有的人不认同。我十分认同这句话。下面就解释一下这句话。我觉得这句话的定位相当准确，这句话里面的要点或者叫关键词有两个：一个是“战略”，一个是“基础”。那南水北调工程是不是具有战略性和基础性呢？下面说说我的看法。

要想说清楚战略性与基础性，就要先具体说说南水北调工程的方案。国务院2002年批准南水北调工程总体规划的时候已经很明确，南水北调工程由三部分组成，也就是三条线。

第一条线是东线。东线的源头是在江苏省扬州市江都区，引长江水一路北上，经过江苏、山东、河北，最后到天津。现在正在对引东线水进北京进行论证，但是2002年规划的时候没有向北京供水的设想，所以图中用虚线来表示，全长是1857km。长江中下游地区地势低，北方地势高，中间只能靠建设13级泵站提水，扬程65m，把水送到北方。这条线为江苏、安徽、山东、河北、天津这五个省市供水，年调水量148亿m^3。

第二条线是中线。中线的源头在湖北省十堰市丹江口水库，这里是长江的支流汉江上的一个大水库。从这里开始引汉江的水，一路北上，全长是1432km。中线不用建设泵站，全程自流，经过河南、河北，抵达天津、北京。这条线为河南、河北、天津、北京这四个省市供水，年调水量130亿m^3。

第三条线是西线。西线是在长江的上游，建设7座水库，打5条涵洞，把长江上游的水直接引到黄河，全长是508km。这条线主要是为四川、青海、甘肃、宁夏、内蒙古、陕西、山西这七个省市供水，年调水量170亿m^3。

我们所说的南水北调工程是由以上这三部分组成，现在已经完成的是东线和中线的一期工程。东线一期工程一直调水到山东，年调水量87亿m^3。中线的一期工程是全线贯通了，但是调水量少，年调水量95亿m^3。这就是南水北调工程的内容及其现状。

我今天最想要说清楚的就是，南水北调工程到底有没有战略性？大家可以从工程的整体功能和效益上，看出它确实具有战略性。首先，南水北调是给15个省市调水。南水北调是通过人造的新的中华大水网，也就是靠以上说的这三条线，连通了长江、淮河、黄河、海河这四条江河，专业人士称其为“四横三纵”，人为塑造了一个新的大水网。现在我们通过这个新的大水网使中国的水资源实现南北调配、东西互济，可以支撑15个省市的经济社会发展，这肯定是一个全局性的大事，全局性的大事肯定就是战略性的。此外，南水北调的水不是单一地供给某一个领域，而是供给经济社会所有的领域，涉及到工业供水、农业供水、生活供水，也包括生态供水，涉及到各个领域，比如仅一期工程就有40亿m^3的水用于生态环境。从我们全方位供给的对象来看，也应该是全局性的、战略性的。因此，我认为国务院关于战略性的定位是完全正确的。

第二个关键词是“基础”。水是不是有基础性呢？我想这个很明确，人类的一切活动都离不开水。就像党中央、国务院文件里讲的那样，三句话：水是生命之源、生产之要、生态之基。这三句话讲得很准确，实际上说的意思就是水具有基础性。水绝对是生命之源，谁也离不开它。人体内的水分大约占体重的65%，人不吃粮食可活14天，但不喝水最多活7天。至于生产之要，大家或多或少都会有体会，农业离不开水，作物生长必须靠水灌溉。不仅农业离不开水，工业也同样离不开水。例如，生产一条牛仔裤需要6m^3水。我开玩笑说，很多人穿着牛仔裤，还不知道自己是穿着6m^3水在路上走。生态之基就更好理解了，万物都离不开水，否则生态环境就无从谈起。所以国务院文件中说这是基础设施，说得也是相当准确。

综合我上面讲的话，南水北调工程到底是一个什么样的工程？就是国务院文件里说的：是缓解我国北方水资源严重短缺局面的重大战略性基础设施。我非常认同国务院对南水北调工程的定位。

二、为什么一定要修建南水北调工程？

虽然南水北调一期工程现在已经通水了，但到目前为止，还有人对工程有不同的看法。下面我就正面回答这些不同看法。为什么要修建？说起来其实很简单，就是有需要。因为北方缺水，没得喝了，所以才要修建。

（一）北方缺水的严峻性

我今天要说清楚的就是，北方到底缺不缺水？回答是很明确的。缺，不是一般的缺水，是严重的缺水。

什么是缺水？人均拥有水资源量少于1000m^3就是缺水。现在世界人均拥有水资源量是8800m^3，我们中国人均拥有水资源量是2200m^3左右，黄河、海河、淮河流域的广大地区，包括北京、天津、河北、河南等省市，人均拥有水资源量才462m^3。这表明相当缺水了。其中北京缺水更严重，人均拥有水资源量还不到200m^3。黄河、淮河、海河流域地区共计缺水约313亿m^3，这是通过多年的调查核算得到的数据。其中缺水最严重的是海河流域，缺水120亿m^3。海河流域缺水的地区包括北京、天津、河北的全部，还有河南、山西、山东和辽宁的部分地区。

目前，北京每年用水量是36亿m^3，自己产的水也就只有22亿m^3左右，缺口达14亿m^3。没办法，就大量采用中水，用了7亿m^3左右，最后还差7亿m^3左右的缺口，只能超采地下水。什么叫“超采地下水”呢？直观的解释就是，如果从地下抽水，今年抽出来的水量，第二年以后的降雨渗到地下能够补回去，这就是“采补平衡”，不叫超采。如果抽出的水量过多，第二年后没有能力补回去，那就是超采。

北京现在一年要超采地下水7亿~10亿m^3，每年都超采，已经超采几十年了。北京是靠超采地下水满足居民生活用水的。问题是年年超采，地下水位就年年往下降，降到一定程度，水量就小了，甚至采不出来了，所以就逼得你往更深处打井。原来水井就几十米深，现在100m，甚至200m以上的深井到处可见。此外，越往深处开采，还会有其他问题。

更要命的是把地下水采空了，地面就要跟着往下降。现在华北地区，主要是海河流域，地面下降超过20cm的区域已经超过6.4万km^2。北京全市的国土面积也就是1.6万

km^2 左右，你们去算吧！相当于4个北京市面积的地面全下沉了，最厉害的是天津某处沉了3.2m。这么大面积的地面都沉下去了，同志们，那要出问题的呀！好在咱们地下水源都在郊区和农村地区，没有高大建筑物，但是沉降是连带的，久而久之，后果是严重的。我说这番话的意思无非是想对大家说，北方缺水已经相当严重了，不管你有没有感觉都是客观存在的。

说到这里，我想用一位院士的话来说明北京缺水的严重性。这位院士说："把全世界缺水的报道都集中起来，都不足以描述北京的水危机！"这句话说得真好。北京的缺水，华北的缺水，北方的缺水已经相当严重了，不调水日子就要过不下去了，所以要通过南水北调工程调水。

（二）从长江调水的必要性

为什么要从长江调水，而不从其他地方调水？这很简单，原因有三个方面。第一，长江水多，中国地表径流40%左右的水在长江。长江一年有将近1万亿 m^3 的淡水，是中国最大的河流。其次才是珠江，6000多亿 m^3。第二，长江的水好，整个干流都基本达标。好水，你可以放心地调。第三，长江离北方近，方便调水。珠江也有水，但是太远了。从长江调水，就像要吃好大米必须要到东北去买一样，因为只有东北有，一个道理。

有人不赞同我以上的这些说法。不赞同的人有国内的，也有国外的，既有搞专业的，也有高级官员，还有一些媒体人不赞同。他们认为不一定非要南水北调，采用别的办法也可以解决缺水问题，也就是不搞南水北调工程也能解决问题，他们提出了三种办法：海水淡化、节约用水和中水回用。对此说一说我的看法，不一定正确。

关于海水淡化，我认为不可行。首先，成本太高。成本高，就体现在水价上。现在我国主要用蒸馏法和膜法进行海水淡化。无论采用哪种办法，淡化 $1m^3$ 海水，最后的造价在5~8元，很难承受。如果用海水淡化给北京供水，水源地无非是天津或河北曹妃甸。两地离北京200km左右，水送过来还要修泵，把水抽到北京来，那成本少说也得3~4元，加在一起是十多元钱一立方米水。而南水北调水价每立方米只有2.33元。

第二，高耗能。不论是蒸馏法还是膜法，都需要用大量的电能将海水淡化。初步计算，一立方米海水淡化要耗电4.5~5kWh。我们粗略算了算，南水北调一期工程调来的180亿 m^3 水，如果全部通过海水淡化获得的话，一年要耗电850亿~900亿kWh。这个用电量就相当于吉林省加海南省去年一年的用电总量，那要修多少火电站、烧多少煤啊，烧了煤之后要造成多大的污染啊！

第三，污染海洋。海边建个海水淡化工厂，将海水抽上来，淡水运走，盐哪里放？如果少量的海水淡化，滤除的盐可以通过制盐工业消耗掉；如果大量的海水淡化，制盐工业根本就消化不了。很多海水淡化工厂，将滤出的盐又倒入海中。长此以往，近海就盐化了，造成环境恶化。

第四，影响身体健康。海水淡化出来的淡水太干净了，里面基本不含矿物质。广大民众过去喝的是天然水，里面有很多有益的矿物质，谁敢长期喝那么纯净的水？会带来什么影响？为此我请教过专家，问有没有相关的科研成果，谁都摇头。喝一两次，行，喝三五瓶，没事。要是年年喝，若干年之后，对身体会有什么影响，没人说得清楚。所以现在像沙特、新加坡等一些国家，在利用海水淡化水的时候，一定要掺天然水。$1m^3$ 海水淡化水中要掺 $3m^3$ 左右的天然水，才能给民众供水。

基于这四方面的理由，我认为用海水淡化来解决像北京、天津等大城市的大范围缺水问题，是不可行的。

再说说"节水"。首先我要说明一点，节约用水太重要了，在整个水资源管理工作中，它是最重要的工作，因为它是一项革命性的措施，我们非要强化节水不可。就像习近平总书记讲的那样，“节水优先”，把节水放在首位。现在要讨论的是，靠节水是不是就能解决北方的缺水问题？我认为不客观也不现实。

首先，节水是有限度的，不是想节多少就节多少。再节约水，基本用水一立方米也不能少，人每天都要喝水，不能说原来一天喝两瓶水，现在只喝一瓶半，这办不到。就拿北京来说，北京因为缺水，早就重视节水了，并且下了很大力气来节水。有一个概念叫万元GDP用水量，10年前北京万元GDP用水量是$50m^3$，到2014年降到不到$18m^3$，这个用水量只相当于全国平均水平的30%左右。这个水平够高吧！不光在全国是较高的，和世界上发达国家相比也不低，如美国是$40m^3$，德国、日本是$20m^3$，都比北京高。北京下了很大工夫，快到极限了。海河流域农业用水较多，而现在海河流域农业用水的利用率是0.65，全国是0.52。利用率与全国平均水平相比高出一大截。就是这样节水，还是缺水。

第二，节水是要有条件的。其一，公民要有足够的素质，才能有自觉的节水意识，才能把节水这件事情办好。不是你一挥手说节水，广大民众就节水。节水不但要花钱，还需要公民有节水意识、大局意识和全局意识。现在我国的公民素质还需要慢慢提升，还达不到每个人都有节水的主动性和自觉性。其二，节水得有必要的手段。最重要的一个手段就是经济手段。一位经济学家讲：一个人能不能对某件事重视、在意、珍惜，取决于这件事的价值，也就是它能值多少钱。他接着又说：只有当做某件事的花费超过你的收入的2%以上的时候，你才会在意。来看看咱们的水费，以北京为例，我粗略算了一下，咱们每家花的水费，大约只占收入的0.4%左右，就这么几个钱，你会在意它吗？那有的同志就要说了，不能将水价提到占收入的2%以上吗？那北京的水价就要超过20元/m^3，如果实行，肯定能让人有节水意识，但水价的提高不是一件简单的事。所以我说节水不是一件简单的事，是有条件的。

第三，节水是要有代价的。我国耗水量最大的是农业，农业耗水占总用水量的65%左右。要节水首先应推行农业节水，但农业节水花费巨大。目前耗资最高的农业节水技术，节约一立方米水需要投入160元，最低的也要10~30元。花160元钱节约一立方米水，而只花几毛钱就可以买一立方米水，谁会这样干呢？就是想干，目前我国的经济实力也不够。同样，要想推行城市生活节水，也要付出代价，如要更换节水马桶，就得多花钱。所以节水很不容易，不是一宣传就能办到。

所以我说节水这件事，一定要正确对待，必须要做，要放在首位来重视它。但节水是一个循序渐进的过程，并且有限度。就目前看，光靠节水，还不能从根本上解决北方资源性缺水问题。

关于中水回用，这个方法更不现实。中水就是污水处理厂出来的水，本身水质就差，相当于地表水Ⅴ类水，生活不能用，所以用途、用量很有限。要想将它净化到Ⅲ类以上，那成本就更高了，谁也不会那样干。所以中水的用途就被限制了，只能是农业、城市绿化及个别工业领域使用。并且要想大量利用中水，需要修建专用管道，投资巨大。用中水冲马桶不行吗？行，但是现在每家每户只有一条自来水管，如果想用中水冲马桶，还要再修管道，耗费巨大，几乎是不可能的。尽管如此，如北京等城市在中水使用上也动了脑筋，下了大工夫。我前面讲了，北京一年用水36亿m^3，其中每年有7亿m^3左右用的是中水，占总供水量超过20%，不宜再多用了。发达国家的大城市中水利用就是2%~3%，所以说靠使用中水不可能解决北方缺水这个大问题。

当然，解决北方水资源短缺是不是就没有别的办法了？也不是。还有一个好办法，肯定管用，那就是大量移民和削减工农业规模，比如把华北人口削减1/4，北京人口减一半，2000多万人剩下1000多万人，让工厂等都迁到有水的地方去，这一招肯定行，立竿见影，但这在短时间内很难办到。所以这个办法管用但不易实现。

因此，综上所述，解决北方缺水问题，只能从多水的河流调水。最后结论是，党中央、国务院决定修建南水北调工程是完全正确的。

三、南水北调工程到底是怎么修建的?

国务院领导对工程的建设管理非常关心，李克强总理，张高丽、汪洋副总理多次指示我们，要求一定要把南水北调工程建成“放心工程”。

南水北调工程到底是怎么建的？这是一个必须回答的问题，为什么呢？因为南水北调一期工程已经建成通水了，花了那么多钱，我们必须要有一个交代。至少有5个问题需要交代，下面我一一回答。

（一）决策是不是科学？

我的回答很直接，是科学的，至少是比较科学的。有的人始终质疑，说你们的决策不科学，是草率的。有的说南水北调就是因为中国一个伟人说过的一句话，你们就开工建设，因此说你决策草率。我说这个说法也对也不对。所谓对，确实是一个伟人说了一句话，才开始着手南水北调论证的。说不对，就是这个工程并不是那个伟人说了那一句话之后的第2年、第3年就开工了，而是过了50年才开工，因此这样的说法肯定不正确。

1952年10月，毛泽东主席建国后第一次出差，就选择了视察黄河。资料上显示，这是老人家自己选定的。毛主席先坐火车到济南，从济南沿着黄河溯源而上，到了当时的平原省、河南省。一路下来，老人家说了几句很经典的话，其中有一句话说的就是南水北调。毛主席在看黄河的时候，说了这么一句话：“南方水多，北方水少，如有可能，借点水来也是可以的。”从此拉开了南水北调工程建设的序幕。请大家注意，毛主席他老人家讲得很有水平，是“如有可能”，没有说让你马上干，至于可能不可能，你们去论证吧！当时大家就理解了，就在“如有可能”上下了大功夫，一直对他的这句“如有可能”论证了50年。期间先后提出了50多个方案进行比选，一大批的科研单位进行研究，召开了100次左右的国家层面的论证会、研讨会，总共有逾6000人次专家参与论证，其中有100多人次院士。这期间主要围绕工程技术、投资、移民、生态等问题展开辩论。一直到2002年12月27日，朱镕基总理才在人民大会堂宣布南水北调工程正式开工，正好50年。同志们想一想，论证了50年这还草率吗？还有，你想一想，从毛主席1952年提出设想到2002年，这50年换了4任中央领导，怎么还是“一个伟人说了句话就办了”呢？这种说法很不客观。我认为南水北调工程开工建设，决策应该是科学的。

（二）工程是不是可靠？

这主要说的是工程质量。南水北调工程不好建，因为战线太长，建筑物太多，规模又太大。东、中线一期工程就长达2900km，还要穿越河流、铁路、公路等。而且沿线到处都是建筑物，有些建筑物是世界之最，其他国家也没有先例，本身就很难施工，要保证质量好并可靠，更是难上加难。给大家举几个例子，这些都是世界级的难题。

第一个难题是丹江口水库的大坝加高。丹江口水库是老水库，为了给北京、天津调水，必须将水库大坝加高，加大蓄水量，才能把水调到北京来。这个大坝是1974年修建的，在旧坝上加高14.6m，新老混凝土结合是一个世界难题。

第二个难题是渡槽。本来渡槽修建不算难题，但要是渡槽规模大了，可就难对付了。

恰恰南水北调工程因为调水量大，所以必须要修建大渡槽。如南水北调工程中的湍河渡槽，是世界上规模最大的U形渡槽，总长1030m，单跨40m，单节槽身重达1600t，采用特制的造槽机现场浇筑完成。这是南水北调工程首次自己创造的成套施工办法。

第三个难题是穿黄工程隧洞。南水北调工程从河底下30多米深穿越地质复杂多变的黄河古河床，采用国际先进的大型盾构机挖掘两条隧洞，单洞长4.25km，洞径9m。

在这样困难的条件下，要想保证工程安全可靠，控制质量是一件很难的事。但是我可以负责任地告诉大家，经过通水检验，南水北调工程的质量是良好的，是安全可靠的。

我们在工程施工质量的监管上下了大功夫，搞出了一套别人没有的，具有南水北调工程特色的质量监管机制。简单地说，就是能查找出问题，查找出问题后能处罚，并且罚得你口可能不服但是你心服。工程质量监管没有什么诀窍，就是监管方与施工方的博弈。所有的施工方，不敢说100%，但相当多的都偷工减料以节约成本。施工方只要偷工减料，南水北调的工程质量就要出问题，所以我们要做的就是要把偷工减料这件事看住，让施工方不敢。

首先，我们专门成立了一支司局级的稽察大队，每天有14～15个组在工地上来回跑、到处跑。稽察大队去工地检查前从不打招呼，也不让施工单位和监理单位安排吃、住、行。对我们稽察大队工作组的人，也有一套内控机制，防止成员跟施工单位和监理单位有牵扯。比如，每个组明天上哪儿，前一天晚上才知道；三个人一组，人员不固定，一两个月就轮换。同时，稽察大队成员的待遇比其他单位的要高，因为他们要完全独立。这一套机制执行下来，证明很管用，我们把这种监管办法叫“飞检”。

“飞检”之前谁都不知道，突然检查组就到现场了，自己带着一些简单仪器敲敲、打打、测测，有问题立刻现场取证。我们就是这么干的，其中我飞检了20多次。事实证明，这招是真管用，真能查到问题。

第二，我们制订了一套处罚的办法，这也是其他行业没有的。我们花了4个月的时间，把南水北调工程可能出现的质量问题，一个个罗列出来，总共1000种左右。我们把这1000种左右的质量问题的每一种问题应该由谁负责，负什么责，都一一厘清，最后形成完整的《质量管理办法》。

当我们抓到施工方的质量问题时，就用《质量管理办法》对照，马上能找出责任人并进行追责。并且处罚都是非常重的，包括警告、通报批评、罚款、开除，问题严重的还将施工、监理等企业上网列为不可信企业。这几年下来，我们开除的个人及企业超过150个，还有40多家企业被评为不可信企业发布在网上。这一套办法非常狠，有效地遏制了施工中的偷工减料问题。

第三，我们还有一套认证的办法。假如施工方对我们查到的质量问题有争议，根据认证办法，我们聘请了6家国内权威的机构，包括中国建筑研究院等，去认证，第三方说了算。所以在处罚的时候，施工和监理企业他们嘴上可能说不满意，但是他们心里是知道自己的问题的，所以他们不敢反驳。到现在为止，工程已经建成通水了，没有一家施工企业对质量问题的认证提出上诉。正是因为我们有这一套工程监管机制，才保证了工程是安全可靠的。

（三）水质是不是达标？

这个问题对南水北调工程来说是个热门话题，境内外舆论在这上面做文章的人也很多，有的话说得很离谱。但不论说得对与不对，至少能够感觉到大家对南水北调工程的水质还是非常关心的。

南水北调工程前期论证了50年，其中辩论最激烈的题目之一就是水质问题，有相当一部分专家认为南水北调工程在工程技术上没大问题，但水质会有大问题，尤其是东线，水质肯定是不行的，建议不要建设东线。因为开工之前，在东线一共36个断面中，只有一个断面的水是达标水（Ⅲ类），另外35个断面都是超标准的水；并且这35个断面中的25个是劣Ⅴ类水，也就是完全失去使用功能的水。在这么严峻的污染情况下，花8～10年就能把污染治理好？很多人画个大问号也是有道理的。

当时的中线水质保护形势也非常严峻。中线给北京调水，原来是Ⅰ类，到工程开工前已经变化到Ⅱ类了，所以也有人担心水质会不会继续变坏。当然，Ⅱ类水也是好水，在华北很难找到Ⅱ类水。

今天我可以负责任地告诉大家，经过努力奋斗，现在水质都已经完全达到了标准。我声明一点，水质达标与否，是环保部门检测的，他们说现在南水北调工程，不论是水源区还是沿线，所有的水质都是达标的，东线达标、中线更达标。

有人问，你们是怎么干的，才使水质达标？这十几年来，我们一共干了三件事，这才把水质搞好了。第一件事就是关停污染企业，这也是要下狠手的，不能商量。东线和中线沿线一共关停了超过3500家污染企业。第二件事就是治理污染。过去沿线很多市县是没有污水处理厂和垃圾处理厂的，还不要说乡镇，这十几年中，我们新建了356座污水处理厂和150多处垃圾处理厂。第三件事就是限制发展。在东、中线水源区和输水沿线限制新建污染企业，并且划定了水源保护区，在保护区里绝对不允许建设污染企业。正因为如此，所以东线从2012年底开始36个断面水质全部达标，中线水源区水质一直平稳达标，并且有所改善。我国规定达到Ⅲ类水，水质就没问题。中线工程中所有监测断面的水质都是Ⅱ类以上，还有个别Ⅰ类。

说到这里，我相信大家一定不会再认可境外舆论说的那些话：南水北调的水是污染严重的水，是不能用的水等等。大家可以放心地喝南水北调的水。

（四）移民是不是稳定？

移民工作是“天下第一难”。南水北调总移民超过42万人，最多一年移民近20万人，移民强度创世界之最。但搬迁过程和谐、平安、有序，做到了“不伤、不亡、不漏、不掉”一人，做到了移民满意、地方满意、中央满意。还有，移民搬迁到新家园已3～4年了，是不是稳定呢？回答是明确的，是稳定的！我特别想说的是，这些来得真的是很不容易。为什么难？因为让人家移民是违背人家的意愿。人家不想也不愿意搬迁，尤其是一些老人家，在那里住了七、八十年，他们的父辈、祖辈都在这个地方住，无论你给他们多少钱、多好的地方，人家都不愿意搬走。但是为了南水北调工程，必须移民，而且相当多的是整村移民。所以，总体上能做到移民满意、地方满意、中央满意，的确很不容易。习近平总书记在2015年新年贺词中说了这样一段话：12月12日，南水北调中线一期工程正式通水，沿线40多万人移民搬迁，为这个工程作出了无私奉献，我们要向他们表示敬意，希望他们在新的家园生活幸福。总书记的话让我们都很感动。

三个满意是怎么办到的？实际两句话就可以说清楚：政策好！人努力！

什么叫政策好？就是我们国家对移民的补偿政策好，不但是合理补偿了，还充满了人性化。什么是合理的补偿？就是我影响到你多少财产，我给你补多少，不是我说了算，而是有个中介机构来评估，保证不让你吃亏，这个补偿政策下去之后，移民还是挺满意的。为什么说充满人性化？就是在移民搬迁的过程中，我们的政策都让它有人情味。怎么有人情味？我举几个例子，移民搬迁一般都是一个村子或半个村子整体搬迁，对接收地而言，不管有什么困难，也一定要划一块整地，让这个村子整体搬过去。假如这个村子原来叫李家村，到了新村子之后叫李家新村。你原来的村党支部书记还是书记，村长还是村长，小学老师还是小学老师，整个村子几百人上千人都还住在一起。还有，我们建的安置区的条件和环境都要比移民原住地好，等于给移民提供了新的发展机遇。并且移民前还要带村民代表去新地方看看，让移民认可，这就是人性化。

还有，搬迁过程中一定要有人情味。什么人情味？走的时候，移民所在地政府要送，到新的地方，新的安置区的政府要接。不是一般的接，有的地方一户配一个干部，要负责把这户人家领到他们的新房前，并且还要负责一个礼拜的吃喝，房里都准备好了一个礼拜的米、面、菜。也就是说移民搬过来，第一个礼拜都不用自己再准备什么东西，接收地的干部都准备好了。这不就叫人情味吗？正是因为有这么多有人情味的好政策，所以移民没有什么大意见。他们觉得，我是受委屈了，但给国家作贡献了，而党和国家对我也不薄。绝大多数移民都是这种感觉，这就叫政策好。

还有人努力。什么叫人努力？首先是政府努力，两个搬迁大省——河南、湖北就很努力，河南省委书记郭庚茂同志说，南水北调工程是一号工程。湖北省委书记李鸿忠同志告诉当地的干部，移民是天大的事情。省委省政府主要领导这么重视移民工作，那你想想各级党委政府能差得了吗？都重视，都努力，这很重要。

第二，是广大的基层移民干部努力，可以说是无私奉献。有的基层干部甚至要与移民攀亲戚，那样人家才能够接受你，才能够做成工作。有的基层干部还要帮人家解决小孩就业等家庭困难，受了不知道有多少委屈。移民干部是非常难的，那真是尽力了，咱们广大基层移民干部真是值得敬佩。

再有就是移民努力。移民们绝大多数是通情达理的。我最为感动的是河南淅川县的一位老人，叫何兆胜，70 多岁了，因为南水北调的水源地，也就是修建丹江口水库，老人家这辈子从小的时候就搬家，先后搬了 4 次。这次又要让他搬，他二话不说就搬走了。有人告诉我，这个老人 2014 年去世了，去世前，留下了最后一句话，他含糊不清地说：国家如果还要我这块地，让我搬，我就还搬。说完这句话，他就没再说话了。每当我想起这句话的时候，内心就充满了感动，移民兄弟姐妹们真的令人尊敬。

正是因为政策好、人努力，才使得这 42 万多移民，不但搬得出，并且到现在为止，也很稳定。我这话不是空口说，我有一组上访数字，2013 年到国务院南水北调办机关上访的有 200 多人，2014 年的时候只有 70 多人。今年就几十个人。来的人只是一些个体的事情，没有大问题，很稳定。

（五）投资是不是超概算？

这题目容易说清楚，投资没超，也不会超，这个大家放心。国务院批复的南水北调工程概算 3082 亿元，现在工程都已经通水了，基本竣工了，才花费了约 2835 亿元，还剩 247 亿元多，不会超概算。

我认为这主要是得益于严管，在这里我也要特别感谢审计署、国家发展改革委、财政部，他们也帮助我们严管资金。尤其是审计署，进行了三次大规模的审计，帮我们查出了不少问题，堵住了漏洞，才使得总体投资有这样好的结果。

对南水北调东、中线一期工程建设而言，我还有一个总的体会，就是南水北调工程建设非常艰难，论证艰难、保质量艰难、治污艰难、移民艰难、控制投资也艰难。

四、三点启示

（一）在我国修建调水工程是必然选择

我国在水资源方面有两大最突出的问题：一个是水资源时空分布与经济社会布局不相适应，一个是水资源配置与经济社会发展需求不相适应。

我国水资源时空分布十分不均，时间分布上，降雨都在夏季，冬季、春季、秋季都少，北方夏天降雨量相当于年降雨总量的70%上下；空间分布上，是南方水多，北方水少，跟社会发展布局不相适应，南方占81%的水，国土、GDP、人口各约占40%左右，而北方占19%的水，国土、GDP、人口各约占60%左右。尤其是黄淮海地区，GDP、人口、粮食产量都占到全国的1/3左右，但这一地区拥有的水资源占全国的1/14，就是7.3%。黄淮海地区其他条件，如土地、气候等都适合发展，可发展的集聚区恰恰水少。另外生产、生活也需要均衡平稳的供水。但夏天的降水根本就留不住，全国一年地表通过降雨而产径流26 000亿 m^3 左右，其中有5000多亿 m^3 左右流到了境外其他国家，剩下的21 000亿 m^3 里有将近16 000多亿 m^3 左右都流入大海。因为夏天的降雨大都是洪水，留不住，所以需要寻找解决的办法。

解决时间分布不均的问题，只能靠修建水库，把水留住才能调节时间差；而解决空间分布不均的问题，只能靠调水，因此我说我国非修建调水工程不可。从国外看也是这样，如以色列人均水资源也就是300m^3 左右，他们靠调水，变成了一个农业出口大国。所以中国修建调水工程是必然选择！

（二）客观对待调水工程的利与弊

对于调水工程的利弊到底怎么看，这方面确实争议很大，“利”就不用多说了，前面已讲了南水北调工程的效益。我国现有较大规模的调水工程近10处，效益相似。“弊”的确也是存在的，比如因修调水工程而出现永久占地、大量移民、影响生产、影响生态等问题。河水本来要流下去，而我们从中间就给弄走了，下游水流就小了，这肯定要影响下游的生活、生产和生态。这些问题是确实存在的。对于调水工程的利弊到底怎样看？我的看法是三句话：要看利是不是势在必得？是不是利大于弊？弊是不是可以承受？下面我用南水北调中线工程来举例说明。

中线工程一共占用耕地约83万亩，移民约42万人。因为南水北调将水调走之后，丹江口水库下游的河道水面有时要比过去低20～50cm。水面下降半米，肯定会给汉江中下游600km河道带来生产、生活、生态问题，对此我们怎样看？

首先，利是不是势在必得。北方缺水问题已经到了非解决不可的程度！前面我已经说清楚了，黄淮海地区经济社会发展非得获取新的水源不可，势在必得，不调不行，不得不调，那就不能再有其他选择了。

第二，是不是利大于弊。我们这个工程的利太大了，有3亿左右人因调水受益，不仅保障了北京、天津、河北、河南、山东等广大地区的经济发展，同时还改善了这些地区的生态环境，效益巨大。而对丹江口水库下游河道水面的影响只有20～50cm，所影响的生产、生活与生态规模、范围不是很巨大，并不是毁灭性的，显然“利”肯定是大于“弊”。

第三，关键是“弊”是不是可以承受。我们不是消极地对待弊，而是积极地处理“弊”。比如汉江降下来20～50cm的水位，势必会影响生产、生活。对于一些生活用水引水口引不上水的问题，我们就花钱将引水口向下挖一挖，就又能引上水了。对影响生产、航运的问题，我们再花钱疏通航道，就可以减少影响。除此之外，我们还在汉江下游的河道上修建了水电站（水库），利用水库进行调蓄。在枯水期的时候，通过水库放水可以减少影响。另外，中央还投资了另一项工程，从长江挖了一条新水道，把长江水引了进来，可以抬高汉江下游的水位。虽然调水让下游水位降了20～50cm，但通过以上这些积极的措施，使下游因调水产生的一些问题基本得到解决。

当然，这里最难说清楚的是生态方面的负面影响，因为生态问题是很难量化的。河道中的水少了，它的纳污能力就下降了；水位降低了，它对沿岸生态的影响到底有多大，大家众说纷纭。很多人拿这件事做文章，说南水北调是一个违背自然规律的工程，讲的就是影响生态。有没有生态问题？的确有，但是这个生态问题到底有多大？众口不一。

我想用献血这件事来对比南水北调所产生的生态问题。据说献血每次要400mL左右，而献血对人的身体健康肯定有影响，但医生还是鼓励人们献血，就是因为献血的重要作用远比它对献血者造成的不良影响要大得多，所以人们对献血没有异议。我认为调水工程对生态的影响也是一样的。人身体里有大约4500～5000mL的血，献血抽400mL的血，要占总量的8%左右；现在我们从长江引的水，只占长江总水量的2%左右，当最后三条线的工程全部竣工后，调水量也只占不到5%，这对长江又会造成多大的影响？是致命的影响吗？长江会因为我们引5%的水而生态恶化吗？南水北调工程的确有负面影响，但造成的负面影响比较小，不是毁灭性的影响。加上治理工程的实施，可以减少调水的负面影响，使得“弊可承受”。

总之，在做任何事之前，我们每个人、每个单位，甚至每个国家都会经常处在“利”与“弊”的选择中，此时，“客观”两个字很重要，“有为”两个字很必要。

（三）修建调水工程需超前决策

修建调水工程为什么需要超前决策？

一是现在北方缺水已经很严重。全国缺水500多亿m^3，绝大多数在北方；世界公认的河流开发利用率的警戒线为40%，黄淮海已远超过，尤其是海河流域开发利用率已超过100%，超采地下水相当严重，已经造成如地面沉降等严重后果，再不调水问题就会越来越大。

二是今后用水量还呈增加趋势。经济社会还要发展，用水量会只增不减。

三是调水工程一般建设工期长，需要提前动工。调水工程多数都线路很长，自然地理社会等环境均复杂，建设需较长的工期，大都在十年以上，如美国加州调水工程历时23年。南水北调东、中线一期工程花了12年，西线工程可能还要花15年。如果不超前决策，现在就缺水，今后缺水量会越来越大，那就要出问题了。

最后，我用三句话结束今天的讲座。第一句是：上善若水，水善利万物而不争。这是老子的一句话，是赞美水的，说水是好东西，值得领悟。第二句是：水危机是当今世界面临的最严重挑战之一，正向我们走来。这是很多人的看法，已经基本形成共识，世界范围的水危机正向我们走来，我们应该警醒。所以，最后一句话是：衷心希望大家多关注水的问题，争取通过我们的共同努力，使我国远离水危机，保障顺利实现“两个一百年”宏伟目标！

就讲到这里，有不对的地方，我愿意听取同志们的批评和指教。谢谢大家！

继往开来　再创辉煌

——国务院南水北调办主任鄂竟平在2015年南水北调工作会议上的讲话

（2015年1月14日）

同志们：

2014年12月12日，中线一期工程正式通水，习近平总书记、李克强总理、张高丽副总理作出重要指示批示，强调了南水北调工程的重大战略意义，肯定了工程建设取得的重大成果，明确了今后的工作目标、任务和要求；2014年12月召开的中央经济工作会议上，习近平总书记、李克强总理分别强调做好南水北调工程；2014年12月31日，习近平总书记在发表新年贺词中再次谈到正式

通水的南水北调中线一期工程，肯定沿线40多万移民搬迁群众做出的贡献，向他们致敬并送上温馨的祝福。习近平总书记等中央领导同志对南水北调工作的一系列重要指示批示，是对全体建设者和沿线干部群众的巨大鼓舞与鞭策，也是我们做好新时期南水北调工作的基本遵循。站在新的起点，我们召开这次会议，主要任务是：贯彻党的十八大及十八届三中、四中全会精神，深入落实党中央、国务院有关南水北调工程建设的重大决策部署，习近平总书记、李克强总理、张高丽副总理等中央领导关于南水北调的系列重要指示批示精神，全面总结南水北调工程建设工作，客观分析南水北调工作面临的新形势和新任务，安排部署2015年南水北调工作，确保东、中线一期工程安全运行、有序调度，确保尾工项目基本扫尾，确保在新的起点上转型、开拓，再创辉煌。

一、2014年工作成效

2014年是南水北调工程建设的决战攻坚和收尾转型年，新旧矛盾交织，事权主体多元，机构设置滞后，不熟领域太多，时间紧迫，形势逼人，压力空前。在党中央、国务院的坚强领导下，在中央有关部门和沿线各地的大力支持、积极配合下，系统上下自觉服从大局，发扬创新精神，勇于担当，务实重干，工作中心由建设管理为主逐步转向运行管理为主，工作重心由内部组织为主逐步转向外部协调为主，尽管其中险象环生，但都一一攻克、化险为夷，实现了东、中线一期工程建设的完美收官，中线正式通水，东线有序运行，向党中央、国务院和亿万群众交上了一份满意的答卷。

中线正式通水。经过20万建设大军的艰苦奋战，中线一期主体工程2013年底完工。2014年，尾工建设、充水试验、质量排查、通水验收、运管体制等工作有序推进。6月5日~10月30日进行了干线工程充水试验，9月29日通过全线通水验收。10月份，专家委对中线干线工程进行了质量评价，认为工程总体质量良好。京津两地配套工程已经完成，完全具备接水条件，冀、豫两省配套工程进展顺利，具备初期接水条件。工程管理单位与京、津、冀、豫4省市签订了供用水协议。同时，现场运行管理机构、人员配备到位，调度管理、安全巡视工作运转正常，抢险、安保等各种应急预案和物料准备充分。经国务院同意，11月2日起，开展了中线一期工程通水试验，进行了各种复杂工况演练，各项指标满足通水要求。12月12日中线一期工程宣布正式通水，转入运行管理阶段。至今，运行平稳，工况良好，输水水质达标。同时，汉江中下游治理工程如期完成，引江济汉工程9月26日正式通水。中线京石段工程自2008年以来连续4次向北京应急供水，累计输水16.1亿m^3，有效缓解了首都的供水压力。中线干线河南段工程、引江济汉工程在尚未正式通水的情况下，克服困难投入到豫、鄂两省应急抗旱中，在抗旱减灾中发挥了重要作用。

东线有序运行。试通水以来，累计抽江水47.93亿m^3，调水到山东2.57亿m^3，圆满完成了年度调水任务、南四湖应急补水和江苏省应急抗旱工作。2013年11月15日正式通水以来，工程运行平稳、工况良好，输水水质稳定达标，输水河道航运平稳，交通、电力、水利设施和沿线群众日常生活等运转正常。经国务院同意，2014年9月30日，国调办印发通知，成立南水北调东线总公司；10月11日，工商总局发放东线总公司营业执照；11月15日，国调办批复东线总公司“三定”方案。目前，初期组建工作基本完成。领导班子已经到位，其他管理人员也将陆续配齐，各种规章制度陆续出台完善。

水质持续达标。协调督促东线治污补充项目实施，启动东线水质保障长效机制建设，推进东线环境专项验收，使东线水质达标的基础更加巩固，风险防范工作更加健全，保障了东线2014年通水期间水质持续达标。强力推动中线水源保护、生态建设有关规划、方案的实施，紧紧盯住水源区不达标河段治理，加强水源保护执法监督。同时，实施了输水干线水质安全保障措施，为中线工程正式通水创造了条件。10月份，专家委对中线水质进行了评估，认为丹江口水库水质稳定保持在地表水Ⅱ类标准，干线输水水质安全保障体系已基本建立，中线工程通水水质能够得到保障。仅占入库总量不足1%的湖北十堰5条河流，经有效治理，也已基本实现了“不黑、不臭、水质明显改善”的阶段性目标。

移民征地稳定有序。会同豫、鄂两省开展了库区移民工作“回头看”和库区保蓄水安全“百日大排查”活动，全面排查各种风险和隐患，及时调处事关移民群众切身利益的矛盾和问题。两省还积极探索移民新村社会治理创新，加大移民后期帮扶力度，探索产业转型发展新路子，促进移民就业创业，帮助移民增收致富，生产发展态势良好，移民群众安居乐业。另外，干线征迁工作满足工程建设需要，群众安置补偿全部到位，整体比较稳定。各地规范使用临时用地，截至2014年底，东、中两条线已退还临时用地39.8万亩，占比88%。

资金使用规范高效。2014年，是工程建设收尾结算的关键时期。我们加强资金筹措，加快价差调整，及时拨付资金，足额保障现场资金供应。进一步加强投资控制，推行变更索赔“查、认、罚”新举措，严格设计变更，严防顺风搭车和随意增加投资。继续落实投资控制奖惩办法，调动参建单位主动节约积极性；加强账面资金管理，提高资金使用效益。同时，完善资金管理制度，加强监督审计和整改落实，确保资金使用安全，保持了南水北调系统没有干部因工程资金贪腐问题被查处的纪录。

社会影响不断扩大。积极协调调动各方面力量为南水北调工程营造良好氛围，新闻、文化、艺术等宣传成果丰硕。中宣部多次发文部署南水北调宣传工作，重视程度空前；中央各大媒体及沿线地方媒体持续深入报道，舆论环境浓厚。我们协调中央电视台4年精心拍摄的纪录片《水脉》取得了良好的收视效果，得到了中央领导、沿线各地和社会各界的高度评价。

二、回顾与总结

酝酿半世纪，建设十余载，鏖战三年多，东、中线一期工程如期实现通水目标。奋斗蕴含艰辛，成绩来之不易，这里我们共同回顾一下12年不平凡的建设历程。

（一）全力强推进度，如期全面通水

由于种种原因，开建以后进展缓慢，至2009年底前8年共完成投资390亿元，约占总投资的1/7，余下4年左右时间，要完成6/7左右的投资，任务十分艰巨。

2010年开始，针对在建项目多、未开工项目多、剩余时间少的“两多一少”态势，我们客观分析工程建设“高峰期、关键期”的难题和风险，紧紧围绕通水目标，抓要害、抓关键、抓责任落实，死盯重点项目，盯死关键节点和责任单位，建立风险项目挂牌督导、关键事项驻地督办、重点项目半月会商、全线进度季度协调、跨渠桥梁专题协调、铁路交叉部办联席等工作机制，强化监督检查，严格奖惩措施，并简化审批流程，强化资金保障，组织科技攻关，优化施工方案，全方位提升工程建设进度。

同时，我们妥善处理征迁，减少施工扰民，并就近吸收劳力，努力为民办事，取得群众理解，赢得群众支持，沿线各地严厉打击各种强买强卖、强装强卸等违法行为，共同营造无障碍施工环境，保障了工程建设顺利进行。沿线各地多方筹措资金，精心组织配套工程建设，扎实做好接水准备工作，确保与主体工程同步达效。

至2014年12月底，累计完成投资2543

亿元，完成土石方 159 649 万 m^3、混凝土浇筑 4276 万 m^3，东、中线一期工程如期实现通水目标。

（二）强化质量责任，建设一流工程

东、中线干线工程具有规模大、战线长、涉及领域多、参建单位多、施工环境复杂等难点，同时面临丹江口大坝加高、膨胀土（岩）渠坡处理、中线穿黄隧洞建设、大型渡槽设计与施工、高填方渠道及煤矿采空区渠道安全、低扬程大流量泵站群建设、超大口径 PCCP 管道建设、大型渠道衬砌施工等一系列工程技术难题，质量管控难度很大。且现行工程建管体系“市场”“现场”不联动、不健全，难以形成有效约束，少数施工、监理单位片面追逐利益，恶意违规，进一步加剧了质量监管的难度。

针对这一形势，在质量监管上，我们高压高压再高压，延伸完善抓关键，持续加压，严抓不懈，实施了具有南水北调特色的查、认、罚新机制。在梳理施工工序、划清责任主体的基础上，先后出台质量责任追究、信用管理、质量责任终身制等一系列以责任制为核心的质量监管新办法和新措施，并联合水利部、住房城乡建设部、工商总局、国资委等建立质量监管联席会议制度。在国家重点工程建设领域，率先组建稽察大队，实施质量飞检，突袭施工现场，成立举报中心，实行有奖举报，接受社会监督，联合驻地监督、专项稽察、质量巡查、特派监管、质量集中整治、监理专项整顿、重点项目专项监管等多种手段，实施全天候、全过程、全方位质量监管。专门邀请国内一流的设计、科研单位进行质量责任认定，并从快、从重严肃处理责任单位和责任人。自 2010 年至今，通过约谈诫勉、通报、清退出场等处理参建单位 136 家、各级人员 197 名。我们还创新警示和震慑机制，将施工、监理单位信用评价等级和被处理责任单位，全部上政府网和南水北调手机报，并通告所有参建单位责任人。这些前所未有的做法，对各参建单位触动很大，效果很好。

建设过程中，我们切实加强对特殊地质、水文、气候等条件下关键技术和施工工艺的技术攻关，先后攻克了前面讲到的一系列技术难题，充分发挥技术创新对工程质量的保障作用。同时，我们加强科学管理，合理配置生产资源，尽量减少施工强度大起大落对工程质量的影响。通过多措并举、综合施策，保证了工程质量始终可控并持续向好。

（三）坚持以人为本，和谐征地移民

东、中线一期工程永久征地 96 万亩，临时用地 45 万亩，移民搬迁 43.5 万人。34.5 万丹江口库区移民“四年任务、两年完成”，移民强度在水利工程移民史上前所未有。我们建立了“建委会统一领导，省级人民政府负责，县为基础，项目法人参与”的移民征迁管理体制，实行了“移民任务与资金双包干”，充分发挥地方政府的主动性和积极性。

我们坚持以人为本理念，对丹江口库区移民率先实行 16 倍耕地补偿标准，并采取大分散小集中、整建制的有土安置方式。豫、鄂两省把丹江口库区移民工作当作重大政治任务，组建了领导有力、运转高效的指挥体系，形成了共同参与、齐抓共管、合力攻坚的工作格局，为移民安置工作的顺利推进提供了坚强的政治基础和组织保障；坚持高起点规划、高标准设计，集中全省力量，整合相关资源，在移民点选择、土地调整、新村建设等方面，采取了一系列倾斜性惠民措施，把移民新村建设成为当地社会主义新农村的示范村；坚持群众路线，尊重移民意愿，实行政府监督、中介监理、企业自控、移民参与“四位一体”的质量监督体系，确保移民新村建房质量；周密制定方案，有序组织搬迁，在试点基础上，2010 年 6 月开始大规模集中搬迁，2012 年 9 月全部搬完，没有出现大的群体性事件和个人极端事件，创造了我国水利移民史上的奇迹，充分体现了各级各部门较强的行政执行力，展示了各级党组织的凝聚力、战斗力。两省共组织移民对接2600多次，调整生产用地46万亩，建设移民新村649个，集中建房8.8万户、1200万m^2，集中搬迁400多批次，投入人力10万多人次，出动车辆4万多台次。移民搬迁安置后，两省以产业发展和就业服务为重点，在“稳得住”和“能致富”上狠下功夫，逐步实现了移民身安、心安、业安，移民生活水平总体高于搬迁前同期水平，自我发展能力不断增强。两省还高标准地完成了库底清理，确保了水库蓄水安全。

在干线征迁工作中，沿线各省市紧紧围绕服务征地拆迁、保障工程建设大局，层层分解任务，逐级动员部署，充分利用包干条件，创造性地开展工作，实事求是地解决实际问题，特别是灵活运用地方补助、合理使用耕地占用税等，有效破解了与高铁、高速公路等工程项目征迁补偿标准不一、同地不同价难题，营造了良好的征迁和建设环境。目前，沿线群众安置补偿全部到位，整体比较稳定。与此同时，各地规范使用临时用地，并保质保量复垦退还，有效减少了社会矛盾和隐患。

东、中线一期工程涉及文物710处。累计考古发掘140万m^2，遇真宫等一批国家重要文物得到妥善保护，树立了在工程建设中切实做好文物保护工作、尊重历史和文化的典范。

（四）狠抓治污环保，保证调水水质

按照规划水质目标，东线一期沿线水质要达到地表水Ⅲ类标准，中线一期要达到地表水Ⅱ类标准。建设之初，东线治污一度被认为是不可能完成的任务，中线水质保护形势也异常严峻。为此，国务院明确了“三先三后”原则，先后实施了东线工程治污规划、中线丹江口库区及上游水污染防治和水土保持规划、丹江口库区及上游地区经济社会发展规划等。

东线方面，在国家有关部门和苏、鲁两省的努力下，到2012年底，规划确定的工业点源治理、污水处理再生利用、流域综合整治、截污导流、城市生活垃圾处理等426个治污项目全部建成，沿输水干线排污口全部关闭。针对不稳定达标断面，2011年下半年两省增补的200亿元治污项目全部纳入重点流域水污染防治“十二五”规划，目前已完成近八成。东线10年治污，特别是近3年来的治污攻坚，既使昔日的“酱油河”满足了输水水质要求，又倒逼沿线产业结构调整和转型升级，促进了治污环保法规体系健全完善，开创了重点流域治污工作新模式。

中线水源区地方政府和国家有关部门各司其职，相互配合，通过加大环保设施投入，强化污染防治监管，淘汰“两高一低”企业，专项整治入库河流，出台促进经济社会发展政策等，使水源区水质总体保持良好。丹江口库区及上游水污染防治和水土保持“十一五”规划具备条件的项目全部实施，“十二五”规划项目已完成80%多，工业、城市点源和农业面源污染得到有效遏制，生活污水和垃圾直排面貌大为改观，重点区域水土流失现象得以控制。2014年以来，丹江口库区水质总体保持在地表水Ⅱ类标准。同时，划定了总干渠两侧及库区水源保护区，实施了库周生态隔离带和总干渠两侧生态带建设规划，加大了中央财政对水源重点生态功能区转移支付力度，本着“南北共建、互利双赢”的原则，扎实开展了受水区对水源区的对口协作，为保证清水永续北送提供了可靠的制度保障和稳定的社会基础。

（五）严格资金使用，建设廉洁工程

南水北调工程规模宏大，投资巨额。我们始终把严格投资监管、节约建设成本、控制工程投资作为重要任务。制定并实施加强投资控制的一系列管理办法，在加强资金筹措、加快价差调整、及时拨付资金等保障现场资金供应的基础上，确保把每一分钱都用到刀刃上，把投资规模控制在合理范围之内。认真做好初步设计，保证设计成果技术可行、经济合理、投资可控、运行可靠。公开、公平、公正招标，合理控制中标价格。优化设计方案和施工工艺，降低物料消耗和运输成本。加强重大设计变更管理，严防顺风搭车和随意增加投资。制定并落实投资控制奖惩办法，调动参建单位主动节约积极性。加强账面资金管理，合理调度资金，优化资金结构，提高资金使用效益。据测算，仅通过管理调度资金，就节约银行利息几十亿元。在国务院批复的536亿元增加投资中，因工程量增加和设计方案变更增加的投资只占可研总投资的5.3%。

同时，我们加强反腐倡廉工作，构筑教育、制度、监督并重的惩治和预防腐败体系，并和最高检联合建立了惩治和预防腐败工作联系机制；加强监督、审计，对全系统资金使用情况进行全面核查、全方位内审，完善监管制度，规范使用程序，堵塞管理漏洞。通过源头控制、一线举报、严防腐败等举措，形成了一套严控投资、严管资金的工作体系，顺利通过了国家发展和改革委、审计署等组织的历次稽察和审计。2012年审计署对工程进行了开工以来全面审计，未发现重大违规违纪行为。12年来，南水北调系统没有干部因工程资金贪腐问题被查处。

南水北调工程是一项巨大的系统工程。回顾12年的建设历程，东、中线一期工程能够如期顺利通水，是上下一心、多方联动的结果，我们要牢记所有为之作出贡献者。

历届中央领导都非常关心南水北调工作，习近平总书记、李克强总理多次作出重要指示批示，李克强总理等在百忙之中视察工程现场，张高丽副总理、汪洋副总理多次听汇报、作指导，为我们指明了方向，提供了保障，注入了动力。中央有关部门在计划安排、资金筹集与使用、用地保障、治污环保措施落实、跨渠桥梁建设管理、科技攻关、治安管理、运行管理体制设计、调度运行、供用水管理、生态带建设、文物保护、舆论支持和铁路、电力、通信等专项设施迁建等诸多工作中，急工程所急、帮工程所需，实事求是地出主意、想办法，特事特办、重点倾斜，完善规则、修订政策；中央各大媒体及沿线地方媒体始终关注南水北调工程，并予以持续深入报道，为工程建设创造了良好的舆论环境，极大地鼓舞了广大建设者的士气和热情；沿线各级党委、政府成立组织机构，建立协调机制，科学组织、有序动员，在工程建设、库区移民、干线征迁、治污环保、资金筹措、建设环境维护、配套工程建设、工程设施保护等各个方面步调一致、全力以赴，付出了艰辛努力，创造了良好条件；征地移民和沿线群众识大体、顾大局，舍小家、为大家，积极支持工程建设，尤其是丹江口库区移民毅然离别祖祖辈辈生息繁衍的故乡，背井离乡到异地开始新的生活，展现出中华民族大团结、社会主义大协作的精神；数万名基层征地移民干部面对艰巨的任务、艰辛的工作、沉重的压力，毫无怨言、毫不退缩，务实重干、默默奉献，在工作中洒下了汗水、泪水和血水，一些干部长期超负荷工作，积劳成疾，豫、鄂两省先后有18名干部因过度劳累牺牲在移民搬迁工作的第一线；广大建设者牢记使命，扎根工程，不畏艰险，埋头苦干，克服复杂地质地貌条件和工期紧、标准高等一系列困难，解决一个个疑难问题，经受一个个严峻考验。

当然，工程取得今天的进展，也得益于我们这么多年始终咬紧通水目标不放松，大力弘扬“负责、务实、求精、创新”的南水北调精神，将立规矩、建机制、善创新、求实效、敢负责、讲合作贯穿始终，探索出了一条符合南水北调实际、富具南水北调特色的工程建管新路子。

一是立规矩。制定针对性好、操作性强的工作制度一直是我们努力的重点。工程进度上，定任务、定责任、定奖惩，签订年度目标责任书，制定进度目标 K 值考核体系，出台项目法人和参建单位建设目标考核奖励办法，并制定风险项目督导办法、关键节点督办考核办法等，督促激励项目法人和现场参建单位加快工程建设。质量监管上，以落实责任、严肃追责为目标，编制了质量问题目录，统一了责任追究和信用评价，制定了责任追究管理办法、信用管理办法，以及有奖举报、关键工序施工质量考核、质量关键点管理、站点监督、质量责任终身制等专项管理办法。资金管控上，明确并严格执行资金拨付有关规定，严控账面资金结存，出台投资控制奖惩考核实施细则，规范重大设计变更申报和价差调整申报审批程序，2013 年开始实行“关闸收口”。征地移民上，明确了库区移民“四年任务，两年完成”，建立了移民信访重要事项督办制度，针对临时用地退耕复垦确定了“一查四定”，针对库底清理坚持标准、时限不动摇。治污环保上，与中线库区三省和东线苏、鲁两省签订了目标责任书，协调制定了通水水质监测方案。自 2012 年开始，对东线水质“月调度，季分析，半年检查”，2013 年加严为“周调度，半月分析，月检查”。工程试运行和运行期间，实施“日调度，周分析，旬检查”。内部管理上，制定了督办管理办法、典型案例公示办法、最严厉责任追究办法，形成了具有南水北调特色的督办工作体系。

二是建机制。通过共同努力，逐步建立了适应南水北调实际的工作机制。工程进度上，先是推出了季度协调会，针对重点项目、关键环节，接着又建立了重点项目半月会商机制、关键事项督办机制、风险项目销号机制，特别是建立了风险项目挂牌督办制度，由南水北调办领导牵头对工期特别紧张的风险项目加强督导，督促限期解决。此外，还专门针对设计变更建立分级快速处置机制，针对铁路交叉工程与铁道部建立部办联席会议机制。质量监管上，实行高压严管，不断完善“三位一体”监管机制，并实行有奖举报，形成“三查一举”监管体系，还建立了质量会商、问题评鉴、责任约谈、通报通告机制，以及质量监管五部联处机制。征地移民上，实行投资、任务双包干，建立定期商处机制、矛盾纠纷排查化解机制、遗留问题巡查督办机制和信访上访联动处置机制，以及专项设施迁建快速处置机制，加强上下联动，确保“事要解决”。治污环保上，利用丹江口库区及上游水污染防治和水土保持部际联席会议、对口协作工作协调领导小组这两个平台，加强与有关部门和相关省市的沟通协调，研究工作中存在的突出问题，形成共识并及时解决；通过建立水源保护工作目标考核、信息通报等机制，促进相关工作的开展，取得了明显效果。资金管控上，实行“静态控制、动态管理”，建立审计、稽察工作联动机制，与最高检建立惩治和预防腐败工作联系机制，加强与检察部门、审计部门的沟通联系，确保每一笔钱都花在刀刃上。

三是善创新。系统上下敢创新，善创新，为工程建设的顺利进展注入了充足活力。工作思路上，不断研究和适应新形势，建立新机制，出台新办法。例如，我们组建稽察大队，在工程沿线竖起举报牌，这些在建设领域都没有先例。又如，中线规划项目全部完成，仍有 6 个断面水质不达标，我们实施了“一河一策”治污攻坚方案。工作方式上，在抓好日常工作的基础上，开展专项工作、专项行动。例如，南水北调办领导带队开展的质量专项检查、质量现场飞检、质量集中整治，以及“311”监理专项整治、“167”亮剑行动等，在其他工程建设领域也是少有的。又如，我们破解了治污项目建设实施周期长的机制障碍，大幅压缩项目实施周期。技术攻关上，紧紧依靠专家委，优化施工方案，研究应用新材料、新技术。例如，对高填方渠段，采取加密碾压层、水泥搅拌桩防渗墙、加厚钢筋（纤维）混凝土衬砌等技术措施，保证渠道安全。又如，对膨胀土（岩）渠段，采取水泥改性土换填保护、设置抗滑桩、锚杆、混凝土框格梁加固处理等技术措施，保证渠坡稳定。

四是求实效。系统上下努力改进工作作风，少讲空话，多干实事。工作部署上，提出的每项目标，只要真的付出了努力，就一定能保证实现。目标确定后，我们制定了针对性的工作思路，大到“六抓”“五突出”、“依靠机制，严防意外”“适应两个转变，实现两个目标”，小到中线部分入库河流“一河一策”综合治理方案、中线穿黄渗漏消缺方案等，都明确了该干什么和怎样去干，同时还加强了监督、检查和考核。工作方法上，大家注重调查研究，注重面向一线。有的干部为了解决设计变更、专项设施迁建等，在工地一蹲就是一两个月。我们还专门有机关干部常驻工地，开展现场监管。去年，为解决中线穿黄渗漏问题，5 个司局长死盯严守，天天钻洞子，白加黑、“5 +2” 地干了 50 多天，直到消缺满足要求。工作作风上，大家对工作积极、主动，对工程建设中出现的问题上心、着急，出现问题都是快速反应，在现场积极解决。文来文往的现象越来越少，大家更愿意通过打电话、会谈等方式，以最快的速度交换意见，解决问题。开会也是开门见山，直奔主题，不讲虚话、套话，不搞形式主义。党的群众路线教育实践活动开展以来，大家的工作方法、工作作风更加务实有效。

五是敢负责。面对工期紧、任务重、困难多的建设局面，系统上下表现出了敢负责、能碰硬的精神风貌。面对困难，大家迎难而上。例如，豫、鄂两省把库区移民视为硬任务，在移民搬迁强度高、难度大的情况下，按时保质完成搬迁。又如，面对膨胀土、大型渡槽、中线穿黄隧洞等难度极大的项目，相关单位尽可能优化技术方案和施工组织，都把工期往前赶了不少。再如，相关省（市）办、项目法人都自我加压，提出希望东、中线提前实现通水，并都提前具备了正式通水的条件。面对问题，大家敢抓敢管。这在质量监管上表现得最为明显。曾经，我们有的同志责任意识不强，面对各种质量问题，听之任之，放任自流，我们带队去检查，有的还帮忙掩饰。后来，大家的质量意识越来越强，面对不重视质量的行为敢于当面指出，发现质量问题勇于严肃追责、监督整改。面对矛盾，大家主动担当。有关司局、单位积极协调交叉工程建设、专项设施迁建，化解矛盾，推进工作。现场参建单位积极应对和处理扰民、民扰矛盾，确保工程进度。此外，在工程抢险、安全事故、移民信访等各类突发事件中，大家都表现得沉着冷静，敢于担当。

六是讲合作。大家主动抱团，形成合力。系统上下沟通密切、执行力强。国调办通过召开务虚会、协调会、现场调研等，经常听取大家的意见建议，并将其作为下一步工作安排的重点。各单位准确领悟国调办的意图和思路，认真贯彻各项工作部署，不折不扣地落实到底。单位之间互相学习、互相支持。大家比速度、比效率、比质量，争分夺秒地抢，千辛万苦地拼，把决策变成实践、任务付诸行动、目标转为现实。在面对设计变更处理、专项设施迁建、施工民扰、扰民等问题时，大家积极沟通，主动工作，有机衔接，默契配合。

回首走过的峥嵘岁月，带着艰辛，流着汗水，充满激情！这些年，有激昂的乐章，也有低沉的音符；有平坦大道，也有沟沟坎坎。这些年，我们同舟共济、并肩战斗，一起共担责任、同承压力，一起奋力拼搏、忘我工作，是我们人生中最难忘的岁月，事业中最宝贵的经历，工作中最愉快的光阴。可以自豪地说，我们肩负重托、问心无愧，通水成功的军功章里有大家共同的奉献和功劳。

在此，我谨代表国调办，向所有关心、支持、帮助过南水北调工程建设的领导和同志们，向系统内所有干部职工，以及全体工程建设者表示崇高的敬意和衷心的感谢！

三、形势分析与2015年工作安排

（一）形势分析

东、中线一期工程全面通水，就建设目标来说，只是取得了重大阶段性成果，工程建设的最终目的在于通过健康运行发挥效益。因此，需要我们主动转型，由建设管理为主转入运行管理为主。东、中线一期工程虽已正式通水，但“三先三后”的基础并不牢固，节水、治污、环保三方面距离规划要求都有一定差距。通水后，用好水是关键，需要我们在继续狠抓治污的同时，协调推动有关部门和地方落实地下水压采计划、实行最严格的节水制度，让南来之水效益最大化。就“四横三纵”三线八期总体规划来说，东、中线一期工程通水，还只能算是阶段性成果，我国水资源“南北调配、东西互济”大格局的构建任重道远，需要我们积极筹划开拓后续工程。管理需要转型，南来之水需要真正用好用足，尾工建设依然繁重，后续工程需要开拓，几重任务并重，目标更为多元，南水北调工作进入了一个全新的时期。

当前，南水北调工作面临有利条件：

一是党中央、国务院对南水北调工程持续重视。习近平总书记、李克强总理、张高丽副总理对东、中线一期工程正式通水时作出的重要指示批示中，明确了今后的工作目标、任务和要求；习近平总书记、李克强总理在2014年12月召开的中央经济工作会议上，强调做好南水北调工程；习近平总书记在2015年新年献词中专门谈到南水北调工程。不到一个月的时间，中央领导多次对南水北调工程给予肯定，提出要求和希望，这不但为我们的工作指明了方向，注入了动力，也体现了党中央、国务院对南水北调工程的高度重视，是对我们工作最强有力的支持。

二是有关部门和省市对南水北调工程更加关注。东、中线一期工程正式建成投入使用，工程进入正常运行管理期，如何管好用好南来之水，保障和促进当地经济社会发展和生态建设已经成为有关部门和沿线各级政府面临的现实问题。随着工程效益的逐步显现，有关部门和省市对南水北调工程的重要性的认识进一步增强，为工程调度运行营造了良好的氛围。

三是社会各界对南水北调工程更加理解。东、中线一期工程正式通水后，运行平稳、工况良好，输水水质达标，沿线群众从中受益，针对南水北调的负面声音和不实攻击不攻自破，社会各界对南水北调工程更加理解，认识更加一致。

四是有了过硬的队伍、作风和机制。十多年的建设，锻炼了一支政治过硬、业务水平高、敢于打硬仗的管理队伍；锤炼了以“负责、务实、求精、创新”南水北调精神为核心的过硬作风；探索建立了符合南水北调实际、行之有效的内部管理机制。

五是有关省市对后续工程建设需求强烈。京、津、冀、苏、鲁5省市积极支持东线二、三期工程，并建议将二、三期合并，一次建成；晋、蒙、陕、甘、青、宁6省区迫切希望尽快启动西线工程建设；许多全国人大代表、政协委员呼吁及早实施东线后续工程和西线工程。

面对重大机遇，我们要应势而动、顺势而为，在新的历史起点上实现南水北调事业更好更快发展。同时，我们要更加清醒地认识到南水北调工作进入到新时期后，面临着很多新的困难和问题。

一是面对转型、开拓，我们不熟悉的领域太多。前12年我们专注于东、中线一期工程建设，运行管理方面谋划晚，知识储备不足，安稳运行压力大。“三先三后”落地实施分属不同部门，用好用足南水北之水需要我们督促协调，开拓后续工程需要我们熟悉南水北调工程总体规划等前期工作，而这些都是我们所陌生的，这对我们构成了新的工作挑战。

二是体制问题处理难度大。运行管理涉及很多利益主体，体制构建协调不易。目前，运行管理体制尚未理顺。东线总公司初期组建基本完成，整合沿线现有资源，确保工程良性运行任重道远。中线运行管理体制、机构组建尚在起步、协调之中，存在很多不确定因素。

三是水费收缴工作不易。水价已经确定，但水费收缴保障机制尚未建立，对工程运行后续影响不可小视。各设计单元投资节余有限，待运行期后，如果南水北调水所占市场份额小，无法形成规模，水费收缴又缺乏必要的约束手段，运行管理将面临无资金来源的困难局面。

四是遗留问题处理起来矛盾很多。库区移民安稳发展任务繁重，淹没线上留置人口生产生活困难，库底清理、高切坡治理、库周交通复建等遗留问题复杂，中线跨渠桥梁管理移交协调并不顺利，工程隐患尚未暴露，中线左岸防洪影响处理工程建设不到位等，这些问题处理起来都非常棘手。

以上都是客观存在的困难和问题，但还不是困难和问题的全部，新老问题相互叠加，新旧矛盾交织复杂，工作挑战依然严峻。因此，我们决不能躺在十几年辛苦付出获得的功劳簿上，满足于东、中线一期工程全面通水的阶段性成绩，必须抢抓机遇，正视困难，采取有效措施，化解矛盾，解决问题，全面开创南水北调工作新局面。

（二）2015 年工作安排

2015 年是东、中线一期工程全面运行元年，南水北调工作翻开了崭新的一页。建设管理转入运行管理，项目法人转为企业法人，角色和职能发生重大转换。管好用好已建工程，筹划开拓后续工程，投资计划、经济财务、工程建设、治污环保、征地移民等工作目标、任务以及方式方法都将发生重大变化，大家都必须主动适应、尽快调整，虚实兼顾、主动开拓，确保工程建设收好尾，运行管理开好头，后续工程起好步。

第一，规范运行管理。实现运行管理正规化，确保足量供水、水质达标。

首先，要确保工程安全。一是抓紧组建运行管理机构。会同有关部门研究提出中线工程运行管理机构组建方案，按程序报批。按照国务院和建委会有关要求，加快东、中线总公司组建步伐，建立科学、完善、高效的组织管理体系。二是抓紧配足运行管理人员。按照“素质高、能力强、业务精”的要求，配齐配强精干力量。加强人员培训，提高运行管理能力和调度水平。三是加强制度建设，建立较为系统完备的运行管理制度体系，实现设施设备日常维护规范化、科学化。四是建立健全安全生产责任制，加强对工程设施特别是高风险部位的监测、检查、巡查、维修和养护。加快警务室设置工作，协同防范影响工程运行、危害工程安全和供水安全的行为，确保工程运行安全。五是加强运行情况的监测评估，完善突发情况应急预案，做好日常演练，妥善应对可能出现的问题，确保运行安全。六是要提高自动化调度水平，依据水量调度计划，制定并细化年度工程调度方案，确保科学、有序调度。七是要进一步加强供用水管理条例宣贯力度，为工程安全运行营造良好的法治环境。

其次，要保证水质安全。一是加快实施中线“两规划一方案”、不达标河流“一河一策”和东线治污补充方案。二是完善监测网络体系，加强水质监测与考核，加大监督和检查力度，及时掌握输水水质状况。三是强化沿线污染源、桥面污染物流入渠道的风险防控和水污染应急处置能力。

再次，要落实水费收缴机制。在督促各地加快配套工程建设，早日具备接纳承诺南水北调水能力的同时，建立科学合理、操作性强的水费收缴保障机制，引导各地多用南水北调水，及时足额计缴水费，为工程良性运行提供经济支撑。

第二，落实“三先三后”。强化“三先”基础，巩固治污成果，协调落实环保、节水措施，发挥南水北调工程效益。

一是各省市办（局）要摸清各地南水北调之水用水安排和治污、环保、节水方面的工作安排。二是继续开展治污工作，加快工业、城市点源和农业面源污染治理，协同推进东线运河航运污染防控和环南四湖人工湿地生态隔离带建设。协调配合适时启动丹江口库区及上游水污染防治和水土保持“十三五”规划编制工作。协调完善对水源区的国家重点生态功能区转移支付制度，推动实行汉江中下游水环境生态补偿，推动中线对口协作工作，协调建立东、中线水质保护长效机制。三是协调沿线落实地下水压采计划，统筹配置南水北调之水和当地水资源，以调入水源逐步置换出长期被严重超采的地下水，退还被挤占的农业和生态用水，促进生态文明建设。四是协调沿线落实最严格的节水管理制度，实行年度用水总量控制，加强用水定额管理，推广节水技术、设备和设施，建立组织、投资、财政税收政策、节水标准体系和宣传教育等一系列保障措施，提高用水效率和效益。

只有落实了“三先三后”，才可高效用水并足额用水，才能保证南水北调工程良性运行，最大程度地发挥工程效益、惠及沿线群众。

第三，开拓后续工程。加强协调沟通，促进东线二、三期尽快开工，加快西线前期工作，促其早日建设。

东线二、三期方面，一是摸清需求情况。专题调研缺水情况，收集基础资料，摸清需水底数，明确后续规划内容。二是发挥专家力量。充分发挥专家委等的作用，利用多种平台对后续工程核心问题进行研讨，提出有价值的意见建议。三是联合京、津、冀、苏、鲁5省市开展工作。根据各地需水情况，结合东线工程总体规划，提出开工建设东线二、三期的合理化建议，促东线二、三期工程尽快开工。四是研究项目法人参与后续工程前期工作的方式，提前介入、协力推进。

西线方面，主动沟通晋、蒙、陕、甘、青、宁6省区，组织召开区域座谈会，深入了解缺水状况和用水需求，充分认识加快西线前期工作的必要性与紧迫性，促其早日开工建设。

第四，抓好尾工建设。2015年年底前要确保尾工项目基本扫尾，移民群众安稳致富，资金使用安全可控，工程验收顺利推进，工程隐患基本消除。

工程建设方面，加快防护网建设，确保早日实行全封闭运行。尽快加装监控设备，设立界桩、界碑和安全警示标志，不留盲区和安全隐患，保证工程和沿线群众安全。加快中线生态带、生态文化旅游带及丹江口库周生态隔离带建设。加快跨渠桥梁验收与移交，原则上2015年底前基本完成移交。有序推动参建单位撤场，加快委托代建项目移交。协调有关部门及省市，加快中线总干渠左岸防洪影响处理工程建设，督促早日完成，堵上安全漏洞。协调沿线省市加快配套工程建设，早日全面具备消纳来水能力，充分发挥工程效益。

征地移民方面，督促豫、鄂两省认真落实好后扶政策，研究针对性帮扶措施，促进移民增收致富；继续做好移民村社会治理创新工作，加强矛盾排查和积案化解力度，落实移民信访首接责任制和限期办结制，维护库区移民稳定大局；组织编制《丹江口库区及上游地区经济社会发展规划》实施方案，妥善处理蓄水影响相关问题；加快库区后处理规划研究，尽快完成库底清理、高切坡治理、库周交通复建、城集镇迁建等遗留任务，协调解决线上留置人口生产生活困难、

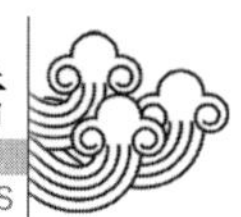

移民线上林地果园地处置等问题。抓紧完成征迁遗留问题处理，加快临时用地复垦退还，确保剩余近5万亩年底前全部退还；认真做好用地组卷工作，协调国土部门加快审批进度。

投资控制与资金使用方面，继续做好“收口关闸”工作，加强动态投资监控，指导项目法人加快设计变更处理，严控索赔，严控可研和概算外项目，严审结余投资和基本预备费使用，将工程投资控制在国家批复的投资规模内。在保障后续资金供应的基础上，继续强化内部审计和监管，保证资金安全。

工程验收与功能完善方面，完善设计单元工程完工验收导则，制定验收工作方案，加快水保环保、工程档案、征地移民、完工结算等专项验收。在此基础上，开展工程设计缺陷和功能完善的后处理工作。督促豫、鄂两省加强丹江口库区地质灾害隐患点调查和监测工作，协调推进库区地质灾害防治规划编制工作。协调研究编制南水北调后规划，完善工程功能，确保工程良性运行。按照建设管理程序，适时组织东、中线一期工程后评价，为南水北调后续工程建设提供借鉴。

同时，拟提请建委会审议，力争会同人社部联合对工程建设管理、征地移民、水质保护等方面作出突出贡献的先进集体和个人进行表彰。

一分部署，九分落实。大家必须适应新常态，以新的要求、新的方法、新的措施推进各项工作，确保圆满完成各项工作任务。

一是克服自满倾向。东、中线一期工程全面通水，中央领导和社会各界给予了充分肯定。对此，我们一定要保持清醒头脑，不要觉得拼搏过了、奋斗过了，收获了那么多赞誉和掌声，就可以自我满足、自我放松，产生松一松、歇一歇的思想。要知道，成绩属于过去，赞扬是针对工程建设期的，运行管理和后续工程开拓的路还很长。我们必须继续发扬“负责、务实、求精、创新”南水北调精神，以“南水北调工程建设在路上”的认识，以更为饱满的热情和昂扬的斗志适应新常态、迎接新挑战，加快转型、主动开拓，取得新突破、实现新跨越。

二是继续改革创新。南水北调工程跨流域、跨区域，生产关系复杂，兼具公益性、经营性双重功能和经济、社会、生态三重效益，运行管理既涉及诸多利益主体，又涉及管理、法律、生态、环境等诸多领域，我们以前专注建设管理，现在东、中线一期工程全面转入运行管理阶段，前期知识、技术储备不足，这就需要我们以改革创新的精神，加强交流沟通，充分吸收借鉴，构建符合南水北调实际的运行管理体制机制，确保工程安全有序、高效科学运行，确保调水目标的实现和国有资产保值增值，最大程度发挥工程效益，造福沿线群众。后续工程开拓也会遇到很多新的领域和问题，也要求我们必须以创新的态度和方法去面对和处理。

三是坚持依法管理。《南水北调工程供用水管理条例》是规范南水北调工程管理的专门法规。我们都要认真执行《南水北调工程供用水管理条例》规定，切实履行好各自职责，确保水量调度、水质保障、用水管理、工程设施管理和保护等各项工作落到实处，保证工程安全和供水安全。工程管理单位要加强自身建设，进一步建立健全安全生产责任制，依法加强对工程设施的运行管理、安全保护和维修养护，确保工程状况良好、运行正常。沿线各地要切实履行监督管理职责，规范基本建设程序和行为，依法打击破坏和危害南水北调工程设施安全的行为，为南水北调工程安全平稳运行创造良好的法制环境。

四是增强大局观念。我反复强调，南水北调是个整体，我们都是一家人。这么多年来，大家心往一处想、劲往一处使，默契配合、抱团打拼，赢得了工程建设目标顺利实现的良好局面。在运行管理体制机制设计过程中，各地也表达了不同的利益诉求。各地各单位是不同的利益主体，有不同的利益诉求很正常，我们也是充分理解的，并会最大限度地吸纳各种合理诉求。但大家始终不要忘记我们是南水北调人，保证工程安全高效运行、实现国有资产保值增值、充分发挥工程效益是我们始终应该共同遵循的原则。希望大家进一步增强大局观念，继续维护南水北调工作大局，步调一致、同心同力，保证南水北调工程健康运行、惠及数亿群众，成就我们共同的理想抱负。在东、中线后续工程和西线工程建设上，也希望大家与国调办保持一个声音、一个调子，争取早日启动、早日建成。

五是坚守廉洁底线。南水北调工程投资巨额，资金使用主体多、环节多，社会各界十分关注。工程开建12年来，南水北调系统没有干部因工程资金贪腐问题被查处，在社会上树立了良好形象，也是值得我们引以为豪的地方。到了工程建设后期，各种利益博弈加剧，思想稍有松懈，就有可能违规违纪，致使廉洁工程目标毁于一旦。大家一定要切记，我们都是南水北调大家庭的一员，哪个单位、哪个人出事都可能代表南水北调系统，都会造成连带影响，所以一定要始终绷紧廉政这根弦，严格资金使用，严守财经纪律，确保“工程上去，干部不倒”，维护南水北调系统良好形象。中央反腐的决心和力度，大家都是十分清楚的，国调办党组贯彻八项规定等中央决策部署也是坚决彻底的。这里，给大家丑话说在前，如果有人在最后动了捞一把的念头，胆敢触及贪腐高压线，败坏南水北调多年美誉，国调办决不姑息袒护，希望大家心中有数、好自为之。

同志们！

南水北调工程功在当代、利在千秋。让我们在党中央、国务院的坚强领导下，以贯彻落实党的十八大及十八届三中、四中全会精神和中央领导重要指示批示精神为强大动力，在新的历史起点上，团结一心，扎实工作，继往开来，再创佳绩，确保清水永续北送、造福沿线群众，全面开创南水北调工作新局面。

谢谢大家！

开展好“三严三实”专题教育，以优良作风推进南水北调事业健康发展

——国务院南水北调办党组书记、主任鄂竟平讲授“三严三实”专题党课

（2015年5月26日）

今年4月，中央部署在处以上领导干部中开展“三严三实”专题教育，我今天就围绕“三严三实”讲三个题目：中央为什么要开展“三严三实”专题教育？“三严三实”对我们南水北调系统意味着什么？我们如何开展好“三严三实”专题教育？我主要围绕这三个题目，谈谈我的看法和认识，跟同志们一起学习讨论。

一、中央为什么要开展“三严三实”专题教育？

2014年3月9日，两会期间，习近平总书记在参加十二届全国人大二次会议安徽代表团审议时第一次提出“三严三实”。总书记讲，各级领导干部都要发扬好的作风，既严以修身、严以用权、严以律己，又谋事要实、创业要实、做人要实。就是六句话，修身、用权、律己要严，谋事、创业、做人要实。

“三严三实”的内涵是什么呢？总书记又讲，严以修身，就是要加强党性修养，坚定理想信念，提升道德境界，追求高尚情操，自觉远离低级趣味，自觉抵制歪风邪气。严以用权，就是要坚持用权为民，按规则、按制度行使权力，把权力关进制度的笼子里，任何时候都不搞特权、不以权谋私。严以律

己，就是要心存敬畏、手握戒尺，慎独慎微、勤于自省，遵守党纪国法，做到为政清廉。谋事要实，就是要从实际出发谋划事业和工作，使点子、政策、方案符合实际情况，符合客观规律、符合科学精神，不好高骛远，不脱离实际。创业要实，就是要脚踏实地、真抓实干，敢于担当责任，勇于直面矛盾，善于解决问题，努力创造经得起实践、人民、历史检验的实绩。做人要实，就是要对党、对组织、对人民、对同志忠诚老实，做老实人、说老实话、干老实事，襟怀坦白，公道正派，要发扬钉钉子精神，保持力度、保持韧劲，善始善终、善作善成，不断取得作风建设新成效。

一年零一个月后，就是今年的4月10日，中央专门作出决定，在县处级以上领导干部中开展“三严三实”专题教育。现在各地区各部门都正在按照中央要求开始部署并推进，我们办公室也制订了实施方案，办党组开会审议了两次。中央对“三严三实”专题教育非常重视，有关部门一直在指导，并跟踪了解情况。为什么中央这么重视？我认为至少有三个方面的原因，一是党和国家的事业需要，二是我们的党员干部队伍中确实存在“不严不实”的问题，需要整改，三是县处级领导干部很关键。

第一，开展“三严三实”专题教育是保持党的先进性、提高党的执政能力、促进党和国家事业发展的重要保障。我记得毛主席说过一句话，大意是一把手最重要的是要做好两件事，一要出主意，二要用好人。我认为，这无论对一个政党、一个国家，还是一个单位来说，都是最重要的两件事。第一件事是要有主意，对于政党和国家而言，所谓的主意应该就是大政方针。十八大以来，在习近平总书记领导下，我们党和国家大政方针已经非常清楚了，概要地说，就是“两个一百年”的目标、“五位一体”的总体布局和“四个全面”的战略布局。第一个一百年目标是在我们建党一百年的时候，全面建成小康社会；第二个一百年目标是在新中国成立一百年的时候，建成富强、民主、文明、和谐的社会主义现代化国家。“五位一体”的总体布局就是积极推进经济、政治、文化、社会和生态文明建设。“四个全面”的战略布局就是全面建成小康社会、全面深化改革、全面依法治国、全面从严执党。目标很清楚很明确，要做的事也很清楚很明确，到底怎么才能实现这个目标呢？最重要的是要靠人去努力去奋斗，所以第二件事就是要有人把事办好，也就是要用好人，这非常重要。这也就是要求我们各级领导干部能在中央的领导下，带领全国各族人民共同努力完成这“五位一体”“四个全面”，实现“两个一百年”的目标。怎么才能带领全国各族人民把事情办好呢？其中最关键的是必须提高我们各级干部尤其是县处级以上领导干部的素质。这个逻辑很清楚，事情要靠人干，能否把事情干好要靠人的素质。以习近平同志为总书记的党中央已经把大政方针定了下来，现在就是需要有人干事创业。党中央对我们各级领导干部是寄予厚望的，而我们怎么干，能不能干好，关键在于是否有过硬的作风和优良的素质，也就是能不能做到“三严三实”，能做到就能干好，反之就干不好。我想这就是中央开展“三严三实”专题教育的根本出发点。这个理解不一定准确，但是我认为这是最根本的一点。

为什么这次专题教育是“三严三实”而不是其他呢？我理解，“三严三实”是领导干部素质中最重要的、最基本的、最起码的素质。中央文件明确指出，“三严三实”是基础、是核心、是根本、是前提、是关键、是保障。习近平总书记提出“三严三实”，要求我们“严”和“实”，这个意图我们要深入思考和理解。如果我们各级领导干部真正做到了“三严三实”，就能担负起岗位责任，做好岗位工作，在自身的岗位上作出积极贡献。

第二，开展“三严三实”专题教育是加强干部队伍建设、解决“不严不实”问题、营造良好政治生态的必然要求。前几天刘云山同志在专门安排部署这次专题教育的时候，讲到了党员干部中不严不实的问题。他讲到，无论是党员干部队伍，还是党员领导干部自身，都有不严不实的问题，都有失之于宽、失之于软、失之于虚的问题，有些现象还比较严重。有的党组织对干部要求不严，常常不敢管、不愿管、不会管；有的领导干部执行中央决定打折扣、搞变通，有令不行、有禁不止；有的自由主义、好人主义盛行，纪律松弛，规章制度形同虚设；有的无组织、无纪律，凌驾于组织之上，游离于组织之外；有的心浮气躁、弄虚作假，搞劳民伤财的形象工程、政绩工程；有的特权思想严重，滥用手中权力，违法违纪贪污腐败等。刘云山同志所指出的问题是相当严重的。

最近，大家可能对“不作为”的问题有一些感受，中央和国务院针对“不作为”多次提出批评，并且要采取一些针对性的具体措施。什么叫不作为？说得具体一点、直接一点，就是对自己要求不严，做事不实。李克强总理主持召开国务院常务会时，严厉批评了“不作为”现象，总理要求坚决纠正这些问题。我认为，现在的“不作为”问题就是最大的“不严不实”，也正是因为在这方面存在的问题很多，所以开展专题教育是非常必要的。

我们南水北调办过去是不是“三严三实”都做好了，没有问题呢？可能在座有的同志会认为是，这也有一定道理。我们在过去的12年确实做了大量扎实有效的工作，努力加强党的建设，努力严管队伍，务实工作，才确保了南水北调东、中线一期工程如期通水、平稳运行。表面上看是这样，但是往深里看则不尽然，我认为我们南水北调系统在“三严三实”方面一直是存在问题的。不要认为我们在总结过去12年辉煌的时候，因为我们的干部一个没倒就没问题，这可不一定，也可能有重大经济问题我们还没发现呢！就更不要说“三严三实”方面的问题了，问题不少。譬如，同志们理想信念全都那么坚定吗？弄虚作假的有没有？敬业精神不强的有没有？争名争利的有没有？心中无党无国无单位的有没有？违纪的有没有？做事不讲规矩、不守纪律的有没有？遇事不负责任、推诿扯皮、大而化之的有没有？我看都有，大家好好回想回想。

我今天就举几个例子。第一个例子，青兰高速问题。中线工程要在青兰高速公路的涵洞上跨过，青兰高速由地方交通部门负责建设，竣工验收后交给我们。关于青兰高速的涵洞，地方有关部门经验收合格后已经交到我们手里，我们只要验收合格后就可以交给施工单位，问题就出在我们的验收工作由谁来负责，下面说不清楚，又不上报，有关单位相互推诿扯皮，拖了一年多，严重影响了中线工程建设进度，等国调办知道时，已经到了不可挽回的边缘。这足以说明我们的个别同志在做事的过程中不严不实问题相当严重。第二个例子，跨渠桥梁桩柱结合问题。中线干线工程中有多达1200多座跨渠桥梁。在国务院南水北调办的一次飞检时，发现部分桥梁桩柱不同心，于是我们决定对所有桥梁进行普查，由各标段建管处逐级认可上报，很快，各级都签字上报了。但当我们组织力量飞检抽查时，才发现有的个别单位根本没按要求检查地面以下桩的部分，也就是说根本就没查，就敢上报没问题，典型的弄虚作假行为！好在我们重新制订了更严格的检查制度和处理措施，才确保这些桥梁的质量安全，否则，一旦某个桩柱出问题，一个桥就毁了。这就是质量工作中不严不实的问题。第三个例子，我们的稽察队伍去检查工程运行管理情况时，发现个别运行管理处，有的值班人员脱岗，有的玩游戏机，有的该巡查不去巡查，这不是不严不实是什么？第四个例子，是我查到的，我带队去东线一个很重要的中型水库飞检，这么大的一个水库，竟然一个管理人员都没看到，这是典型的不严不实，制度制订的不严格，执行的不严肃，职工对自己要求不严格，单位对职工管理不严格。以上例子足以说明，就我们南水北调系统而言，“不严不实”的问题不少，有的还相当严重，所以说“三严三实”专题教育不但对全国是必要的，对我们南水北调系统也是非常必要的，更为重要。

第三，开展“三严三实”专题教育是确保县处级以上关键少数领导干部履职尽责、干好岗位工作的重要举措。中央这次部署只在县处级以上领导干部中开展“三严三实”专题教育，为什么是县处级以上领导干部，而不是所有领导干部呢？这个大家也要正确理解。习近平总书记多次讲到“关键少数”这个词，我理解，领导干部尤其是县处级以上领导干部就是关键少数。“少数”这个词就不用说了，全国13亿多人，据统计，县处级以上领导干部只有50多万人，几万名司局级干部，几千名省部级干部，肯定是少数。但为什么是“关键”呢？因为领导干部手里要办的事都是大事，手里的权力也很大，事大权大责任也大。在中央机关，一个处长分管某一领域工作，要涉及全国许多个省市，不知道要影响多少人。做好了，千千万万人受益，对党和国家是贡献；搞砸了，千千万万人受罪，对党和国家既是损失也是抹黑，作用关键。处长如此，司长、部长更甚。在地方，一个县委书记管着几十万人，还有人口过百万的大县，要对辖区老百姓的生产生活负责；一个省有几千万人，还有人口上亿的大省，省委书记就要对这么多人负责。这些县处级以上领导干部责任非常大，事情做好了贡献很大，做不好负面影响和损失也会很大，这是“关键”的一个方面。“关键”还体现在领导干部的引领带头作用上，上行下效，领导干部又严又实，必然会带动整个地区或部门的党员干部又严又实，反之亦然。所以中央决定要在县处级以上领导干部中开展“三严三实”专题教育是完全正确的，是非常及时、非常必要的，抓到了关键，我们必须准确领会中央精神。

二、“三严三实”对我们南水北调系统意味着什么？

“三严三实”很重要，但是，由于具体情况千差万别，对不同的地方、不同的行业，它的重要性、重大意义肯定是不一样的。我认为，对南水北调系统来讲，“三严三实”关系重大、十分必要。从大的讲，我们是国务院南水北调工程建设委员会的办公室，办公室就是干事的，所谓干事就不是搞研究，就不是务虚，就是要办实实在在的事，而不是坐而论道，这个大家应该都很清楚。我们就是靠一车一车的混凝土，一根一根的钢筋，一方一方的石头，一扇一扇的闸门，靠南水北调系统广大干部职工和建设者夜以继日的艰苦奋斗，才把南水北调东、中线一期工程顺利建成并且平稳运行起来。所以，“严”和“实”对我们来说尤其重要，不是一般的重要，我们更应该重视“严”和“实”。

具体来讲，我用三句话说明“三严三实”跟我们南水北调的关系。第一句话，对过去而言，如果没有“三严三实”精神，南水北调工程就不能如期通水；第二句话，就当前来看，如果没有“三严三实”精神，就无法确保南水北调东中线一期工程平稳运行；第三句话，从长远着眼，如果没有“三严三实”精神，就很难实现我国水资源四横三纵、南北调配、东西互济的宏伟目标。我20年前曾听一位老同志说，“不论你是谁，不论你干什么，你一定要时刻注意弄清楚三个问题：一是你从哪儿来的？二是你现在在哪儿？三是你往哪儿去？”这就是过去、现在和将来。同志们以后做事，安排部署时，一定要注意这三个方面，这也是我今天为什么说这三句话的原因。

第一，对过去而言，如果没有“三严三实”精神，南水北调工程就不能如期通水。过去12年，尤其是2010年以来这五年，南水北调工程建设困难重重，风险一个接着一个，挑战一个接着一个，我们从严管理、求真务实，才取得了如期通水的胜利，大家可以想象到“严”和“实”对于我们的重要性。我们回顾一下这些年的工程建设情况。在进度上，当年是时间不够，明显信心不足。我来办公室的时候明显感觉工期有问题，我们一个标段一个标段排工期，排不下去，大有延期通水之势。但通过我们从严管控、倒排工期，5加2、白加黑，严格执行工程建设标准、程序和进度计划，务实奋战，才保证了如期通水。在质量监管上，我们面对的是点多线长，些许歪风邪气。近2900km战线，几百个标段需要我们监管，最难处置的是相当多的施工单位都想趁机偷工减料占点便宜，这既是我们绝不允许的，也是很难控制的。为此我们高压高压再高压，严厉打击歪风邪气。这五年处理了350多家企业、250多人，其中开除了5家企业、130多人，对工程建设中偷工减料、忽视质量安全的行为绝不手软，从严从重，务实高效，这才保证了2900多公里的工程质量安全。在投资上，多方插手，还要斗智斗勇。很多方面都想通过工程建设获取高额经济利益，还有的人直接在资金上打主意，违纪违法，挪用占用。对此，我们靠严管严控、深入细致、严肃务实，才切实保障了资金供应和资金安全。在移民上，千难万难，并且千辛万苦。移民人数多，搬迁难度大，我们以人为本，求真务实，严格执行政策，“不突不破，不折不扣”，妥善处理征地移民群众的各种诉求，在土地征用、房屋拆迁、企业搬迁、生产生活道路桥梁建设等群众反映强烈的基本民生问题上动了真情，下了真功夫，才确保了移民搬得出、稳得住、能发展、可致富。在治污环保上，强关硬停，针锋相对。这几年，我们主要依靠环保部门和地方政府，靠大量艰苦的沟通协调工作，通过“截、蓄、导、用”措施，严格治污环保，以壮士断腕气魄，对污染企业实施关停并转，强制关闭了3000多个工厂，不让生产生活污水进入输水干线，才实现了水质持续好转，确保工程成为清水廊道和绿色廊道。

总之，前十几年，我们就是在如此艰难的情况下，严格制订规矩，严格执行规矩，切实践行“负责、务实、求精、创新”的南水北调核心价值理念，靠“严”和“实”才取得了工程如期通水的好结果。

第二，就当前来看，如果没有“三严三实”精神，南水北调工程东中线一期工程难以平稳运行。前几天开主任办公会，说到中线工程的运行管理，我一口气说了当前面临的七个问题，请中线局尽快搞清楚，这七个问题，都是有关中线运行的风险。现在中线运行面临的风险相当多，超出了以前的想象。原来我们以为施工期间很艰难，估计工程运行之后要好一些，但是真的没想到工程运行之后，会出现更多更大的风险。我随便举几个例子，譬如高填方渠道的风险；建筑物尤其是渡槽涵洞的风险；深挖方的风险；闸门的风险；防洪的风险；有毒化学物车辆的风险；还有恐怖袭击的风险。这七个方面的风险无论哪个出问题，都是要停水的，停水意味着什么，不敢想象。现在中线工程供水就已经涉及到2500万~3000万人，还不算东线工程，因此，停水的后果是不堪设想的。一方面有这么多的风险，另外一方面我们又不能停水，怎么办？只能是一靠物、二靠人。所谓靠物，就是靠我们的工程和设备，现在看来，我们的工程质量还是不错的、可靠的，关键是设备，要尽快把先进实用的监测设备全部安装上去，靠设备监控工程，一旦发现风险苗头或倾向，我们及早处理。所谓靠人，就是说无论工程还是设备，都是要靠人去操作、去监管，要保证工程平稳运行，必须靠我们这支队伍认真负责、求真务实地去干。

所以，我们就必须要有“三严三实”的精神，保证我们的人有足够的素质，这才能保证我们的各项工作到位，保证我们的工程平稳安全运行。

第三，从长远着眼，如果没有“三严三实”精神，就很难实现我国水资源四横三纵、南北调配、东西互济的宏伟目标。从长远看，我们的大目标很明确，国务院2002年就把规划批下来了，就是东、中、西三条线，我们国调办就是专干这件事的，接下来就是要推进东线二、三期和西线工程，尽快形成中国水资源配置大格局，这是我们要为之努力的长远目标。当然，我们还面临着工程效益最大化的问题，这也是个关键问题。同志们想想，如果我们东、中线一期工程迟迟不能实现足额供水、满负荷供水，能说是成功的吗？如果东、中线一期工程都不成功，还会建东线二期、三期吗？更不要说西线了。因此，今年系统工作会上，我特别讲，我们要高度重视“三先三后”，通过“三先三后”追求工程效益最大化，只有实现了工程效益最大化，我们后面的很多事情才能顺利推进。由此可见，我们国调办讲长远，就这么两件大事，一要把东线二、三期和西线工程的前期工作做好，二要把“三先三后”做好。可是，这两件事，对我们国调办都是新题目，跟过去12年我们做的事不一样，困难不少，压力很大。一是目标不明确。效益最大化、“三先三后”的目标不是由我们来制订，现在谁都弄不清。单说压采地下水，现在目标不清晰，有的省市有阶段性的压采目标，有的省市还没有，没有一个明确压采的目标，怎么干活？二是权责不在我们。这两件事的相关权责都是属于地方政府和行业部门的，工程项目前期工作属于发改委、水利部、环保部等部门管理，三先三后的权责大多在地方政府，我们没有必要的权责，不容易协调。三是事业需要。为实现中国水资源的优化配置，国家需要我们南水北调办公室做好上述两件事。而这两件事自身充满了难题，我们又缺少必要的手段。此时，我们应该怎么干呢？只能严格要求，靠忘我地、不计较个人得失地、兢兢业业地、锲而不舍地去干事创业，以国家为重，不在乎个人名利，也不在乎所谓的“面子”。这就需要有总书记讲的钉钉子的精神，也就是务实精神，无论有权没权、无论目标明确不明确，我们就得一根筋，盯死了，选择好正确的技术路线，选择好恰当的方法措施，剩下就是把钉子钉下去了。总而言之，从今年开始，更需要我们对自己高标准严要求，做所有的事都必须实实在在、踏踏实实，这不就是又严又实吗？

总之，中央在全党开展“三严三实”专题教育，对我们国调办来说更需要，同志们一定要充分并全面地理解，也就是：不论是过去、现在、还是将来，我们都需要又严又实地做人做事。如果我们做不到“三严三实”，很可能一事无成。所以，我们要按照中央的意图，不折不扣地把“三严三实”专题教育开展好。

三、我们如何开展好“三严三实”专题教育？

“三严三实”专题教育，是一项重大政治任务。南水北调办各级党组织一定要按照中央要求，高度重视，统筹安排，精心组织，在思想上重视起来，在政治上严肃起来，在工作上统筹起来，积极主动投身其中，扎实开展好“三严三实”专题教育，一定要做到不走过场、不搞形式，确保取得实实在在的成效。我认为，最重要的是要做好四个方面的事。

第一，准确领会中央意图，提高自觉性。一要学明白“三严三实”的内涵，中央说得很明确，严以修身是基础，严以用权是核心，严以律己是根本，谋事实是前提，创业实是关键，做人实是保证，这么六句话，希望同志们好好学习领会。二要搞清楚“三严三实”的重大意义和作用，我们要从这样的高度去认识："三严三实"是党的优良传统和作风的继承和发展，是新形势下党员干部干事创业的准则规范，是推进党和国家改革发展稳定的重要保证。三要查清楚我们自身的差距，这一点十分重要。要谦虚谨慎对待我们自己，高标准严要求查问题，横不攀竖不比，刀尖向内扎自己，切实找到自身"不严不实"的问题。总之，就是要把"三严三实"的内涵学明白，把"三严三实"专题教育的重大意义想明白，把自身"三严三实"方面的问题查明白，学明白、想明白、查明白，也就知道往下该怎么办了。

第二，要努力把"三严三实"在南水北调系统具体化。我们落实"三严三实"，不是口头说说这六句话，不能泛泛地去谈"三严三实"是什么，有多么重要，而最主要是要把"三严三实"的要求融入到南水北调各项工作中和干部的日常生活中。我们现在正在做的事，包括运行管理、"三先三后"、后续工程、尾工处理，都需要做到又严又实，怎样才能做到呢？只有把"严"和"实"具体化才会有一个好结果。我举两个例子，大家都知道，南水北调的质量监管很有特色，但很多人不知道，其实这是典型的把"严"和"实"具体化后，才有令人满意的结果。我们下功夫，花了四个月时间，把所有可能出现的质量问题全部归拢在一起，总共找到1000左右种质量问题，针对质量问题，将责任和惩罚具体化，明确规定责任具体应该是谁的，责任中主要责任是谁的，次要责任是谁的，直接责任是谁的；明确规定各个不同层面的责任，出了问题应该受到什么样的处罚，是开除、还是罚款、还是警告等。同时，我们严格执行这些规定，从严管理，从重处罚。同志们可以想象，如果不将责任和惩罚具体化，笼统地去规定，就会导致不知从何下手，就可能不了了之。可以说，南水北调工程在质量管控方面，尝到了"严"和"实"具体化的甜头。但也有令人担忧的例子，也就是第二个例子，关于渠道巡查，"严"和"实"还没有具体化。我到郑州去飞检，在渠上碰到郑州管理处的同志，他们告诉我，现在是重要渠段一天巡一遍，一般渠段三天巡一遍，而恰恰在今年4月份，一场大雨冲坏渠道。这说明什么？至少说明我们的工作制度还不够"严"和"实"，需要我们重新审议，在巡渠的具体工作上体现"三严三实"要求，也就是具体化。当然，大雨冲坏渠道没有及时发现有一定的客观原因，对此我能理解，因为现在是运行初期，还在摸索。以上两个例子告诉我们，只有通过这次专题教育，把工作中的事按照"严"和"实"的要求来重新考虑，把"三严三实"体现在具体工作中，才能有好结果，这才是践行"三严三实"。

第三，要靠机制保证"三严三实"落到实处。我们国调办没有立法的权力，只能立规矩，规矩就是机制。规矩非常重要，好的机制能够保证好人更好、坏人不敢使坏，这样才能确保这个单位对人对事公开公正公平，确保大多数人在单位心气顺、愿干活。这些年，我们国调办从实际出发，建立了一套机制，有督办机制、问责机制、典型案例管理机制、干部人事考核机制，上个月我们又制订了突发事件应急处理机制，这些机制都很务实很管用，从整体上保证了国调办的风气还是不错的。这次"三严三实"专题教育，我们要结合贯彻落实中央要求，结合南水北调工程建设转型期实际情况，结合专题学习研讨中查摆出的"不严不实"问题清单，对已有规章制度进行梳理，根据新的需要和新的实践，按足"严"足"实"的要求，对有关规章制度加以补充、修改和完善，用完善的制度约束行为、改进作风，并且使之常态化长效化。

第四，要认认真真地把这次专题教育组织好。这次专题教育，我是第一责任人；办党组带头，坚持高标准、严要求，以坚定的信念、决心和行动发挥示范带动作用。机关党委牵头负总责。各单位党组织主要负责同志要把抓好专题教育作为履行党建主体责任的重要任务，立足本单位实际开展好专题教育，周密安排部署，强化责任落实，扎实有效推进，从严从实做方案，从严从实执行方案，从严从实检查成果。机关处以上领导干部和直属单位中层以上干部，要立足本职岗位，把“三严三实”要求体现到履职尽责、做人做事的方方面面。总之，要把开展专题教育作为推动工作和队伍建设的重要契机和有效抓手，使专题教育与南水北调工程建设和运行管理各项日常工作有机融合，坚持两手抓、两促进，教育引导各级党员领导干部加强党性修养，打牢思想根基，改进工作作风，切实解决“不严不实”问题，以优良的作风推进工程建设和运行管理工作，推进南水北调事业健康发展，为实现中华民族伟大复兴的中国梦做出更大的贡献。

北京市政府党组成员夏占义在南水北调来水调入密云水库调蓄工程联合调试演练时的讲话

（2015 年 5 月 29 日）

今天，南水北调来水调入密云水库调蓄工程 1 ~6 级泵站联合调试演练取得了预期效果，我代表市政府，向奋战在南水北调工程建设一线的全体干部职工，向鼎力支持南水北调工作的相关部门负责同志，由衷表示祝贺和感谢！

下面，我再强调三点意见：

一、输水线也是生态线

密云水库调蓄工程是市委、市政府根据南水北调工程建设和水务工作实际作出的重大决策，是富有创新性、创造性、战略性、超前性的一大创举，在北京水利史上、在南水北调工程建设历史上、在提高首都水资源保障能力上，都具有重要的意义。努力将工程沿线打造成风景秀丽的景观带，建设生态走廊，既可以展示南水北调工程形象，也能够宣传首都生态文明建设成果。下一步，一是要下大气力抓好工程节点绿化美化，将密云水库调蓄工程泵站建成花园式泵站，把泵站等重要节点建设成为绿化美化的典范，充分发挥该调蓄工程在建设“绿色北京”和生态文明方面的示范和带动作用。二是工程沿线绿化，应该坚持宜宽则宽。在工程保护范围内多植树，这样既为南水北调输水线路管理和水质安全提供了生态保障，同时也为生态环境建设提供了广阔空间。工程建设要与生态环境相得益彰，使南水北调工程不仅仅是一条“输水线”，也是促进区域生态环境建设的一道“生态线”。

二、三条红线就是高压线

认真学习习近平总书记重要讲话精神，牢固树立“以水定城、以水定地、以水定人、以水定产”的意识。全面落实最严格水资源管理制度，水务部门履职尽责要敢于亮剑，守住用水总量、用水效率控制和水功能区限制纳污“三条红线”。

开源节流的同时还要“就汤泡馍”。要强化用水计划管理，严格区域和行业用水总量控制，突出水资源的刚性约束。要结合“三严三实”专题教育，认真细致地研究城市供水紧张、用水量增加的原因。要通过科学合理分配水资源，促进疏解非首都核心功能，控制人口数量。不能一方面宣传节水成果，另一方面由于人口增长，用水量不断刷新纪录。市南水北调办、市水务局无法也不应该一味通过增加调水、水厂扩建来满足用水需求。

三、保障线还是警戒线

坚持建设与管理并重，不断加大监管力度，强化安全保障。一方面，工程要采取全程封闭式管理，安装监控设施，强化安全值守。加强与区县间的配合联动，对重点部位、重要节点申请派驻武警守卫。另一方面，要建立健全管理制度，制定完善各类应急预案。当前国际反恐形势严峻，国内矛盾、刑事犯罪时有发生，在保障用水安全上要超前研究、提前谋划。

希望大家戒骄戒躁、再接再厉，认真总结此次联合调试演练的经验，确保实现密云水库调蓄工程全线通水调度成功！

（北京市南水北调办）

河南省副省长王铁在全省南水北调工程建设管理工作会议上的讲话

（2015 年 5 月 18 日　根据录音整理）

同志们：

省政府决定召开这次会议，主要任务是：传达学习贯彻中央领导同志的重要批示和指示精神，总结成绩，表彰先进，安排部署下步工作。刚才，刘正才同志报告了主要工作，胡向阳同志宣读了《河南省人民政府关于表彰全省南水北调工作先进单位和先进个人的通报》（豫政〔2015〕25 号），国务院南水北调办李新军总工程师作了很好的讲话，对河南省南水北调工作给予了充分肯定，对下步工作提出了明确要求，我们要认真学习。南水北调中线一期工程已于 2014 年 12 月 12 日建成通水，中央领导高度重视，社会舆论广泛关注，如何把中央领导的批示贯彻落实好，把工程运营管理好，下面，我讲三点意见。

一、要把中央领导的指示、批示精神学深吃透

中央领导同志对南水北调工程建设高度重视。在南水北调东线、中线工程通水时，习近平总书记、李克强总理先后作出重要指示批示。2013 年 11 月南水北调东线正式通水时，习近平总书记作出重要指示，强调南水北调东线一期工程如期实现既定通水目标，取得重大进展，谨向为工程做出贡献的全体同志表示慰问和祝贺！南水北调工程是事关国计民生的战略性基础设施，希望大家总结经验，加强管理，再接再厉，确保工程运行平稳、水质稳定达标，优质高效完成后续工程任务，促进科学发展，造福人民群众。李克强总理作出批示，指出南水北调是优化我国水资源配置，促进经济社会可持续发展的重大战略性基础工程。东线一期实现正式通水，凝聚了全体干部职工和技术人员的不懈努力和辛勤汗水，谨向你们表示慰问和感谢！要再接再厉，着力做好通水后的质量、环保、安全以及各项保障工作，扎实推进后续工程建设，确保清水北送，造福沿线群众，让千家万户受益。

2014 年 12 月南水北调中线一期工程正式通水时，习近平作出重要指示，强调南水北调工程是实现我国水资源优化配置、促进经济社会可持续发展、保障和改善民生的重大战略性基础设施。经过几十万建设大军的艰苦奋斗，南水北调工程实现了中线一期工程正式通水，标志着东、中线一期工程建设目标全面实现。这是我国改革开放和社会主义现代化建设的一件大事，成果来之不易。谨对工程建设取得的成就表示祝贺！向全体建设者和为工程建设做出贡献的广大干部群众表示慰问！南水北调工程功在当代，利在千秋。希望继续坚持先节水后调水、先治污后通水、先环保后用水的原则，加强运行管理，深化水质保护，强抓节约用水，保障移民发展，做好后续工程筹划，使之不断造福民族、造福人民。李克强总理作出批示，指出南水北调是党中央、国务院作出的重大战略决策，是造福当代、泽被后人的民生民心工程。继 2014 年东线一期顺利通水后，2015 年中线工程又实现正式通水，使沿线 130 多座城市受益，可喜可贺！这是有关部门和沿线六省市全力推进、二十余万建设大军艰苦奋战、四十余万移民舍家为国的成果，来之不易。谨向广大工程建设者表示慰问，向做出奉献的广大移民和沿线干部群众表示感谢！希望继续精心组织、科学管理，确保工程安全平稳运行，移民安稳致富。要充分发挥工程优化水资源配置、缓解北方用水困难、促进区域协调发展等综合效益，让建设成果惠及亿万群众，为我国经济社会可持续发展提供有力支撑。在2015年新年贺词中，习近平总书记再次指出，12月12日南水北调中线一期工程正式通水，沿线40多万人移民搬迁，为这个工程做出了无私奉献，我们要向他们表示敬意，希望他们在新的家园生活幸福。这充分说明习近平总书记对南水北调工程的高度重视和充分肯定。2015年4月23日，中共中央政治局常委、国务院副总理张高丽在河南省南阳市召开的南水北调工程建设管理工作座谈会上，和大家一道重新学习了习近平总书记和李克强总理的重要指示批示精神。张高丽副总理强调，习近平总书记、李克强总理的重要批示，强调了南水北调工程的重大战略意义，肯定了工程建设取得的重大成果，为继续做好南水北调工作指明了方向，提出了要求。这些都是对我们的巨大鼓舞，我们一定要认真学习领会，坚决贯彻落实，为优化我国水资源配置、促进经济社会可持续发展和实现中华民族伟大复兴的中国梦做出新的贡献。4月27日郭庚茂书记主持召开省委常委会议，就学习贯彻中央领导同志重要指示、批示和讲话精神作出明确部署。

中央领导的指示、批示和省委领导的要求，为河南省南水北调工作指明了方向，全省各级、各有关部门特别是南水北调系统要把学习领会、贯彻落实中央领导同志重要指示、批示和讲话精神作为一个时期的重要任务，真正做到学深吃透、领会到位，融会在心中，落实在行动中，切实把河南省南水北调工程建设好、运行好、管理好。

二、要把当前工作的重点抓紧抓好

南水北调战线10万建设大军历经10年艰苦奋战，终于在2014年12月12日实现中线干线一期工程建成通水、配套工程同步达效、水源水质稳定达标、移民群众安稳致富。成绩来之不易，成绩可喜可贺！这些成绩的取得，得益于省委、省政府的坚强领导，得益于国务院南水北调办等国家有关部委的精心指导，得益于各级各有关部门的通力协作，得益于沿线群众的无私奉献，得益于参建人员的顽强拼搏。借此机会，我代表省政府向国务院南水北调办等国家有关部委表示由衷的感谢，向沿线群众和参建人员表示崇高的敬意，向受表彰的先进单位和先进个人再次表示热烈的祝贺！

在肯定成绩的同时，我们还要清醒地认识到，目前河南省南水北调工程面临的形势依然严峻，存在的问题不容忽视，主要表现在：配套工程尚未全部建成，水厂建设任务繁重；干线防洪影响处理工程尚未实施，工程安全度汛风险依然存在；工程运行管理亟待规范完善，水费征收尚未启动；水质保护任重道远，生态建设任务繁重等。各级、各有关部门要一如既往地关注、重视南水北调工程，支持、配合南水北调工作，再鼓一把劲，再努一把力，善始善终，善作善成，尽早发挥工程最大效益。

2015年是河南省南水北调工作从建设管理向运行管理转型之年，工作头绪多、任务重。要进一步理清思路，突出工作重点，着力抓好落实。

（1）抓紧抓好工程运行管理。一要抓紧组建河南省南水北调工程运行管理机构。省南水北调办要加强与省编办的协调沟通，进一步完善方案，争取早日批复。二要加快配套工程建设扫尾，力争6月底全部建成；要进一步加快沿线水厂建设，力争让受水区群众早日用上南水北调水。三要加强供水调度管理，保证供水安全。四要全面启动水费征缴。国家发展和改革委已出台南水北调工程水价政策，经省政府常务会议研究同意，河南省水价政策也已经出台，河南省水价分南阳、黄河南、黄河北三段计算征收，三段水费价格（基本水费+计量水费）分别为每立方米0.47、0.74元和0.86元。按照国家要求，省南水北调办已与南水北调中线建管局签订了河南省2014~2015年度供水协议，6月河南省将交纳第一批水费。这里需要说明的是，国务院颁布的《南水北调工程供用水管理条例》（国务院令第647号）规定，南水北调水费实行两部制水价，包括基本水费和计量水费，通水的省辖市需要交纳基本水费和计量水费，没有通水的省辖市要按计划分配的水量交纳基本水费。各有关省辖市、直管县（市）要高度重视这项工作，确保水费按时上缴。五要强化节约用水。河南省受水区要按照《河南省南水北调受水区地下水压采实施方案（城区2015~2020年）》，全面启动地下水压采工作，真正使南水北调水成为受水区主要水源，充分发挥南水北调工程的供水效益。要通过加快建设水厂、扩大供水效益和建设调蓄工程等形式，把分配河南省的南水北调水用足、用好、用活，满足河南省沿线人民群众生产生活需要，促进河南省经济社会可持续发展。

（2）抓紧抓好沿线水质保护。继续加强水源区和总干渠水质保护，认真落实《河南省人民政府办公厅关于印发丹江口水库（河南辖区）饮用水水源保护区划的通知》（豫政办〔2015〕43号），对总干渠水源保护区内新上项目继续实行环境专项审核，加快总干渠两侧生态带和环境监测能力建设，加强环境执法，严肃查处环境违法行为。全面完成《河南省辖丹江口库区及上游水污染防治和水土保持“十二五”规划实施方案》剩余项目建设任务，做好规划项目实施考核工作。建立水污染防治和水土保持项目库，抓紧谋划、储备一批能够有效促进水质保护、优化产业结构、改善生态环境的重大项目，争取纳入国家“十三五”规划实施范围；及早编制环境突发事件应急预案，一旦发生突发环境事件，确保得到及时妥善处置。水源区的南阳、洛阳、三门峡、邓州市和省直有关部门要抓住机遇，积极推进京、豫对口协作项目实施，力争更多项目落地河南省，造福水源区人民。

（3）抓紧抓好移民生产发展。要认真贯彻落实国家关于移民的后期扶持政策，坚持产业为基、就业为本、生计为先的原则，大力实施“强村富民”战略，围绕“一村一品”，优化产业结构，拉长产业链条，促进移民增收致富。要深入开展社会治理创新，健全民主管理机构，完善民主决策机制，不断提升公共服务水平。省直有关部门和地方各级政府要认真落实移民后期帮扶措施，在政策、资金等方面向移民村倾斜，支持帮助移民群众解难题、办实事、促发展，切实打通服务移民“最后一公里”。要全力做好征地移民维稳工作，建立完善信访稳定工作长效机制，搞好源头预防，及时发现解决倾向性、苗头性问题，把不稳定因素解决在一线，消除在萌芽状态，保持社会大局稳定。

（4）抓紧抓好后续工程项目。要按照国务院南水北调办的统一安排，积极争取在河南省规划建设调蓄工程，当前要抓紧开展前期工作，一旦条件成熟，抓紧开工建设。同时，河南省配套工程的调蓄工程也要抓紧启动前期工作，争取早日开工建设，确保南水北调工程供水安全。沿线各地要抓紧谋划调蓄工程，理清思路、找准重点，力争取得突破。要抓紧开工建设总干渠左岸防洪影响工程，确保总干渠防洪安全。

三、要把推动工作的措施保障到位

（1）组织保障要到位。省委常委会议已经明确，省南水北调中线工程建设领导小组要继续发挥作用，要结合工程进入运行管理阶段的特点，及时调整省南水北调工程建设领导小组成员单位的职责，在征求各单位意见的基础上印发执行。领导小组各成员单位要按照调整后的职责，认真履职尽责，确保工作有效持续开展。各级党委、政府要把管好、用好南水北调工程作为经济社会发展的一件大事，摆上重要位置。主要领导要亲自过问，协调解决重大问题。要建立完善组织机构，切实为南水北调工程运行管理提供必要的组织保障。

（2）质量保障要到位。质量是工程的生命。在建设期，河南省采取一系列措施保证了工程质量，但随着工程持续高水位运行，一些质量问题可能会暴露出来，质量管理仍不能有丝毫松懈。要持续加大质量监管和巡查力度，一旦发现问题，要及时处置，认真整改，确保工程安全。

（3）安全保障要到位。要加强工程防汛风险排查，尤其是在左岸防洪影响处理工程尚未建设的情况下，总干渠一些地段存在较大的防汛风险。要提前制定预案，做好防汛料物和抢险队伍准备，进行必要的演练，确保工程安全度汛和人民群众生命财产安全。针对总干渠沿线人员溺水死亡事件时有发生这一严峻问题，各有关省辖市、省直管县（市）务必做好中小学生的安全警示教育，加强安全巡查，防止无关人员进入总干渠；工程管理部门要加强红线内的安全巡查，发现有人进入，要及时阻止、劝离；要配备必要的救生设施，满足应急救生需要。通过采取一系列安全防范措施，确保工程运行安全，确保人民群众生命安全。

（4）制度保障要到位。国务院颁布了《南水北调工程供用水管理条例》（国务院令第647号），河南省要切实宣传好、贯彻好、落实好，加快出台《河南省南水北调工程供用水管理办法》，真正做到有法可依，依法保护工程。要加强工程运行执法体系建设，严格执法，违法必究。要建立健全南水北调运行管理有关制度，真正使河南省南水北调工程运行管理纳入法治化、制度化轨道。

同志们，做好南水北调工作责任重大、使命光荣。我们一定要认真贯彻落实好中央领导重要批示、指示精神，克难攻坚，锐意进取，切实抓好南水北调各项工作，确保工程尽早发挥最大效益。

（河南省南水北调办）

CHINA SOUTH-TO-NORTH WATER DIVERSION PROJECT CONSTRUCTION YEARBOOK

叁 重要事件

IMPORTANT EVENTS

全国政协副主席陈晓光视察丹江口大坝加高工程

2015年10月19日，全国政协副主席、民盟中央常务副主席陈晓光带领汉江水资源可持续利用专题调研组视察了丹江口大坝加高工程。

陈晓光一行首先来到了丹江口水利枢纽工程展览馆，观看了丹江口水利枢纽初期工程和丹江口大坝加高工程的建设历程展览。在丹江口大坝18坝段，南水北调中线水源公司负责同志向调研组简要汇报了丹江口大坝加高工程的建设情况和汉江水资源的利用情况。调研组查看了丹江口水库蓄水情况和水质情况。

湖北省、十堰市、丹江口市有关领导参加了调研。

（班静东）

中央电视台春晚反映南水北调

2015年央视羊年春晚的舞台上，在零点钟声即将敲响之际，青年歌手阿鲁阿卓与韩磊同唱了反映南水北调现实题材的歌曲《人间天河》。

据了解，这首由著名表演艺术家黄宏作词，著名作曲家王黎光作曲的《人间天河》，同时也是电影《天河》的主题曲，描述了南水北调工程里程碑般的深远意义。

（摘自人民网，略有删改）

南水进京、改善水质

自2014年12月27日汉江之水通过南水北调中线进京以来，北京城区大部分已用上"南水"。一些北京市民告诉记者，"南水"进京后，自来水水碱少了，水变得更清亮了。

北京市丰台区大红门西路建欣苑小区65岁的李聪敏老人告诉记者，过去家里一烧水水上就一层水碱，"吹都吹不过来"，喝水一直都是到外面打桶装水。"现在明显感到水变清亮了，我们开始直接烧自来水喝，连蒸米饭都好像更香了！"

小区居民杨雨菲说，过去自来水水碱大，洗衣服时都感到硬涩。"现在，水变清了许多，连一直喜欢喝茶的爸妈都说，现在泡出来的茶都更浓更香了。"

由于北京城区各地水源情况不同，各区域"南水"与当地水源配比也不同，市民对"南水"的感受也会不同。过去，南城部分区域使用本地地表水与地下水的混合水，通过新建的郭公庄水厂，在"南水"进京后已全部用上"南水"，居民用水感受更深，普遍反映水碱减少。

北京市自来水集团新闻发言人梁丽介绍，过去，部分南城地区自来水硬度在350～380mg/L，"水碱"现象较为明显。现在经过检测，郭公庄供水的南城区域内，自来水硬度约为120～130mg/L，下降了约2/3。

北京自来水一直以来大量取用地下水，由于地下水中含大量钙、镁等矿物质，当水烧开后，钙、镁离子以结晶颗粒形态从水中析出，产生碳酸钙、碳酸镁白色沉淀或漂浮物，就是人们俗称的"水碱"。而水中含有钙、镁离子的总和就是水质硬度。国家标准规定自来水硬度不超过450mg/L，硬度只要符合国家标准，对人体健康没有影响。

从北京市自来水集团获悉，截至2015年1月19日，1800万m^3的江水已通过北京6座水厂被送往城区大部分区域，日取水80万m^3，供水管网水质安全稳定。

（摘自新华网，略有删改）

天津市区居民全部喝上长江水

2015年2月14日从天津市水务局了解

到，为天津市中心城区供水的三家水厂已全部开始使用来自南水北调中线的引江原水，这意味着天津市中心城区市民全部喝上长江水。由于供水平稳、水质良好，群众大多没有察觉到家里自来水悄悄发生的变化。

天津市南水北调中线工程于2014年12月27日正式通水，滨海新区的居民率先喝上了引江水；随后为天津中心城区供水的芥园、凌庄、新开河三大水厂也相继开始引江水和引滦入津工程来水的切换。

“我家里平时饮用的就是自来水”，家住天津市红桥区民畅园5号楼的居民何晓燕说，“要不是自来水公司通知，我还不知道家里已经喝上了新换的引江水，感觉口感和色泽等跟以前没有什么区别”。

天津市自来水集团第一营销分公司副书记王玥表示，该分公司负责天津市红桥区、部分南开区和北辰区的居民供水，整个引江供水系统未出现“黄水”现象，从热线抢修服务电话和售水大厅近一阶段的反馈情况看，也没有接到群众关于切换水源后的咨询投诉，这说明水源切换运行稳定，供水水质良好。

下一阶段，天津市南水北调运行管理部门将进一步完善引江工程运行管理，进一步加强水源保护和监测，增加对原水、供水水质的检测频率，确保城市供水水质安全和稳定。

（摘自新华网，略有删改）

“移民书记”赵久富当选感动中国年度人物

2015年2月27日晚，《感动中国年度人物颁奖盛典》在央视一套播出，感动中国2014年度人物正式揭晓，湖北省“移民书记”赵久富光荣当选。

61岁的赵久富是团风县团风镇黄湖移民新村党支部书记。2010年，南水北调中线一期工程移民工作启动，郧县安阳镇余咀村被定为首批搬迁试点村，村支书赵久富以大局为重，主动放弃留下来的名额，带领3722位移民舍小家顾国家，千里迢迢落户团风县黄湖新区。

迁入新家园后，赵久富和移民们调整心态，自力更生，艰苦创业，移民村涌现出一大批带头致富、带头创业的先进典型。同时，他多方奔走呼吁企业到黄湖新区投资，发展服务业、种植养殖业、农产品加工业，提高移民收入，拓宽就业渠道，如今的黄湖新区成为新农村建设的示范区。

颁奖典礼上，主持人敬一丹问赵久富：“南水北调通水的那一刻，你是什么样的心情?”赵久富感慨道：“中国人民了不起!”

赵久富已成为无数为南水北调工程奉献牺牲的移民缩影。这次当选感动中国人物，赵久富坦然地说：“我只是南水北调中线工程中34万移民的代表，是他们的事迹真正感动了中国。”

（摘自《湖北日报》，略有删改）

北京市161处监测点水质全部合格　南水进京已超1亿 m^3

南水北调中线工程北京段2014年12月27日正式通水以来，截至2015年3月23日，南水北调中线北京段惠南庄入境水量已达10 062.82万 m^3，相当于50个昆明湖的水输送进了京城。经检测，北京各水厂生产的自来水全部符合国家生活饮用水卫生标准，供水管网水质安全稳定。入境流量 $20m^3/s$，日进水170万 m^3。

按北京的用水规划，通水第一年的调水量应为8.18亿 m^3，达到分配水量的77%，并按“喝、存、补”的优先顺序利用来水。截至3月23日，北京自来水厂每日利用南水约130万m^3，超过来水总量的七成，实现了自来水本地水源与南水水源按比例调配。除延庆外，各区县都已喝上南水。全市出厂水、管网水161处监测点水质合格，无“黄水”报修。除用于市民饮用，还有部分江水存蓄进入北京的水库和回补地下水。

（摘自《人民日报》，略有删改）

蔡建平荣获全国劳动模范称号

2015年4月28日，2015年庆祝“五一”国际劳动节暨表彰全国劳动模范和先进工作者大会在北京人民大会堂隆重举行。南水北调中线建管局河南直管局副局长、南阳项目部部长、惠南庄建管部部长蔡建平荣获全国劳动模范光荣称号。

中共中央总书记、国家主席、中央军委主席习近平在会上发表重要讲话，并代表中国工人阶级和广大劳动群众，向全世界工人阶级和广大劳动群众，致以诚挚的问候。党中央、国务院决定授予2064人全国劳动模范荣誉称号、授予904人全国先进工作者荣誉称号。

2003年12月，时任甘肃省南阳渠建设管理局副局长兼总工的蔡建平，开始参与南水北调中线工程建设，从前期筹备干到后期收尾，历时十余年。在南水北调工程建设的高峰期和关键期，他坚守惠南庄建管部和南阳项目部，两线作战。克服了工程建设的种种困难，保障了惠南庄泵站联调联试成功进行，提前完成南阳段工程建设任务，连续安全生产1465天，实现了质量、安全事故为零的目标，为中线工程如期通水做出了重要贡献。

当记者问起在表彰会现场的情景时，蔡建平动情地说：“聚光灯下，掌声雷动，我脑海里不断闪现的却是挖掘机轰鸣的千里长渠，钢筋纵横林立的桥梁渡槽，以及那一张张满是汗水的熟悉面孔。这项殊荣的背后，有无数南水北调人的奉献！”他表示，今天，我代表所有南水北调建设者收获了这份荣誉；明日，我会将其转化为巨大动力，继续为南水北调事业的新辉煌鞠躬尽瘁！

（摘自中线建管局网站，略有删改）

南水北调工程将长江水送达胶东半岛

根据南水北调东线工程2015年调水安排，山东段工程自4月21日开始运行，6月30日前向工程沿线的8个市供水2.3亿m^3。该工程可以满足沿线枣庄、济宁、济南、淄博、烟台、青岛、德州等市地的工业和城市生活用水。由于山东省近年来水库和湖泊蓄水量较少，也满足了一部分湖泊和沿途河流的生态用水。

据悉，2015年5月27日长江水通过南水北调东线工程，已经顺利抵达青岛棘洪滩水库，胶东半岛首次用上长江水。

这次调水首次实现向青岛供水，调水水量、时长、用户分布和输水线路长度都远远超过之前任何一次调水运行，工作难度和复杂程度也前所未有。

在此之前，南水北调东线一期工程已正式通水，长江水进入青岛只是为了检验输水渠道，而不是调水。当时抵达棘洪滩水库的长江水，水量并不多，入库的只是试验供水渠是否通畅的水量。而在此次，南水北调东线工程首次实现向胶东半岛调水。按照青岛市水利局此前公布的计划，未来青岛市每年计划调引长江水1.4亿m^3左右。

长江水进入青岛有两个途径，一个是原有引黄济青的棘洪滩水库，通过棘洪滩水库和岛城目前用的黄河水等水源交汇在一起，经过处理后流入城市供水管网，青岛市区、青西新区等地的居民可以喝到长江水；另一个是在平度建造一个新河水库，直接向平度供水，都已开工建设。

（摘自央视新闻，略有删改）

南水北调首次反向输水进入北京怀柔水库

南水北调密云水库调蓄工程于2015年5月29日顺利完成6级泵站单台机组联合调试工作，进入北京的南水北调水从团城湖通过泵站逐级提升，最终抵达73km外的怀柔水库。预计至7月中旬，此工程9级泵站中的其余3个也将完成联合调试。届时，南来江水可经由调蓄工程输送至密云水库，保障北京的供水安全。

俗话说“水往低处流”，但南水北调密云水库调蓄工程却将实现“水往高处流”。

据北京市南水北调办相关负责人介绍，密云水库调蓄工程为反向输水工程，起点为团城湖调节池，终点为密云水库，全长103km，由低向高总扬程133m。其中，团城湖至怀柔水库73km，利用现有的京密引水渠输水，并新建6座提升泵站。怀柔水库至密云水库段30km，利用8km京密引水渠、新建22km直径2.6m的输水管道以及新建3座加压泵站，帮助南水一路爬升，最后由北端调节池进入密云水库。

（摘自《人民日报》，略有删改）

中国借助南水北调工程遏制地下水超采

自2014年底南水北调中线一期工程通水以来，来自长江最大支流的汉江水，沿着1000多公里的渠道，源源不断地补充至人口密集、水资源极度紧张的华北地区。随着新水注入，沿线受水区“缺水”状况正得到缓解，北京、河北、河南、天津等省市纷纷制定地下水压采方案，借“南水”之机，遏制多年来地下水超采状况，修复当地生态环境。

北京市南水北调办最新数据显示，截至2015年5月中旬，累计入京水量已达2亿m^3，900多万市民喝上了“南水”。“南水”占北京日供水量超过50%——这意味着，大量被置换的地下水得以“喘口气”。北京市水务局有关负责人接受新华社记者专访时表示，北京正在利用南水北调来水，实施地下水集中水源地和超采区的回补存蓄，重点回补多年来超采严重的密云、怀柔、顺义水源地，恢复地下水储备。据了解，自2014年底通水以来，“南水”已累计向南水北调配套工程大宁调蓄水库、团城湖调节池补水1000多万立方米，并向凉水河、清河、昆玉河等城市河湖补水，北京城区因此增加水面近300hm^2。更为可喜的是，根据北京市南水北调办的监测数据，近期北京地下水位下降趋势有所减缓，部分地区甚至出现短期回升。4月底，北京地下水平均水位为26.13m，虽然比3月下降0.37m，但低于预期。

南水北调中线工程年均将向河南供水37.7亿m^3，相当于增加37座大型水库。河南省水利部门也作出规划，未来5年内，将压采城区地下水2.7亿m^3，实现城区浅层地下水采补平衡，改善多年来形成的地下水漏斗区状况。

与此同时，借助南水北调入冀30.4亿m^3的净水量，河北也提出了压采地下水14.6亿m^3、综合整治省内重污染河流和重点水域等目标。

据统计，北方黄淮海地区总人口及国内生产总值均约占中国的35%，但水资源量仅为全国总量的7.2%，多年来水资源严重短缺。巨大用水需求下，许多城市被迫靠长期超采地下水维持发展，累计超采地下水上千亿m^3，导致出现地面沉降、海水倒灌、湿地干涸等生态环境问题。以北京为例，近10年来，北京以年均21亿m^3的水资源量，维持着36亿m^3的用水需求，地下水占全市供水量60%以上，每年超采约5亿m^3。根据北京市水务局数据，与1998年相比，北京平原区地下水位下降了12.8m，地下水累计超采65亿m^3，近年来每年地下水下降近1m。

被誉为中国世纪工程的南水北调，重点解决北方水资源承载能力与经济社会发展之间的矛盾。2014年12月12日，南水北调中线一期工程正式通水，江水从鄂豫交界的丹江口水库向河南、河北、北京、天津四省市供水，年均调水量95亿m^3。

“南水北调工程不仅是一项供水工程，还是一项生态工程。”中国工程院院士、中国水科院水资源所名誉所长王浩认为，通过水源置换，不仅可为沿线城市供水提供保障，还可减少地下水开采量，年增加生态和农业用水量将达数十亿m^3。

根据北京市相关规划，在南水北调来水初期，如水量有富余，北京将逐步回补密云水库、怀柔水库等。“这些地区多年来作为北京重要水源地，地下水位已在20m以下，亏空量有40多亿m^3。”北京市南水北调办相关负责人介绍，北京将主要通过河道自然回渗结合人工大口径水井压灌来回补地下水，“希望将来能回升至80年代初埋深十几米深的水位。”

（摘自新华网，略有删改）

南水北调通水后北京实施自备井置换受益人口近9万

截至2015年6月1日，为了让更多市民喝上安全、优质的市政大管网自来水，北京市自来水集团加快自备井置换工程实施进度，北京市已完成朝阳区孙河康营小区、金盏乡金色朝阳小区、海淀区四季青农工商公司等11家居民小区及单位的自备井置换工程，关停自备井21眼，置换水量1.7万m^3/d，受益人口近9万人。

北京市自来水集团表示，2015年将优先实施朝阳区、大兴区等地的自备井置换工程，全年计划完成104个小区及单位的自备井置换，置换水量4.7万m^3/d，受益人口34万人。

自备井全称自备水源井，主要是在城市建设初期或市政供水大管网未覆盖的区域，一些机关、企业、院校和小区自行开凿的水源井，以满足其生产、生活用水需求。截至2014年底，北京城区范围内还有自备井6900眼，年供水量2.4亿m^3，约占城区供水总量的四分之一。

由于地下水位逐年下降，北京市计划从2015～2020年通过合理配置南水北调进京水资源，将城区及部分市区管网延伸覆盖范围内的大兴、昌平等局部区域的自备井供水全部置换为公共供水，最终日置换水量约60万m^3。届时，首都近300万居民的供水水质将得到改善。

南水北调中线工程2014年底正式通水，“南水”随之进入北京。截至5月中旬，累计入京水量已达2亿m^3。据有关专家介绍，自备井置换封存后，可对地下水进行涵养，将对北京市水资源保护起到重要作用。

（摘自新华网，略有删改）

南水北调纪录片《水脉》获评为“优秀系列片”

2015年6月17日，以“拥抱我的梦”为主题的第三届优秀国产纪录片及创作人才扶持项目表彰活动在湖南省长沙市举行，南水北调纪录片《水脉》荣登“优秀系列片”榜单。全国劳动模范、中线建管局蔡建平同志参加表彰活动并介绍南水北调工程的有关情况。

本次表彰活动由国家新闻出版广电总局主办、湖南广播电视台及金鹰纪实频道承办，2014年度24部优秀国产纪录片作品和26名优秀创作人才获得表彰。

《水脉》是国务院南水北调办和中央电视台联合组织拍摄的大型文献纪录片，共八集，

从全球角度和国际视野，全面系统介绍南水北调实施背景、前期论证、建设历程、技术创新、征地搬迁、移民安置、文物保护、水污染治理和水质保护、工程效益等方面的情况，充分体现了南水北调工程的重要性、必要性和可行性，充分展现了南水北调工程建设取得的巨大成就，充分展望了南水北调工程的巨大效益和重要作用。

该片自2014年10月在中央电视台多个频道热播，收看观众达1.2亿人次。南水北调工程沿线的北京、河南、湖北、山东、陕西等省市电视台也相继播出。2015年2月，被国家新闻出版广电总局列入2014年第四批推荐优秀国产纪录片目录，中央电视台英语频道（CCTV-NEWS）播出《水脉》英语版。

该片的同名图书《水脉》，已由中国水利水电出版社出版发行。

（摘自中国南水北调网，略有删改）

南水北调中线泵站首次加压输水迎战首都用水高峰

为应对南水进京后北京夏季用水高峰，南水北调中线工程总干渠唯一一座大型加压泵站——惠南庄泵站于2015年7月13日启动机组试运行并取得成功，这标志着南水北调中线工程建成通水后，首次进入加压输水模式。

据了解，进入2015年7月以来，北京迎来用水高峰，城区日供水量持续在300万m^3以上的高位运行状态。7月9日，北京日供水量更是突破历史记录，达到313.2万m^3，逼近城区日供水能力。为此，在前期调试基础上，惠南庄泵站启动机组试运行，泵站与北京段工程联合调度顺畅。

北京市南水北调办有关负责人介绍，7月入京流量已从此前自流输水状态下约$24m^3/s$提升至加压输水后的$38m^3/s$，北京南水北调工程日调水能力从207万m^3提升至328万m^3，向全市自来水厂的日供水量也将从177万m^3增加至200万m^3。南水北调来水在城市总供水量的占比将超过60%，将有效缓解首都夏季用水高峰压力。

南水北调中线干线工程利用丹江口水库陶岔出水口和各省市之间的落差，实现全线自流输水。由于干线工程入京后全部采用地下管涵，为满足北京段供水需求，我国在南水入京处北京房山区惠南庄建设了中线唯一的一座大流量、高扬程的加压泵站。

惠南庄泵站具备小流量重力自流输水和大流量水泵加压输水两种供水方式。结合城市需求，当供水流量小于$20m^3/s$时，南来江水自流通过泵站，节约能源；反之则启动水泵机组进行加压输水，提高供水能力。

南水北调中线工程自2014年底通水后，现已有近千万北京市民喝上了汉江水。据统计，截至2015年7月13日，北京南水北调入京江水累计超过3亿m^3，近80%来水供给自来水三厂、自来水九厂、郭公庄水厂等7座水厂，占市区供水一半以上。

（摘自新华网，略有删改）

南水进京5亿m^3　北京地下水位16年首次回升

南水北调工程效益凸显，北京市地下水位16年来首次出现回升。全市885个地下水位监测点2015年数据显示，北京市地下水埋深较6月底回升15cm，地下水储量增加8000多万m^3。其中，大兴区地下水位回升最多，从19.89～19.47m回升0.42m。

水利专家分析，水位回升主要是南水北调缓解了水资源紧张，同时，也有开源节流、严控地下水开采的成效。随着南水进京，到2020年，北京城区自备井将全部关闭，实现压采地下水2.4亿m^3。

据悉，2014年年底，南水北调中线一期

工程正式通水以来，输水管网运行稳定，调水量不断加大。2015 年 7 ~ 8 月份用水高峰期，南水北调向北京城区日供水量达 300 万 m^3以上。截至 9 月 6 日，南水进京水量超过 5 亿 m^3，其中 72% 供给全市自来水厂，其余来水补存水库和地下水。

调水 8 个月来，水质稳定达标。南水北调中线建管局水质中心监测显示，各断面水质指标均达到或优于国家地表水Ⅱ类水质标准。

国务院南水北调办有关负责人介绍，2015 年南水北调向北京供水量将达 8.18 亿 m^3，预计 2016 年调水 10.5 亿 m^3。随着工程运行，水量逐步加大，大部分北京区县百姓都将喝上千里而来的长江水。

据介绍，由于水资源短缺，从 1999 年起北京年均超采地下水 5 亿 m^3左右，形成大面积超采区。长期超采造成地下水位不断下降，从 1999 年起，连续 15 年年均下降近 1m。

截至 2015 年 9 月 10 日 8 时，南水北调中线一期工程干渠全线累计分水量约 14.3 亿 m^3。

（摘自《人民日报》，略有删改）

南水北调中线惠及 3500 万人

截至 2015 年 10 月 20 日，南水北调中线工程累计向河南、河北、北京、天津 4 省市输水 17.18 亿 m^3，惠及沿线 3500 万人口。其中，河南接水 6.8 亿 m^3、河北接水 7800 万 m^3、天津接水 3.1 亿 m^3、北京接水近 6.5 亿 m^3，受水区经济效益、社会效益、生态效益逐步凸显。

据南水北调中线建管局负责人介绍，通水近一年，工程运行安全平稳，水质稳定达标。从地表水 36 项检测指标看，干渠水质大部分指标达到Ⅰ类水标准，少数指标为Ⅱ类，水质总体为Ⅱ类水，可以放心饮用。

据悉，中线工程向北京输水已超 6.4 亿 m^3，2015 年 10 月底完成全年调水任务，有效缓解了首都供水紧张局面。外调水占了北京自来水的六成以上，中心城区供水安全保障系数从原来的不足 1 提高到了 1.2。更可喜的是，北京地下水 16 年来首次回升，地下水埋深回升了 15cm。

（摘自《人民日报》，略有删改）

移民干部向晓丽获第五届全国道德模范提名奖

2015 年 10 月 13 日，在第五届全国道德模范座谈会上，淅川县西簧乡党委书记向晓丽荣获全国道德模范提名奖。

向晓丽，是移民干部代表之一。2009 ~ 2011 年移民期间，她任大石桥乡乡长。在南水北调中线工程水源地和渠首所在地这片热土上，向晓丽付出了寸寸光阴，换得丝丝银发，把青春镶嵌上奋斗的光芒，把无悔送给丹江，还有栖息河畔的乡亲父老。国务院南水北调试点移民工作先进个人、省移民工作先进个人、省优秀共产党员、市第三届道德模范……在为人民服务的路上，向晓丽默默书写着“敬业奉献”四个大字。

“为把丹水送京津!”她奏响了移民、护水、富民的动人乐章。

（摘自《南阳日报》，略有删改）

南水北调中线工程首个调度年平稳结束

从河南省南水北调办获悉，截至 2015 年 10 月 31 日，南水北调中线工程首个水量调度年度顺利结束，累计供水 21.67 亿 m^3，惠及京、津、冀、豫四省市 3500 万人。

据了解，根据《南水北调工程供用水管理条例》规定，水量调度年度为每年 11 月 1 日至次年 10 月 31 日。第一个调水年度已平稳结束。丹江口水利枢纽管理局统计数据显示，首个调水年度不仅有效解决了受水区用水紧张局面，提高了供水保证程度，也为各地压减地下水开采、改善生态环境提供了有利条件。

根据监测，首个调水年度供水水质均符合或优于Ⅱ类水质标准，其中符合Ⅰ类水质标准的天数超过五成，水质总体保持稳定。陶岔渠首枢纽向北方供水流量约95m^3/s，日供水量在820万m^3左右。

（摘自新华社，略有删改）

南水北调中线工程运行一周年水质调查：水不苦了，不浑了

“以前的水发苦，而且有点儿浑，现在的水很少见水垢，甚至有点甜。”2015年12月4日，家住河南许昌祥瑞小区的59岁居民胡甲付对中新社记者说。

自2014年12月12日起至今，南水北调中线一期工程运行已近一年，国务院南水北调办于12月初组织“南水北调中线工程一周年媒体采访活动”，记者走访了中线工程惠及的几个代表性地区。

河南省作为中部内陆省份，曾长期遭受干旱困扰。2014年河南省遭遇63年来最严重夏旱，其中河南平顶山143座水库98座干涸、49条河流44条断流。河南省会郑州的人均水资源占有量178m^3，只有中国人均水资源占有量的十分之一。因此，河南也成为了南水北调工程的必经之地。

2014年12月到来的一渠清水，不仅让干旱的河南大地自此“解了渴”，也让当地民众的饮水质量大大提升。

“水不苦了”“水不浑了”是很多河南民众的共同感受。河南许昌市周庄水厂厂长庞军伟告诉记者，民众的这种感受是由水质的变化带来的。“以前许昌的水源北汝河的水质为《地表水环境质量标准》Ⅲ类标准，而来自丹江口水库的南水北调水源则更优质，水质硬度低，偏弱碱性，符合Ⅱ类标准，很多指标甚至达到Ⅰ类标准。”

许昌居民胡甲付称，以前家中必备的自来水净化机现在已经“下岗”，可以将自来水直接煮开饮用。

除了水源地的变化，饮用水水质的改善还与南水北调中线工程沿线的水质管控进一步提升密切相关。

南水北调中线建管局河南分局副局长王江涛告诉记者，根据2014年年初国务院颁布的《南水北调工程供用水管理条例》，南水北调工程运行一年来已经将大量人力物力投入到水质的日常保护中。此外，南水北调工程沿线范围内还划定了污染控制区，加强对污染源的防控。

南水北调工程给民众带来了实际的好处，而工程带来的水成本上升也成为不少媒体关注的话题，受惠于南水北调中线工程的北京、天津等地水价已经上调。庞军伟透露，随着各个城市南水北调工程配套措施进一步完善，预计2016年元旦河南省水价将实行全面上调。届时，河南省南水北调供水将采取准市场运作，根据市场交换原则进行计价收费。

谈到水价上调，60岁、家住郑州东大岗刘乡办事处家属院的吕慧香表示：“只要水变好了，更有利于身体健康，水价正常的调整我们也是能接受的。”

（摘自中国新闻网，略有删改）

通水一年22亿m^3长江水润泽北方

据国务院南水北调办最新统计，中线一期工程通水一年来，累计分水水量22.2亿m^3，工程运行安全平稳，水质稳定达标。汩汩清水让京、津、冀、豫十余个大中城市解渴，受益人口达到3800万人。一条输水线成为发展“保障线”，沿线城市供水保证率提升，社会、经济、生态效益逐步显现。

保水质安全。沿线各地减污加绿，倒逼转型。河南省南阳市关停企业800多家，取缔养鱼网箱4万多个，否决73个大中型项目。陕西将水质指标纳入县区考核，实行“一票否决”，安康市投入11亿元实施水流域治理。湖北省实行“河长制”，瞄准5条重点入库河流，前端截污治本、中端修复生态、末端治污达标。

保供水安全。不合理供水结构正在改变。北京“喝、存、补”并举，“多用长江水，少用地下水”，将70%来水供给城市生活用水，同时增加水资源战略储备，回补地下水，首都告别单一水源的困境。天津从单一引滦水变为双水源保障，一半城市居民吃上“南水”，相当于增加一条输水“生命线”。

保生态安全。北京向水源地试验补水1.5亿m^3，增加水面面积550hm^2。2015年1～8月，减少地下水开采7200万m^3。同时，启动城区自备井置换工作。监测显示，北京地下水水位16年来首次出现回升。天津一年多来减少地下水许可水量1010万m^3，回填机井110余眼，到2020年底，全市深层地下水年开采量控制在0.9亿m^3以内。

转变用水方式。南水来了，用水不能“任性”。“先节水，后调水”，北京量水而行，农业用水由过去每年20亿m^3，减少到7亿m^3，到2020年计划减到5亿m^3；挖潜“第二水源”，全市再生水使用量占到地表水的20.5%。天津精打细算，把水细分为5种：地表水、地下水、外调水、再生水和淡化海水，实现了差别定价、优水优用，全市万元工业增加值取水量降到了7.57m^3。

（摘自《人民日报》，略有删改）

南水北调一年为天津市输水3.65亿m^3

南水北调工程是从长远上解决天津市水资源问题、改善水环境、提高人民群众生活质量的民心工程，是继引滦入津工程之后天津市又一条输水“生命线”。2014年12月12日，南水北调中线工程正式通水，2014年12月27日，引江水正式进入天津市。截至2015年12月5日，天津市引江供水系统整体运行平稳、水质良好，累计收水3.65亿m^3，向城市供水3.45亿m^3，安全输水343天，水质常规监测24项指标一直保持在地表水Ⅱ类标准及以上。

南水北调工程缓解了天津市水资源短缺的问题。引江通水一年来，供水区域覆盖中心城区、环城四区、静海区和滨海新区部分地区，面积达1200km^2，超过常住人口数量一半的天津市居民从中受益，较好地满足了城市生产生活用水需求。

（摘自《人民日报》，略有删改）

南水北调中线通水近一年惠及京城1100多万人口

南水北调中线一期工程于2014年年底正式通水以来已近一年。南来江水已惠及京城1100多万人口，接纳“南水”水厂总规模超过290万m^3/d。预计2020年底前，北京市南水北调配套工程建设将具备接纳年调水15亿m^3的能力。

通水以来，北京市南水北调首批配套工程项目按期接纳总规模超过290万m^3/d，具备了接纳年调水10亿m^3的能力。

截至2015年12月10日，北京市南水北调配套工程中的东干渠工程即将投入使用，准备向城市东部地区输水，通州支线工程、良乡水厂也已开工建设，亦庄调节池二期等项目即将启动。其中，将南水北调来水送往通州新城的通州支线工程预计2016年6月建成主体工程，具备向通州水厂输水条件。

（摘自央广网，略有删改）

《饮水思源——南水北调中线工程图录（文化篇/建设篇）》荣膺2015年第66届美国班尼印制大奖

由北京市南水北调办与首都博物馆联合编著，北京燕山出版社出版的《饮水思源——南水北调中线工程图录（文化篇/建设篇）》荣膺2015年第66届美国班尼印制大奖优秀奖，仅次于班尼金奖，殊荣等同一等奖。

该套丛书从历史文化和工程建设角度出发，揭示水在人类发展史上的重要作用，再现南水北调中线工程的建设历程，内容丰富，史料翔实，设计新颖，是有关水文化史的精美图册。

“美国印制大奖Premier Print Award”简称为“PPA”，被誉为“全球印刷奥斯卡奖”，由美国印刷工业协会于1950年创办，评比并褒奖全球年度最佳印刷艺术作品，其奖杯以著名领袖本杰明·富兰克林命名，称为Benny奖，获得“Benny小金人”是印刷业界最高荣誉。

（摘自北京市南水北调办网站，略有删改）

CHINA SOUTH-TO-NORTH WATER DIVERSION PROJECT CONSTRUCTION YEARBOOK

肆 政策法规

POLICIES, LAWS AND REGULATIONS

山东省南水北调条例

（2015 年 4 月 1 日）

第一章 总 则

第一条 为了加强南水北调管理，推进现代水网体系建设，优化水资源配置，保障供用水安全，改善生态环境，促进经济和社会可持续发展，根据《中华人民共和国水法》《南水北调工程供用水管理条例》等法律、行政法规，结合本省实际，制定本条例。

第二条 本条例所称南水北调是指通过南水北调东线山东干线工程及其配套工程，综合利用长江水和其他水资源向受水区引水、输水、蓄水、配水的水资源调配和保障体系。

第三条 在本省行政区域内从事南水北调工程管理、水量调度、用水管理、水质保护、监督保障等活动，适用本条例。

法律、行政法规另有规定的，从其规定。

第四条 南水北调工作应当遵循先节水后调水、先治污后通水、先环保后用水的原则，坚持统筹兼顾、优化配置、科学调度、安全高效。

第五条 南水北调工程受水区以及相关区域县级以上人民政府应当加强对南水北调工作的领导，将水质保护、用水管理和配套工程建设纳入国民经济和社会发展规划，统筹做好本行政区域内的水污染防治、水资源配置、工程建设与运行管理等工作。

第六条 省水行政主管部门负责南水北调工作的监督、指导和水资源管理；设区的市、县（市、区）水行政主管部门负责本行政区域内南水北调配套工程和用水的监督管理工作。

省南水北调工程建设管理机构具体负责南水北调干线工程建设与运行管理工作，指导南水北调配套工程建设与运行管理工作。

发展改革、经济和信息化、公安、财政、国土资源、住房城乡建设、交通运输、农业、海洋与渔业、林业、环境保护、价格等部门按照职责分工，做好南水北调相关工作。

第七条 南水北调工程是战略性、基础性水利工程，受法律保护。

任何单位和个人有权对破坏南水北调工程、污染水质等违法行为进行检举，有关部门和机构收到检举后应当及时调查处理。

第二章 工 程 管 理

第八条 南水北调工程建设管理机构应当按照国家和省批准的规划设计方案以及技术规范，组织实施工程建设与运行管理，确保工程安全和调水安全。

南水北调配套工程规划建设应当与干线工程相衔接，确保南水北调工程发挥整体效益。

南水北调配套工程建设由设区的市、县（市、区）人民政府负责，纳入政府责任考核体系。

第九条 南水北调工程应当依法划定管理范围和保护范围。

南水北调干线工程管理范围和保护范围，由省水行政主管部门会同工程所在地设区的市人民政府组织划定。

南水北调配套工程管理范围和保护范围，由设区的市、县（市、区）人民政府组织划定；跨设区的市的南水北调配套工程管理范围和保护范围，由省水行政主管部门会同有关设区的市人民政府组织划定。

第十条 南水北调工程的管理范围按照依法征收征用的工程用地范围划定。

第十一条 南水北调干线工程保护范围按照下列原则划定并予以公告：

（一）明渠输水工程为自堤防背水侧的护堤地边线向外延伸至五十米以内的区域。

（二）暗涵、隧洞、管道等地下输水工程

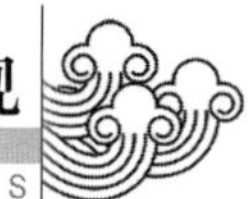

为工程设施上方地面以及自其边线向外延伸至50m以内的区域。

（三）倒虹吸、渡槽、暗渠等交叉工程为自管理范围边线向交叉河道上游延伸至不少于1000m不超过1000m，向交叉河道下游延伸至不少于1000m不超过3000m以内的区域。

（四）泵站、水闸、管理站、取水口等其他工程设施为自管理范围边线向外延伸至不少于50m不超过200m以内的区域。

（五）水库调蓄工程为自管理范围边线向外延伸至200m以内的区域。

南水北调配套工程保护范围划定标准，参照南水北调干线工程保护范围划定原则合理确定。

南水北调工程通信光缆、电力线路以及交通等设施的保护范围依照有关规定执行。

第十二条 南水北调干线工程使用现有河道、水库等工程输水、蓄水的，由有关水行政主管部门和省南水北调工程建设管理机构按照各自管理范围、保护范围和管理权限实施管理和保护。

第十三条 南水北调工程运行单位应当在工程管理范围边界和地下工程位置上方地面设立界桩、界碑等保护标志，并设立必要的安全隔离设施对工程进行保护。未经南水北调工程运行单位同意，任何人不得进入设置安全隔离设施的区域。

南水北调工程运行单位应当在工程沿线的路口、村庄等地段设置安全警示标志；县级以上人民政府有关部门应当按照规定在交叉桥梁入口处设置限制质量、轴重、速度、高度、宽度等标志，并采取相应的工程防范措施。

第十四条 除法律、法规另有规定外，禁止在南水北调工程管理范围内实施下列行为：

（一）取土、采石、采砂、采矿、爆破、打井、钻探、开沟、挖洞、挖塘、建窑、修建坟墓或者弃置渣土等。

（二）侵占或者毁坏护堤护岸林木、植被等生态防护措施。

（三）在堤（坝）顶、涵（管）、隧洞、暗渠、地下通信光缆等工程设施上行驶履带车辆或者超限行驶机动车。

（四）在输水干线堤顶专用道路上和南水北调干线湖泊、河道、输水渠道内运输危险废物、危险化学品。

（五）游泳、滑冰、洗涤。

（六）网箱（围网）养鱼、养殖水禽、非法捕（钓）鱼。

（七）打场、晾晒、烧荒、放养牲畜、集市贸易、倾倒垃圾。

（八）擅自从输水渠道引水或者向输水渠道排水。

（九）其他可能影响调水工程运行、危害工程安全和供水安全的行为。

第十五条 禁止在南水北调工程保护范围内生产、加工、储存易燃、易爆、剧毒、放射性等危险物品，倾倒废液、废渣等有毒有害物质，以及实施影响工程运行、危害工程安全和供水安全的其他行为。

第十六条 禁止实施危害南水北调工程设施的下列行为：

（一）侵占、损毁输水河道（渠道、管道）、水库、堤防、护岸。

（二）在地下输水隧洞、暗渠（涵）、管道（线）上方地面修建建筑物、构筑物或者种植深根植物、堆放超重物品。

（三）移动、覆盖、涂改、损毁标志物。

（四）侵占、损毁或者擅自使用和操作专用输电线路、专用通信线路、闸门等设施。

（五）侵占、损毁交通、通信、水文水质监测等设施。

第十七条 在南水北调工程管理范围和保护范围内修建桥梁、道路、码头、船闸、渡口、管道、缆线、取水、排水等工程设施的，应当符合国家相关规划、工程运行安全和其他技术要求，并征求有管理权限的南水北调工程建设管理机构对拟建工程设施建设方案的意见。

前款规定的工程设施在施工、维护、检修前，应当通报南水北调工程运行单位，施工、维护、检修过程中不得影响南水北调工程设施安全和正常运行。

第十八条 南水北调工程运行单位应当建立健全安全生产责任制，加强对南水北调工程设施的监测、检查、巡查、维修和养护，配备必要的人员和设备，定期进行应急演练，确保工程安全运行。

第十九条 在汛期和工程运行期，南水北调工程运行单位应当加强巡查，发现险情立即采取抢修等措施，并及时向南水北调工程建设管理机构和防汛抗旱指挥机构报告。

第二十条 因南水北调工程抢修、抢险等紧急情况需要使用相邻土地或者设施的，南水北调工程运行单位可以先行使用，但是应当及时告知该土地或者设施的所有权人、使用权人，并于事后恢复原状；需要采伐林木的，可以先行采伐，但是应当自紧急情况结束之日起三十日内报告林业部门，依法补办相关手续。造成损失的，应当依法予以补偿。

第三章 水量调度

第二十一条 省水行政主管部门应当根据国家批准的南水北调工程调入水量和本省用水总量控制目标，统筹配置长江水和其他水资源，充分利用南水北调工程，逐步实现本省水资源的综合调度。

第二十二条 省水行政主管部门应当会同设区的市人民政府，根据国家批准的本省多年平均调水量和受水区水量分配指标，编制本省南水北调年度用水计划建议，按照国家规定报批。

第二十三条 省南水北调工程建设管理机构应当按照国家批准的年度用水计划，会同受水区设区的市水行政主管部门、南水北调干线工程运行单位编制本省南水北调年度水量调度方案，报省水行政主管部门批准后组织实施。

第二十四条 水量调度年度内南水北调工程受水区设区的市用水需求出现重大变化，需要转让年度水量调度计划分配水量的，由有关设区的市人民政府授权的部门或者单位协商签订转让协议，确定转让价格，并将转让协议报送省水行政主管部门，抄送省南水北调工程建设管理机构；省水行政主管部门、省南水北调工程建设管理机构应当相应调整水量调度方案。

第二十五条 南水北调工程运行单位应当服从防汛抗旱指挥机构统一指挥，兼顾生态环境用水、农业用水、雨洪水资源调配。

第二十六条 兼有通航要求的南水北调工程的调度运行，应当统筹调水和航运需要。省南水北调工程建设管理机构制订水量调度方案时，涉及影响航运的，应当与交通运输部门协商；雨情、水情出现重大变化，水量调度方案无法实施的，应当及时进行调整并报告省水行政主管部门。

第二十七条 省水行政主管部门应当根据国家水量调度应急预案，会同有关部门、流域管理机构和设区的市人民政府以及南水北调干线工程运行单位，组织编制南水北调干线工程水量调度应急预案，报省人民政府批准。

南水北调配套工程水量调度应急预案由设区的市水行政主管部门组织编制，报本级人民政府批准。

第二十八条 发生重大洪涝、干旱、地震等自然灾害和生态破坏、水污染、工程安全事故等突发事件时，省人民政府或者省人民政府授权的部门应当按照规定程序启动南水北调工程水量调度应急预案，依法可以采取下列应急处置措施：

（一）临时限制取水、用水、排水。

（二）统一调度有关河道的水工程。

（三）征用治污、供水等所需设施。

（四）封闭通航河道。

第四章　用 水 管 理

第二十九条　南水北调工程受水区县级以上人民政府应当结合当地实际，优化配置各类水资源，充分利用南水北调工程供水，合理使用地表水，严格控制开采地下水，逐步恢复和改善生态环境。

第三十条　南水北调干线工程供水价格实行基本水价和计量水价相结合的两部制水价制度。两部制水价的具体标准按照国家和省有关规定执行。

第三十一条　省人民政府授权省南水北调工程建设管理机构与国家南水北调工程管理单位签订供水合同；受水区设区的市人民政府授权的部门或者单位应当与省南水北调工程建设管理机构签订供用水合同。

受水区设区的市人民政府应当按照供用水合同，在水量调度年度开始前向省财政部门缴纳基本水费，并按照年度实际供水量缴纳计量水费。

南水北调水费征缴纳入财政管理，应当及时、足额缴纳。

第三十二条　南水北调工程受水区县级以上人民政府应当统筹考虑本行政区域内南水北调供水价格与当地地表水、地下水等各种水源的水资源费和供水价格，推行区域综合供水价格。

第三十三条　南水北调工程受水区县级以上人民政府应当对本行政区域内的用水实行总量控制，统筹南水北调工程供水和当地水资源，有计划地替代超采的地下水，逐步退还因缺水挤占的农业用水和生态环境用水。

第三十四条　南水北调工程受水区设区的市、县（市、区）人民政府应当按照省人民政府下达的地下水开采总量控制指标和地下水压采目标，组织有关部门编制本行政区域内地下水限制开采方案和年度计划，报省水行政主管部门和国土资源部门备案。

南水北调工程受水区县级以上人民政府应当加强对地下水压采方案和年度计划实施的组织、协调和监督，并将实施情况纳入区域最严格水资源管理制度考核范围。

第三十五条　南水北调工程受水区内地下水超采区禁止新增地下水取用水量。具备水源替代条件的地下水超采区，应当划定为地下水禁采区，禁止取用地下水。

南水北调工程受水区禁止新增开采深层承压水。

第五章　水 质 保 护

第三十六条　南水北调工程水质保护适用《山东省南水北调工程沿线区域水污染防治条例》。本条例另有规定的，依照本条例规定执行。

第三十七条　南水北调工程受水区以及相关区域县级以上人民政府应当根据南水北调沿线区域水污染防治规划，调整产业结构，加强水污染防治，保证城乡污水处理设施、中水截蓄导用、人工湿地等工程正常运行，确保水质达到国家和省规定的水环境质量标准。

第三十八条　南水北调工程水质保护实行县级以上人民政府目标责任制和考核评价制度。南水北调工程受水区以及相关区域县级以上人民政府应当将水质保护目标情况纳入对有关部门和下级人民政府的考核内容，作为考核评价的重要依据，考核结果对社会公开。

第三十九条　南水北调工程受水区以及相关区域县级以上人民政府环境保护部门，应当加强南水北调水污染防治工作的统一监督管理，依法履行监督检查职责，及时查处污染南水北调水质的行为。

第四十条　南水北调调水水质应当稳定

达到国家规定的地表水环境质量Ⅲ类水质标准。

环境保护部门应当按照职责组织对南水北调工程调水水质情况进行监测，并定期向社会发布水质信息。

第四十一条 南水北调工程受水区以及相关区域实行重点水污染物排放总量控制制度。

南水北调工程受水区以及相关区域设区的市人民政府应当将省人民政府确定的重点水污染物排放总量控制指标逐级分解下达，有关设区的市、县（市、区）人民政府分解落实到水污染物排放单位。

第四十二条 建设穿越、跨越、邻接南水北调工程的桥梁、公路、石油、天然气、雨污水管道等工程，建设、管理单位应当设置警示标志，采取有效措施，防范工程建设或者交通事故、管道泄漏等带来的水质安全风险。

第四十三条 南四湖、东平湖实行湖区功能区划制度和人工养殖总量控制制度。

禁止在南四湖、东平湖湖区进行人工投饵性的网箱养殖、围网养殖。已有的人工投饵性的网箱养殖、围网养殖设施，所在地县级以上人民政府应当组织有关部门按照规定限期拆除。

第四十四条 南水北调工程运行单位应当加强工程巡查，定期对调水水质进行监测，发现水污染事故时，应当按照水量调度应急预案进行处置，并及时通报省南水北调工程建设管理机构和环境保护部门。

第六章 监督保障

第四十五条 南水北调受水区以及相关区域各级人民政府应当加强工程保护和安全宣传工作，督促有关部门及时查处破坏工程设施、扰乱调水秩序、污染水质以及其他危害调水安全的行为。

第四十六条 省水行政主管部门应当加强南水北调水政监察工作和队伍建设，建立健全监督管理制度，对违反本条例的行为依法进行查处。

南水北调配套工程的水政监察工作由设区的市、县（市、区）水行政主管部门依照本条例规定实施。

第四十七条 公安机关应当在南水北调工程主要水源地、重要枢纽设立公安派出所，在泵站、输水渠道沿线设置治安办公室或者警务室，维护管理秩序，保护工程和水体安全。

第四十八条 南水北调工程沿线区域实行生态保护补偿机制，具体办法由省人民政府制定。

第四十九条 因南水北调工程建设的跨河（渠）交通桥、生产桥和输变电线路等非水利工程设施，由所在地设区的市、县（市、区）人民政府明确管理主体，落实管理责任。

第七章 法律责任

第五十条 违反本条例规定的行为，法律、行政法规已规定法律责任的，依照其规定执行。

法律、行政法规未规定法律责任的，涉及南水北调干线工程管理保护的行政处罚，由省水行政主管部门依照本条例的规定实施；涉及南水北调配套工程管理保护的行政处罚，由设区的市、县（市、区）水行政主管部门依照本条例的规定实施。

第五十一条 县级以上人民政府、有关部门、管理机构及其工作人员违反本条例规定，有下列行为之一的，对直接负责的主管人员和其他直接责任人员依法给予处分：

（一）不及时编制年度用水计划建议的。

（二）不组织编制或者不执行年度水量调度方案的。

（三）不组织编制或者不执行水量调度应急预案的。

（四）不编制或者不执行南水北调工程受

水区地下水限制开采方案的。

（五）不履行水量、水质监测职责的。

（六）不按照规定缴纳、收取水费或者截留挪用水费的。

（七）不履行监督检查职责、发现违法行为不及时查处的。

（八）其他玩忽职守、滥用职权、徇私舞弊的行为。

第五十二条 南水北调工程运行单位及其工作人员违反本条例规定，有下列行为之一的，由主管机关或者监察机关责令改正；情节严重的，对直接负责的主管人员和其他直接责任人员依法给予处分：

（一）虚假填报或者篡改工程运行情况等资料的。

（二）不落实年度水量调度计划或者水量调度应急预案的。

（三）不及时制订或者不落实月水量调度方案的。

（四）对工程设施疏于监测、检查、巡查、维修、养护，不落实安全生产责任制，影响工程安全、供水安全的。

（五）供水水质不符合国家规定标准，继续供水的。

（六）不履行本条例规定的其他职责的。

第五十三条 违反本条例规定，有下列行为之一的，责令停止违法行为，恢复原状或者采取补救措施；逾期不恢复原状或者未采取补救措施的，按照下列规定处罚：

（一）在南水北调工程管理范围内开沟、挖洞、挖塘、建窑、修建坟墓或者弃置渣土的，处5000元以上10 000元以下的罚款。

（二）在地下输水隧洞、暗渠（涵）、管道（线）上方地面修建建筑物、构筑物或者种植深根植物、堆放超重物品的，处1000元以上5000元以下的罚款。

（三）移动、覆盖、涂改、损毁标志物的，处200元以上2000元以下的罚款。

第五十四条 违反本条例规定，有下列行为之一的，责令停止违法行为，并按照下列规定处罚：

（一）在堤（坝）顶、涵（管）、隧洞、暗渠、地下通信光缆等工程设施上行驶履带车辆或者超限行驶机动车的，处1000元以上5000元以下的罚款。

（二）擅自从输水渠道引水或者向输水渠道排水的，处500元以上1000元以下的罚款。

（三）在南水北调工程管理范围内网箱（围网）养鱼、养殖水禽、非法捕（钓）鱼的，处200元以上1000元以下的罚款。

（四）在南水北调工程管理范围内游泳、滑冰、洗涤、打场、晾晒、烧荒、放养牲畜、集市贸易或者倾倒垃圾的，处200元以上500元以下的罚款。

第五十五条 违反本条例规定，有下列行为之一的，责令停止违法行为，恢复原状或者采取补救措施，处10 000元以上50 000元以下的罚款：

（一）在南水北调工程管理范围内取土、采石、采砂、采矿、爆破、打井、钻探的。

（二）在南水北调工程保护范围内生产、加工、储存易燃、易爆、剧毒、放射性等危险物品或者倾倒废液、废渣等有毒有害物质，影响工程运行、危害工程安全和供水安全的。

（三）在输水干线堤顶专用道路上运输影响水质安全的危险化学品的。

（四）侵占、损毁输水河道（渠道、管道）、水库、堤防、护岸、闸门或者通信、水文水质监测设施的。

第五十六条 违反本条例规定，造成南水北调工程损坏的，依法承担赔偿责任；构成违反治安管理行为的，由公安机关依法给予治安管理处罚；构成犯罪的，依法追究刑事责任。

第八章　附　　则

第五十七条 南水北调通过胶东调水工程输水的，其工程管理、水质保护、监督保障等有关活动适用《山东省胶东调水条例》。

第五十八条 本条例自2015年5月1日起施行。

国务院南水北调办公室重要事项督办办法

2015年4月13日
（国调办综〔2015〕38号）

南水北调东中线一期工程如期通水进入运行管理期，为进一步加强督办工作，充分发挥督办手段的推动、监督和警示作用，确保重要决策和重大部署得以及时、高效地贯彻落实，特制定本办法。

一、督办内容

（一）党中央国务院交办事项、建委会议定事项。

（二）人大建议、政协提案。

（三）系统工作会、系统务虚会、办务扩大会议定的重要事项。

（四）办党组会、主任办公会、主任专题办公会议定的重要事项。

（五）办领导明确要求督办的重要事项。

（六）各单位提出并经办领导确认需要督办的重要事项。

二、督办责任

综合司为督办部门，统一负责督办事项的立项、催办和归档。各单位主要负责人为本单位督办工作第一责任人，并明确一名督办工作联系人。

督办事项可由一个或多个单位承办。凡涉及两个及以上承力单位的督办事项，督办部门商承办单位确定主办单位。

主办单位应主动协商协办单位办理督办事项，协办单位应积极配合。

承办单位应明确督办事项各级承办人。

三、立项交办

督办部门根据督办内容提出督办事项拟办意见，经办领导审核同意后，以督办单形式交承办单位办理。立项日期以承办单位知晓督办事项开始。建委会议定事项、人大建议、政协提案、党中央国务院交办事项的办理时限依来文要求确定，其他事项办理时限由办领导确定。

四、催办提醒

督办部门负责催办。催办对象为主办单位主要负责人和督办工作联系人。催办方式以手机短信和电话催办为主，辅以内网信息。

催办频次视督办事项办理时限（N天）而定，直至督办事项办理结束：

$N \leqslant 3$的，催办时间为交办日起每天上午。

$3 < N \leqslant 7$的，催办时间为第$\lceil N/2 \rceil$天起每天上午。

$7 < N \leqslant 15$的，催办时间为第$\lceil N/2 \rceil$天上午，第$\lceil 3N/4 \rceil$天起每天上午。

$15 < N \leqslant 30$的，催办时间为第$\lceil N/2 \rceil$天上午，第$\lceil 3N/4 \rceil$天上午，第$\lceil 7N/8 \rceil$天起每天上午。

$30 < N \leqslant 90$的，催办时间为第$\lceil N/2 \rceil$天上午，第$\lceil 3N/4 \rceil$天上午，第$\lceil 7N/8 \rceil$天上午，第$\lceil 15N/16 \rceil$天起每天上午。

$90 < N \leqslant 180$的，催办时间为第$\lceil N/2 \rceil$天上午，第$\lceil 3N/4 \rceil$天上午，第$\lceil 7N/8 \rceil$天上午，第$\lceil 15N/16 \rceil$天上午，第$\lceil 31N/32 \rceil$天起每天上午。

$180 < N \leqslant 365$的，催办时间为第$\lceil N/2 \rceil$天上午，第$\lceil 3N/4 \rceil$天上午，第$\lceil 7N/8 \rceil$天上午，第$\lceil 15N/16 \rceil$天上午，第$\lceil 31N/32 \rceil$天上午，第$\lceil 63N/64 \rceil$天起每天上午。

（注：“$\lceil\ \rceil$”为向上取整符号，取大于符号内的最小整数；如催办日正值周末或节假日，则顺延至上班第一个工作日上午。）

五、质量评价

督办事项办理质量评价分为优秀、办结、未办结三个等次。

主办单位应于督办事项规定办理时限前将办理结果送督办部门，由督办部门报送办领导评价办理质量。副主任交办立项的，经其初评后由办公室主任终评；办公室主任交办立项的，由办公室主任直接评价。

未按规定办理时限完成的督办事项，视为未办结。

六、延期与停办

督办事项不能按时完成或因特殊原因停办，主办单位应于规定办理时限前1天报请主管副主任审核、办公室主任批准延期或停办。得到批准后，主办单位应及时将办领导签批同意的申请送督办部门备案。

七、反馈查询

督办部门对督办事项进展情况和办理结果进行统计分析发布，供各单位在内网检索查询，并定期向办领导报告相关情况。

八、督办考核

年终依各单位督办事项全年办结率和优秀率在内网进行排名通报、公示，计分方法为：办结率100%的，得分 = 90 + 优秀率 × 10；办结率低于100%的，得分 = 办结率 ×90。

督办事项办理结果作为各单位主要负责人年终考核的主要依据之一。

对全年办结率低于100%的单位，取消主要负责人当年优秀评定资格；对有未办结事项的承办人，取消其当年优秀评定资格。

对督办事项数为各单位平均数及以下的单位，如全年办结率低于70%，主要负责人评为不称职；如全年办结率为70%及以上但低于80%，主要负责人不得评为称职及以上。

对督办事项数为各单位平均数以上的单位，如全年办结率低于80%，主要负责人评为不称职；如全年办结率为80%及以上但低于90%，主要负责人不得评为称职及以上。

南水北调工程运行管理问题责任追究办法（试行）

2015年8月11日
（国调办监督〔2015〕105号）

第一章　总　　则

第一条　为规范南水北调工程运行管理，确保工程运行安全，根据《南水北调工程供用水管理条例》、国家有关法律法规、规程规范、技术标准和国务院南水北调办有关工程运行管理的规章制度等，制定本办法。

第二条　本办法适用于南水北调东、中线一期工程。

第三条　国务院南水北调办负责对南水北调东、中线一期工程运行管理进行监督检查，并实施责任追究。

第四条　各省（直辖市）南水北调办（建管局）按照有关规定和职责分工，负责对南水北调工程运行管理进行监督检查。

第二章　运行监督管理职责

第五条　国务院南水北调办监督检查工程管理单位及其下属各级管理部门工程运行管理违规行为、工程养护缺陷，对监督检查发现的问题实施责任追究。

第六条　国务院南水北调办监督检查方式主要为：飞检、专项稽察、专项治理、特派监管等。

飞检是以突击检查方式对工程管理单位、工程管理部门运行管理情况实施的检查。

专项稽察是对影响工程运行管理的专项问题组织开展的稽察。

专项治理是对影响工程运行管理的问题组织开展的整治活动。

特派监管是对严重影响工程平稳运行的问题或突发事件组织开展的监管。

第七条 南水北调工程管理单位是工程运行管理的责任主体，其下属各级工程管理部门是运行管理的具体责任部门，工程管理单位、各级工程管理部门岗位工作人员是运行管理工作的责任人。

第八条 南水北调工程管理单位及工程管理部门应对工程运行管理问题组织自查自纠，建立问题台账，制订整改方案，及时组织整改和问题销号。

工程运行管理问题自查自纠汇总表见附件1。

第九条 国务院南水北调办对工程管理单位及工程管理部门监督检查每季度不少于一次，就检查发现问题与被检查单位及有关部门现场交换意见，对问题予以确认。

被检查单位、有关部门在自查自纠中已发现并制订整改方案或已按程序向上级报告的问题，在提供相关证明材料后，国务院南水北调办对相关问题不重复计列。

工程运行管理问题检查汇总表见附件2。

第十条 经国务院南水北调办批准实施委托运行管理的工程，被委托工程管理单位应对工程运行管理问题承担管理责任。

第三章 运行管理问题分类

第十一条 南水北调工程运行管理问题包括工程运行管理违规行为和工程养护缺陷。

第十二条 工程运行管理违规行为是指运行管理人员在工作中违反工程运行管理规章制度、规程规范等行为。

工程运行管理违规行为分一般、较重、严重三个等级。

工程运行管理违规行为分类分级表见附件3。

第十三条 工程养护缺陷是指因养护缺失或运行管理不当造成工程设施、设备损坏，导致工程平稳运行存在隐患的问题。

工程养护缺陷分一般、较重、严重三个等级。

工程养护缺陷分类分级表见附件4。

第四章 责任追究

第十四条 国务院南水北调办对工程运行管理监督检查发现的问题组织实施月度会商、季度责任追究和即时责任追究。

第十五条 责任追究方式包括约谈、警告、通报批评、留用察看、责成责任追究等。

约谈：国务院南水北调办约谈工程管理单位及工程管理部门，责成其对问题限期整改。

警告：国务院南水北调办警告工程管理单位及工程管理部门。

通报批评：国务院南水北调办通报批评工程管理单位、工程管理部门及相关责任人。

留用察看：国务院南水北调办责成工程管理单位对相关责任人实施留用察看，留用察看期为一个季度。

留用察看期满，经工程管理单位检查核实问题已整改且无新问题发生，工程管理单位可解除相关责任人留用察看；否则，责成工程管理单位对相关责任人给予开除。

责成责任追究：凡一年内被通报批评两次或留用察看到期未解除的，国务院南水北调办责成工程管理单位对相关责任人实施责任追究。工程管理单位责任追究结果于20日内报国务院南水北调办备案。

工程运行管理问题责任追究表详见附件5。

第十六条 对工程运行事故，国务院南水北调办将按照国家有关法律法规和国务院南水北调办有关规定另行处置。

第五章 附则

第十七条 各工程管理单位可依据本办法制订实施细则。

第十八条 本办法由国务院南水北调办负责解释。

第十九条 本办法自印发之日起施行。

附件：

1. 工程运行管理问题自查自纠汇总表（略）

2. 工程运行管理问题检查汇总表（略）

3. 工程运行管理违规行为分类分级表（略）

4. 工程养护缺陷分类分级表（略）

5. 工程运行管理问题责任追究表（略）

河北省南水北调配套工程供用水管理规定

2015年12月10日
（河北省人民政府令2015第10号）

第一章 总 则

第一条 为加强南水北调配套工程的供用水管理，充分发挥配套工程的经济效益、社会效益和生态效益，根据《中华人民共和国水法》《中华人民共和国水污染防治法》《南水北调工程供用水管理条例》等法律、法规，结合本省实际，制定本规定。

第二条 本省行政区域内南水北调配套工程的供用水管理，适用本规定。

本规定所称南水北调配套工程（以下简称配套工程），是指南水北调中线总干渠分水口门以下、地表水厂或者直供用水户以上的输水工程及其附属设施。

第三条 配套工程的供用水管理坚持工程统一管理、水量统一调度、水质严格保护、用水总量控制的原则，确保运行安全、调度合理、水质合格、用水节约。

第四条 省人民政府水行政主管部门负责配套工程的水量调度和运行管理工作。

省人民政府环境保护主管部门负责配套工程水污染防治的监督工作，省人民政府其他有关部门在各自职责范围内负责配套工程供用水的相关工作。

在配套工程竣工验收前，省南水北调办事机构协调受水区设区的市、省直管县（市）人民政府和省人民政府其他有关部门做好配套工程供用水管理的相关工作。

第五条 受水区设区的市、县（市、区）人民政府负责本行政区域内配套工程供用水的相关工作，并将配套工程的水质保障、用水管理、工程设施保护纳入国民经济和社会发展规划。

第六条 受水区设区的市、县（市、区）人民政府水行政主管部门负责本行政区域内配套工程的安全保护和监督管理工作，其他有关部门负责配套工程供用水的相关工作，南水北调办事机构在配套工程竣工验收前协调做好配套工程供用水的相关工作。

第七条 省人民政府确定的配套工程管理单位负责执行省人民政府水行政主管部门确定的水资源配置方案和水量调度计划，具体负责配套工程的运行、保护等工作。

第八条 配套工程供水执行统一水价。

第二章 水量调度

第九条 受水区城镇生活和工业用水按照引江水为主、其他地表水为补充、地下水为应急的原则，实行水资源统一调度。

东武仕、朱庄、岗南、黄壁庄、王快和西大洋六座水库作为配套工程备用水源，参与配套工程供水调度。

第十条 配套工程水量调度以国务院水行政主管部门下达的年度水量调度计划、备用水源的蓄水情况和受水区水量分配指标为基本依据。

第十一条 配套工程水量调度年度为每年11月1日至次年10月31日。

第十二条 受水区设区的市、省直管县（市）人民政府水行政主管部门根据年度用水需求和水量分配指标，提出年度用水计划建议，于每年9月30日前报送省人民政府水行政主管部门，抄送配套工程管理单位。

年度用水计划建议应当包括年度引水总量建议和月引水量建议。

第十三条 省人民政府水行政主管部门根据国务院水行政主管部门下达的年度水量调度计划和受水区设区的市、省直管县（市）人民政府水行政主管部门报送的年度用水计划建议以及受水区水量分配指标、备用水源蓄水情况，制订受水区年度水量调度计划，下达设区的市、省直管县（市）人民政府和配套工程管理单位、备用水源管理单位。

配套工程管理单位根据省人民政府水行政主管部门下达的年度水量调度计划，商受水区设区的市、省直管县（市）人民政府水行政主管部门，制定配套工程月水量调度方案，并报告省人民政府水行政主管部门。

第十四条 月水量调度方案无法实施的，配套工程管理单位应当商受水区设区的市、省直管县（市）人民政府水行政主管部门及时调整，并报告省人民政府水行政主管部门。

第十五条 配套工程供水实行由基本水价和计量水价构成的两部制水价。供水价格由省人民政府价格主管部门制定。

在配套工程运行初期，实行引用江水量计划管理和过渡水价政策。

第十六条 受水区设区的市、省直管县（市）人民政府应当与省南水北调办事机构签订年度供水协议，及时足额缴纳水费。

供水协议应当包括年度供水量、计量方式、供水水质、交水断面、交水方式、水价、水费缴纳时间和方式、违约责任等。

第十七条 水量调度年度内需要转让年度水量调度计划分配水量的，由相关设区的市、省直管县（市）人民政府将签订的转让协议报送省人民政府水行政主管部门。配套工程管理单位按照省人民政府水行政主管部门的意见调整月水量调度方案。水费缴纳主体不变。

第十八条 省人民政府水行政主管部门应当会同省人民政府有关部门和受水区设区的市、省直管县（市）人民政府编制配套工程水量调度应急预案，报省人民政府批准。

受水区设区的市、省直管县（市）人民政府和配套工程管理单位应当根据配套工程水量调度应急预案制定相应的应急预案。

第十九条 配套工程水量调度应急预案应当针对重大洪涝灾害、干旱灾害、生态破坏事故、水污染事故、工程安全事故等突发事件，规定应急管理工作的组织指挥体系与职责、预防与预警机制、处置程序、应急保障措施以及事后恢复与重建措施等内容。

经省人民政府批准，省人民政府水行政主管部门启动配套工程水量调度应急预案后，可以依法采取相应的应急处置措施。

第三章 水质保障

第二十条 配套工程水质保障实行受水区设区的市、县（市、区）人民政府目标责任制和考核评价制度。

第二十一条 配套工程明渠段水源保护区由省人民政府环境保护主管部门会同工程沿线有关设区的市、省直管县（市）人民政府提出划定方案，报省人民政府批准。

第二十二条 配套工程沿线设区的市、县（市、区）人民政府应当加强水污染防治工作，确保供水水质安全。对已建成的截污导流工程设施应当加强维护，确保正常运行发挥效益。

第二十三条 建设穿越、跨越、邻接配套工程的桥梁、公路、石油天然气管道、雨污水管道等工程设施的，建设、管理单位应当设置警示标志，采取有效措施，防范工程建设或者交通事故、管道泄漏等导致的水质安全风险。

第二十四条 东武仕、朱庄、岗南、黄壁庄、王快和西大洋六座水库所在地及相关区域的县（市、区）人民政府应当加强水源水质保护，确保水质达到国家地表水环境质量标准Ⅲ类以上。

第四章 用 水 管 理

第二十五条 受水区设区的市、县（市、区）人民政府应当根据水量分配指标，组织建设地表水厂以及配水管网，合理调整优化产业布局，优先利用南水北调引江水。

对受水区的工业园区和工业企业用水大户，鼓励采用直供方式，降低供水成本，促进利用南水北调引江水。

第二十六条 受水区设区的市、省直管县（市）人民政府应当按照省人民政府批准的地下水压采目标，组织制定并实施本行政区域内的地下水限制开采方案和年度压采计划，充分利用南水北调引江水，逐步替代地下水。

南水北调供水管网覆盖范围内的自备水源井应当限期关闭。

第二十七条 受水区设区的市、县（市、区）人民政府应当加强用水定额管理，对本行政区域内的年度用水实行总量控制，大力推广节水技术、节水设施和设备，提高用水效率和效益。

第二十八条 受水区设区的市、县（市、区）人民政府应当根据本省限制、淘汰类建设项目名录，限制、淘汰高耗水、高污染的建设项目。

第二十九条 受水区设区的市、县（市）人民政府应当统筹考虑本行政区域内南水北调引江水价格与当地地表水、地下水等各种水源的水资源费和供水价格，对同地区同水质同行业实行供水统一价格。

第五章 工程设施管理和保护

第三十条 受水区设区的市、县（市、区）人民政府应当做好本行政区域内配套工程设施安全保护的相关工作，将配套工程设施保护工作纳入当地社会治安综合治理的内容，防范和制止危害配套工程设施安全的行为。

第三十一条 配套工程管理范围包括配套工程依法征收、划定的土地和地下输水管道、暗涵、隧洞及其附属设施。

第三十二条 配套工程管理单位应当在配套工程管理范围边界和地下输水工程位置上方地面设置界桩、界碑等保护标志，并在依法征收、划定的土地边线设立必要的安全隔离设施。未经配套工程管理单位同意，任何人不得进入设置安全隔离设施的区域。

配套工程依法征收、划定的土地不得转作其他用途，任何单位和个人不得侵占。

第三十三条 在配套工程管理范围内，禁止实施影响工程运行、危害工程安全和供水安全的下列行为：

（一）擅自开启、关闭闸（阀）门。

（二）擅自移动或者采用切割、打孔、砸撬、拆卸等方式破坏输水管涵。

（三）擅自从配套工程取水，或者向输水渠、管涵排放废水、废液以及倾倒垃圾、废渣等固体废物。

（四）在配套工程明渠段游泳、垂钓、滑冰、洗涤等。

（五）侵占、损毁或者使用、操作专用输电线路设施、专用通信线路、水文水质监测等设施。

第三十四条 下列区域为配套工程保护范围：

（一）明渠输水工程为自管理范围边线向外延伸至30m以内的区域。

（二）管道、暗涵、隧洞等地下输水工程为工程设施上方地面以及自其边线向外延伸至30m以内的区域，其中穿越城区、镇区的不少于10m。

（三）与河流交叉的地下输水管涵等工程为工程设施上方地面以及自其边线向交叉河道上游延伸至不少于500m、下游延伸至不少于1000m的区域。

（四）泵站、水闸、管理站、取水口等其他工程设施为自管理范围边线向外延伸至不少于30m的区域。

配套工程通信光缆、电力线路以及交通等设施的保护范围依照有关规定执行。

第三十五条 在配套工程保护范围内，禁止实施影响工程运行、危害工程安全和供水安全的下列行为：

（一）设置排污（沥）口。

（二）建造或者设立生产、加工、存储和销售易燃、易爆、剧毒、放射性物品等危险物品的场所、仓库。

（三）倾倒、排放废液、废渣等有毒有害物质。

（四）擅自爆破、打井、采矿、取土、采石、采砂、钻探、建房、建窑、建坟、挖塘、挖洞、挖沟等。

（五）擅自移动、覆盖、涂改、损毁标志物。

第三十六条 在地下输水管涵上方地面及其边线两侧各5m范围内，禁止实施影响工程运行、危害工程安全和供水安全的下列行为：

（一）擅自修建建筑物、构筑物。

（二）种植可能深达管涵埋设部位的深根系植物。

（三）堆放超过管涵设计荷载标准的重物。

（四）行驶超过管涵设计荷载标准的车辆。

第三十七条 在配套工程保护范围内进行城乡建设规划调整时，相关部门应当征求省人民政府水行政主管部门的意见。

第三十八条 在配套工程管理范围和保护范围内建设桥梁、公路、铁路、管道、缆线、取水、排水等工程设施，按照国家规定的基本建设程序报请审批、核准时，审批、核准单位应当征求省人民政府水行政主管部门对拟建工程建设方案的意见。

前款规定的建设项目在施工、维护、检修前，应当通报配套工程管理单位，并采取相应的安全防范保护措施，不得影响配套工程设施安全和正常运行。

第三十九条 配套工程管理单位对配套工程进行抢修、抢险时，需要取土占地或者使用有关设施的，有关单位和个人应当予以配合。因抢修、抢险对土地以及地上附着物或者设施造成损坏的，配套工程管理单位应当于事后予以修复；需要采伐林木的，可以先行采伐，但是应当自紧急情况结束之日起三十日内报告林业主管部门，依法补办相关手续。造成损失的，应当依法予以补偿。

第四十条 配套工程管理单位应当建立健全安全生产责任制，加强对配套工程设施的监测、检查、巡查、维修和养护，如实填报工程运行数据，确保安全运行。

对配套工程存在的外部安全隐患，配套工程管理单位自身排除确有困难的，应当向相关县级以上人民政府主管部门报告。

第四十一条 设区的市、县（市、区）人民政府主管部门应当按照有关规定在配套工程和路、桥交叉处设置限制质量、轴重等相关标志，并采取相应的工程防范措施。

配套工程管理单位应当在配套工程沿线路口、村口等可能影响工程安全的地段设置安全警示标志。

第六章 监督管理

第四十二条 受水区县级以上人民政府应当加强对配套工程保护和供用水管理的宣传工作，督促有关部门及时查处破坏工程设施、扰乱供用水秩序、污染水质以及其他危害供用水安全的行为。

第四十三条 受水区县级以上人民政府水行政主管部门和其他有关部门应当建立健全保障配套工程供用水安全的监督管理制度，对违反本规定的行为依法进行查处。

第四十四条 受水区县级以上人民政府水行政主管部门及其工作人员履行监督检查职责时，有权采取下列措施：

（一）要求被检查单位提供与监督检查事项有关文件、证照、资料。

（二）要求被检查单位就监督检查事项涉及的问题作出解释和说明。

（三）责令被检查单位停止配套工程供用水违法行为。

执法人员在履行监督检查职责时，有关单位或者个人应当依法予以配合。

第四十五条 受水区县级以上人民政府水行政主管部门和其他有关部门应当建立健全配套工程供用水违法行为投诉举报制度，公开投诉举报方式。

任何单位和个人对破坏配套工程、污染水质等违法行为，有权进行投诉举报；有关部门收到投诉举报后，应当及时调查处理。

第七章 法律责任

第四十六条 行政机关及其工作人员违反本规定，有下列行为之一的，由其主管部门或者有关机关责令改正，对直接负责的主管人员和其他直接责任人员依法给予处分；构成犯罪的，依法追究刑事责任：

（一）不及时制订下达或者不执行年度水量调度计划的。

（二）不编制、不执行水量调度应急预案的。

（三）不按照规定关闭南水北调供水管网覆盖范围内的自备水源井的。

（四）不按照规定缴纳水费或者截留、挪用水费的。

（五）不按照规定履行监督管理职责或者对发现的违法行为不及时查处的。

（六）其他玩忽职守、滥用职权、徇私舞弊的行为。

第四十七条 配套工程管理单位及其工作人员违反本规定，有下列行为之一的，由主管部门或者有关机关责令改正；情节严重的，对直接负责的主管人员和其他直接责任人员依法给予处分；构成犯罪的，依法追究刑事责任。

（一）虚假填报或者篡改工程运行情况资料的。

（二）不执行年度水量调度计划或者水量调度应急预案的。

（三）不及时制定或者不执行月水量调度方案的。

（四）对工程设施疏于监测、检查、巡查、维修、养护，不落实安全生产责任制，影响工程安全、供水安全的。

第四十八条 违反本规定，有下列行为之一的，由受水区县级以上人民政府水行政主管部门责令停止违法行为，限期恢复原状或者采取补救措施；逾期不恢复原状或者未采取补救措施的，按照下列规定处罚：

（一）移动、覆盖、涂改、损毁标志物的，处200元以上2000元以下的罚款。

（二）在地下输水管涵上方地面及其边线两侧各5m范围内修建建筑物、构筑物或者种植深根系植物，堆放、行驶超过管涵设计荷载标准的重物、车辆的，处1000元以上5000元以下的罚款。

（三）在配套工程保护范围内建造或者设立生产、加工、存储和销售易燃、易爆、剧毒、放射性物品等危险物品的场所、仓库，擅自爆破、打井、采矿、取土、采石、采砂、钻探、建房、建窑、建坟、挖塘、挖洞、挖沟等，影响工程运行、危害工程安全和供水安全的，处10 000元以上50 000元以下的罚款。

第四十九条 违反本规定，有下列行为之一的，由受水区县级以上人民政府水行政主管部门责令停止违法行为，并按照下列规定处罚：

（一）在配套工程明渠段游泳、垂钓、滑冰、洗涤的，处200元以上500元以下的罚款。

（二）擅自从配套工程取水的，处500元以上1000元以下的罚款。

第五十条 违反本规定，在配套工程管理范围和保护范围内建设桥梁、公路、铁路、管道、缆线、取水、排水等工程设施，未采取有效措施，危害配套工程安全和供水安全的，由建设项目审批、核准单位责令采取补救措施；在补救措施落实前，暂停工程设施建设。

第五十一条 违反本规定的有关行为，其他法律、法规已经规定法律责任的，从其规定。

第八章 附 则

第五十二条 本规定自2016年2月1日起施行。

伍 重要文件

IMPORTANT FILES

有关部委

水利部关于南水北调东线补充规划向北京供水专项规划任务书的批复

（水规计〔2015〕63号）

海河水利委员会：

你委《关于报批南水北调东线工程补充规划向北京供水专项规划项目任务书的请示》（海规计〔2014〕56号）收悉。2014年12月，水利水电规划设计总院对《南水北调东线工程补充规划向北京供水专项规划项目任务书》（以下简称《任务书》）进行了技术审查并提出了审查意见（见附件）。经研究，我部基本同意该审查意见及《任务书》，现批复如下。

一、北京是我国政治、文化中心和经济发达城市，水资源短缺问题一直是制约其发展的主要因素。随着北京市的不断发展，以及京津冀协同发展重大国家战略的实施，北京的刚性用水需求还将有较大的增长。南水北调中线一期通水后，不能彻底解决北京的水资源短缺问题。南水北调中线二期工程的建设时机存在很大的不确定性。针对北京地区水资源长期超载问题，在综合分析城市面临的水资源形势基础上，水利部在报送国家发展改革委的《京津冀协同发展水利专项规划》中提出“积极推进南水北调东、中线后续工程规划论证与建设，将北京纳入南水北调东线工程受水范围”。2014年6月，北京市向水利部报送了《北京市水务局关于推进南水北调东线后续工程向北京年调水8～10亿立方米的请示》（京水务计〔2014〕75号）。根据《京津冀协同发展水利专项规划》等要求，结合正在进行的南水北调东线补充规划工作，积极做好南水北调东线向北京供水方案研究，开展南水北调东线工程向北京供水专项规划工作是必要的。

二、基本同意《任务书》提出的主要工作任务和内容、组织形式和进度安排。主要工作任务是在已有工作和相关规划成果基础上，根据经济社会发展新形势和生态建设新要求，分析研究北京市水资源供需形势，复核水资源配置方案，论证东线向北京供水的必要性和合理规模，对东线向北京供水线路进行比选论证提出工程布局及规划方案；研究提出北京纳入东线工程供水范围后东线后续工程调水规模、干线工程规模和工程布局规划方案。

该项工作由你委会同淮河水利委员会负责具体组织，应加强沟通协调，与北京市相关部门明确分工，密切合作，进一步落实各项工作技术要求，广泛听取有关部门和专家的意见，按期提交工作成果。

三、经核定，南水北调东线工程补充规划向北京供水专项规划项目前期工作经费应控制在580万元内，其中你委470万元、淮河水利委员会100万元、南水北调规划设计管理局10万元，所需投资争取在中央水利前期工作投资计划中安排。各项工作在下达年度投资计划后开展。

四、请你委据此批复的任务书和审查意见，切实加强组织，落实责任，明确各项管理要求，严格合同管理，统筹安排前期工作经费，做到前期工作经费的安排与相应的前期工作内容和实物工作量相一致，督促承担单位抓紧开展工作。对按规定需招标的前期工作项目，应通过招投标确定承担单位。

五、请你委及有关单位严格按照《水利

前期工作投资计划管理办法》和国家有关预算、财务管理的规定，加强前期工作资金管理，做到专款专用，专项核算，严禁挪用、截留、挤占和转移，严格控制非生产性和管理开支，不得收取管理费。中央经费预算要根据年度投资计划落实情况细化到具体预算执行单位。项目完成后，要及时做好前期经费审计及财务决算工作。

六、请你委及有关单位加强项目的全过程管理，严格执行水利前期工作年度报告制度和工作成果评价制度，按有关规定报送财务报表和统计报表，对于阶段成果和重大技术问题，要广泛征求专家意见。要加强成果管理，做好成果归档工作，并及时将最终成果报部。

附件：关于报送南水北调东线补充规划向北京供水专项规划任务书审查意见的报告（水总计〔2015〕41 号）（略）

水利部

2015 年 2 月 12 日

水利部、国土资源部、交通运输部、江苏省人民政府、山东省人民政府关于在南水北调东线输水干线洪泽湖骆马湖至南四湖段全面禁止采砂活动的通知

（水建管〔2015〕316 号）

江苏省、山东省水利厅、国土资源厅、交通运输厅，江苏省、山东省有关市、县人民政府，水利部淮河水利委员会：

洪泽湖、骆马湖、南四湖、中运河、韩庄运河是淮河流域重要的蓄洪湖泊和行洪通道，是南水北调东线工程重要的调节水源地和输水干线，也是京杭运河南北水运大动脉的重要组成部分。为维护正常的河湖管理秩序及河湖健康生命，保障沿线防洪安全、供水安全、航运安全和生态安全，现就该段河湖采砂管理有关事项通知如下：

一、充分认识加强河湖采砂管理的重要性

近年来，在地方各级人民政府、有关部门和单位的共同努力下，南水北调东线洪泽湖骆马湖至南四湖段河湖采砂管理得到不断加强。但在暴利驱使下，有的地区非法采砂问题仍然突出，私采滥挖给河势稳定、防洪、供水、航运、生态环境带来严重不利影响，特别是威胁到南水北调东线工程安全运行。沿线地方各级人民政府和水利、国土、交通等部门要深入贯彻落实党的十八届三中、四中全会精神，充分认识依法加强河湖采砂管理的重要性，讲大局、重长远，把加强河湖采砂管理作为推进依法治国、促进经济社会发展、建设生态文明和维护公共安全的重要政治任务，务必抓实抓好。

二、禁止在洪泽湖骆马湖至南四湖段开采河湖砂石

为保障洪泽湖骆马湖至南四湖段防洪安全、供水安全、航运安全、生态安全及南水北调东线工程运行安全，根据《水法》《防洪法》《矿产资源法》《航道法》《河道管理条例》《南水北调工程供用水管理条例》等法律法规规定，自本通知印发之日起，在洪泽湖、骆马湖、南四湖、中运河、韩庄运河全面禁采砂石，任何部门和单位不得在上述区域进行采砂许可或采矿（砂）许可，任何组织或个人不得以任何方式进行采砂活动。

三、全面落实监管责任

洪泽湖骆马湖至南四湖段南水北调东线输水干线河湖采砂管理事关水利工程运行安全和南水北调东线供水安全，事关流域、区域防洪保安和生态保护。沿线地方各级人民政府是沿线河湖采砂管理工作的责任主体，河湖采砂管理实行地方人民政府行政首长负责制，对禁采工作负总责。地方各级水利部

门要加强沿线河湖采砂巡查和监管；交通运输部门要加强对采运砂船舶和船闸、航道等交通设施的管理；国土资源部门要加强对涉砂土地的管理；各有关部门要在地方政府的统一领导下，加强协调配合，依法严厉打击非法采运砂行为，清理取缔“三无”船只。淮河水利委员会及沂沭泗水利管理局要加强指导、监督和协调。

四、建立健全禁采管理机制

要加强政府统一领导下的部门分工协作，建立健全联合监管、综合执法、定期会商、沟通协调和信息共享机制，形成自上而下、跨部门、跨区域的联合监管和打击合力。要突出源头治理，加强对非法采砂利益链治理和涉砂船舶的管理；要加强日常巡查，早发现、早制止、早处理；要坚持水打陆治，综合整治，保持高压严打态势，防止非法采砂反弹；要强化法治思维，注重法治方式，依法严格监管，维护禁采局面。

各地、各有关单位要加大对禁采工作的宣传引导，充分利用报纸、电视、网络等媒体，采用多种形式广泛宣传禁采工作的必要性、重要性，充分发挥新闻媒体、社会舆论和广大人民群众的监督作用，为禁采工作营造良好的社会氛围。

水利部
国土资源部
交通运输部
江苏省人民政府
山东省人民政府
2015 年 7 月 30 日

水利部关于印发南水北调东线一期工程 2015～2016 年度水量调度计划的通知

（水资源函〔2015〕427 号）

江苏省、山东省人民政府，淮河水利委员会，南水北调东线一期工程管理单位：

根据《南水北调工程供用水管理条例》《南水北调东线一期工程水量调度方案（试行）》等有关规定，我部在江苏省、山东省人民政府水行政主管部门提出的 2015～2016 年度用水计划建议基础上，组织有关单位制定了《南水北调东线一期工程 2015～2016 年度水量调度计划》（以下简称《计划》，见附件），现印发你们，请认真组织实施。

一、东线一期工程水源地、调水沿线区域、受水区县级以上地方人民政府、各有关单位和部门要充分认识东线一期工程水量调度工作的重要性，认真贯彻《南水北调工程供用水管理条例》，切实加强组织领导，做好东线一期工程供用水管理工作，全面落实水量调度、水质保障责任和目标任务，强化水资源统一调度，确保 2015～2016 年度水量调度目标实现。

二、江苏省、山东省受水区县级以上地方人民政府要全面落实“节水优先”方针，加快实施最严格水资源管理制度，统筹配置南水北调供水和当地水资源，强化用水总量控制，积极配合并服从水资源统一调度，做好受水区地下水限采禁采，逐步替代超采的地下水，改善生态环境。加快节水型社会建设，大力推进工业、农业等领域节水；统筹制定南水北调供水价格与当地地表水、地下水等各种水源的水资源费和供水价格，促进水资源合理配置。

三、各有关单位和部门要按照《计划》要求，精心组织，做好调水期间工程运行管理，保证工程安全，确保调水工作顺利实施。东线一期工程管理单位要做好月水量调度方案的制定工作，妥善处理好各方面用水关系和各方利益，涉及航运的，应当与交通运输主管部门做好协商；统筹协调东线一期工程各区段间工程的运行管理。年度水量调度计划如需变更，按原审批程序报批。

四、各有关单位和部门要抓紧制定东线

一期工程水量调度应急预案，建立工程水量调度应急管理机制，完善应急处置措施，切实提高应对各类突发事件的应急处置能力。调水期间，各有关单位和部门要密切关注输水沿线河流、湖泊水量水质等变化，加强信息沟通、协调，有效防范、快速处置突发事件，确保供水安全。

五、东线一期工程管理单位以及江苏省、山东省相关单位要根据各自职责，加强抽江泵站、进出沿线湖泊的泵站、济平干渠渠首闸、过黄河等关键闸站、重要取水口门等水量水质监测，并按《计划》规定要求实现与相关流域管理机构、省水行政等主管部门和相关工程管理单位水量监测信息的实时传输和共享。江苏、山东两省交通运输部门要按照职责做好调水期间通航情况的监测和信息报送。江苏省水利厅、山东省水利厅、南水北调东线一期工程管理单位每月28日前向我部备案下月的月水量调度方案，并抄送淮河水利委员会；每月10日前向我部报送上月的月水量调度方案执行情况总结，并抄送淮河水利委员会。

六、南水北调规划设计管理局、淮河水利委员会、海河水利委员会、江苏省水利厅、山东省水利厅要切实加强东线一期工程水量调度的监督检查，对监督检查过程中发现的违规引水、违反调度指令等行为，应依法及时查处，并责令其立即纠正，确保东线一期工程水量调度的顺利实施。

做好东线一期工程水量调度工作意义重大，各有关单位和部门要按照《计划》要求，加强领导，精心组织，团结协作，科学调度，为沿线经济社会可持续发展提供水资源支撑和保障。

附件：南水北调东线一期工程2015～2016年度水量调度计划（略）

水利部

2015年9月30日

水利部关于印发南水北调中线一期工程2015～2016年度水量调度计划的通知

（水资源函〔2015〕470号）

北京市、天津市、河北省、河南省、湖北省人民政府，长江水利委员会，丹江口水库运行管理单位，南水北调中线总干渠管理单位：

根据《南水北调工程供用水管理条例》《南水北调中线一期工程水量调度方案（试行）》（以下简称《方案》）等有关规定，我部组织有关单位制定了《南水北调中线一期工程2015～2016年度水量调度计划》（略）（以下简称《计划》），现印发你们，请认真组织实施。

一、《计划》是指导南水北调中线一期工程（以下简称“中线一期工程”）2015～2016年度水量调度工作的重要依据。各有关省（市）人民政府、各有关单位和部门要充分认识做好中线一期工程水量调度工作的重要性，认真贯彻《南水北调工程供用水管理条例》和《方案》，切实加强领导，强化责任，精心组织，狠抓《计划》落实，确保2015～2016年度水量调度目标和任务的实现。

二、中线一期工程受水区县级以上地方人民政府要全面落实“节水优先”方针，加快实施最严格水资源管理制度，统筹配置南水北调供水和当地水资源，强化用水总量控制，加快推进受水区地下水限采、禁采，逐步替代超采的地下水，改善水生态环境。要加快节水型社会建设，大力推进工业、农业等领域节水，提高水资源利用效率和效益；统筹制定南水北调供水价格与当地地表水、地下水等各类水源的水资源费和供水价格，促进水资源合理配置。要全面落实中线一期工程水质保障目标责任制，落实水资源保护和水污染防治措施，确保供水安全。

三、长江水利委员会要切实加强汉江流域水量调度，在保障防洪安全的前提下，优化丹江口水库调度方式，科学调控水库蓄泄水量和过程，统筹处理好水源区、受水区和汉江中下游用水，确保中线一期工程水源供给，为落实年度水量调度计划提供保障。

四、丹江口水库运行管理单位要抓紧制定丹江口水库月水量调度方案，并按照汉江流域防洪抗旱管理和流域水量调度管理的要求组织实施。南水北调中线总干渠管理单位要会同有关单位做好总干渠月水量调度方案的制定和实施，做好水量实时调度和受水区各分水口门水量交接。湖北省要按照《方案》要求，做好引江济汉工程补水调度，落实补水调度目标。

五、各有关单位和部门要按照《方案》和《计划》要求，建立健全工程运行管理责任制，做好调水期间工程运行管理，切实保障工程运行安全，确保调水工作顺利实施。要严格执行《计划》，计划如需变更，应按原审批程序报批。要加强冰期输水管理，根据冰期气象条件和实际运行状况，优化工程运行方案，切实保障工程运行安全和受水区供水安全。要抓紧制定水量调度应急预案，有效防范和快速处置突发事件。

六、各有关单位和部门要按照《方案》和《计划》要求，加强水量水质监测，按我部有关规定做好水量监测数据实时报送，实现信息共享。有关省（市）水利（水务）厅（局）、丹江口水库运行管理单位、南水北调中线总干渠管理单位每月28日前向我部备案下月的月水量调度方案，并抄送长江水利委员会，其中丹江口水库水量调度方案同时抄报长江航务管理局、湖北省交通厅；每月10日前向我部报送上月的月水量调度方案执行情况总结，并抄送长江水利委员会。

七、南水北调规划设计管理局、长江水利委员会、淮河水利委员会、海河水利委员会、有关省水利（水务）厅（局）要切实落实水量调度和水质安全保障监督职责，强化监督检查，对监督检查过程中发现的违规引水、违反调度指令等行为，应依法及时查处，并责令其立即纠正，确保中线一期工程水量调度的顺利实施。

做好中线一期工程水量调度工作意义重大，各有关单位和部门要按照《计划》要求，团结协作、科学调度，做好《计划》落实工作，为沿线经济社会可持续发展提供水资源支撑和保障。

水利部

2015年10月31日

国务院南水北调工程建设委员会办公室

关于发布《南水北调东、中线一期工程运行安全监测技术要求》（试行）NSBD21—2015的通知

（国调办建管〔2015〕146号）

各省（直辖市）南水北调办（建管局），各项目法人，东线公司：

经审查，批准《南水北调东、中线一期工程运行安全监测技术要求》（试行）为南水北调工程建设专用技术标准，并予发布。标准编号为：NSBD21—2015。

本标准自2015年10月26日起试行。

附件：《南水北调东、中线一期工程运行安全监测技术要求》（试行）NSBD21—2015（略）

国务院南水北调工程建设委员会办公室

2015年10月21日

关于印发南水北调设计单元工程完工验收工作导则的通知

（国调办建管〔2015〕189号）

机关各司、各直属事业单位，各省（直辖市）南水北调办（建管局），河南省移民办、湖北省移民局，各项目法人、东线公司：

为加强南水北调设计单元工程完工验收管理，规范验收行为，保证验收质量，现将《南水北调设计单元工程完工验收工作导则》印发给你们，请认真遵照执行。

附件：南水北调设计单元工程完工验收工作导则（略）

国务院南水北调工程建设委员会办公室

2015年12月31日

关于印发南水北调东、中线一期工程设计单元工程完工验收工作方案的通知

（国调办建管〔2015〕190号）

机关各司、各直属事业单位，各省（直辖市）南水北调办（建管局），河南省移民办、湖北省移民局，各项目法人、东线公司：

为确保南水北调东、中线一期工程设计单元工程完工验收工作的顺利进行，我办组织编制了《南水北调东、中线一期工程设计单元工程完工验收工作方案》，现印发，请遵照执行。

附件：南水北调东、中线一期工程设计单元工程完工验收工作方案（略）

国务院南水北调工程建设委员会办公室

2015年12月31日

关于印发南水北调工程丹江口水库移民总体验收（终验）工作方案的通知

（国调办征移〔2015〕173号）

河南省移民办、湖北省移民局，中线水源公司，设管中心：

现将《南水北调工程丹江口水库移民总体验收（终验）工作方案》印发给你们，供在验收工作中使用。

附件：南水北调工程丹江口水库移民总体验收（终验）工作方案（略）

国务院南水北调工程建设委员会办公室

2015年12月21日

国务院南水北调办重要文件一览表

序号	文 件 名 称	文号	时间
1	关于公布2014年度南水北调工程建设考核结果的通知	国调办综〔2015〕3号	2015年1月7日
2	关于成立南水北调东中线一期工程通水表彰工作领导小组的通知	国调办综〔2015〕14号	2015年1月21日
3	关于印发《南水北调工程运行管理典型案例管理办法》的通知	国调办综〔2015〕51号	2015年5月11日
4	关于强化工程运行管理和突发事件处置责任追究有关事项的通知	国调办综〔2015〕52号	2015年5月11日
5	关于南水北调中线水源工程待运行期管理维护方案的批复	国调办投计〔2015〕2号	2015年1月5日

续表

序号	文件名称	文号	时间
6	关于南水北调中线一期工程沙河南至黄河南段10个设计单元工程2013年价差报告的批复	国调办投计〔2015〕12号	2015年1月20日
7	关于南水北调中线一期工程漳河北至古运河南段12个设计单元工程2013年价差报告的批复	国调办投计〔2015〕13号	2015年1月20日
8	关于南水北调中线一期汉江中下游部分闸站改造工程2012至2013年价差报告的批复	国调办投计〔2015〕16号	2015年1月23日
9	关于南水北调中线一期丹江口大坝加高工程2013年价差报告的批复	国调办投计〔2015〕18号	2015年2月2日
10	关于南水北调东线一期工程山东境内八里湾泵站等6个设计单元工程2013年价差报告的批复	国调办投计〔2015〕19号	2015年2月2日
11	关于印发《南水北调工程统计报表制度(2015～2016年)》的通知	国调办投计〔2015〕25号	2015年3月6日
12	关于南水北调东线一期工程山东境内长沟泵站等8个设计单元工程2013年价差报告的批复	国调办投计〔2015〕26号	2015年3月9日
13	关于下达南水北调工程2015年第一批投资计划的通知	国调办投计〔2015〕31号	2015年3月24日
14	关于南水北调东中线一期工程信息管理系统(第一阶段)初步设计报告的批复	国调办投计〔2015〕49号	2015年5月5日
15	关于下达南水北调工程2015年第二批投资计划的通知	国调办投计〔2015〕50号	2015年5月7日
16	关于同意使用南水北调东线一期血吸虫病北移扩散防护工程基本预备费的批复	国调办投计〔2015〕58号	2015年6月2日
17	关于开展结算工程量专项检查的通知	国调办投计〔2015〕59号	2015年6月9日
18	关于南水北调东线一期工程韩庄泵站工程和二级坝泵站工程价差报告的批复	国调办投计〔2015〕103号	2015年8月7日
19	关于下达南水北调工程2015年第三批投资计划的通知	国调办投计〔2015〕126号	2015年9月15日
20	关于调整南水北调工程投资计划管理审批事项的通知	国调办投计〔2015〕130号	2015年9月18日
21	关于南水北调中线一期工程陶岔渠首闸上游引渠围挡建设投资的批复	国调办投计〔2015〕156号	2015年11月24日
22	关于下达南水北调工程2015年第四批投资计划的通知	国调办投计〔2015〕160号	2015年11月30日
23	关于调整陶岔渠首枢纽工程相关投资计划执行单位的通知	国调办投计〔2015〕162号	2015年12月1日
24	关于调整东线一期苏鲁省际工程管理设施专项工程和调度运行管理系统工程投资计划执行单位的通知	国调办投计〔2015〕171号	2015年12月18日
25	关于下达2015年南水北调工程基金和重大水利工程建设基金支出预算的通知	国调办经财〔2015〕39号	2015年4月17日
26	关于下达2015年基本建设贷款中央财政贴息资金预算的通知	国调办经财〔2015〕84号	2015年8月3日
27	关于印发《南水北调工程竣工完工财务决算编制规定的通知》	国调办经财〔2015〕167号	2015年12月12日

续表

序号	文 件 名 称	文号	时间
28	关于中线建管局调整财务会计制度的批复	国调办经财〔2015〕188号	2015年12月31日
29	关于南水北调东线一期苏鲁省际管理设施专项工程招标事宜的批复	国调办建管〔2015〕5号	2015年1月12日
30	关于陶岔渠首枢纽工程水电站机组启动验收有关事宜的批复	国调办建管〔2015〕8号	2015年1月19日
31	关于南水北调东线一期山东境内干线工程管理设施专项工程枣庄管理局调度分中心建设工程分标方案的批复	国调办建管〔2015〕9号	2015年1月19日
32	关于南水北调东线一期工程南四湖至东平湖段输水与航运结合工程梁济运河段、柳长河段工程新增项目分标方案的批复	国调办建管〔2015〕11号	2015年1月20日
33	关于南水北调中线京石段应急供水工程沙河(北)、唐河、南拒马河、北拒马河南支等4座渠道倒虹吸防护工程分标方案的批复	国调办建管〔2015〕15号	2015年1月21日
34	关于南水北调东线一期洪泽湖抬高蓄水位影响处理工程(安徽省境内)明光市增补项目设备采购标招标失败确定承包人的批复	国调办建管〔2015〕17号	2015年2月2日
35	关于南水北调中线干线工程渠道修复技术和专用围堰研究项目分标方案的批复	国调办建管〔2015〕22号	2015年2月15日
36	关于印发南水北调中线干线工程跨渠桥梁验收移交工作计划的通知	国调办建管〔2015〕32号	2015年3月24日
37	关于做好2015年南水北调工程安全度汛工作的通知	国调办建管〔2015〕33号	2015年2月26日
38	关于石家庄市区西北部水利防洪生态工程南水北调并行段对南水北调中线工程总干渠影响处理项目分标方案的批复	国调办建管〔2015〕34号	2015年4月3日
39	关于开展南水北调工程落实施工方案专项行动的通知	国调办建管〔2015〕35号	2015年4月3日
40	关于南水北调中线一期工程总干渠焦作1段弃渣清运项目分标方案的批复	国调办建管〔2015〕46号	2015年4月22日
41	关于南水北调东线一期洪泽湖抬高蓄水位影响处理(安徽省境内)工程环境保护竣工验收调查报告编制项目分标方案的批复	国调办建管〔2015〕48号	2015年5月5日
42	关于南水北调东线一期南四湖水资源监测工程山东境内工程分标方案的批复	国调办建管〔2015〕56号	2015年5月27日
43	关于南水北调东线一期洪泽湖抬高蓄水位影响处理(安徽省境内)工程环境保护竣工验收调查报告编制项目招标失败确定编制单位的批复	国调办建管〔2015〕62号	2015年6月17日
44	关于调整国务院南水北调办南水北调东、中线一期工程验收工作领导小组组成人员的通知	国调办建管〔2015〕63号	2015年6月23日
45	关于做好南水北调建设期工程运行管理有关工作的通知	国调办建管〔2015〕64号	2015年6月24日
46	关于南水北调中线干线惠南庄泵站后勤服务项目分标方案的批复	国调办建管〔2015〕67号	2015年7月3日
47	关于进一步加强南水北调中线干线工程跨渠桥梁验收移交管理工作的通知	国调办建管〔2015〕68号	2015年7月9日

续表

序号	文 件 名 称	文号	时间
48	关于南水北调中线干线京石段保定管理处生产管理用房项目分标方案的批复	国调办建管〔2015〕74 号	2015 年 7 月 16 日
49	关于西黑山电站勘测设计招标项目分标方案的批复	国调办建管〔2015〕83 号	2015 年 7 月 28 日
50	关于南水北调东线总公司办公自动化系统项目分标方案的批复	国调办建管〔2015〕102 号	2015 年 8 月 7 日
51	关于南水北调中线干线工程运行期安全监测项目分标方案的批复	国调办建管〔2015〕104 号	2015 年 8 月 11 日
52	关于进一步做好南水北调工程安全生产工作的通知	国调办建管〔2015〕116 号	2015 年 8 月 19 日
53	关于成立南水北调中线工程保安有限公司的批复	国调办建管〔2015〕125 号	2015 年 9 月 10 日
54	关于发布《南水北调工程基础信息代码编制规则》(试行)NSBD18—2015、《南水北调工程业务内网 IP 地址分配规则》(试行)NSBD19—2015、《南水北调工程基础信息资源目录编制规则》(试行)NSBD20—2015 的通知	国调办建管〔2015〕128 号	2015 年 9 月 17 日
55	关于南水北调中线干线工程全线流量计率定项目分标方案的批复	国调办建管〔2015〕135 号	2015 年 10 月 12 日
56	关于进一步加快南水北调中线干线工程跨渠桥梁验收移交工作的通知	国调办建管〔2015〕144 号	2015 年 10 月 19 日
57	关于南水北调中线一期工程总干渠沿渠 35kV 供电系统无功补偿项目分标方案的批复	国调办建管〔2015〕145 号	2015 年 10 月 19 日
58	关于南水北调中线一期工程总干渠辉县段峪河渠道暗渠工程防洪安全处理项目分标方案的批复	国调办建管〔2015〕148 号	2015 年 11 月 4 日
59	关于南水北调中线一期工程天津干线廊坊市段五街村北取土坑边坡永久防护工程招标项目分标方案的批复	国调办建管〔2015〕150 号	2015 年 11 月 6 日
60	关于调整南水北调东线一期工程江苏段调度运行管理系统工程招标分标方案的批复	国调办建管〔2015〕154 号	2015 年 11 月 11 日
61	关于南水北调中线干线一期工程天津干线通气孔管理道路工程招标项目分标方案的批复	国调办建管〔2015〕169 号	2015 年 12 月 15 日
62	关于南水北调东线一期苏鲁省际工程管理设施专项工程分标方案的批复	国调办建管〔2015〕178 号	2015 年 12 月 28 日
63	关于南水北调中线一期丹江口水库鱼类增殖放流站项目分标方案的批复	国调办建管〔2015〕179 号	2015 年 12 月 28 日
64	关于印发南水北调工程建设期运行管理阶段工程安全应急预案(试行)的通知	国调办建管〔2015〕186 号	2015 年 12 月 29 日
65	关于 2014 年度丹江口库区及上游水污染防治和水土保持“十二五”规划实施考核情况的报告	国调办环保〔2015〕124 号	2015 年 8 月 28 日
66	关于南水北调中线一期工程丹江口库区鱼类增殖放流站设计变更报告的批复	国调办环保〔2015〕164 号	2015 年 12 月 9 日
67	关于开展南水北调工程征地移民矛盾纠纷排查化解活动维护社会稳定的通知	国调办征移〔2015〕21 号	2015 年 2 月 2 日

续表

序号	文 件 名 称	文号	时间
68	关于动用南水北调东线一期东平湖蓄水影响处理工程征迁国控预备费的批复	国调办征移〔2015〕70 号	2015 年 7 月 13 日
69	关于河南省南水北调丹江口库区移民安置总体验收工作大纲的批复	国调办征移〔2015〕81 号	2015 年 7 月 28 日
70	关于调整南水北调工程征地移民国控预备费审批事项的通知	国调办征移〔2015〕115 号	2015 年 8 月 19 日
71	关于调整南水北调工程建设文物保护国控预备费审批事项的通知	国调办征移〔2015〕134 号	2015 年 9 月 30 日
72	关于湖北省南水北调中线工程丹江口水库移民总体验收工作大纲的批复	国调办征移〔2015〕147 号	2015 年 10 月 30 日
73	关于南水北调中线京石段应急供水工程北京段征迁安置市级验收申请的批复	国调办征移〔2015〕177 号	2015 年 12 月 25 日
74	关于切实加强南水北调工程运行监管确保工程安全的通知	国调办监督函〔2015〕26 号	2015 年 4 月 29 日
75	关于加强南水北调东、中线一期工程重要建筑物和典型渠段工程运行管理监督检查的通知	国调办监督〔2015〕131 号	2015 年 9 月 18 日
76	关于对 2015 年第三季度南水北调工程运行管理问题进行责任追究的通知	国调办监督〔2015〕132 号	2015 年 9 月 25 日
77	关于对 2015 年 9 月份南水北调工程运行管理问题进行整改的通知	国调办监督〔2015〕133 号	2015 年 9 月 28 日
78	关于对 2015 年 10 月份南水北调工程运行管理问题进行即时责任追究的通知	国调办监督〔2015〕151 号	2015 年 11 月 10 日
79	关于对 2015 年 10 月份南水北调工程运行管理问题进行整改的通知	国调办监督〔2015〕153 号	2015 年 11 月 10 日
80	关于对 2015 年 11 月份南水北调工程运行管理问题实施即时责任追究的通知	国调办监督〔2015〕165 号	2015 年 12 月 10 日
81	关于对 2015 年 11 月份南水北调工程运行管理问题进行整改的通知	国调办监督〔2015〕166 号	2015 年 12 月 11 日
82	关于印发《南水北调东线一期工程穿黄河工程档案专项验收意见》的通知	综综合函〔2015〕24 号	2015 年 1 月 28 日
83	关于印发《南水北调东线一期工程济南～引黄济青段济南市区段输水工程档案专项验收意见》的通知	综综合函〔2015〕25 号	2015 年 1 月 28 日
84	关于进行南水北调东线一期淮安二站改造工程档案专项验收的通知	综综合函〔2015〕27 号	2015 年 1 月 29 日
85	关于印发《南水北调东线一期淮安二站改造工程档案专项验收意见》的通知	综综合函〔2015〕35 号	2015 年 2 月 6 日

续表

序号	文 件 名 称	文号	时间
86	关于在南水北调系统推进通过法定途径分类处理信访投诉请求工作的通知	综综合〔2015〕59 号	2015 年 10 月 27 日
87	关于进行南水北调东线一期鲁北段工程大屯水库工程档案专项验收的通知	综综合函〔2015〕61 号	2015 年 3 月 6 日
88	关于印发《南水北调东线一期鲁北段工程大屯水库工程档案专项验收意见》的通知	综综合函〔2015〕78 号	2015 年 3 月 24 日
89	关于进行南水北调东线一期洪泽湖抬高蓄水位影响处理工程档案专项验收的通知	综综合函〔2015〕79 号	2015 年 3 月 24 日
90	关于印发《南水北调东线一期洪泽湖抬高蓄水位影响处理设计单元工程档案专项验收意见》的通知	综综合函〔2015〕92 号	2015 年 4 月 7 日
91	关于进行南水北调东线一期工程胶东干线济南至引黄济青段工程东湖水库工程档案专项验收的通知	综综合函〔2015〕123 号	2015 年 5 月 14 日
92	关于进行南水北调东线一期南四湖—东平湖段输水与航运结合工程梁济运河段工程档案专项验收的通知	综综合函〔2015〕134 号	2015 年 5 月 21 日
93	关于进行南水北调东线一期南四湖—东平湖段输水与航运结合工程柳长河段工程档案专项验收的通知	综综合函〔2015〕135 号	2015 年 5 月 21 日
94	关于印发《南水北调东线一期胶东干线济南至引黄济青段工程东湖水库工程档案专项验收意见》的通知	综综合函〔2015〕143 号	2015 年 5 月 22 日
95	关于进行南水北调东线一期高水河整治设计单元工程档案专项验收的通知	综综合函〔2015〕160 号	2015 年 6 月 1 日
96	关于进行南水北调东线一期血吸虫病北移扩散防护工程档案专项验收的通知	综综合函〔2015〕161 号	2015 年 6 月 1 日
97	关于印发《南水北调东线一期南四湖—东平湖段输水与航运结合工程梁济运河段工程档案专项验收意见》的通知	综综合函〔2015〕164 号	2015 年 6 月 2 日
98	关于印发《南水北调东线一期南四湖—东平湖段输水与航运结合工程柳长河段工程档案专项验收意见》的通知	综综合函〔2015〕165 号	2015 年 6 月 2 日
99	关于印发《南水北调东线一期高水河整治设计单元工程档案专项验收意见》的通知	综综合函〔2015〕186 号	2015 年 6 月 15 日
100	关于印发《南水北调东线一期血吸虫病北移扩散防护工程档案专项验收意见》的通知	综综合函〔2015〕187 号	2015 年 6 月 15 日
101	关于进行南水北调东线一期徐洪河影响处理工程档案专项验收的通知	综综合函〔2015〕207 号	2015 年 7 月 15 日
102	关于进行南水北调东线一期泗阳站改建工程档案专项验收的通知	综综合函〔2015〕208 号	2015 年 7 月 15 日
103	关于印发《南水北调东线一期泗阳站改建设计单元工程档案专项验收意见》的通知	综综合函〔2015〕218 号	2015 年 7 月 31 日

续表

序号	文 件 名 称	文号	时间
104	关于印发《南水北调东线一期徐洪河影响处理设计单元工程档案专项验收意见》的通知	综综合函〔2015〕219 号	2015 年 7 月 31 日
105	关于进行南水北调东线一期鲁北段工程七一·六五河段工程档案专项验收的通知	综综合函〔2015〕223 号	2015 年 8 月 5 日
106	关于南水北调办政府专网普通密码安全保密检查情况的函	综综合函〔2015〕224 号	2015 年 8 月 6 日
107	关于进行南水北调东线一期胶东干线济南至引黄济青段工程双王城水库工程档案专项验收的通知	综综合函〔2015〕233 号	2015 年 8 月 14 日
108	关于印发《南水北调东线一期鲁北段工程七一·六五河段工程设计单元工程档案专项验收意见》的通知	综综合函〔2015〕240 号	2015 年 8 月 30 日
109	关于进行南水北调东线一期胶东干线济南至引黄济青段工程陈庄输水线路工程档案专项验收的通知	综综合函〔2015〕258 号	2015 年 9 月 14 日
110	关于印发《南水北调东线一期胶东干线济南至引黄济青段工程双王城水库工程档案专项验收意见》的通知	综综合函〔2015〕278 号	2015 年 9 月 29 日
111	关于印发《南水北调东线一期胶东干线济南至引黄济青段工程陈庄输水线路工程档案专项验收意见》的通知	综综合函〔2015〕279 号	2015 年 9 月 29 日
112	关于进行南水北调东线一期胶东干线济南至引黄济青段工程明渠段工程档案专项验收的通知	综综合函〔2015〕282 号	2015 年 10 月 10 日
113	关于进行南水北调东线一期睢宁二站工程档案专项验收的通知	综综合函〔2015〕292 号	2015 年 10 月 19 日
114	关于进行南水北调东线一期邳州站工程档案专项验收的通知	综综合函〔2015〕293 号	2015 年 10 月 19 日
115	关于进行南水北调东线一期东平湖蓄水影响处理工程档案专项验收的通知	综综合函〔2015〕307 号	2015 年 10 月 28 日
116	关于进行南水北调东线一期南四湖—东平湖段输水与航运结合工程八里湾泵站工程档案专项验收的通知	综综合函〔2015〕308 号	2015 年 10 月 28 日
117	关于印发《南水北调东线一期胶东干线济南至引黄济青段工程明渠段工程设计单元工程档案专项验收意见》的通知	综综合函〔2015〕311 号	2015 年 11 月 3 日
118	关于印发《南水北调东线一期南四湖至东平湖段输水与航运结合工程八里湾泵站工程设计单元工程档案专项验收意见》的通知	综综合函〔2015〕327 号	2015 年 11 月 17 日
119	关于印发《南水北调东线一期睢宁二站设计单元工程档案专项验收意见》的通知	综综合函〔2015〕328 号	2015 年 11 月 17 日
120	关于印发《南水北调东线一期邳州站程设计单元工程档案专项验收意见》的通知	综综合函〔2015〕329 号	2015 年 11 月 17 日

续表

序号	文件名称	文号	时间
121	关于进行南水北调东线一期工程金湖站设计单元工程档案专项验收的通知	综综合函〔2015〕334 号	2015 年 11 月 20 日
122	关于进行南水北调东线一期工程金宝航道设计单元工程档案专项验收的通知	综综合函〔2015〕335 号	2015 年 11 月 20 日
123	关于印发《南水北调东线一期东平湖蓄水影响处理工程设计单元工程档案专项验收意见》的通知	综综合函〔2015〕371 号	2015 年 12 月 9 日
124	关于印发《南水北调东线一期金宝航道设计单元工程档案专项验收意见》的通知	综综合函〔2015〕379 号	2015 年 12 月 18 日
125	关于印发《南水北调东线一期金湖站设计单元工程档案专项验收意见》的通知	综综合函〔2015〕380 号	2015 年 12 月 18 日
126	关于中线一期工程通水一周年媒体集中采访报道的通知	综政宣函〔2015〕317 号	2015 年 11 月 6 日
127	国务院南水北调办关于报送 2015 年新闻发布工作情况的函	综政宣函〔2015〕318 号	2015 年 11 月 10 日
128	关于印发《国务院南水北调办 2015 年度干部队伍建设工作计划》的通知	综人外〔2015〕30 号	2015 年 3 月 30 日
129	关于印发《南水北调办 2015 年度考核指标任务书》的通知	综人外〔2015〕43 号	2015 年 6 月 15 日
130	关于印发《国务院南水北调办干部人事档案专项审核工作实施方案》的通知	综人外〔2015〕44 号	2015 年 6 月 16 日
131	关于对 2014 年下半年第 2 批合同变更索赔项目监督检查发现的问题进行分析认定的函	综投计函〔2015〕31 号	2015 年 2 月 2 日
132	关于印发《南水北调工程质量监督检测基础能力建设项目竣工验收意见》的通知	综投计〔2015〕34 号	2015 年 4 月 22 日
133	关于抓紧开展南水北调工程 2014 年价差报告编报工作的通知	综投计函〔2015〕37 号	2015 年 2 月 11 日
134	关于南水北调工程投资计划管理备案程序的通知	综投计〔2015〕64 号	2015 年 12 月 28 日
135	关于组织开展鲁山南 1 段工程合同变更索赔监督检查工作的函	综投计函〔2015〕69 号	2015 年 3 月 16 日
136	关于开展南水北调东中线一期工程设计回访工作的通知	综投计函〔2015〕183 号	2015 年 6 月 10 日
137	关于河南省南水北调受水区供水配套工程自动化调度与运行管理决策支持系统中线干渠段通信光缆建设有关事宜的函	综投计函〔2015〕194 号	2015 年 6 月 23 日
138	关于开展南水北调中线工程水费缴纳工作专题调研的函	综经财函〔2015〕84 号	2015 年 3 月 30 日
139	关于开展南水北调东线工程水费缴纳及水质保障工作专题调研的函	综经财函〔2015〕88 号	2015 年 4 月 2 日
140	关于建立丹江口水库水情日报制度的通知	综建管函〔2015〕14 号	2015 年 1 月 22 日

续表

序号	文 件 名 称	文号	时间
141	关于印发《国务院南水北调工程建设委员会办公室安全生产领导小组和南水北调工程建设重特大事故应急处理领导小组第十四次全体会议纪要》的通知	综建管〔2015〕17 号	2015 年 2 月 26 日
142	关于做好工程款和农民工工资支付工作的通知	综建管函〔2015〕21 号	2015 年 1 月 26 日
143	关于进一步做好重大危险源管理工作的通知	综建管函〔2015〕32 号	2015 年 2 月 3 日
144	关于印发《其他工程穿越跨越邻接南水北调中线干线工程有关规范性文件专家审查意见》的通知	综建管函〔2015〕38 号	2015 年 2 月 11 日
145	关于对破坏陶岔渠首枢纽工程责任碑行为进行调查处理的通知	综建管函〔2015〕67 号	2015 年 3 月 13 日
146	关于加强南水北调工程防汛重点部位安全管理的通知	综建管函〔2015〕81 号	2015 年 3 月 26 日
147	关于印发《南水北调中线干线工程管养分离方案咨询审查意见》的通知	综建管函〔2015〕89 号	2015 年 4 月 3 日
148	关于开展南水北调中线河北段工程防汛检查的通知	综建管函〔2015〕95 号	2015 年 4 月 10 日
149	关于对南水北调中线河北段工程防汛检查发现问题和隐患进行整改的通知	综建管函〔2015〕98 号	2015 年 4 月 21 日
150	关于办理陶岔渠首电站并网发电手续有关事宜的函	综建管函〔2015〕100 号	2015 年 4 月 22 日
151	关于对南水北调中线河南段工程防汛检查发现问题和隐患进行整改的通知	综建管函〔2015〕102 号	2015 年 4 月 24 日
152	关于对南水北调东线山东段工程防汛检查发现问题和隐患进行整改的通知	综建管函〔2015〕109 号	2015 年 5 月 5 日
153	关于对汉江中下游治理工程防汛检查发现问题和隐患进行整改的通知	综建管函〔2015〕112 号	2015 年 5 月 5 日
154	关于对南水北调中线一期工程直管代建项目尾工建设进行督办的通知	综建管函〔2015〕113 号	2015 年 5 月 5 日
155	关于对南水北调中线一期工程河南委托项目尾工建设进行督办的通知	综建管函〔2015〕114 号	2015 年 5 月 5 日
156	关于对南水北调中线一期工程河北委托项目尾工建设进行督办的通知	综建管函〔2015〕115 号	2015 年 5 月 5 日
157	关于做好《南水北调工程供用水管理条例》宣贯工作的通知	综建管函〔2015〕116 号	2015 年 5 月 5 日
158	关于开展南水北调配套工程建设及用水督导工作的通知	综建管函〔2015〕126 号	2015 年 5 月 19 日
159	关于尽快完成东线一期工程年度调水计划的通知	综建管函〔2015〕155 号	2015 年 5 月 29 日
160	关于进一步加强突发性灾害防范的紧急通知	综建管函〔2015〕156 号	2015 年 5 月 29 日
161	关于研究明确南水北调中线工程断水应急处置有关工作的通知	综建管函〔2015〕157 号	2015 年 5 月 29 日

续表

序号	文 件 名 称	文号	时间
162	关于进一步做好向北京市供水有关工作的通知	综建管函〔2015〕182 号	2015 年 6 月 10 日
163	关于进一步做好南水北调工程汛期安全生产工作的通知	综建管函〔2015〕184 号	2015 年 6 月 10 日
164	关于对未按期完成南水北调中线一期工程尾工建设进度节点目标的责任单位进行通报批评的通知	综建管函〔2015〕185 号	2015 年 6 月 15 日
165	关于印发《南水北调中线北拒马河暗渠闸门检修协调会纪要》的通知	综建管函〔2015〕188 号	2015 年 6 月 16 日
166	关于做好南水北调中线防洪影响处理工程建设协调工作的通知	综建管函〔2015〕213 号	2015 年 7 月 24 日
167	关于进一步做好南水北调中线工程断水应急处置有关工作的通知	综建管函〔2015〕215 号	2015 年 7 月 29 日
168	关于继续做好南水北调中线一期工程尾工建设督办工作的通知	综建管函〔2015〕217 号	2015 年 7 月 29 日
169	关于开展南水北调工程应急体系建设评估工作的通知	综建管函〔2015〕221 号	2015 年 8 月 3 日
170	关于对渠首闸上游引渠及北排河实施围挡的通知	综建管函〔2015〕225 号	2015 年 8 月 7 日
171	关于加强高温季节安全生产管理工作的通知	综建管函〔2015〕227 号	2015 年 8 月 7 日
172	关于做好极端恶劣天气下安全生产工作的通知	综建管函〔2015〕228 号	2015 年 8 月 10 日
173	关于对南水北调中线工程防汛调研发现问题和隐患进行整改的通知	综建管函〔2015〕232 号	2015 年 8 月 12 日
174	关于印发《南水北调东线一期苏鲁省际工程管理设施专项和调度运行管理系统变更建设管理单位会议纪要》的通知	综建管函〔2015〕249 号	2015 年 9 月 7 日
175	关于对南水北调中线干线工程跨渠桥梁验收移交有关责任单位进行批评的通报	综建管函〔2015〕250 号	2015 年 9 月 8 日
176	关于加快做好陶岔渠首枢纽工程水电站机组启动验收准备工作的通知	综建管函〔2015〕251 号	2015 年 9 月 8 日
177	关于开展中线一期工程通水验收遗留问题整改情况和中线干线自动化调度与运行管理决策支持系统工程建设情况自查的通知	综建管函〔2015〕266 号	2015 年 9 月 18 日
178	关于深入做好南水北调中线工程断水应急处置有关工作的通知	综建管函〔2015〕277 号	2015 年 9 月 29 日
179	关于加强国家科技支撑计划“南水北调中东线工程运行管理关键技术及应用”项目管理工作的通知	综建管函〔2015〕280 号	2015 年 10 月 8 日
180	关于对南水北调中线干线工程通水验收遗留问题整改情况进行检查的通知	综建管函〔2015〕301 号	2015 年 10 月 23 日

续表

序号	文件名称	文号	时间
181	关于对南水北调东线工程安全运行管理检查发现问题进行整改的通知	综建管函〔2015〕315 号	2015 年 11 月 6 日
182	关于对南水北调中线一期工程尾工建设进行督办的通知	综建管函〔2015〕338 号	2015 年 11 月 20 日
183	关于加强南水北调工程冬季安全管理工作的通知	综建管函〔2015〕347 号	2015 年 11 月 24 日
184	关于对汉江中下游及丹江口大坝加高工程安全运行管理检查发现问题进行整改的通知	综建管函〔2015〕355 号	2015 年 12 月 1 日
185	关于印发《南水北调中线干线自动化调度与运行管理决策支持系统建设进度和运行情况专项稽察报告》的通知	综建管函〔2015〕360 号	2015 年 12 月 2 日
186	关于对南水北调中线工程安全运行管理检查发现问题进行整改的通知	综建管函〔2015〕363 号	2015 年 12 月 4 日
187	关于做好南水北调东线一期工程 2015～2016 年度水量调度计划实施工作的通知	综建管函〔2015〕372 号	2015 年 12 月 14 日
188	关于对南水北调中线天津段工程安全运行管理检查发现问题进行整改的通知	综建管函〔2015〕383 号	2015 年 12 月 22 日
189	关于尽快做好陶岔渠首枢纽工程水电站机组启动验收准备工作的通知	综建管函〔2015〕388 号	2015 年 12 月 29 日
190	关于尽快启动南水北调东线一期工程向山东省调水工作的通知	综建管函〔2015〕389 号	2015 年 12 月 30 日
191	关于做好 2014 年度丹江口库区及上游水污染防治和水土保持“十二五”规划实施考核工作的通知	综环保〔2015〕6 号	2015 年 1 月 22 日
192	关于进一步强化南水北调中线一期工程总干渠两侧水源保护区环保监管的函	综环保函〔2015〕16 号	2015 年 1 月 22 日
193	关于加强丹江口水库消落区管理防范水质污染风险的函	综环保函〔2015〕17 号	2015 年 1 月 23 日
194	关于开展丹江口库区及上游水污染防治和水土保持“十二五”规划 2014 年度实施情况技术考核工作的通知	综环保〔2015〕45 号	2015 年 6 月 24 日
195	关于加强南水北调中线工程输水过程中藻类防范有关工作的通知	综环保函〔2015〕47 号	2015 年 2 月 13 日
196	关于开展南水北调中线工程水费缴纳及水污染防治工作专题调研的通知	综环保函〔2015〕58 号	2015 年 3 月 4 日
197	关于做好南水北调东线一期工程运行期水质保障工作的通知	综环保函〔2015〕66 号	2015 年 3 月 12 日
198	关于协调督促南水北调受水区落实“三先三后”有关工作的通知	综环保函〔2015〕91 号	2015 年 4 月 3 日

续表

序号	文 件 名 称	文号	时间
199	关于切实做好丹江口水库消落区水质污染风险防范工作的函	综环保函〔2015〕118 号	2015 年 5 月 8 日
200	关于开展 2014 年度丹江口库区及上游水污染防治和水土保持“十二五”规划实施情况考核工作的通知	综环保函〔2015〕210 号	2015 年 7 月 20 日
201	关于印送《丹江口库区及上游水污染防治和水土保持“十二五”规划 2014 年度实施情况考核结果》的函	综环保函〔2015〕295 号	2015 年 10 月 19 日
202	关于配合开展南水北调东线通水运行水质保护调研的函	综环保函〔2015〕312 号	2015 年 11 月 3 日
203	关于对南水北调中线沿线垃圾场和污水点进行核查处理的通知	综环保函〔2015〕330 号	2015 年 11 月 17 日
204	关于对南水北调中线沿线垃圾场和污水点进行核查处理的通知	综环保函〔2015〕331 号	2015 年 11 月 17 日
205	关于对丹江口水库饮用水源保护区内有关问题进行核查处理的通知	综环保函〔2015〕368 号	2015 年 12 月 9 日
206	关于对丹江口水库饮用水源保护区内有关问题进行核查处理的通知	综环保函〔2015〕369 号	2015 年 12 月 9 日
207	关于进一步做好南水北调中线干线工程临时用地退还工作的通知	综征移〔2015〕21 号	2015 年 3 月 12 日
208	关于加快完成丹江口库区移民尾工项目扫尾开展总体验收工作的通知	综征移〔2015〕32 号	2015 年 4 月 10 日
209	关于组织开展南水北调丹江口水库移民生产发展主题宣传活动的通知	综征移〔2015〕33 号	2015 年 4 月 13 日
210	关于对南水北调中线一期工程临时用地退还工作进行督办的通知	综征移〔2015〕40 号	2015 年 6 月 8 日
211	关于集中排查南水北调东、中线一期工程影响沿线群众生活有关问题的通知	综征移函〔2015〕350 号	2015 年 11 月 25 日
212	关于对杨官屯河闸、大沙河闸、姚楼河闸工程运行管理问题进行整改的通知	综监督〔2015〕35 号	2015 年 5 月 4 日
213	关于对山东省南水北调工程运行管理问题进行整改的通知	综监督〔2015〕36 号	2015 年 5 月 4 日
214	关于对中线天津干线工程运行监管检查发现问题进行整改督办的通知	综监督〔2015〕39 号	2015 年 5 月 29 日
215	关于印发《南水北调中线干线工程机电金结及相应的自动化设备运行管理情况专项稽察报告》的通知	综监督〔2015〕49 号	2015 年 8 月 6 日
216	关于印发《南水北调中线干线工程安全监测工作情况专项稽察报告》的通知	综监督〔2015〕50 号	2015 年 8 月 7 日

续表

序号	文件名称	文号	时间
217	关于印发《中线干线石家庄以南段工程供配电系统专项稽察报告》的通知	综监督〔2015〕58 号	2015 年 10 月 22 日
218	关于印发《中线京石段与天津干线工程运行管理情况专项稽察报告》的通知	综监督〔2015〕63 号	2015 年 12 月 9 日
219	关于对南水北调中线干线工程供配电系统开展专项稽察的函	综监督函〔2015〕248 号	2015 年 9 月 7 日
220	关于开展 2015 年南水北调东、中线一期工程运行管理评价的通知	综监督函〔2015〕322 号	2015 年 11 月 13 日
221	关于加强南水北调工程冬季运行监管工作的通知	综监督函〔2015〕351 号	2015 年 11 月 25 日

沿线各省(直辖市)重要文件一览表

序号	文件名称	文号	发文单位	发布日期
1	北京市南水北调办关于印发《北京市南水北调配套工程资金管理办法》的通知	京调办〔2015〕13 号	北京市南水北调工程建设委员会办公室	2015 年 2 月 9 日
2	北京市南水北调办关于印发《南水北调配套工程水费收缴流程》的通知	京调办〔2015〕134 号	北京市南水北调工程建设委员会办公室	2015 年 11 月 16 日
3	河北省南水北调工程建设委员会办公室关于对未按期完成南水北调中线一期工程尾工建设进度节点目标责任单位进行通报批评的意见	冀调水计〔2015〕31 号	河北省南水北调工程建设委员会办公室	2015 年 6 月 19 日
4	河北省南水北调工程建设委员会办公室关于印发《河北省南水北调工程建设委员会办公室〈南水北调工程供用水管理条例〉宣贯方案》的通知	冀调水建〔2015〕40 号	河北省南水北调工程建设委员会办公室	2015 年 6 月 1 日
5	关于南水北调配套工程实行过渡水价的通知	冀价经费〔2015〕199 号	河北省南水北调工程建设委员会办公室	2015 年 10 月 14 日
6	关于做好 2015 年江苏省南水北调工程向省外供水工作的通知	苏调传发〔2015〕3 号	江苏省南水北调工程建设领导小组办公室	2015 年 4 月 17 日
7	关于拨付南水北调江苏段 2014 ~ 2015 年度调水费用的函	苏水源函〔2015〕17 号	东线江苏水源公司	2015 年 7 月 30 日
8	江苏省人民政府办公厅关于南水北调江苏段供水合同签订单位及水费缴纳事项的函	苏政办函〔2015〕18 号	江苏省人民政府办公厅	2015 年 3 月 19 日
9	关于做好江苏南水北调工程 2015 年度向省外供水工作的通知	苏调办〔2015〕26 号	江苏省南水北调工程建设领导小组办公室	2015 年 4 月 23 日

续表

序号	文件名称	文号	发文单位	发布日期
10	关于成立2015年度省南水北调办公室(管理局)防汛工作领导小组的通知	苏调办〔2015〕27号	江苏省南水北调工程建设领导小组办公室	2015年4月30日
11	关于开展徐州市境内在建尾水导流工程结算工程量专项检查的通知	苏调办函〔2015〕30号	江苏省南水北调工程建设领导小组办公室	2015年7月8日
12	关于成立省南水北调办公室(管理局)安全生产工作领导小组的通知	苏调办〔2015〕47号	江苏省南水北调工程建设领导小组办公室	2015年8月31日
13	关于加强我省里下河水源调整工程运行管理工作的通知	苏调办〔2015〕48号	江苏省南水北调工程建设领导小组办公室	2015年9月6日
14	关于印发《江苏省南水北调工程运行管理工作指导意见》的通知	苏调办〔2015〕51号	江苏省南水北调工程建设领导小组办公室	2015年9月8日
15	关于编制我省南水北调尾水导流工程运行管理应急预案的通知	苏调办〔2015〕65号	江苏省南水北调工程建设领导小组办公室	2015年11月23日
16	关于印发《2015年度全省南水北调系统目标管理考核工作实施方案》的通知	鲁调水局发〔2015〕2号	山东省南水北调工程建设管理局	2015年4月1日
17	关于印发《山东省南水北调水政监察工作规则(试行)》的通知	鲁调水局发〔2015〕3号	山东省南水北调工程建设管理局	2015年10月28日
18	关于印发《山东省南水北调工程运行管理问题责任追究实施办法(试行)》的通知	鲁调水局发〔2015〕4号	山东省南水北调工程建设管理局	2015年11月2日
19	关于成立防汛领导小组的通知	鲁调水企工字〔2015〕10号	山东省南水北调工程建设管理局	2015年5月13日
20	关于印发《山东省南水北调工程2015年度汛方案及防汛预案》的通知	鲁调水企工字〔2015〕12号	山东省南水北调工程建设管理局	2015年5月29日
21	关于《关于加强南水北调东、中线一期工程重要建筑物和典型渠段工程运行管理监督检查的通知》自查自纠情况的报告	鲁调水局稽字〔2015〕13号	山东省南水北调工程建设管理局	2015年11月6日
22	山东省水利厅关于成立山东省南水北调水政监察支队的批复	鲁水政字〔2015〕19号	山东省水利厅	2015年11月19日
23	山东省水利厅关于印发《山东省地下水超采区综合整治实施方案》的通知	鲁水资字〔2015〕20号	山东省水利厅	2015年11月19日
24	关于成立山东省南水北调水政监察支队的通知	鲁调水局办字〔2015〕43号	山东省南水北调工程建设管理局	2015年12月7日
25	山东省人民政府办公厅关于贯彻落实《山东省南水北调条例》重点任务有关事宜的通知	鲁政办字〔2015〕128号	山东省人民政府办公厅	2015年7月29日

续表

序号	文件名称	文号	发文单位	发布日期
26	关于印发《河南省南水北调办公室2015年度精神文明建设工作要点》的通知	豫调办文明〔2015〕1号	河南省南水北调办	2015年1月12日
27	河南省人民政府移民工作领导小组关于进一步深化移民村社会治理创新工作的指导意见	豫移〔2015〕1号	河南省政府移民工作领导小组	2015年1月21日
28	关于切实做好南水北调丹江口库区移民安置总体验收自验工作的通知	豫移指〔2015〕1号	河南省政府移民工作领导小组	2015年8月21日
29	关于印发《2015年度河南省南水北调文化建设工作方案》的通知	豫调办综〔2015〕2号	河南省南水北调办	2015年3月18日
30	关于印发《南水北调配套工程运行管理费使用管理与会计核算暂行办法》的通知	豫调办财〔2015〕2号	河南省南水北调办	2015年3月10日
31	关于做好配套工程月水量调度方案编制工作的通知	豫调办建〔2015〕2号	河南省南水北调办	2015年1月19日
32	关于印发《河南省南水北调受水区供水配套工程18、35、36号分水口门供水工程试通水调度运行方案(试行)》的通知	豫调建建〔2015〕2号	河南省南水北调办	2015年1月16日
33	关于印发《河南省南水北调丹江口库区移民安置总体验收工作实施细则》的通知	豫移指办〔2015〕3号	河南省政府移民办工作领导小组	2015年11月26日
34	关于加快河南省南水北调配套工程自动化调度与运行管理决策支持系统建设和流量计安装工作的通知	豫调建〔2015〕4号	河南省南水北调办	2015年6月9日
35	关于做好南水北调中线一期工程水土保持监督检查意见落实和水土保持设计现场排查工作的通知	豫调办移〔2015〕6号	河南省南水北调办	2015年8月20日
36	关于加强汛期档案安全保管的通知	豫调办综〔2015〕8号	河南省南水北调办	2015年6月16日
37	关于加强河南省南水北调配套工程验收工作的通知	豫调建建〔2015〕8号	河南省南水北调办	2015年3月18日
38	关于开展我省南水北调工程汛前检查的通知	豫调办建〔2015〕9号	河南省南水北调办	2015年4月3日
39	关于进一步加强配套工程管理工作的通知	豫调建建〔2015〕9号	河南省南水北调办	2015年4月1日
40	关于全面排查下穿总干渠管涵安全隐患的通知	豫调建建〔2015〕10号	河南省南水北调办	2015年4月9日
41	关于做好南水北调中线干线工程安全保卫工作的通知	豫调办建〔2015〕13号	河南省南水北调办	2015年4月24日
42	关于印发《河南省南水北调受水区供水配套工程3-1、6、14、15、24、24-1、30、33号分水口门供水工程试通水调度运行方案(试行)》的通知	豫调建建〔2015〕16号	河南省南水北调办	2015年4月24日
43	关于成立南水北调中线调蓄工程前期工作领导小组的通知	豫调办〔2015〕22号	河南省南水北调办	2015年5月7日

续表

序号	文件名称	文号	发文单位	发布日期
44	关于河南省南水北调受水区供水配套工程安全运行控制水位的函	豫调办建函〔2015〕25号	河南省南水北调办	2015年7月6日
45	河南省政府移民办公室关于加快移民征迁项目实施和资金支付有关事项的通知	豫移办〔2015〕32号	河南省政府移民办公室	2015年4月7日
46	关于印发《河南省南水北调办公室党风廉政建设主体责任落实年实施方案》的通知	豫调办〔2015〕39号	河南省南水北调办	2015年7月15日
47	关于印发其他工程穿越邻接河南省南水北调受水区供水配套工程设计技术要求安全评价导则(试行)的通知	豫调办〔2015〕43号	河南省南水北调办	2015年7月27日
48	关于成立南水北调中线河南段防洪影响处理工程建设工作协调小组的通知	豫调办〔2015〕52号	河南省南水北调办	2015年9月2日
49	河南省政府移民办、河南省档案局关于开展南水北调丹江口库区移民安置档案市县自验工作的通知	豫移办〔2015〕52号	河南省南水北调办	2015年9月6日
50	关于印发《河南省南水北调工程突发事件应急预案》的通知	豫调办〔2015〕56号	河南省南水北调办	2015年9月8日
51	关于印发《河南省南水北调受水区供水配套工程维修养护管理办法(试行)》的通知	豫调办〔2015〕57号	河南省南水北调办	2015年9月8日
52	河南省政府移民办、河南省档案局关于印发《河南省南水北调丹江口库区移民安置档案验收实施办法》的通知	豫移办〔2015〕60号	河南省政府移民办公室河南省档案局	2015年11月12日
53	关于印发《河南省南水北调受水区供水配套工程保护管理办法(试行)》的通知	豫调办〔2015〕65号	河南省南水北调办	2015年10月27日
54	河南省人民政府关于2014年度河南省丹江口库区及上游水污染防治和水土保持“十二五”规划实施情况的函	豫政函〔2015〕68号	河南省南水北调办	2015年7月3日
55	关于印发《河南省南水北调办公室关于贯彻执行民主集中制实施办法》(试行)的通知	豫调办〔2015〕71号	河南省南水北调办	2015年11月19日
56	关于加强金结机电缺陷处理监管工作的紧急通知	豫调建〔2015〕73号	河南省南水北调办	2015年10月12日
57	关于进一步做好安全监测移交工作的通知	豫调建〔2015〕75号	河南省南水北调办	2015年10月16日
58	关于印发《河南省南水北调办公室重大项目及投资决策制度(试行)》的通知	豫调办〔2015〕77号	河南省南水北调办	2015年11月20日
59	关于印发《河南省南水北调办公室议事工作规则》的通知	豫调办〔2015〕78号	河南省南水北调办	2015年11月20日
60	关于成立河南省南水北调工程突发事件应急处理指挥部的通知	豫调办〔2015〕82号	河南省南水北调办	2015年11月25日
61	关于对河南省南水北调受水区供水配套工程自动化调度与运行管理决策支持系统建设管理代建管理方案的批复	豫调建投〔2015〕122号	河南省南水北调办	2015年3月5日

续表

序号	文件名称	文号	发文单位	发布日期
62	关于集中梳理中线工程投资及开展投资控制目标调整相关工作的通知	豫调建投〔2015〕319号	河南省南水北调办	2015年9月30日
63	关于印发《湖北省移民局2015年工作要点》的通知	鄂移〔2015〕1号	湖北省移民局	2015年1月20日

项目法人单位重要文件一览表

序号	文件名称	文号	发文单位	发布日期
1	关于印发《南水北调中线干线工程通水运行安全管理责任追究规定(试行)》的通知	中线局质安〔2015〕12号	中线建管局	2015年1月23日
2	关于印发《其他工程穿越跨越邻接南水北调中线干线工程管理规定》的通知	中线局技〔2015〕20号	中线建管局	2015年4月1日
3	关于印发《其他工程穿越跨越邻接南水北调中线干线工程设计技术要求》和《其他工程穿越跨越邻接南水北调中线干线工程安全影响评价导则》的通知	中线局技〔2015〕21号	中线建管局	2015年4月1日
4	关于印发《南水北调中线干线工程穿越工程突发事件应急预案》等6个专项应急预案的通知	中线局质安〔2015〕24号	中线建管局	2015年2月15日
5	关于进一步加快剩余尾工建设的通知	中线局工〔2015〕46号	中线建管局	2015年5月29日
6	关于印发《南水北调中线干线工程地震灾害应急预案》及《南水北调中线干线工程涉外突发事件应急预案》的通知	中线局质安〔2015〕64号	中线建管局	2015年6月8日
7	关于成立南水北调中线干线工程突发事件应急管理领导小组及明确有关应急管理职责的通知	中线局工〔2015〕84号	中线建管局	2015年10月13日
8	关于印发《南水北调东线工程安全生产管理办法(试行)》和《南水北调东线总公司安全生产责任制度(试行)》的通知	东线工发〔2015〕26号	东线总公司	2015年4月20日
9	关于成立南水北调东线工程安全生产领导小组及安全生产领导小组办公室的通知	东线工发〔2015〕30号	东线总公司	2015年5月4日
10	关于成立南水北调东线一期工程运行管理防汛领导小组及办公室的通知	东线工发〔2015〕31号	东线总公司	2015年5月4日
11	关于成立南水北调东线总公司直属分公司(运行调度中心)的通知	东线人发〔2015〕38号	东线总公司	2015年5月29日
12	关于印发《南水北调东线总公司招标委员会议事规则》的通知	东线计发〔2015〕56号	东线总公司	2015年8月4日
13	关于印发《南水北调东线工程运行管理标准化建设工作总体方案》的通知	东线工发〔2015〕62号	东线总公司	2015年8月13日

续表

序号	文 件 名 称	文号	发文单位	发布日期
14	关于印发《南水北调东线总公司招标管理暂行办法》的通知	东线计发〔2015〕69号	东线总公司	2015年9月8日
15	关于印发《南水北调东线总公司专业技术职务管理办法》等制度的通知	东线人发〔2015〕81号	东线总公司	2015年10月10日
16	关于南水北调东线总公司直属分公司主要职能、机构设置和人员编制规定的批复	东线人发〔2015〕82号	东线总公司	2015年10月15日
17	关于印发《南水北调东线总公司工程变更和索赔管理暂行办法》的通知	东线计发〔2015〕90号	东线总公司	2015年10月26日
18	关于印发《南水北调东线总公司综合计划管理制度(试行)》等5项制度的通知	东线计发〔2015〕118号	东线总公司	2015年12月21日
19	关于印发《南水北调东线山东干线有限责任公司失职渎职行为责任追究办法》的通知	鲁调水企发〔2015〕3号	东线山东干线公司	2015年10月29日
20	关于印发《南水北调中线水源公司绩效考核管理办法》的通知	中水源人〔2015〕45号	中线水源公司	2015年3月26日
21	关于印发《丹江口大坝加高工程汛期安全巡视检查及应急处置管理办法》的通知	中水源工〔2015〕113号	中线水源公司	2015年8月6日
22	关于做好2015年征地拆迁矛盾纠纷排查化解活动维护社会稳定的通知	鄂调水办〔2015〕6号	湖北省南水北调建管局	2015年2月15日
23	省人民政府办公厅关于印发《南水北调中线工程丹江口水库饮用水水源保护区(湖北辖区)划分方案》的通知	鄂政办发〔2015〕8号	湖北省南水北调建管局	2015年1月26日
24	关于印发《2015年度引江济汉工程尾工建设督办办法》的通知	鄂调水办〔2015〕43号	湖北省南水北调建管局	2015年7月9日

陆 考察调研

VISIT AND INSPECTION

国务院南水北调办主任鄂竟平检查京石段工程通水运行情况

2015年2月16日，国务院南水北调办主任鄂竟平带队，对中线京石段工程通水运行情况进行了检查。

鄂竟平一行先后检查了中线京石段工程北拒马河暗涵、涞涿段、易县段、西黑山节制闸，对通水运行管理、工程质量、安保巡视、水质监测等情况进行了检查。

在节制闸，鄂竟平询问了值班人员轮流值守、突发问题类型、应急处理措施及报告制度等情况，要求管理人员一定要具备面对突发问题应急处理的能力，要把事故应急预案落实到岗位，落实到人，落实到行动中。

在渠道检查中，鄂竟平询问了工程巡查人员工作主要任务、负责范围、巡查重点，在翻看巡查记录后，他要求，巡查记录要清楚仔细，巡查工作要认真负责，通水运行安全才会有保障。

鄂竟平强调，工程巡查责任重大，巡查人员要不断强化责任意识，进一步提高巡查质量，强化运行管理能力建设，不断完善规范制度，实现工程运行管理规范化，确保“四个安全”。

最后，鄂竟平代表国务院南水北调办党组向工作在一线的运行管理人员致以新春佳节的节日问候，并对节日期间仍坚持在工作岗位的同志表示慰问。

国务院南水北调办建管司、监督司、监管中心、中线建管局负责同志参加检查。

国务院南水北调办主任鄂竟平调研湖北省丹江口水库移民安置和水质保护工作

2015年3月24～25日，国务院南水北调办主任鄂竟平率调研组赴湖北省调研丹江口水库移民安置和水质保护工作，看望慰问库区移民干部群众。调研组一行现场查看了十堰市丹江口市均县镇搬迁复建新址、六里坪镇怀家沟应急地灾治理工程以及茅箭区泗河流域马家河段综合治理工程。湖北省政府副省长梁惠玲陪同调研。

南水北调中线工程正式通水后，鄂竟平十分牵挂丹江口库区移民搬迁安置和生产发展情况。在丹江口市均县镇搬迁复建新址，察看了该镇中心学校和幼儿园，沿街走访了移民户开设的家电超市、惠民药房和农家乐客栈。每到一处都与移民户亲切交谈，关心询问移民家庭住房条件、土地调整、劳动就业、就医上学、社会保障、收入变化等情况，在听到移民户回答“搬迁后居住条件改善了，生意扩大了，收入多了，日子越来越好过了”之后，鄂竟平脸上露出了满意的笑容并由衷地感谢移民群众。他说，库区移民积极响应国家搬迁号召，牺牲了很多个人利益，舍小家为大家，识大体顾大局，为南水北调做出了巨大牺牲和贡献，中线工程顺利实现通水的关键就在移民，我们既要把工程建设好，也要把移民安置好、发展好。

在六里坪镇马家岗村怀家沟移民安置点，鄂竟平察看了该处库岸滑坡治理工程建设情况，与设计、施工、监理单位详细了解项目建设情况。他强调，要高度重视库区地质灾害防治工作，确保工程质量和库区移民群众生命财产安全。在泗河流域马家河段综合治理工程现场，鄂竟平用空矿泉水瓶从马家河里舀水观察水质情况，对水质现状的明显改善表示赞许。他指出，湖北省在“五河”水污染防治工作中下了真工夫，见到了好效果。

调研期间，鄂竟平听取了湖北省关于库区移民和水质保护工作的情况汇报。他强调，下一步要加大移民后期生产发展帮扶力度，扩大移民就业渠道，增加移民收入，促进库区社会安稳发展；要全面排查移民尾工项目，加快扫尾进度，促进移民验收工作；要认真开展库区移民矛盾纠纷排查化解活动，确保库区社会稳定；要积极做好丹江口库区及上游水污染防治和水土保持“十三五”规划编制工作，千方百计保障水质安全，确保丹江口水库水质持续改善。

国务院南水北调办综合司、环境保护司、征地移民司主要负责同志陪同调研，湖北省南水北调办、省移民局以及十堰市委、市政府主要负责同志参加调研。

国务院南水北调办主任鄂竟平检查京石段工程防洪度汛情况

2015年7月29日，国务院南水北调办主任鄂竟平带队，对中线京石段部分工程防洪度汛情况进行检查，并在中线建管局河北分局唐县管理处召开了防洪度汛工作座谈会。

在北拒马河暗渠进口和漕河渡槽出口，鄂竟平仔细检查了拦污栅工作情况，询问了拦污栅打捞频次、水质情况，要求作业人员在杂物打捞过程中要严格按操作规程进行，要注意安全。在北拒马河南支河道防护工程现场，鄂竟平询问了河道防护设计洪峰、流量、河道防护投资等，叮嘱管理人员在汛期要重点对河道冲刷情况进行巡查，尤其在下大雨时，发现险情立即按程序进行上报、处理。

在唐县管理处，鄂竟平主持召开防洪度汛工作座谈会。鄂竟平指出，7~8月期间是防汛重点时段，工程沿线的各级管理人员要高度重视，要确保度汛期间不能出现大的险情和事件。针对防洪度汛应急预案在系统性、实用性、操作性、队伍、物资和设备准备等方面存在的不足，鄂竟平要求，有关人员要在雨前收集信息，要与当地气象部门紧密联系，及时了解工程范围内小尺度天气预报，每天要碰头协商雨情对策，提前进行雨情判断；在雨前、雨中要加大对风险项目的巡查频次，紧盯风险项目汇流、产流部位水量情况，在巡查中不能只查看渠道附近，还要加强对汇流沟渠上游巡视，一旦发现险情，要及时报告；一旦出现洪水冲刷干线渠道堤坡，要启动应急预案，及时响应，快速进行处理。最后，鄂竟平强调，有关人员要立足自身、加强学习、积累经验，对防汛应急预案要熟练操作；要及时盯紧重点风险项目区域抢险和转移，一定要确保不能出现群死群伤和毁坏工程等情况；汛期值班、巡查人员、各级主管人员都要打起精神、兢兢业业、全力以赴做好今年的防洪度汛工作，确保工程、运行、人身财产安全。

检查组从惠南庄泵站开始，沿渠先后检查了北拒马河暗渠进口节制闸、北拒马河南支河道防护工程和南拒马河河道整治项目建设、涞涿管理处、漕河渡槽工程、唐县管理处等，重点查看了北拒马河暗渠进口和漕河渡槽工程出口的拦污栅运行状况、水质情况，检查并考核了唐县管理处所辖工程防洪度汛、应急预案落实和物资准备情况。

国务院南水北调办投计司、建管司、监督司负责同志陪同检查。

国务院南水北调办主任鄂竟平赴河北商谈供用水有关工作

2015年8月26日，国务院南水北调办主任鄂竟平赴河北，会见了河北省委书记赵克志、省长张庆伟、省委秘书长范照兵、副省长沈小平，并与张庆伟省长就河北省南水北调供用水有关事宜进行商谈。

鄂竟平对河北省委、省政府对南水北调中线干线工程和配套工程建设的高度重视和大力支持表示感谢。他说，在河北省委、省政府的领导下，河北省有关各级政府和部门在配套工程建设、水价制定、地下水压采等方面做了大量卓有成效的工作，为消纳南水北调水创造了条件。

鄂竟平指出，南水北调中线一期工程2014年底正式通水以来，已安全平稳运行9个多月，再有2个多月时间，中线一期工程的第一个供水年度就将结束。截至目前，沿线四省市已接纳南水北调水13亿多立方米，初步发挥了工程效益。他希望河北省进一步加快配套工程建设，努力提高用水量，尽快签订供用水补充协议，同时就水费筹集、地下水压采、水资源费等问题采取有力措施，共同促进南水北调工程充分发挥综合效益，改善生态环境，造福沿线群众。

张庆伟表示，河北省对南水北调工程建设高度重视，配套工程进度明显加快，供水体制机制也正在建立完善。下一步，将全力做好干线工程有关工作，加强研究论证、沟通协商，综合施策加快江水切换，不断提高全省用水量，确保南水北调水引得来、用得上、效果好。

国务院南水北调办经财司、建管司、监督司、监管中心、中线建管局主要负责同志参加商谈。

国务院南水北调办主任鄂竟平检查北京中线断水应急处置工作

2015年9月11日，国务院南水北调办主任鄂竟平率队检查北京南水北调中线干线断水应急处置工作，国务院南水北调办副主任张野参加检查，北京市副市长林克庆陪同检查。

2015年9月11日上午，鄂竟平一行来到位于团城湖畔的北京市南水北调现场指挥部，听取了近期北京市南水北调工作、中线断水应急处置工作汇报，观摩了北京市南水北调办、水务局、自来水公司及中线建管局等单位联合举行的南水北调中线干线断水应急处置模拟演练，对演练内容进行了详细的讨论、点评，并实地检查了西四环暗涵出口明渠段、团城湖调节池工程运行情况。

鄂竟平表示，北京市高度重视南水北调中线工程北京段运行管理工作，多策并举贯彻落实“三先三后”原则，加强安全生产调度，开展应急准备工作，保障了工程安全和供水安全。中线工程通水九个月来，北京市已接纳南水北调水5亿多立方米，有效缓解了本市水资源严重短缺形势。

鄂竟平指出，2015年是中线工程通水元年，工程进入运行管理新阶段，各项工作处于磨合期，工程安全面临诸多新风险，其中，断水风险尤其应该引起高度重视。他强调，受设计检修工况、水质污染、自然灾害、工程问题等多方面因素影响，中线干线断水风险是客观存在。北京处于南水北调中线干线工程供水末端，断水风险更大。特别是随着南水北调水在北京市供水中的比例和重要性日益提高，做好断水应急处置工作显得更加重要和紧迫。

鄂竟平要求，有关各方要各负其责，工作到位，竭尽全力做好断水应急处置工作。一是中线干线工程管理单位要强化运行安全管理和工程调度，全力消除意外断水风险，尽量缩短应急处置时间，努力减少工程正常检修频率和用时。二是受水区地方政府要在中线工程发生断水时，及时有效进行应急处置，避免大面积、长时间停水，让用水户不受或少受影响。三是现阶段应急工作要抓好实用的、可操作性的应急预案编制。要进一步梳理清楚断水影响过程、备用水源情况、启动程序、责任单位及实施过程；要落实断水应急每个环节的责任人、操作时间和标准；要通过举行实战演练，检验预案可操作性，查补安全漏洞，不断提高应急管理水平。四是要将断水应急预案纳入北京市应急预案体系，构建统一指挥、反应灵敏、协调有序、运转高效的应急管理机制，加强应急队伍建设，全面提高应急管理指挥、保障能力。

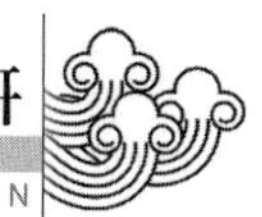

国务院南水北调办投计司、建管司、环保司、政研中心、监管中心、设管中心、中线建管局等单位主要负责同志参加检查。

国务院南水北调办主任鄂竟平飞检中线工程黄河以北段通水运行情况

2015年12月30日，国务院南水北调办主任鄂竟平带队，对中线工程的卫辉管理处、辉县管理处、焦作管理处辖区内的通水运行情况进行了飞检。

鄂竟平先后检查了峪河暗渠、聩城寨倒虹吸等节制闸运行，南司马公路桥超载运行监控，焦作段深挖方边坡稳定、小官庄左排渡槽和马村煤矿左岸截流沟污水排放项目等情况。

在南司马公路桥，鄂竟平详细询问了桥梁超载监控情况，他要求，加强监控，仔细分析数据，为确保通水运行安全提供有效依据。

在节制闸站，鄂竟平仔细检查了闸室液压启闭机控制柜运行状况、闸门启闭运行状况等，调阅了控制柜监控数据，查看视频监控系统，翻阅值班记录等。他要求三级管理处必须重视现场检查发现的问题，快速消缺，举一反三。

关于三级管理处与现场闸站值守的职能划分问题，鄂竟平主任责成有关单位要认真研究，要明确和细化各级职责，减少职能重复，不要三个不同层级人做同一件事。有关领导应现场驻点蹲守，仔细研究运行系统的人员和职能配置是否符合实际。基层管理单位也应反映实际情况，上下都要以实际出发，发现问题、反映实际情况，我们就能够不断优化和改进运行管理。鄂竟平强调，我们正在从事人类历史上从未有过的超长距离调水运行管理，没有经验是我们面临的问题，只要肯钻研、敢创新，从严、从实、从精要求，管理水平就会持续提升。

在检查了小官庄左排渡槽和马村煤矿左岸截流沟污水排放问题后，鄂竟平强调，要遵照国家有关法律，寻求地方行政部门的支持，严厉打击非法侵占输水渠道保护范围、严重阻碍河道防汛安全的违法行为，尽快消除隐患。

国务院南水北调办环保司、监督司、监管中心、稽察大队负责同志陪同检查。

国务院南水北调办副主任张野调研中线河南段工程运行管理情况

2015年1月7~9日，国务院南水北调办副主任张野调研中线河南段工程运行管理情况，并在郑州召开运行管理座谈会。期间，会见了河南省政府党组成员、省委农村工作领导小组副组长赵顷霖，就南水北调工程建设与管理交换意见。

张野一行沿着渠道先后考察了鹤壁管理处及淇河节制闸、焦作管理处及闫河节制闸、宝丰管理处、禹州管理处及颍河节制闸、长葛管理处、新郑管理处、航空港区管理处10个现场管理处和闸站。

在沿线管理处和闸站，张野仔细查看了调度中控室，综合机房，网管中心，设备间及办公、生活设施等，详细了解工程运行情况，认真检查值班人员的值班记录、交接班记录，并通过视频监控系统检查了闸站运行、渠道巡查等情况。每到一处，他都要求管理单位做好现场工作人员的生活保障，为大家创造良好的工作、生活环境。

在座谈会上，张野听取了中线建管局河南直管局和沿线各管理处运行管理工作汇报，重点讨论分析了目前工程运行管理中存在的困难、问题和解决措施建议。他指出，从建设管理向运行管理转变的过程中，要加强运行模式和管理模式的探索和创新，以最快的速度、用最短的时间找到适合中线工程特点的运行管理模式，达到保证质量、保证安全、降低成本、经济适用的目标。他要求各级工程管理单位尽快实现思想认识和工作方式的转变，积极发挥主观能动性，结合各自工作实际，在运行管理实践中不断探索、研究，创新管理模式，推进工程规范化、标准化、科学化管理，充分发挥工程的经济社会效益。

国务院南水北调办建管司、中线建管局有关负责同志参加调研。

国务院南水北调办副主任张野检查湖北境内南水北调工程运行情况

2015年7月21～23日，国务院南水北调办副主任张野检查南水北调丹江口大坝加高工程和汉江中下游治理工程运行情况。

2015年7月21日，张野一行检查了丹江口大坝加高工程101高程廊道、170高程廊道、溢流坝段、厂房坝段、船闸等工程运行情况，并主持召开座谈会；7月22～23日，检查了汉江中下游治理工程兴隆枢纽泄水闸、电站、船闸、鱼道、滩地，引江济汉工程进口泵站和节制闸、荆江大堤防洪闸、拾桥河枢纽、高石碑出口闸等工程运行情况。张野在现场认真听取各单位情况介绍，详细了解工程运行、防汛安全、尾工建设等情况，仔细检查工程运行调度与管理、安全监测仪器数据采集与分析、机电设备操作与保养维护等情况。

张野指出，各有关单位在丹江口大坝加高工程和汉江中下游治理工程建设和运行中，团结一心，积极作为，规范管理，扎实工作，保障了如期通水和工程安全运行。对下一步工作，他要求：一要确保调水安全。南水北调供水在北京、天津等沿线省（直辖市）用水量中所占比例越来越大，各单位要进一步提高认识，高度重视调水安全的重要性，科学合理调度，保证足量优质供水。二要加快尾工建设。要进一步统一思想，大力推进管理设施、调度运行系统等尾工建设，改善工作、生产条件，保障工程安全高效运行。三要加快转型。要从管理理念、思维方式、工作机制等各方面加快从建设管理向运行管理转型，进一步提高规范化运行管理水平。四要强化安全生产管理。当前正值南水北调工程防洪度汛最关键的时期，各单位要围绕运行调度安全，强化管理和日常监测，及时系统整理安全监测数据，加强会商分析，发现异常立即处理，消除隐患。五要加大工程效益发挥的宣传力度。积极主动营造良好的运行管理氛围。

国务院南水北调办投计司、建管司、监管中心、设管中心负责同志参加检查。

国务院南水北调办副主任张野调研河北省南水北调配套工程

2015年10月27～28日，国务院南水北调办副主任张野赴河北省邯郸市调研南水北调配套工程建设和运行情况。

张野一行先后到邯郸市复兴区下庄首部工程、磁县配套水厂、临漳县配套水厂、广平县魏广分水口、邱县配套工程打压试验段、永年县吴庄首部工程、邯郸市东部水厂等工程进行实地调研，认真听取工程建设、运行情况汇报，详细了解在建工程工期安排、建设进展、质量安全管理和已通水工程运行管理、水质、水量、水价等情况，勉励有关各方精心组织，严格管理，保证工程建设进度、质量安全和平稳运行。

张野指出，配套工程是南水北调工程的重要组成部分。河北省各级地方政府为配套工程建设创造了良好的施工环境，工程建设取得明显进展。目前河北省配套工程建设正处于攻坚时刻，各参建单位要强化质量安全管理，加强调度，尽快完成相关扫尾工作和工程调试，尽早投入运行，让更多的河北人民用上优质的南水北调水。已通水工程运行管理单位要进一步规范运行管理，完善管理设施设备，保障工程安全、水质安全。地方南水北调办、工程运行管理单位要协调配合做好下年度水量调度计划编制和执行工作，想方设法进一步提高用水量，发挥好南水北调工程综合效益。

国务院南水北调办投计司、建管司、监管中心、设管中心负责同志参加调研。

国务院南水北调办副主任张野调研东线苏鲁省际工程运行情况

2015 年 11 月 18～19 日，国务院南水北调办副主任张野赴江苏、山东调研东线苏鲁省际工程运行情况。

张野一行先后实地调研了大沙河闸、杨官屯河闸、姚楼河闸、二级坝泵站、潘庄引河闸等工程，并在徐州召开了座谈会。在现场，张野详细询问工程运行、管理情况，实地查看工程维护保养情况，强调要确保工程运行安全。在座谈会上，张野分别听取了淮河水利委员会治淮工程建设管理局和东线总公司有关工程验收、决算、移交和运行管理等情况的汇报。

张野指出，在有关单位的共同努力下，工程建设、运行管理总体情况较好。针对下一步工作，张野强调，一是要高度重视安全工作，各有关单位要进一步完善安全管理机制，采取有效措施，确保工程安全；要加大安全投入，建设必要的安全设施、助航设施，满足工程运行安全的需要；要加强工程维修养护，保证工程状况良好，确保不留安全隐患。二是要加强与地方有关部门的联系，积极配合做好航运管理工作，严格限制超限超宽超载船只通行。三是要积极主动，规范有序，扎实推进工程验收工作。四是要加快省际公司建设，加强人才队伍、制度建设，严格按规定、标准、建设程序尽快推进管理设施建设工作。

国务院南水北调办投计司、建管司，淮河水利委员会，山东省南水北调建管局有关负责同志参加调研。

国务院南水北调办副主任蒋旭光检查山东境内工程质量及运行管理情况

2015 年 1 月 7～9 日，国务院南水北调办副主任蒋旭光率检查组对山东境内南水北调工程质量及运行管理情况进行检查。其间，会见了山东省副省长赵润田，就有关工作交换了意见。

蒋旭光一行先后检查了二级坝泵站、长沟泵站、梁济运河、东湖水库、大屯水库等工程，听取了现场管理单位的情况汇报，重点检查了以往检查发现问题的整改情况和工程运行管理情况。

检查组认真检查了泵站管理用房、中控室、机组设备、厂房水泵层、进出口连接部位和水库大坝截渗沟、降压井、坝坡水土保持、库区绿化安保等有关情况，查看了值班巡查记录、安全监测记录，询问了管理制度建设、执行落实情况等，叮嘱现场管理人员一定要规范管理和操作，严格执行值班制度，加强巡查和安全生产管理，严格危化品存放管理和使用。

检查中，蒋旭光指出，东线一期工程自 2013 年 11 月正式通水以来，经过一年多的运行，山东段工程实现平稳调度和安全运行，工程质量形象和管理水平有了明显提升，圆满完成年度调水任务，并在2014年防汛抗旱中发挥重要作用，取得了良好的经济和社会效益。山东建管局认真落实专家委通水验收检查发现问题和国调办飞检发现问题的整改，相关问题已全部得到处理，为完善工程功能形象、确保运行安全提供了有力保障。

蒋旭光强调，随着南水北调东、中线工程全面通水，社会对南水北调工程的关注度和期望值会更高，为确保效益充分发挥，工程运行管理将面临新的形势和挑战，工作任务依然艰巨，一定要高度重视运行期质量管理工作，认真总结经验教训，切实加强工程管理，提升管理水平。一要严格质量管理责任，健全质量管理体系，确保将运行管理任务和责任落实到岗、到人；二要严格值守，加强巡查，及时发现问题，及时消除隐患，盯紧缺陷整改，严格责任追究；三要切实抓好安全监测工作，确保数据真实，分析及时，为质量监管提供可靠依据；四要继续加强剩余尾工的质量监管，严控过程，重视细节，严把验收关，同时抓好工程功能完善和外观形象、安全生产等工作；五要统筹协调加快配套工程建设，使南水北调工程充分发挥应有效益。

国务院南水北调办建管司、监督司、监管中心负责同志参加检查。

国务院南水北调办副主任蒋旭光调研河南丹江口库区移民工作并看望慰问移民干部群众

2015年2月3～5日，国务院南水北调办副主任蒋旭光一行赴河南省调研南水北调工程丹江口库区移民工作，看望慰问移民干部、群众。

调研中实地察看了郑州市中牟县官渡镇北沟石井移民村、全店移民村、新郑市梨河镇新蛮子营村、许昌市襄城县王洛镇张庄移民村、新乡市辉县仓房村等生产发展项目，考察村基础设施和群众生活情况，了解移民村社会管理创新体系中“三会”（村民民主议事会、村民民主监事会和民事调解委员会）运行和“强村富民”推进情况。在各移民村的蔬菜大棚、养牛场、饲料加工厂、香菇种植基地等生产项目现场，蒋旭光一行详细了解企业经营情况、项目运作方式、移民技能培训、移民群众参与和收益情况等；在村卫生室，仔细询问医生配备、群众看病等情况，并专门叮嘱要进一步做好卫生消毒等；在幼儿园，特别关心移民幼儿的入园和受教育情况，了解移民与当地的融合。在交谈中，他向移民干部、群众表示感谢，并致以新春问候。

经过这几年的发展帮扶，河南省以项目带动壮大集体经济、以土地流转解放劳动力、以项目帮扶整合各类资金，通过竞赛活动、比学赶超等，在移民村形成了一大批运行良好、收益稳定、移民参与广泛的发展项目，移民群众收入大幅增长，移民群众生活满意度明显提升。实施的社会管理创新工作普及到各村，卓有成效，各方反映良好。调研中，蒋旭光一行对河南省在移民大规模搬迁后，积极谋划、实施的“创新社会治理”、“强村富民”等工作给予了充分肯定。

对下一步工作，蒋旭光要求：一是要牢记使命，要有移民情怀，用心用情做好移民帮扶发展相关工作，实现习近平总书记新年致辞提出的希望，让移民群众在新的家园生活幸福。二是要进一步加强移民村基层组织建设，进一步加强完善社会管理创新工作，不断提升其效能。要加强移民村支部建设，增强支部凝聚力，带领群众发展致富。三是进一步加大对移民帮扶，加强移民技能培训，通过生产发展交流，以点带面、以局部带整体，促进移民生产生活水平整体提升。四是加强移民安置点运行管理，重视安置点村容村貌，建设良好宜居环境。五是做好矛盾纠

纷排查化解工作，密切关注移民群众的新诉求和新期待，确保移民长期稳定。

调研期间，蒋旭光一行专程来到河南省移民办，看望全体干部职工，代表国务院南水北调办感谢大家这些年为南水北调工程建设做出的大量艰苦细致的工作，并致以新年的问候。

国务院南水北调办征地移民司、经济与财务司和河南省移民办负责同志参加调研。

国务院南水北调办副主任蒋旭光调研汉江中下游治理工程运行管理工作

2015 年 6 月 24 ~ 26 日，国务院南水北调办副主任蒋旭光调研汉江中下游治理工程运行监管工作。其间，会见了湖北省副省长任振鹤，就有关工作交换了意见。

蒋旭光现场查勘了汉江兴隆水利枢纽、引江济汉出水闸、西荆河节制闸、拾桥河枢纽、进口泵站和控制闸、进口船闸和沿线渠道等工程，仔细检查土建工程、设施设备、机电金结、仪器仪表、安全监测等运行监管情况，认真听取现场管理单位关于工程运行管理情况的汇报，详细询问工程效益发挥、运行调度、维修养护、防汛安全、水量水质、队伍建设和职工生产生活情况，研究加强和规范工程运行的措施。

在汉江兴隆水利枢纽，蒋旭光检查了大坝泄水闸、电站、船闸和场区建设管理等情况，要求加强汛期值班巡查、人员培训和设备养护，完善工程标志标识、场区绿化、经营管理和全面发挥工程综合效益等工作。

在引江济汉工程，蒋旭光检查了节制闸、泵站、船闸和沿线渠道工程，强调要加强质量缺陷整改，对大雨造成的地质灾害及时处置；加快渠顶道路、水保绿化、防护网等尾工建设进度；及时劝离沿渠钓鱼和游泳人员，确保工程安全运行。

蒋旭光指出，在湖北省各级党委、政府的大力支持下，湖北省南水北调管理局超前谋划，系统设计，统筹安排，积极推进组织机构、运行机制和制度建设，不断加强工程管理，为工程平稳运行提供了有力保障，工程效益日益显现，形象面貌不断改善，管理行为不断规范。为进一步规范工程运行监管工作，确保工程平稳安全运行，他要求：一是加强运行调度，充分发挥工程发电、航运、供水、生态、防汛抗旱等综合效益；二是规范设置工程标志标识和安全警示牌，做好工程设施设备的维修养护，加快质量问题整改，不断提升工程形象，扩大南水北调工程的社会影响力；三是加强精细化管理，划分工程责任区片，将运行管理责任落实到人，建立奖惩约束考核机制，不断推进工程运行管理的规范化、标准化和科学化；四是强化防汛抢险工作，各相关单位要认真对待，做好防汛预案和物料准备，安排好抢险队伍，确保万无一失。对湖北省反映工程运行管理和工程设施建设完善等问题，他叮嘱随行人员及时向有关部门反馈，提出处理意见和建议。

国务院南水北调办建管司、监督司、监管中心，湖北省南水北调管理局负责同志参加了调研。

国务院南水北调办副主任蒋旭光飞检中线部分工程通水运行及度汛情况

2015 年 8 月 4 ~5 日，国务院南水北调办副主任蒋旭光带队，对中线石家庄、邢台、邯郸、磁县、安阳、辉县等工程通水运行及度汛情况进行飞检。

蒋旭光先后对洨河倒虹吸、泜河渡槽、李阳河倒虹吸、洺河渡槽、青兰渡槽、滏阳河渡槽、漳河倒虹吸、安阳河倒虹吸、小蒲河倒虹吸等闸站运行管理及度汛情况进行了检查，同时查勘了五里屯沟排水倒虹吸防洪风险项目。

在各重点输水建筑物，蒋旭光首先了解了近期的雨情及巡查情况，检查了厂房机组、降压站，查看了各设备的运行维护状况，对部分设备进行了试运行，并对所属辖区的安全情况进行了检查。

蒋旭光强调，当前正值主汛期，各级运管单位一定要充分重视、高度警觉，做好各项防汛准备工作。防汛物资要准备充足、码放整齐，并且要运输通畅，关键时刻用得上。宁可备而不用，不能用而不备。降雨过程中，要加强信息沟通，加密巡视频次，特别是高填方、桥梁基础等重点部位一定要盯紧看牢。对雨淋冲沟、坍塌、面板顶托和积水等问题要尽快研究提出处理意见，及时修复，防止隐患恶化。

日常管理中，各运管单位也要进一步提升管理水平，规范工作流程，细化工作标准，在规范化、标准化上下功夫。对机电金结设备的维护要更精、更细、更用心，要细化各项操作规程，规范日常维护项目，对出现问题的设备，要及时上报，盯紧维护进展。对安全监测工作要切实抓到位，保证仪器完好，要及时观测、及时上报、认真分析监测数据，确保工程安全。同时，要尽快梳理工程建设阶段的遗留问题清单，组织研究提出解决方案，避免遗留问题常态化。各运管处之间也要相互学习，开阔眼界，取长补短，提高整体运行管理水平。

国务院南水北调办监督司、监管中心、稽察大队负责同志参加。

北京市委书记郭金龙、市长王安顺调研南水北调来水调入密云水库工程

2015 年 12 月 12 日，北京市委书记郭金龙到密云县调研，市委副书记、市长王安顺一同调研。

正值南水北调中线工程通水刚满一周年，郭金龙来到南水北调来水调入密云水库调蓄工程，查看工程、泵站主厂房的运行情况，指出江水进京后，密云水源保护任务更加艰巨，希望把“保水”作为第一位的职责任务，全力做好水库周边环境保护工作，为全市守住这一盆清水。在京津冀协同发展的大背景下，密云要在更大尺度和范围来认识生态涵养区的功能定位，加大生态文明建设力度，不断扩大生态容量和环境空间。特别是要从全市大局出发，无私奉献，切实做好“保水”这篇大文章。郭金龙强调，要深刻领会金山银山与绿水青山的辩证关系，按照高端、绿色、低碳、循环的要求，加快推动密云生产方式绿色化。

河北省省长张庆伟到隆尧县调研南水北调配套工程

2015 年 6 月 10 日，河北省省长张庆伟就南水北调配套工程建设等工作到隆尧县进行调研。

张庆伟来到隆尧县东方地表水厂。在实地查看项目进展、听取项目负责人的汇报后，张庆伟强调，南水北调是打基础、利长远、惠及子孙后代的重大民生工程，对缓解河北省水资源短缺状况、促进经济社会持续健康发展具有重要意义。目前南水北调中线河北段工程已经通水，配套水厂的建设进程关系着各地能否顺利用上长江水。要进一步强化大局意识、责任意识，加强调度，倒排工期，全力加快配套工程建设进度，确保水厂以上输水工程、地表水厂如期建成投运。在工程建设过程中，要注重发挥财政资金的杠杆作用，尝试引入社会资本，积极探索利用 PPP 模式推动配套工程建设。

河北省副省长沈小平参加调研。

天津市人大副主任李泉山到南水北调工程进行立法调研

2015年7月7日，天津市人大常委会副主任李泉山带领市人大法制委员会组成人员到南水北调中线工程天津干线外环河出口闸和市内配套工程曹庄泵站、西河原水枢纽泵站，就饮用水源保护工作进行立法调研。

李泉山一行详细察看了天津干线外环河出口闸、天津干线外环河水质自动检测站和市内配套工程曹庄泵站、西河原水枢纽泵站运行情况，全面了解了南水北调工程总体布局和建设进展情况，听取了天津市配套工程运行管理、水质保护工作情况汇报。李泉山指出，南水北调是党中央、国务院为解决我国北方地区缺水问题、优化我国水资源配置而决策实施的战略性水利基础设施，是一项重大民生工程。中线一期工程的通水，使天津市继引滦入津工程之后拥有了又一个质优、量足的战略性水源，对有效缓解天津市水资源短缺、单一、脆弱问题，改善水生态环境起到了极为重要的作用，为天津又好又快发展提供了更加可靠的水资源保障。管好南水北调工程、用好每一滴来之不易的引江水是我们义不容辞的责任，希望天津市水务局、南水北调办高度重视、依法加强南水北调工程管理和水质监测保护工作，确保工程安全运行，确保水质安全。

天津市水务局党委书记、市人大法制委员会委员马明基参加调研，市南水北调办负责同志陪同调研。

河南省副省长王铁调研许昌市南水北调配套工程

2015年3月26日，河南省副省长王铁调研许昌市南水北调配套工程，要求加快配套工程建设步伐，力争多用水，用好水，充分发挥南水北调工程效益。省水利厅、省南水北调办负责同志陪同调研。

在鄢陵县引黄调蓄工程雁栖湖调研现场，王铁听取许昌市配套工程建设情况汇报，省南水北调办常务副主任刘正才介绍新增南水北调鄢陵县供水配套工程基本情况和前期工作进展情况。王铁要求，全省配套工程建设要加快扫尾，上半年全部建成投用；鄢陵县新增供水配套工程项目切实可行，各单位、各部门要紧密配合，通力协作，切实加快前期工作步伐，力争尽早开工建设。

湖北省副省长任振鹤到湖北省南水北调办专题调研南水北调工作

2015年6月16日，湖北省副省长任振鹤到湖北省南水北调办专题调研南水北调工作。

任振鹤指出，南水北调工程功在当代、利在千秋，湖北省南水北调工作无论是建设进度、工程质量还是综合效益，所取得的成绩都令人振奋，体现了湖北省南水北调办勇于担当的大局意识和能打硬仗的过硬作风。

任振鹤强调，当前的南水北调工作要做到“三个牢记”：牢记职责使命，切实履职尽责。充分认识南水北调的重要意义，充分体现南水北调中的湖北担当。牢记“一库清水永续北送”。2014年12月12日，南水北调中线工程正式通水，但就我们的工作而言，只是万里长征的第一步，千万不能有丝毫松懈情绪，今后的水质只能越来越好，这就要求我们必须付出更艰辛、更持久的努力，既认真实施好库区综合治理“十二五”规划，又积极谋划好“十三五”规划。牢记汉江中下游的生态环境保护。中线调水后，丹江口水库下泄流量减少，对汉江中下游生态环境的影响不可低估，要坚持库区生态和汉江中下游生态“两手抓”，加强沟通与衔接，进一步加大鄂、豫、陕三省对汉江的联动保护和开发力度，努力争取国家更多的支持。

江苏省副省长徐鸣检查江苏南水北调工程年度向省外调水工作情况

2015 年 5 月 14 ~ 15 日，江苏省委常委、副省长徐鸣检查指导江苏南水北调工程年度向省外调水工作情况。

徐鸣一行先后深入一线检查了邳州站、皂河二站、皂河一站、泗阳站、淮安四站、淮安二站等工程运行管理情况，查看了京杭运河邳州段张楼断面、京杭运河宿迁段马陵翻水站断面以及部分输水河道水质情况，并与现场工作人员细致交流了工程运行管理、安全度汛、水质监测等情况。

徐鸣充分肯定了江苏南水北调工程年度调水运行以来的各项工作。徐鸣强调，南水北调工程是党中央、国务院为缓解北方地区水资源严重短缺问题决策兴建的重大民生工程，根据水利部下达的年度调水计划和国务院南水北调办的部署安排，实施 2015 年度向山东省调水是江苏南水北调工程发挥效益的重要体现。省委、省政府高度重视本次调水运行，各地各有关部门要将本次调水作为一项重要的政治任务，全力做好调水工程管理、水质管理等工作，确保各项工作万无一失，确保安全、顺畅完成调水任务。一是要加强工程运行管理。要围绕年度调水任务计划安排，按照统一调度、联合运行的原则，加强河湖水量调度管理，加强工程运行安全检查、监督，保证工程安全、稳定、有序运行，保证河道工程运行平稳、顺畅，确保按时按量完成水量调度任务。二是要加强沿线突发污染事件防范。各地和有关部门要采取有力有效的措施，切实加强沿线污染源巡查、管控，严密防范突发污染事件发生，特别要加强沿线工厂污染源管控，确保调水期间不发生水体污染源突发事件。三是要加强运输船舶监管。要严格对照《南水北调工程供用水管理条例》，切实加强运输船舶检查、巡查工作力度，强化京杭运河危化品运输船舶管理，确保危化品运输船舶不进入输水河段，确保各类运输船舶不发生倾翻、偷排、漏排事件。四是要加强污水处理厂尾水排放管理。要充分发挥沿线尾水导流工程的功能作用，切实加强接入尾水的监测管理，强化工程运行管理，确保各类尾水不进入输水干线，确保尾水导流工程“安全门”作用发挥。五是要加强水质监测管理。要按照要求加大水质监测频次、监测指标，加强水质监测数据的分析研究，发现水质波动要及时报告、及时分析、及时处置，确保一江清水北送。

山东省副省长赵润田到聊城检查南水北调配套工程建设情况

2015 年 10 月 13 日，山东省政府副省长赵润田到聊城检查南水北调配套工程建设情况，并主持召开座谈会。

赵润田一行查看了南水北调冠县配套工程冉海水库建设现场，认真听取了项目负责人的情况介绍，详细了解了建设过程中存在的困难和问题。在听取聊城市有关情况汇报后，赵润田指出，聊城南水北调配套工程建设时间紧、任务重、困难多，但是各级单位的决心很大，各项工作取得了积极进展。

赵润田要求，要进一步坚定完成任务的决心。一是要顾全大局、执行决策。南水北调是党中央、国务院决定实施的一项重大水利工程，是事关国计民生的基础性、战略性、公益性工程。对南水北调配套工程建设工作，中央和省委、省政府领导高度重视，多次作出重要批示、指示，对工程建设提出了明确

要求，各级必须不折不扣地认真完成建设任务。二是要重新认识，抢抓机遇。水是生命之源、生产之要、生态之基，要重新认识水的重要性。全球能连续计算水资源的153个国家中，中国排名第88位，属中度缺水国家，而山东人均322m^3，又属全国6个极度缺水省份之一，随着“四化同步”推进步伐加快，一旦遭遇极端天气，水资源供给矛盾将更加突出、形势更为严峻。

赵润田指出，聊城主要面临总量不足、水源单一、蓄水能力不强，以及地下水超采严重四个方面水问题。实施南水北调配套工程，通过平原水库的蓄水调配，可以保障聊城全年的水资源供应，为经济发展解除后顾之忧。特别是当前国家大力支持重大水利建设，在资金方面给予大力倾斜，这是重大机遇，一定要牢牢把握，下定决心、坚决干好。

赵润田强调，要千方百计克服困难。聊城南水北调配套工程是山东配套工程的重要组成部分，聊城配套工程建设任务完成情况关系到整个山东配套工程进展。各方要齐心合力，千方百计地克服当前突出的资金问题和土地问题，加大力度拓宽融资渠道、增加资金投入，强化工作措施、狠抓工作落实，全力加快工程建设进度。山东省政府将大力支持聊城配套工程建设，省直有关部门要按照国家和省里要求，积极落实、积极推动、积极兑现，及时沟通信息和政策，合力帮助聊城破解瓶颈，把配套工程建设推动好，促进聊城实现科学发展、跨越发展。

山东省水利厅厅长王艺华、发改委副主任赵东、南水北调局局长王安德、山东水务发展集团有限公司董事长王振钦以及聊城市委副书记、代市长宋军继等有关负责同志陪同检查。

CHINA SOUTH-TO-NORTH WATER DIVERSION PROJECT CONSTRUCTION YEARBOOK

文章与专访

ARTICLE AND INTERVIEW

南水北调成败在“三先三后”

——《财经国家周刊》专访国务院南水北调办主任鄂竟平

中国水资源分布极不平衡，黄淮海流域的人口、经济总量占到全国的35%，水资源量却仅占7.2%。南水北调工程全部竣工后，年调水量将达到448亿m^3，相当于黄河的水量。规划的东、中、西线干线总长度达4350km，和黑龙江差不多。南水北调工程主要解决我国北方地区的水资源短缺问题，当时规划区的人口4.38亿，相当于美国和日本的人口总和。

如今，长江水掉头向北，过江都、出陶岔、穿黄河，一路向北奔涌近三千里。如何评价目前工程建设取得的阶段性成果，北方地区水资源短缺的局面能否发生根本性改变，如何确保工程效益得以充分发挥，《财经国家周刊》记者专访了国务院南水北调工程建设委员会办公室主任鄂竟平。

工程建设之艰辛

财经国家周刊：南水北调中线一期工程已经正式通水，目前沿线京、津、冀、豫四省（市）都已成功接水，广大北京市民已经喝上来自1000多公里外丹江口水库的水。请你介绍一下目前的工作进展。

鄂竟平：总结起来，就是四个字：来之不易。

首先，整个工程规划论证长达半个世纪，50年漫长的前期研究，可以说汇聚了历届中央领导集体的智慧和关心，融汇了上万名科技工作者的探索和追求，决策过程漫长而曲折。

其次，工程投资和建设规模巨大，技术复杂。东、中线一期干线工程投资近3100亿元，加上各省配套工程投资，工程总投资将超过5000亿元。干线工程累计完成土石方量约16亿m^3，混凝土量约4200万m^3，如此巨大体量的水利工程，前所未有。不仅如此，工程还需要攻克一道道世界级的技术难关，如中线穿黄隧洞、丹江口大坝加高、大渡槽、膨胀土、东线泵站群等。最为较劲的是，为了保证工程如期通水，我们在最后3年多的时间里要完成差不多四分之三的工程量，施工强度大，质量还不能出问题，其困难和压力可想而知。

第三，征地移民艰辛。东、中线一期工程移民搬迁43.5万人，其中丹江口库区34.5万移民“四年任务，两年基本完成”，搬迁强度在世界水利移民史上前所未有。

第四，治污环保不易。按照规划水质目标，东线沿线水质要达到地表水Ⅲ类，中线要达到地表水Ⅱ类。建设之初，东线治污一度被认为是不可能完成的任务，中线水质保护形势也异常严峻。为此，国家在水源地和工程沿线投入数百亿元，建设了一大批水污染治理项目，沿线各地严把环境准入关，实行更严格的排放标准，坚决淘汰、限制高污染行业的发展，累计关停了2000多家治污不达标企业。

东、中线一期工程虽然通水了，这只是实现中国水资源“四横三纵、南北调配、东西互济”大格局的第一步。

财经国家周刊：南水北调工程如何确保社会、经济、生态效益的充分发挥？

鄂竟平：东、中线一期工程年调水规模183亿m^3，受益地区包括北京、天津、河北、河南、湖北、江苏、山东、安徽8个省（市），大约相当于给受水区增加了四分之一的水量，直接受益人口1.1亿人，间接受益人口超过2亿人。水是生命之源、生产之要、生态之基，受水区新的供水格局提供了新的发展机遇，也对管水用水提出新的更高的要求。

在习近平总书记“节水优先、空间均衡、

系统治理、两手发力”的治水新思路下，我们必须始终不渝地坚决贯彻落实好“先节水后调水，先治污后通水，先环保后用水”的“三先三后”原则，加强立法，依法管水，依法用水，依法护水，确保工程预期的社会、经济、生态效益得以充分发挥。

务求“三先三后”

财经国家周刊：请具体阐释一下“三先三后”。

鄂竟平：总体规划阶段，2000 年 9 月，时任总理朱镕基提出南水北调工程的规划和实施要建立在节水、治污和生态环境保护的基础上，务必做到“先节水后调水，先治污后通水，先环保后用水”。从此以后，“三先三后”即成为指导南水北调工程规划、建设和运行的基本准则。可以说，南水北调成败在“三先三后”。

首先，节水是南水北调的基础。南水北调工程是在我国北方地区当地水资源条件已无力维系经济社会可持续发展的条件下不得已而实施的，为了修建这样一个工程，国家耗资数千亿元，几十万人移民搬迁，可以说付出了高昂的代价。如果受水区不充分节水、挖掘本地水资源潜力，对水资源肆意挥霍浪费，需求无限增长，即便实施南水北调以后，当地水资源短缺的问题依然得不到有效解决，甚至陷入大调水、大浪费、缺水形势依然严峻、再调水、再浪费的恶性循环。

第二，治污是南水北调的前提。南水北调的供水目标主要是城市生活和工业用水。花了高昂的代价调水，如果水质得不到保证，甚至调来一渠污水，不仅不能发挥工程效益，甚至危害民众的生命健康，那么这个工程注定是失败的。

第三，改善生态环境是南水北调的根本目标。南水北调不只是向城市生活工业供水，更重要的是要通过水资源的增量盘活存量，有效遏制并改善黄淮海流域因水资源过度开发利用而造成生态环境日益恶化的严重局面。目前华北平原已累计超采地下水 1200 亿 m^3，每年超采 70 多亿立方米。华北平原沉降超过 200mm 的面积已达6.4 万 km^2。如果南水来了以后，华北平原地下水超采的现象依然得不到有效控制，水生态环境依然持续恶化，南水北调也不能说是成功的。

南水北调的成败在“三先三后”。只有落实好“节水、治污、环保”这“三先”，才有“调水、通水、用水”这“三后”的成功。

为了落实“三先三后”，在南水北调工程规划和实施过程中，国家有关部门和沿线地方政府做了大量卓有成效的工作。

在总体规划阶段，重点开展节水、治污、水资源配置和水价调整等专项规划。在工程建设阶段，各有关部门和沿线地方政府在节水、治污、环保方面积极配合，综合施策，为南水北调工程的实施奠定基础和保障。

在节水方面，近 10 多年来，有关部门制定了“三条红线”、总量控制、定额管理等一系列严格的制度和措施，沿线各地全面推进节水型社会建设。北京、天津等地的一些节水指标已经达到较先进的水平。例如，北京的万元 GDP 耗水量已由 2000 年的 151 吨减少到现在的 20 多吨，万元工业增加值用水量已减少到 10 多立方米，农业用水节水灌溉率、公共场所节水器具普及率、居民家庭节水器具普及率均达到 90% 以上。正是节水取得的积极成果，才确保了北京市近 10 多年来人口迅速增长的同时，全市用水总量从 2000 年的 40 亿 m^3 左右控制到现在的 35 亿 m^3 左右，避免了水资源需求的无序增长。

在治污方面，为了确保东线、中线水质达标，国家先后在东线沿线和中线水源区实施了《南水北调东线工程治污规划》、《丹江口库区及上游水污染防治和水土保持规划》及“十二五”规划，总投资达 300 多亿元。沿线地方政府自我加压，加强立法，提高排污标准，关闭治污不达标企业，提高环境准入门槛。通过多措并举，实现了东线水质从2012年起干线所有断面全部达标、中线水源水质长期稳定达标的目标。

在生态环境治理方面，有关部门和受水区地方政府针对华北平原地下水严重超采，地面沉降塌陷这一最大的水生态环境问题，做了大量工作。

如组织编制《南水北调东、中线受水区地下水压采总体方案》，受水区六省市相继出台加强地下水管理有关政策规定。北京、天津、河北、山东等省市分别制定控制地下水超采、加强地下水保护的意见，划定地下水限采和禁采范围。各地积极调整水源结构，加大替代水源和节水工程建设，合理调整水井布局和地下水开采层位，减小地下水开采规模。在调水区，我们也同样高度重视生态环境保护。除了在水源区加强生态治理外，为了有效解决调水对汉江中下游取水和生态环境的影响，同步实施了引江济汉、兴隆枢纽、闸站改造、航道整治四项治理工程，规划投资达100多亿元。

财经国家周刊：那么在工程投入运行以后，如何继续贯彻落实"三先三后"，哪些方面需要继续深入开展工作？

鄂竟平：虽然南水北调规划和建设阶段，已经在节水、治污、环保方面做了大量工作，并取得一定成效，但还远远不够。首先，节水还有相当大的潜力。受水区一些地方水资源管理和使用仍然较为粗放、节水措施和技术比较落后，水资源浪费现象仍随处可见。其次，治污工作还有待进一步深化。虽然通过有效治理，东、中线水质已经全线达标，但随着经济社会快速发展，又将会产生一些新的污染源，出现一些新情况和新问题，需要开展深度治污，同时还需要建立水质保护的长效机制，实现经济社会与水质保护协调发展。第三，生态环保还任重道远。目前，华北平原的地下水压采工作才刚刚开始，还需要有关部门和地方政府联合行动，确保地下水压采工作早日取得实质性成果。

共建通水新格局

财经国家周刊：南水北调通水以后，北方地区水资源短缺的问题是否就彻底解决了？

鄂竟平：也许很多人都会有这样的看法，认为南水北调三条线调水总规模448亿m^3，大约相当于给北方增加了一条黄河的水量，东、中线一期工程的调水量也差不多有1/3条黄河的水量，如此大量的水资源进来以后，北方地区的缺水问题就根本解决了，甚至可以高枕无忧了。这种看法是完全错误的。

我国黄淮海流域水资源极度匮乏，水资源量与经济、社会、人口的布局极不匹配，人类活动远远超过水资源和水环境的承载能力。为了维持过去几十年经济社会的快速发展和人口增长，这一地区超负荷使用地表水，大量超采地下水，造成了有河皆干、有水皆污、地面沉降等严重的水生态危机。黄淮海流域人均水资源量仅450m^3，海河流域人均不到300m^3，北京人均不到100m^3，比沙漠国家以色列还缺水，远远低于国际公认的人均1000m^3缺水警戒线。即使南水北调通水以后，受水区人均水资源量能够增加100多立方米，但距离贫水线依然还有相当大的差距。

根据总体规划阶段的水资源供需测算，要满足经济社会发展和人口增长的用水需求，在充分考虑节水、治污和挖潜的基础上，黄淮海流域2010年存在210亿~280亿m^3的水资源缺口，到2030年存在320亿~395亿m^3的水资源缺口。

南水北调工程不仅要补当前的缺口，还要满足未来的增量，更重要的是还要还历史的欠债。要通过南水北调水的置换，严格限制甚至禁止超采地下水，让地下水得以休养生息，要让城市长期挤占的农业和生态用水予以退还，改善并恢复日益恶化的生态环境。

财经国家周刊：那么在节水、治污、环保上需要开展哪些具体的工作？如何构建南

水北调通水新格局？

鄂竟平：首先，要进一步加强节水，建立水资源节约、高效利用的新格局。南水北调千里调水，来之不易，每一位用上南水北调水的人们都应该怀着一颗感恩之心，增强节水意识，节约利用好每一滴宝贵的水资源。政府有关部门要比南水到来之前更加深入地开展节水工作，要综合运用法规、行政、经济、技术、宣传等多种手段，全面推进节水型社会建设，加强各项节水制度和措施的落实，强化“三条红线”，严格总量控制和定额管理，积极推广节水技术、设备和设施，加强基础设施建设，改造供水管网，重点解决跑冒滴漏等问题，着力提高用水效率和效益。

其次，要深化治污措施，加强水质保护，建立经济社会发展与水质保护“双赢”的新格局。在东线，将加快实施纳入国家重点流域水污染防治规划中的东线治污补充项目；继续开展人工湿地等环南四湖生态隔离带建设，推进农业面源污染防控；继续深化航运污染治理；进一步加强分区监控，健全应急管理；进一步建立健全法规制度，创新管理模式，强化群众监督，探索建立东线水质保障的长效机制。在中线，一方面要继续加大水污染治理和生态建设力度。在中线水源区要积极加快“十二五”规划项目的实施；针对6条入库污染河流，积极推动“一河一策”治理方案，争取早日治理达标；制定并实施“十三五”规划。一方面还需要建立水质保护的长效机制，增强地方政府水质保护的内生动力，调动政府、企业和人民群众治污环保的积极性和主动性，如积极推进生态补偿政策的实施和完善；加快《丹江口库区及上游地区经济社会发展规划》的实施；积极推进受水区和水源区对口协作工作的开展。此外，水源区和沿线各省市人民政府要加强立法，将南水北调工程的水质保护工作纳入法制化轨道。

第三，要加强生态环境治理，建立水资源科学合理使用的新格局。南水北调东、中线一期工程通水以后，受水区要科学统筹外调水、当地地表水、地下水和再生水等水源的供水结构，保障南水北调水得到足量使用的条件下，严格落实地下水压采方案和措施，确保受水区每年减少超采近50亿 m^3 地下水，禁止新增开采深层承压水，北京市从根本上杜绝超采问题。同时，受水区还要统筹生活、工业、农业和生态等不同行业之间的水量配置关系，确保城市长期挤占的农业和生态用水得以有效退还，经过处理达标的新增废污水逐步用于城区外的农业和生态，充分发挥南水北调在生态文明建设中的重要作用。此外，在南方丰水期，还可通过科学调度，向北方的农业和生态应急补水。在调水区，要继续高度重视调水对生态环境的负面影响，加强监测，积极研究采取各种有效的政策、工程等措施予以解决，尽可能减小影响。

第四，人类活动要把水资源、水环境承载能力作为刚性约束，建立经济社会发展与水资源均衡匹配的新格局。政府在城市宏观规划、产业布局上要充分考虑水资源和水环境的承载能力。例如，北京市已提出以水定城、以水定地、以水定人、以水定产的基本原则，坚定不移推动首都人口和功能疏解，严格控制人口规模，加强产业结构调整，严格准入条件，重点吸引用人少、占地少、用水少的高端、高附加值产业项目落地。

（原载2015年4月6日《财经国家周刊》
作者：庞清辉）

工程建好了后期怎么管？

——新华社专访国务院南水北调办主任鄂竟平

经过12年艰苦奋斗，南水北调东、中线一期工程已经正式通水。工程顺利收官，后期怎么运行管理？怎样让来之不易的南来水发挥最大效益？南水北调是否还有后续建设规划？就这些社会关心的热点话题，1月14日，国务院南水北调工程建设委员会办公室主任鄂竟平接受了记者采访。

中线各省市已接收约9400万m^3水

2014年12月12日，中线工程陶岔渠首正式开闸放水，汉江水奔涌北上。截至2015年1月14日8时，北京、天津、河北、河南4省市已经累计接收南水约9400万m^3，其中河南接水约5500万m^3，北京市接水约2700万m^3。

鄂竟平介绍，中线通水以来，全线水位平稳，设备设施运行正常，工况良好，水质保持Ⅱ类以上。目前中线京石段工程已进入冰期运行，北易水节制闸至北拒马河节制闸已形成稳定冰盖，厚度2~7cm，长度约40km；古运河节制闸至北易水节制闸段有浮冰、岸冰，长度约187km。在冰期通水阶段，中线总干渠仍可平稳通水运行。

在东线，一期工程已经于2013年11月15日正式通水。通水以来，累计抽江水47.93亿m^3，调水到山东2.57亿m^3，工程运行平稳、工况良好，输水水质稳定，全部达到供水水质标准，输水河道航运平稳，交通、电力、水利等设施运转正常。

稳扎稳打保障运行安全

“南水北调工程说了50年，又干了12年，就工程建设而言，可以画上句号。但我们面临着一个新课题，就是要从建设转到管理上来。”鄂竟平深有感触地说。

2015年是南水北调工程全面进入运行管理的第一年。记者了解到，目前东线总公司已经正式组建，相关管理人员陆续到位。鄂竟平表示，将抓紧组建中线运行管理结构，会同有关部门研究提出中线工程运行管理机构组建方案，按程序报批。

国务院南水北调办还将加强对工程设施特别是高风险部位的监测、巡查、维修与养护。鄂竟平介绍，除人工巡查外，沿线电子监控系统正在建设中，今后将更多使用“电子眼”发现隐患。下一步，还将协调武警部队对关键建筑物进行守卫。

发挥南来水最大效益

由于长期以来超采地下水，目前华北地区沉降量超过200mm的面积已达6.4万km^2，天津最大沉降点的累计沉降量达3.2m，给人民群众生命财产安全造成严重威胁。随着南水北上，华北地区由于超采地下水导致的地下水位下降、地面沉降等生态环境问题可逐步得到遏制。不过，由于超采地下水费用低廉，成本低于南水北调水源，如何鼓励沿线地方政府用好、用足南来水成为关键。

鄂竟平表示，要督促各级地方政府落实好“三先三后”原则，即先节水后调水，先治污后通水，先环保后用水。协调沿线落实地下水压采计划，统筹配置南水北调水和当地水资源，以调入水源逐步置换出长期被严重超采的地下水，退还被挤占的农业和生态用水。

同时，还要协调沿线落实最严格的节水管理制度，实行年度用水总量控制，加强用水定额管理，推广节水技术、设备和设施，提高用水效率。

东线工程可能延长至北京

东线一期工程供水范围包括江苏、山东、安徽3省，根据此前规划，东线还将实施二、三期工程，供水范围将扩大到河北和天津。记者了解到，北京市面对严峻的水资源形势，根据近年来用水需求，建议东线二、三期工程将北京纳入供水范围，目前正在开展专项规划。

此外，南水北调西线工程也在进行前期工作。西线规划从长江上游调水入黄河，主要解决黄河上中游地区的缺水问题。目前还在做前期研究，没有进入基建审批程序。

东、中、西三条线总调水规模448亿m^3，占长江年径流量的4.6%，大约相当于一条黄河的水量。东、中、西三线工程建成以后，受水区控制面积将达145万km^2，约占全国的15%，有14个省（区、市）受益，惠及约4.5亿人。

（原载2015年1月15日新华社
作者：林晖、宋晓东）

“后调水时代”，“南水”如何解北“渴”？

——《光明日报》专访国务院南水北调办主任鄂竟平

2014年12月12日，南水北调中线一期工程全线通水，这意味着南水北调工作翻开了崭新的一页。在东、中线一期工程全面运行元年，今年的工程重点也将由建设管理进入运行管理。有人称南水北调工程已经进入“后调水时代”，那么在“后调水时代”，“南水”如何解渴北方大地？为此，记者采访了国务院南水北调办主任鄂竟平。

记者：中线一期工程通水至今已一个月有余，您能否简单介绍一下目前工程的运行情况？

鄂竟平：截至2015年1月14日早上8时，中线一期工程自陶岔渠首共进水1.44亿m^3，沿线各省共接水9400万m^3。目前，中线一期京石段工程已进入冰期运行，北易水节制闸至北拒马河节制闸已形成稳定冰盖，厚度2~7cm，长度约40km；古运河节制闸至北易水节制闸段有浮冰、岸冰，长度约187km。通水以来，全线水位平稳，设备设施运行正常，工况良好，水质保持Ⅱ类以上。东线一期工程通水以来，累计抽江水47.93亿m^3，调水到山东2.57亿m^3，圆满完成了年度调水任务、南四湖应急补水和江苏省应急抗旱工作。工程运行平稳、工况良好，输水水质稳定，全部达到供水水质标准。

记者：南水北调工程由建设管理转入运行管理，请您介绍一下接下来的运行管理工作如何推进？

鄂竟平：接下来工作的重中之重就是确保足量供水、水质达标。工程安全方面，要抓紧组建运行管理机构，建立较为系统完备的运行管理制度体系，加强对工程的监测、检查、巡查、维修、养护和对运行情况的监测评估，完善突发情况应急预案，提高自动化调度水平，依据水量调度计划，确保科学、有序调度。水质安全方面，一是加快实施中线不达标河流“一河一策”和东线治污补充方案；二是完善监测网络体系，加强水质监测与考核，加大监督和检查力度，及时掌握输水水质状况；三是强化沿线污染源、桥面污染物流入渠道的风险防控和水污染应急处置能力。

要特别强调的是工程在管理设施的建设上非常注意监控系统建设，中线一期工程沿线双岸500m左右、单岸1km左右均安设电子眼，重点区域挂有电子围栏，重点区域占整个区域的50%左右。一旦发生意外，会启动闸门调度系统，几分钟就可以计算出全部闸门调度控制的方案，所有闸门可自动按照指令进行开关操作，保证损失最小。此外，工程运行管理阶段还要落实水费收缴机制。

记者：您刚才提到水费收缴机制，水价问题也是受水区多数人比较关心的问题，能透露一下相关情况吗？

鄂竟平：国家发展和改革委日前发布了南水北调中线一期工程运行初期的供水价格政策，工程在运行初期供水价格实行成本水价，并按规定计征营业税及其附加。其中河南、河北两省暂实行运行还贷水价，以后分步到位。中线水源工程综合水价为0.13元/m^3（含税），干线工程河南省南阳段、河南省黄河南段、河南省黄河北段、河北省、天津市、北京市各口门综合水价分别为0.18、0.34、0.58、0.97、2.16、2.33元/m^3。通水3年后，根据工程实际运行情况对供水价格进行评估、校核。当然，这个价格并非实际对用户征收的水价，一些地区可能会将“南水”和原有的本地水混合后选择一个定价，因此用户缴纳水费情况要看各地具体如何调整，水费即使有所上涨但涨幅也不会过大，毕竟水质好了，处理水的成本会有所降低。

记者：虽然南水北调东、中线一期工程已经通水，但仍有人质疑工程的效益问题，那么效益方面的情况您能介绍一下吗？

鄂竟平：根据总体规划，东、中、西三条线总调水规模448亿m^3，占长江年径流量的4.6%，大约相当于一条黄河的水量，东、中线一期工程间接受益人口超过2亿人。具体来讲，南水北调工程的效益体现在以下四个方面：

第一，保障了沿线城市群的用水。东、中线一期工程实施以后，直接给沿线的253个县级以上城市供水，大大提高了这些城市的供水保证率。此外，工程取用水质优良的水，改善了沿线水质，还可以使北方700多万人结束长期饮用高氟水、苦咸水的历史。

第二，有效控制地下水超采。北方地区地下水位下降、地面沉降等生态环境问题可逐步得到遏制。据统计，目前南水北调供水区每年超采地下水76亿m^3，已累计超采1200亿m^3。南水北调工程实施以后，通过严格控制地下水开采，北方地区每年能够减少超采地下水50亿m^3左右，其中北京市可以从根本上杜绝超采问题。这是南水北调在生态文明建设中最突出的作用。此外，还促使沿线省份尤其中线水源区加快了水污染防治，新增了两条绿色生态景观，改善了沿线地区的人居环境。

第三，提高了我国的粮食生产能力。东、中线一期工程调水有16%向农业供水，涉及灌溉面积3000多万亩，提高了灌溉保证率，同时增加排涝面积260多万亩。中线工程还可在南方丰水、北方干旱时，向北方地区的农业应急供水。

第四，促进资源节约型社会建设。南水北调工程为了保障工程永续利用，将实行成本核算，合理确定水价，工程将实施两部制水价。通过水价的杠杆作用，势必增强受水区民众的节水意识，带动受水区高效节水行业的发展。南水北调来之不易，各地通过宣传，让受水区人民充分理解调水的艰辛，增强节约的自觉意识，会更有利于促进国家资源节约型社会建设。

（原载2015年1月15日《光明日报》

作者：陈晨）

节水是南水北调的长期任务

（国务院南水北调办副主任蒋旭光）

南水北调东线一期工程于2013年11月正式通水，中线一期工程于2014年12月正式通水。至此，南水北调东、中线一期工程全面实现通水目标，取得重大阶段性胜利。

根据总体规划，东、中、西三条线总调水规模448亿m^3，占长江年径流量的4.6%，约相当于一条黄河的水量。其中，已建的东、中线一期工程调水规模183亿m^3，受益地区包括北京、天津、河北、河南、湖北、江苏、山东、安徽8个省（市）。东、中、西三线工程建成后，受水区控制面积145万km^2，约占全国的15%，共14个省（市、自治区）受益，受益人口约4.5亿人。

具体来讲，南水北调工程的效益主要体现在以下几个方面——改善和保障供水安全的民生工程，促进经济社会发展的战略工程，改善生态环境的生态工程，提高粮食安全的基础工程，促进资源节约型社会建设的示范工程。东、中线一期工程实施以后，直接给沿线的253个县级以上城市供水，东线各受水城市的生活和工业供水保证率将从最低不足80%提高到97%以上；中线各受水城市的生活供水保证率将从最低不足75%提高到95%以上。

中央自始至终把节水作为南水北调工程实施的前提。早在2000年9月27日，国务院召开南水北调工程座谈会时就指出，南水北调工程规划和实施务必做到“先节水后调水，先治污后通水，先环保后用水”，简称“三先三后”原则。南水北调工程总体规划把节约用水、生态建设与环境保护放在更加突出的位置，突出节约用水。

南水北调给北方地区提供了水资源的增量，但水资源的增加不代表水资源的富足。我国水资源与经济、社会、人口的分布极不匹配，北方地区资源性缺水非常严重。黄淮海流域人均水资源量约450m^3，海河流域人均水资源量不足300m^3，北京人均水资源量仅100m^3，远低于国际公认的人均水资源量1000m^{3}的缺水警戒线。南水北调工程通水后，受水区人均水资源量可增加50～100m^3，但离贫水线依然还有很大的差距。南水北调水不仅要补今天的缺口，增未来的容量，还要还历史的欠债，要通过水资源的增量，逐步减少地下水超采，将城市长期挤占的农业和生态用水退还。所以，南水北调之水弥足珍贵，通水以后，更要加强节约用水。

同时，南水北调千里调水，来之不易。受水区应进一步强化节水意识，节约利用好每一滴宝贵的水资源。近十多年来，有关部门和沿线地方政府在节约用水上开展了卓有成效的工作，为南水北调工程的实施奠定了基础和保障。有关部门制定了“三条红线”、总量控制、定额管理等一系列严格的制度和措施，沿线各地全面推进节水型社会建设，取得了重大成效。北京、天津等地的一些节水指标已经达到较为先进的水平。即便如此，我们在水资源环境问题上面临的压力依然很大。南水北调通水后，要更加重视推进节水工作，强化“三条红线”，严格总量控制和定额管理，积极推广节水技术、设备和设施，加强基础设施建设，改造供水管网，重点解决跑冒滴漏等问题，着力提高用水效率和效益，同时进一步加强宣传力度，营造全民节水的良好氛围。

（此文是根据国务院南水北调办副主任蒋旭光在中宣部、国家发展和改革委举办的南水北调东中线工程沿线城市“人人节水行动”推进工作会上发言整理而成）

（原载2015年1月16日《光明日报》）

珍惜好南来之水

——《中国南水北调报》专访中国科学院院士、水问题专家刘昌明

连续几日的降雪，给京城披上了一层薄薄的白色冬装。2015年11月20日，北京城飘着雪花。在坐落于北四环的中国科学院地理科学与资源研究所内，记者专访了中国科学院院士、水文水资源研究专家刘昌明。

提起南水北调工程，刘昌明院士充满着感情。虽然已经年逾八十岁，几十年前工程总体规划与调研的情景仍历历在目。

作为最早参与南水北调工程规划与建设论证的参与者之一，刘昌明曾参加国家计委、水利部与中科院等部门关于“南水北调及其对自然环境影响”的研究项目，并开展了与联合国大学的合作研究。他最早从水文地理的角度，建议南水北调工程采用对自然环境影响评价的研究内容与方法，并提出了分区评价环境影响的分区方法。

“任何事物都要一分为二地看，应客观地看待南水北调工程，它是解决中国水资源供需矛盾和优化配置的战略工程。”对于南水北调工程的作用，刘昌明更多地是用理性的眼光来看待，以水资源的可持续利用支撑经济社会的可持续发展。

他指出，调水作为一种解决区域水资源问题的手段，利弊应该全面看待。我国专家和联合国专家在20世纪80年代出版了专著《远距离调水》，这本书中就强调了“一分为二”的问题。南水北调工程虽然有一些这样那样的生态与环境影响，但经过科学的对比分析，它作为一种解决区域水资源问题的手段，基于协调开发，是利大于弊的。尤其是在我国启动“十三五”规划的关键时期，南水北调东、中线一期工程通水将为国家经济社会发展提供水源保证。而且工程实施以后还有后评估，有些问题还可以再继续解决。

提到南水北调工程的水价问题，刘昌明认为，总的来说，南水北调现在的水价还是比较合适的。如果水价太低，用户就会不太珍惜，会引起不必要的浪费。适当地提高南水北调工程的水价，将有助于用户高效节约用水。

刘昌明说：“南水北调‘三先三后’原则中，节水优先是水资源合理利用的永恒前提。”大型调水工程应与大力推行节水相结合，调水应该在受水区节水、水资源高效利用的基础上进行，避免产生额外的浪费。所以调水和节水要互相配合，应该做到节水先行。

从环境保护的角度来看，节水后可以减少废水排放，从而也减少环境污染治理的代价。节水不但可以减排，还可以节能。节水的重要效果在于它有“一箭多雕”的作用。节水对水生态与水环境保护有长远的意义。用户过度用水，排放的污水过多，将不利于人类生存环境与人们的健康。在节水的实践中应区分农业灌溉与生活用水及工业用水的不同：前者要防治高耗水，后两者因属低耗水，要管控废水排放。这里说的是节水减排。

虽然节水可以带来很多社会效益和经济效益，但并不是每个人都有节水意识的。他举例说，在北京市一些城乡接合地带，租住户交水费不按照用水量计价，而是按人头每人每月10元，住户随意用水，浪费很严重。他认为应该以政府、企业和每一个社会成员的实际行动来践行节水。

目前，我国在节水上已经取得很大的进步，但重要的是要加快用水方式的转变，提高全民节水的意识。对于节水，不同用途应遵循不同的重点节水抓手：农业抓定额，工业抓排放，生活抓合理水价。另外，要广泛开展海绵城市的研究，其中核心的就是雨水管理，对下雨形成的洪水进行有效管理，既可以防灾，又可增加供水。

针对当前南水北调中线工程上游来水量问题，刘昌明说，水量的不确定性，缘于丹江口水库汉江上游的来水变化。根据2011年对汉江水源区水量情况的调查，1999～2009年水源区年均径流量较1954～1998年均值（中线工程论证采用的水文数据截至1998年）减少71.8亿m^3。根据规划，中线一期工程需调水95亿m^3。原先设计的95亿m^3调水量可能会出现一些紧张的情况。但刘昌明仍较为乐观。他认为，通过研究汉江近些年来的水量变化趋势，分析汉江上游水量减少的原因，同时结合丹江口水库的调度提出一些管理上的办法，包括管理机制，如中线汉江水源区补偿机制的绿水信贷等，将有利于问题的解决。此外，水利部门要优化南水北调来水和当地地表、地下水的联合调度，以及非常规水源利用，提高来水的利用效率，用好、管好南来之水。

2002年，国务院批准的南水北调工程总体规划包括西线调水。刘昌明认为，从水热条件理论分析，西线水源调出区地处海拔4000m以上的湿冷区，其生产力很低，如果将其水源引入海拔低的光热资源高的地区加以利用具有一定的合理性。需要结合经济社会发展的需求与工程技术条件认真研究，以发挥其未来供水的战略作用。

（原载2015年12月3日《中国南水北调报》
作者：宋滢）

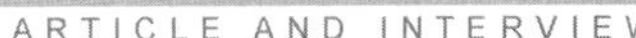

持续发挥南水北调工程效益

——《中国南水北调报》专访中国工程院院士、水资源专家王浩

在南水北调东线一期工程已建成通水两年，中线一期工程迎来了通水一周年之际，针对南水北调已建成工程如何持续发挥效益等相关问题，笔者采访了中国工程院院士、水资源专家王浩。

王浩院士介绍，由于长期干旱缺水，黄淮海平原虽然持续推进节约用水工作，但仍然不得不依靠过度开发利用地表水、大量超采地下水、不合理占用农业和生态用水以维持经济社会发展。黄河、淮河和海河三大流域的水资源开发利用率都已远远超过了国际社会公认40%的合理限度，水资源承载能力与经济社会发展、生态建设和环境保护之间的矛盾日趋尖锐，海河流域更是处于“有河皆干、有水皆污”和地下水严重超采的严峻局面。他表示，南水北调东中线工程通水后，可利用南方地区的水资源优势缓解北方地区水资源短缺瓶颈，有利于提高受水区资源、环境和生态承载能力，增加经济发展的后劲，也有利于遏制并逐步改善受水区的生态环境。

王浩院士说，自2013年11月南水北调东线工程通水以来，已累计向山东省供水约4亿 m^3，有效缓解了鲁南及胶东等地区的水资源供需矛盾。另外，为了应对2014年8月份南四湖的旱情，维系湖泊湿地生态系统，东线一期工程实施从长江向南四湖生态应急调水，历时20天，累计向南四湖调水0.8亿 m^3。2015年6月下旬，刘山站、解台站等泵站及时投入淮北地区抗旱运行，共抽水约0.7亿 m^3，有效缓解淮北地区日益严重的干旱形势。他认为，东线一期工程的调水效益已逐步显现，但调水量与设计多年平均调水量还有较大差距，要继续加快山东省受水区配套工程的建设和受水区地下水的压采，充分发挥东线工程的效益。

自2014年12月12日南水北调中线工程通水以来，截至目前，中线调水量已达23亿 m^3，河南省为9亿 m^3、河北省为1.5亿 m^3、天津市为3.9亿 m^3、北京市为8.6亿 m^3。王浩院士介绍，北京市实际受益人口已超1100万人，供水量占同期城区用水量70%左右；天津市实际受益人口约800万人，供水量约占同期城区用水量的80%以上。南水北调中线工程通水提高了北京、天津等地的供水保证率，改善了受水区的生态环境，地下水得到保护和恢复。根据北京市水务局885个地下水位监测点监测数据统计，2015年7月份北京市地下水位平均回升了15cm，是1999年以来地下水位首次回升，这与中线工程通水以来地下水开采量锐减密切相关。

自从2002年国务院批复《南水北调工程总体规划》以来，国务院南水北调办公室、水利部、环保部和沿线省市努力落实“三先三后”的原则，推进节水型社会建设，实施最严格的水资源管理，加强水生态文明建设，贯彻“节水优先、空间均衡、系统治理、两手发力”新时期治水战略，在节水、治污、环保、移民和工程建设上做了大量卓有成效的工作，取得了显著效果。但要全面持续发挥南水北调工程效益，还有很多方面需要进一步完善。

王浩院士表示，首先要强化水资源的统一调度。工程调度要服从流域水资源统一调度，要协调上下游、左右岸、水源区与受水区之间的利益和矛盾，制定合理的水资源调度方案。要贯彻最严格的水资源管理制度和“水十条”，加强受水区地下水压采工作，确保东中线工程北调水量供得出、水质有保障。

其次要强化中线水源管理机制。丹江口水库主要有水库大坝、清泉沟引水口和陶岔渠首三大引供水口门。目前，汉江集团管理水库大坝，清泉沟引水口由襄阳市引丹管理局管理，陶岔渠首由淮委建管局代管，各口门之间存在“争水、抢水”隐患，不利于水库的统一调度。建议成立丹江口水库统一管理机构来管理“三口”，加强水资源的统一调度。同时，还需要抓紧制定《汉江流域水量调度管理办法》、《丹江口库区管理办法》、《汉江流域水资源保护条例》等，为中线工程水量调度和水质持续稳定达标提供保障。

第三要加快推进水量水质监控预警系统的建设。建立智能化的信息平台，实现从流域气象、河（湖、库）水库流量、断面水质、工程运行和联合调度全过程的监控预警，实时监测评估水量、水质发展动态，有效降低突发水危机事件对社会、经济的冲击效应，为管理决策提供必要的支撑。

第四要加强基础性关键问题的研究。加强流域水文预测预报、水量水质联合调控、水权置换、应急预警评估指标体系等方面的基础性研究工作，揭示近年来汉江上游来水持续偏枯机理、系统影响与适应措施，研究丹江口水库汛限水位优化及动态控制、丹江口水库与受水区水库联合调度、引江补汉工程前期论证等工作，提高水资源综合利用效率和中线工程的供水保障程度。

最后要加快落实跨区域的生态补偿机制。汉江上游、特别是库区的百姓为南水北调中线工程的建设、为库区水质的保护做出了巨大牺牲。库区产业发展基础差，支柱产业尚未形成产业链，经济总量小，竞争力弱，经济社会发展水平整体偏低，要与全国其他地区同步实现小康，还面临着巨大的挑战。因此，要在水源区与受水区之间建立跨区域的生态补偿机制，这有助于提高水源区水资源保护的积极性和主动性，实现区域均衡发展。

（原载 2015 年 12 月 23 日《中国南水北调报》作者：阎智凯）

南水北调　全面运行

2015 年 1 月 14 日，2015 年南水北调工作会议在河南南阳召开。据介绍，南水北调中线自 2014 年 12 月 12 日通水一个多月以来，全线水位平稳，工程运行正常，截至会议当日，已累计向河南、河北、北京、天津输水 9400 万 m^3；南水北调东线从 2013 年 11 月正式通水以来，累计抽江水 47.93 亿 m^3，调水到山东 2.57 亿 m^3，圆满完成了调水任务。针对当时有关冰期调水、水质等社会热点问题，记者采访到相关负责人进行回应。

渠道结冰会否影响调水？

冰期输水技术成熟，严格调度可在稳定冰盖下正常输水

对于中线渠道冬天结冰、导致无法调水的担忧，国务院南水北调办主任鄂竟平解释，“国内冰期输水的例子很多，技术上成熟可靠。”南水北调中线冰期输水调度基本方法是：科学预测水的结冰期，通过控制水位、流速，让水面上形成一个稳定的冰盖，然后在冰盖下输水，确保冬季输水安全运行。

国务院南水北调办建管司司长李鹏程说，冰期运行有严格的调度控制，在输水期间，防止冰盖破坏；当气温回升时，确保冰盖就地消融，不产生流冰，避免产生冰塞、冰坝。另外，为防止浮冰阻塞水流通道，在渠道沿线倒虹吸、涵洞、渡槽等进口设置了拦冰索，把浮冰拦住。

“实践最有说服力。”鄂竟平说，南水北调中线的最北段、率先通水的京石段工程，每年冬季都会结冰，从 2008 年起，京石段连续四次向北京市应急供水，累计调水 16.1 亿 m^3，经受住冰期输水的检验。

据介绍，目前南水北调中线全线水位平稳，京石段工程已进入冰期运行，北易水节制闸至北拒马河节制闸已形成稳定冰盖，厚度 2～7cm，长度约 40km，到北京的输水流量达 13.4m^3/s。

水价怎么定？

利节水、可承受、保运行，沿线省市根据实际制定居民水价方案

南水北调中线口门水价政策日前已经公布。鄂竟平说，南水北调供水水价的制定，一要考虑有利于节约用水，二要考虑百姓和用水户可承受，三要保证工程的正常运行、满足还本付息等基本要求。

鄂竟平表示，口门水价并非最终入户价格，居民用水水价还包括配套工程费用、水资源费、污水处理费等，沿线各省市将根据实际情况制定最终水价方案。下一步要推动建立科学合理的水费收缴保障机制，为工程良性运行提供基础支撑。

水质好不好？

中线保持Ⅱ类，东线达到Ⅲ类；水质安全保障体系建立

最新评估结果显示，南水北调中线水质稳定保持Ⅱ类标准，干线输水水质安全保障体系基本建立。

鄂竟平介绍，为确保中线源头水质，国家将水源区43个县全部纳入水污染防治和水土保持规划，沿线各地淘汰“两高一低”企业1000多家。“可以说，丹江口水库的这一库清水，是放心可靠的饮用水源。”

国务院南水北调办总工程师沈凤生说，中线调水渠道是全线封闭的，外面的水根本进不了输水渠道。干渠两侧还划定了水源保护区，设置隔离带、架设防护网，防止人为污染。另外，调水沿线水质全天候监测。

在东线方面，国务院南水北调办环境保护司司长石春先说，到2012年底，规划确定的426个治污项目全部建成，针对不稳定达标断面实施的“十二五”规划，已完成近八成。目前输水干线排污口全部关闭，水质达到Ⅲ类标准。

南水怎么用？

节水优先，逐步替代超采地下水，让南来之水效益最大化

南水北调实施全线统一调度，水量调度以国务院批准的规划为基本依据。

在总供水量中，城市生活和工业用水占84%，农业用水占16%。其中，东线的工业和生活用水占62%，农业用水占36%，航运用水占2%；中线的工业和生活用水约占92.7%，农业用水占7.3%。

据介绍，南水北调实施以后，再严控地下水，北方地区每年能减少超采地下水50亿m^3左右。鄂竟平说，关键要落实“先节水后调水，先治污后通水，先环保后用水”，节水优先是受水区的用水前提，2014年出台的《南水北调工程供用水管理条例》要求受水区合理配置各种水资源，以调入水源逐步替代超采的地下水。下一步，将协调推动有关部门和地方落实地下水超采、实现最严格的节水制度，建立合理的水价机制，让南来之水效益最大化。

（原载2015年1月15日《人民日报》
作者：赵永平）

南水北调润京城

2015年12月27日，南水北调中线之水进京整整一周年。一年间，北京市累计收水8.74亿m^3，水质始终稳定在地表水环境质量Ⅱ类以上，受益人口达1100余万。

喝：占城区供水六成。

按照“调得进、用得上，确保安全”的要求，北京市制定了“喝、存、补”利用原则，最大限度利用“南水”，努力把好水用在“刀刃上”，做到优水优用。

截至2015年12月27日，北京各自来水厂利用“南水”5.82亿m^3，占城区自来水供水量的六成以上，供水范围不仅基本覆盖中心城区，还惠及大兴、门头沟等新城，中心城区供水安全系数由1.0提升至1.2。

与此同时，“南水”进京后居民饮水水质有了明显改善，特别是以南水北调来水为单一水源的水厂效果尤为突出，自来水硬度由以前的380mg/L降为120～130mg/L，居民普遍反映自来水硬度明显下降、水碱减少、口感变甜。

存：储备增 1.21 亿 m^3。

长期以来，北京最大地表水水源地——密云水库担负着北京城市生活和工农业生产用水的重要任务，被誉为首都“大水缸”。但由于上游地区降水偏少等原因，近年来水库蓄水不及库容总量的1/3。

“南水”进京后，北京主力水厂逐步使用“南水”置换密云水库的水，减少密云水库出库水量。数据显示，2015 年 1～11 月份，自来水厂利用本地地表水总量比去年同期减少 2.75 亿 m^3。

2015 年 7 月开始，南水北调来水调入密云水库调蓄工程开始发挥效益，已累计向大宁、十三陵、怀柔、密云等水库蓄水 1.21 亿 m^3，密云水库库存下降趋势得到有效遏制，水库蓄水量于 11 月突破 10 亿 m^3。目前，密云水库水质良好、水生态健康。

补：北京地下水位回升。

为弥补巨大的用水缺口，维持经济社会发展，多年来北京被迫严重超采地下水，付出了沉重的生态代价。

随着“南水”进京，北京地下水开采量逐步减少，全市已完成 105 个单位 157 眼自备井的置换工作，日置换水量 4.4 万 m^3，置换人口 48 万人。截至 2015 年 11 月底，全市地下水开采量比去年同期减少 0.95 亿 m^3，全市整体地下水位下降幅度减缓。

为涵养饮用水水源地，北京利用“南水”为潮白河水源地、怀柔应急水源地、海淀山前地区及稻田水库回补地下水，其中潮白河水源地回补范围达 $24km^2$，地下水位最小回升 5.42m，最大回升 13.71m，平均回升 7.5m。统计显示，“南水”累计向城市河湖及水源地补水 1.71 亿 m^3，水环境得到明显改善。

北京市南水北调办主任孙国升介绍，未来加快推进白洋淀与永定河连通工程，共同推动东线北延进京，提高北京外调水多源保障能力。

（原载 2015 年 12 月 28 日《人民日报》海外版 记者：贺勇）

水质如何，水价几多？

——透视南水北调中线通水一周年四个社会关注点

2015 年 12 月 12 日，历经 10 余年建设的南水北调中线一期工程正式通水一周年。

“清水北上”一年间，给沿线城市带来了哪些变化？水质究竟如何？水价如何变动？南水北调的预期效益实现了吗？

调了多少水？22 亿 m^3 南水北上 3800 万人受益

来自国务院南水北调办的数据显示，截至 2015 年 12 月 11 日，南水北调中线一期工程累计分水水量 22.2 亿 m^3，其中向北京市输水 8.4 亿 m^3，天津市 3.8 亿 m^3，河北省 1.3 亿 m^3，河南省 8.7 亿 m^3。

根据规划，南水北调中线项目年均调水量为 95 亿 m^3，通水第一年的调水量约为规划量的四分之一。记者了解到，这是由于受水区需水量增长是动态过程，各省市结合本地水资源实际情况确定了不同配套工程的建设进度，目前还有部分配套工程仍在建设中。

从工程的受益人口看，一年来共有约 3800 万人喝上长江水，人数最多的为河南省 1400 余万人，其次是北京市约 1100 万人，天津和河北也分别有 800 万人和 500 万人。

“目前，北京已有 1100 余万人喝上了南来之水，基本覆盖中心城区、丰台河西地区及大兴、门头沟等新城。”北京市南水北调办主任孙国升介绍，为了确保首都供水安全，北京市对“南水”与本地水源进行合理调配，逐步增加“南水”与本地水的配水比例，目前“南水”已占北京城区每日供水量的 4 成以上。

水质怎么样？保持Ⅱ类水，水垢“少了”

2015 年，国务院南水北调办会同国家发

展和改革委等部门对河南、湖北和陕西三省落实水污染防治情况进行了考核。考核结果表明，丹江口水库陶岔取水口、汉江干流水质达到Ⅱ类，主要入库支流水质符合水功能区要求。

南水北调中线建管局水质中心相关负责人表示，根据《南水北调中线一期工程水质监测方案》，他们每月对全线的29个固定监测断面的24个基本项目开展常规监测。“结果显示，正式通水以来，各断面监测结果均达到或优于地表水Ⅱ类水质标准，硫酸盐浓度远低于国家规定的浓度限值，水质稳定达标，满足供水要求。”

对于普通市民来说，对水质变化最大的感受可能是“水垢少了”。家住北京市丰台区郭公庄幸福小区的王艳香对记者说：“以前用地下水烧饭做面时，盆边总有一圈白色水垢，但通上南水北调水后，水垢基本看不到了。”

优良的原水水质，也降低了净水工艺处理中的物料消耗。在河南许昌，当地自来水生产原来取用北汝河水，每生产1000t自来水，需投加净水剂（聚合氯化铝）6000g左右，现在用南水北调水仅需加入2000g左右。

水价涨没涨？有的“按兵不动”，有的酝酿提价

在通水之初，社会各界对千里调水的成本特别是水价问题十分关注。记者在采访中了解到，由于主干渠刚通水一年，部分地区配套工程仍在建设中，用水情况不一，目前很多受水区的水价还未变化，但也有部分地区正在酝酿提价。

“我们水厂现在全部用的都是南水北调水，取水价格是每立方米1.74元，比原来用当地水的成本贵了些，但还能接受。”河南许昌周庄水厂厂长庞军伟介绍，目前，许昌当地居民水价暂未调整。

在北京，自2014年5月1日起执行阶梯水价，目前第一阶梯水价为5元/m^3，南水进京后尚未进一步调整。

在河南郑州，自2016年1月1日起将实施新水价方案，居民生活用水水价将从原来的2.4元/m^3上调为3.9元/m^3（第一阶梯水价）。

记者了解到，南水北调受水区用户终端水价是由受水区多水源的综合成本（含南水北调水价）、自来水厂加工和运营成本、污水处理费、水资源费等构成，南水北调水价仅是水源成本的一部分，直接影响程度较低。据测算，受水区按最终用水价支付的用水费用，占居民消费总支出比重不会超过2%，仍然在居民可承受能力范围之内。

社会效益怎么样？地下水位“止跌”，河湖水质改善

南水北调中线工程不仅是沿线人民的“大水缸”，也对遏制沿线地下水超采、促进生态环境恢复具有重要意义。

中线工程通水以来，北京向运行中的地下水水源地补充南水，重点回补了多年来超采严重的密云、怀柔、顺义水源地，遏制了地下水水位下降趋势。今年9月，北京水务局对外公布，16年来地下水水位首次出现回升。1~8月份北京市减少地下水开采7200万m^3，9月份开始应急水源地地下水日开采量压减26.5万m^3。同时，城区自备井置换工作正式启动，计划用5年时间完成6550眼自备井的置换。

在河南，为充分发挥南水北调工程供水效益，河南省在南水北调供水范围内，严格压采地下水，多用南水北调水。目前，新野二水厂等15座水厂水源已由开采地下水置换为南水北调水，邓州市等14座城市地下水水源得到涵养，地下水位得到不同程度提升。

天津市由于深层地下水多年超采，通水时日尚短，据目前观测，仍不足以引起地下水位的明显回升。但南水进津后，城市生产生活用水水源得到有效补给，替换出一部分

引滦外调水和本地自产水。一年来，累计向景观河道补水3.93亿m^3，创历年环境补水量之最，极大地改善了城市水环境。

（原载2015年12月12日《工人日报》
记者：林晖　魏梦佳　宋晓东）

通水一年看“南水”

22亿m^3长江水带来什么？

“水变甜了！”河北沧州市民孙建华感叹，喝上长江水，家里的净水机终于下岗了。

“水碱少了！”北京丰台区幸福小区居民王艳香，拿出自家烧水壶现身说法：“你看，这壶一个月没刷了，也没啥水垢。”

“水不愁了！”河南许昌市周庄水厂厂长庞军伟坦言，连年大旱，北汝河断流，水厂停了1年半，多亏南水北调救急。

……

不同地方的沿线百姓，都感受到南水北调带来的切身变化。中线工程通水一年，累计调长江水22.2亿m^3。汩汩清水北上，为京、津、冀、豫10余个大中城市解渴，受益人口达到3800万人。节水、爱水、护水，南水北调不仅调来水，更“调来”新的用水方式和理念。

水质安全：减污加绿不松劲，干线水质达到或优于Ⅱ类水，水质监测层层把关。

通水一年，水质咋样？百姓最关心。

“水质安全是调水底线，也是工程的生命线。治污没有完成时，保水质持续稳定达标，我们丝毫不敢松懈。”国务院南水北调办主任鄂竟平表示。

中线源头，清澈的丹江水碧波荡漾。库区淅川县余沟村，渔民徐金喜已“洗脚上岸”，“有机茶，金银花，软籽石榴把家发”，转型生态农业，让老徐有了新“钱景”。

守护源头水质，水源地河南南阳“减污加绿”，倒逼转型。全市关停企业800多家，取缔养鱼网箱4万多个，否决73个大中型项目。南阳市委书记穆为民说，“壮士断腕”换来发展空间，新能源、装备制造等一批新产业崛起。实践证明，在经济新常态下，绿色发展后劲更足，更可持续。

同心护清水，水源区豫、鄂、陕三省九市“一把尺子衡量”，共同行动。陕西将水质指标纳入县区考核，实行“一票否决”，商洛市建立严格环境评价制度，安康市投入11亿元实施水流域治理。湖北实行“河长制”，瞄准5条重点入库河流，前端截污治本、中端修复生态、末端治污达标，十堰市投入100多亿元，关停并转污染企业560多家。

不仅是源头，沿线各地“环保先行”。河南在总干渠两侧划定3000km^2的水源保护区，近两年有200多个项目被拒之门外。

调水沿线，水质层层把关。干线13个水质自动监测站，30个固定断面，对“南水”进行实时“体检”，全天候无死角。

到终端，同样严格。北京市南水北调水质中心王晓雨介绍，“南水”进京设置“三道防线”：第一道是北拒马河节制闸，用发光菌检测污染物；第二道是永定河进口闸，用一种对水体敏感的鱼监测水质；第三道是自来水厂，一旦发生突发事件快速反应。

“南水出厂还要经过8道工艺。”在北京城南的郭公庄水厂，北京市自来水集团新闻发言人梁丽介绍，除了常规工艺，还要采用格栅间、活性炭、紫外线消毒等国际先进的水处理技术，最后才进入千家万户。“确保万无一失，达到国家106项饮用水标准，市民可以放心饮用。”

渠首环境监测应急中心监测显示，一年来，丹江口水库水质指标中，95%达到Ⅰ类水，特定项目100%符合Ⅱ类水标准。

供水安全：从地下水到长江水，从单水源到多水源，供水更有保障。

南水来之不易，好水怎么用好？

北京缺水！每年36亿m^3用水量中，21亿m^3是地下水。也就是说，市民每喝3杯水，就有2杯来自地下水。“南水进京后，要‘喝’好，也要‘存’好、‘补’好，多用长江水，少用地下水。”北京市南水北调办主任孙国升介绍。

改变不合理供水结构。

“喝”，北京调来的8亿多立方米长江水，70%供给自来水厂，用于城市生活用水，惠及人口超过1000万人。“存”，7座主力水厂逐步用来水置换密云水库水，增加首都水资源战略储备，并向密云水库、十三陵水库等输水超1.2亿m^3，使密云水库蓄水量稳定在10亿m^3左右。“补”，进行地下水回补。

“北京由此告别单一水源的困境，人均水资源量从100m^3增加到150m^3，中心城区供水安全系数由1.0提升至1.2。”孙国升说。

干渴的天津，一半城市居民吃上“南水”。天津市南水北调办总工赵考生说，过去天津城市用水靠引滦，农业、生态靠天吃饭，地表水利用率接近70%，远远超出承载极限。通水一年，新增城市供水量3.9亿m^3，供水区域覆盖1200km^2。从单一引滦水变为双水源保障，南水北调成为天津又一条输水“生命线”。

在河南，一年累计调水8.37亿m^3，占中线总供水量的40%。缺水的许昌盼来清水，“一个周庄水厂，就能保障市区95%的供水，告别地下水，到用水高峰，群众再不用半夜接水了。”庞军伟说。

用水方式也在转变。

南水来了，用水不能“任性”。“先节水，后调水。不然，调多少水都不够用。”鄂竟平说。《南水北调工程供水管理条例》明确，节水优先是受水区的用水前提，在制度层面，一系列高效用水措施有序推进。

北京量水而行，最严格管水。一手节流，农业用水由过去每年20亿m^3，减少到7亿m^3，到2020年计划减到5亿m^3。一手开源，挖潜“第二水源”，全市再生水使用量突破8.6亿m^3，占到地表水的20.5%。

天津精打细算，把水细分为5种：地表水、地下水、外调水、再生水和淡化海水，11次调整水价，实现了差别定价、优水优用。节水倒逼结构调整，全市万元工业增加值取水量降到了7.57m^3，工业用水重复利用率达到92.14%。

节水正成为共识。全国劳模、天津港中煤华能公司孔祥瑞感叹：“我从小就生活在塘沽，喝的是地下水、苦咸水。如今，喝上甘甜的长江水，不能忘了节水，要珍惜每一滴水。”北京市丰台区育芳园小区纪培新，发明了“一瓢水”马桶，他说：“靠一根长长摇杆，冲一次只用1L水，一吨水能多冲800次，一年算下来，省的水可不是个小数目。”

生态安全：首都地下水水位16年首回升，应急补水变常态化补水，生态水量逐步增加。

南水北上，生态效益渐显。

补生态欠账。今年8月21日起，北京向城市河湖及潮白河水源地试验补水1.5亿m^3，增加水面面积550hm^2。家在潮白河旁边的刘丽萍感言：“眼看着河里有水了，环境变美了，简直不敢想！”

“有了地表水，才能严控地下水。”今年1～8月，北京市减少地下水开采7200万m^3。同时，城区自备井置换工作正式启动，计划5年时间完成6550眼自备井的置换。

北京市水务局公布，16年来地下水水位首次出现回升。北京市水务局水资源调度中心王俊文分析，水位出现回升，除了自然降水因素，一个主要“功臣”就是南水北调。

在天津，重新划定地下水禁采区和限采区，明确提出到2020年底，全市深层地下水年开采量控制在0.9亿m^3以内。一年多来，有80余户用水单位完成水源转换，吊销许可证73套，减少地下水许可开采量1010万m^3，回填机井110余眼。

赵考生介绍，变应急补水为常态化补水。一年来，天津累计向景观河道补水3.93亿

m^3，创历年环境补水量之最，有效补充农业和生态环境，改善了城市水环境。“随着长江水供水的常态化，地下水压采目标逐步实现，天津地下水位会出现明显回升状态。”赵考生说。

在河南，一渠清水，为缺水的许昌带来“水之活”“水之灵”，北汝河将主要用于生态和景观用水，一个“五湖四海畔三川”的美丽许昌呈现在眼前。为郑州市西流湖、淇河生态补水，2700 万 m^3 清水让濒临断流的淇河重新焕发生机，西流湖沿岸生态环境明显改善。

按照《京津冀协同发展水利专项规划》，京津冀将构建水资源统一调配管理平台，到2020 年地下水基本实现采补平衡。

“先环保，后用水”。南水北调不仅调来了水，更“调”来生态文明的理念。

（原载 2015 年 12 月 12 日《人民日报》记者：赵永平）

捌 综合管理

GENERAL MANAGEMENT

综　　述

总 体 进 展

概　　述

2015年是南水北调东、中线一期工程由建设管理期向运行管理期全面转型的第一年。一年来，在党中央、国务院的坚强领导下，在国务院南水北调工程建设委员会的直接指导下，在中央有关部门、沿线各省（市）的大力支持配合下，南水北调办认真贯彻党的十八大，十八届三中、四中、五中全会精神，深入落实习近平总书记、李克强总理、张高丽副总理、汪洋副总理等中央领导同志关于南水北调工作的重要指示批示及南阳座谈会议要求，把开展“三严三实”专题教育激发出来的严作风和实精神体现在工作中，着力规范运行管理，积极落实“三先三后”，切实抓好尾工建设，协调推进后续工程，通水运行开局良好，供水保障、生态保护、环境改善、抗旱减灾等方面的综合效益逐步显现，南水北调工作在一些重点领域、重要方面实现了新突破，呈现出稳中向好、难中有进的良好态势。

（何韵华）

工程运行管理

中线一期工程于2014年12月12日正式通水，全面通水运行一年来，经受了汛期运行、冰期输水等考验，工程运行安全平稳，机电设备运转正常，干线调度协调顺畅，累计为沿线京津冀豫四省（市）调水25.8亿m^3。东线一期工程自2013年11月通水以来连续两年圆满完成调水任务，江苏累计抽江水95.6亿m^3，向山东供水6亿m^3。东中两线的运行实践证明，南水北调工程质量安全可靠，运行管理平稳高效，有能力为沿线受水区提供安全、稳定、优质的供水保障。

2015年，通过建机制、定规矩、强监管、严追责，逐步规范东中两线运行管理，保障了工程的安全平稳运行。

（1）运行管理体制机制。通过函商、上门听取意见、座谈等方式全力协调推动中线运行管理机构组建方案尽早落实。协调有关部门先后三次向国务院报送了中线运行管理机构组建方案，国务院办公厅四次召集有关部门协商机构组建事宜，国家发展改革委等部门按照国务院办公厅意见研究落实。针对丹江口水库2015年来水少、蓄水不足的情况，多次函商水利部建立会商机制。组建了南水北调东线总公司，进一步研究理顺东线总公司运行管理机制，编制了南水北调东线工程运行管理模式方案并积极与各方沟通协商。

（2）运行管理规范制度体系。把建章立制作为运行管理开好头、起好步的首要任务，制定了年度规范运行管理工作方案，明确任务、责任单位和时限。出台了《东、中线一期工程运行安全监测技术要求》等六项技术标准和规定，使运行管理各项工作有章可循。制定了《中线干线工程运行管理与维修养护实施办法》等一系列制度和手册，使中线运行管理5238项工作内容细化到岗位；编制了14个综合及专项应急预案，并逐级开展培训宣贯；组织中线沿线省（市）编制了断水应

急预案，北京、天津、郑州等重点城市开展了应急演练。东线组织开展了泵站标准化试点工作，从规程制度等六个方面推进泵站运行管理标准化。

（3）运行管理队伍建设。立足现实，建立健全内部工作机制，抓好运行管理队伍建设。调整了中线建管局职能，各分局及全线45个现地管理处职责明确、人员基本到位，工程沿线配备了600余名专职巡查人员；建立丹江口水库水情日报制度，及时掌握水库蓄水和调度情况；建立了中线建管局、中线水源公司及沿线省（市）输水调度协调机制，每月协调有关省（市）上报月水量调度计划，制定月调度方案，并抓好落实。东线总公司总部人员已基本到位，管理规章制度逐步健全；直属分公司已完成工商注册登记，人员陆续到岗；山东、江苏子公司组建工作协商推动。

（4）运行监管及问责制。强化内部监管和问责追责，确保工程运行安全。印发了《南水北调工程运行管理问题责任追究办法》、《强化工程运行管理和突发事件处置责任追究有关事项的通知》以及重点建筑物、典型渠道工程监管要求，延续建设期“高压高压再高压，持续加压不放松”的监管做法，办领导31次带队开展飞检和运行检查，并向国务院专题报告；稽察大队组织了138组次运行飞检，监管中心开展了金结机电、供配电、安全监测和自动化四大系统的综合性稽察，组织对京石段、天津干线开展专业稽察10组次。对飞检和稽察发现的问题，及时约谈处罚责任单位和责任人。此外，还对东中线重要建筑物和典型渠段加强运行监管，确定26座重要建筑物、11段典型渠道为重点监管对象，明确重点监管部位、重点检查内容、组织分工和工作要求。

（5）《南水北调工程供用水管理条例》的宣传贯彻。利用报纸、网站等媒体扩大宣传影响，与国务院法制办协商落实条例规定的相关措施。北京、天津、河北、山东、河南等省（市）先后制定出台了南水北调工程管理、供用水、水量交易等方面的条例、管理办法和规定，为依法依规开展工程运行管理工作提供了强有力的保障。

（6）水价政策落实。积极协调执行水价政策，推动中线建管局与京、津、冀、豫四省（市）分别签订了2014～2015年度供水补充协议，共收到水费25.4亿元，其中北京19亿元、天津5.1亿元、河南1亿元、河北0.3亿元；与津、冀、豫三省（市）签订了2015～2016年度供用水合同，与北京也已基本达成一致。东线总公司与山东签订了2014～2015年度供用水合同及2016～2018年度的供用水合同，共计收到水费6.4亿元。水价政策的落实为工程良性运行提供了资金保障。

（何韵华）

“三先三后”落实

只有落实好“节水、治污、环保”这“三先”，才能推动工程全面持续发挥作用，实现用水效益的最大化。不断夯实治污基础，强化水质安全保障，积极推动地下水压采和节水工作稳步落实。

（1）治污基础。抓好《丹江口库区及上游水污染防治和水土保持“十二五”规划》的收官工作，督促水源区及沿线各省抓紧落实规划确定的项目任务，继续推进库区不达标河流“一河一策”综合治理。2015年会同有关部委对规划年度实施情况的考核结果表明，中线水源区水质持续向好，陶岔取水口、汉江干流水质达到Ⅱ类，主要入库支流水质符合水功能区水质目标要求。抓好东线深化治污补充项目的实施，会同环保等部门对项目年度实施情况进行了考核，结果表明，东线沿线各控制断面水质均能达到目标要求，通水期间水质保持在Ⅲ类。会同国务院研究室、国务院发展研究中心等部门开展相关研究，推动建立水源保护长效机制。支持京、津两市与水源区豫、鄂、陕三省开展对口协作，两市已安排财政资金15亿元，签订合作项目500多亿元，一大批绿色产业项目在水源区落地。会同沿线各省大力推进中线干线生态带建设，累计完成生态带建设374km。生态补偿机制逐步确立，中央财政自2015年起连续5年给予汉江中下游影响区每年6亿元的专项补助，东线南四湖区2015年获得6.7亿元财政专项用于湖泊保护。

（2）水质安全保障。完善水质监测体系，东中两线建成水质自动监测站17座。协调环境保护部及有关地方逐月调度分析水质状况及变化趋势并主动应对。开展水源保护区内污染源调查和风险分类，会同各地核查、处理中线沿线垃圾场、污水排放点。按照国务院副总理张高丽视察工程时提出的防范跨渠桥梁桥面污染风险的要求，组织对中线跨渠桥梁进行了全面评估排查，对发现的问题逐项研究处理方案，加强动态监管，基本消除了桥面污染隐患。湖北、河南、天津等省（市）划定了水源区和干线保护区范围，陕西制定了《陕西省南水北调水源地保护行动方案》，江苏严格航运监管，确保水源区和调水沿线水质安全。

（3）地下水压采和节水工作。从摸情况、建机制入手，协调促进地下水压采和节水工作。组织召开了受水区落实“三先三后”原则工作座谈会，编制了“三先三后”工作方案。各省（市）南水北调办牵头、相关部门配合的工作机制初步建立，及时向办公室报送了情况信息。组织科研单位开展节水和地下水压采评价指标体系研究，提出了评价指标和综合评价方法。受水区各省（市）大力推进地下水压采和节水工作，北京市通过向水源地补水、地下水压采等措施，地下水位16年来历史性首次回升。天津市2015年减少地下水开采许可0.1亿m^3，回填机井110余眼。河北省制定受水区关停自备井行动方案，受水区内新改建项目一律不得取用地下水。河南省直5部门制定了受水区地下水压采实施方案。山东省印发地下水超采区综合整治实施方案和区域综合水价改革指导意见，大力开展全民节水行动。

（何韵华）

征 地 移 民

2015年，紧紧围绕抓稳定、促发展的目标，扎实推进征地移民扫尾、移民后扶、临时用地复垦退还、协调用地手续办理等各项工作，移民生活水平逐步提高，生产条件不断改善，实现了“搬得出、稳得住”的阶段目标，正在迈向“能发展、可致富”的更高水平。

（1）矛盾纠纷排查化解和移民扫尾工作。根据国调办统一部署，各有关省积极行动，通过现场联合办公、专案办理等多种形式，排查问题，化解矛盾，促进稳定。排查出的449件问题绝大部分得到了有效解决，维护了移民群众的利益，维护了社会稳定。有关省认真开展移民扫尾工作，加快未完项目实施，启动县级移民安置自验，为省级初验和国家终验打好基础。

（2）移民后期扶持工作。为帮助移民发展致富，推动移民长久发展，豫、鄂两省组织编制了南水北调移民后续帮扶发展规划，规划初稿已基本完成。两省进一步出台并落实移民后扶政策，加大生产帮扶力度，湖北省创新推广“一站三民”移民村社会治理模式，河南省推进实施“强村富民”发展战略，帮助34.5万库区移民开展技能培训，加强创业扶持，发展移民经济，创新社会管理。移民村在自我管理、自我发展的路上迈出新步伐，移民收入持续增加，集体经济不断壮大，村容村貌文明有序，干部群众精神焕发，形成了安居乐业的良好局面。

（3）征地扫尾工作。在国土资源部门的大力支持下，积极推动冀、豫、鄂三省工程建设用地手续办理工作，有关方案已经国务院同

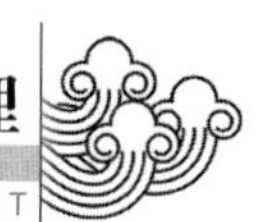

意，全面开展用地组卷报批工作，困扰工程多年的问题得到解决。与国家林业局协调解决林地手续办理问题，也已开始相关报批工作。

（何韵华）

尾 工 建 设

尾工建设对于完善工程功能、保障运行安全、提升工程形象十分重要。统筹兼顾，同步有序抓好尾工建设。

（1）工程扫尾。通过对剩余尾工进行全面梳理和研判，制定尾工建设督导工作方案，对于梳理提出的48项尾工做到“任务、责任人、完成时间”三明确，并全部纳入督办事项，48项尾工已完成47项。定期开展尾工建设进度督导和建设协调，对未按期完成节点目标的责任单位进行通报批评。中线1238座跨渠桥梁已全部交工验收，现已向沿线省（市）移交1232座，剩余6座也将于近期全部移交，河南、河北省市各级领导和省南水北调办对这项工作高度重视，移交过程中顾大局、讲协作，圆满完成了移交任务。全年安全生产无重大伤亡事故。加快临时用地复垦退还工作，现已完成4.98万亩（1亩 $=6.6667\times10^2\mathrm{m}^2$）耕地退还工作，剩余0.59万亩已制定具体措施。北京、天津、河南、河北、山东等省（市）采取建立台账、加强督导、分片包干、严格问责等有力措施，进一步加快配套工程建设进度，各地用水量有明显提升。

（2）工程建设资金“收口关闸”工作。加强动态投资监控，对中线工程的投资控制进行摸底，加快工程变更处理，严核工程量，严控索赔，严管概算外项目。设管中心对东中线一期工程投资控制情况进行分析，提出了有关分析报告。累计完成投资2847亿元。强化内部审计和监管，2015年共委托19家中介机构对全系统3306个单位和组织（乡镇、村）进行了内部审计，对发现的问题及时督促整改，资金使用总体安全高效。

（3）工程验收。组织编制南水北调设计单元工程完工验收导则，制订了东、中线一期工程设计单元工程完工验收计划，稳步推进各设计单元的水保、环保、档案、移民、完工决算等专项验收工作，为做好设计单元完工验收和工程总体验收打好基础。

（何韵华）

工 程 综 合 效 益

通过2015年的全力扎实推动，南水北调各项工作成效显著，工程综合效益开始逐步显现。

（1）供水保障。中线受水区30座城市的供水保证能力得到有效改善，3800多万居民喝上了南水北调水。北京市城区供水中南水北调水占比已超过70%，1100万市民喝上了南水北调水。天津市中心城区生活用水已全部使用南水北调水，超过800万人受益。河北省2015年降水偏少，工程通水使得沿线大中城市供水保障率明显提升。河南省南水北调供水范围涵盖了10个市，受益人口1400余万人。湖北省通过引江济汉工程向下游河道补水15.7亿 m^3，889万人受益。

（2）水质改善。北京市自来水集团的监测显示，使用南水北调水后自来水硬度由原来的380mg/L降至120～130mg/L。在媒体实地走访时，市民普遍表示自来水水质明显改善，水碱减少、口感变甜。河南省受水区城市不少家庭净水器具下岗，家里养殖对水质要求较高的观赏鱼时也不再使用桶装水，直接使用自来水。河北省沧州市供水逐步切换为南水北调水源，开始告别祖祖辈辈饮用苦咸水、高氟水的历史。

（3）生态效益。北京市利用南水北调水每天向城市河湖补水17万～26万 m^3，增加水面面积约 $550\mathrm{hm}^2$，城市河湖水质明显改善。天津市用南水北调水置换出的引滦水和本地水向河道实施补水，改善了城市环境，有效补充了农业和生态环境用水。河南省利用南水北调工程向郑州西流湖和鹤壁淇河进行生态补水；邓州等14座城市地下水水源得到涵养，地下水位得到不同程度回升。许昌市借助南水北调供水，打造全国水生态文明试点城市。河北省利用南水北调工程先后两次向滹沱河、七里河生态补水0.16亿m^3，使该区域缺水状况得到有效缓解，河道重现生机。山东省近期通过南水北调工程向南四湖、东平湖补水，极大地改善了“两湖”的生产、生活和生态环境。湖北省兴隆水利枢纽改善了区域生态环境，省内绝迹多年的中华秋沙鸭、黑鹳等国家一级保护动物先后出现在兴隆水域。

（4）防灾减灾。江苏境内刘山站、解台站、金湖站、淮安三站、淮安四站投入抗旱排涝运行，累计抽水5.8亿m^3，为缓解淮北地区旱情和宝应湖周边排涝发挥了积极作用。引江济汉工程在湖北省2015年抗旱中发挥显著作用，多次向沿线河湖补水，满足了204万亩农田灌溉用水及水产养殖需求。

（何韵华）

前 期 工 作

南水北调东、中线工程补充规划

2015年，依据水利部批复的南水北调东、中线工程补充规划任务书，南水北调规划设计管理局组织相关单位继续积极推动东、中线后续工程补充论证工作。5月，长江水利委员会会同海河水利委员会编制完成了中线工程补充规划（送审稿），于6月征求各有关省市意见，在此基础上进行了修改完善。

根据京津冀协同发展规划的框架要求，水利部组织有关单位编制了“东线工程补充规划向北京供水专项论证任务书”并予批复，将该项工作一并纳入东线二期工程规划。南水北调规划设计管理局组织开展东线工程补充规划工作检查指导。目前淮河水利委员会会同海河水利委员会已提出初步成果。

（王彤彤）

南水北调西线第一期工程若干重要专题补充研究

为进一步深化对南水北调西线工程有关问题的认识，根据水利部工作部署，黄河水利委员会结合西线一期工程项目建议书编制的实际和面临的新形势、新要求，在对已有成果梳理的基础上，开展西线第一期工程若干重要专题补充研究工作，重点对黄河上中游地区节水潜力、新形势下黄河流域水资源供需分析、调入水量配置方案细化、调水对长江流域水力发电影响，以及调水对调出区生态环境及水资源配置影响等六项专题进行研究，形成了初步成果。

（王彤彤）

南水北调东、中线一期工程水量调度

（1）制定南水北调东、中线一期工程年度水量调度计划。受水利部水资源司委托，南水北调规划设计管理局组织专家分别于2015年9月24日、10月24日对淮河水利委员会、长江水利委员会报送的东、中线一期工程2015～2016年度水量调度计划进行了审查。会后会同水资源司、淮河水利委员会、长江水利委员会，根据专家意见修改完善了年度水量调度计划，并于9月25日、10月25

日将审查意见和修改后的年度水量调度计划报部。水利部分别于9月30日、10月31日正式批复下达了东线一期工程、中线一期工程2015～2016年度水量调度计划。

（2）南水北调东线一期工程2015～2016年度水量调度计划方案调整。2015年11月山东省水利厅向水利部提出东线一期工程2015～2016年度增加向山东省供水2亿m^3的要求。受水利部水资源司委托，南水北调规划设计管理局对淮河水利委员会上报的东线一期工程2015～2016年度水量调度计划调整方案组织有关单位进行了协调，并于12月1日将对调整方案的意见报水利部。水利部于12月8日正式批复下达了东线一期工程2015～2016年度水量调度计划调整方案。

（3）年度水量调度计划执行情况调研及监督检查。水利部水资源司、南水北调规划设计管理局会同有关单位于2015年1月13～16日赴南水北调中线总干渠邯郸以北段现场调研冰期输水情况，于2月3～5日、2月9～10日分别与长江委设计院和武汉大学水电学院、中水北方公司进行座谈，讨论冰期输水问题。4月13～15日、5月6～9日分别赴现场对东、中线一期工程年度水量调度计划执行情况进行了监督检查。8月13日到南水北调东线总公司调研东线输水情况。

（牛万军）

环 境 保 护

2015年，南水北调工程沿线各级党委政府和环保部门认真贯彻落实中央要求，按照国务院南水北调工程建设委员会部署，不断加大治污力度，全面推进南水北调沿线水污染防治工作，确保“清水北送”。

（一）南水北调工程水质现状

（1）东线水质状况。2015年，南水北调东线长江取水口夹江三江营断面为Ⅱ类水质。输水干线京杭运河里运河段、宝应运河段、宿迁运河段、鲁南运河段、韩庄运河段和梁济运河段水质均为Ⅲ类水质。

洪泽湖湖体6个点位均为Ⅳ类水质，营养状态为轻度富营养；骆马湖湖体2个点位、南四湖湖体5个点位和东平湖湖体2个点位均为Ⅲ类水质，营养状态均为中营养。

（2）中线水质状况。2015年，南水北调中线取水口陶岔断面为Ⅱ类水质。丹江口水库5个点位均为Ⅱ类水质，营养状态为中营养。入丹江口水库的9条支流18个断面中，汉江有2个断面为Ⅰ类水质，其余5个断面均为Ⅱ类水质；天河、金钱河、浪河、堵河、老灌河、淇河、官山河和丹江的11个断面均为Ⅱ类水质。

（二）南水北调工程水环境保护工作进展

（1）积极推进规划落实。南水北调办、环境保护部和有关部门加强对南水北调治污工程的现场监督检查，督促地方政府加快项目建设进度，积极推动南水北调工程沿线治污规划的实施，并确保已建成项目正常运行，切实发挥环境效益。配合国务院南水北调办等部门对《丹江口库区及上游水污染防治和水土保持“十二五”规划》2014年度实施情况进行考核。

（2）加强沿线环境应急及风险防范。制定了南水北调中线工程水质安全工作计划，明确环境应急预案备案有关要求。对南水北调东、中线沿线环境应急管理人员进行“企业事业单位突发环境事件应急预案备案管理”培训，指导地方政府做好突发环境事件应急预案管理工作。联合国家安监总局、国务院南水北调办赴河南省南阳市等地开展尾矿库安全督查，保障南水北调中线工程水源地环境安全。

（3）推进沿线主要水污染物总量减排。指导督促沿线各地编制实施2015年度减排计划。沿线各地通过深挖潜力，计划安排污水处理项目400个，新增污水日处理能力近300万t，工业企业治理项目700个，农业源治理项目6000个，预计可形成化学需氧量、氨氮削减能力50万t和7万t。这些重点减排工程如期建成投运，将进一步减少沿线污染物排放总量。据初步调度，沿线各地上半年共新增城镇（含建制镇、工业园区）污水日处理能力约100万t。组织各督查中心做好减排项目日常督查工作，共检查涉水项目600多个，对发现治污设施运行、管理存在问题的及时反馈地方政府和企业，督促做好整改落实工作。

（4）加强良好湖泊生态环境保护工作。配合财政部安排南水北调东、中线相关地区水污染防治专项资金22.75亿元，其中17.75亿元用于支持南水北调东、中线工程沿线水质良好湖泊生态环境保护工作的开展，涉及湖泊（水库）包括陕西省瀛湖，湖北省丹江口水库，江苏省白马湖，山东省南四湖、马踏湖，河南省千鹤湖、南湾湖，河北省衡水湖、官厅水库以及天津市于桥水库等；5亿元用于支持陕西、湖北两省有关南水北调上游区域和汉江流域水环境保护及水污染防治工作。

（5）强化沿线生态环境保护工作。2015年，中央财政安排农村环保资金26.5亿元，支持南水北调东、中线工程沿线的江苏、山东、河南、湖北、陕西、河北六省开展农村环境综合整治，重点治理村庄中存在的生活污水、垃圾和畜禽养殖污染。指导各省按要求编制2015年农村环境综合整治实施方案，确保整治取得实效。中央重金属污染防治专项资金中落实2120万元，用于南水北调源头湖北省十堰市竹溪县耕地土壤污染治理与修复。指导南水北调东、中线工程沿线城市开展生态文明示范建设，其中，陕西省柞水县、丹凤县、岚皋县、南郑县正在开展生态县创建；湖北省十堰市、河南省南阳市已经编制市级生态文明建设规划。

（环境保护部）

投资计划管理

概　　述

2015年是南水北调东、中线一期工程由建设管理期向运行管理期全面转型的第一年。投资计划司认真贯彻党的十八大和十八届三中、四中、五中全会精神，深入落实中央领导同志关于南水北调工作的重要指示批示及南水北调工程建设工作会议精神，紧紧围绕办党组提出的“投资收口关闸”和“开拓后续工程”的工作部署，积极采取措施，完成了年度工作任务。2015年，投资计划司加强投资控制，严管概算外项目，将南水北调工程投资控制在国家批复投资规模内；加大协调力度，推进东线后续工程、西线工程和中线调蓄工程的前期工作，后续工程难中有进。

（王　熙）

投资计划管理

2015年投资计划管理工作按照“投资收口关闸”的总体要求，保障工程尾工建设有序推进，解决尾工建设和初期通水管理并行的特殊时期出现的新情况和新问题。同时采取一系列措施加强动态投资监管，加快工程变更处理，严核工程量，严控索赔，保证将投资控制在国家批复南水北调投资规模以内。

在加强动态投资监控方面，组织开展了中线干线工程投资控制摸底专项活动；定期跟踪了解项目法人投资变化情况，分析投资控制形势。在严管概算投资使用方面，组织对东中线90个设计单元工程开展工程量专项检查；监督抽查项目法人对变更索赔的投资控制情况。在严控可研和概算外项目方面，组织对设计遗留问题分类分析，严格区分建设期和运行期投资界限；按程序慎重处理征地移民新增投资等新情况、新问题。对投资计划调整核批、工程部分基本预备费使用方案审批、其他行业穿（跨）南水北调工程方案审批等事项由审批改为备案，切实落实项目法人投资控制的主体责任，调动项目法人控制投资的积极性和主动性。

（1）投资总体情况。截至2015年底，国务院南水北调办和水利部累计下达南水北调东、中线一期工程投资计划2617.8亿元。其中，中央预算内投资254.2亿元，中央预算内专项资金（国债）106.5亿元，南水北调工程基金196.5亿元，国家重大水利工程建设基金1584.8亿元，贷款475.9亿元。国务院南水北调办累计下达投资计划2611亿元，其中安排工程建设投资计划2439.6亿元，初步设计工作投资14.2亿元，文物保护工作投资10.9亿元，待运行期管理维护费10.3亿元，过渡性资金融资费用136亿元。水利部累计下达6.8亿元，全部为前期工作投资。

（2）年度投资计划安排。2015年，国务院南水北调办下达南水北调工程投资计划56.1亿元，全部为国家重大水利工程建设基金。其中，安排工程建设投资20.9亿元，东线工程建设投资2.9亿元，中线工程建设投资18亿元；安排待运行期管理维护费投资0.2亿元；安排过渡性资金融资费用35亿元。

（3）三年滚动投资计划。2015年，国家发展改革委要求各地区、各部门和各有关中央企业在加快推进当年政府投资项目建设进度的同时，及早谋划未来三年开工项目，建立政府投资项目储备库，制定三年滚动投资计划，全过程推动政府投资项目实施和投资计划落实。投资计划司按照国家发展改革委要求，组织指导各项目法人和直属单位对2016～2018年各年度投资需求进行了分析，编报了三年滚动投资建议计划，并结合工程实际情况，汇总审核后报送国家发展改革委。

项目储备情况包括：南水北调东、中线一期工程，南水北调中线应急保障措施项目，南水北调东线后续工程和西线工程，南水北调丹江口库区移民后续帮扶项目共四项。建议国家发展改革委2016～2018年三年安排南水北调东、中线一期工程投资计划80亿元，其中2016年20亿元、2017年30亿元、2018年30亿元。建议2016～2018年每年安排南水北调中线应急保障措施项目50亿元。

（王　熙）

工程投资完成情况

截至2015年底，南水北调工程建设项目（含丹江口库区移民安置工程）累计完成投资2579亿元，占在建设计单元工程总投资2619.6亿元的98%，其中东、中线一期工程分别累计完成投资323.9亿元和2136.4亿元，分别占东、中线在建设计单元工程总投资的97%和99%；过渡性资金融资费用117.8亿元，其他0.9亿元。累计完成投资中不含里下河水源补偿工程地方分摊投资和陶岔渠首枢纽工程电站投资。

2015年南水北调工程建设完成投资43.5亿元，其中东线一期工程完成投资6.3亿元，中线一期主体工程完成投资12.3亿元，丹江口库区移民安置工程完成投资1.5亿元，过渡性资金融资费用23.4亿元。

（王　熙）

前　期　工　作

2015年4月，组织审查批复了南水北调东中线一期工程信息管理系统（第一阶段）初步设计报告。

2015年组织处理20余项专题专项事宜。

韩庄运河段水资源控制工程魏家沟橡胶坝事宜、中线穿黄工程退水洞及导水渠区域治理专题设计、引江济汉渠顶道路泥结石路面硬化、引江济汉管理分局业务用房调整建设地点、陶岔渠首闸上游引渠围挡建设投资、河南段压覆矿产资源损失补偿、中线干线工程建设管理局渠首分局租赁办公楼事宜、天津干线廊坊市段五街村北取土坑边坡处理方案、南四湖水资源监测江苏境内工程实施方案、总干渠淅川段张村洼土料场回填专题方案、总干渠沿渠35kV供电系统无功补偿设计方案、天津干线通气孔管理道路设计变更、襄阳市引丹灌区架设临时泵站缺口资金、江苏专项工程血吸虫病北移扩散防护工程动用基本预备费、西黑山电站前期工作事宜、中线河南段工程安全度汛应急经费、总干渠焦作1段弃渣方案、引江济汉工程倒虹吸增设清污设备、丹江口大坝加高工程升船机改造断航造成地方航运企业损失、东线济南—引黄济青段明渠输水工程滨州博兴分水口调整、陶岔渠首枢纽工程电站投资事宜等。

（王　熙）

待运行期管理

批复中线水源工程待运行期管理维护方案。南水北调东、中线一期工程123个项目待运行期管理维护方案已全部批复完毕，包括东线53个项目和中线70个项目，共批复待运行期管理维护费10.3亿元。

（王　熙）

后续工程拓展工作

（一）东线后续工程

2015年投资计划司组织调研了北京、天津、河北、山东和江苏五省市水资源现状与规划，搜集东线后续工程规划工作有关成果；委托有关单位开展“南水北调东线后续工程对东线工程综合效益影响分析”课题研究；借助各种平台，积极向国家发展改革委反映国务院南水北调办关于开展东线二期前期工作的意见和建议。另外，水利部开展了《南水北调东线工程补充规划》编制工作，计划2015年底编制完成《南水北调东线工程补充规划总体方案》。

（二）西线工程

2015年投资计划司组织调研山西、内蒙古、陕西、甘肃、宁夏五省（自治区）西线前期工作进展情况，了解用水需求；结合国务院领导关于西线工程前期工作的有关批示，专赴黄委院调研，收集整编西线前期工作相关成果以及在推进过程中存在的有关问题，并委托黄委院开展了《黄河流域节水潜力及其对丝绸之路经济带支撑能力研究》课题项目。同时借助各种平台，积极向国家发展改革委反映南水北调办关于开展西线工程前期工作的意见和建议。

（三）中线调蓄工程

2015年投资计划司多次组织召开由京、津、冀、豫等省（市）南水北调办、勘测设计单位参加的中线调蓄工程研讨会，统一认识；以推动重点项目为中心，在对京、津、冀、豫四省（市）南水北调配套工程调蓄水库、主要水厂规划及建设情况调研基础上，着重对新增调蓄工程选点进行调研，推进前期工作；与国家发展改革委、水利部沟通协调中线调蓄工程规划有关事宜，利用有关平台向上级领导、决策部门反映国务院南水北调办关于调蓄工程的意见建议，积极争取由国务院南水北调办主导前期工作；指导、督促有关单位开展中线调蓄工程规划，组织部分省深入开展调蓄工程规划选址。

（李　益　王　熙）

技术审查

2015年，南水北调工程设计管理中心共

组织完成技术审查7项。

（1）南水北调中线水源工程丹江口大坝加高混凝土表面防护补充报告审查。南水北调工程设计管理中心协调水利部水利水电规划设计总院于2015年1月9日对《南水北调中线水源工程待运行期管理维护方案丹江口大坝加高混凝土表面防护工程补充报告》进行了审查。8月7日，以设管技〔2015〕29号文向国务院南水北调办报送了审查意见。

（2）南水北调东线一期江苏境内工程建设期贷款利息测算报告（2014年度）审查。南水北调工程设计管理中心协调中水北方勘测设计研究有限责任公司于2015年1月15~16日对《南水北调东线一期江苏境内工程建设期贷款利息测算报告（2014年度）》进行了审查。9月2日，以设管技〔2015〕32号文向国务院南水北调办报送了审查意见。

（3）南水北调东线一期山东境内工程建设期贷款利息测算报告（2014年度）审查。南水北调工程设计管理中心协调黄河勘测规划设计有限公司于2015年1月对《南水北调东线一期山东境内工程建设期贷款利息测算报告（2014年度）》进行了初审，并于9月对项目法人组织修改的报告进行了复审。12月30日，以设管技〔2015〕47号文向国务院南水北调办报送了审查意见。

（4）南水北调中线一期干线工程建设期贷款利息价差报告审查。南水北调工程设计管理中心协调黄河勘测规划设计有限公司于2015年10月16日对《南水北调中线一期干线工程建设期贷款利息价差报告》进行了审查。10月30日，以设管技〔2015〕37号文向国务院南水北调办报送了审查意见。

（5）南水北调中线一期工程丹江口库区鱼类增殖放流站设计变更报告审查。南水北调工程设计管理中心协调水利部水利水电规划设计总院于2015年10月14日对《南水北调中线一期工程丹江口库区鱼类增殖放流站设计变更报告》进行了审查。11月24日，以设管技〔2015〕40号文向国务院南水北调办报送了审查意见。

（6）南水北调中线水源工程建设期贷款利息测算报告（2014、2015年度）审查。南水北调工程设计管理中心于2015年7月组织对《南水北调中线水源工程建设期贷款利息测算报告（2014、2015年度）》进行了审查。8月5日，以设管技〔2015〕28号文向国务院南水北调办报送了审查意见。

（7）南水北调中线一期工程陶岔渠首闸上游引渠围挡建设投资审查。南水北调工程设计管理中心于2015年11月组织对南水北调中线一期工程陶岔渠首闸上游引渠围挡建设投资相关成果进行了审查。11月16日，以设管技〔2015〕38号文向国务院南水北调办报送了审查意见。

（关　炜　杨晓强）

变更索赔监督管理

2015年，南水北调工程设计管理中心共完成变更索赔监督管理工作4项。

（1）南水北调中线一期工程2014年下半年第2批合同变更索赔项目监督检查发现问题分析认定。南水北调工程设计管理中心分别组织黄河勘测规划设计有限公司、华北水利水电大学、中水北方勘测设计研究有限责任公司等单位于2015年3月10~15日对南水北调中线一期工程方城9标草墩河渡槽支座变更、镇平2标抗滑桩变更、方城6标新增抗滑桩变更、方城8标贾河渡槽槽台及槽墩桩基钻孔灌注桩变更和淅川6标渠道抗滑桩变更、桥梁引道换填石灰土变更、渠道坡面梁变更、改性土变更8个合同变更索赔项目监督检查中发现的问题进行了分析认定。5月25日，以设管技〔2015〕19号文向国务院南水北调办报送了分析认定报告。

（2）南水北调中线一期工程合同变更索赔核查发现的问题分析总结。南水北调工程设计管理中心组织华北水利水电大学于2015年3～7月对已核查的南水北调工程合同变更索赔项目进行了全面分析与总结，提出了《南水北调工程合同变更索赔核查发现的问题分析总结报告》。7月20日，以设管技〔2015〕24号文向国务院南水北调办报送了分析总结报告。

（3）南水北调中线一期工程“淅川1标膨胀土处理”等24个合同变更索赔项目整改落实情况复查。南水北调工程设计管理中心组织黄河勘测规划设计有限公司于2015年5月19～21日和26～27日分别对中线干线淅川1标膨胀土处理等23个合同变更索赔整改项目和湖北省兴隆泄水闸标防掏墙合同变更索赔整改项目进行了复查。7月17日，以设管技〔2015〕23号文向国务院南水北调办报送了复查报告。

（4）南水北调中线一期工程鲁山南1段工程合同变更索赔监督检查发现问题分析认定。南水北调工程设计管理中心组织黄河勘测规划设计有限公司于2015年7月24～29日对南水北调中线一期鲁山南1段工程合同变更索赔项目中发现的问题进行了分析认定，并对《鲁山南1段设计单元建安工程投资情况（概算对比）分析报告》进行了分析和复核。9月23日，以设管技〔2015〕35号文向国务院南水北调办报送了分析认定报告。

（关　炜　杨晓强）

南水北调中线调蓄工程规划研究

南水北调工程设计管理中心组织中线干线沿线各省（直辖市）南水北调办、设计单位和项目法人于2015年5月14日召开了南水北调中线增设调蓄工程研讨会，就中线增设调蓄工程的必要性及需求进行了研讨。之后，分别到河南、河北、北京、天津四省（直辖市）部分现有水库、拟新增调蓄工程选址区域及重点城市主要水厂等进行了现场调研，收集中线调蓄规划研究资料。9月21日，邀请国务院南水北调工程建设委员会专家委员会对中线调蓄规划研究工作大纲进行了咨询。12月8日，组织召开了中线调蓄工程规划研究初步成果研讨会，就中线调蓄规划研究初步成果征求了河南、河北、北京、天津四省（直辖市）有关单位意见。12月29日，以设管技〔2015〕46号文向国务院南水北调办报送了规划研究成果。

（杨元月　关　炜）

南水北调东中线一期工程设计回访

南水北调工程设计管理中心组织东、中线各项目法人及相关设计单位于2015年6～12月开展了南水北调东、中线一期工程设计回访工作。第一阶段（2015年6～8月），组织项目法人及勘测设计单位先期开展自我总结，并形成自我总结报告；第二阶段（9～10月），邀请国务院南水北调办、中线建管局、东线公司有关人员，以及参与南水北调一期工程设计的13家勘测设计单位委派的20余位专家共同组成回访组，通过考察东、中线一期工程现场，与项目法人、勘测设计、建设及运管等单位座谈，了解了工程设计及运行初期存在的有关问题及建议；第三阶段（11～12月），在项目法人及勘测设计单位梳理总结的基础上，结合现场回访了解的情况及回访专家意见，编制完成了《南水北调东线一期工程设计回访工作报告》和《南水北调中线一期工程设计回访工作报告》。12月29日，以设管技〔2015〕44号文向国务院南水北调办报送了回访工作报告。

（阎红梅　杨晓强）

制　度　建　设

为贯彻落实国务院工作部署，深入推进

南水北调工程投资计划管理审批制度改革，按照国务院南水北调办简政放权、放管结合、优化服务工作安排，印发了《关于调整南水北调工程投资计划管理审批事项的通知》（国调办投计〔2015〕130号），调整了投资计划调整核批、工程部分基本预备费使用方案审批、其他行业穿（跨）南水北调工程方案审批3项南水北调工程投资计划管理审批事项。在广泛征求项目法人意见后印发了《关于南水北调工程投资计划管理备案程序的通知》（综投计〔2015〕64号），进一步规范了南水北调工程投资计划管理备案程序，加强审批监督。

印发了《关于调整陶岔渠首枢纽工程相关投资计划执行单位的通知》（国调办投计〔2015〕162号），将原由设管中心负责执行的陶岔渠首枢纽工程部分前期工作投资计划调整为由淮委建设局负责执行，用于陶岔渠首枢纽工程建设。印发了《关于调整东线一期苏鲁省际工程管理设施专项工程和调度运行管理系统工程投资计划执行单位的通知》（国调办投计〔2015〕171号），将原由淮委沂沭泗管理局负责执行的苏鲁省际工程管理设施专项工程和调度运行管理系统工程投资计划调整为由东线公司负责执行。

（王　熙）

资金筹措与管理使用

概　述

2015年，南水北调东、中线一期工程进入建设扫尾与通水运行的新阶段，全系统经济财务部门积极践行“负责、务实、求精、创新”的南水北调核心价值理念，紧紧围绕服务扫尾工程建设和工程运行，南水北调经济财务工作取得了显著成效。东、中线水价政策落实工作进展顺利，为保障工程安全平稳运行提供了有力支撑；国家重大水利工程建设基金征收稳定增长，南水北调工程过渡性融资工作有序开展，南水北调工程基金征缴顺利，有力保障了工程建设资金需要；资金使用管理进一步规范，资金监管持续强化，规章制度更加健全，资金使用效率显著提高，资金安全得到切实保障；完工财务决算工作稳步推进；预决算管理和会计基础工作切实加强；财务人员业务培训力度不断加大，队伍素质进一步增强；经济问题研究工作成效显著。

（邓文峰）

水价政策落实

依据国务院2014年2月公布的《南水北调工程供用水管理条例》（以下简称《条例》）和国家发展改革委于2014年1月及12月先后公布的南水北调东、中线一期工程运行初期供水价格政策，水费收入专项用于工程运行维护和偿还贷款，是工程管理单位运行管理经费的最主要来源。严格执行国家制定的水价政策，及时、足额缴纳水费，对确保南水北调东、中线一期工程的安全平稳运行具有非常重要的意义。

2015年，落实水价政策工作得到中央领导同志的高度关注。4月，中央政治局常委、国务院副总理、国务院南水北调工程建设委员会主任张高丽在河南省南阳市召开的南水北调工程建设管理座谈会上专门强调，各受水区必须讲政治、顾大局，严格执行国家水价政策，及时、足额缴纳水费。为了贯彻落实中央领导同志指示精神，促进国家制定的水价政策和《条例》相关规定尽快落到实处，确保南水北调东、中线一期工程的安全平稳运行，国务院南水北调办就落实水价政策事宜加强了与受水区相关省市政府的协调沟通，协调督促相关省市政府授权的部门或单位（以下简称受水单位）尽快与工程管理单位商谈签订供水合同（补充协议），并按合同约定缴纳水费，取得了显著成效。

（一）中线水价政策落实情况

2014年10月，依据《条例》有关规定并经过谈判，中线建管局与北京、天津、河北、河南4省市受水单位签订了中线一期工程2014～2015年度供水合同。由于当时尚未明确水价政策，甲乙双方在合同中约定于国家发布水价政策后再就水费收缴事宜签订补充协议。2014年12月底国家发展改革委公布中线水价政策后，中线建管局即着手开展与受水单位商谈签订供水合同补充协议。

2015年3～4月，为了促进落实水价政策，督促相关省市尽早与中线建管局签订供水合同补充协议，国务院南水北调办有关负责同志带队组成调研组，分别赴天津、河北、河南、北京4省市开展水费缴纳（含水污染防治工作）专题调研，其间与相关省市分管南水北调工作的领导同志及相关部门负责同志，就水费缴纳等工作进行了座谈。

2015年5月，为确保工程安全平稳运行，促进国家制定的水价政策和《条例》相关规定落到实处，实现“及时、足额缴纳水费”的目标，国务院南水北调办就供水合同商谈签订和执行阶段的措施、供水合同应明确的相关内容、供水合同谈判时应把握的政策口径等问题进行了研究，制定了工程运行初期水费收缴工作方案。据此，国务院南水北调办相关司进一步加强了与各受水单位的协调沟通，督促其尽快与中线建管局商谈签订供水合同补充协议。

2015年5月，结合中线供水合同补充协议商谈签订进展情况，国务院南水北调办专门致函天津市和河北省人民政府，商请其尽快落实应缴水费资金来源，并督促受水单位与中线建管局签订供水合同补充协议。

2015年8月，国务院南水北调办主要负责同志专程赴河北省商谈南水北调供用水有关事宜，并就落实水价政策事宜与河北省主要负责同志进行了沟通。

国务院南水北调办主要负责同志及相关负责同志，还在开展其他工作的同时，或者采取电话沟通等方式，加强与受水区相关省市负责同志的协调沟通，督促落实水价政策。

2015年12月，针对河北省人民政府提出要求减免南水北调干线基本水费的意见，国家发展改革委根据国务院办公厅要求，经商财政部、水利部和南水北调办后函复河北省人民政府办公厅，明确两部制水价是南水北调工程综合效益得以发挥的重要保障，现行水价政策已尽可能考虑河北省实际困难，不宜减免南水北调干线基本水费。

截至2015年底，经过国务院有关部门、受水区4省市有关方面及中线建管局的共同努力，中线水价政策落实工作取得了显著成效。5月13日、6月14日、7月9日和11月23日，中线建管局先后与河南、北京、天津、河北4省市受水单位（分别是河南省南水北调办、北京市南水北调办、天津市水务局和河北省南水北调办）正式签订了中线一期工程2014～2015年度供水合同补充协议。截至2015年底，中线建管局累计收取中线工程2014～2015年水费25.42亿元。除北京市依据合同足额缴纳水费（包括基本水费和计量水费）外，天津、河北和河南3省市均存在不同程度的欠缴现象。

此外，2015年底前中线建管局还与天津、河北、河南三省市签订了2015～2016年度供水合同，与北京市的2015～2016年度供水合同也基本达成一致，已开始履行审批程序。

（二）东线水价政策落实情况

2015年3月，国务院南水北调办分别致函山东、江苏两省政府，商请明确东线工程供水合同签订单位，并缴纳 2013～2014 年度和 2014～2015 年度水费。

2015 年 4 月，国务院南水北调办有关负责同志带队组成调研组，分别赴江苏、山东两省开展水费缴纳（含水质保障工作）专题调研，其间与两省分管南水北调工作的领导同志及相关部门负责同志，就水费缴纳等工作进行了座谈。

2015 年 5 月初，山东省南水北调建管局向东线公司缴纳了 2014～2015 年度部分计量水费 0.71 亿元，这是南水北调工程受水单位缴纳的首笔水费，开创了缴纳水费的先河。

2015 年 5 月，国务院南水北调办研究制定了工程运行初期水费收缴工作方案。据此，国务院南水北调办相关司进一步加强了与苏鲁两省有关方面的协调沟通，督促两省尽快与东线公司商谈签订供水合同。

2015 年 9 月，结合东线公司与苏鲁两省有关方面开展的供水合同商谈进展情况，国务院南水北调办分别致函江苏、山东两省人民政府，商请其督促本省南水北调办事机构与东线公司商谈签订东线工程供水合同，并及时、足额缴纳水费。

截至 2015 年底，经过国务院有关部门、苏鲁两省有关方面及东线公司的共同努力，东线水价政策落实工作取得了重要进展。东线公司于 2016 年 1 月 5 日与山东省南水北调建管局签订了东线工程 2014～2017 年度供水合同。截至 2015 年底，东线公司累计收取山东省缴纳水费 6.42 亿元（均为计量水费）。

此外，截至 2015 年底，由于东线工程管理模式尚未明确，东线公司与江苏省受水单位的供水合同商谈工作仍在进行中，尚未签订，也未收缴水费。

（邓文峰）

资金筹措供应

资金筹措与供应是确保扫尾工程建设顺利进行的重要条件。各类工程建设资金来源的落实情况如下：

（一）南水北调工程基金政策落实情况

根据 2014 年经国务院同意并由财政部会同国家发展改革委、水利部和国务院南水北调办联合印发的《关于南水北调工程基金有关问题的通知》（财综〔2014〕68 号）中有关规定，已完成南水北调工程基金上缴任务的北京、天津、河南、江苏、山东 5 省市取消基金；河北省未完成的基金额度 46.1 亿元从 2014 年起分 5 年均衡上缴国库（每年 9.22 亿元），财政部将严格考核河北省分年度基金上缴情况，若不能按时完成将采取财政扣款措施，以维护财经纪律的严肃性。

2015 年，河北省全年上缴南水北调工程基金 0.08 亿元。同时，财政部严格执行财综〔2014〕68 号文有关规定，严格考核河北省 2014 年度南水北调工程基金上缴情况，并在中央与地方进行年度决算时，对河北省未按时完成的 2014 年度基金任务采取了财政扣款措施。

截至 2015 年底，北京、天津、河北、河南、江苏、山东 6 省市累计完成南水北调工程基金筹集任务 184.10 亿元，占基金总任务 220 亿元的 83.68%。其中：北京 54.30 亿元、天津 43.80 亿元、河北 20.19 亿元、河南 26.00 亿元、江苏 12.01 亿元（含该省直接投入工程建设资金 0.03 亿元）、山东 27.8 亿元（含该省直接投入工程建设资金 3.88 亿元）。

2015 年，财政部拨付南水北调工程基金 9 亿元，均用于中线干线工程建设。截至 2015 年底，财政部累计拨付南水北调工程基金 179.84 亿元（含拨付用于东线江苏、山东两省截污导流工程的基金 4.58 亿元），其中：东线江苏水源工程 11.97 亿元、东线山东干线工程 23.92 亿元、中线干线工程 143.95 亿元。

（二）国家重大水利工程建设基金政策落实情况

2015 年，北京、天津、河北、河南、山东、江苏、上海、浙江、安徽、江西、湖北、湖南、广东、重庆14个南水北调和三峡工程直接受益省份（以下简称14个省份）征收的国家重大水利工程建设基金（以下简称重大水利基金）上缴中央国库，其中按75%的分配比例安排用于南水北调工程建设的重大水利基金为201.20亿元（含增值税返还资金30.59亿元），同比增长约2.1%。截至2015年底，14个省份累计上缴中央国库，其中按75%的分配比例安排用于南水北调工程建设的重大水利基金为1074.03亿元（尚未扣除分摊用于三峡公益性资产运行维护费的基金规模）。

2015年，财政部拨付重大水利基金167.67亿元，其中：直接用于南水北调工程建设84.34亿元（包括东线江苏水源工程5.33亿元、东线山东干线工程11.26亿元、中线水源工程7.60亿元、中线干线工程57.80亿元、汉江中下游工程2亿元、工程安全风险评估及项目验收专项0.35亿元），用于偿付南水北调工程过渡性融资贷款利息、印花税及其他相关费用支出30.11亿元，用于偿还过渡性资金融资贷款本金50亿元，以及直接拨付河南省用于地方负责实施的中线干线防洪影响处理工程3.22亿元。

截至2015年底，财政部累计拨付重大水利基金975.33亿元，其中：直接用于南水北调工程建设795.46亿元，用于偿付南水北调工程过渡性融资贷款利息、印花税及其他相关费用支出124.52亿元，用于偿还过渡性资金融资贷款本金50亿元，直接拨付河北、河南两省用于地方负责实施的中线干线防洪影响处理工程5.35亿元。

（三）南水北调工程过渡性资金融资工作情况

2015年，国务院南水北调办继续稳步推进南水北调工程过渡性资金融资工作，加强与各金融机构的协调，根据工程建设用款需要，按已签订合同提用并拨付了过渡性资金18.17亿元，其中：东线总公司0.43亿元、中线水源公司0.24亿元、中线建管局17.5亿元，切实保障了南水北调工程建设用款需要。

截至2015年底，国务院南水北调办累计提用并向相关项目法人拨付过渡性资金620.07亿元，其中：江苏水源公司25.8亿元、山东干线公司45.15亿元、安徽省南水北调项目办2.8亿元、东线总公司1.23亿元（含2014年底前拨付淮委沂沭泗管理局的0.80亿元）、中线水源公司203.71亿元、中线建管局302.8亿元、湖北省南水北调管理局35.50亿元、淮委建设局3.08亿元。

2015年，依据重大水利基金支出预算和已签订的借款合同，国务院南水北调办协调相关金融机构偿还了过渡性资金借款本金50亿元。截至2015年底，国务院南水北调办尚未偿还的过渡性资金借款本金余额为570.07亿元。

（四）银团贷款实施情况

2015年，南水北调东、中线一期主体工程银团贷款继续在工程建设中发挥重要作用，保障了工程建设资金需求。全年各项目法人共提取银团贷款8.33亿元，均为中线建管局。

截至2015年底，各项目法人依据投资计划累计提取银团贷款475.93亿元，其中：江苏水源公司31.24亿元（不含截污导流工程贷款）、山东干线公司41.53亿元（不含截污导流工程贷款）、中线水源公司70.16亿元、中线建管局333亿元（含陶岔渠首贷款）。

（五）南水北调工程贷款继续得到中央财政贴息支持

财政贴息直接用于冲减工程建设成本，是降低工程建设成本的重要政策措施。2015年7月17日，财政部印发了《财政部关于追加国务院南水北调工程建设委员会办公室2015年基本建设贷款中央财政贴息资金预算的通知》（财农〔2015〕120号），2015年对南水北调工程建设贷款贴息255万元，其中：

南水北调中线－湍河渡槽工程20万元、沙河渡槽工程100万元、北汝河渠倒虹工程40万元，南水北调东线－山东段专项工程95万元。截至2015年底，南水北调工程累计获得中央财政贴息总额15 698万元，有效冲减了工程建设成本。

（邓文峰）

资金使用管理

（一）资金到位及使用情况

截至2015年底，根据工程建设进度及用款需要，南水北调东、中线一期主体工程累计到账资金24 312 381万元（含分摊水利部下达的东、中线一期工程前期工作经费；不含地方负责组织实施的东线一期江苏、山东两省截污导流工程，中线一期丹江口库区及上游水污染防治及水土保持项目、汉江中下游治理环境保护专项工程投资，国务院南水北调办负责实施的南水北调工程过渡性融资贷款利息、印花税及其他相关费用支出，以及各项目法人获得的中央财政贴息资金），其中：中央预算内资金（含国债专项）3 605 986万元、南水北调工程基金1 791 759万元、重大水利基金7 954 649万元、南水北调工程过渡性资金6 200 710万元、银团贷款4 759 277万元。各项目法人的累计到账资金情况分别为：江苏水源公司1 134 648万元、山东干线公司2 065 612万元、安徽省南水北调项目办37 493万元、东线公司12 325万元（含以前年度拨付淮委沂沭泗管理局的8000万元）、中线水源公司5 213 110万元、中线建管局14 680 357万元、湖北省南水北调管理局1 068 602万元、淮委建设局88 234万元（含陶岔渠首电站贷款）。南水北调工程设计管理中心累计到账初设审查工作投资8500万元、东、中线一期工程项目验收专项费用500万元、中线一期工程安全风险评估费3000万元。

截至2015年底，南水北调东、中线一期主体工程建设累计完成基建支出23 300 700.04万元，其中：东线一期江苏境内工程945 043.42万元、东线一期山东境内工程1 854 343.46万元、东线一期洪泽湖抬高蓄水位影响处理安徽境内工程32 832.09万元、东线一期苏鲁省际工程管理设施专项及调度运行管理系统工程7307.82万元（含东线公司开办费支出2209.13万元）、中线一期水源工程5 127 066.20万元、中线一期干线工程14 264 186.37万元、中线一期汉江中下游治理工程987 172.25万元、中线一期陶岔渠首枢纽工程82 748.44万元。

（二）年度决算和预算工作

1. 2014年度决算工作

根据财政部编制2014年度部门决算报表、固定资产投资决算报表、住房改革支出决算报表的要求，国务院南水北调办对2014年度预算执行情况进行了系统分析，提出了完善预算管理和资金管理的建议，在此基础上汇总编制了2014年度部门决算报表、中央行政事业单位住房改革支出决算报表和固定资产投资决算报表，并于2015年3～4月分别报送财政部。

根据财政部的要求，国务院南水北调办组织编制了2014年度国库集中支付年度结余资金申报核批表，于2015年3月报送财政部。

根据国管局的要求，国务院南水北调办组织办机关和直属事业单位对2014年12月31日前所占用的国有资产进行了全面清查，在此基础上填报了2014年度国有资产年度决算报表。

按照中央国家机关工会联合会的要求，国务院南水北调办组织编制并报送了办工会的2014年度预决算报表。

2. 2015年度预算工作

2015年4月，财政部正式下达了国务院南水北调办2015年部门预算。根据财政部下达的2015年部门预算，国务院南水北调办按照《预算法》的相关规定，将2015年预算分解下达到各单位，并要求各单位严格按照预算批复的范围和标准控制支出，同时要加快预算执行进度，落实财政部预算执行管理要求。

2015年7月，按照财政部全面推进部门预算改革的要求，国务院南水北调办组织开展2016年部门预算及三年滚动支出规划申报和审核工作。委托中介机构对机关各司、事业单位编制报送的100万以上的项目进行预算评审，对其他项目严格审核，形成南水北调办2016年的预算及2016~2018年三年支出规划，于8月初报送财政部。12月中旬，按照财政部下达的2016年部门预算“一下”控制数进行了细化，将基本支出预算细化到基层预算单位，项目支出预算细化到具体执行单位，在此基础上汇总编制了2016年中央部门预算（二上）并报财政部。

根据财政部关于项目预算绩效考评的要求，国务院南水北调办对2014年度纳入绩效考评试点的中国南水北调工程建设年鉴编印，南水北调东线工程血吸虫病监测研究，南水北调东线调蓄湖泊藻类调查及预防蓝藻暴发措施研究，专家委员会工作经费，南水北调东、中线一期工程通水（完工）验收组织与管理专项5个项目开展了绩效考评工作，并向财政部报送了绩效考评报告。经财政部审核后，国务院南水北调办按财政部要求将评价报告、审核意见反馈给了相应预算执行单位，并要求内部公开。

根据财政部关于部门预决算公开的要求，2015年4月国务院南水北调办对2015年部门预算进行了公开；2015年7月对2014年部门决算和“三公”经费预决算及行政经费支出统计数进行了公开。

国务院南水北调办预算经费总体上满足机关和事业单位工作经费需要，预决算工作得到了相关部门的肯定，获财政部2014~2015年中央部门预算管理工作先进单位二等奖、2014年决算考评工作三等奖；获中央国家机关工会联合会2014年度中央国家机关工会财务工作先进集体优秀奖。2015年2月，财务处被全国妇联授予“全国三八红旗集体”的荣誉称号。

（三）财会人员业务培训

2015年7月，为适应从建设管理向运行管理转型需要，国务院南水北调办在北京举办了南水北调系统企业财务会计培训班，全系统100多人参加了培训。

2015年12月，国务院南水北调办在北京举办了2015年度会计决算培训班，对决算报表编制以及软件操作进行了培训，各项目法人、项目建设管理单位、各省（直辖市）征地移民机构的60多名财会人员参加了培训。

此外，国务院南水北调办组织办机关及事业单位财会人员参加财政部、国管局、中央国家机关工会等有关方面组织的部门预算、部门决算、政府采购计划、国库集中支付、行政事业单位会计制度等业务培训。国务院南水北调办还组织了办机关、事业单位和中线建管局财会人员参加在京会计人员继续教育学习。

（四）资金管理制度建设

2015年11月26日，为进一步规范办机关经费支出管理，精简审批程序，删减重复审批环节，同时结合财政部《关于调整中央和国家机关差旅住宿费标准等有关问题的通知》（财行〔2015〕497号）有关规定，国务院南水北调办以综经财〔2015〕60号文对2015年初修订印发的《国务院南水北调办机关经费支出管理办法》（综经财〔2015〕3号）再次做了修订。

2015年12月4日，为进一步规范办机关经济合同管理，减少重复审批环节，国务院南水北调办以综经财〔2015〕62号文对2014年印发的《国务院南水北调办机关经济合同管理办法》（综经财〔2014〕10号）进行了修订。

（史晓立）

资 金 监 管

资金监管是保障资金使用安全的重要措施。随着东、中线工程相继通水，进入工程建设扫尾与通水运行的并存时期，南水北调系统逐步完善资金监管体系，充分发挥内部审计和外部审计相结合、年度审计和专项审计相结合、审计监督和稽察监督相结合的资金监管体系的作用，进一步加大了各层次的监管力度。

（一）开展内部审计工作

2015 年 3 月，国务院南水北调办从“南水北调工程项目内部审计中介机构备选库”中抽取并委托 18 家中介机构，对江苏水源公司、山东干线公司、中线水源公司、中线建管局、湖北省南水北调管理局、安徽省南水北调项目办、淮委建设局、淮委沂沭泗管理局 2014 年度工程建设资金使用和管理情况，以及天津、河北、河南、江苏、山东、湖北、安徽 7 个省（直辖市）征地移民机构和组织 2014 年度征地移民资金使用情况进行了全面审计。6 月，针对审计揭示的问题，国务院南水北调办陆续向有关项目法人和省级征地移民机构下达了整改意见书，督促抓紧审计整改。各项目法人和省级征地移民机构根据整改意见书的要求进行了整改，并向国务院南水北调办报告了整改情况。11 月中旬，国务院南水北调办组成 3 个考核小组对各单位审计整改情况进行了复核考核，审计揭示的问题已全部整改到位。

（二）经济责任审计

2015 年 4 月，根据《党政主要领导干部和国有企业领导人员经济责任审计规定》，国务院南水北调办委托 1 家中介机构对所属事业单位南水北调工程建设监管中心、南水北调工程设计管理中心两位原负责同志进行离任经济责任审计，对存在的问题下达整改意见，审计发现的问题已全部整改到位。

（史晓立）

完工项目财务决算

（一）完工项目财务决算编审工作

2015 年 9 月，为切实推进南水北调工程完工财务决算编报和核准工作，国务院南水北调办在江苏镇江组织召开了完工财务决算工作座谈会，分析制约完工财务决算编报进度的因素，研究提出解决措施，进一步理顺各方面的关系，明确项目法人和省级征地移民机构在完工财务决算编制中的职责，研究讨论“南水北调工程竣工完工财务决算编制规定”修改意见。

2015 年 11 月，国务院南水北调办委托中介机构对有关项目法人报送的南水北调东线一期穿黄工程、淮安二站工程和中线一期天津 1 段工程等 10 个设计单元工程完工财务决算开展了审计。截至 2015 年底，相关项目完工财务决算审计尚在进行中。

2015 年 12 月 12 日，为规范南水北调工程竣工、完工财务决算编制行为，加快推动完工财务决算编报及核准工作，国务院南水北调办在总结近年来完工财务决算工作经验和教训，并征求有关方面意见的基础上，修订印发了《南水北调工程竣工完工财务决算编制规定》（国调办经财〔2015〕167 号）。

截至 2015 年底，国务院南水北调办累计核准了 10 个设计单元工程的完工财务决算，分别是南水北调东线一期济平干渠、刘山泵站、解台泵站、淮阴三站、淮安四站、淮安四站输水河道、三阳河潼河、宝应站、江都站改造、万年闸泵站工程。此外，国务院南水北调办还核准了南水北调中线干线京石段应急供水工程征地拆迁项目完工财务决算。

（二）投资控制奖惩工作

2015 年，没有符合开展投资控制奖惩考核条件的工程项目。截至 2015 年底，国务院南水北调办累计核定了 10 个设计单元工程的投资节余和投资控制奖励额度，分别是南水北调东线一期济平干渠、淮阴三站、淮安四站、三阳河潼河、宝应站、刘山站、解台站、江都站改造、万年闸泵站、淮安四站。

（史晓立）

南水北调工程经济问题研究

2015年，为进一步促进南水北调扫尾工程顺利建设和工程良性运行，国务院有关部门开展了一系列南水北调工程经济相关问题研究，着力解决工程建设和运行管理中面临的实际问题，对指导南水北调系统经济财务工作发挥了重要作用。

（一）开展财政专项课题研究

（1）南水北调工程受水区地下水水资源费征收标准研究。为了充分发挥价格杠杆作用，形成压采地下水、保护地下水资源的长效机制，最终促进受水区多用南水北调水，国务院南水北调办于2015年3月委托国家发展改革委经济体制与管理研究所对南水北调工程受水区地下水水资源费征收标准进行了专项研究。该项目梳理分析了南水北调工程受水区水资源费征收现状和问题，对受水区地下水水资源费征收标准的适度区间进行了分析，从不同水源的可替代性、水资源的使用权、本地与外调水水资源的优化配置、用水户的承受能力4方面进行了分析与模拟测算，提出了确定征收标准的确定原则、基本思路及目标，并就完善调整地下水水资源费征收标准问题提出措施建议。该课题研究任务已经完成，并于11月份顺利通过了专家审查验收。

（2）南水北调中线工程受水区合理水价研究。尽管南水北调中线工程受水区经过多年的水价改革，水价水平也经过多次调整，但与受水区的水资源短缺形势相比，现状水价依然偏低，不利于水资源的合理配置与节约利用。为了保障中线工程的长期稳定运行，合理配置水资源和促进节水，探索受水区的合理水价改革思路，国务院南水北调办于2015年4月委托中国水利水电科学研究院水资源研究所对南水北调中线工程受水区合理水价进行了专项研究。该项目梳理分析了南水北调中线工程受水区水源特点，系统评价了受水区现状水价及演变历程，运用ELES模型和水费支出系数法对受水区用水户承受能力进行了定量分析，结合中线工程供水成本相关测算成果，研究提出了中线受水区合理水价调整方案及水价改革思路建议。该课题研究任务已经完成，并于11月份顺利通过了专家审查验收。

（二）研究落实基本建设项目结余财政资金收回同级财政有关问题

针对2015年8月财政部印发的《财政部关于基本建设项目结余财政资金收回同级财政的通知》（财建〔2015〕707号），国务院南水北调办结合南水北调工程特点，就如何落实该通知要求与财政部进行了沟通研究，提出了落实处理意见：一是工程整体竣工后再将最终核定的财政结余资金上缴中央财政统筹使用，二是继续实行现行的南水北调工程征地移民投资包干制度，三是工程整体竣工前继续实行现行的南水北调工程投资控制奖惩制度。11月，国务院南水北调办向各项目法人和事业单位转发了财建〔2015〕707号文。

（三）开展资金管理专题调研

2015年，为研究解决工程建设资金管理和运行管理过程中出现的新情况、新问题，国务院南水北调办组织开展了一系列专题调研。

2015年上半年，为加快推动完工财务决算编制工作，国务院南水北调办组织人员对各单位完工财务决算编制开展情况及存在问题进行调研，分析影响决算编制的因素，研究提出了推动完工财务决算编报的措施。

2015年12月，国务院南水北调办组织开展了南水北调工程建设和运行初期成本费用控制问题专题调研，总结以往控制成本费用支出的经验教训，分析当前存在的问题，研究提出了下一步成本费用控制的对策和建议。

此外，为了促进南水北调工程运行初期的安全平稳运行，国务院南水北调办还就发行企业债券、计量水价优惠、补贴运行经费缺口、生态用水价格等问题，与国家发展改革委、财政部相关司进行了研究，研究是否符合国家政策及其可行性。

（邓文峰）

建设与管理

概　述

2015年，按照南阳南水北调工程建设管理座谈会和南水北调工作会议精神，紧紧围绕年度工作目标，规范运行管理，保证平稳运行；落实安全责任，确保工程和运行安全；加强工程调度，确保足量供水；强化进度控制，推动工程扫尾；规范工作程序，明确验收计划；开展科研攻关，提供技术支撑。扎实做好工程建设和运行管理各项工作，实现了东、中线一期工程安全平稳运行和足量供水的目标。

（1）规范运行管理。开展工程运行管理调研，研究制定规范运行管理工作方案，建立工程运行管理制度体系，构建规范化运行管理框架，突出重点项目管理，全面开展运行管理规范化建设。组织开展南水北调工程运行管理工作总结与交流，开展《南水北调工程供用水管理条例》宣贯，为工程平稳运行奠定了坚实的基础。

（2）水量调度。强化年度水量调度，组织建立了东、中线工程运行日报和中线一期工程用水情况周报制度，及时分析研究新情况、新问题，加强调度协调，确保足量供水。组织中线工程与沿线省（直辖市）受水市县建立断水应急处置机制，协调北京、天津、郑州市开展了断水应急演练。

（3）工程验收。开展设计单元工程完工验收调研，调整充实了国务院南水北调办南水北调东、中线一期工程验收工作领导小组组成人员，印发南水北调设计单元工程完工验收导则和东、中线一期工程设计单元工程完工验收计划与工作方案，开展中线通水验收遗留问题整改情况检查。

（4）体制机制建设。完善中线一期工程运行管理机构组建方案，落实东线一期工程运行管理模式，明确地方办事机构建设期运行管理工作。

（5）安全生产管理。贯彻习近平总书记、李克强总理等中央领导同志关于安全生产工作系列重要指示批示，落实国务院安全委员会和国务院南水北调办党组关于安全生产工作的系列安排部署，按照“安全第一，预防为主，综合治理”的方针，围绕工程运行安全管理新特点、新要求，以责任管理为核心，编制完善安全管理制度规章、体制机制、规范标准、应急预案等，突出安全风险管理重点和隐患排查治理，加大监督检查力度，通过各方合作努力，南水北调工程全系统未出现重特大安全事故，保障了工程安全平稳运行。

（6）技术管理。以服务工程建设为出发点，统筹开展各项技术管理工作。组织完成了“十二五”国家科技支撑计划“南水北调中线工程膨胀土和高填方渠道建设关键技术研究与示范”项目验收工作。组织协调完成了国家科技支撑计划“南水北调中东线工程运行管理关键技术及应用”项目立项工作及组织开展了项目启动、研究工作。印发管理文件《关于加强国家科技支撑计划“南水北调中东线工程运行管理关键技术及应用”项目管理的通知》，加强项目研究管理，明确了研究有关单位责任，提出工作要求、考核措施，强化组织、违约、保密和责任管理，提高项目研究管理水平。

(7) 科技工作。通过国务院南水北调办、各课题承担单位及各项目法人的积极组织、精心准备、全面总结，“十二五”国家科技支撑计划“南水北调中线工程膨胀土和高填方渠道建设关键技术研究与示范”项目顺利通过了科技部组织的国家验收，全面完成了任务书规定的各项考核指标，取得了一批科研成果。为解决国内膨胀土和高填方渠道等同类问题提供了一定的技术储备和借鉴，同时全面提升了我国复杂条件下长距离引调水工程技术管理水平。积极组织协调完成了国家科技支撑计划“南水北调中东线工程运行管理关键技术及应用”项目立项工作及组织开展了项目启动、研究工作。指导各项目法人、运行管理单位和课题承担单位结合工程建设运行实际，加强项目研究，将研究成果及时转化应用，加强科研攻关，为工程建设和工程安全、平稳、高效运行提供了技术支撑。

(8) 招标投标管理工作。及时完成招标投标日常管理和专家库运行维护工作，核准和批复项目法人报送的工程分标方案，核准发布招标公告、评标结果，加强程序监督。及时布置和指导各项目法人、项目建设管理单位，严格执行有关招标规定，做好招标工作，按程序及时研究处理招标过程中的有关问题和突发事件，确保招标投标工作质量和效率。积极组织调研南水北调工程建设期运行管理项目招标投标管理工作需求，组织研究工程运行管理招标投标管理办法，推动公共资源电子交易平台相关工作。

(9) 桥梁验收移交。会同中线建管局，河北、河南省南水北调办（建管局）紧紧围绕桥梁验收移交的工作重点，分析桥梁验收移交工作存在的难点，研究制定了桥梁验收移交工作计划、开展工作试点、组织召开建设协调小组会、验收移交协调会、现场协调会，深入现场开展调研，了解桥梁验收移交存在的主要问题，采取积极有效措施，强化责任管理，严格考核督办和严肃责任追究，加强信息报送，快速推动了跨渠桥梁验收移交工作，实现了年底前基本完成验收移交的目标。

（马　黔　白咸勇　张　晶）

工程建设项目进展

（一）主体工程建设进展

截至2015年底，南水北调东、中线一期工程及引江济汉工程等已开工建设设计单元工程154项。

2015年，南水北调工程完成投资46.8亿元。截至2015年底，累计下达南水北调东、中线一期工程投资2617.8亿元，完成2590亿元，占在建设计单元工程总投资2619.5亿元的99%；工程建设项目累计完成土石方159 649万 m^3，占在建设计单元工程设计总土石方量的99%；累计完成混凝土浇筑4280万 m^3，占在建设计单元工程设计混凝土总量的99%。

（二）配套工程建设进展

国务院南水北调办分别组织对河北、河南、山东省配套工程建设与用水情况进行了专题调研，制定了配套工程建设督导方案，督促加快配套工程建设，各省市配套工程建设进一步提速，用水量明显提升。

2015年，北京市南水北调配套工程主体已建成并参与蓄水或接水，北京市主城区70%以上的自来水供水为南水北调水；天津市南水北调配套工程仅剩余王庆坨水库等少量工程，天津中心城区80%以上的供水为南水北调水；河北省南水北调配套工程廊涿、保沧、邢清干渠主体基本完工，石津干渠完成约92%，120座受水水厂中，53座已建成，51座在建；河南省南水北调配套工程除周口、漯河、安阳3市剩余少量尾工外已基本完成，84座受水水厂中，44座已建成，8座已开工；山东省南水北调配套工程38个供水单元，18个基本建成。

（马　黔　张俊胜　韩　迪）

工程进度管理

2015年，工程建设进入收尾阶段，国务院南水北调办对剩余尾工进行了全面梳理，制定尾工建设督导工作方案，对于剩余尾工做到“任务、责任人、完成时间”三明确，纳入督办。开展了尾工建设督导，召开了4次尾工建设协调会。截至2015年底，督办事项基本完成。

（马　黔　杨华洋　韩　迪）

工程技术管理

2015年，国务院南水北调办以服务工程建设为出发点，统筹开展各项技术管理工作，确保南水北调工程建设质量、进度和安全，为顺利实现总体目标提供了技术保障。

组织完成了“十二五”国家科技支撑计划“南水北调中线工程膨胀土和高填方渠道建设关键技术研究与示范”项目验收工作。取得了一批科研成果，其中：取得新产品、新材料等5项；发表科技论文71篇，其中向国外发表9篇，出版科技著作4部144万字；申请国内专利26项，其中申请发明专利14项；获得国内专利授权16项，其中获得国内发明专利授权5项；成果应用数22项；取得博士学位4人，取得硕士学位19人。组织协调完成了国家科技支撑计划“南水北调中东线工程运行管理关键技术及应用”项目立项工作及组织开展了项目启动、研究工作，按时序开展项目研究工作。

组织研究制定了四个南水北调工程专用技术标准，先后正式发布实施了《南水北调工程基础信息代码编制规则（试行）NSBD18—2015》、《南水北调工程业务内网IP地址分配规则（试行）NSBD19—2015》、《南水北调工程基础信息资源目录编制规则（试行）NSBD20—2015》、《南水北调东、中线一期工程运行安全监测技术要求（试行）NSBD21—2015》。

组织出版了《中国南水北调工程建设技术丛书》渠道工程卷、渡槽工程卷。组织开展了《中国南水北调工程建设技术丛书》膨胀土工程卷论文征集、编纂工作，以及膨胀土处理技术经验交流、总结工作。组织开展了《中国南水北调工程建设技术丛书》之建设管理卷和技术管理卷编纂工作。

（白咸勇　张　晶　李纪雷）

安全管理

2015年，南水北调安全生产工作贯彻习近平总书记、李克强总理等中央领导同志关于安全生产工作系列重要指示批示，落实国务院安全委员会和国务院南水北调办党组关于安全生产工作的系列安排部署，按照“安全第一、预防为主、综合治理”的方针，围绕工程运行安全管理新特点、新要求，以责任管理为核心，不断加大监督检查力度，促进管理理念转变，保障了工程安全平稳运行。

组织召开了国务院南水北调办安全生产领导小组第十四次全体会议和南水北调工程安全生产工作会，全面部署2015年安全生产工作。根据工作需要和人员变动情况，调整了安全生产领导小组、重特大事故应急处理领导小组、防汛指挥部组成人员。在做好安全生产日常管理工作的基础上，结合建设期运行管理阶段实际，扎实推动安全生产管理理念转变，实施防洪度汛安全、运行安全、建设安全、安全防范、人身财产安全5大安全专项管理，着力构建运行安全管理工作体系，全面加强安全管理工作。研究编制了《南水北调东、中线一期工程运行安全监测技术要求（试行）NSBD21—2015》等标准，指导南水北调工程运行安全管理工作。研究编制了《南水北调工程建设期运行管理阶段工程安全应急预案（试行）》，加强应急管理工作。国务院南水北调办公室领导分别对南水北调东、中线工程防汛情况进行了督导检查，为年度安全度汛奠定了坚实的基础。组织有关专家，分多组全面检查了东、中线工程运行安全情况，对检查发现的问题督促有关单位限时进行整改，通过检查和问题整改，推动了运行管理单位安全管理理念的转变，强化了运行安全管理措施和安全责任落实。制定了左岸防洪影响处理工程工作方案，建立协调机制，完善信息报送制度，督促两省南水北调办加强协调，积极推进左岸防洪影响处理工程建设。印发文件，明确有关工作职责、工作程序，积极协调推进丹江口库区地质灾害防治有关工作，督促豫、鄂两省加强丹江口库区地质灾害隐患点调查和监测工作，扎实做好库区地质灾害防治规划编制等工作。建立信息报送制度，及时掌握工作进展，协调豫、鄂两省、中线水源公司积极推进相关工作。

2015年是南水北调工程由建设转入运行的关键一年，在安全生产工作面临新形势、新问题，转型任务重、管理强度大的新时期，南水北调安全生产工作聚焦转型、突出重点、抓住关键，确保了东、中线工程全年未发生安全生产事故，为工程安全平稳运行奠定了坚实的基础。

（白咸勇　李震东　吴润玺）

科　技　工　作

2015年，国务院南水北调办以“十二五”国家科技支撑计划“南水北调中线工程膨胀土和高填方渠道建设关键技术研究与示范”项目验收和国家科技支撑计划“南水北调中东线工程运行管理关键技术及应用”项目立项、启动研究为重点，为工程建设运行提供技术支撑。

2015年6月，国务院南水北调办组织完成了“十二五”国家科技支撑计划项目7个课题验收工作，并全面总结，精心组织项目验收准备，于6月26日顺利通过了科技部组织的国家项目验收。

国务院南水北调办组织完成了国家科技支撑计划“南水北调中东线工程运行管理关键技术及应用”项目立项工作，并组织开展了项目启动、研究工作。2015年9月，协调科技部签发项目各课题任务书，并正式下发项目立项批复文件《科技部关于国家科技支撑计划资源、环境领域2015年项目立项的通知》，项目科研工作加紧启动、实施，指导课题承担单位开展技术攻关，督促指导项目法人和研究单位结合工程建设实际，加快研究步伐，及时转化研究成果，加强科研攻关，为工程建设提供技术支撑，严格执行项目预算。2015年10月，印发管理文件《关于加强国家科技支撑计划“南水北调中东线工程运行管理关键技术及应用”项目管理的通知》，加强项目研究管理，明确研究单位责任，提出工作要求、考核措施，强化组织、违约、保密和责任管理，提高项目研究管理水平；组织专家对项目课题研究进行了督促检查，对检查发现的问题限时要求整改。11月，组织完成课题和项目年度执行情况报告的编写、网上填报工作，并正式报送科技部。12月，组织开展项目中间成果检查会，安排部署下一步工作。

（白咸勇　张　晶　李纪雷）

验　收　管　理

2015年，国务院南水北调办组织开展工程验收调研，分析存在问题和困难，积极推动工程验收工作规范有序开展。调整充实了国务院南水北调办南水北调东、中线一期工程验收工作领导小组组成人员。组织编制出台南水北调设计单元工程完工验收导则和南水北调东、中线一期工程设计单元工程完工验收计划与工作方案。开展中线通水验收遗留问题整改情况检查。

（马　黔　罗　刚　杨华洋）

运行管理

2015年，国务院南水北调办紧紧围绕工程安全平稳运行和足量供水目标，努力实现从工程建设管理向工程运行管理的转型。开展工程运行管理专题调研，组织制定了一批运行管理规章制度和技术标准，规范指导工程运行管理。组织召开运行管理工作会暨现场观摩会，现场观摩学习，交流经验。明确地方办事机构建设期运行管理责任，提出工作要求，推动运行管理环境维护。加强水量调度，组织建立了东、中线工程运行日报和中线一期工程用水情况周报制度，及时分析研究新情况、新问题，加强调度协调。加强断水应急处置管理，组织中线工程与沿线省（直辖市）受水市县研究制定断水应急预案，纳入地方应急体系，建立断水应急处置机制。国务院南水北调办领导现场观摩了北京、天津、郑州市断水应急演练。

2015年，东线一期工程顺利完成年度调水任务，向山东省供水2.3亿m^3；中线一期工程安全、平稳度过第一个调水年度，保证了足量供水，自正式通水以来，累计向沿线供水24.1亿m^3；湖北兴隆枢纽工程、引江济汉工程运行正常。

（马　黔　韩　迪　杨华洋）

制度建设

2015年，国务院南水北调办组织制定了一批运行管理规章制度和技术标准，开展了《南水北调工程供用水管理条例》宣贯工作，在中国南水北调报、中国南水北调网进行条例宣贯。

为加强南水北调工程运行期应急管理工作，国务院南水北调办研究编制了《南水北调工程建设期运行管理阶段工程安全应急预案（试行）》。

（马　黔　白咸勇　罗　刚）

其他工作

（1）安全生产会议。

2015年1月30日，国务院南水北调办安全生产领导小组和重特大事故应急处理领导小组（以下简称“领导小组”）在京组织召开第十四次全体会议。会议传达学习了全国安全生产电视电话会议精神，听取了领导小组办公室关于2014年南水北调工程安全生产工作情况和2015年安全生产工作安排建议的汇报，对南水北调工程2015年安全生产工作进行了研究讨论。

2015年5月14日，国务院南水北调办在江苏省徐州市组织召开了南水北调工程安全生产工作会议。公安部、国家安全生产监督管理总局有关负责同志出席会议。会议充分肯定了2014年度南水北调工程安全生产工作，指出2014年南水北调工程安全生产工作坚持“安全第一，预防为主，综合治理”的工作方针，以“强化监督，落实责任”为重点，全面贯彻落实国家安全生产法律法规和有关要求，紧紧围绕工程建设和运行管理任务，周密部署，狠抓落实，为顺利实现东线工程平稳运行、中线工程全线通水目标奠定了坚实基础。会议还研究分析了2015年南水北调工程安全生产工作面临的形势，明确了2015年安全生产管理工作的总体思路和目标任务。

（2）运行管理工作交流会。

2015年6月25日，在江苏省淮安市组织召开南水北调工程运行管理工作会暨现场观摩会，现场观摩学习，交流运行管理情况和经验，分析面临的形式和存在问题，部署工程运行管理工作。

（3）检查、调研。

2015年1月7~9日，国务院南水北调办调研中线河南段工程运行管理情况，在郑州召开运行管理座谈会。

2015年3月16~20日，国务院南水北调办分别调研河北省、山东省南水北调配套工程建设与用水情况。

2015年3月23~27日，国务院南水北调办调研河南省南水北调配套工程建设与用水情况。

2015年3月25日，国务院南水北调办调研北京市南水北调配套工程建设及通水运行工作。

2015年4月8日，国务院南水北调办调研河北省石家庄市南水北调配套工程建设和用水情况，与河北省政府进行座谈。

2015年4月15~17日，国务院南水北调办组织检查南水北调中线河北段、河南段工程防汛工作。

2015年4月21~23日，国务院南水北调办组织检查汉江中下游治理工程防汛工作。

2015年4月28~30日，国务院南水北调办组织检查南水北调东线山东段工程防汛工作。

2015年5月13日，国务院南水北调办组织检查南水北调东线江苏段工程防汛工作。

2015年5月20~22日，国务院南水北调办检查南水北调东线山东段工程调水运行管理情况。

2015年6月11~12日，国务院南水北调办调研河北省石津干渠和衡水市南水北调配套工程建设情况。

2015年6月18日，国务院南水北调办检查南水北调中线惠南庄泵站运行工作，并进行了座谈。

2015年7月1~3日，国务院南水北调办检查中线河南段工程运行管理和尾工建设情况。

2015年7月6~7日，国务院南水北调办与山东省政府商谈南水北调东线山东段工程运行管理模式，并检查山东段工程防汛工作和管理设施建设情况。

2015年7月21~23日，国务院南水北调办检查南水北调丹江口大坝加高工程和汉江中下游治理工程运行情况。

2015年7月21~24日，国务院南水北调办组织调研南水北调东线工程安全防范工作。

2015年7月27~31日，国务院南水北调办组织调研南水北调中线工程安全防范工作。

2015年8月4~6日，国务院南水北调办检查南水北调中线黄河以南段工程防汛和运行管理工作。

2015年8月5~7日，国务院南水北调办组织调研丹江口大坝加高工程和陶岔渠首工程安全防范工作。

2015年8月13~14日，国务院南水北调办调研河北省廊坊市、沧州市南水北调配套工程建设情况。

2015年8月26日，国务院南水北调办主任鄂竟平赴河北，与张庆伟省长就河北省南水北调供用水有关事宜进行商谈。

2015年8月27日上午，国务院南水北调办调研北京市南水北调来水调入密云水库调蓄工程运行情况，在工程现场项目部召开了座谈会。

2015年9月10日，国务院南水北调办调研南水北调中线管理处自动化运行管理工作，召开座谈会。

2015年9月11日，国务院南水北调办检查北京市南水北调中线干线断水应急处置工作，观摩北京市中线断水应急演练。

2015年10月15~16日，国务院南水北调办调研中线天津干线工程和天津市配套工程运行情况。

2015年11月6日，国务院南水北调办检查中线惠南庄泵站运行情况，在现场召开运行管理座谈会。

2015年11月12~13日，国务院南水北调办调研南水北调中线黄河以南段自动化系统运行管理工作，并召开座谈会。

2015年11月23~28日，国务院南水北调办组织检查汉江中下游治理工程及丹江口大坝加高工程，南水北调中线河北段、河南段及陶岔渠首工程安全运行管理工作。

2015年12月1日，国务院南水北调办组织检查南水北调中线北京段工程安全运行管理工作。

2015年12月2~3日，国务院南水北调办检查郑州市南水北调中线干线断水应急处置工作，观摩郑州市中线断水应急演练。

2015年12月10日，国务院南水北调办检查天津市南水北调中线干线断水应急处置工作，观摩天津市中线断水应急演练。

2015年12月17日，国务院南水北调办调研河北省保定市南水北调中线配套工程建设与运行情况。

2015年12月17~18日，国务院南水北调办组织检查南水北调中线天津段工程安全运行管理工作，调研河北段工程2016年度安全生产工作计划。

（李震东　杨华洋　吴润玺）

生态环境

概述

2015年，南水北调中、东线一期工程水质安全保障工作继续得到加强，水质监测体系和应急预案体系初步建立，应急能力不断提高，水质安全保障防控体系进一步完善；环保专项验收按进度完成，受水区节水、地下水压采工作取得实质进展，丹江口水库、取水口和干线水质均为Ⅱ类，东线水质稳定达到Ⅲ类水质。

水质保障

（一）中线一期工程

（1）藻类防控。2015年2月，国务院南水北调办针对南水北调中线工程干线水体中藻类繁殖较快，迅速组织开展藻类生长情况应急监测和日常监测，加强水质监测和巡查，每天定时定点开展浮游生物捕捞观测工作，同时做好统计分析工作。5月，制定了《南水北调中线干线工程藻类监测方案》，将藻类监测纳入日常监测范畴，完善突发水污染事件应急预案，优化水量调度方案，通过调度、工程等措施，有效防控藻类生长。11月，编制《南水北调中线干线水体藻类生长防控预案》，明确应急机制和应对措施。邀请外国专家做藻类暴发风险及防控技术学术报告，并赴太湖东深调水多地开展国内藻类防治经验调研。

（2）跨渠桥梁桥面污染物入渠隐患排查整改。国务院南水北调办指导、督促中线建管局对中线全线跨渠桥梁排水系统进行了检查及整改。2015年6月23~25日，国务院南水北调办环保司对整改情况进行了现场抽查，仔细检查了各工程类型和管理状态下的桥面排水系统的特点、整改落实进展和效果。

（3）中线一期工程总干渠两侧水源保护区内污染源对输水水质影响评估。国务院南水北调办指导中线一期工程运行管理单位和中线沿线四省市有关部门，组织开展总干渠水源保护区内污染源调查和风险分类工作，核查、处理中线沿线垃圾场、污水排放点情况，评估对干渠输水水质可能的影响。按照环保部和南水北调办《关于开展南水北调中线一期工程调水水质监测工作的通知》（环办〔2014〕71号）的要求，中国环境监测总站对中线丹江口水库及总干渠7个断面24项水质指标进行逐月检测。监测结果显示，2015年丹江口水库、取水口和干线水质均为Ⅱ类。

（二）东线一期工程

国务院南水北调办协调环保部、交通运输部对东线农业面源污染、航运污染、应急保障等问题进行研究。2015年3～4月，国务院南水北调办赴天津、河北、河南、北京、江苏、山东6省市开展南水北调东、中线一期工程水污染防治和水质保障工作专题调研，实地查看了部分重点项目建设运行、水污染防治和水质保障情况，就水污染防治、沿线生态带建设、水源区保护管理制度落实、深化治污、船舶污染防治及水质保障长效机制建设等有关工作进行了商谈。

按照环保部和南水北调办《关于开展南水北调东线一期工程调水水质监测工作的通知》（环办〔2013〕88号）的要求，中国环境监测总站对南水北调东线一期工程调水初期输水干线17个断面pH值、溶解氧、高锰酸盐指数和氨氮4个水质指标进行加密监测，水质稳定后，按《地表水环境质量标准（GB 3838—2002）》基本项目进行逐月监测。监测结果显示，2015年调水期间东线干线水质稳定达到Ⅲ类。

（卢路 杨伟 任静）

“三先三后”落实

国务院南水北调办印发了《关于协调督促南水北调受水区落实“三先三后”有关工作的通知》（综环保函〔2015〕91号），要求受水区各省市南水北调办多渠道收集节水、地下水压采等工作信息，随后环境保护司赴北京、天津、河南三省市调研，与有关部门座谈，协调推动“三先三后”原则的落实。

国务院南水北调办环境保护司组织中国水利水电科学研究院构建了南水北调东中线工程受水区节水评价指标体系和南水北调东中线工程受水区地下水压采评价指标体系，完成《南水北调东中线一期工程受水区地下水压采评价指标体系研究》和《南水北调东中线一期工程受水区节水评价指标体系研究》报告，报告选取2类4项节水评价指标、3类5项地下水压采评价指标，提出综合评价方法，并通过有关专家审查，为相关工作评价提供技术支撑。

2015年9月下旬，国务院南水北调办对受水区河南、天津落实南水北调“三先三后”原则有关工作进行现场调研，初步掌握了受水区节水、治污、地下水压采现状。

2015年10月16日，国务院南水北调办在北京召开南水北调工程受水区落实“三先三后”原则工作座谈会，参加会议的有国务院南水北调办环保司、政研中心，北京、天津、河北、江苏、山东、河南等省（市）南水北调办（建管局）等单位和部门。会议交流了节水、地下水压采、治污环保等工作情况，就《落实南水北调工程受水区“三先三后”原则工作方案》和“三先三后”有关工作职责落实、协调机制建立等进行了讨论。按照座谈会精神，10月29日，国务院南水北调办印发了《关于商请报送南水北调工程“三先三后”原则落实情况的函》（环保函〔2015〕58号），明确受水区六省（市）报送“三先三后”原则情况的具体内容和报送时间，建立“三先三后”信息报送机制。

2015年12月11～12日，国务院南水北调办对河北省南水北调工程受水区落实“三先三后”有关工作进行调研。调研组先后查看了河北工程大学合同节水模式、磁县槐树屯养猪场和养鸡场污水散排、成安县北义乡地下水超采综合治理和石家庄市西北水厂运行情况，实地查看了解西北水厂分水口门及水质自动监测站管理情况。在石家庄市主持召开专题座谈会。听取石家庄市节水情况、河北省落实南水北调工程“三先三后”原则的情况汇报，同时听取了省环保厅关于沿线水质保障工作的情况介绍，并就做好节水工作、推进城区地下水压采、防范可能影响调水水质安全的风险问题提出要求。

国务院南水北调办收集北京地下水压采等资料，研究中线水源保护工作，形成《关于首都水资源保护涵养和污染防治工作的汇报》报中办督查室。

（卢　路　杨　伟　任　静）

专　项　验　收

2015 年 3～12 月，水利部组织召开水土保持设施竣工验收会议。分别对《南水北调东线第一期工程二级坝泵站枢纽工程》、《南水北调东线一期洪泽湖抬高蓄水位影响处理工程（安徽省境内）》、《洪泽湖抬高蓄水位影响处理工程》、《南水北调中线一期漳河倒虹吸工程》、《南水北调中线一期工程天津干线工程》、《南水北调东线一期工程南四湖～东平湖段输水与航运结合工程》等项目进行水保专项验收。8 月，环境保护部华东环境保护督查中心组织召开环境保护验收会议，对《南水北调东线第一期工程长江-骆马湖段其他工程》进行环保专项验收。

水保验收组认为，建设单位依法编报了水土保持方案，实施了水土保持方案确定的各项防治措施，认真落实水土保持“三同时”制度，完成了批复的防治任务；建成的水土保持设施质量总体合格，水土流失防治指标达到了水土保持方案确定的目标值，较好地控制和减少了工程建设中的水土流失；建设期间开展了水土保持监理、监测工作；运行期间的管理维护责任落实，符合水土保持设施竣工验收的条件，同意该工程水土保持设施通过验收。

环保验收组认为环境保护手续齐全，在实施过程中基本按照环评文件及批复要求配套建设和采取了相应的环境保护设施、措施，基本符合竣工环境保护验收条件，建议通过竣工环境保护验收。

（卢　路　杨　伟　任　静）

东线水环境保护

东线深化治污补充项目是保障东线沿线水质不断好转的根本措施。2015 年，继续实施《重点流域水污染防治规划（2011—2015 年）》，国务院南水北调办多次赴东线沿线调研水污染防治工作，就东线深化治污工作与地方有关领导同志和相关部门进行座谈，督促协调两省采取切实措施保障东线深化治污补充项目优先实施，深抓治污进度，确保通水期间水质安全。

2015 年 3 月，环境保护部、国务院南水北调办对重点流域水污染防治专项规划中苏鲁两省东线深化治污补充项目 2014 年度实施情况进行考核。2015 年 8 月 25 日，环境保护部向国务院报送《关于重点流域和重金属污染防治规划 2014 年度实施情况考核结果的报告》（环发〔2015〕110 号），其中淮河流域山东省得分 99.0 分，江苏省得分 90.4 分，考核结果均为“好”，在全国重点流域治理中，进度和评分均名列前茅，其中山东省已连续 8 年位列第一。

截至 2015 年底，山东省深化治污项目完成率 89.2%，江苏省深化治污项目完成率 100%；东线沿线各控制断面水质均达到目标要求，输水期间干线水质为Ⅲ类。

（鲁　璐　毛联华）

中 线 水 源 保 护

（一）《丹江口库区及上游水污染防治和水土保持“十二五”规划》收尾

2015 年，为提高《丹江口库区及上游水污染防治和水土保持"十二五"规划》（以下简称《十二五规划》）实施效率，国家发展改革委、国务院南水北调办、财政部、环境保护部、住房城乡建设部、水利部等丹江口库区及上游水污染防治和水土保持部际联席会议成员单位，进一步简政放权、放管结合，及时协调重点难点问题，加强指导、检查和考核；水源区河南、湖北、陕西三省各级政府顾全大局，围绕保障中线工程通水，采取强化责任、倒排工期、约谈问责、严格奖惩等措施，全力推动项目实施，《十二五规划》实施工作基本进入尾声。

国务院南水北调办多次赴水源区调研水污染防治工作，督促指导地方政府做好《十二五规划》实施工作，并定期编制印发规划实施信息季报，向建委会、部际联席会议领导同志呈报水质、规划项目实施进度及已建项目运行等情况，同时报部际联席会议成员单位，促进各地规划实施比学赶帮。

2015年6月29日~8月1日，国务院南水北调办、国家发展改革委、财政部、环境保护部、住房城乡建设部、水利部组成考核组，对水源区三省2014年度《十二五规划》实施情况进行考核。考核结果是，河南省"好"，综合得分95.17分；湖北省"较好"，综合得分85.38分；陕西省"较好"，综合得分85.23分。8月份，考核组联合向国务院报送《关于2014年度丹江口库区及上游水污染防治和水土保持"十二五"规划实施考核情况的报告》（国调办环保〔2015〕124号）。经国务院批准后，国务院南水北调办将考核结果印送中央组织部，作为对各有关省、市、县人民政府领导班子和领导干部综合考核评价的重要依据；同时，印送给有关部门，对考核结果为好的，加大对该地区污染治理和环保能力建设的支持力度；并且反馈给三省人民政府办公厅，督促对考核发现的问题进行及时整改。

截至2015年底，规划确定的443个项目实施429个，占96.8%；建成399个，占90.1%。水源区水质总体继续向好，丹江口水库陶岔取水口、汉江干流水质达到Ⅱ类，主要入库支流水质符合水功能区要求，达到了《十二五规划》确定的南水北调中线通水水质目标。

（二）不达标入库河流综合治理

2015年，国务院南水北调办指导督促湖北省加大五条重污染河流的综合治理力度，一是按照《丹江口库区及上游十堰控制单元不达标入库河流综合治理方案》（鄂发改地区〔2014〕183号），继续抓紧实施治污项目；二是深入分析、查找原因，完善治理对策，对症下药，促进水质不断改善；三是在深化治理的同时，进一步研究采取综合性的措施。

湖北省委、省政府高度重视，十堰市不等不靠、自筹资金，加大治理力度，一是实施以排污口整治和清污分流管网建设为主的全流域截污工程，整治590个排污口并全部销号，建成清污分流管网1258km，五河污水收集率达到91%、污水处理率达到89.2%、清污分流率达到70%；二是实施以河道生态修复为主的全流域清污工程，清除污泥和垃圾561万t，拆除违章建筑128处，建成生态跌水坝16座，生态河堤130km，湿地12处；三是实施以企业清洁生产为主的全流域减污工程，共关停并转企业580多家；四是实施以农村环境整治为主的全流域控污工程，完成五河流域上游60个村庄的环境综合整治工程，清除生猪养殖户286家、生猪2.6万头，督促116家农家乐安装污水净化设施或建设人工湿地等；五是实施以污水处理厂提标改造和尾水深度处理为主的全流域治污工程，完成神定河污水处理厂18万t提标改造工程，积极推动泗河和犟河污水处理厂提标改造工程，建成了5万t人工快渗处理系统，引入实力强的环保企业进行运营托管，保证了污水处理厂高效运转。截至2015年底，十堰市共完成不达标河流综合治理方案确定的5大类

37 个项目中的 32 个治理项目，完成投资 17.47 亿元。

2015 年，十堰市五条不达标河流在实现“不黑不臭”的基础上，水质进一步改善。官山河水质已经稳定达到Ⅱ类，犟河、神定河、泗河、剑河较上年度同期明显好转，犟河第三季度连续三个月达标，神定河 7 月份历史性地出现达标，泗河和剑河主要污染物化学需氧量平均浓度较上年度分别下降了 10.8%、14.2%。

（三）《丹江口库区及上游水污染防治和水土保持“十三五”规划》编制

2015 年，国家发展改革委和国务院南水北调办就启动编制《丹江口库区及上游水污染防治和水土保持“十三五”规划》（以下简称《十三五规划》）开展了一系列工作。

上半年，国务院南水北调办委托第三方评估机构对《十二五规划》实施情况进行总体评估。9 月份，中国国际工程咨询公司提交《关于丹江口库区及上游水污染防治和水土保持“十二五”规划实施情况的评估报告》，总结了规划实施取得的成效和经验，找出存在的薄弱环节，提出《十三五规划》编制建议。根据评估意见，国务院南水北调办组织相关技术单位开展了水源区治污控制单元、农业面源污染防治、生态建设、城镇污水处理、村镇垃圾处理、突发污染风险对策 6 个专题的前置研究，为《十三五规划》编制提供技术支撑。

根据财政专项资金管理要求，国务院南水北调办就《十三五规划》编制进行了公开招标，中标单位为环境保护部环境规划院、中国国际工程咨询公司、长江流域水土保持监测中心站三家组成的联合体。

国家发展改革委办公厅会同国务院南水北调办综合司联合印发《关于开展〈丹江口库区及上游水污染防治和水土保持“十三五”规划〉编制工作的通知》（发改办地区〔2015〕2429 号），明确《十三五规划》编制在丹江口库区及上游水污染防治和水土保持部际联席会议领导下进行，联席会议成员单位参与相关工作，同时根据人员工作岗位调整请各成员单元调整部际联席会议成员和联络员，各部门同时推荐规划编制专家并成立了专家组。

10 月 29 日，国家发展改革委和国务院南水北调办组织召开丹江口库区及上游水污染防治和水土保持“十三五”规划编制工作会议，部际联席会议各成员单位联络员，河南、湖北、陕西三省发展改革委、南水北调办负责人参加会议。会议介绍了《十三五规划》编制准备情况和“十三五”时期水源区需要着重解决的问题，印发了编制工作大纲，全面启动了《十三五规划》编制工作。

（四）京、津两市与豫、鄂、陕三省对口协作

2015 年是对口协作“十二五”规划实施的收官之年，国家发展改革委地区经济司和国务院南水北调办环境保护司作为丹江口库区及上游地区对口协作领导小组办公室，共同开展对口协作工作调研、启动对口协作“十二五”规划评估工作。

2015 年 11 月 30 日～12 月 5 日，国务院南水北调办组织国务院发展研究中心资源环境研究所、中国国际工程咨询公司农林部、环保部环境规划院等单位赴水源区调查了对口协作工作开展情况，并督促地方持续推进对口协作工作，提前筹划对口协作“十三五”的工作。

为了解掌握两年来的对口协作工作情况，谋划好“十三五”对口协作工作，国家发展改革委和国务院南水北调办联合下发《关于开展丹江口库区及上游地区对口协作工作自查评估工作的通知》（发改办地区〔2015〕3293 号），要求北京、天津、河南、湖北、陕西各有关部门对各自的“对口协作”工作进行总结，深入研究评估对口协作工作开展前

后发生的变化、取得的效益和存在的问题，系统总结对口协作工作的有益经验和有效路径。

自2013年3月份国家批准对口协作工作方案以来，北京市按照国家批准对口协作工作方案提出的“保水质、强民生、促转型”的要求，安排河南、湖北对口协作地区资金达到10.7亿元，其中，年度项目计划安排协作资金10亿元，共实施项目332个，包括援助类项目177个，合作类项目155个，涉及生态农业帮扶、污水垃圾处理、文化旅游合作、人才交流培训、科技研发合作、产业园区建设、经贸双边交流、教育卫生合作等领域。在全市计划资金总盘子之外，北京各区和有关委办局积极动员社会各方面力量，共安排资金7000多万元，重点支持水源区的学校建设、湿地保护、医疗卫生、村民活动场所建设等方面的发展。北京市企业与对口协作地区签约项目41个，总投资约500亿元；落地项目31个，总投资100多亿元，在能源、地产、生态环保、电子商务等领域合作取得了突破。其中，投资40亿元的京能热电十堰联产项目已通过核准并全面开工。陕西省多次邀请天津市对口协作交流办对项目进行调研考察，争取天津市积极推进对口协作资金落实，实现了2014、2015年每年2.1亿元、“十三五”期间每年3亿元的对口协作资金规模。截至2015年底，已落实并拨付对口协作资金4.2亿元，支持了陕南三市104个项目建设。目前，对口协作地区水质稳定达标，生态环境改善较大，绿色生态产业不断发展，经济技术合作不断深化，社会事业发展迈上新台阶，初步形成了南北共建、互利双赢的区域发展格局。

（五）水质保护长效机制研究

针对南水北调水源保护从“保通水”向“保供水”转变，为防范南水北调调水的水量、水质风险，确保供水稳定，国务院南水北调办与国家发展改革委、国务院研究室等部门沟通，研究水源保护长效机制的建立。

2015年，国务院发展研究中心资源环境研究所作为长效机制研究技术单位，开展了大纲编写和基础资料收集等工作。在此基础上，赴豫、鄂、陕三省就中线水源保护长效机制建设开展现场调查研究，听取地方对南水北调中线水源保护的顶层设计、政策法规、制度体系的建议，在资料收集分析和调研的基础上，开展了水质保护长效机制研究工作。

（王国伟　鲁　璐　毛联华）

中线干线生态带建设

2015年，中线沿线各省（市）按照《南水北调中线一期工程干线生态带建设规划》（以下简称《生态带规划》），积极开展生态带建设相关工作。3月，国务院南水北调办利用春季植树的最佳时机，组织赴中线沿线开展调研，针对生态带建设有关工作与各省进行座谈，督促加快生态带建设步伐，之后就四省在生态带建设过程中遇到的用地和资金问题，多次与国家发展改革委、财政部、国土资源部、国家林业局等进行沟通。5月，国务院办公厅针对生态带建设问题，专题商国家发展改革委、国土资源部、财政部、国家林业局及国务院南水北调办等部门，研究解决对策、督促《生态带规划》实施，要求各省严格落实规划、加快建设进度，保障输水水质安全。

截至2015年底，北京、天津、河南段已累计完成生态带建设374km，其中：北京市结合百万亩平原造林工程和生态文化旅游产业带规划，累计拨付造林养护资金600万元，完成干线造林工程约30km，大宁水库造林工程约780亩，并对大宁水库、团城湖区域等重点节点进行了绿化提升；天津市完成20km农村段暗涵顶部复耕，完成4km城区段输水箱涵上方公路及绿化恢复，生态带建设工作基本完成；河南省已完成生态带建设320余公里，累计造林9.1万亩。河北省正在组织编制规划实施方案。

（王国伟　鲁　璐　毛联华）

征　地　移　民

概　　述

2015年是南水北调东、中线一期工程由建设管理期向运行管理期全面转型的第一年。库区移民紧紧围绕抓扫尾促验收、保稳定促发展工作目标，征地拆迁以保障工程平稳运行为中心，及时部署相关工作，加强督促检查协调，在征地移民实施扫尾、库区移民安稳发展、工程临时用地复垦退还、协调用地手续办理等方面积极推进，一步一个脚印落实，维护了库区和工程沿线社会稳定大局，为东、中线一期工程平稳运行提供了有力保障。

（王　琦　潘书峰）

工　作　进　度

（一）库区移民方面

1. 完成库区移民尾工项目扫尾

系统工作会后，经认真分析、梳理库区移民工作剩余的任务及遗留问题，国务院南水北调办对库区两省移民扫尾项目做出了工作部署。库区两省按照工作部署开展了为期半年多的库区移民尾工项目扫尾工作。2015年7月，征地移民司组织对扫尾工作进行了专项督导，经现场调查，湖北省库底清理、高切坡治理、应急地灾避险搬迁、城集镇迁建等遗留任务已经完成，但库周交通复建还剩余3座桥梁正在进行桥面铺设，施工进度滞后，影响了库区两岸移民群众生产生活。湖北省移民局成立专班，对扫尾项目挂牌督办，限期整改完成，有力地促进了任务的完成。河南省除了全面完成移民扫尾任务外，已开展资金支付和财务决算工作。2015年10月，经再次组织督办复查，剩余3座桥梁尾工工程已经整改完毕并建成通车。至此，丹江口库区移民尾工项目扫尾工作全部完成。

2. 部署开展库区移民总体验收工作

根据验收工作的统一安排，年初即对库区移民总体验收工作进行全面部署，计划2016年开展县级自验和省级初验，2017年组织开展终验。同时，组织长江委设计院编制终验工作方案，并于2015年8月完成方案审查，工作方案作为今后终验工作的技术依据，并为库区两省县级自验和省级初验提供参考。库区两省对验收工作进行了全面部署，编制提交了验收大纲并经国务院南水北调办批复启动了县级自验工作。

3. 协调移民后续帮扶发展规划编制工作

根据国务院召开的南水北调工程建设管理工作座谈会精神和系统工作会要求，征地移民司及时协调河南、湖北两省和长江委设计院开展南水北调丹江口移民后续帮扶发展规划编制工作。先后召开3次专题会议对规划编制工作进行调度、会商和协调，重点研究规划的必要性、范围、内容等。2015年6月，参加中办督查室组织召开的“湖北二次回访调研”座谈会，客观反映移民后续安稳发展有关问题及政策建议，为两省借鉴三峡库区经验编制南水北调丹江口库区移民后续帮扶发展规划提供支持。2015年10月，配合国家发展改革委调研组深入湖北移民安置区，调研移民生产生活情况及后续发展困难问题，召开规划编制工作座谈会。

（二）干线征迁方面

2015全年，共移交中线新增用地202亩，其中永久征地144亩，临时用地58亩，保障了尾工施工需要。通过各省征地移民主管部门和项目法人的共同努力，复垦退还临时用地5万亩。自工程开工至2015年底，东、中线一期干线工程已累计复垦退还临时用地44.9万亩。

依据南水北调东、中线一期干线工程征迁安置验收办法，按照工程完工验收时间计划，沿线各省积极开展市县自验、征迁档案验收，编制征迁财务决算，在条件完备的情况下及时开展省级征迁专项验收工作。北京市于2015年12月率先完成市级征迁专项验收，天津市完成3个区征迁自验，江苏省累计完成21个设计单元工程征迁专项技术性验收，山东省累计完成28个县的征迁自验和10个设计单元工程征迁专项技术性验收，河南省完成4个设计单元工程的县级征迁自验，安徽完成3个地级市征迁自验。

（王　琦　潘书峰）

政策研究

（一）国控预备费审批事项调整

按照国务院南水北调办简政放权要求，结合征地移民任务已经临近尾声、正在开展验收的实际，对征地移民国控预备费审批权限做出调整：原由国务院南水北调办负责审批的国控预备费，其中由地方政府负责实施的，调整为由省级主管部门负责审批，报项目法人备案；由项目法人实施的，调整为由项目法人自行审批。

同时，经商国家文物局对南水北调工程建设文物保护国控预备费审批权限进行调整，调整为由省级文物行政部门审批，经省级征地移民主管部门，报项目法人备案。

（二）丹江口水库移民总体验收工作方案编制研究

按照《南水北调丹江口水库大坝加高工程建设征地补偿和移民安置验收管理办法（试行）》规定，完工阶段的库区移民验收分为大坝加高蓄水前验收和总体验收两个阶段，均分为县级自验、省级初验、终验三个验收程序。2013年8月，国务院南水北调办组织完成了丹江口水库移民蓄水前验收工作。2014年12月12日，南水北调中线一期工程正式通水，按照国家基本建设程序要求，需及时开展丹江口水库移民总体验收工作。为此，征地移民司组织开展了丹江口水库移民总体验收工作方案编制研究。按照国家有关规程规范并结合丹江口水库移民工作实际，对验收条件、验收范围、验收内容及评定标准、验收程序、验收方法等方面进行深入分析研究，制定了丹江口水库移民总体验收（终验）工作方案。2015年12月，国务院南水北调办以《关于印发南水北调工程丹江口水库移民总体验收（终验）工作方案的通知》发有关单位，供在验收工作中使用。

（三）预防和处置征地移民群体性事件研究

南水北调工程预防和处置征地移民群体性事件研究是一项延续性课题。丹江口库区移民搬迁完成后，主要面临着稳定和发展问题。发展是稳定的基础和保障，发展的关键是移民的生产发展和就业增收。围绕库区移民就业渠道、收入结构和社会融入度等，实地调查库区河南、湖北两省39个移民村517户2573人的收入支出、培训就业、产业发展等情况，研究增加移民群众收入、促进库区移民群众稳定发展的对策措施，为库区移民后续安稳发展提供政策参考。

（四）南水北调工程通水后干线征迁安置有关问题研究

根据南水北调东、中线一期工程均已通水的新形势，全面深入梳理干线征迁安置遗留问题，结合沿线群众的新诉求，研究分析干线征迁安置遗留问题是否对工程运行产生影响及影响的程度。通过对临时用地复垦退还、被征地群众生产安置、干渠沿线连接路恢复、用地手续办理、征迁专项验收等方面的问题研究，总结经验，为干线工程征迁安置遗留问题提供对策，指导沿线各省开展工作。

（王　琦　潘书峰）

管理和协调工作

（一）库区方面

1. 移民工作定期商处

2015年9月，征地移民司组织召开南水北调工程丹江口库区移民商处会，传达贯彻落实中央领导关于南水北调丹江口库区移民工作有关指示精神，沟通协调库区移民项目扫尾、验收计划、生产发展、维护稳定、政策研究、移民宣传等工作进展，同时，对丹江口水库移民后续帮扶发展规划编制工作中存在的政策和技术等方面的问题进行讨论研究。

2. 督促遇真宫复建进度

遇真宫宫门顶升完成后，受施工方案及进度安排的影响，遇真宫地面文物复建工作尚未全面开展，对库区移民总体验收工作进度可能产生影响。与国家文物局多次协调，沟通整体验收计划，督促湖北省文物局尽快研究确定基础设计方案，加快遇真宫文物复建进度。2015年10月底，遇真宫地面文物复建工程开工，预计2016年底基本完成。

3. 协调指导移民帮扶工作

一是继续协调督促库区河南、湖北两省落实移民后扶政策，做好移民帮扶发展和移民村社会治理创新工作。湖北省组织开展了丹江口水库移民安稳发展示范工程建设，重点建设10个移民安稳发展重点村，培育50个移民专业合作社和100名移民致富带头人，并在全省推广“一站三民”的移民村社会治理创新模式。河南省继续实施“强村富民”发展战略，编制完成了208个移民村发展规划，筹集了移民后期扶持资金和其他资金近2亿元向丹江口库区移民倾斜，并制定了《关于进一步深化移民村社会治理创新工作的指导意见》，形成“两委”领导、“三会”协调、移民主体、社会组织参与、法制保障的移民村社会治理新体系，规范工作管理，及时解决移民有关问题，进一步巩固和推进移民村社会治理创新工作。

二是积极配合国家发展改革委、财政部联合开展河南省淅川县九重镇南水北调移民村产业发展试点工作调研，多次与有关部委和河南省沟通协调试点方案编制工作，并于10月30日配合国家发展改革委、财政部批复实施试点方案。试点范围包括淅川县九重镇桦栎扒等8个南水北调移民村，试点建设项目包括中药材、林果种植基地以及渠首移民村生态旅游等，总投资1.2亿元。

三是组织开展移民村生产发展专题宣传活动，在《中国南水北调报》设立“巡展系列”专栏，每期选择一个生产发展较好的移民村展示发展成果，河南、湖北两省交替宣传报道，每期按时发送至每个移民村，2015年共完成22期。通过专题宣传活动，较好地促进了两省之间以及各移民村之间的干部群众学习交流，增强了移民村经济发展信心，拓宽了生产发展思路。

（二）干线征迁方面

1. 督导征迁扫尾

协调新增用地提交。根据中线尾工建设的需要，协调河南省移民办排除困难干扰，及时提交新增用地。对存在工程方案未定、设计补偿清单未出具、征地补偿资金未到位等问题的征地，加强与现场的信息沟通，中线建管局尽快确定方案，河南省移民办保障用地。

督办尾工征迁任务。2015年5月，国务院南水北调办通知明确48个尾工项目为督办任务，其中涉及征迁任务21项，影响安全防护网、截流沟和十里河安全防护的尾工建设。

5月19~22日，国务院南水北调办征地移民司与建设管理司组成联合督导组，对河北、河南两省剩余尾工建设进展情况进行检查，并在邯郸市和郑州市召开了尾工建设协调会，对存在问题进行现场协调，提出解决方案和措施安排。河北省南水北调办、河南省移民办及各责任单位努力落实，使征迁督办事项全部及时处理。

2. 部署解决遗留问题

2015年11月，国务院南水北调办在南京召开南水北调干线工程征迁工作会，以确保东中线工程平稳运行为目标，围绕干线征迁工作主要任务和存在的问题进行分析讨论，研究提出解决有关征迁遗留问题的措施建议，对重点工作做出部署。

针对工程通水后仍有遗留问题影响群众生产生活的情况，印发《关于集中排查南水北调东、中线一期工程影响沿线群众生活有关问题的通知》，组织沿线征迁部门以切实解决问题、消除隐患为目标，集中开展梳理清查。对排查发现的问题，建立台账、明确责任单位和责任人、提出解决方案和完成时限，逐一销号。

3. 加强临时用地退还工作

2015年1月初，南水北调东中线一期工程未退还临时用地面积为5.58万亩，其中河南4.98万亩，湖北汉江中下游治理工程0.5万亩，河北0.1万亩。工作中以中线河南为重点，督导中线建管局发挥项目法人作用，充分利用已有的工作机制和奖惩措施，更新临时用地退还台账数据，明确完成时限，落实具体责任单位和责任人。对个别问题较大的地块，多次现场督促，召集协调，研究解决。9月23日在郑州召开临时用地退还协调会，研究确定解决方案，加快复垦退还的实施工作。经过各项目法人和沿线征迁机构的努力，截至2015年12月底，全年共返还临时用地5万亩，其中湖北汉江中下游治理工程0.5万亩，河南返还4.48万亩，河北0.011万亩。

（三）建设用地管理

针对河北、河南、湖北三省因耕地占补平衡困难影响用地手续办理的问题，国务院南水北调办与国土资源部反复沟通协调，争取支持。国土资源部于今年9月提出了新的解决方案，并征得国家发展改革委、财政部、法制办和相关省同意。该方案上报国务院后，获得国务院领导同意，河北、河南、湖北三省已按照新方案开展用地组卷工作。

（王　琦　潘书峰）

信访稳定工作

2015年2月，国务院南水北调办印发《关于开展南水北调工程征地移民矛盾纠纷排查化解活动维护社会稳定的通知》，对全年库区移民和干线征迁维护稳定工作做出部署。库区两省和工程沿线各省（市）积极开展征地移民矛盾纠纷排查化解专项活动，确保征地移民稳定。

库区方面，湖北省集中3个月时间开展了“矛盾纠纷排查化解专项活动”，通过采取现场联合办公、专案办理等不同形式，有的放矢、实事求是地加以化解。共排查449件（其中库区176件、273件），与去年数量相当，主要反映争当移民、土地质量和水利配套设施、非农移民争享农村移民政策、线上留置人口、外迁移民线上资源补偿、生产发展困难6个方面的问题，绝大部分已经解决，但反映维稳压力较大。河南省把化解矛盾问题作为库区移民信访工作的重心，有针对性的开展矛盾问题专项排查化解活动，重点排查移民人口核定、房屋建设、生产用地调整、补偿兑付等涉及库区社会稳定的搬迁安置遗留问题以及后期扶持政策落实情况。对于排查出的矛盾问题，实行领导包案制和责任追究制，合理制定化解方案。同时，加大对重点问题的督察力度，成立督察组，对重点问题进行跟踪督办，防止矛盾上交、推卸责任，

根据具体情况合理制定解决方案。河南省共排查各类矛盾问题90起，并已基本化解。

干线沿线各省重点排查解决临时用地复垦退耕、工程沿线连接路建设、征迁遗留问题处理、剩余补偿项目兑付、群众生产生活安置等方面的问题，维护工程尾工建设和通水运行的稳定环境。经排查，天津、安徽和湖北汉江中下游治理工程已无明显隐患；北京市协调解决了丰台区卢沟桥村搬迁户安置问题；河北省积极解决征迁遗留问题115个，从源头消除矛盾隐患；江苏省南水北调办会同省环保局、省交通厅海事局、省电力公司、江苏水源公司联合建立通水运行机制，通水运行方案和调度方案，成立了运行工作组，制定安全保障应急预案；山东省及时处理信访问题12个。

2015年12月，国务院南水北调办在北京召开南水北调工程征地移民维护稳定工作会，总结交流各地开展征地移民矛盾纠纷排查化解活动等工作成果，全面梳理征地移民方面可能存在的影响工程正常运行和社会大局稳定的矛盾隐患，研究部署相关工作，为东、中线一期工程平稳运行提供保障。

（王　琦　潘书峰）

监　督　稽　察

概　述

2015年是南水北调工程全线通水运行元年。以监督司和监管中心、稽察大队为主体的运行监管队伍始终把运行监管作为核心任务来抓，延续“三位一体”监管机制和“三查一举”监管方式，营造运行监管高压氛围。通过加强运行监管制度机制建设，严格检查和整改运管问题，突出监管重点和关键部位，加强重点时期的监督管控，对典型问题开展专项监管，严肃开展运管问题责任追究等措施，使运行监管体系逐步健全，制度不断完善，措施持续加强，手段更为全面，为东、中线一期工程平稳安全运行提供保障。

各省（直辖市）南水北调办积极适应转型发展，主动做好委托建设项目移交、验收等有关后续工作，努力推进配套工程建设，促进工程效益发挥。各工程管理单位进一步深化转型，完善运行管理制度机制、建立运行监管体系，开展运管问题自查自纠、问题整改和责任追究，紧盯重点项目运行安全，加强安全监测等专项工作，使工程形象面貌得到提升，功能更加完善，运行管理水平明显提高，有力保障工程效益发挥。

（魏　伟　赵　镝）

运　行　监　管

（一）运行监管工作方案

面对主要职能从工程建设质量监管转型到工程运行监管的新情况，监督司积极开展调研，研究制定工程运行监督检查工作方案。形成以问题为导向，以提升工程运行规范化、标准化为重点，完善运行监管制度，强化飞检、专项稽察、专项监管、重点监管等措施，发现问题、整改问题、责任追究、管理评价相配合的工程运行监管体系方案。

（二）制定运行监管办法

通过对东中两线、上下三级运管机构的调研，以及对重点建筑物、典型渠段的运行管理检查分析梳理，监督司会同监管中心、稽察大队，研究出台了《南水北调工程运行管理问题责任追究办法（试行）》，并在全系统组织了横向到边、纵向到底的宣贯。办法的制定为运行监管工作提供了制度依据，也为工程运行监管制度体系建设奠定了基础。

（三）重点项目专项监管

通过对东、中线工程重点建筑物和典型渠段运管情况调研和分析，组织编制印发《关于加强南水北调东、中线一期工程重要建筑物和典型渠段工程运行管理监督检查的通知》，确定东、中线26座重要建筑物和中线5种类型11段典型渠道为重点监管项目，同时明确了重点项目部位、重点检查内容、组织分工和工作要求。组织工程管理单位对重要建筑物、典型渠段工程运行管理问题开展自查自纠，发现运行管理问题并组织整改。对重点项目进行重点监管，延续了工程建设期质量监管的有效方式，合理配置监管力量，充分发挥监管效能，有效控制运管风险，保证工程平稳运行。

（四）重要时期专项督管

根据工程运行管理年度周期特点，为克服节假日期间工程运行管理可能出现的麻痹松懈思想，在劳动节、端午节、国庆节等重要节假日期间和夏季汛期、冬季冰期等输水安全关键时期，专门发出通知，要求工程管理单位制定相应工作方案和应急预案，强调加强值班值守、工程巡查、工程设施维护管理、防汛防冻措施、应急事件处置和运行安全责任等。同时，在节假日期间全面下沉监管工作重心，保持运行监督检查重要时期不间断，对重点监管项目强化运行元年监管工作的高压态势，警示全线各级运管单位强化岗位意识和责任意识，消除安全隐患，保障输水安全。

（五）典型问题专项监管

针对运管初期问题较为典型和集中的情况，开展专项监管、专项督办，明确责任单位和整改时限。针对专项稽察和运行飞检中发现的较为集中和严重的中线工程金结机电类、自动化类、供配电类、安全监测类问题，开展专项监管，组织研讨，系统分析问题产生的原因，落实整改责任。通过专项监管和专项督办，探索建立了分专项、分区段的运行监管和问题处置模式，丰富了运行监管体系。

（六）飞检稽察

办领导带队先后开展了30多次飞检和运行检查。稽察大队实施全面飞检共计141组次，共发现问题4377项；监管中心紧盯关键，对金结机电及相关自动化、安全监测、供配电系统工程组织开展专项稽察和专业稽察，共发现典型问题925项。紧盯质量问题和运行管理问题整改，各类问题总体整改率达85%。

（七）责任追究

落实《南水北调工程运行管理问题责任追究办法》和运行监管机制，严格执行问题会商和责任追究程序。先后召开月度运行监管会商会4次，印发运行监管会商快报4期。组织实施即时或季度责任追究4批次，约谈一级管理单位5家·次、二级管理机构7家·次。

（八）总结评价

为分析评价南水北调工程运行管理工作情况，组织开展2015年南水北调东、中线一期工程运行管理评价，要求工程管理单位对工程运行管理情况进行总体分析评价，对运行管理重点部位、重点内容进行重点评价。评价结论为：东、中线干线工程实现了安全平稳供水目标，工程结构安全、水质安全，工程运行管理总体优良。

（九）监管宣传

借助中国南水北调网站、中国南水北调报和南水北调手机报的宣传平台，在《南水北调工程运行管理问题责任追究办法（试行）》出台、加强节假日运行监管、运管问题会商和责任追究机制形成等关键节点，通过记者实地采访、提供相关素材、访谈介绍情况等方式，全方位、有深度地开展运行监管宣传，向全系统宣示办公室加强工程运行初期监管工作的思路、措施和高压态势，对工程运行监管机制发挥其应有作用，起到了良好的促进和推动作用。

（熊雁晖　赖斯芸）

质　量　监　督

（一）质量监督管理

2015年5月，南水北调工程建设监管中心（以下简称监管中心）在北京组织召开了2015年质量监督系统工作会。会上对2015年的质量监督和运行监管工作进行了充分讨论，明确了转型期质量监督站点工作的新增职责，提出了工程通水运行管理的监管巡查内容和要求，会后印发了会议纪要，要求各质量监督机构贯彻落实。2015年8月，监管中心印发了《关于加强运行监管工作有关事项的通知》（监管综〔2015〕29号），进一步规范和细化了各质量监督机构的运行监管工作。

（二）质量监督专项巡查

2015年度，监管中心组织开展了6组次质量监督专项巡查，分别对中线干线工程度汛风险源、黄河以北工程质量问题整改情况、自动化控制及安防系统建设情况开展了监督检查。专项巡查发现的问题，现场已告知有关单位组织进行整改。

（三）运行监管工作

1. 编制运行监管工作方案

为确保中线一期工程安全运行，做好运行监管工作，监管中心针对中线干线工程可能存在的重大风险项目（主要指一旦发生可能造成巨大影响、事前不易发现、事后不易处理的风险隐患）进行了现场调研、专家咨询、实地踏勘，共选取了12处风险项目，编制了中线工程运行风险项目监控方案。10月10日开始，监管中心又将国调办监督〔2015〕131号文件涉及的重要建筑物、典型渠段和枢纽工程也纳入了运行监管重点项目，进一步完善了工程运行监管工作方案，明确了运行监管工作要求。各现场质量监督机构每周对辖区内的风险项目开展一次检查，并实行每周零报告制度。

2. 运行监管巡查工作

在各质量监督站点每周开展风险项目检查的基础上，监管中心组织开展了9组次运行监管专项巡查，重点对天津干线工程通水运行情况、12处风险点、山东段工程、湖北段工程的运行情况以及中线干线工程沿线垃圾场及污水点情况开展了专项巡查。检查发现的问题，现场已要求相关单位组织整改。

3. 风险点无损检测工作

在质量监督站点检查和专项巡查基础上，监管中心挑选10处风险项目委托了专业检测单位，针对重点建筑物周边、高填方、膨胀土渠段运行期土体填筑变化情况开展了无损检测工作。2015年完成了两轮检测，检测发现疑似问题均不是急需处理的严重问题，需在后续检测中对比变化情况再进一步分析填筑质量情况，已要求现场监督站点和运行管理单位对疑似部位加强巡视检查。

（四）工程验收核备工作

按照《南水北调工程质量监督导则》的相关要求，各质量监督站点继续对项目法人负责的分部验收、单位验收和合同验收等进行了监督检查，对有关验收签证书（鉴定书）进行了核备。

（五）质量监督报告修编工作

在2014年度工程通水验收提交的《质量监督报告》基础上，各质量监督站点依据2015年度工程尾工施工情况，验收遗留问题整改情况，分部验收、单位验收和合同验收核备情况等，对各设计单元工程《质量监督报告》进行了修改完善，积极做好设计单元工程竣工（完工）验收的准备工作。

（六）质量监督资料整编工作

按照《南水北调工程质量监督导则》相关要求，监管中心研究制定了质量监督机构档案资料分类和编号原则，在12月底完成了各直属站点第一轮资料整编工作。

（宋海波　常　跃　梁　祎）

质 量 认 证

2015年，监管中心根据工程运行的实际情况，开展了南水北调中线工程安阳段地质勘探复查和中线穿黄工程检修复核工作。

（岳松涛　胡　玮）

专业、专项稽察

2015年，受国务院南水北调办各业务司委托，监管中心组织实施专项、专业稽察14组（批）次，其中专项稽察10组次、专业稽察4批次。

（一）专项稽察

2015年，监管中心紧盯工程运行管理，先后开展机电金结、供配电、安全监测及相应自动化专项稽察及复查10组次，覆盖中线干线45个运行管理处所辖的64座节制闸及泵站、103座中心开关站及相应降压站、4座保水堰、26座渡槽（隧洞）等典型渠段、重点项目及关键部位。

（二）专业稽察

受投计司委托，2015年监管中心组织专家对鲁山南1段、方城8标、方城9标、2014年下半年第1批合同变更索赔事项开展专业检查、复查4批次。其中，对鲁山南1段工程合同变更索赔项目进行全面核查，变更依据及程序方面检查90项，计量方面检查75项，定价方面检查51项。

（李笑一　高立军　谢智龙）

举报受理和办理

2015年举报受理工作延续建设期的做法，并根据工程运行期特点，由重点受理工程建设质量问题举报转为重点受理工程运行管理问题举报。对于涉及工程运行管理可能对平稳通水带来直接影响的举报事项，开展组织调查；对于涉及工程质量、治污环保、征地移民、建设环境等其他举报事项，进行分类处理。举报受理工作平稳有序开展，在引导社会监督、消除工程隐患、维护运行环境、保障平稳运行上发挥了有效作用。

2015年共接收来电信息274个、邮件信息52封，总信息共计326项，其中有效举报事项62项，涉及运行管理类1项、工程质量类2项、治污环保类2项、征地移民类21项、建设环境类36项，按举报事项内容分类分别转由省市南水北调办、移民机构、工程管理单位组织调查处理并反馈结果。经调查，属实或基本属实35项，均纳入“三位一体”月度会商。对于部分调查反馈不属实的举报事项，及时开展复核工作。

通过对2015年举报事项进行分析，总体上呈现出数量减少、类型集中、属实率高、难度增大四个特点。根据举报受理工作情况，编制《南水北调工程建设举报情况简报》6期和《2015年举报受理工作档案》。

（李笑一　高立军　王文元）

稽察专家管理

2015年，根据稽察专家管理有关规定，监管中心对稽察专家库实行动态管理、优化更新，增加了金属结构、机电、供配电系统、安全监测、自动化控制等方面专家。

2015年，监管中心在实施各类监督稽察工作中，派出稽察专家53人次。现场实施过程中，稽察专家克服气候、身体、家庭等诸多困难，充分发挥技术优势，以标准为准绳、以事实为依据、以查帮促，圆满完成各项稽察任务。

（李笑一　高立军　谢智龙）

制 度 建 设

2015年南水北调工程从建设期转入运行

期，根据工程运行期特点，制定相应的运行监管制度，狠抓运管问题检查和整改，为工程平稳安全运行提供制度保障。

在建设期已有规章制度的基础上，健全和完善了运行监管制度，组织制定《关于印发<南水北调工程运行管理问题责任追究办法（试行）>的通知》（国调办监督〔2015〕105号）、《关于加强南水北调东、中线一期工程重要建筑物和典型渠段工程运行管理监督检查的通知》（国调办监督〔2015〕131号）等运行监管制度。

《南水北调工程运行管理问题责任追究办法（试行）》为规范南水北调工程运行管理，确保工程运行安全，根据《南水北调工程供用水管理条例》、国家有关法律法规、规程规范、技术标准和国务院南水北调办有关工程运行管理的规章制度等制定，从严监管工程管理单位运管工作。

《南水北调工程运行管理问题责任追究办法（试行）》分5章、19条，明确了工程运行管理问题责任追究主体、运行监督管理职责、监督检查方式、运行管理问题分类和严重等级、责任追究方式和标准。

《关于加强南水北调东、中线一期工程重要建筑物和典型渠段工程运行管理监督检查的通知》（国调办监督〔2015〕131号）为确保南水北调东、中线一期工程平稳运行，加强对重要建筑物和典型渠段工程运行管理的监督检查，确定了重点项目和检查内容，明确了组织分工，提出了有关工作要求。

《关于切实加强南水北调工程运行监管确保工程安全的通知》（国调办监督函〔2015〕26号）、《关于切实加强“两节”期间南水北调工程运行监管工作的通知》（综监督函〔2015〕270号）、《关于加强南水北调工程冬季运行监管工作的通知》（综监督函〔2015〕351号）针对重要节假日期间和输水安全关键时期，强调加强运行管理，制定相应工作方案和应急预案，对值班值守、工程巡查、工程设施维护管理、防汛防冻措施、应急事件处置和运行安全责任等方面提出要求。

（赖斯芸　熊雁晖　王文元）

其 他 工 作

（一）运行监管会议

（1）运行监管工作会。2015年6月4日，国务院南水北调办在郑州组织召开南水北调工程运行监管工作会。蒋旭光副主任出席会议并讲话。会议研究部署工程运行监管工作，宣示了办公室从严实施运行监管的态度，充分听取了各省市南水北调办、项目法人关于运行监管工作的想法，达到了统一思想，提高认识，明确任务、落实措施的目的，形成了运行监管工作的基本思路。

（2）运行监管专题工作会。2015年7月10日，中线工程金结机电及相关自动化运行监管专题工作会在郑州召开。会议通报、研讨了检查发现的金结机电及相关自动化问题，研究提出问题整改措施。落实了运管、制造、设计等单位的整改责任，形成了《中线工程机电金结及相关自动化运行监管专项问题整改意见》，对问题全面排查和整改工作进行了专项部署，要求严格落实责任，及时完成排查和整改任务。

（3）质量专项监管工作会议。2015年12月23～25日，南水北调工程质量专项监管工作会议在武汉召开，对2015年工程运行管理工作进行评价、总结。根据2015年工程运行监管工作总体部署，通过完善运行监管制度体系和管理机制，明确运行监管责任，落实责任追究机制，梳理运行监管重点，加强管理，增强防范，落实运行监管措施，进行高效监管，加强运行值守和巡查监督等措施，推进了运行管理规范化、标准化，确保了工程平稳安全运行。

（二）财政项目

按照国务院南水北调办总体工作部署和南

水北调工程质量及运行监管工作总体要求，为总结质量监管工作和拓展运行监管工作，不断提高工作成效，国务院南水北调办申请了“南水北调工程安全生产及质量管理”财政项目。

（1）南水北调渠道工程质量专项监管分析评价及通水试运行管理期质量监管措施研究，总结分析南水北调渠道工程建设存在的主要运行问题，系统梳理南水北调渠道工程运行监管措施，综合评估运行监管措施的实施情况和成效，分析运行监管措施，研究分析监管措施的针对性和有效性，科学评价工程运行管理目标、措施和方法、体系和机制、制度和运行监管成果。

（2）建筑物工程质量专项监管分析评价及通水试运行管理期质量监管措施研究，系统梳理南水北调建筑物工程质量监管措施，总结分析多年来建筑物工程建设存在的主要质量问题，综合评估建筑物工程质量监管措施的实施情况和成效；研究分析监管措施的针对性和有效性，科学评价质量管理目标、措施和方法、体系和机制、制度和质量监管成果，保证南水北调工程在这一转型期的安全运行。

（3）全面、系统搜集整理和分类汇总2015年南水北调质量监管工作资料，并按要求进行档案化管理，完成2015年度南水北调质量监管专项档案。

（熊雁晖　庆　瑜　杨　卫）

技　术　咨　询

专家委员会工作

国务院南水北调工程建设委员会专家委员会（以下简称专家委员会）2015年以确保工程安全平稳运行为目标，准确把握工程转型期的特点，调整工作思路，创新工作方法，充分发挥技术优势，紧紧围绕事关南水北调工程运行安全、水质保护和后续工程推进等方面的技术问题，积极主动开展技术咨询、专题调研等工作，全年共开展了23项活动，其中专题调研5项，技术咨询7项，专题评审1项，专题研究4项，综合工作6项。

（胡　玮　冯晓波）

技术咨询与评审

2015年，专家委员会针对运行安全、水质保护、移民后扶和后续工程推进等方面工作，对重点工程建筑物技术问题、重大关键技术研究成果及实施方案、运行管理方案等开展了综合性的技术咨询和评审，先后开展了技术咨询、评审8次，主要有：

（1）中线工程安全风险评估项目研究方案技术咨询。

（2）丹江口大坝加高后蓄水安全监测技术咨询。

（3）中线工程安全风险评估项目实施方案技术咨询。

（4）中线一期工程供水安全保障对策研究工作大纲技术咨询。

（5）《南水北调中线干线工程重点建筑物安全监测成果分析报告》技术咨询。

（6）南水北调中线干线工程典型渠段2015年通水运行期安全监测成果分析技术咨询。

（7）南水北调东线后续工程对东线工程综合效益影响分析研究咨询。

（8）南水北调中线干线工程输水计量关键技术研究项目成果评审。

（胡　玮　冯晓波）

工程检查评价与专题调研

专家委员会针对中线防汛工作、中线水源区通水运行水质保护工作、东线通水运行水质保护工作、中线北京段PCCP管道工程运行情况、中线穿黄隧洞工程运行情况等，主动进行了5项调研工作，主要有：

（1）南水北调中线工程防汛工作调研。

（2）南水北调中线工程水源区通水运行水质保护工作调研。

（3）南水北调东线工程通水水质保护工作调研。

（4）中线干线北京段PCCP管道工程运行情况调研。

（5）中线穿黄隧洞工程运行情况调研。

调研中专家组通过深入工程现场和一线，听取汇报、座谈讨论等方法，深入细致的进行了调研，提出了意见和建议，提交了调研报告，有力地促进了工程运行管理。

（胡　玮　冯晓波）

专　项　课　题

（1）专家委员会组织开展了“南水北调工程渠道位移变形安全监测技术”项目研究，主要是对变形监测中涉及的相关技术问题进行研究，如监测参数确定、测点布置方案及安装防护、极限状态参数与预警值分析、监测传感技术及测量精度试验、监测数据传输和数据库技术等。

（2）专家委员会组织开展了“南水北调工程中线渠道运行安全状况研究”，主要是对重点渠段结构安全资料、运行期状况开展调研分析，最终对重点渠段运行工程安全状况进行评价。

（3）专家委员会开展了“南水北调工程水环境保护技术”专题研究，主要对国内外水环境保护技术调研与技术适应性进行分析，对南水北调工程水环境保护技术进行研究，提出适合于南水北调工程东、中线水环境的技术对策与建议。

（4）专家委员会开展了“南水北调中线干线丹江口库区移民安置后续问题”专题研究，主要对移民概况、特点、突出问题、解决方案和对策建议进行研究，通过研究形成南水北调中线工程丹江口库区移民安置更为系统的意见，为科学决策提供技术支撑。

（胡　玮　冯晓波）

关键技术研究与应用

概　　述

国务院南水北调办始终把科技工作放在突出位置，积极抓紧抓好重大专题及关键技术研究。2015年，积极组织开展“十二五”国家科技支撑计划、国家重大水专项等科研项目的专题研究，指导课题承担单位开展技术攻关，督促指导项目法人和研究单位结合工程建设实际，加快研究步伐，及时转化研究成果，为工程建设和运行、水质保护和监测提供技术支撑，为顺利实现南水北调中、东线有序运行的建设目标提供了技术保障。

（白咸勇　范乃贤）

重大专题及关键技术研究

（一）“十二五”国家科技支撑计划“南水北调中线工程膨胀土和高填方渠道建设关

键技术研究与示范”项目

“十二五”国家科技支撑计划“南水北调中线工程膨胀土和高填方渠道建设关键技术研究与示范”项目立足于当前施工中面临的亟须解决的技术难题，为工程顺利建设提供技术支撑。重点是结合不同地段的地质条件、施工特点，以及工程施工进展情况，开展有针对性的技术攻关，提出解决问题的具体技术措施和方案，保证工程顺利建设，为工程按期完成通水目标提供了强有力的技术支撑。此外，还为解决国内膨胀土和高填方渠道工程等同类问题提供了一定的技术储备和借鉴，同时全面提升了我国复杂条件下长距离引调水工程技术管理水平。

2015 年，通过国务院南水北调办、各课题单位及各项目法人的精心准备和共同努力，顺利通过了科技部组织的国家项目验收。项目全面完成了任务书规定的各项考核指标，执行情况良好，研究成果及时转化应用到工程建设一线，如施工期膨胀土开挖渠坡稳定性预报技术、强膨胀土（岩）渠道处理技术、深挖方膨胀土渠道渠坡抗滑及渠基抗变形技术、膨胀土渠道防渗排水技术、膨胀土水泥改性处理施工技术、高填方渠道建设关键技术、膨胀土渠道及高填方渠道安全监测预警技术等，解决了南水北调中线工程膨胀土及高填方渠道建设面临的诸多重大技术问题，保证了工程建设质量和进度，保障了工程按时竣工和通水运行，同时部分成果在其他水利工程建设中得到推广应用。项目共取得了如下一批科研成果，其中：取得新产品、新材料等 5 项；发表科技论文 71 篇，其中向国外发表 9 篇，出版科技著作 4 部 144 万字；申请国内专利 26 项，其中申请发明专利 14 项；获得国内专利授权 16 项，其中获得国内发明专利授权 5 项；成果应用数 22 项；取得博士学位 4 人，取得硕士学位 19 人。

（二）国家科技支撑计划“南水北调中东线工程运行管理关键技术及应用”项目

2015 年，国家科技支撑计划“南水北调中东线工程运行管理关键技术及应用”项目顺利通过了科技部的正式立项，项目下设“南水北调东线工程泵站（群）优化调度关键技术集成与示范”、“南水北调河渠湖库联合调控关键技术研究与示范”、“南水北调中线干线工程应急运行集散控制技术研究与示范”、“南水北调工程混凝土病害防治关键技术研究与示范”、“南水北调平原水库运行期健康诊断及防护技术研究与示范”、“南水北调河道疏浚泥堆场综合处置关键技术研究与应用”、“南水北调大型跨（穿）河建筑物运行风险识别和预警关键技术研究与示范”7 个课题。及时组织开展了项目启动、研究工作，项目立足于当前工程运行中面临的亟须解决的技术难题，为工程顺利运行提供技术支撑。重点是结合南水北调中东线工程特点、运行情况，开展有针对性的技术攻关，提出解决问题的具体技术措施和方案，为工程安全、平稳、高效运行提供强有力的技术支撑。

（三）国家重大水专项“南水北调工程水质安全保障关键技术研究与示范项目”

2015 年，“南水北调工程水质安全保障关键技术研究与示范项目”以南水北调工程水质安全保障为核心，污染物控源减排和清洁流域建设为重点，跨地区水污染联防联控为手段，采用点面结合和“防”“治”结合模式，构建了集仿真模拟、应急预警、溯源预测、应急调控、应急处置于一体的“南水北调中线一期工程水质水量联合调控自动化运行平台”和“南水北调东线一期工程江苏段水质水量联合调控系统平台”，目前两个平台均研发完成，并分别安装在南水北调中线干线工程建设管理局总调中心大厅、汉江水利水电（集团）有限责任公司水库调度中心和南水北调东线江苏水源有限责任公司数据中心。

（四）国家科技支撑项目“南水北调中线工程水源地及沿线水质监测预警关键技术研

究与示范”

2015年9月24日，国家科技支撑项目“南水北调中线工程水源地及沿线水质监测预警关键技术研究与示范”顺利通过了项目技术验收及财务验收。

（白咸勇　张　晶　李纪雷）

国际合作与交流

概　述

2015年，国务院南水北调办深入贯彻落实中央外事规定和中央外事工作会议精神，加强制度建设，严格外事纪律，完善工作体制，进一步规范外事管理工作。紧密结合工程建设管理及运行管理需求，开拓思路，领会政策，积极开展国际交流与合作，为办公室中心工作提供支撑。国务院南水北调办领导高级访问团有序开展，接待了澳大利亚副部级代表团的来访。

（普利锋　刘德莉　管玉卉）

外事工作管理

2015年，国务院南水北调办采取有效措施，进一步提升因公出国（境）工作管理水平。严格执行部级人员因公临时出国指标限量管理规定，对司局级（含）以下团组因公临时出国（境）实行计划管理；严格遵守中央和南水北调办外事管理规定，按照因事定人、人事相符、预算先行的原则审核、报批、安排出国（境）团组，不安排照顾性和无实质内容的一般性出访，不安排考察性出访，不安排无实际需要的国外培训；坚持按照“活动实、日程满、安排细”的原则组织安排出访团组，确保团组出访质量。

（普利锋　刘德莉　管玉卉）

重要外事活动

（一）来访

2015年9月，澳大利亚环境部副部长大卫·帕克率代表团考察了南水北调中线工程北拒马河暗渠节制闸，国务院南水北调办向其介绍了南水北调中线工程建设情况及初期运行情况。

（二）出访

2015年10月，应智利公共工程部、秘鲁农业与灌溉部的邀请，经国务院批准，国务院南水北调办副主任蒋旭光率团出访智利和秘鲁。期间，蒋旭光副主任同智利公共工程部，秘鲁农业与灌溉部等政府机构进行了深入会谈，实地调研了智利塔纳-秦巴罗格渠道和秘鲁马赫斯-西瓜斯调水工程，深入了解了两国水利工程建设管理体制和运行机制，吸收和借鉴两国在水资源配置、水污染防治、水价机制、水业市场化等方面的政策法规、创新技术、经济措施和现代化管理经验。代表团向两国同行和我驻外使领馆介绍了中国南水北调工程建设及初期运行情况。

（普利锋　刘德莉　管玉卉）

新闻宣传

概述

2015年，按照办党组工作部署和加强宣传工作的要求，紧紧围绕工程通水运行，深入宣传工程建设成果和工程效益，展示工程建设取得的重大成就，为南水北调工程营造了良好舆论氛围。

（何韵华　张　栋）

宣传工作

（一）工程节点新闻宣传

针对东中线全线通水运行的新形势，及时研究并印发《2015年南水北调宣传方案》，围绕南水北调工程会议，接水节点，工程验收、配套工程进展，全线通水元年等时机，精心策划，周密安排，做好专题宣传。组织22家媒体参加了南水北调工作会议专题宣传，召开了新闻通气会，中央主要媒体从多个角度、不同层次进行宣传报道。

（二）社会宣传

组织京津市民代表39人参加“金秋走中线 饮水话感恩”考察活动，同时邀请中央主要新闻媒体和北京、天津两市主要媒体记者21人全程参与、跟踪报道。此次活动媒体发出近30篇报道，并通过手机报、微信等新媒体进行宣传，对介绍南水北调工程建设成果和工程效益取得了较好的效果。

（三）宣传项目组织

继续推进纪录片播出工作，协助中央电视台制作播出纪录片《水脉》英文版，进一步扩大工程在国际社会的积极影响。《水脉》荣获第三届优秀国产纪录片及创作扶持项目优秀系列片，同名图书、光盘出版发行。协调出版《南水北调工程知识百问百答》、《南水北调工程建设新闻集（2014年卷）》，按照要求做好《中国南水北调工程建设技术丛书》编纂工作。

（四）文化宣传

协调中央电视台春节联欢晚会剧组，做好南水北调电影主题曲的推荐、配合等工作。2015年央视春晚舞台上，著名歌手韩磊和阿鲁阿卓联袂演绎《人间天河》，进一步加强了南水北调工程宣传。协调沿线做好“感动中国”候选人网络投票工作，赵久富获得“感动中国2014年度人物”称号。

（五）发布正面声音，营造良好氛围

结合工程实际，鄂竟平主任分别在《人民日报》、《财经国家周刊》发表了“南水北调成在‘三先三后’”专访文章。应中央和国家机关“强素质、做表率”读书活动主题讲坛邀请，鄂竟平主任做了题为《南水北调：资源配置的实践》的演讲，并公开发布。蒋旭光副主任在《光明日报》发表了署名文章“节水是南水北调的长期任务”。

（何韵华　张　栋）

信息工作

（一）信息工作

编辑《2014年南水北调大事记》。按照国务院要求，拟订2014年政府信息公开工作报告，并通过门户网站公布。门户网站及时发布南水北调方面的政府信息，全年共发布政府信息1710条，其中公共信息类信息1468条、建设进展类242条。按照国办部署，参加第一次全国政府网站普查工作，完成前期统计工作。

（二）舆情分析工作

与新华社合作加强网上舆情监控，总体

平稳。积极做好“两会”期间南水北调舆情监控、收集、编发等工作，得到鄂竟平主任、蒋旭光副主任的批示，并印发办领导和各司、各单位参考。结合南水北调工作实际，做好媒体舆情收集工作。

（三）社会舆情引导

进一步完善突发舆情事件的应对工作预案，妥善做好回应和引导工作。通过新华网建立了舆情监控、回应渠道，为舆情应对创造条件。

（四）公开相关信息

协调机关各司、直属各单位，及时发布工程建设、征地移民、治污环保等工作信息，满足社会公众的信息需求。规范政府信息公开工作签办流程，刻制政府信息公开专用章，并完成3起公开申请的受理工作。全年未发生政府信息公开领域内的行政诉讼、行政复议案件。

（何韵华　张　栋）

北京市新闻宣传

2015年是南水北调中线一期工程通水进京元年，北京市南水北调办按照国务院南水北调办《2015年南水北调宣传工作计划》精神，结合北京市宣传工作总体要求，组织开展系列宣传工作。社会各界对南水北调工程的社会价值给予高度认可，对工程建管运行的关注度和参与热情不断升温。

（一）内部宣传

加强信息管理，全年向国务院南水北调办、北京市委市政府报送信息53条，发布内外网信息3426条；设计制作北京市南水北调视觉识别系统，提升办公区域、工程设施及沿途的形象标识规范化水平；组织起一支素质过硬、责任心强的志愿服务队伍，较好地承担北京市南水北调展览、重要接待、大型科普的讲解任务。

（二）外部宣传

对外宣传分社会宣传和媒体宣传两个方面。社会宣传方面以“全面有效覆盖”为目标，坚持开放理念、打造精品平台、提升社会参与，通过“点、线、面”结合的方式实现对全市各区、各系统、对用水居民的全覆盖。其中，“首都博物馆南水北调中线工程展”展出4个月，接待各界参观32万人次，展览图录获班尼印制奖；联合八一电影制片厂推出影片《天河》，主题曲《人间天河》在网络和KTV的点击量稳步攀升；制作北京市南水北调纪录片《润泽京城》，出版纪实文学《血脉》和《我的南水北调梦》；团城湖调节池雪景画面入选冬奥会申办展示宣传片；配合组织“金秋走中线、饮水话感恩”市民代表走中线活动；“南水进京”被列为北京市“十二五”成就之一参加全市巡回宣讲；街道社区、民间协会企业等自发组织6万家庭开展通水纪念活动；将团城湖明渠广场打造为爱国主义教育基地，全年接待预约参观412批次、18 190人次。

媒体宣传方面以“传播正面声音”为目标，周周有新闻、月月有重点、节点齐报道，通过传统媒体和新媒体联动配合方式来主动发声，确保及时回应关切、舆情稳定可控，全年新闻报道零事故。累计刊发纸媒报道218条，一次转载量超过41 000条；视频报道110条，《他乡是故乡》等专题片社会反响良好；广播报道30篇，两会等关键节点时段均有南水北调声音；强化舆情监测，第一时间主动发声、回应“上游水质污染”、“调水成本高昂”等负面报道，传递南水北调正能量；组建新媒体平台，南水北调公益广告实现对地铁、商圈的100%覆盖。

（三）宣传效果

国务院南水北调办、北京市委市政府高度重视南水北调宣传工作，先后8次做出指示、批示。国务院南水北调办主任鄂竟平高度评价北京市南水北调宣传工作：“既为一域增光，又为全局添彩”。

北京市市长王安顺指出，北京市要“饮

水思源，管好、用好这宝贵的南来之水，引导全社会珍惜、节约、用好每一滴水”。

北京市委常委、宣传部部长李伟提出要组织好南水北调宣传工作，“同市南水北调办商量，共同组建宣传工作领导组织机构；统筹新闻处、广电局等单位提出工作计划和宣传方案”。

北京市领导夏占义在通水进京后，亲笔致信市委宣传部主要领导，指出各级媒体对北京市南水北调工作进行“大角度，高视野，全方位的报道，创造了积极向上的正能量，好氛围！引发中央、国外媒体，地方媒体的跟进与配合，令人振奋，令人鼓舞！宣传战线服务大局，凝聚力量的作风，望予表彰！我们将努力工作，把南水北调之水管好，用好，以此表达对你们的真诚谢意！”同时，要求全市南水北调建设者“把宣传部门对我们的支持转化成工作动力！”通水1周年期间，夏占义对节点宣传工作做出批示，“组织有力，成效显著。发挥了凝聚力量，鼓舞精神的正能量！望继续努力，只有做得更好，才能说的更好！”有关单位要“学习，借鉴！”

此外，全市各界、各部门对南水北调的认可度、支持度也显著提升，在项目前期、创先争优等各方面均给予重点支持；在全市机构编制收紧的情况下，“北京市南水北调宣传教育中心”通过市编办审批。这些成绩的取得，是国务院南水北调办坚强领导、科学指挥的结果，是社会各界认可和支持的结果，是各媒体、各单位、各部门扎实工作、团结拼搏的结果。

（田　枫）

天津市新闻宣传

紧紧围绕南水北调工程运行管理与工程建设并重的思路，制定2015年度南水北调宣传方案，充分利用《南水北调信息》刊物和新闻宣传途径，全面宣传报道天津市南水北调工程通水运行情况、管理情况和综合效益。全年共编发《南水北调信息》30期，为领导决策起到了参考作用。全年累计组织参加天津电视台、天津广播电台、天津政务网等专题访谈节目6次，累计在中央和天津市主要新闻媒体上刊发（播发）天津市南水北调新闻报道44条，其中在《人民日报》、新华社、中央电视台、中央人民广播电台、《解放军报》、《中国水利报》、中国水利网等中央媒体上刊登（播发）天津市南水北调相关新闻报道15篇，在《天津日报》、天津电视台、天津电台、《今晚报》、北方网等天津市媒体上刊登（播发）相关新闻报道29篇。积极配合国调办和中线局，协调市总工会、消费者协会做好市民代表看中线活动的组织协调工作，收到一致好评。紧紧抓住中线工程通水一周年的契机，做好中央媒体在津采访活动接待工作，并在12月28日通水一周年之际，在《天津日报》组织刊登南水北调通水一周年专版通信，全面总结了南水北调中线工程通水一年来的在津产生的综合效益以及运行管理措施，北方网同日今日头条转载该版报道内容，收到了显著的舆论宣传效果，受到市委市政府的高度重视，再一次掀起了南水北调宣传高潮。积极配合中国南水北调报，完成“聚焦运行管理元年”通信约稿和日常消息报送工作，及时准确地反映出天津南水北调工作动态、经验做法和取得的成效。

（刘丽敏）

河北省新闻宣传

2015年，是南水北调中线工程全面运行元年，河北省境内保定、石家庄、廊坊、沧州等市先后喝上引江水，配套工程建设成绩显著。按照国调办以及省委、省政府关于加强南水北调工程宣传的要求，河北省南水北调宣传战线全体同志齐心协力，奋发进取，再次掀起宣传高潮。

（一）新闻宣传

河北省南水北调宣传系统坚持把宣传作为统一思想、宣传群众、推动工作的重要手段，切实加强新闻宣传工作。据统计，2015年河北省在市级以上新闻媒体刊发新闻稿件240余篇，其中省级以上96篇。河北省南水北调办通过事先认真选题、策划、准备，先后组织省级媒体集中采访6次，邀请重点媒体采访20余篇。各市南水北调办在南水北调中线干线通水一周年之际，对通水盛况进行了大力宣传，对市内南水北调配套工程建设重要节点积极宣传报道。此外，河北省南水北调办还利用河北新闻网、河北省南水北调网等平台，开展了南水北调公益广告创意征集活动，收到各类作品441件。河北省南水北调宣传系统大力开展新闻宣传，及时向各级领导、社会大众传递了工程建设、通水用水最新情况，回应了社会对南水北调工程的关切。

（二）文化建设

2015年，河北省境内中线总干渠安全平稳运行，配套工程建设取得重大进展。为展示配套工程建设成果、人文风貌，展现工程对经济社会发展的积极影响，河北省南水北调办起草印发了关于加强配套工程文化建设的通知，统筹利用配套工程建设管理处、管理所、调压塔等场所，辟出一定区域空间，以文字、图片、视频等形式，作为对外宣传、展示成果的平台，开展工程成果形象展示和文化宣传活动。为了使各市、县人民政府对南水北调工程有更深入的了解，更进一步支持南水北调工程建设，河北省南水北调办按照张庆伟省长指示，集中购买《水脉》光盘，统一分发给了各市、县政府主要领导。另外，为了进行南水北调法规宣传，扩大社会影响，河北省南水北调办围绕《河北省配套工程供用水管理规定》，请专业队伍制作专题漫画30幅，制作成宣传册（画）向沿线社会进行宣传，有效促进了工程保护。

（三）编纂书志

南水北调中线干线已经通水，配套工程建设也即将结束。为了能给世人留存宝贵的工程建设史料，以传承社会、激励后人，河北省南水北调办积极编纂书志，留存史料。2015年，河北省继续打造《江水冀情》精品工程，在上一年制作播出河北南水北调工程建设纪录片的基础上，精选照片300余幅，精编插图文字2万余字，编辑完成了《江水冀情》画册；向社会各界征集完成南水北调各类文章281篇，并已开始文字修改编辑工作；组织召开河北省南水北调工程志编撰会议2次，各市南水北调办都在加紧开展南水北调工程志编撰工作。

（史光建）

江苏省新闻宣传

2015年，江苏省南水北调宣传工作紧紧围绕工程运行、重要会议、领导调研等重要契机，江苏省南水北调办、江苏水源公司统筹策划、借势宣传，为工程良性运行营造良好氛围。

一是制定宣传工作计划。研究制定了2015年度宣传工作计划，重点围绕工程建设成果和效益发挥引导全年宣传工作。二是抓好专项宣传。以年度向山东调水为契机，在江苏卫视、《新华日报》、《中国南水北调报》、江苏水利网等主流媒体进行专题宣传，并在江苏南水北调网开设调水专栏，建立调水运行微信工作群，动态展示调水运行情况、各地工作动态，借势宣传南水北调工程建设成果，累计发布各类信息105篇。三是认真做好舆情信息收集，积极收集南水北调相关舆情信息，2015年累计主动报送的舆情报告6期，报领导决策参考。四是做好信息简报工作。认真做好建设与管理月报、专报信息、政务信息的编发和报送工作，2015年累计编发各类信息近30期，通过畅通的信息渠道，使得上级领导和相关单位能够及时指导和了解江苏南水北调工程建设管理情况。五是开展南水北调建设与管理系列报道。围绕南水北调建设成果和效益发挥，组织有关单位就工程建设、征迁安置、治污环保、运行管理等方面开展宣传报道，在江苏水利网和南水北调网累计刊登报道16篇；以安全生产月为契机，围绕“加强安全法治，保障安全生产”主题，在南水北调网开展系列报道，累计刊登报道13篇。六是做好江苏南水北调网日常运行维护及升级完善工作。积极挖掘信息源，全年累计组织编辑发布了各类信息500余条，充分展现了江苏南水北调工程建设、运行管理现状以及国家和省热点水利、南水北调要闻。同时，结合全国政府网站检查的要求，积极完善新版网站运行中发现的问题，丰富内容，优化分类，及时更新，很好地展示了江苏南水北调工程整体形象。七是开展省政府门户网站“在线访谈”活动。赴省政府门户网站开展以“南水北调东线江苏段一期工程运行管理和效益发挥情况”为主题的在线访谈活动，访谈效果良好。

（王晓森）

山东省新闻宣传

2015年，山东省南水北调新闻宣传工作紧紧围绕工程运行管理中心任务，紧紧围绕《山东省南水北调条例》出台、主体工程安全运行、工程沿线安全保障、配套工程建设等工作重点，努力营造全社会关心支持南水北调的浓厚氛围，为通水运行管理创造良好的舆论环境。

（一）组织开展《山东省南水北调条例》颁布实施宣传活动

全国第一部关于南水北调的地方性法规《山东省南水北调条例》（以下简称《条例》）于2015年4月1日正式颁布，标志着山东省南水北调法制建设迈出重要一步。省政府新闻办4月3日，在济南举行新闻发布会，邀请山东省水利厅、省南水北调局主要领导介绍和解读《条例》有关情况，并回答记者提问。各级各类媒体刊播原创稿件50余篇，转载相关报道近500篇（次）。省南水北调局通过组织召开座谈会、研讨会、举办培训班等方式即时开展丰富多彩的宣传教育活动宣传贯彻，如：宣讲《条例》进机关、进单位，印制宣传材料进社区、进学校和村庄，录制《条例》音频在工程沿线循环播放，在沿线工程主要道路设置《条例》，有效提升了公众支持工程建设、爱护工程设施、保障通水运行的自觉性，为全社会关心支持南水北调依法管理运行营造了良好的舆论氛围。

（二）通水期间公益警示宣传工作

以确保工程沿线人民群众生命财产安全、促进通水顺利进行为目的，印制《山东省南水北调条例》禁止条款，并组织在工程沿线张贴和发放；设计印制适宜于中小学生阅览的、含有《山东省南水北调条例》等相关知识、安全警示事项的《练习本》15万余套，并组织发放给工程沿线所有中小学生，起到了引导公众支持工程建设、爱护工程设施，防范安全事故，保障通水工作顺利进行的作用。

（三）政务信息报送工作

利用省南水北调工程建设指挥部《工程动态》、《配套工程建设月（季）报》和省南水北调局内部刊物《每周要情》等信息平台，扎实做好系统内部信息宣传工作。全年共编发《工程动态》23期、《配套工程建设月（季）报》12期、《每周要情》48期，为各级领导及时了解主体工程通水、运行管理及配套工程进展情况提供参考。

（四）出版《脉动齐鲁—南水北调工程》丛书

丛书分为综合管理、前期工作、经济财务、征地迁建、工程技术、建设管理、水质保护、调度运行共八卷，361万字，全面记录了南水北调山东段工程建设历程，客观反映

了南水北调工程对山东省优化水资源配置、改善生态环境和人民生活条件、促进经济发展方式转变等方面发挥的重要作用，积极有效传承了南水北调文化。

（五）统一规范南水北调标识系统

根据国务院南水北调办《关于规范使用南水北调工程标志标识的通知》要求，完成了泵站、水库等节点工程的标示标牌制作工作，并在工程沿线及主要设施周边统一设置警示标牌，加强警示宣传，提升山东南水北调的整体形象。

（六）拍摄留存工程验收视频资料

组织有关人员赴工地现场拍摄资料片、参与采访取景十余次，并在通水运行期间对七级泵站（开机、全负荷运行）、主要输水河渠、三大水库蓄水等节点工程进行了实时跟踪拍摄，留存视频资料约200GB。

（邓　妍）

河南省新闻宣传

2015年，围绕工程运行管理、供水效益和水质保护等重点工作，加强宣传策划，坚持日常宣传与重点宣传相结合，组织媒体采访活动，加大宣传报道力度，弘扬主旋律，汇聚正能量，取得较好的宣传效果。

（一）组织新闻媒体开展供水效益采访活动

组织河南日报、河南电视台、广播电台、大河报等省内媒体到运行管理一线、受水水厂及居民家中进行深入采访，各个媒体从不同角度、不同侧面宣传报道南水北调工程通水以来对受水区居民饮用水水质改善的积极影响，以及南水北调工程发挥的生态效益和社会效益；与大河报联合组织全国都市报采风活动，全国40多家都市报参加这一活动，各个媒体从不同视角进行报道；配合国务院南水北调办组织开展中央媒体通水一周年效益宣传活动；加强与中央驻豫媒体的联系，及时提供信息，扩大宣传影响。全年省级以上各类媒体刊播河南省南水北调方面的报道500多篇，形成立体宣传模式，营造良好的舆论氛围。

（二）开展防溺水宣传教育

制订《南水北调总干渠沿线防溺水宣传方案》，组织3个流动宣传小组和宣传车，抓住暑假前夕重要时间节点，于2015年5月下旬至6月上旬到总干渠沿线各个村庄学校，入村入户入校入班开展防溺水宣传，张贴公告1.5万份，发放宣传页16万份，各地方媒体播放公益广告、电视滚动字幕、刊登防溺水警示等方式广泛宣传，达到家喻户晓、人人皆知，起到很好的宣传效果，杜绝溺水事件发生。

（三）突出开展重点宣传

在通水一周年之际，省南水北调办副主任李颖做客河南电视台新闻60分节目，就工程运行管理、供水效益、水质保护等方面进行全面深入的访谈，并在河南新闻联播、《中原午报》、河南新闻等栏目滚动播出；在《河南日报》刊发长篇通信《丹水滋润，万众开颜——我省南水北调中线工程通水一周年回眸》、《问水大渠首》、《丹江水如何顺畅到你家》等系列报道，以及《五年攻坚，水润中原》专版，全方位、多角度宣传报道南水北调工程建设的成就和供水效益。

（四）发挥行业媒体主阵地作用

在《中国南水北调报》和中国南水北调网进行宣传，配合宣传中心组织开展采访活动，组织通信员写稿投稿；加强河南省南水北调网的维护和管理，及时更新板块，上传信息，全年上传各类信息600多条，图片近2000幅，点击量累计达到22万人次。

（五）年鉴史志编辑工作

如期完成河南南水北调年鉴2015卷的组稿编辑任务，全卷共10个篇目、约64万字、图片48张。同时完成中国南水北调年鉴、河南年鉴、河南水利年鉴、长江年鉴、河南省防洪志的供稿任务。按照省水利厅要求，启动河南水利志南水北调篇的组稿工作。配合省政协开展南水北调史料线索征集工作。

（六）南水北调文化建设成效初显

编辑制作《南水北调惠泽民生》电视宣传片，建设机关陈列展厅，系统全面地介绍南水北调筑梦、追梦、圆梦的历程；南水北调画册及文学作品创作正在进行。

（田自红）

湖北省新闻宣传

2015年是南水北调中线一期工程全线供水元年，也是湖北省四项治理工程全面转入运行管理的开局之年。一年来，报道了中线一期工程通水和汉江中下游四项治理工程社会效益，展示了湖北省南水北调人良好的形象，充分发挥了引导舆论、沟通信息、指导工作、外塑形象、内聚力量的重要作用。

（一）围绕重点、亮点、节点开展宣传工作

湖北省南水北调网站全年发布各类政务信息、新闻动态、文艺作品超过1500篇，继续保持在全国南水北调系统领先地位。在兴隆水利枢纽和引江济汉工程正式运行一周年的时间节点，在《湖北日报》对其效益进行了连续报道，扩大了汉江中下游四项治理工程的知名度。其他有关报道也经常出现在《中国南水北调报》、《湖北日报》、荆楚网、省政府网上。

（二）信息报送工作

2015年，湖北省南水北调办（局）向国务院南水北调办和湖北省委、省政府报送信息70多条，圆满完成信息报送任务，且得分在省直机关中比较靠前，与同类单位相比更是名列前茅。

（三）编纂工作

不断创新宣传方式方法，将修志编史和制作宣传画册作为宣传工作的重要内容。2015年9月以来，组织30余人，采用方志体例，编纂了《福泽荆楚，水润京华》系列丛书，该套丛书共七卷十册160多万字，完整记录了汉江中下游四项治理工程建设与运行管理、丹江口库区及汉江中下游生态环境治理保护等工作，已交中国水利水电出版社出版。同时，完成南水北调工程建设画册《平湖与天河》设计任务，营造了积极的舆论氛围，扩大了南水北调在湖北的社会影响力。

（四）组织电视专题

已经审定7部反映兴隆水利枢纽和引江济汉工程建设的电视专题片。其中，2部电视片已经在湖北卫视播出，得到了省委、省政府领导的充分肯定。这些新闻报道，展示了形象，鼓舞了士气，促进了工作。

（雷　鸣）

南水北调中线干线工程建设管理局新闻宣传

（一）组织媒体报道工程运行进展和效益发挥情况

（1）组织中央媒体开展“中线工程通水一周年”采访活动。组织新华社、人民日报、中央人民广播电台、中央电视台等10多家媒体，集中采访报道中线工程通水一周年输水22.2亿m^3，惠及4省市3800万人等工作成就，形成工程发挥效益的社会舆论宣传高潮。

（2）组织并宣传“京津市民走中线”活动。组织北京、天津60多名市民代表参观中线工程，30余家中央、地方媒体参与报道。全方位宣传中线工程运行管理、水质保护、移民致富等工作开展情况，传递南水北调正能量，在社会上引起热烈反响。

（3）宣传报道工程输水重要节点成就和专项重点工作。组织宣传中线工程输水5亿、10亿、22亿m^3，惠南庄泵站正式运行等宣传报道。协调新华社等媒体专题采访冰期输水运行、中线水质保护等工作。

（二）开展通联培训

举办南水北调系统第五期新闻评论和新闻摄影培训班，200多名通信员参加培训。

（三）征集、创作南水北调宣传作品

（1）2015年出版发行了《长河印记——南水北调新闻摄影集》，全面反映工程建设成就，3000份书籍走进新华书店、各大电商，以及首都图书馆、武汉大学图书馆。

（2）编辑出版《岁月流金——“我与南水北调中线”作品集》。为纪念中线工程正式通水，开展“我与南水北调中线”征文活动。征集作品100余篇，评选出优秀作品近50余篇。

（3）出版了《2014年中线建管局突出贡献人物》，宣传中线通水攻坚期涌现的31位先进人物事迹。

（4）开展“魅力中线”摄影微视频作品征集活动，征集并推送摄影、微视频作品80余篇。

（5）组织实施中线航拍。连续第5年开展中线工程航拍项目，为中线工程积累了大量珍贵的全景式影像资料。

（四）建设宣传阵地

（1）2015年，出版《中国南水北调报》36期，出版通水特刊1期，出版中小学生暑期安全特刊1期，出版工程安全保护特刊1期。编发南水北调手机报51期。《中国南水北调报》开设《移民村生产发展巡展》专栏，先后刊发21期河南、湖北移民新村的致富报道，报纸发送至669个移民新村。

（2）2015年，中线建管局网站发布信息和报道3000余条，主动策划“南水北调中线通水一周年”、“魅力中线”、“2015防汛”等11个宣传专题，开设“上水平 保运行”、“市民走中线”2个专栏。网站浏览量已超350余万人次。

（3）在舆情监测方面，2015年编印《近日媒体关注》52期、《南水北调舆情摘要》12期、《南水北调网络舆情》2期。

（4）拓展宣传平台，开设《长渠微语》微信公众号。共发布33期。

（胡敏锐　王乃卉）

南水北调中线水源有限责任公司新闻宣传

进入运行管理阶段，随着工程建设任务的完成和施工单位逐渐退场，宣传工作面临着新的挑战和困难，主要表现在通信员队伍逐渐萎缩，新闻线索逐渐减少，社会关注度逐渐降低，为了扭转这一被动局面，公司出台了《关于加强和改善宣传工作的意见》，下发了2015年宣传工作要点，重新建立了通信员队伍，开展通信员培训，加强了对通信员和部门的考核，宣传稿件的质量和数量不断提升，为工程平稳高效运行提供了舆论上的支持。

经公司积极策划，2015年年初在《人民长江报》刊发了《建世纪工程，筑调水梦想》的专版；中线工程供水突破10亿m^3的时候，积极跟踪信息，及时报道了此消息。2015年12月12日中线通水一周年，公司积极策划，在《人民长江报》上推出了《十年筑精品，而今从头越》、《凝心聚力促转型》专题报道，在公司网站推出了《雄关漫道从头越》的专题报道。加强了与中国南水北调报的沟通联系，及时报道工程运行管理工作。

中线水源公司还在《人民长江》杂志上推出了中线水源工程建设管理专辑，刊发了27篇工程建设管理经验的总结文章。在长江年鉴上刊发了专版，系统介绍了中线水源工程建设运行管理工作。

（班静东）

定 点 扶 贫

概 述

2012年11月，国务院扶贫办、中组部、中央统战部等8部委联合印发《关于做好新一轮中央、国家机关和有关单位定点扶贫工作的通知》（国开办发〔2012〕78号），部署开展新一轮定点扶贫工作，国务院南水北调办定点扶贫湖北省十堰市郧县（后于2014年9月9日经国务院批复撤销郧县、设立十堰市郧阳区，下称：郧阳区）。

按照中央统一部署和要求，国务院南水北调办高度重视定点扶贫工作，加强组织领导，建立扶贫工作体制机制，积极发挥南水北调品牌优势，整合各项扶贫资源，不断推进定点扶贫工作，促进郧阳区经济社会协调发展和贫困人口脱贫致富。

（谭 文 王 琦）

组 织 机 构

2012年12月，国务院南水北调办印发《关于成立国务院南水北调办定点扶贫工作领导小组的通知》，成立了以办党组成员、副主任蒋旭光同志为组长的定点扶贫工作领导小组，明确了各成员单位的职责任务。

领导小组成员为，组长：蒋旭光；副组长：袁松龄、石春先；领导小组成员：王春林、王平、谢义彬、苏克敬、郑征宇。领导小组下设办公室，主任由征移司陈曦川副司长担任，副主任由环保司副司长刘国华担任。

各成员单位结合自身业务，群策群力，共同做好组织保障、实施方案、干部挂职、扶贫调研等方面工作。征地移民司、环境保护司负责全面了解情况，发挥参谋和综合作用；同时结合业务实际，尽可能向郧阳区倾斜。综合司负责下派干部挂职和上派干部挂职锻炼相关工作；投资计划司负责有关项目的协调及与相关部委的衔接；经济与财务司负责领导小组及办公室经费保障，并研究有关财务支持政策；建设管理司负责科技扶贫及技术支持；中线局负责提供必要的技术和经济支撑。

（王 琦）

扶 贫 会 议

国务院南水北调办领导高度重视定点扶贫工作，多次主持会议研究定点扶贫工作。

2012年12月27日，国务院南水北调办定点扶贫领导小组第一次全体会议召开。会议对各成员单位的工作进一步提出了要求，明确了各成员单位的职责任务，并对今后的扶贫工作进行了部署。蒋旭光副主任强调，定点扶贫工作是一项重要的政治任务，也是我们深入贯彻党的十八大精神、深入基层、密切联系群众的有效载体，各有关单位要按照办党组的要求，高度重视，切实抓好落实。

2013年3月12日，国务院南水北调办召开专题办公会议，研究部署定点扶贫工作。在听取办扶贫工作领导小组工作汇报后，办党组书记、主任鄂竟平同志提出四点要求：一要高度重视定点扶贫工作，尽最大努力做好工作；二要认真执行国家关于定点扶贫的有关规定，学习借鉴兄弟单位的做法，加强与国务院扶贫办等部门的衔接，与郧县联系对接，切实落实相关工作；三要想方设法、因地制宜开展工作，在国家政策范围内，为定点扶贫县办实事、解实困；四要立足长远，在实际中探索完善相关工作。蒋旭光副主任提出明确工作安排：一是深入基层调研，制定完善工作计划和实施方案；二是领导小组成员单位要按职责分工，各负其责；三是密切协作，共同做好定点扶贫工作。

2014年3月，蒋旭光副主任主持会议听取定点扶贫工作情况汇报，研究部署2014年定点扶贫工作，要求以业务工作为切入点，以挂职干部为纽带，积极发挥引导作用，抓住重点，发挥优势，注重实效。

2014年11月，派员参加科技部牵头组织的秦巴山片区区域发展与扶贫攻坚推进会，通过学习借鉴兄弟部委和6省市的扶贫工作经验，增进了了解，开拓了思路，为今后更好开展扶贫工作打下基础。

2015年3月，蒋旭光副主任主持会议听取定点扶贫工作情况汇报，研究部署2015年定点扶贫工作，强调要按照办党组要求，结合南水北调实际，发挥南水北调品牌优势，积极争取对定点扶贫县的工作支持。

2015年8月，蒋旭光副主任专门听取驻村第一书记工作汇报，要求以第一书记为依托，协调地方对接南水北调相关规划并编制贫困村扶贫规划方案，将扶贫项目落实到位，做到精准帮扶。

2015年11月27～28日中央扶贫开发工作会议以及12月11日中央单位定点扶贫工作会议召开后，鄂竟平主任立即主持召开两次主任专题办公会，传达学习两次会议精神以及习近平总书记、李克强总理对定点扶贫工作的重要批示和汪洋副总理对中央单位“十三五”时期定点扶贫工作安排部署，听取办公室定点扶贫领导小组办公室以及驻村第一书记有关定点扶贫工作汇报，研究谋划“十三五”时期定点扶贫工作，要求各司局、各单位高度重视扶贫攻坚工作，进一步把思想认识统一到党中央国务院关于扶贫攻坚战略部署上来，进一步加大定点扶贫工作力度，帮助郧阳区和周家河村按期完成脱贫攻坚任务。

（王　琦）

扶　贫　计　划

为做好定点扶贫工作，派员赴水利部、三峡办等单位对定点扶贫工作情况开展调研，并与郧阳区初步对接，与国务院扶贫办衔接。在此基础上，针对郧阳区的具体情况制定了国务院南水北调办定点扶贫工作计划。2013年2月27～28日，派员参加国务院扶贫办在北京组织的全国定点扶贫工作培训，结合参加全国定点扶贫工作培训要求，学习借鉴中央部委的经验。对定点扶贫工作实施方案进行了修改完善，编制并印发了《国务院南水北调办2013年度定点扶贫工作计划》。

2013年3月14日，国务院南水北调办致函湖北省郧县人民政府《关于开展定点扶贫工作对接的函》，并派员赴郧阳区与该区有关负责同志就定点扶贫工作进行对接调研。

（王　琦）

扶　贫　调　研

结合南水北调移民、环保、水保等各项业务的开展，办领导多次深入开展调研，了解群众生产生活情况，与地方共商扶贫大计，千方百计促进当地经济社会发展。

据初步统计，2013年，办领导带队调研3人次；2014年，办领导赴郧阳区调研指导工作达5人次；2015年，办领导调研考察3人次，其中2015年9月，蒋旭光副主任专程赴郧阳区看望慰问南水北调办派驻郧阳区的定点扶贫干部和周家河村第一书记，现场考察当地移民群众建设的“种、养、加”等特色产业项目，与当地干部群众面对面交流讨论，共谋扶贫思路。

（王　琦）

对口协作

2013年4月23日，国务院南水北调办应郧阳区请求，致函北京市南水北调办《关于将郧县纳入丹江口库区及上游对口协作重点县的函》，对支持郧阳区工作进行了协调，最终协调确定将经济条件比较优越的北京市东城区列入对口协作规划，对郧县生态环境建设、绿色产业发展、人力资源培训、科技教育支持、经济贸易合作、公共服务提升等方面给予倾斜和支持。

2014年，北京市在制定对口协作实施方案时重点对郧阳区给予倾斜和支持，《北京市南水北调对口协作工作实施方案》和《北京市南水北调对口协作规划》明确了东城区与郧县的"一对一"对口帮扶计划。协调安排对口协作引导资金2100万元，用于支持郧阳区生态特色产业发展、提高基层公共服务水平、改善基础设施条件等，安排郧阳区60名干部、专业人员赴北京市学习培训。

2015年，对口协作帮扶工作得到进一步加强。郧阳区与北京市东城区签订了18个对口协作协议，获得对口协作财政扶持资金2300万元；商贸合作已累计签约6个项目，涉及投资数十亿元。

（王　琦）

项目扶持

按照国务院南水北调办定点扶贫工作计划，扶贫工作领导小组各成员单位结合各自业务，加大对郧县的帮助支持，并多次派员现场协调督导，积极推进项目实施。

（1）库区地质灾害处理方面。完成批复包括郧县在内的湖北省内安移民安置点高切坡处理方案，共安排郧县9个乡33个村的移民安置点高切坡治理资金9434万元。结合对丹江口水库抬高蓄水位影响的应急地质灾害防治工作，共安排资金2096万元，用于郧县辽瓦集镇和山跟前移民村岸坡工程防治，确保移民群众生命财产安全。

（2）库底清理方面。完成批复包括郧县在内的丹江口水库库底清理补充规划，共安排资金7822万元，用于郧县博达丰工贸有限公司、郧阳造纸厂等工业固体废物清理项目以及郧县库区生活垃圾清理、被污染土壤清理等项目。

（3）水污染防治和水土保持方面。协调加大对郧阳区水污染防治和水土保持工作中央资金补助力度，指导湖北省有效整合有关中央资金，特别是切块下达的各类治污和生态建设资金，加大向水源区倾斜，督促郧阳区加快《丹江口库区及上游水污染防治和水土保持"十二五"规划》各类项目建设，保护丹江口水库水质，持续改善库区及上游地区生态环境。在周家河村开展清洁小流域整治，将水质保护与群众增收有机结合起来。

（4）库区经济社会发展规划实施方面。指导《丹江口库区及上游地区经济社会发展规划》实施。新建十堰至安康、十堰至三门峡的高速公路以及武当山机场，改善了郧阳区周边交通运输条件，加快经济结构调整，生态旅游项目建设稳定推进，打造郧县经济新的增长点。

（5）水源区转移支付方面。协调财政部加大对水源区的重点生态功能区转移支付力度。中央财政对水源区的国家重点生态功能区转移支付力度逐年加大，并将水源区污水和垃圾设施运行费用作为特殊支出纳入测算因素，提高了郧阳区公共服务均等化水平，缓解了地方财政压力。

（6）水专项科研示范方面。继续组织指导技术单位完成"十二五"重大水专项《南水北调工程水质安全保障关键技术研究与示范》中郧阳区特色生态种植工程示范，发挥"水专项"促进水源区治污环保和移民村脱贫致富的示范带动作用。

（7）协调湖北省移民局，结合库区移民后期扶持工作，将移民扶持政策向郧县倾斜，安排移民群众发展资金1000万元，支持郧阳区柳陂镇移民群众发展种、养、加等特色农业项目；安排移民发展资金120万元，支持周家河村“美丽家园”项目，改善贫困移民群众生产生活条件，促进移民群众增收。

（王　琦）

干部挂职扶贫

2013年，按定点扶贫有关要求，国务院南水北调办在人少事多、工程建设运行管理任务繁重的情况下，选派优秀干部赴郧县挂职，并就此多次与湖北省、郧县进行工作对接。初步确定，选派挂职干部于2014年元旦后赴郧阳区工作，协助加强内引外联工作，并协调项目实施。

2014年1月，经与湖北省委组织部沟通联系，国务院南水北调办选派政策及技术研究中心处级干部肖军同志到郧县挂职县委常委、副县长，分管征地移民、环境保护、对口协作和统战工作，协助郧县加强内引外联工作，积极推进郧县与北京市东城区的对口协作。同时，实地比选确定南水北调办帮扶项目，落实项目资金和协调实施中的有关问题，为移民群众安稳发展发挥重要作用。

2015年7月，选派南水北调中线干线工程建设管理局韩黎明同志到郧阳区挂职副区长，分管南水北调中线工程库区移民、对口协作、治污环保及建设协调等工作，协助郧阳区加强内引外联工作，推进郧阳区与北京市东城区的对口协作。

同时，按照中央组织部、中央农村工作领导小组办公室、国务院扶贫开发领导小组办公室《关于做好选派机关优秀干部到村任第一书记工作的通知》要求，选派机关处级干部曹纪文同志到郧阳区青山镇周家河村任第一书记，协助贫困村加强基层组织建设，协调落实扶贫项目资金，促进贫困村脱贫致富。通过挂职干部作为定点扶贫工作纽带，以业务工作为切入点，积极发挥引导作用，推动精准扶贫。

（王　琦）

扶贫宣传

2014年，在《中国南水北调报》开设专栏，加大郧县的宣传报道力度。发表44篇（片）新闻报道和图片，着重宣传移民搬迁和安稳致富、水质保护、生态保护、文物保护、经济转型发展等。其中，推出经济转型发展系列报道3篇；重点报道了《我的汉水家园》进京展演和心连心艺术团赴库区演出。

2014年6月，借郧阳区创编的移民题材郧阳二棚子戏《我的汉水家园》进京参加全国第四届地方戏优秀剧目展演之际，鄂竟平主任、蒋旭光副主任亲切会见了郧阳区委、区政府领导和全体演职人员，并共同观看了演出。

2015年，通过国务院南水北调办网站进一步加大对郧阳区经济发展宣传力度，着重宣传移民搬迁和安稳致富、水质保护、生态保护、经济转型发展等。在《中国南水北调报》开设移民村生产发展巡展专栏，报道郧阳区移民村通过合作社和致富带头人带动群众发展生产、脱贫致富经验。

（王　琦）

成效和经验

国务院南水北调办始终把定点扶贫工作作为贯彻落实中央扶贫开发战略部署的一项重要的政治任务，摆在突出位置来抓。坚持开发式扶贫方针，充分发挥行业优势，大力开展库区生态建设、移民生产发展、对口协作等有关扶贫工作。初步统计，截至2015年累计安排涉及业务项目资金7.28亿元、引进其他项目资金0.55亿元，据郧阳区反映，近几年当地群众生产生活等民生难题不断得到解决，贫困人口人均纯收入增长率高出全区农民人均纯收入近5个百分点，贫困地区的面貌发生了明显变化。定点扶贫工作有力地促进了当地经济社会发展和群众脱贫致富，取得了较好成效。主要经验是：

（1）领导高度重视，建立健全扶贫工作体制机制。按照中央统一部署和要求，及时将定点扶贫工作纳入国务院南水北调办重要议事日程，加强组织领导，成立定点扶贫工作领导小组和扶贫办，选派党性强、作风正、业务精的处级干部到定点扶贫县、贫困村挂职副县长和驻村第一书记，依托前方统筹推进定点扶贫工作。

（2）深入基层考察调研，倾听群众呼声。国务院南水北调办领导每年率队到郧阳区和贫困村实地考察调研，深入基层与干部群众面对面交流，了解贫困状况，分析贫困原因，研究当地经济社会发展面临的实际困难和问题。

（3）明确工作思路，制定扶贫工作规划计划。根据当地实际和结合南水北调工作特点，努力做好组织协调、沟通联系和服务指导，协调地方结合相关规划编制扶贫规划和扶贫工作计划，统筹有关部门和地方共同协调落实扶贫项目和资金。

（4）发挥行业优势，统筹多种帮扶方式。结合国务院南水北调办在丹江口库区移民、环保、水保等业务，发挥南水北调品牌优势，加强对口协作力度，协调有关部门和有关省市形成扶贫合力，紧紧依靠当地政府做好定点扶贫工作的具体组织和实施，做到多种帮扶方式并重，促进贫困地区经济社会发展和贫困人口脱贫致富。

（王　琦）

工　作　统　计

定点扶贫情况统计表见表1。

表1　　定点扶贫情况统计表

指　　标	计量单位	2013年	2014年	2015年
一、挂职干部数量	人		1	1
其中：局级	人			
处级	人		1	1
科级及以下	人			
二、赴定点县考察	人次	35	43	47
其中：部级（或单位领导）	人次	3	5	3
三、本单位直接投入（含无偿和有偿）	万元			
其中：资金	万元			
物资折款	万元			
本单位直接投入用于：1. 基础设施（水电路气房）	万元			
2. 产业开发	万元			
3. 文化教育	万元			
其中：3.1 用于资助贫困学生的投入	万元			
3.2 受到资助的贫困学生人数	人			
4. 医疗卫生	万元			
5. 人力资源培训	万元			

续表

指　　标	计量单位	2013 年	2014 年	2015 年
6. 赈灾救济送温暖	万元			
7. 其他投向___________（请注明）	万元			
四、帮助引进各类资金（含无偿和有偿）	万元		3100	2420
五、帮助上项目数（含全额、部分资助或引进）	个			
六、举办培训班	期		1	
共培训	人次		60	
其中：各级干部	人次		60	
技术人员	人次			
农村劳动力	人次			
致富带头人	人次			
七、组织劳务输出	人次		1	1

CHINA SOUTH-TO-NORTH WATER DIVERSION PROJECT CONSTRUCTION YEARBOOK

玖 东线工程

THE EASTERN ROUTE PROJECT OF THE SNWDP

综 述

总 体 情 况

概 述

南水北调东线一期工程从江苏省扬州附近的长江干流引水，通过13梯级泵站逐级提水，利用京杭大运河及其平行的河道输水，经洪泽湖、骆马湖、南四湖、东平湖调蓄后，分两路：一路向北穿黄河，经小运河接七一六五河到大屯水库，同时具备向河北和天津应急供水条件；另一路向东通过济平干渠、济南市区段、济东明渠段工程，输水到东湖和双王城水库，并与引黄济青输水渠相接，向胶东地区供水。东线一期工程主体干线全长1467km，现累计完成投资327.9亿元，占东线在建设计单元工程总投资的97%。

工 程 管 理

南水北调东线总公司积极磋商，推进运行管理模式落实和供水合同商签工作，同时组织完成直属分公司筹建工作。2015年6月底，东线总公司直属分公司（运行调度中心）完成了工商注册，办理了营业执照、税务登记证等，并按照《直属分公司初期机构设置方案》对分公司内部处室进行了设置和人员选调。12月底，人员到岗13人，完成省际管理设施、调度系统工程交接工作，正在开展后续相关工作。

在日常管理工作中，重点加强安全生产和运行调度监督工作，节假日、汛前、通水前组织专项安全检查，组织做好节假日及汛期24h值班，编制完善工程应急预案，并加强供水运行期间现场监督，向主要交水控制工程派驻人员24h参与运行工作，监督水量调度及工程运行生产全过程。

运 行 调 度

按照《水利部关于批准下达南水北调东线一期工程2014～2015年度水量调度计划的通知》（水资源〔2014〕318号），南水北调东线总公司组织于2015年4月20日启动东线一期工程向山东省供水工作。5月18日，江苏境内工程完成调水入骆马湖任务；6月1日，完成鲁北段工程调水任务；6月13日，完成苏鲁省际交水；6月15日，完成调水入东平湖任务。

该次供水通过运河和运西双线从洪泽湖调水至骆马湖，经台儿庄站经中运河～韩庄运河线输送入南四湖下级湖，经二级坝站至上级湖后，利用长沟站、邓楼站、八里湾站调入东平湖，后通过济平干渠渠首闸和东平湖出湖闸分别输水至胶东和鲁北地区，共有10个梯级14座泵站参与运行，各站累计运行21 647台时，完成调水入骆马湖水量35 290万 m^3，省际交水水量32 804万 m^3，入下级湖水量30 930万 m^3，入上级湖水量29 101万 m^3，入东平湖水量22 518万 m^3，向山东净供水量23 060万 m^3。

（刘 纲 朱吉生）

经 济 财 务

（一）资金筹措及水费收缴

2015年收到南水北调办按批复预算拨付的开办费资金4325万元，全额收取山东2014～

2015 年度计量水费 17 761 万元，并预收了 2015～2016 年度部分计量水费 46 444 万元。

（二）预算管理

2015 年初，按照公司相关制度规定编制完成了本年度经费预算；第三季度初，根据工作实际进行了年度预算调整；较好地完成了本年度经费预算。通过预算管理，既控制住了支出，又为各项工作的顺利完成提供了资金保障。

（戴　菲　续斌斌）

工　程　效　益

南水北调东线一期工程正式通水以来，已安全平稳完成两个年度调水任务，累计向山东调水 6.7 亿 m^3，已向 8 个地市供水，惠及人口 4000 余万人。此外，东线一期工程在生态效益、防灾减灾等方面开始逐步显现：2015 年 6 月 18～24 日，刘山站、解台站参与淮北地区抗旱运行，运行 655 台时，抽水 6882 万 m^3，为保障地区生产生活、航运和生态环境发挥了重要作用；6 月 26 日～7 月 7 日，金湖站根据江苏省防指调度指令投入排涝运行，运行 565 台时，抽水 6482 万 m^3，有效缓解宝应湖水位快速上涨的紧张局势；10 月，南水北调济平干渠工程参与引黄河水向济南市小清河生态补水和调水入玉符河保泉补源工作；11 月 10 日～12 月 7 日，淮安四站、淮阴三站参与向骆马湖补水运行任务，两站累计运行 3802 台时，抽水 4.50 亿 m^3，运行期间骆马湖水位由 21.87m 上升至 23.10m，为保障地区生产生活、航运和生态环境发挥了重要作用。

（刘　纲　朱吉生）

科　学　技　术

（一）建章立制

为规范和加强南水北调东线总公司科技项目管理工作，制定印发了《南水北调东线总公司科技项目管理暂行办法》，内容包括科技项目的分类、组织与职责、立项和合同、实施与验收、成果管理、考核和奖惩等。

（二）科技工作

（1）东线一期工程运行管理标准化试点建设。为统一工程运行管理标准，规范工程管理行为，加强工程现场管理，提高工作效率，确保工程运行安全，组织开展了东线一期工程运行管理标准化建设，印发《南水北调东线工程运行管理标准化建设工作总体方案》，选择东线一期工程洪泽站、台儿庄站作为标准化建设的试点泵站，率先开展标准化建设工作，组织编制《泵站工程运行管理标准》，对现场工作的组织管理、制度管理、规程管理、条件管理、行为管理、档案管理拟订了工作内容和标准要求，为东线工程实现标准化运行奠定了基础。

（2）东线一期运行初期成本费用测算工作研究。为掌握东线一期工程运行初期的成本费用情况，组织中水淮河规划设计研究有限责任公司开展了有关供水费用的测算工作。在结合工程建设单位和运行实施单位意见的基础上，调研收集苏、鲁两省近两年的运行管理资料，并聘请水利、经济等方面的专家进行分析论证，形成了《南水北调东线一期工程 2016～2020 年供水费用测算报告》。

（金秋蓉　贾　楠）

其　他

根据工作安排以及与苏鲁省际管理设施和调度系统工程原建设单位（淮委沂沭泗管理局）协商，两项工程后续建设任务及相应资金转交南水北调东线总公司。在基本完成工程、合同、财务等各项交接和评估工作的基础上，起草编制了交接协议、合同主体变更协议等文件。经反复磋商，于 2015 年 12 月 18 日与淮委沂沭泗管理局签订了工程交接协议。

（马兆龙　陈彦光）

江 苏 段

概 述

2015年是南水北调东、中线一期工程全面运行元年，做好供水运营、工程建设、经营发展三大任务，按时足量完成调水出省、省内抗旱等17.16亿m^3调水任务，完成年度江苏省南水北调工程1.07亿元投资建设任务，实现营业收入2亿元以上，净利润增长22%。

根据年度调水计划，完成年度送水出省3.28亿m^3，同时在江苏省内防洪、排涝、抗旱等运行中发挥了重要作用。积极协调推进江苏南水北调工程运行管理体制落实，初步构建南水北调新建工程和江水北调工程统一调度、联合运行工作机制。加强尾水导流工程建设管理，徐州境内新增尾水导流工程建设任务全部完成；协同抓好水质监督管理，强化干线水质监测，推进干线危化品禁运管理，强化水质保障联合执法，干线水质稳定达标。南四湖下级湖影响处理工程基本建成，调度运行系统、管理设施2个专项按计划推进，超额完成年度投资任务。一期配套工程总体规划实施方案编制完成并报江苏省发展改革委；二期工程"运西线相对独立向省外送水为主、运河线主要保障省内用水为主"的线路布局方案基本形成，及时完成需水量测算并对成果进行复核及确认。

（杨金海）

工 程 管 理

2015年，江苏水源公司组建完善三级管理体系，配合组建了徐州、淮安分公司，形成完整的三级管理体系。同时，管理单位发文明确了各级机构职责和管理范围，帮助分公司制定发展规划，明确发展方向。

2015年，江苏水源公司着力强化分公司在运行管理工作中承上启下和现场监管职责，发挥维修检测中心技术保障和运行保障作用。将泵站机组大修、电气试验、河道观测任务共计36项763万元年度维修养护项目下达维检中心，其中27项424.26万元已经完成、5项（包括刘山站、解台站4台机组大修、河道断面观测等）189.74万元正在实施、受工程开机及达标创建影响，4项149.07万元尚未实施。

2015年，江苏水源公司建立了公司综合培训、分公司专业培训、现地站所岗位资格培训相结合的三级培训体系。年初组织各级机构编制了年度培训计划，其中，公司组织开展了安全生产、土地确权划界、泵站工程管理、河道工程管理四次技术培训。此外，公司积极督促指导二、三级机构参加各类专业岗位培训，开展现场操作培训和事故应急处理演练等，专业技术岗位全面推行持证上岗，努力提升管理人员综合素质。

2015年，江苏水源公司颁布出台了《工程维修养护项目管理办法（试行）》《分公司考核办法（试行）》《工程管理办法（试行）》《管理维护经费使用办法（试行）》。

2015年，江苏水源公司根据工程实际情况及时组织批复83个维修养护项目，共计金额1029万元。79个维养项目基本完成。另外4个项目，刘山站机组大修正在实施，宝应站、淮安四站和解台站机组大修受达标创建影响，略有滞后。

2015年，江苏水源公司加快推进工程确权划界工作，先后完成了洪泽站、金宝航道金湖段土地证办理以及泗洪站规划许可证办理，正在积极开展淮安四站及输水河道和卤

汀河工程规划许可证办理工作，超额完成了年度目标任务。

2015年，累计获得调水费用2664.82万元（2015年度调水预付款2600万元及金湖站排涝费用64.82万元）。据沟通了解，试运行费用也将于近期批复3820万元，但是与原计划5476万元相比，有近1656万元差距。

（江苏水源公司）

运 行 调 度

2015年，江苏水源公司编制、完善调度规章制度，全面加强运行调度能力建设，编制了各级专业调度人员需求方案，组织编制了《公司防汛工作方案（试行）》，《运行值班要求》《值班员工作职责》《交接班制度》《调度值班工作手册》等操作性强的调度值班制度。

2015年1月，完成了南京临时调度室硬件安装、系统调试等工作，及时开展应急调度系统应用工作，积极推进水量水质监测能力建设。

2015年一季度，江苏水源公司对多种调水线路组合进行了技术经济分析，进一步优化各梯级抽水量。第二季度，公司编制完成了《江苏省南水北调2014～2015年度调水出省工程调度方案》，初步估算节约费用50%以上。

2015年向山东供水期间，各泵站、水位、水质数据正常，无紧急事件和安全事故发生，圆满完成年度调水出省任务。

江苏水源公司编制了《南水北调东线一期工程江苏段2014～2015年度水量调度计划实施总结》。于11月16日水利部水资源司召开的南水北调东线一期工程2015～2016年度水量调度计划调整方案讨论会上，从运行费用、调水开始时间、集中供水、省际水量监测等方面提出了意见建议。12月8日，水利部下发了《水利部关于南水北调东线一期工程2015～2016年度水量调度计划调整意见的函》，同意山东增加2亿m^3年度用水计划，台儿庄站抽水指标为6.02亿m^3。

2015年11月23日，联合江苏省南办建管处赴东线总公司参与2015～2016年度水量调度实施方案座谈会，就调水分为两阶段实施的方案与东线总公司达成一致。

2015年，组织编制了《南水北调东线江苏段工程防汛工作方案》；组织编制了年度工程度汛方案以及包括重点部位防汛抢险应急预案在内的一系列防汛应急预案；汛前，组织分公司重点检查了工程防汛重点部位和度汛措施等。3月，在宝应站、金湖站等泵站现场组织数据中心及施工单位相关人员进行通水应急系统设备巡检和培训工作。5月，宿迁分公司组织人员参加江苏省水利厅组织的2015年度防汛抢险联合演练培训和实战演练。7月，组织专家对工程防汛工作开展情况进行了检查，重点抽查了洪泽站和刘山站。检查了江苏省境内工程的防汛组织、防汛责任落实、值班制度落实等情况。

2015年10月20日，下达了《关于开展江苏省境内南水北调工程汛后检查的通知》（苏水源调函〔2015〕1号），组织分公司开展辖区内工程汛后检查工作。10月28日转发了《省防汛防旱指挥部关于开展水利工程汛后检查的通知》（苏防〔2015〕34号），进一步明确汛后检查内容和要求；11月12～13日会同省南水北调办对江苏省境内南水北调工程汛后检查工作进行了检查，重点抽查了泗洪站、淮安四站。

（江苏水源公司）

工 程 效 益

2015年，江苏省南水北调工程圆满完成年度调水出省、省内抗旱、金湖站排涝及向骆马湖调水等4次调水任务，累计抽水17.16亿m^3，调水出省3.28亿m^3，累计运行1.80万台时，工程效益得到显著发挥。

2015年4月20日～5月18日，江苏省南水北调工程顺利完成本年度调水出省任务。6月15日，山东南水北调工程全线停机，东线一期工程圆满完成了2014～2015年度水量调度计划所要求的向山东净供水2.3亿m^3的调水任务。各泵站累计运行29天、13 014台时，累计抽水11.33亿m^3，其中，抽洪泽湖水4.05亿m^3，入骆马湖水量3.53亿m^3，省际交水断面水质稳定达标。

2015年6月18～24日开机抗旱期间，刘山站、解台站累计运行655台时，抽水6882万m^3，有效缓解了淮北旱情。金湖站于6月26日17：00开机。6月26日～7月6日，金湖站运行565台时，抽水6482万m^3，满足了防洪排涝要求。11月10日，迅速组织淮安四站、淮阴三站投入汛后骆马湖补水运行。11月10日～12月7日参与汛后骆马湖补水期间，淮安四站、淮阴三站累计运行3802台时，抽水4.50亿m^3，运行期间骆马湖水位由21.87m上升至23.10m，圆满完成本次调水任务。

（吴海军）

建设管理

2015年初，江苏水源公司编制2015年度实施方案，对两个专项工程（调度运行管理系统和管理设施专项工程）下半年实施计划进行了批复。

截至2015年底，江苏省南水北调工程累计完成投资127.1亿元，占批复总投资的97.0%。其中，年度完成投资10 700万元（调度运行管理系统完成投资5120万元，其中完成光缆线路工程210km，基本完成水质自动站工程，完成部分通信设备系统集成总承包工程量；管理设施专项工程完成投资5580万元，其中南京一级机构管理设施正式合作协议已签订，淮安二级机构管理设施购买合同已签订，正在进行内部规划设计，徐州二级机构管理设施购买合同已签订，正在内部规划设计，扬州二级机构管理设施框架协议已签订，宿迁二级机构管理设施正在进行实施方案比选）。

2015年内共完成南水北调东线第一期工程江苏段调度运行管理系统水质自动监测站工程、南水北调东线第一期工程江苏段调度运行管理系统水环境监测中心及水质移动实验室设备采购、南水北调东线第一期工程江苏段调度运行管理系统总集成标、洪泽站围墙施工标共4个标段招标工作。

（江苏水源公司）

科学技术

2015年完成课题“南水北调河道疏浚泥堆场综合处置关键技术研究与应用”的立项工作，围绕课题年度目标，编制了2015年度执行情况报告，并通过项目组织单位检查。同时选择金湖—洪泽梯级泵站（群）作为示范工程，为该课题落实配套资金，已完成江都数据中心建设。

2015年初，编制了2015年度科技投资计划，年内开展《企业改革发展关键问题深化研究》《工程运行管理信息化技术应用研究》等5个方面14个专题研究工作，安排年度资金611万元。2015年11月，江苏水源公司对科研项目执行情况进行了检查，执行情况良好。编制完成《江苏水源公司运营期科技项目管理办法（初稿）》。

2015年7月，江苏水源公司联合河海大学、扬州大学、江苏大学等高校，联合共同申报江苏省工程技术研究中心。

2015年，江苏水源公司向各级科研主管部门积极争取科技项目，共申报成功6项，其中科技部2项，江苏省科技厅1项，国务院南水北调办1项，江苏省水利厅2项，共争取科研经费589万元。同时，对现有的科研成果进行了梳理、总结，对符合报奖条件的项目积极申报，其中《淤泥质地基堤防填筑施工控制技术》《异形结构混凝土透水模

板施工技术与应用研究》2个项目分别获得2015年度江苏省水利科技进步二、三等奖。

（洪剑陵）

征 地 移 民

2015年12月25日，南水北调东线一期南四湖下级湖抬高蓄水位影响处理工程沛县境内工程通过单位工程验收，铜山区境内工程通过单位工程暨合同项目完成验收，标志南四湖下级湖抬高蓄水位影响处理江苏境内工程基本建设完成。

金宝航道工程6.8km桥改路交通道路项目。由于项目设计变更，二次征迁矛盾较多，2015年4月24日由江苏水源公司组织通过了合同验收。

2015年初，江苏省南水北调办对各单位征迁安置完工验收工作专门发文，要求各实施单位要严格按照验收程序排出自验、完工决算审计、档案专项验收、完工验收时间节点计划，同时将南水北调工作纳入江苏省水利厅对各市年度考核目标。7月，在南京市召开全省南水北调征迁安置工作商促会，进一步推进征迁安置验收工作，催促要求各市县征迁部门主要领导，集中相关人员、按时完成征迁安置验收工作。

2015年，江苏省南水北调办共计完成了8个设计单元征迁安置完工验收及5个设计单元征迁安置档案专项验收。累计已有20个设计单元工程完成征迁安置完工验收、20个设计单元工程完成征迁安置档案专项验收。

2015年5月，南水北调办积极会同江苏省政府有关部门、江苏水源公司联合建立了运行维稳机制，成立了工作组。及时了解调水期间沿途各市、县因征迁安置可能发生的矛盾和问题，认真排查重点地段，特别是对往年调水期间发生影响地方进行重点预防和控制。在做好南水北调征迁安置工作同时，积极配合管理运行单位，做好输水沿线被拆迁安置群众的工作。

信访方面，2015年全年来信4件、电话咨询2次，首次实现零上访。江苏省南水北调办对群众来信来访始终高度重视，对来信提及的问题，做到件件有落实，事事有回音，在处理电话咨询中，做到不推诿、接待热情、讲清政策，有理有节给予答复。

江苏省南水北调工程文物保护项目外业发掘工作已全部完成，江苏省文物局正在组织专业人员对出土的文物进行清理和归类，江苏省南水北调办会同省文物局正加紧做好项目完工验收工作。

截至2015年底，已出版了《大运河两岸的文明印记——楚州、高邮考古报告集》《邳州山头东汉墓地》考古报告。正在整理泗州城遗址和其他遗址墓葬的考古发掘资料报告汇编。

（屈宁一）

环 境 保 护

2015年，江苏省南水北调在建尾水导流工程总体进展有序，在建工程建设收尾基本完成，项目合同验收及时组织完成验收，专项验收准备工作逐步进行，前期工作有序推进。在建工程收尾方面，丰沛尾水资源化利用及导流工程基本完成，剩余大沙河西湿地管理房装修未实施；睢宁县尾水资源化利用及导流工程已完成全部工程建设任务；徐州市截污导流工程增补完善项目全部完成。验收工作开展方面，2015年，江苏省南水北调办及时督促各治污工程项目法人完成各类验收共20项，其中，单位工程暨合同项目完成验收14项，泵站机组试运行验收2项，水质压力监测系统试运行验收1项；同时，积极与相关部门协调，推进档案、征迁移民、水土保持、环保专项验收等各专项验收准备工作，为顺利完成各专项验收打好基础；此外，组织完成了淮安市截污导流工程技术性初步验收。前期工作方面，2015 年 8 月 27 日，江苏省南水北调办组织专家对宿迁市尾水导流工程可研报告进行预审，指导宿迁市尾水导流工程设计单位做好可研报告编制工作。积极协调解决在环评、土地预审等过程中出现的有关问题，为该工程前期工作顺利开展扫清障碍。宿迁尾水导流工程建设处已完成水土保持、入河排污口、社会稳定风险评价等前置审批手续，并上报可研报告。

江苏省环保厅每月组织对南水北调沿线开展水质监测与评价，据监测数据显示，2015 年度送水水质全部达标；坚持将南水北调沿线地区作为产业结构调整的重点区域，加大重污染行业专项整治力度。江苏省环保厅、省南水北调办加强干线水质监督监测，提高年度调水运行水质监测检查频次，每月将水质监测情况通报沿线各市政府，并提出监管要求；组织开展干线排污口门、沿线陆上区域及河道污染源监督检查，强化水质目标考评，推动输水干线水质稳定达标。江苏省交通厅严格执行危化品船舶禁航要求，并组成联合检查组检查输水干线危化品禁运、通航保障以及船舶油废水收集情况，确保航运安全和水质安全。加强污水处理建设与管理。江苏省住建厅加快推进南水北调沿线建制镇污水处理设施建设，着力推进包括南水北调东线地区在内的苏中、苏北地区建制镇污水处理设施全覆盖，督促指导沿线各地加大投入、加快推进城镇污水处理厂配套管网建设，提高设施运行管理水平，从源头控制干线污染源。

（聂永平　王晓森）

工　程　验　收

2015 年 1～10 月，完成泗洪站水保环保单位工程验收；完成洪泽站、泗洪站、里下河扬州灌区调整宝应片区施工 2 标、3 标、卤汀河施工 1～3 标、桥梁 2 标及影响标、金宝航道 1～3 标、大汕子等 6 批次合同项目完成验收；完成调度运行管理系统通水应急调度中心（灾备中心）机房工程单位工程暨合同项目完成验收。除两个专项工程外已全部完成各工程施工合同验收。

2015 年，完成江苏省洪泽湖抬高蓄水位影响处理工程水土保持专项验收，完成长江—骆马湖段其他工程 17 个设计单元工程环保专项验收，完成长江—骆马湖段其他工程（第三批）泗洪站、洪泽站、金宝航道及里下河水源调整工程水保专项验收所有准备工作，具备专项验收条件。完成淮安二站改造、洪泽湖抬高蓄水位、血吸虫北移防扩散、高水河整治、泗阳站改建、徐洪河影响处理、邳州站、睢宁二站、金湖站、金宝航道等 10 个设计单元工程档案专项验收。

2015 年完成骆南中运河影响处理、洪泽湖抬高蓄水位、金湖站、皂河二站等 4 个设计单元工程完工技术性初步验收并完成骆南中运河影响处理、洪泽湖抬高蓄水位、金湖站工程完工验收前遗留问题整改工作，为完成年度验收任务打下了坚实基础。此外还完成皂河一站、淮安二站、血防工程完工验收工作。

2015 年组织完成了骆南中运河影响处理、洪泽湖抬高蓄水位影响处理、金湖站、皂河一站改造等 4 个设计单元工程的完工技术初验收以及淮安二站改造、血吸虫北移防治等 2 个设计单元工程的完工验收。

2015 年组织完成了淮安市截污导流工程技术性初步验收；督促各治污工程项目法人完成各类验收共 20 项，其中，单位工程暨合同项目完成验收 14 项，泵站机组试运行验收 2 项，水质压力监测系统试运行验收 1 项，同时，积极与相关部门协调，推进档案、征迁移民、水土保持、环保专项验收等各专项验收准备工作。

（吴海军　花培舒）

工程审计与稽察

2015年度，国务院南水北调办共下达江苏水源公司南水北调工程资金56 825万元，已全部到位。

2015年4月初，国务院南水北调办委托江苏天宏华信会计师事务所有限责任公司对2014年度工程建设资金使用管理情况开展专项审计。在审计期间主动提供资料，介绍情况，并全程陪同审计人员到各在建工程进行现场审计，对审计单位提出的审计取证材料认真复核，并及时协调组织公司相关人员与审计人员进行交流、沟通，做好解释说明工作。对审计提出的问题认真分析，提出整改意见和措施，并按时向国务院南水北调办报送审计整改报告。2015年11月，国务院南水北调办组织对审计整改落实情况进行检查，检查中能全力配合，确保审计整改意见全部落实到位。

2015年，江苏省南水北调办结合运行安全和防汛度汛监管要求，适时组织开展调水前运行准备工作检查、调水中的运行情况督导巡查和运行后的整改情况复查，构建了全过程的、覆盖新老工程和尾水导流工程的运行管理监督检查工作体系，并按照国务院南水北调办和江苏省政府有关运行监管工作的部署要求，探索形成了一套江苏省南水北调工程运行监管工作的办法和措施，印发了江苏省南水北调工程运行管护工作的指导意见。

江苏省南水北调办认真履行相应职能，全年认真对江苏水源公司以及市县项目法人组织的招标投标评标全过程开展行政监督管理工作，不因招标工作进入尾声而有丝毫懈怠，坚持依照法律法规和既往卓有成效的监管办法的程序规定，开展监督工作，继续推进符合条件的标段进入江苏省水利招投标有形市场开展电子招标，确保江苏省南水北调工程招投标工作继续保持“公平、公正、公开”、零投诉的良好形象，也为南水北调江苏省境内工程建设收尾提供了保障。

2015年3月25日~4月28日，国务院南水北调办委托北京中泽永诚会计事务所，对江苏省南水北调工程征迁移民资金进行专项审计，江苏省、市、县各级征迁机构积极配合审计工作，及时提供会计账本和征迁安置档案资料，认真解答审计提出有关问题。对审计期间提出的问题，要求有关单位分清责任，全部落实整改。11月上旬国务院南水北调办专门组织对2015年度征迁安置资金审计整改情况进行复查，复查时所有问题已全部整改到位。同时，江苏省南水北调办对完成自验的单位，加快财务决算审计进度，组织南京益诚事务所和苏盛公司两家审计事务所分别对睢宁站（睢宁县）、邳州站（邳州市），金宝航道、大三王河、灌区调整（宝应县、高邮市），卤汀河、高水河工程（江都区）进行财务决算审计。

（薛刘宇　屈宁一　王潇池）

山　东　段

概　述

2015年，东线山东段工程重点推进干线工程规范运行、工程良性运行保障机制建立、配套工程加快建设、尽力发挥综合效益等工作，取得明显成效。

（一）干线工程规范运行

干线工程永久占地确权发证率已达72%，按照边组织发证、边压茬开展征地验收的工作思路，全面启动了征迁安置省级技术验收。进一步建立了流动红旗评比制度和责任追究制度，促使工程管理精细化、上水平。在7个泵站、3个水库和备调中心等13个重要节点，筹建工程建设展示厅，详细记录、介绍施工过程及特点，提升工程形象，推进文化建设。重点加强了自身水质保障能力建设，制定实施了水质保障内部管理办法等一系列制度规定，构建了由人工监测、自动监测、移动监测组成的内部水质监测体系，与山东省环保厅就共同构建联动协作机制形成初步意见。

（二）工程良性运行保障机制

山东省于2015年4月1日率先颁布了第一部省级南水北调条例，对山东省南水北调各项工作以地方立法形式予以强化和明确。以山东省政府办公厅及水利厅文件，分别明确了省直有关部门、有关市、县（市、区）人民政府和水利系统落实《山东省南水北调条例》的责任，在全省各有关市、部门形成了抓《条例》落实的责任体系。组建了山东省南水北调水政监察支队，联合工程沿线建立的3个水库派出所、9个治安办公室、7个警务室，开展联合执法，为工程运行管理提供保障。同时，为破解工程通水后面临的南水北调水价高、地方用水积极性低等客观困难，山东省编制了《山东省地下水超采区综合整治实施方案（2015～2025）》，经山东省政府常务会研究通过、印发执行；在开展综合水价改革试点的基础上，山东省财政、水利、物价等3家部门联合印发了《关于加快推进山东省区域综合水价改革工作的指导意见》。

（三）配套工程建设

山东省委、省政府对此高度重视，在2015年全省经济工作会议、农村工作会议以及省政府工作报告中再次强调：确保年底前基本完成主体工程建设。郭树清省长亲自协调安排地方债首先用于南水北调配套工程建设；赵润田副省长安排部署，每月一调度、亲自督办，并专门赴任务最重的地市现场办公、督导。省直有关部门通力配合，联合采取重点督查、加大省级资本金筹集力度、争取国家专项建设基金、全力解决工程用地问题、现场蹲点督导、签订责任书、每月通报考核结果、实行红黄牌挂牌督办等制度措施，千方百计提高各级重视程度，全力以赴加快配套工程建设。截至2015年底，累计完成投资179.25亿元，占总投资的80.1%，其中2015年完成投资111.73亿元。

（四）南水北调工程综合效益

2014～2015调水年度历时72天，通过台儿庄泵站调入山东水量3.28亿m^3，向各市供水1.1亿m^3，为应对2015年持续干旱，保护东平湖区域群众的生产、生活、生态环境提供了有力支撑。

（牛晓东）

运 行 调 度

一、全线调水

（一）前期准备情况

1. 水量计划

2014年9月30日，水利部下达了《南水北调东线2014～2015年度水量调度计划》（水资源〔2014〕318号），山东省8个受水城市2014～2015年度计划用水2.306亿m^3，分别为枣庄2500万m^3，济宁2800万m^3，德州3000万m^3，济南3000万m^3，淄博2600万m^3，潍坊6000万m^3，青岛1000万m^3，烟台2160万m^3。调水时段为2014年11～12月和2015年2～5月。

根据南水北调东线总公司下达的《南水北调东线一期工程2015年供水运行工程调度方案》（以下简称《东线调度方案》），山东段工程计划从4月21日开始运行，至5月31日结束运行，全线运行40天，台儿庄泵站调入山东水量3.28亿m^3，入下级湖3.15亿

m^3，出下级湖 2.91 亿 m^3，出上级湖 2.36 亿 m^3，入东平湖 2.28 亿 m^3，出东平湖入鲁北干线 0.37 亿 m^3，出东平湖入胶东干线 1.8 亿 m^3。

2. 工作准备

（1）2014 年 10 月，水利部批复年度水量调度计划后，山东省南水北调建管局及时与山东省水利厅联系并向各受水市转发年度水量计划，同时对准备工作提出具体要求，随后多次配合山东省水利厅工作以落实水量调度计划。2015 年 4 月 20 日，山东省南水北调建管局与山东省水利厅水资源处联合组织召集 8 个计划受水地市的南水北调办事机构，召开落实 2014～2015 年度南水北调水量调度计划会议，督促各受水市按计划接纳水量。

（2）2015 年 2 月 27 日，山东省南水北调建管局、山东干线公司召开 2014～2015 年度调水准备工作会议，传达了山东省政府和山东省水利厅尽快启动向南四湖调引长江水和开展 2014～2015 年度调水工作的要求，明确了调水初步安排，分解了工作任务和职责。各相关部门根据会议工作安排，对内着手开展调水方案制定、工程与设备维护、水质水量监测设施检查、人员值班安排等相关准备工作；对外一是联系南四湖、东平湖、海河等流域管理部门、山东省胶东调水局、小清河管理局、地方水利管理机构等，协调引黄济青工程联合运行、利用共用工程输水、当地河道弃水等事宜，为工程运行创造了条件；二是联系山东省环保厅，开展输水沿线国控断面的水质监测，并督促输水沿线截污导流工程投入运行，为工程运行提供水质保障。

（3）2015 年 2 月 28 日，山东省南水北调建管局报请国务院南水北调办尽快组织实施年度调水计划。随后多次与国务院南水北调办和南水北调东线总公司进行工作对接，参加《东线调度方案》的制定，配合国务院南水北调办和东线总公司的调研和检查，以促使调水工作尽快开展。4 月 16 日，东线总公司印发了《东线调度方案》。

（4）2015 年 4 月 17 日，山东省南水北调建管局、山东干线公司根据《东线调度方案》，细化了山东段工程的调水方案和工作方案，制定了《南水北调东线山东段工程 2014～2015 年度水量调度计划实施方案》（以下简称《山东调度方案》），并同时制定了水质监测方案和调水工作方案。山东省南水北调建管局、山东干线公司成立调水工作领导小组，全面领导调水工作，负责重大事项的决策与协调。调水工作领导小组下设调水工作办公室。山东省南水北调建管局、山东干线公司同时组建省调度中心，负责全线工程运行的调度指挥、水情工情联系通报和通信保障等工作，并进行现场调度巡查和做好现场服务工作；山东干线公司枣庄、济宁、泰安、聊城、德州、济南、胶东管理局各自成立调度分中心，负责所辖工程的调度运行组织和调度指令分解等工作；各泵站、水库、渠道管理处负责具体落实所辖工程调度运行工作，明确所有控制运行闸站的人员岗位责任，做好工程运行和巡查等工作。山东干线公司其他各部门做好调水期间的工程、技术、经费、后勤等保障工作。

（5）2015 年 4 月 20 日山东省南水北调建管局、山东干线公司召开了 2014～2015 年度调水工作会议，传达了《东线调度方案》和《山东调度方案》，成立了调水工作领导机构和调度运行各级机构，从调水组织、岗位责任、联合调度、控制运行、工程巡查、水质管理、水量计量、安全监测、资料收集、安全生产等方面提出了年度调水工作总要求。4 月 21 日山东段工程即投入运行。

（二）调水实施情况

1. 工程运行情况

山东段工程自 2015 年 4 月 21 日开始投入运行，6 月 15 日完成各级泵站调水入东平湖，截至 7 月 13 日，连续运行 84 天，除双王城水库还在向寿光市供水外，其他工程已结束运行。各段工程的运行情况如下：

（1）韩庄运河段工程。2015 年 4 月 21 日 9:00，台儿庄泵站开启 1 台机组运行，9:03 万年闸泵站开启 1 台机组运行，10:14 韩庄泵站开启 1 台机组运行，至此韩庄运河段工程全线投入运行。根据调度指令，韩庄运河段于 4 月 22 日调增到 2 台机组运行，4 月 26 日调增到 3 台机组运行，5 月 18 日调减到 2 台机组运行，5 月 27 日调减到 1 台机组运行，6 月 1 日调增到 2 台机组运行。6 月 13 日，台儿庄泵站、万年闸泵站、韩庄泵站逐台关闭机组，分别于 6 月 13 日 1:36、1:57、2:05 关闭最后 1 台运行机组，韩庄运河段工程运行结束，完成水量调度计划。韩庄运河段运行平稳，期间最大调水流量约 $95m^3/s$（台儿庄泵站），台儿庄、万年闸和韩庄泵站分别运行了 2925 台时、2934 台时和 2925 台时，调水 32 804 万 m^3、32 655 万 m^3 和 30 930 万 m^3。

（2）南四湖段工程。2015 年 4 月 21 日 13:50，二级坝开启 1 台机组运行，从下级湖抽水入上级湖，南四湖段工程投入运行。为实现在不动用上、下级湖已有水量条件下向枣庄市和济宁市供水和向北调水，并利用南四湖上级湖调蓄，根据韩庄泵站入上级湖水量情况，二级坝泵站相应以 1 ~ 3 台机组运行，单台机组流量保持在设计流量附近。在完成水量计划后，二级坝泵站于 6 月 14 日23:13关闭机组，南四湖段工程结束运行。运行过程中，二级坝泵站的站下站上水位均为在设计最低水位与设计最高水位之间。泵站运行平稳，最大调水流量约 $93m^3/s$，累计运行 2626 台时，调水 29 101 万 m^3。

（3）南四湖—东平湖段工程。2015 年 4 月 22 日 9:00，长沟泵站开启 1 台机组运行，为梁济运河充水抬高水位，4 月 23 日 6:00，邓楼泵站开启 1 台机组运行，10:21 八里湾泵站开启 1 台机组运行，至此南四湖—东平湖段工程全线投入运行。受梁济运河水草干扰，南四湖—东平湖段直至 5 月 1 日才调增到 2 台机组运行；5 月 19 日调减到 1 台机组运行；6 月 2 日调增到 2 台机组运行。6 月 14 ~ 15 日，长沟泵站、邓楼泵站、八里湾泵站逐台关闭机组，并尽量抽取河道槽蓄水量入东平湖，依次于 6 月 14 日 17:00、6 月 15 日1:15、6 月 15 日 6:25 关闭最后一台运行机组，南四湖—东平湖段结束运行，完成了水量调度任务。南四湖—东平湖段工程运行初期受到水草干扰，梁济运河长沟泵站—邓楼泵站区间以及邓楼泵站前池的水位波动较大，至 5 月 15 日梁济运河水草基本清除完成，之后运行平稳，期间最大调水流量 $74m^3/s$（邓楼泵站），长沟、邓楼和八里湾泵站分别运行了 2018 台时、1994 台时和 1995 台时，调水 22 133 万 m^3、23 218 万 m^3 和 22 518 万 m^3。

（4）鲁北输水干线工程。2015 年 4 月 28 日 9:00，东平湖出湖闸开启，鲁北干线开始运行。

1）初期冲渠弃水阶段。东平湖出湖闸初始引水流量 $15m^3/s$。按照就近弃水的原则，渠道弃水分段从周公河节制闸、马颊河倒虹泄水闸、胡里长屯节制闸、六五河节制闸分别泄出。各泄水闸在水头到达前提前开启，先泄出渠道存水。2015 年 4 月 30 日 22:00，周公河完成弃水后关闭，开启引江节制闸；5 月 1 日 15:00，马颊河倒虹泄水闸完成弃水，开启马颊河倒虹闸；5 月 5 日 6:00，胡里长屯节制闸完成弃水，开启王庄节制闸；5 月 9 日 14:00，六五河节制闸完成弃水，大屯水库入库泵站开机运行，鲁北干线转为正常输水。

2）正常输水阶段。大屯水库入库泵站保持 3 台机组运行，入库流量约 $12m^3/s$。期间因水草阻塞拦污栅造成前池水位下降而多次调减机组运行。东平湖出湖闸视全线水位情况调整引水流量，沿线闸门相应调整。2015 年 6 月 1 日 10:00 东平湖出湖闸开始减少引水流量，至 16:30 完全关闭。鲁北干线从上而下根据水位情况依次关闭闸门，期间大屯水库继续抽渠道槽蓄水量入库，至 6 月 7 日 20:05

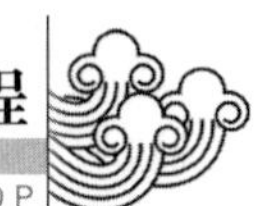

关闭机组。6 月 10 日 16:00，大屯水库再次开机运行，抽渠道槽蓄水量入库，至 20:26 关闭机组，鲁北干线全线运行结束。5 月 5 日 10:00～6 月 23 日 11:30，大屯水库德州供水洞开闸向德州市供水，供水流量约 0.6m^3/s，累计供水量 257 万 m^3。

运行期间，鲁北干线最大输水流量 16m^3/s，东平湖出湖闸累计引水 3811 万 m^3，大屯水库累计入库水量 3005 万 m^3。

（5）胶东输水干线工程。该次调水期间引黄济青工程同时引黄河水，在引黄济青上节制闸与长江水汇流后共同向潍坊和青岛市供水。南水北调工程与引黄济青工程联合运行，以引黄济青上节制闸为界，双方各自负责所辖工程的调度运行管理，并共同分担输水损耗。长江水向潍坊市引黄济峡分水闸供水流量 3.9m^3/s，分摊入青岛市棘洪滩水库流量 1.9m^3/s，考虑输水损耗推算长江水入引黄济青工程流量 9～10m^3/s。胶东干线整个运行期间可分为初期弃水、正常输水和后期停水三个阶段。初期弃水期间全线冲渠弃水以保证供水水质；正常输水期间全线各闸门根据弃水、分水、水位和流量控制要求进行调整，实现平稳、足量和按时输水；后期停水期间根据各分水口门供水计划完成情况全线分段停水。

1）初期弃水阶段。为尽量利用弃水冲洗渠道以确保水质，此次调水启用青胥沟倒虹泄水闸弃水。2015 年 4 月 24 日 9:00，济平干渠渠首闸开启，胶东干线开始运行；4 月 28 日 17:00，青胥沟倒虹泄水闸完成弃水后关闭；5 月 2 日 10:30，引黄济青上节制闸开启，长江水进入引黄济青工程，至此胶东干线全线转入正常输水。

2）正常输水阶段。济平干渠渠首闸初始引水流量 15m^3/s，后根据弃水、分水和渠道水位情况调节引水流量，2015 年 4 月 30 日 19:00～5 月 5 日 17:30 以及 6 月 26 日 9:30～6 月 28 日 9:30 期间，控制引水流量约 25m^3/s，最大引水流量 26.5m^3/s。通过玉清湖分水闸向济南玉清湖水库供水分为两个阶段，第一阶段为 2015 年 4 月 30 日 9:00～5 月 5 日 17:30，第二阶段为 5 月 23 日 16:44～7 月 11 日 14:00。玉清湖分水闸与玉清湖水库之间通过暗渠输水，再经入库泵站提水入库，入库泵站安装 4 台机组，单机设计流量约 3m^3/s。第一阶段玉清湖水库入库泵站单机运行，第二阶段初期玉清湖水库入库泵站前期单机运行，后期单/双机间歇运行。玉清湖分水闸共计运行 56 天，向济南供水 1674 万 m^3。东湖水库充库分为两个阶段，第一阶段为 4 月 27 日 17:36～6 月 4 日 14:30，第二阶段为 6 月 26 日 10:00～28 日 10:31，在两个阶段之间的充库间歇期间进行大坝安全及周边渗水情况观测。东湖水库入库泵站安装 4 台机组，为两大两小组合，设计流量分别为 6.5/2.6m^3/s。东湖水库入库泵站根据其他分水口门情况和干线流量情况灵活调整开机组合，以 1 台大机组、1 大 1 小两台机组、2 台小机组、1 台小机组四种工况运行，调节充库流量以尽量保持干线流量稳定。两个阶段东湖水库共计运行 42 天，入库水量 1880 万 m^3。引黄济淄分水闸于 5 月 4 日 11:00～6 月 11 日 11:00 开启，运行 39 天，向淄博供水 977 万 m^3。根据淄博市要求，初期供水流量约 4.5m^3/s，后期供水流量约 1.5m^3/s。

引黄济青上节制闸于 5 月 2 日 10:30～7 月 2 日 9:30 开启，运行 63 天，向潍坊引黄入峡闸供水 1933 万 m^3，向青岛棘洪滩水库供水 1000m^3，因引黄济青上节制闸前没有安装流量计的适宜位置，将流量计设置在上游紧临的博兴城南节制闸，期间调节博兴城南节制闸开度，控制其过水流量约 9～10m^3/s。该次调水双王城水库无供水计划，仅作为应急水库参与水量调度，后应潍坊市要求，双王城水库向寿光市供水。因引黄济青工程宋庄泵站断电故障，5 月 11 日 12:25～13 日 8:00，双王城水库入库泵站应急开机运行，从引黄济青输水渠道抽水 166 万 m^3 入库。自 5 月 25 日 10:00 起，双王城水库开启寿光供水洞，按照寿光市用水需求向寿光市供水，供水流量约 0.5m^3/s，至 7 月 13 日累计供水约 154 万 m^3。

3）后期停水阶段。在完成向淄博、潍坊和青岛市供水计划后，胶东干线玉清湖分水闸下游的干线渠段率先停止运行并蓄水度汛。2015 年 7 月 1 日 8:00，济平干渠渠首闸调减流量至 5.5m^3/s，仅用于向玉清湖水库供水，玉符河倒虹闸于 7 月 1 日 9:00 关闭，其下游沿线闸门自上而下逐步关闭，7 月 1 日 15:55，大沙溜倒虹闸关闭，7 月 1 日 19:41，博兴城南节制闸关闭，7 月 2 日 9:30，引黄济青上节制闸关闭。博兴城南节制闸累计过水量 4965 万 m^3。7 月 11 日 14:00，完成向济南玉清湖水库供水后，玉清湖分水闸关闭，济平干渠渠首闸继续引水，玉符河倒虹闸上游渠道各闸门自下而上逐步关闭，至 7 月 13 日 8:00，济平干渠渠首闸关闭，胶东干线全线停止运行。济平干渠渠首闸共计运行 81 天，从东平湖引水 11 636 万 m^3。

2. 水量调度

（1）关键节点实际调水量。2015 年 4 月 21 日 9:00 台儿庄泵站开机运行，至 7 月 13 日关闭济平干渠渠首闸，除双王城水库继续向寿光市供水，其他工程都已停止运行，南水北调山东段工程 2014～2015 年度全线运行共计 84 天。台儿庄泵站调入山东水量 3.28 亿 m^3，入下级湖 3.09 亿 m^3；出下级湖 2.91 亿 m^3；实际调出上级湖 2.21 亿 m^3，考虑与济宁市引黄补湖水量置换，换算为调出上级湖水量 2.36 亿 m^3；入东平湖 2.25 亿 m^3；出东平湖入鲁北干线 3811 万 m^3，入胶东干线 11 636 万 m^3。

（2）供水量。累计向受水市供水 11 295 万 m^3。其中：南四湖下级湖向枣庄市供水 1200 万 m^3，上级湖向枣庄市供水 1300 万 m^3，合并向枣庄市供水 2500 万 m^3；南四湖上级湖向济宁市供水 2800 万 m^3；大屯水库向德州市供水 257 万 m^3；向济南市供水 1674 万 m^3；向淄博市供水 977 万 m^3；潍坊市从引黄入峡闸分水 1933 万 m^3，截至 2015 年 7 月 13 日从双王城水库取水约 154 万 m^3，合计向潍坊市供水 2087 万 m^3；向青岛市供水 1000 万 m^3；烟台市没有用长江水。

（3）入调蓄水库水量。东湖水库、双王城水库、大屯水库三座调蓄水库的入库水量分别为 1880 万 m^3、166 万 m^3、3005 万 m^3，合计 5050 万 m^3；扣除通过水库放水洞向德州市和潍坊市供水量，三座水库蓄水量增加 4693 万 m^3。

（4）东平湖补湖水量。东平湖按照入湖水量、批准损失水量（1100 万 m^3）和出湖水量平衡计算，约 7100 万 m^3 用于东平湖生态补湖，进入汛期后形成损失水量。

（5）损耗水量。该次调水沿线实际损耗水量 10 645 万 m^3，其中韩庄运河段输水损耗 1874 万 m^3，南四湖段输水和调蓄损耗 2030 万 m^3，南四湖—东平湖段输水损耗 1082 万 m^3，东平湖输水和调蓄损耗 1100 万 m^3，鲁北干线输水损耗 806 万 m^3，胶东干线输水损耗 3753 万 m^3。

3. 供水计划变化原因

2014～2015 年度供水计划未能全面完成，其主要原因如下：

（1）南水北调东线工程水价与当地水价和引黄水价存在较大差距，受水市对用长江水缺乏积极性。

（2）2014～2015 年度调水启动时间晚于计划，供水时段压缩，虽延长利用东平湖输水时段，但仍然受到供用水能力限制。

（3）2015 年春季山东省遭遇干旱少雨，在长江水到来之前，有的受水市已协调黄河河务部门紧急启动引黄调水，其输水线路和运行时段与调长江水重叠，取消或调减了长江水用水计划。

（4）因东平湖周边存在农业用水，在枯

水时段利用东平湖输水损耗水量较大，水量调度方案中涉及东平湖的规定在实际调水过程中难以执行。调水开始时东平湖水位39.40m，至调水结束时东平湖水位仍然保持在39.40m，已接近生态水位，虽然入、出湖水量相差7100万m^3，但地方政府和流域机构不同意继续从东平湖调出水量。

4. 工作总结

自2015年4月21日台儿庄泵站开机运行，6月15日完成各级泵站调水入东平湖，7月13日济平干渠渠首闸关闭，至此除双王城水库还在向寿光市供水外，工程全线运行已基本结束。从各泵站、水库、渠道管理处、到枣庄、济宁、泰安、聊城、德州、济南、胶东管理局，再到山东干线公司、山东省南水北调建管局，各级单位按照工作要求，以问题为导向，逐层次进行工作总结和整理。

调水期间，调度中心共下达调度指令83份，向东线总公司报送调度日报55期；向山东省南水北调建管局、山东干线公司发送内部情况通报72期；接收整理水情报表831份，日报表338份；完成与山东省胶东调水局联系调度通告表61份；与各受水市联系水量报表85份；与山东黄河东平湖管理局及东平县湖管委联系水量报表71份。

二、区域调水

（一）引黄补湖

2015年4月29日~6月15日，济宁市利用南水北调梁济运河段工程，从梁山县国那里引黄河水为南四湖上级湖补水，置换水量1467万m^3。山东干线公司配合济宁市调度，调控长沟节制闸和邓楼节制闸，并加强工程巡查和工程监测，保证工程平稳输水。

（二）向德州市供水

应德州市南水北调局要求，分别于2015年8月11日~10月14日、2015年11月9日~12月7日两次开启大屯水库德州供水洞，向德州市供水。两次累计供水量约793.37万m^3。山东省南水北调建管局、山东干线公司做好大屯水库的工程运行、安全监测以及水量计量工作。

根据山东省南水北调建管局关于《南水北调东线一期工程德州市续建配套工程武城供水单元工程从大屯水库提水进行试运行的申请》的批复，2015年10月19日大屯水库开启武城供水洞，向武城县南水北调配套工程供水用于试运行，至12月31日累计供水量10.30万m^3。

（三）为济南市保泉补源和小清河生态补水

2014年以来，济南市降雨量明显减少，为做好保泉工作，应济南市政府要求，2015年2月3日~4月22日，济南市相关部门从平阴田山沉沙池引黄河水入济平干渠经贾庄分水闸，向济南市保泉补源供水，累计供水量约681.74万m^3。

2015年10月7日，应济南市政府要求，为改善济南市区段小清河水质，提升济南水生态环境，从平阴田山沉砂池引黄河水经京福高速节制闸向小清河生态补水，运行至12月31日，入济平干渠水量约2708.1万m^3，累计入小清河水量约1476.24万m^3。

应济南市政府要求，2015年10月10日，开启贾庄分水闸，在生态补水的基础上向济南市玉符河保泉补源供水。11月16日，应济南市南水北调局要求，保泉补源改为与济南市南水北调配套工程贾庄泵站—卧虎山水库进行联合试运行，试运行结束后继续向卧虎山水库供水，供水流量约2.5~3m^3/s。运行至12月31日，贾庄分水闸累计供水量约1509.80万m^3。

（四）向潍坊市供水

2015年1月28日~2月27日，潍坊市归还前期从双王城水库应急抗旱借用水量，同时利用充库水量调节水质，双王城水库累计抽水量2003.34万m^3。

因胶东调水输水渠道改扩建，为保障峡

山水库、白浪河水库供水区供水，确保潍坊市城区用水，应潍坊市政府要求，2015 年 8 月 29 日～9 月 25 日，双王城水库通过引黄济青渠道向潍坊市供水，累计供水量约 1228.99 万 m^3。山东省南水北调建管局、山东干线公司做好双王城水库的工程运行、安全监测、水量计量以及与引黄济青工程的联合调度工作。

应潍坊市南水北调局要求，2015 年 5 月 25 日双王城水库开启寿光供水洞，向寿光市供水。运行至 12 月 31 日，累计供水量约 1048.03 万 m^3。

应寿光市政府要求，2015 年 11 月 5～13 日，双王城水库开启入库泵站通过引黄济青渠道抽取黄河水入库，累计入库水量 385.78 万 m^3。

（五）渠道蓄水保温

为保障南水北调工程运行安全，适应冬季输水工况，经现场调研并与济南局、胶东局等相关单位协商，2015 年 12 月 10 日～12 月 12 日，对南寺节制闸至入分洪道涵闸之间渠道渠底进行冬季蓄水保温，该次蓄水保温累计从东湖水库放水 94 万 m^3，各衬砌段渠道闸前水位达到 1.2～1.4m。蓄水过程中各现场局加强工程调度与巡查，东湖水库采取了防止鱼苗流失措施，2016 年 1 月 19 日起，山东经历了历史少有的极寒天气，由于及时采取了蓄水保温措施，有效避免了渠道混凝土冻胀破坏，保障了工程安全。

（邵军晓）

工 程 效 益

（一）供水效益

在南水北调东线山东段工程 2015 全年供水运行中，累计向受水市供水 12 993 万 m^3。其中，向枣庄市供水 2500 万 m^3，向济宁市供水 2800 万 m^3，向德州市供水 1061 万 m^3，向济南市供水 1674 万 m^3，向淄博市供水 977 万 m^3，向潍坊市供水 2981 万 m^3，向青岛市供水 1000 万 m^3。

（二）社会效益

2015 年山东段工程实施的向枣庄、济宁、济南、德州、淄博、潍坊和青岛市调水，保证了受水市城镇用水，缓解了山东省受水区旱情，促进了受水地区的和谐稳定，扩大了南水北调工程的社会影响力，取得了显著的社会效益。

2013～2015 年一场罕见的连年干旱，将潍坊市的用水局面推到了紧急状态。南水北调通过向潍坊市区和寿光市供水，保障潍坊市人民群众生产生活用水，极大地缓解了因旱情带来的用水不足问题，确保了潍坊市供水的安全稳定，大旱之年没有出现水荒。

为东平湖生态补湖，有效缓解了东平湖因蒸发、灌溉、渗漏等原因水位快速下降的局面，弥补了东平湖干旱、缺水生态之需，使东平湖水位保持在正常水位，满足湖区周边群众生产生活需求，促进了东平湖周边经济的发展，同时避免了湖区生态遭受破坏。

通过向小清河生态供水和保泉补源，改善了小清河水质和周边生态环境，确保济南市区段小清河和周边泉水有充足的景观用水量，南水北调工程“清水走廊”的形象已深入济南市民心中。

山东省海洋与渔业厅、山东省水利厅和山东省南水北调建管局于 6 月 12 日、11 月 11～12 日联合举行东湖、大屯、双王城三座水库“放鱼养水”活动。“放鱼养水”计划是根据山东省政府“通过生态养殖鱼类改善南水北调水质”的要求，旨在通过“放鱼养水”生态净水，改善水源地蓄水水质，有效提升南水北调水源水质安全。山东省南水北调建管局与山东省海洋与渔业厅充分对接，加强水质监测，根据水质和三座水库特点制定放鱼方案。此次投放活动共计放鱼 3.1 万斤，东湖水库投放鲢鳙鱼计 5 千斤，双王城水库投放鲢鳙鱼、草鱼计 6 千斤，大屯水库投放

鲢鳙鱼、草鱼计 2 万斤。充分发挥了鱼类对水库水质的生态净化作用，水库水质透明度、溶解氧、总氮、氨氮等指标明显得到改善，确保南水北调供水水质安全达标，实现水库生态良性循环。

南水北调工程向各地市供水及生态补水、净水，充分发挥了南水北调工程的基础性、战略性、公益性作用。体现了连通长江、黄河、淮河和海河的南水北调东线工程对我国水资源的优化配置作用，充分体现了南水北调工程的战略性基础设施地位。

（邵军晓）

建 设 管 理

（一）工程建设进度

2015 年在建工程主要有济南市区段工程补源穿济西编组站专项工程、调度运行管理系统工程、管理设施工程和南四湖水资源监测工程。其中济南市区段工程补源穿济西编组站专项工程南水北调工程投资部分于 2015 年底全部完成。调度运行管理系统工程 2015 年完成设备安装 45 处，完成设备调试 25 处，系统运行实体环境与视频会议标段 2015 年底完成招标设计审查会。管理设施工程一级机构已经完成施工图技术性审查，进入施工准备阶段；二级机构管理设施工程按照计划顺利实施。南四湖水资源监测工程已于 2015 年 12 月 20 日开工建设。山东段工程 2015 年计划完成施工投资 11 129 万元，实际完成施工投资 11 588 万元，占年度计划的 104%。2015 年山东段工程达到了全线供水运行安全、工程安全、水质安全要求。

（二）维修养护工作

起草了《山东省南水北调工程维修养护项目验收管理办法（试行）》《山东省南水北调工程维修养护结算支付管理办法（试行）》《山东省南水北调工程维修养护管理工作暂行规定》三个办法。编制了 2015 年维修养护合同支付范本和工程量支付清单，签订了 2015 年度日常维修养护合同。组织召开了 4 次维修养护工作座谈会，集中研究解决工程维修养护验收工作问题。审核专项维修项目。对调水期间运行准备工作及泵站机电设施进行抽查。全力做好调水保障工作，开展清污机专项活动。

（三）安全管理

2015 年成立了安全生产小组，并设置安全生产办公室，明确了人员组成及工作职责。组织水质安全及冰期输水技术培训班，以保证冰期输水安全。扎实开展安全生产标准化相关工作。组织开展安全生产月活动，制定《“安全生产月”活动方案》。9～12 月持续开展了运行管理问题及安全生产大检查，编制并印发了《山东干线公司安全生产隐患大排查快整治严执法集中行动方案》。先后 3 次组织开展拉网式排查，促进了防汛工作的落实。按照规范开展安全监测工作，制定了安全监测管理实施细则，成立了工作组。2015 年山东段工程实现了年度工程安全、人员安全的工作目标。

（于　云　张东霞）

科 学 技 术

（一）科技项目进展情况

“十二五”国家科技支撑计划项目课题“南水北调河渠湖库联合调控关键技术研究与示范”“南水北调平原水库运行期健康诊断及防护技术研究与示范”“南水北调工程地震灾害监测与预警关键技术研究与示范”已完成立项，并根据项目要求完成了 2015 年度的研究任务。

山东省南水北调建管局组织申请了 2015 年省级水利科研与技术推广项目“河—湖—泵站复杂系统调度关键技术研究”完成立项，并根据项目要求完成了 2015 年度的研究任务；山东省科技发展计划项目“北方地区平原水库垂直连锁混凝土预制块护坡技术研究”

已经完成研究工作；山东省省级水利科研及技术推广项目“远距离调水工程生态影响动态监测技术研究”“山东省水利工程管理远程控制系统研究与应用”根据项目要求，完成了2015年度的研究任务。

山东省南水北调建管局自立项项目“南水北调东线穿黄工程建设综合技术研究”完成了课题的结题验收。

（二）科技成果获奖情况

山东省南水北调建管局组织推荐的五项科技成果，“南水北调东线一期工程水价理论与山东受水区实践研究”获得山东省水利科技进步一等奖，“南水北调办信息化管理系统建设管理办法研究”“南水北调工程信息安全管理规章制度研究”获得山东省水利科技进步三等奖。“长距离调水工程水价政策与方案研究”“南水北调工程东平湖蓄水影响生产开发项目研究报告”获山东省水利软科学一等奖。

（焦璀玲）

征　地　移　民

（一）土地确权发证

山东省在全国南水北调系统率先启动了办理建设用地划拨手续及土地确权登记发证工作。全省南水北调工程土地确权发证涉及10个市30个县，截至2015年底已有8个市24个县全部完成发证任务，累计完成发证面积59 713亩，占应发证面积的72%。为保证确权发证工作的进度和质量，山东省南水北调建管局实行项目负责制，分段派专人与发证单位及市、县相关部门积极协调、紧密协作，最大限度地争取土地权属单位的理解和支持；坚持周调度、月通报制度，全面摸清遇到的问题及时通报给各级领导和有关单位，以便领导第一时间掌握情况协调解决问题；同时，与山东省国土资源厅密切配合，采取联合集中办公、专题协调会、跟踪督办等多种手段，强力推动土地确权发证工作的进展。

（二）征地移民验收工作

山东省南水北调干线工程征地移民县级验收涉及30个县，省级验收涉及29个设计单元工程。截至2015年底，干线工程沿线30个县全部完成了征地移民县级档案验收工作，29个县完成了征地移民县级验收工作；29个设计单元工程中，省级征地移民档案验收已完成28个（东平湖蓄水影响处理工程未完成），征地移民省级完工验收已完成2个，省级征地移民技术性验收已完成14个。在推动验收工作中，一是科学制定工作计划，倒排工期，定期调度进展情况和存在问题，及时研究应对措施，确保工作进度按计划进行。二是创新工作思路，在征地移民完工决算批复前，不等不靠，先行做好单元工程省级征地移民技术验收工作，为省级完工验收奠定前提和基础。

（三）配套工程征迁工作

2015年，山东省南水北调建管局积极协调配套工程建设用地问题，多次到省国土资源厅进行协调沟通，并与国土资源厅联合到用地问题突出的市县进行现场调研督导。截至2015年底，全省38个配套工程供水单元的用地预审已全部通过，其中14个供水单元正在进行建设用地报批材料组卷，7个供水单元组卷材料已报省国土资源厅，其他17个供水单元已取得建设用地手续，已合计取得建设用地手续面积13 739余亩。

（四）征迁遗留问题处理

2015年，重点处理了两项征迁遗留和施工影响问题。一是东湖水库渗水影响补偿问题，已经处理完成并通过验收。二是界桩恢复补设问题。已经通过公开招标确定界桩补设队伍并签订了界桩补设合同，补设单位在2015年底已完成大部分现场界桩复核工作。

（五）信访维稳工作

2015年共接待处理信访上访事件10余次。在信访维稳工作中，一是高度重视，把处理信访上访问题、维护群众权益作为一件大事来抓，对于群众反映的问题，认真复核调查处理，切实做到件件有回音、事事有落实。二是积极预防，对重点信访地区、易致上访征迁矛盾纠纷以及重访多访群众，进行认真排查梳理、制定工作预案，增强做好信访工作的预见性，尽全力将矛盾纠纷化解在萌芽状态。山东干线工程总体呈现良好的运行环境。

（六）征地移民其他相关工作

2015 年，山东省南水北调建管局配合完成了 2015 年度国务院南水北调办例行的征地移民审计工作。

以山东省南水北调工程建设指挥部的名义，编发两期征地移民情况通报，督促推进全省配套工程用地批复进程。

2015 年，山东省南水北调建管局组织省内外征地移民设计、勘界、实施技术人员编写出版了《勘测定界三维建模技术在南水北调工程中的应用》《南水北调工程东平湖生产开发项目管理与实践》两书，指导了山东省南水北调干线工程地籍管理现代化和规范化工作的开展，为南水北调东平湖项目科学管理提供了理论支撑。

（黄国军　李一涛　王其同）

工　程　验　收

山东段主体工程共有 28 个设计单元工程。山东段主体工程全部完成档案专项验收。2008 年 10 月济平干渠输水工程顺利通过国家档案专项验收标志着南水北调工程首个档案专项验收工作在山东开始，小运河段工程档案验收的顺利通过标志着山东省南水北调档案专项验收工作的圆满结束。山东省成为第一个通过国家工程档案专项验收且第一个全部完成国家工程档案专项验收的省份，走在了全国南水北调工程档案专项验收的首位，并为日后工程竣工验收及工程运行管理打下良好基础。

（杨忠堂）

工　程　审　计

2015 年 3 月 24 日～5 月 21 日，根据国务院南水北调办《关于召开 2015 年内部审计工作布置会的通知》（综经财函〔2015〕46 号）要求，江苏兴光会计师事务所和天津倚天会计师事务所有限公司分别对山东省境内南水北调工程建设资金和征地移民资金进行了审计。2015 年 10 月 28 日山东省南水北调建管局向国务院南水北调办上报了《关于山东省南水北调工程 2014 年度征地移民资金审计整改意见落实情况的报告》（鲁调水局计财字〔2015〕52 号），2016 年 2 月 23 日山东干线公司向国务院南水北调办上报了《关于 2014 年度山东省南水北调工程建设资金审计整改意见落实情况的报告》（鲁调水企财字〔2016〕2 号）。

2015 年 11 月 20 日～12 月 18 日，根据国务院南水北调办经财司《关于开展南水北调东线一期穿黄河工程等 3 个设计单元工程完工财务决算审计的函》（经财财函〔2015〕20 号）要求，中兴财光华会计师事务所有限责任公司、中审华寅五洲会计师事务所（特殊普通合伙）和中审国际会计师事务所有限公司分别对山东省境内南水北调工程东线一期穿黄工程、鲁北段灌区影响处理工程和南四湖—东平湖输水与航运结合工程灌区影响处理工程完工财务决算进行了审计。

（郭学博）

监　督　稽　查

（一）水政监察工作

（1）组织制定《山东省南水北调水政监察工作规则（试行）》。在进行广泛调研和征求有关专家的意见建议的基础上，山东省南水北调建管局制定了《山东省南水北调水政监察工作规则（试行）》（鲁调水局发〔2015〕3号）并于2015年10月28日起实施。规则明确了工作职责、执法巡查、案件查处、督导检查等相关内容。

（2）组织开展水政监察培训。山东省法制办、山东省水利厅联合对山东省南水北调建管局、山东省有关市（县）南水北调办事机构和南水北调东线山东干线公司有关人员共190余人进行水政监察培训。山东省南水北调建管局有关人员参加了山东省法制办组织的行政执法资格考试，取得了相应执法证件。

（3）组建山东省南水北调水政监察支队。根据《山东省水利厅关于成立山东省南水北调水政监察支队的批复》（鲁水政字〔2015〕19号）文件精神，山东省南水北调建管局2015年12月7日印发《关于成立山东省南水北调水政监察支队的通知》（鲁调水局办字〔2015〕43号），成立山东省南水北调水政监察支队，设支队长1名，副支队长2名，支队成员19名。具体承担山东省南水北调干线工程范围内水行政执法工作，对违反《山东省南水北调条例》的行为加强监督检查并依法进行查处。

（4）开展水政监察办公设施和执法装备的调研，完成了所需水政监察办公设施和执法装备招标文件编写和招标工作。

（二）工程稽查检查工作

（1）运行管理和安全生产大检查。山东省南水北调建管局组织编制了《山东省南水北调工程运行管理问题责任追究实施办法（试行）》（鲁调水局发〔2015〕4号）。组织山东干线公司各级工程管理单位按照该办法的要求，对工程运行管理违规行为，工程养护缺陷等方面开展自查自纠工作。2015年9月组成两个检查组对6个二级现场管理局机关、7个现场管理处开展了运行管理及安全生产问题大检查。

（2）工程损毁情况自查工作。根据山东省南水北调建管局年初重点工作专题调度会议要求，山东省南水北调建管局组织各现场管理局对所辖工程损毁、修复情况进行全面排查。

（3）配套工程监督检查。山东省南水北调建管局组织专家对潍坊市寿光供水单元、滨州市博兴供水单元、青岛市平度供水单元的质量监督工作进行了巡查，并编制了巡查报告，以鲁调水局稽字〔2015〕16、17、18号文对相关报告进行了批转；组织人员多批次对菏泽、济南、济宁、枣庄等市南水北调续建配套工程进行督导与质量检查。

（三）政府质量监督工作

（1）质量监督部署工作。山东省南水北调建管局编制了2015年山东质量监督工作计划方案，根据工作实际，不定期召开质量监督有关会议，组织开展调度运行系统和工民建工程质量验收及评定等行业的培训。

（2）在建工程的质量监督工作。山东省南水北调建管局组织项目站做好在建收尾和新增工程建设的质量监督工作，组织专家开展了水土保持工程和调度运行信息管理工程的监督检查工作。

（3）工程质量验收工作。山东省南水北调建管局及时组织人员参加单位工程验收、合同项目完成验收和档案专项验收等，全力做好质量资料的核备工作，并对质量资料进行了抽查；组织开展了主体工程质量评定信息统计工作，补充完善有关设计单元工程质量监督报告。

（4）工程运行质量监督管理有关工作。根据运行监管需要，山东省南水北调建管局通过公开招标方式，采购了工程运行质量监测设备；针对运行时间较长的济平干渠等工程，开展了机电设备和金属结构第三方质量监测的前期调研工作。

（四）联合稽查督办工作

（1）《山东省南水北调工程管理千分制考核办法》（以下简称《办法》）修订工作。为进一步做好联合稽查督办考核工作，山东省南水北调建管局组织现场管理单位、机关有关部门对该《办法》进行了修订和完善。通过在前期就考核标准和内容、考核方式和方法等方面两次召开考核工作人员征求意见座谈会，书面向各现场管理局征求意见，召开干线公司领导层征求意见座谈会。综合这些意见和建议，联合稽查督办领导小组召开会议，就进一步深化和完善联合稽查督办考核工作进行了研究和讨论。主要是调整了考核体系格式、部分考核内容、部分考核分值、部分评分责任部门。

（2）联合稽查督办考核工作。山东省南水北调建管局依据修订的该《办法》对7个二级工程运行管理单位所管辖的20个管理处进行了两次每半年一个考核周期的全覆盖考核。

（五）配合国务院南水北调办的稽察工作

（1）历次稽察发现问题的督促整改落实工作。针对国务院南水北调办对山东省南水北调工程飞检发现的运行管理问题，山东省南水北调建管局组织有关单位对问题进行研究分析，确定整改方案，落实整改责任，明确整改时限，切实把问题整改落实到实处。

（2）按照国务院南水北调办要求，山东省南水北调建管局编写完成《山东省南水北调工程质量管理卷》和《山东省南水北调工程运行管理评价报告》。

（郭学博）

工 程 运 行

长江—洪泽湖段

概　　述

长江—洪泽湖段新建工程主要包括宝应站、金湖站、洪泽站、淮安四站、淮阴三站等泵站工程，以及淮安四站输水河道等河道工程。设计抽江能力500m^3/s，设计最大入洪泽湖能力450m^3/s。2015年度该区段泵站工程参与了宝应湖地区排涝和汛后骆马湖补水运行，累计抽水5.14亿m^3，工程效益得到显著发挥。

宝 应 站 工 程

一、工程概况

江苏省南水北调宝应站是南水北调东线一期工程的水源工程，其主要作用是与江都水利枢纽泵站群共同组成第一梯级抽江泵站，以满足南水北调规划确定的东线一期工程抽调江水50m^3/s，年均抽水量89.37亿m^3北送的要求，并可结合抽排里下河地区涝水。起到调水、排涝、提高灌溉保证率、改善水环境、提高航运保证率等功能。

二、工程管理

2015年宝应泵站以创“省一级管理达标单位”为目标，扎实推进各项工作，工程管理取得重要进展：在全面做好汛期保障、日常管理及安全生产等工作的基础上，取得了江苏省档案管理工作三星级标准认定，并顺利通过江苏省水利工程管理泵站考核，达到江苏省一级水利工程管理单位标准，这是江苏省南水北调工程管理首次获得管理评审认可的荣誉。

三、运行调度

2015年度，宝应站未开机运行。按照公司预通知，宝应站做好7月排涝、12月供水开机准备，运行人员现场值班，进行开机前各项检查工作，分别进行排涝和调水待命。在非运行期管理项目部积极开展设备试运转与模拟试运转工作。每月将所有辅助设备投入正式运转，将主机组在上位机上进行模拟运转，检查设备运行工况。通过设备的真正运行检验设备的实际工况。通过试运行和演练，机组设备运行情况、自动化系统运行情况良好。

四、工程效益

宝应站建成投入运行后，多次参加排涝、抗旱和调水任务，累计运行102天，累计抽水量6.17亿m^3，充分发挥了宝应站的工程效益与社会效益。

五、环境保护与水土保持

2015年9月15日~12月1日，宝应站参加江苏省"十佳水利风景区"评选大赛，获得了2802票的较好认可。

（霍安新）

金湖站工程

一、工程概况

金湖站工程是南水北调东线一期的第二级抽水泵站，位于江苏省金湖县银集镇境内，三河拦河坝下的金宝航道输水线上。其主要任务是通过与下级洪泽站联合运行，由金宝航道、入江水道三河段向洪泽湖及以北地区调水，调水设计流量150m^3/s；并结合宝应湖地区排涝，排涝设计流量为130m^3/s。

2015年度，金湖站按照南水北调工程管理要求，开展了工程规范化、标准化、精细化的管理，健全了各项规章制度，修订工程管理细则、运行规程、作业指导书等技术文件，认真开展了工程运行和维修保养工作。全年，工程排涝运行565.16台时，抽排涝水6482.45万m^3，保证了宝应湖地区人民群众生命、财产安全，生产生活正常开展。

二、工程管理

金湖站工程采用委托管理模式，从2012年12月开始，江苏水源公司与江苏省洪泽湖水利工程管理处签订委托协议书，管理范围包括泵站、泵站上下游交通桥、上下游引河、站下清污机桥、管理用房及附属设施等。管理内容主要有工程建（构）筑物、设备及附属设施的管理，工程用地范围土地、水域及环境等水政管理，工程运行管理，工程档案管理，以及参与泵站机组试运行等。

2015年，金湖站坚持将安全生产工作置于工作首位，全年未发生任何安全生产事故。

三、运行调度

2015年度，金湖站累计开机运行10天，完成了宝应湖地区排涝任务。

2015年开机排涝期间，金湖站集中开展了下游水草打捞工作，出动捞草人员78人次，使用运草车辆36台班，累计打捞水草1353方，保证了泵站机组高效运行。

排涝运行期间，主机组各部位温度、振动、噪声及电气参数均处于正常范围；辅机设备运转良好，冷却水压、水量、水温正常，叶片调节机构运转正常；各项电气测量、监视、自动化控制等设备动作正常，机组装置效率满足设计要求，工程发挥了应有的效益。

2015年6月26日~7月6日，根据江苏水源公司调度运行中心指令，金湖站工程开机抽排宝应湖地区内涝，机组运行565.16台时，抽排涝水6482.45万m^3，有效解决了宝应湖地区内涝问题，保证了当地工农业和群众生命、财产的安全。

四、环境保护与水土保持

金湖站管理区生活污水设置了膜生物污水处理装置，日处理能力24t。办公区污水和化粪池污水通过地下管道集中输送到污水处理站，经生化处理达标后排入外河。在生活区设置了垃圾池和垃圾箱，划分了卫生责任区，专人负责各责任区的卫生保洁工作，经常性对垃圾池进行清理，集中指定地点堆放，并统一由城市垃圾收集车收集处理。

定期对护坡、排水沟和裸露土地进行检查整治。管理区植物措施按照乔灌结合原则，常青树与落叶树结合、花草结合的原则，优化林木种类，增加林木品种，达到了“四季有花、常年有绿，水土保持与园林景观相结合”的效果。

五、工程验收

2015年8月12日，金湖站工程通过环境保护部主持的工程环境保护专项验收，并印发了《关于南水北调东线第一期长江—骆马湖段其他工程（含江苏省洪泽湖抬高蓄水位影响处理工程）竣工环境保护验收合格的函》（环验〔2015〕199号），同意金湖站等17个设计单元工程通过环保专项验收。

2015年12月3~5日，国务院南水北调办对金湖站工程档案进行了专项验收，形成了《南水北调东线一期金湖站设计单元工程档案专项验收意见》（办综合函〔2015〕334号），验收结果为合格，同意通过档案专项验收。

2015年10月17日，工程通过江苏省南水北调办主持的金湖站设计单元工程完工验收技术性初步验收，形成了《南水北调东线一期工程金湖站设计单元工程完工验收技术性初步验收工作报告》（苏调办〔2015〕75号），技术性初步验收专家组同意金湖站通过设计单元工程完工验收技术性初步验收。

六、其他

在2015年的工程管理中，管理单位大力推进技术创新工作，开展了“贯流泵的通风结构”“闸门开度仪钢丝绳清洁工具”两项实用新型发明专利研究，职工全年发表相关论文近十篇，通过不断的总结与研究，有效推进了工程管理水平的提升。

（郭　军）

洪泽站工程

一、工程概况

洪泽站是南水北调东线第三梯级泵站之一，位于淮安市洪泽县境内的三河输水线上，距蒋坝镇约1km处，介于洪金洞和三河船闸之间，紧邻洪泽湖。主要由泵站、挡洪闸、进水闸、洪金地涵、引河等工程设施组成。主要任务是通过与下级金湖站联合运行，由金宝航道、入江水道三河段向洪泽湖调水150m^3/s，并结合宝应湖、白马地区排涝。

二、工程管理

（1）管理机构。2013年洪泽站建成后，由江苏水源公司扬州分公司直接管理，并于2013年4月16日成立洪泽站管理所。

（2）工程应急管理。2015年8月10日“苏迪罗”台风过境，在台风未到前，积极做好迎接恶劣天气的各项准备工作，对泵站厂房、三座水闸启闭机房的大门、玻璃门窗进行详细检查和必要加固，对重要树木的支撑进行固定，对室外高杆设备的地基螺丝进行紧固等；台风过程中，加强值班保卫工作；台风过后，立即组织人员对建筑物进行了特别检查，检查结果报送扬州分公司，确保水工建筑物安全。

（3）安全生产。2015年洪泽站被洪泽县公安局确立了治安重点保护单位，并在管理区主要出入口设置了南水北调洪泽站警务室，与蒋坝、三河两镇的公安派出所建立了24h治安联动机制。同时实行门卫24小时值班制度和管理核心区夜间巡查制度，确保洪泽站治安环境良好，人员和工程安全。2015年洪泽站被淮安市公安局、安监局等六部门评为“2015年淮安市平安企业”。

三、运行调度

2015年度，洪泽站无开机运行任务。在小水电运行期间，洪泽站严格执行运行值班制度，同时保证洪泽站其他各项日常工作正常开展。

洪泽站2015年未开机运行，小水电运行122天，发电250万kW·h。

四、环境保护与水土保持

洪泽站生活区设置了垃圾箱，划分了卫生责任区，专人负责各责任区的卫生保洁工作，运行管理人员的生活垃圾统一由专人收集处理。

洪泽站绿化由江苏水源公司的绿化公司具体负责，定期对管理范围内的花草树木进行修剪、施肥。洪泽站定期对上下游护坡进行清理、维护，避免护坡水土流失。

五、工程验收

2015年2月3日，江苏水源公司主持召开洪泽站主体工程和部分影响工程土建施工及设备安装、水泵及其附属设备、电机及其附属设备、水轮机组等设备、钢筋、清污设备采购等6个合同项目完成验收会，同意通过6个主要合同项目完成验收。

2015年8月12日，洪泽站工程通过环境保护部主持的工程环境保护专项验收，并印发了《关于南水北调东线第一期长江—骆马湖段其他工程（含江苏省洪泽湖抬高蓄水位影响处理工程）竣工环境保护验收合格的函》（环验〔2015〕199号），同意洪泽站工程通过环保专项验收。

六、其他

2015年，洪泽站成功创建江苏省三星级档案管理单位、国家AA级旅游景区、洪泽县文明单位、国务院南水北调办青年文明号、完成确权划界并办理了土地证，被东线总公司确立为南水北调东线泵站运行管理标准化试点推广单位，被江苏水源公司列为泵站优化调度关键技术集成与示范、泵站信息化管理系统、泵站远程调度运行和少人值班三个重要科研项目试点单位。

（陈光普）

淮阴三站工程

一、工程概况

淮阴三站工程是南水北调东线工程第三级泵站的组成部分，与现有淮阴一站并列布置，和淮阴一、二站及洪泽站共同组成南水北调东线第三梯级，具有向北调水、提高灌溉保证率、改善水环境、提高航运保证率等功能。设计调水流量100m^3/s，安装四台直径3.2m的灯泡贯流泵机组，单机流量33.4m^3/s，配套功率2200kW，总装机容量8800kW。

二、工程管理

淮阴三站工程作为南水北调江苏东线段建设比较早的工程，江苏水源公司对淮阴三站的运行管理采用委托管理的模式，受托单位江苏省灌溉总渠管理处（以下简称总渠管理处）成立淮阴三站工程管理项目部（以下简称淮阴三站项目部）具体负责淮阴三站的日常管理、维护、运行等事宜。

淮阴三站项目部认真开展2015年安全生产月活动，按照要求开展节假日安全检查、机组运行安全生产检查、安全度汛等工作。项目部按照要求认真做好淮阴三站安全台账收集整档工作，积极开展对职工的安全教育，

增强干部职工安全生产意识，防患于未然。

三、运行调度

（一）骆马湖补水运行准备情况

淮阴三站于2015年11月10日开机3台向骆马湖补水。项目部对主要机组设备、水工建筑物、河道等进行了运行前安全检查；并对辅机设备进行了试运行，对主机定子、转子进行了绝缘电阻测量，对绝缘偏低的主机进行小励磁电流干燥；对高低压开关柜进行了分合闸试验与联动试验；并按照淮阴三站反事故预案组织了运行人员进行演练，对相关运行人员进行了有关技术培训；及时向供电调度部门申请开机用电负荷。

淮阴三站项目部制定调水现场执行方案。管理单位对所有的预案措施进行了演练。项目部设立了调水现场组织机构，具体负责生态调水期间机组运行与操作，制定操作规程，做好运行阶段机组运行数据记录，及时上报工情、水情，负责及时检修运行中出现的故障。

（二）向骆马湖补水工作开展情况

2015年11月10日11：10淮阴三站项目部在接到调度运行指令［调度运行（扬）2015年13号令］后，淮阴三站分别于11：20开启1号机，于11：25开启2号机，于12：57开启4号机。

（三）机组运行情况及自动化运行情况

（1）机组运行情况。淮阴三站工程在本次开机运行中机组整体运行状态良好，但前期开机准备和运行过程中暴露了一些问题，主要情况如下：在调试液压启闭机系统时，发现3号事故门开启后闸门高度不显示，并且自动化上位机系统闸门监控以及3号主机组界面中3号事故门开启时，闸门画面及开高数据不显示，项目部立即组织人员对3号事故门进行全面检查，线路完好，控制回路正常，疑似3号事故门行程检测装置出现问题（型号：RFM5700MR051A11，MTS），项目部运行人员对3号主机组进行手动开启，机组运行正常；值班巡视时发现4号工作门有下滑现象，活塞杆与油缸头部位置有严重漏油，停4号机组，开启3号机组，并对液压油箱进行补油处理；变频器主要插件单元控制板损坏，及时更换后机组运行正常。

（2）自动化运行情况。淮阴三站项目部已针对自动化系统改造（包含视频监控系统）上报2015年度岁修项目，已批复，由江苏水源公司扬州分公司组织实施。由于2016年开机运行向山东省供水，暂未实施，前期准备工作已完成。开机运行期间，运行值班人员加强巡视次数，保证淮阴三站工程的安全运行。在运行期间，运行值班人员利用休息时间处理开机运行中出现的小故障。

淮阴三站工程于2015年11月10日～12月10日开机运行向骆马湖补水，本次开机累计运行1864.73台时，抽水21 958.53万m^3，机组运行平稳，状况良好，发挥了巨大的经济效益。淮阴三站工程先后经历了国务院南水北调办飞检大队突击检，江苏水源公司、江苏水源公司、扬州分公司、江苏省灌溉总渠管理处的汛前、汛后检查，以及季度考核、年终考核等。淮阴三站工程运行良好，无安全事故。

四、环境保护及水土保持

淮阴三站一直注重风景区内的环境保护和水土保持。在泵站本身的工程管理中，充分加强站区的绿化、风景建设。

淮阴三站的绿化由江苏水源公司的绿化公司具体负责，定期对管理范围内的花草树木进行修剪、施肥。

项目部还定期对上下游护坡进行清理、维护，避免护坡水土流失。

（杨　俊）

淮安四站工程

一、工程概况

南水北调淮安四站工程地处淮河流域下

游平原区，属淮河水系，位于江苏省淮安市淮安区三堡乡境内里运河与灌溉总渠交汇处，和已建成的江苏省江水北调淮安一、二、三站共同组成南水北调东线一期工程的第二个梯级，梯级的规模流量300m^3/s，加上备机在内的总装机规模为340m^3/s。南水北调淮安四站工程建设内容：泵站工程、站下清污机桥、新河东闸工程、环境保护及水土保持工程等。工程总投资金额为1.557亿元，2005年12月开工兴建，泵站主体工程建于2006年2月，2008年8月各项主要工程完工，2008年9月9日通过泵站试运行验收，2012年7月29日，南水北调东线一期淮安四站工程通过国务院南水北调办完工验收。

二、工程管理

2015年7月，江苏水源公司扬州分公司以扬水源管〔2015〕32号《关于同意实施淮安四站、淮阴三站2015年度岁修项目的函》批复淮安四站2015年度岁修项目三项，经费16.58万元，项目包括：消防系统2015年度维护、行车爬梯整改、白马湖补水闸翼墙增加钢筋混凝土栏板。

江苏水源公司扬州分公司以扬水源管〔2015〕59号《关于南水北调淮安四站、淮阴三站购置备品备件的函》批复淮安四站备品备件采购项目，经费13 680元，包括采购：微机电动机保护装置、继电器、吸湿空气滤清器、吸油滤油器、管路阀密封件共5项内容。

江苏水源公司扬州分公司以扬水源管〔2015〕61号《关于实施淮安四站继电保护装置更新维修项目的函》批复淮安四站进线、站变等继电保护装置更新维修项目，经费16.8万元。

三、运行调度

淮安四站工程的运用严格按照南水北调东线江苏水源公司扬州分公司指示，进行合理科学的调度运行，应急管理和现场处置则由江苏省南水北调淮安四站泵站工程管理项目部负责。淮安四站建立了信息报送制度，高度关注掌握水位、流量、水质变化带来的对周边防汛安全、工程安全、供水安全及航运安全等方面的影响。对于开机运行中的水情、工情、捞草情况等，由专人负责，按照江苏水源公司的要求在指定时间内发送。

2015年11月10日10：30，江苏水源公司调度信息中心指令淮安四站于12：00开机3台，调水流量100m^3/s，加大向骆马湖补水力度。项目部及时落实运行期人员安排，落实供电负荷、水文水情测报等后方技术支持，紧急召开全体职工会议，进行了简短的开机前总动员，对开机准备工作进行分工，强调了开机和机组运行期间各项注意事项、运行值班人员的岗位责任制，要求工作人员持证、挂牌上岗。淮安四站职工随即全体投入到开机运行准备工作中。管理处领导高度重视此次补水工作，及时落实供电负荷，安排运行相关人员，督促做好各项开机准备工作。

淮安四站2015年运行历时28天，机组总运行1937台时，累计抽水2.3亿m^3。

截至2015年底，淮安四站总共开机11 199台时，总抽水量12.157亿m^3，其中1号机组开机2813.5台时，累计抽水量3.084亿m^3，2号机组开机3695.5台时，累计抽水量3.936亿m^3，3号机组开机2887.5台时，累计抽水量3.162亿m^3，4号机组开机1802.5台时，累计抽水量1.975亿m^3。

（赵才全）

淮安四站输水河道工程

一、工程概况

南水北调淮安四站输水河道工程位于江苏省淮安市淮安区境内，由运西河、穿白马湖段和新河三段组成，全长29.8km，其中：

运西河长7.47km，穿湖段长2.3km，新河长20.03km。沿线加固流量为100m^3/s的引水闸1座，拆建流量为150m^3/s的节制闸1座，新建流量为30m^3/s的补水闸1座，新建550m长滚水堰1处，拆建、新建桥梁12座，封闭口门23处。其功能是作为南水北调淮安四站引河，主要担负着淮安四站从白马湖和大运河引水任务。

该项工程于2005年9月开工，2008年竣工，工程总投资28844.91万元。

二、运行调度

调水运行期间，淮四河道两家管理所均明确了工程运行管理制度，制定运行时的巡视检查制度和值班纪律，加强管理和巡查，对河道及两岸堤防进行全天巡查，清除沿线渔网，打捞水草及漂浮杂物，发现问题及时汇报。严格按照江苏水源公司调度指令运行，关闭沿线涵闸口门，确保调水运行工作正常有序开展。

淮安四站输水河道2015年参与运行28天，圆满完成了向骆马湖补水任务。

三、环境保护与水土保持

淮四河道两家管理所对沿线护坡、堤防的林木定期修剪、除虫、除草，对不规则堤防进行整治，并栽插绿化树木，进行环境美化和水土保持。

（姜兆清）

洪泽湖—骆马湖段

概　　述

洪泽湖—骆马湖段新建工程主要包括泗洪站、睢宁二站、邳州站、泗阳站、刘老涧二站、皂河二站等泵站工程。设计最大抽洪泽湖能力350m^3/s，设计入骆马湖能力275m^3/s。2015年度该区段泵站工程参与了2014~2015年度向山东供水，累计抽水11.33亿m^3，工程效益得到显著发挥。

泗洪站工程

一、工程概况

泗洪站工程位于江苏省泗洪县朱湖镇东南的徐洪河上，距洪泽湖口约16km，是南水北调东线一期工程的第四梯级泵站之一，主要功能是与睢宁、邳州泵站一起，通过徐洪河向骆马湖输水。

根据国务院南水北调办批复（国务院南水北调办投计〔2009〕35号文），南水北调泗洪站工程静态投资5.6亿元，是南水北调东线单体投资最大的枢纽工程。

二、工程管理

（一）安全生产工作

2015年，泗洪站枢纽管理所认真贯彻上级有关安全生产工作会议及文件精神，积极开展安全生产工作，实现安全生产全覆盖、零事故的工作目标。泗洪站枢纽管理所根据枢纽工程实际情况，制定2015年度安全生产工作计划。2015年，共计劝阻违章种植12次，清除违章种植农作物5亩，拆除违章搭建60余m^2；制止管理范围内捕鱼、钓鱼60余人。

（二）运行管理责任追究办法宣贯实施工作

为切实做好国务院南水北调办《南水北调工程运行管理问题责任追究办法（试行）》（以下简称《办法》）的贯彻实施工作，按照江苏水源公司的统一部署和安排，泗洪站枢纽管理所及时成立《办法》宣贯实施领导小组，组织全体人员对该《办法》进行贯彻学习，并参加江苏水源公司宿迁分公司印制的《办法》专题考试。在该《办法》宣贯实施过程中，泗洪站枢纽管理所组织人力，结合《工程运行管理违规行为分类分级表》《工程养护缺陷分类分级表》等表格中所列的检查项目、具体问题、问题等级逐一进行了梳理和自查，并汇总上报。同时泗洪站枢纽管理所对运行管理问题进行了单独的资料汇编，工程中出现的典型性问题，根据该《办法》进行问题属性的研判，拟订初步整改方案，报宿迁分公司批准后实施。

（三）工程管理季度考核工作

泗洪站枢纽管理所根据《江苏省南水北调工程管理考核暂行办法》文件要求，进一步加强工程管理力度，采用自查与互查的方式，对枢纽工程机电设备、水工建筑物、安全生产等方面进行仔细检查，并对2015年1～3季度工程管理考核组提出的32项存在问题及时组织人员整改完善，确保存在问题及时整改到位，确保枢纽工程安全。通过工程管理工作的开展，泗洪站枢纽管理所在前三季度工程管理考核中成绩优秀。

三、运行调度

泗洪站枢纽管理所精心组织，认真落实工程运行管理的各项工作要求，确保枢纽工程安全高效运行。在非运行期间，做好非运行期值班、设备的联调联试工作，并做好对设备的巡视检查工作，检查设备外观有无损坏，线路有无破损，管道闸阀有无渗漏等。在运行期间，根据江苏水源公司的统一安排，泗洪站于2015年4月20日9：00投入运行，参与南水北调工程向山东省供水运行工作，于5月18日17：00顺利完成通水运行任务，运行共历时29天，累计运行2574.5台时，抽水2.60亿m^3。通水运行结束后泗洪站枢纽管理所立即组织人员对主要设备进行检查维护，对运行中发现的问题，制定整改措施。

截至2015年底，泗洪船闸实现了工程安全运行1026天、船民满意度100%的工作目标，泗洪船闸累计放行单船31 989只，船队445托，过闸1696.55万t，收费1147.18万元。

2015年，泗洪站枢纽管理所先后安排11人参与北京代管泵站的运行管理；6人参与刘山、解台站液压启闭机维修；2人参与刘山站机组大修、电气试验。被派到现场的同志顾全大局，尽职尽责，任劳任怨，既是技术工也是农民工，为代管泵站的安全运行、为这些维修项目的顺利完成做出自己的努力，不仅提升了员工队伍工程运行管理、机电设备维修能力，也创造了经济效益。

四、工程验收

2015年1月6日，经宿迁市公安消防支队审查，泗洪站消防设施完备，手续齐全，顺利完成消防专项验收。5月20日，泗洪站水保环保单位工程通过验收。7月15日，南水北调东线一期泗洪站枢纽工程合同项目完成验收。

（刘厚爱　李伟鹏　杜　威）

泗阳站工程

一、工程概况

泗阳站工程是南水北调东线工程第四梯级、江苏省淮水北调第一梯级主力抽水泵站，吞长江而吐淮水，襟沂沭泗而带两湖，与1996年12月建成的泗阳第二抽水站、泗阳节制闸、泗阳船闸共同组成中运河泗阳水利枢纽。泗阳泵站设计调水流量165m^3/s，设计扬程6.3m。

泗阳站工程的主要任务是：新建泗阳站和原泗阳二站共同运用，调水出洪泽湖230m^3/s，通过中运河输水线，与刘老涧泵站枢纽、皂河泵站枢纽联合运用，实现一期工

程输水 175m^3/s 入骆马湖的规划目标；同时，为泗阳泵站枢纽与刘老涧泵站枢纽之间的乡镇生活、工农业生产和航运补充水源。2014年，工程管理经费投入约 143 万元。

二、工程管理

（一）设备管理

（1）项目部按照《南水北调泵站工程管理规程》对设备进行规范标识，确保设备名称、编号、旋转方向正确，并按照江苏省《泵站运行规程》对设备进行规范涂色，按照设备类别、等级建档挂卡；在站内显目位置悬挂泵站平、立、剖面图，高低压电气主接线图，油、气、水系统图，主要技术指标表，主要设备规格、检修情况表等图表。

（2）定期对主机泵、高低压电器设备、辅机系统、直流系统进行养护，加强油系统易损件维修更换，保持设备无灰尘、无渗油、无锈蚀、无破损现象；同时对防雷、接地装置定期进行检查、除锈、油漆，并按照规定做接地电阻检测。

（3）项目部严格按照 DL/T 596—1996《电力设备预防性试验规程》委托骆运管理处检修维护中心，常规开展电气设备预防性试验、仪表校验工作，并按照周期开展特种设备检测和校验。

（4）认真组织检查存在问题的整改。项目部对照江苏水源公司专家组提出问题，组织技术力量认真加以整改，处理结果有填写记录，有验收人签字。对暂时不能解决的问题，完善相关预案。

（二）建筑物管理

（1）项目部定期组织人员对管理范围内建筑物各部位、设施和管理范围内的河道、堤防等按照周期进行检查，并有完整的检查记录，在建筑物遭受暴雨、台风、地震和洪水时及时加强对建筑物进行检查和观测，记录观测损失情况，发现缺陷及时组织进行修复。

（2）按照年度制定的“工程观测计划”，组织专人进行垂直位移、水平位移、测压管水位、引河河床变形、混凝土建筑物伸缩缝等观测工作，以及每月的水情统计上报工作，并对观测资料进行及时整理和分析，做好资料整编工作。

（三）运行管理

（1）项目部严格执行调度指令、规范调度流程，及时反馈指令执行情况，并做好水情、工情、运行管理出现问题及处理相关情况上报工作。

（2）项目部在接到运行调度指令，能认真执行“两票三制”和对照开停机操作流程按章操作，确保机组按时投入运行；在确保工程安全运行前提下，按照调度指令及时调整叶片角度，及时进行水草打捞和清运工作，加强上下游河道的巡查和排查工作，发现隐患及时排除，尽可能使工程高效运行。

（四）安全管理

（1）牢固树立“安全第一”思想，层层签订安全生产责任状，健全、完善安全生产网络，加强安全生产教育、宣传工作。

（2）各种设备安全操作规程齐全，主要设备的操作规程上墙公示。在管理范围内的主要部位悬挂安全警示和警告标志标识牌，消防器材配备齐全、完好，防雷、接地设施可靠、完好。

（3）项目部定期对员工进行安全生产教育和培训，特种工作人员专门培训、持证上岗，并建立安全生产台账。

（4）汛前及时修订完善防汛预案，组建防汛组织机构、完善相关制度，成立机动抢险队伍、人员全部经业务培训，制定和落实防汛抢险预案；配备必要的抢险工具、器材，并将防汛预案上报宿迁分公司。

（5）加强夏季防雷、防溺水、冬季防火、防冰凌、节假日防盗、防范治安事件发生，安全生产形势良好可控，保证单位和谐稳定。

泗阳站的控制运用由南水北调东线江苏水源有限责任公司宿迁分公司运行管理部直

接调度。机电设备运行状态良好，自动化系统运行正常。

截至2015年底，泗阳站合计运行558天，机组运行39 087台时、抽水45亿m^3。

三、环境保护与水土保持

积极推进泗阳站总体环境规划，保证工程环境干净整洁同时，完善水资源水环境建设，重点加大对管理区的环境整治力度，增加植被面积，保持水质健康。把握好江苏省级水利风景区建设这一契机，认真做好相关规划工作牢固树立水与自然环境是一个生命共同体的系统思想，把治水与治理环境有机结合起来，从涵养水源、改善生态入手，统筹上下游、左右岸、地表地下、工程区域内外、工程措施非工程措施等方面，协调解决水资源、水环境、水生态等问题，建设稳定、健康、魅力的水利生态环境，提升工程管理的文化、生态内涵，2015年12月通过江苏省水利风景区验收。

（王　岩）

刘老涧二站工程

一、工程概况

刘老涧二站位于江苏省宿迁市东南约18km的大运河上，是刘老涧泵站枢纽的重要组成部分，与刘老涧一站、睢宁一、二站等工程共同组成南水北调东线第一期工程第五个梯级，通过联合调度运行，共同实现刘老涧枢纽的防洪排涝、调水、航运等综合效益。工程主要建设内容包括：新建刘老涧二站泵站、站内交通桥、变电所和清污设施，重建刘老涧节制闸（保留老闸作为交通桥），扩挖上、下游引河河道等。

与皂河泵站、泗阳泵站一起，通过中运河线向骆马湖输水175m^3/s，与运西徐洪河线共同满足向骆马湖调水275m^3/s的目标，兼顾沿线供水和灌溉，改善航运。

泵站工程于2011年9月主机组试运行成功。

二、工程管理

刘老涧二站工程由南水北调东线江苏水源有限责任公司委托江苏省骆运水利工程管理处进行管理，第一次合同约定的服务期限从2011年8月1日～2013年12月31日，第二次合同服务期限从2014年1月1日～2017年12月31日。江苏省骆运水利工程管理处于2011年8月成立了江苏省南水北调刘老涧二站工程管理项目部。

三、运行调度

刘老涧二站的控制运用由南水北调东线江苏水源有限责任公司宿迁分公司运行管理部直接调度。机电设备运行状态良好，自动化系统运行正常。

截至2015年底，泵站抽水累计运行3088台时，抽水约3.05亿m^3。

（李　庄）

睢宁二站工程

一、工程概况

睢宁二站工程是南水北调东线工程的第五级泵站，位于江苏省徐州市睢宁县沙集镇境内的徐洪河输水线上，工程批复总投资2.41亿元。该站的主要作用是通过徐洪河抽引泗洪站来水，沿徐洪河向北输送到邳州站，再由邳州站向东经房亭河调入中运河。睢宁二站与睢宁一站及运河线上的刘老涧泵站枢纽共同组成南水北调东线工程的第五个梯级，主要任务是与睢宁一站共同实现向骆马湖调水100m^3/s的目标，与中运河共同满足向骆马湖调水275m^3/s的目标。

二、运行调度

2015 年 4 月 22 日，睢宁二站接调令开机运行，5 月 18 日全部机组停止运行，其中 1 号机组运行 650 台时，2 号机组运行 655 台时，3 号机组运行 332 台时，4 号机组运行 318 台时，自动化系统运行正常。

2015 年，睢宁二站圆满完成了南水北调调水任务。累计运行 1955 台时，调水 1.53 亿 m^3，保证了南水北调水质、水量要求，充分发挥了工程调水、抗旱、保生态等社会效益。

（张前进）

皂河二站工程

一、工程概况

皂河二站工程是南水北调东线第一期工程的第六梯级泵站之一，位于江苏省宿迁市皂河镇北 6km 处，上游为骆马湖，下游为邳洪河，在皂河一站北侧，与皂河一站并列布置，作为皂河一站的备机泵站，设计抽水流量 $75m^3/s$。工程由专用变电所（主供 110kV，备用 35kV），站下清污机桥、公路桥（桥面净宽 7.0m，荷载标准为公路一级），以及配套建筑物邳洪河北闸（设计排涝流量 $345m^3/s$）等几部分组成。

皂河二站工程主要任务是与皂河一站联合运行向骆马湖输水 $175m^3/s$，与运西线共同实现向骆马湖调水 $275m^3/s$ 的目标，并结合邳洪河和黄墩湖地区排涝，为骆马湖以上中运河补水，改善航运条件。设计扬程 4.7m。

皂河二站工程总投资为 2.7 亿，于 2010 年 1 月开工，历时两年，于 2012 年 5 月通过了试运行验收。

二、运行调度

皂河二站于 2015 年 4 月 20 日接调度中心指令开机 2 台，流量 $50m^3/s$，5 月 18 日接调度中心指令停机，共运行 29 天；邳洪河北闸执行调度指令开关 43 次。

2015 年，皂河二站机组全年累计安全运行 1350 台时，抽水约 13852 万 m^3，圆满完成了江苏水源公司下达的调水任务；邳洪河北闸累计开关闸 43 次，开闸运行 300 天。

（魏　伟）

邳州站工程

一、工程概况

邳州站工程位于江苏省邳州市八路镇刘集村徐洪河与房亭河交汇处东南角，是南水北调东线工程第六梯级。邳州泵站的主要任务是与泗洪泵站、睢宁泵站一起，通过徐洪河线向骆马湖输水 $100m^3/s$，与中运河共同满足向骆马湖调水 $275m^3/s$ 的目标，并结合房亭河以北地区的排涝。

邳州站工程于 2011 年 3 月开工建设，2013 年 2 月通过试运行验收，具备投入使用条件。

二、工程管理

（一）设备维护

为确保工程设施安全运用，邳州站项目部按照相关规定，对工程设施各部位进行维护保养，确保工程设施、设备按照调令能随时投入运行。

1. 机电设备维护保养

第一季度：检修 1 号机组，从 2015 年 1 月 4 日开始施工，期间，因年终考核暂停几日，至 1 月 24 日结束施工，查明了传感器故障、更换了进口压环密封、增加了进口拦污栅起吊钢吊杆，并对机组进行了水下检查。1 月 16 日～2 月 8 日，对主机泵及行车进行了涂装出新，达到了改观和提升工程形象的目的。3 月 11 日～17 日，扬州维检中心对电气设备进行了年度预防性试验。

第二季度：2015 年 4 月 2 日加长了呼吸器联通管，运行结果表明效果明显。4 月 13 日，在闸门调试过程中，2 号事故门无法开启，检查发现是高压电磁球阀堵塞，4 月 15 日故障排除。4 月 18 日运行前检查发现 2 号推力箱油色略有浑浊，随即更换了 4 台主机组推力箱的润滑油。年度运行任务结束后，6 月 2 日，技术人员将齿轮箱轴承测温传感器中的一组改接成了测油温传感器，使测温元件更全面的反应齿轮箱的运行温度。

第三季度：2015 年 7 月 28 日，技术人员对主水泵进口压环进行了压紧处理，无渗漏现象。主水泵外壳法兰面有微渗导致部分锈蚀，影响工程形象，7 月 31 日，对水泵外壳锈蚀部位进行了处理，无锈蚀现象。快速闸门开度仪开度不归 0，左右开度偏差较大，项目部组织相关的厂家于 7 月 23 ~ 24 日在现场分析和处理故障，最终确认是信号传输方式的问题，项目部于 8 月 2 ~ 5 日，请徐州云鹰科技公司与南瑞集团公司在现场做了试验，试验结果圆满，项目部已将处理情况及维修方案上报公司。9 月 4 日技术人员对滑环进行了拆解清洗，直到绝缘合格。

第四季度：2015 年 10 月 17 日，徐州淮海电子公司技术人员现场在 4 号机安装了两只开度仪，试验结果良好；12 月 3 日，常州开度仪厂家也做了相关的试验，取得良好结果；12 月 9 日，由宿迁分公司组织了设备厂家以及自动化厂家的技术人员在邳州站现场进行了研讨，并拿出了解决方案。10 月 29 日，2 号快速闸门阀组阀件渗漏油，技术人员进行了更换密封件的处理，并及时进行了开门试验，情况良好。

2. 高低压电气设备检查维护

第一季度：2015 年 1 月 12 日开始，对室内外照明进行了集中维修。3 月 12 日对蓄电池进行了核容试验，确认了电池容量偏低，并联系了厂家，待运行结束后由厂家现场测试，必要时整组更换。3 月 25 日，对室外消防控制柜内的接线进行了整理，确保消防控制柜能正常运行。

第二季度：2015 年 4 月 1 日，项目部在百叶窗上加装了防护装置，4 月下旬将进行调水运行，项目部及时落实了用电负荷，并于 4 月 10 日和线路维保单位共同进行了 110kV 高压线路的特巡；还对所有高、低压开关柜进行检查和内外表积尘清理，补贴示温片，检查紧固设备及柜体的接地装置；运行结束后，6 月 12 日对 110kV 主变压器引线绝缘子进行了检查和维护，7 月 5 日对绝缘子进行电气试验，并着手更换绝缘子；6 月 29 日，10kV 备用电线路熔丝熔断，更换熔丝。

第三季度：2015 年 7 月 7 日更换了全部的蓄电池，蓄电池运行稳定。建设处于 7 月 14 日对 10kV 备用电源专用线路进行了送电试验。项目部从 6 月开始，主变压器架空线电晕放电声音的处理，9 月 25 日进行了带电测试，架空线电晕放电声音明显偏小。项目部于 8 月 5 ~ 7 日，在开关柜内增加了试验转换开关，以便于日常的机组联动试验。9 月 1 日对主变压器的散热片重新进行了编号。

第四季度：2015 年 10 月 15 日，厂家更换了 1 台工控机，系统运行较为稳定。10 月 22 日，对全部消防应急照明及指示灯进行了排查和更换。10 月 26 日，邀请厂家到现场，对设备存在的部分小问题交换意见，并现场进行了解决。10 月 27 日，处理主变压器三工位断路器接地开关不分闸故障。

3. 辅助设备检查维护

第一季度：2015 年 1 月 14 日，对 1 号除湿机故障进行了排除。3 月 24 日，对辅机管道的压力表进行了集中检查，并更换了部分指示不准或失灵的表计。

第二季度：2015 年 5 月 25 日，对 3 台工业除湿机进行了维护保养，焊接了漏氟的铜管，补充了氟利昂；6 月 5 ~ 6 日检修了 5、6 号清污机，6 月 15 ~ 16 日检修了 1 ~ 3 号清污机；6 月 10 ~ 12 日对南闸的钢丝绳进行了维

护和保养；6 月 25～28 日对快门室钢盖板进行开人孔作业，并制作爬梯。

第三季度：2015 年 7 月 6～10 日对快门室钢盖板进行开人孔作业，并制作爬梯。项目部多次对活塞杆结垢进行了清理。运管人员于 7 月 28～30 日集中对渗油部位进行了处理，无渗油现象。运管人员于 7 月 31 日对自动滤水器的密封件进行了整体更换，无渗漏现象。运管人员于 9 月 7 日对消防管道进行了焊接处理，无渗漏现象。项目部于 9 月 17～20 日进行了全部更换。

第四季度：2015 年 10 月 18 日，叶调漏油箱出油管漏洞，进行了密封更换。11 月 20 日，对南闸开度仪进行了故障排查，并与 27 日进行了处理。

4. 水工建筑物维护保养

第一季度：2015 年 1 月 3 日，项目部组织人员对管理区内的排水沟进行了集中清淤。1 月 13～17 日，对快门室外墙进行了出新、对厂房内墙壁的脏污进行了涂料粉刷。1 月 9～14 日，对整个管理区进行了集中大扫除。3 月 14 日，对集水井进行了清空清理。3 月 17 日，对循环水池进行了清空清理。3 月 25 日，对水尺进行了养护。3 月 27 日，对电缆防火分隔分区进行了封堵。

第二季度：2015 年 4 月 8 日，对部分缺失的窨井盖进行了安装和维修；4 月 10～14 日，对上下游护坡排水沟进行了修补，并对雨淋沟进行了处理；4 月 17 日，对管理区添沥青路面进行了防裂处理；4 月 19 日，对所有的门窗进行了冲洗；6 月 19 日，对上游护坡沉降井进行了封堵。

第三季度：2015 年 7 月 11 日，对站上和南闸浮筒进行了油漆出新，确保起到警示作用。9 月 1 日开始，项目部组织人员集中对所有室间的墙面裂缝进行了处理。8 月 6 日，组织人员对泵站下游进行了河面杂物清理。8 月 29 日～9 月 3 日对房亭河进站大道进行了集中清理和保洁。9 月 16～26 日，对上游护坡进行了除草整理作业。

第四季度：2015 年 10 月 11 日开始，对大门侧铁栏杆进行了养护出新。10 月 13 日，对上下游河道进行了河面保洁作业。10 月 15 日，对管理区进行了除草作业。10 月 16～18 日，对中控室的门窗进行了集中清洁养护。10 月 19～23 日，对上下游排水沟进行了清淤。10 月 25 日，对下游排水沟塌陷处进行了灌浆处理。10 月 29 日，在上游拦河索处更换加装拦草网。11 月 25 日，处理主厂房地面渗水。

2015 年，每个季度开展一次垂直位移观测，每半年开展一次上下游河床断面观测，每个月开展一次水平位移观测，每个月开展六次测压管水位观测，全年观测工作的测次、测项齐全，数据采集规范完整真实，观测数据按规定进行科学分析，成果真实客观。

邳州站每个季度进行一次机组联合调试，组织开展机组联合调试，分上位机开机和现场手动开机两种方式模拟开机，在调试过程中检验励磁系统、液压闸门、叶调系统联动情况以及技术供排水系统运行。

三、运行调度

邳州站工程自建成以来，顺利完成了南水北调四次调水任务，一是江苏段试通水，二是东线一期工程全线试运行，三是 2014 年上半年向山东省供水运行，四是 2015 年 4～5 月执行向山东省调水的任务，合计运行 1955h，抽水量 2.2 亿 m^3，历次运行累计台时达 3249h，累计抽水量达到 3.67 亿 m^3，水质稳定达标，充分发挥了邳州站的工程效益和社会效益。

四、环境保护与水土保持

2015 年，邳州站项目部对泵站上、下游护坡进行了除草养护作业，并对六角防护块进行了整治，播撒了草种，确保了护坡无塌陷、无雨淋沟。

五、工程验收

2015 年 11 月 2 日，南水北调工程设计管理中心主持召开了邳州站工程档案专项验收会议，同意邳州站工程档案通过验收。

（徐士坤）

洪泽湖抬高蓄水影响处理工程安徽省境内工程

一、工程概况

南水北调东线一期洪泽湖抬高水位影响处理工程安徽省境内工程，涉及蚌埠市五河县、滁州市的凤阳县和明光市、宿州市的泗县共 3 市 4 县。建设内容主要包括：新建、拆除重建及技改 52 座排涝（灌）站，总装机容量 29 963kW，疏浚开挖张家沟等 16 条河道大沟，批复总投资 3.75 亿元。安徽省南水北调东线一期洪泽湖抬高蓄水位影响处理工程建设管理办公室为项目法人，安徽省水利水电基本建设管理局、蚌埠市治淮重点工程建设管理局、滁州市治淮重点工程建设管理局、宿州市南水北调工程建设管理处等四家建设管理单位具体实施五河泵站及各市境内的泵站及河沟疏浚工程。

二、工程进展

截至 2015 年底，批复的建设内容已全部完成，顺利实现工程建设目标。累计完成投资 3.72 亿元，土方开挖 415 万 m^3，土方回填 57 万 m^3，混凝土 6.5 万 m^3。

根据工程建设投资初步结算情况和经费包干使用的原则，利用剩余资金实施的增补完善项目也已完成，包括新（重）建泵站 2 座，新（重）建涵闸 2 座、渡槽 1 座，改建防汛道路 4km、维修进场道路 9.7km，以及完善管护设施、监控设备等。

三、工程管理

（一）验收工作

安徽省南水北调工程五河站、蚌埠市境内、宿州市境内、滁州市境内批复的 23 个合同工程验收已全部完成；2015 年 5 月通过了水利部组织的水土保持专项验收；蚌埠市和滁州市完成了移民专项验收；环境保护专项验收调查机构已通过招标选定并启动了相关调查工作，已完成了环境评估报告编写；宿州市和安徽省基建局的工程档案省级自验已经完成。

（二）招标采购

初步设计批复及增补完善工程的采购合同全部完成，2015 年主要有明光市增补项目设备采购、宿州市泗县大安站、樊集站附属工程的招标等。

（三）质量和安全管理

安徽省南水北调工程 2015 年质量管理工作态势平稳，工程质量处于可控状态，没有发生质量事故和大的质量缺陷。20 个施工标段，所有单元工程和分部工程合格。全年工程建设安全生产总体平稳，未发生安全生产事故。

2015 年 9 月，安徽省项目办召开了《南水北调工程运行管理问题责任追究办法（试行）》宣贯会议，各建设管理单位和工程运行管理单位参加了会议。

（四）财务管理

严格规范财务管理，积极配合国务院南水北调办和有关审计事务所，开展了年度审计工作，对发现的问题做到即审即改、边审边改，及时纠正建设管理和资金管理中存在的问题，保证项目管理整体规范、平稳运行。审计结论落实和整改工作得到了国务院南水北调办的满意评价。另外，价款结算审核工作已完成，决算编制工作正在开展。

四、运行调度

安徽省南水北调洪泽湖抬高蓄水位影响

处理工程涉及52座排涝泵站及16条排涝河沟。重建和改造的泵站多为20世纪70年代中期以前和1985年前后兴建，规模较大的泵站一般由县级以上水行政主管部门管理，配备有固定的管理人员；其他小型泵站一般由乡、镇、村自行管理，管理人员也不固定；城市排涝站由城建部门建设，并由市政管理单位负责管理。

加固改造的35座泵站，合同完工验收后，暂交原单位运行管理，其中21座由县级水利工程管理单位具体负责管理、运行和维护，14座仍由乡镇水利站具体负责管理、运行和维护。新建和扩建的5座泵站，新设置了2个管理所和3个管理站，由县级水行政主管部门管理。重建的12座泵站维持原有的管理机构，其中10座由县级水行政主管部门管理，2座由乡镇水利站管理。

对于中型以上泵站由市县主管单位和防汛主管部门批准运用，小型泵站由县或镇主管单位和防汛主管部门批准运用。泵站的运行管理严格按照批准的各项制度执行。

2015年11月举办了南水北调泵站工程运行维护管理培训班，培训内容涵盖了泵站安全运行与故障处理、泵站管理自动化、泵站考核达标与经营管理等，各市、县项目办管理人员和泵站技术人员参加培训。

（章　佳）

骆马湖—南四湖段

概　述

骆马湖—南四湖段采用不牢河和韩庄运河双线输水，通过不牢河和顺梯河输水，实现从骆马湖（中运河）抽引125m³/s供不牢河沿线用水并调水入南四湖下级湖75m³/s的规划目标。台儿庄站与刘山站组成东线一期工程第七梯级泵站，万年闸站与解台站组成第八梯级泵站，韩庄站与蔺家坝站组成第九梯级泵站。

（卞新盛）

刘山站工程

一、工程概况

刘山站工程是南水北调东线第一期工程的第七梯级泵站，位于江苏省邳州市宿羊山镇境内。刘山站工程为Ⅰ等大（2）型工程，主体工程为1级建筑物。泵站设计洪水标准为百年一遇、校核洪水标准为三百年一遇。刘山站设计流量125m³/s。工程于2005年3月开工建设，2008年10月基本建成，与解台站、蔺家坝站联合运行，其主要任务是扩大江苏境内骆马湖—南四湖的输水规模，共同实现出骆马湖125m³/s，向南四湖供水75m³/s的调水目标。

南水北调刘山站在江苏水源公司和徐州市水利局的大力支持下，刘山站工程项目部严格按照标书、合同及相关行业规范，全力以赴，认真开展工程管理工作，圆满完成了2015年合同约定工程管理任务和岁修工程任务，完成了向徐州地区运行补水的任务，翻水385台时，调水4165万m³；汛期开闸调整26次，泄洪排涝0.65亿m³，工程设备均安全运行，充分发挥了工程效益和社会效益。

二、工程管理

日常管理中，刘山站工程项目部及时消除设备质量缺陷及安全隐患，不断提高管理水平。项目部在2015年进行了上游液压闸门孔及下游检修闸门孔水泥盖板更换；叶调系统及液压系统补油，并对油质进行了检验；

委托江苏水源公司维修检测中心做了2015年度电气预防性试验；主电动机风机出风口更换过滤网及加装防护罩；上下游河道拦河索更换了钢丝绳和锚链，上游拦河索向外移动了200m；维修了2号和6号清污机脱链故障，所有清污机进行了耙齿整形，在清污机链条轨道上加装了防止脱链的钢筋，对清污机进行了保养出新；更换了皮带输送机输送带；清污机皮带输送机安装了定向轮；根据公司统一安排，进行了3号和4号机组大修，完成泵轴返厂修复、水导轴承更换、水泵叶片叶角差调整、水泵组装、受油器改造等工作，并进行了机组大修后试运行；购置并更换了供水管路闸阀；供排水泵更换了石墨密封；技术供水取水口安装了拦污罩；为了保证机组冷却水的可靠供应，新打深水井一眼，从深水井内抽出地下水，经过消防水池升温后，给机组供应冷却水，原有技术供水系统作为备用；购置并更换了10台大功率主机风机；对2号水泵叶轮外壳砂眼渗水进行处理；维修了液压闸门液压缸渗漏油故障，更换液压杆13根，更换油缸密封20台套；节制闸钢丝绳进行了上油保养；液压油缸进行了防锈出新；副厂房地砖进行了更换；清洗了综合楼的太阳能；副厂房地砖进行了更换；清洗了综合楼的太阳能；刘山站所有设备都已按照规定进行了编号、标色、闸阀标示开关方向。对设备进行了建档立卡，详细记录设备台账，对所有设备划分了相应的责任人。项目部始终紧抓设备的保养工作，除了每天要求设备责任人对自己所管设备进行检查保养外，每周和重要节假日都要集中进行检查和设备清洁保养，保证了设备无灰尘、无锈蚀、无渗油现象；加强对机电设备开展经常性和定期检查，及时更换维修易损件，使刘山站设备始终处于良好工作状态。

项目部对水工建筑物定期开展检查养护，保持建筑物完好整洁；按照观测任务书及时对建筑物伸缩缝进行观测，对测压管进行观测；对测压管高程进行考证，对测压管进行注水试验，对建筑物进行垂直位移观测和河床断面观测，并对观测资料进行整理和分析，做好资料的整编工作。2015年项目部对水泵层南楼梯口渗水进行堵漏处理；对水泵层对角螺栓孔起鼓进行了维修；对部分护坡进行了维修；开展了水下检查；对泵站工程和节制闸工程水工建筑物完好。

项目部每天进行安全巡视，每周进行安全检查；汛前、汛后开展了定期检查，节假日和重要活动前开展安全大检查等工作；安全生产规章制度健全，安全生产网络健全，分工明确，责任制层层落实；经常开展安全生产活动，定期对职工进行安全教育。

三、运行调度

2015年，项目部根据公司的调度指令，向徐州地区补水运行，项目部及时抽调运行经验丰富的技术干部和职工，负责刘山站的开机运行工作，还聘请了有关技术专家对刘山站进行指导，为工程运行提供了可靠的技术保障。

运行中能够按照调度指令，及时调整叶片角度，开启清污机打捞水草、杂物，保证了机组高效运行。在运行中加强对自动化和视频监控系统的检查维护，确保了工程运行安全可靠。

工程度汛期间，项目部严格执行24小时值班制度、领导带班制度，认真做好防汛值班，保持通信正常、保证防汛调度指令畅通。项目部接公司和市防办调度指令后，半小时以内要按照防汛值班制度和闸门运行操作规程及时启闭闸门，并每小时观测上下游水位。按市防办要求控制好闸上游水位，遇超标准洪涝灾害情况，项目部按照徐州市防指要求调度工程运行，并执行全员值班制度，确保工程安全度汛。

2015年，项目部根据公司的调度指令，于6月18日开机向徐州地区补水运行，6月

24 日停机，圆满完成了各项调水任务，开机运行 385 台时，翻水 4165 万 m^3。2015 年汛期，刘山节制闸开闸调整 26 次，泄洪 6649.6 万 m^3。发挥了排泄徐州市北部、市区及南四湖湖西片涝水和利用南四湖蓄水补充灌溉、航运用水的工程效益。

四、环境保护和水土保持

项目部在 2015 年向徐州地区运行补水期间加强了水质监测；对上下游护坡进行了清理、修补；上下游的杂草杂树进行了砍伐、清理；对站区内部分绿化树木进行了调整，种植花草树木约 1000 棵；加强管理区闲置用地的管理，清理了上游违规占用土地建造码头的现象等。

五、工程验收

2015 年 12 月 17 日，江苏水源公司组织了对刘山站 2015 年岁修项目进行了验收。验收组听取了相关汇报，查看了工程现场，查阅了相关资料，对刘山站 2015 年岁修工程实施情况进行了充分讨论，提出了意见和建议后，同意验收。

（卞新盛）

解 台 站 工 程

一、工程概况

解台站工程是南水北调东线工程的第八级抽水泵站。工程位于徐州市贾汪区境内。解台站设计流量 125m^3/s，工程总投资 18 595 万元。工程于 2004 年 10 月开工建设，2008 年 8 月泵站机组试运行后，江苏水源公司将该工程委托江苏省骆运水利工程管理处管理。它与刘山站、蔺家坝站联合运行，实现出骆马湖 125 立 m^3/s，入下级湖 75m^3/s 的调水目标，同时发挥枢纽原有的排泄徐州地区和微山湖湖西片 756km^2涝水的排涝效益。

二、运行调度

抽水站主机的开停由南水北调东线江苏水源有限责任公司运行管理部直接调度。节制闸开关闸经过江苏水源公司批准，由徐州市防汛防旱指挥部将指令下到徐州市解台闸管理处，再由其下发给解台站项目部。值班人员在收到开关闸指令后，填写操作票，按照开关闸操作程序进行操作。此外，按照要求，汛期节制闸上下游水位、开关闸时间、泄水流量等实行日报制度，报江苏水源公司运行管理部。

2015 年解台站相对于往年运行时间偏少。2015 年自 6 月 11 日下午 6：00 开机抽水运行，至 6 月 24 日上午 10：30 停机，解台站连续运行 13 天，加上后期 11 月的机组试运行，共开机运行 439.8 台时，抽水 4987 万 m^3。节制闸自 6 月 30 日晚上 11：40 开闸排涝，7 月 1 日 6：40 关闸运行 7 小时，共泄洪 91.98 万 m^3。自 2008 年 8 月接管解台站管理工作以来，抽水站累计开机 6404.4 台时，抽水约 7.26 亿 m^3，节制闸开关闸 378 次，共泄水 13.4 亿 m^3。

三、环境保护及水土保持

解台站现有管理区范围 18.9hm^2，除水面外，绿化面积 14.5hm^2，已栽种各类树木 6000 余棵，绿篱色块地被植物 2100 余 m^2，各类草皮面积达 54 000m^2。

项目部对站区的绿化、美化工作非常重视，为了保证绿化成果，督促绿化管理人员，按照绿化管养要求，进行浇水、施肥、除草、治虫和修剪等工作，花费了大量的人力和财力，为站区的绿化、美化提供了强有力的保证。经过我们的努力，解台站的环境美化有了显著的提高。

四、工程验收

2015 年 10 月 27 日，江苏水源公司宿迁分公司在解台站主持召开解台站厂房等整修出新工程完工验收会。参加会议的单位有：江苏水源公司、南水北调解台站厂房等整修出新项目部、江苏省南水北调解台站工程管理项目部、江苏祥通建设有限公司等，对工程进行验收。11月19日，江苏省水利厅高杏根科长、江苏水源公司王亦斌主任、朱正伟科长、黄富佳、刘玥岑、分公司余春华副总经理、孙飞科长和聘请专家孙承祥、吴新明来解台进行创建达标初验。

（杨春宝）

蔺家坝站工程

一、工程概况

蔺家坝站工程为南水北调东线工程的第九级泵站，位于江苏省徐州市铜山县境内，主要任务是抽调前一级解台泵站来水向南四湖下级湖送水，满足南水北调工程调水要求，同时可以结合郑集河以北、下级湖沿湖西大堤以外的洼地排涝。

2013年7月，国务院南水北调办对南水北调东线一期泵站工程进行试通水验收。

二、运行调度

2015年度蔺家坝泵站无调水任务，但项目部随时做好了开机准备工作，为确保设备的完好运行，能够在上级下达开机指令后1小时开机运行，项目部2015年在3月和7月分别进行了主机组试运行工作。3月5~6日，项目部组织人员对4台主机进行开机试运行，同时结合开停机操作对运行人员和新分配人员进行了培训。

2015年的试运行总体机组运行良好，机组的运行参数等数值符合设计要求，震动、摆度、噪声、温度等均在规定值范围内。自动化系统运行正常，各类数据报表显示正常，能够正确的反映机组及辅机设备的运行参数，为安全运行提供了可靠地保证。保护装置定值设置正确，各跳闸参数和回路正常，能够有效地保证机组运行安全。

（程　森）

台儿庄站工程

一、工程概况

台儿庄泵站工程是南水北调东线一期工程的第七级泵站，也是进入山东省境内的第一级泵站，位于山东省枣庄市台儿庄区境内，由项目法人南水北调东线山东干线有限责任公司委托淮委治淮工程建设管理局（以下简称淮委建管局）负责工程招标、建设、验收全过程，山东干线公司负责迁占协调、资金拨付等工作。

台儿庄泵站工程为Ⅰ等工程。一期设计调水流量125m³/s，设计水位站上25.09m（85国家高程基准，下同），站下20.56m，设计扬程4.53m，平均扬程3.73m，主泵房内安装ZL31-5型立式轴流泵5台（其中1台备用，单泵设计流量31.25m³/s），叶轮直径2950mm，配额定功率为2400kW的同步电动机5台，总装机容量12 000kW。

台儿庄泵站工程于2005年12月12日开工建设，2009年11月24日通过机组试运行验收，2010年7月27日由淮委建管局移交项目法人进入待运行管理阶段。随着2013年12月，南水北调东线工程正式通水运行，台儿庄泵站工程进入运行管理阶段。

二、工程管理

2015年度，台儿庄泵站主要完成了泵站值班室改造、空压机室区域装饰、排涝涵闸启闭机室贴地砖、管理区围墙裂缝维修、泵站主厂房清扫用水排水管改造、清污机闸和排涝涵闸增设爬梯、厂房幕墙玻璃和雨棚玻璃更换、厂房东侧落水管维修、排涝涵闸墙

面渗水处理、泵站电动伸缩门更换、管理区空调维修保养、站区建筑物伸缩缝处理、站区零星贴面维修、餐厅一楼配电箱改造、副厂房卫生间便池维修改造、站区灯架维修、站区景观凉亭维修、化粪池清理、管理区室内照明系统维修、站区大理石栏杆修复、泵站主厂房屋面防水处理、厂房内墙面零星涂白等维修养护项目。同时，根据工作计划，台儿庄泵站还完成了电力线路维护等。通过维修养护，提高了泵站工程设施的完好率，确保了台儿庄泵站安全运行。

为确保泵站设备能够“随用随开”，台儿庄管理处制定了2015年度台儿庄泵站运行管理工作计划，做好并完善设备的养护工作。

（1）开机维护。根据《泵站维护与检修细则》要求，台儿庄泵站5台机组每月模拟开机维护一次，每季度开机维护一次。2015年度，台儿庄泵站完成模拟开机维护6次，开机维护3次，确保了泵站设备始终处于“热备”状态，泵站人员始终处于“临战”状态。

（2）日常维修养护。2015年度，台儿庄泵站加强了设备日常维修养护工作力度。本年度，台儿庄泵站设备日常维修养护主要完成了2号机组受油器铜套更换、门机线缆改造、清污机闸除锈刷漆、3号清污机闸LCU柜及主机组有机玻璃、公用LCU柜转换开关更换、风机LCU柜电流表、LCU柜门限位开关更换、机组测速探头的更换及仪表检测、排涝涵闸LCU柜更换温湿度计、LCU柜柜内照明灯管、灯架的更换、1、3号工作闸门开度仪、低压柜电操机构、测控装置的更换、自动化报表系统功能完善及系统清理维护、供水管压力表、8号清污机闸开度仪的更换、门机及行车的减震装置、行程开关及电铃的更换、02Compass相序继电器的更换、供水总管、1、2号供水泵供水总管压力传感器、出水闸门线路套管的更换等维修养护项目。同时，根据工作计划，台儿庄泵站还完成了直流屏蓄电池更换、3号机组平压管更换、电气设备预防性试验、特种设备（压力罐）的年检、消防器材年检等。通过岁修，提高了泵站设备的完好率，为台儿庄泵站安全运行提供了保障。

2015年度，台儿庄泵站加强了工程设施管理工作力度，完善修订了工程设施管理相关制度，明确了工程设施管理内容及标准，划分了工程设施管理责任区域，明晰了设备责任人。日常维护工作主要为对水泵机组、电气设备、金属结构、水工建筑物等进行日常巡视检查和保养，同时对巡视过程中发现的问题进行及时处理。

2015年1月，根据人员调整情况，台儿庄泵站管理处安全生产领导小组人员及分工进行了调整。3月10日，台儿庄泵站负责人与各科室负责人、值班长、运行值班人员分别签订了安全生产责任书，确保安全生产责任落实到位。3、4月，台儿庄泵站根据枣庄局工程部统一安排组织人员参与编制了枣庄局安全生产内控体系文件。6、11月，台儿庄泵站组织人员进行了汛前、汛后工程观测，通过观测泵站建筑物沉降、伸缩缝、水平位移、河床冲淤等情况均在国家相关规程规范要求范围内，泵站安全监测情况良好。在日常工作中，台儿庄泵站严格执行各项安全规章制度，定期召开安全生产例会，总结安全生产开展情况，部署安全工作计划；定期开展安全生产教育培训活动，组织人员对新安全生产法等进行学习；定期开展安全检查和隐患排查工作，对排查处理的问题即查即改等。

三、运行调度

根据山东省南水北调建管局下达的调度方案要求，2014～2015年度集中调水时段为2015年4～5月，考虑水量损失后，计划调入山东水量3.28亿m^3，入下级湖水量3.15亿m^3。

通水前，为保证工程设备和人员安全，台儿庄泵站依据相关规程、规范、标准的要求编制了《台儿庄泵站通水运行方案》，完善了运行期间所需的各种规章制度，召开了通水运行开机前会议，对各项工作进行了周密的安排和落实。2015年4月18～20日，台儿庄泵站将所有机电设备全部调试完毕，并处理了调试过程中遇到的问题，消除了设备隐患，保证了4月21日的顺利开机。

2015年4月21日9：00台儿庄泵站开启第一台机组，22日10：00开启第二台机组，26日9：00开启第三台机组，开始以三台机组联合运行，5月18、27日分别关闭一台机组，6月1日开启一台机组，运行至6月13日，台儿庄泵站调水总量达到3.28亿m^3后，依次关闭两台机组，前后运行时间为54天，累计过水台时2925小时，实际调水量为32 804.4万m^3。通水期间，泵站机电设备运行状态良好，所有机组均为一次启动成功，启动过程平稳，运行期间设备稳定、正常，各仪表指示基本正确，主机组各部位运行稳定，辅机均运转状况良好；泵站自动化控制系统基本可靠；主要设备技术性能指标及主要技术参数符合要求；输配电线路运行可靠，相关参数稳定、符合要求。

2015年4月21日~6月13日，台儿庄泵站开启机组提水，参与了南水北调东线全线通水运行工作，累计运行2925台时，共计输水32 804.4万m^3。

四、环境保护及水土保持

2015年度，台儿庄管理处制定了水质巡查制度，加强了环境保护工作。通过水质巡查，杜绝了工程管理范围内的污水排放、垃圾堆放现象。同时，2015年度台儿庄泵站管理处加强了水土保持工作，委托专业人员对站区、管理区栽植的苗木进行了浇水、施肥、修剪及病虫害防治等养护管理，确保了苗木的成活率，起到了水土保持效果。其次，为了确保泵站水土保持效果，台儿庄泵站于2015年11月，与专业养护单位签订了2015年秋至2016年春水土保持专项整治施工合同，补栽补植部分苗木和草皮。

五、工程验收

2012年12月20～23日，台儿庄泵站完成了设计单元技术性初步验收，这为南水北调东线全线通水创造了条件。

2015年10月10～11日，台儿庄泵站顺利通过了省级征地移民技术验收，至此，台儿庄泵站所有专项验收全部完成。

截至2015年底，除设计单元验收没有完成外，其余均已通过了相关验收。

（任庆旺　吕晓理　苏　阳）

韩庄运河段水资源控制工程

一、工程概况

韩庄运河段水资源控制工程由魏家沟橡胶坝、三支沟橡胶坝、峄城大沙河大泛口节制闸、潘庄引河闸等建筑物组成。魏家沟、三支沟水资源控制工程，均采用单跨橡胶坝结构。峄城大沙河大泛口节制闸具备引水、排涝、泄洪、挡洪功能，控制流域面积1700km^2。潘庄引河闸位于南四湖湖东大堤与潘庄引河的交汇处附近，具有引水、排涝、泄洪、挡洪的功能，控制流域面积39km^2。

二、工程管理

大泛口节制闸管理机构为南水北调东线山东干线枣庄管理局台儿庄泵站管理处，受南水北调东线山东干线枣庄管理局领导。大泛口节制闸工程设施维护、设备维护、工程设施管理、安全生产等工作由台儿庄管理处统一管理。

魏家沟、三支沟水资源控制工程管理机构为南水北调东线山东干线枣庄管理局万年闸泵站管理处，受南水北调东线山东干线枣庄管理局领导。魏家沟、三支沟水资源控制工程设施

维护、设备维护、工程设施管理、安全生产等工作由万年闸泵站管理处统一管理。

潘庄引河闸管理机构为南水北调东线山东干线枣庄管理局韩庄泵站管理处，受南水北调东线山东干线枣庄管理局领导。潘庄引河闸工程设施维护、设备维护、工程设施管理、安全生产等工作由韩庄管理处统一管理。

三、运行调度

2015 年，大泛口节制闸、魏家沟橡胶坝、三支沟橡胶坝、潘庄引河闸的运行调度严格按照枣庄局下达指令，金属结构及机电设备完好，运行状况稳定。日常管理中，正确处理好调水与防汛的关系，汛期接受山东省防指的监督和统一调度；实现了当地水和外调水的联合调度和优化配置。

四、工程效益

2015 年度，大泛口节制闸通过闭闸拦污，拦截了峄城大沙河上游污水，确保了调水期间韩庄运河水质。同时，大泛口节制闸通过启闭调度运行，为峄城大沙河防汛度汛、调蓄截污发挥了关键作用。

三支沟、魏家沟水资源控制工程为防止调水期间水流向支流倒漾，造成水资源流失，发挥了重要作用。同时，三支沟魏家沟水资源控制工程通过启闭调度运行，对于当地防汛度汛、调蓄截污发挥出关键作用。

潘庄引河闸通过闭闸拦水，有效控制微山湖水量，使其不出现减少。同时，潘庄引河闸通过启闭调度运行，对于薛城区防汛度汛、调蓄截污发挥出关键作用。

（任庆旺　徐　力　徐小龙）

万年闸站工程

一、工程概况

万年闸泵站枢纽位于韩庄运河中段，是南水北调东线工程的第八级抽水梯级泵站，山东境内的第二级泵站。该泵站枢纽位于山东省枣庄市峄城区境内，东距台儿庄泵站枢纽 14km，西距韩庄泵站枢纽 16km，设计输水流量 125m^3/s，设计扬程 5.49m。站上及站下分别开挖引水渠和出水渠接韩庄运河主槽，输水条件良好。其主要任务是从韩庄运河万年闸节制闸闸后提水至闸前，通过韩庄运河向北输送，以实现南水北调东线工程向北调水的目的，结合排涝并改善运河的航运条件。

工程计划工期为 30 个月。泵站主体工程于 2009 年 9 月全部完成。

二、工程管理

（一）工程管理机构

南水北调东线山东干线枣庄管理局现辖台儿庄、万年闸、韩庄三座泵站工程、大泛口节制闸、三支沟和魏家沟橡胶坝三座水资源控制工程以及南四湖水资源控制工程潘庄引河闸。万年闸站泵站管理处负责万年闸站泵站工程、三支沟和魏家沟橡胶坝水资源控制工程的运行管理。管理处下设综合科、工程科和运行科以开展运行管理各项工作。现配有运行管理人员 6 人，分别负责综合管理、工程管理及运行管理；运行值班人员 12 人，分别负责电气设备、主机与辅机设备、金属结构及自动化系统管理。

（二）工程维护检修

为切实做好工程及设备日常维修养护工作，结合《南水北调枣庄管理局 2015 年度泵站及水资源控制工程日常维修养护协议》。万年闸泵站管理处缜密准备，并召开专题会议。根据往年岁修计划的实施经验，对 2015 年的维修养护项目详细分解，合理安排时间节点，保质、保量地完成维修养护任务，提高了泵站工程设施的完好率，确保了泵站安全运行。

（三）设备维护

万年闸泵站管理处按照《泵站检修与维护细则》规定，坚持每日一巡查，每周一清扫、每月一检查、每季一保养。根据枣庄局运行部规定，每月进行模拟开机一次，每个季度进行开机维护一次，很好地锻炼了泵站运行人员的业务能力，同时也发现了设备存在的缺陷并及时通过各种方式得到了解决，为通水提供了有力的保障。

（四）工程设施管理

万年闸泵站管理处对工程和设备管理责任制进一步强化，各工程和设备均有管理责任人并挂牌公示，与管理工作相关的规程、制度和技术参数做到了上墙张贴，日常巡视检查、检修和维护保养等工作扎实有效，维护保养档案资料齐全，处于受控和完好状态，确保了工程及设备的完好率，为充分发挥工程经济效益、社会效益和生态效益打下了坚实基础。

（五）安全生产

为切实保证工程质量和泵站运行安全，严格按照山东省南水北调建管局、山东干线公司以及枣庄局下发的有关安全方面的文件及要求积极开展工作，指定专人负责安全生产工作，做好泵站安全生产工作。始终坚持“安全第一、预防为主、综合治理”的安全生产方针，全面贯彻落实国家、国务院南水北调办及地方有关安全生产管理的相关规定和要求，做到科学生产、安全生产、和谐生产。为进一步防患于未然，泵站还成立了万年闸泵站管理处安全生产领导小组、制作了2015年度安全生产体系、安全生产网格台账明确了各机电设备、工程设施的安全生产责任划分；配合枣庄局编制了安全生产内控体系，涵盖各项应急措施和预案，加强了危险源管理和隐患排查治理，将事故扼杀在摇篮里。

三、运行调度

（一）年度运行情况

2015年4月按照调度指令，5台机组陆续开机，操作规范、安全、有序，累计运行2933.55台时，共计调水32 655.12万m^3，历时53天的机组运行，泵站所有员工锻炼并提高了实战操作技能和应急处理问题的能力。历年累计调水44 426.287万m^3。

（二）金属结构机电、自动化系统运行情况

2015年度运行过程中金属结构机电、自动化系统运行状态良好，出现的小故障均已得到及时排除。

（三）管理范围

万年闸泵站主要管理5台（套）设备、2200m进出水渠道、4座涵闸、4座桥梁、1500m^2办公用房、80亩厂区绿化、弃土区300亩土地水土保持、约9000m护栏、14km架空电力线路（110kV4km，10kV10km）、1座变电站的维护及三支沟和魏家沟水资源控制工程。

（四）管理设施

主厂房为732.30m^2，副厂房1649.00m^2，办公用房1500m^2，食堂150m^2，机修厂260m^2，仓库160m^2，传达室90m^2，车库150m^2，管理占地351亩，交通车辆2辆，移动电话15部，全站仪1台，水准仪1台，微机22台，复印机1台，传真机1台。

（五）调度运用

按照调度方案的要求，运行期间实行统一调度、分级负责制度。万年闸泵站服从枣庄局调度分中心及穿黄备调中心的统一调度、统一指挥；泵站人员实行四班轮换。

（六）设备维护

万年闸泵站根据枣庄局运行部规定，每月进行模拟开机一次，每个季度进行开机维护一次，很好地锻炼了泵站运行人员的业务能力，同时也发现了设备存在的缺陷并及时通过各种方式得到了解决，为韩庄运河段通水提供了有力的保障。万年闸泵站的110kV、10kV与电力单位签订了协议，对线路进行代维护检修，排除了许多电力线路存在安全隐患，保证了泵站供电的可靠性。

（七）质量管理及管理机制探索

万年闸泵站已经逐步向管养分离机制转

变，泵站管理人员和运行人员负责泵站的日常管理和机组设备的运行维护和维修管理工作，大型维修和专业维修委托有资质的专业维修企业完成。治安管理已签订委托协议委托地方公安机关负责管理。进出水渠、弃土区等已签订委托协议委托山东润鲁水利工程养护有限公司负责管理。

四、工程效益

万年闸泵站枢纽工程已于2013年11月进入运行期，截至2015年度已累计调水4.44亿m^3，发挥了良好的经济效益和社会效益。新老206国道桥、滩地交通桥、生产桥的建成方便了交通和周围百姓的出行。

引水渠的开挖截断了杨闸官村南的排涝沟，影响了排涝，故在排涝沟与引水渠相交处设跌水，使汛期（非调水期）涝水通过排涝沟跌水进引水渠，顺引水渠通过引水闸排至万年闸下韩庄运河。

万年闸泵站站上出水渠的开挖截断了万年闸村南的排涝沟，影响了排涝，在排涝沟与出水渠相交处增设排涝涵闸，使涝水通过排涝涵闸进出水渠，顺出水渠通过出口防洪闸排入韩庄运河。

五、环境保护及水土保持

加强水质巡查，杜绝了工程管理范围内的污水排放、垃圾堆放，确保了输水环境安全。加强水土保持管理，委托专业人员对站区及弃土区栽植的苗木进行了浇水、施肥、修剪及病虫害防治等养护管理，确保了苗木的成活率，起到了良好水土保持效果。

（韩业庆　肖　楠　徐　力）

韩庄站工程

一、工程概况

韩庄泵站工程是南水北调东线一期工程中第九级抽水梯级泵站，山东省境内的第三级泵站，位于山东省枣庄市峄城区古邵镇八里沟村西，管理范围包括站区和管理区两部分。

韩庄泵站为大（1）型泵站，工程建设等别为Ⅰ等，一期设计调水流量为125m^3/s，设计净扬程为4.15m，任务是将站下来水通过泵站提水入南四湖下级湖，以实现南水北调东线一期工程的调水目标。

韩庄泵站工程于2007年4月3日正式开工，2011年8月全部完工，2011年12月17日通过机组试运行验收。随着2013年12月，南水北调东线工程正式通水运行，韩庄泵站工程进入运行管理阶段。

二、工程管理

（一）工程管理机构

韩庄泵站管理机构为南水北调东线山东干线枣庄管理局韩庄泵站管理处，受南水北调东线山东干线枣庄管理局领导，内设工程科、运行科和综合科开展运行管理各项工作。截至2015年底，韩庄泵站共有运行管理人员5人，分别负责综合管理、工程管理及运行管理；运行值班人员人员13人，分别负责电气设备、主机与辅机、金属结构与自动化系统等。

（二）工程维护检修

2015年度，韩庄泵站主要完成了五台机组流道及出水闸室底板露钢筋、蜂窝、麻坑的问题处理、泵站区地面广场砖修复、站区及管理区墙面处理、泵站警务室屋顶防水、管理区厨房顶防水、引水渠排架柱、地上仓库外墙刷乳胶漆、泵站进出水渠道压顶板维修、站区人工开挖水井、管理区至站区通信光纤标识桩制作安装、管理区、站区围墙铸铁栅栏除锈刷漆、变电站墙面修补、4号机组流道（含出水闸门闸室）侧壁裂缝渗水处理、变电所电缆沟修复、主厂房玻璃天窗防渗、管理区办公楼一楼改装小储藏室、副厂房二楼东首造型支架维修、副厂房206、207房间天花板及地面与幕墙接缝封堵、管理区传达室室内墙面粉刷乳胶漆等维修养护项目。同时，根据工作计划，泵站还完成了电力线路维护、遮阳帘的改造、索膜的防腐除锈剂避雷针的除锈等专项工作。通过维修养护保养，提高了泵站工程设施的完好率，确保了韩庄泵站的安全运行。

（三）设备维护

为确保泵站设备能够“随用随开”，韩庄管理处制定了2015年度泵站运行管理工作计划，做好并完善设备的养护工作。

（1）开机维护。根据《泵站维护与检修细则》要求，韩庄泵站5台机组每季度开机维护一次。2015年度，开机维护4次，确保了泵站设备始终处于“热备”状态，泵站人员始终处于“临战”状态。

（2）日常维修养护。2015年度，韩庄泵站加强了设备日常维修养护工作力度。本年度，韩庄泵站设备日常维修养护主要完成了站区及管理区路灯检修更换、厂区消防水管敷设、4号机组叶片铸造砂眼修补、门机室外控制电缆老化更换、宣传牌警示牌标识牌维护、安全监测观测标点永久标注制作安装、启闭机油缸行程编码器控制电缆布设改进、主变压器低压侧维修、机电设备小型维护工作、变电站消防沙池制作护罩、柴油机新安装接地线、清污机人工操作增设遥控器操作、集水井浮子开关改进、站区电动伸缩门维修、三处水位计更换穿线管、管理区办公楼室外电缆线整理安装线槽、清污机移动抓斗信号电缆滑车装置维修等维修养护项目。同时，根据工作计划，韩庄泵站还完成了电气设备预防性试验、特种设备的年检、消防器材年检等。通过岁修，提高了泵站设备的完好率，为韩庄泵站安全运行提供保障。

（四）工程设施管理

2015年度，韩庄泵站加强了工程设施管理工作力度，完善修订了工程设施管理相关制度，明确了工程设施管理内容及标准，划分了工程设施管理责任区域，明晰了设备责任人。日常维护工作主要为对水泵机组、电气设备、金属结构、水工建筑物等进行日常巡视检查和保养，同时对巡视过程中发现的问题进行及时处理。

（五）工程安全管理

编制工程安全检测方案，安排人员对整个泵站工程进行定期和不定期巡查、观测，及时将渗压计等测量数据导出并分析，保证了工程安全；加强对断面水域的巡查，及时制止钓鱼、丢弃杂物等危害水质的行为，保证水质安全监测工作的正常进行；完成汛前汛后工程安全观测。

（六）安全生产

2015年1月，根据人员调整情况，韩庄泵站管理处安全生产领导小组人员及分工进行了调整。3月，韩庄泵站负责人与各科室负责人、值班长、运行值班人员分别签订了安全生产责任书，确保安全生产责任落实到位。3、4月，韩庄泵站根据枣庄局工程部统一安排组织人员参与编制了枣庄局安全生产内控体系文件。6、10月，韩庄泵站组织人员进行了汛前、汛后工程观测，通过观测泵站建筑物沉降、伸缩缝、水平位移、河床冲淤等情况均在国家相关规程规范要求范围内，泵站安全监测情况良好。在日常工作中，韩庄泵站严格执行各项安全规章制度，定期召开安全生产例会，总结安全生产开展情况，部署安全工作计划；定期开展安全生产教育培训活动，组织人员对新安全生产法等进行学习；定期开展安全检查和隐患排查工作，对排查处理的问题即查即改等。

2015年3月23日13：30时组织的反事故演练；7月28日组织的消防演练；6月25日开展的防汛度汛演练；12月25日组织的火灾逃生演练等一系列活动，让泵站的每一位职工能够学好，做好，真正体会安全的重要性。

三、运行调度

2014～2015年度集中调水时段为2015年4～5月，考虑水量损失后，计划调入山东水量3.28亿m^3，入下级湖水量3.15亿m^3。

通水前，为保证工程设备和人员安全，韩庄泵站依据相关规程、规范、标准的要求编制《韩庄泵站工程运行方案》，完善运行期间所需的各种规章制度，召开通水运行开机前会议，对各项工作进行周密的安排和落实。2015年4月18～20日，韩庄泵站将所有机电设备全部调试完毕，并处理了调试过程中遇到的问题，消除了设备隐患，保证2015年4月21日的顺利开机。

2015年4月21日10：14韩庄泵站开启第一台机组，22日11：00开启第二台机组，26日13：00开启第三台机组，开始以三台机组联合运行，三台联动时长525台时，5月18、27日分别关闭一台机组，6月1日开启一台机组，运行至6月13日，前后运行时间为54天，累计过水台时2925h，韩庄泵站调水总量达到30 930.46万m^3。通水期间，泵站机电设备运行状态良好，所有机组均为一次启动成功，启动过程平稳，运行期间设备稳定、正常，各仪表指示基本正确，主机组各部位运行稳定，辅机均运转状况良好；泵站自动化控制系统基本可靠；主要设备技术性能指标及主要技术参数符合要求；输配电线路运行可靠，相关参数稳定、符合要求。

2015年4月21日～6月13日，韩庄泵站开启机组提水，参与南水北调东线全线通水运行工作，累计运行2925台时，共计输水30 930.46万m^3。

四、环境保护及水土保持

韩庄泵站2015年加大对泵站站区、管理区、弃土区水土保持及绿化投入，委托专业人员负责苗木栽植、浇灌、修剪、施肥、治虫等养护管理工作，达到水土保持效果，整体景观形象得到提升；制定水质巡查制度，加强环境保护工作，通过水质巡查，杜绝工程管理范围内的污水排放、垃圾堆放现象；2015年11月，与专业养护单位签订2015年秋至2016年春水土保持专项整治施工合同，补栽补植部分苗木和草皮，确保泵站水土保持效果。

五、工程验收

2015年12月韩庄泵站顺利通过项目竣工环境保护验收。

（赵汝浩　徐小龙　宋　强）

南四湖—东平湖段工程

概　述

南四湖—东平湖段输水与航运结合工程是南水北调东线一期工程的重要组成部分，是沟通黄、淮、海和连接胶东输水干线、鲁北输水工程的咽喉，处于山东境内“T”字形输水大动脉的心脏地带。该工程上接南四湖的上级湖，下至东平湖，输水线路全长约108km，途径济宁市的微山县等7个县（区）和泰安市的东平县。工程北可以向德州、聊城等鲁北地区并进而向冀东、天津供水；东可以通过济平干渠向济南供水，并进而通过胶东输水线调水至淄博、潍坊、烟台、威海、青岛等城市，以有效解决这些地区水资源的紧缺问题。短期内即可实现南四湖和东平湖之间水资源的联合调度，初步改善山东水资源空间分布不均的状况，对下步沂沭泗洪水利用，实现洪水资源化具有重大的现实意义。建设期间由南四湖湖内疏浚工程、梁济运河、柳长河输水航道工程、长沟泵站、邓楼泵站、八里湾泵站和引黄灌区灌溉影响处理工程7个设计单元组成，一期工程设计输水流量$100m^3/s$，年调水13亿～14亿m^3。工程总投资255 159万元。

工程建成后统一划归南水北调东线山东干线济宁管理局（以下简称济宁局）管辖范围。济宁局下设五个管理处，济宁市微山县境内二级坝泵站管理处、济宁市任城区境内长沟泵站管理处、济宁市梁山县境内邓楼泵站管理处、泰安市东平县境内八里湾泵站管理处和济宁渠道管理处。

南四湖水资源控制及水质监测工程共包括6个设计单元工程，分别是二级坝泵站、姚楼河闸、潘庄引河闸、杨官屯河闸、大沙河闸和南四湖水质监测工程。其中，姚楼河闸、杨官屯河闸、大沙河闸和潘庄引河闸已建成，完成所有专项验收工作。

该段的南四湖湖内疏浚工程和引黄灌区影响处理工程于2014年以前建成完工，并与二级坝站、长沟站等工程一起进行运行调度，发挥工程效益。

（化晓锋）

二级坝站工程

一、工程概况

二级坝泵站是南水北调东线一期工程的第十级抽水梯级泵站，位于南四湖中部，山东省微山县欢城镇境内。一期设计输水流量$125m^3/s$。工程主要任务是将水从南四湖下级湖提至上级湖，实现南水北调东线工程的梯级调水目标。

二、工程管理

二级坝泵站工程的运行管理工作归属南水北调东线山东干线济宁管理局二级坝泵站管理处负责。

2015年建立了安全生产标准化建设领导小组和突发事件应急处理领导小组，实行安全责任网格体系管理，责任落实到人，并签订责任书。多次进行安全教育培训、消防演练、防汛应急演练和突发事件应急演练。

三、运行调度

二级坝泵站2015年度水量调度计划为2.9亿m^3。按照调度方案的要求，合理安排机组投入运行，确保机组累计运行时间均衡；根据供水计划、上下游水位、流量等条件，合理安排泵站机组的开机台数，尽量减少泵站开停机次数。供水运行期间实行统一调度、分级负责制度，二级坝泵站管理处服从济宁局调度分中心及山东省调度中心的统一调度、统一指挥；泵站值班人员实行三班两倒制。

全线通水运行期间，二级坝泵站主机组、辅机、清污机、电气设备与电力设备、闸门均运行正常，计算机监控系统正常，主要技术参数满足设计和规范要求，站内各种设备工作协调，停机后检查机组各部位无异常现象。

按照山东省调度中心调度运行指令，二级坝泵站于2015年4月21日14：00开机，6月14日23：12停机。泵站的5台机组参与2014～2015年度调水运行，该次供水机组累计运行2626.4台时，累计调水29 100.8万m^3。截至2015年底，二级坝泵站各机组已安全无故障运行4217.1台时，总调水量45 714.4万m^3。

二级坝泵站枢纽工程已经按照山东省调度中心的指令实现了梯级调水，并顺利地完成了年度调水任务，发挥了其应有的效益。

四、环境保护与水土保持

二级坝泵站枢纽工程严格按照环境评价

批复的要求完成工程建设，各项环境保护措施执行得当，环境监测数据符合国家及行业标准要求。二级坝泵站枢纽工程按照批复的初步设计和水土保持方案完成了各项水土保持措施，并委托具有资质的单位对建成后的树木、草皮进行养护，避免了水土流失，美化了工程环境。

五、工程验收

二级坝泵站枢纽工程2015年3月完成水土保持专项验收。

（化晓锋）

长沟站工程

一、工程概况

长沟站工程是南水北调东线工程的第十一级抽水梯级泵站，位于济宁市长沟镇新陈庄村北，一期设计输水流量100m^3/s，多年平均调水量14.27亿m^3。

长沟站工程于2009年12月正式开工建设，工程于2013年3月全部完工并通过泵站机组试运行验收，2013年12月通过了全线通水试运行和正式运行验收。

二、工程管理

长沟泵站枢纽工程的运行管理工作归属济宁局长沟泵站管理处负责。

2015年建立了安全生产标准化建设领导小组和突发事件应急处理领导小组，实行安全责任网格体系管理，责任落实到人，并签订责任书。多次进行安全教育培训、消防演练、防汛应急演练和突发事件应急演练。

三、运行调度

通水运行期间，长沟泵站主机运行平稳，工况良好、振动摆度均在标准要求范围内，电气与电力设备、闸门均运行正常，计算机监控系统正常，主要技术参数满足设计和规范要求站内各种设备工作协调，停机后检查机组各部位无异常现象。运行期间，各建筑物基底扬压力正常，沉降位移无异常变化，建筑物安全，长沟泵站工程运行安全稳定可靠。

按照山东省调度中心调度运行指令，长沟泵站于2015年4月22日9：00开机，6月14日15：00停机。泵站的4台机组参与2014～2015年度调水运行，该次供水机组累计运行2018.4台时，累计调水22 132.5万m^3。截至2015年底，长沟泵站各机组已安全无故障运行3452.4台时，总调水量39 191.2万m^3。

长沟泵站枢纽工程已经按照山东省调度中心的指令实现了梯级调水，并顺利地完成了年度调水任务，发挥了其应有的效益。

四、环境保护与水土保持

长沟泵站管理处对工作、生活区环境加强管理，建立卫生责任制度，责任落实到人，每天进行日常清扫，每周进行三次全面保洁。泵站实行封闭式管理，保证了整个站区的环境卫生。2015年12月25日，顺利通过南四湖—东平湖段工程长沟泵站环境保护工程竣工验收的现场检查工作。

长沟泵站的水土保持工程采取了园林式绿化，主要包括护坝区水土保持，泵站管理区绿化、景观及部分室外工程，工程建成后委托具有资质的单位对建成后的树木、草皮进行养护，避免了水土流失，美化了工程环境。

五、工程验收

截至2015年底，已经完成单位工程验收、合同验收、技术性初步验收、消防工程验收、安全评估验收、国家档案验收。2015年12月30日完成了水土保持设施竣工验收。

（化晓锋）

邓楼站工程

一、工程概况

邓楼站工程是南水北调东线工程的第十二级抽水梯级泵站，位于梁山县韩岗镇司垓村以西，一期设计输水流量100m^3/s，多年平均提水量13.60亿m^3。

邓楼站工程于2010年1月正式开工建设，工程于2013年3月全部建设完成并通过泵站机组试运行验收，2013年12月通过了全线通水试运行和正式运行验收。

二、工程管理

邓楼泵站枢纽工程的运行管理工作归属济宁局邓楼泵站管理处负责。

2015年建立了安全生产标准化建设领导小组和突发事件应急处理领导小组，实行安全责任网格体系管理，责任落实到人，并签订责任书。多次进行安全教育培训、消防演练、防汛应急演练和突发事件应急演练。

三、运行调度

通水运行期间，邓楼泵站主机运行平稳，工况良好、振动摆度均在标准要求范围内，输变电设施、机电设备、闸门启闭机均运行正常，计算机监控系统正常，主要技术参数满足设计和规范要求站内各种设备工作协调，停机后检查机组各部位无异常现象。运行期间，泵站及各建筑物垂直位移、水平位移、沉降、土压力、扬压力及应力应变无异常变化，邓楼泵站工程运行安全稳定。

按照山东省调度中心调度运行指令，邓楼泵站于2015年4月23日6：00开机，6月15日1：15停机。泵站的4台机组均参与2014～2015年度调水运行，该次供水机组累计运行1993.5台时，累计调水23 217.7万m^3。截至2015年底，邓楼泵站各机组已安全无故障运行3790台时，总调水量43 595.6万m^3。

邓楼泵站枢纽工程已经按照山东省调度中心的指令实现了梯级调水，并顺利地完成了年度调水任务，发挥了其应有的效益。

四、环境保护与水土保持

邓楼泵站管理处加强站区环境卫生工作，严格执行职业健康与环境卫生制度，保证工作区及生活区环境与卫生达到安全要求。2015年12月25日，顺利通过南四湖—东平湖段工程邓楼泵站环境保护工程竣工验收的现场检查工作。

邓楼泵站的水土保持工程采取了园林式绿化，主要包括护坝区水土保持，泵站管理区绿化、景观及部分室外工程；施工内容主要包括进场道路防治区、防洪围堤防治区、引出水渠工程防治区、堆土场防治区、管理区防治区等项目。

邓楼泵站水土保持工程于2013年3月开工，按照批复的初步设计和水土保持方案完成了各项水土保持措施。防治措施布置上，做到工程措施、植物措施和临时措施相结合，形成较为完善的水土流失防护体系。工程建成后加强对树木、草皮的养护，避免了水土流失、保护了自然环境。

五、工程验收

截至2015年底，邓楼泵站枢纽工程已经完成单位工程验收、合同验收、技术性初步验收、消防工程验收、安全评估验收、国家档案验收。2015年12月30日完成了水土保持设施竣工验收。

（化晓锋）

八里湾站工程

一、工程概况

八里湾站工程位于山东省东平县境内的

东平湖新湖滞洪区，是南水北调东线一期工程的第十三级抽水泵站，也是黄河以南输水干线最后一级泵站，设计调水流量100m^3/s。工程主要任务是抽引前一级邓楼泵站的来水入东平湖，并结合东平湖新湖区的排涝。

八里湾站工程于2010年9月正式开工建设，工程于2013年5月基本建设完成并通过泵站机组试运行验收，2013年12月通过了全线通水试运行和正式运行验收。

二、工程管理

八里湾泵站枢纽工程的运行管理工作归属济宁局八里湾泵站管理处负责。

2015年建立了安全生产标准化建设领导小组和突发事件应急处理领导小组，实行安全责任网格体系管理，责任落实到人，并签订责任书。多次进行安全教育培训、消防演练、防汛应急演练和突发事件应急演练。

三、运行调度

通水运行期间，八里湾泵站主机运行平稳，工况良好、振动摆度均在标准要求范围内，输变电设施、机电设备、闸门启闭机均运行正常，计算机监控系统正常，主要技术参数满足设计和规范要求站内各种设备工作协调，停机后检查机组各部位无异常现象。运行期间，泵站及各建筑物垂直位移、水平位移、沉降、土压力、扬压力及应力应变无异常变化，八里湾泵站工程运行安全稳定。

按照山东省调度中心调度运行指令，八里湾泵站于2015年4月23日10：21开机，6月15日6：25停机。泵站的4台机组均参与2014～2015年度调水运行，该次供水机组累计运行1995.1台时，累计调水22 517.6万m^3。截至2015年底，八里湾泵站各机组已安全无故障运行3706.9台时，总调水量41 366.2万m^3。

八里湾泵站枢纽工程已经按照山东省调度中心的指令实现了梯级调水，并顺利地完成了年度调水任务，发挥了其应有的效益。

四、环境保护与水土保持

八里湾泵站管理处建立环境保护管理体系，加强环境保护工作，委托具有专业资质的单位对工程现场日常环境进行清洁、打扫，确保机组设备、内外环境的整洁卫生，杜绝管理区内的排污、粉尘、垃圾乱堆放现象。2015年12月25日，顺利通过南四湖—东平湖段工程八里湾泵站环境保护工程竣工验收的现场检查工作。

八里湾泵站枢纽工程按照批复的初步设计和水土保持方案完成了各项水土保持措施。防治措施布置上，做到工程措施、植物措施和临时措施相结合，保证了水土保持效果。同时，安排专职人员对管理区栽种的苗木进行浇水、施肥、修建及病虫害防治等养护工作，确保苗木成活率。

五、工程验收

八里湾泵站枢纽工程概算批复总投资26 577万元，工程于2010年9月16日正式破土动工。截至2015年底，工程已全部完工，已经完成单位工程验收、合同验收、技术性初步验收、消防工程验收、安全评估验收、国家档案验收。2015年12月30日完成了水土保持设施竣工验收。

（化晓锋）

梁济运河段输水航道工程

一、工程概况

梁济运河输水线路从南四湖湖口—邓楼泵站站下，长58.252km。梁济运河段输水航道工程于2010年12月30日正式开工建设，工程于2013年6月基本建设完成并通过试通水验收，2013年12月通过了全线通水试运行和正式运行验收。

二、工程管理

南水北调东线一期工程梁济运河段输水航道工程的运行管理工作由济宁渠道管理处负责。

2015年进行了渠道工程专项维修项目和日常维修项目。做好管理区的环境卫生清洁、苗木的日常养护工作；完成围墙修建、安全防护网和警示标识牌建设工作；完成各闸站的金属结构和电气设备的维修保养工作；及时对渠道的衬砌边坡、信息机房等工程进行维修，为通水运行创造良好的运行管理环境。

建立健全安全生产责任制度，成立了安全生产领导小组，落实安全生产网格化体系，与每个责任人签订责任书，实行24小时值班制度，确保工程运行安全。

三、运行调度

梁济运河利用原排涝河道，设计水位低于沿岸地表，为地下输水河道，加上两岸地下水位较低，调水运行相对较为安全。为了确保通水运行期间工程安全、水质安全、沿线群众生命财产安全，顺利实现调水目标，成立渠道安全运行巡查队，对各项工作进行了周密的安排，确定了巡查值班方案、运行值班制度。渠道安全运行巡查队由济宁局济宁渠道管理处主任总负责，下设渠道安全运行巡查大队，设队长2人、队员5人，确保全区段、全天候安全巡查。保证了南四湖上级湖水顺利调入柳长河河道内。

梁济运河段输水航道工程已经进入运行期，各项运行指标均满足设计要求，已经按照山东省调度中心和济宁调度分中心的指令实现了南水北送，并顺利地完成了各年度调水任务，发挥了其应有的效益。

四、环境保护与水土保持

济宁河道管理处建立环境保护管理体系，加强环境保护工作，委托具有专业资质的单位对工程现场日常环境进行清洁、打扫，确保闸站设备、管理区环境的整洁卫生，杜绝管理区内的排污、粉尘、垃圾乱堆放现象。2015年12月25日，顺利通过南四湖—东平湖段工程梁济运河段输水航道工程环境保护工程竣工验收的现场检查工作。

梁济运河输水航道工程按照批复的初步设计和水土保持方案完成了各项水土保持措施。防治措施布置上，做到工程措施、植物措施和临时措施相结合，保证了水土保持效果。同时，安排专职人员对管理区栽种的苗木进行浇水、施肥、修建及病虫害防治等养护工作，确保苗木成活率。

五、工程验收

梁济运河段输水航道工程概算批复总投资171 742万元，工程于2010年12月30日正式破土动工。截至2015年底，工程已全部完工，已经完成单位工程验收、合同验收、技术性初步验收。2015年5月28日完成国家档案验收。2015年12月30日完成了水土保持设施竣工验收。

（化晓锋）

柳长河段输水航道工程

一、工程概况

柳长河输水线路从邓楼泵站站上—八里湾泵站站下，输水航道长20.984km，其中新开挖河段6.587km，利用柳长河老河道疏浚拓挖14.397km。设计最小水深3.2m，设计河底高程33.2m，边坡1:3，采用现浇混凝土板衬砌方案，设计河底宽45m，护坡不护底，渠底换填水泥土。

柳长河段输水航道工程于2010年12月30日正式开工建设，工程于2013年6月基本建设完成并通过试通水验收，2013年12月通过了全线通水试运行和正式运行验收。

二、工程管理

南水北调东线一期工程柳长河段输水航道工程的运行管理工作由济宁河道管理处负责。

2015 年进行了渠道工程专项维修项目和日常维修项目。做好管理区的环境卫生清洁、苗木的日常养护工作；完成围墙修建、安全防护网和警示标识牌建设工作；完成各闸站的金属结构和电气设备的维修保养工作；及时对渠道的管理道路、衬砌边坡、信息机房等工程进行维修，为通水运行创造良好的运行管理环境。

建立健全安全生产责任制度，成立了安全生产领导小组，落实安全生产网格化体系，与每个责任人签订责任书，实行 24 小时值班制度，确保工程运行安全。

三、运行调度

柳长河利用原排涝河道，设计水位低于沿岸地表，为地下输水河道，加上两岸地下水位较低，调水运行相对较为安全。为了确保通水运行期间工程安全、水质安全、沿线群众生命财产安全，顺利实现调水目标，成立渠道安全运行巡查队，对各项工作进行了周密的安排，确定了巡查值班方案、运行值班制度。渠道安全运行巡查队由济宁局济宁渠道管理处主任总负责，下设渠道安全运行巡查大队，设队长 2 人、队员 5 人，确保全区段、全天候安全巡查。保证了将水顺利调入东平湖。

柳长河段输水航道工程已经进入运行期，各项运行指标均满足设计要求，已经按照山东省调度中心和济宁调度分中心的指令实现了南水北送，并顺利地完成了各年度调水任务，发挥了其应有的效益。

四、环境保护与水土保持

济宁河道管理处建立环境保护管理体系，加强环境保护工作，委托具有专业资质的单位对工程现场日常环境进行清洁、打扫，确保闸站设备、管理区环境的整洁卫生，杜绝管理区内的排污、粉尘、垃圾乱堆放现象。2015 年 12 月 25 日，顺利通过南四湖—东平湖段工程柳长河段输水航道工程环境保护工程竣工验收的现场检查工作。

柳长河输水航道工程按照批复的初步设计和水土保持方案完成了各项水土保持措施。防治措施布置上，做到工程措施、植物措施和临时措施相结合，保证了水土保持效果。同时，安排专职人员对管理区栽种的苗木进行浇水、施肥、修建及病虫害防治等养护工作，确保苗木成活率。

五、工程验收

柳长河段输水航道工程概算批复总投资 95 027 万元，工程于 2010 年 12 月 30 日正式破土动工。截至 2015 年底，工程已全部完工，已经完成单位工程验收、合同验收、技术性初步验收。2015 年 5 月 28 日完成国家档案验收。2015 年 12 月 30 日完成了水土保持设施竣工验收。

（化晓锋）

南四湖下级湖抬高蓄水位影响处理工程

一、工程概况

南四湖下级湖抬高蓄水位影响处理工程主要任务是对湖区受影响的房屋、畜禽养殖场及生产生活配套设施进行补助，消除和改善因抬高蓄水位对湖区群众的生产和生活影响。工程投资为补助性质，基本不涉及较大型建筑工程的建设。根据淹没影响范围，采取不同标准的补助处理措施。工程涉及山东省境内济宁市微山县的夏镇街道办事处、昭阳街道办事处、韩庄镇、欢城镇、傅村镇、微山岛乡、高楼乡、张楼乡、西平乡、赵庙乡等10个乡（镇、办事处）109个行政村。补助项目包括房屋、泵站、生产道路、田间配套、简易码头等交通设施、畜禽养殖场、湖田、台田、鱼蟹塘、网围、水生植物等，总投资40 984万元。

二、工程验收

2015年10月，完成了省级征迁安置技术验收工作，待国家批复征地移民决算后，再进行完工验收工作。

三、工程效益

通过实施南四湖下级湖抬高蓄水位影响处理工程，沿湖群众得到了应有的补偿，消除和控制了因抬高蓄水位对生产生活带来的影响，改善了下级湖湖区的水生态环境，奠定了山东干线工程平稳运行的物质基础，社会效益和生态效益都非常可观，达到了项目实施的目的。

（黄国军　李一涛　王其同）

东平湖蓄水影响处理工程

一、工程概况

东平湖蓄水影响处理工程建设的任务是对南水北调东线利用东平湖蓄水而产生的影响问题进行处理和补偿，确保东平湖老湖区安全，从而实现向胶东和鲁北输水的目标。东平湖蓄水影响处理工程包括蓄水影响补偿和工程措施两部分（工程措施包括围堤加固工程、排涝排渗泵站改扩建工程、济平干渠湖内引渠清淤工程三部分，不在此处述及）。2011年8月23日，国务院南水北调办正式批复《南水北调东线一期东平湖蓄水影响处理工程初步设计报告》（国务院南水北调办投计〔2011〕211号），批复总投资48 976万元，其中，蓄水影响补偿投资为44 439万元，占批复总额的90.7%，主要实施内容是对蓄水影响补偿范围内的耕地以移民安置规划项目的形式进行补偿，包括涝洼地改造项目、农业生产开发项目、家庭养殖业与畜禽养殖繁育场、水产养殖项目、生产加工项目和专项设施等，投资为39 517万元。项目涉及环东平湖的州城、新湖、商老庄、戴庙、银山、斑鸠店、老湖、旧县等8个乡镇，全部在泰安市东平县境内。

二、工程管理

东平湖蓄水影响处理工程移民安置规划项目共91个项目（含后来增加的补充移民规划项目15个），分五批实施。截至2015年底，各批次的实施方案均由山东省南水北调指挥部全部批复，其中原规划的前4批76个项目中的64个已通过完工验收并投入使用，剩余12个项目完工待验收；补充规划的15个项目正在施工建设。已投入生产的项目能较好地发挥效益；正在建设的补充移民规划项目，施工形象进度符合总体建设进度计划，施工质量、安全可控。

三、工程验收

截至2015年底，全部91个东平湖蓄水影响处理工程移民安置规划项目中，64个项目已建设完成并通过完工验收；12个项目已完工待验收；15个项目正在建设施工。按照工作计划，预计2016年第4季度，先后完成补充规划调整项目的建设和验收任务、征迁县级档案验收和县级验收任务、省级征迁档案验收和征迁省级技术验收任务。

（黄国军　李一涛　王其同）

胶　东　段

概　述

胶东段工程是南水北调东线一期工程的重要组成部分，是连接南水北调山东段南北输水干线与胶东输水干线中、东段工程的关键性工程。该工程上起东平湖渠首引水闸，下至小清河分洪道子槽引黄济青上节制闸，输水线路全长约240km，途径泰安、济南、滨州、淄博、潍坊、东营五市。工程实施后，贯通整个胶东输水干线，为胶东地区重点城市调引长江水奠定基础，实现南水北调工程总体规划的供水目标，从而有效缓解该地区水资源紧缺问题。

胶东段工程由济平干渠、济南市区段、明渠段、陈庄输水线路、东湖水库和双王城水库工程6个设计单元组成。一期工程设计输水流量$50m^3/s$，加大流量$60m^3/s$，计划年调水量8.83亿~10.26亿m^3。

（刘广辉）

济平干渠工程

一、工程概况

济平干渠工程是南水北调东线一期工程的重要组成部分，也是向胶东输水的首段工程。其输水线路自东平湖渠首引水闸引水后，途径泰安市东平县、济南市平阴县、长清区和槐荫区—济南市西郊的小清河睦里庄跌水，输水线路全长90.055km。工程等别为一级，其主要建筑物为一级；主要建设内容为：输水渠道工程、输水渠堤防工程、输水渠两岸排水工程、河道复垦工程、输水渠上建筑物工程、水土保持工程等，全线设计输水流量$50m^3/s$，加大流量$60m^3/s$。

济平干渠工程是国家确定的南水北调首批开工项目之一，工程总投资150 241万元。2002年12月27日举行了工程开工典礼仪式，2005年12月底主体工程建成并一次试通水成功，2010年10月通过国家竣工验收，是全国南水北调第一个建成并发挥效益，第一个通过国家验收的南水北调单项工程。

二、工程管理

山东干线公司于2014年2月正式成立南水北调东线山东干线济南管理局（以下简称济南局），行使济平干渠工程管理职能；济平干渠工程分别设立平阴渠道管理处和长清渠道管理处，作为三级管理机构正式运行。

山东润鲁水利工程养护有限公司济南分公司为济平干渠工程维修养护单位，济平干渠工程共设八个管理站、两个维修队伍；对辖区内输水渠道及水土保持进行日常巡查养护，对辖区内的渠道及其他建（构）筑物按照日常维修养护计划进行维修养护等。

2015年，山东干线公司与山东三龙水资源设备有限公司签订《济平干渠工程安全监测设施补充与修复合同》对济平干渠工程安全监测设施进行修复。

三级管理机构即管理处与管理局签订安全生产责任书，然后管理处与辖区内的管理站、维修公司签订安全生产责任书，落实安全生产责任；管理处每年制定安全生产网格，完善安全生产体系。长清渠道管理处在山东省南水北调建管局千分制考核中2015年下半年获得流动红旗。

三、运行调度

济平干渠工程2015年度调水时间及水量

分别为：

2015年2月3日~4月22日，2015年度保泉补源通水工作；累计供水78天，累计供水量1070万m^3。

2015年4月23日~7月16日南水北调东线山东段2014~2015年度调水工作；累计供水时间85天，供水量11 635.72万m^3。

2015年10月7日~12月31日，向济南市生态补水；累计供水86天，供水量3685.5万m^3；全年共计调水249天，水量16391.22万m^3；在圆满完成全年调水计划的同时，配合完成保泉补源及向济南市生态补水的工作，在历次工程调水运行期间，严格按照调度指令运行，并认真做好运行值班记录，及时总结上报运行水情观测情况，未发生安全生产责任事故。

四、环境保护及水土保持

济平干渠工程沿线90.055km，共植树56万余株（树种包括：柳树、白腊、国槐、五角枫、杨树、法桐等），绿化草皮超过300万m^3，形成宽近100m、长90km的景观绿化带，打造了一条绿色长廊和生态长廊，为改善地方生态环境发挥了一定的积极作用。

2015年，平阴渠道管理处和长清渠道管理处完成病虫害防治、林木修剪、打药除害、树木扩穴保墒、水土保持草管理等生态、林木管理工作，水土保持效果良好；此外，完成范庄、北大沙、玉符河苗木基地建设任务，并培育部分苗木。

2015年，平阴及长清渠道管理处辖区内各管理站对各自的管理区进行了整体规划，营造了较好的工作生活环境，院内绿化效果逐步向美化方向发展，取得了良好的效果。

（朱春生　李　品）

济东渠道段工程

一、工程概况

济东渠道段工程是济南局济东渠道管理处所辖工程，西起睦里庄节制闸，东至济东明渠段济南与滨州交界处，全长66.877km，主要包括济南市区段输水工程和济东明渠段济南段输水工程。

济南市区段输水工程是胶东输水干线西段工程的关键性工程，位于山东省会城市济南，西起济平干渠末端睦里庄跌水，东至济南市东郊小清河洪家园桥下，横穿济南市区，全长27.914km，其中利用小清河段自睦里庄节制闸闸下起，至京福高速节制闸闸上止，长4.324km。济东明渠段济南段工程上接济南市区段输水工程洪家园桥暗涵出口，下至济东明渠段济南与滨州交界处，输水线路长38.963km，工程设计输水流量为50m^3/s，加大流量为60m^3/s。

二、工程管理

（一）工程管理机构

山东干线公司于2014年2月成立济南管理局，济东渠道管理处作为济南局的三级管理机构，行使济东渠道段输水工程运行管理职能，下设综合科、运行管理科2个科室。济东渠道管理处严格按照上级的调度指令对济东渠道段输水工程进行相应的调度运行，并具体负责济东渠道段工程维修养护管理工作。

（二）工程建设管理

2015年，济东渠道管理处组织实施的专项维修项目有南水北调济平干渠出口下游应急修复工程及南水北调济东渠道段供电线路及供电设施检测检查维护工程，并进行了合同项目完成验收。

南水北调济南市区段补源工程穿济西铁路编组站专项工程与济南市小清河滨河南路穿济西编组站框架涵工程结合实施，该工程委托济南市小清河开发建设投资有限公司建设管理，工程总投资28 728万元，其中南水北调投资6050万元，工程计划工期30个月，工程主体于2014年3月开工。截至2015年

底，已完成总投资27 575.38万元，其中南水北调工程补源箱涵长640m，已完成200m。

跨（穿）越南水北调济东渠道段工程的项目分别为：石济客专济南西联络线上跨南水北调暗涵工程、济南港华遥墙—旅游路次高压管线工程穿南水北调济南—引黄济青段明渠工程和邯济铁路—胶济铁路联络线黄河特大桥工程跨越南水北调干渠。济东渠道管理处严格按照工程管理规定和基本建设程序，对上述工程项目进行了监管，确保工程安全运行。

济东渠道管理处进行监督管理的项目还有济东渠道段自动化调度运行管理系统建设工程，济东渠道段安全防护体系安全警示、标示牌工程，济东渠道段安全防护体系视频安防监控系统工程。

（三）工程维护检修、设备维护

2015年，济东渠道管理处根据工程实际和《山东省南水北调工程维修养护暂行办法》，编制了2015年工程维修养护计划。南水北调山东干线公司与山东润鲁水利工程养护有限公司签订了《南水北调东线山东干线济南管理局2015年度日常维修养护协议》，其中济东渠道管理段工程日常养护费用115.41万元，工程看护费用112万元。实际完成维修养护费用143.39万元，工程看护97万元。

济东渠道管理处所辖工程供电线路及供电设施检测检查维护委托山东佳迅电气工程有限公司设施，主要包括各闸站各项电力设施设备，遥水线10kV架空线路的检测检查维护以及线杆上鸟窝清理等内容。电力线路及供电设施检测检查维护费用27 000元。

（四）工程设施管理

济东渠道段工程沿线布置睦里庄节制闸、京福高速节制闸、出小清河涵闸、赵王河倒虹涵闸、赵王河泄洪闸、遥墙节制闸、南寺节制闸、傅家节制闸、大沙溜倒虹涵闸、大沙溜泄洪闸，共10座水闸，7处闸站管理区；遥墙管理所、南寺管理所、傅家管理所、大沙溜管理所，共4处管理所。工程设施的日常维护和看护由山东润鲁水利工程养护有限公司实施。

（五）安全生产管理

2015年，济东渠道管理处严格落实安全生产责任制度，建立健全了安全生产网格体系及安全生产网格台账。进一步明确了安全生产责任，加强了对重点部位、重点环节的监控，针对重大危险源制定了事故应急预案，落实了重大危险源安全管理和监控责任，明确重大危险源现场专职管理人员，确保安全生产处于受控状态。

三、运行调度

2015年，济东渠道管理处完成了三次调水工作，调水历时共计179天，供水水量总计10 216.61万m^3。其中，经大沙溜倒虹涵闸向胶东段供水6842.34万m^3，经东湖分水闸向东湖水库供水1880.3万m^3，经京福高速节制闸向小清河生态补水1493.97万m^3。

第一次调水时间为2015年4月24日8：00～7月1日15：55，共计调水运行69天，总过水量8656.29万m^3，累计过水时间1620h。其中，通过东湖分水闸向东湖水库供水约为1880.3万m^3，通过大沙溜倒虹涵向胶东段供水6775.99万m^3。

第二次调水时间为2015年10月7日9：00～2016年1月23日8：00，共计调水运行108天，总过水时间为2560h，京福高速节制闸总过水量为1954.77万m^3。在供水期间，睦里庄节制闸上游小清河来水量约460.8万m^3，本次向小清河生态供水1493.97万m^3。

第三次调水时间为2015年12月10日11：10～12日11：00，共计调水运行2天，大沙溜倒虹涵闸累计过水时间48h，总过水量66.35万m^3。

在三次工程通水运行及防汛期间，济东渠道管理处严格按照调度指令、运行、防汛值班表值班，并认真记录运行及防汛日志，及时总结上报运行水情观测情况，圆满完成调水任务，未发生安全生产责任事故。

2015 年度济东渠道段输水工程所辖 10 座水闸共完成金属结构机电常规维修养护 12 次，大沙溜倒虹涵闸电子流量计维修率定 1 次，金属结构机电设备运行情况较好。

四、工程效益

2015 年的三次向胶东地区、东湖水库等地区调水工作，实现了南水北调工程总体规划的供水目标，从而有效缓解工程沿线地区水资源紧缺问题，在调水、地方防洪、抗旱、排涝、生态环境改善以及小清河补源方面发挥了重要作用，经济社会效益显著。

济东渠道段工程采取了较完善水土保持生态修复措施，采取适当的水土保持措施有效控制水土流失，工程防护和管理不断加强，沿线地区土壤侵蚀有效控制。人工林草植被良好，生态环境明显改善，为当地群众开展水土保护综合治理起到了示范作用，在一定程度上带动了当地经济、交通、文化进一步发展，提高了环境的承载力，有利于社会进步。

五、工程验收

2015 年 2 月 26 日，南水北调济平干渠出口下游应急修复工程完成合同验收。2015 年 5 月 19 日，南水北调济东渠道段供电线路及供电设施检测检查维护工程完成合同验收。

六、环境保护及水土保持

根据国家批复，济南市区段工程与济南市小清河综合治理工程结合实施。济南市区段输水暗涵主体工程完成后，将工作面及时交与济南市小清河综合治理工程，由其进行输水暗涵顶部绿化；上游利用小清河输水段水土保持工程委托济南市小清河开发建设投资有限公司建设，与济南市小清河综合治理工程结合实施。

睦里庄节制闸与京福高速节制闸水土保持工程参照市政绿化标准提高标准建设，总投资 138.63 万元，按照计划于 2016 年完成环境保护及水土保持国家专项验收。

济东明渠段济南段工程全长 38.963km，共植树 84 177 株，绿化草皮面积超 108 万 m^2，打造了一条绿色长廊和生态长廊，为改善地方生态环境发挥了一定的积极作用。2015 年，济东明渠段济南段工程完成苗木补植 9678 棵，成活率 90% 以上。完成林木修剪、打药除害、树木扩穴保墒、水土保持草管理等生态、林木管理工作，水土保持效果良好，没有发生大的雨淋沟、塌方及失火现象。同时，济东渠道管理处对所辖济东明渠段沿线 5 个闸站管理范围及 4 处闸站管理所进行了整体规划，营造了较好的工作生活环境，院内绿化效果逐步向美化方向发展，取得了良好的效果。

（韩念丽　赵天宇　李　东）

陈庄输水线路工程

一、工程概况

陈庄输水线路工程上接南水北调东线第一期工程济南—引黄济青明渠段输水工程上段（即沿小清河左岸新辟明渠输水段）末端，下接济南—引黄济青明渠段输水工程下段（利用小清河分洪道子槽输水段）起点，全线位于高青县境内，输水线路全长 13.225km。

二、工程管理

（一）工程管理机构

南水北调东线山东干线胶东管理局作为二级机构对陈庄输水线路工程（陈庄输水段 0+000～13+225）进行工程现场管理，胶东管理局淄博渠道管理处作为三级机构，负责陈庄输水线路工程的日常管理、维修养护、调度运行等事宜。

（二）工程投资

截至2015年底，累计下达投资计划33 011万元，到位总投资33 011万元。累计完成总投资33 011万元，其中，施工合同投资11 469万元，其他投资21 542万元。

（三）工程维修养护

2015年完成了胶东管理局管理范围内的日常巡查看护与建筑物、渠道、设备、闸门、树木绿化以及安全防护设施、重要设备等日常维护保养，泥结石路面、路缘石维修、更换，防护网修复，混凝土路面修复，桥梁维修养护，混凝土安全警示牌安装喷涂工作。

（四）安全生产

2015年完成了汛前检查、度汛方案、防汛预案编制、防汛度汛物资购置、防汛值班、汛期巡视检查和工程安全隐患排查工作。成立防汛工作领导小组和抢险队伍，组织开展防汛演练，每月开展隐患排查，并组织做好工程安全监测工作。

建立健全安全生产组织机构、规章制度和安全生产责任制度，成立了安全生产领导小组，落实安全生产责任制，签订了安全生产责任书及安全生产承诺书，完善了安全生产责任制网格。2015年度未发生任何安全生产责任事故。

三、运行调度

2015年4月25日～7月1日，完成了2014～2015年度通水运行工作。累计通水运行时间1524.5h，累计输水5942.51万m^3，其中引黄济青上节制闸过水量4965.48万m^3，向淄博市供水977.03万m^3，输水结束后，渠道平均水深1.5m。输水期间信息传递畅通，指令传达和执行及时、准确，渠道、建筑物、机电设备及闸门等运行正常，状况良好。

四、环境保护及水土保持

陈庄段工程沿线约13km共植树3.4万余株，绿化草皮39.5hm^2，形成宽近60m、长13km的景观绿化带，逐步打造一条绿色长廊和生态长廊，为改善地方生态环境发挥了一定的积极作用。

2015年，淄博渠道管理处完成陈庄段工程树木修剪、打药除害、树木扩穴保墒、草皮修剪等管理工作，此外完成树木补植约0.7万株，水土保持效果良好，没有发生大的雨淋沟、塌方及失火现象；对管理区进行了整体规划，营造了较好的工作生活环境，院内绿化效果逐步向美化方向发展，取得了良好的效果。

五、工程验收

2015年完成了陈庄段工程档案专项验收工作；征迁安置由征迁处组织验收；水土保持和环境保护由水保处组织验收，现场局已将验收资料准备完毕，等待验收。

（刘广辉　时庆洁　霍祥宇）

明 渠 段 工 程

一、工程概况

明渠段工程上起济南市区段输水暗涵出口，下至小清河分洪道引黄济青上节制闸，中间与陈庄输水线路工程衔接，输水线路全长111.26km；分为两段，第一段自济南市区段输水暗涵出口—高青县前石村公路桥上游（陈庄输水段工程起点），长76.685km。第二段自入小清河分洪道涵闸末端（陈庄输水段工程终点）—引黄济青上节制闸，利用小清河分洪道子槽输水，长34.575km。工程设计流量为50m^3/s，加大流量为60m^3/s，建设各类交叉建筑物407座。

二、工程管理

截至2015年底，累计下达投资计划271 463万元，到位总投资256 873万元。累计完成总投资 271 463 万元，其中，施工合同投资 91 322 万元，其他投资 180 141 万元。

截至 2015 年底，完成了胶东管理局管理范围内的日常巡查看护与建筑物、渠道、设备、闸门、树木绿化以及安全防护设施、重要设备等日常维护保养，泥结石路面、路缘石维修、更换，防护网修复，混凝土路面修复，桥梁维修养护等工作。完成了混凝土安全警示牌安装喷涂工作。

截至 2015 年底，完成了汛前检查、度汛方案、防汛预案编制、防汛度汛物资购置、防汛值班、汛期巡视检查和工程安全隐患排查工作。成立防汛工作领导小组和抢险队伍，组织开展防汛演练，每月开展隐患排查，并组织做好工程安全监测工作。

建立健全安全生产组织机构、规章制度和安全生产责任制度，成立了安全生产领导小组，落实安全生产责任制，签订了安全生产责任书及安全生产承诺书，完善了安全生产责任制网格。2015 年度未发生任何安全生产责任事故。

三、运行调度

2015 年 4 月 25 日 ~ 7 月 1 日，完成了 2014 ~ 2015 年度通水运行工作。累计通水运行时间 1524.5h，累计输水 5942.51 万 m^3，其中引黄济青上节制闸过水量 4965.48 万 m^3，向淄博市供水 977.03 万 m^3，输水结束后，渠道平均水深 1.5m。输水期间信息传递畅通，指令传达和执行及时、准确，渠道、建筑物、机电设备及闸门等运行正常，状况良好。

四、工程效益

明渠段工程 2014 ~ 2015 年度通水运行，累计输水 5942.51 万 m^3，涵养了工程沿线的地下水源，解决了部分地区水资源紧缺问题。沿线地方配套设施建成完善后，可以全面解决沿线地区水资源紧缺问题，发挥显著的工程效益。

五、环境保护及水土保持

胶东管理局所辖明渠段工程沿线约 72km 共植树 18 万余株，绿化草皮 215hm^2，形成宽近 70m、长 72km 的景观绿化带，逐步打造一条绿色长廊和生态长廊，为改善地方生态环境发挥了一定的积极作用。

2015 年，淄博渠道管理处和滨州渠道管理处完成树木修剪、打药除害、树木扩穴保墒、草皮修剪等管理工作，此外完成树木补植约 5.4 万余株，水土保持效果良好，没有发生大的雨淋沟、塌方及失火现象；各管理处对管理区进行了整体规划，营造了较好的工作生活环境，院内绿化效果逐步向美化方向发展，取得了良好的效果。

六、工程验收

截至 2015 年底，完成了明渠段工程档案专项验收工作；征迁安置由征迁处组织验收；水土保持和环境保护由水保处组织验收，现场局已将验收资料准备完毕，等待验收。

（刘广辉　霍祥宇　时庆洁）

东 湖 水 库 工 程

一、工程概况

东湖水库工程位于济南市历城区东北部与章丘市交界处，距济南市区约 30km。工程永久占地 8073.56 亩，水库围坝轴线全长 8.125km，最大坝高 13.7m，最高蓄水位 30.00m，相应总库容为 5377 万 m^3。建成后每年向章丘供水 1700 万 m^3，向济南市区供水 4050 万 m^3，向滨州、淄博两市供水 2347 万 m^3。

工程总投资 99 890 万元，工程施工总工期 2.5 年，实际开工日期为 2010 年 6 月 6 日，完工日期 2013 年 4 月 28 日。

二、工程管理

汛期因雨量过大造成外坝坡雨淋沟及排水沟局部坍塌，安排山东润鲁水利工程养护公司及时进行修补；日常巡查发现的安全防护网缺失或损坏，及时进行修补；为避免火灾发生，坝后杂草及时进行清理；围坝草皮护坡定时进行修剪；打捞前池及库区水面漂浮物；前池清淤；日常调度值班，环境卫生清理等。

东湖水库管理处检查督促养护单位，对各闸室启闭机进行了专项检查，检修启闭机开度仪。完成了技术供水整修工作，更换技术供水水泵变频器，保证技术供水水量和压力满足运行要求。完成了1～4号机组全面试机。聘请专业队伍解决了2、3号机组渗油渗水、轴瓦温度过高问题。

对东湖水库重要建筑物、景观、设施、苗木绿化进行管理看护，定期对东湖水库安全监测设施、设备进行自检自查，确保监测设备的正常运行。2015年调水前，养护小组对安全监测设施进行检查，发现部分坝脚观测井埋于地下、水尺刻度不清晰等问题，将问题及时上报，于调水前将被埋监测设施全部挖出，并重新安装水尺，校核水位计，保证了调水的正常运行。

结合东湖水库运行管理实际情况，东湖水库管理处成立了安全管理工作领导小组，制定了《安全生产责任制》《安全应急预案》等安全管理制度和各项设备安全操作规程，并根据人员变动情况及时调整更新，建立了完备的安全管理体系。

实行安全生产网格化管理，细化落实安全生产责任，加强安全生产教育培训，组织工作例会着重强调安全生产工作、及时传达学习最新安全生产文件，做到警钟长鸣，使每位职工都树立“安全无小事”的意识，增强安全责任意识和安全操作技能。

积极开展安全生产检查和隐患排查活动。今年以来，东湖水库管理处每月进行安全生产隐患排查治理，及时上报排查结果；组织开展了重要节假日安全生产检查，汛前汛后安全隐患排查，日常安全巡视检查每天进行，并根据南水北调工程运行管理问题责任追究办法积极开展自查自纠工作，开展了消防逃生演练，防汛演练等应急演练，确保各项安全生产工作落到实处。对于检查中发现的问题及时督促相关部门和责任人进行整改，有效地防止了事故的发生。

三、运行调度

2015年，东湖水库管理处严格按照调度指令认真做好充库及放水工作，东湖水库从2015年4月27日17：36到6月4日14：30，从6月26日10：00到6月28日10：31，经历两个调水充库阶段，共安全运行42天，运行累计台时为926h。水库水位由20.317m上升至24.46m，累计入库水量为1880.3m^3。12月10日10时依次开启入（出）库闸，出水闸，干线分水闸放水，12月12日11时依次关闭闸门，累计过水时间49h，放水量94万m^3。

闸门金属结构设备均运行正常，主要设备的制造安装质量及主要技术参数满足设计要求，符合有关规程、规范，调水运行资料齐全、整理规范，未发生安全事故。

自动化运行基本正常，上位机水位计数据有漂移，主要设备的制造安装质量及主要技术参数满足设计要求，符合有关规程、规范，调水运行资料齐全、整理规范，未发生安全事故。

四、环境保护及水土保持

东湖水库工程于2010年6月正式开工，2013年4月主体工程完工。在环境保护方面：建立了环境保护管理体系，明确环境保护目标和指标，在工程施工期间，对噪声、振动、废水、废气和固体废弃物进行全面控制，尽量减少这些污染排放所造成的影响。在水土保持方面：水土保持专项工程于2013年2月4日签订施工合同，合同金额5 540 400元，于2013年3月开工，截至2015年底，已累计完成5 540 400元，占合同金额的100%。

五、工程验收

东湖水库水土保持工程共划分为5个分部工程，截至2015年底已全部完成验收。2016年3月山东干线公司召开了济南—引黄济青段水土保持专项验收工作研究会议，计划于2016年5月进行水土保持、环境保护专项验收。

2015年5月17～20日，国务院南水北调办成立验收组对南水北调东线一期胶东干线济南—引黄济青段工程东湖水库工程设计单元进行了档案专项验收，并通过验收。

东湖水库工程财务决算准备工作已于2015年8月开始。

（范立庆　郑述慧　孟春娜）

双王城水库工程

一、工程概况

双王城水库位于山东省寿光市北部的寇家坞村北，距市区约31km。利用原双王城水库扩建而成，双王城水库为中型平原水库，设计最高蓄水位12.50m，相应最大库容6150万m^3，设计死水位3.90m，死库容830万m^3，调节库容5320万m^3。年入库水量为7486万m^3，出库水量6357万m^3，蒸发渗漏损失水量1128万m^3。出库水量中包括向胶东地区年出库水量4357万m^3，向寿光市城区年供水量1000万m^3，水库周边地区高效农业年灌溉用水量1000万m^3，设计灌溉面积2万亩。设计最大入库流量8.61m^3/s，设计出库流量28m^3/s。

双王城水库工程于2010年8月6日正式开工，建设工期为2.5年。

二、工程管理

截至2015年底，双王城水库工程累计完成施工合同投资6.827 2亿元，其中工程总投资4.017 9亿元，征地移民投资2.809 3亿元。

2015年度，双王城水库工程维修、养护工作主要是对水库围坝9.636km的巡视及安全检查，库内、坝坡垃圾及水草的清除，雨淋沟土方回填压实，排水沟清淤，草皮修剪、净水设备维修等工作；2.2km引水渠道的看护及巡查工作，渠道内外坡垃圾清除，防护网修复，边界沟开挖等；各闸站内外墙体粉刷，水工建筑物地面砖铺设，金属结构设备维修养护等；泵站电缆沟清理，水泵层地面刷漆等；水土保持中树木、草皮养护，树木补植等。

为确保南水北调双王城水库供电线路运行质量，提高供电可靠性，山东干线公司同山东丰润电力工程有限公司签订了35kV王水线、盐水线、10kV环库配电线路委托管理维护协议。

双王城水库管理处始终把安全生产当成头等一项大事来抓，成立了由管理处主任担任组长的安全生产管理领导小组，并按照“谁分管，谁负责；分级划分，逐项细化”的原则，进行了安全生产网格划分，明确健全网格范围和责任人；组织学习了最新修正版的《中华人民共和国安全生产法》。

根据上级单位印发的《关于开展易燃易爆品专项检查的通知》《山东干线公司安全生产隐患大排查、快整治、严执法集中行动方案》等文件的要求，双王城水库及时组织了易燃易爆品危险品专项排查、安全隐患大排查等工作，将发现的安全隐患问题记录台账，及时整改，保证了工程安全运行，安全事故率为零。

为推进安全生产网格化管理，安全领导小组人员定期管理处进行一次安全生产大检

查，重点就危险源警示标示及安全管理、全员安全教育培训情况、劳保用品发放落实情况等进行监督检查，并将检查结果及时反馈到责任人，要求其对发现的问题限期予以改正。为将安全管理工作落到实处，双王城水库管理处每月召开一次安全工作会议，并开展冬季安全生产大检查、汛期安全生产大检查和元旦春节期间安全大检查工作，及时将安全隐患消灭在萌芽状态。

三、运行调度

2015 年度共完成 2 次供水任务，3 次充库任务。具体如下：

2015 年 8 月 29 日 ~9 月 25 日，向潍坊供水 1228.99 万 m^3；2015 年 5 月 25 日 ~12 月 31 日，由寿光供水洞向寿光供水 1045.1 万 m^3。

2015 年 1 月 29 日 ~2 月 27 日，调水充库 2003.34 万 m^3；2015 年 5 月 11 ~13 日，调水充库 165.71 万 m^3；2015 年 11 月 6 ~13 日，调水充库 385.78 万 m^3。

四、环境保护及水土保持

环境保护专项工程主要包括生态环境保护、水环境保护、大气环境保护等内容，工程建设过程中及时做好以上内容的保护工作，并及时做好环境保护工程资料的收集、整理和归档工作，为调查报告的编写及验收申请做前期准备工作。2015 年 11 月，双王城水库管理处已完成了环保验收的材料上报，并提交了验收申请。完成水土保持苗木补植和日常养护工作，补植乔木 3377 株，补植灌木 3.6 万株。

五、工程验收

2015 年双王城水库共完成单位工程验收 2 个（坝后灌溉工程、入库泵站生产及辅助生产用房工程）。其中，2015 年 4 月 19 日完成坝后灌溉工程 3 个分部工程验收；2015 年 4 月 24 日完成入库泵站生产及辅助生产用房工程 1 个分部工程验收，2015 年 6 月 30 日完成入库泵站生产及辅助生产用房工程 1 个分部工程验收，2015 年 11 月 6 日完成入库泵站生产及辅助生产用房工程 5 个分部工程验收。

2015 年 8 月 18 ~21 日，南水北调东线一期工程济南—引黄济青段双王城水库工程档案通过国务院南水北调办档案专项验收组专项验收。双王城水库水土保持专项验收及环保验收资料已准备就绪，验收工作正在进行中。

（王子春　田昆鹏）

鲁　北　段

概　述

鲁北段工程是南水北调东线山东干线的关键性输水线路之一，起自黄河南岸的东平湖—德州市武城县大屯水库，包括穿黄工程 7.87km、聊城段渠道工程 109.618km、德州段渠道工程 65.218km、大屯水库工程及临清市、夏津县、武城县灌区影响工程。主要任务是通过穿黄工程打通东线穿黄隧洞，连接东平湖和聊城段、德州段输水干线，实现调引长江水通过沿线渠道上的分水口门和大屯水库供水洞，向聊城市东阿县、阳谷县、东昌府区、冠县、高唐县、茌平县、临清市及德州市德城区、陵城区、夏津县、乐陵市、平原县、庆云县、宁津县、武城县供水，满足调水沿线城区生活、工业、生态环境用水，同时具备向河北省东部、天津市应急供水的条件。

（董卫军　马　涛　张　健）

穿黄工程

一、工程概况

穿黄工程是南水北调东线自黄河南岸的东平湖—黄河北岸的输水干渠之间的一段输水工程，全长7.87km，是南水北调东线的关键控制性项目。项目建设的主要目标是打通东线穿黄隧洞，并连接东平湖和鲁北输水干线，实现调引长江水至鲁北地区，同时具备向河北省东部、天津市应急供水的条件。工程建设规模按照一、二期结合实施，过黄河设计流量为100m^3/s。工程位于山东省东平和东阿两县境内，黄河下游中段，地处鲁中南山区与华北平原接壤带中部的剥蚀堆积孤山和残丘区。其中南岸输水渠段包括东平湖出湖闸、南干渠，全长2.54km；穿黄枢纽段包括子路堤埋管进口检修闸、滩地埋管、穿黄隧洞，全长4.61km；北岸穿引黄渠埋涵段包括隧洞出口连接段、穿引黄渠埋涵、穿引黄渠埋涵出口闸和连接明渠，全长0.72km。

二、工程管理

穿黄工程2015年度维修养护工作由山东干线公司委托山东润鲁水利工程养护有限公司进行。主要开展了穿黄工程各闸金属结构设备的防腐除锈处理、南干渠石护栏维修、专用线路下树冠修剪、隧洞出口闸发电机组维修、闸前疏挖段渠道内坡杂草清理、管理路限速限宽警示标牌制作、各闸室防鼠板制作安装、四个闸室铸铁围栏除锈刷漆、闸室外墙粉刷等维修养护工作。通过一系列维修养护工作的开展，整个工程面貌焕然一新，保障了工程的安全运行。

为加强对穿黄工程安全生产工作的领导，泰安局调整健全了安全生产工作领导小组及办公室，并明确了领导小组及其办公室的具体职责。完善了安全生产各项规章制度，强化了各项规章制度的开展落实。开展了“安全生产月”活动及安全生产百日攻坚活动。

将工程巡查作为日常工作的重要内容，定期对工程进行全面的安全生产大检查活动，不断发现问题解决问题，确保工程安全运行；积极配合完成国务院南水北调办及山东省南水北调建管局组织的安全生产检查活动，并对发现问题及时进行整改落实。

为加强调水期及汛期安全生产管理，组织开展了全面检查，编制度汛方案和防汛预案，落实各项度汛措施。开展了安全应急预案演练和汛期安全生产培训活动，提高了全员应急能力，确保汛期安全生产工作稳定进行，完成了穿黄工程防汛任务。

完成了对泰安局所辖工程范围内的所有界桩普查工作。

努力实现安全生产标准化，按照公司要求编制并修订相关安全生产标准化文件。

三、运行调度

2015年4月28日~6月1日，根据东线总公司供水运行工程调度方案和山东省南水北调水量调度计划，泰安局顺利完成了穿黄工程通水工作。共计调水35天，向下游鲁北段输水3811.4万m^3。

在2015年度调水过程中，穿黄工程所属出湖闸（3孔闸门）、埋涵出口闸（2孔闸门）均进行了启闭操作，金属结构机电设备等均运行正常。

四、环境保护及水土保持

穿黄工程的水土保持工作已全部完成。穿黄工程共种植杨树、国槐、白腊等9000余株，植草护坡36 000余平方米，水保管理维护到位，成活率90%以上，形成了绿色清水走廊的景观。2015年种植苗木及花卉2000余株，进一步改善和美化当地生态环境，对水土保持和环境保护发挥了重要作用。

五、工程验收

截至2015年底，现场所负责的水土保持、环境保护、安全评估、消防备案验收等专项验收工作全部完成。完工结算已完成，穿黄工程技术性初步验收工作已完成。

（李光锋 张 山 马 涛）

夏津渠道工程

一、工程概况

夏津渠道工程起自夏聊城、德州市界闸下游师堤西生产桥—草屯生产桥，共65.218km。河道及沿线8处管理站所，沿河建筑物126座，其中公路桥2座、生产桥33座、人行桥3座、节制闸8座、涵闸76座、穿输水渠倒虹3座及橡胶坝1座，交通管理道路65.218km。

夏津渠道工程在建设期间被称为“七一、六五河段工程”。

二、工程管理

（一）工程维护养护

夏津渠道管理处编制完成了德州段渠道工程的日常及专项维修养护计划，并根据干线公司审查意见及时进行了修改完善，2015年4月24日，干线公司批复了日常维修养护计划，2015年5月，夏津渠道管理处根据批复情况编制了日常维修养护实施方案，并起草了日常维修养护合同，经与养护单位多次协调、沟通，2015年6月26日签订了2015年度日常维修养护协议。

根据维修养护单位养护站分组情况，夏津渠道管理处成立了3个维修养护管理小组，通过与养护站一起现场检查维修养护情况，控制维修养护质量、进度。通过每月考核（考核内容包括维修工作进展情况、维护/看护工作质量等）、下发整改（处罚）通知、实施签证、复核检查等措施控制维修养护工作的质量和成本；合同签订后，夏津渠道管理处会同养护单位进行了细致研究和协商，养护单位提交了年度维修养护实施计划，编制了专项维护技术方案，严格按照合同约定的项目和要求积极开展维修养护工作，夏津渠道管理处及时进行了检查考核，确保维修养护工作质量满足合同要求。

（二）安全生产工作

（1）积极进行消防设备的检测与更新、消防培训及演练。

（2）做好日常巡查检查、专项检查工作、安全教育培训工作，强化安全意识，制定完善了各项安全管理制度，确保安全生产万无一失。

（3）夏津渠道管理处每个月对现场进行千分制自查，德州局每个季度对现场进行检查，山东省南水北调建管局及干线公司每半年对现场进行千分制检查，对发现的安全问题，夏津渠道管理处及时进行了改正，确保了工程安全。

（4）夏津渠道管理处按照《水利工程管理单位安全生产标准化评审标准》，从安全生产目标、安全生产组织机构和职能、安全生产投入、法律法规与安全管理制度等13个大项对夏津渠道管理处工作进行了标准化考核，对维修养护单位加强巡查。

（5）夏津渠道管理处人员联合治安办公室每周进行渠道巡查工作，排查渠道沿线的安全隐患，确保南水北调工程的平稳运行。

（6）2015年5月调水期间，夏津渠道管理处组织流动车（安装喇叭）对工程沿线的村庄播放《山东省南水北调条例》音频，印发《山东省南水北调条例》中有关处罚和禁止性条款相关宣传资料进行宣传。

（7）2015年6月，临近学生放假期间，夏津渠道管理处组织人员对渠道工程沿线的学校发放南水北调宣传练习册15 000本。

（8）为做好2015年度夏津渠道管理处防

汛度汛工作，管理处编制了防汛度汛方案，成立了防汛领导小组，于2015年7月进行了防汛度汛应急抢险演练。

(9）为加强安全生产网格化管理，制订完善了安全生产网格体系和网格责任制台账。层层签订安全生产责任书。

三、运行调度

2015年，夏津渠道管理处紧紧围绕2014～2015年度调水工作任务展开工作，首先根据《南水北调东线山东干线德州管理局2014～2015年度调水工作实施方案》编制了《夏津渠道管理处2014～2015年度调水工作实施方案》；调水前认真组织完成了各项准备工作（包括人员技术培训学习、工程及设备设施检查维护、安全宣传、车辆、通信设施及应急救援物资购置等）；调水过程中加强工程设备及调水环境的巡视、巡查，确保人员安全、水质安全和工程安全；调水结束后及时总结分析。

调水期间，水头于2015年5月3日22：22到达白庄节制闸，自此德州段渠道工程正式进入调水期。至2015年6月10日22：26为止，2014～2015年度德州段渠道工程调水任务结束。

2015年度金属结构机电运行状态良好、已安装的自动化系统运行正常，无安全事故发生，顺利的实现了人员、工程、水质安全生产目标。

2015年5月3日～6月10日调水期间，长江水经过德州段渠道工程后，入大屯水库水量为3005.95万m^3。

根据山东省水利厅2000年4月编制的《山东省海河流域防洪规划报告》，德州段渠道工程输水河道防洪、排涝标准分别为“64年雨型”排涝，“61年雨型”防洪；工程建成后可通过沿线8座节制闸、4座倒虹吸工程及76座涵闸工程进行有效控制。2015年度河道防洪排涝通畅，没有发生洪涝灾害。

四、环境保护与水土保持

对现有环保设施及时维修养护，确保环保设施顺利运行；对管理处生活污水处理设备加强维护和管理，确保生活污水处理后达标排放；对渠道沿线、弃土弃渣场等区域所栽种的植物加强管理和养护，确保其发挥良好的生态保护、水土保持和美化绿化作用。

做好工程沿线输水河道的保护工作，进一步加强环境风险防范措施，严格落实环境风险防范应急预案，开展环境风险防范与应急演练，加强联动，提高工程环境风险防范与应急水平，积极配合有关部门和地方完善水质监测与管理信息系统，建立预警、联防和应急协调机制，确保供水安全。

五、工程验收

2015年8月9～12日，国务院南水北调办档案专项验收组对鲁北段工程七一·六五河段工程档案进行了专项验收。经综合评议，同意七一·六五河段工程档案通过国家专项验收。

2015年10月12日，七一·六五河水土保持工程（5标）通过了合同项目验收。

（孟繁义　崔彦平　赵　鑫）

大屯水库工程

一、工程概况

大屯水库工程位于山东省德州市武城县恩县洼东侧，距德州市德城区25km，距武城县城区13km。水库围坝大致呈四边形，南临郑郝公路，东与六五河毗邻，北接德武公路，西侧为利民河东支。大屯水库工程总占地面积9732.9亩，围坝坝轴线总长8913.99m，设计最高蓄水位29.8m，最大库容5209万m^3，设计死水位21.0m，死库容745万m^3，水库调节库容4464万m^3。初设批复建设工期30

个月。主要建筑物包括：围坝、入库泵站、六五河节制闸、引水闸、德州供水洞和武城供水洞、六五河改道工程等。入库泵站设计入库流量为12.65m^3/s，向德城区供水设计流量为4m^3/s，向武城县城区供水设计流量为0.6m^3/s。工程建成运行后，可分别向德州市德城区、武城县城区年供水10 919万m^3和1583万m^3。

大屯水库工程于2010年11月25日开工建设；2012年12月底，主体工程完工；2014年4月30日完成全部尾工建设。截至2015年底，累计完成工程投资130 829万元。

二、工程管理

2015年，大屯水库管理处一是编制了《工程岁修及管护计划》，与山东润鲁水利工程养护有限公司签订《2015年度日常维修养护协议》，按照养护协议督促养护单位认真做好日常和专项维修养护工作，并及时组织相关人员进行考核验收；二是积极组织开展业务知识培训学习，按计划完成安全生产管理知识培训、消防知识培训和演练以及工程维修养护管理技术培训；三是实行安全生产责任制，层层签订安全生产责任书，积极配合大屯水库派出所做好安保工作，保障工程、水质和人员安全；四是积极做好工程设施和设备维护工作，并按照检查制度和维护计划，对水库围坝、入库泵站、六五河节制闸、进水闸、出水闸、德州供水洞、武城供水洞、坝后截渗沟等工程设备和设施重点部位进行日常巡视和专项巡视检查；五是加强工程安全监测工作，及时对监测数据进行初步分析，认真做好观测资料和分析报告的整理、归档工作；六是加强宣传工作，向工程沿线中小学发放了安全教育练习册，在工程管理范围及沿线张贴《关于加强南水北调工程管理的通告》宣传标语，设置《山东省南水北调条例》宣传牌；七是编制了防汛预案和度汛方案，加强防汛物资储备管理，落实各项防汛度汛措施；八是组织开展了安全生产专项整治活动、“六打六治”打非治违专项行动和安全生产检查，有效防止了安全生产事故的发生。

三、运行调度

2015年，制定并完善了相关内部管理制度，修订完善多项泵站检修、操作规程、入库泵站检修导则等管理规定；根据人员到岗情况，及时调整安全生产、运行管理、安全监测等工作领导小组，结合各人的专业特长，明确了人员分工和岗位职责；实行领导带班制度，强化值班人员责任意识，加强泵站值班、水库大坝日常安全巡视检查工作力度。

定期对金属结构机电设备和自动化控制系统检查维护，严格按照操作规程执行操作，认真落实发现问题及时整改、专人监督的制度，以确保金属结构机电设备和自动化控制系统的正常运行。2015年3月20日，完成系统整体升级工程；2015年6月30日，完成电气设备预防性试验；2015年9月15日，完成闸门控制系统的改造，达到了闸门远方全自动精准控制。

2015年5月9日~6月10日，大屯水库工程圆满完成2014~2015年度调水工作。2015年度调水31天，入库泵站机组共运行2070.13台时，调水结束后达到库水位29.47m，预留0.33m库水位汛期安全蓄水，入库水量达3005.95万m^3，水库蓄水量5207.34万m^3。截至2015年底，入库泵站机组累计运行3781.73台时，累计调水6152.95万m^3。

截至2015年底，累计向德州市供水1050.6万m^3，向武城县供水9.70万m^3。

四、环境保护与水土保持

大屯水库工程范围内共种植白蜡、柳树、杨树等乔木5.7万株，榆叶梅、金银花等灌木及铺地类植物21万株，冬枣、柿子树等果树1万株，护坡草皮10余万平方米。管理处已积极做好大屯水库工程环境保护及水土保持验收前各项准备工作。2015年4月17日，环境保护部环境评估中心调研大屯水库工程竣工环境保护验收现场。9月7~8日，水土保持工程验收评估单位江河水利水电咨询中心专家对大屯水库水土保持工程进行了验收前评估检查。

五、工程验收

2015年3月18~20日，南水北调东线一期鲁北段工程大屯水库工程设计单元工程通过档案专项验收。

2015年8月1日，大屯水库水土保持单元工程及合同项目通过验收。

（蒋金川　祁宝奎　崔　凯）

德州段灌区影响工程

一、工程概况

南水北调东线一期鲁北段工程夏津、武城灌区影响处理工程（以下简称夏津、武城灌区影响处理工程）是南水北调东线一期鲁北段工程灌区影响处理工程的组成部分。南水北调东线一期工程鲁北段输水工程利用夏津、武城县境内的七一·六五河输水，使其失去了原有的灌溉功能，打破了两县现状灌溉体系。该工程兴建的目的是消除干线工程利用七一·六五河输水对灌区带来的不利影响，满足两县受影响灌区的灌溉供水要求。

夏津、武城灌区影响处理工程共治理9条输水渠道，渠道总长58.8km，新建、重建各类建筑物99座，批复概算8954万元。

夏津、武城灌区影响处理工程灌溉渠道的级别为4级，建筑物级别为4级，与输水渠道交叉的公路和生产道路的桥梁等别等同于之相交的公路和生产道路的等别。

二、工程管理

夏津、武城灌区影响处理工程由南水北调山东干线公司委托德州市南水北调鲁北段灌区影响处理工程建设管理处（以下简称德州灌区建管处）负责工程建设现场管理工作。

德州灌区建管处根据国家及国务院南水北调办颁发的有关招投标的法律法规，对该工程进行标段划分及招投标工作。工作过程中遵循公平、公正、科学择优的原则，经过认真的评选，确定了监理及施工标段中标单位。

夏津、武城灌区影响处理工程于2011年6月正式开工，2011年12月完成主体工程，武城、夏津两县灌区影响处理工程分别于2012年8月及10月完成移交工作，交由两县水务局进行管理。

三、工程效益

夏津、武城灌区影响处理工程移交并投入使用已进入第四个年头。2015年度工程运行效果良好，能够满足当地灌溉供水要求，解决两县受影响耕地面积合计88.59万亩。

四、工程验收

夏津、武城灌区影响处理工程共划分为两个合同工程（单位工程），36个分部工程。按照国务院南水北调办及山东省南水北调建管局有关规定，德州灌区建管处组织参建单位根据工程进展情况对具备验收条件的工程及时组织验收。

2015年4月，完成工程完工结算，夏津、武城灌区影响处理工程实际完成总投资7596.91万元，概算执行总体情况良好。

（孟繁义　崔彦平　赵　鑫）

聊 城 段 工 程

一、工程概况

聊城段工程是南水北调东线一期工程的

重要组成部分。起于聊城市东阿县境内位山穿黄隧洞出口，至于聊城市临清境内六分干市界节制闸，流经聊城市东阿县、阳谷县、江北水城旅游度假区、东昌府区、经济开发区、茌平县、临清市7个县（市、区），全长109.618km。其中，小运河段长98.289km，设计流量50m³/s，利用现状老河道58.156km，新开挖河道40.133km；临清六分干段长11.329km，设计流量25.5m³/s。实际建成各类建筑物共计418处，新建交通管理道路110.83km，周公河截污管道17.962km。

聊城段工程在建设期间被称为小运河段工程。

二、工程管理

聊城段小运河段工程于2011年3月18日开工建设，2013年5月14日土建、渠系建筑物主体工程通过技术性初步验收，2015年12月31日完成全部尾工建设。截至2015年底，累计完成投资262 601万元。

山东润鲁水利工程养护公司聊城分公司承担聊城段工程的维修养护任务。2015年度，编制了《2015年维护及管护计划方案》并上报南水北调东线山东干线有限责任公司批复，完成维修养护投资678万元，完成城区段管理道路改造工程。实行工程管理包站制，两个渠道管理处抽调人员协助养护站站长搞好工程日常维修养护、监督养护人员上岗及工作开展，督促问题整改。

三、运行调度

2015年4月28日~6月1日完成调水3811.4万m³。调水前编制输水调度运行方案、应急预案及水质保障方案，开展工程隐患排查整改及调水宣传，协调地方开展冲渠弃水排放、治安保卫、宣传教育、水质监督工作。调水期间，执行山东省调度中心指令，加强工程巡查，及时处置突发事件，强化安全监测，搞好值班值守，保持信息畅通。

运行管理实行水情日报制，做好水情、工情统计整理及上报，科学调度闸门，保证水位平稳运行。搞好安全监测，开展测压管、沉降等安全观测，监测数据综合分析显示建筑物安全稳定。贯彻执行《南水北调供用水管理条例》，开展渠道巡视巡查，联合治安办开展以禁止钓鱼、放羊、取水及侵占种植为主要内容的宣传教育及巡视巡查130次。开展“安全生产月”活动，开展安全生产宣传教育及演练，2015年度被山东干线公司授予“安全生产月活动优秀组织单位”荣誉称号。制定度汛方案、防汛预案及运行期突发事件应急预案，规范穿越工程项目施工管理，保障工程安全平稳运行。

四、工程效益

输水效益：小运河段设计流量为50m³/s，临清六分干段设计流量为25.5~13.7m³/s，正常输水对保证聊城市可持续发展、改善地下水环境、提高人民生活质量起到了重要作用。

排涝效益：输水渠道根据山东省水利厅2000年4月编制的《山东省海河流域防洪规划报告》，徒骇河、马颊河排涝标准为5年一遇，防洪标准为20年一遇，其支流与干流设计标准相同。为此，聊城段工程排涝标准为5年一遇，防洪标准为20年一遇。可通过沿线建筑物的有效控制，满足设计防洪排涝标准。

生态补偿效益：原小运河、临清六分干为灌排两用河道常年大部分时间无水，现工程建成南水北调输水渠道，调水期间可以有效补充沿线地下水。聊城市城区段原周公河为排污明渠常年积淀污水，现建成为绿色输水长廊及两侧暗涵截污管道排污，减轻了该城区段周边污染，水质保护、生态补偿效益显著。

五、环境保护及水土保持

聊城段工程环境保护及水土保持设施，

主要包括工程措施和植物措施两部分，分输水渠、交叉建筑物、弃土区、管理机构四个防治区。输水渠防治区，主要是对渠道衬砌高程以上内外坡、戗台、堤顶土路肩及护堤地进行植物措施防护。弃土区防治区，主要是对临时弃土区采取工程措施和植物措施相结合的防护措施，工程措施包括土地整治、排水沟开挖，植物措施主要是弃土区边坡植物防护。管理机构防治区，主要是对沿线管理机构场区采取乔、灌、草相结合的绿化措施。建筑物工程防治区，主要是对沿线控制性建筑物的绿化区域，进行植物措施防护，采取撒播草籽为主，适当点缀乔、灌木防护。通过综合治理，基本无弃土弃渣乱堆乱弃现象，管护良好基本无损坏现象，泄入河道泥沙量减少，改善了河道水质，减缓了河床淤积，减轻了洪涝灾害，减少了水土流失发生，保护和改善了当地生态环境。

六、工程验收

2015 年 5 月 26 日，鲁北段小运河标段 7 通过单位工程及合同项目完成验收。2015 年 5 月 30 日，鲁北段小运河标段 8 通过单位工程及合同项目完成验收。2015 年 7 月 14 日，鲁北段小运河标段 9 通过单位工程及合同项目完成验收。2015 年 8 月 27 日，安全防护体系工程小运河 2 安全防护栏（网）采购安装 4 标段通过单位工程及合同项目完成验收。2015 年 11 月 17 ~ 18 日，鲁北段小运河段工程通过合同项目档案专项验收。2015 年 12 月 10 日，安全防护体系工程小运河 2 安全防护栏（网）采购安装 3 标段通过单位工程及合同项目完成验收。

（马存兵　张　健）

聊城段灌区影响工程

一、工程概述

由于鲁北段输水工程利用夏津县、武城县、临清市境内的七一、六五河输水，从而使其失去原有的灌溉排涝功能，打破了原来的灌排体系。灌区影响处理工程兴建的目的就是消除南水北调东线一期工程利用七一、六五河输水对灌区带来的不利影响。

聊城段灌区影响处理工程即临清市灌区影响处理工程，是鲁北段输水工程的一个重要组成部分，其主要任务是通过调整水源、扩挖（新挖）渠道、改建（新建）建筑物等措施，满足因南水北调东线一期工程利用临清市境内的六五河输水而受其影响的 58.75 万亩灌区的灌溉供水需求。工程主要建设内容为：开挖河道 8 条长度 30.53km，公路桥 9 座、生产桥 29 座，新建水闸 11 座，新建泵站 1 座。

二、运行管理

临清灌区影响处理工程运行管理机构是临清市灌区排灌工程管理处，隶属于临清市水务局，负责临清市引黄及其他工程的运行管理和工程管护。该机构组织健全，管理体系完整。临清灌区影响处理工程只对灌区进行渠系调整，并不扩大灌区规模，没有加重灌区管理任务，仍由临清市灌区排灌工程管理处管理。

三、环境保护及水土保持

临清灌区影响处理工程位于山东省水土流失重点治理区，确定水土流失防治标准为一级标准。施工中对产生的临时堆土进行防护，在周围码放编织袋装土进行压实，对空闲地进行硬化，并洒水降尘。施工结束后，对临时占地进行了复耕，对输水渠正常水位以上撒播狗牙根和紫羊茅草籽进行防护，防止水土流失。

（马存兵　张　健）

专 项 工 程

概 述

南水北调东线专项工程包括江苏段专项工程和山东段专项工程，其中，江苏段专项工程包括血吸虫北移防护工程、江苏段调度运行管理系统，山东段专项工程包括山东调度运行管理系统工程和山东工程管理设施专项工程。江苏段血吸虫北移防护工程于2012年底建成完工，江苏段调度运行管理系统于2014年建成完工。

山 东 省

一、调度运行管理系统

（一）工程概况

2011年9月南水北调东线一期山东境内调度运行管理系统工程初步设计获得国务院南水北调办正式批复，主要建设内容包括通信系统、计算机网络系统、闸（泵）站监控系统、信息采集系统、应用系统等；运用先进的信息采集技术、自动监控技术、通信和计算机网络技术、数据管理技术、信息应用与管理技术，建设一个以采集输水沿线调水信息为基础（包括水位、流量、水量等水文信息、水质信息、工程安全信息及工程运行信息等），以通信、计算机网络系统为平台，以闸（泵）站监控系统和调度运行管理应用系统为核心的南水北调东线山东段调度运行管理系统，保证南水北调东线山东干线工程安全、可靠、长期、稳定的经济运行，实现安全调水、精细配水、准确量水。

（二）通水运行管理

2015年通水运行期间，信息办制定了相应的通信保障措施，进一步严肃运行期间的巡视检查制度和值班纪律，安排专人7×24值班，每天定时巡检，保证系统运行正常；对出现的故障及时解决并总结；真正做到防患于未然、应急响应速度快，整个调度运行管理系统的在网运行设备及线路运行良好，调度管理行为规范，调度指令严格执行，圆满完成通水运行工作，保证了整个系统能够平稳安全运行无事故。

（三）工程进展

截至2015年底，山东段调度运行管理系统基本完成工程沿线具备条件的全部硬件设备的安装、调试工作；完成具备验收条件标段的初步验收和合同验收工作，以及部分标段的单元检验工作。

截至2015年底，调度运行管理系统已累计完成施工投资54 976万元，质量优良，没有发生安全事故。

（四）建设管理

2015年，信息办针对施工特点组织相关承建单位采取集中办公、联合调试等方式，不仅提高了工作效率，而且保证了系统的整体性和规范性；相继开展“大干一个月，建成胶东段”和“大干两个月，开通鲁北段”活动。

2015年，编制完善了现场巡查表，并进行了培训；组织自动化调度系统的运行维护预算编制工作，保障已建成系统的正常运行；起草编制切合实际的自动化调度系统运行维护管理办法。

（五）工程效益

山东段调度运行管理系统实现了具备条件的现地流量、水位等水情信息的远程采集、上传、存储和处理，实现了部分站点的远程控制，实现了调度中心（备调中心）对各闸泵站的远程监控与视频监视，实现了语音调度功能和网络通信，实现了6处自动水质监测站的在线监测和水污染的预警功能，为调度运行提供了信息决策支持。

二、管理设施专项工程

（一）工程概况

2011年8月，国务院南水北调办对山东省境内工程管理设专项工程初步设计报告进行了批复，共批复一、二、三级机构征地141亩。管理设施专项批复管理用房面积38 409m^2（其中一级14 592m^2，二级23 817m^2）。山东段管理设施总投资30 101万元，静态投资29 641万元，管理征地11 900万元。2013年12月31日，国务院南水北调办对《南水北调东线一期工程山东省境内工程管理设施专项工程征地投资方案》进行了批复（国务院南水北调办投计〔2013〕38号），在初步设计概算基础上增加管理设施征地投资27 420万元。

（二）工程进展

一级机构（与济南局合建）选址于济南市邢村立交桥东侧，经十路与唐冶西路交叉路口西北角，西距奥体中心约9km，正在进行施工总承包招标阶段。

二级机构包括济南、济宁、泰安、枣庄、聊城、德州、胶东等七个现场局的建设和济宁、济南、聊城三个应急抢险中心建设。其中济南局与一级机构合并实施，二级机构建设采用购置与征地自建两种形式建设，具体情况如下：

（1）胶东、济宁、德州、聊城采用购置的方式建设，至2015年底已按照批复的建筑面积，在上述市区根据便于工程管理、交通方便、满足调度运行功能原则完成购置。

（2）枣庄、泰安采用征地自建的方式建设。

枣庄局2014年8月取得建筑用地规划许可证；2014年9月取得国有土地使用证；2015年5月签订主体工程施工合同，至2015年底主体工程建设已封顶。

泰安局选定地块至2015年底已完成土地招拍挂前期工作，即将进入招拍挂程序，工程规划设计图已基本完成。

（3）济南局与一级机构合建。

（刘福禄）

治污及水质

概　述

东线治污以控制工业和城市污染源为主，规划实施了城市污水处理厂、截污导流、点源治理等一系列治污工程及流域综合整治工程，形成“治理、截污、导流、回用、整治”一体化的治污工程体系。经过多年努力，东线治污取得了一定成效。江苏、山东两省控制单元治污实施方案确定的426项治污项目已经全部完工。其中包括214项工业点源治理项目，155项城市污水处理及再生利用项目，31项流域综合整治项目，26项截污导流项目。东线治污效果逐步显现，沿线入河排污总量呈明显下降趋势，输水干线水质得到持续改善。

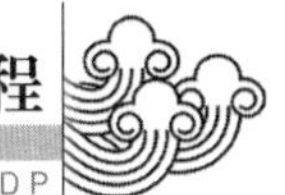

江　苏　省

概　况

南水北调东线一期工程江苏段利用大量现有京杭运河、三阳河、潼河、金宝航道、徐洪河等河道输水，实际是河网送水，输水线路复杂，途经许多城市，水质保护任务艰巨。为保障南水北调调水水质稳定达标，江苏省先后实施两批南水北调治污项目。第一批治污项目是根据《南水北调东线治污规划》（以下简称《治污规划》）及《南水北调东线江苏段14个控制单元治污实施方案》（以下简称《实施方案》）确定的102项治污项目，投资70.2亿元。主要包括：工业点源治理项目65项、城镇污水处理工程项目26项、综合治理工程6项、截污导流工程5项（泰州市境内工程由地方实施，实际完成截污导流工程4项）。经过努力，2013年江苏省全面完成了《治污规划》和《实施方案》确定的目标任务，并通过了国务院南水北调建委专家委组织的治污规划实施效果的总体评估。第二批治污项目是江苏省政府为确保干线水质稳定达标，在第一批项目基本完成的基础上确定的203个新增治污项目，规划总投资63亿元。主要包括，新沂市、丰县沛县、睢宁县及宿迁市二期等4个尾水资源化利用及导流工程，丰县复新河、邳州张楼、高邮北澄子河等3个水质断面158个综合整治工程，27个污水处理厂管网配套工程以及沿线14个断面水质自动监测站等项目。截至2015年底，第二批治污项目大部分已经完成。

（王晓森）

环　境　保　护

江苏省南水北调输水沿线正处于工业化、城镇化快速发展期，又位于淮河、沂沭泗流域下游，要承受自身发展和上游客水污染的双重压力，水污染防治压力很大。江苏省政府要求将水质保护工作放在更加突出的位置，着眼建立长效机制，确保水质稳定达标。

（一）治污责任

江苏省政府多次召开南水北调水污染防治专题会议和工作现场会，将断面水质达标纳入政府目标责任书，明确沿线地方政府主要领导为第一责任人。推行“河长负责制”和“断面长制”，对影响南水北调的重点河流和断面，明确由市、县（市、区）政府一把手任“河长”“断面长”，负责辖区内河流的综合整治和长效管理，把水污染防治工作纳入综合考核指标体系，实行环保工作考核“一票否决制”和责任追究制；江苏省环保厅多次召开专题会议研究部署，厅领导带队对沿线水质和治污情况进行现场督查，明确要求各地各部门加快工程建设，加大治污力度，确保水质稳定达标。细化明确针对重点断面水质异常责任地区通报、约谈、挂牌督办和区域限批要求；沿线各级党委政府高度重视，分别制定了流域治污工作方案，精心组织实施，形成了“政府主导、部门协作、全社会共同参与”的齐抓共管工作格局。

（二）水源地安全保障

一是江苏省环保厅每月对饮用水源地开展水质监测与评价，2015年南水北调沿线饮用水源地水质全部达标。二是开展饮用水源地隐患排查及问题整改。江苏省环保厅印发《关于加强汛期水污染防治工作的通知》（苏环传〔2015〕24号），要求各地加强汛期饮用水源地的环境风险隐患排查，确保饮用水安全；针对环保部通报江苏省地级市集中式饮用水水源地存在的问题，江苏省环保厅印发《关于开展城市集中式饮用水水源地环境管理集中整改的函》(苏环函〔2015〕22号),督促有关地市进行核查、整改。三是江苏省环保厅、水利厅及住建厅联合通报全省尚未通过达标验收的集中式饮用水源地名录,并督促各地切实加强组织领导,确保年底前完成江苏省政府确定的目标任务。

(三) 实施生态保护红线管理

推进全省国家级生态红线划定工作,建立完善市、县生态空间管控制度。优化生态红线区域,对现有生态红线进行补充、优化、调整,做到应保尽保、规范管理。组织南水北调源头扬州市编制《南水北调东线水源地国家级生态保护区功能规划》,把输水干线周边地区共340km^{2}范围划定为核心保护区,大力实施植树造林和生态湿地修复,搬迁关停污染企业,严格保护三江营调水源头区水质。将引江河长江入河口划入泰州市生态红线保护一级管控区,禁止一切形式开发和建设活动,将引江河和新通扬运河两侧一公里范围划入泰州市生态红线保护二级管控区,禁止有损主导生态功能的开发建设活动。

(四) 环境综合整治

一是调整产业结构,严把项目源头关。淘汰一批污染严重企业,坚持将南水北调沿线地区作为产业结构调整的重点区域,加大重污染行业专项整治力度,提高环保准入门槛。新建项目方面凡不属国家鼓励发展产业类的项目,不再平衡污染物排放总量,不再安排建设用地指标,不再享受政府性补贴和其他优惠政策,倒逼淘汰一批产业层次低、资源消耗高、环境污染重、安全风险大的劣质企业,结构性污染程度逐年改善。二是推动重点项目入园进区。坚持“在保护中开发,在开发中保护”,各开发区、工业园区严格实施区域规划环境影响评价,依照产业定位和规划要求,加强区域环境准入管理,确保污染物实现集中治理。对未经环保部门批准的项目,一律不准进入园区;对经环保部门批准且投资金额5000万元以上(不含土地费用)的新建化工项目,一律进入化工集中区建设。三是下大力整治农村环境。按照“六整治六提升”的要求,大力实施农村环境综合整治工程,扎实推进农村环境连片整治工作,在国家和江苏省财政支持下,重点开展农村生活垃圾转运系统和生活污水处理工程建设。全面推进秸秆禁烧和综合利用,开展大规模的秸秆清运和沟渠河塘秸秆“禁抛”大检查,确保不出现秸秆下水污染水体事件。在沿线地区积极发展生态农业,建成无公害农产品、绿色食品和有机食品基地。四是持续推进“清水廊道”建设。坚持把截污导流工程作为“清水廊道”建设的支点,进一步完善“清水廊道”建设,徐州市、淮安市、扬州市、宿迁市截污导流工程以及新增新沂和丰沛尾水导流工程已经全部投入运行。巩固输水干线排污口关闭清理工作成效,减少排污总量,真正从根本上防治了工业污染对调水工程的威胁。在完成《南水北调东线工程江苏段控制单元治污实施方案》的基础上,针对徐州复新河沙庄桥等3个断面不能稳定达标问题,组织编制了断面水质达标补充方案,计划158个工程项目,已基本建成运行。

(五) 监测预警,执法监管

一是严密监控断面水质,每月组织开展15个考核断面的水质监督监测,并通报沿线地方政府。建成南水北调水质自动监测系统,动态监控沿线水质变化。二是开展环境执法专项检查。5月底,江苏省环保厅组织对南水北调沿线《重点流域水污染防治规划—南水北调东线专项规划》水污染防治规划项目运行情况、各控制单元中直接排入南水北调东线水系的沿线工业企业污水排放口、污水处理厂排放口及市政排污口、规模化畜禽养殖污染物处置、沿线船闸垃圾收集处置、各控制断面水质等情况开展环境执法专项检查。共检查水污染防治规划项目20个(包括3家规模化畜禽养殖企业),沿线工业企业2个,集中式污水处理厂1个，船闸1个，3个控制断面及周边环境。从检查结果来看，水污染防治规划项目、污水处理厂运行基本正常，工业企业水污染防治设施基本到位，未发现偷排直排等恶意排污行为，沿线船闸设有船舶垃圾收集设施并投入使用。三是开展联合执法检查，江苏省环保厅、发展改革委、财政厅和南水北调办等有关部门多次组成联合督查组，对南水北调东线重点断面水质达标情况进行现场督查。

（六）创新工作机制

面对调水工程环保工作中的新情况、新问题，始终强化“问题意识”，坚持在创新机制中不断提升工作落实绩效。一是制定《江苏省南水北调工程沿线区域水污染防治管理办法》，为强化水污染防治和实行长效管理提供有力的法律保障。二是实施水环境区域补偿。按照“谁达标、谁受益，谁超标、谁补偿”的原则和“合理、公平、可行”的总体要求，制定《江苏省水环境区域补偿实施办法》，其中涵盖南水北调流域6个重点考核断面。三是建立水质保障机制。大力推广徐州市实行重点断面保护区制度、达标风险抵押金制度，像保护饮用水源一样保护断面水质，取得了较好的效果。四是建立跨区域联防联控机制。建立了淮海经济区核心区8个城市环境保护联席会议制度，形成了流域性环境整治定期会商和形势研判机制、区域环境信息共享与发布机制、区域环境监管与相互监督机制、跨界突发环境事件联合应急处置机制等，强化了水污染区域联防联控。

（聂永平）

治污工程进展

（一）尾水导流工程建设情况

第一批治污项目中包括截污导流工程共4项，分别为徐州、江都、淮安、宿迁市截污导流工程，现已全部完成并投入使用。第二批治污项目中包括尾水导流工程4项，分别为丰县沛县、新沂市、睢宁县和宿迁市尾水导流工程。新沂市尾水导流工程已完成全部工程建设任务；丰县沛县尾水导流工程仅剩大沙河西湿地管理房正在建设；睢宁县尾水导流工程主体工程已经建设完成，正在进行水质自动化监测系统和视频监控系统调试；宿迁尾水导流工程建设处已完成水土保持、入河排污口、社会稳定风险评价等前置审批手续，并上报可研报告。

（二）尾水导流工程运行管理情况

第一批治污项目中建成的徐州、江都、淮安和宿迁市截污导流工程均已明确运行管理单位。其中，徐州市成立了徐州市截污导流工程运行养护处、江都市成立了江都市截污导流工程运行管理处、宿迁市成立了宿迁市区水务工程管理所来分别负责各自辖区内的截污导流工程运行管理工作；淮安市境内截污导流工程采用属地管理，由淮安市给排水监督管理处、淮安市城市水利工程管理处（原淮安市中里运河管理处）、淮安区（原楚州区）城市排涝泵站管理所、清浦区河道管理所共同负责运行管理。第二批治污项目中徐州市境内的尾水导流工程已基本完成，为使工程建成后即能发挥工程效益，徐州市南水北调办于2015年7月23日及时组织召开了尾水导流工程管理工作推进会，专门讨论机构建立、人员和经费落实等方面的问题。截至2015年底，新沂市成立了新沂市尾水工程管理所，负责新沂市境内县管工程的运行管理；睢宁县成立了睢宁县尾水导流管理服务中心，负责睢宁县境内县管工程的运行管理。丰县通过在现有管理单位内部增设科室（在丰县水利局下属的丰县闸站管理处增设尾水导流工程养护科），负责丰县境内县管尾水导流工程运行管理。贾汪区和邳州市市（区）管尾水导流工程仍由原工程管理单位负责运行管理。沛县申请成立运行管理单位的请示已经报给县政府，现县管尾水导流工程暂由沛县工程部代管。宿迁市尾水导流工程虽未开工建设，但也已明确由宿迁市区水务工程管理处负责工程的运行管理工作。

（三）城镇污水管网建设

2015年，江苏省住房城乡建设厅按照《江苏省"十二五"城镇污水处理及再生利用设施建设规划》《通榆河沿线城镇生活污水处理规划》和《江苏省建制镇生活污水处理设施全覆盖规划》等规划，继续加快推进南水北调东线建制镇污水处理设施建设，截至2015年底，南水北调东线地区累计建成污水收集管网约9600km。为督促指导沿线各地加快推进污水收集管网建设，江苏省住房城乡建设厅制定年度实施计划，下发了《关于下达2015年度城市建设与管理工作任务的通知》，明确年度建设任务，着力推进包括南水北调东线地区在内的苏中、苏北地区建制镇污水处理设施建设。同时，为进一步提高南水北调东线城镇污水处理厂污染减排效益，江苏省住房城乡建设厅督促指导沿线各地加大投入、加快城镇污水处理厂配套管网建设，并认真贯彻项目法人制、招标投标制、合同制和监理制，加强工程质量管理，2015年度，南水北调东线地区新建污水收集管网约800km。

（聂永平）

水质情况

2015年，江苏省南水北调办会同省有关部门，切实加强南水北调水质保障协调工作。一是加强尾水导流工程建设管理。徐州境内新增尾水导流工程全部建成并投入试运行，管理单位已经基本落实。二是抓好水质长效监管。江苏省环保厅十分重视南水北调沿线水质保障，每月组织对南水北调沿线开展水质监测与评价，据监测数据显示，2015年度送水水质全部达标；坚持将南水北调沿线地区作为产业结构调整的重点区域，加大重污染行业专项整治力度。江苏省环保厅、江苏省南水北调办加强干线水质监督监测，提高年度调水运行水质监测检查频次，每月将水质监测情况通报沿线各市政府，并提出监管要求；组织开展干线排污口门、沿线陆上区域及河道污染源监督检查，强化水质目标考评，推动输水干线水质稳定达标。三是抓好航运污染管理。江苏省交通厅严格执行危化品船舶禁航要求，并组成联合检查组检查输水干线危化品禁运、通航保障以及船舶油废水收集情况，确保航运安全和水质安全。四是加强污水处理建设与管理。江苏省住房城乡建设厅加快推进南水北调沿线建制镇污水处理设施建设，着力推进包括南水北调东线地区在内的苏中、苏北地区建制镇污水处理设施全覆盖，督促指导沿线各地加大投入、加快推进城镇污水处理厂配套管网建设，提高设施运行管理水平，从源头控制干线污染源。

按照《南水北调东线江苏段14个控制单元治污方案》要求，在调水干线设定14个水质控制断面，为更好掌握关键断面水质情况，江苏省又增加了淮安市洪泽湖老山乡断面，考核断面共15个。为加强对南水北调沿线水质的监控，江苏省环境监测中心组织对各考核断面水质开展每月一次的例行监测；调水期间对输水沿线夹江三江营、新通扬运河江都西闸、洪泽湖老山乡、徐洪河顾勒大桥、京杭大运河五叉河口、京杭大运河马陵翻水站、骆马湖骆马乡、骆马湖三场、京杭运河张楼、京杭运河蔺家坝等10个断面进行每天一次的加密监测；对南水北调东线江苏段15个控制断面中已建水质自动监测站的12个断面（房亭河单集闸、淮河老子山、洪泽湖老山乡3个断面未建）进行自动监测。

2015年4月调水期间加密监测结果显示，输水沿线10个断面以pH值、溶解氧、高锰酸盐指数和氨氮4项指标评价，水质均稳定达标。12个控制断面自动监测结果显示，以高锰酸盐指数和氨氮两项指标评价，2015 年除 7 月及 12 月外，其余月份所有站点水质月均值均达标。

（聂永平）

山　东　省

环　境　保　护

水质问题关系到南水北调东线工程成败，水质管理是南水北调工程运行管理的重要工作内容。2015 年，山东省南水北调建管局一方面在环保部门的统筹下落实工程水质保护和监测管理工作，另一方面按照东线供水水质目标和各工程区域水质管理目标要求，落实水质监控措施，还针对可能出现的各种水质风险制定应急预案，建立健全应急响应机制，形成了山东南水北调水质分级分层管理的工作格局。

（一）内部水质监测体系

为及时掌握调水水质情况，积极组织构建全方位南水北调内部水质监测体系。

一是人工取样监测。以确保调水水质安全为目标，在输水干线重要工程节点、重要支流汇入处、交水断面等位置，共设置 30 多个工程断面，开展人工水质监测，确保全面反映全线水质规律。监测项目除地表水环境质量标准中 24 项基本项目外，还增加了硫酸盐、氯化物、藻类等项目。调水初期每天开展一次人工监测，水质平稳后根据需要调减。因山东省南水北调自身不具备人工监测能力，以上均委托第三方监测单位承担。另外，东湖、双王城、大屯 3 座水库已纳入山东省水文局常规监测范围，每月 10 日由所在地水文局人工取样监测。

二是水质自动监测。山东省已建成济平干渠渠首、长沟、穿黄、八里湾、胶东段与引黄济青交界处、聊城与德州交界处共 6 个水质自动监测站，正在建设二级坝水质自动监测站，基本实现了重要断面自动监测覆盖。监测项目为常规五参数、高锰酸盐指数、氨氮、总磷、总氮等。可根据需要设置监测频率，最快可实现 2 小时监测一次。

三是移动应急监测。已购置移动水质监测实验室专用车一辆并投入运行，根据水质污染情况和突发事件可随时进行现场监测。监测指标为 COD、氨氮、总磷、总氮、综合毒性、藻类等项目。

（二）内部水质管理

在环保部门统一监督管理前提下，围绕总体水质保障工作目标，重点加强了调水水质保障内部管理工作。

一是水质管理制度建设。制定实施了《山东省南水北调工程调水水质保障工作内部管理办法》等规章制度，明确了南水北调各部门、单位在水质管理中的职责与任务，促进了水质保障工作的制度化、规范化。同时，制定了监测站、监测车管理规定，明确责任，确保监测设施得到专业化运行维护，正常开展监测，充分发挥作用。

二是自身水质保障队伍建设。为解决水质保障任务重、专业人员少的问题，公开招聘专业人员，不断充实水质保障队伍。为适应整体水质监测工作需求，联合水质监测合作单位对工作人员进行专业培训，不断提高专业理论水平、仪器操作水平。

三是应急能力建设。组织编制了南水北调工程水污染突发事件应急预案，各现场管理局也分别编制了各自辖区工程水污染突发事件应急预案。预案明确了水污染突发事件应急职责任务、应急调度原则、应急处理措施等，充分与当地政府及其环保部门衔接，确保及时降低、消除事故对调水水质影响，减小污染损失。

四是为落实南水北调“三先三后”原则，建立水质保障长效机制，积极配合环保部门建立水质保障联席会议制度，制定南水北调沿线水质保障专项行动计划，进一步明确各有关部门水质保障职责任务，促进南水北调水质保障机制制度化、规范化、科学化。

五是南四湖水资源监测中心已完成招标，并加大协调力度，督促有关方面尽快开工建设。另外，根据整体水质监测工作需要，拟结合一级管理设施，整合建设山东省水质预警监测中心，负责统筹全线水质信息工作。

（张立同　朱明星　刘　洋）

治污工程进展

南水北调截污导流工程是南水北调东线第一期工程的重要组成部分，是贯彻“三先三后”原则的重要措施。山东省共21个截污导流项目，分布在主体工程干线沿线济宁、枣庄等7个地级市、30个县（市、区）。工程建设的主要目的是将达标排放的中水进行截、蓄、导、用，使其在调水期间不进入或少进入调水干线，以确保调水水质。2012年工程全部通过竣工验收并投入运行。

2015年，在完成中水截蓄导用工程水情监测系统建设的基础上，督促设计、监理、系统开发单位加强协作，开发完成了中水截蓄导用工程水情监测信息应用平台。该系统正在与南水北调调度运行系统进行联调联试，确保为调水提供决策支撑。

（一）临沂市邳苍分洪道截污导流工程

1. 工程概况

临沂市南水北调工程主要包括邳苍分洪道截蓄导用工程和引祊入涑工程两部分，于2008年10月开工，2012年10月竣工，工程总投资3.94亿元。工程年设计拦蓄中水3535万m^3，为51.34万亩农田提供灌溉用水，向武河湿地、城内河道等提供生态补水。自工程建成以来，发挥了较大的工程效益，有力保障了临沂市出省断面水质达标。

2. 新增项目建设情况

（1）加快邳苍分洪道完善项目建设。工程主要建设内容为新建两座橡胶坝、管理设施建设等。

（2）推进引祊入涑工程维修后续工作。市财政投入600多万元，对两座闸、一座橡胶坝和分洪道进行大修，现维修工程已完成并投入使用。

3. 工程效益

2015年，武河湿地、城区生态供水和农业灌溉调水达1.6亿m^3，为全市生态、经济、农业的发展发挥了较大作用，其中导流中水约5600万m^3，提供生态用水9000万m^3，农业灌溉用水约1400万m^3。

（二）宁阳县洸河截污导用工程

1. 工程概况

工程位于南四湖主要入湖河流洸府河上游，涉及宁阳县境内洸河、宁阳沟两条河流。工程新建橡胶坝4座，提水泵站2座，铺设输水管道16km，扩挖河道15km，改建交通桥1座、生产桥6座。工程于2007年12月开工建设，2011年10月竣工，总投资5956万元。

2. 调度运行情况

积极配合环保部门做好水质调配工作，全年累计充放橡胶坝67次，处理应急处置工作19次。积极响应调水要求，确保洸河和宁阳沟两条河流下泄水量不超过122.1万m^3及水质指标。

2015年对部分工程设施进行了全面维护保养。修复堤防和防汛道路0.86km，对2座泵站、4座橡胶坝外围防护栏及管道进行了防腐保养处理，对全部电机设备进行加油维护。

3. 工程效益

工程全面发挥“截、蓄、导、用”效益，2015年截蓄水量102万m^3，灌溉用水量72万m^3，灌溉面积1.2万亩，3.2万多群众收益，

惠及2个乡镇34个村庄。

(三) 枣庄市薛城小沙河控制单元截污导流工程

1. 工程概况

工程位于枣庄市境内，包括薛城小沙河、薛城大沙河和新薛河三条河道。主要建设内容包括：①新建朱桥、挪庄和渊子崖3座橡胶坝；②扩挖薛城小沙河、小渭河及小沙河故道回水段；③华众纸业中水导流管道；④小沙河堤外截渗沟。工程等别为Ⅲ等，主要建筑物级别为3级，临时建筑物级别为4级；小水库工程等别为Ⅴ等，主要建筑物级别为5级，临时建筑物级别为5级。工程概算总投资5675.63万元。

工程于2008年11月开工建设，2012年10月完成竣工验收。

2. 调度运行情况

薛城小沙河控制单元截污导流工程由枣庄市南水北调局负责管理，枣庄市南水北调局委托枣庄智信瑞安水利工程管理有限公司具体实施调度运行管理工作。

2015年，按照工作要求，实施完成年度调度运行工作，并结合各项日常管理制度，对工程的节制闸、橡胶坝及泵站机组等及时进行维护、保养，确保了设备的正常运行。

3. 工程效益

2015年，枣庄市薛城小沙河控制单元截污导流工程拦截水量302万m^3，其中拦截中水232.5万m^3，天然径流69.5万m^3；增加水面面积1800m^2，改善灌溉面积8.0万亩，回用中水102万m^3。

(四) 枣庄市峄城大沙河截污导流工程

1. 工程概况

工程位于峄城大沙河上。主要建设内容包括：①新建大泛口、裴桥2座拦河闸；②在峄城大沙河分洪道处新建良庄橡胶坝1座；③对已建红旗闸和贾庄闸进行维修改造；④铺设3000m管道将台儿庄区中水排放改道入峄城大沙河。工程等别为Ⅲ等，主要建筑物级别为3级，次要建筑物级别为4级，临时建筑物级别为5级。工程概算总投资4465.88万元。

工程于2009年3月开工建设，2012年10月完成竣工验收。

2. 调度运行情况

枣庄市峄城大沙河截污导流工程由枣庄市南水北调局负责管理，枣庄市南水北调局委托枣庄智信瑞安水利工程管理有限公司具体实施调度运行管理工作。

2015年12月，枣庄智信瑞安水利工程管理有限公司对良庄橡胶坝（峄城大沙河控制单元）管理房进行了施工建设，完成了管理房建设38.58m^2。

3. 工程效益

2015年枣庄市峄城大沙河截污导流工程拦截水量1892万m^3，其中拦截中水1060万m^3，天然径流832万m^3；增加水面面积2.2km^2，改善灌溉面积15.5万亩，回用中水372万m^3。

(五) 滕州市北沙河截污导流工程

1. 工程概况

滕州市北沙河截污导流工程主要内容为：在北沙河干流新建邢庄、刘楼、赵坡、西王晁4座橡胶坝，河道扩挖治理8.3km；在4座橡胶坝上游各新建灌溉泵站1座及中水回用配套渠系。

工程于2008年11月开工建设，2011年11月7日完成竣工验收。

2. 调度运行情况

为合理利用拦蓄河水，充分发挥工程效益，采取多种措施进行调度：一是建立了河水优先使用、地下水控制使用原则；二是优化了调蓄方式，加强了全河网联动调蓄能力，完善了各河道自上而下逐级调蓄衔接制度；三是做好统筹协调工作，在下游主灌区用水高峰期间，加大上游橡胶坝河水下泄量，在统筹下游主灌区用水的同时协调好上游用水需求，一系列举措有力保障了沿河各灌区粮食安全。

工程于2013年验收后交付滕州市河道管理处进行运行管理，滕州市河道管理处是2004年9月经滕州市委、市政府批准成立，隶属于滕州市水利和渔业局的纯公益性事业单位。管理处下设界河、北沙河、城河、郭河、十字河管理所和北郊排水站共五所一站，核定编制27人，现有在编人员25人。

3. 工程效益

滕州市北沙河截污导流工程2015年全年度共拦蓄下泄中水931.25万m^3，其中干线输水期间拦截下泄中水786.2万m^3，总回用量659.68万m^3，其中灌溉回用417.2万m^3，工业企业回用68.98万m^3，湿地用水量173.5万m^3。2015年全年累计灌溉面积11.64万亩，通过中水灌溉回用，减少COD入河量127.4t，减少NH_3-N入河量11.52t，有效改善了出境水质，提高了南水北调东线工程干线输水达标率。

（六）滕州市城漷河截污导流工程

1. 工程概况

城漷河截污导流工程主要内容有：新建东滕城、杨岗、吕坡、曹庄、于仓和北满6座橡胶坝，改建洪村、荆河、城南和南池4座橡胶坝，河道扩挖25.22km；在新建橡胶坝工程上游，各新建提水泵站6座，提水泵站流量8.34m^3/s；城漷河人工湿地净化工程总面积为2270.6亩。

工程于2008年11月开工建设，2011年11月7日完成竣工验收。

2. 新增项目建设情况

2014年，根据滕州市委市政府安排，在杨岗橡胶坝与东滕城橡胶坝间建设新丰橡胶坝，同时埋设滕城和新丰2处涵洞排水管道，确保排水及时、畅通。

工程于2014年11月13日开始施工，2015年5月29日完工。

3. 调度运行情况

为合理利用拦蓄河水，充分发挥工程效益，采取多种措施进行调度：一是建立了河水优先使用、地下水控制使用原则；二是优化了调蓄方式，加强了全河网联动调蓄能力，完善了各河道自上而下逐级调蓄衔接制度；三是做好统筹协调工作，在下游主灌区用水高峰期间，加大上游橡胶坝河水下泄量，在统筹下游主灌区用水的同时协调好上游用水需求，一系列举措有力保障了沿河各灌区粮食安全。

工程于2013年验收后交付滕州市河道管理处进行运行管理，滕州市河道管理处是2004年9月经滕州市委、市政府批准成立，隶属于滕州市水利和渔业局的纯公益性事业单位。管理处下设界河、北沙河、城河、郭河、十字河管理所和北郊排水站共五所一站，核定编制27人，现有在编人员25人。

4. 工程效益

滕州市城漷河截污导流工程2015年全年度共拦蓄下泄中水3725万m^3，其中干线输水期间拦截下泄中水3144.8万m^3，总回用量2638.72万m^3，其中灌溉回用1668.8万m^3，工业企业回用275.92万m^3，湿地用水量694万m^3。2015年全年累计灌溉面积46.56万亩，通过中水灌溉回用，减少COD入河量509.6t，减少NH_3-N入河量46.08t，有效改善了出境水质，提高了南水北调东线工程干线输水达标率。

（七）枣庄市小季河截污导流工程

1. 工程概况

工程位于枣庄市台儿庄区境内，建设内容是：对小季河、台兰干渠疏浚开挖；新建了季庄节制闸、维修赵村站防洪闸，改建、重建6座生产桥，新建中水回用灌溉轴流泵站5座。工程于2009年3月开工建设，2010年7月全部竣工投入使用。工程完成后实现了拦蓄中水206万m^3，发展和改善区域内农田灌溉面积1.5万亩，同时极大地改善了台儿庄城区北部、东部水环境，解决了邳庄镇、马兰屯镇近4万亩农田积水迅速外排入河问

题。工程于2009年3月开工建设，2011年11月6日完成竣工验收。

2. 运行管理

小季河截污导流工程涉及河道、节制闸、中水回用灌溉泵站等设施，结合实际，因地制宜，将小季河、台兰干渠管护责任交由台儿庄区住建局管理，季庄节制闸、赵村站防洪闸由区水务局直接安排专人管理，五座中水回用灌溉泵站由工程所在地镇、村安排人员管护、使用。工程设施管理责任明确，管护运行良好，社会效益和经济效益明显。

3. 工程效益

小季河截污导流工程投入运行以来，效益发挥正常，一是每年南水北调东线调水期间及时关闸拦蓄中水，发挥截污功能，为南水北调东线输水干渠一河清水北流提供保障。二是利用小季河、台兰干渠沿线建设的中水回用灌溉泵站抽提中水发展农田灌溉，2015年累计开动泵站820台时，提取中水150万m^3，灌溉农田面积1.2万亩，使区域内农作物增产660吨，农民增收160万元。同时小季河、台兰干渠的综合治理，改善了农田积水外排入河条件，河渠水系水生态环境进一步优化。

（八）菏泽市东鱼河截污导流工程

1. 工程概况

工程位于菏泽市开发区、定陶、成武和曹县境内的东鱼河、东鱼河北支及团结河。

菏泽市东鱼河中水截蓄导用工程包括：新建雷泽湖水库、入库泵站、中水输水管道，扩挖东鱼河北支，在东鱼河北支新建张衙门、侯楼、王双楼拦河闸，利用袁旗营、刘士宽、杨店、马庄、邵堂、裴河、楚楼、肖楼拦河闸，在团结河新建后王楼、鹿楼拦河闸，利用东鱼河干流徐寨、张庄、新城拦河闸，拦蓄总库容3216.6万m^3。灌溉回用工程为：在雷泽湖水库新建李楼、贵子韩提水站，在东鱼河北支新建雷楼、侯楼、邵家庄、周店提水站，在团结河新建宋李庄、前朱庄、欧楼、鹿楼提水站，并开挖疏通站后输水渠道，维修涵洞1座。实际控制总灌溉面积132.4万亩，改善农田灌溉面积62.4万亩。

工程于2008年9月开工建设，2011年10月完成竣工验收。

2. 调度运行情况

菏泽市东鱼河中水截蓄导用工程采取全河网调蓄，自上而下、逐级调算、优化调度的方式；在下游灌溉高峰期，加大上游节制闸的下泄能力，尽量满足下游灌溉用水；使农业灌溉用水优先使用地表水、中水，不足补充客水，严格控制使用地下水；在调水期，入输水干线河渠末级闸门实行全封闭挡水的运行调度原则。

3. 工程效益

2015年度，通过向企业供水、农业灌溉、生态利用等多种渠道促进中水回用，共计消耗中水1882万m^3，其中灌溉消耗205万m^3、工业消耗1677万m^3。通过中水回用，改善灌溉面积6.83万亩，华润电力、玉皇化工、德润化工、德泰化工等企业受益。

（九）金乡县截污导流工程

1. 工程概况

工程位于金乡县境内的大沙河、金济河、金鱼河。

工程主要内容包括：新建金济河郭楼橡胶坝、大沙河王杰节制闸、金马河金鱼河交汇口连庄涵闸、大沙河孔楼生产桥、大沙河马集涵闸、金济河右岸周桥排灌站、大沙河左岸石岗排灌站、维修加固大沙河右岸高庄排灌站，大沙河五级沟涵闸共计9处建筑物。

工程于2008年6月开工建设，2011年11月11日完成竣工验收。

2. 调度运行情况

在调水期间，入输水干线河渠末级闸门关闭，全封闭挡水。农业灌溉用水原则优先使用地表径流、中水，不足补客水，控制使用地下水，采取全河网调蓄，自上而下，逐级调算，优化调度的方式；在下游灌溉高峰期间，上游节制闸加大泄量，尽量满足下游灌溉用水。

3. 工程效益

2015年度干线输水期间，中水不进入输水干线，总揽蓄量由1159.1万m^3增加到1479.6万m^3，总回用量由2375.9万m^3增加到2520.4万m^3。有效改善农田灌溉面积8.9万亩。所有工程运行良好，在干线输水期间，截污导流工程拦截城区工业企业和金乡县污水处理厂达标排放的中水814万m^3，通过中水灌溉回用，减少COD入河量549.6t，减少NH_3-N入河量94.8t。工程运行期间，工程拦蓄的中水，可有效回补地下水，对缓解地区水资源紧缺状况将起到积极作用，同时充分发挥工程截、蓄等方面的景观和生态功能，在2013~2015年度利用金济河橡胶坝、莱河橡胶坝及大沙河王杰节制闸所拦蓄的上游河段成功申报金济河千寿湖省级水利风景区、金水湖省级水利风景区及金水湖国家级水利风景区。

（十）曲阜市截污导流工程

1. 工程概况

工程位于曲阜市境内泗河支流沂河下游，分别在曲阜市沂河郭家庄、杨庄新建橡胶坝各一座，在橡胶坝上游分别新建提水泵站各一座，总库容达到253.1万m^3，灌溉农田7.7万亩，满足《控制单元治污方案》的要求。工程静态总投资2714.21万元。

工程于2008年6月开工建设，2009年5月完成竣工验收。

2. 调度运行情况

2015年，按照控制运行指标圆满完成年度工程运行管理任务。

3. 工程效益

2015年，位于沂河中游的两座污水处理厂每天排放达标中水在5万m^3左右，根据市实际情况科学合理运用中水，在截污导流工程郭家庄橡胶坝和杨庄橡胶坝上游利用城区橡胶坝和苗孔拦水坝先期截蓄中水向蓼河湖公园、大沂河湿地和水利风景区景观供水，供水饱和后部分中水下泄，利用截蓄导流橡胶坝工程全部截蓄。向周边两镇街灌溉农田7.7万亩。截污导流工程充分发挥了作用，全年没有下泄水量。

（十一）嘉祥县截污导流工程

1. 工程概况

工程位于嘉祥县中部前进河、洪山河。工程涉及嘉祥县马村镇、万张镇、卧龙山镇、马集镇、嘉祥街道办事处五镇（街）。

工程等别为Ⅳ等，工程规模为小（1）型，河道工程和主要建筑物级别为4级，次要建筑物级别为5级。主要工程建设内容包括：疏通治理前进河、洪山河21.1km，洪山河局部扩挖0.645km，新建前进河拦河闸，改建曾点涵闸、洪山涵闸。

工程于2008年9月开工建设，2012年10月完成竣工验收。

2. 调度运行情况

前进河、洪山河及前进闸、曾点涵闸、洪山涵闸由县水务局工程管理站负责管理，推行管理责任承包责任制，制定岗位目标责任和有关工作制度。每年对“三闸”定期检查，对损毁部位及时进行维修加固，汛期及时开启闸门进行排涝，非汛期8个月关闭闸门，充分发挥“截、蓄、导、用”功效，河道每年汛期前进行仔细检查，对损毁部位及时进行维修加固。

3. 工程效益

2015年，在非汛期的8个月内，拦蓄嘉祥第一污水处理厂中水量750万m^3。沿线7处提水站可利用拦蓄的中水灌溉，灌溉面积2.5万亩。粮、棉、蔬菜等增产收益500万元。同时，满足了县城区南湖、北湖及洪山河、前进河景观用水要求。

（十二）济宁市截污导流工程

1. 工程概况

工程位于济宁市任城区接庄镇、石桥镇。

济宁市截污导流工程对济宁市和高新区

污水处理厂共计 19m³/天达标排放中水进行联合调度。在南水北调调水期间（每年 10 月至翌年 5 月），最大限度的利用老运河湿地、洸府河湿地接纳中水，其余中水用做农田灌溉和进入蓄水区调蓄。工程建成后，每年调水期间可通过 2 万余亩农田灌溉回用和蓄水区拦蓄中水 1144 万 m^3，是保障南水北调东线输水干线水质的一项重要工程措施。同时，对进一步改善城市水环境，促进全市经济社会与资源环境协调发展，具有十分重要的意义。工程总投资 1.86 亿元。

工程于 2008 年 12 月开工建设，2012 年 11 月竣工验收。

2. 新增项目建设情况

（1）蓄水区人工湿地工程持续推进。为有效解决水污染治理问题，改善区域生态环境，在截污导流蓄水区新建实施了人工湿地水质净化工程。工程总投资 5813 万元。该工程是利用湿地系统对蓄水区近九千亩水域中水进行水质净化，采用多级表面流湿地 + 近自然人工湿地 + 生态稳定塘组合工艺，通过设置导流围堰及隔墙合理布水，调节运行水位，使中水逐级净化处理，最终达到地表Ⅲ类标准。蓄水区人工湿地工程 2015 年度工程建设年初开工，完成植物种植区土方施工和管理区部分道路建设，全年完成投资 1000 万元，预计 2016 年上半年完成全部工程建设任务。

（2）济三电厂供（退）水工程建成通水。为进一步强化截污导流工程功能，更好地消化利用蓄存中水，实现水资源的优化配置和可持续利用，济三电力有限公司供（退）水工程于 2014 年 5 月正式开工建设，工程投资 2596 万元。截至 2015 年底，该工程主体顺利完工，具备运行通水条件。工程建成后，年供应中水 350 万 m^3，接纳生产废水 100 余万 m^3，将有效发挥截污导流工程“截、蓄、导、用”功能中“用”的作用，不仅为工业生产提供了充足的水源，还可灌溉济宁市南阳湖农场 1.5 万亩农田，实现了工程经济效益和社会环境效益的双赢，并为社会经济可持续发展提供了有力支撑。

3. 工程效益

2015 年全年，济宁市截污导流工程共通过加压泵站输送济宁市污水处理厂中水 2803 万 m^3，蓼沟河节制闸拦蓄高新区污水处理厂中水 2555 万 m^3。其中向老运河湿地输送中水 1314 万 m^3；向洸府河湿地输送中水 2555 万 m^3；截污导流工程蓄水区累积蓄存中水 1129 万 m^3；利用中水灌溉农田 3 万亩，消耗中水 360 万 m^3。

（十三）微山县截污导流工程

1. 工程概况

工程位于微山县老运河及其支流。

第一批工程于 2009 年 2 月 26 日开工建设，2010 年 12 月 19 日完工。建设完成了老运河河道开挖，新建渡口橡胶坝、南门口桥、三河口枢纽工程，拆除重建三孔桥节制闸及纸厂桥，维修加固夏镇航道河闸、渡口桥、杨闸桥。

第二批工程于 2011 年 8 月 31 日开工建设，2012 年 9 月 2 日完工。建设完成了老薛王河的 19 道隔坝拆除，滨湖路—湖东堤 0.4km 导流明渠开挖，新建穿湖东堤涵闸及朱桥公路涵洞、滨湖公路涵洞，维修加固提水站 4 座。

工程总投资为 6505 万元。

工程于 2009 年 2 月开工建设，2012 年 11 月完成竣工验收。

2. 调度运行情况

微山县截污导流工程通过新建拦蓄工程，在干线输水期间拦截微山县污水处理厂下泄尾水入老运河后，利用老运河渡口橡胶坝—新薛河段及其支流小新河、五公尺河等河槽拦蓄中水及小新河非汛期天然径流，并用于蓄水河道两岸现状 2.8 万亩农田灌溉，达到截污目标。调水期老薛王河天然径流由三河口闸拦截后，通过倒虹入下游老薛王河，最终排入南四湖。老运河总拦截能力 167.5 万 m^3。

3. 工程效益

工程于 2015 年 6 月 1 日进入汛期按调度方案执行，及时开启了三孔桥闸、夏镇航道河闸、三河口枢纽闸各一孔，对常口橡胶坝作坍坝放水处理。汛后于 9 月底关闭了三孔桥闸、夏镇航道河闸、三河口枢纽闸，将常口橡胶坝充水到设计高程，开始截蓄导用正常运行。2015 年拦蓄中水 630 万 m^3，中水回用 580 万 m^3。

（十四）梁山县截污导流工程

1. 工程概况

梁山县截污导流工程主要任务是在干线输水期间拦截梁山县污水处理厂下泄中水 730 万 t，通过中水回用后，按日承接 3 万 t 中水设计，设计中水水库库容 330 万 m^3。该工程是实现梁济运河梁山县城段的水质控制目标和总量控制目标的重要工程。工程总体布局和主要建设内容包括：借用南水北调东线一期工程在梁济运河（桩号 58 +328）修建的邓楼节制闸拦截中水，扩挖该节制闸以上 28.5km 河道，作为中水水库，实现截、蓄中水 330 万 m^3。为实现中水灌溉目的，新建龟山河提水站 1 座，设计提水流量为 3.0m^3/s，通过龟山河、南三、四干沟等灌排工程体系灌溉农田面积 4.5 万亩。另外，因蓄水影响还新建了任庄、郑那里、东张博 3 座交通桥，同时新建流畅河泵站、周提口泵站、张博泵站。

该工程 2009 年 3 月 5 日开工建设，2010 年 12 月 10 日完工并投入运用。

2. 调度运行情况

工程是梁山污水处理厂尾水的必由之路，建成后立即投入使用，几年来，工程运行正常，各项指标符合设计要求，达到了预期目的。

3. 工程效益

2015 年度梁山县截蓄导流工程共拦蓄中水 627 万 m^3，回用中水 346.1 万 m^3，工程的运行满足设计要求，运行状态良好。加强中水回用，确保工程稳定运行一是在农田灌溉季节，利用本工程建设的龟山河提水泵站提水，通过南三、四干沟等灌排工程体系，合理调配本县境内水源，鼓励群众利用中水进行农业灌溉，灌溉土地 2 万余亩，提用中水 150 万余立方米。二是利用周堤口、东孙庄、西张博、流畅河等中型提水泵站，实际灌溉面积 1.26 万亩次，利用中水 90 万余立方米。三是向流畅河湿地工程和聚义湖景观工程进行补水，补水总水面面积为 1390 亩，利用中水量 100 余立方米。

（十五）鱼台县截污导流工程

1. 工程概况

工程位于鱼台县的唐马、谷亭镇境内。

工程主要内容包括：新建唐马拦河闸工程、中水管道工程、维修加固西支河郭楼涵闸、惠河林庄涵闸。

工程新建输水管道全长 6.5km，设计流量 0.35m^3/s，唐马拦河闸总净宽 160m，设计蓄水位 34.62m，拦蓄库容 1095 万 m^3。

工程于 2008 年 12 月开工建设，2011 年 11 月完成竣工验收。

2. 调度运行情况

鱼台县截污导流工程于 2010 年 10 月投入运行，每年 6 月 1 日 ~9 月 30 日可以开闸放水，其他时间关闭砸门拦蓄中水。工程运行正常，效益明显。

3. 工程效益

2015 年，通过灌溉回用在南水北调工程输水期间，消减 COD、NH_3-N 分别为 505.3t 和 110.0t。鱼台县污水处理厂和企业达标排放的中水通过中水管道全部蓄存于唐马拦河闸上游，利用河道的自净能力对中水进行再处理，美化区域环境，提高水质标准；通过现有排灌设施灌溉农田 7.6 万亩，改善了农田灌溉条件，提高了农田灌溉保证率，增加了工程所在地的防洪效益、除涝效益、灌溉效益、生态效益及城乡景观效益；同时在一定程度上改善了当地的基本生活设施，提高了当地居民的生活水平，推动了当地的经济发展，也有利于维护当地经济、社会的稳定和发展，具有十分显著的经济效益、社会效益和环境效益。

（十六）武城县截污导流工程

1. 工程概况

工程位于德州市武城县、平原县境内。

工程主要内容包括：六六河河道清淤疏浚5.2km，重建利民河东支郑郝节制闸，新建六六河东大屯闸，新建北支沟、棘围沟、青龙河、改碱沟、甜水铺支流节制闸，新建小董王庄沟、姜庄沟涵闸，新建后程倒虹吸1座，维修六六河与利民河东支、洪庙沟、头屯南干沟、改碱沟、棘围沟、北支沟交汇处以及头屯南干沟、洪庙沟、赵庄沟末端共9处涵闸。形成河道拦蓄库容186.94万m^3，改善农田灌溉面积2.25万亩。

工程于2009年3月开工建设，2012年1月17日完成竣工验收。

2. 工程效益

2015年武城县截污导流工程共拦蓄水量约224万m^3，其中回用中水量约155.41万m^3，用于农业灌溉约65.38万m^3，景观约7.08万m^3，生态约50.74万m^3，其他约32.21万m^3。

在南水北调工程输水期间，拦截了武城县污水处理厂和工业企业达标排放的中水，发挥了工程截、蓄、导、用功能，达到年截蓄导用中水501.4万m^3，减少COD入河量501t，减少NH_3-N入河量73t的设计要求，满足治污规划和治污控制单元规定的控制指标要求。

（十七）夏津县截污导流工程

1. 工程概况

工程位于夏津县城北六五河流域。

夏津县截污导流工程是将县污水处理厂处理后的中水经三支渠输送到城北改碱沟及青年河，利用河道上的节制闸对中水实现层层拦蓄，形成竹节水库，在农田灌溉季节实现中水灌溉回用，主要工程建设内容包括清挖三支渠6.23km，重建桥梁16座，提水泵站2座，涵管12座，节制闸3座，维修节制闸1座，工程等级为四等，抗震强度为6度。核定工程总投资2505.86万元，夏津县截污导流工程总调蓄能力171.8万m^3。

工程于2009年3月开工建设，2011年12月29日完成竣工验收。

2. 调度运行情况

夏津县截污导流工程的任务与目标是：在该控制单元全部完成治污工程的前提下，为实现七一河、六五河的水质控制目标和总量控制目标，通过新建拦蓄工程，水平年干线输水期间可拦蓄城区下泄尾水546.8万m^3，通过中水灌溉回用，减少COD入河量546.8t，减少NH_3-N入河量82.1t，实现污染物零入河的目标。

3. 工程效益

2015年较往年气候干旱，河道水源蒸发、渗漏较为严重，为此夏津县通过多渠道引调客水来确保农田灌溉，截污导流工程所调蓄水源已不仅仅为县污水处理厂排放的中水，更多是调引马颊河、卫运河部分河水来满足沿河村镇的农田灌溉。11月以后随着灌溉农田需水量的减少，水源回收利用量也相对降低。根据调度运行统计表统计，2015年夏津县截污导流工程共调节水量213.1万m^3，回用77.9万m^3并全部用于农业灌溉，共计灌溉面积9662亩。

（十八）临清市汇通河截污导流工程

1. 工程概况

南水北调东线第一期工程临清市汇通河截污导流工程位于临清市城区。其主要任务是将污水处理厂处理后的中水改排，不再排入临清六分干，以保证南水北调输水干线水质，中水排放规模6万t/天。另外，市区原排入六分干的城市非汛期雨涝水不再排入六分干，进行改排。

工程于 2008 年 12 月开工建设，2011 年 12 月 30 日完成竣工验收。

2. 调度运行情况

临清市污水处理厂处理后的中水进入红旗渠后，在红旗渠末端利用两孔 1.5m×2.5m 涵洞向南输水入北大洼，在北大洼南通过铺设完成的管道穿过北环路后，向西至大众路口，再沿大众路已铺设完成的两排管道向南输水入汇通河。从汇通河输水入新河段，通过胡家湾涵洞输水入胡家湾水库，用于灌溉周边农田。另外，在红旗渠西首建卫运河穿堤涵闸，临清市城区中北部的非汛期涝水通过新铺设的管道和红旗渠汇流后排入卫运河。

3. 工程效益

临清市汇通河截污导流工程的建成，使污水处理厂处理后的中水，通过红旗渠、北大洼水库、北环路埋管、大众路埋管、汇通河（小运河）、胡家湾水库连成一体，形成了城区大水系，2015 年度拦蓄中水 2190 万 m^3，回用中水 2190 万 m^3，其中灌溉用水 1290 万 m^3，景观用水 $120m^3$，生态用水 730 万 m^3，其他用水 50 万 m^3。既改善了城区水环境，富余水量又可灌溉周围农田，具备了截污导流工程的“截、蓄、导、用”功能，削减污染物，使其在调水期间不进入调水干线，确保了调水水质。

（十九）聊城市金堤河截污导流工程

1. 工程概况

工程位于聊城市阳谷县、东阿县、东昌府区境内。

工程主要内容包括：新开小运河—郎营沟渠道，疏通治理 3.7km；扩挖郎营沟，疏通治理 22.3km；扩挖郎营沟—四新河渠道，扩挖 2.3km。新建马湾节制闸、马湾排水涵闸工程，改建油坊穿涵工程，新建、重建桥梁、涵闸、渡槽等小型建筑物。

山东省发展改革委批复的聊城市金堤河截污导流工程初概算总投资 4839.6 万元。2012 年 10 月工程完工，财务决算核定完成投资 3896.59 万元。

工程于 2008 年 12 月开工建设，2012 年 11 月竣工验收。

2. 新增项目建设情况

为加强工程管理和中水回用力度，使金堤河截污导流工程更好地发挥综合效益，利用工程招标结余资金和基本预备费，实施了金堤河截污导流工程后续治理项目，即金堤河截污导流工程增补项目和金堤河截污导流工程结余资金续建项目。两个项目投资预算分别为 923 万元和 330 万元。增补项目于 2012 年 10 月开始实施，2013 年 9 月完工。续建项目自 2014 年 3 月开始实施，至 2015 年 5 月 31 日完工。

2015 年，重点完成了聊城市金堤河截污导流工程结余资金续建项目尾工。该项目是利用金堤河截污导流工程招标结余资金和基本预备费实施的，于 2015 年 5 月完工，完成投资 330 万元。主要建设内容为铺设管理道路 348m，新、改建桥梁 2 座，新建排涵 6 座，维修倒虹吸 1 座。该工程由聊城市水利勘测设计院设计，聊城市水利工程总公司施工，聊城市水利建设监理中心监理。

截至 2015 年底，聊城市金堤河截污导流工程初设批复投资 4839.6 万元已全部完成。总建设内容主要包括新开渠道 3.7km，扩挖治理 27km，建设管理道路 7.5km，新建马湾节制闸、马湾排水闸、液压坝、油坊穿涵工程，新改建桥梁、涵闸、渡槽等建筑物共 115 座。

3. 调度运行情况

聊城市金堤河截污导流工程全长 65km，跨全市 5 县（区），运行管理工作按照属地管理的原则，由市、县南水北调办事机构分级管理，即由市南水北调局负责总体协调调度管理，导流渠道沿线县（区）南水北调办事机构（包括阳谷县、东阿县、江北水城旅游度假区、经济技术开发区和高新技术产业开发区 5 县区）进行日常管理，具体负责对导流渠道输水

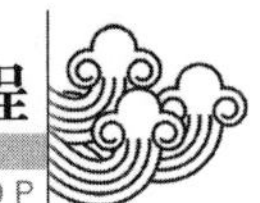

水质、水位、流量等项目的检测，并对堤防和建筑物的管护和维修等；在南水北调调水期服从山东省南水北调项目法人调度，汛期依照聊城市防汛抗旱指挥部统一调度。

4. 工程效益

2015 年，严格按照运行调度原则，利用聊城市金堤河截污导流工程及其续建项目，将金堤河、小运河上游来水拦截、导流排入徒骇河，共计导流约 400 万 m^3，保障了南水北调工程输水干线水质。

通过对金堤河截污导流工程的不断完善，进一步保障并防止小运河上游污水进入南水北调输水干渠，同时加大了对导流输水渠道周边地区在排涝、抗旱、交通及生态环境改善方面发挥了重要作用，其经济、社会效益显著。

（翟　雯　张立同）

水 质 情 况

山东省调水沿线治污工作取得明显成效。截至 2015 年底，东线一期工程圆满完成了三个年度向山东省供水的任务，累计调水入山东省超过 10 亿 m^3，经过严密跟踪监测，南水北调输水干线山东段 9 个测点均稳定达到地表水Ⅲ类标准；汇入输水干线的 20 个支流断面，均达到国家要求的水质目标。2015 年 4 月和 10 月，山东省组织开展了南四湖、东平湖水质空间监测，从监测情况看，山东省输水干线水质稳定达标、持续向好。

（相福亮）

CHINA SOUTH-TO-NORTH WATER DIVERSION PROJECT CONSTRUCTION YEARBOOK

拾 中线工程

THE MIDDLE ROUTE PROJECT OF THE SNWDP

综　　述

干 线 工 程

投 资 计 划

（一）投资批复情况

截至2015年底，中线干线工程9个单项76个设计单元工程的初步设计已全部批复，其中土建设计单元工程67个，自动化调度系统、工程管理专题等设计单元工程9个。批复的设计单元工程按时间划分，2003年批复2个、2004年批复9个、2005年批复1个、2006年批复4个、2007年批复2个、2008年批复16个、2009年批复22个、2010年批复19个、2011年批复1个，分别占批复总量的2.63%、11.84%、1.32%、5.26%、2.63%、21.05%、28.95%、25%、1.32%。

截至2015年底，中线干线工程9个单项工程批复总投资1493.35亿元。

1. 按时间划分

2003年批复投资8.26亿元，2004年批复165.91亿元，2005年批复35.73亿元，2006年批复25.59亿元，2007年批复8.29亿元，2008年批复195.71亿元，2009年批复381.85亿元，2010年批复452.3亿元，2011年批复48.18亿元，2012年批复51.77亿元，2013年批复74.92亿元，2014年批复28.85亿元，2015年批复15.99亿元，分别占批复概算总投资的比例为：0.55%、11.11%、2.39%、1.71%、0.56%、13.11%、25.57%、30.29%、3.23%、3.47%、5.02%、1.93%、1.07%。

2. 按项目划分

京石段应急供水工程批复投资223.36亿元，漳河北—古运河段工程批复投资250.27亿元，穿漳河工程批复投资4.37亿元，黄河北—漳河南工程批复投资239.83亿元，中线穿黄工程批复投资34.34亿元，沙河南—黄河南工程批复投资303.96亿元，陶岔渠首—沙河南工程批复投资307.40亿元，天津干线工程批复投资105.57亿元，中线干线专项工程批复投资24.25亿元。分别占批复总投资的比例为：14.96%、16.76%、0.29%、16.06%、2.30%、20.35%、20.58%、7.07%。

3. 按投资类型划分

静态投资1256.45亿元，动态投资236.90亿元（贷款利息85.34亿元，建设期已批复价差91.23亿元，重大设计变更52.82亿元，征迁新增投资3.29亿元，待运行管理维护费4.22亿元）。

（二）投资计划下达情况

截至2015年底，国家累计下达中线干线工程投资计划1491.65亿元，占批复投资1493.35亿元的99.89%。

1. 按资金来源划分

中央预算内投资111.12亿元，中央预算内专项资金（国债）80.85亿元，南水北调工程基金161.25亿元，银行贷款329.71亿元，国家重大水利工程建设基金808.72亿元，占累计下达投资计划的比例分别为7.45%、5.42%、10.81%、22.10%、54.22%。

2. 按时间划分

2003年下达2.30亿元，2004年下达35.69亿元，2005年下达48.55亿元，2006年下达71.49亿元，2007年下达72.10亿元，2008年下达100.75亿元，2009年下达114.02亿元，2010年下达181.34亿元，2011年下达

227.21 亿元，2012 年下达 344.12 亿元，2013 年下达 234.80 亿元，2014 年下达 42.65 亿元，2015 年下达 16.62 亿元，分别占累计下达投资计划的比例为 0.15%、2.39%、3.25%、4.79%、4.83%、6.75%、7.64%、12.16%、15.23%、23.07%、15.74%、2.86%、1.11%。

3. 按项目划分

京石段应急供水工程下达投资计划 223.36 亿元，占批复投资的 100%；漳河北至古运河段工程下达投资计划 249.87 亿元，占批复投资的 99.84%；穿漳工程下达投资计划 4.37 亿元，占批复投资的 100.00%；黄河北—漳河南段工程下达投资计划 239.83 亿元，占批复投资的 100.00%；中线穿黄工程下达投资计划 34.34 亿元，占批复投资的 100.00%；沙河南—黄河南段工程下达投资计划 303.59 亿元，占批复投资的 99.88%；陶岔渠首—沙河南工程下达投资计划 306.23 亿元，占批复投资的 99.62%；天津干线工程下达投资计划 105.57 亿元，占批复投资的 100.00%；中线干线专项工程下达投资计划 24.49 亿元，占批复投资的 100.99%（施工控制网测量仅下达投资计划未批复投资）。

（三）投资完成情况

截至 2015 年底，累计完成投资 1482.72 亿元，占批复总投资的 99.29%，占累计下达投资计划的 99.40%。其中，2015 年中线干线工程共完成投资 10.29 亿元。

1. 按时间划分

2004 年完成投资 1.91 亿元，2005 年完成 3.60 亿元，2006 年完成 73.69 亿元，2007 年完成 62.23 亿元，2008 年完成 33.00 亿元，2009 年完成 111.10 亿元，2010 年完成 208.10 亿元，2011 年完成 231.03 亿元，2012 年完成 387.14 亿元，2013 年完成 312.22 亿元，2014 年完成投资 48.41 亿元，2015 年完成投资 10.29 亿元。各年度完成投资占累计完成投资的比例分别为：0.13%、0.24%、4.97%、4.20%、2.23%、7.49%、14.03%、15.58%、26.11%、21.06%、3.27%、0.69%；各年度完成投资占年度下达投资计划的比例分别为 5.35%、7.42%、103.08%、86.31%、32.75%、97.43%、114.76%、101.68%、112.50%、132.97%、113.50%、24.13%。

2. 按项目划分

京石段应急供水工程完成 215.77 亿元，占下达计划的 96.60%；漳河北—古运河段工程完成投资 251.72 亿元，占下达计划的 100.74%；穿漳工程完成 4.25 亿元，占下达计划的 97.10%；黄河北—漳河南段工程完成 247.39 亿元，占下达计划的 103.15%；中线穿黄工程完成 36.56 亿元，占下达计划的 106.47%；沙河南—黄河南段工程完成 296.45 亿元，占下达计划的 97.65%；陶岔渠首—沙河南工程完成 303.79 亿元，占下达计划的 99.20%；天津干线工程完成 102.54 亿元，占下达计划的 97.13%；中线干线专项工程完成 24.26 亿元，占下达计划的 99.05%。

（宋广泽　冯龙飞　张慎强）

合同管理

2015 年，中线建管局组织签订供水协议 3 项，协议金额 23.64 亿元；南水北调中线干线工程共组织签订合同 1142 项，合同金额 20.49 亿元；其中，中线建管局组织签订合同 160 项，合同金额 9.9 亿元；各直管建管部组织签订合同 982 项，合同金额 10.59 亿元。

此外，2015 年中线建管局组织签订 2014～2015 年及 2015～2016 年两个年度供水协议 7 项，协议金额 65.5 亿元。

2015 年，通过进一步落实变更索赔审核主体责任，完善变更索赔审查、审核机制，加快变更索赔处理工作，审批重大变更索赔 117 项（含授权各建管单位自行审批项目），批复增加投资约 19 亿元。截至 2015 年底，全线累计处理变更索赔 11 139 项，约占全部变更索赔总量的75%。已批复项目中，承包人申报约208亿元，批复增加投资约136亿元，审减率近35%。

（1）健全变更索赔处理组织机制。印发《关于调整中线干线工程变更与索赔处理领导小组成员及工作职责的通知》《南水北调中线干线工程变更索赔处理工作机制》《关于加强变更索赔动态管理工作的通知》。

（2）规范价差调整。结合价差指导意见及补充通知执行过程中现场反映的情况，组织召开全线合同价差工作专题会，并印发了《关于南水北调中线干线工程价差调整工作有关事宜的通知》（中线局计〔2015〕116号），指导全线价差调整工作。

（3）建设期投资控制收口工作。组织开展投资控制情况全面摸底专项活动，完成天津干线合同价差调整复核、变更处理专项巡查、桥梁造价审核，以及委托管理项目可拨付资金额度分析和投资控制目标调整等专项工作，配合国务院南水北调办完成了对鲁山南1段合同变更索赔项目处理情况的监督检查，及对淅川1标膨胀土处理等24个合同变更索赔项目问题整改落实情况的复查。

（4）开展抗滑桩、灌注桩类变更专项核查。抗滑桩、灌注桩类变更涉及范围广、投资大，经统计，中线工程涉及抗滑桩、灌注桩类变更的标段共28个。针对抗滑桩、灌注桩类变更定价过程中参考定额的使用以及岩土定性分类原则不统一等问题，为进一步规范变更处理，降低审计稽察风险，2015年6月~7月组织开展了抗滑桩、灌注桩类变更典型标段核查工作。

（5）开展定额管理及宣贯工作。印发《南水北调中线干线工程维修养护定额标准（试行）》，组织定额编制单位进行多次宣贯，并结合全面整治活动在全线开展定额修编基础数据采集工作，为维修养护定额修编工作奠定坚实基础。

（6）开展全面整治专项活动合同管理有关工作。印发《关于全面整治专项活动合同管理有关工作的通知》《关于中线干线工程全面整治专项活动委托建管项目有关合同问题处理的通知》，深入一线开展培训、指导、督促检查工作落实情况，按时完成全面整治专项活动周报报送，建立计划合同和采购管理考核体系，切实加强合同问题治理，全面提升合同管理水平。

（7）印发《南水北调中线干线工程建设管理局统计管理办法（试行）》。

（孟庆宇　冯龙飞　李　迈）

招　标　投　标

2015年，南水北调中线干线工程采购项目共计43项，其中招标项目共35项，非招标项目共8项。

（一）招标项目情况

南水北调中线天津干线天津分调中心物业服务项目于2014年12月30日进行了开评标工作，中标人为天津市信誉旺物业管理有限公司。

南水北调中线干线工程惠南庄泵站次氯酸钠投加系统设备采购项目于2015年1月5日进行了开评标工作，中标人为北京圣劳自动化工程技术有限责任公司。

南水北调中线干线工程惠南庄泵站、北拒马河暗渠运行及日常维护项目于2015年1月5日进行了开评标工作，中标人为中国水利水电第七工程局有限公司。

南水北调中线天津干线工程安全保卫和三级运行管理处物业服务项目于2015年1月20日进行了开评标工作。其中，一标中标人为北京市强信安保物业管理服务中心与北京市强信保安服务中心联合体，二标中标人为霸州市温泉物业服务有限公司与霸州市嘉安保安服务有限公司联合体。

南水北调中线一期工程总干渠河北磁县段漳河滩地采砂坑处理项目施工标于2015年

3月18日进行了开评标工作，中标人为中国铁建大桥工程局集团有限公司。

南水北调中线京石段应急供水工程沙河（北）、唐河、南拒马河、北拒马河南支等4座渠道倒虹吸防护工程于2015年3月20日进行了开评标工作。其中，南水北调中线京石段沙河（北）渠道倒虹吸防护工程建设监理标中标人为天津市冀水工程咨询中心，南水北调中线京石段唐河渠道倒虹吸防护工程建设监理标中标人为中水北方勘测设计研究有限责任公司，南水北调中线京石段北拒马河南支、南拒马河渠道倒虹吸防护工程建设监理标中标人为河北冀龙水利水电工程项目管理有限公司，南水北调中线京石段沙河（北）渠道倒虹吸防护工程施工标中标人为山东大禹工程建设有限公司，南水北调中线京石段唐河渠道倒虹吸防护工程施工标中标人为河北省水利工程局，南水北调中线京石段北拒马河南支、南拒马河渠道倒虹吸防护工程施工标中标人为中国水电基础局有限公司。

南水北调中线干线工程建设管理局办公楼物业服务项目于2015年3月31日进行了开评标工作，中标人为北京海河汇商务服务有限公司。

南水北调中线干线工程渠道修复技术和专用围堰研究项目于2015年4月18日进行了开评标工作，中标人为中水北方勘测设计研究有限责任公司。

石家庄市区西北部水利防洪生态工程南水北调并行段对南水北调中线工程总干渠影响处理项目于2015年5月12日进行了开评标工作，中标人为河北省水利工程局。

南水北调中线一期工程总干渠工程维护及抢险设施项目河南段抢险储备物资采购项目于2015年6月25日进行了开评标工作，其中采购一标中标人为南阳市御龙建筑水利水电工程有限公司，采购二标中标人为河南中博建筑有限公司，采购三标中标人为河北省水利工程局，采购四标中标人为黄河建工集团有限公司，采购五标中标人为河南洪源铁达实业有限公司。

南水北调中线一期工程总干渠工程维护及抢险设施项目河北段抢险储备物资采购项目于2015年7月10日进行了开评标工作，其中第一标段中标人为中国水利水电第十三工程局有限公司，第二标段中标人为河北裕隆新昌建设有限公司，第三标段中标人为河北省水利工程局，第四标段中标人为河北大禹水利环保有限公司。

南水北调中线一期工程总干渠焦作1段弃渣清运项目于2015年7月13日进行了开评标工作。其中，施工一标中标人为黄河建工集团有限公司，施工二标中标人为中国水利水电第十一工程局有限公司，施工三标中标人为中国水利水电第十四工程局有限公司。

南水北调中线干线京石段保定管理处生产管理用房项目施工标于2015年8月8日进行了开评标工作，中标人为河北省水利工程局。

南水北调中线干线工程运行期安全监测项目于2015年10月15日进行了开评标工作。其中，安全监测Ⅰ标中标人为长江空间信息技术工程有限公司（武汉），安全监测Ⅱ标中标人为中水东北勘测设计研究有限责任公司，安全监测Ⅲ标中标人为黄河勘测规划设计有限公司，安全监测Ⅳ标中标人为中国电建集团华东勘测设计研究院有限公司，安全监测Ⅴ标中标人为中水北方勘测设计研究有限责任公司，安全监测Ⅵ标中标人为中水东北勘测设计研究有限责任公司。

南水北调中线建管局河北分局和河北省南水北调建管局办公楼物业服务项目于2015年11月11日进行了开评标工作，中标人为石家庄市方舟物业管理有限公司。

（二）非招标项目情况

南水北调中线建管局天津直管建管部及

河北直管建管部部长戴占强同志任期经济责任审计项目于2015年1月13日进行了询价采购工作，成交人为中天运会计师事务所（特殊普通合伙）。

南水北调中线干线工程聚脲防水涂料施工变更专题研究于2015年3月6日进行了询价采购工作，成交人为中通建设工程咨询有限责任公司。

南水北调中线京石段应急供水工程（北京段）2014年停水期检修维护项目工程造价审核于2015年4月2日进行了询价采购工作，成交人为天津中审联工程造价咨询有限公司。

南水北调中线建管局河南直管建管局原局长耿六成同志离任经济责任审计于2015年5月26日进行了询价采购工作，成交人为中审亚太会计师事务所（特殊普通合伙）。

南水北调中线干线工程建设管理局智能文件交换与跟踪系统建设于2015年9月16日进行了询价采购工作，成交人为北京神舟航天软件技术有限公司。

南水北调中线局办公楼D座11层改造装饰工程于2015年9月25日进行了竞争性谈判工作，成交人为北京南方艺嘉装饰工程有限公司。

南水北调中线干线工程金属结构机电维护设计咨询项目于2015年8月28日进行了竞争性谈判工作，成交人为长江勘测规划设计研究有限责任公司。

南水北调中线干线工程永久供配电系统运行维护设计咨询项目于2015年8月28日进行了竞争性谈判工作，成交人为长江勘测规划设计研究有限责任公司。

自动化调度系统通信信息基础设施维护项目招标技术文件编制项目于2015年9月11日进行了竞争性谈判工作，成交人为北京华麒通信科技股份有限公司。

自动化调度系统应用系统维护项目招标技术文件编制项目于2015年9月11日进行了竞争性谈判工作，成交人为黄河勘测规划设计有限公司。

淅川段施工1、2、3标改性土及抗滑桩变更项目处理情况专项审计项目于2015年9月17日进行了竞争性谈判工作，成交人为中竞发（北京）工程造价咨询有限公司。

35kV永久供电工程完工财务决算编制与审核项目于2015年9月25日进行了竞争性谈判工作，成交人为中审华寅五洲会计师事务所（特殊普通合伙）。

南水北调中线干线工程全面整治活动计划合同与采购管理巡查项目于2015年12月24日进行了竞争性谈判工作，成交人为天津普泽工程咨询有限责任公司。

（乔　婧　白艳勇　武晓芳）

工　程　管　理

根据《南水北调中线干线工程运行管理与维修养护实施办法（试行）》，将土建和绿化工程维修养护项目分为日常项目、专项项目、应急项目三类进行管理，各级管理机构按照职责分工，分别做好维修养护管理工作。其中日常项目实行目标考核，预算管理，以三级机构为主体，按照责任明确、监督有力、预算考评、目标控制的原则实施；专项项目实行预算管理，原则上由二级机构负责；应急项目原则上由二级或一级机构负责，具体管理程序按照中线建管局有关应急管理办法实施。

一是为规范和指导全线土建和绿化工程维修养护工作，组织制定了《南水北调中线干线工程土建和绿化工程维修养护管理办法（试行）》，明确了日常项目、专项项目和应急项目的维修养护职责和程序，细化了相关部门工作职责等内容。二是结合全面整治活动，进一步明确了2015年下半年土建和绿化工程维护项目的内容和标准，指导督促现场按要求进行了渠道沉降、塌陷、渗漏、滑坡、衬砌板裂缝、聚硫密封胶脱落或开裂、防护围栏损坏等问题的处理，排水沟、截流沟清淤，渠道外观处理，闸站和渡槽栏杆除锈、刷漆等土建工程维护工作；发文明确了巡渠道路、渠道边坡等部位除草标准等绿化工程维护工作；建立信息报送制度，紧密跟踪了现场维修养护工作进展，并梳理相关问题；建立现场督导制度，由中线建管局领导带队赴现场了解维修养护管理和实施情况，通过现场协调快速解决了维修养护的制约性问题。三是为提高工程形象，完善工程功能，根据工程需要，系统梳理了功能完善项目，印发了《关于实施南水北调中线干线工程永久标识系统有关工作的通知》《关于管理处界桩、左岸排水建筑物等永久标识实施要求的通知》，明确了永久标识的设立标准，2015 年底正督促现场逐步实施；研究增设警示柱、巡视台阶、错车平台等；组织设立界桩、河道上下游禁采标识等。

（孙　义）

建设管理

南水北调中线干线工程划分为 9 个单项工程（不含陶岔渠首工程）、76 个设计单元工程，其中土建设计单元 67 个（分为 295 个施工标段），自动化调度与运行管理决策支持系统、工程管理专项等设计单元工程 9 个。南水北调中线干线工程建设管理局（简称中线建管局）作为南水北调中线干线工程的项目法人，总体负责工程的建设管理工作。

南水北调中线干线工程建设管理采用直管、代建和委托三种模式。2015 年，代表项目法人对工程建设实施直接管理的直管项目建设管理单位有惠南庄泵站项目建设管理部、河北直管项目建设管理部、河南直管项目建设管理局和天津直管项目建设管理部、信息工程建设管理部 5 家。依据代建合同代表项目法人实施工程建设管理单位有双洎河渡槽段代建项目建设管理部、叶县段代建项目建设管理部、镇平段代建项目建设管理部 3 家，鹤壁段代建项目、汤阴代建项目交由河南直管项目建设管理局直接建设管理。依据委托合同代表项目法人实施工程建设管理的委托项目建设管理单位有河北省南水北调工程建设管理局、河北省南水北调建管中心、河南省南水北调工程建设管理局、天津市水利工程建设管理中心、北京市南水北调建管中心等 5 家。

随着 2014 年 12 月 12 日南水北调中线干线正式通水运行，2015 年工程建设全面进入收官之年，主要围绕年底前全面完成尾工建设，以及功能完善项目开展工作。一是继续实行目标管理，制定翔实、合理的周、月计划并跟踪、督促落实。二是依靠国务院南水北调办的督导督办制度，以及周、月报、关键事项跟踪报告等制度，及时解决疑难问题，推动尾工建设。三是重点抓好渠道内外坡防护、安全防护网、截流沟等剩余尾工项目建设。截至 2015 年底，全线土建尾工项目基本完成。

2015 年 9 月开始，中线建管局启动了为期四个月的全面整治活动，通过全面整治，工程形象面貌显著提升，工程功能得到完善，从而进一步保证了工程运行安全。

（肖文素）

工程验收

2015 年，工程验收主要围绕跨渠桥梁验收移交、施工合同验收、委托（代建）项目移交接管及设计单元工程完工验收前期准备等工作开展。

（1）跨渠桥梁验收移交。按照国务院南水北调办要求，2015 年底前需完成大部分跨渠桥梁的验收移交。截至 2015 年底，全线 1238 座跨渠桥梁已全部完成交工验收；已移交 1232 座，完成率 99.5%，顺利完成年度任务。

（2）施工合同验收。按照2015年施工合同验收工作安排，年底前除穿黄工程、自动化项目和部分安全监测项目外，其余施工合同验收均需完成。截至2015年底，全线施工合同共计369个，已完成施工合同验收336个，剩余33个，完成率91%，顺利完成年度任务。

（3）委托（代建）项目移交接管。2015年制定并印发了《委托和代建项目移交接管办法》，并对有关单位进行了宣贯。截至2015年底，天津干线委托和代建项目已完成移交接管；河南段代建项目已完成移交接管；河北段委托项目共计16个标段需要移交，已完成10个标段的移交接管，仅剩渠道工程尚未移交。

（4）设计单元工程完工验收前期准备。按照国务院南水北调办要求，2015年初制定并报送了中线工程76个设计单元工程完工验收建议计划，2015年下半年，对计划进行了多次调整，最终确定了完工验收计划安排，同时配合国务院南水北调办编制完成设计单元工程完工验收导则。期间，各专项验收和完工财务决算等工作在积极开展，以促进各设计单元工程尽早具备完工验收条件。

（张吉康）

防汛及应急抢险管理

（1）根据中线建管局机关机构调整情况，适时调整了中线建管局安全度汛领导小组，进一步明确了安全度汛领导小组和防汛办公室职责。对严重影响工程防汛安全的风险项目组织开展了全面排查梳理，分类提出了应对措施和建议。

（2）健全完善了突发事件应急管理组织体系，成立了南水北调中线干线工程突发事件应急管理领导小组、应急办公室和6个专业应急指挥部。明确了各级应急机构和中线建管局属专业职能部门的应急管理职责，应急管理领导小组统一领导中线干线工程应急管理工作，各专业应急指挥部负责相应专业突发事件的应急工作，应急办公室负责应急管理领导小组日常工作。

（3）明确了突发事件信息报告和处理流程，从提高应急思想认识、应急预案编制和备案、应急组织体系建立、应急保障等方面进行加强管理；建立了突发事件台账记录，参与了全线2016年发生的突发事件应急处置工作。

（4）组织开展了南水调中线干线工程应急体系建设评估工作，为做好今后应急管理工作奠定了良好的基础。

（5）组织开展全线应急抢险物资盘点清理、建立登记台账和物资管理制度，要求物资堆（摆）放、存储要合规安全。

（槐先锋）

运行调度

（1）月水量调度方案。一是与中线水源公司及沿线四省市建立输水调度协调机制，在国家水行政主管部门下达年度水量调度计划后，每月协调各省市上报月水量调度计划，结合实际工况，制定月水量调度方案，并组织实施。二是为确保水量调度计划顺利执行，组织水源地、河南、河北、天津、北京相关单位召开月例会，共同对当月水量调度计划执行情况及下月水量调度方案进行总结和审议，并就水量计量等问题进行讨论。

（2）水量调度工作。一是按照年度水量调度计划编制年度输水调度实施方案，为全线输水调度工作提供技术支撑；二是结合工程实际及月实际调度计划编制调整输水调度思路，具体指导日常输水调度工作；三是为确保冰期输水安全，编制全线冰期运行方案，确定冰期运行水位、各省市的最大供水量、具体调度措施等，确保冰期输水平稳安全。

（3）2015～2016年冰期运行的准备工作。一是编制了全线冰期运行方案，确定冰期运行水位、各省市的最大供水量、具体调度措施等。二是做好冰期运行前其他相关准备工作。组织落实全线冰期调度值班人员以及全线拦冰索、拦污栅前的增氧扰动设备、闸门门槽加热设备工程措施等。

（4）输水调度全面整治工作。2015年9月22日印发《南水北调中线干线输水调度管理工作标准（试行）》，分别从机电和自动化设施要求、输水调度制度、调度值班方式、节制闸值守、调度值班要求、调度交接班要求、调度工作要求以及环境面貌要求等八个方面，对全线输水调度管理工作进行规范统一。同时，采取宣贯、督导、检查、考核等多种方式，注重过程管理和最终实效，积极督促各级调度机构在规定时限内完成整改。

（曹玉升）

工　程　维　护

（1）管养分离制度体系。运行管理和维修养护是工程进入运行期的主要工作，科学界定管养界面、明确责权分工、优化管理框架，也是中线建管局2015年的一项重要任务。上半年，经过反复深入的调研论证、修改完善，出台了《南水北调中线干线工程运行管理与维修养护实施办法》，对具体工作分别按照各自专业体系进行逐层分解，共分五个层次5238项具体实施的工作内容，为运行管理工作提供了制度基础。

（2）工程设施完善工作。为提高工程形象，完善工程功能，根据工程需要，组织开展以下工作：一是研究增设警示柱、巡视台阶、错车平台等；二是组织设立界桩、建筑物标识、河道上下游禁采标识、安全警示标识、穿越工程标识等。

（李立群）

工　程　效　益

2015年全年，丹江口水库累计入总干渠水量25.07亿m^3，全线累计分水量23.61亿m^3，其中，向河南省分水9.13亿m^3，向河北省分水1.68亿m^3，向天津市分水4.00亿m^3，向北京市分水8.80亿m^3。总干渠沿线累计启用分水64处，其中，河南省34处，河北省25处，天津市2处，北京市3处。

中线工程正式通水以来，河南省受水地区有邓州、南阳、漯河、平顶山、许昌、郑州、焦作、濮阳、鹤壁和新乡10个地市，受益人口近1000万；河北省受水地区有邯郸、邢台、石家庄和保定、廊坊5个地市，受益人口500多万。

受益于南水北调工程，北京告别了单一水源的困境，城市供水保障能力大大提高，中线工程向北京城区日供水量约190万m^3，调水水量占城区用水量的70%，约1100万城区人口受益，供水范围基本覆盖了中心城区、丰台河西地区及大兴、门头沟等新城，最大限度保障了居民用水需求。同时，中线工程通水也给天津市城市供水格局带来了变化，由原来的单一引滦水源变为引江、引滦双水源，城市供水保证率进一步提高，天津市中心城区、环城四区以及滨海新区和静海县部分区域居民均用上了引江水，中线工程向天津城区日供水量约110万m^3，调水水量占城区用水量的80%以上，约800万中心城区人口受益。

（王　峰）

科　学　技　术

按照国务院南水北调办公室要求组织实施“十二五”国家科技支撑计划应急启动项目“南水北调中线工程膨胀土和高填方渠道建设关键技术研究与示范”，取得了大量研究成果，完成了任务书规定的各项考核指标，部分成果已应用于中线干线工程建设管理，项目7个课题经国务院南水北调办公室课题验收后，于2015年6月通过了科技部组织的项目验收。组织召开会议对南水北调中线典型渠段和建筑物冰期输水物理模型试验研究项目研究、湍河渡槽1∶1仿真试验研究、全线水面线复核、穿黄三维数字实景模型及应用研究等项目成果进行了技术评审，审查通过了《南水北调中线一期工程总干渠膨胀土渠道防渗排水设计导则》《南水北调中线一期工程总干渠渠道穿渠建筑物基坑填筑施工技术规定》《南水北调中线一期工程总干渠膨胀土水泥改性土施工技术指南》，通过积极推广应用项目研究成果，为工程建设及运行管理提供技术保障。经国务院南水北调办批准发布了《其他工程穿越跨越邻接南水北调中线干线工程管理规定》《其他工程穿越跨越邻接南水北调中线干线工程设计技术要求》《其他工程穿越跨越邻接南水北调中线干线工程安全影响评价导则》。为系统地对中线干线工程进行全面技术总结，形成有关中线干线工程总结性技术丛书，制定了《南水北调中线干线工程技术丛书》编纂工作方案，召开了南水北调中线干线工程技术丛书编纂委员会第一次会议，提出了丛书第一批三卷的编纂目录。

（姚　雄）

安全监测

为做好南水北调中线干线工程运行期安全监测工作，中线建管局先后印发了《关于安全监测管理有关事宜的通知》和《关于做好安全监测管理有关工作的通知》，明确了运行期安全监测总体实施方案、有关工作任务和要求。根据2015年8月11日召开的国务院南水北调办主任专题办公会精神，制定了《南水北调中线干线工程加强安全监测管理工作方案》。9月9～12日，组织专家及中线建管局相关部门组成检查工作小组，对北京分局、河北分局、河南分局、渠首分局安全监测工作进行了专项检查，并印发了安全监测专项检查工作会纪要。9月29日～10月7日，分漳河以南、漳河以北两个工作组对各现地管理处安全监测专项检查工作会纪要落实情况及各现地管理处内观观测工作开展情况进行了现场检查。10月通过招标选定了5个外观观测承担单位和1个安全监测技术咨询单位，内观观测数据工作也实现了现地管理处自行采集。为使南水北调中线干线工程安全监测工作科学化、规范化、制度化，保证安全监测工作有序，掌握工程运行性态，保障工程安全，组织编制了《南水北调中线干线工程安全监测管理办法（试行）》，经专家咨询、中线建管局局长办公会讨论通过后正式颁布实施，办法主要内容包括职责分工、技术管理、实施管理、异常情况分析处置、仪器设备设施管理、资料归档等，明确了运行期安全监测管理及实施队伍、各自的职责分工，规范了监测工作程序，保证做到安全监测数据定时分析，异常数据及时处置。

（姚　雄）

征地移民

2015年完成临时用地返还4.49万亩，攻克了一大批难点地块，例如邓州张村洼取土场，叶县金沟、月台渣场，鲁南2号渣场，鹤壁鲍屯、下曹取土场等等。中线干线工程完工以来累计返还临时地33.54万亩，占总征地数34.13万亩的98.3%。

中线干线绿化一期工程全线共计11个施工标段合同内容全部建设完成，共完成防护林建设长度约194km；完成绿化面积约290hm^2。利用预算内资金，以三级管理处为依托，在全线启动了二期工程防护林试点、节点绿化试点和桥梁绿化试点三大实施工作。

累计完成防护林建设长度约31km；完成闸站等节点绿化103个；完成桥梁绿化4座。

中线建管局印发了《南水北调中线干线工程水土保持设施验收管理办法》。穿漳工程于2015年7月16日通过了水土保持设施竣工验收，天津干线工程于12月15日通过了水土保持设施竣工验收。

在现场调研的基础上，结合各种地类的特点，对土地进行了分类，提出了各种地类土地利用方向和利用方式，出台了《南水北调中线干线土地利用总体规划》。

（常志兵）

环境保护

根据国务院南水北调办批复的《南水北调中线一期工程水质监测方案》和《南水北调中线干线工程藻类监测方案》有关要求，积极做好全线水质监测工作。2015年全线各断面水质稳定达到或优于地表水Ⅱ类水质标准，满足供水要求，藻类指标总体可控，水体清澈。

河北实验室已取得国家级计量认证资质，暂时负责河北、北京、天津的水质监测工作；天津、河南固定实验室建设工作已完成，人员已基本到位，正着手开展比对监测和计量认证准备工作；陶岔固定实验室临时选址已确定，正在积极进行实验室改造。

已完成12个水质自动监测站建设工作，其中11个自动站进入试运行阶段，部分水质自动监测站数据趋于稳定；陶岔水质自动监测站仪器设备已到位，正在积极开展比对试验工作。

针对沿线保护区内存在的固体废物、生活垃圾及污染企业等污染源问题，中线建管局已要求各分局对本辖区内的污染源开展深入细致排查，逐一登记在册，及时掌握污染源动态，并上报地方政府请求协调解决，营造良好的输水外部环境。

2015年6月5日，中线建管局在郑州召开了全局水质工作会，对突发性水污染事件应急预案及应急处置方案进行宣贯和培训。沿线各单位高度重视水质保护和突发性水污染事件的处置工作，筑牢思想防线；进一步加强管理，建立巡查台账，重点区域重点盯防，坚决防止外水入渠；完善应急预案，尽快完成应急预案报备工作，加快应急物资储备，确保水质安全。

（唐　涛）

工程审计与稽察

2015年，审计稽察部在中线建管局正确领导下，积极开展审计稽察工作，完成外部审计稽察2次，开展内部审计稽察活动5次，组织进行10批次共计30个工程建设举报事项的调查核实和处理落实等工作。具体工作如下：

（1）外部审计稽察配合工作。组织有关部门和单位配合国务院南水北调办完成了2014年度建设资金专项审计和安全监测专项稽察，狠抓问题整改，整改意见均落实到位。2015年3~6月，配合审计组顺利完成了建设资金专项审计的现场审计任务，8月下达整改意见后，督促各有关单位积极进行整改，截至2015年底与中线建管局相关的整改意见均已落实到位。6~7月，国务院南水北调办委托南水北调监管中心对中线干线安全监测工程情况开展了专项稽察，审计稽察部会同中线建管局有关部门组织各分局认真做好配合工作，保证了稽察工作顺利进行和按期完成，所提稽察整改意见已全部整改完成。

（2）内部审计稽察活动。组织开展了三次直属单位负责人任期或离任经济责任审计，一次重大变更项目处理情况专项审计，以及一次针对二、三级管理单位的经济财务活动专项检查，不断加强对分支机构的监督管理。2015年1~3月，组织开展了天津直管部及河北直管部负责人任期经济责任审计；5月至7月，组织开展了天津直管部及河北直管部原负责人离任审计、原河南直管局局长离任审计；通过审计，对被审人员任职期间的经济责任履行情况进行了全面客观公正的评价，对所在单位存在的问题隐患和管理薄弱环节提出了中肯的整改意见和改进建议。9～12月，组织开展了淅川段施工1～3标改性土及抗滑桩变更项目专项审计，重点关注变更事项的合法性、合规性、合理性等方面，查找了存在的问题和不足，提出了针对性强、可操作的整改意见和建议，为纠错防弊、更好地规范剩余变更项目的处理起到了促进作用。另外，针对全面整治活动期间二、三级管理机构可能存在的资金使用风险，自10月底开始组织开展了各有关单位经济财务活动专项检查，查找了各单位经济财务活动中的潜在问题和风险隐患，及时提示风险，防范风险事项发生。

（3）工程建设举报事项调查核实工作。2015年组织开展了10批次共计30个工程建设举报事项的调查核实和处理落实工作，不断纠偏管理行为，促进管理水平提升。国务院南水北调办批转中线建管局处理的10批次共计30个工程建设举报事项，全部按时调查核实完毕，并提出了相应处理意见，调查核实情况已按期上报国务院南水北调办，为化解工程矛盾、稳定工程环境、维护工程形象起到了积极作用。

（4）中线建管局内有关事项的监督管理。对所有招标项目进行了开评标全过程监督，参与了中线建管局重要规章制度的修订，参与了重大变更索赔项目处理意见审签等。对中线建管局本级组织开展的所有招标项目，均派专人进行了全过程现场监督；参与中线建管局预算管理办法、财务管理办法、资金管理办法、招标管理办法、合同管理办法、采购管理办法等重要规章制度的修订工作，主要对制度条文是否合法合规提供审查意见；参与了中线建管局重大变更索赔事项的处理审签，重点从是否合法合规、能否经得起审计的角度，提出审核意见，提示风险隐患。

（梁　宇　李　旻）

水　源　工　程

概　述

2015年是中线水源工程从建设管理转向运行管理的起步之年。重点是做好“三抓一保”，即：抓尾工，抓验收，抓合同变更处理，保证施工安全。中线水源公司先后组织完成了大坝建筑物贴面及铺装、坝顶栏杆、坝区视频监控系统、右岸运管码头、混凝土坝顶绿化的施工，武警营房、安全防护围栏等项目进展顺利，安全受控。全年各项尾工项目进度计划均已实现，完成土方开挖0.15万m^3，混凝土浇筑0.15万m^3，土方回填0.16万m^3，钢筋制造安装168.25t，金属结构制造安装98.46t。

（黄朝君）

建　设　管　理

完成了初期工程深孔明流段缺陷处理、坝顶绿化、坝顶栏杆制作安装和坝顶出坝建筑物外装修施工；完成了右岸运行管理码头及武警军营建设；完成了视频监控系统设备采购安装及大坝安全防护围栏安装施工；右岸施工营地自来水管网改造后已投入使用。2015年完成了456个单元工程质量评定，全部合格，合格率100%；共对5个合同完工验收进行外观质量检查及评定，全部在85%以上，达到优良标准；全年未发生任何质量事故。2015年，工程建设未发生安全事故，未发现重大安全生产隐患，生产运行和文明施工良好有序。

（黄朝君）

工 程 验 收

中线水源公司多次召开验收领导小组会议和专题会议，多次约谈参建单位主要责任人，并按工程验收奖惩办法严格考核、兑现奖惩，强力推进了验收工作。2015年共完成5个单位工程和5个合同验收。

（黄朝君）

工 程 投 资

（一）批复概算投资情况

截至2015年底，国务院南水北调办已批复中线水源工程概算总投资535.36亿元。其中，丹江口大坝加高工程29.21亿元，库区移民安置工程505.66亿元（含文物保护），供水调度管理专项工程4923万元。截至2015年底，国务院南水北调办已累计下达投资计划533.49亿元，其中，丹江口大坝加高工程29.21亿元，库区移民安置工程503.79亿元（含文物保护），供水调度管理专项工程4923万元。

（二）投资完成情况

2015年中线水源工程共完成投资3.91亿元，其中丹江口大坝加高工程完成1.03亿元，丹江口库区移民安置工程2.76亿元，调度运行管理专项工程1238万元，超额完成了年度投资计划。截至2015年底，水源工程累计完成投资533.41亿元，其中：大坝加高工程28.82亿元，库区征地移民安置工程504.37亿元（含文物保护），调度运行管理专项工程2211万元（按实际结算统计）。

（赵 伽）

运 行 管 理

（一）供水运行管理

认真做好月度水量调度方案报批，严格执行南水北调年度调水计划，积极推动库区水质监测站网建设、开展陶岔渠首水质和水量监测工作，及时报送水质和水量信息，确保一江清水北送。

（二）工程管养维护

中线水源公司制定下发了《蓄水期施工单位安全巡视检查及应急处置方案》《丹江口大坝加高工程汛期安全巡视检查及应急处置办法》《丹江口水利枢纽大坝加高工程蓄水期安全监测技术要求》等一系列管理制度。加强大坝安全监测，做好安全隐患排查，建立工程应急体系，委托相关单位开展水情测报、水质监测、丹江口水库诱发地震监测和大坝强震监测工作，做好大坝金属结构、机电设备、升船机项目的运行、检修、维护等日常工作。汛期组织相关责任单位进行了四次全面巡查，形成大坝加高工程汛期安全巡视联合检查情况通报；采取措施及时处理安全隐患，确保了工程运行安全。

（三）探索库区管理模式

积极探索履行库区管理职责的有效途径，开展了库区管理专题调研工作。制定了巡库方案，组织各部门及相关单位，分三批对汉江源头区、汉江库区和丹江库区进行了巡查，现场查看移民安置、城集镇迁复建、文物保护、地灾防治、地震监测、消落地管理等情况，摸清家底，为管好库区奠定基础。

2015年实现供水21.67亿m^3，满足了南水北调需求。

（黄朝君）

征地移民与环境保护工作

（一）征地移民工作

一是审核后上报的湖北省申请使用移民国控预备费的报告得到国务院南水北调办的批复，中线水源公司及时拨付了相应资金。在国务院南水北调办调整了征地移民和文物保护国控预备费审批程序后，中线水源积极与两省沟通，及时拨付了两省部分移民国控预备费。

二是按照国务院南水北调办相关规定，2015 年 6 月 13 日，中线水源公司委托水利部水规总院对河南、湖北两省库区移民新增投资项目进行了审核并及时上报国务院南水北调办。

三是按照国务院南水北调办对库区征地移民总体验收工作的部署，2015 年 11 月 9～10 日，对非地方复建项目总体验收进行安排和督促检查。

（二）库区地质灾害监测防治工作

2015 年 11 月 17～21 日，中线水源公司针对河南、湖北两省提出的 21 处丹江口库区地质灾害紧急治理项目设计报告，委托水利部水规总院进行了审查。参加会议的专家和代表分组到现场逐点进行查勘，听取了设计单位的汇报，进行了充分的讨论后形成了审查意见。

（三）丹江口水库水质监测站网、鱼类增殖放流站建设

丹江口水库水质监测站网按计划全面实施，其中 3 个固定水质自动监测站正在进行站房建设，4 个浮动水质自动监测站正在进行船体组装；固定实验室已完成装修改造，正在进行设备调试；移动式水质自动监测站正在建造中。

中线水源公司开展了库区鱼类增殖放流站施工图设计审查，落实了放流站建设用地，上报了设计变更报告。2015 年底，设计变更报告已得到国务院南水北调办批复。

（四）库区环境保护科研工作

2015 年 7 月 19～21 日，中线水源公司组织召开了丹江口库区环境保护科学研究项目中最后两个课题“库滨带生态屏障构建技术体系及综合示范研究”“丹江口水源保护工程技术示范研究”成果验收会议。至此，中线水源公司承担的丹江口库区环境保护科学研究项目 12 个课题科研委托任务已全部完成。这批课题成果的按时、提前完成，为河南、湖北二省丹江口水库水质保护区划分、国家“十三五”规划的编制提供了卓有成效的技术支撑。

（张乐群）

汉江中下游治理工程

概　述

汉江上游年均入江径流量为 388 亿 m^3，南水北调中线工程首期调水 95 亿 m^3，汉江上游和中游划分处丹江口水库每年将减少近四分之一的下泄流量，为缓解汉江中下游受到的影响，国家决定在汉江中下游兴建四项治理工程：兴隆枢纽筑坝，行成汉江回水 76.4km，缓解调水对汉江中下游的影响；引江济汉年引 31 亿 m^3 长江水为汉江下游补水；改造汉江部分闸站，保障农田灌溉；整治汉江局部航道，通畅汉江区间航运。

汉江兴隆水利枢纽位于汉江干流天门与潜江分界河段，工程主要由泄水闸、船闸、电站、鱼道、两岸滩地过流段及其上部的连接交通桥等建筑物组成。上距丹江口水利枢纽 378.3km，下距河口 273.7km，正常蓄水位

36.2m，相应库容2.73亿m^3，设计、校核洪水位41.75m，总库容4.85亿m^3，灌溉面积327.6万亩，电站装机容量40万kW。兴隆枢纽作为汉江干流规划的最下一个梯级，其主要任务是枯水期壅高库区水位，改善库区沿岸灌溉和河道航运条件。

引江济汉工程主要是为了满足汉江兴隆以下生态环境用水、河道外灌溉、供水及航运需水要求，还可补充东荆河水量。引江济汉工程进水口位于荆州市龙洲垸，出水口为潜江市高石碑，渠道全长67.23km，设计流量350m^3/s，最大引水流量500m^3/s。工程可基本解决调水95亿m^3对汉江下游“水华”的影响，解决东荆河的灌溉水源问题，从一定程度上恢复汉江下游河道水位和航运保证率。

汉江中下游部分闸站改造工程由谷城至汉川汉江两岸31个涵闸、泵站改造项目组成。工程对因南水北调中线一期工程调水影响的闸站进行改造，恢复和改善汉江中下游地区的供水条件，满足下游工农业生产的需水要求。

汉江中下游局部航道整治工程主要建设任务是对局部河段采用整治、护岸、疏浚等工程措施，恢复和改善汉江航运条件，整治范围为汉江丹江口以下至汉川断面的干流河段，工程建设规模为Ⅳ（2）级航道，维持原通航500t级航道标准。

（马荣辉　黄英杰）

工　程　投　资

投资控制及合同管理上，汉江中下游治理工程严格遵守国家法律法规及政策规定，认真执行国务院南水北调办有关合同管理办法，严格工程变更程序和价款支付审核，强化合同履约和资金使用监管，建立合同结算台账，开展第三方审计咨询，有效地控制了工程投资。

国家批复汉江中下游治理工程静态总投资107.03亿元，批复价差投资6.85亿元，批复总投资113.87亿元。

截至2015年底，汉江中下游治理工程累计下达投资计划113.87亿元，其中，兴隆水利枢纽34.28亿元，引江济汉工程69.16亿元，部分闸站改造工程5.46亿元，局部航道整治4.61亿元，文物保护0.36亿元。

截至2015年底，汉江中下游治理工程累计完成投资112.47亿元，占批复总投资98.77%，占累计下达投资计划的98.77%。

（马荣辉　黄英杰）

建　设　管　理

汉江中下游治理工程2015年尾工有引江济汉工程水土保持绿化、渠顶道路和安全防护工程，自动化调度运行管理系统现场设备安装联调等，2015年底，引江济汉工程渠顶道路、水土保持绿化、安全防护及管理设施、各建筑物金属结构、机电设备调试已基本完成。信息化调度运行管理系统基本完成机关办公自动化系统、工程现场管理用房机房和工程沿线光纤传输系统建设，基本完成工程视频监视系统建设。

兴隆水利枢纽2015年主要建设工作为尾工施工、缺陷处理和配套设施建设，计划完成年度投资约560万元。2015年先后完成泄水闸下游防冲备用抛石及管理设施工程、汉右大堤护面工程、右岸滩地围栏、管理区职工宿舍楼改造工程等工程建设，扎实推进枢纽综合调度系统、视频监控系统和生产办公信息自动化等项目建设，圆满地完成了2015年度建设目标任务。

引江济汉工程2015年尾工建设：一是金属结构、机电设备调试、保护工作，如进口泵站节制闸闸门和机电设备调试，拾桥河上、下游泄洪闸及左岸节制闸设备调试等工作；二是场地清理、临时用地交付及施工设施拆除等工作；三是管理维护设施建设如防护网、绿化带、场地平整、场区道路、给排水设施及管网等。截至2015年底，进口护岸工程水下抛石、进口泵站电梯安装与调试等已完成，防洪闸台车试验已完成，拾桥河、西荆河枢纽机电设备的清理和联调联试也已完成，四处工程现场管理用房、泥结石道路、防护栏等项目全部完成，水土保持绿化部分项目施工完成。完成投资3517万元；现场管理用房3203m^2；泥结石路面完成水泥稳定土基层8000m^3，泥结碎石面层60 000m^3，混凝土道路17 000m^2场地硬化1680m^2，防护栏完成129km；水土保持绿化完成植树125万株。

部分闸站改造于2011年10月开工建设，2014年底，闸站改造工程基本完工并投入运行。

局部航道整治工程分别于2013年1月开工建设，于2014年汛前完工。工程建成后，丹江口至兴隆河段稳定在500t级标准，兴隆至汉川河段稳定在1000t级标准。

（马荣辉　黄英杰）

工　程　验　收

兴隆水利枢纽围绕2015年初拟定的工作计划，湖北省南水北调办细化工作节点，实行责任分工，加强组织协调，加快推进工程验收和合同结算工作。开展验收工作，先后完成了水土保持绿化、环保措施、泄水闸下游防冲备用抛石对外交通二期工程、永久性专用公路及堤岸防护5个单位工程验收，完成枢纽消防设施预验收。合同结算方面，开展了电站标、一期围堰填筑标、大禹剩余工程标、水保绿化标、二期截流标及库区浸没治理工程标等多个合同标段工程变更审核，开展了主体工程标、导流明渠标等6个合同项目结算内审工作，完成防渗墙1标、2标和一期围堰填筑标、人工骨料系统标4个合同项目完工结算编制。

截至2015年底，兴隆水利枢纽已累计完成18个单位工程、203个分部工程和25个合同项目完成验收；完成二期截流、下闸蓄水及船闸通航、首台机组（1号）启动验收、2号机组启动验收共4个阶段验收，完成征地补偿和移民安置专项验收。

引江济汉工程按照2015年初制定的验收工作计划，2015年要完成14个单位工程验收和4个合同验收。截至2015年底，已完成19个分部工程验收。完成天鹅公路桥、进口泵站下游渠道、防洪闸两岸连接堤、西荆河渠道、船闸、高石碑枢纽渠道、出水闸及连接堤8个单位工程的验收；完成35kW永久供电线路、进口浮船码头、拾桥河和西荆河10kW永久供电线路、挖掘机、清污船及自卸汽车在内的7个合同验收。

（马荣辉　黄英杰）

工　程　效　益

兴隆水利枢纽工程全面建成并投入运行，电站2015年完成发电量2.107亿kW·h，累计完成发电量4.177亿kW·h。

引江济汉工程截至2015年底，累计供水17.23亿m^3，汉江兴隆以下河段生态、航运、灌溉、供水条件得以改善；先后两次向长湖补水1.714亿m^3，及时满足了荆州市江陵县、监利县等160万亩农田灌溉和渔业用水需求；向荆州护城河补水5个月共计0.66亿m^3，极大改善了城区水环境，且通过工程调度基本解决了拾桥河防汛难题。综合效益显著发挥，取得了良好社会反响。

闸站改造工程于2014年底基本完工并投入运行。东荆河倒虹吸工程将谢湾灌区30万亩农田灌溉调整为自流灌溉，使潜江市自流灌溉达90%以上，还为园林城区六水连通工程提供了洁净永续的“活水”，被潜江人民称为“民心工程”。徐鸳泵站承担着仙桃、潜江两市共180万亩农田灌溉任务，多次在抗旱

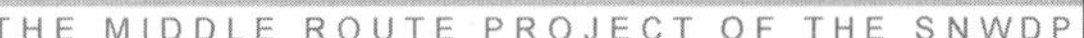

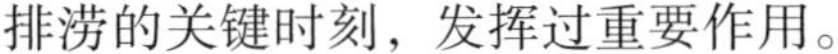

排涝的关键时刻，发挥过重要作用。

局部航道整治工程使汉江丹江口至兴隆河段稳定在500t级标准，兴隆至汉川河段稳定在1000t级标准，水运物流迅猛发展，船舶载重吨位由几百吨发展到上千吨，月平均船舶通过量由300余艘增加至600余艘。

（马荣辉　黄英杰）

环境保护及水土保持

（一）兴隆水利枢纽

根据已批复的初步设计，工程建设中环境保护措施与工程建设同步实施。例如，建设鱼道、增殖放流站等工程设施，积极开展增殖放流活动，促进汉江鱼类生态可持续发展；配套设置生产、建设公厕和生活污水处理装置，实现废污水达标排放；配置洒水车和垃圾桶、站等车辆设施，降低施工中产生的粉尘和垃圾污染；委托开展生态与环境监测，及时、全面了解施工区生态环境变化；工程完工后及时清理工程周边施工临时设施和废弃物，完成环境恢复。

从2015年全年环境保护工作开展成效来看，工程建设对工程周边生态、社会环境和有利害关系的第三方等未带来不利影响。

2015年，兴隆水利枢纽继续实施渣场范围、滩地扰动区的环境整治，做好渣场绿化和苗木日常养护，实现水土生态及环境改善，基本达到水土流失防治目标。

（二）引江济汉工程

引江济汉工程于2014年8月8日，成功实施应急调水，同年9月26日正式通水运行。截至2015年底，引江济汉工程累计向长湖补水2.1亿m^3，有效解决四湖地区抗旱水源问题，320万亩农田受益，荆州市防汛抗旱指挥部多次发来感谢信。基本解决了东荆河区域洪湖、监利、仙桃等地224万亩农田灌溉及80万人饮用水源问题。累计向荆州护城河补水6600万m^3，让护城河“死水”变成“活水”，为荆州古城注入了新鲜活力。2015年2月汉江仙桃、潜江段出现轻度“水华”，湖北省南水北调局通过引江济汉工程将调水流量加大至120 m^3/s，为缓解“水华”起到了重要作用。另一方面，引江济汉环境整治及水保绿化工程的实施，也为江汉运河生态文化旅游带建设提供了有力支撑。

（马荣辉　黄英杰）

工　程　运　行

京石段应急供水工程

概　　述

一、工程概况

京石段应急供水工程起点位于石家庄市西郊田庄村以西古运河暗渠进口前，起点桩号970+293，终点至北京市团城湖，终点桩号为1277+508。渠线长307.215km，其中明渠长度187.555km；输水建筑物37座，其中泵站1座，渡槽3座，倒虹吸18座，隧洞9座，暗涵6座。该段有穿总干渠河渠交叉建筑物2座（涵洞）。该段有左岸排水建筑物106座，其中渡槽23座，倒虹吸65座，隧

（涵）洞18座。该段有渠渠交叉建筑物29座，其中渡槽16座，倒虹吸11座，隧（涵）洞2座。该段有控制建筑物58座，其中节制闸16座，退水闸13座，排冰闸1座，分水口门23座，检修闸3座，调节池1座，出口闸1座。该段有铁路交叉建筑物12座。该段公路交叉建筑物240座，其中公路桥130座，生产桥110座。

二、设计输水能力

石家庄市西郊至北拒马河中支南岸长约226km，设计输水流量为220～50m^3/s，采用以明渠为主、局部采用隧洞和管涵输水形式；北拒马河中支至团城湖输水线路总长80.1km，首端设计流量50m^3/s，加大流量60m^3/s，末端设计流量30m^3/s，加大流量35m^3/s，主要采用PCCP管道和暗涵的管涵加压输水形式。惠南庄泵站加压设计流量50m^3/s，加大流量60m^3/s；无泵站加压时设计流量为20m^3/s。

三、年度水量调度、运行管理

京石段应急供水工程承担着向河北省石家庄、保定和廊坊以及北京市的供水任务。自全线正式通水以来，京石段应急供水工程已作为整个中线工程的运行管理体系的一部分，按照“统一调度、集中控制、分级管理”的原则实施输水调度。

四、效益发挥

2015年，京石段应急供水工程河北省境内分水口门启用9个，河北分水量共计1.07亿m^3；北京境内分水口门启用3个，北京分水量共计8.80亿m^3。

河北省受水地区有石家庄、保定和廊坊3个地市，受益人口300多万；向北京城区日供水量约190万m^3，调水水量占城区用水量的70%，约1100万城区人口受益。

（李立群　王　峰　陈　晹）

北京段永久供电工程

一、工程概况

北京段永久供电工程范围涵盖南水北调中线干线北京段全部工程，北起团城湖，南至北拒马河暗渠，位于海淀、丰台、房山三个区和河北省保定市涿州市境内，为北京段工程沿线闸站、分水口、连通设施及泵站提供外部电源，包含14处10kV线路、1处110kV供电线路、2处220kV配套迁改线路及惠南庄泵站电力通信接入系统等四部分内容。

二、工程管理

2011年7月26日，中线建管局与北京市电力公司所属北京市供用电建设承发包公司签署了《供用电工程项目管理委托合同》，委托其承担北京段永久供电外线路（110kV与10kV部分）的建设工作，并进行工程发包，但不包含施工阶段设计、占地、拆迁及补偿等内容。

截至2014年7月，除位于房山的长辛店分水口10kV线路因征地问题未投运外，全部10kV线路均发电投运，根据供用电合同，上述全部10kV线路的产权移交给电力公司，线路运维也一并由其负责；惠南庄110kV送电线路于2014年9月发电投运，中线建管局向电力公司发函要求其接收线路产权和运维工作，电力公司未同意，因此线路运行和维护工作由中线建管局委托北京市国网先行电力建设公司承担。

惠南庄泵站电力通信接入系统、韩涿220kV迁移改造工程由中线建管局直管建设，通信接入系统于2014年随110kV线路建设同期完工，其运行维护由中线建管局委托相应的通信专业承包单位承担；韩涿工程于2013年12月完工，工程在施工前后均未发生产权转移，均由保定市供电公司管辖和所有。

韩房220kV线路升高改造工程经中线建管局与北京市电力公司签订工程补偿合同，由电力公司工程建设，中线建管局负责征迁工作。工程于2014年开工，当年完成线路杆塔的基础工程。2015年，电力公司分别于4月、10月两次通知中线建管局进行施工进场前期准备，中线建管局组织征迁单位开展相应工作，具备了进场条件。但在两次施工进场过程中，因北京市举办大型活动需要进行专项保电任务，电力公司无法安排施工停电计划，施工过程被迫中止，施工未取得实质进展。目前剩余线路架设及部分铁塔组立，以及惠南庄110kV线路与韩房跨越段临时线的恢复工作。

三、运行调度

10kV线路的运行、维护及调度由电力公司负责。

惠南庄110kV的运行、维护由中线建管局自行委托，线路调度由房山电力调度中心负责，惠南庄变电站由中线建管局自行管理。

四、工程效益

自工程送电投运以来，为南水北调中线北京段输水运行提供了稳定可靠的电源，发挥了关键作用。

特别是惠南庄泵站自2014年9月送电以后，泵站带水调试得以开展，机组试运行于2015年5月7日~7月13顺利进行。2015年7月13日起，泵站转入正式运行，保持四机运行，输水流量约40m³/s，已担负北京市城区供水问题的70%。

五、验收工作

北京段永久供电工程已完工发电的项目均按照北京市电力公司的标准和要求进行了竣工验收。

截至2015年底，韩房220kV升高改造工程未完工验收。

（王　耿　武　威）

漳河北—古运河南段工程

概　述

南水北调中线工程总干渠河北省漳河北—古运河南段（以下简称邯石段），起自冀豫交界处的漳河北，沿京广铁路西侧的太行山麓自西南向北，经河北省邯郸、邢台两市，穿石家庄市高邑、赞皇、元氏三县，至古运河南岸，线路全长238.546km，共分为12个设计单元。其中，直管项目包括磁县段、南沙河倒虹吸、邢台市段、高邑县—元氏县段共计4个设计单元，委托河北省建设管理的项目包括邯郸市—邯郸县段、永年县段、洺河渡槽段、沙河市段、邢台县和内丘县段、临城县段、鹿泉市段、石家庄市区段共计8个设计单元。该渠段设计流量为235~220m³/s，加大流量265~240m³/s。工程总投资211.405 9亿元，总工期30~36个月。

本渠段工程建筑物长度14.358km，共布设各类建筑物457座。其中，大型河渠交叉建筑物29座、跨路渠渡槽1座、输水暗渠3座、左岸排水建筑物91座、渠渠交叉建筑物19座、控制性建筑物53座、公路交叉建筑物253座、铁路交叉建筑物8座。

（刘国栋　白振江　郭亚津）

磁县段工程

一、工程概况

磁县段是邯邢段的首段，位于河北省邯郸市磁县境内，京广铁路的西侧。渠段起自河北省与河南省交界处的漳河北岸，止于磁县与邯郸市邯山区交界的河北村村西，全长40.056km。起点总干渠设计桩号为0+000，终点设计桩号为40+056。其中渠道长38.986km，建筑物长1.07km。渠道分为全挖、全填、半挖半填三种型式。其长度分别为11.825km、5.152km和22.009km。

沿线共有各类建筑物78座，其中，大型交叉建筑物4座，左岸排水建筑物18座，渠渠交叉建筑物4座，铁路交叉建筑物2座，节制闸和退水闸共3座，排冰闸2座，分水口门工程3座，公路交叉桥梁变更后由44座变更为42座。

磁县段35kV供电线路走径全长41.41km，含导线架设132.153km，高压电缆敷设2km。磁县段共有39座独立安全监测房，并在各闸站自动化室设有安全监测设施，对所有建筑物、重点渠段开展安全监测。

本段设计流量为235m³/s，加大流量为265m³/s，本工程为一等工程，渠道、各类交叉和控制工程级别为1级。

二、工程管理

磁县段工程现场工程管理机构为磁县管理处，大部分为建设期间原工程管理四处人员转为运行管理人员。管理处现分为综合组、工程组、运行组、合同财务组。

2015年，开展“上水平，保运行”全面整治活动，对影响工程安全及工程形象的各类问题和历次检查发现的工程缺陷进行集中整治。整治的主要内容包括：渠道衬砌板隆起、裂缝处理，聚硫密封胶脱落、开裂更换，坡肩和路缘石（防浪墙）缝隙处理，左右岸巡线道路处理，排水沟、截流沟修复和清淤，边坡塌陷、滑坡、防护处理以及除草和植草，隔离网栏修复；建筑物裂缝、渗漏、塌陷、不均匀沉陷处理，混凝土外观、伸缩缝处理，砌石护坡修复；新（改）建错车平台、警示柱、巡视台阶；界桩、建筑物标识（含现地闸站）、河道上下游禁采标识等各类标识的采购、安装。

总干渠35kV输电线路工程杆塔261基、架空线路40.4km、电缆4.4km，线路清扫、螺栓紧固等春季检修、预试和日常检修、巡查、供电抢修、缺陷处理工作全部完成。电源接引工程贺兰220kV变电站到白村分水闸中心站35kV输电线路工程3.4km、杆塔11基、架线3.4km、电缆400m，线路清扫、螺栓紧固等春季检修、预试和日常检修、巡查、供电抢修、缺陷处理工作全部完成。

机械电气设备制造安装包括6座降压站、机械电气设备、高压柜14面、环网柜3套、变压器6台、低压柜36面、直流系统5套、柴油发电机4台，设备清扫、预防性试验、日常维修和巡查、缺陷处理工作全部完成。

金属结构包括闸门25扇、卷扬启闭机9台、螺杆启闭机10台、液压启闭机3台、电动葫芦5台、闸门融冰系统8套，设备清扫、缺陷处理、日常巡检、维修工作全部完成。

全面整治杆塔号制作安装、电缆桩埋设、光缆标识制作安装、闸站和设备标识系统制作安装、电缆沟综合整治、闸站、变电站散水以内的内外墙统一涂刷、质量缺陷全部处理完成。

三、运行调度

2015年，磁县段工程运行调度工作正常，未发生安全责任事故。为加强南水北调中线磁县段工程输水运行管理工作，规范各运行管理人员的职责和行为，建立统一、科学、协调的调度运行管理体制，确保安全运行，

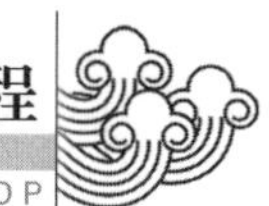

成立了运行调度组织机构——运行调度组，由分管副处长负责。运行调度组的主要职责是组织、指挥、协调磁县段工程输水运行工作。运行调度实行24h值班制度。值班方式由闸站值班转为中控室值班，闸站实行“无人值班、少人值守”，并逐步向无人值守闸站过渡。运行调度工作严格执行《南水北调中线干线输水调度管理工作标准》，结合磁县管理处的实际情况，不断摸索和总结适合磁县管理处的运行调度管理模式。

2015年，金属结构、机械电气设备运行正常，未发生安全事故。金属结构、机械电气设备日常巡视检查、维护保养等工作正常开展。管理处设备巡视检查每周一次，运行维护单位巡视检查每半月一次。设备维护保养工作由原施工单位和运行维护单位共同负责。在质量保修期时限内的设备缺陷由原施工单位负责，其余的设备维护保养工作由设备运行维护单位负责，管理处负责监督检查和协调配合。

2015年，磁县段自动化系统运行基本正常，未发生误动作等责任事故。涉及运行调度的闸门控制系统和视频监控系统能正常投入使用，未发现重大系统缺陷。

四、工程效益

2015年，磁县段工程运行平稳，工程安全运行时间365天，累计运行时间384天。2015年，磁县段牤牛河南支渡槽进口节制闸过闸流量146 401.5万m^3，累计过闸流量161 013.4万m^3。

2015年，磁县段有2处分水口、1处退水闸开闸放水，向邯郸地区供水，供水工作正常。2处分水口为于家店分水口和白村分水口。每月1号上午8时，磁县管理处与邯郸市南水北调工程建设委员会办公室共同到现场确认分水量，水量计量确认工作开展正常。2015年磁县段工程累计向邯郸地区分水1259.5万m^3。

五、验收工作

磁县段工程共有三个土建施工标，2015年6月完成了磁县二标合同项目完成验收工作，2015年8月完成了磁县三标合同项目完成验收工作，2015年11月完成了磁县一标合同项目完成验收工作。

2015年11月磁县段第一施工标段土建及设备安装工程档案通过预验收，2015年6月磁县段第二施工标段土建及设备安装工程档案通过预验收，2015年7月磁县段第三施工标段土建及设备安装工程档案通过预验收。

六、尾工建设

2015年，计划完成施工投资380万元，完成边坡植草58.79万m^2。截至2015年5月底，边坡植草完成，磁县段工程全部完工。

（桑增伟　朱志伟　刘　奎）

邯郸市—邯郸县段工程

一、工程概况

邯郸市—邯郸县段设计单元工程位于河北省邯郸境内，起自邯郸、磁县交界的郑家岗村西南，桩号40+056，止于邯郸县与永年县交界的西两岗村西，桩号61+168。其中南水北调中线一期工程总干渠漳河北—古运河南（委托河北建设管理项目）总干渠与青兰高速连接线交叉工程（以下简称青兰交叉工程）位于邯郸市西南，南环路立交桥处，西环路与南环路连接处之外侧，渠交叉处总干渠桩号为(42+895.79)～(43+010.90)，土建施工分为4个施工标、2个监理标。该设计单元工程是南水北调中线一期工程的重要组成部分，肩负着南水北调中线一期工程贯通后向北京、天津和河北省供水任务。

SG1-1标段渠道长2.781km，过水断面为梯形断面。设计流量235m^3/s，设计水深6m，设计纵坡 1/25 000，渠道设计底宽为 18.5 ~ 22.5m，内边坡系数为 1:2、1:2.25、1:2.75。工程等级为一等。

渚河南支排洪涵洞，主要建筑物级别为 1 级，钢筋混凝土结构。建筑物混凝土强度等级为 C30，抗渗等级为 W6，抗冻等级为 F100，垫层混凝土强度等级为 C10。

SG1-2 标段渠道长 7.345km，过水断面为梯形断面。设计流量 230m³/s，加大流量 250m³/s，设计水深 6.0m，设计纵坡 1/25 000，渠道设计底宽为 22.5 ~ 23.5m，内边坡系数为 1:2和 1:2.25。工程等级为一等。

左排建筑物工程共计 3 座（西小屯沟排水倒虹吸工程、渚河北支排水倒虹吸工程、林村北沟排水倒虹吸工程），控制工程 1 座（下庄分水闸）。主要建筑物级别为 1 级，设计防洪标准 100 年一遇，校核防洪标准 300 年一遇，抗震设计烈度为Ⅶ度。建筑物混凝土强度等级为 C30，抗渗等级为 W6（W4），抗冻等级为 F150，垫层混凝土强度等级为 C10。

SG2 标段渠道长 10.489km，过水断面为梯形断面。设计流量 230m³/s，加大流量 250m³/s，设计水深 6.0m，设计纵坡1/26 000，渠道设计底宽为 17.5 ~ 23.5m，内边坡系数为 1:2、1:2.25、1:2.75、1:3.5。工程等级为一等。

沁河渠道倒虹吸设计流量 230m³/s，加大流量 250m³/s。建筑物混凝土强度等级为 C30，抗渗等级为 W6，抗冻等级为 F100，垫层混凝土强度等级为 C10。主要建筑物级别为 1 级，设计防洪标准 100 年一遇，校核防洪标准 300 年一遇，抗震设计烈度为Ⅶ度。

左排建筑物工程共计 6 座（输元河排水倒虹吸工程、岳洼沟排水涵洞、裕庄沟排水涵洞、李三陵沟排水涵洞、中三陵沟排水涵洞、西袁庄排水涵洞），控制工程 2 座（郭河分水闸、三陵分水闸）。主要建筑物级别为 1 级，设计防洪标准 100 年一遇，校核防洪标准 300 年一遇，抗震设计烈度为Ⅶ度。建筑物混凝土强度等级为 C30，抗渗等级为 W6，抗冻等级为 F100，垫层混凝土强度等级为 C10。

SG1-3 标青兰渡槽段上部结构为分离式扶壁梯形结构，其中平板支撑结构采用双向预应力连续梁结构，挡水结构采用普通钢筋混凝土结构。渡槽槽身段长 63m，共分 3 跨，跨度布置为 19m + 25m + 19m。

进出口渠道连接段为全填方段，长度均为 20m，设计底宽为 22.5m，内坡坡比1:2.25，外坡坡比 1:2.00。内坡为混凝土衬砌，衬砌板厚 0.5m，底板混凝土厚 0.5m，衬砌板下 2m 范围采用粘性土填筑，再其下采用砂砾料填筑。

导流沟渡槽为预应力结构，渡槽槽体结构为开口箱型断面，底宽 3.3m，侧墙高 1.85m。导流沟渡槽共三跨，跨径布置为 27m + 27m + 27m。

工程等别为一等，主要建筑物为 1 级建筑物，设计流量 235m³/s，加大流量265m³/s。设计水位 6.0m，加大水位 6.346m，工程所在地地震动峰值加速度为 0.15g，相应地震基本烈度为Ⅶ度，建筑物按地震烈度Ⅶ度设防。

该设计单元工程主要建筑物包括大型交叉建筑物 3 座（其中 1 座渠道渡槽、1 座排洪涵洞、1 座倒虹吸）、左岸排水建筑物 9 座（其中排水倒虹吸 3 座、排水涵洞 6 座）、控制工程 6 座；铁路交叉暗渠 1 座。

二、验收工作

（一）SG1-1 标

2015 年 2 月 5 日，渠道单位工程验收。

2015 年 6 月 26 日，完成合同项目完成验收。

（二）SG1-2 标

2015 年 3 月 27 日，完成渠道及建筑物单位工程验收。

2015 年 6 月 12 日，完成合同项目完成验收。

（三）SG02 标

2015 年 4 月 22 日，完成渠道单位工程（一）验收。

2015 年 4 月 23 日，完成渠道单位工程（二）验收。

2015 年 6 月 28 日，完成合同项目完成验收。

（四）SG1-3 标

2015 年 1 月 17 日，完成合同项目完成验收。

2015 年 12 月 11 日，完成工程档案项目法人验收前检查评定。

2015 年 9 月 29 日，完成合同项目完工实体移交。

三、运行管理

自渠道 2014 年 6 月试通水以来，施工单位配合运行管理处加强管理进行工程巡视，主要巡视检查混凝土面板是否有隆起、滑坡、开裂，回填段是否有渗水，左排建筑物周围是否有渗水。同时派人进行安全巡视，昼夜不间断，截至 2015 年底，没有发生安全事故。

四、环境保护与水土保持

施工项目部在 2015 年继续加大环境保护与水土保持投入，扎实做好环境保护与水土保持工作。

SG1-1 标段包括北洋井弃渣场 1 个弃土弃渣场。SG1-2 标段包括蔺家河弃土场、户村弃土场 2 个弃土弃渣场。SG2 标段包括 H8，H9，H10，H11，H12-1，H12-2，H13，H13-1，H13-2，H14，H14-1，H14-2，H14-3，H14-4，H14-5，H14-6，H14-7，新 1、2、3、4、5、6 等 23 个弃土弃渣场。根据弃土场弃土情况按照设计通知和设计图纸做好水土保持工程。该防治分区的水土保持工程措施和临时措施包括砌筑浆砌石挡渣墙，修建浆砌石排水沟，并进行植草护坡，弃渣完成进行土地平整。

邯郸市—邯郸县段工程位于河北省邯郸境内，起自邯郸、磁县交界的郑家岗村西南，桩号 40 + 056，止于邯郸县与永年县交界的西两岗村西，桩号 61 + 168。该设计单元工程包含渠道工程、大型交叉建筑物 2 座、左排建筑物、邯郸管理处、机械电气设备安装、35kV 供电线路、安全监测。

（胡春景　单慧英　牛清波　乔岁连）

永年县段工程

一、工程概况

南水北调中线一期工程漳河北—古运河南段工程永年县段设计单元工程位于邯郸市永年县，永年县段设计单元工程被洺河渡槽（第Ⅳ设计单元）分为洺河南和洺河北 2 段。洺河南段起自邯郸县与永年县交界的北两岗村西，桩号 61 + 168，止于洺河南岸，桩号 76 + 607；洺河北段起自洺河北岸，桩号 77 + 537，止于邯郸市与邢台市交界的邓上村村北，桩号 79 + 360。该设计单元工程是南水北调中线一期工程的重要组成部分，担负南水北调中线一期工程贯通后向北京、天津和河北省输水的任务。

本合同项目工程等别为一等，总干渠渠道和建筑物主体为 1 级，次要部位为 3 级。采用明渠自流输水方案，渠底纵坡在 1/17 000 ~ 1/28 000 之间，设计流量 230m^3/s，加大流量 250m^3/s。渠道防洪标准与相连河道建筑物标准相一致，桩号(61 + 168) ~ (62 + 450)渠段地震动峰值加速度为 0.15g；桩号(62 + 450) ~ (79 + 360)渠段地震动峰值加速度为 0.10g，渠道、建筑物按地震烈度Ⅶ度设防。总干渠交叉断面以上集水面积大于等于 20km^2 的河渠交叉建筑物防洪标准按 100 年一遇洪水设计，300 年一遇洪水校核；集水面积小于 20km^2 的左岸排水建筑物防洪标准为 50 年一遇洪水设计，200 年一遇洪水校核；渠道防洪与相连的河渠交叉、左岸排水等建筑物防洪标准一致。

南水北调中线一期工程总干渠漳河北—古运河南（委托河北建设管理项目）土建施工 SG3 标（永年县段）主要由输水渠道、洺河一支排洪涵洞1座大型交叉建筑物、9座左岸排水建筑物、1座控制工程和永年管理处组成。

由于洺河渡槽单独成标，因此永年县段被分为洺河南和洺河北2段，桩号分别为（61+168）~（76+607）和（77+537）~（79+360），渠道总长17.262km。

该设计单元工程包括渠道工程17.262km（含渠道衬砌、边坡防护、沿渠附属工程）、洺河一支排洪涵洞、吴庄分水闸、南苇沟排水涵洞、马记湾沟排水倒虹吸、北两岗沟排水倒虹吸、曹庄沟排水涵洞、西召庄沟排水涵洞、洺河二支排水倒虹吸、洺山西沟排水涵洞、大油村坡排水倒虹吸、邓上沟排水倒虹吸、永年管理处、金属结构安装、自动化、附属工程等。

二、验收工作

土建施工 SG3 标工程项目共划分5个单位工程、77个分部工程、6000个单元（分项）工程；其中含有1099个重要隐蔽单元工程和47个关键部位单元工程。

本合同项目工程共计6000个单元（分项）工程，全部合格，其中按照建筑行业标准评定150个，全部合格；按照水利标准评定5850个，其中优良个数5347，优良率91.4%，重要隐蔽及关键部位单元工程为1146个，优良率为100%。

2015年1月07日完成工程档案预验收；2015年2月12日完成合同项目完成验收；2015年12月22日完成水土保持工程验收。

三、运行管理

自渠道2014年6月试通水以来，施工单位配合运行管理处加强管理进行工程巡视，主要巡视检查混凝土面板是否有隆起、滑坡、开裂，回填段是否有渗水，左排建筑物周围是否有渗水。同时派人进行安全巡视，昼夜不间断，截至2015年底，没有发生安全事故。

四、环境保护与水土保持

南水北调中线漳古段 SG3 标项目部在2015年继续加大环境保护与水土保持投入，扎实做好环境保护与水土保持工作。

该标段共包括 Y9 弃土场、Y6 弃土场、Y13 弃土场、洺河一支弃土场等39个弃土弃渣场。Y9 和 Y13 弃土场根据弃土情况按设计图纸做好水土保持工程，该防治分区的水土保持措施包括工程措施和临时措施。其中工程措施包括剥离收集弃土弃渣场内腐殖土，砌筑浆砌石挡渣墙，修建浆砌石排水沟，并修建挡水土埂，弃渣完成进行土地平整。弃土弃渣场临时占地按照设计技术要求进行了平整与复耕后验收移交。

（胡春景　单慧英　牛清波　乔岁连）

洺河渡槽工程

一、工程概况

南水北调中线一期工程总干渠漳河北—古运河南（委托河北建设项目）洺河渡槽工程位于邯郸市永年县城西邓底村与台口村之间的洺河上，起始桩号76+607，终止桩号77+537，全长930m。共布置大型渠道渡槽1座，洺河渡槽总长829m，进出口连接渠道长101m。工程等级为一等，主要建筑物级别为1级，设计防洪标准100年一遇，校核防洪标准300年一遇，地震设计烈度为Ⅶ度。设计流量230m³/s，加大流量250m³/s。

洺河渡槽是南水北调中线工程总干渠上

的一座大型河渠交叉建筑物，由渡槽、节制闸、退水闸、检修闸、排冰闸组成综合枢纽。渡槽槽身纵向为16跨简支梁结构，单跨长40m。槽身为三槽一联矩形预应力钢筋混凝土结构，单槽净宽7m，槽净高6.8m。渡槽共布置17个槽墩，墩身为实体重力墩，由墩帽、墩身、承台组成。承台下设两排灌注桩，每排7根，桩径1.7m（边墩桩径1.5m），桩长13.5~54m。15号、16号槽墩采用扩大基础。

二、验收工作

2015年1月31日，合同项目完成验收。

2015年09月28~30日，完成工程档案项目法人验收前检查评定。

2015年11月11~12日，完成工程档案项目法人验收。

三、运行管理

自渠道2014年6月试通水以来，施工单位配合运行管理处加强管理进行工程巡视，主要巡视检查混凝土面板是否有隆起、滑坡、开裂，回填段是否有渗水，左排建筑物周围是否有渗水。同时派人进行安全巡视，昼夜不间断，截至2015年底，没有发生安全事故。

四、环境保护与水土保持

南水北调中线一期工程总干渠漳河北—古运河南土建施工SG04标在2015年继续加大环境保护与水土保持投入，扎实做好环境保护和水土保持工作。

工程建设中采用的主要措施：依据水保图纸进行清表、土方填筑、开挖排水沟、护坡植草等，其余采取清表及弃渣过程中挖排水沟等临时措施，所有水土保持措施已全部完成，避免及减少了土壤的流失。本工程已按设计文件要求完成验收和移交。

（胡春景　单慧英　牛清波　乔岁连）

沙河市段工程

一、工程概况

南水北调中线一期总干渠漳河北—古运河南（委托河北建设项目）沙河市段工程起自邯郸市与邢台市交界处的邓上村村北，止于南沙河南岸。

沙河市段设计单元工程总干渠全长14.261km，桩号位置(79+360)~(93+621)，土建施工分为SG5、SG6两个标段，SG5标总干渠全长7.384km，桩号位置(79+360)~(86+744)(该桩号位置包含沙午铁路工程230m)，SG6标总干渠全长6.877km，桩号位置(86+744)~(93+621)，该设计单元工程主要建筑物共10座，包括大型排洪渡槽1座、左岸排水建筑物7座(其中排水渡槽5座，排水倒虹吸2座)、渠渠交叉渡槽1座、分水闸1座。

沙河市段总干渠为一等工程，主要建筑物级别为1级，设计防洪标准100年一遇，校核防洪标准300年一遇，抗震设计烈度为Ⅶ度。

该设计单元工程主要建筑物包括大型排洪渡槽1座、左岸排水建筑物7座（其中排水渡槽5座，排水倒虹吸2座）、渠渠交叉1座、分水闸1座。

二、验收工作

2015年1月24日，由河北省南水北调工程建设管理局组织召开SG06标合同项目完成验收会议，并顺利通过验收。

2015年2月5日，由河北省南水北调工程建设管理局组织召开SG05标合同项目完成验收会议，并顺利通过验收。

2015年4月30日，由河北省南水北调工程建设管理局组织召开SG06标水土保持工程分部工程验收会议，并顺利通过验收。

2015年11月20日，由河北省南水北调工程建设管理局组织召开SG05标水土保持工程分部工程验收会议，并顺利通过验收。

2015年12月10日，南水北调工程中线干线建管局进行SG06标工程档案项目法人验收前检查评定。

三、运行管理

自渠道2014年6月试通水以来，施工单位配合运行管理处加强管理进行工程巡视，主要巡视检查混凝土面板是否有隆起、滑坡、开裂，回填段是否有渗水，左排建筑物周围是否有渗水。同时派人进行安全巡视，昼夜不间断，截至2015年底，没有发生安全事故。

四、环境保护与水土保持

该设计单元工程临时占地实际使用面积4163.4亩。

所有渣场使用前均进行了表层土清理，将表层土堆放至指定地点用作复垦。清表过程全部留有影像资料，渣场边界均插旗撒白灰线表明使用界限，弃土运至渣场后，分层碾压堆放，对于具备水保条件的部位按照图纸设计要求同时开展水保工作，主要水保措施为：高于3m的坡面全部采用浆砌石框格护坡。

施工完成后，项目部对临时占地进行了平整并恢复复耕土，尽量恢复地表天然状态。同时还对施工便道两侧的施工遗弃物进行清理，平整便道两侧的地面，尽量恢复地面的天然状态。临时占地已全部退还完成。

（胡春景　单慧英　牛清波　乔岁连）

南沙河倒虹吸工程

一、工程概况

南沙河倒虹吸工程位于邢台市与沙河市之间、高店村东北2km处，起止桩号（93+621）~（98+016），总长4.395km。南沙河倒虹吸工程是南水北调中线一期工程大型河渠交叉建筑物之一，担负着总干渠穿越南沙河的输水任务。南沙河倒虹吸工程工程设计输水流量230m³/s，加大输水流量250m³/s。

南沙河倒虹吸工程布置为进口渠道、南段倒虹吸、中间明渠、北段倒虹吸、出口渠道五大部分。其中南、北段倒虹吸分别由进口渐变段、进口检修闸、管身、出口节制闸（或检修闸）、出口渐变段组成。

二、工程管理

南沙河倒虹吸工程现场工程管理机构为沙河管理处，管理处现分为综合组、工程组、运行组、合同财务组。

总干渠35kV输电线路工程杆塔17基、架空线路4.3km，线路清扫、螺栓紧固等春季检修、预试和日常检修、巡查、供电抢修、缺陷处理工作全部完成。

机械电气设备安装包括4座降压站、高压柜4面、环网柜3套、变压器4台、低压柜16面、直流系统1套、柴油发电机2台，设备清扫、预防性试验、日常维修和巡查、缺陷处理工作全部完成。

金属结构包括闸门11扇、液压启闭机3台、电动葫芦5台、闸门融冰系统8套，设备清扫、缺陷处理、日常巡检、维修工作全部完成。

全面整治包括杆塔号制安、电缆桩埋设、光缆标识制安、闸站和设备标识系统制安、电缆沟综合整治、闸站和变电站散水以内的内外墙统一涂刷、质量缺陷处理，全部完成。

三、运行调度

2015年，沙河管理处全体输水调度人员积极适应南水北调中线干线工程全线通水的新常态，经历汛期和冰期特殊输水时期的考验，实现了安全、足额、平稳的供水目标，取得了运行元年的良好开局。

2015年上半年，沙河管理处在实际输水调度工作中积极探索，逐步由“闸站为主，中控室为辅”转为“中控室为主，闸站职守”的调度模式。在调度模式转型后为让沙河管理处运行调度工作更加地规范化，标准化，实现“上水平，保运行”的目标，沙河管理处编制了《沙河管理处运行值班操作手册》。

2015年，沙河管理处对自动化系统中的视频监控系统、闸控系统进一步完善。首先沙河管理处通过日常视频监控系统的使用，发现南沙河节制闸启闭机室、南沙河节制闸园区、赞善分水口园区的视频监控有盲区，无法对设备及园区重点部位进行监控。针对这种情况，沙河管理处不等不靠，积极出主意，想办法，及时组织运行维护单位补装了摄像头，消除了视频监控的盲区。沙河管理处高度重视闸控系统初期的使用和完善，在闸控系统使用初期要求调度值班人员每2h对闸控系统水位数据进行比对，累计校核闸控系统闸前、闸后水位各4次。

四、工程效益

2015年全年南沙河节制闸累计过闸流量为161 891.75万m^3。执行调度指令400条。

2015年1月8日，在南水北调中线干线沙河管理处与邢台市调水办的共同努力，赞善分水口门正式投入使用，该分水口主要承担沙河市及邢台市东南部的南和、平乡、清河等“焦渴”地区的供水任务。截至2015年底，沙河管理处所辖的赞善分水口累计向邢清干渠分水量达1530.11万m^3，受水面积达到46.7km^2，受益人口已达到45.78万人，缓解了当地居民饮用盐碱水的状况，遏制了地下水超采情况的发生，改善了沿线的生态环境状况。

五、环境保护与水土保持

南沙河倒虹吸绿化工程分为节点绿化和防护林两部分。工程自2014年4月开工，截至2015年4月现场施工全部完成，2015年9月完成合同项目验收。该项目共种植乔灌木约73 747株，草坪面积100 349m^2，绿化总面积为607 905m^2，绿化率52%。

六、验收工作

南沙河渠道倒虹吸工程共有两个土建施工标，2015年2月完成了南沙河渠道倒虹吸南段工程合同项目完成验收工作，2015年5月完成了南沙河渠道倒虹吸北段工程合同项目完成验收工作。

2015年1月南沙河倒虹吸南段通过档案预验收。2015年5月南沙河倒虹吸工程北段通过档案预验收。2015年10月南沙河倒虹吸工程监理通过档案预验收。2015年11月南沙河倒虹吸设计单元工程档案完成法人专项验收。

（孟繁浪　侯树超　张旭波）

邢台市段工程

一、工程概况

邢台管理处所辖渠段长度47.564km，起自邢台市桥西区东前留村桩号98+016，止于内丘县和临城县交界的西邵明村，桩号145+580。沿线包括节制闸3座，分别是七里河倒虹吸节制闸，设计流量为230m^3/s，加大流量为250m^3/s，白马河倒虹吸节制闸和李阳河倒虹吸节制闸，设计流量为220m^3/s，加大流量为240m^3/s。控制闸1座为小马河倒虹吸控制闸，检修闸8座，分别为七里河倒虹吸进口、出口检修闸，白马河倒虹吸进口、出口检修闸，小马河倒虹吸进口、出口检修闸，李阳河倒虹吸进口、出口检修闸。退水闸3座，分别为七里河退水闸，设计退水流量为115m^3/s，白马河退水闸和李阳河退水闸，设计退水流量为110m^3/s。排冰闸4座，分别为七里河排冰闸，白马河排冰闸，小马河排冰闸和李阳河排冰闸；分水口3座，包括邓家庄分水口，南大郭分水口和刘家庄分水口。供电系统包括南大郭中心开关站1座，降压变电站10座及管理处箱式变电站1座，另有独立安全监测房31座。本年度，输水调度工作井然有序，设备状态良好。

二、工程管理

邢台市段工程现场工程管理机构为邢台管理处，大部分为建设期间原工程管理三处人员转为运行管理人员。管理处现分为综合组、工程组、运行组、合同财务组。

2015年，开展“上水平，保运行”全面整治活动，对影响工程安全及工程形象的各类问题和历次检查发现的工程缺陷进行集中整治，主要内容包括：渠道衬砌板隆起、裂缝处理；聚硫密封胶脱落、开裂更换；坡肩和路缘石（防浪墙）缝隙处理；左右岸巡线道路处理；排水沟、截流沟修复和清淤；边坡塌陷、滑坡、防护处理以及除草和植草；隔离网栏修复等。建筑物裂缝、渗漏、塌陷、不均匀沉陷处理；混凝土外观、伸缩缝处理；砌石护坡修复等。新（改）建错车平台、警示柱、巡视台阶等。界桩、建筑物标识（含现地闸站）、河道上下游禁采标识等各类标识的采购、安装。

总干渠35kV输电线路工程[桩号(98+016)~(113+914)]：杆塔56基，架空线路15.9km，电缆敷设7.901km，线路清扫、螺栓紧固等春季检修、预试和日常检修、巡查、供电抢修、缺陷处理工作全部完成。

电源接引工程：召马110kV变电站到南大郭分水闸中心站35kV输电线路工程电缆敷设1.1km春检、预试、日常巡查工作全部完成。

机械电气设备安装：3座降压站，高压柜6面，环网柜2套、变压器3台，低压柜22面，直流系统3套、柴油发电机3台设备清扫、预防性试验、日常维修和巡查、缺陷处理工作全部完成。

金属结构：闸门15扇，卷扬启闭机2台，螺杆启闭机4台、液压启闭机5台，电动葫芦3台、闸门融冰系统5套，设备清扫、缺陷处理、日常巡检、维修工作全部完成。

全面整治：杆塔号制安、电缆桩埋设、光缆标识制安、闸站和设备标识系统制安、电缆沟综合整治、闸站、变电站散水以内的内外墙统一涂刷、质量缺陷全部处理完成。

三、运行调度

按照中线建管局《调度管理工作标准》规定，依据“统一调度、集中控制、分级管理”的调度要求，邢台中控室严格执行“五班两倒”的值班方式，人员固定，业务能力扎实，并分别在七里河节制闸、白马河节制闸和李阳河节制闸安排专人进行现场值守，提高了输水调度的应急处置能力。

金属结构、机械电气自动化设备在南水北调工程运行中发挥着极其重要的作用，所有的金属结构、机械电气及自动化设备运行正常，同时，加强对运行维护队伍的管理工作，使金属结构、机械电气、自动化系统维护的9支队伍，尽职尽责，严格按照合同内容对设备进行定期观察、保养和日常维护，确保了邢台管辖范围内的13台套液压设备，6套卷扬启闭机，12套螺杆启闭机，8套双吊点电动葫芦，4套单吊点检修电动葫芦，10台固定式发电机，3台移动式发电机，9台变压器，10套高压开关柜及自动化等设备均能够安全稳定运行。

四、工程效益

自2014年6月5日进入充水运行期至2015年底，分别向七里河生态分水3次，共计2482.78万m^3，向李阳河生态分水1次，共计400.75万m^3，给邢台地区带来优质水源，缓解了受水区水资源紧缺状况，使邢台市的生态环境恶化的趋势得到缓解，推动了邢台的经济发展。

南水北调沿线配置了多个水质监测站，及时对水质进行监测，自通水以来，水质质量一直为二类以上，缓解了邢台地区地表水污染严重，地下水水质超标，饮用高氟水问题，为提高人民生活水平起到重要支撑和保障作用。

五、环境保护与水土保持

邢台市段防护林及绿化工程起自邢台市西南侧的七里河渠道倒虹吸南端，经过邢台市西郊，终于邢台市西北的北召马桥北侧，设计桩号(102+470)~(110+957)，渠段总长8.487km。其中，防护林长度6.282km(单侧长度)，工程节点绿化共计7个，涉及七里河渠道倒虹吸1个主要性节点，以及南环桥、西董村桥、化工机械电气厂桥、西大郭桥、南召马桥、北召马桥6个一般性节点。工程自2014年4月开工，2015年5月基本完工，2015年8月完成合同项目验收。该项目共种植乔灌木约55 052株，草坪面积49 132m^2。

六、验收工作

2015年12月完成了邢台市区段工程合同项目完成验收工作。

2015年12月邢台市区段土建及设备安装工程档案通过预验收。

七、尾工建设

2015年计划完成施工投资1610万元，完成土石方回填7.1万m^3，混凝土浇筑0.78万m^3，塑网石笼1.7万m^3，边坡植草28万m^2。截至5月底，边坡植草完成，泄洪渠延长段完成，邢台市段工程全部完工。

（黄云辉　王海燕　刘建深）

邢台县和内丘县段工程

一、工程概述

邢台县和内邱县段设计单元工程是南水北调中线一期工程总干渠（漳河北—古运河南）邯邢段的组成部分，工程位于河北省邢台市邢台县及内丘县境内，起自邢台市与邢台县交界的会宁村西南，桩号113+914，止于内丘县与临城县交界的西邵明村西，桩号145+580。土建施工划分为3个施工标、2个监理标。

该设计单元工程为一等工程，主要建筑物为1级建筑物，附属建筑物、河道护岸工程及河穿渠工程的上下游连接段等次要构筑物为3级建筑物。大型河渠交叉建筑物的设计防洪标准为100年一遇，校核防洪标准300年一遇；左岸排水建筑物的设计防洪标准为50年一遇，校核防洪标准200年一遇。地震设计烈度为Ⅶ度。该段渠道设计流量220m^3/s，加大流量240m^3/s，起点设计水位84.479m，终点设计水位82.177m。其中本段设置刘家庄分水口门1处，设计流量1.0m^3/s。

邢台县和内丘县段工程总干渠全长31.666km，该设计单元工程包括大型河渠交叉建筑物5座，左岸排水建筑物12座（其中排水渡槽3座，排水倒虹吸9座），退水闸2座，排冰闸3座，分水闸1座，节制闸2座。

二、验收工作

（一）SG7标

2015年1月11日，SG7标完成合同项目完成验收。

2015年12月3日，SG7标完成合同项目完工实体移交，由南水北调中线干线工程建设管理局河北分局接管。

（二）SG8标

2015年2月3日，SG8标完成合同项目完成验收。

（三）SG9标

2015年2月7日，SG9标完成合同项目完成验收。

2015年7月8日，SG9标完成水土保持分部工程验收。

三、运行管理

自渠道2014年6月试通水以来，施工单位配合运行管理处加强管理进行工程巡视，主要巡视检查混凝土面板是否有隆起、滑坡、开裂，回填段是否有渗水，左排建筑物周围是否有渗水。同时派人进行安全巡视，昼夜不间断，截至2015年底，没有发生安全事故。

（胡春景　单慧英　牛清波　乔岁连）

临城县段工程

一、工程概述

临城县段设计单元工程是南水北调中线一期工程总干渠漳河北—古运河南邯邢段的组成部分，位于邢台市临城县境内，起自内丘县与临城县交界的西邵明村西，桩号145+580；止于邢台市与石家庄市交界的梁村村北，桩号（172+751）。全长27.171km，其中渠道长26.379km，建筑物长0.792km（包括泜河渠道渡槽458m、午河渠道渡槽334m）。

工程等级为一等，主要建筑物级别为1级，设计防洪标准100年一遇，校核防洪标准300年一遇，抗震设计烈度为Ⅶ度。

该设计单元工程主要建筑物共计25座，其中包括大型河渠交叉建筑物3座（其中2座渠道渡槽、1座排洪涵洞）、左岸排水建筑物17座（其中排水渡槽5座，排水倒虹吸11座、排水涵洞1座）、渠渠交叉建筑物3座、分水闸2座。

二、验收工作

（一）SG10标

（1）2015年1月12日，完成SG10标渠道单位工程截流沟及隔离网工程、左岸排水倒虹吸、左岸排水渡槽、146+700~147+200左坡加固工程分部工程验收。

（2）2015年1月29日，建管单位组织对SG10标泜河渡槽、渠道单位工程外观质量进行评定，单位工程外观质量等级评定为优良。

（3）2015年2月9~10日，完成SG10标泜河渡槽单位工程验收。

（4）2015年5月29~30日，完成SG10标渠道单位工程验收。

（5）2015年7月17日，完成SG10标工程档案预验收。

（6）2015年7月28日，由河北省南水北调工程建设管理局组织召开SG10标合同项目完成验收会议，并顺利通过验收。

（7）2015年12月20日，完成SG10标合同项目完工实体移交。

（8）2015年5月7日，完成SG10标水土保持专项验收。

（二）SG11标

（1）2015年6月30日，由河北省南水北调工程建设管理局组织召开SG11标合同项目完成验收会议，并顺利通过验收。

（2）2015年5月15日，由河北省南水北调工程建设管理局组织召开SG11标水土保持工程分部工程验收会议，并顺利通过验收。

（三）SG12标

（1）2015年1月22日，由河北省南水北调工程建设管理局组织召开SG12标合同项目完成验收会议，并顺利通过验收。

（2）2015年12月19日，由河北省南水北调工程建设管理局组织召开SG12标工程实体移交验收会议，并顺利通过验收。

三、运行管理

自渠道2014年6月试通水以来，施工单位配合运行管理处加强管理进行工程巡视，主要巡视检查混凝土面板是否有隆起、滑坡、开裂，回填段是否有渗水，左排建筑物周围是否有渗水。同时派人进行安全巡视，昼夜不间断，截至2015年底，没有发生安全事故。

（胡春景　单慧英　牛清波　乔岁连）

高邑县—元氏县段工程

一、工程概况

南水北调中线一期工程漳河北—古运河南段工程高邑县—元氏县段设计单元位于石家庄市高邑县、赞皇县、元氏县境内，起点位于邢台市和石家庄市交界，终点位于石家庄市元氏县与鹿泉市交界。起点总干渠桩号172+000，终点总干渠桩号为212+180。高邑县—元氏县段全长40.743km，其中渠道长38.284km、建筑物（占用水头）长2.459km。

本渠段渠道采用明渠自流输水方案，渠道横断面分为全挖、全填和半挖半填等三种断面型式，过水部分采用梯形断面。本段渠道长38.284km，全挖方断面渠道15.434km、全填方断面渠道2.41km、半挖半填断面渠道20.44km。渠道最大挖深33m，最大填高15.4m。沿线岩性以黄土状壤土、砂壤土、泥砾、中细砂等为主，局部有岩石出露，其中土质渠道37.734km，石质渠道长0.55km。

主要建设内容包括：大型河渠交叉建筑物6座，左岸排水建筑物13座，渠渠交叉建筑物7座，控制性建筑物7座（分水口门4座，节制闸、退水闸和排冰工程各1座），外排泵站1座，降压变电站8座，中心开关站1座，水土保持、环境保护、35kV输电线路等。公路交叉建筑物40座。

总干渠设计流量为220m³/s，加大流量为240m³/s。起点设计水位为80.649m，终点设计水位为78.174m，总水头差为2.475m。

二、工程管理

高邑县—元氏县段工程现场工程管理机构为高邑元氏管理处，大部分为建设期间原工程管理二处人员转为运行管理人员。管理处现分为综合组、工程组、运行组、合同财务组。

2015年，开展“上水平，保运行”全面整治活动，对影响工程安全及工程形象的各类问题和历次检查发现的工程缺陷进行集中整治，主要内容包括：渠道衬砌板隆起、裂缝处理；聚硫密封胶脱落、开裂更换；坡肩和路缘石（防浪墙）缝隙处理；左右岸巡线道路处理；排水沟、截流沟修复和清淤；边坡塌陷、滑坡、防护处理以及除草和植草；隔离网栏修复等。建筑物裂缝、渗漏、塌陷、不均匀沉陷处理；混凝土外观、伸缩缝处理；砌石护坡修复等。新（改）建错车平台、警示柱、巡视台阶等。界桩、建筑物标识（含现地闸站）、河道上下游禁采标识等各类标识的采购、安装。

总干渠35kV输电线路工程[桩号(172+00)~(212+180)]：杆塔242基，架空线路40.8km，电缆敷设2.467km，线路清扫、螺栓紧固等春季检修、预试和日常检修、巡查、供电抢修、缺陷处理工作全部完成。

外接电源工程：泉村110kV变电站到北沙河中心站35kV输电线路工程4.35km，钢杆25基，电缆500m线路清扫、螺栓紧固等春季检修、预试和日常检修、巡查、供电抢修、缺陷处理工作全部完成。

机械电气设备制造安装：高压柜6面、环网柜8套，变压器9台、低压柜43面、直流系统8套、箱式变电站1台、柴油发电机15台，设备清扫、预防性试验、日常维修和巡查、缺陷处理工作全部完成。

金属结构安装：闸门40扇，卷扬启闭机2台，螺杆启闭机4台、液压启闭机14台，电动葫芦15台、耙冰机2台、闸门融冰系统16套设备清扫、缺陷处理、日常巡检、维修工作全部完成。

全面整治：杆塔号制安、电缆桩埋设、光缆标识制安、闸站和设备标识系统制安、电缆沟综合整治、闸站、变电站散水以内的内外墙统一涂刷、质量缺陷全部处理完成。

三、运行调度

2015年，高邑元氏管理处在邯石段第一个实现了“中控室值班，闸站值守”的调度模式，调整值班后调度运行平稳，调度指令反馈及时、准确，调度运行管理逐步规范化、标准化，调度运行环境不断提升，有力地推动了该项工作的顺利进行，给运行调度实现规范管理奠定了基础。

调度运行过程中，值班人员严格按照《南水北调中线干线工程输水调度管理规定》和《南水北调中线干线输水调度管理工作标准》的标准要求进行值班，并组织编写了调度运行管理的多项规章制度和细则，实现了五班两倒的调度模式。调度操作符合要求，各项记录规范、整齐，水情上报及时、准确，值班人员坚守岗位，全年未发生一次错报、漏报、脱岗、漏岗情况。全年共接收调度指令495次，其中远程控制459次，成功440次，成功率为96%，现地操作36次，测报水位4380次，累计过闸流量143 870万m^3。

高邑元氏管理处自动化调度系统设备可靠，运行稳定，效益显著。辖段沿线视频监控摄像机共102台，图像清晰流畅，视频回放、门禁功能已投入使用，为值班人员现场监控提供了可靠保障，完善了中控室指挥中心功能；闸控系统数据采集准确，安全监测自动采集系统数据采集发送成功率百分之百，数据分析功能日益完善。

四、工程效益

经过一年多的输水调度运行，工程安全趋于稳定，工程效益逐步显现，主干渠输水调度累计流量143 870万m^3，惠及北方多个城市。管理处管辖4座分水闸：泲河分水闸、北马分水闸、赵同分水闸和万年分水闸，分别向高邑县、赞皇县、元氏县、赵县、栾城县和窦妪工业区供水，供水后将惠及约170万人民。2015年启动2座分水闸，其中泲河分水闸分水0.24万m^3，万年分水闸分水2.88万m^3，有力保证了地方配套工程充水试验的顺利进行。

五、验收工作

高邑县—元氏县段工程共有三个土建施工标，2015年11月完成了元氏Ⅱ段合同项目完成验收工作，2015年12月完成了高邑赞皇段合同项目完成验收工作。

2015年10月南水北调中线一期总干渠漳河北—古运河南中线建管局直管工程元氏Ⅱ段土建及设备安装工程档案通过预验收，2015年12月南水北调中线一期总干渠漳河北—古运河南中线建管局直管工程高邑赞皇段土建及设备安装工程档案通过预验收。

六、尾工建设

2015年计划完成施工投资381万元，完成土石方开挖0.52万m^3，土石方回填0.28万m^3，混凝土浇筑0.05万m^3，边坡植草40.57万m^2。5月底，边坡植草完成；12月14日，殷村沟排水倒虹吸出口导控段穿井元路箱涵主体完成，高邑县—元氏县段工程全部完工。

（韩立超　荣中秋　郭亚津）

鹿泉市段工程

一、工程概况

南水北调中线一期工程总干渠漳河北—古运河南鹿泉市段工程位于鹿泉市境内，起点位于元氏县和鹿泉市交界处后黄家营村，终点位于石家庄市和鹿泉市交界处台头村；起点总干渠桩号212+180，终点总干渠桩号为224+966。总干渠全长12.786km，其中渠道长11.459km，建筑物（占用水头）长1.327km。

本工程等别为一等，总干渠渠道、各类

交叉建筑物及控制性建筑物等主要建筑物等级为1级，附属建筑物、河道防护工程及河穿渠工程的上下游连接段等次要建筑物等级为3级，地震设计烈度Ⅵ度。鹿泉市段总干渠设计流量为220m³/s，加大流量为240m³/s；起点设计水位为78.174m，终点设计水位为77.218m，总水头差为0.956m。

鹿泉市段共布设各类交叉建筑物15座，包括大型河渠交叉建筑物3座（金河渠道倒虹吸、洨河渠道倒虹吸、台头沟渠道倒虹吸），左岸排水建筑物4座（山尹村沟排水倒虹吸、普连河排水倒虹吸、洨河南支排水倒虹吸、大宋楼坡水区排水倒虹吸），渠渠交叉建筑物4座（马山头分干倒虹吸、计三渠十九支倒虹吸、计三渠十五支倒虹吸、计三渠十三支倒虹吸），控制工程4座（上庄分水口门1座、新增上庄分水口门1座、洨河节制闸1座、退水闸1座、排冰闸1座）。总干渠所有交叉工程均采用立交布置型式。

二、验收工作

2015年1月21日，完成工程档案预验收。

2015年2月13日，完成合同项目完成验收。

2015年4月24日，完成水土保持分部工程验收。

2015年9月28日，完成工程档案项目法人验收前检查评定。

2015年11月10日，完成工程档案项目法人验收。

2015年11月28日，完成合同项目完工实体移交。

三、运行管理

自渠道2014年6月试通水以来，施工单位配合运行管理处加强管理进行工程巡视，主要巡视检查混凝土面板是否有隆起、滑坡、开裂，左排建筑物周围是否有渗水。同时派人进行安全巡视，昼夜不间断，截至2015年底，没有发生安全事故。

四、环境保护与水土保持

2015年南水北调中线漳古段SG13标施工项目部继续加大环境保护和水土保持投入，扎实做好环境保护和水土保持工作。

该标段共包括南甘子弃土场，西郭庄弃土场，西铜冶弃土场，南铜冶弃土场等9个弃土弃渣场。各弃土场根据弃土情况按设计图纸做好水土保持工程，该防治分区的水土保持措施包括工程措施和临时措施。其中工程措施包括剥离收集弃土弃渣场内腐殖土，砌筑浆砌石挡渣墙，修建浆砌石排水沟，并修建挡水土埂，弃渣完成进行土地平整。按设计要求施工完成后，弃土弃渣场通过验收并移交。

（胡春景　单慧英　牛清波　乔岁连）

石家庄市区段工程

一、工程概况

南水北调中线一期工程总干渠漳河北—古运河南石家庄市区段工程位于石家庄市桥西区和新华区，起点位于石家庄市和鹿泉市交界处台头村，终点位于石家庄市新华区大安舍村；起点桩号224+966，终点桩号237+040。

本工程等别为一等，总干渠渠道、各类交叉建筑物及控制性建筑物等主要建筑物等级为1级，附属建筑物、河道防护工程及河穿渠工程的上下游连接段等次要建筑物等级为3级，地震设计烈度Ⅵ度。石家庄市区段总干渠设计输水流量220m³/s，加大流量240m³/s。起点设计水位为77.218m，终点设计水位为76.408m，总水头差为0.810m，其中华柴暗渠、石太铁路涵(一)、石太铁路涵(二)、康庄暗渠、岳村暗渠5座交叉建筑物占用水头0.271m，渠道占用水头0.539m，渠内设计水深6.0m。

石家庄市区段工程原合同包括渠道10.26 km，大型交叉建筑物1座(华柴暗渠工程，长度0.72 km)，左岸排水建筑物2座(台头沟北坡水区排水倒虹吸和岳村排水渡槽)，控制工程1座(南新城分水口门)。

工程实施过程中，因康庄桥和植物园路桥变更为暗渠(岳村暗渠、康庄暗渠)，同时根据《关于调整S14标段部分施工项目的通知》(冀调局计〔2010〕17号)文件，河北省南水北调工程建设管理局决定：将石太铁路暗涵(一)(二)进、出口渐变段和闸室段及两座暗渠之间的明渠交由中铁十九局集团有限公司南水北调中线漳古段SG14标施工项目部组织施工。调整后，石家庄市区段工程全长12.266km，其中渠道长10.439km、建筑物长1.827km(含石太暗涵)；共布设各类交叉建筑物5座(不包括公路交叉建筑物，由中线建管局另行委托相关行业组织实施)，其中大型交叉建筑物3座(华柴暗渠、康庄暗渠、岳村暗渠)，左岸排水建筑物1座(台头沟北坡水区排水倒虹吸)，控制工程1座(南新城分水口门)。

二、验收工作

2015年1月4日，完成岳村暗渠单位工程验收。

2015年1月13日，完成渠道附属单位工程验收。

2015年1月14日，完成康庄暗渠单位工程验收。

2015年4月11日，完成弃土场水土保持验收。

2015年5月8日，完成工程档案预验收。

2015年6月25日，完成合同项目完成验收。

2015年11月27日，完成合同项目完工实体移交。

三、运行管理

自渠道2014年6月试通水以来，施工单位配合运行管理处加强管理进行工程巡视，主要巡视检查混凝土面板是否有隆起、滑坡、开裂，左岸排水建筑物周围是否有渗水。同时派人进行安全巡视，昼夜不间断，截至2015年底，没有发生安全事故。

四、环境保护与水土保持

2015年南水北调中线漳古段SG14标施工项目部继续加大环境保护与水土保持投入，扎实做好环境保护与水土保持工作。

该标段共包括白鹿泉曹坊村弃土场、刘庄弃土场、滹沱河弃土场等3个弃土弃渣场。各弃土场根据弃土情况按设计图纸做好水土保持工程，该防治分区的水土保持措施包括工程措施和临时措施。砌筑浆砌石挡渣墙，修建浆砌石排水沟，并修建挡水土埂，弃渣完成进行土地平整。按设计要求施工完成后，弃土弃渣场通过验收并移交。

(胡春景　单慧英　牛清波　乔岁连)

穿漳河工程

一、工程概况

南水北调中线一期总干渠穿漳河交叉建筑物工程包括南北两岸渠道连接段和倒虹吸段，总长共计1081.81m，由南向北分别由南岸连接渠道、退水排冰闸、进口渐变段、进口检修闸段、倒虹吸管身段、出口节制闸段、出口渐变段、北岸连接渠道7段组成。

穿漳河工程主要建筑物为1级，次要建筑物为3级。地震设计烈度为Ⅶ度。本工程主要建筑物设计洪水标准为100年一遇，校核洪水标准为300年一遇；次要建筑物设计洪水标准为30年一遇，校核洪水标准为100年一遇。漳河南岸总干渠设计水位92.19m，加大水位92.56m，北岸总干渠设计水位91.87m，加大水位92.25m，设计流量235m^3/s，加大流量265m^3/s。

二、工程管理

穿漳管理处下设工程科、运行科，综合科与合同财务科与安阳管理处一起合署办公。按照《南水北调中线干线工程建设管理局机构设置、各部门（单位）主要职责及人员编制方案》的要求划分管理处内部职责，各科在管理处负责人的带领下开展工作。

穿漳管理处目前配置工程管理人员1人，主要任务为：负责工程安全、水质安全、人身安全。主要工作为工程管理、合同管理、绿化管理、工程巡查、安全巡查、安全保卫、防汛度汛、水质环保、对外协调、维护队伍管理考核、后穿越工程管理等。

管理处成立安全管理机构，明确安全员，每月由管理处领导及安全员带队对穿漳段工程及工程保护区范围开展安全生产大检查，对发现问题记录台账，及时上报，明确缺陷处理日期，制定缺陷处理方案，能及时处理的问题做到及时处理的原则，截至2015年底，穿漳管理处工程方面未发生一起工程安全、水质安全、人身安全事故；工程缺陷、尾工项目全部处理完成；绿化工作已于2015年5月31日前全部完成，并按合同要求完成。

按照中线建管局及河南分局全面整治工作部署，全面整治工作顺利完成并根据质量安全监督中心制定的实施方案实施。期间，管理处逐项逐条地进行了自查自纠，对各项制度、预案方案进行了完善，并在适当部位增加巡视台阶、增加宣传标示、安全监测点保护、增设简易门、增加巡视道路等措施，提升了工程功能特性。

穿漳管理处加强对工程运行管理工作，主要包含管理处组织机构建立及各项规章制度的建立、运行人员岗位培训、闸站及中控调度值班、水情监测及报送、工程巡视及安保等工作。穿漳工程自2014年12月12日通水运行至2015年底，工程通水运行运行正常，各缺陷处理全部完成，在全面整治工作的开展下，穿漳工程及各机械电气设备整体功能得到了极大的提升。

三、运行调度

自2014年12月12日正式通水以来，在各级领导的指导下，穿漳管理处全体干部职工齐心协力、努力奋斗，发扬不怕苦，不怕累的精神，自有人员全员参与管理处中控室值班与节制闸24h值守工作，圆满的完成各项工作任务，全年无安全、质量事故，有效地保证所辖区段的安全运行。

运行调度情况。管理处高度重视输水调度工作，不断加强员工的业务培训，认真学习贯彻上级文件精神及要求，提高调度人员业务水平，增强调度人员的责任心。值班期间严格遵守“五个零容忍”制度，做到不迟到、不早退、不脱岗、不离岗，规范填写值班记录，严格遵守交接班制度，按时上报水情信息，发现异常及时上报，并联系组织相关人员处理。值班人员严格按照调度制度执行调度指令并及时反馈水情数据，圆满完成了输水调度任务。截至2015年底，未出现安全事故，总干渠安全平稳运行。

金属结构、机械电气运行情况。通水期间，金属结构、机械电气设备已全部投入使用，设备运行状况良好。管理处配专人负责设备的保养和维护工作，每天对设备的运行情况进行检查，发现问题及时跟进处理，有效地保证了设备的正常运行。另外，设备负责人查看每期的飞检周报，举一反三，排查辖区设备运行情况，一经发现，立刻整改；同时按时报送机械电气信息周报等统计报表，认真填写各类台账、资料，并及时规档。

自动化系统运行情况。穿漳管理处中控室及闸站监控系统、视频监控系统、视频会议系统和电话调度台运行良好；水质监测系统、安全监测等自动化监测系统运行良好。漳河节制闸远控成功率达100%（特殊情况除外）。

四、工程效益

2015年度穿漳河工程稳定运行365天，累计输水量达147 272.534万m^3。极大地缓解了京、津、冀等地区水资源紧缺问题，促进了当地的经济发展，同时可以改善沿线地区的生态环境。

五、环境保护与水土保持

为贯彻落实国家建设项目环境保护与水土保持的法律、法规，始终遵循“预防为主、防治结合、综合治理”的方针，根据安鹤项目部有关工作要求，穿漳管理处安排专人负责环境保护与水土保持管理工作，督促环保监理认真开展工作，对辖区内的取土场、弃土场、营区等区域开展环保监测评估，及时向施工单位发出预警信息，对存在的问题的标段督促其整改到位。

穿漳河绿化工程于2015年5月31日全部完成，绿化面积覆盖穿漳河工程所有可绿化范围，绿化工程分为穿漳南岸、北岸2个节点绿化工程。植物配置采用常绿与落叶乔灌木搭配，地被植物满覆盖。乔灌木累计栽植4493株，草坪及地被植物覆盖面积62 600m^2，其中乔灌木共计23种，地被植物共计13种。穿漳管理处对绿化施工进行现场监管，督促监理按时对绿化土质、树穴、苗木等进行报验，确保苗木成活率及苗木整体效果大设计要求。

穿漳河绿化工程有效防止了工程水土流失，美化了环境，穿漳河工程绿化成活率达98%，符合设计要求。穿漳河工程共征用临时用地878.9亩，已全部返工。2015年穿漳河工程无水土流失和环境破坏现象。

六、验收工作

2016年7月16日，水利部在河南安阳组织召开了南水北调中线一期工程漳河倒虹吸工程水土保持设施竣工验收会议，会议通过了南水北调中线一期工程漳河倒虹吸工程水土保持设施竣工验收。

（郝一峰　周彦军　周　芳）

黄河北—漳河南段工程

概　　述

黄河北—漳河南段工程起点为穿黄工程出口S点，终点为安阳县施家河村东豫、冀两省交界的穿漳河工程交叉建筑物进口。线路全长237.074km。该区段设计流量为：265～235m^3/s，加大流量为：320～265m^3/s。

南水北调中线一期工程为一等工程，总干渠渠道、各类交叉建筑物和控制工程等主要建筑物为1级建筑物，附属建筑物、河道护岸工程等次要建筑物为3及建筑物，临时工程为4～5级建筑物。

该渠段工程由全挖、全填、半挖半填土质渠道、岩质及土岩结合渠道和河渠交叉工程、左岸排水工程、渠渠交叉工程、公路和铁路交叉工程、控制工程等建筑物组成。

该工程段渠道总长220.471km、建筑物总长16.603km；各类交叉建筑物339座，其中河渠交叉建筑物37座、左岸排水建筑物73座、渠渠交叉建筑物23座、控制建筑物34座、公路交叉建筑物154座、铁路交叉建筑物18座。

黄河北—漳河南段工程包括温博段、沁河倒虹吸、焦作1段、焦作2段、辉县段、石门河倒虹吸、潞王坟膨胀岩试验段、新乡和卫辉段、汤阴段、鹤壁段、安阳段等11个设计单元，其中温博段、沁河倒虹吸、焦作1段为直管项目，汤阴段、鹤壁段为代建项目，其他为委托建管项目。

2014年9月29日，黄河北—漳河南段工程11个设计单元均通过了通水验收，2014年12月12日正式通水，进入运行期。设计单元内各合同项目也已完成合同项目完成验收。

根据中线建管局《南水北调中线干线工程建设管理局组织机构设置及人员编制方案》（中线局编〔2015〕2号），2015年6月30日，在河南直管建管局基础上分别成立河南分局和渠首分局。河南分局负责叶县至冀豫界（全长546.13km）工程运行管理工作，保证工程安全、运行安全、水质安全和人身安全。

河南分局内设9个处（中心），分别为综合管理处、计划经营处、人力资源处、财务资产处、分调中心、工程管理处（防汛与应急办）、信息机械电气处、水质监测中心（水质实验室）、监督二队，按职能分别负责综合、生产经营、人力资源、财务、调度、工程、机械电气金属结构、自动化信息、水质等方面管理工作。

河南分局下设19个现地管理处，其中黄河北—漳河南段设8个管理处，分别为温博管理处、焦作管理处、辉县管理处、卫辉管理处、鹤壁管理处、汤阴管理处、安阳管理处、穿漳管理处，负责辖区内运行管理工作，保证工程安全、运行安全、水质安全和人身安全，负责或参与辖区内直管和代建项目尾工建设、征迁退地、工程验收工作。

目前，河南分局各级运行管理单位规章制度健全，人员配备合理，职责清晰明确，信息反馈及时，调度令行禁止，水质全面监控，工巡重点突出，安保措施得力，设备运转正常，合同管理规范，财务管理合规，后勤服务高效，园区设施基本完善，实现了工程安全运行，确保了水质稳定达标，工程运行管理工作取得了明显成效。

2015年，在中线建管局、河南分局及沿线各级调水部门的努力下，黄河北—漳河南段工程运行总体平稳、安全，供水效益逐步显现。2014~2015供水年度，本渠段10座分水口、1座退水闸开闸分水，累计向焦作市、新乡市、鹤壁市、安阳市供水9582万m^3。

（王志刚　赵传波）

温博段工程

一、工程概况

温博段工程起点位于河南省温县北张羌村穿黄工程的末端S点，终点为博爱县聂村东北过大沙河交叉建筑物出口，全长26.616km，明渠段长25.329km。沿线共布置各类交叉建筑物44座（不包括沁河渠道倒虹吸工程），其中河渠交叉建筑物6座；左岸排水建筑物4座；渠渠交叉建筑物2座；控制建筑物3座（节制闸1座，分水口门2座）；跨渠桥29座。渠段起点设计水位108.000m，终点设计水位105.916m，总设计水头差2.084m。该段设计流量265m^3/s，加大流量320m^3/s。

2015年，温博段工程总体运行平稳，工程未发生质量问题，未发生安全责任事故，未发生水质污染事件，实现按计划向焦作市武陟县供水。

二、工程管理

温博管理处2015年度工程类运行管理工作主要分为安全、安保、水质、应急、防洪度汛、绿化管理、工巡、安全监测八个方面。经过全体职工共同努力，顺利完成2015年度工程管理工作。

安全管理工作。建章立制，起草温博管理处安全管理体系文件。根据体系文件要求开展安全生产大检查，安全培训、考试，安全宣传工作。

安保工作。2015年度安保工作仍然以合同单位为主，按照合同及中线建管局、河南分局相关文件要求队安保单位开展的机动巡逻、定点值守、垃圾打捞、安保宣传进行检查。

水质工作。管理处印发《关于成立温博管理处水质工作领导小组的通知》（中线局豫温博〔2015〕35号），根据《南水北调中线干线工程水质安全保护工作全面整治实施方案》和河南分局有关做好水质安全巡查工作文件要求对跨渠桥梁、隔离网内存在垃圾、红线外水源保护区等情况进行日常检查。按中线建管局及河南分局文件要求开展藻类浮游生物捕捞监测。

应急管理工作。成立温博管理处应急组织机构，明确应急组织和人员的管理职责。对应急队伍、应急物资做好日常管理工作。按要求对应急预案及现场处置方案内容进行全员培训，经过培训管理处主要管理人员（应急事件发生后的主要救援力量）明确各类应急事件发生后的现场处置工作流程和具体工作，作为主要参与人员筹划和参加河南分局防汛演练、水质演练、自行组织消防安全疏散演练。

防洪度汛工作。编制了防汛方案并上报河南分局，并分别到温县、博爱县及焦作示范区地方防指备案。结合工程巡查编制了《温博管理处2015年防汛工作手册》、《温博管理处2015年防汛巡查手册》、《温博段防汛风险项目防汛应急抢险先期处置方案》（北石涧沟左排倒虹吸淤堵造成堤外淹没）、《温博段防汛风险项目防汛应急抢险先期处置方案》（幸福河干渠倒虹吸淤堵造成堤外淹没）等，并组织管理处人员进行学习，明确各自分工及职责。

绿化管理工作。南水北调中线干线工程建设管理局河南分局温博管理处闸站节点绿化标（合同编号ZXJHN/SG/WB/002）主要包括温博管理处下辖的济河、蒋沟河、幸福河、大沙河四处闸站进出口园区，1、2、3号泵站，北石涧分水口及马庄分水口的绿化。绿化面积约4168.99m^2，其中栽植麦冬684m^2、栽植红叶石楠2518.31m^2、栽植金边黄杨407.38m^2、栽植小叶女贞559.3m^2。乔木、灌木822株。目前温博管理处绿化工程全部完成。温博段全长28.5km，除草面积约150万m^2。加强现场管理，强调过程控制，温博管理处绿化工程现场进度、质量、安全、投资控制均处于可控状态，绿化工程提前完工，整治期间未发生质量安全事故，投资控制在预算投资以内。

工程巡视工作。根据温博段实际情况，制定了《温博管理处工程巡视方案》《温博管理处巡查工作手册》《温博管理处工程巡查人员考核办法》《温博管理处工程巡视检查记录表》等相关制度，按照规定频次开展工程巡视，填写工程巡视检查记录表并做好发现问题的整改工作，做好工程巡视人员的培训和考核工作，根据上级主管部门相关要求，及时报送工程巡视问题台账，按时进行月度总结。

安全监测工作。作为安全监测试点单位，自行完成安全监测全部工作。结合安全监测单位的日常观测工作，熟悉辖区内安全监测仪器测点分布情况，掌握各类仪器观测记录及数据整理分析方法。协同河南分局解决自动化系统仪器监测物理量安全监测自动化数据与人工测读数据不匹配问题。进行监测数据采集和初步整理分析，独立完成安全监测数据整理及分析，并编制安全监测月报。截至目前，温博段安全监测工作正在有序进行，未发现安全监测数据异常现象。

三、运行调度

温博管理处已投运的金属结构、机械电气、电气设备共计99台套。针对设备种类多、线性分布的工作实际，加密设备巡查频次，在每个站点放置《巡查记录表》，详细记录巡查内容和故障发生情况，并跟踪故障处理情况，做到问题“早发现、早解决、可追溯、记录详”，全力为安全、平稳调度保驾护航。

金属结构、机械电气运行情况：为保证温博管理处辖区总干渠和分水口正常输水调度工作，管理处组织金属结构、机械电气及35kV供电系统运维单位对金属结构、机械电气及35kV供电系统设备进行日常及专项巡查，全年累计巡查275次。对巡查发现的问题进行详细记录并立即组织运维单位进行处理。2015年管理处金属结构、机械电气设备及35kV供电系统整体正常运行，为管理处总干渠和分水口输水调度工作保驾护航。

35kV供电设备，温博段七座降压站，一个箱式变压器，线路总长28.5km，其中架空线路27.2km，自2014年9月份送点以来，温博段共停电40次，计划性停电25次，经过一年的维护，35kV运行逐渐平稳起来，加强巡视和维护保障供电设备平稳运行。

四、工程效益

截至2015年底，温博管理处所辖渠道累计输水量179 273.8万m^3，2015年度温博管理处中控室接到调度指令共计265条，全部完成调度指令工作。管理处北石涧分水口自2015年11月8日正式开始向武陟地方进行分水，截至2015年底累计向地方分水23.06万m^3。为地方居民饮水和农业生态灌溉提供了有力保障。

五、环境保护与水土保持

根据水土流失的特点和危害程度，以及建设项目对环境功能的要求，温博管理处高度重视水土保持管理工作，设立专职管理人员开展水土保持工作，认真执行预防为主，防治并重原则及生态优先、恢复原土地功能的原则，严格执行“三同时”制度。要求各参建单位遵守国家有关法律、法规规定，按照设计单位印发的水保临时措施施工技术要求、设计征地图纸控制永久用地和临时占地面积，认真做好水土保持工作如施工道路、厂区硬化、设置排水沟，及时平整弃渣场、做好坡面防护和表面排水等工程完工时做好现场清理，能及时移交临时占地；渣场无水土流失，符合水土保持要求。改善和恢复水土流失防治责任范围内的生态环境，充分发挥植物措施的后效性和生态效益。

管理处高度重视环境保护管理工作，严格遵守有关法律、法规，编制相应的环境保护计划，并安排专职人员负责环境保护工作，实现工程建设的环境、社会与经济效益的三统一。认真贯彻国家有关环水保方针、政策、法律、法规等，按照国家及地方环境相关标准执行，要求各参建单位落实环保工作相关要求，规范环保工作管理，通过培训教育提高全体运行人员的环保意识，做到制度明确，规范操作。开展多次专项环境保护专项整治活动，在防止水土流失，废水、废弃物、废渣的达标排放加强监督管理。工程建设过程中，结合日常定期和不定期检查，对现场各单位环保情况进行内部评比，对不符合环保要求的单位进行通报，限期整改落实，并结合实际情况进行奖罚，确保温博段工程在施工建设期间不影响周围环境。

六、验收工作

2013年10月15～16日，南水北调中线干线工程建设管理局组织了温博段设计单元工程项目法人验收并通过。2013年11月17日，国务院南水北调办组织组织了温博段设计单元通水验收技术性初步验收并通过。

2013年12月17日，南水北调建管中心组织了温博段设计单元通水验收并通过。

七、尾工建设

温博段工程已按照设计施工图纸全部完成工程建设，无剩余尾工项目。

八、其他

温博管理处在积极开展日常工作的同时，以“促党建，保运行”的原则，开展各项政治思想活动和精神文明建设工作，各项工作得到上级单位的认可。温博管理处被河南分局认定第二季度优秀管理处，王冉、王阳阳在河南分局闸站操作技能大赛中分获第一、第四名，段路路分别获得国务院南水北调办、中线建管局“优秀共产党员”称号，王冉获得中线建管局“创新”个人奖，温博管理处获得中线建管局“质量安全先进集体”，段路路获得中线建管局“文明家庭”称号，侯鹏飞获得中线建管局“文明员工”称号，黄光营、庞荣荣，温博管理处被温县县委县政府任命为“县级文明单位”。

（段路路　曹庆磊　王显利）

沁河渠道倒虹吸工程

一、工程概况

沁河渠道倒虹吸工程位于河南省温县徐堡镇北、博温公路沁河大桥下游约300m处，是南水北调总干渠于沁河的交叉建筑物，工程由进、出口渠道段和穿沁河渠道倒虹吸管身组成，该段设计流量265m³/s，设计水位100.6～106.933m，加大流量320m³/s，加大水位108.256～107.587m。

渠倒虹轴线与沁河基本呈正交，建筑物总长1197m，其中进口渐变段长60m，进口闸室段长15m，倒虹吸管身段水平投影长1015m，出口闸室段长22m，出口渐变段长85m。设计管身横断面为一联3孔箱形钢筋混凝土结构，孔径6.9m×6.9m（宽×高）的C30钢筋混凝土结构。

2015年的，沁河渠道倒虹吸工程总体运行平稳，工程未发生质量问题，未发生安全责任事故，未发生水质污染事件，实现按计划向焦作市武陟县供水。

二、验收工作

2013年9月18日，南水北调中线干线工程建设管理局组织了沁河段设计单元工程项目法人验收。2013年9月16日，南水北调设计管理中心组织了沁河段设计单位通水验收技术性初步验收。2013年12月18日，南水北调建管中心组织了沁河段设计单元通水验收。截至2014年6月份，沁河段完成了历次验收的遗留问题处理工作。

三、尾工建设

沁河倒虹吸工程已按照设计施工图纸全部完成工程建设，无剩余尾工项目。

（王阳阳　王　冉　王显利）

焦作1段工程

一、工程概况

焦作1段工程起点位于河南省博爱县聂村东北大沙河渠倒虹吸出口，终点为焦作市苏蔺西李村渠倒虹吸出口，渠段总长13.513km，其中明渠长11.598km，建筑物长1.915km，沿线共布置各类交叉建筑物18座，其中河渠交叉建筑物5座；控制建筑物3座（节制闸、退水闸，分水口门各1座）；跨渠公路桥9座；铁路桥1座。渠段起点设计水位105.916m，终点设计水位104.686m，总设计水头差1.23m。该段设计流量265m³/s、加大流量320m³/s。

二、工程管理

焦作1段工程现场工程管理机构为焦作管理处。

（1）工程维护。2015年焦作段工程维护，分期分批完成了维修养护、新建项目、缺陷处理、尾工建设等方面的工作，共清理截流沟36.7km，清理排水沟498.5km，修补防浪墙及其他裂缝60m，修补、更换聚硫密封胶498m，补灌路缘石与衬砌板缝隙沥青10 000m，修复沥青路面沉陷103.55m^2，修复六棱块、干砌石、浆砌石等护坡500m^2，修复安全防护网10 800m，警示柱刷漆1767m^2，墩台刷涂料800m^2，更换室外电缆沟盖板300m^2，处理园区及建筑物周边沉陷20.2m^2，更换反光轮廓标273个，栏杆除锈、刷漆3400m^2，组织水面垃圾打捞311次，设置各类标识、标牌1936个，新建巡视台阶79处，新增挡水坎44处，钢大门修理140扇，设置简易门16扇，封堵桥梁排水孔1200个，土建专业登记的145项问题全部得到整改，同时新建了闫河倒虹吸文化长廊，屋顶亮化宣传标识，增加了城区段安全保障措施，新建了错车平台等多项设施。

（2）质量安全。2015年焦作管理处质量安全管理方面主要是完善安全生产管理工作，完善工程巡查要求，问题整改，专项排查等问题集中整治，完成缺陷处理407项，增设安全警示标识标牌、交通标识牌共765块，增设钢爬梯32个，安装拦漂索59根，配置救生物资箱22个，制定了安全管理制度15份，完成了30次安全教育培训，安全培训人数763人次，开展了12次安全检查，进行了4次质量安全考核。2015年焦作管理处安全形势总体平稳，质量安全管理水平得到了全面的提升。

（3）水质保护。焦作管理处编制了《焦作管理处水质日常巡查制度》《焦作管理处藻类监测操作流程》《焦作管理处渠道垃圾清理规程》《焦作管理处水污染事件应急预案》《焦作管理处水体藻类防控预案》《焦作管理处水污染事件应急处置方案》《焦作管理处汛期水质重点风险源检查方案》，建立了《焦作管理处垃圾清理记录表》，清理打捞渠道漂浮物6898.5kg，封堵放油阀33处，封堵可能污染水质孔洞61个，11个闸站全部设置挡油坎共计1800m，对48座跨渠桥梁所有排水孔及防撞墩端头孔洞进行了封堵，并在桥头设置了挡水坎，避免桥面污水等进入渠道。

（4）防洪度汛。焦作管理处成立应急抢险小组，明确了各小组应急抢险时的工作分工与内容，编制了《焦作管理处2015年度汛方案》和《焦作管理处2015年度汛应急预案》，并报备焦作市地方县区防汛部门，将南水北调工程的安全度汛工作纳入地方政府防汛指挥部门的统一调度、管理体系；认真编制了Ⅰ级、Ⅱ级、Ⅲ级防汛风险现场处置方案，并积极按照方案内容落实防汛措施，做好风险项目的监控。开展高填方渠段堤坡和坡脚局部失稳、渗水、管涌方面的防汛抢险演练。通过演练，增强团队应对、协作能力；查找不足，修订完善应急预案和处置方案。按要求接收2014年防汛抢险物资，采购了2015年防汛应急抢险物资，做好防汛物资的储备与养护，确保度汛安全。

（5）安全监测。2015年10月份开始焦作段安全监测工作实行自行观测和分析，安全监测人员共4人，配备人员、仪器设备满足观测需求。外观分局统一招标现由黄河勘测规划设计有限公司南水北调中线干线工程运行期安全监测项目安全监测Ⅲ标项目部对外观观测数据采集和观测数据分析。焦作管理处针对监测异常数据已有相关的数据分析，并加强对异常断面的巡视等工作，建立安全监测问题台账并落实问题整改。2015年焦作管理处完善安全监测相关制度，逐步提高了工作效率，安全监测管理更加规范。

三、运行调度

（1）运行调度。焦作管理处以输水调度为核心，逐步向“安全监控、工程信息、调度指挥、应急联络”延伸，实现业务全覆盖、无死角，努力把管理处中控室打造成“智能中心控制室”，全力确保输水运行调度安全，修编（制定）6 份制度，完成了 23 次培训，共 384 人次，开展了 2 次考核。共完成 205 条指令，调动闸门 370 次。

（2）金属结构维护。弧形闸门、平面闸门、平面叠梁门等金属结构按期巡视，对出现故障的闸门计入金属结构专业台账，逐个消缺，保障设备正常运行。参与建立并积极推行金属结构设备管理制度和运维队伍管理制度，保障设备正常运行。按照保障重点、兼顾全面的原则，对弧形闸门、平面闸门、平面叠梁门等金属结构进行日常巡视检查、专项巡视检查、特别巡视检查。按规定记录并形成金属结构设备台账。按照设备缺陷的影响及重要程度，按规定时间对一般缺陷、严重缺陷、紧急缺陷进行消缺。组织金属结构专项维护工作。

（3）机械电气设备维护。液压启闭机及电气控制柜、固定卷扬启闭机及电气控制柜、电动葫芦、机械自动抓梁等机械电气设备按期巡视，对出现故障的设备计入机械电气设备专业台账，逐个消缺，保障设备正常运行。参与建立并积极推行机械电气设备管理制度和运维队伍管理制度，保障设备正常运行。按照保障重点、兼顾全面的原则，对液压启闭机及电气控制柜、固定卷扬启闭机及电气控制柜、电动葫芦、机械自动抓梁等机械电气设备进行日常巡视检查、专项巡视检查、特别巡视检查。按规定记录并形成机械电气设备台账。按照设备缺陷的影响及重要程度，按规定时间对一般缺陷、严重缺陷、紧急缺陷进行消缺。组织机械电气设备专项维护工作。

（4）信息自动化维护。完成 3 次全线人手孔的抽排水和清淤工作；管理处及现地站所有的自动化系统及设备进行两天一次的巡查；组织自动化厂家对发现的问题逐个进行处理、销号；完成了所有闸站电缆沟基面处理工作；对所有闸站施工点进行排查，对施工前未对自动化设备采取防护措施的单位，要求立即整改，以确保自动化设备正常运行；配合分局信息机械电气处和厂家，完成了各自动化系统的更新，保障了管理处自动化系统及设备、运行调度工作的正常运行；组织运维队伍对其所负责的自动化系统、设备进行维护；完成了全面整治工作中各闸站室内外电缆沟（槽）线缆梳理、挂牌、盖板的制安工作；对分局组织的通信机房施工单位进行检查、督促；按照分局相关文件要求，安排定制了部分‘光缆标识’牌。

（5）35kV 供电系统维护。河南分局采用 35kV 线路谁施工谁维护的方式进行，包括线路范围内的降压站高低压室都由线路施工单位进行维护。供电以来，未出现运行安全事故，有力保证了焦作管理处管辖范围内的供电稳定。

（6）消防系统维护。对焦作辖区内消防设备设施进行全面排查，建立了消防设备设施台账；配合相关单位完成消防主机调试、消防主机联网工作；年内按照上级文件要求，对辖区内灭火器进行超年限排查并完成了年检工作；编制完成了南水北调中线干线焦作段火灾事故应急处置方案、南水北调中线干线焦作管理处生产生活区消防安全管理制度；对员工进行岗前消防培训、消防安全教育培训，并组织进行了消防演练、119 消防安全宣传，印发焦作管理处消防安全知识宣传手册等多种方式进行消防安全宣传培训教育。

四、工程效益

2015 年，焦作段工程全年无间歇输水，累计输水约 17.5 亿 m^3、累计供水 474 万 m^3，输水运行平稳，运行调度管理再上新水平。

五、环境保护与水土保持

焦作管理处制定了生产、生活用水处理措施，设立专职管理人员开展水土保持工作，认真执行预防为主，防治并重原则及生态优先、恢复原土地功能的原则，分别对碱性废水、含油废水和生活污水进行了集中处理。制定了大气环境保护措施，认真做好水土保持工作如施工道路、厂区硬化、设置排水沟，及时平整弃渣场、做好坡面防护和表面排水等工程完工时做好现场清理，能及时移交临时占地；渣场无水土流失，符合水土保持要求。改善和恢复水土流失防治责任范围内的生态环境，充分发挥植物措施的后效性和生态效益。另外还制定了噪声控制措施、固体废弃物处理措施及人群健康保护措施，满足设计要求。12km 的防护林带（面积为 194 895m^2）干净有序。闸站绿化区域土建工程结构安全；景观节点临水侧灌木屏障，防止水土流失污染水质，确保水质安全，预防了水土流失。11 个弃渣场（9 个临时堆土场，3 个取土场）按要求修建了临时水土保持措施，能够规范使用。

六、验收工作

焦作管理处督办责任人，确保每一项问题落实到人，积极把工程验收和桥梁移交工作向前推。2015 年完成全部单位工程验收、合同验收和桥梁移交工作。

七、尾工建设

焦作段尾工建设主要有城区段弃渣清运、电子围栏等尾工项目，计量签证等建设管理工作。目前电子围栏尾工项目已经施工完毕，城区段弃渣清运工作完成了招标工作，准备实施。

（贾金朋　谢明远　宫亚军）

焦作 2 段工程

一、工程概况

焦作 2 段工程位于焦作市境内，是南水北调中线一期工程总干渠第Ⅳ渠段（黄河北—羑河北）的组成部分，全长 25.560km，其中明渠段长 23.794km，占水头建筑物长 1.766km。明渠段多为全挖方段，仅有少量半挖半填和全填段，渠道全挖方段长 20.034km，全填方段长 1.645km，半挖半填段长 2.115km，分别占明渠段长的 84.2%、6.9%、8.9%。渠道最大挖深 40m，最大填高 13m。

焦作 2 段工程渠道设计流量 265 ~ 260m^3/s，加大流量 320 ~ 310m^3/s。渠道过水断面呈梯形状，设计底宽 9.5 ~ 26.5m，设计水深 7m，堤顶宽 5m。边坡系数 0.4 ~ 3.5，设计纵坡 1/29 000、1/23 000。共有各类建筑物 46 座，其中河渠交叉 3 座，左岸排水 3 座，分水闸 2 座，节制闸 1 座，退水闸 1 座，交通桥 18 座，生产桥 8 座，铁路桥 10 座（不含铁路桥）。

二、工程投资

截至 2015 年底，焦作 2 段累计完成投资 199 853 万元，其中建安投资 185 668 万元，金属结构设备费用 1350 万元，机械电气设备费用 650 万元，独立费用 12 185 万元。

截至 2015 年底，焦作 2 段累计批复变更索赔 368 项，批复投资 5.15 亿元。未批复变更索赔 69 项，预计增加投资 2.4 亿元。

三、验收工作

2015 年工程验收工作任务繁重，还面临施工和监理人员后期业务骨干流失的困难局面。

截至 2015 年底，26 个桥梁单位工程评定及交工验收全部完成，10 个水工单位工程全部验收完成；258 个分部工程全部完成验收。

5个施工标和1个安全监测标通过档案预验收。其中5个施工标还进行合同验收并通过。

焦作2段跨渠桥梁26座，截至2015年底完成管养移交24座，剩余2座正在同地方协调。

2015年焦作2段完成档案预验收全部完成。正在为下一步设计单元工程档案项目法人验收做准备。

（王国章 王 健）

辉县段工程

一、工程概况

辉县段是南水北调中线一期工程总干渠Ⅳ渠段（黄河北~姜河北）的组成部分，位于Ⅳ渠段的中部，地域上属于河南省的辉县市。该设计单元自修武县与辉县市交界的纸坊河左岸起（总干渠设计桩号为Ⅳ66+960），与焦作2段的终点相接；终点位于辉县市与新乡凤泉区交界的孟坟河左岸（设计桩号为Ⅳ115+900），与新乡卫辉段起点相连接，全长47.39km（不包括石门河渠道倒虹吸工程Ⅳ91+730~Ⅳ93+280施工标段1.55km），其中渠道长度43.40km，建筑物长度3.99km。共有各类建筑物77座，其中，河渠交叉7座，渠渠交叉2座，左岸排水18座，分水闸2座，交通桥30座，节制闸3座，退水闸3座，生产桥12座。

辉县段渠道以全挖方断面为主，约占总长63%，其中挖深超过15m的深挖方段长1.5km，最大挖深32m，半挖半填段占该段渠道总长的37%。辉县段设计流量$260m^3/s$，加大流量$310m^3/s$。设计水位102.961~98.939m。渠道过水断面呈梯形，设计底宽25.0~14.5m，堤顶宽5m。渠道边坡系数为2.25~0.4，设计纵坡为1/20 000~1/28 000。工程规划永久占地9412亩，临时占地13 676亩。合同工程量：土石方开挖3918万m^3、土石方填筑1715万m^3、混凝土100.1万m^3、砌石30.1万m^3、钢筋制作安装5.19万t、机械电气设备安装、金属结构设备安装、临时工程、水土保持工程及施工期环境保护工程等。

二、工程投资

截至2015年12月辉县段共完成工程投资24.48亿元。其中：结算合同内投资17.629 2亿元；完成变更索赔项目审核579项，增加投资4.518 1亿元，结算变更索赔项目投资5.035 1亿元；结算价差调整投资1.816亿元。累计批复变更索赔371项，批复投资4.518亿元。未批复变更索赔70项，预计增加投资2.644 6亿元。

三、建设管理

2015年主要工作有新增项目及尾工建设、工程验收、变更结算、临时用地返还等。截至2015年底辉县段各施工标段完成合同项目完工验收，完成总干渠安保移交，完成消防、安全检测移交工作。尾工及新增项目截至2015年底辉县段完成杨庄沟排水渡槽应急度汛工程，西孟庄洼地处理项目完成百分之三十的工程量。组织各参建单位逐段进行排查，对制约工程建设的因素逐一梳理，明确责任人和责任目标。建立尾工建设台账，实行销号制度。建立征地拆迁工作台账，加强与地方政府及征地拆迁部门的协调与沟通，推进征迁遗留问题和封闭隔离网施工问题的解决。建立通水、运行协调机制。重点加强与自动化实施单位、运行管理单位的沟通协调。完善工程巡视检查方案，与地方水利部门建立联动机制。

2015年，辉县段工程全部移交运管单位进行管理，通水期间，根据上级“防意外、保通水”的要求，配合运管单位对渠道运行安全进行巡视和排查。对2015年汛期和节假日期间的安全生产工作提前安排部署，加大监督检查力度，安排人员24h值班。针对工程尾工建设情况，加强监督巡视力度。对沿线各参建单位进行不定期巡查，发现问题现场解决，对较大隐患限期整改。

四、验收工作

2015年2月7日，辉县段单位工程验收工作完成。单位工程验收工作由建管处组织，参验单位包括：运行管理单位、监理单位、设计单位、地质勘测单位、土建及主要设备供应商等。辉县段85个单位工程全部合格，其中按照水利标准验收的单位工程共25个，优良19个，优良率76%。

2015年12月4日，辉县段合同项目完成验收工作，省南水北调建管局在新乡市主持辉县段7个合同项目的验收工作，7个合同项目通过合同项目完成验收，其中优良5个。辉县段46座桥梁，完成验收移交42座。

会同中线建管局档案馆和专家对档案管理工作进行指导，邀请省南水北调办专家对各参建单位的工程档案管理工作进行检查、督导，并组织内部培训和交流活动，2015年12月24日，辉县段7个土建标和1个安全监测标通过工程档案预验收。

五、环境保护与水土保持

辉县段环境保护与水土保持内容主要包括水环境保护、生态保护、噪声防护、大气环境保护、固体废物处理、人群健康防护等。加强对噪声、粉尘、垃圾的控制，按照批准的弃渣规划堆放和利用弃渣。生产、生活废水均经处理后排放，合理安排施工时间，降低噪声对周边居民的影响，控制洒水频次。

（邢宝亮　蔡舒平）

石门河倒虹吸工程

一、工程概况

石门河倒虹吸工程渠长1550m，设计流量260m^3/s，加大流量310m^3/s。本标段包括倒虹吸两端渠道总长374m，其中进口段渠道长99.4m，出口段渠道长274.6m；进口渐变段、闸室段长68m，出口闸室段及渐变段长93m；倒虹吸管身段水平投影长1015m，管身横向为3孔箱型钢筋混凝土结构单孔管宽6.9m，管高6.9m。

二、工程投资

截至2015年底，石门河设计单元共完成投资1.88亿元。其中：结算合同内投资14 664.518 9万元，结算变更索赔项目投资1878.42万元，结算价格调整投资2248.430 6万元。累计批复变更索赔29项，批复投资1878.42万元。未批复变更索赔27项，预计增加投资10 024.69万元。

三、质量管理

2015年，石门河渠道倒虹吸工程主体工程全部完工，只剩少部分尾工建设，质量管理主要任务是质量缺陷的整改、工程档案的整理和合同项目完成验收工作。

组织施工、监理单位和运管单位对工程质量缺陷台账逐一排查，对整改到位的质量问题逐一进行销号。2015年7月22日，合同项目完成验收工作完成，河南省南水北调建管局在新乡市主持石门河渠道倒虹吸工程合同项目完成验收工作，合同项目工程通过合同项目完成验收，质量等级优良。

四、档案验收

多次会同中线建管局档案馆领导和专家对档案管理工作进行指导，并多次邀请省南水北调办专家对各参建单位的工程档案管理工作进行检查、督导，组织内部培训和交流活动，推进档案管理工作进展。2015年11月10日通过工程档案预验收。

五、安全生产

2015年，石门河渠道倒虹吸工程全部移

交运管单位进行管理，通水期间根据上级“防意外、保通水”的要求，配合运管单位对渠道运行安全进行巡视和排查。做好关键时段的安全工作，对2015年汛期和节假日期间的安全生产工作提前安排部署，加大监督检查力度，安排人员24h值班。

针对工程尾工建设情况，加强监督巡视力度。对沿线各参建单位进行不定期巡查，发现问题现场解决，对较大隐患限期整改。

（邢宝亮　蔡舒平）

新乡和卫辉段工程

一、工程概况

新乡和卫辉段工程是南水北调中线一期工程总干渠Ⅳ渠段（黄河北—羑河北）的组成部分，位于Ⅳ渠段的中部。黄羑段共分有9个设计单元，新乡卫辉段是第7个设计单元。地域上属于河南省新乡市的新乡市凤泉区和卫辉市。该设计单元起点位于新乡市凤泉区前郭柳村西南孟坟河渠倒虹吸出口（桩号Ⅳ115+900），终点位于沧河倒虹吸出口（桩号Ⅳ144+600），与鹤壁段起点相接。新乡卫辉段被潞王坟膨胀岩试验段设计单元分隔成二段，潞王坟试验段长1.5 km，起点设计桩号Ⅳ120+498.3，终点设计桩号为Ⅳ121+998.3。新乡卫辉段全长27.20km，其中渠道长25.416km，建筑物长1.784km。新乡卫辉段渠段共有各类交叉建筑物48座，其中河渠交叉4座，左岸排水9座，渠渠交叉2座，公路交叉20座，生产桥9座，控制建筑物4座（节制闸和退水闸各1座，分水口门2座）。

新乡和卫辉段工程中渠道全挖方段长6.607km，全填方段长0.168km，半挖半填段长18.641km，分别占渠段总长的26.0%、0.7%、73.3%。渠道最大挖深21~34m，最大填高9m。总干渠设计流量250m^3/s，加大流量310m^3/s。新乡卫辉段渠段起点设计水位98.935m，终点设计水位97.061m，总水头差1.874m，扣除其中潞王坟试验段占用0.075m水头后，新乡卫辉段设计水头为1.799m。渠道过水断面呈梯形，设计底宽20~9.5~19m，堤顶宽5m，渠道边坡系数2~3.5，设计纵坡1/28 000~1/23 000~1/28 000。工程规划永久占地5228亩，临时占地4703亩。

二、工程投资

2015年新乡和卫辉段工程完成施工合同总额5628.9万元，土方开挖5.6万m^3，土石方回填11万m^3，通讯管道完成29.13km，防浪墙14 874延米，截流沟26.39km，安全防护网55.54km，运行道路维护50.68km，完成渠道内坡一级马道以上防护31.80km。

截至2015年底，新乡和卫辉段工程累计批复变更索赔254项，批复投资1.44亿元。未批复变更索赔66项，预计增加投资3.4亿元。其中：未批复变更索赔中，已上报中线建管局和河南省南水北调建管局5项，预计增加投资0.794 3亿元；新乡建管处正在审核2项，预计增加投资464万元；监理单位正在审核2项，预计增加投资252万元；返还施工单位18项，预计增加投资10 575万元；施工单位尚未上报39项，预计增加投资14 769万元。

三、建设管理

2015年，新乡和卫辉段工程主要完成永久隔离网封闭围挡、桥梁剩余路面、缺陷处理、临时用地返交及工程变更工作；完成工程质量排查及消缺、新增项目、临时用地返交及工程变更工作。完成运行道路维护、防浪墙、渠道内坡一级马道以上防护、截流沟施工、安全防护网安装、通信管道埋设。召开专题会议，督促变更索赔项目的处理，并会同省南水北调建管局共同对限额以上变更索赔项目进行审核，加快变更索赔项目处理的速度，及时结算工程进度款。

四、质量管理

2015年质量管理主要任务是尾工和新增工程建设的质量检查、质量缺陷的整改、工程档案的整理和合同项目完成验收工作。

2015年组织施工、监理单位和运管单位同时对辉县段所有标段的工程质量缺陷台账逐一排查，对整改到位的质量问题逐一进行销号。新乡卫辉段31座桥梁，完成验收移交村道、机耕道和县道29座。

五、验收工作

2015年2月7日，新乡和卫辉段工程单位工程验收工作完成，43个单位工程全部合格，其中按照水利标准验收的单位工程共12个，优良9个，优良率75%。

2015年12月4日，新乡和卫辉段工程合同项目完成验收工作完成，河南省南水北调建管局在新乡市主持新乡卫辉段3个合同项目完成验收工作，3个合同项目工程通过合同项目完成验收，质量等级全部优良。

六、档案验收

会同中线建管局档案馆领导和专家对档案管理工作进行指导，多次邀请河南省南水北调办专家对各参建单位的工程档案管理工作进行检查、督导，并组织内部培训和交流活动。2015年12月24日，新乡卫辉段3个土建标段和安全监测标通过工程档案预验收。

七、安全生产

2015年，新乡和卫辉段工程移交运管单位进行管理，通水期间配合运管单位对渠道运行安全进行巡视和排查。对2015年节假日期间的安全生产工作提前安排部署，加大监督检查力度，安排人员24h值班。对工程尾工建设，加强监督巡视力度。对沿线各参建单位进行不定期巡查，发现问题现场解决，对较大隐患限期整改。

（邢宝亮　蔡舒平）

鹤壁段工程

一、工程概况

鹤壁段工程是南水北调中线一期工程总干渠Ⅳ渠段（黄河北—羑河北段）的组成部分，属于第9设计单元，地域上属于河南省鹤壁市和河南省安阳市境内，渠段起点为鹤壁市淇县沧河渠倒虹出口导流堤末端，设计桩号Ⅳ144+600，终点为汤阴县行政区划边界处，设计桩号为Ⅳ175+432.8，全长约30.833km，其中明渠长29.344km，建筑物长1.489km。

鹤壁段工程渠道段为全挖方及半挖半填两种形式，过水断面为梯形，渠底及边坡采用现浇混凝土衬砌；建筑物工程有河渠交叉、左岸排水、渠渠交叉、控制工程和路渠交叉工程5种类型。共有各类建筑物63座，其中，河渠交叉建筑物4座，左岸排水建筑物14座，渠渠交叉建筑物4座。控制建筑物5座（节制闸和退水闸各1座，分水口门3座）。跨渠公路桥21座，生产桥14座（含新增3座），铁路桥1座。

渠道设计过水断面为梯形断面，设计底宽8~19m，渠道一级马道开口宽54.9~71.7m，一级马道以下内边坡1∶2.0~1∶3.5，外坡1∶2.0~1∶1.5，渠道渠底纵比降采用1/28 000、1/23 000两种。设计水深均为7.0m，加大水深7.403~7.469m。鹤壁段总干渠分2个流量段，设计流量250m^3/s、245m^3/s；加大流量300m^3/s、280m^3/s。

二、工程管理

（1）工程管理机构。按照国务院南水北调办《关于〈南水北调中线干线工程运行管理机构调整方案〉的初步意见》，南水北调中线干线工程运行机构设置按总公司、分公司、管理处三级管理模式。三级管理机构主要做好设备设施日常运行工作；负责辖区内维修养护计划并及时上报，根据上级批复编制详细的月、季工作计划，确保维修养护工作有序开展；负责辖区内各维修养护单位的日常管理，落实维修养护合同的履行情况，组织日常维修养护项目验收，参与专项维修养护项目的验收；负责日常运行各种资料、数据的整理、上报工作；具体负责管理辖区内工程安全保卫、看护和环境保护工作；具体负责同县级有关部门的业务协调、联络工作。鹤壁段工程现场管理机构为鹤壁管理处。

（2）工程维护检修。鹤壁段工程按照“管养分离”的管理原则，闸站操作、运行调度、工程巡视等任务以“自我人员为主，运行初期借调监理等单位人员辅助”，安全保卫工作通过招标由河南黄蒲水利水电工程有限公司承担，维修养护工作后期委托有相应资质的企业负责实施。按照《关于印发土建整治活动实施方案的通知》（中线局工〔2015〕77号）和河南分局土建整治要求，管理处对鹤壁段内外坡纵横向排水沟（10km左右）、巡渠路面下横向排水沟、建筑物周边及左岸截流沟（10km左右）进行了全面彻底的清理清扫；对鹤壁段内外坡雨淋沟（约1800m^2）进行了全面彻底的修复整理；坡面植草基础处理完成10 000m^2；对鹤壁段35座跨渠桥梁、14座左岸排水倒虹吸、3座渠渠交叉倒虹吸、3座左岸排水渡槽和1座渠渠交叉渡槽的混凝土及构件外观进行了全面彻底检查和清理修复；对4座输水倒虹吸、3座分水口和1座退水闸建筑物外观统一采用真石漆喷涂装饰，并对跨渠桥梁排水管破损缺进行了修复更换及桥头伸缩缝两端封堵，避免了由于桥梁排水原因造成的水质安全问题发生；对鹤壁段14座左岸排水倒虹吸、3座渠渠交叉倒虹吸、3座左岸排水渡槽、1座渠渠交叉渡槽、4座输水倒虹吸的混凝土和1座退水闸的防护栏杆进行了全面彻底的除锈刷漆（6875m^2）；对鹤壁段渠道水面及场区垃圾每天进行全面的机动和定点打捞。另外场地平整清理垃圾约200万m^2；新建建筑物标识牌、河道禁采标识、巡视台阶等项目。

（3）安全生产管理。为了始终把安全生产放在建设管理的重要位置，落实“安全第一，预防为主”的方针，建立了鹤壁段工程安全管理体系，由管理处牵头成立了由参建各方主要负责人和安全专责工程师组成的安全生产管理委员会、文明施工领导小组，全面负责安全文明生产的领导工作。依据《中华人民共和国安全法》《建设工程安全生产管理条例》及国务院南水北调办、中线建管局相关要求，结合鹤壁段工程实际，印发了《鹤壁段安全生产管理办法》《文明工地建设管理办法》《安全生产例会制度》《防洪度汛制度》。监理单位制定了《安全生产监理实施细则》《安全生产考核办法》。同时，督促承包人建立安全体系和责任制度，完成了安全生产、文明施工、环保、水保等一系列施工计划、方案和应急预案、各类专项安全技术措施的编报。严格现场管理和安全生产的宣教和培训。2015年度未发生任何安全事故。

（4）文明工地建设。工程开工后，建管单位成立了文明施工及安全生产领导小组，负责整个工程建设期间的文明施工及安全生产管理，依托现场监理对施工中的文明施工与安全生产情况进行动态管理。施工过程中，施工单位能够根据现场条件并结合建筑物的布置、施工管理的划分情况，对生产辅助设施、生活营地、施工道路、风、水、电等为工程服务的所有临时设施进行合理规划布置，以达到有利于生产、方便生活、保证安全、符合环保、经济合理、易于管理的要求，并在施工现场设置文明标语、安全警示标志及宣传栏，施工及生活垃圾及时清运。文明施工取得了良好的效果，整个工程文明施工于安全生产工作均处于受控状态。

三、运行调度

2015年，南水北调中线工程通水元年，鹤壁段工程保持设计水位运行，全年安全运行、水质稳定达标。

（1）运行调度情况。鹤壁管理处调度值班人员共13人，其中中控室配备10名值班人员，调度值班每班2人，其中值班长1人，值班员1人。实行5班2倒24h值班制度；淇河节制闸配备3名调度值班人员，每班2人，每班24h，分时段以1人为主，另1人为辅，发生事件时2人共同处理。截至2015年底，累计完成上报水情信息4692次，没有出现重大漏报错报现象，执行指令452次，其中成功421个，成功率93.1％。2015年度管理处辖区内3个分水口均运行使用，累计向鹤壁市淇滨区、淇县、浚县、濮阳市华龙区、滑县等地市城市分水4148.8万m^3，淇河退水闸全年共4次退水，累计退水715万m^3。鹤壁管理处全年共制定完善调度类规章制度8项，6人次参加中线建管局组织的输水调度业务培训，全部通过考核。2015年9～12月的“保运行、上水平”全面整治活动中，鹤壁管理处运行调度名列河南分局前茅。期间，在全局率先提出了智能中控室创建、打造管理处综合指挥中心理念，得到中线建管局、河南分局领导认可。

（2）金属结构、机械电气运行情况。鹤壁管理处配备2名金属结构、机械电气管理专员，2名35kV线路及低压设备管理专员、负责日常的设备巡查和运维管理。鹤壁管理处按照相关要求实行周巡查制度，对各类设备的运行情况进行检查，发现问题及时进行处理，有效地保证了设备的正常运行。2015年度鹤壁段金属结构、机械电气运行正常，未发生过影响调度的故障。国务院南水北调办稽查、飞检、中线建管局检查发现鹤壁段遗留金属结构、机械电气及永久供电系统缺陷24个，除1个E类问题，不具备整改条件外，其余已全部整改完成。自查发现鹤壁段工程金属结构、机械电气及永久供电系统问题29个，具备整改条件的问题29个，全部整改完成，消缺工作完成率100％。全年完成金属结构、机械电气类制度3项，先后选派17人次参加了河南分局组织的机械电气金属结构类培训，全部培训合格。全面整治期间，根据中线建管局全面整治活动工作方案和闸站设备设施标准化建设指导书等文件相关要求，共签订闸站整治类合同5份。目前，闸站设备设施标准化建设完美收官，期间完成主要亮点十余项，多项亮点被全局推广，实现了建筑物面貌形象焕然一新、窗明几净、标识清晰、各项设备设施安全运行，鹤壁段建筑物整体形象得到有效提升。

（3）自动化系统运行情况。鹤壁管理处配备1名自动化设备管理专员，负责日常的设备巡查和运维管理。按照相关要求实行巡查制度，对各类设备的运行情况进行检查，发现问题及时进行处理，有效地保证了设备的正常运行。2015年度鹤壁段自动化运行正常，未发生过影响调度的故障。国务院南水北调办稽查、飞检、中线建管局检查发现鹤壁段遗留自动化类缺陷4个，全部整改完成。自查发现鹤壁段工程自动化类问题34个，全部整改完成，消缺工作完成率100％。全年完成信息自动化类管理制度5项，先后选派19人次参加了河南分局组织的自动化类培训，全部培训合格。全面整治期间，根据中线建管局全面整治活动工作方案和闸站设备设施标准化建设指导书等文件相关要求，对鹤壁段9个自动化室进行全面整治，目前基本达到河南分局指导书规定的质量要求。鹤壁段安防系统建设按期完成建设目标。硅芯管断点累计修复174处；微缆累计敷设63.03km，微管累计敷设63.06km，机柜安装7套，接续61处，累计完成56处。摄像头安装85套，视频立杆85根；布放电缆40.55km，布放光缆25.6km；供电系统电缆配电箱箱9个，声音告警设备安装85套。辖区内3个分水口，需安装水位计10支，流量计4套，目前已安装水位计10支，流量计4套，已全部投入运行。截至2015年底，鹤壁段安防系统建设任务已经按期完工。

四、工程效益

自2014年12月12日，南水北调中线干线工程正式通水以来，鹤壁段工程安全运行383天，通过鹤壁淇河节制闸累计往下游输水147 024万 m^3。

2015年，鹤壁管理处辖段内的袁庄分、三里屯和刘庄分水口3座分水口门全部启用，累计向鹤壁市淇滨区、淇县、浚县、濮阳市华龙区、滑县等地市城市分水4148.8万 m^3；淇河退水闸共4次向淇河补充生态用水715万 m^3，为鹤壁市国家海绵城市建设发挥了良好的社会效益和生态效益。

五、环境保护与水土保持

管理处重视鹤壁段工程水土保持和环境保护管理工作，督促参建各方特别是施工承包人制定水土保持和环境保护控制措施，提高施工单位的水土保持和环境保护意识。每月及时审核工程水土保持、环境保护监理及监测单位的月报，并对数据进行分析对比，对超标项目及时督促监理、施工单位进行整改；同时，积极与安鹤段水土保持、环境保护监理单位及监测单位进行联系沟通，建立了工作联系机制，并要求监理单位、监测单位开展每月、每季度的水保环保大检查，提出存在的问题，限期整改。并督促施工单位、监理单位按时编报水土保持月报、环境保护月报、水土保持和环境保护监测报告。鹤壁段共征用临时用地7545.16亩，已返还4985.86亩，返还率为66.08%，近期计划返还1300亩，其余临时用地计划在2015年5月底前完成移交、复耕。2015年鹤壁段工程无水土流失和环境破坏现象。

六、验收工作

2015年1月12日，由安鹤项目部组织召开的鹤壁段Ⅲ标快速通道、淇滨大道、刘庄村北及刘庄火车站4座跨渠桥梁交工验收工作顺利完成。

2015年1月14日，鹤壁段35千伏永久供电线路安装单位工程通过验收。

2015年1月30日，鹤壁段8座跨渠桥梁顺利通过交工验收。

2015年2月2日，鹤壁段安全监测单位工程通过验收。

2015年6月25日，鹤壁段剩余9座跨渠桥梁顺利通过了由建管单位组织的鹤壁段境内第四次跨渠桥梁交工验收。至此，鹤壁段直管代建项目的35座跨渠桥梁全部完成交工验收。

2015年8月11日，随着鹤壁段施工Ⅲ标淇河渠倒虹吸单位工程完成验收，安鹤片区53个单位工程验收全部完成。

2015年8月20日，河南分局主持完成了黄河北—美河北段（直管和代建项目）及穿漳工程安全监测项目合同验收。

2015年12月14日，鹤壁管理处顺利通过管理用房竣工验收消防备案，有效保证了“上水平，保运行”全面整治活动的顺利开展。

2015年12月24日，鹤壁段三个施工标段完成合同项目验收。

七、其他

在2015年全面整治期间，鹤壁管理处集中整治活动围绕“上水平，保运行”的总体目标，组织开展质量安全管理、输水调度管理、工程维护管理、信息自动化管理、机械电气金属结构管理、安全监测管理、水质保护管理、工程绿化管理、应急抢险管理、计划合同及采购管理十个方面的整治内容。通过全面整治活动，各项工作取得了显著的成效。

（刘培源　刘菁阳　卞红鹏）

汤阴段工程

一、工程概况

汤阴段设计单元是南水北调中线一期工程总干渠Ⅳ渠段（黄河北—羑河北）的组成部分，位于Ⅳ渠段中黄羑段的最北部，地域上属于河南省安阳市汤阴县。

汤阴段设计单元南起自鹤壁与汤阴交界处，与总干渠鹤壁段终点相连接，北接安阳段的起点，位于羑河渠道倒虹吸出口10m处，起点总干渠设计桩号为Ⅳ175 + 432.8，终点设计桩号为Ⅳ196 + 749。汤阴段全长21.316km，明渠段长19.996km，建筑物长1.320km。

汤阴明渠段分为全挖方段、半挖半填段、全填方段三种形式，过水断面为梯形，渠底及边坡采用现浇混凝土衬砌，渠道最大挖深19m，最大填高11.5m。共有各类建筑物39座，其中河渠交叉3座，左岸排水9座，渠渠交叉4座，铁路交叉1座，公路交叉19座，控制建筑物3座（节制闸、退水闸和各分水口门各1座）。

渠道设计过水断面为梯形断面，内边坡1∶2.0～1∶3.25，外坡1∶1.5～1∶2.5，底宽10.5～18.5m。渠道渠底纵比降采用1/23 000、1/28 000两种。设计水深均为7.0m。设计水深均为7.0m，设计流量245m^3/s，加大流量280m^3/s。

汤阴管理处渠段担负向南水北调中线汤阴以北沿线的供水任务，是实现中线一期工程调水目标任务的重要组成部分，本年度通水运行安全平稳，机械电气、金属结构设备、自动化系统、35kV供电系统等设备均安排专人负责，按期进行设备维护和检修，目前各种设备运行稳定，未出现较大故障。2015年渠道输水运行平稳，董庄分水口门累计向汤阴县分水1.4万m^3，汤河节制闸向下游输水149 835.3万m^3。

二、工程管理

目前汤阴段工程管理工作由南水北调中线干线汤阴管理处负责，下设综合科、工程科、调度科等三个职能科室，全面负责辖区内运行管理工作，保证工程安全、运行安全、水质安全和人身安全。

汤阴管理处认真贯彻执行上级有关运行管理和维修养护、安全生产工作方面的管理办法，建立健全内部管理制度。

35kV供电运行管理方面，2015年度汤阴管理处首先完成了35kV合同验收工作；第二针对施工遗留问题，汤阴管理处积极督促施工单位完成了杆塔标牌的安装，对于杆塔基础较低的接地线进行了延长，杆塔基础混凝土进行了加高；第三建立、完善设备台账和设备隐患台账，做到对汤阴段电气设备及线路的全面掌握，及时了解设备工况；第四配合各级领导部门，对设备设施进行检查和调试，发现问题及时处理；第五对各级检查和自查发现的各类问题进行积极整改消缺，全年问题整改率达到100%；第六加强运维队伍的管理，按时进行维护管理，线路及设备运行平稳，全年供电较为稳定，有力保障了豫北段的运行。

自动化系统运行维护方面，在2015年专门制定完善了《汤阴管理处自动化巡查管理制度》《汤阴管理处自动化维护与管理岗位职责》《机房安全防火制度》《自动化设备巡视排查表》等相关制度台账，认真做好了自动化设备日常管理、巡查、维护工作。首先定期对自动化设备、机柜内部、自动化机房卫生进行清洁；第二制作了设备标识牌并责任到人；第三在全年各类检查及自查中，发现各类缺陷9项，通过管理处专业负责人的跟踪销号，目前已全部整改完毕；第四完成了每季度闸控系统软件及触摸屏软件密码修改等工作，对中控室及各闸站视频监控系统及闸控系统出现的问题及时上报，并做好相关记录；第五配合自动化厂家完成汤阴段各闸门调试工作，对日常自动化设备存在的一些问题，积极组织自动化厂家对其维修处理，圆满完成了汤阴段信息自动化全面整治工作。目前，汤阴段自动化系统运行正常。

机械电气金属结构方面，汤阴段辖区内包括1座节制闸，3座控制闸，2座分水口，1座退水闸，2座抽排泵站。液压启闭机设备11套，桥式起重机3台，单梁电动葫芦10台，固定卷扬机2台，柴油发电机8台，干式变压器6台（含箱变）、弧形闸门8扇、平面闸门及检修门共24扇、设备控制柜34面。2015年，在上级领导的规范要求下，汤阴管理处机械电气金属结构工作取得长足进展，各项工作井然有序。一是管理处进一步完善了机械电气、金属结构相关规章制度，并积极参加上级部门组织的各类培训，内部也多次组织集中学习，有效提高了员工业务水平；二是认真做好金属结构、机械电气设备日常管理、巡查、维护工作，保持闸站卫生清洁；三是按时上报金属结构、机械电气周报，对发现的问题及时上报机械电气处，并尽快进行处理；四是制作安装了设备标示标牌，责任到人，设立警示标识，强化安全意识；四是建立了物资设备仓库，执行出入库制度，规范设备备品备件管理；五是根据机械电气设备维护计划，完成了汤阴段柴油发电机首保工作，并组织运维人员，对汤阴段电动葫芦、台车等的钢丝绳进行养护，保持设备工况良好，延长设备使用寿命；六是提前做好应急准备工作，面对35kV突发供电故障，能够保证柴油发电机时刻工况良好，临时电源随时保障调度用电。目前，汤阴段金属结构、机械电气设备运行状况良好。

三、运行调度

汤阴管理处高度重视输水调度工作，加强对员工的业务培训工作，积极学习贯彻上级文件精神及要求，提高调度人员业务水平，增强调度人员工作责任心。根据上级要求，中控室按照五班两倒的值班方式科学安排调度值班工作。值班期间严格遵守“五个零容忍”制度，规范填写值班记录，严格遵守交接班制度，按时上报水情信息，发现异常及时上报。2015年汤河节制闸接收调度指令461条，董庄分水口接收调度指令15条，闸门远程操作成功率达到98%以上，均在规定时间内完成并反馈。

2015年，汤阴管理处严格按照中线建管局和河南分局的各项部署要求，狠抓金属结构、机械电气日常管理工作，全年设备运行工况良好，维护措施得力，共完成金属结构、机械电气类28项缺陷整改工作，整改率达到100%。同时完成了羑河倒虹吸控制闸、永通河倒虹吸控制闸、淤泥河控制闸、董庄分水口液压启闭机首保工作和汤阴段节制闸及控制闸的柴油发电机首保工作。

2015年底，以全面整治为契机，对现有金属结构、机械电气设备设施进行改造、完善，完成电缆沟改造438m，检修门孔口盖板8孔，室内功能分区6个闸站，警示线449m，液压启闭机集油槽改造8处，制作检修吊篮3个，挡油坎350m，喷刷设备保护漆430m^2，防鸟网设施改造10处等，有力保障了汤阴管理处金属结构、机械电气设备的良好运行。

2015年，汤阴管理处严格根据中线建管局和河南分局的各项部署要求，加强自动化系统的日常管理工作，全年维护到位、设备运行工况良好，并完成了汤河节制闸、永通河工作闸、董庄分水口、羑河工作闸的闸门联合调试工作。

2015年完成了全面整治任务，对处对所辖4个现地闸站自动化机房自上而下全部进行了整治，为设备提供了良好的运行环境，其中涉及电缆沟盖板9m^2，机房彩钢板273m^2，成品金属格栅吊顶177m^2，防静电地膜120m^2，4个挡水坝等，有力地保障了汤阴

管理处设备系统安全稳定运行。

四、工程效益

自充水试验以来，汤阴段累积有水运行 568 天，累计输水量 166 286.5 万 m^3。正式通水以来，汤阴段累积向下游输水 153 118.4 万 m^3，其中 2015 年全年累积输水量 149 835.3 万 m^3。2015 年 12 月 10 日，汤阴段工程辖区内董庄分水门启用，截至 12 月 31 日累积向汤阴县分水 1.4 万 m^3。

五、环境保护与水土保持

环境保护：汤阴管理处在通水运行期间，高度重视环境保护管理工作，安排专职人员负责环境保护工作，实现通水运行的环境、社会与经济效益的三统一。汤阴段工程环境设计内容主要包括：水环境保护、生态保护、噪声防治、大气环境保护、固体废物处置、人群健康防护设计等。

环境保护目标：保护区生态环境的连通性、物种的多样性，尽快恢复因工程兴建而破坏的植被，保护野生动物觅食、栖息生境。

环境保护措施：按照批复的环境保护方案以及相关规定对施工现场、生产生活区、施工道路等进行管理。认真做好空气污染防治，废水处理与排放，作业面噪声防治，固体废弃物处理与施工环境整治工作。确保施工道路整洁，排水设施齐全，营造和谐的施工环境。

水土保持：汤阴管理处在通水运行期间，高度重视水土保持管理工作，设立专职管理人员开展水土保持工作，认真执行预防为主，防治并重原则，生态优先、恢复原土地功能的原则，严格执行“三同时”制度，督促参建各方特别是施工承包人制定水土保持和环境保护控制措施，避免在工程施工中采取的方法不当或管理不当造成水土流失和环境破坏。提高施工单位的水土保持和环境保护意识。每月及时审核汤阴段工程水土保持、环境保护监理及监测单位的月报，并对数据进行分析对比，对超标项目及时督促监理、施工单位进行整改。

水土流失防治目标：根据《开发建设项目水土保持技术规范》和《开发建设项目水土流失防治标准》，结合工程水土流失特点及防治分区，确定本工程防治责任范围内的水土流失防治标准为一级，具体防治目标位：工程扰动土地治理率达到 95% 以上，水土流失总治理度达到 95% 以上，土壤流失控制比未 1.0，拦渣率 95% 以上，林草覆盖率 25% 以上，植被恢复系数 98% 以上。

防治水土流失措施：根据该工程项目组成、施工布置、建设时序，结合主体工程已有的水土保持功能的措施内容，本工程水土流失防治措施体系由工程措施、植物措施与临时工程构成。其中工程措施包括挡渣墙、排水工程和土地整治等；植物措施包括草皮护坡、防护林、景观林及绿化林等；临时工程指临时覆盖、临时拦挡、临时排水沟等。

六、验收工作

汤阴段移民、水保专项验收还未进行，汤阴管理处将根据河南分局及安鹤尾工办的统一安排部署做好相关配合工作。汤阴段设计单元共划分 5 个施工合同标，合计 35 个单位工程，（其中土建 24 个、安全监测 1 个、35kV 线路 1 个、桥梁 19 个），182 个分部工程(其中土建 94 个、安全监测 6 个、35kV 线路 6 个，桥梁 76 个）。依据南水北调验收细则和相应规范规程，经过细致入微的管理和大力推进，汤阴管理处已完成全部单位工程验收和分部工程验收。

2015 年汤阴段设计单位五个施工标段已完成全部施工合同验收工作。

（刘鹤年　何　琦　张才杰）

潞王坟试验段工程

一、工程概况

南水北调中线一期工程总干渠膨胀岩（土）试验段工程（潞王坟段），位于南水北调中线工程总干渠第Ⅳ渠段，在新乡市潞王坟乡。潞王坟试验段主体工程项目包括渠道工程1.5km，试验段工程，两泉路公路桥桥梁一座。渠道工程共分试验段和非试验段，其中试验段渠道长度568m，渠道属深挖方，最小挖深约15m，最大挖深约42m。渠道设计流量250m³/s，加大流量300m³/s；渠道设计纵比降为1/20 000；渠道过水断面呈梯形，设计底宽9.5～12m，设计水深7m。两泉路公路桥桥梁荷载等级由原来的公路-Ⅱ级变更为公路-Ⅰ级，上部梁体结构采用装配式预应力混凝土箱梁结构，下部支撑结构采用钢筋混凝土三柱式排架结构，钻孔灌注桩基础。渠道开口宽173.6m，桥长按渠道开口宽布置，采用跨径为(5×35)m，全长175m，共5跨。桥梁渠道夹角为66°，桥梁斜度按24°设计。桥面净宽14m，两侧各设0.5m宽防撞护栏，总宽15m，桥面双向横坡为2.0%，桥面纵向坡度为0.87%。

二、档案验收

2015年潞王坟试验段工程通过档案预验收。邀请专家对试验段工程档案管理工作进行指导。各项档案验收准备工作正在进行。

三、质量管理

2015年初，建管处组织召开潞王坟试验段年度工程质量管理工作会议，研究布置年度工程质量管理工作，明确工程质量管理工作思路、工作目标和任务。2015年潞王坟试验段工程主要任务是质量缺陷的整改、工程档案的整理、合同项目完成验收和两泉路公路桥移交工作。组织施工、监理单位和运管单位同时对试验段的工程质量缺陷台账逐一排查，对整改到位的质量问题逐一销号。两泉路公路桥完成移交工作。2015年7月22日，河南省南水北调中线工程建设管理局在新乡市主持试验段合同项目完成验收，通过验收，质量等级优良。

四、安全生产

2015年，试验段工程全部移交运管单位进行管理，通水期间，根据上级“防意外、保通水”的要求，建管处配合运管单位对渠道运行安全进行巡视和排查。建管处做好关键时段的安全工作，对节假日期间的安全生产工作提前安排部署，加大监督检查力度，安排人员24h值班。

（邢宝亮　蔡舒平）

安阳段工程

一、工程概况

南水北调中线一期工程总干渠安阳段处于Ⅳ渠段的最北部，南起羑河渠道倒虹吸出口，北接Ⅴ渠段（穿漳河工程）的起点，全长40.262km，其中渠道长39.299km。沿渠共布置各类交叉建筑物76座。总干渠设计流量245～235m³/s，设计水深7.0m，渠道纵比降1/28 000，输水横断面采用梯形明渠，渠道边坡为1:2～1:3，渠底宽12.0～18.5m。

二、建设管理

2015年，安阳段工程已处于收尾阶段。

（1）建设管理目标：确保本工程静态投资控制在与项目建设管理单位管理的内容对应的项目管理预算（即分解后的项目管理预算）之内。确保年内完成工程扫尾及工程缺陷消除；完成土建1－9施工标段合同完工验收和44座桥梁工程交工验收及管养移交；无

重大质量事故。杜绝群死、群伤的重特大事故发生，避免较大事故发生，减少一般事故发生，力争实现事故死亡率“零”目标。

（2）开展的主要工作：①加快工程扫尾，确保5月底完工的工程进度目标。每季度初由建管组织监理、施工单位，根据年度计划的要求，逐标段详细研究各个施工项目间的逻辑关系及相互影响，制定季度计划、月计划、旬计划，并编排进度控制节点。以进度节点作为控制目标，要求施工单位投入机械、材料和组织作业人员。这种事前监控进度措施，在促进标段施工进度中取得了很好的效果，最终提前完成了年度进度目标。②强化合同管理，加快结算、变更、索赔处理，保证资金供应。安阳段建管处在已确立的“以事实为依据，以合同为准绳”的合同处理原则基础上，进一步规范了工程价款结算的形式和程序，细化了合同管理办法，强化了投资控制。本年，按照上级单位及部门的要求，安阳段建管处成立了变更、索赔处理工作小组，再次编制了《南水北调中线一期工程总干渠安阳段变更索赔处理收口台账》，并按计划集中处理工程变更、索赔事项。全年共组织签订补充协议11份，印发联系单35份，文件33份，办理工程价款结算12期，处理完成工程变更索赔105项，及时编报了《建设信息月报》《建管月报》《投资控制分析月报》《投资控制分析季报》《投资控制分析年报》《资金计划》等；年内组织监理和施工单位完成了安阳段工程2014年度价差调整测算工作；编制了安阳段工程《2016年度生产计划》《2016年度资金计划》等，并督促相关单位全面落实。③积极推进工程验收工作。安阳段建管处与相关单位积极合作，完成了安阳段工程土建1－9施工标段合同完工验收和44座桥梁工程交工验收及管养移交及建设管理工作报告的编制工作。2015年，全面完成工程建设任务，为工程最后的竣工验收打下了良好基础，确保了工程建设的顺利推进。

三、工程进展

2015年度主要工程建设内容为：本年度主要进行工程扫尾及工程缺陷消除，目前全部结束；完成了土建1－9施工标段合同完工验收；7标尾工的防护网安装已于9月26日完成；1、2标的“五六渠”斗门工程完工；渠道运行期安全检测的内外观的观测值，均在设计的预警值以内，需要现场观察的区域及断面，没有发现异常情况，输水运行平稳。组织参建各方，配合安阳市南水北调办，并与地方交通部门沟通、协调，完成安阳段所有桥梁工程的移交工作，安阳段44座公路桥及生产桥全部完成管养移交工作。

四、质量管理

2015年，在已完善的质检机构、质量管理体系、质量保证体系和各种质量管理制度情况下，重点抓了对工程的全面质量排查整改、对充水后工程质量、安全的巡查、桥梁移交、施工合同工程验收等工作。

（1）制度落实。一是严格检查，加大监管力度。采取巡查、抽查的方式，加强对通水后渠道工程、建筑物进行不定期巡查、检查，发现问题及时处理，同时，随时和管理处沟通，把质量隐患消灭在萌芽状态确保了渠道工程的正常运行。二是加强对施工合同验收工作管理力度。建管处质安科对施工合同验收工作亲自抓，认真抓。为确保安阳段施工合同验收工作按时、保质保量地完成，要求各施工单位项目经理亲自挂帅，安排专职人员具体负责施工合同验收工作。从资料的整编，报告的编制，施工现场的整理都要有专人负责，保证了施工合同验收工作的顺利进行，为施工合同的如期完成奠定了基础。三是加强对桥梁移交工作的管理。安阳段桥梁横跨两县四区，数量大，战线长，协调难度大。为确保桥梁移交工作的按时完成，处长带领质安科与地方交通管养部门多次接触、交涉，不厌其烦向他们讲解移交的具体事项，遗留问题的处理等问题，在很短时间内完成了安阳段所有44座桥梁的移交工作。

（2）全面排查。一是狠抓渠道工程质量的全面排查。2015年度，为确保安阳段工程质量满足通水要求，安阳段质安科根据国调、中线建管局及河南省南水北调办有关文件要求，组织各参建单位对已完成的渠道工程进行了多次、全面的质量排查。对在排查中发现的质量问题，要求各施工单位建立问题台账，整改后及时销号。二是对建筑物、桥梁工程实体质量进行全面排查。根据有关要求，组织监理、施工单位，对安阳段所有建筑物、桥梁工程、渠道衬砌工程进行多次拉网式排查。通过排查发现一些问题，立即组织各参建单位对存在问题进行梳理，并制定措施限期进行整改。

五、验收工作

安阳段建管处重视施工合同工程的验收工作。按照中线建管局及河南省南水北调办2015年底完成施工合同验收的工作目标要求，组织各参建各方，整理施工合同验收资料，编制施工合同验收报告，安阳段14个施工合同项目验收11个，其中，安全监测、生产桥及保泰盈施工合同工程向省南水北调办上报施工合同验收申请，由河南省南水北调办统一组织验收。

六、安全生产

2015年安全管理的重点是安全责任制的落实、安全生产大检查及考核工作。开展“防溺水专项检查”“安全生产隐患排查治理专项行动”“桥梁施工安全检查”专项活动等。2015年安阳段工程未发生较大以上安全责任事故，安全生产处于受控状态。

七、档案验收

多次会同中线建管局档案馆领导和专家对安阳段档案管理工作进行指导，多次邀请专家对各参建单位的工程档案管理工作进行检查、督导，并组织内部培训和交流活动，推进安阳段整体档案管理工作的进展，取得阶段性成果。截至2015年9月，安阳段各施工标段的档案预验收工作全部结束，并通过验收。12月29～31日，通过中线建管局对安阳段设计单元工程档案法人验收。

（何向东　杨德峰　李沛炜　焦青云）

穿　黄　工　程

概　　述

南水北调中线一期穿黄工程(以下简称穿黄工程)是南水北调中线一期工程中的关键、控制性工程，为一等工程，由南岸明渠、南岸退水建筑物、进口建筑物、穿黄隧洞段、出口建筑物、北岸明渠、北岸新蟒河渠道倒虹吸、老蟒河河道倒虹吸、北岸防护堤、南北岸跨渠建筑物和南岸孤柏嘴控导工程等组成。穿黄工程总长19.30km，其中明渠长13 949.6m(南岸明渠长4628.57m，北岸明渠长9321.03m)，建筑物长度5354.9m，沿途穿越黄河、新蟒河、老蟒河等3条河流，与14条等级公路交叉。设计流量为265m^3/s、加大流量为320 m^3/s。

穿黄工程于2005年9月开工，主体完工日期为2013年12月31日。2014年12月12日正式通水。自通水以来，年度水量调度安全平稳，管理队伍不断完善，运行管理水平得到很大提升，累计不间断输水已达216 346.287万m^3，其中2015年一年时间输水19亿m^3，惠及沿线各大城镇数万居民，极大地缓解了当地缺水及饮水难问题，取得了良好的经效益、社会效益和生态效益。

（王志翔）

穿黄工程

一、工程概况

穿黄工程于郑州市荥阳孤柏山湾由南向北穿越黄河，横跨郑州市荥阳市和焦作市温县，是南水北调中线总干渠穿越黄河的大型输水工程，其任务是将中线调水从黄河南岸输送到黄河北岸，在水量丰沛时，视需要向黄河补水。工程位于河南省郑州市黄河京广铁路桥上游约 30km 处，于孤柏山湾横穿黄河。工程南岸起自荥阳市王村化肥厂南的 A 点，与中线总干渠荥阳段相接，终点为北岸温县南北张羌乡马庄东的 S 点，与温博段工程连接，总长 19.30km，设计流量为 $265m^3/s$、加大流量为 $320m^3/s$。

经过一年的运行管理，穿黄工程运行调度合理规范，完善了运行调度管理制度，对设备进行了全面的维护检修。工程管理严格精细，全面提升了管理处的管理水平，确立了更加合理的新的组织管理机构。对以往存在的缺陷问题进行了全面整治，通水一整年下来工程各方面运行平稳，没有发生大的工程质量安全事故，工程运行安全、平稳、高效。2015 年一年累计不间断输水 19 亿 m^3，很大程度上缓解了沿线各大城镇的饮水用水问题，外加上管理处人员对环保知识的宣传，使得环保观念更加深入人心，取得了良好的经济效益、社会效益和生态效益。

二、工程管理

（一）健全完善新的工程管理机构

2015 年是穿黄从建设期进入运行期的关键性的一年，随着工作重心的转移，很多内容都在随着转变。穿黄管理处成立了新的工程管理机构。最开始管理机构由综合组、工程组、运行组及调度组组成。后来随着工作内容的转变，原来的部门设置渐渐地不能满足日常工作的需要，因此穿黄管理处在原有的基础上，对各个部门重新进行了合理划分，商讨制定新的工程管理机构，新增了合同财务科，最终确立为综合科、工程科、调度科、合同财务科。并在此基础上，进一步进行了工作上的合理分工，细化了管理处及各科室的工作职能，优化了管理队伍，大大提高了管理处的工作效率及运作水平。

（二）工程维护检修

（1）穿黄明渠及建筑物等工程维护检修。按照中线建管局及河南分局要求，管理处组织开展了工程维护检修工作。内容涵盖土建工程的维护养护，包括排水沟和截流沟清淤修复，浆砌石的修复，警示柱及路缘石更换、修复，对安全防护网进行全面的排查修护，雨淋沟、除草，闸站和渡槽栏杆除锈、更换，南北岸园区沥青铺设，沥青路面污染处理，沥青路面与内侧路缘石缝面补灌沥青，对进口闸室及退水闸间土体沉陷处理，对衬砌面板裂缝处理，路面铺装等。另对穿黄各建筑物各种标识牌及各种警示、指示标识标牌进行安装。经过管理处一年的精心实施处理，大大提升了管理处的外在形象及内在形象。

（2）穿黄隧洞退水维护检修。2015 年 10 月开始缓慢退水，隧洞采用检修排水泵缓慢降水，截至 11 月 22 日完成全隧洞退水。退水过程中，建管、监理、施工单位三方联合进行排查，排查人员将新发生问题标记和登记。隧洞退水完成后，参建四方组织三组人员采用移动台架对隧洞内衬结构进行了全面系统排查。采用交叉、轮换的形式详细、系统地排查了三遍。在防渗处理过程中参见四方对相关的防渗项目又详细地进行了三次排查，共计排查六次。排查出的缺陷均进行了现场标识及登记，建立了完整的缺陷排查台账。

在排查的同时，管理处组织专家、厂家

技术人员、管理处技术人员、监理、各参建施工单位技术人员等开会共同商讨研究，对排查的问题进行综合全面的分析，制定合理切实可行的实施方案。另外，在工作过程中，隧洞组成员都严格地要求自己，工作过程中，管控好每一道施工程序，严把质量关。从材料、设备的生产、采购、出厂到设备的安装，都安排人员严格跟进。施工前对设备材料进行抽查检验，对安装的仪器进行严格的率定，施工完成后，进行检测，对安装效果进行综合评定。穿黄隧洞埋设诸多检测仪器，有通水期间，很多仪器，设备显示特征值不稳定，检修期间，管理处组织技术人员对原有仪器设备进行监测，对损坏不能再用的仪器设备进行拆除，对能够修复的加以修复利用。既把对隧洞的损害程度降到最低，同时又节约了成本。在管理处及各相关单位的共同努力下，穿黄隧洞检修工作顺利行进，目前穿黄隧洞已经检修处理完毕，已具备通水条件。

（三）工程设备维护

（1）巡视维修制度建立，管理标准化。根据中线建管局及河南分局对金属结构、机械电气自动化的管理规定及相关指导书，管理处建立了《南水北调中线干线穿黄管理处自动化设备管理制度（试行）》《南水北调中线干线穿黄管理处供配电系统管理制度（试行）》《南水北调中线干线穿黄管理金属结构、机械电气设备管理制度（试行）》制度，并结合35kV专业运行维护单位及金属结构、机械电气专业维护单位的合同内容，针对性地制定了各站设备设施的巡视检查制度，形成巡视检查台账，实现了对设备设施状态的动态掌控，为设备安全运行奠定了基础。

（2）全面展开消缺处理，运行更安全。结合国务院南水北调办、中线建管局、河南分局的各类专项检查提出的问题，管理处举一反三的全面开展设备安装及运行缺陷自查。2015年共上级检查共发现18个问题，自查31个问题，除需停水检修的缺陷已全部维修处理完毕。其中结合全面整治，抓住穿黄隧洞检修时机，管理处在河南分局指导下现场协调完成对穿黄IIB隧洞弧形门异响、液压油缸拉毛渗油、检修门漏水等需停水处理的问题进行了修复处理。

（3）协调自动化维护管理，系统稳定应用。管理处积极协调自动化系统建设尾工问题处理，主要进行视频监控系统、闸控系统、程控交换等系统的尾工处理。协调自动化系统专业运行维护进行每月的机房环境维护、自动化设备状态巡查、自动化设备故障处理等。管理处在自动化系统巡视维护中，将巡查发现的自动化系统问题及时向河南分局进行汇报，并协调自动化单位进行处理。自动化设备系统整体平稳，2015年主要处理了LED大屏蓝屏、闸控UPS主机故障等运行故障问题。随着巡视维护的常态化，自动化系统应用趋于稳定，保证了管理处调度平稳。

（4）积极推动安防系统建设。管理处安防系统建设起步晚，管理处积极推动安防系统建设进度。前期组织专人配合进行光缆微管穿放，协调安保单位进行跟踪配合，保证行进通畅。协调土建单位进行硅芯管等各类管线现场交底，保证了硅芯管断点修复中不对原有其他专业管线造成影响，管理处目前已完成全部31km的光缆微管穿放，正在积极组织协调后续安防系统建设施工。

（四）工程设施管理

管理处根据国务院南水北调办、中线建管局、河南分局等关于有关工程设施管理的相关要求实施对工程设施的管理，组织策划工程设施管理的规章制度，在工作过程中严格进行管控。对管理处所辖范围内的工程设施进行全面排查，统计工程设施的数量及设施的运行情况。建立工程设施台账，针对管理处不同的设施的情况制定各自管理方案。管理处制定严格的管理制度，对土建性质的设施，安排人员进行日常巡视，发现问题，上报相关人员进行处理。对于自动化，机械

电气金属结构设备，配备专业技术人员实施管理，非专业技术人员不得擅自操作。再有，管理处加强专业知识的培训，提高管理处人员对工程设施的管理水平。

（五）安全生产

“安全”是工程运行的重中之重，贯穿整个工程运行的始终。管理处在运行的每个阶段都从来没有停止过要求，无论是在日常的运行管理亦或是全面的整理阶段。穿黄管理处制定了安全巡视制度，安全生产隐患排查治理制度，安全事故报告制度等。根据国务院南水北调办、中线建管局统一安排和部署，结合穿黄管理处安全管理特点，提前规划个月安全管理重点工作，组织开展安全培训教育，深化安全生产整治工作，集中开展安全生产领域“打非治违”专项行动。组织开展“安全生产月”活动。扎实开展预防施工起重机械和脚手架等坍塌事故专项整治工作，深入开展隐患排查治理活动，加强重大危险源管理，落实重大危险源监控管理措施，确保重大危险源可控、在控。同时，强化应急预案体系建设，制定和完善郑焦片项目安全事故应急预案，提前安排防汛度汛、高温季节施工及重大节假日的安全生产工作，构建统一指挥、反应灵敏、协调有序、运转高效的应急管理机制并适时组织开展预案演练，切实提高了应急管理能力和水平。可以随着工程进展有预见性地提出安全警示。有效地提高各单位安全防范意识，减少安全隐患。对各单位安全管理人员和特种作业人员进行动态管理。建立纵向信息网络，搭建安全管理交流平台。由于管理到位、措施有效，穿黄管理处全年未发生安全事故，未因安全问题受国务院南水北调办或中线建管局处罚。

三、运行调度

（1）穿黄管理处运行调度工作基本情况。穿黄工程辖区内共有节制闸1座，即穿黄隧洞出口节制闸。穿黄管理处运行调度工作地点为中控室和穿黄北岸平台闸站值班室。根据《南水北调中线干线输水调度管理工作标准（试行）》要求，中控室按照五班两倒方式排班，早班8：00～18：00，晚班18：00至次日8：00。每班调度值班人员2名，其中值班长1名，调度值班员1名。调度值班人员共计10名。考虑到穿黄隧洞出口的特殊性，目前实行24h现地值守。每班2人，每班24h，分时段以1人为主，另1人为辅，发生事件时2人共同处理。主要工作内容为进行闸站巡视检查、竖井渗漏水泵启停、竖井渗漏量观测、应急闸门操作、应急供电等。

（2）2015年输水调度工作开展情况。穿黄工程是南水北调中线的咽喉，工程安全压力很大。调度运行管理工作领导关注多、要求高、责任重。比照其他管理处的运行调度岗位，穿黄的调度管理工作被赋予了更多的含义。为提高管理效率，保证运行安全，2015年，制定并颁布了《南水北调中线干线穿黄管理处输水调度管理考核实施细则（试行）》《南水北调中线干线穿黄管理处中控室调度值班岗位任务书（试行）》《南水北调中线干线穿黄工程应急调度处置方案（试行）》《南水北调中线干线穿黄管理处中控室出入管理办法（试行）》《输水调度交接班须知》《输水调度值班纪律》《输水调度值班要求》等，指导穿黄管理处运行调度工作。通水至今，穿黄管理处共收到远程调度指令377次，成功369次，成功率97%，远程失败转为现地操作8次，全部操作成功。接到现地操作闸门指令111次，全部成功；手动闸门纠偏525次，自动化闸门纠偏738次；闸门开度最大1.82m；过流流量最大94.22m^3/s；2015年6月15日A洞检修通水后，渗漏量最大16.69L/s；B洞通水至今，渗流量最大6.59L/s。穿黄节制闸累计过流量约16亿m^3。调度人员严格贯彻执行上级制定的输水调度相关管理制度和调度运行管理规程，安全高效地完成了以上调度运行任务。另外，配合中线建管局穿黄工作组顺利开展了穿黄隧洞退水检修工作及充水过流试验。

（3）应急调度工作开展情况。2014 年中线建管局陆续印发了《南水北调中线干线工程突发事件应急管理办法（试行）》、《南水北调中线干线工程突发事件综合应急预案》、《南水北调中线干线工程突发事件应急调度预案》、《南水北调中线干线工程水污染应急处置技术手册》（处置方案）、《关于转发进一步强化突发事件快速处置工作的通知》（豫直局综〔2014〕37 号）等应急情况相关文件，水污染事件、工程安全事故、重大洪涝灾害应急预案等专项预案，对应急调度工作职责及处置流程进行了明确。穿黄管理处高度重视，立即组织在岗人员进行了培训，并要求调度人员在日常工作中认真学习，熟悉相关责任、流程，必须胜任应急调度职责。经过管理处人员的共同努力，穿黄工程运行平稳，未发生任何应急调度事件。

（4）自动化系统使用情况。现地闸门指令执行情况，开度偏差情况都是通过闸控自动化系统监控获得信息的。穿黄管理处运行调度岗位的另一项重要职责就是使用视频监控系统巡查和监控辖区内渠道、建筑物及设备设施的运行工况，发现问题及时按照规定处置。闸控系统和视频监控系统对刚刚从建管转运行的调度人员来讲，是比较陌生的，对软件的驾驭操作不是很熟悉。运行初期，系统也有许多不完善的地方，时不时会出现一些不稳定的现象。针对以上问题，穿黄管理处做了以下几方面的工作：自行组织或组织软件施工单位开展相关培训，比如视频监控系统操作培训、闸控系统操作培训、视频会议系统培训，要求所有不当值调度人员全部参加；收集软件操作使用说明，以实物、电子版（Word、幻灯片）等形式在调度用电脑上安装、复制，方便了人员的学习和提高；建立和自动化软件施工方技术人员的常态联系，通过电话、QQ 等形式将软件运行中发现的问题第一时间反馈给他们，共同分析问题出现原因，同时学习他们处理问题方法方式，使得软件的稳定性逐步提升，调度人员的自动化系统问题处理能力也得到了提高。穿黄管理处运行调度人员已基本实现了能够自主操作使用各种自动化系统开展各项工作，如利用闸控系统判断闸门远程操作是否顺利完成，闸门左右、上下偏差是否超标以确定是否需要纠偏，调出各种水情数据及其历史数据等；利用视频监控系统校核闸站读取水位是否准确，检查闸站人员值班情况，各监控区域是否有异常，断电时检查柴油发现机是否运转等；利用视频会议系统参加总调、分调、片区各管理处组织的各种视频会议等。

（5）运行调度日常管理工作开展情况。穿黄管理处调度日常工作有运行调度相关资料的记录整理、调度纪律的执行情况管理、管理处 LED 宣传屏的更新管理、视频会议系统的使用维护等。注重运行调度组织建设机制建设。参照中线建管局印发的《南水北调中线干线工程输水调度管理规定（试行）》制定了适合穿黄管理处的各项管理规定，明确了调度人员职责、任务，明确了正常调度流程、应急调度组织机构和处置流程，明确了调度日志、交接班记录等记录格式及要求等，对一些重要的调度制度、流程进行了上墙公示。严格执行调度纪律。严格实行 24h 值班制，严防五种零容忍事件的发生，同时高度重视调度记录资料的记录整理上报工作，认真做好交接班记录、调度运行日志、故障记录等，及时准确向上级调度部门报送运行日报、电话指令反馈表、OA 水情记录等。为管理处调度工作的稳定性和连续性夯实了基础，为上级调度部门做出准确的调度指令提供了准确及时的信息。管理处中控室作为运行调度的核心业务部门，利用既有的自动化系统有利条件，还承担了更新维护管理处 LED 宣传屏、视频会议系统使用维护、管理处消防安全监控等工作。调度值班人员自主设计了

LED宣传屏版面，每日调度值班情况、水情、天气情况、当日新闻信息等内容实现了每日更新，提高了管理处广大干部职工对工程运行情况的了解程度，丰富了管理处广大干部职工的业余生活，一定程度上提高了管理处广大干部群众对调度工作的认可程度。穿黄工程跨越黄河两岸，人员也是两地工作。以往管理处全体会议人员要坐到一起，费时费力费钱。视频会议系统的使用，有效地解决了这一问题。经过培训，目前，管理处调度人员已能够基本操作该系统，实现召开管理处全体会议的功能。

（6）金属结构、机械电气、自动化管理工作开展情况。根据中线建管局及河南分局对金属结构、机械电气自动化的管理规定及相关指导书，管理处建立了《南水北调中线干线穿黄管理处自动化设备管理制度（试行）》《南水北调中线干线穿黄管理处供配电系统管理制度（试行）》《南水北调中线干线穿黄管理金属结构、机械电气设备管理制度（试行）》制度，并结合35kV专业运行维护单位及金属结构、机械电气专业维护单位的合同内容，针对性地制定了各站设备设施的巡视检查制度，形成巡视检查台账，实现了对设备设施状态的动态掌控，为设备安全运行奠定了基础。结合国务院南水北调办、中线建管局、河南分局的各类专项检查提出的问题，管理处举一反三的全面开展设备安装及运行缺陷自查。2015年共上级检查共发现18个问题，自查31个问题，除需停水检修的缺陷已全部维修处理完毕。其中结合全面整治，抓住穿黄隧洞检修时机，管理处在河南分局指导下现场协调完成对穿黄IIB隧洞弧形门异响、液压油缸拉毛渗油、检修门漏水等需停水处理的问题进行了修复处理。

四、工程效益

穿黄工程自2014年12月12日正式通水运行。运行以来，不间断累计运送输水216 346.287万 m^3，其中2015年累计输水19亿 m^3，给当地带去放心洁净的饮水，惠及沿线各大城乡居民，极大地缓解了当地缺水及饮水压力问题，促进了当地的经济发展及社会和谐，取得了很大的经济效益、社会效益。另外，管理处人员经常走进群众，通过各种活动的举办，各种知识的宣传，提高了人们节约用水、保护水资源的意识。并且随着这种意识的不断加强，未来的生态环境也将变得更加美好，生态效益将会日益显现。再有随着南水北调生态效益的显现，衍生当地旅游业的蓬勃发展。丰乐樱花园依随穿黄生态优势，建成生态旅游廊道，现每天都大批游客慕名而来。伴随旅游业的发展，也同时刺激了当地经济的发展，成为了当地一个美丽名片。

五、环境保护与水土保持

穿黄管理处要求各监理单位积极督促施工单位遵守有关环境保护的法律、法规和合同规定，采取合理的措施保护环境。做好施工开挖边坡、基坑的支护和排水，设置垃圾箱，及时将施工过程中产生的生活垃圾丢到垃圾箱。对建筑垃圾，集中运到地方垃圾场统一处理，定时在施工主干道洒水，加强对噪声、粉尘、垃圾的控制和治理防止污染，保持了施工区和生活区的环境卫生，达到环境保护要求。工作方针：全面规范、合理布局、预防为主，综合治理、强化管理。工作目标是少破坏、多保护；少扰动，多保护；少污染，多防治。使环境保护结果达到设计文件要求及有关规定。

在水土保持方面，要求各监理部督促施工单位必须遵守国家有关法律、法规规定，按照设计单位印发的水保措施施工技术要求、设计征地图纸控制永久用地和临时占地面积，认真做好水土保持工作。2015年进行了东、西邙山弃渣场水土保持措施的施工。及时进行了平整弃渣场、设置排水沟、坡面防护和表面排水等相关工作，同时多次召开协调促进会，由调水办协调进场施工道路、临时占地补偿。监理部督促其进度。要求施工单位制定水保管理办法，编制水保技术方案，制定文明标准化工地建设实施细则。工程完工时对现场及时清理、平整，确保渣场无水土流失，符合水土保持要求。

六、验收工作

2015 年穿黄工程验收工作主要有一标和三标遗留分部工程验收、22 个单位工程验收和 4 个合同验收。共计编写建管验收报告 30 份、运管报告 30 份，参加验收 30 次。

（1）移民、水保专项验收。移民、水保专项验收正在筹备中，尚未开展。

（2）财务决算。因部分索赔变更尚未处理完毕，尚未进行财务决算。

（3）档案专项验收。2015 年 10 月 12 ~ 13 日完成穿黄工程 1、3、4、5 标档案预验收。2015 年 12 月 22 日，完成防护林及绿化一期工程穿黄工程档案预验收，完成穿黄工程管理专题工程档案预验收。

（4）设计单元工程验收。2014 年 9 月 20 ~ 21 日，穿黄工程设计单元工程通过通水验收；截至 2015 年底，已完成所有单位工程验收；截至 2015 年底，完成了南水北调中线一期穿黄工程Ⅲ、Ⅳ、Ⅴ标合同项目完成验收。

（钞向伟　李元义　翟会见）

沙河南—黄河南段工程

概　　述

沙河南—黄河南段工程起点位于河南省鲁山县薛寨村北，终点在荥阳市西北王村与总干渠第Ⅲ渠段（即穿黄工程）的起点 A 点相接。线路全长 234.934km，本渠段设计流量为 320 ~ 265m³/s，加大流量 380 ~ 320m³/s。

南水北调中线一期工程为一等工程，总干渠渠道、各类交叉建筑物和控制工程等主要建筑物为 1 级建筑物，附属建筑物、河道护岸工程等次要建筑物为 3 级建筑物，临时工程为 4 ~ 5 级建筑物。

本渠段工程由全挖、全填、半挖半填土质渠道、岩质及土岩结合渠道和河渠交叉工程、左岸排水工程、渠渠交叉工程、公路和铁路交叉工程、控制工程等建筑物组成。

在该渠段总长 234.934 4km 中，其中渠道长 215.949km，建筑物长 19.385km。沿线共布置各类建筑物 351 座，其中河渠交叉建筑物 32 座，左岸排水建筑物 96 座、渠渠交叉建筑物 14 座、分水口门 13 座、节制闸 9 座、退水闸 10 座、公路桥 160 座、铁路交叉 10 座。

沙河南—黄河南段包括沙河渡槽段、鲁山北段、宝丰—郏县段、北汝河渠道倒虹工程、禹州和长葛段、新郑南段、双洎河渡槽、潮河段、郑州 2 段、郑州 1 段、荥阳段 11 个设计单元，其中沙河渡槽段、鲁山北段、北汝河渠道倒虹工程为直管项目，双洎河渡槽为代建项目，其他为委托建管项目。

2014 年 9 月 29 日，沙河南—黄河南段工程 11 个设计单元均通过了通水验收，2014 年 12 月 12 日正式通水，进入运行期。设计单元内各合同项目也已完成合同项目完成验收。

根据中线建管局《南水北调中线干线工程建设管理局组织机构设置及人员编制方案》（中线局编〔2015〕2 号），2015 年 6 月 30 日，在河南直管建管局基础上分别成立河南分局和渠首分局。河南分局负责叶县至冀豫界（全长 546.13km）工程运行管理工作，保证工程安全、运行安全、水质安全和人身安全。

河南分局内设9个处（中心），分别为综合管理处、计划经营处、人力资源处、财务资产处、分调中心、工程管理处（防汛与应急办）、信息机械电气处、水质监测中心（水质实验室）、监督二队，按职能分别负责综合、生产经营、人力资源、财务、调度、工程、机械电气金属结构、自动化信息、水质等方面管理工作。

河南分局下设19个现地管理处，其中沙河南—黄河南段设9个管理处，分别为鲁山管理处、宝丰管理处、郏县管理处、禹州管理处、长葛管理处、新郑管理处、航空港区管理处、郑州管理处、荥阳管理处，负责辖区内运行管理工作，保证工程安全、运行安全、水质安全和人身安全，负责或参与辖区内直管和代建项目尾工建设、征迁退地、工程验收工作。

目前，河南分局各级运行管理单位规章制度健全，人员配备合理，职责清晰明确，信息反馈及时，调度令行禁止，水质全面监控，工巡重点突出，安保措施得力，设备运转正常，合同管理规范，财务管理合规，后勤服务高效，园区设施基本完善，实现了工程安全运行，确保了水质稳定达标，工程运行管理工作取得了明显成效。

2015年，在中线建管局、河南分局及沿线各级调水部门的努力下，沙河南—黄河南段工程运行总体平稳、安全，供水效益逐步显现。2014~2015供水年度，本渠段14座分水口、2个退水闸开闸分水，累计向平顶山市、许昌市、郑州市供水34 566万m^3。

（王志刚　付　帅）

沙河渡槽工程

一、工程概况

沙河渡槽工程是南水北调中线一期工程总干渠沙河南—黄河南的组成部分，位于河南省鲁山县城东约5km处，总干渠桩号[SH(3)0+000]~[SH(3)11+938.1]，全长11.938km；其中明渠长2.888 1km，建筑物长9.05km。总设计水头差1.881m，其中渠道占用水头0.111m，建筑物占用水头1.77 m。设计流量320m^3/s，加大流量380m^3/s。该工程跨沙河、将相河、大郎河三条河流，各类交叉建筑物共13座，其中渡槽1座（统称沙河渡槽），包括沙河梁式渡槽、沙河—大郎河箱基渡槽、大郎河梁式渡槽、大郎河—鲁山坡箱基渡槽和鲁山坡落地槽；左岸排水建筑物5座，节制闸1座，退水闸1座，桥梁工程5座。

二、工程管理

（1）工程管理机构。鲁山管理处自有员工21人，目前设有综合科、运行科、工程科三个科室，明确各岗位分工、责任到人。综合科主要负责人力资源管理、员工培训、考勤管理、团队建设、党务工作、宣传报道等综合管理；运行科主要负责运行调度、机械电气金属结构巡视、自动化设备管理等相关工作；工程科主要负责工程巡查、工程维护、计划合同管理、安全保卫等相关工作。

（2）工程维护检修。为了规范鲁山管理处运行维护管理，节省成本，提高工程运行安全，鲁山管理处工程维护分为日常维护和专项维护两类，在2015年初即制定了年度运行维护计划并报河南分局批准。2015年度前半年管理处主要工作以检查为主，通过工巡人员日常检查及专项排查，将发现问题通过协调平顶山尾工办组织建设期施工单位进行整改。2015年下半年随着中线建管局“全面整治”工作的开展，管理处加大了维护项目的投入，实施并完成了园区道路、沉降处理、道路标识系统、除草、绿化、闸站改造等工作，运行安全得到有效保证，形象面貌得到提升。

（3）设备维护。三级管理处每周均对现

场设备设施进行巡视排查，根据设备的运行情况上报维护计划并负责实施。35kV 线路及设备目前委托建设期的施工单位进行维护；金属结构、机械电气设备由黄河水利委员会黄河机械厂进行维护；液压系统由设备厂家邵阳维克液压股份有限公司负责维护；自动化系统分别由五家专业的单位进行维护保养。

（4）工程设施管理。为了强化沙河渡槽段工程设施的管理，本着科学合理、安全实用、符合标准的原则，杜绝各类工程设施的破坏行为的发生，以达到工程设施管理的规范化、标准化、科学化的目的，鲁山段制定了工程设施管理办法，并予以实行。工程设施管理的归口部门为工程科，工程科充分利用自有人员、安保人员、工程巡视人员对辖区内的工程设施进行排查，工程科建立管理台账及时组织安保人员或专业运行维护进行问题处理。

（5）安全生产。鲁山管理处始终把安全生产放在运行管理的首要位置，成立了安全生产管理委员会并下设办公室，明确职责，严格贯彻执行“安全第一，预防为主，综合治理”的方针。2015 年度鲁山管理处建立健全了安全生产管理体系，制定安全生产管理类制度和各类应急预案等文件，并落实责任制。同时结合日常安全管理，不定期检查以及专项检查，进行专项应急演练，组织安全生产例会，安全月度、季度、年度考核等，确保了工程安全无事故。

（6）运行生产工器具准备。为满足工程运行管理工作的需要，负责该段工程运行管理的鲁山管理处配备了专门交通车辆，办公生产工器具齐全，防汛抢险等物资 2015 年度已经到位。

（7）安全监测。沙河渡槽建筑物布置 4809 支（含 27 根测斜管、2 根沉降管）内观监测仪器，沙河渡槽段外观测点 872 个。2015 年 9 月 25 日沙河渡槽段内观仪器移交完成。2015 年底沙河渡槽段外观测点移交完成。自 2015 年 11 月鲁山管理处接手鲁山段内观安全监测以来，安全监测人员配置基本满足要求，为切实保证安全监测工作的顺利开展，管理处制定鲁山管理处安全监测管理制度、鲁山管理处安全监测实施细则，并明确安全监测分管副处长、专职安全监测人员及借调安全监测工作人员的岗位职责。

三、运行调度

（1）管理处运行调度工作的主要工作职责。做好金属结构、机械电气、自动化所有设备设施日常运行管理工作；负责辖区内维修养护计划并及时上报，根据上级批复编制详细的月、季工作计划，确保维修养护、巡视等工作有序开展；负责辖区内各维修养护单位的日常管理，落实维修养护合同的履行情况，组织日常维修养护项目验收，参与专项维修养护项目的实施与验收；负责日常运行各种资料、数据的整理、上报工作；具体负责管理辖区内设备设施安全保卫、看护和环境保护工作；负责同县级有关部门的业务协调、联络工作；参与水量调度工作，进行中控室调度运行值班及闸站值守，接受及反馈调度指令，及时收集及上报水情信息，参与分水口门的调度管理工作及水量确认工作；负责管理处辖区内消防设施及消防联网工作等。

（2）工程具体运行调度情况。鲁山管理处调度运行科共有自有员工 7 人，负责辖区内所有调度运行工作，另外通过以劳务公司的方式借调人员 14 人，参与调度运行及闸站值守工作。沙河渡槽工程参与调度的有沙河渡槽进口节制闸，2015 年度共接受调度指令 356 条，其中远程指令 344 条，成功率 98.0%，现地指令 12 条，成功率 100%。上年度共输水 204 733.5 万 m^3。

（3）金属结构、机械电气运行情况。沙河渡槽工程包含弧形闸门 4 扇（节制闸）、电

动葫芦3套（检修闸）、叠梁门5组（检修闸）、液压启闭机4台、固定卷扬机2台（退水闸）、高压柜8面、低压柜5面、变压器2台、充电馈电柜2台、直流电源柜2台。调度运行人员每周均对沙河渡槽工程所有金属结构、机械电气设备进行巡视保养维护，设备运行平稳，未出现异常情况。2015年9～12月，对金属结构、机械电气设备进行全面的排查与整治，目前设备运行状况良好，无“带病”工作的情况，各部门排查发现的问题，均已彻底消缺。

（4）自动化系统运行情况。鲁山管理处相关的自动化系统包括闸站监控系统、视频监控系统、工程安全监测系统、通信系统、计算机网络系统、安防系统等。目前闸站监控系统、视频监控系统、工程安全监测系统、通信系统、计算机网络系统等运行良好。安防系统正在建设中，6月底前完成联合调试，系统投入运行。

（5）沙河渡槽全面整治工作。2015年9～12月，为了提升沙河渡槽的整体形象及完善各项功能，响应中线建管局“上水平，保运行”全面整治活动，鲁山管理处对沙河渡槽内外墙及地面、安全防护设施、设备运行整改完善等方面均进行了整治，整治效果明显，达到了中线建管局整治的要求。

四、工程效益

自2014年12月12日南水北调中线干线总干渠正式通水以来，鲁山段工程总体运行安全平稳，已逐渐开始发挥工程效益。截至2015年底，安全运行384天，累计输水213 988.9万m^3。未出现任何影响运行的质量及安全问题。解决了平顶山地区严重缺水的状况，补充了日益减少的地下水，对农作物生长起到了一定的效果，对生态环境的改善起到了至关重要的作用。

五、环境保护与水土保持

为贯彻落实国家建设项目环境保护与水土保持的法律、法规，始终遵循“预防为主、防治结合、综合治理”的方针，根据平顶山项目部有关工作要求，鲁山管理处安排专人负责环境保护与水土保持管理工作，督促环保监理认真开展工作，对辖区内的施工、营区等区域开展环保监测评估，及时向施工单位发出预警信息，对存在的问题的标段督促其整改到位。

鲁山管理处要求各监理单位积极督促施工单位遵守有关环境保护的法律、法规和合同规定，采取合理的措施保护环境。对辖区内的弃渣场，按水保图纸、地方政府主管部门相关规定要求施工，在汛期前组织大排查，发现隐患及时整改，确保了工程的顺利进行。做好施工开挖边坡、基坑的支护和排水，设置沉淀池对拌和系统废水集中沉淀处理，定时在施工主干道洒水，加强对噪声、粉尘、垃圾的控制和治理防止污染，保持了施工区和生活区的环境卫生，达到环境保护要求。

在水土保持方面，要求各监理部督促施工单位必须遵守国家有关法律、法规规定，按照设计单位印发的水保临时措施施工技术要求、设计征地图纸控制永久用地和临时占地面积，认真做好水土保持工作。如施工道路、厂区硬化、设置排水沟，及时平整弃渣场、做好坡面防护和表面排水等。工程完工时做好现场清理，能及时移交临时占地；渣场无水土流失，符合水土保持要求。

六、验收工作

2015年11月18～25日，完成沙河渡槽工程合同项目完成验收。

2015年12月23日，完成沙河渡槽工程安全监测合同项目完成验收。

2015年11月10～11日，完成沙河渡槽设计单元工程档案预验收。

2015年5月14日，完成沙河渡槽设计单元工程官店北公路桥交工验收。

七、尾工建设

安防系统项目视频监控系统2015年10月开工建设，鲁山段设计共布置97个视频点位，89座基础，8个建筑物安装，电缆37km，光缆26km。

截至2015年底，累计缆沟开挖47.14km，电缆敷设44.377km，光缆敷设32.55km，顶管284km，立杆89根，避雷接地81个，缆沟回填41.85km。

除安防系统外，其余尾工建设均已完成。

（宁志超　郑晓阳　张承祖　庄　超）

鲁山北段工程

一、工程概况

鲁山北段工程为一个设计单位，渠道全长7.744km，渠线穿越10条较小排水沟河。总干渠与沿线灌渠、公路的交叉工程全部采用立交布置型式，沿线建筑物工程有左岸排水倒虹吸、渠渠交叉、控制工程和路渠交叉工程4种类型。共有各类建筑物24座，其中初设批复左岸排水建筑物10座；渠渠交叉建筑物3座；跨渠公路桥5座，生产桥5座；另有设计变更增加分水口门1座。

鲁山北段工程建设内容主要包括土建及设备安装工程、安全监测仪器设施安装工程及35kV永久供电线路工程。

鲁山北段工程沿途与10条较小河流，3条现有灌溉渠道，5条等级公路交叉，总干渠上建筑物共24座。其中：渠渠交叉建筑物3座，左岸排水建筑物10座，跨渠公路桥5座，生产桥5座。另有设计变更增加分水口门1座。渠道设计流量$320m^3/s$，加大流量$380m^3/s$。渠道设计水深为7.0m，加大水深为7.643～7.656m，设计底宽22.5～25m。起点设计水位130.489m，终点设计水位130.191m。总设计水头差0.298m。张村分水口门设计流量$1m^3/s$，设计水头0.02m。

鲁山北段工程为一等工程，总干渠及其交叉建筑物等主要建筑物级别为1级，附属建筑物与河道护岸工程等次要构筑物级别为3级，临时建筑物级别为5级。该渠段共10座桥梁，5座公路桥中，汽车荷载等级为公路-Ⅰ级的2座、公路-Ⅱ级的3座；5座生产桥的汽车荷载等级为公路-Ⅱ级。地震动峰值加速度小于0.05g，相应的地震基本烈度小于Ⅵ度，抗震设防烈度采用Ⅵ度。左岸排水建筑物防洪标准按50年一遇洪水设计，200年一遇洪水校核。

二、运行调度

工程管理机构为鲁山管理处。

（1）管理处的主要工作职责。管理处主要工作为：做好金属结构、机械电气、自动化所有设备设施日常运行管理工作；负责辖区内维修养护计划并及时上报，根据上级批复编制详细的月、季工作计划，确保维修养护、巡视等工作有序开展；负责辖区内各维修养护单位的日常管理，落实维修养护合同的履行情况，组织日常维修养护项目验收，参与专项维修养护项目的实施与验收；负责日常运行各种资料、数据的整理、上报工作；具体负责管理辖区内设备设施安全保卫、看护和环境保护工作；负责同县级有关部门的业务协调、联络工作；参与水量调度工作，进行中控室调度运行值班及闸站值守，接受及反馈调度指令，及时收集及上报水情信息，参与分水口门的调度管理工作及水量确认工作；负责管理处辖区内消防设施及消防联网工作等。

（2）工程具体运行调度情况。鲁山管理处调度运行科共有自有员工7人，负责辖区内所有调度运行工作，另外通过以劳务公司的方式借调人员14人，参与调度运行及闸站值守工作。鲁山北段设置分水口闸一座，向鲁山县供水，目前地方配套工程尚未完工，

未向鲁山进行供水。在配套工程管路施工过程中，向管道内充水做压力试验时，供水 6000m^3。

（3）金属结构、机械电气运行情况。鲁山北段工程包含平板门两套、固定卷扬机 1 台（分水口门检修闸）、液压启闭机 1 台（分水口门工作闸）、高压柜 4 面、低压柜 3 面、变压器 1 台、充电馈电柜 1 台、直流电源柜 1 台。调度运行人员每周均对沙河渡槽工程所有金属结构、机械电气设备进行巡视保养维护，设备运行平稳，未出现异常情况。2015 年 9～12 月，对金属结构、机械电气设备进行全面的排查与整治，目前设备运行状况良好，无“带病”工作的情况，各部门排查发现的问题，均已彻底消缺。

（4）自动化系统运行情况。相关的自动化系统包括闸站监控系统、视频监控系统、工程安全监测系统、通信系统、计算机网络系统、安防系统等。目前闸站监控系统、视频监控系统、工程安全监测系统、通信系统、计算机网络系统等运行良好。安防系统建设于 2015 年 6 月底完成联合调试，系统投入运行。

三、工程效益

自 2014 年 12 月 12 日南水北调中线干线总干渠正式通水以来，鲁山段工程总体运行安全平稳，已逐渐开始发挥工程效益。截至 2015 年底，安全运行 384 天，累计输水量 213 988.9万 m^3。未出现任何影响运行的质量及安全问题。张村分水口于 2015 年 1 月 29 日发挥效益，累计输水量 0.68 万 m^3。

四、验收工作

2015 年 10 月 29～30 日，完成鲁山北段工程施工标合同项目完成验收。

2015 年 10 月 22～23 日，完成鲁山北段设计单元工程档案预验收。

2015 年 5 月 14 日，完成鲁山北段设计单元工程漫流东北公路桥及郝村西公路桥交工验收。

五、尾工建设

除安防系统项目视频监控系统 2015 年 10 月开工建设以外，其余尾工建设均已完成。

（李　志　张小可　宁志超）

宝丰—郏县段工程

一、工程概况

宝丰—郏县段工程位于河南省宝丰县、郏县境内，起点桩号为 SH（3）19＋707.0、终点桩号为 SH（3）61＋648.7，设计段长 40.769km（不含北汝河渠倒虹）。其中，明渠长 38.318km，建筑物长 2.451km。该渠段设计流量 320～315m^3/s，设计水位为 130.191～127.166m。渠道为梯形断面，设计底宽34.0～18.5m，设计水深 7m，堤顶宽 5m。渠道一级边坡系数 0.4～3.0，二级边坡系数 1.5～3.0，设计纵坡 1/24 000～1/26 000。渠道全挖方段长 13.656km、半挖半填段长 19.034km、全填方段长 5.628km，含 16.644km 膨胀岩（土）段、10.652km 湿陷性黄土段、11.185km 高地下水段。渠道最大挖深 27.5m，最大填高 12.6m。

宝丰—郏县段渠道沿线布设各类建筑物 84 座。其中，河渠交叉 8 座（应河、玉带河、净肠河、石河、青龙河 5 座渠倒虹，胡坡河河倒虹，肖河、兰河 2 座涵洞渡槽），渠渠交叉 8 座（昭北干六支渡槽、昭北干七支渡槽、昭北干渠渡槽、昭北干一分干渡槽、昭北干一分干二支倒虹吸、昭北干一分干三支渡槽、引汝大牛干渠涵洞和广阔干渠渡槽），左岸排水 16 座，分水闸 3 座（鲁山县马庄、宝丰县高庄、郏县赵庄），公路桥 28 座，生产桥 15 座，节制闸 2 座，退水闸 1 座。铁路交叉工程 3 座（其中铁路暗渠 1 座，铁路桥 2 座）。

二、建设管理

（1）工程建设组织管理。组织开展政治学习，开展“三严三实”专题教育活动，开展向先进人物、先进事迹学习，深化作风建设与做好南水北调各项工作互促互进。尾工建设如期完成。

（2）质量管理。坚持尾工建设质量过程控制，进行工序施工事前、事中、事后质量控制，规范管理，严格验收标准，落实责任制，明确责任人，并加强日常巡视。对检查中存在的问题限期进行整改，及时跟踪检查问题落实情况。继续加大质量缺陷排查与处理，并开展不同形式的质量排查，落实责任主体，及时消除质量隐患。开展通水期间工程质量巡查工作，开展各项工程验收及移交。组织档案整理人员外出观摩学习，规范档案整理。

（3）安全管理。继续建立健全安全管理监督体系和保证体系，分解落实工程运行安全和红线内的安保安全目标，严格安全生产考核，加强安全教育培训，提高全员安全意识，实行重大危险源动态管理，加强应急预案体系建设，开展工程运行和工程度汛安全检查，同时组织监理对现场工程建设和工程档案管理安全情况进行检查，防抢并重、值守到位。

（4）合同管理。按照河南省南水北调建管局明确的“严格投资控制、防范投资风险”的主题活动要求和省南水北调办关于工程变更索赔“回头看”的工作部署，严把工程变更程序、变更报告编制质量，召开变更索赔专题会议，对剩余的变更索赔项目梳理、分类、建立台账、明确时间节点；对宝丰郏县段变更索赔项目从变更依据、程序、价格核准、工程量计量以及资料完备性等方面进行详细检查，形成自查报告。针对变更处理过程中遇到的疑难问题，聘请专家召开咨询会，并重新开展建管、监理和施工单位集中封闭办公，制定集中办公制度，启动建管、监理、施工三方联合会商机制，共同解决在工程变更处理工作中存在的问题。减少中间环节，提高工作效率。实行日例会、日通报，加强监督检查，加快各类变更处理进度，取得良好的效果。

三、工程进展

2015 年，宝丰—郏县段工程剩余尾工项目（不含新增下丁料场水土保持项目）于 7 月全部完成，8 ~ 12 月土建标陆续完成合同项目完成验收，档案预验收基本完成，临时用地返还工作正在进行，工程运行持续平稳、安全。

四、验收工作

2015 年，宝丰—郏县段工程 7 个标段及安全监测标档案预验收、宝郏 7 个标段合同项目完工验收全部完成。43 座桥梁全部通过完工验收，正在准备桥梁竣工验收工作。

（应利涛　韩永峰）

北汝河渠道倒虹吸工程

一、工程概况

北汝河渠道倒虹吸工程位于河南省宝丰县东北大边庄与郏县渣园乡朱庄村之间，工程起点桩号是 SH(3)39 + 869.3，终点桩号是 SH(3)41 + 351.3。工程全长 1482m，包括进口闸、管身段、出口闸和退水闸。

工程设计流量 315m^3/s，加大流量 375m^3/s，倒虹吸管身横向为两联，每两孔一联，左右对称布置，管身采用箱形钢筋混凝土结构。明渠底宽 24.5m，内坡 1：2，进、出口渠段起止点设计水位分别为 128.761 ~ 128.758m、128.258 ~ 128.254m，起止点加大水位分别为 129.399 ~ 129.396m、128.896 ~ 128.892m，总设计水头为 0.507m。退水闸位

于倒虹吸进口明渠右岸，设计流量157.5m^3/s，单孔布置，净宽6m。

本工程等级为一等，总干渠渠道和主要建筑物级别为1级，附属建筑物与河道护岸工程等级别为3级。工程防洪标准按100年一遇洪水设计，300年一遇洪水校核。地震动峰值加速度为0.05g，地震基本烈度为Ⅵ度。

南水北调中线干线宝丰管理处负责北汝河倒虹吸工程的运行维护。截至2015年底，工程已累计运行466天，累计输水205 050.7万m^3。

二、工程管理

南水北调中线干线宝丰管理处下设工程科、运行科和综合科三个科室，负责运行、工程管理和综合等工作，有正式人员21人，其中处长、副处长和主任工程师各1人，人员配置基本满足工程运行管理需要。宝丰管理处具体职能包括：工程内设备设施日常运行工作；各维修养护单位的日常管理，落实维修养护合同的履行情况，组织日常维修养护项目验收；日常运行各种资料、数据的整理、上报工作；工程范围内工程安全保卫、看护和环境保护工作。

北汝河渠道倒虹吸有金属结构、机械电气和35kV设备44台套，其中包括闸门、电动葫芦、液压启闭机、固定卷扬机、发电机及高低压设备。金属结构、机械电气设备日常维护工作由专业技术人员进行，并签订合同，设备维护2次/月，由专业技术人员按照批复的月度计划进行，详细填写维护记录并经管理人员验收。

2015年，宝丰管理处对安全生产体系相关制度文件进行了完善，完善安全设施、器材，加强安全保卫和工程保护，强化了维护、施工（含穿越）、场内交通、消防、食品安全安全管理等安全生产管理工作。组织安全生产会议10次，月度安全生产检查10次，冬季施工安全生产专项检查1次，形成安全生产检查报告11份，检查发现各类安全问题124个，整改124个，整改率100%。

三、运行调度

北汝河渠道倒虹吸进口为检修闸，出口为节制闸，为有效保证调度指令认真执行和水情数据的及时正确上报，节制闸设置值班人员4名，实行24h闸站值守模式。2015年北汝河节制闸共接收远程指令933条，节制闸闸门启闭933门次。运行期间，严格按照总调及分调的工作要求及时上报水位变化情况，为上级单位制定调度计划提供了依据，保证了调度工作的顺利开展。

北汝河渠道倒虹吸金属结构、机械电气设备正常运行，2015年3月份完成了闸站内发电机的首保工作，2015年5月份完成了闸站内液压启闭机的首保工作；根据闸站金属结构、机械电气设备情况，制定《金属结构、机械电气设备巡查制度》，工作人员按照巡查制度对设备进行巡查，详细记录巡查内容和故障发生情况，建立台账，并跟踪故障处理情况，做到问题“早发现、早解决、可追溯、记录详”，全力为安全、平稳调度保驾护航。

四、工程效益

北汝河渠道倒虹吸工程充水从2014年9月20日开始，2014年9月21日水位达到北汝河倒虹吸段，2014年9月28日达到设计水位。北汝河渠道倒虹吸节制闸保持全年正常输水运行，截至2015年底，工程已累计运行466天，累计输水205 050.7万m^3。

五、环境保护与水土保持

北汝河渠道倒虹吸工程遵守国家有关法律、法规规定，按照设计单位印发的水保临时措施施工技术要求、设计征地图纸控制永久用地和临时占地面积，认真做好水土保持工作。如设置排水沟，及时平整弃渣场，做好坡面防护和表面排水等。

工程开工至结束，该标段在整个施工期内，水土保持工作自始至终保持良好状态，自始至终没有发生因水土保持不到位的投诉事件。本工程遵守有关环境保护的法律、法规和合同规定，采取合理的措施保护环境。做好工程完工后的边坡植草绿化工作，加强对噪声、粉尘、固体废物处置、垃圾的控制和治理防止污染，达到环境保护要求。

六、验收工作

北汝河渠道倒虹吸工程合同项目单位工程2个（均为水利工程），分部工程28个（其中水利22个，房建2个，道路2个，安全监测2个）。

北汝河倒虹吸1段单位工程：分部工程13个，全部合格，合格率100%，其中优良10个，优良率100%（安全监测工程、房屋建筑工程、运行维护道路不参与优良评定）；主要分部工程5个，全部优良，优良率100%。

北汝河倒虹吸2段单位工程：分部工程15个，全部合格，合格率100%，其中优良12个，优良率100%（房屋建筑工程、安全监测工程、运行维护道路工程不参与优良评定）；主要分部工程8个，全部优良，优良率100%。

北汝河倒虹吸1段单位工程：2015年1月6日通过验收，单位工程质量等级优良。北汝河倒虹吸2段单位工程：1月7日通过验收，单位工程质量等级优良。

七、尾工建设

国务院南水北调办于2013年12月14～16日在平顶山市组织进行了北汝河渠道倒虹吸设计单元工程通水验收技术性初步验收，根据验收工作组验收过程中发现的问题及提出的建议，各参建单位会后进行了逐项整改落实。

（杨赵军）

禹州和长葛段工程

一、工程概况

禹州和长葛段工程设计单元是南水北调中线总干渠第Ⅱ渠段（沙河南—黄河南）的组成部分，位于河南省禹州市及长葛市境内。禹州和长葛段设计单元起点位于兰河涵洞渡槽出口100m处，设计桩号SH（3）61+648.7，终点位于长葛和新郑市交界，设计桩号SH（3）115+348.7，全长53.7km。其中，明渠长52.323km，建筑物长1.377km，总干渠以明渠为主，明渠和河流交叉全部采用立交。

禹州长葛段设计流量305～315m^3/s，设计水深7m，渠底比降1/23 400～1/26 000；渠道过水断面为梯形，设计底宽15.5～24.5m，堤顶宽5m，渠道一级边坡系数2.0～3.5，二级边坡系数1.5～3.25。

2015年，累计办理工程结算价款17 871.66万元。

二、建设管理

2015年，共编制上报尾工周报5期，冀村东弃渣场施工周报2期，完成其他进度类报表若干。2015年，完成投资月报编制11期，投资管理分析报告办理3期，工程价款结算办理8期，完成其他投资合同类报表若干。

2015年禹州长葛段工程剩余尾工项目（不含新增冀村东弃渣场项目）于7月全部完成，8～12月土建标陆续完成合同项目完成验收，档案预验收基本完成，临时用地返还工作正在进行，工程运行持续平稳、安全。

禹州长葛段新增的冀村东弃渣场水保设计变更项目，阻工现象依然存在，施工进展缓慢，截至2015年底，累计完成土方挖填62万m^3，占土方挖填总量的55%。

三、质量管理

（1）尾工质量。2015 年为做好尾工质量管理工作，禹州长葛段通过现场检查、发整改通知、督促整改等措施，对整改不到位、不及时的标段采取结算管控、验收控制等方式进行管理，尾工工程质量处于可控状态。

（2）缺陷处理。2015 年缺陷处理主要采取两种方式：由建管处主导处理和由建管处配合运管处处理。主要缺陷为雨淋沟、面板裂缝、房屋漏雨、局部沉陷、排水管缺陷、伸缩缝、截流沟等土建问题，及保险损坏、显示屏不能正确显示、闸门启闭不灵、避雷接地锈蚀、电缆头击穿等金属结构电气设备问题。缺陷处理有两难，一是责任划分难，二是协调难。建管处通过协调监理部、金属结构标、电气标、运管处等单位，禹州长葛段缺陷基本实现消缺。

四、验收工作

2015 年，在单位工程验收基础上，陆续展开合同项目完成验收工作。2015 年 8 月 3～8 日完成禹长 3、4、7 标合同项目完成验收；9 月 22～27 日完成禹长 1、5、6 标合同项目完成验收；11 月 3 日完成禹长桥 1、2、3 和增桥 1 标竣工验收。

2015 年，禹州长葛段需进行合同项目完成验收的标段有 9 个，完成 7 个，剩余禹长 2、8 标和安全监测标未完成验收。需竣工验收的标段 4 个（均为桥梁标），全部完成竣工验收。

五、档案验收

2015 年，禹州长葛段完成土建标 1～8 标和安全监测标的工程档案预验收工作。禹长 3、4、7 标于 2015 年 6 月 29～30 日完成档案预验收；禹长 1、2、5、6、8 标于 2015 年 8 月 13～14 日完成档案预验收；安全监测标于 10 月 27 日完成档案预验收。

六、环境保护与水土保持

禹州长葛段水土保持工程主要是弃土弃渣场的水土保持，禹长 3、4 标经设计变更后，水土保持工程取消，其他 6 个标段均有水土保持项目。2015 年，禹长 5、6、7 标水土保持项目完成，相关资料正在准备，拟于 12 月中旬完成水土保持分部工程验收；禹长 1、2、8 水土保持项目尚未完成，待完成后适时进行该标段的水保分部工程验收。冀村东渣场因工程变更，孔楼西渣场因超高，榆林西渣场因阻工未完成，计划 12 月底完成（冀村东渣场完成时间不定）。

（周延卫　高　翔）

潮河段工程

南水北调中线工程总干渠潮河段起点位于新郑市梨园村南，与双洎河渡槽工程末端相连接，设计桩号 SH（3）133+380.8，终点位于中牟县与郑州市交界处，与郑州 2 段工程起点相接，设计桩号 SH（3）179+227.8，全长 45.847km，其中明渠长 45.244km，建筑物长 0.603km。总干渠以明渠为主，全挖方段长 25.084km，半挖半填段长 19.18km，全填方段长 0.98km，渠道最大挖深约 27m，最大填高约 11m。共布置各类建筑物 80 座，其中，河渠交叉 5 座，左岸排水 17 座，分水闸 2 座，节制闸 2 座，公路桥 36 座，生产桥 16 座，铁路桥 2 座。

潮河段渠道设计流量 305～295m^3/s、加大流量 365～355m^3/s；设计水深 7.0m，加大水深 7.668～7.624m；渠道纵比降 1/24 000 和 1/26 000 两种，其中 1/26 000 的占 86.4%。总水位差 2.009m；过水断面呈梯形，一级马道开口宽度 57～79m，渠底宽 23.5～15m，堤顶宽 5m。渠道边坡 1∶2.0～1∶3.5，其中 1∶3.0 边坡占 1/4。

2015 年，郑州建管处负责建设的 39 座桥梁全部完成交工验收及管养移交工作。

（沈玉顺　桂培林）

新郑南段工程

一、工程概况

南水北调中线工程总干渠新郑南段起点位于长葛市与新郑市交界处，设计桩号 SH(3)115 + 348.7，终点位于新郑市城关乡王刘庄村双洎河渡槽进口前 150m 处，设计桩号 SH(3)131 + 531.4。渠段线路总长 16.183km，其中明渠长 15.190km，建筑物长 0.993km。共布置各类建筑物 28 座，其中，河渠交叉 2 座，渠渠交叉 1 座，左岸排水 7 座，铁路交叉 1 座，公路桥 7 座，生产桥 9 座，控制建筑物（退水闸）1 座。

新郑南段设计流量 305m³/s，加大流量 365m³/s，设计水位 124.528 ~ 123.524m。渠道过水断面呈梯形状，设计底宽 21 ~ 23.5m，设计水深 7m，堤顶宽 5m。渠道内边坡一级边坡系数 2.0 ~ 2.5，二级边坡系数 1.5 ~ 2.0，渠道设计纵坡 1/26 000，渠道底部高程 117.528 ~ 116.524m。

新郑南段金属结构、机械电气运行正常。

二、验收工作

2015 年 1 月 5 日，新郑南段新郑市 26 座跨南水北调总干渠桥梁工程通过交工验收。2015 年 3 月，完成新郑南段安保责任移交工作。2015 年 10 月 13 日，完成新郑市跨南水北调总干渠 25 座桥梁管养移交。2015 年 7 月完成新郑南段合同项目完成验收。2015 年 12 月，完成观音寺东公路桥竣工验收。

（马　建）

双洎河渡槽工程

一、工程概况

双洎河渡槽位于河南省新郑市西北约 5km、王刘庄村北。起点为双洎河渡槽前 150m，设计桩号 SH(3)131 + 531.4；终点为新密铁路倒虹吸出口 296.4m，即潮河段工程的起点，设计桩号为 SH(3)133 + 380.8。渠段长 1.849 4km，其中明渠段长 772.4m，建筑物长 1077m，设计流量 305m³/s、加大流量 35m³/s。本段内有各类建筑物 6 座，其中河渠交叉建筑物 1 座、左岸排水建筑物 1 座、铁路交叉建筑物 1 座、公路交叉建筑物 1 座、节制闸和退水闸各 1 座。

工程通水一年来，双洎河渡槽工程调度运行正常、工程运行良好，水质稳定达标，未发生调度、设备、工程安全事故。工程持续平稳运行，工程形象面貌有较大提升，管理逐步规范、科学、高效，确保了工程完好和良好运行，发挥了调水工作效益。2015 年，完成向新郑市供水任务，通过李垌分水口共向新郑市供水 731 万 m³，通过望京楼水库向轩辕湖生态补水 1 次。

二、工程管理

双洎河渡槽工程建设管理单位为山西省万家寨引黄工程总公司（以下简称双洎河代建部），运行管理单位为南水北调中线干线新郑管理处。为保证运行管理工作的需要，根据上级文件要求，结合新郑段特点和现有工作人员专业情况，新郑管理处下设综合管理科、工程管理科、运行调度科 3 个科室。新郑管理处自有人员 20 人，其中副处长 2 人、主任工程师 1 人、综合管理科 4 人、工程管理科 6 人（内设 7 个工程巡视小组）、运行调度科 7 人。

为保证工程安全，做好工程维护检修，

提升工程象，新郑管理处通过日常检查、定期检查、专项排查方式，开展各项检查工作，在工巡人员、安保人员、专业负责人检查过程中，发现潜在的安全隐患，采取台账登记制度，及时对安全隐患进行消除，并安排专人跟踪处理结果。

设备设施类项目日常维护养护主要通过自有人员负责日常管理和外协单位具体实施方式解决。对设备设施的定期维护和保养工作由专业运行维护队伍实施，目前已落实金属结构设备、液压设备、闸控自动化、视频监控等设备的运行维护队伍。管理处人员在日常巡视检查中发现的问题和故障，及时通知运行维护队伍，由专业人员处理。对双洎河中心站及35kV线路，由于专业性强，主要有运维队伍负责日常管理和操作，管理处主要负责运维队伍的管理、组织巡检及故障处理，以及电力调度管理等。

为加强金属结构、机械电气设备日常维护管理，管理处每周组织金属结构、机械电气维护人员对闸站的液压启闭机、液压控制柜、卷扬式启闭机及卷扬式控制柜设备进行日常巡查保养，组织安保人员对闸站闸室地面进行日常保洁，做好设备登记台账、一机一台台账、及时更新设备故障台账，并及时组织督促金属结构、机械电气设备厂家对故障进行检修，定期进行巡视检查发现问题，做好记录，及时联系相关单位快速处理；制定设备维护保养计划，及时通知和配合维护单位进行设备的保养和维护，跟踪维护过程，做好维护记录，确保设备状况良好。制定了自动化设备运行情况巡视周计划，按照计划对设备进行巡检，发现问题，建立故障台账，及时上报，联系厂家进行处理。

为加强安全生产组织管理，新郑管理处成立安全生产组织机构，建立健全安全生产管理体系，把全体员工及维护、施工单位纳入安全管理体系。明确了安全生产管理专员，印发安全生产管理制度，并组织全体员工学习宣贯。

三、运行调度

为保障运行调度工作平稳开展，新郑管理处按照上级要求，组建运行调度组具体负责运行调度工作，并根据岗位需要，分别设置调度专员、机械电气专员、自动化专员等岗位，逐步建立了完善的运行调度体系和机构。目前，运行调度管理工作主要分为：中控室调度值班、节制闸闸站值守、金属结构、机械电气管理、自动化管理四个方面。其中中控室调度值班主要负责水情信息的收集上报、指令的复核反馈、工程监控等工作；闸站值守主要保障应急调度需要；金属结构、机械电气管理主要负责设备设施的巡视、维护和故障处理等；自动化管理主要负责自动化调度系统、通信系统及办公自动化的巡检和维护工作。在运行调度工作中，中控室调度作为中心枢纽，向上直接对口上级调度机构，向下直接管理各节制闸，形成以中控室调度工作为中心，闸站值守服从中控室的指令，金属结构、机械电气自动化服务调度的工作机制。

新郑管理处中控室调度人员共10人，按照“五班两倒”方式，实行24h值班；所属双洎河节制闸、梅河节制闸实行现地值守，保障应急。2015年度，共收到调度指令700条，启动闸门1961门次，均能及时完成指令的复核和操作；调度人员定时采集和上报水情信息，发送运行日报、冰清日报、分水流量等报表，做好运行日志、交接班记录、故障记录等资料和台账记录。全年调度工作开展正常，未发生异常情况。

新郑管理处机械电气、金属结构、自动化系统、35kV供电系统等设备均安排专人负责，按要求开展设备巡检，至少每周巡视一次，确保每台设备都走到，看到，不留死角。对发现的问题，积极组织运行维护单位进行设备维护和检修，及时消除隐患，确保设备工况良好。目前各种设备运行稳定，未出现较大故障；同时，积极组织相关人员开展电力、液压启闭机、启闭设备等专业技能业务的学习和培训，取得了高压入网证、启闭机械操作证等证书。

四、工程效益

自通水以来，新郑管理处积极积极开展工程巡视、加强设备巡视和维护、规范调度管理、强化队伍建设，逐步形成了一套完善的运行管理体制，确保了不间断输水，完成了各项输水任务。2015 年度，累计完成输水 14.8 亿 m^3。

新郑管理处李垌分水口承担向新郑市供水任务，2015 年 1 月 12 日开闸分水，2015 年度，李垌分水口共向新郑市供水 731 万 m^3，通过望京楼水库向轩辕湖生态补水 1 次。

五、环境保护与水土保持

新郑管理处高度重视环境保护，要求各参建单位严格遵守有关环境保护的法律、法规和合同规定，采取合理的措施保护环境。做好施工过程中的边坡防护及排水，设置垃圾箱，及时处理施工过程中产生的生活垃圾。对建筑垃圾，集中运到地方垃圾场统一处理，定时在施工主干道洒水，加强对噪声、粉尘、垃圾的控制和治理防止污染，保持了施工区和生活区的环境卫生，达到环境保护要求。工作方针：全面规范、合理布局、预防为主，综合治理、强化管理。工作目标是少破坏、多保护；少扰动，多保护；少污染，多防治。使环境保护结果达到设计文件要求及有关规定。

在水土保持方面，要求各监理部督促施工单位必须遵守国家有关法律、法规规定，按照设计单位印发的水保措施施工技术要求、设计征地图纸控制永久用地和临时占地面积，认真做好水土保持工作。工程完工时对现场及时清理，平整，确保渣场无水土流失，符合水土保持要求。双洎河渡槽作为二期闸站绿化试点工程，绿化后面貌焕然一新，乔灌木树种形态各具特色，同时兼顾季相色彩变化，与闸站标准化建设同步实施，营造出闸站国家重点水利工程的景观效果。

六、验收工作

2015 年双洎河渡槽工程移民、水保专项验收尚未开展，双洎河渡槽工程已完成档案预验收，双洎河渡槽工程设计单元工程通水验收已完成，单位工程和合同项目完成验收已完成，并已完成了实体移交工作。

七、尾工建设

2015 年，双洎河渡槽工程主要完成了双洎河渡槽进出口和新密铁路进出口路灯安装、新密铁路倒虹吸出口降压站生活水井施工、双洎河进口及新密铁路出口电动葫芦手柄锁箱和上线限位器安装。截至 2015 年底，双洎河渡槽工程尾工建设已完成。

（张　伟　赵宝印　靳玉栓）

郑州 2 段工程

一、工程概况

南水北调中线工程总干渠郑州 2 段起点位于郑州市中牟县与管城区交界处潮河倒虹吸进口，设计桩号 SH(3)179 + 227.8，终点位于郑州市西南金水河与贾鲁河之间郑湾村附近，设计桩号 SH(3)201 + 188.4，全长 21.961km，其中渠道长 20.515km，建筑物长 1.446km。明渠全挖方段长 18.500km，半挖半填段长 2.015km；最大挖深约 33m，最大填高 1.2m 左右。渠线穿越大小河流 11 条，与 19 条等级公路交叉。共布置有各类建筑物 43 座，其中河渠交叉建筑物 4 座，左岸排水建筑物 6 座，控制建筑物 5 座（节制闸 2 座、退水闸 1 座，分水口门 2 座），公路桥 22 座、生

产桥6座。

郑州2段渠道设计流量295～285m³/s、加大流量355～345m³/s；设计水深7.0m，加大水深7.644～7.699m；渠道纵比降1/26 000和1/23 000两种，总水位差1.37m；过水断面采用梯形明渠，一级马道开口宽69～78m，渠底宽18.5～12m，渠道边坡1：2.75～1：3.5，其中1：3.0边坡占60%。

该渠段涉及郑州市的管城区、二七区和中原区3个区，工程总用地13 371.42亩，其中永久用地6317.38亩，临时用地7054.04亩。占压房屋总面积35.4万m²，搬迁人口1397人、企业33家、单位1家、副业及工商企业215家，专项线路255条（含电力）。

二、验收工作

2015年1月，完成郑州2段跨南水北调总干渠桥梁工程交工验收。2015年3月，完成郑州2段安保责任移交工作。

郑州2段完成合同项目完成验收工作。郑州建管处负责建设的22座桥梁，全部完成交工验收及管养移交。

三、尾工建设

2015年郑州2段主要是局部尾工建设，加快变更索赔进度。

王庄污水廊道溢流事件应急抢险工程施工于2015年6月10日前全部完成。

（沈玉顺　桂培林）

郑州1段工程

南水北调中线工程总干渠郑州1段工程位于河南省郑州市中原区贾鲁河南岸郑湾附近，起点桩号SH(3)201+000，终点接荥阳段起点，位于郑州市董岗村西北，终点桩号SH(3)210+772.97，设计段全长9772.97km，其中渠道长9401.97m，须水河渠倒虹吸长371m。设计流量290～270m³/s，加大流量350～330m³/s。渠道过水断面呈梯形状，设计底宽21～23.5m，设计水深7m，堤顶宽5m。渠道内边坡一级边坡系数2.0～2.5，二级边坡系数1.5～2.0，渠道设计纵坡1/26 000，渠道底部高程117.528～116.524m。共有各类建筑物23座，其中，河渠交叉3座，左岸排水3座，交通桥14座（其中委托地方自建桥梁4座），控制建筑物3座（分水口门1座、节制闸1座、退水闸1座）。

2015年度郑州1段防洪堤填筑累计完成9.77km。15座跨渠桥梁，郑州建管处负责建设9座，全部完成桥梁交工验收及管养移交工作。

（沈玉顺　桂培林）

荥阳段工程

一、工程概况

荥阳段工程位于河南省荥阳市境内，起点在郑州市须水镇董岗村西北，坐标为$X=3\ 849\ 983.769$，$Y=113\ 544\ 595.395$，推算桩号K450+304.49；终点在荥阳市王村乡王村变电站南（即穿黄工程进口A点），坐标为$X=3\ 859\ 310.070$，$Y=113\ 525\ 347.676$，推算桩号K474+277.55。

南水北调中线干线工程为一等工程，荥阳段工程总干渠渠道及各类交叉建筑物和控制工程等主要建筑物按1级建筑物设计，附属建筑物、河道防护工程及河穿渠建筑物的上下游连接段等次要构筑物按3级建筑物设计。

荥阳段工程总干渠线路总长23.973km，明渠长23.257km，建筑物长0.716km；明渠段分为全挖方段和半挖半填段，渠道最大挖深23m，最大填高13m左右；沿线岩性以壤土、黄土状壤土、粉质壤土等为主，均为土质渠段，其中2.4km渠段边坡夹有部分膨胀土（含0.7km砂岩），1.225km为高填方段

（含索河涵洞式渡槽400m）。

荥阳段工程以明渠为主，自流输水，沿途与河流、渠道、公路、铁路交叉时采用立交方式穿越。荥阳段工程总干渠沿线共有各类建筑物76座，其中包含2座河渠交叉输水建筑物（含1座节制闸）、5座左岸排水渡槽、1座渠渠交叉、2座分水口门、1座退水闸、26眼集水井泵站、9座降压站、1座铁路桥、15座公路桥、11座生产桥，3座后穿越桥梁。

二、工程管理

2015年，荥阳管理处认真贯彻落实南水北调中线建管局河南分局（以下简称“河南分局”）年初工作会议精神及工作部署，以工程安全、运行安全、水质安全及人身安全作为全年运行管理工作目标任务，以输水调度作为工作核心，统筹推进工程尾工建设和工程验收等管理工作。

（一）工程管理机构

南水北调中线干线荥阳管理处（以下简称“荥阳管理处”）是荥阳段工程现场运行管理机构，荥阳管理处全面负责辖区内运行管理工作，负责或参与辖区内工程尾工建设、征迁退地及工程验收等工作。荥阳管理处内设工程科、调度科、合同财务科及综合科等四个科室，有正式员工18人（含2名副处长）；借调人员共30人，主要从事安全监测、工程巡查、中控室值班、闸站值守、金属结构、机械电气维护工作。工程安全保卫单位为焦作市黄河华龙工程有限公司，应急抢险保障队伍为中国水利水电第十一工程局有限公司。

（二）工程维护检修

为进一步加强荥阳段工程辖区范围内工程维护检修工作，荥阳管理处成立工程维护领导小组和零星采购项目询价小组，并于2015年初编报了《2015年荥阳管理处土建（绿化）专项维护养护计划》，制定了《荥阳管理处工程维护实施细则》等制度和办法。工程维护检修项目实施方式采取管理处运维人员定期维护检修方式、零星用工方式和委托专业队伍实施方式共三种模式。2015年，荥阳段工程维护检修情况如下：

（1）荥阳管理处完成土建工程维修养护项目主要有工程巡查发现的各类问题处理，闸站设施标准化建设，2015年秋季除草，钢大门、路缘石、警示柱等修复，渠道各级马道及排水系统清理，渠道各级马道建筑垃圾及渣土清除、截留沟排水沟清淤，增设渠道巡视台阶、巡视简易门，管理道路增设会车点，管理处办公楼大门幕墙改造，集水井、降压站、分水口门改造和管理处园区改造。

（2）对索河渡槽闸站节点、枯河渡槽闸站节点、上街分水口、前蒋寨分水口、9座降压站及26座集水井泵房节点进行绿化。

（3）左排建筑物进出口高分子水尺安装、索河涵洞式渡槽、枯河倒虹吸警戒水位及保证水位喷绘、垂直位移测点修复、垂直位移工作基点修复、水平位移工作基点修复，测压管、沉降管及测斜管除锈刷漆，测点保护盒安装、标识牌安装，电缆标识牌制作及安装。

（4）建立《荥阳管理处渠道垃圾漂浮物清理制度》，要求安保单位定点值守和机动巡逻人员每天对渠道进行巡查，发现渠道水面有垃圾或漂浮物及时开展清理工作，保持渠面水体干净。

（三）设备维护

为规范荥阳管理处自动化运行维护管理工作，细化编制了《荥阳管理处信息自动化专项管理机构及人员分工》《荥阳管理处金属结构、机械电气、自动化设备运行情况巡视检查办法（试行）》等5项管理制度。根据《荥阳管理处金属结构、机械电气、自动化设备运行情况巡视检查办法（试行）》，定期组织自动化日常巡检。

（四）工程设施管理

委托焦作市华龙工程有限公司负责荥阳

段工程设施管理安全保卫工作，工程设施管理分为定点职守和机动巡逻两种方式。对定点值守的建筑物及设备进行24h看护，其他区域采取机动巡逻方式。安保单位负责对荥阳段工程沿线机械电气金属结构设备、自动化系统设备、永久供电系统（含连接段供电系统）、绿化苗木、围网、钢大门、防汛物资、永久占地、桥梁及限高措施、永久标识等工程设备、设施资产的看护，防止工程设备、设施及资产被偷盗、破坏，永久占地被侵占，保证工程设备、设施及资产安全完好。负责渠道沿线安全宣传工作，负责围网（含隔离网、防护网）内人员安全管理，负责沿线钢大门、围网的日常维修养护，负责围网内秩序管理。

（五）安全生产管理

完善安全生产管理体系，健全安全生产管理机构，明确了兼职安全员，分别制定《安全生产保障体系》《安全生产管理实施细则》等；定期组织召开安全生产会议、开展安全生产检查、组织安全生产教育培训等。2015年，荥阳管理处在渠道、建筑物的重点部位安置救生圈、漂浮球、救生绳、救生衣，拦漂索；从事巡逻工作机动车内配备救生圈、救生绳等救生设施；管理处和闸站配备消防架、铁锹、消防桶、消防斧等消防设施；索河渡槽和枯河倒虹吸闸站有人员通行需求的临空位置增设防护栏杆；高、低压配电柜、机房通信设备柜等电气设备操作位置放置绝缘胶垫并施画警戒线；渠道围网及渠道交通位置设置安全警示标识牌；跨渠桥梁桥头设置限载标识牌、桥面禁停标牌。与进场施工单位签订了《工程施工安全协议书》，并组织开展安全生产技术交底、安全生产检及安全教育培训；与穿越工程建管单位签订建设监督管理和运行管理协议，定期组织开展穿越工程专项安全生产检查。管理处安排专人负责安保单位管理工作，对安保单位人员进行上岗安全、交通安全及消防安全培训，不断强化安保单位人员安全意识；建立外来人员进出渠道登记制度；对施工单位人员进行准入制度管理。加强场内交通、消防、食品安全管理。明确兼职人员管理，分别制定管理制度，开展安全思想教育、业务学习和安全培训工作，定期进行专项安全生产检查。2015年，荥阳管理处辖区全年未发生质量安全事故，未因质量安全问题受中线建管局和国务院南水北调办的处罚。

三、运行调度

（1）机械电气金属结构设备情况。荥阳段机械电气金属结构设备运行正常，未发生影响输水调度工作的设备故障，也未发生因设备渗油等影响水质安全的事件。2015年7月，荥阳管理处配合邵阳维克厂家完成了索河闸站液压启闭机首保工作；2015年12月，荥阳段完成了枯河控制闸的液压启闭机首保工作。2015年12月，河南分局选定荥阳段索河节制闸作为自动抓梁改造试点，改造工作已全部完成，调试工作已全部完成。2015年，管理处组织相关单位完成了沿线降压站的全面整治工作，不仅提高了南水北调中线工程的整体形象，更优化了设备的运行环境，为输水调度工作提供了更有力保障。

（2）自动化系统情况。管理处配合相关单位完成了35kV光纤差动保护调试工作，沿线硅芯管的断点修复工作，安防系统土建施工；目前正在进行安防系统视频上线及调试工作。按照河南分局统一要求，管理处组织相关单位，对闸站监控室、通信机房进行全面整治改造工作，进一步提高了自动化设备的运行环境。目前，闸控、视频、通信系统运行正常，管理处人员对发现的问题进行登记，并立即联系自动化运维队伍进行处理。

（3）35kV永久供电情况。2015年度，荥阳段35kV永久供电线路整体运行正常，全年累计停电次数19次，其中5次为故障停电；故障发生后，管理处人员立即上报分调中心和河南分局机械电气处，并立即与须水河中心开关站、35kV运行维护人员取得联系进行抢修，停电期间，柴油发电机自动投入运行，保证了调度工作的正常进行。

四、工程效益

2014年12月12日通水以来，荥阳管理处全面践行“工程安全、运行安全、水质安全”的通水要求，截至2015年底，荥阳段工程安全运行384天，累计通水191 061.77万m^3，提高了沿线城市的供水保证率，且工程运行安全平稳、水质稳定达标，通水效益显著。

荥阳段下辖两处分水口，其中前蒋寨分水口自2015年6月12日开始分水以来，累计分水101.93万m^3；上街分水口自2015年3月31日开始分水以来，累计分水205.81万m^3，满足了荥阳市和郑州市上街区居民用水需求，居民用水质量显著提高，缺水态势得到有效遏制，生态环境得到明显改善，供水和生态效益凸显。

五、环境保护与水土保持

为保护工程周围的优美环境，保障职工和附近居民身体健康，在工程维护过程中对粉尘、废水等主要影响环境的问题，采取了有效治理措施，达到环境保护的目标。管理处及闸站设置自备水井供水，为保证总干渠水质不受污染，在生活区设置综合污水处理设施处理污水，具体措施如下：设置化粪池，将生活污水、粪便导进化粪池沉淀、氧化处理，定期由当地环卫工人进行抽排。生活区设置垃圾箱，集中堆放生活垃圾，及时清理运到指定渣土场掩埋。设置生活厕所，施工结束后进行消毒处理与填埋。在施工区和生活区分别设置厕所，禁止随地大小便。施工结束后进行消毒处理与填埋。渠道一级马道以上边坡进行植草防护，定期除杂草养护，成活率低的部位进行补植，防止边坡雨水冲刷破坏；截流沟、排水沟定期清理，对雨淋沟等水毁工程及时进行修复，防止水土流失；闸站园区种植经济且具有观赏价值的树木和草本植物。

六、验收工作

荥阳段水工建筑物共划分为101个分部工程，桥梁工程共划分为135个分部工程，房屋建筑工程共划分为9个分部工程，安全监测工程共划分2个分部工程，35kV永久供电线路共划分6个分部工程。分部工程已全部验收完成，并通过质量监督部门核备。荥阳段水工建筑物共划分为15个单位工程，桥梁工程共划分为27个单位工程，房屋建筑工程共划分为1个单位工程，安全监测工程共划分1个单位工程，35kV永久供电线路共划分1个单位工程。单位工程已全部验收完成，并通过质量监督部门核备。荥阳段共计7个合同项目工程，已全部验收完成，并通过质量监督部门核备。

七、尾工建设

2015年初，建管单位组织参加各方对工程建设情况进行了全面检查，对未按设计要求完成的施工项目进行了登记，荥阳段仅余少量零星工程未完成。建管单位发函至监理单位，明确了剩余施工项目完成时限，截至2015年10月，荥阳段工程已全部按设计要求完成。

八、其他

为丰富职工的业余活动，调动广大干部职工的积极性，2015年管理处建设了篮球场，建立了职工活动室，购置乒乓球、羽毛球、桌球、健身器材等体育设施，组织党员和职工进行跳绳、拔河、供水条例知识抢答等多种多样的活动，促进干部职工锻炼身心，凝心聚力，以更饱满的精神状态投入南水北调工程运行管理工作。

（潘国优　楚鹏程　赵彦雷）

陶岔渠首—沙河南段工程

概　　述

陶岔渠首—沙河南段是中线输水工程的首段，位于河南省南阳市和平顶山市境内，起点位于渠首陶岔闸后300m，终点位于河南省平顶山鲁山县马楼乡薛寨村北沙河南岸，线路全长238.742km。渠段设计流量为350～320m³/s，加大流量420～380m³/s。

南水北调中线一期工程为一等工程，总干渠渠道、各类交叉建筑物和控制工程等主要建筑物为1级建筑物，附属建筑物、河道护岸工程等次要建筑物为3级建筑物，临时工程为4～5级建筑物。

该渠段工程由全挖、全填、半挖半填土质渠道、岩质及土岩结合渠道和河渠交叉工程、左岸排水工程、渠渠交叉工程、公路和铁路交叉工程、控制工程等建筑物组成。

在该渠段总长237.532km中，其中渠道长226.597km，建筑物长10.935km。沿线共布置各类建筑物493座，其中河渠交叉建筑物9座，左岸排水建筑物202座、渠渠交叉建筑物14座、分水口门12座、节制闸9座、退水闸9座、公路桥235座、铁路交叉2座。

陶岔渠首—沙河南段共划分为11个设计单元，分别为淅川段、湍河渡槽、镇平段、南阳段、方城段、白河倒虹吸、膨胀土（南阳）试验段、叶县段，澧河渡槽、鲁山南1段、鲁山南2段，其中淅川段、湍河渡槽、鲁山南1段、鲁山南2段为直管项目，镇平段、叶县段，澧河渡槽为代建项目，南阳段、方城段、白河倒虹吸、膨胀土（南阳）试验段为委托项目。

2014年9月29日，陶岔渠首—沙河南段11个设计单元均通过了通水验收，2014年12月12日正式通水，进入运行期。设计单元内各合同项目也已完成合同项目完成验收。

根据中线建管局《南水北调中线干线工程建设管理局组织机构设置及人员编制方案》（中线局编〔2015〕2号），2015年6月30日，在河南直管建管局基础上分别成立渠首分局和河南分局。分别承担中线干线工程河南省境内工程运行管理工作，保证工程安全、运行安全、水质安全和人身安全。其中渠首分局负责陶岔至方城（全长185.545km），河南分局负责叶县段至穿漳工程（全长546.13km），其中陶岔渠首—沙河南段的叶县段，澧河渡槽、鲁山南1段、鲁山南2段4个设计单元属于河南分局管理范围。

渠首分局内设7个处（中心），分别为综合管理处、计划经营处、财务资产处、分调中心、工程管理处（防汛与应急办）、信息机电处、水质监测中心（水质实验室），按职能分别负责综合、生产经营、财务、调度、工程、机械电气金属结构、自动化信息、水质等方面管理工作。

陶岔渠首—沙河南段设7个现地管理处，分别为陶岔管理处、邓州管理处、镇平管理处、南阳管理处、方城管理处、叶县管理处、鲁山管理处，其中叶县管理处、鲁山管理处属于河南分局，其余管理处属于渠首分局。各管理处负责辖区内运行管理工作，保证工程安全、运行安全、水质安全和人身安全，负责或参与辖区内直管和代建项目尾工建设、征迁退地、工程验收以及运行管理工作。

2015年，渠道分局、河南分局各级运行管理单位规章制度健全，人员配备合理，职责清晰明确，信息反馈及时，调度令行禁止，水质全面监控，工巡重点突出，安保措施得力，设备运转正常，合同管理规范，财务管理合规，后勤服务高效，园区设施基本完善，实现了工程安全运行，确保了水质稳定达标，供水效益逐步显现。2014～2015 供水年度，本渠段 8 座分水口开闸分水，累计向南阳市、平顶山市分水 48 351.24 万 m^3。

（王　蒙　王志刚　徐振国）

淅川县段工程

一、工程概况

淅川段工程位于河南省南阳市淅川县和邓州市境内，起点位于淅川县陶岔渠首，桩号 0＋300，设计流量 $350m^3/s$，加大流量 $420m^3/s$；终点位于邓州市和镇平县交界处，桩号 52＋100，设计流量 $340m^3/s$，加大流量 $410m^3/s$。其中桩号(36＋289)～(37＋319)段为湍河渡槽，长度 1.03km，单独作为设计单元另行分标，本单元实际长度为 50.770km。输水明渠沿线共布置各类大小建筑物 84 座。其中：河渠交叉建筑物 6 座，左岸排水建筑物 16 座，渠渠交叉建筑物 3 座，跨渠桥梁 52 座，分水口门 3 座，节制闸 2 座，退水闸 2 座。穿刁河、格子河、堰子河、湍河、严陵河到终点。

淅川段工程是中线干线工程的重要组成部分，担负着向豫、冀、津、京地区调水的任务。工程建设按计划完成节点任务，确保实现剩余附属工程完工目标。工程质量安全受控，杜绝较大以上质量安全事故发生，避免和减少一般质量安全事故。

二、工程管理

根据《南水北调中线干线工程建设管理局机构设置、各部门（单位）主要职责及人员编制规定》，设置邓州管理处，管理处处内设置 4 个科室，分别为综合科、合同财务科、工程科和调度科。编制 39 人，目前到位 25 人，借调中线建管局机关 2 人，实际在岗 23 人。

（一）工程设施管理、维护情况

2015 年 9 月 1 日，为深入贯彻落实国务院南水北调办党组工作要求，实现工程规范化、标准化管理，中线建管局动员全局上下全力以赴开展全面整治活动，以完成“上水平，保运行”工作目标。邓州管理处积极贯彻上级精神，全面开展全面整治活动，累计除草 478 万 m^2，各闸站园区累计种植乔木 4577 棵，灌木 42 079 棵，植草约 2 万 m^2；清理截流沟和排水沟 216km，修复雨淋沟 2 万 m^2，修复渠道破损道路 2.2 万 m^2，新铺沥青路面 3.4km，新增警示柱 300 个，对 4500 个警示柱进行了补漆处理。增设下渠道路防撞墩 60 个，增设河道禁采标识 16 处，新增不锈钢栏杆 790m，增设巡查台阶 70 处，增设巡查小道 50km。累计处理土建工程缺陷 256 项。对肖楼分水口、望城岗分水口、彭家分水口和刁河渡槽节制闸、严陵河渡槽节制闸的园区建筑物进行了外观检修处理和内部刷白，累计喷涂真石漆 $2600m^2$，闸站内部刷白 $4100m^2$。并增设了 3 处爬梯，铺设屋面防水 $1700m^2$，并在刁河节制闸进口右岸设置了观景平台。

（二）安全生产方面

淅川段工程属邓州管理处所辖范围，2015 年管理处成立安全生产领导小组，将安保单位、外协单位、警务室人员纳入安全生产领导小组成员之中。制定安全生产管理实施细则，明确教育培训、安全生产检查、安全生产会议、安全考核、安全隐患排查、消防、交通等相关安全管理制度共计 9 项。

定期由主要领导带队对工程运行安全、消防安全、交通安全、现场施工安全、安全保卫等进行安全大检查，并定期召开安全生产例会，对目前安全生产存在问题进行分析、划分责任，并对下一步安全生产工作进行安排和部署。2015 年累计检查 22 次，共 42 项问题，40 项已整改，剩余 2 项问题已发文地

方南水北调办协调解决。2015年6月份成立南水北调试点警务室，警务室人员开警车沿渠进行安全巡查，发现并制止渠内违规行为38起。

2015年开展了各类安全生产教育培训（交底）共计34次。其中对管理处人员、借调人员、顶岗实习学生进行的安全生产教育培训共计16次；对安保单位、运维单位、施工队伍进行的安全生产教育培训10次、安全交底8次，提高了管理处成员及现场作业人员的安全生产意识。

2015年，邓州管理处组织安保单位在沿线村庄、学校进行了防溺水安全宣传6次，发放安全告知书和致学生家长的一封信，在小学课堂讲解南水北调的重要性和进入渠道的危险性，提高了小学生的防溺水安全意识。并组织安保单位和警务室在沿线村庄、学校进行了5次《南水北调工程供用水管理条例》宣传，提高了沿线群众的安全意识和法制意识。

2015年，邓州管理处完善了救生器材的配置，在沿渠设置拦漂索58个、救生圈116个、救生设施箱106个、救生衣106套、救生绳106条。增加了安全防护设施的设置，在沿渠下坡路口设置波形护栏1200m、在沿渠道路下坡路段设置防撞墩97个、在沿渠建筑物临边增设不锈钢栏杆790m、在沿渠渠坡及坡脚增设了工程巡查台阶69处、在161个钢大门及周边围网安装了刺丝滚笼、在渡槽降压站房增设了钢爬梯圆弧防护、在高低压配电房配电柜旁增设了绝缘垫和警戒线、在渡槽裹头边坡增设了防护栏杆和防护链，完善了安全防护设施。

2015年，邓州管理处在沿线钢大门上设置警示标牌644块、在桥梁围网上设置警示标牌224块、在沿线围网上设置警示标牌520块、在沿渠道路设置交通警示标牌460块、在闸站及分水口设置消防警令标牌40块，完善了警示标识标牌的设置。

2015年，安全生产工作稳步推进，不断完善。

（三）设备维护方面

2015年8月，邓州管理处在调度科成立了金属结构、机械电气自动化设备组，1人主持设备组的工作，下设3人分别为金属结构、机械电气设备专责、35kV及电力设备专责和自动化设备专责，分工明确又互相补位，各设备专责通过自学和各种专业培训，取得了电气进网操作、液压操作等各种资格证，提高了设备管理和运行操作的专业水平。2015年共开展月度设备维护12次，设备专业巡检和维修36次，设备一般性巡检1096次。全年共处理国务院南水北调办和中线建管局等上级单位检查发现的问题40项，处理自查发现的问题107项，除3项节制闸弧门渗水和异响问题需停水检修期永久处理外，整改率为100%。2015年对所有闸门（水上部分）和金属结构、机械电气设备涂刷面漆，弧门安装了开度尺，分水口设置了防鸟链，台车室孔洞增加了防鸟网，系统处理了35kV高压环网柜内间距小放电引起PT保险频繁熔断、自动抓梁抓脱装置故障率高等问题。2015年加强了对水质风险的管理，对可能渗油部位高度重视，液压油站室内沟道和室外隔离，确保所有油料封堵在室内不流入渠道；液压站附近和管沟内都铺设白色鹅卵石，便于观察渗油部位。

随着设备和运行的逐步规范，建立和完善了相关规章制度，每月召开调度科的工作会和运行维护人员的工作会，明确设备巡检、维护的频次和时间点；加大了对记录和内业资料的规范要求。在设备管理上以35kV供电为龙头，液压弧门操作为基础，自动化系统完善为关键，把设备维护保养作为突破口，为以后的设备管理和上水平做了有益的探索，逐步积累了设备运行的资料和管理的经验。

三、运行调度

随着闸控系统、报警系统、安防系统等

的逐步完善和金属结构、机械电气设备管理和维护的逐步加强，目前设备的完好率和可靠性正逐步提高，各种专业人员的到位和技术水平的提高，使得今后的操作和运行更加可靠和安全，能够保证金属结构、机械电气设备和工程正常运用。

（一）金属结构、机械电气设备运行情况

2015年金属结构、机械电气及自动化设备总体运行情况良好，尤其在电力供应和液压系统及弧门操作等影响调度和通水的关键事项方面设备状况好，运行可靠性高，弧门远程操作的成功率多次考核达到100%。35kV供电线路9月份以后至年底，除10月1日地方电网电源金严线路计划外故障停电3h外，没有出现过故障和计划外停电，确保了所有金属结构、机械电气及自动化设备的正常运行。

2015年节制闸弧门启闭操作429次，远程成功414次，平均成功率96.5%；节制闸检修门按照调度指令成功运用7次（弧门首次保养时检修门运用），延时运用成功1次。自动化系统主要以闸控系统和视频监控系统应用最多，保证率均在95%以上，其他高填方视频监控、安防等系统正在有序调试和运用。

（二）自动化系统运行情况

淅川段主要自动化调度系统包括：闸站监控子系统和视频监控子系统各6套，布置在中控室和淅川段5座（肖楼、刁河、望城岗北、彭家、严陵河）现地站内；安全监测自动化系统、语音调度系统、门禁系统、视频会议系统、安防系统、消防联网系统各1套，均布置在中控室；综合网管系统、电源集中监控系统、光缆监测系统各1套，均布置在管理处网管室。除安防系统正在建设，消防联网系统由于上层平台兼容问题暂未安装调试外，其他系统均已投入使用或试运行。

2015年度淅川段自动化调度系统总体运行情况良好，系统比较稳定，自动化调度系统远程成功率达到98%以上。尤其是语音调度系统、闸站监控系统、视频监控系统在三级管理处运行调度工作中发挥了极大的作用，在节省了人力资源成本的同时也提高了调度运行工作效率。中控室及闸站调度值班人员利用语音调度系统能够快速完成调度指令的上传下达；利用闸站监控系统可以坐在值班室就能监视各现地站闸门的运行工况和渠道水位、流量、流速等信息；利用视频监控系统可以坐在监控室就能监视各现地站闸前、闸后、通信机房、启闭机室和高低压配电室等重要区域有无外来人员进入并且可根据需要调取相关监控录像。工程安全监测人员可利用安全监测自动化系统方便快捷地监视和采集工程建筑物的沉降、渗压等工程建筑物安全信息，为工程安全监视提供决策信息。

（三）调度指令执行情况

2014~2015年度共收到调度指令429条，其中远程指令382条，现地指令47条，均已按照指令内容要求完成指令复核、反馈及闸门操作，全年调度指令执行无差错。根据邓州管理处调度运行观测记录，发现每小时降幅超过0.10m的2次；发现网络传输故障3次；发现OA系统自动标红共计15次；发现闸门偏差超过0.02m共计13次，其中手动纠偏3次，自动纠偏10次；发现调度数据采集、监控相关设备设施无法正常使用共计5次。发现的问题均及时上报分调、总调中心，联系相关专业负责人进行处理，并做好设备故障记录单和日志。

2015年，运行调度安全平稳。

四、工程效益

截至2015年底，南水北调中线工程入渠水量为23.9亿m^3，因为长距离输水存在蒸发等损耗，累计向各受水区分水达22.2亿m^3，其中河南省受水量最大，为8.7亿m^3，京津冀三地分别为8.4亿m^3、3.8亿m^3和1.3亿m^3，沿线10多个大中城市受益，受益人口达3800

万。肖楼分水口累计向南阳引丹灌区分水约4.28亿m^3，望城岗分水口累计向邓州、新野分水约560.68万m^3。

五、环境保护与水土保持

2015年淅川段环境保护工作主要有渠道岸坡及路面保洁、渠道水面漂浮物及垃圾清理打捞等，全年岸坡保洁面积约375.8万m^2，绿化带保洁面积约115.4万m^2，路面保洁约103.6km，渠道水面清理打捞长度约51.8km。水土保持工作主要有渠坡雨淋沟修复、渠坡植草维护、绿化带防护林养护等，累计修复雨淋沟长度约15km，渠坡杂草清除、植草修剪面积约375.8万m^2，绿化带防护林养护长度约103.6km。

六、验收工作

2015年渠首分局验收工作以“合同项目完成验收”为主线，以单位工程为抓手，出台了《渠首分局施工合同验收和档案预验收奖罚办法》，按期完成的予以奖励，未按期完成的予以处罚，有效促进了工程验收进度。针对历次验收中提出的验收遗留问题建立问题台账，责任到人进行督促落实，所有验收遗留问题均按规定时间整改完成。同时加强工程档案验收及管理工作，将档案工作统一纳入现场参建单位建设目标考核体系中，与工程建设工作同部署、同推进、同考核。在各阶段评定验收的同时检查和验收相关档案资料，将工程验收完成情况与工程结算挂钩，使工程档案工作与工程建设同步。

渠首分局始终坚持验收工作和工程建设同步进行的原则，有计划有针对性地在各设计单元选取代表性的合同标段作为试点，及早组织开展合同项目完成验收和桥梁交工验收工作，以观摩带培训，促进验收人员熟悉验收流程、规范资料整编、完善验收体系，加快验收进程。2015年5月底前分局所辖52座跨渠桥梁已于全部完成交工验收，交工验收质量全部合格。并于2015年10月底前分批完成分局所辖直管代建项目淅川段公路桥梁工程管养移交。

针对合同标段多、验收任务重、验收时间紧等难点，分局深入研究工程验收的难点及对策，充分发挥资源优势和分局外部协调优势。在多方努力下，2015年底前顺利完成淅川段档案预验收、合同项目完成验收。

七、尾工建设

淅川段工程尾工建设项目主要有淅川1标、2标深挖方段高边坡排水孔施工、淅川2标王家西南公路桥左右岸下渠道路施工建设，尾工项目已于2015年内建设完成。

（解　林　高国栋　段充赟）

湍河渡槽工程

一、工程概况

湍河渡槽位于河南省邓州市小王营—冀寨之间的湍河上，西距邓州—内乡省道3km，北距内乡县20km，南距邓州市26km。渡槽槽身为相互独立的3槽预应力混凝土U形结构，单跨40m，共18跨，单槽内空尺寸7.23m×9.0m（高×宽）。设计流量为350m^3/s，加大流量为420m^3/s。由右岸渠道连接段、进口渐变段、进口闸室段、进口连接段、槽身段、出口连接段、出口闸室段、出口渐变段、左岸渠道连接段等9段组成，其中右岸渠道连接段设退水闸1座，工程轴线总长1030m，起点桩号为TS36+289，末端桩号为TS37+319。

二、工程管理

2015年，主要任务是尾工建设、合同验收。经过渠首分局不断的检查、督促，护坡植草、警示柱已建设完成，安防系统完成建设目标，闸站监控系统已成功调试；安全监测自动化系统已全部完成；湍河渡槽防洪系统设备安装，目前所有雨量站、水位站基础施工已全部完成。

结合渡槽工程特点，邓州管理处通过增加闸站园区人员配置、加强区域内巡查人员管理、设置安保和工程巡查巡检系统；加强渡槽附近河道非法采砂的监控，协调河道管理单位取缔了附近的非法采砂点，确保渡槽工程安全。同时，加强对工程缺陷的跟踪处理，确保渡槽工程始终处于最优运行状态。在全面整治期间，对部分设施进行了整治和完善，增加园区绿化及安全宣传牌、观景平台等，使得渡槽形象有了很大提升。

2015 年度，湍河渡槽尚处于正式通水运行的第一个年度，工程维护项目较少，重点以巡查和观测为主。少量的维护项目主要为缺陷处理，包括建筑物进出口裹头部位的雨淋沟和轻微塌陷等，均已及时处理。2015 年对湍河渡槽节制闸园区建筑物进行了外观检修处理和内部刷白，喷涂真石漆 900m^2，内部刷白 1300m^2，室内吊顶 230m^2，铺设屋面防水 460m^2。并在湍河节制闸进口左岸设置了观景平台。

三、运行调度

湍河段主要自动化调度系统包括：闸站监控子系统和视频监控子系统各 1 套，布置在退水闸监控室内。湍河段主要自动化系统相关设施设备包括：通信机房及监控室各 1 个；超声波流量计 1 套（安装在节制闸前）；压力式水位计 3 套（退水闸前 1 套，节制闸前左右岸各 1 套）；超声波水位计 3 套（闸后 3 孔渡槽各安装 1 套）；闸控 PLC 设备柜、安全监测设备柜、传输机柜、综合配线柜、视频监控及门禁设备机柜和安防设备机柜各 1 套，布置在通信机房；闸控 UPS 设备 3 套，分别布置在 2#启闭机室、通信机房和退水闸室；消防联网设备 1 套，布置在监控室；机房空调系统 1 套。除安防系统正在建设，消防联网系统由于上层平台兼容问题暂未安装调试外，其他系统均已投入使用或试运行。2015 年度湍河段自动化调度系统及相关设备设施运行情况良好，系统比较稳定，自动化调度系统远程成功率达到 99% 以上。

随着闸控系统、报警系统、安防系统等的逐步完善和金属结构、机械电气设备管理和维护的逐步加强，目前设备的完好率和可靠性正逐步提高，各种专业人员的到位和技术水平的提高，使得今后的操作和运行更加可靠和安全，能够保证金属结构、机械电气设备和工程正常运用。

2015 年，运行调度安全平稳。

四、环境保护与水土保持

渠首分局要求湍河监理部、水保监理积极督促施工单位遵守有关环境保护的法律、法规和合同规定，采取合理的措施保护环境。水土保持方面，监理人督促施工单位必须遵守国家有关法律、法规规定，按照设计单位印发的水保临时措施施工技术要求、设计征地图纸控制永久用地和临时占地面积，认真做好水土保持工作。2015 年湍河渡槽工程环境保护工作主要有渠道岸坡及路面保洁、渠道水面漂浮物及垃圾清理打捞等，全年岸坡保洁面积约 2.4 万 m^2，绿化带保洁面积约 2.8 万 m^2，路面保洁约 3km，渠道水面清理打捞长度约 1km。水土保持工作主要有渠坡雨淋沟修复、渠坡植草维护、绿化带防护林养护等，累计修复雨淋沟长度约 600m，渠坡杂草清除、植草修剪面积约 2.4 万 m^2，绿化带防护林养护长度约 2km。

对临时用地返还存在的问题水土保持措施不到位等问题，渠首分局要求各单位限期整改到位，防止水土流失，防止破坏植被和其他环境资源，2015 年湍河渡槽所辖临时用地已全部返还，水保措施已全部达到设计要求。

五、验收工作

湍河渡槽设计单元工程共划分为 4 个单

位工程，包含18个分部工程。涉及1个土建施工标，1个安全监测标，1个35kV施工标，1个绿化施工标，1个土建监理标，1个绿化监理标，4个物资及设备采购标。

湍河渡槽土建、金属结构与机械电气设备安装于2015年8月11日完成合同项目验收。

35kV永久供电线路工程（跨淅川、湍河和镇平段3个设计单元）于2015年10月24日完成合同项目验收。

安全监测工程（跨淅川、湍河和镇平段3个设计单元）于2015年11月13日完成合同项目验收。

绿化施工标于2015年7月29日完成合同项目验收。

2015年9月24～25日，中线建管局组织进行了项目法人验收前检查，并于2015年11月6日完成工程档案项目法人验收。

（解　林　常兆广　游新周）

镇平县段工程

一、工程概况

镇平段工程位于河南省南阳市镇平县境内，西起严陵河左岸北许村桩号52+100，止于潦河右岸桩号87+925，渠线总体呈西东向穿越南阳盆地北部边缘区，全长35.825km，占河南段的4.9%。渠段起点设计水位144.375m，终点设计水位142.540m，总水头1.835m，建筑物分配水头0.43m，渠道分配水头1.405m。镇平段设计流量340m^3，加大流量410m^3。沿线多年平均气温14.9℃，多年年平均地温（距地面0cm）17.7℃，多年平均风速2.8m/s。

镇平段共布置各类建筑物63座，其中河渠交叉建筑物5座、左岸排水建筑物18座、渠渠交叉建筑物1座、分水口门1座、跨渠桥梁筑38座。管理用房1座，共计64座建筑物。

二、工程管理

根据中线建管局编〔2015〕2号《南水北调中线干线工程建设管理局机构设置、各部门（单位）主要职责及人员编制方案》的要求，镇平管理处设置了4个科室，分别为综合科、合同财务科、工程科和调度科。编制30人，目前到位16人，实际在岗16人。

（一）工程设施管理、维护情况

2015年镇平段渠道内外边坡植草面积46.13万m^2，渠道防护林二期试点面积7.37万m^2，闸站及办公区绿化面积2.16万m^2。完成乔木栽植6752株，灌木栽植17 535株，植草及地被49.17万m^2。截流沟清淤73.6km，排水沟清淤72.3km。河道设立禁采标识共8个，增设巡视踏步30处。

2015年8月15日前，检查发现问题69个，金属结构、机械电气及自动化20个，土建类49个，其中15个问题暂无法整改外（已上报方案），54个问题全部整改完成；2015年8月15日之后，检查发现问题748个，其中1个暂无法整改外（已上报方案），其余已全部整改完毕；问题整改率为100%。

在跨渠桥梁、倒虹吸进、出口、分水口门等处共设置了42条拦漂索，85个救生圈；定点值守点共计配备了5套救生物品（救生衣1件、救生圈1个，救生绳1条），巡查车辆共计配备20件救生衣。

在14个渠道巡视路与桥梁联接路交叉部位共设置了280m长的防撞波形护栏，在水质取样点、倒虹吸进出口、闸室牛腿等11处设置了防护栏杆，在渠坡较高、较陡部位设置踏步30处，电动葫芦操作手柄箱4个。为防止社会人员违法进行渠道，在桥梁钢大门处安装刀片刺丝2280m。

为加强安全警示，在沿线桥梁钢大门、运行道路、闸站金属结构、机械电气设备、自动化、35kV杆塔、渠道两侧防护网等醒目部位共设置安全警示牌1400块。

（二）安全生产情况

镇平县段工程为镇平管理处管辖，2015年成立了安全生产领导小组，将安保单位、施工单位负责人纳入组织机构，同时制定了《镇平管理处安全管理实施细则（试行）》，包括安全生产责任制、安全生产会议制度、安全生产检查实施细则、安全生产考核实施细则、隐患排查与治理、安全教育培训制度、安全生产应急管理制度、事故管理制度等8个相关制度。明确了安全生产领导小组组长对安全工作负总责，同时明确了分管领导、兼职安全员、各专业责任人的职责。

2015年镇平管理处充分发挥安全生产领导小组职能，完成了“工程安全、水质安全、调度安全”等目标。2015年期间管理处每月开展1次安全生产大检查，并召开安全生产会议，对存在问题进行通报，限期责令整改，累计安全生产检查12次，召开安全生产会议12次，印发会议纪要12份；每季度组织开展1次全员安全生产教育培训，累计开展安全培训3次；遇重要节日、寒、暑假、通水一周年等节日通过散发安全宣传页、海报、车载广播、电视台滚动字幕、挂条幅、进校园宣传等方式进行安全宣传，共计6次；与维护、施工（穿越）单位签订了安全生产管理协议13份，明确了双方安全管理人员职责；对维护、施工（穿越）单位安全培训及技术交底累计15次；对所有进场作业人员、车辆、设备等实行严格的登记制度，累计19次。

三、运行调度

（一）金属结构、机械电气设备运行情况

2015年，机械电气金属结构及35kV维护工作认真执行《金属结构及机械电气设备运行规程》（试行）、《南水北调中线干线工程泵站金属结构及机械电气设备维护检修规程》的相关规定，以人为本，与时俱进，狠抓管理，实现了机械电气金属结构及35kV供电系统的安全、稳定、高效运行。通过巡查共发现质量问题100多个，针对比较棘手的24个质量问题，积极协调建设单位、监理单位和施工单位，明确缺陷处理的责任主体，督促整改问题22个。采取了一系列措施加强对运维单位驻管理处人员的管理，力争通过养护使设备处于良好的工作状态。

（二）自动化系统运行情况

镇平段自动化调度系统包括：闸站监控子系统和视频监控子系统各4套，布置在中控室和镇平段3座（西赵河工作闸、谭寨分水口、淇河节制闸）现地站内；安全监测自动化系统、语音调度系统、门禁系统、视频会议系统、安防系统、消防联网系统各1套，均布置在中控室；综合网管系统、动环监控系统、光缆监测系统、电话录音系统、内网监测系统、外网监测系统各1套，均布置在管理处网管中心。2015年度完成了闸站联合调试、消防系统安装调试、工程防洪系统前期土建施工等工作，目前除安防系统正在建设，消防联网系统由于上层平台兼容问题暂未安装调试外，其他系统均已投入使用或试运行。

（三）调度指令执行情况

2015年度共收到调度指令394条，其中远程指令374条，现地指令20条，均已按照指令内容要求完成指令复核、反馈及闸门操作，全年调度指令执行无差错。根据镇平管理处调度运行观测记录，发现每小时降幅超过0.10m的79次；发现OA系统自动标红共计429次；发现闸门偏差超过0.02m共计9次，其中手动纠偏1次，自动纠偏8次；发现调度数据采集、监控相关设备设施无法正常使用时共计2次。发现的问题均及时上报分调、总调中心，并联系相关专业负责人进行处理，并做好设备故障记录单和日志。

四、工程效益

截至2015年底，南水北调中线工程入渠

水量为23.9亿m^3，累计向各受水区分水达22.2亿m^3，其中河南省受水量最大，为8.7亿m^3，京津冀三地分别为8.4亿m^3、3.8亿m^3和1.3亿m^3，沿线10多个大中城市受益，受益人口达3800万。谭寨分水口累计向镇平县城供水560.68万m^3。

五、环境保护与水土保持

2015年镇平管理处积极与镇平县调水办进行沟通协调，并通过与沿线村镇对接，在工程沿线周边非法占压工程用地、违法向截流沟排污等问题处理上，得到地方政府的有力支持，协调处理了育茂张、前房营、北洼等左岸排水影响防洪的红线外问题，为工程运行创造了一个和谐、稳定的环境。同时通过县调水办的大力协调，会同公安、教育等部门，管理处和安保单位一起深入沿线中小学校开展节假日期间的安全教育活动，为确保沿线广大师生人身安全及工程运行安全共同努力。

六、验收工作

严格贯彻南水北调工程验收管理的有关规定，从严要求，及时参加代建部组织的合同项目验收，认真检查工程实体质量，仔细查阅工程档案资料，客观对待存在的问题，对遗留问题处理严格把关，把好工程验收关，确保工程验收质量，镇平段2015年共验收9个单位工程，完成镇平1标、2标、3标及安全监测标合同项目完成验收。参加左排倒虹吸抽排水后的外观质量验收，对存在渗水缺陷的左排倒虹吸及时要求施工单位进行处理，处理完成后再进行验收，保证了验收质量，镇平段2015年共进行4座左排倒虹吸抽排水后外观验收，剩余左排倒虹吸采取其他方式进行验收。

2015年10月15日，南水北调中线干线镇平段30座跨渠桥梁顺利通过管养移交验收，加上之前移交的8座跨渠桥梁，镇平段38座跨渠桥梁管养移交全部完成。镇平段位于南阳市镇平县境内，全长35.8km，跨渠桥梁包括公路桥和生产桥。12月31日，镇平代建段工程已全部移交至镇平管理处。

（陈相拴　韩　阔　朱森森）

南阳市段工程

南阳市段工程为陶岔—沙河南单项工程中的第3个设计单元，线路位于河南省南阳市市区内，起点位于潦河西岸南阳市卧龙区和镇平县分界处，桩号87+925，终点桩号位于小清河支流东岸南阳市宛城区和南阳市县的分界处，桩号124+751，包括建筑物长度在内全长36.826km，其中桩号(100+500)～(102+550)段作为膨胀土试验段，桩号(115+190)～(116+527)段作为白河倒虹吸，另行设计。南阳市段设计段实际长度33.439km。渠段线路总体走向由西南向东北，从潦河西岸开始，穿过潦河以后，由西南向东北，从南阳市西北部穿过，于蒲山东南过白河，然后由西向东抵达渠段重点小清河支流东。南阳市段起点设计流量340m^3/s，加大流量410m^3/s，设计水位142.540m，加大水位143.290m；终点设计流量330m^3/s，加大流量400m^3/s，设计水位139.435m，加大水位140.175m。

渠道沿线共布置各类大小建筑物70座，其中，河渠交叉建筑物4座，左岸排水建筑物19座，渠渠交叉建筑物4座，铁路交叉建筑物4座，跨渠公路桥34座（新增生产桥1座），分水口门3座，节制闸1座，退水闸1座。

渠道采用梯形断面，纵坡为1/25 000。挖方渠段一级马道兼作运行维护道路，一般宽5m；以上每6m增设一级马道，一般宽2m。填方渠刀堤顶兼作运行维护道路，一般宽5m；以下外坡每6m增设一级马道，一般宽2m。

2015 年南阳市段工程全部完工。

截至 2015 年 12 月，单位工程累计评定验收 33 个、完成 100%，分部工程评定验收 169 个、完成 100%，分项工程评定验收累计 5048 个、完成 100%；单位、分部、分项工程合格率均为 100%。

（郭　亮　胡　滨）

南阳膨胀土试验段工程

南阳膨胀土试验段工程位于陶岔—沙河南段南阳市境内，起点位于南阳市卧龙区靳岗乡孙庄东，终点位于南阳市卧龙区靳岗乡武庄西南，全长 2.05km，其中桩号（100 + 500）~（101 + 850）为弱膨胀土渠段，桩号（101 + 850）~（102 + 550）为中膨胀土渠段。试验段渠道设计流量为 $340m^3/s$，加大流量为 $410m^3/s$，渠道设计水深 7.5m，加大水深 8.23m。

渠道断面为半挖半填渠道和挖方渠道，渠道最大挖深 19.2m，最大填高 5.5m。试验段布置有跨渠公路桥及生产桥各 1 座。整个试验段分为 3 个试验区，其中填方试验区分为 2 个亚区、弱膨胀土试验区分为 4 个亚区、中膨胀土试验区分为 7 个亚区，亚区长 80 ~ 120m，根据试验目的布置不同的试验方案。

南阳膨胀土试验段工程实施分两期进行，一期工程从施工开始至试验结束，渠道按试验方案设计的断面施工，完成后进行渠道运行工况模拟试验研究；二期工程是在试验结束后，按最终设计断面完成渠道工程施工，并完建公路桥和生产桥。

2015 年南阳膨胀土试验段工程全部完工。

（郭　亮　胡　滨）

白河倒虹吸工程

白河倒虹吸工程位于河南省南阳市蒲山镇蔡寨村东北，是南水北调中线总干渠穿越白河干流的交叉建筑物，距南阳市城北约 15km。工程布置由进口至出口依次为：进口渐变段、退水闸及过渡段、进口检修闸、倒虹吸管身、出口节制闸（检修闸）、出口渐变段。

白河倒虹吸工程起点桩号为 TS115 + 190，终点桩号 TS116 + 527，全长 1337m，其中进口渐变段长 48m，过渡段长 50m，进口闸室段长 16m，出口闸室段长 23m，出口渐变段长 60m，埋管段水平投影长 1140m。采用两孔一联共 4 孔的混凝土管道，顶、底板各厚 1.3m，中隔墙厚 1.2m、边墙 1.3m，单孔管净尺寸 6.7m × 6.7m。

白河倒虹吸设计流量为 $330m^3/s$，加大流量为 $400m^3/s$。进口设计水位高程 140.624m，出口设计水位高程 139.924m。进口段设退水闸，设计流量 $165m^3/s$，出口处设有节制闸。

2015 年，白河倒虹吸工程全部完工，转入后期档案整理、变更处理、工程移交等方面工作。

2015 年，白河倒虹吸设计单元按照水利标准完成合同项目完工验收及档案预验收。

2015 年，白河倒虹吸共支付工程进度款 17 650 133 元，截至 2015 年底累计支付工程进度款 401 801 381 元。占合同金额的 134.64%，超过合同金额的原因有：白河倒虹吸出口建筑物基础处理、白河倒虹吸 24 ~ 39 节管顶临时防护工程、白河倒虹吸退水闸古树防护等较大变更项目。

（郭　亮　胡　滨）

方城段工程

一、工程概况

方城段工程是陶岔渠首—沙河南段干渠的一个设计单元，位于河南省方城县境内，起点位于方城县博望乡向庄村西南、小清河支流北岸外，设计桩号 124 + 751，终点在后三里河村西北的三里河北岸、方城县与叶县交界处，设计桩号 185 + 545。方城段全长为 60.794km。该渠段起点设计流量 $330m^3/s$，加大流量 $400m^3/s$，设计水位 139.435m，加大水位 140.175m；终点设计流量 $330m^3/s$，加大流量 $400m^3/s$，设计水位 135.728m，加大水位 136.458m。

渠道沿线共布置各类建筑物 102 座，其中，河渠交叉建筑物 8 座，左岸排水建筑物 22 座，渠渠交叉建筑物 11 座，跨渠公路桥 53 座，分水口门 3 座，节制闸 3 座，退水闸 2 座。

渠道采用梯形断面，纵坡为 1/25 000。挖方渠段一级马道兼作运行维护道路，一般宽 5m；以上每 6m 增设一级马道，一般宽 2m。填方渠刀堤顶兼作运行维护道路，一般宽 5m；以下外坡每 6m 增设一级马道，一般宽 2m。

2015 年方城段工程全部完工。

二、建设管理

（1）工程建设组织管理。2015 年南阳建设管理处编制管理人员 43 人，其中处长 1 人，副处长 4 人（其中 1 人兼任总工程师），综合科 13 人、工程技术科 12 人、质量安全科 13 人，具体负责南阳段工程的现场管理工作。南阳段包括方城段工程、白河倒虹吸工程、南阳试验段工程和南阳市段工程 4 个设计单元。

（2）穿渠建筑物抽水运行排查。南阳段共 47 座渠道下穿建筑物，为探明左排倒虹吸通水期运行情况，按照河南省南水北调建管局要求，南阳建管处对具备抽排条件的 23 座左排进行抽排检查，检查工程渗水、不均匀沉陷、安全监测设及质量缺陷修复后运行情况等，通过检查确定南阳段左排倒虹吸工程运行正常。

（3）桥梁移交。南阳段跨渠桥梁共 94 座，连接省道、国道、县乡各级公路，涉及南阳、方城两个县市，十几个乡镇，接养单位有南阳市政管理局、市县公路局、市县交通局、县乡农村公路所等多个部门。由于受桥梁运行管养费用问题的影响，南阳段除城市道路和省、国道 12 座桥梁尚未移交外，完成桥梁移交 82 座。

（4）质量问题整改。2015 年，飞检稽查大队检查发现问题共 123 个，整改 81 个，正在整改 8 个，因渠道通水原因不具备整改条件的 34 个。配合运管单位，加强工程巡视，对运管单位提出的部分标段金属结构、机械电气缺陷处理、运行道路损坏等迅速整改，

（5）安保移交。南阳建管处管辖 97.62km，沿渠共布置各类建筑物 182 座，特别是桥梁及左排建筑物、渠道倒虹吸进出口等部位，外部人员易进入，不安全因素多。按照河南省南水北调建管局加快安保移交工作进度的要求，针对施工标段多，安保移交任务大，运管单位提出的影响安保移交的问题复杂，建管处积极组织协调，多次召开安保移交验收会议，及时处理影响移交存在的问题，逐标段进行移交，2015 年 3 月底，南阳段安保移交工作全部完成。

三、工程监理

（1）监理 1 标。水利行业标准累计评定单元工程 13 110 个，优良 11 920 个，优良率 90.9%；非水利行业标准桥梁分项工程评定 4066 个，合格 4066 个，合格率 100%。2015 年，按照规范要求完成单位工程验收，合同完工验收，通过档案预验收，完成渠道移交工作。

（2）监理 2 标。水利行业标准累计评定单元工程 8519 个，优良 7669 个，优良率 90.02%；非水利行业标准桥梁分项工程评定 2919 个，合格 2919 个，合格率 100%。

四、验收工作

南阳段工程长 97.62km，分 4 个设计单

元，共18个土建施工标段。53个单位工程验收已于2014年底全部完成。2015年初，南阳建管处制定合同项目完成验收计划，明确节点，督促施工单位做好单位工程验收遗留问题处理及施工现场清理，为合同项目完成验收创造条件。2015年4月23～25日，方城段6标第一个通过合同项目完成验收，是河南省委托建管项目中第一个通过的合同项目完成验收。

按照《河南省南水北调中线工程建管局工程档案预验收实施细则》豫调建〔2013〕53号的要求，制定2015年档案管理工作目标，专人负责。2015年共组织监理、档案管理专职（聘用）人员对各标段工程资料归档工作进行4次全面检查，对检查中发现的问题督促施工单位整改，明确整改时限和质量目标。截至2015年11月20日，南阳段21个施工标段分三次进行档案预验收，除个别标段验收遗留问题正在整改中外，南阳段工程档案基本整理完成，具备移交条件。

（常君洁　王国锋　聂齐麟　王　辉
张　静　张占银　郑国印）

叶县段工程

一、工程概况

叶县段工程位于河南省平顶山市叶县境内，起自于方城县与叶县交界处自南向北通向鲁山。起点桩号185+545，终点桩号215+811，线路全长30.266km。沿渠布置各类建筑物58座，其中：河渠交叉建筑物1座，左岸排水建筑物17座，渠渠交叉建筑物8座，分水口门1座，闸室2座，路渠交叉建筑物（以下简称桥梁）32座，永久管理房1座。

叶县段工程初步设计概算批复总投资292 929万元，其中静态总投资289 024万元，建设期融资利息3905万元。

二、工程管理

叶县段工程所属管理机构为南水北调中线建管局下属的三级机构叶县管理处，履行管理维护职责。根据《南水北调待运行期工程管理维护考核办法》（国调办〔2012〕268号）等规定，各级工程管理机构建立健全了待运行期工程管理维护目标责任制，落实组织管理、安全管理、工程管理和经费管理责任，强化待运行期工程管理维护考核工作，保障工程完好和安全。

（1）工程巡查。成立叶县管理处工程巡查工作领导小组，编写《南水北调中线干线叶县段工程巡查技术手册》，将全线划分为6个工程巡查责任区，每个责任区配备2名工程巡查协作人员。为保证工程巡查质量，规范巡查工作，对新进场的工程巡查协作人员进行岗前培训、考核，择优录取，每月组织一次由工程巡查协作人员参建的月度工程巡查考核会，并将考核结果通报安保单位；全线安装智能巡检系统，巡查线路、巡查频率等每日巡查要点落实到位。

（2）除草。采取零星用工方式组织实施，除草前叶县管理处首先对劳务人员进行了安全交底和技术交底。除草过程采取人工配合机械的方式，人工先行割除渠坡、绿化带等部位高大草体，割草机对剩余草体密集部位进行割除，局部边角部位和隔离网周边部位采取人工割除，除草后清理工作采取人工配合农用车清运出红线外。除草工作总共历时53天，除草面积约164万㎡，参与劳务人员143名，购置割草机14台，租用农用机械12台。

（3）工程维护。采取零星用工的方式对全线的截流沟、排水沟进行清淤，及时修复雨淋沟；督促原土建单位完成澧河渡槽、府君庙河倒虹吸上下游禁采标识的安装工作。对工程巡查中发现的问题，与施工单位分清责任，对己方问题按工程巡查责任区、专业

分类，并指定专人负责整改工作；对原土建单位的问题，成立代建、设计、监理、施工、管理处五方问题整改联系机制，促进问题的整改销号工作。

（4）全面整治。全面整治活动期间，认真落实上级单位有关全面整治的文件精神，编写、完善相关规章制度，将质量安全管理、运行调度管理、工程维护管理、信息自动化管理、机械电气金属结构管理、安全监测管理、水质保护管理、工程绿化管理、应急抢险管理、计划合同及采购管理10各整治专业明确责任科室、责任人，合理选择施工队伍，制定整治工作计划，日常加强各单位、各专业间之间的协调与沟通，按期完成整治任务，工程设施、站闸、园区管理面貌焕然一新。通过全面整治，不仅提高了工程的外部形象，使其更符合国家工程的要求，而且锻炼了运行管理队伍，提升了管理处的综合管理水平，为后期规范化、标准化管理提供了保证。

（5）工程观测情况。原安全监测单位施工监测合同到期后，按照上级安排，管理处于2015年9月25日组织完成内观监测任务及仪器移交工作，并自行组织开展观测工作；2015年11月，外观监测任务到期，管理处组织新中标的东北院安全监测单位进场，顺利完成外观测点复核移交工作。自内观移交工作以来，管理处每月按时上报监测月报。安全监测成果显示，各项指标满足运行要求，渠道运行未发现异常情况。

（6）安全及安保方面。为保障“工程、运行、水质、人身”等安全生产管理目标的顺利实现，依据《南水北调工程运行管理问题责任追究办法（试行）》《南水北调中线干线工程通水运行安全管理责任追究规定（试行）》《关于印发质量安全监督中心全面整治活动实施方案的通知》(中线局质安〔2015〕100号）等有关要求，结合管理处日常安全生产管理实际，成立了叶县管理处安全生产工作小组组织成员，并将各施工（运维）、协作单位纳入组织机构中，保证安全生产管理工作落到实处。制定并印发了叶县管理处安全生产管理实施细则，完善了安全生产责任制、安全生产会议制度、安全生产检查实施细则、安全生产考核实施细则、隐患排查与治理制度、安全教育培训制度、应急管理、视频安全监控制度、巡查人员安全保证措施9项相关制度。每月组织一次安全检查，检查小组由安全生产工作小组组长、副组长、各科室负责人、各专业负责人、施工（运维）单位负责人、安保单位负责人等组成，对检查中发现的安全生产问题登记台账，限定整改时限，指派专人负责；并召开月度安全工作会议，形成会议纪要，下发各科室、各单位，将安全问题、要求落实到位。针对全面整治期间参建单位多，协调难度多，安全形势严峻的情况，组织开展安全生产专题会，将分局和处内的安全管理要求落实到位，总体安全形势可控，未发生一起工程、水质、人身安全事故。制定《叶县管理处安全保卫管理办法》，成立《叶县管理处安保考核工作小组》，加强安全单位的日常管理工作。成立了叶县管理处突发事件应急工作组，明确责任人，编写《南水北调中线干线叶县段防汛度汛两案》《南水北调中线干线叶县段洪涝灾害应急预案》《南水北调中线干线叶县段穿（跨）越工程突发事件应急预案》《南水北调中线干线叶县段水污染突发事件应急预案》《南水北调中线干线叶县段火灾应急预案》《南水北调中线干线叶县段重大交通事应急预案》《南水北调中线干线叶县段突发群体事件应急预案》等7项应急预案，并做好备案工作。

2015年度安全管理成效显著，工程平稳运行，水质稳定达标；未发生任何安全事故，工程安全度汛，未发生水土流失事件。

三、运行调度

2015年叶县段运行调度平稳、正常运行，调度值班人员严格遵守值班纪律，履行值班职责。按照《南水北调中线干线输水调度管理工作标准（修订）》规定，依据“统一调度、集中控制、分级管理”的调度要求，叶县中控室严格执行“五班两倒”的值班方式，人员固定，业务能力扎实，并在澧河节制闸安排专人进行现场值守，提高了输水调度的应急处置能力，通过“上水平，保运行”的全面整治活动，健全了中控室输水调度制度，实现了五项制度上墙、统一了台签桌签，调度生产场所的环境面貌得到大幅度的提升。

2015年辛庄分水口已正式向漯河市供水，截至2015年底供水量达到867.79万m^3，水质达标；澧河节制闸共计接收341条调度指令，其中现地调度指令10条，远程操作指令331条，远程操作成功率达到97%，澧河节制闸累计输水量达到205 830万m^3。

2015年，叶县管理处全体员工非常重视金属结构、机械电气及自动化设备的保养与维护工作，经过全面整治活动的闸站标准化建设，对澧河渡槽、府君庙河倒虹吸、辛庄分水口建筑物内、外墙进行重新粉刷，设备重新涂装，完善功能，提升了形象，对所有的金属结构、机械电气及自动化设备进行了排查，对出现的缺陷均进行了集中处理。2015年叶县管理处加强了对运行维护队伍的管理工作，使金属结构、机械电气及自动化系统的队伍运行维护尽职尽责，严格按照合同内容对设备进行定期观察、保养和日常维护，做到发现问题及时处理，确保了叶县管辖范围内的7台套液压设备、1套固定卷扬启闭机、2套双吊点电动葫芦、3套单吊点检修电动葫芦、2台柴油发电机组、3台移动式发电机、4台变压器、4套高压开关柜及自动化等设备均能够安全稳定运行。

2015年自动化尾工项目建设是叶县段工程建设的重要部分，建设情况如下：

（1）叶县管理处安防系统建设完成情况。光缆施工一标：叶县管理处辖区内微管敷设合同量共61.509km，断点数量为273处，微缆敷设合同量共61.509km，截至2015年已经完成工程量100%。视频监控系统集成一标：叶县管理处辖区内安防系统建设杆塔合同量为73根、摄像机合同量为73个、基坑开挖合同量为73个、基础浇筑合同量为73基、喇叭合同量为146个、电源控制箱合同量73个、电缆敷设合同量为26.395km、光缆敷设合同量为25.8km及基础回填等，截至2015年已经完成工程量75%。综合监控标：叶县管理处辖区内机柜及设备安装合同量共1套，累计监控客户端合同量共1套，截至2015年底已经完成合同量100%。

（2）澧河渡槽节制闸闸后安装1套超声波水位计。

（3）叶县管理处辖区内全填方视频基础合同量共14基，电池坑合同量14个，截至2015年已经完成工程量50%。

（4）2015年底完成了消防联网设备安装、设备加电和联网调试工作。

（5）工程防洪系统建设。叶县管理处辖区内水位站土建基础合同量共19套，水位监测设备、雨量、温湿度采集设备合同量19套，截至2015年底已经完成工程量80%。

四、工程效益

2014年河南省遭遇严重旱情，平顶山市尤其严重，百万市区人口面临用水危机。2014年8月7日8时至9月20日16时，南水北调中线工程正式通水前，利用南水北调中线总干渠从丹江口水库向平顶山市应急调水，总计调水5000万m^3，极大地缓解了平顶山城市供水困难，为支援平顶山市抗旱发挥重要作用。

中线干线工程从2014年12月12日开始正式通水，叶县段所辖辛庄分水口于12月23日开始向漯河市舞阳县供水，截至2015年底8时累计供水约984.61万m^3。

叶县段工程运行调度平稳，通水正常，

工程效益不断显现。

2015年，叶县管理处还多次走访漯河及舞阳水厂等，深入受水区开展用户满意度调查，及时了解受水区群众意见，做好分水供水及水质保护工作。经了解，辛庄分水口供水后，南水北调水质获得下游用户高度评价，供水量正逐步增加。

五、环境保护与水土保持

南水北调中线干线工程建设管理局及长江工程建设局叶县代建部在工程建设中重视防治水土流失，工程设计中提出了水土保持措施，在招投标文件及与施工单位签订的合同条款中，规定了保护土地资源及防治水土流失的要求，并委托了监理单位对工程环境及水土保持工作进行监督检查。在取土、开挖和弃土等施工活动中，采取了保护措施，水土流失及对生态环境的影响范围和程度均较小。

南水北调中线干线工程建设管理局及长江工程建设局叶县代建部重视环境保护管理，在工程招标工作中将参建各方应遵守的环境保护法律、法规和规章，各方的环保义务和责任以合同条款的形式列入招标文件。并在建设过程中，设立专门管理部门，对环境保护工作进行管理。为了对工程施工期的各项环境保护措施执行情况进行有效监督，项目法人委托监理单位实施了本项目的环境监理工作，组建了专门的现场环境监理机构，参与项目建设的现场监督管理。

全面整治期间，针对边坡防护不到位，草皮成活率不足等问题，管理处积极组织开展边坡防护及植草工作，对冲刷严重部位进行培土再造，种植草皮等措施；对澧河渡槽进出口裹头、府君庙河倒虹吸进出口裹头、辛庄分水口等节点部位进行专项绿化设计及施工，有效美化环境，避免水土流失。

六、验收工作

叶县段工程通过分部、单位、合同工程验收，并于2015年12月通过交工验收；12月底前完成了工程实体移交接管。

2014年3月11～12日，南水北调中线干线工程建设管理局主持对叶县段工程进行了项目法人验收（自查）。

2014年4月9～12日，国务院南水北调办主持对叶县段工程进行了通水验收技术性初步验收。

2014年5月8日，国务院南水北调办主持对叶县段工程进行了通水验收。

七、尾工建设

目前叶县段主要遗留问题有：工程实体移交前，叶县1标小保安桥、叶县4标文庄桥管养移交未完成；叶县4标金钩及月台渣场已办理返还手续，但水保措施未完成。无其他剩余尾工项目。

（何建新　任永奎　牛　岭）

澧河渡槽工程

一、工程概况

澧河渡槽位于河南省平顶山市叶县常村乡坡里与店刘之间的澧河上，工程起点桩号209+270，终点桩号210+130，工程轴线总长860m。进口节制闸室、进口连接段、槽身段、出口连接段、出口检修闸室均为双线布置。槽身为双线双槽矩形预应力钢筋混凝土筒支型梁式渡槽，共14跨，两个边跨为30m跨径，其余12跨为40m跨径。单槽净宽10.0m，双线渡槽全宽顶宽26.6m，底宽26.7m。

澧河渡槽设计总长860m，包括进口明渠段长114m，进口渐变段长45m，进口节制闸室长26m，槽身段540m，出口连接段长20m，出口检修闸室长15m，出口渐变段长70m，出口明渠段10m；设计流量320m^3/s，加大流量380m^3/s，退水闸设计流量160m^3/s。

澧河渡槽段工程初步设计概算批复总投资39 865万元，其中静态总投资39 063万元，建设期融资利息8025万元。

工程部分静态投资24 895万元，其中建筑工程20 056万元，机械电气设备及安装工程414万元，金属结构设备安装工程888万元，临时工程3537万元，独立费用5557万元，基本预备费1827万元；移民环境投资6784万元。

二、工程管理

澧河渡槽工程所属管理机构为南水北调中线建管局下属的三级机构叶县管理处，履行管理维护职责。根据《南水北调待运行期工程管理维护考核办法》（国调办〔2012〕268号）等规定，各级工程管理机构建立健全了待运行期工程管理维护目标责任制，落实组织管理、安全管理、工程管理和经费管理责任，强化待运行期工程管理维护考核工作，保障工程完好和安全。

（1）运行管理计划。根据中线建管局统一规划，运行管理工作将分为三种管理模式。日常的工程运行管理工作将由运行管理单位负责，专业的维修养护工作由养护单位负责实施，管养职责将进一步清晰化。由于引入了市场招标竞争机制，能够利用社会资源，提高维修养护水平，进一步实现了精简高效、运转灵活的企业管理目标。

（2）运行生产工器具准备。为满足工程运行管理工作的需要，叶县管理处配备了交通车辆4辆，已配备必要的办公工器具，其他设备设施正在逐步完善中，满足工程运行需要。

（3）运行技术准备。《河南段各设计单元的工程待运行期管理维护方案》已经编制完成，已上报国务院南水北调办审核，已批准；《河南段各设计单元的工程待运行期管理细则》已编制完成。2015年5月25日~6月6日组织人员参加南水北调中线建管局举办的安全监测培训，学习安全监测理论知识、操作技能、闸站实践等，为今后安全监测工作打下基础。2015年10月11~17日组织人员参加南水北调中线建管局举办的电动葫芦特殊工种培训。2015年10月30日~11月25日组织人员参加南水北调中线建管局举办的高压电工特殊工种专业技能培训。

（4）工程观测情况。安全监测成果显示，各项指标满足运行要求，渠道运行未发现异常情况。

（5）安全及安保方面。管理处编制有安全管理实施细则、安全管理体系、工程安保制度、工程安保方案、工程安保绩效考核办法等文件，并按照文件要求每月对安保单位进行考核，考核结果报河南分局的同时在管理处存档；针对外协、运维单位每月进行全面安全排查，并形成台账，针对整改情况及时更新。

三、运行调度

2015年叶县管理处运行调度平稳运行，调度值班人员严格遵守值班纪律，履行值班职责。按照《南水北调中线干线输水调度管理工作标准（修订）》规定，依据“统一调度、集中控制、分级管理”的调度要求，叶县中控室严格执行“五班两倒”的值班方式，人员固定，业务能力扎实，并在澧河节制闸安排专人进行现场值守，提高了输水调度的应急处置能力。2015年辛庄分水口已正式向漯河市供水，截至2015年底供水量达到867.79万m^3，水质达标；澧河节制闸共计接收341条调度指令，其中现地调度指令10条，远程操作指令331条，远程操作成功率达到97%，澧河节制闸累计数输水量达到205 830万m^3。

金属结构、机械电气自动化设备在南水北调工程运行中发挥着极其重要的作用，它们的正常运行直接关系到南水北调的安全输水工作。叶县管理处全体员工非常重视金属

结构、机械电气及自动化设备的保养与维护工作，经过全面整治活动，管辖范围内所有建筑物内、外墙进行重新粉刷，设备重新涂装，室内运行环境有了很大的提高，对所有的金属结构、机械电气及自动化设备进行了排查，对出现的缺陷均进行了处理。同时，加强对运行维护队伍的管理工作，使金属结构、机械电气及自动化系统的运行维护队伍尽职尽责，严格按照合同内容对设备进行定期观察、保养和日常维护，做到发现问题及时处理，确保了叶县管辖范围内的7台套液压设备，1套固定卷扬启闭机，2套双吊点电动葫芦，3套单吊点检修电动葫芦，2台柴油发电机组，3台移动式发电机，4台变压器，4套高压开关柜及自动化等设备均能够安全稳定运行。

四、工程效益

澧河渡槽工程运行调度平稳，通水正常，工程效益不断显现。截至2015年11月25日8时，工程安全运行385天，累计输水20.511 3亿 m^3。

五、环境保护与水土保持

南水北调中线干线工程建设管理局及长江工程建设局叶县代建部在工程建设中重视防治水土流失，工程设计中提出了水土保持措施，在招投标文件及与施工单位签订的合同条款中，规定了保护土地资源及防治水土流失的要求，并委托了监理单位对工程环境及水土保持工作进行监督检查。在取土、开挖和弃土等施工活动中，采取了保护措施，水土流失及对生态环境的影响范围和程度均较小。

南水北调中线干线工程建设管理局及长江工程建设局叶县代建部重视环境保护管理，在工程招标工作中将参建各方应遵守的环境保护法律、法规和规章，各方的环保义务和责任以合同条款的形式列入招标文件。并在建设过程中，设立专门管理部门，对环境保护工作进行管理。为了对工程施工期的各项环境保护措施执行情况进行有效监督，项目法人委托监理单位实施了本项目的环境监理工作，组建了专门的现场环境监理机构，参与项目建设的现场监督管理。

六、验收工作

澧河渡槽工程全部通过分部、单位、合同工程验收，并于2015年12月通过交工验收。

2014年3月11～12日，南水北调中线干线工程建设管理局主持对澧河渡槽工程进行了项目法人验收（自查）。

2014年4月9～12日，国务院南水北调办主持对澧河渡槽工程进行了通水验收技术性初步验收。

2014年5月8日，国务院南水北调办主持对澧河渡槽工程进行了通水验收。

（郭龙龙　郑强龙　崔延庆）

鲁山南1段工程

一、工程概况

鲁山南1段工程是南水北调中线一期工程总干渠陶岔渠首—沙河南的组成部分，位于河南省平顶山市境内，起始端与平顶山市叶县相邻，渠线穿越昭平台水库灌区，基本平行于昭平台南干渠布置，沿途经过鲁山县张官营、磙子营、张良三个乡（镇）。起点总干渠桩号215＋811，终点总干渠桩号229＋262，全长13.451km。本段渠道设计流量 $320m^3/s$，加大流量 $380m^3/s$。起止控制点的设计水位分别为133.89m、133.17m，水头差0.72m，其中渠道占用水头0.52m。渠道沿线共布置30座交叉建筑物，其中河渠交叉建筑物1座、左岸排水建筑物6座、渠渠交叉建筑物10座、跨渠公路桥7座及生产桥6座。

鲁山南 1 段计划工期 28 个月，工程于 2011 年 3 月 1 日开工，2013 年 12 月 20 日主体工程完工，2014 年 12 月 12 日全线通水。

二、工程管理

（1）工程管理机构。鲁山管理处自有员工 21 人，目前设有综合科、运行科、工程科三个科室，明确各岗位分工、责任到人。综合科主要负责人力资源管理、员工培训、考勤管理、团队建设、党务工作、宣传报道等综合管理；运行科主要负责运行调度、机械电气金属结构巡视、自动化设备管理等相关工作；工作科主要负责工程巡查、工程维护、计划合同管理、安全保卫等相关工作。由于管理处自有人员数量较少，难以完成目前繁重的工作任务，河南分局借调监理 4 人，借调黄河建工 17 人、借调长委安全监测人员 4 人，分别从事安全监测、调度值班及工程巡视等工作。

（2）工程维护检修。为了规范鲁山管理处运行维护管理，节省成本，提高工程运行安全，鲁山管理处工程维护分为日常维护和专项维护两类，在 2015 年年初即制定了年度运行维护计划并报河南分局批准。

2015 年度前半年管理处主要工作以检查为主，通过工巡人员日常检查及专项排查，将发现问题通过协调平顶山尾工办组织建设期施工单位进行整改。2015 年下半年随着中线建管局“全面整治”工作的开展，管理处加大了维护项目的投入，实施并完成了园区道路、沉降处理、道路标识系统、除草、绿化、闸站改造等工作，运行安全得到有效保证，形象面貌得到提升。

（3）设备维护。三级管理处每周均对现场设备设施进行巡视排查，根据设备的运行情况上报维护计划并负责实施。35kV 线路及设备目前委托建设期的施工单位进行维护；金属结构、机械电气设备由黄河水利委员会黄河机械厂进行维护；液压系统由设备厂家邵阳维克液压股份有限公司负责维护；自动化系统分别由五家专业的单位进行维护保养。

（4）工程设施管理。为了强化沙河渡槽段工程设施的管理，本着科学合理、安全实用、符合标准的原则，杜绝各类工程设施的破坏行为的发生，以达到工程设施管理的规范化、标准化、科学化的目的，鲁山段制定了工程设施管理办法，并予以实行。工程设施管理的归口部门为工程科，工程科充分利用自有人员、安保人员、工程巡视人员对辖区内的工程设施进行排查，工程科建立管理台账及时组织安保人员或专业运行维护进行问题处理。

（5）安全生产。鲁山管理处始终把安全生产放在运行管理的首要位置，成立了安全生产管理委员会并下设办公室，明确职责，严格贯彻执行“安全第一，预防为主，综合治理”的方针。2015 年度鲁山管理处建立健全了安全生产管理体系，制定安全生产管理类制度和各类应急预案等文件，并落实责任制。同时结合日常安全管理，不定期检查以及专项检查，进行专项应急演练，组织安全生产例会，安全月度、季度、年度考核等，确保了工程安全无事故。

（6）运行生产工器具准备。为满足工程运行管理工作的需要，负责该段工程运行管理的鲁山管理处配备了专门交通车辆，办公生产工器具齐全，防汛抢险等物资 2015 年度已经到位。

三、运行调度

（1）管理处的主要工作职责。做好金属结构、机械电气、自动化所有设备设施日常运行管理工作；负责辖区内维修养护计划并及时上报，根据上级批复编制详细的月、季工作计划，确保维修养护、巡视等工作有序开展；负责辖区内各维修养护单位的日常管理，落实维修养护合同的履行情况，组织日常维修养护项目验收，参与专项维修养护项目的实施与验收；负责日常运行各种资料、

数据的整理、上报工作；具体负责管理辖区内设备设施安全保卫、看护和环境保护工作；负责同县级有关部门的业务协调、联络工作；参与水量调度工作，进行中控室调度运行值班及闸站值守，接受及反馈调度指令，及时收集及上报水情信息，参与分水口门的调度管理工作及水量确认工作；负责管理处辖区内消防设施及消防联网工作等。

（2）工程具体运行调度情况。鲁山管理处调度运行科共有自有员工 7 人，负责辖区内所有调度运行工作，另外通过以劳务公司的方式借调人员 14 人，参与调度运行及闸站值守工作。鲁山南 1 段工程无参与调度的闸门，灰河倒虹吸出口控制闸作为备用节制闸设置在此段工程内。

（3）金属结构、机械电气运行情况。鲁山南 1 段工程包含弧形闸门 4 扇（节制闸）、台车 1 台、电动葫芦 1 套（检修闸）、叠梁门 2 组（检修闸）、平板闸门 2 组、高压柜 4 面、低压柜 4 面、变压器 1 台、充电馈电柜 1 台、直流电源柜 1 台。调度运行人员每周均对沙河渡槽工程所有金属结构、机械电气设备进行巡视保养维护，设备运行平稳，未出现异常情况。2015 年 9 ~ 12 月，对金属结构、机械电气设备进行全面的排查与整治，目前设备运行状况良好，无“带病”工作的情况，各部门排查发现的问题，均已彻底消缺。

（4）自动化系统运行情况。相关的自动化系统包括闸站监控系统、视频监控系统、工程安全监测系统、通信系统、计算机网络系统、安防系统等。目前闸站监控系统、视频监控系统、工程安全监测系统、通信系统、计算机网络系统等运行良好。安防系统正在建设中，6 月底前完成联合调试，系统投入运行。

四、工程效益

自 2014 年 12 月 12 日南水北调中线干线总干渠正式通水以来，鲁山段工程总体运行安全平稳，已逐渐开始发挥工程效益。截至 2015 年底，安全运行 384 天，累计输水 213 988.9万 m^3。未出现任何影响运行的质量及安全问题。解决了平顶山地区严重缺水的状况，补充了日益减少的地下水，对农作物生长起到了一定的效果，对生态环境的改善起到了至关重要的作用。

五、环境保护与水土保持

为贯彻落实国家建设项目环境保护与水土保持的法律、法规，始终遵循“预防为主、防治结合、综合治理”的方针，根据平顶山项目部有关工作要求，鲁山管理处安排专人负责环境保护与水土保持管理工作，督促环保监理认真开展工作，对辖区内的施工、营区等区域开展环保监测评估，及时向施工单位发出预警信息，对存在的问题的标段督促其整改到位。

鲁山管理处要求各监理单位积极督促施工单位遵守有关环境保护的法律、法规和合同规定，采取合理的措施保护环境。对辖区内的弃渣场，按水保图纸、地方政府主管部门相关规定要求施工，在汛期前组织大排查，发现隐患及时整改，确保了工程的顺利进行。做好施工开挖边坡、基坑的支护和排水，设置沉淀池对拌合系统废水集中沉淀处理，定时在施工主干道洒水，加强对噪声、粉尘、垃圾的控制和治理防止污染，保持了施工区和生活区的环境卫生，达到环境保护要求。

在水土保持方面，要求各监理部督促施工单位必须遵守国家有关法律、法规规定，按照设计单位印发的水保临时措施施工技术要求、设计征地图纸控制永久用地和临时占地面积，认真做好水土保持工作。如施工道路、厂区硬化、设置排水沟，及时平整弃渣场、做好坡面防护和表面排水等。工程完工时做好现场清理，能及时移交临时占地；渣场无水土流失，符合水土保持要求。

六、验收工作

2015 年 12 月 24 ~ 25 日，完成鲁山南 1

段工程施工标合同项目完成验收。

2015 年 12 月 27 日，完成鲁山南 1 段工程安全监测合同项目完成验收。

2015 年 12 月 19 日，完成鲁山南 1 段设计单元工程档案预验收。

七、尾工建设

除安防系统以外，其余尾工建设均已完成。

（郑晓阳　张承祖　宁志超）

鲁山南 2 段工程

一、工程概况

本工程为南水北调中线工程总干渠陶岔渠首—沙河南段工程的一部分，位于陶岔渠首—沙河南段最末标段，起于鲁山县张良镇西盆窑村东北、止于沙河南岸鲁山县马楼乡薛寨村北。设计流量 320m^3/s，加大流量 380m^3/s。起点（桩号 229 + 262）设计水位 133.168m，终点（桩号 239 + 042）设计水位 132.370m，分配水头 0.798m。

该设计单元渠线全长 9.78km，其中渠道长 9.066km，建筑物长 0.714km（澎河涵洞式渡槽建筑物长 310m，滍河倒虹吸建筑物长 404m）。渠线穿越大型河流 2 条、小型河流 3 条。总干渠与沿线河流、灌渠、公路的交叉工程全部采用立交布置型式，沿线建筑物工程有河渠交叉、左岸排水、渠渠交叉和路渠交叉、控制工程等类型。共有各类建筑物 25 座，其中大型河渠交叉建筑物 2 座、左岸排水建筑物 3 座、渠渠交叉建筑物 7 座、控制建筑物 3 座、公路桥 5 座、生产桥 5 座。另外，还有 35kV 降压站 2 座以及鲁山管理用房 1 处。

二、运行调度

工程管理机构为鲁山管理处。

（1）管理处的主要工作职责。做好金属结构、机械电气、自动化所有设备设施日常运行管理工作；负责辖区内维修养护计划并及时上报，根据上级批复编制详细的月、季工作计划，确保维修养护、巡视等工作有序开展；负责辖区内各维修养护单位的日常管理，落实维修养护合同的履行情况，组织日常维修养护项目验收，参与专项维修养护项目的实施与验收；负责日常运行各种资料、数据的整理、上报工作；具体负责管理辖区内设备设施安全保卫、看护和环境保护工作；负责同县级有关部门的业务协调、联络工作；参与水量调度工作，进行中控室调度运行值班及闸站值守，接受及反馈调度指令，及时收集及上报水情信息，参与分水口门的调度管理工作及水量确认工作；负责管理处辖区内消防设施及消防联网工作等。

（2）工程具体运行调度情况。鲁山管理处调度运行科共有自有员工 7 人，负责辖区内所有调度运行工作，另外通过以劳务公司的方式借调人员 14 人，参与调度运行及闸站值守工作。鲁山南 2 段工程参与调度的有澎河渡槽进口节制闸，2015 年度共接受调度指令 364 条，其中远程指令 348 条，成功率 98.0%，现地指令 16 条，成功率 100%。上年度共输水 213 988.9 万 m^3。

（3）金属结构、机械电气运行情况。鲁山南 2 段工程包含弧形闸门 6 扇（节制闸 2 扇、控制闸 4 扇）、电动葫芦 4 套（检修闸）、叠梁门 6 组（检修闸）、固定卷扬机 2 台（退水闸）液压启闭机 3 台（滍河控制闸为“一拖四”式）、高压柜 8 面、低压柜 6 面、变压器 2 台、充电馈电柜 2 台、直流电源柜 2 台。调度运行人员每周均对沙河渡槽工程所有金属结构、机械电气设备进行巡视保养维护，设备运行平稳，未出现异常情况。2015 年 9 ~ 12 月，对金属结构、机械电气设备进行全面的排查与整治，目前设备运行状况良好，无“带病”工作的情况，各部门排查发现的问题，均已彻底消缺。

（4）自动化系统运行情况。相关的自动化系统包括闸站监控系统、视频监控系统、工程安全监测系统、通信系统、计算机网络系统、安防系统等。目前闸站监控系统、视频监控系统、工程安全监测系统、通信系统、计算机网络系统等运行良好。安防系统正在建设中，6月底前完成联合调试，系统投入运行。

三、验收工作

2015年12月15～16日，完成鲁山南2段工程施工标合同项目完成验收。

2015年12月27日，完成鲁山南2段工程安全监测合同项目完成验收。

2015年12月12日，完成鲁山南2段设计单元工程档案预验收。

四、尾工建设

除安防系统以外，其余尾工建设均已完成。

（张小可　宁志超　李　志）

天津干线工程

概　述

（一）工程组成

天津干线工程西起河北省保定市徐水县西黑山村附近的南水北调中线一期工程总干渠西黑山节制闸，东至天津市外环河西。起点桩号XW0＋000，终点桩号XW155＋305，全长155.305km。途径河北省保定市的徐水、容城、雄县、高碑店，廊坊市的固安、霸州、永清、安次和天津市的武清、北辰、西青，共11个区县。

天津干线工程以现浇钢筋混凝土箱涵为主，主要建筑物共268座，其中控制建筑物17座、河渠交叉建筑物49座、灌渠交叉建筑物13座、铁路交叉建筑物4座、公路交叉建筑物107座。

（二）设计输水能力

根据初步设计，天津干线工程设计流量50～18m^3/s，加大流量60～28m^3/s。工程建成后，多年平均向天津供水10.15亿m^3（陶岔水量），向天津市供水8.63亿m^3（口门水量），向河北省供水1.2亿m^3（口门水量）。

（三）年度水量调度

2015年度，天津干线工程主要给天津市城区及滨海新区供水。水利部下达天津干线工程年度调水计划3.88亿m^3，实际完成调水4.04亿m^3，超额完成调水计划。

（四）运行管理

2015年是南水北调中线干线工程全面进入运行管理的开局之年，在中线建管局领导下，天津分局认真贯彻各项运行管理规章制度，开展了一系列运行管理相关工作，保障了工程平稳运行，安全、超额完成了年度调水任务，为今后的生产运行积累了丰富经验。天津分局运行管理工作紧紧围绕工程安全、运行安全、水质安全和人员安全展开。

（1）工程安全。工程安全涵盖了箱涵和建筑物结构安全。主要管理手段为工程巡查和安全监测。工程巡查和安全监测发现的问题，建立台账，完善整改程序，及时整改。

（2）运行安全。运行安全的主要目标是实现平稳调度。在运行调度方面，天津分局设置了分调中心，管理天津干线运行调度全部工作；下设西黑山、徐水、霸州、容雄及天津5个现地管理处调度科，管理辖区范围内运行调度工作。主要管理手段为建立健全运行调度相关规章制度，加强调度值班管理；及时检查、维护、保养机械电气金属结构、自动化设备，确保设备状态正常。为确保运行安全，天津分局编制了调度应急处置方案，当发生突发事件时，立即启动应急处置方案。

（3）水质安全。针对水质安全的主要管理手段为建立健全水质保护制度，加强水质专项巡查；组建水质实验室，进行水质分析。天津分局编制了水污染突发事件应急预案，水质安全出现问题时，立即启动预案处理。

（4）人员安全。人员安全主要涉及安保服务、维修养护及分局工作人员的安全。主要管理手段是建立健全相关安全生产的规章制度、加强安全教育培训和安全生产检查等。天津分局编制了相关安全生产应急处置方案，当突发事件涉及人员安全时，立即启动处置方案，避免事故的发生或减轻损失。

（五）工程效益

天津干线工程目前主要给天津市供水。从2014年12月12日正式通水开始，截至2015年底，累计向天津市调水4.04亿m^3，满足了天津市区90%以上居民用水需求，经济效益初步发挥。为拉动地方经济发展，秉承共享发展的理念，在招聘物业、安保及工程巡查人员时，均采取了在工程所在地就近招聘的原则，此项解决了沿线大约200人就业问题；同时老百姓对调水水质非常满意，社会效益十分明显。由于减少了地下水的开采，生态环境也有明显改善。

（许先水　开小三）

西黑山进口闸—有压箱涵段工程

一、工程概况

西黑山进口闸—有压箱涵段为天津干线第1设计单元，工程西起河北省保定市徐水县西黑山村西，东至徐水县丁家庄南，工程起止桩号（XW0+000）~（XW15+200），全长15.2km。西黑山进口闸—有压箱涵段工程连接南水北调中线干线工程，承担向天津市和河北保定及廊坊地区部分县乡供水的输水任务。西黑山进口闸—有压箱涵段工程设计输水流量50m^3/s，加大输水流量60m^3/s。

2015年，工程安全平稳运行，工程形象得以较大提升，经济效益、社会效益、生态效益初步显现。

二、运行调度

（1）运行调度情况。2015年，分局、管理处运行调度规章制度逐步完善和细化，调度人员得到补充，中控室调度人员24h值班，调度值班日志、日报及交接班记录准确、清楚，各管理院区实时监控，调度信息传递畅通，调度指令执行及时、准确，建筑物、金属结构、机械电气及自动化设备运行正常，状况良好，在调度方面实现了全年度安全平稳运行。

（2）金属结构、机械电气运行情况。管理处对主要建筑物西黑山进口闸及文村北调节池各项金属结构、机械电气设备定期进行巡检及维修保养工作，启闭机室及各设备间整洁有序，设备干净明亮；各重要闸站24h有人值守；定时对供配电系统进行巡检，备用发电机时刻处于待命状态，保证供配电系统正常运行，保证为天津市及沿线各省市按调度计划供水。

（3）自动化系统运行情况。各闸站闸控系统均已完工且投入使用，可实现远程闸门控制，远程查看流量、水位、流速、闸门开度等水文信息功能，同时配合视频监控系统、门禁等系统，可实现各现地站智能化管理及调度工作，大大提高了工作效率及管理水平。

三、工程效益

在分局及现地管理处全体员工共同努力下，本段工程全年安全、平稳运行；从2014年12月12日正式通水以来，已安全平稳运行385天，过境水量4.04亿m^3，超额完成水利部下达的调水计划。本年度还完成了对地方配套工程的充水试验供水任务，经济效益初

步显现。为拉动地方经济发展，秉承共享发展的理念，在招聘物业、安保及工程巡查人员时，均采取了在工程所在地就近招聘的原则，此项解决了沿线大约50人就业问题，社会效益明显。

四、环境保护与水土保持

2015年是运行管理元年，天津分局及各现地管理处修订、完善了工程建设期间的环境保护、水土保持相关规章制度，进一步加强环境保护、水土保持管理工作，对辖区内污染源、可能引发水土流失的薄弱部位进行了排查和处理。在绿化方面，3月组织了全体员工参与辖区内的义务植树活动；组织原绿化施工单位对枯死树苗进行了更换；全面整治期间，对绿化工程进行了提升和改造，工程形象得以提升。

（刘卫其　耿宝江）

保定市境内1段工程

一、工程概况

南水北调中线一期工程天津干线保定市境内1段工程为天津干线第二设计单元。工程位于河北省保定市徐水县、容城县、白沟白洋淀温泉城开发区和雄县境内，东西走向，相应的起止桩号为（XW15+200）~（XW60+842），渠线全长45.68km。工程主要以3孔4.4m×4.4m现浇钢筋混凝土输水箱涵为主，共包含穿越铁路建筑物1座（京广铁路涵）、穿越公路交叉建筑物35座、河渠交叉建筑物16座、保水堰3座、分水口门3座以及检修闸、通气孔等共81座建筑物。工程等别为一等，主体建筑物为1级，设计输水流量为$50m^3/s$，加大输水流量为$60m^3/s$。

主要工程量为：土石方开挖1226万m^3，土石方回填863万m^3，混凝土142万m^3，钢筋制作安装13万t。

河北省南水北调工程建设管理中心（以下简称建管中心）受中线建管局委托，负责天津干线保定1段工程建设管理。

二、工程投资

截至2015年底，由建管中心负责签订的保定市1段各类合同（含补充协议或备忘录）共159项，合同总金额20.1865亿元（含备用金1.5亿）。按照中线建管局合同分类管理规定，包括：建安设备类合同82项，合同总金额19.7329亿元（含备用金1.5亿）；专项采购类合同4项，合同金额384万元，资金来源为设计单元外资金划入；项目建设管理类合同21项，合同金额463万元；技术服务采购类合同38项，合同金额3164万元；建设及施工场地征用类2项，合同金额为71万元，均为工程外资金；与中线建管局签订建管委托合同2项；因津保高速公路占压北城南分水口，与相关单位签订合同8项，合同金额为173.6万元；运行维护类合同15项，合同金额为284万元。

截至2015年底，保定市1段工程累计处理工程变更索赔193项，核定变更索赔金额9538万元，核减合同内金额2695万元，增加工程投资6843万元。其中，2015年处理工程变更索赔52项，累计核定金额2221万元，增加工程投资2125万元。

截至2015年底，保定市1段累计结付资金19.6726亿元，其中2015年度结付5171万元。具体为：建安设备类工程项目已累计结付金额为19.0413亿元（含价差2.2396亿元），其中2015年结付4732万元；项目管理费已累计结付3288万元，其中2014年结付426万元；技术服务费已累计结付3025万元，其中2015年结付12.9万元。

三、验收工作

2015年建管中心除进行设计单元完工结算工作外，积极完善和准备竣工验收的相关工作，包括：水土保持专项验收、环境保护专项验收、档案专项验收和消防验收等工作的准备。

2015 年 12 月 15 日保定市 1 段工程通过水土保持专项验收。

（曹会利）

保定市境内 2 段工程

一、工程概况

保定市境内 2 段工程是天津干线工程的重要组成部分，承担向天津市和河北保定、廊坊地区部分县乡供水的输水任务。保定市境内 2 段工程位于河北省保定市雄县、高碑店境内，工程起止桩号（XW60 + 842）~（XW75 +927），全长 15.085km。保定市境内 2 段工程设计输水流量 50m^3/s，加大输水流量 60m^3/s。

二、验收工作

积极协助中线建管局开展环境保护、水土保持专项验收准备工作。2015 年 12 月 14 ~ 15 日，天津干线通过水利部委托海委主持的水土保持专项验收。

在财务决算方面，组织施工单位完成工程量计算工作，并将成果提交中线建管局委托的专业机构审核。

（张亚旺　马金全）

廊坊市境内段工程

一、工程概况

廊坊市境内段工程起点位于河北省廊坊市固安县马庄镇李洪庄村西约 900m 处，终点位于河北省廊坊霸州市与天津市武清区分界处，工程起止桩号(XW75 +927) ~(XW131 + 360)，全长 55.4km。廊坊市境内段工程设计输水流量 50m^3/s，加大输水流量 60m^3/s。

廊坊市境内段工程是天津干线工程的重要组成部分，承担向天津市和河北廊坊地区部分县乡供水的输水任务。

二、工程管理

（1）工程管理机构。南水北调中线干线工程运行管理实行三级机构管理。天津干线沿线 5 个现地管理处是第三级运行管理机构，具体管理本辖区内工程现场运行管理工作。廊坊市境内段工程直接隶属于中线建管局天津分局霸州管理处管辖，霸州管理处下设工程科、调度科、综合科、合同财务科。

（2）工程维护抢修。根据中线建管局颁发的运行管理与维修养护实施办法规定，天津分局编制并印发了《天津分局自管维护项目管理实施办法》，规定了自管维护项目从立项、审批、安全、进度、质量、计量、验收和档案管理程序和要求，基本理顺了自管维护项目的日常管理。维护项目按管辖区段由现地管理处申请立项，立项申请实行分级审批，日常项目由天津分局审批；专项项目由天津分局审查后报中线建管局审批。现地管理处是辖区内自管维护项目的建设管理单位，对项目安全、进度、质量、计量、验收和档案负责。自管维护项目建立周报制度，每周上报天津分局工程管理处。天津分局采用巡查、重点布查等方式对项目质量安全监控。项目完工后由验收小组进行验收。日常项目由现地管理处组织验收，天津分局监督；专项项目和应急维护项目由分局组织验收；应急抢险项目由中线建管局组织验收，天津分局、现地管理处参加。天津分局还与天津水利工程公司签署了应急抢险协议，当本段工程遇紧急情况需要抢修时，能够第一时间到达现场开展抢修工作。

（3）设备维护。为加强金属结构、机械电气及自动化设备工程维护管理，由于专业性强，天津分局与原设备供应商协商，共与 4

家原设备供应单位签订了相关维护协议。协议中明确了维护方案和维护考核目标，维护单位参照各自合同内的项目和频次执行维护工作。

(4) 工程设施管理。2015 年是中线工程运行管理元年，土建和绿化工程均为新完工项目，部分项目还处于工程保修期，维修养护项目少、小，土建和绿化工程暂时没有委托专门的维修养护队伍。对于土建和绿化养护项目，天津分局按照中线建管局的采购管理办法，成熟一个项目发起一次采购，通过招标、竞争性谈判等方式选择实施单位，没有固定的维修养护队伍。维修养护队伍基本上是从有较好的合作关系的原土建施工单位中选取，目前河北省水利工程局和天津市水利工程公司承担的维修养护工作较多。金属结构、机械电气及自动化设备委托专业单位进行维护管理。

(5) 安全生产。在安全生产制度建设方面，根据《南水北调中线天津干线直管项目工程安全生产管理实施细则（修订）》和《南水北调中线天津干线工程 2015 年安全生产工作计划和工作要点》的要求，管理处进一步完善、细化了安全生产体系和安全生产规章制定，使安全生产工作有章可循，处理问题有据可依，从制度上保证了安全生产。在安全生产管理人员方面，严格责任、落实到人，首先成立了以管理处负责人为组长的安全生产领导小组，设置了专职安全员；其次，在安全设施器材管理、场内交通安全管理、消防安全管理、食品安全管理等方面，管理处分别指定专人具体负责。在安全生产工作开展方面，安全生产紧紧围绕工程安全、运行安全、水质安全和人员安全展开；天津分局每月组织一次安全生产大检查，管理处每周组织一次安全生产检查，检查完成下发检查通报，督促整改。天津分局每季度组织召开安全生产委员会大会，会商安全生产方面的问题。2015 年，安全生产处于可控状态。

三、工程效益

从 2014 年 12 月 12 日正式通水以来，已安全平稳运行 385 天，过境水量 4.04 亿 m^3，超额完成水利部下达的调水计划。本年度还完成了对地方配套工程的充水试验供水任务，经济效益初步显现。

为拉动地方经济发展，秉承共享发展的理念，在招聘物业、安保及工程巡查人员时，均采取了在工程所在地就近招聘的原则，此项解决了沿线大约 50 人就业问题，社会效益明显。

四、环境保护与水土保持

2015 年是运行管理元年，天津分局及各现地管理处修订、完善了工程建设期间的环境保护、水土保持相关规章制度，进一步加强环境保护、水土保持管理工作，对辖区内污染源、可能引发水土流失的薄弱部位进行了排查和处理。在绿化方面，3 月份组织了全体员工参与辖区内的义务植树活动；组织原绿化施工单位对枯死树苗进行了更换；全面整治期间，对绿化工程进行了提升和改造，工程形象得以提升。

（郭文军　贾玉亮）

天津市境内 1 段工程

天津市境内 1 段工程为天津干线第五设计单元工程，工程起点位于武清区王庆坨镇西南与河北省交界处（桩号 XW131 + 360），总体走向自西向东，沿线经过天津市武清、西青、北辰三区，终点位于西青区西青道以南奥森物流东侧（桩号 XW151 + 021.365），线路全长 19.661km。

天津市境内 1 段工程全部采用 C30 地下钢筋混凝土输水箱涵结构形式，以子牙河北分流井为界，其上游段为 3 孔 4.4m × 4.4m 有压输水箱涵 17.297km，设计输水规模 45m^3/s，

加大输水规模 $55m^3/s$；其下游段为 2 孔 3.6m ×3.6m 有压输水箱涵 2.233km，设计输水规模 $18m^3/s$，加大输水规模 $28m^3/s$。工程主要建筑物有：王庆坨连接井、子牙河北分流井、子牙河南检修闸、通气孔、子牙河河道倒虹吸及京沪高速公路、津同公路、京福公路、西青道、京沪铁路等公路、铁路穿越箱涵。

天津市境内 1 段工程为一等工程，主要建筑物等级为 1 级，附属建筑物、防护工程及穿河道的上下游连接段等次要建筑物等级为 3 级，临时建筑物等级为 4～5 级；天津市防洪圈外部分的箱涵和沿线建筑物防洪标准按 50 年一遇洪水设计，200 年一遇洪水校核，防洪圈以内部分防洪标准按 200 年一遇洪水设计。主要工程量包括土方开挖 651 万 m^3，土方回填 505 万 m^3，混凝土浇筑 61.6 万 m^3。

天津市境内 1 段工程已于 2011 年 7 月底全部完工，于 2013 年顺利通过通水验收，并完成全部临时占地复垦验收工作。

（孙津媛）

天津市境内 2 段工程

一、工程概况

天津市境内 2 段工程位于天津干线工程尾端，工程地处天津市西青区中北镇中北工业园内，工程起止桩号（XW151 +021.365）～（XW155 +305），全长 4.197km。天津市境内 2 段工程设计输水流量 $18m^3/s$，加大输水流量 $28m^3/s$。

天津市境内 2 段工程是天津干线工程的重要组成部分，承担向天津市滨海新区供水的输水任务。

二、运行调度

（1）运行调度情况。2015 年，分局、管理处运行调度规章制度逐步完善和细化，调度人员得到补充，中控室调度人员 24h 值班，调度值班日志、日报及交接班记录准确、清楚，各管理院区实时监控，调度信息传递畅通，调度指令执行及时、准确，建筑物、金属结构、机械电气及自动化设备运行正常，状况良好，在调度方面实现了全年度安全平稳运行。

（2）金属结构、机械电气运行情况。管理处对主要建筑物（外环河出口闸）各项金属结构、机械电气设备定期进行巡检及维修保养工作，启闭机室及各设备间整洁有序，设备干净明亮；各重要闸站 24h 有人值守；定时对供配电系统进行巡检，备用发电机时刻处于待命状态，保证供配电系统正常运行，保证为天津市及沿线各省市按调度计划供水。

（3）自动化系统运行情况。各闸站闸控系统均已完工且投入使用，可实现远程闸门控制，远程查看流量、水位、流速、闸门开度等水文信息功能，同时配合视频监控系统、门禁等系统，可实现各现地站智能化管理及调度工作，大大提高了工作效率及管理水平。

三、工程效益

在分局、管理处全体员工共同努力下，本段工程全年安全、平稳运行；从 2014 年 12 月 12 日正式通水以来，已安全平稳运行 385 天，向天津市滨海新区供水 0.8 亿 m^3。

四、环境保护与水土保持

2015 年是运行管理元年，天津分局及各现地管理处修订、完善了工程建设期间的环境保护、水土保持相关规章制度，进一步加强环境保护、水土保持管理工作，对辖区内污染源、可能引发水土流失的薄弱部位进行了排查和处理。在绿化方面，3 月份组织了全体员工参与辖区内的义务植树活动；组织原绿化施工单位对枯死树苗进行了更换；全面整治期间，对绿化工程进行了提升和改造，工程形象得以提升。

五、验收工作

积极协助中线建管局开展环境保护、水土保持专项验收准备工作。2015 年 12 月 14 ~ 15 日，天津干线通过水利部委托海委主持的水土保持专项验收。

在财务决算方面，财务完工决算已提交国务院南水北调办核准。

（孙文举　李永鑫）

中线干线专项工程

中线干线自动化调度与运行管理决策支持系统工程

一、工程概况

南水北调中线干线工程自动化调度与运行管理决策支持系统（以下简称自动化调度系统）是南水北调中线干线工程运行管理的神经系统，对中线干线工程的高效运行、可靠监控、科学调度和安全管理起着至关重要的作用。采用信息采集、信息处理、自动化控制、计算机网络、通信等先进技术，为中线干线工程正常输配水、工程安全、水质安全、运行管理等提供业务操作平台和决策支持环境。自动化调度系统由应用系统、应用支撑平台、数据存储与管理系统、计算机网络系统、通信系统、系统运行实体环境等六部分组成。系统建设目标为：以中线干线工程调水业务为核心，以全线闭环自动控制为重点，运用水利、通信、信息、自动控制等技术，建设服务于自动化调度监控、工程安全监测、水质监测、工程管理等业务的信息化作业平台和调度会商决策支撑环境，实现调度过程自动化和运行管理信息化，保障全线调水安全。

该系统共分为两个设计单元，分别为京石段设计单元和京石段以外设计单元，批复静态总投资约 21.3 亿元（其中京石段约 6.6 亿元，京石段以外约 14.7 亿元）。

初步设计阶段工作由中线建管局招标选定的北京电信规划设计院有限公司、黄河勘测规划设计有限公司联合体承担。主要以《南水北调工程总体规划报告》《南水北调中线一期工程可行性研究总报告》《南水北调中线干线工程自动化调度与运行管理决策支持系统设计招标文件》、南水北调中线一期工程总干渠相关初步设计规定及已完成的部分段落的初步设计报告为主要依据，按照初步设计大纲的要求，遵照国家、水利部、信息产业部及其他相关部委颁发的标准、规范进行设计标准。初步设计工作于 2006 年 8 月正式启动，2008 年 3 月，国家发展和改革委员会正式批复了京石段自动化调度系统初步设计；2009 年 9 月，国务院南水北调办批复了京石段以外系统初步设计。历时三年时间，系统初步设计阶段工作圆满完成。

京石段自动化调度系统于 2008 年 3 月开工建设，静态总投资 6.6 亿元，建设范围涵盖贯穿渠道两侧约 600 余公里的通信管道及光缆工程，涉及需要监控（测）的建筑物共有 67 座，其中：节制闸 15 座、退水闸 13 座，倒虹吸工作闸 7 座、其他工作闸 3 座、分水闸（口门）22 座、排冰闸 1 座、泵站 1 座、连通井 3 座、中心开关站 2 座；涉及的管理机构包括：总公司，河北分公司、北京分公司、12 个管理处；沿渠设 54 个通信站点，管理机构设 15 个通信站点。

京石段以外自动化调度系统于 2009 年 9 月批复，静态总投资 14.7 亿元，建设范围涵盖贯穿渠道两侧的通信管道及光缆工程，以及240个现地闸站（206个降压站）、35个管理处、3个分公司的设备安装调试及集成。

自动化调度系统于2014年基本建设完成，并在全线正式通水前投入使用，2015年主要开展该系统的试运行工作。

二、建设管理及进展

为加强自动化调度系统的运行维护管理工作，2015年中线建管局成立了信息机电中心，负责该系统的运行维护归口管理工作，并负责自动化调度系统剩余尾工和安防系统建设归口管理。

（一）组织开展了自动化调度系统调试及试运行工作

全线自动化系统在全线通水前基本完成设备安装，随着通水工作的开展逐步开展调试和试运行工作。

（1）通信、网络系统实现贯通，运行稳定，经受了通水初期的考验。

（2）闸门远程控制功能日趋完善和稳定。全线64座节制闸，53座退水闸、59座工作闸、58座分水口门已实现远程控制功能，控制精度及稳定性日趋完善，远程控制成功率95%以上。

（3）视频监视系统已完成所有闸站全面覆盖，在各级管理机构均能实时调用查看。

（4）水质自动监测系统已初步建成，全线共设有13个水质自动监测站，除团城湖自动站外，其余12座水质自动站已完成比对试验工作，并投入运行。

（5）安全监测自动化系统已实现95%测站数据自动采集功能，并完成了试运行工作。

（6）视频会议系统已建设完成，在各级机构均已成为调度会商、精神传达、办公例会的重要手段。

（二）组织开展了闸站监控系统工作闸、分水闸等联合调试及典型节制闸综合测试工作

全线闸站监控系统工作闸、分水闸等联合调试及典型节制闸综合测试工作于4月开始，6月结束。目的是全面检查和测试所有闸站监控系统数据（水位、流量、开度、液压启闭机运行状态）采集的完整性、合理性、规范性和稳定性；全面检查和测试闸站监控系统控制精度，测试闸门纠偏、下滑等功能；全面检查和测试闸站监控系统报警（开机条件、运行过程、闸门下滑、水位流量突变及超限、开度突变及超限等报警）功能。

（三）组织开展了安防系统建设工作

安防系统建设覆盖全线，主要包括沿渠两侧的微管及微缆、渠道两侧的摄像机及配套设备、沿物理围栏敷设的电子围栏工程。5月底按照督办要求完成了石家庄市区段、邢台段、焦作段、郑州段4个重点渠段的设备安装和微缆敷设任务。12月底完成安防系统微缆敷设1189km，完成率51%；完成摄像机安装1405个，完成率50%；完成电子围栏敷设1148km，完成率63%。

（四）组织自动化调度系统合同项目验收

全线自动化调度系统共有合同44个，含分部工程260个，2015年全年累计完成分部工程验收180个。

三、运行管理

按照管养分离办法，稳步、有序开展自动化调度系统运行维护管理工作。2015年7月，组织开展调研类似行业运行及维护工作，组织自动化调度系统所有参建集成商和设备厂商集中交流咨询会，组织召开自动化调度系统运行及维护工作思路专家咨询会，2015年8月委托设计单位编制了自动化调度系统运行及维护技术方案，2015年10月底自动化调度系统运行及维护技术方案通过专家会审查。为保障自动化调度系统正常运行，在专业人员不足、维护队伍未招标进场的情况下，先委托厂家或集成商开展过渡期自动化调度系统运行及维护工作。

为保障自动化调度系统运行及维护工作更加规范化、标准化，2015 年底，组织各分局编制完成了 2 个管理办法、3 个工作制度及 6 个维护规程，即《自动化调度系统运行及维护管理办法（试行）》《自动化调度系统过渡期运行维护监督考核办法（试行）》《自动化调度系统网管中心值班制度（试行）》《自动化调度系统机房管理制度（试行）》《自动化调度系统故障处理制度（试行）》《南水北调中线干线工程安全监测系统维护规程（试行）》《南水北调中线干线工程通信管道光缆维护规程（试行）》《南水北调中线干线工程通信设备维护规程（试行）》《南水北调中线干线工程计算机网络系统维护规程（试行）》《南水北调中线干线工程闸站监控系统维护规程（试行）》《南水北调中线干线工程视频监控系统维护规程（试行）》。

（孙维亚）

陶岔渠首枢纽工程

一、工程概况

南水北调中线一期陶岔渠首枢纽工程已于 2013 年底基本完工，2015 年主要进行了管理区围挡升级更换、拦鱼设施制作安装及水土保持工程施工等。受工程运行管理单位未确定及水位落差低、引水流量小等因素的制约，水电站机组启动试运行一直未能进行，其他工程建设任务全部完成。截至 2015 年底，工程累计完成土石方开挖 90.54 万 m^3，土石方填筑 15.83 万 m^3，混凝土浇筑 26.37 万 m^3，钢筋制作安装 6804t，固结灌浆 4116m，帷幕灌浆 46 990m，金属结构安装 2069t，累计完成投资 90 408 万元。

截至 2015 年底，陶岔渠首枢纽工程累计批复总投资 91 659 万元，其中，批复初步设计概算投资 85 717 万元（包括工程部分投资 57 856 万元，建设及施工场地征用费 23 165 万元，环境保护专项费 312 万元，水土保持专项费 257 万元、建设期贷款利息 4127 万元）；批复工程价差 3467 万元（枢纽部分 1750 万元、电站部分 1717 万元）；批复待运行期管理维护费（不含电站）767 万元，增加枢纽部分贷款利息 854 万元；新增上游引渠围挡建设投资 314 万元；增加电站部分贷款利息 540 万元。已下达投资计划 91345 万元，新增上游围挡建设投资 314 万元尚未下达。

二、建设管理

（一）组织管理

受国务院南水北调办及水利部的委托，淮河水利委员会治淮工程建设管理局（以下简称淮委建设局）作为建设管理单位承担陶岔渠首枢纽工程建设管理工作。淮委建设局组建淮委南水北调中线一期陶岔渠首枢纽工程建设管理局（以下简称淮委陶岔建管局）作为现场管理机构具体负责工程建设现场管理工作。淮委陶岔建管局设综合部、工程技术部、质量管理部、合同管理部和财务部。工程质量监督单位为南水北调中线陶岔渠首枢纽工程质量监督项目站，设计单位为长江勘测规划设计研究有限责任公司，监理单位为盐城市河海工程建设监理中心，主体工程、管理设施工程、下游交通桥工程及水土保持工程施工单位分别为中国水利水电第十一工程局有限公司（以下简称水电十一局）、江苏新源建筑工程有限公司、河南豫源水利水电工程有限公司和江苏清源绿化工程有限公司。

（二）进度控制

2015 年主要完成拦鱼设施制作安装、水土保持施工、管理设施修缮等任务。截至 2015 年底，初步设计批复工程建设内容已全部完成，新增上游引渠围挡因资金没落实尚未实施。受工程运行管理单位未确定及水位落差低、引水流量小等因素的制约，水电站机组启动试运行一直未能进行。

（三）质量管理

始终保持质量管理的高压态势。强抓质量管理体系和质量管理办法的落实，质量意识进一步增强，质量管理行为日渐规范。在工程施工过程中加强质量检查和原材料、中间产品的质量控制。积极贯彻落实上级主管部门质量管理工作部署，纠正质量管理的不当行为，改进质量管理手段，不断提高质量管理水平。经过一年半运行检验，工程实体质量较好，未出现质量事故和较重及以上质量缺陷。

（四）安全管理

安全生产始终坚持“安全第一、预防为主、综合治理”的方针，严格执行安全生产检查制度，积极落实安全生产管理制度，开展扎实有效地安全生产巡查检查，及时将安全隐患消除在萌芽中，安全生产始终处于受控状态，确保了工程建设及运行的顺利进行。

2015 年，按照上级管理部门要求，淮委陶岔建管局组织开展了重点场所消防安全、“安全生产月”、落实施工方案安全措施、安全生产大检查、“打非治违”、危化品和易燃易爆物品专项整治等活动，各种安全生产文件精神得到了有效贯彻。全年共组织安全生产大检查 13 次，其中综合大检查 6 次，专项安全大检查 7 次，事故隐患整改率 100%，未发生安全生产事故。

三、验收工作

陶岔渠首枢纽工程共划分为 9 个单位工程，其中主体工程 6 个，下游交通桥工程 1 个，管理设施工程 1 个，水土保持工程 1 个。截至 2015 年底，累计完成 6 个单位工程，170 个分部工程验收。

（一）主体工程

主体工程划分 6 个单位工程，59 个分部工程。2015 年验收拦鱼设施 1 个分部工程，质量等级优良。截至 2015 年底，共完成单位工程验收 4 个，其中优良 3 个，优良率 75%；共完成 55 收个分部工程验收，全部合格，其中优良 49 个，优良率为 98.0%（按相关规范道路交通工程无优良标准，其 5 个分部未列入）。

（二）附属工程

下游交通桥工程划分为 31 个分部工程，243 个分项工程，验收全部合格；2012 年 11 月 17 日通过单位工程验收，2013 年 8 月 13 日通过施工承包合同项目完成验收，2014 年 12 月 19 日通过了交工验收，工程质量等级均为合格。

管理设施工程划分为 11 个子单位工程，78 个分部工程，499 个分项工程，全部合格；2011 年 12 月 31 日通过单位工程暨合同项目完成验收并投入使用，工程质量等级均为合格。

（三）水土保持工程

水土保持工程划分为 7 个分部工程，截至 2015 年底共验收 6 个分部工程，全部优良，优良率为 100%。

四、运行管理

（一）管理方式

因工程运行管理单位未明确，工程暂由淮委建设局负责管理。淮委建设局委托主体工程施工单位水电十一局承担工程运行管理维护任务，水电十一局设立了南水北调中线工程陶岔渠首枢纽工程项目经理部（以下简称水电十一局项目部）具体负责工程的运行管理维护工作。淮委陶岔建管局作为工程现场建设管理机构，具体负责对水电十一局项目部运行管理工作的监督、检查与考核管理。

（二）管理机制

淮委陶岔建管局设综合管理部、工程技术部、合同管理部和财务部等四个职能部门，工程技术部负责对水电十一局项目部运行管理维护工作监督管理。

水电十一局项目部成立以项目经理为第一责任人的管理维护机构，管理人员由原工程施工期项目经理、部分技术和管理人员组成，根据需要设置管理层机构，下设综合部、财务与资产管理部、工程运行管理部等职能部门。

（1）决策层。决策层由总负责人、分管负责人和技术负责人组成，对本工程管理维护及运行各项事务做出决策，并对工程质量、安全等负责。总负责人对本合同工程管理维护期间项目现场组织、运行管理、工程质量、安全等负全面责任，定期召开运行会议。分管负责人协助总负责人做好合同工程管理维护期间项目现场组织、运行管理、工程质量、安全等工作。技术负责人主要负责管理维护期间技术管理工作，主持制定工程管理维护管理总体技术方案、技术措施、计划及质量、安全技术措施等。

（2）管理层。综合部负责日常的行政事务管理，包括对外接待、办公系统管理、治安管理、后勤管理等工作。财务与资产管理部负责工程财务报表编制及上报，资金的运作与管理等工作。工程运行管理部分设水工管理、机械电气和金属结构管理和电气设备运行管理3个组，水工管理组主要负责管理维护期间工程水工项目管理工作，协助总工具体负责水工技术方案、调度运行方案、安全生产和工程度汛方案的制定，执行有关运行管理和维护保养、安全生产工作方面的管理制度，对枢纽工程所属永久征地范围内进行巡视维护，定期对坝顶、厂房以及场内公路进行清扫，保持厂区内整洁，工程安全度汛及运行调度管理工作；机械电气和金属结构管理组主要负责管理维护期间工程机械电气设备和金属结构管理工作，贯彻执行有关运行管理和维护保养、安全生产工作方面的管理制度，工程机械电气设备、金属结构维护、保养工作；电气设备运行管理组全面负责枢纽工程电气设备现场运行管理工作，协助负责人召开运行例会，贯彻执行有关运行管理和维护保养、安全生产工作方面的管理制度，工程电气一次、二次设备的运行、维护、保养、消缺，启闭机及发电机设备的运行、维护及保养工作。

（三）管理制度

（1）建章立制。水电十一局项目部制定了《南水北调中线一期陶岔渠首枢纽工程主体工程管理维护制度汇编》，包括岗位职责制，值班与交接班制度，安全保卫制度，指令下达及反馈制度，设备巡检制度，设备定期校验、切换、试验制度，事故调查处理和应急管理制度、档案管理制度、考核奖惩机制及安全生产管理办法等。根据工程管理维护需要成立了项目应急救援领导小组，设置了应急管理办公室，并结合现场实际情况编制了《南水北调中线一期陶岔渠首枢纽工程主体工程管理维护应急预案汇编》，包括《人身伤亡事故应急预案》《火灾事故应急预案》《触电伤亡事故处置方案》《溺水事故应急预案》等。

（2）制度执行。各项规章、制度、预案制定后组织运管人员学习培训。运行管理过程中，巡查值守人员严格按照制度及方案进行巡查值班，做好问题处理工作；将运行调度相关操作规程和程序张贴上墙，运管专职操作人员掌握相关设备的操作和维护方法，严格按照制度、程序及操作方法进行操作。从工程运行情况看，各项制度落实情况良好，工程运行安全正常。

（四）工作开展

2015年初，淮委建设局与水电十一局签订了委托管理合同，由其承担陶岔渠首枢纽工程的运行管理维护任务。水电十一局项目部成立了运行管理组织机构，编制健全了各项运行管理规章制度和各类应急预案，组建了运行管理队伍。工程投入运行以来，水电十一局项目部按照有关标准、规范及委托管理合同约定，开展了陶岔渠首枢纽工程运行管理维护各项工作，工程总体运行情况良好，未发生运行安全事故。

按照制定的维修养护方案并参照使用说明书，对设备、设施进行巡视检查，做好设备巡检记录。巡检中发现故障，查明原因，能及时排除的立即排除，不能及时排除的做好临时处理，并上报工程运行管理部，经研判并确定处理方案后购买配件、材料进行维修，或由设备厂家派专人进行维修。各主要设备都建立了台账，详细记录了设备的检查、运行及维修养护信息。

严格执行工程值班制度和巡查制度。陶岔渠首枢纽工程实行封闭管理，在进出口设置岗亭并派人 24h 值守，未经批准人员车辆一律不得进入，中控室由运管人员组成班组进行 24h 轮值，场内安排巡查小组按照巡查方案定期巡视检查，发现问题立即记录并上报，经管理层研究确定处理方案后再由相关专业技术人员及时处理。

（五）工作考核

淮委陶岔建管局组织对水电十一局 2015 年度工程运行管理维护工作考核。水电十一局能够信守合同约定，按照相关要求及标准，进行了管理维护组织机构设置，各项制度体系建设，完成了工程安全防护、运行管理及维修养护工作，工程运行管理情况良好，较好地履行了委托管理协议。

五、运行调度

根据相关单位协商共识意见，陶岔渠首枢纽工程运行调度指令程序为：中线建管局将引用水计划流量申请报送水利部长江水利委员会（以下简称长江委），长江委向淮委陶岔建管局下达调度指令，若遇紧急突发情况，淮委陶岔建管局可根据中线建管局通知要求先行执行，并向长江委报告情况。

淮委陶岔建管局收到长江委指令并确认无误后，书面转达水电十一局项目部执行，由其运行管理部遵照闸门调节操作程序完成相关操作，并做好观测与记录工作，将相关信息及时反馈有关单位。

六、工程效益

陶岔渠首工程建成以来，经历了中线干渠黄河以南段充水实验、向平顶山应急调水、全线试通水和正式通水等，截至 2015 年底通过陶岔枢纽累计向干渠调水 28.76 亿 m^3。2015 年度，通过陶岔渠首枢纽向干渠调水 24.90 亿 m^3，解决了京、津、冀、豫四省市部分城市饮水，受水区居民饮水水质和生态环境得到了较好的改善。

（赵　彬　杨　亮）

丹江口大坝加高工程

一、安全度汛

围绕保供水这目标，做好了枢纽安全度汛、坝工建筑物的安全监测与运行维护、水质水量管理等基础工作。在汛前，完成了初期工程深孔明流段混凝土缺陷处理，制定印发了《丹江口大坝加高工程 2015 年施工度汛方案》《丹江口大坝加高工程 2015 年特大洪水抢险预案》、督促施工单位按要求制定防汛措施、配备防汛设备、物资和人员。组织汛前检查、落实，保证了防汛需要。

二、巡视检查

制定了《丹江口大坝加高工程汛期安全巡视检查及应急处置管理办法》和《蓄水期施工单位安全巡视检查及应急处置方案》，规范了工程运行期检查项目、检查路线、检查顺序、记录格式及处置依据。督促相关责任单位严格按照“日查、周检、月考评”的工程检查制度并要求进行安全巡视检查，在 8、

9、10 月组织了 4 次联合巡查、落实，保证了工程运行安全。

三、维护管理

及时向各参建管理单位转发《南水北调工程运行管理问题责任追究办法（试行）》，明确划分管理责任，督促监理与承建单位对已完工的土建工程进行积极的维护，疏通坝体排水管沟、查找处理坝体缺陷。要求厂商和安装单位定期检查，做好质保期内的设备维护。对于已投入生产的设备与工程设施，如大坝金属结构设备、机械电气设备、升船机等的运行、检修、维护，公司将其纳入检查范围实施联合检查，对发现的问题和隐患积极督促整改。

四、安全监测

针对大坝安全监测存在新旧系统且多单位实施的现状，建立了公司、监理单位、运行单位、施工单位“四位一体”的安全监测、检查、巡查制度和月报制度，保证了枢纽生产运行的顺利，确保了工程蓄水安全。

五、验收工作

全年完成 5 个单位工程验收和闸墩预应力加固工程、聚脲类防护、右岸下游护岸施工、土石坝强震监测点建设、抗冲磨防护 5 个合同验收。主要建安施工合同数量 31 个，已验收 28 个合同工程。

（黄朝君）

汉江中下游治理工程

概　　述

汉江中下游治理工程包括兴隆水利枢纽工程、引江济汉工程、部分闸站改造工程、局部航道整治工程，建设目的是为减少或消除中线调水后对汉江中下游的影响。目前，四项工程均已建成，兴隆水利枢纽工程和引江济汉工程由湖北省南水北调管理局进行管理，部分闸站改造工程建成后已交付地方水行政管理部门进行管理，局部航道整治工程已移交交通部门进行管理。

汉江兴隆水利枢纽工程

一、工程概况

汉江兴隆水利枢纽工程是南水北调中线工程汉江中下游治理工程之一，也是汉江中下游水资源综合开发利用的一项重要工程，位于汉江下游湖北省潜江、天门市境内，上距丹江口枢纽 378.3km，下距河口 273.7km。兴隆水利枢纽正常蓄水位 36.2m（黄海高程，下同），相应库容 2.73 亿 m^3，设计、校核洪水位 41.75m（相当于防洪高水位），总库容（校核洪水位以下库容）4.85 亿 m^3，灌溉面积 327.6 万亩，库区回水长度 76.4km，规划航道等级为Ⅲ级，电站装机容量为 40 万 kW。兴隆枢纽作为汉江干流规划的最下一个梯级，其主要任务是枯水期壅高库区水位，改善库区沿岸灌溉和河道航运条件。

二、工程建设

（一）尾工建设

随着工程基本建成，兴隆水利枢纽 2015 年主要建设工作为尾工施工、缺陷处理和配套设施建设，计划完成年度投资约 560 万元。全年里，先后完成了泄水闸下游防冲备用抛石及管理设施工程、汉右大堤护面工程、右岸滩地围栏、管理区职工宿舍楼改造工程等工程建设，开展了泄水闸底板裂缝处理工艺试验、左岸水毁修复、枢纽上下游区域水下检查和消防设施缺陷等问题处理，扎实推进枢纽综合调度系统、视频监控系统和生产办公信息自动化等项目建设，圆满地完成了年度建设目标任务。

（二）工程验收

围绕年初拟定的工作计划，兴隆水利枢纽细化工作节点，实行责任分工，加强组织协调，加快推进工程验收和合同结算工作开展。验收工作方面，先后完成了水保绿化、环保措施、泄水闸下游防冲备用抛石对外交通二期工程、永久性专用公路及堤岸防护5个单位工程验收，完成枢纽消防设施预验收。合同结算方面，开展了电站标、一期围堰填筑标、大禹剩余工程标、水保绿化标、二期截流标及库区浸没治理工程标等多个合同标段工程变更审核，开展了主体工程标、导流明渠标等6个合同项目结算内审工作，完成防渗墙1标、2标和一期围堰填筑标、人工骨料系统标4个合同项目完工结算编制。

截至2015年底，兴隆水利枢纽已累计完成18个单位工程、203个分部工程和25个合同项目完成验收；完成二期截流、下闸蓄水及船闸通航、首台机组（1号）启动验收、2号机组启动验收共4个阶段验收，完成征地补偿和移民安置专项验收。

剩余主要内容包括电站工程、泄水闸工程2个单位工程；3号、4号机组启动阶段验收；合同项目完成验收约29个；水土保持工程验收、环境保护工程验收、消防设施验收、安全设施验收及工程建设档案验收共4个专项验收和设计单元工程完工验收。

三、工程管理

面对工程运行的新工作、新要求，兴隆水利枢纽管理局学习先进经验，理顺管理机制，加强队伍建设，提升运管水平，确保实现工程安全、平稳运行。

（1）管理机构。湖北省汉江兴隆水利枢纽管理局作为湖北省南水北调管理局的直属机构，具体负责兴隆水利枢纽运行管理工作。湖北省汉江兴隆水利枢纽管理局下设综合科、党群科、管理与计划科、财务科、信息化科及安全生产与经济发展科6个职能部门和电站管理处、泄水闸管理所及船闸管理所3个生产运行单位，计划人员编制总数138人。随着岗位竞聘和运管人员招聘的完成，职能部门管理和生产运行岗位人员的逐步到位，基本满足运行管理工作的需要。

（2）管理制度。自2013年3月工程下闸蓄水运用以来，结合生产运行的实际，兴隆水利枢纽管理局从综合管理、调度管理、技术管理及安全管理等方面健全管理制度，以实现制度管事，制度管人、规范运行管理工作。其中，管理局先后出台了《湖北省汉江兴隆水利枢纽管理局物资采购实施细则（试行）》《湖北省汉江兴隆水利枢纽管理局物资管理办法（试行）》及《湖北省汉江兴隆水利枢纽管理局安全生产管理办法》等共12个管理文件；电站管理处及泄水闸、船闸也分别制定了运行调度方案、操作规程和设备检修与维护等规章制度达75个。

（3）培训教育。随着运行人员陆续到岗，为提高运行水平，做到持证上岗，兴隆水利枢纽管理局通过开展多种形式的岗位培训教育活动，努力使运管人员达到“运检合一、一岗多能”的岗位目标要求。一方面，联系开展对外交流学习。新进人员先后到崔家营航电枢纽等单位进行培训，学习类似单位的运行管理经验和制度；另一方面，组织开展内部培训教育。先后开展了多批次电工、起重设备等特种作业操作和安全管理人员等取证考核工作，组织有关专家进行现场授课教学。

（4）生产运行。兴隆水利枢纽的主要任务是抬高水位，改善库区灌溉和航运条件，并利用既有水头发电以发挥水资源综合利用效益。在生产运行中，兴隆水利枢纽做好水雨工情、安全监测信息搜集，依规开展工程调度运行，严肃运行值班纪律，落实现场管理工作，认真抓好日常检查与维护。完成了2015年运行维护项目的集中招标采购工作。工程至运用以来工作状态良好，未发生生产安全事故和航道断航、下游断水等不良社会影响事件。

（5）安全管理。“安全责任，重于泰山”。兴隆水利枢纽管理局始终将安全管理摆在首要位置来抓，通过健全安全管理体系，狠抓安全责任落实，努力使工程生产运行安全处于受控状态。一是抓好预案建设工作。已基本建立了综合应急预案、专项应急预案和现场处置方案三个层次的应急体系；防洪方面，完成了《兴隆水利枢纽水库汛期调度运用计划（方案）》和《湖北省汉江兴隆水利枢纽2015年防洪度汛预案》的编制，建全防汛组织机构和责任制，扎实落实防汛物资采购，定期对水工建筑物、金属结构及机械电气设备等运行状态进行全面检查，完成泄水闸下游防冲槽冲刷区抛石等隐患处理，确保工程防洪度汛安全。二是做好安全检查。定期开展安全检查和专题教育活动，不断强化职工生产安全意识。三是保证措施到位。加强现场安全警示标牌、消防器材及防护设施的建设投入，规范工程管理区安保体系，启动两岸滩地围栏建设和工作桥限行管理，努力确保枢纽工程封闭安全运行。四是做好社会综合治理工作。密切与地方渔政、公安及海事等职能部门的沟通联系，对工程管理区内非法捕鱼、采砂等行为进行严厉打击，做好生产安全和生态保护。

（6）配套设施。为促进保障工程运行，构建良好的生产、生活环境，兴隆水利枢纽管理局扎实推进管理配套设施水平，先后完成管理区新办公楼、值班房、仓库、右岸公厕等设施建设，职工宿舍改造工程也已完工。当前，正继续正开展管理区环境整治及绿化工程建设，计划在年内启动管理区左、右岸滩地规划，实施水系治理和环境整治，努力打造枢纽良好环境。

四、工程效益

兴隆水利枢纽工程的全面建成和投入运行，对促进汉江中下游乃至湖北省经济社会可持续发展都具有十分重要的意义。

（1）改善灌溉条件。兴隆水利枢纽所处的汉江中下游平原地区，是湖北省重要的经济走廊，也是我国重要的粮棉基地之一。库区两岸有天门罗汉寺灌区、潜江兴隆灌区、沙洋县和沙洋监狱管理局电灌站，在正常年份年均需供农田用水20亿m^3左右。自库区蓄水之后，农田灌溉面积从过去的170万亩增加到约327.6万亩，灌区水源保证率可达到95%以上，极大地提升了库区两岸用水保障能力，促进了区域农业经济发展。

（2）改善航运。兴隆水利枢纽水库蓄水通航后，渠化汉江航道达78km，库区航道等级由Ⅳ级提升到Ⅲ级，通航条件得到改善，有利于汉江通航。该航道段以前年通航能力不足3000艘，而2015年通行8000多艘，安全过闸船舶数量累计达15 481艘。库区航运能力翻了两番以上。同时，库区沿线一批现代化的船舶码头正开工建设，将进一步提升区域货物运输吞吐能力，推动了地方经济的发展。

（3）充分利用水资源，发挥了较好的经济效益。兴隆水利枢纽电站装机容量4万kW，利用库区水资源发电，多年平均发电量2.25亿kW·h。其中，电站2015年全年完成发电量2.107亿kW·h，累计完成发电量4.177亿kW·h。

（4）有效改善库区水环境和生态环境。区域生态环境改善，湖北省内绝迹多年的中华秋沙鸭、黑鹳等国家一级保护动物出现于汉江兴隆水域。

（5）有效削减工程对汉江鱼类资源的影

响。通过建设鱼道和增殖放流措施，有效保护汉江鱼类资源。

（6）对地方经济和社会发展起到积极助推作用。

五、环境保护与水土保持

（一）环境保护

根据已批复的初步设计，工程建设中环境保护措施与工程建设同步实施。例如，建设鱼道、增殖放流站等工程设施，积极开展增殖放流活动，促进汉江鱼类生态可持续发展；配套设置生产、建设公厕和生活污水处理装置，实现废污水达标排放；配置洒水车和垃圾桶、站等车辆设施，降低施工中产生的粉尘和垃圾污染；委托开展生态与环境监测，及时、全面了解施工区生态环境变化；工程完工后及时清理工程周边施工临时设施和废弃物，完成环境恢复。

从全年环境保护工作开展成效来看，工程建设对工程周边生态、社会环境和有利害关系的第三方等未带来不利影响。

（二）水土保持

2015 年，继续实施渣场范围、滩地扰动区的环境整治，做好渣场绿化和苗木日常养护，实现水土生态及环境改善，基本达到水土流失防治目标。具体工作如下：

一是建立起了由各参建单位项目负责人组成的水土保持工作领导小组，明确了日常管理工作部门，制定了《兴隆水利枢纽工程水土保持管理办法》，并与各施工单位签订《环境保护与水土保持责任书》。

二是结合水土防治类型分区，重点突出弃渣场及料场等区域，采取工程措施与植物措施相结合，做到“点、线、面”整体布局，形成完整的水土流失防治体系。

三是实施过程中，加强专项资金使用监管，接受主管部门监督检查，确保水土保持工作顺利实施。

（马荣辉　黄英杰）

引 江 济 汉 工 程

一、工程概况

引江济汉工程主要是为了满足汉江兴隆以下生态环境用水、河道外灌溉、供水及航运需水要求，还可补充东荆河水量。引江济汉工程供水范围包括汉江兴隆河段以下的潜江市、仙桃市、汉川市、孝感市、东西湖区、蔡甸区、武汉市等 7 个市（区），及谢湾、泽口、东荆河区、江尾引提水区、沉湖区、汉川二站区等 6 个灌区，现有耕地面积 645 万亩，总人口 889 万人。工程建成后，可基本解决调水 95 亿 m^3 对汉江下游“水华”的影响，解决东荆河的灌溉水源问题，从一定程度上恢复汉江下游河道水位和航运保证率。

工程从长江荆州附近引水到汉江潜江附近河段，工程沿线经过荆州、荆门、潜江等市，需穿越一些大型交通设施及重要水系，部分线路还将穿越江汉油田区，涉及面广，情况复杂，同时，工程连接长江和汉江，受三峡、丹江口两处大型水利工程影响较大，规划设计条件十分复杂。

引江济汉工程进水口位于荆州市李埠镇龙洲垸，出水口为潜江高石碑。在龙洲垸先建泵站，干渠沿东北向穿荆江大堤、太湖港总渠，从荆洲城北穿过汉宜高速公路，在郢城镇南向东偏北穿过庙湖、海子湖，走蛟尾镇北，穿长湖后港湖汊和西荆河后，在潜江市高石碑镇北穿过汉江干堤入汉江。渠道全长 67.23km，设计流量 350m^3/s，最大引水流量 500m^3/s，其中补东荆河设计流量 100m^3/s，补东荆河加大流量 110m^3/s，多年平均补汉江水量 21.9 亿 m^3，补东荆河水量 6.1 亿 m^3。进口渠底高程 26.5m，出口渠底高程 25m，设计水深 5.72 ~ 5.85m，设计底宽 60m，各种交叉建筑物共计 78 座，其中涵闸 16 座，船闸 5 座，倒虹吸 15 座，橡胶坝 3 座，泵站 1 座，跨渠公路桥37座，跨渠铁路桥1座，另有与西气东输忠武线工程交叉一处。穿湖长度3.89km，穿砂基长度13.9km。渠首泵站装机6×2100kW，设计提水流量200m^3/s。

引江济汉工程为一等工程，交叉建筑物主体、渠道为1级建筑物，次要建筑物为3级建筑物，临时建筑物围堰等为4级建筑物。工程区范围内的荆江大堤为1级堤防，汉江干堤为2级堤防，东荆河堤为2级，拾桥河堤防为3级，西荆河等河道堤防为4级，进口龙洲垸堤防为民垸堤防。

二、运行管理

2015年是引江济汉工程全面转入运行管理的起始之年。湖北省引江济汉工程管理局以运行管理实现良好开局为中心，竞进提质，取得了较好成绩。截至2015年底，引江济汉工程累计调水17.23亿m^3，及时满足了汉江兴隆以下河段、长湖流域荆州市江陵县和监利县等地、荆州古城不同层次的供水需求。为实现工程运行管理良好开局，湖北省引江济汉工程管理局主要做了以下工作：

（1）制度建设。为确保工程安全平稳运行，湖北引江济汉工程管理局在工程建设期间，就着手编制完成了引水调度规程、渠道巡视检查、枢纽建筑物度汛方案以及管理技术培训等10余个运行管理方面的规章制度。2015年又结合工程验收和设备调试草拟的运管制度有78条，内容涉及水工、水机、电气、启闭机和金属结构等，同时还有交接班制度、值班制度和工作票制度等运行管理制度。为管理局规范化、科学化、制度化管理奠定了基础。组织有关人员编制完成《引江济汉工程运用调度方案》并送湖北省南水北调管理局审查，作为2015年湖北省引江济汉工程管理局工程运用调度的依据。

（2）技术培训。2015年，针对技术人员年轻人多，新手多，实际经验欠缺的特点，积极开展多层次、多渠道和多形式的技术培训。一是组织学习湖北省引江济汉工程管理局编制的运行管理制度；二是邀请设备厂家专业人员现场教授机械电气设备操作技能；三是邀请专家举办运行管理基本理论知识和工作要点的专题讲座；四是采取脱岗和在岗培训相结合的方式进行“传帮带”；五是选拔员工参加专业公司举办的专业技能培训；六是组织有关人员分别到兴隆水利枢纽和仙桃市排湖泵站学习运行管理方面的知识。通过上述培训工作的有效开展，提升了职工们的业务能力，取得了良好的效果。

（3）管理模式。引江济汉工程共有各类建筑物107座，既有泵站节制闸等枢纽建筑物，又有分水闸、倒虹吸、橡胶坝和桥梁等配套建筑物，还有长距离的输水渠道，工程数量多，类别多，因此在管理上湖北省引江济汉工程管理局考虑采取不同的管理模式，一是枢纽建筑物最终采用自营方式；二是渠道和配套建筑物采用委托管理模式，湖北省引江济汉工程管理局制定考核办法；三是机械电气设备维修养护采用招标方式选择有相应资质的专业公司承担。年底，已完成进口泵站、渠道和配套建筑物委托管理服务采购并签订合同，人员已进岗到位。

（4）问题整改。2015年9月11日～10月30日，国务院南水北调办稽察大队共派出4个组次（36、37、41、43期）对引江济汉工程运行管理情况进行了突击检查，累计发现问题103项（其中工程运行管理违规行为35项，工程养护缺陷65项，其他问题3项）。针对上述飞检查出的问题，湖北引江济汉工程管理局，对整改内容作了部署安排并明确了责任人和时间节点。截至年底，已完成89个问题整改，占总量的89.4%。其他未能整改的主要是需要动用专业设备和辅助设备，专业人员以及有关厂家供货商配合的，同时也需要一定的资金的。如防洪闸2×5000kN桥机台车钢丝绳保养不及时，局部锈蚀、海子湖倒虹吸进口（左岸）闸室电动葫芦钢丝绳表面干涸局部有污垢、拾桥河上、下游泄洪闸闸门启闭机钢丝绳表面干涸有污垢、高石碑出水闸右侧启闭机液压管路焊口渗油等问题。

三、建设管理

引江济汉工程虽然于2014年9月26日正式通水，但留下的尾工较多，各枢纽建筑物及连接堤防、渠堤能够正常挡水，工程通过应急调水和正式通水考验，能够满足安全运行要求，但也还存在一些煞尾工作尚未完成：一是金属结构、机械电气设备调试、保护工作，如进口泵站节制闸闸门和机械电气设备调试，拾桥河上、下游泄洪闸及左岸节制闸设备调试等工作；二是场地清理、临时用地交付及施工设施拆除等工作；三是管护设施建设如防护网、绿化带、场地平整、场区道路、给排水设施及管网等。

湖北省引江济汉工程管理局分别召开了管护设施建设现场协调会和机械电气设备联调联试工作会，促进尾工建设。特别是2015年7月以后，在湖北省南水北调管理局督办组的强力督办下，尾工建设明显加快。截至2015年底，主体工程方面，进口水下抛石已完成，进口泵站渗水处理、泵组电机升温电梯安装与调试等完成，防洪闸台车试验已完成，拾桥河、西荆河枢纽机械电气设备的清理和联调联试也已完成，四处工程现场管理用房、泥结石道路、防护栏等项目全部完成，水保绿化部分项目施工完成。完成投资3517万元；现场管理用房3203m^2；泥结石路面完成水泥稳定土基层8000m^3，泥结碎石面层60 000m^3，混凝土道路17 000m^2、场地硬化1680m^2；防护栏完成129km；水保绿化完成植树125万株，草皮1000m^2。

四、验收工作

按照年初制定的验收工作计划，2015年要完成14个单位工程验收和4个合同验收。截至年底，已完成19个分部工程验收。完成天鹅公路桥、进口泵站下游渠道、防洪闸两岸连接堤、西荆河渠道、船闸、高石碑枢纽渠道、出水闸及连接堤8个单位工程的验收；完成35kV永久供电线路、进口浮船码头、拾桥河和西荆河10kV永久供电线路、挖掘机、清污船及自卸汽车在内的7个合同验收。

五、工程结算

湖北省引江济汉工程管理局合同管理人员在人手少、任务重、时间紧的多重压力下，夜以继日、勤勤恳恳，推动着变更审查、价款结算工作步伐不断加快，全年共完成了以下工作量：

（1）价款结算审签情况。全年审签工程价款结算表共72份，共计金额1.12亿元。审签运管合同价款结算表共8份，共计金额260.76万元。

（2）合同管理情况。对监理单位上报的以及2014年价差基础表电子版的进行了初步复核，并上报湖北省南水北调管理局。对110kV线路代维项目部进行合同履约检查，并对检查结果进行了通报。对直管施工标段及监理单位2014年度人员变更情况与考勤情况进行汇总，并上报湖北省南水北调管理局。全年审核办理26个新增合同事宜。10个采购合同、3个建设项目补充合同、13个运管合同。

（3）变更审核情况。2015年共审核上报14个标段涉及变更项目费用共38个批次，并按湖北省南水北调管理局专家审查会意见上报复核变更项目费用共10个批次。湖北省南水北调管理局已批复25个批次变更项目。

（4）完工结算审核情况。完成了引江济汉35kV线路代维合同进行完工结算审核，并通过湖北省南水北调管理局审查。完成了后港船闸10kV合同、拾桥河、西荆河枢纽10kV合同的完工结算审核。进行了进口泵站户外标识、启闭机Ⅰ标（葛机船公司）、闸门Ⅲ标

（郑州水工公司）完工结算初审。

（5）其他。2015 年 12 月在湖北省南水北调管理局组织监理、施工单位，集中办公，基本完成进口渠道标、防洪闸标完工结算审核。协助三家咨询公司对进口段泵站标、拾桥河枢纽标、左岸节制闸标、高石碑枢纽标完工结算审查。组织召开完工结算审核成果见面会。拾桥河枢纽标完工结算基本达成一致。

六、工程度汛

2015 年是引江济汉工程正式通水后的第一个汛期，工程首尾连接江汉，渠道又贯穿江汉平原河网密布的长湖区域，因此防汛、排涝以及抗旱调水和生态补水的压力都很大。防汛工作是天大的事，抗旱工作是应尽之责，都是湖北省引江济汉工程管理局 2015 年各项工作的重中之重。为确保引江济汉工程 2015 年防汛抗旱工作有序进行，湖北省引江济汉工程管理局主要做了以下工作：

一是组织技术人员根据近几年建设管理期间容易发生险情的薄弱环节和截至 2015 年底工程实际情况进行了认真梳理和摸底分析，不存侥幸，不留死角进行彻底排查，制定备汛方案，落实度汛措施。针对进口泵站 5 号机组水泵层预留孔洞未封堵这一不可预见性风险，湖北省引江济汉工程管理局按照湖北省南水北调管理局专题会议精神，组织长江水利委员会规划设计研究院等单位专家研究制定封堵方案，并经湖北省南水北调管理局审查后正组织实施，确保工程安全度汛。西荆河位于沙洋县境内，河面宽、河水浅、流速慢，上游水草较多，汛期大量水草、杂物漂浮而至，造成倒虹吸行洪不畅，淤塞河道、水闸，抬高河水水位，影响倒虹吸过流及工程的安全度汛，是历年渠道防汛的重点。为了防止汛期水草杂物堵塞倒虹吸导致水位壅高，影响工程安全，湖北省引江济汉工程管理局未雨绸缪，制定了打捞清污方案并安排了专业队伍，确保了西荆河壅堵的水草在 4 月底打捞完毕，赢得了防汛工作的主动权。

二是根据历年长江、汉江和长湖的汛情特点，结合工程状况以及建管转运管的实际情况，组织编制了引江济汉工程 2015 年防洪度汛预案并经湖北省南水北调管理局审查后作为湖北省引江济汉工程管理局 2015 年防洪度汛依据。同时湖北省引江济汉工程管理局还安排专业测量人员对各枢纽建筑物和沿途渠道水位标尺进行了复核，对信息化系统进行了联合调试，保证水雨工情预报准确及时。在 5 月 5 日召开了防汛专题工作会议，部署 2015 年防汛抗旱工作，与地方相关部门建立防汛联系机制，开展了防汛工作大检查，对 2015 年的防汛工作做到早安排部署，早抓紧落实，确保了安全度汛。

三是落实物质储备。由于 2015 年是引江济汉工程由建设期转向运行管理期，在没有相应物资储备专项经费来源情况下，湖北省引江济汉工程管理局不等不靠，为满足 2015 年防汛物资储备要求，一方面湖北省引江济汉工程管理局仍然要求原施工单位准备必要的铁丝、钢管、木材、砂石料、编织袋等防汛物料，另一方面在湖北省南水北调管理局的大力支持下积极协调有关部门采购了两台长臂挖掘机，7 台 5t 自卸车和 2 艘一大一小的清污船，价值约 1000 万元。

2015 年，长江、汉江水势平稳，引江济汉工程进口段和出口段没有经受大的防汛压力，但工程区域内极端气候频发，多地出现局部暴雨和旱灾，对此，湖北省引江济汉工程管理局按照预案及时处置，科学调度。2015 年 5 月 15 日，沙洋县境内普降大到暴雨，12h 降雨量达 96mm，广平港水位暴涨，由于大量水草壅堵，致使倒虹吸前拦污栅上下水头差达到近 4m，水流不畅，严重影响了上游两岸人民生命财产安全和工程运行安全。湖北省引江济汉工程管理局根据预案迅速组织专班赶赴现场进行处置，本渠段应急分队湖北华夏水利水电工程有限责任公司抢险人员和机械设备也迅速到位，一方面通过长臂挖掘机打捞水草，一方面通过破除、切割和起吊拦污栅体，在沙洋县地方政府的积极配合下，经过一天一夜的艰苦努力，终于化解了险情，确保了工程安全运行。

七、工程效益

截至2015年底，累计供水17.23亿m^3，汉江兴隆以下河段生态、航运、灌溉、供水条件得以改善；先后两次向长湖补水1.714亿m^3，及时满足了荆州市江陵县、监利县等160万亩农田灌溉和渔业用水需求；向荆州护城河补水5个月共计0.66亿m^3，极大改善了城区水环境，且通过工程调度基本解决了拾桥河防汛难题。

解决四湖地区抗旱问题，将四湖地区灌溉面积由80万亩扩大为320万亩。2015年8月上旬以来，由于长江上游来水偏少，导致荆州引江灌区引水量下降，加之入伏以来，天气持续晴热高温，旱情严重。特别是由于水位下降，水源严重不足，长湖流域农田受旱面积达175万亩，时值中稻孕穗、出穗、灌浆的关键时期，农业增收和人畜饮水面临严重威胁。引江济汉管理局连夜调度，先后开启拾桥河下游泄洪闸8孔闸门和进口节制闸5孔闸门，以平均135m^3/s的流量从长江引水，通过干渠补给长湖，5天内为长湖补水6172万m^3，有效缓解了四湖流域中下区的农田旱情，为此，荆州市防汛抗旱指挥部特地向引江济汉管理局发来感谢信。

解决东荆河区域灌溉及80万人饮水水源问题。2015年夏秋两季，为有效缓解汉江来水持续偏少，汉江下游水位走低带来的不利影响，引江济汉管理局要求在高石碑出口汉江水位低于29.87m（黄海高程）时开始引水。9月7日，引江济汉工程进口节制闸5孔闸门全部开启，从长江引水，改善汉江兴隆以下河段生态、航运、灌溉、供水条件。为缓解东荆河区域旱情，适时启用东荆河补水及启用东荆河节制工程缓解旱情。共启用6次，累计时长101天，壅水平均抬高水位1.9m，解决沿线43 900亩良田及11 000亩鱼塘灌溉用水。通过冯家口闸向通顺河补水2721.6万m^3。

引江济汉结合通航工程建设，除发挥了巨大的生态补水效益外，通航效益也十分明显，船舶航行于长江、汉江间的水运里程大为缩减，比沿长江绕道武汉进入汉江缩短水运里程681km。据统计，截至2015年9月底，引江济汉累计过闸船舶1676艘，船舶总75.65万t，货运量47.61万t。极大地缩短了航运里程，节约了运输成本。

引江济汉工程渠顶道路已经通车，随着江汉运河生态文化旅游带的规划实施，一条集供水和水陆运输于一体的绿色生态旅游经济带将在江汉平原呼之欲出。这将有利于推进沟通长江汉江、辐射江汉平原腹地的“黄金水道”建设，有利于探索现代水利工程与生态文化旅游融合发展的新模式，有利于促进沿线地区经济社会发展和新型城镇化建设。

2015年，综合效益显著发挥，取得了良好社会反响：

（1）媒体频频关注。关于向长湖补水、工程建成效益发挥等新闻，中国南水北调报3次以头版、湖北日报和省政府网站以重要位置刊发，网易、新浪、搜狐等50多家媒体转载。

（2）领导格外关注。2015年6月，湖北省副省长任振鹤上任伊始就前往工程进口段调研防汛工作，12月底，又赴出口段调研综合效益发挥情况；省老领导王生铁、宋育英及省人大、省政府、省政协部分老领导视察引江济汉工程后，均对工程的宏伟规模和所发挥的效益十分赞赏。

（3）沿线政府支持。沙洋县、潜江市都依托引江济汉工程起草了规划书，描绘了运河生态文化旅游发展的蓝图。荆州市防汛抗旱指挥部还因引江济汉工程向长湖补水向湖北省南水北调管理局发来了感谢信。

（马荣辉　黄英杰）

生　态　环　境

北京市生态环境保护工作

按2014年5月国家发展改革委批准、国务院南水北调办印发的《南水北调中线一期工程干线生态带建设规划（2014～2020年）》（以下简称《规划》），北京市认真贯彻国务院决策，积极主动部署落实，强化主体责任，稳妥有序推进中线一期工程干线（北京段）的生态带建设实施。

2015年，按国务院南水北调办下发《规划》要求和国务院办公厅转〔2015〕4868号文件要求，北京市已安排有关单位统筹研究编制中线干线（北京段）生态带建设方案，明确全市范围内生态带建设的设计思路、控制要点，提出合理的工程建设程序和具体的设计要求，形成“一轴、三层、四段、六类”的总体格局，并已分时分序实施了部分工程。并将中线一期工程干线（北京段）沿线一级水源保护区（工程保护区）范围的林地建设纳入百万亩平原造林工程范围。截至2015年，干线（北京段）沿线已完成百万亩造林工程约30km，大宁水库完成百万亩造林工程约780亩，结合全市百万亩造林建设的逐步推进，进一步完善中线干线（北京段）沿线的生态林建设。

（高　赛）

天津市生态环境保护工作

天津干线1段工程以临时用地为主，现已全部复垦为耕地。根据国家发展改革委批准的《南水北调中线一期干线生态带建设规划》和天津市政府批准的《关于南水北调中线天津干线（天津段）两侧水源保护区划定方案》，结合天津实际，组织落实天津干线天津1、2段工程生态带建设规划工作。积极推动南水北调工程立法工作，在天津市政府划定天津干线水源保护区范围的基础上，争取天津市人大法工委、城建环保委将引江水源保护纳入了天津市水污染防治条例草案之中。

（刘丽静）

河北省生态环境保护工作

（一）生态带建设情况

南水北调中线干线工程生态带的建设，对于保护工程、保护水质、促进沿线地区生态环境改善具有重要意义。河北省政府对此非常重视，已责成河北省南水北调办会同有关部门和设区市政府按照已批复的《南水北调中线一期工程干线生态带建设规划》要求抓好贯彻落实，研究提出河北省境内具体方案。

河北省南水北调办按照省政府的要求，组织开展了河北省生态带建设规划的编制工作，完成了大纲制定、资料收集、现场查勘、政策调研等内容，并对保护区内潜在污染源进行了逐个复查与核实，完善了关于环境保护部分的主要内容，已形成初步成果。

（二）南水北调总干渠水源保护区的管理制度

南水北调中线工程总干渠两侧水源保护区依据《中华人民共和国水污染防治法》（2008年6月1日起施行）、《饮用水水源保护区污染防治管理规定》（2010年12月22日修正版）、《南水北调工程供用水管理条例》进行监督与管理。南水北调工程水质保障实行县级以上地方人民政府目标责任制和考核评价制度。南水北调工程水源地、调水沿线区域县级以上地方人民政府已加强工业、城镇、农业和农村等水污染防治，建设防护林等生态隔离保护带，确保供水安全。

（袁卓勋）

河南省生态环境保护工作

（一）河南省水源保护区基本情况

河南省水源地共涉及南阳、洛阳、三门峡3个省辖市的淅川、西峡、内乡、邓州、栾川、卢氏6个县（市），国土面积17 425 km^2，丹江口水库流域总面积为7815km^2，其中淅川县2821.46km^2，西峡县3131.56km^2，邓州市32.21km^2，内乡县376.7km^2，栾川县320km^2，卢氏县1133.9km^2。丹江口水库在河南省境内主要汇水支流有丹江、老灌河、淇河、蛇尾河和丁河。丹江口水库大坝加高后总库容达290.5亿m^3，河南省境内库区水面面积将达到506km^2，占库区水面总面积的48%。

（二）总干渠两侧水源保护区基本情况

南水北调中线一期工程总干渠河南省段总长731km，总干渠及其水源保护区范围涉及南阳、平顶山、许昌、郑州、焦作、新乡、鹤壁、安阳8个省辖市的35个县（市、区），特别是总干渠穿越焦作市中心城区，穿越南阳市、郑州市、新乡市、鹤壁市、安阳市及10余座县城的郊区，沿线人口稠密，城镇村庄众多，城市经济发展迅速，水质保护任务艰巨。按照国务院南水北调办等4部（委）《关于划定南水北调中线一期工程总干渠两侧水源保护区工作的通知》(国调办环移〔2006〕134号）的要求，河南省颁布实施《南水北调中线一期工程总干渠（河南段）两侧水源保护区划定方案》（豫政办〔2010〕76号)。按照划定方案要求，河南省总干渠两侧共划定水源保护区面积3054.43km^2，其中一级保护区面积203.17km^2，二级保护区面积2851.26km^2。

（三）水源区水质保护

2015年，丹江口水源区水质保护工作主要是围绕2012年6月4日国务院批复实施的《丹江口库区及上游水污染防治和水土保持“十二五”规划》（以下简称《规划》）展开。2015年丹江口水库陶岔取水口水质稳定保持在二类；河南省丹江口水库及上游共有水质断面12个，其中渠首陶岔1个，支流11个。2015年水质监测结果显示，陶岔、张营、西峡水文站、许营、史家湾、东台子、杨河、淇河大桥、上河、高湾和三道河监测断面水质达标率100%，丁河封湾监测断面水质达标率91.7%。在国家组织的规划实施情况考核中，河南排名第一。

（1）实施丹江口水源区规划项目。国务院批复的《丹江口库区及上游水污染防治和水土保持“十二五”规划》，批复河南省投资24.37亿元，共计100个项目，181个子项目。为此，省政府印发规划实施方案，明确规划实施责任主体和重点任务，将目标任务分解到省直有关单位和水源地相关市县。制订规划实施考核办法，通过强化督导、观摩评比、约谈问责等措施，推进规划项目实施，2015年，181个项目完工。

（2）2014年度“十二五”规划执行情况考核工作。2015年5月，由河南省南水北调办牵头，联合河南省发展改革委、财政、环保、住建、水利等部门，对河南省“十二规划”实施情况进行全面考核，形成考核报告，报送国务院南水北调办。7月26日~8月1日，国务院南水北调办、财政部、环境保护部、住房城乡建设部、水利部等部委组成的考核组，到河南省考核《丹江口库区及上游水污染防治和水土保持十二五规划》2014年度实施工作，实地察看有关项目建设及运行情况。8月28日，考核组将考核结果上报国务院（国调办环保〔2015〕124号），三省综合得分情况是：河南省95.17分，考核结果为好；湖北省85.38分，考核结果为较好；陕西省85.23分，考核结果为较好。

（3）水源保护区划定。河南省政府委托河南省环保厅牵头，会同10个厅局委和汇水区4市政府联合开展工作，河南省南水北调办协调配合，提供相关基础资料。多次现场勘查，反复论证，编制《丹江口水库（河南辖区）饮用水水源保护区划分技术报告》。2015年河南省政府批准划定方案，共划定一级、二级和准保护区面积1595km²。

（四）水源地生态补偿

2015年，中央财政安排河南省南水北调中线丹江口水源区6县（市）生态转移支付资金9.83亿元已下达。其中淅川县3.12亿元、邓州市2.30亿元、内乡县1.5亿元、西峡县1.65亿元、卢氏县0.69亿元、栾川县0.58亿元。与2014年相比，2015年水源区6县（市）中央生态转移支付资金新增0.5亿元。按照财政部要求，生态补偿资金主要用于涉及民生的基本公共服务领域，水源地污染企业的"关、停、转、调"、补偿安置企业下岗工人、保持社会稳定、水源区生态环境设施建设等。其中用于水污染防治和生态环境建设的资金7.2亿元，用于保障城镇和乡镇污水垃圾处理设施运行费0.6亿元。

（五）总干渠两侧水污染防治

总干渠两侧水源区水质保护，主要是围绕河南省政府2010年7月颁布实施的《南水北调中线一期工程总干渠（河南段）两侧水源保护区划定方案》开展工作。在总干渠水源保护区内新上开发项目，须按照管理权限，首先分别由各级南水北调部门出具新建项目环境影响专项审核意见，作为环保部门审批环境影响评价报告的重要参考。按照"现场查看、认真评估、严格批复"的原则，严把总干渠水源保护区新上项目准入关。2015年，河南省南水北调系统共为100多家企业进行专项审核和位置确认，河南省南水北调办为12家企业进行环境影响专项审核。

（1）总干渠两侧水源保护区内畜禽养殖排查工作。2015年初，委托河南世纪资产评估有限公司，对南水北调总干渠两侧水源保护养殖业进行调查评估。南水北调中线工程总干渠两侧水源保护区内共有8444户养殖户，评估值15亿元。其中，规模化养殖户1987户，评估值为9.3亿元（一级保护区309户，评估值1.4亿元；二级保护区1678户，评估值7.9亿元）。

（2）南水北调中线一期工程总干渠（郑州航空经济综合实验区段）两侧水源保护区调整工作。根据河南省政府领导批示精神，会同河南省环境保护厅、河南省水利厅、河南省国土资源厅及郑州航空经济综合实验区相关部门进行研究论证，并委托河南省水利勘测设计研究有限公司编制调整报告，通过河南省南水北调办、环境保护厅、水利厅、国土资源厅4厅局组织的专家审查论证。2015年调整方案获河南省政府批复。

（耿新建）

湖北省生态环境保护工作

（一）实施《丹江口库区及上游水污染防治和水土保持"十二五"规划》

国家高度重视丹江口库区及上游生态环境保护，在2011～2015年期间批复实施《丹江口库区及上游水污染防治和水土保持"十二五"规划》，安排湖北省10类、287个项目，总投资36.15亿元。湖北省高度重视规划项目实施工作，湖北省南水北调办多次会同湖北省直有关部门对规划项目进行检查、督办，并会同湖北省发展改革委建立规划实施月报和通报制度，每月进行实施进度情况通报。2015年计划实施项目77个，实际完成74个，在建3个。截至2015年底，完成项目284个，在建3个，开工率100%，完工率99%，完成项目建设投资35.83亿元，完成投资率99%。

（二）十堰市五条河流综合治理工作

为了实现神定河、泗河、犟河、剑河、

官山河等五条河流水质稳定达标，十堰市编制了《丹江口库区及上游十堰控制单元不达标入库河流综合治理方案》，自筹资金开展综合治理。截至2015年底，五条河流综合治理累计完成投资17.47亿元，整治排污口590个，建设污水收集主支管网968km，清理污泥垃圾562万m^3，关闭24家不达标企业，整治60个村庄环境，完成神定河污水处理厂双达标升级改造。通过新建管网、整治排污口、河道清淤等工程实施，部分河段基本达到“水清、河畅、岸绿、景美”的要求。监测显示，主要污染物浓度较2012年治理前明显下降，官山河水质已经基本稳定在Ⅱ类，其他4个断面水质明显好转，实现“不黑不臭，水质明显改善”的阶段性目标。

（三）开展“十三五”相关规划编制工作

为了更好保护丹江口库区生态环境，解决“十二五”规划中存在的问题，国家发展改革委和国务院南水北调办启动了《丹江口库区及上游水污染防治和水土保持“十三五”规划》编制工作，2015年4~5月对《丹江口库区及上游水污染防治和水土保持“十二五”规划》实施情况进行评估，10月召开丹江口库区及上游水污染防治和水土保持“十三五”规划编制工作会议。湖北省南水北调办会同湖北省发展改革委根据国家会议精神和相关要求，积极配合规划编制工作，及时向国家规划编制技术组报送了相关基础资料和规划项目库。

同时，为进一步消减中线调水对汉江中下游影响区生态环境的负面影响，降低该流域生态环境恶化加剧的风险，湖北省南水北调办配合湖北省发展改革委深入汉江中下游地区开展调研，共同编制完成《南水北调中线一期工程汉江中下游影响区水污染防治和生态修复规划》。

（四）中央财政生态补偿

湖北省丹江口库区是核心水源区，生态环境及水质保护压力巨大，需要国家专项财政支持。通过湖北省南水北调办和湖北省直相关部门的不断争取，国家从2008年起对丹江口库区实施生态补偿财政转移支付政策。2015年，国家对湖北省丹江口库区下拨的中央财政生态补偿为8.5亿元，8年累计获得的生态补偿资金合计约47亿元，该项资金主要用于丹江口库区农村民生、农村基础设施、污水处理和垃圾处理设施建设等社会公共事业，有力地促进了当地生态文明建设和水源保护进程。

此外，湖北省南水北调办一直通过各种汇报途径向国家争取对汉江中下游实施生态补偿，连续多年促请湖北省政协就生态补偿问题向国家提交重要提案，促请湖北省政府向国家报文提出建立汉江中下游生态补偿机制，2015年底已经得到落实。2015年，国家同意对湖北省下拨南水北调汉江中下游生态保护与建设转移支付资金30亿元，分5年下达，已经下拨资金6亿元。

（五）汉江生态经济带

根据湖北省主要领导的指示精神，湖北省谋划联合陕西、河南两省，三省共同打造汉江流域生态经济带，并争取将其上升为国家战略。2015年6月，湖北省南水北调办会同湖北省发展改革委赴陕西和河南调研考察，同两省相关部门进行了深入沟通，转达了湖北省主要领导提出的三省共同将汉江生态经济带发展推升到国家战略的设想。2015年底，陕西、河南两省发展改革委、南水北调办有关负责同志对湖北省提出的共同将汉江生态经济带推升到国家战略的建议均积极赞同，正着手下一步的工作。

（武　希）

陕西省生态环境保护工作

（一）概述

陕西省是南水北调中线工程核心水源地，汉、丹江流域在陕西境内流域面积为6.24万

km^2，涵盖汉中、安康和商洛三市 28 个县（区），为中线工程提供了 70% 的水量。2012 年国务院批复实施《丹江口库区及上游水污染防治和水土保持“十二五”规划》（以下简称《规划》）以来，陕西省委省政府做出了“一泓清水永续北上”的庄严承诺，把确保水质安全作为一项重大政治责任，按照“循环、集中、工程、补偿、问责”的工作思路，全力加快汉、丹江水污染防治和水土保持项目建设，统筹推进陕南水源区生态文明建设和经济社会协调发展，水源保护工作取得显著成效，取得了国家六部委水质考核较好等次，汉、丹江出陕西省境水质常年保持在Ⅱ类，主要入库河流水质符合水功能区要求，确保了中线一期工程安全稳定输水，实现了陕西省保护好中线工程水源地的责任和担当。

（二）工作机制建设

陕西省定期召开南水北调工作会议。省长和分管副省长全面听取工作部门工作汇报，研究工作难点和问题，提出对策和建议。省南水北调办公室多次主动向省委、省政府领导汇报南水北调机构、编制、省市协调等工作。省委书记、省长多次对水质保护工作做出重要批示，并定期主持召开专题会议协调各地、各有关部门研究落实重大事项。建立了省南水北调办和陕南三市纵向互动工作推进机制。初步建立了数据定期报送、年初工作计划制定、年终评比考核、年度召开陕南三市工作会议共话南水北调议题的良性工作机制。

（三）制度建设

陕西省围绕南水北调工作，加大了顶层设计工作力度。注重宣传贯彻《陕西省水土保持条例》，抓住条例颁布后宣传贯彻第一年的窗口期，将水源保护工作纳入了法治化轨道；研究制定并以省政府名义印发了《陕西省水污染防治工作方案》，将全省水污染防治工作细化为 36 项工作任务，明确到 11 份清单，增加了陕西特有的黄姜皂素和有关重金属的防治指标和措施，每项工作都确定了牵头厅局和协作厅局，设置了时间表、路线图和责任状，具有较强的操作性；制定了《陕西省南水北调水源地保护行动方案》，这个方案是按照陕西省政府主要领导的要求，为切实保护好南水北调中线水源地，履行“一泓清水永续北上”庄严承诺而制定的一揽子行动方案，方案有六大板块，立足长远、覆盖全面、操作性强，方案印发后，将在今后较长时期对陕西南水北调工作发挥引领和“指挥棒”作用。

（四）“十二五”规划实施情况

1. 项目建设

为解决部分水源地项目建设推进不力的问题，探索开展了对建设项目进行旬统计、月调度、季通报、年考核的工作机制，对项目建设推进不力的，将通报送当地党委和政府主要领导，有力地推进了项目建设进度。截至 2015 年底，陕西省启动实施水污染防治和水土保持项目 171 个，建成 87 个、在建 84 个，完成投资 58.29 亿元。其中：污水垃圾处理设施项目共完成投资 38.62 亿元，县（区）级以上污水、垃圾处理项目均已完工，实现了全覆盖；水土保持项目完成投资 18.74 亿元，累计开工治理小流域 214 条，已完工 142 条，治理水土流失面积 4706.2km^2。在国家未下达投资计划情况下，陕西省自筹资金建成 17 个工业点源污染防治项目、5 个入河排污口整治项目、2 个尾矿库治理项目。这些项目的建成运行，极大地改善了陕南地区环保基础设施条件，确保了汉、丹江流域水质稳定达标。

2. 汉江、丹江及中小河流域综合整治工程

抓重点开展大江大河综合整治。陕西省从 2012 年起，先后启动实施了汉江、丹江综合整治工程，共计划投资 280 亿元，在汉江、丹江沿线实施生态环境治理、水资源配置和防洪设施一体化建设工程。2015 年汉江流域综合整治工程建设堤防（护坡）47 km，占全

年任务的101%，完成投资7.74亿元，汉江9处重点城镇段防洪工程主体基本完成，有效提升了抵御洪灾的能力；全面推进中小河流治理。积极推进陕南三市58条河流治理项目建设，55条河流108个项目完工，治理河长620km，新建及加固堤防、护岸护坡467km，保护耕地面积55.43万亩，保护人口97.15万人。治理后的中小河流城镇段和重要农田保护区的防洪标准显著提高，河道自净能力大幅提升，入江水质稳步提升。

3. 环保监测预警和治污防污体系

全面实施排污许可证制度；优化水源地工业企业布局。加强项目审批管理，严格限制在汉江、丹江干流新建和扩建高耗能、高污染项目；加大水污染执法检查力度；在重要流域和控制单元推行“河长制”；建成并运行市级水质监测网络平台。开展国控、省控和应急断面实行在线监控。《规划》中设置的12个控制单元水质全年达标率为91.7%，两项主要污染物指标化学需氧量和氨氮年均浓度始终保持在Ⅱ类水以内，水质持续改善。

4. 水源地科学发展

陕南水源地集中了国家扶贫攻坚、移民搬迁、老区建设、水源区保护、生态核心区保护、陕南循环发展等重大工程，陕西省坚持统筹发展的思路，坚持保护与发展并重，统筹推进陕南水源区经济社会全面可持续发展。实施水源地移民搬迁工程。计划用十年时间，投资1139亿元，对64万户共240万人实施移民搬迁安置。2015年，已累计完成投资595亿元，32万户115万余人实现搬迁；大力实施陕南循环发展战略。支持工业园区建设和循环产业发展。2015年底陕南三市循环产业核心区和县域工业园区基础设施和公共服务设施日趋完善，装备制造、生物医药和新型材料等产业发展迅猛，绿色食品、中药材、旅游等“一县一产业”不断发展壮大，现代循环产业体系初步形成；建立生态补偿机制。2015年安排陕南三市21.67亿元国家生态补偿资金，“十二五”以来省级财政安排陕南均衡性转移支付资金404.21亿元，累计整合各类资金33.35亿元用于陕南水污染防治和水土保持项目建设，筹集陕南循环发展、移民搬迁和重点镇建设资金130亿元。

（五）“十三五”规划编制

陕西省委托陕西省工程咨询中心，早于国家率先启动《陕西省南水北调中线工程核心水源地水质保护“十三五”专项规划》编制工作，2015年底初稿已经形成。同时加大与国家“十三五”规划编制的衔接，策划和储备一批重点项目，进一步加大对陕西省水污染防治薄弱环节和重点领域的投入建设力度。

（袁若国）

征 地 移 民

北京市征地移民工作

（一）南水北调中线干线北京段征迁安置验收

2015年12月29日，北京市南水北调办组织召开会议，对南水北调中线京石段应急供水工程北京段征迁安置进行市级验收。验收委员会成员现场查验了征迁安置现场，听取了干线北京段征迁安置工程设计、监理、监测评估单位以及海淀、丰台、房山区南水北调办、北京市南水北调拆迁办的工作汇报，查阅了相关档案资料，对有关问题进行了质询，对存在的问题提出了明确的处理意见和整改要求。验收委员会认为干线北京段建设征地和拆迁补偿责任书规定的征迁安置任务全部完成，补偿资金完成兑付，建设用地获国土资源部批复，财务决算完成，海淀、丰台、房山三个区的征迁安置区级自验全部完成，征迁安置档案通过市级验收，征迁安置具备了市级验收条件，同意通过市级验收。标志着北京市在南水北调东、中线工程沿线八省市中率先完成了征迁安置市级验收工作。国务院南水北调办征地移民司、南水北调中线建管局，北京市有关委办局、市南水北调办相关单位，房山、丰台、海淀区南水北调办以及设计、监理等单位有关负责同志、验收专家参加会议。

（二）信访稳定工作

坚持“坚决维护各方合法权益，积极满足百姓合理要求，全力保障工程建设”的原则和“以人为本，依法合规，扎实有效，保持稳定”的总体工作思路，认真解决征地拆迁工作中出现的矛盾，积极预防群体性事件，努力创造文明、和谐、稳定的施工环境。按照国务院南水北调办《关于开展南水北调工程征地移民矛盾纠纷排查化解活动维护社会稳定的通知》（国调办征移〔2015〕21 号）和《关于集中排查南水北调东、中线一期工程影响沿线群众生活有关问题的通知》（综征移函〔2015〕350 号）工作部署，认真开展矛盾纠纷排查化解专项活动，确保工程安全运行、顺利建设和社会和谐稳定，维护群众合法权益。2015 年 4 月，及时协调处理了丰台区卢沟桥乡卢沟桥村群众上访事件。

（王贤慧）

天津市征地移民工作

截至 2015 年底，天津干线天津 1、2 段工程征地拆迁工作全部完成。工程长度约 24 km，涉及天津市武清、北辰和西青三个区 5 个乡镇及 1 个国有农场，主要实物指标有工程永久征地 87.22 亩，临时占地 6579.73 亩；拆迁房屋 34 541m^2；搬迁企事业单位及村组副业 14 家；切改（迁建）专项设施 136 条（处），需搬迁安置人口 164 人；天津干线天津 1、2 段工程征地拆迁补偿投资已按天津市人民政府批准的工程征迁实施方案兑付。工程永久征地手续已办理完成；临时用地已复垦并完成退还移交。2015 年天津干线天津市 1、2 段工程征地拆迁安置验收工作完成市级征迁安置验收。

（陈绍强）

河北省征地移民工作

一、南水北调中线工程征迁安置工作

2015 年，南水北调中线干线工程河北境内全线通水（试）运行。征迁安置工作紧紧围绕保障通水运行、维护沿线稳定的大局，积极排查存在问题，稳妥处理矛盾隐患，扎实做好征迁收尾工作，维护了沿线社会和谐稳定，保障了正常通水运行。

截至 2015 年底，河北省境内南水北调中线干线工程征迁安置任务全部完成，累计完成永久征地 10.6 万亩，临时占地征用 11.9 万亩，完成电力、通信、管道等专项设施迁建 1800 处，生产生活安置人口 6.2 万人。年内协调解决了年初排查的 115 个征迁问题。配合国土部门，年底前启动了中线干线工程永久征地组卷报批工作。

河北省南水北调中线干线工程征迁安置工作，始终围绕妥善解决影响工程运行和社会稳定的突出问题来开展，正确处理各种利益关系，依法有序推进征迁安置工作。

（一）专项排查，摸清存在问题

2015 年 2 月，河北省南水北调办公室组织沿线市、县南水北调办、南水北调中线局河北直管部、河北建管局等单位开展了征迁遗留问题专项排查活动，对影响工程建设和

沿线群众利益的问题进行了梳理。到3月底，共排查梳理了115个问题。其中，影响工程建设运行的问题8个，如沙河市皇褡线交通恢复、高邑段U型连接路建设均属此类问题；影响沿线群众生产生活的征迁问题47个，如临时用地复垦退还、连接路建设、灌溉影响问题等；因桥梁、水保等未完工或工程设计、施工不完善等原因，涉及群众利益的其他问题60个，如赞皇县东王俄村受淹房屋补偿问题。对于这些问题，逐个建立了问题台账，分析了问题原因，落实了解决措施，明确了责任部门、责任人和完成时限。

（二）解决遗留问题

针对排查出来影响工程建设和工程运行的实际问题，从保障工程运行安全出发，河北省南水北调办与中线建管局密切配合，组织市县南水北调办、设计、监理和现场建管单位，多次到现场协调解决问题。皇褡交通路的建设直接影响着该渠段隔离网的安装，间接威胁着总干渠通水安全，国务院南水北调办十分关注，列为重点督导问题。为加快该段交通路修建，协调各方确定了设计方案，落实了投资，但交通路修建缓慢。经与沙河市沟通，确定了先安装隔离网，保通水安全，沙河市随后修路的工作方案，保障了隔离网按计划安装。截流沟、桥梁引道排水、左侧沟道回填等工程建设需要征地，河北省南水北调办协调市县南水北调办，依据相关程序及时提供了工程用地，保障了总干渠尾工建设的顺利进行。

对排查出来涉及群众利益的临时用地复垦质量、连接路恢复、灌溉影响等问题，河北省各级南水北调办立足于对群众负责，实事求是解决问题，深入现场查看，逐个研究分析，按照轻重缓急逐步解决。临时用地复垦质量问题，现场查看后研究解决方案，对石头多、土少、雨水冲刷严重、难以耕种的，由设计单位根据实际情况提出方案，征求群众意见后实施。连接路恢复不完善问题，充分听取市县意见，本着既解决当前问题，又不会产生其他矛盾，影响全线稳定的原则，针对实际，制定方案，按程序稳步实施。邯郸市区段霍北村群众反映，南水北调工程的修建，造成群众生产生活不方便，特别是学生上学绕路远。经过河北省南水北调办会同中线建管局，组织市县现场调研，提出了在左排上游建桥连通南北连接路的方案，基层干部群众比较满意。对因征地造成的灌溉影响问题，采取实地定地块、定方案、定时限的方法，由市县南水北调办按程序组织实施，满足了群众灌溉需要。

（三）启动征地组卷工作

按照国土部门要求，河北省南水北调办与国土资源厅密切配合，组织沿线市县南水北调办和国土部门，2015年11月26日启动京石段二批和邯石段、天津干线河北段工程永久征地组卷工作。

二、南水北调配套工程征迁安置工作

河北省南水北调配套工程涉及石家庄、邯郸、邢台、保定、廊坊、沧州、衡水7个设区市92个县（市、区）26个工业园区。水厂以上输水管道总长2000多千米，涉及永久征地4000亩，临时占地18万亩，拆迁房屋24.6万m^2，迁建工矿企事业单位120家，迁建恢复电力、通信、管道等专项设施10 300处（条）。配套工程还涉及改扩建水厂118座，规划永久征地1.2万亩。

2015年，随着中线干线工程的通水运行，河北省南水北调配套工程建设全面提速，征迁安置工作强力推进。截至2015年底，累计完成1950 km管线16万亩临时占地征用。根据工程建设进度，完成房屋、企事业单位和专项设施迁建恢复工作，有力保障了配套工程建设的顺利实施。

2015年是河北省南水北调配套工程建设的攻坚年。随着工程建设接近尾声，解决工程建设中的征迁问题难度越来越大。为切实解决问题，河北省南水北调办从三个方面开展工作。一是深入工程建设施工现场，同市县南水北调办一起，深入一线弄清问题症结，现场研究解决方案，落实责任，明确时限，使大部分问题得到及时解决，保障了工程建设顺利实施。二是将征迁问题排查清楚，记入台账，依照台账进行督导，解决一个销号一个。到2015年底，台账所列征迁问题全部得以解决。三是督促临时用地退还进度，协调解决临时用地复垦退还遇到的问题，确保了工程建设临时用地及时退还群众耕种。

（袁卓勋）

河南省征地移民工作

一、概况

2015年是河南省南水北调移民征迁工作深入推进、持续发展的一年。河南省南水北调移民征迁系统深入贯彻落实国务院南水北调办和省委、省政府的安排部署，适应经济发展新常态，坚持稳中求进工作总基调，围绕稳增长、调结构、促改革、惠民生、防风险，发挥优势，创新思路，扎实做好各项工作，全年完成投资16.73亿元，实现了“十二五”移民征迁工作的完美收官。2015年，丹江口库区移民工作圆满完成了安置扫尾，全面启动了总体验收，继续实施“强村富民”战略，移民人均纯收入已达9528元，208个移民村已实现村村有集体收入；干线征迁累计移交建设用地36.84万亩，20.4万亩临时用地已退还群众18.7万亩，及时解决了影响施工的有关问题，保障了南水北调工程尾工建设的顺利进行。2015年，中央和省委、省政府对移民工作继续给予了高度关注和支持，张高丽副总理在2015年调研河南南水北调工作时，充分肯定了河南移民工作所取得的显著成绩；河南省政府移民办被省政府表彰为“全省南水北调工作先进单位”和“河南省人民满意公务员示范单位”。

二、丹江口库区移民

根据南水北调丹江口库区移民安置初步设计规划，河南省南水北调丹江口库区农村移民共需搬迁安置16.2万人，安置区涉及郑州、新乡、许昌、平顶山、漯河和南阳6个省辖市25个县（市、区），其中淅川县内安置2.35万人，出县外迁安置13.85人，2012年3月全部搬迁结束，并由搬迁安置阶段全面进入后期稳定发展阶段。

（一）移民后期帮扶

2015年，河南省政府移民办从省统筹基本预备费中拿出1亿元作为移民生产发展奖补资金，促进丹江口库区移民生产发展，共审批生产发展奖补资金项目176个，各地正在组织项目实施。组织评选了第三批丹江口库区移民“强村富民”示范村10个，每个村奖补资金100万元，共下拨奖补资金1000万元，用于重点帮扶示范村发展生产，对丹江口库区移民“强村富民”战略实施起到了示范带动作用，促进了其他移民村的发展。截至2015年底，河南省丹江口库区208个移民村共投入生产发展资金23.7亿元，已建成和在建生产发展项目787个（不含商业服务业），其中，流转土地8万亩；发展麦椒套、药材、烟叶、蔬菜等特色高效种植2.2万亩；发展温室大棚、陆地大棚等2930个；肉牛、驴等大牲畜存栏8600余头，奶牛存栏5700余头，猪存栏4.4万头，羊存栏2.2万只，鸡、兔等存栏258万只；发展林果业1.3万亩，加工业74个，丝毯加工、手工业1386户，商业服务运输业等1200余家。移民经济发展势头良好，涌现出了郑州市中牟县、新郑市，许昌市襄城县，南阳市社旗县、卧龙区和新乡市辉县市等移民发展先进县及一大批生产发展先进村。据统计，河南省丹江口库区移民2015年人均纯收入已达9528元，208个移民村已实现村村有集体收入。其中，超过30万元的移民村达到20%，5万～30万元的移民村达到70%，5万元以下的移民村10%。

（二）移民干部培训

2015年9月10～12日，河南省政府移民办组织召开了全省南水北调丹江口库区移民“强村富民”及创新社会治理观摩会。6个省辖市、1个省直管市及27个县（市、区）移民部门主要领导、主管领导和相关科室负责人、丹江口库区移民30个“强村富民”示范村支部书记及有关人员共150人参加，现场观摩了新郑市、中牟县“强村富民”及创新社会治理先进村。通过现场观摩和交流，相互学习借鉴了经验，开阔了视野，拓宽了移民村发展生产思路。9月20～22日，组织召开了移民政策法规和项目管理培训会，丹江口库区移民安置涉及的省辖市、省直管县、有关县（市、区）移民部门主管领导，部分丹江口库区移民村支部书记及有关人员参加。培训涉及农村政策解读、现代农业讲座、项目选择与管理、基层党组织建设等内容。通过培训学习，使移民干部了解了现代农业知识，进一步明确了发展思路，提升了政策理论水平，促进了移民稳定发展。

（三）移民村社会治理创新

丹江口库区移民继续深入开展创新移民村社会治理工作，进一步提升移民村治理水平。截至2015年底，河南省南水北调移民村民主议事会、民主监事会、民事调解委员会“三会”组织已全部成立并正常运转，共有成员6230名，其中民主议事会3785人、民主监事会1052人、民事调解委员会1393人。累计议事1500余次，民主议事决策发展项目、农村低保、宅基地分配、集体资产管理分配等移民群众关心关注的重大事项；调解邻里纠纷、老人赡养、土地分配、资金兑付等各种矛盾1292起，成功率达95%；成立各类经济组织206个，成立红白理事会、老年协会等其他社会组织70个；成立物业公司或委托物业管理的移民村156个，成立便民服务中心150个，郑州、南阳等相对集中的移民村正在筹备成立公共服务中心，发挥中心服务职能，为移民群众提供更加便捷的服务。丹江口库区移民村社会治理水平的进一步提升，为河南省其他水库移民村社会治理创新工作起到了示范和引领作用。

（四）移民产业发展试点方案报批工作

为贯彻落实张高丽副总理2015年4月22～23日在河南省调研南水北调工作时关于加快丹江口库区移民产业发展的重要指示精神，4月27日，河南省委及时召开常委（扩大）会议传达学习并研究部署。5月，国家发展改革委、财政部和国务院南水北调办派出调研组到南阳市淅川县丹江口库区移民安置村现场调研。按照河南省委、省政府的安排和国家有关部委的意见，启动了《淅川县九重镇南水北调移民村产业发展试点工作实施方案》的编制工作。6月，国家发展改革委组织召开了由国家财政部农业司、南水北调办征地移民司、北京市对口协作办、河南省有关部门等参加的座谈会，对试点工作实施方案编制工作进行了专题研究，并提出了具体的指导性意见；河南省政府副省长王铁先后两次主持召开会议，对试点工作实施方案进行深入研究。6月下旬，试点工作实施方案送审稿上报国家有关部委。7月，国家发展改革委组织中国国际工程咨询公司向河南省有关单位反馈了对试点工作实施方案的咨询评估意见，商讨了进一步修改的思路。经修改完善后再次上报国家有关部委。10月，试点工作实施方案经国家三部委正式批复，12月，河南省发展改革委、财政厅、移民办批复，要求南阳市组织编制实施计划并组织实施。该试点方案共规划移民产业项目5个，总投资1.2亿元，其中国家投资0.7亿元，省财政配套0.4亿元，南阳市政府、对口协作单位配套0.1亿元。

（五）移民后续帮扶发展规划

为解决南水北调丹江口库区移民长远发

展问题，2012 年，河南省政府移民办会同湖北省移民局联合委托长江设计公司，参照三峡移民后续工作做法，开展了丹江口水库移民安稳致富奔小康专题研究工作。2014 年，长江设计公司编制完成研究报告初稿，同时，河南省发展改革委根据省政府移民办建议也将相关内容纳入全省“十三五”规划框架。2015 年，为全面贯彻落实习近平总书记、李克强总理关于南水北调移民工作的重要批示和张高丽副总理调研河南省南水北调工作的重要讲话精神，河南省政府移民办根据国务院南水北调办的安排，委托长江设计公司在丹江口库区移民安稳致富奔小康规划的基础上，编制了移民后续帮扶发展规划并上报国务院南水北调办待批。

（六）移民安置总体验收

根据国务院南水北调办的安排部署，2015 年开始启动南水北调丹江口库区移民安置总体验收县级自验工作。2015 年 9 月，河南省政府移民办组织召开会议对此项工作进行了安排部署，河南省南水北调丹江口库区移民安置总体验收工作全面启动。河南省政府移民办组织编制了总体验收县级自验、省级初验工作大纲和实施细则，明确了验收的时间、组织程序和有关要求，并于 12 月下旬对河南省丹江口库区移民干部进行了相关培训；进一步加大库区移民安置扫尾工作力度，组织有关市县全面排查了农村移民搬迁安置、城集镇迁建、企业淹没处理、专业项目恢复改建、库底清理、高切坡治理、地质灾害防治等项目，明确各扫尾项目的完成时间、目标和责任人，并加强实施监督；组织人员赴全省有关市县开展专项检查和技术指导，督促各地尽快处理实施问题，完成资金结算，为丹江口库区移民安置总体验收创造条件。

（七）移民安置问题处理

针对丹江口库区移民搬迁安置后存在的问题，2015 年完成了移民征地超支问题处理，下达了专项补助资金，督促各地按时按要求完成了任务；完成了淅川县地质灾害防治首批 14 个监测点的建设与监测，开展群防和应急处理工作；开展丹江口水库地质灾害防治规划编制，完成宋岗码头东侧塌岸应急处理规划编制，并报中线水源公司组织了初步审查；完成了淅川县高填方高切坡治理方案编报和有关审查配合工作，并根据审查意见进行了修改完善；完成了移民人口有关审核、公示和报批工作，设计单位正在核算个人补偿补助费；推进计划调整和资金结算工作，截至 2015 年底，河南省丹江口库区移民安置涉及的 28 个县（市、区），资金结算及计划调整工作已经完成 24 个县（市、区），其他 4 个县（区）正在加紧进行。

三、南水北调中线工程干线征迁

南水北调中线工程河南段总干渠南起淅川县陶岔渠首，北至安阳县漳河，总长 731km，征迁安置涉及南阳、平顶山、许昌、郑州、焦作、新乡、鹤壁、安阳 8 个省辖市和省直管邓州市等 44 个县（市、区）。初设批复总干渠建设用地 39.72 万亩，其中永久用地 16.52 万亩，临时用地 23.20 万亩；需搬迁居民 5.5 万人；拆迁房屋面积 262.01 万 m^2；占压企事业单位 329 家，占压电力线路、通信（广电）线路、各类管道 4806 条（处）。国家批复征迁安置总投资 233.96 亿元。

截至 2015 年底，河南省累计移交工程建设用地 36.82 万亩，其中，永久用地 16.42 万亩，临时用地 20.4 万亩。累计迁建各类专项设施 5863 条（处）。总干渠搬迁居民10 509户 45 666 人全部安置到位，生产用地调整全部完成。跨渠铁路桥、公路桥、生产桥征迁工作全部结束，累计完成总干渠两岸连接路建设 2804 条。2015 年，共完成总干渠及陶岔渠首征迁投资 12.77 亿元，累计完成征迁投资 208.92 亿元。

（1）新增投资落实。自 2013 年 5 月起，河南省政府移民办委托设计单位编制了《南水北调中线一期工程河南省征迁新增投资专题报告》，经南水北调中线工程建设管理局委托水利部水利水电规划设计总院先后进行了4次审查，设计单位根据审查意见跟踪修改，后经南水北调中线工程建设管理局审查、报送国务院南水北调办。2014年12月，国务院南水北调办派驻审计调查组，于2014年12月～2015年5月中旬对河南省南水北调总干渠征迁资金使用情况进行了审计调查，河南省政府移民办给予了全力支持和配合，审计调查结果为需新增征迁资金15.9亿元。2015年该结果已正式上报国务院南水北调办，省政府移民办将积极沟通协调尽快落实新增投资。

（2）建设用地移交。2015年，积极协调南水北调中线工程建设管理局及时拨付新增工程建设用地补偿资金2450万元，确保281.31亩新增用地移交工作顺利推进。其中，移交永久用地181.63亩，临时用地99.68亩，保证了尾工建设顺利进行。

（3）征迁问题处理。妥善处理征迁群众反映的各类诉求，凡是在政策允许范围内的，做到迅速解决；超出政策界限的，与群众面对面做好解释说明，争取群众的理解和支持。建立健全了施工影响问题快速处置机制，实行“三个层次办结制”：一般问题由县级征迁部门和建管单位协商解决，解决不了的由征迁设计和监理单位提出处理意见后解决，重大问题提交省级征迁机构研究解决。2015年先后4次协调南水北调中线工程建设管理局组织建管、设计和监理单位及市县征迁机构，深入征迁一线，逐地块、逐项目研究征迁遗留问题，分析、制定解决措施，明确责任单位、责任人和完成时限，确保38项遗留问题的快速、有效解决，维护了沿线群众的合法权益，保障了尾工建设顺利进行和通水安全。

（4）临时用地返还。针对临时用地存在问题的地块，强化监督检查，协调有关方面，深入实地调研，论证解决方案，并安排专人督导检查，落实进展情况，形成责任压力，确保问题快速解决；针对临时用地超期使用，群众补偿资金无法及时兑付的情况，协同南水北调中线工程建设管理局深入一线逐地块排查，现场分析确定超期责任，并明确承担超期补偿资金单位，最后以会议纪要形式予以固定落实；针对超过临时用地台账规定时间返还或仍未返还的临时用地补偿问题，在现场建管单位和施工单位所承担的超期补偿资金不能及时到位的情况下，积极协调南水北调中线工程建设管理局及时预拨了1亿元，保证了超期补偿费的兑付，维护了群众利益和社会稳定。截至2015年，河南省南水北调中线工程总干渠20.4万亩临时用地，已返还19.2万亩，其中，县级征迁机构正在复垦0.9万亩，已退还群众耕种18.3万亩，还有1.2万亩建管单位正在使用或正在整改。

（5）永久用地手续办理。截至2015年底，穿黄工程、安阳段、新乡试验段、南阳试验段工程永久用地手续已经国土资源部批准。对其他24个渠段的用地手续办理工作，河南省政府移民办公室已分别同省国土资源厅、林业厅进行沟通协调，明确了相关问题的处理意见：耕地占补平衡问题按上级最新精神不再作为办理手续制约条件，耕地开垦费按国家批复费用缴纳即可；使用林地审核同意书已办理11段，其余设计单元面临的办理手续规范变化和缴费标准调整问题，经国务院南水北调办协调，国家林业总局同意仍按原规范和原标准执行，计划2016年3月底前完成林地手续报件准备工作。

（6）征迁安置验收。成立了河南省南水北调征迁安置验收委员会，印发了《关于做好河南省南水北调中线干线工程完工阶段征迁安置验收工作的通知》《南水北调总干渠征迁安置验收实施细则》和《河南省南水北调中线干线工程完工阶段征迁专项验收有关要求的通知》，要求市、县征迁机构尽快开展县级自验、市级验收的基础性验收工作，并配合国务院南水北调办公室制定了总干渠验收工作计划。截至2015年底，南水北调总干渠征迁专项验收的各项基础性工作已全部完成，并已完成穿黄工程、安阳段、新乡试验段、南阳试验段四个单元的县级自验工作。

（7）征迁投资计划调整。统筹做好南水北调总干渠征迁实施规划修订工作，先后3次组织市县征迁机构和设计单位对征迁投资计划调整、注意事项等进行了培训。在市县征迁机构所填报的征迁投资计划调整基础上，组织设计单位逐市、逐县予以校核，并对涉及征迁群众切身利益的问题进行了研究、确定，保证了征迁资金不漏、不重、不错，逐一对应项目，确保了必须解决的征迁问题有技术支撑、有资金来源，维护了征迁群众的利益。

（8）临时用地图集编制。按照南水北调中线工程建设管理局工作安排，河南省政府移民办委托省水利勘测有限公司开展河南省南水北调中线工程总干渠临时用地图集编制工作：总干渠临时用地总体布置示意图要求用统一比例尺，以省辖市为单位进行图集分册；临时用地详图以专门测制的大比例尺地形图为基础逐块编制，地块以索引表形式注明页码，并标注各种要素。截至2015年底，河南省政府移民办通过现场协调建管单位和市、县征迁机构，省水利勘测公司已完成了各种资料的收集工作，正在进行临时用地图集编制。

四、征迁资金管理

截至2015年底，河南省共收到上级南水北调移民征迁拨款21 209.85万元，其中：南水北调丹江口库区移民资金20 000万元，南水北调干线征迁资金1209.85万元；共拨（支）移民征迁资金163 895.81万元，其中：丹江口库区移民资金39 608.11万元，南水北调干线征迁资金124 069.56万元，南水北调陶岔渠首征迁资金218.14万元，满足了移民征迁工作的需要。河南省积极配合国务院南水北调办对河南省2014年度南水北调移民征迁资金的审计及整改复核、南水北调中线干线河南段征迁项目实施情况的专项审计调查等审计检查；组织人员对南水北调丹江口库区农村外项目等移民资金的使用和管理情况进行了内部审计，对于严明财经纪律、规范资金使用管理起到积极作用。对丹江口库区移民预备费、价差、实施规划外项目资金等三项资金集中开展省、市、县三级清理工作，有效削减了各级往来挂账，推进了资金核销支出进度，提升了投资完成率。对南水北调移民征迁账面资金结存和消化情况进行了核查，加快了移民征迁资金的消化和核销。

五、信访稳定

2015年，河南省南水北调丹江口库区各级移民管理部门全面贯彻落实国务院南水北调办和河南省政府关于做好南水北调丹江口水库移民信访稳定工作的精神，强化组织领导，层层落实责任，认真解决移民群众反映的合理诉求。先后组织开展了矛盾纠纷排查化解专项活动，针对排查和发现的问题，又组织进行回头看活动，开展矛盾纠纷再排查，再化解。活动中累计排查移民身份问题、实物补偿问题、房屋分配问题、移民房屋质量问题、村务公开问题、基层干部违法违纪等7类244起比较突出的矛盾问题，化解处理221起，化解率达到91%。2015年，南水北调丹江口库区移民赴京到省上访共计49批次218人，比去年同期批次下降61%，人数下降50%。

（耿新建）

湖北省征地移民工作

（一）工作概况

2015年，湖北省南水北调中线工程丹江口水库移民工作在国务院南水北调办的精心指导、大力支持和湖北省委、省政府的坚强领导下，以党的十八大和十八届三中、四中、五中全会精神为指导，紧紧围绕确保中线工程安全通水和移民安稳发展增收两大主题，坚持“三个深化”、做到“三个促进”（深化产业转型发展，促进移民增收致富；深化社会治理创新，促进移民和谐稳定；深化移民安置质量，促进收尾竣工验收），圆满完成了各项工作。

（二）移民尾工扫尾工作

根据国务院南水北调办《关于加快完成丹江口库区移民尾工项目扫尾开展总体验收工作的通知》（综征移〔2015〕32号）的要求，针对湖北省移民安置中还存在一些扫尾不彻底的问题，湖北省移民指挥部开展了专项清理整顿，下发了《关于南水北调中线工程丹江口水库移民工作突出问题的督办通知》（鄂移指办〔2015〕2号），成立督导工作专班，实行跟踪检查督办，限期整改到位。整改期间，湖北省移民局局长彭承波、副局长陈万波5次赴库区、安置区现场督办检查，下发督办通知6个，较好地解决了搬迁未完成、生产安置未办证和库底清理有尾巴的问题。同时，湖北省移民局还组织认真开展“移民安置质量回头看”活动，严格落实移民政策，确保移民各项补偿到位、搬迁安置到位、土地分配到位、权证发放到位，为总体验收的开展创造条件。

（三）移民生产发展帮扶和就业培训工作

湖北省通过积极出台帮扶优惠政策，加快产业发展转型，使移民发展致富来促进移民稳定，实现丹江口库区安置区长治久安。一是省移民局年初下发了《关于进一步推进南水北调中线工程丹江口水库移民安稳发展示范工程建设的通知》，在2014年移民安稳发展示范工程（打造30个重点村，培养50个致富带头人和10个村党支部）的基础上，2015年重点建设10个“移民安稳发展重点村”，培育50个“移民专业合作社”和100名“移民致富带头人”，收到了较好效果。二是认真贯彻落实湖北省移民后期扶持工作现场会精神，进一步加快推进移民增收工作。8月13日，湖北省人民政府在通山县召开全省移民后期扶持工作现场会。按照会议精神，湖北省移民局要求南水北调工程相关县（市、区）整合利用各种资源，开展产业发展转型和美丽家园建设，围绕移民同步建成小康社会的目标，制定移民增收计划。三是因地制宜开展培训，拓宽移民就业渠道。结合国家“三农”政策和国家实施的“大众创新、万众创业”工程，加大对移民互联网、驾驶、烹饪等就业培训，提高移民技能，鼓励移民自主创业。据统计，湖北省共流转移民土地10.11万亩，引进龙头企业94家，组建专业合作组织446家。全省移民村集体总收入3756万元，比上年增长8%；移民人均纯收入8618元，比上年增长5.1%。全省共组织各类培训183期，培训9856人，有效提高了移民实用技术和技能，参训移民转移就业率达87%，户均转移劳动力1.83人。

（四）移民社会治理创新工作

根据湖北省移民局党组安排，继续将“潜江市移民新村社会治理创新”纳入2015年局党组“十件实事”，进一步细化措施。在推广完善“一站三民”模式的基础上，重点突出“依法治村”，较好地实现了“五深入促进五转变”，即“法治文化深入移民社区，法律专家深入移民村，司法服务深入移民户，守法意识深入移民心，法治思维深入移民脑”；移民村治理方式由“人治”向“法治”转变，引领方式由“政府+能人治村”向“依法治村”转变，决策方式由“依文件+习惯决策”向“依法决策”转变，行为方式由“图利”向“守法”转变，维权方式由“闹事”向“合法”转变，取得了新的成效。

（五）移民后续帮扶发展规划编制工作

一是认真贯彻落实湖北省委书记李鸿忠、省长王国生2015年3月16日关于启动后南水北调中线工程发展规划的重要批示，湖北省移民局会同湖北省发改委及早启动了移民后续帮扶发展规划前期准备工作。二是认真贯彻落实习总书记批示精神，做好移民后续发展帮扶规划编制工作。6月7~11日中办回访调研组赴湖北省开展习近平总书记视察湖北二次回访调研后，在《习近平总书记视察湖北二次回访调研报告》中，明确建议有关部委对相关省借鉴三峡库区经验，编制南水北调丹江口水库移民后续帮扶规划提供支持。根据中央和湖北省委、省政府主要领导的批示，湖北省移民局主动作为，大力推进移民后续发展帮扶规划编制工作。三是6月18日，湖北省移民局会同湖北省发改委召开了湖北省南水北调中线工程丹江口水库移民后续发展帮扶规划编制工作座谈会，安排部署后续规划编制工作。委托设计单位编制了《南水北调中线工程湖北省丹江口水库移民后续发展帮扶规划工作大纲》并下发执行。四是现场督办。为使规划更接"地气"。湖北省移民局多次深入丹江口库区和外迁安置区，召开座谈会，听取有关地方特别是基层移民干部群众对规划编制的意见。9月初，下发了《关于进一步做好南水北调中线工程丹江口水库移民后续帮扶发展规划编制配合工作的通知》（鄂移函〔2015〕37号），要求各地突出重点，实事求是，精准确定项目库。通过全省上下近半年的共同努力，2015年底规划报告已完成了初稿，建立了操作性较强的移民帮扶规划项目数据库。

（六）丹江口库区地质灾害防治工作

一是推进丹江口库区地质灾害防治规划编制工作。根据国务院南水北调办的综投计函〔2015〕7号复函要求和湖北省政府专题协调会精神，丹江口水库地灾规划按照"一总两专"（丹江口库区地质灾害总规划，自然引发和蓄水影响两个专项规划）的思路编制。6月26日，湖北省移民局会同湖北省发改委组织召开座谈会，研究部署地质灾害防治规划编制工作，并联合下发了《关于编制南水北调中线一期工程湖北省丹江口库区地质灾害防治规划的通知》，全面开展丹江口库区地质灾害防治规划编制工作。12月，长江设计公司编制完成了《南水北调中线工程湖北省丹江口水库受蓄水影响地质灾害防治规划报告》，并通过湖北省发展改革委和湖北省移民局组织的审查。按照"轻重缓急"的原则，湖北省移民局筛选出20个地灾应急项目上报中线水源公司，并经过国务院南水北调办设管中心审查。二是开展地质灾害治理应急项目和高切坡项目验收。2月组织了对丹江口库区地质灾害治理5处应急项目的省级验收，并邀请了国务院南水北调办建管司领导参加了验收，初验结论为合格。5月份，开展了内安移民点全部156处高切坡防护工程进行预验收，并督促库区有关县市对预验收发现的问题进行整改。三是认真组织实施地质灾害监测。根据首批地灾规划的要求，对31处地灾进行专业监测。同时督促库区地方政府完善了地质灾害防治应急预案，加强群测群防工作。

（七）移民矛盾排查和积案化解工作

2015年2~4月，根据国务院南水北调办的要求，湖北省移民局利用3个月时间集中开展"矛盾纠纷排查化解专项活动"，印发了《关于做好当前南水北调移民矛盾纠纷排查化解及2015年稳定形势评估工作的通知》，要求各地认真梳理，找出矛盾症结，认真化解矛盾。湖北省共排查出各类矛盾、问题475件（个），其中库区193件（个），外迁安置区282件（个），化解积案3件。主要集中在生产安置质量（土地质量和水利配套设施）、外迁移民淹没线上资源补偿、工程欠款、争当移民、移民生产发展困难等5个方面和少数个案。湖北省移民局采取分类处理的原则，对不同类别的矛盾，通过现场联合办公、专案办理等不同形式，有的放矢、实事求是地加以化解。对移民重访、缠访较多的，组织有关市县移民局、长江设计公司、监督评估部等单位集中进行"个案会诊"，纠正偏差，形成最终答复意见。湖北省移民局还协调湖北省人社厅按照“三心、三优 ”原则，妥善解决了东西湖区5名随迁公职退休教师长期缠访问题。据统计，截至2015年底，国务院南水北调办转办湖北省南水北调移民信访件13件、湖北省转办信访件9件全部回复，回复率100%。赴省上访43批、204人（其中：重复访15批、102人），比去年同期增长43.3%（主要是重访和反映蓄水后移民生产生活困难的数量增加）。

（八）移民总体验收工作

一是及早安排部署。湖北省移民局及时转发了国务院南水北调办《关于加快完成丹江口库区移民尾工项目扫尾开展总体验收工作的通知》，对湖北省南水北调丹江口水库移民总体验收工作进行了安排部署，明确验收时间节点和要求。二是组织编制验收大纲并获得批复。从2015年5月开始，会同长江设计公司编制了《湖北省南水北调中线工程丹江口水库移民总体验收工作大纲》（以下简称《验收大纲》），上报国务院南水北调办后，并于10月30日得到国务院南水北调办正式批复。三是制定实施方案。依据《验收大纲》和湖北省工作实际，制定包括总体验收原则、组织机构和验收实施方法、步骤等具体内容的验收工作实施方案。四是开展了自验督办和大纲培训指导。11～12月，湖北省移民局分别在十堰市、天门市召开了库区、安置区自验督办暨验收大纲培训会，并会同长江设计公司分片开展《验收大纲》和业务培训，讲解验收报告撰写和表格填写。督促开展“回头看”，对移民政策兑现和工程收尾开展专项检查，加快推进移民工程审计决算、资金财务决算和档案整理工作，抓紧做好总体验收准备工作。五是加强沟通协调。湖北省移民局将批复的《验收大纲》发至省直有关部门，并通报验收时间节点与安排，要求按照行业主管部门要求，指导和配合做好湖北省移民总体验收工作。

（九）移民先进事迹和发展典型宣传工作

一是以“移民书记”赵久富光荣当选“感动中国2014年度人物”为契机，湖北省移民局会同黄冈市委、市政府组织开展了赵久富先进事迹报告会，并在全省迅速掀起“学先进典型，做优秀移民”的热潮，大力宣扬移民先进事迹，弘扬移民“五种精神”。二是开展了向施先桥同志学习的活动。2015年4月，武汉市汉南区移民局局长施先桥倒在工作岗位上，30余位南水北调外迁移民代表，自发制作挽联和横幅，一路冒雨驱车50公里前去悼念，引发湖北省、市媒体高度关注，并进行跟踪报道。湖北省移民局党组和武汉市农委作出号召全省移民系统开展向施先桥同志学习的决定，积极协调有关部门做好其事迹的宣传报道。三是大力开展移民安稳发展典型主题宣传活动，在《中国南水北调报》上系列报道湖北省移民安稳发展的典型事迹10期，弘扬移民自力更生、艰苦奋斗的创业精神。

（十）移民各项管理工作

一是认真做好新增实物指标的投资申报工作。针对丹江口库区新增的生产安置人口、房屋和地类变化带来的投资变化，编制投资报告争取国家新增投资。二是积极争取解决移民资金缺口问题。针对湖北省移民内安基础设施场平超支、张湾区犟河口土地需回填等问题，湖北省移民局委托长江设计公司编制了专题报告并上报国务院南水北调办，争取解决缺口资金。三是加快移民资金决算工作。根据移民资金到位情况，督促和指导有关市县加快推进移民工程审计决算和移民资金财务决算工作。对地方反映缺口较大的丹江口市均县镇和郧阳区柳陂镇，湖北省移民局委托中介公司进行专项审计，掌握了实际情况，做到心中有数。四是开展移民资金计划清理工作。对外迁安置区的移民投资计划开展核对清理，对符合规定调整的项目按程序调整计划。对库区资金计划进行指导，协助库区完善程序，为移民资金总体验收奠定基础。五是配合国务院南水北调办做好移民资金审计整改工作。配合国务院南水北调办开展了2014及以前年度移民资金使用审计工作，对发现的问题督促县市区全部整改到位，并通过国务院南水北调办整改情况的复核。

（十一）移民档案管理工作

湖北省移民局委托长江委网信中心（长江档案馆）对湖北省26个县（市、区）移民管理机构移民档案收集、整理、归档工作进行现场指导。为掌握、了解、回顾和总结移民搬迁安置管理所涉及的调查、规划、实施等情况，有效利用移民档案信息，开发了《湖北省南水北调中线工程丹江口水库移民档案信息管理系统》；在湖北省档案局、湖北省移民局和长江委档案馆等单位对湖北省南水北调中线工程移民档案预检（初验）的基础上，不断补充完善和整改。国务院南调办和国家档案局充分肯定湖北省南水北调丹江口水库移民档案工作。2015年底，各县（市、区）移民档案基本做到资料齐全、整理规范、门类完整、制度健全、信息化程度高、检索利用方便、保管条件符合国家标准，基本实现了“完整、准确、系统、安全和有效利用”的档案工作目标。至2015年11月，湖北省已装载移民档案68 256卷，772 442件。其中综合管理类33 590件、移民安置类53 467卷、建设项目类75 822卷、库底清理类6837卷、财务会计类3203卷、声像类117卷。业务数据29 240户，116 666人。已挂接扫描件510 682个。

（十二）移民投资计划及资金情况

1. 移民包干协议签订情况

（1）大坝加高工程。根据国务院南水北调办与湖北省人民政府签订的南水北调主体工程建设征地补偿和移民安置责任书，按照《南水北调工程建设征地补偿和移民安置暂行办法》及《南水北调工程建设征地补偿和移民安置资金管理办法（试行）》等规定，南水北调中线水源有限责任公司与湖北省移民局经协商达成了协议，大坝加高工程包干总额为18 209.38万元。其中2005年包干协议额为15 731.39万元，2007年追加1163.19万元，2011年追加了1314.8万元。

（2）库区和外迁安置区。截至2015年底，南水北调中线水源有限责任公司和湖北省移民局签订了移民投资包干协议的有：控制性文物发掘保护资金35 933.18万元；库区移民安置初步设计规划配合及试点工作经费3000万元；移民安置试点资金155 057万元；环保水保费14 797.2万元；课题费750万元；信息采集费300万元；名木保护费331.32万元；地质灾害监测与防治费3678.79万元；应急地灾资金5911万元。

2. 移民投资计划下达情况

截至2015年底，湖北省移民局共下达南水北调移民投资计划2 565 746.93万元。

（1）大坝加高工程。截至2015年底，湖北省移民局共计下达丹江口大坝加高工程移民投资计划18 209.38万元。按项目分：农村移民安置计划4105.61万元；城集镇迁建计划7050.36万元；工业企业迁建计划2503.15万元；专业项目复建计划326万元；有关税费计划1206.44万元；其他费用计划3017.82万元。

（2）库区和外迁安置区。截至2015年底，湖北省移民局累计下达南水北调中线工程丹江口水库库区和外迁安置区征地移民资金计划2 547 537.55万元（2015年度下达32 268.72万元），其中：库区文物发掘资金计划35 933.18万元；前期规划配合费和前期试点工作经费计划2990万元；移民安置试点经费计划145 970.39万元；环保水保资金计划14 797.2万元，课题费750万元；信息采集费300万元；名木保护费331.32万元；地质灾害监测与防治费9500.6万元；高切坡治理项目49 653.39万元；大规模搬迁资金计划

2 287 311.47万元。

3. 拨入征地移民资金情况

截至2015年底，湖北省移民局累计收到南水北调中线水源公司拨入的南水北调中线工程征地移民资金2 582 780.49万元。其中：2005～2014年2 540 869.49万元；2015年度41 911万元。

（1）大坝加高工程。截至2015年底，湖北省移民局累计收到南水北调中线水源公司拨入的丹江口大坝加高工程移民资金18 209.38万元，占包干总额的100%。

（2）库区和外迁安置区。截至2015年底，湖北省移民局累计收到南水北调中线水源公司拨入的南水北调中线工程丹江口水库征地移民资金2 564 571.11万元。其中：2005～2014年拨入2 522 660.11万元；2015年度拨入41 911万元。

4. 拨出征地移民资金情况

截至2015年底，湖北省移民局累计拨出南水北调征地中线工程征地移民资金2 392 433.76万元。

（1）大坝加高工程。湖北省移民局累计拨出十堰市移民局南水北调中线工程大坝加高工程征地移民资金15 788.75万元，占下达十堰市移民资金计划的100%。

（2）库区和外迁安置区。湖北省移民局累计拨出南水北调中线工程库区（含库区和外迁安置区）征地移民资金2 376 645.01万元。

5. 征地移民资金支出情况

截至2015年底，湖北省各级移民管理机构累计支出南水北调征地移民资金2 281 091.51万元，占累计下达移民投资计划2 565 746.93万元的88.91%。

（1）大坝加高工程。截至2015年底，湖北省大坝加高工程累计支出征地移民资金16 069.48万元，占大坝加高工程移民资金累计计划的18 209.38万元的88.25%。

（2）库区和外迁安置区。截至2015年底，湖北省南水北调中线工程丹江口水库库区和外迁安置区累计支出征地移民资金2 265 022.02万元，占累计征地移民资金计划2 547 537.55万元的88.91%。

（十三）其他

引江济汉工程临时占地复垦还耕目标任务全部完成。截至2015年，引江济汉工程完成复垦还耕6500亩，全面完成引江济汉工程临时占地26 807亩的复垦任务。

闸站改造工程永久征地已组卷报批。经协调相关省、市县两级国土部门单位，完成了永久征地组卷上报工作。

组织开展了2015年排查化解矛盾纠纷活动月活动，及时解决道路损毁、连接和部分农田减产等问题，有效地化解征迁矛盾纠纷，营造了良好的工程运行环境，维护社会和谐稳定。

（郝　毅）

文 物 保 护

河南省市文物保护工作

（一）继续开展南水北调文物保护成果展管理

2015年继续开展南水北调文物保护成果展，取得很好的社会反响。由于布展时间较短，展览器物多，展览存在一些不足之处，有个别器物的摆放位置有误，个别器物名称中的生僻字未注明拼音。为此，河南省文物局南水北调办公室依据群众提出的意见，更改展览中存在的错误，完善丰富展览的内容，

加强对展览的管理。

（二）开展南水北调文物保护项目验收

受水区的田野考古发掘工作于2014年底全部完成。受水区发掘资料的验收工作正在进行。2015年，南水北调文物保护办公室完成新乡市受水区6个考古发掘项目、安阳市受水区3个考古发掘项目和郑州市郑韩故城小城墙的项目验收工作。完成卢氏县文管会丹江口水库水源地旧石器时代遗址调查文物保护项目验收工作。完成河南省文物考古研究院丹江库区淹没区河南境内石刻文物田野考古调查的中期验收工作。完成南京师范大学后屯遗址、中山大学门伙遗址、武汉大学阳翟故城遗址、开封工作队三官殿墓群等项目发掘资料的移交工作。加强马岭遗址、阳翟故城遗址、沟湾遗址、胡庄墓地、娘娘寨遗址等一些文物点的资料整理工作，敦促各相关单位，加快整理进度。继续进行对丹江口消落区的文物巡护和清理工作。

（三）可移动文物普查

根据可移动文物普查的有关规定，对郑州大学承担的文物点发掘出土文物进行可移动文物普查工作。2015年，完成对沟湾遗址、徐堡遗址、史营遗址、老道井墓地、吴营遗址等文物点的可移动文物普查工作。

（四）南水北调文物保护宣传工作

2015年联系沟湾遗址、马岭遗址、下寨遗址、坑南遗址等几个文物点的发掘者，进行约稿组稿，在《光明日报》论苑板块发表一整版新闻报道。

（五）出版文物发掘成果图书

2015年出版《禹州新峰汉墓》《淇县西杨庄墓地、黄庄墓地Ⅰ区发掘报告》《淇县黄庄墓地Ⅱ区发掘报告》《淅川新四队墓地》四本考古报告。四川大学编写的《大司马墓地》、武汉大学编写的《禹州阳翟故城遗址》、郑州大学编写的《廖旗营墓地》完成校稿工作，即将出版。开始筹备出版《文明的重现·河南省南水北调文物保护成果概览（暂定名）》一书。

（王双双）

湖北省市文物保护工作

2015年，湖北省文物局启动了南水北调工程考古发掘项目结项工作，对于完成考古发掘协议书约定工作内容的发掘项目，在清理考古发掘项目出土文物暂存、提交考古发掘资料（档案）、经费拨付、考古报告（简报）发表情况以及发掘面积审确认情况的基础上，以结项确认表的形式予以结项确认。

截至2015年底，已完成袁家台遗址、老码头遗址、郑家山墓地、新城遗址、红光村遗址、土地咀遗址、凤凰井遗址、老滩咀遗址、三红村遗址、张家台遗址、魏家草场遗址、老台遗址、黄岭遗址、帅家台遗址、花园村遗址、南北垱遗址等16个考古发掘项目结项。其他项目工作仍在逐步推进之中。

（杜　杰）

对　口　协　作

北京市对口协作工作

2015年是南水北调对口协作工作全面实施之年。北京市有关部门积极贯彻国务院和北京市委市政府关于对口协作工作的批示精神，紧密联系实际，开展对口协作各项工作。

（一）2015年对口协作项目计划编制完成

北京市支援合作办、市南水北调办和水

源区地方政府多次对接调研和协调沟通的基础上，编制完成并印发《湖北省2015年京鄂对口协作项目计划》和《河南省2015年京豫对口协作项目计划》，全年共安排对口协作项目181个，资金5亿元，涉及生态农业、文化旅游、人才交流、科技合作、经贸交流、生态环保、教育卫生等领域。北京市各结对区及有关委办局还积极动员社会各方面力量，重点就水源区的学校建设、湿地保护、医疗卫生等方面发展，安排资金2770万元。

（二）智力支援

2015年共选派25名干部到河南、湖北水源地16县（市）及有关地级市挂职，接收河南、湖北到北京市挂职干部43名；培训水源地县（市）水务、农业、工业、旅游、科技、教育、生态环保、社会管理等领域的专业技术人才490余名。协助水源地各区县编制“十三五”发展规划，提高当地规划水平；组织22名院士专家团队赴十堰开展“北京专家十堰行”活动，围绕水资源保护、旅游产业、生物医药、汽车产业对十堰提出建设性意见建议，解决15个项目30多个难题。

（三）部门协作

北京市支援合作办、市南水北调办会同北京市经信委、市旅游委组织数十家中医药企业、旅游企业到神农架林区、十堰市与当地开展中药材产业、旅游资源对接合作；北京市商务委组织部分家政企业赴十堰市开展对接；北京市卫计委开展医疗卫生专家团“思源情·送温暖健康行”活动；北京市农委与十堰市农业局在昌平区草莓博览园启动“湖北十堰生态农业主题日”活动；北京市经信委率8家食品饮料企业到十堰市考察对接了博奥水产、武当鹿业、耀荣木瓜等10余家企业；北京市旅游委分别组织京宛双方旅游景区10家星级宾馆、10家特色旅游示范村赴水源区考察对接，结对帮扶，举行北京与十堰旅游投资洽谈会及旅游产品推介会，北京—南阳南水北调房车探源之旅巡游活动顺利开展；北京市总工会赴十堰市实地对接，现场签订了“北京·十堰工会对口协作补充协议”，并拨付了第一阶段对口协助经费1070万元；北京市工商联开展“光彩十堰行”活动；北京市文联组织百名艺术家赴水源区开展“饮水当思源·感恩进库区”主题慰问演出活动；北京市公安局与十堰市公安局加强两地信息建设协作和建立重点上访人员查控劝返协作机制；北京市南水北调办协助国务院南水北调办，组织开展“金秋走中线、饮水话感恩”京津市民代表考察中线工程活动。

（四）交流合作

2015年2月6日，北京市有关部门及海淀区，闻讯丹江口库区为保调水水质，取缔网箱养鱼，造成大量鲜鱼滞销后，及时采取相应措施给予支持。使得几天之内北京地区消费者在网上购买量已达近万公斤。2月10日，为破解泵站管理运行难题，北京市政府党组成员夏占义率北京市南水北调办、自来水集团一行6人赴湖北省调研考察。3月21日，副市长林克庆带队，北京市农委、市财政局、市水务局、市园林绿化局、市农业局、市气象局、市南水北调办等部门负责人参加，考察南水北调中线工程渠首所在地陶岔渠首枢纽工程。7月21日，海淀区和丹江口市，共同在京举办了水源区美食和农夫产品推介会。9月16日，组织召开了北京市南水北调对口协作区县工作会。各区县相关负责人员就产业对接、合作交流、旅游开发、资金管理等工作，进行了深入探讨。4月和10月，中央政治局委员、北京市委书记郭金龙，在京分别会见了南阳市党政代表团与十堰市党政代表团，并对两地对口协作工作所取得的成绩给予了充分肯定。

（五）产业合作

安排产业项目32个，协作资金1.5亿元，占协作资金的30%。主要利用部门招商推介、科技园区共建、商务考察对接、干部交流、搭建投资合作平台等多种方式对接项目，效果显著。2015 年 8 月，中关村电子商务与现代物流产业联盟十堰分会已经成立，淘宝、阿里巴巴已入驻运营，成为拉动十堰经济增长的新引擎。9 月，华彬集团与竹溪县签订矿泉水开发项目，建设年产 30 万 t 高端矿泉水生产线，建成预计年产值 30 亿元，提供就业岗位 200 多个。10 月，北京忠和酒业公司与房县签约黄酒（料酒）生产项目，预计年可实现销售收入 5 亿元、税收 2000 万元，新增就业岗位 100 多个。11 月，北京首创集团与南阳及有关县（市）签订垃圾污水处理框架协议；京能十堰联产项目 94.7 公顷场地已经完成整理，配套 3.8km 的专用道路正在加紧施工。12 月，北京工美集团与十堰市政府签订玉石产业发展合作协议，帮助提升十堰以绿松石为主体的玉石产业、产品的影响力和竞争力。

（六）区县对接

北京市东城区到郧阳区中华水园现场举行了“东城湿地公园”揭牌仪式，向郧阳区捐赠了 300 万元对口协作专项资金；东城区东华门街道、永外街道分别与郧阳区城关镇、柳陂镇签署共建协议。西城区商务委带领部分企业负责人一行 12 人，赴南阳市及邓州市开展对口协作商务考察。朝阳区卫生计生委带领安贞医院、朝阳医院、中日友好医院的专家团队一行 14 人赴南阳开展“思源南阳行”活动。海淀区安排 400 万元用于援助丹江口市沧浪洲生态湿地保护区（续建）项目、沧浪洲人行桥建设项目，与丹江口市将友好结对延伸至 9 对乡镇。丰台区丰台街道、南苑乡、卢沟桥乡和丰台科技园分别与张湾区车城街道、方滩乡、西沟乡和工业新区签订了对口协作协议。大兴区总工会、发展改革委、安定镇与茅箭区总工会、发展改革委、大川镇签订对口协作协议。门头沟区发展改革委与神农架林区发展改革委就“十三五”规划编制工作达成合作意向，已签订合作协议。房山区援助房县 1000 万元，建设思源实验学校，在教育培训、卫生技术帮助、文化搭台等八个方面深入推进对口协作工作。石景山区为竹山县培训 44 名管理干部，在八大处举办了“第十四届茶文化节及竹山茶叶周”活动。平谷区讲学团先后深入郧西县中小学，为 450 余名教师代表上示范课和讲学培训。密云县带领专家级医药企业家赴竹溪县针对医技等进行交流，并捐赠 80 万元的医疗器材。怀柔区与卢氏县签订协作发展战略框架协议。昌平区与栾川县签订对口协作框架协议，在教育、旅游、卫生等方面加强合作交流。延庆县八达岭特区与内乡县旅游局、中国长城博物馆与内乡县衙博物馆签署了友好合作备忘录。

（王　飞）

天津市对口协作工作

2014 年 12 月 15 日，天津市印发《天津市对口协作丹江口库区上游地区工作实施方案》，明确了市各有关部门和单位的责任分工，建立起良性工作机制，落实了六项重点工作任务和四项保障措施，为对口协作工作顺利开展奠定了基础。

经国家发展改革委批复，2015 年 1 月 5 日，天津市印发实施《天津市对口协作丹江口库区上游地区（陕西省汉中市、安康市、商洛市）规划》，保护丹江口水库上游地区青山绿水，帮助其发展生态经济。《规划》到 2015 年，建成高效的对口协作工作机制，促进陕南实现经济发展明显加快，群众生活明显改善，公共服务水平明显提高，生态经济效益明显增加；到 2020 年，天津市全力配合陕南建设成为全国生态文明示范区、循环产业创新发展区、国际山水旅游区和山地特色农业优产区，确保南水北调中线水源区水质安全稳定。

《规划》明确，天津市 2014 年、2015 年每年安排 2.1 亿元，“十三五”期间每年安排

3亿元对口协作资金，以投资补助、直接投资、贷款贴息三种方式扶持陕南经济发展和生态环境改善。天津市将重点从七个方面开展与陕南的对口协作工作。一是大力发展生态经济。包括借助天津市比较成熟的现代农业技术支撑，帮助陕南发展生态农业；开发特色资源，培育和打造一批具有地方特色的绿色食品和生态型农林产品龙头企业和名优品牌；推进生态旅游文化融合发展等。二是推进产业转型升级。包括推进产业转型，打造陕南装备制造业基地和区域性商贸物流中心；推进清洁能源等产业对接；推进汉中装备制造园、商洛生物医药产业园等园区建设等。三是加强生态环境设施建设。包括支持重大水源保护项目建设，到2015年，支持协作县城以及汉江和丹江沿线重点镇基本建成污水和垃圾处理设施；支持改善秦巴山区生态环境等。四是深化经贸合作交流。包括搭建经贸合作平台；支持发展商贸物流业，推进天津与陕南“农超对接”等。五是推进人力资源开发。包括实施天津与陕南人才培养和交流计划；开展职业教育与劳务合作等。六是加大科技支持力度。包括鼓励科技型企业到水源区发展；推动科技型企业与陕南开展多种形式的科技合作等。七是提升基本公共服务水平。包括大力帮助陕南建设公共设施，提升陕南基础教育和就业培训、基层医疗服务、城镇化和创新城市管理等公共服务功能等。

《规划》提出，在天津市对口协作项目的促进下，到2015年，陕南地区经济综合实力将明显增强，区域内地区生产总值、财政收入等主要经济指标将比2010年翻一番，2020年与全国基本同步实现全面建成小康社会目标；陕南地区人均生产总值等指标与全国全省平均水平的差距明显缩小；陕南地区基本形成现代循环产业体系，实现城乡统筹发展、协调推进；推动陕南的教育、医疗卫生、公共服务、就业等社会事业全面发展，人民生产生活条件明显改善，预计可惠及超过80%的陕南农民；预计完成流域综合治理面积9765km^2，水土流失治理面积23 876km^2，汉江、丹江干支流控制单元水质长期稳定达到国家Ⅱ类以上标准。

（刘丽敏）

河南省对口协作工作

河南省与北京市对口协作项目达59个，总投资33.65亿元。河南省水源区6县（市）与北京市6区建立“一对一”结对协作关系，努力实现产业转移一批、企业嫁接一批、平台搭建一批、产品进京一批、人员培训一批、帮扶结对一批。

为贯彻国发〔2013〕42号和发改〔2013〕544号等有关文件精神，依据《北京市南水北调对口协作规划》和《北京市南水北调对口协作工作实施方案》等有关文件要求，依照《2015年度北京市对口支援地区干部人才来京培训计划》的要求，河南省南水北调办组织丹江口水源区及总干渠沿线地市南水北调系统业务骨干50名，分两期赴京参加2015年度京豫南水北调对口协作培训班。通过对“工程调水运行管理、供水安全、防洪安全”等相关知识的学习及现场观摩，增长知识，加深友谊，为京豫双方下一步的友好合作奠定基础。

（靳文娟）

湖北省对口协作工作

2015年，湖北省认真贯彻落实国务院批复的《丹江口库区及上游地区对口协作工作方案》和《北京市对口协作实施方案》，注重在“协作”上下功夫，全方位开展协调对接，形成了政务对接率先发力、产业对接及时跟进、商务对接全面拓展、智力对接纵深推进、宣传对接持续造势的良好局面，对口协作工作取得了较好的成效。

（1）签约项目。截至2015年底，北京市企业与湖北省丹江口库区签约项目29个，总投资302亿元。其中北京企业落地丹江口库区项目23个，总投资132亿元。

（2）干部双向挂职和人才培训。2014～2015年，通过双方互派干部挂职124名和开展培训，促成200余家企业到库区考察，签订企业间合作协议50余份，培训卫生、教育、人力、环保、招商、安监等多领域党政干部、管理技术人员980名。

（3）协作项目。湖北省丹江口库区通过对口协作工作投入近亿元支持了十堰中关村科技成果产业化基地、神农架盘水生态产业园等重点工业园区基础设施建设；投入资金近2亿元，支持五河治理等28个生态水质和100余村环境改善项目；首期对口协作产业投资引导基金资金已完成注资6000万元。丹江口库区“武当珍品汇”“武当山珍”和“丹江渔村”等一批绿色食品落户北京，实现年销售额近亿元。

（杨爱华）

CHINA SOUTH-TO-NORTH WATER DIVERSION PROJECT CONSTRUCTION YEARBOOK

拾壹 西线工程

THE WESTERN ROUTE PROJECT OF THE SNWDP

综　述

概　述

2015年，南水北调西线工程正在进行前期工作，仍处于项目建议书工作阶段，在南水北调西线第一期工程项目建议书已有成果的基础上，继续进行西线第一期工程若干重要专题补充研究（简称专题补充研究），开展向河西走廊、新疆等地区供水方案研究，延续专用水文站观测及资料整编，与西线调水有关的省（区）进行了沟通交流。

2015年，专题补充研究进行了环境考察、子课题结题、专题研究报告编写工作。3～5月完成基本资料收集分析和专题阶段成果；6～8月进行了调水区环境考察；6～11月专题补充研究的六个专题补充研究（初稿）相继编写完成，技术总负责单位黄河勘测规划设计有限公司（简称黄河设计公司）组织专家对专题补充研究成果（初稿）进行了咨询，补充修改后完成专题补充研究（咨询稿）；12月，黄河设计公司领导班子听取了六个专题补偿研究（咨询稿）的汇报，修改后将六个专题报告（咨询稿）上报黄河水利委员会（简称黄委会）。经过两年的工作，基本完成了专题补充研究。

为深化西线工程建设必要性的论证，服务国家"一带一路"战略，黄河设计公司在西线工程总体布局基础上，开展了向河西走廊、新疆哈密地区供水必要性、西部地区调水线路、调水作用和效果分析等，撰写完成了《打造黄河—河西—新疆经济走廊，服务一带一路战略》的专题材料。

2015年，继续6个专用水文站的水文观测及资料整编。完成了《南水北调西线工程专用水文站恢复重建工程可行性研究报告》，黄委会西线办组织专家进行了审查验收。

2015年，黄委会还与相关省（区）、部门及专家沟通交流，配合开展西线查勘调研，答复对西线工程的质询。陕西省引汉济渭办、青海省政协、辽宁省水利厅、四川省社科院等省区有关单位先后到黄委会及黄河设计公司，听取西线情况，进行座谈交流。配合青海省政协、宁夏回族自治区人大对调水区调研。5月，水利部调水局会同黄委会及黄河设计公司赴四川省进行工作调研。针对《南水北调西线工程备忘录（增订版）》提出的有关问题，黄委会组织专业人员编写了答复意见。

（崔　荃　杨立彬）

前 期 工 作 进 展

南水北调西线第一期工程若干重要专题补充研究

2015年，六个专题补充研究工作深入展开，工作成果体系见表1。

2015年1月、5月，与清华大学和有关研究院所签订了子可题委托会同；3～5月，在基本资料的收集分析的基础上，完成了相应的专业工作，六个专题先后形成了阶段成果，黄河设计公司对阶段成果进行了分级咨询；6～8月，专题五"对调水河流关键生态环境影

表 1　南水北调西线第一期工程若干重要专题补充研究成果体系表

序号	专题名称	承担单位	子课题名称	委托单位
专题一	黄河上中游地区节水潜力研究	黄河设计公司	河套灌区分布式水循环模型开发及节水潜力评估	中国水利水电科学研究院
			宁蒙灌区及周边湿地生态稳定合理地下水位研究	中国科学院植物研究所
			宁蒙灌区典型灌区灌溉制度研究	清华大学
专题二	新形势下黄河流域水资源供需分析			
专题三	调入水量配置方案细化研究			
专题四	调水对水力发电影响专题研究		调水对水力发电影响补偿措施研究	发展改革委经济与管理体制研究所
专题五	对调水河流关键生态环境影响补充研究			
专题六	对调水河流水资源开发利用影响研究			

响补充研究”，进行了调水区环境影响考察；6～10 月，对委托的子课题进行了中间检查，项目组、参与单位及相关省（区）针对相关数据与结论进行了协调分析，编写出六个专题补充研究（初稿），黄河设计公司组织专家对专题补充研究（初稿）进行了咨询；11 月，黄河设计公司组织对初稿进行了讨论，根据专家意见及建议对初稿进行了补充修改，相继完成了六个专题补充研究的（咨询稿）；2015 年 12 月 18 日，黄河设计公司召开专题会议，听取了《南水北调西线第一期工程若干重要专题补充研究（咨询稿）》六个专题的成果汇报，对相关问题进行了研究和讨论，认为六个专题在以往工作基础上，进一步深入分析论证，取得了新的成果和认识，基本满足工作大纲的要求，同意上报黄委会。12 月 1 日，黄河设计公司《关于报送南水北调西线一期工程若干重要专题补充研究成果的函（黄设生管便〔2015〕64 号）》，将六个专题补充研究（咨询稿）报送黄委会，研究成果统计见表 2。

表 2　南水北调西线第一期工程若干重要专题补充研究（咨询稿）成果表

序号	专题名称	章数（章）	节数（节）	页数（页）	字数（万字）
专题一	黄河上中游地区节水潜力研究	11	50	244	15.4
专题二	新形势下黄河流域水资源供需分析	10	33	235	13
专题三	调入水量配置方案细化研究	7	25	195	12.3
专题四	调水对水力发电影响专题研究	7	25	149	8.7
专题五	对调水河流关键生态环境影响补充研究	5	24	173	11.5
专题六	对调水河流水资源开发利用影响研究	7	20	104	5.6
合计		47	177	1100	66.5

（崔　荃　张　玫　杨立彬）

重点研究项目

王浩院士撰文阐述南水北调西线工程建设的必要性

中国工程院院士王浩在《人民黄河》2015年第1期发表了《从黄河演变论南水北调西线工程建设的必要性》的文章。文章分析黄河演变的历史规律、黄河流域的经济发展历程以及黄河演变带来的三大挑战：①黄河水沙空间分布更趋不合理，泥沙问题没有得到根本解决，下游防洪形势依然严峻；②水污染治理和生态恢复是黄河可持续发展的又一难题；③黄河水资源短缺加剧，干旱风险不断提高，严重制约了流域经济发展，危及国家能源安全和粮食安全。南水北调西线工程正是应对三大挑战的重大举措，其显著效益主要表现在：①通过科学运用水沙调控体系，可使黄河“水畅其流，沙畅其道”，最终将保障黄河的长治久安；②极大地改善国家能源布局、城市化布局、水资源布局匹配的逆向性，有效提升黄河水资源的承载力，并保障国家能源安全和城市化布局；③可确保国家“七区二十三带”的农业战略格局，从根本上保证国家粮食安全；④可大大增加南北方水系的水力联系，加上已建成的南水北调中东线工程，长江、淮河、黄河、海河将完全连通，形成“四横三纵”的总体格局，配合其他措施，华夏腹地乃至全国将是山清水秀的美好家园。王浩院士呼吁加快南水北调西线论证立项步伐，认为南水北调西线工程是在黄河流域严格实施各种水资源管理措施后依旧严重缺水的前提下，所采取的一项宏观战略布局，也是流域发展最后的措施和保障。南水北调西线工程建设应遵循从近到远、由小到大、分期开发的原则有序进行，施工中要充分吸取南水北调中、东线工程的经验教训，对于工程建设的一些争议，不能一味排斥，应认真聆听并进行判别和吸收。

（崔　荃）

《南水北调西线工程备忘录（增订版）》及回应

2015年10月，经济科学出版社出版发行了由林凌、刘宝珺主编的《南水北调西线工程备忘录（增订版）》，该书为2006年出版的《南水北调西线工程备忘录》（简称初版）的增订版。共611页，70万字。初版为五版，增订版改为八编，第一编总论，第二编工程地质与地震地质问题，第三编环境生态问题，第四编经济社会问题，第五编民族宗教问题，第六编黄河治理，第七编小江调水，第八编彩图，比初版增加了三编，即第一编总论，第五编民族宗教问题，第六编黄河治理，修改了两编，第二编工程地质问题改为工程地质与地震地质问题，第四编西线工程替代方案探讨改为第七编小江调水。增订版共收录了55篇文章，总量比初版的31篇增加了24篇，其中，保留初版21篇，新增了34篇。增订版前言表明，围绕2006年以来南水北调西线第一期工程新的成果，南水北调东、中线建成及黄河新的水沙形势，小江调水的可替代性等三个方面，开展一系列调查研究，在《南水北调西线工程备忘录》的基础上，再出一本《南水北调西线工程备忘录（增订版）》，进一步从理论的高度论证原方案的不可行性，还提出更加可行、更加优越的替代方案，供中央决策参考。

南水北调西线工程的技术总负责单位黄

河设计公司针对《南水北调西线工程备忘录（增订版）》提出的三个方面问题，结合长期研究成果，分析提出有关意见。①青藏高原及其邻近地区众多工程建设运行，为建设南水北调西线工程提供了有效借鉴；②黄河水沙变化的新形势，使南水北调西线工程建设显得更加迫切；③黄河极其复杂的河情和严峻的用水矛盾，决定了南水北调西线工程不可替代。分析结论认为，南水北调西线工程是继南水北调东线、中线之后，实现我国国家层面水资源南北调配、东西互济配置格局的重大战略工程，是为西北地区经济社会可持续发展、“一带一路”战略推进提供水资源保障的重大基础设施。南水北调西线工程所涉及的技术、经济、社会、环境问题复杂，尤其是涉及长江黄河两大流域之间、不同地域、行业之间重大利益的调整，更加大了西线工程研究论证和协调的难度，也更说明需要加大研究力度，对重大问题早日提出结论并形成共识，为工程决策创造条件。

（崔　荃　张　玫）

南水北调西线工程专用水文站恢复重建工程可行性研究报告

受黄河设计公司委托，河南黄河水文勘测设计院编制了《南水北调西线工程专用水文站恢复重建工程可行性研究报告（代项目建议书）》。编制单位在对专用水文站设计要求、建设条件及现状运行情况调研的基础上，征求观测单位和工作人员的意见，依据《水文站基础设施建设及技术装备标准》（SL 276—2002）、《水文设施工程可行性研究报告编制规程》（SL 505—2011）等有关规定，通过分析论证和专家咨询，编制完成该可行性研究报告。报告共 11 章，分别为综合说明，概况，项目建设的必要性和可行性，建设目标、原则和依据，建设任务与规模，建设方案，施工组织设计，工程管理环境影响评价，投资估算、资金筹措及效益评价，结论及建议。计有 232 页，约 20 万字。报告提出项目主要建设任务是改建东谷、泥柯、壤塘、温波及克柯五个专用水文站，迁建班玛专用水文站，恢复重建总投资 2014 万元。2015 年 12 月 22 日，黄委会西线办组织专家进行了审查验收。

（崔　荃　张　玫）

对调水河流关键生态环境影响补充研究专题调水区环境考察

2015 年 6～8 月，黄河设计公司承担《南水北调西线第一期工程对调水河流关键生态环境影响补充研究》专题的环境院、测绘院，联合中国科学院成都生物研究所开展调水区环境考察工作。考察内容为：①补充收集调水河流区生态环境敏感区（水产种质资源保护区、鱼类保护区、自然保护区等）相关资料；②开展植被样方调查，累积研究范围植被类型调查点位数据；③遥感解译工作现场点位确认工作；④调水河流河谷形态；⑤调水河流水电站建设情况。考察涉及的河流十条，为雅砻江干流及其支流达曲、泥曲、鲜水河；大渡河支流色曲、杜柯河、绰斯甲河、玛柯河、阿柯河、足木足河。考察走访了甘孜州环境保护局、林业局，阿坝州环境保护局、林业局，阿坝、壤塘、班玛、色达、雅江、甘孜等县环保局、林业局等 20 家政府部门，共收集到四川省亿比措、南莫且、杜苛拉等自然保护区科学考察报告和总体规划报告，甘孜州、阿坝州环境质量报告书等资料共18 份。调查植被样方点 85 处，水电站 17 处。

（崔　荃　党永红）

重 要 会 议

《高海拔地区超长隧洞 TBM 施工若干关键技术研究与应用》通过河南省科技成果鉴定

2015 年 6 月 27 日，受河南省科学技术厅委托，黄委会国科局在郑州主持召开了由黄河设计公司等单位完成的“高海拔地区超长隧洞 TBM 施工若干关键技术研究与应用”科技成果鉴定会。鉴定委员会由总参工程兵第四设计研究院、中国水利水电科学研究院、华北水利水电大学、中国水利水电第十一工程局有限公司、清华大学、中水北方勘测设计研究有限责任公司、辽宁工程技术大学、郑州大学、黄河水利科学研究院等单位的专家组成。鉴定委员会主任由周丰峻院士担任。鉴定委员会委员一致认为该项目针对高海拔地区超长隧洞 TBM 施工若干关键技术问题，以超长距离通风、突发性地质灾害预测和超前地质预报、基于 TBM 施工的围岩分类、围岩变形稳定和衬砌结构安全等制约性的关键技术问题为重点，开展了大量创新性研究，其研究成果和技术方案对南水北调西线工程超长隧洞工程的建设具有重要意义。在关键技术问题上取得了突破和创新，该成果已被多家单位在装备制造中使用，并在厄瓜多尔 CCS 水电站、深圳地铁等工程中应用，取得了显著的社会、经济效益，推广应用前景广阔。该成果总体上达到国际先进水平，在通风技术方案、衬砌综合设计方法等方面达到国际领先水平。

（崔 荃 王学潮）

其 他

《南水北调工程前期工程卷西线篇》编撰

根据国务院南水北调工程建设委员会办公室投计计函〔2015〕20 号《关于商请提交〈中国南水北调工程〉前期工作卷的函》，按照丛书编委会的工作安排及投计司的工作要求，黄河设计公司编写完成了《南水北调工程丛书前期工作卷西线篇》，成果包括西线篇、大事记及工作历程照片。《西线篇》由西线前期工作综述、西线工程规划纲要、第一期工程规划三章组成，回顾了南水北调西线工程 1952 ~ 2002 年前期工作的历程，重点记载了南水北调西线工程规划的主要成果及结论，共 33 页，1.7 万字。《大事记》记录了从 1952 年南水北调西线第一次查勘开始，到 2002 年国务院批复《南水北调工程总体规划》，西线工程前期工作 50 年内发生的 152 件大事，共 24 页，1.3 万字。提供 1952 ~ 2002 年南水北调西线前期工作照片 143 张。经黄河设计公司审核。12 月 21 日，黄河设计公司以黄设办〔2015〕71 号《黄河设计公司关于报送南水北调工程丛书前期工作卷西线篇的函》，将《南水北调工程丛书前期工作卷西线篇》（含西线大事记）一式六份报送国务院南水北调办设计管理中心。

（崔 荃）

到中等经济发达国家水平时的土地问题提供了重要途径，要从各个层面推动南水北调西线工程的进程。

（胡建华　崔　荃）

有关省区调研南水北调西线前期工作

2015年8月18～26日，宁夏回族自治区人大袁进琳副主任率领考察组，赴青藏高原对南水北调西线工程进行考察。考察历时9天，范围包括青海省果洛、玉树藏族自治州，四川省阿坝、甘孜藏族自治州，涉及黄河上游扎陵湖、鄂陵湖、三江源自然保护区、通天河、雅砻江、大渡河等地。考察了黄河上游和西线调水河流的自然资源状况、生态环境条件、当地经济社会发展，了解了当地政府对西线调水工程的看法，听取了西线工程工作进展情况汇报。袁进琳副主任表示，国家逐步实施建设丝绸之路经济带和21世纪海上丝绸之路的“一带一路”发展战略，将要在西北地区大力发展产业经济带，首先是水资源的布局，由此看来西线工程更具战略意义。

2015年8月18～27日，青海省政协邀请国务院发展研究中心资源与环境研究所、国家能源局、国家发展改革委经济体制与管理研究所等单位的专家赴青藏高原对南水北调西线工程进行考察。考察历时10天，范围涉及四川省阿坝、甘孜藏族自治州，青海省果洛、玉树藏族自治州，西藏自治区昌都地区，跨越了“五江三河”，即雅砻江、澜沧江、怒江、雅鲁藏布江、金沙江、通天河、大渡河、黄河，实地查勘了南水北调西线规划工程布局及后续水源的坝址及线路。通过情况介绍、实地查看及交流讨论，考察组了解了各条河流的自然资源状况、流域社会经济条件及调水工程的可能性。专家认为：在南水北调东、中线工程已建成通水的形势下，西线工程调水对我国的经济社会可持续发展更具有重要的战略性、必要性和可行性，在实施国家“一带一路”发展战略、建设美丽中国、企业转型等方面可发挥重要作用，为解决我国达

与南水北调西线工程有关省（区）沟通协调

2015年5月5～9日，水利部办公厅发函，水利部调水局率黄河设计公司赴四川省进行工作调研。主要介绍西线第一期工程前期工作进展情况，就西线工程调水对水力发电、生态环境以及水资源开发利用的影响等问题进行座谈，征求四川省有关方面对西线调水的意见及建议。5月6日在四川省水利厅召开座谈会，会议由四川水利厅副厅长张强言主持，四川省政府、发展改革委、能源局、民族宗教委员会、林业厅、国土厅、环保厅、统计局、扶贫移民局、水利设计院，成都勘测设计研究院、成都理工大学等单位30余人参加了座谈。黄河设计公司景来红总工介绍了西线工程前期工作进展及需要四川省配合的工作情况，四川省各单位和部门分别从不同角度介绍了对西线工程的研究情况，特别就生态环境、宗教移民、补偿政策等方面进行了深入交流。水利部调水局局长祝瑞祥指出，西线工程前期工作仍坚持开放式研究，黄委会与四川省要建立长期联络与协调机制，充分听取多方面意见和各方面诉求，深化调水影响分析，提出合理的补偿措施及政策。座谈会后，调研组分为两组分别进行基础资料收集和引大济岷工程调研。

2015年10月14日，四川省社科院林凌、刘世庆等来黄委会进行调研，了解黄河流域水权转换等情况。黄委会水调局张柏山局长主持座谈会，黄委会水调局、规计局、黄河设计公司有关人员与会。黄委会水调局裴勇副局长介绍了黄委会水权转换的实践和存在的问题，并就一些技术问题进行了座谈。其

间谈及西线工程时，林凌等直言了四川有关方面的想法。认为，四川省政府领导同志对在少数民族地区开展调水工程有担忧，民间也有不同意见。2015 年，获悉国家准备重新启动西线工程的论证工作后，以课题组成果的形式，指出西线工程不可行、不能行、不易行，建议通过节水、灌区改造、调整黄河“八七”分水方案、小江调水等措施，解决西北地区的缺水问题。

（崔　荃　杨立彬　王学潮）

水文观测工作

2015 年，四川省水文水资源勘测局继续在达曲东谷、阿柯河安斗，青海省水文水资源勘测局继续在玛柯河班玛等专用水文站进行水文测验、资料整编工作。黄委会上游水文水资源勘测局继续在雅砻江温波专用水文站、泥曲泥柯、杜柯河壤塘专用水文站进行水文观测、资料整编工作。黄河设计公司对观测承担单位提交的 2014 年水文整编资料进行了验收、归档。

（崔　荃　张　玫）

拾贰 配套工程

THE MATCHING PROJECTS

北 京 市

概 述

2015年，北京市南水北调办围绕工程建设、运行管理、后续规划三项核心任务，扎实推进各项工作。截至2015年底，北京市累计收水8.83亿m^3，配套工程建设总体情况良好，工程运行调度有序。

（袁红琳）

前 期 工 作

（一）配套工程项目前期工作

截至2015年底，北京市南水北调配套工程亦庄调节池扩建工程、河西支线工程、团城湖至第九水厂输水工程（二期）等3项工程已完成立项审批工作。另有两项跨流域调水工程分别为北三县工程、兴安线工程（又称“南干渠与廊涿干渠连通工程”）正在加快推进工程前期工作。

1. 团城湖至第九水厂输水工程（二期）

团城湖至第九水厂输水工程（二期）是《北京市南水北调配套工程总体规划》中的重要组成部分，是实现外调水和本地水联合调度，保证北京市主力水厂具备双水源供水的重要条件，对于保障首都供水安全和支撑可持续发展具有重要意义。工程起点团城湖调节池，终点龙背村闸站，输水规模正向28.3m^3/s，反向18.3m^3/s，工程隧洞总长约4km。

2015年编制完成《北京市南水北调配套工程团城湖至第九水厂输水工程（二期）项目建议书（代可行性研究报告）》，并取得北京市发展改革委批复。

2. 河西支线工程

河西支线工程主要为长辛店第一水厂、规划长辛店第三水厂、规划门城水厂、规划首钢水厂供水，同时为城子水厂提供备用水源。河西支线工程是缓解河西地区水资源短缺，提高地区供水保证率，保障地区经济社会发展的重要输水工程。工程拟分两期进行，一期工程拟建设18km钢筋混凝土隧洞及3座加压泵站。起点为大宁调蓄水库，终点至三家店水库。

2015年编制完成《北京市南水北调配套工程河西支线工程项目建议书（代可行性研究报告）》，并取得北京市发展改革委批复。

3. 亦庄调节池扩建工程

亦庄调节池工程是北京市南水北调调蓄工程的重要组成部分，作为亦庄水厂、第十水厂、第八水厂的调节池，一期工程已不能满足周边水厂的应急供水任务，因此开展亦庄调节池扩建工程。目前该工程已纳入南水北调东干渠工程，工程内容包括扩建亦庄调节池及进、退水管线，新增容积207.5万m^3，总调蓄能力达到206万m^3。

2015年编制完成《北京市南水北调配套工程亦庄调节池扩建工程项目建议书（代可行性研究报告）》，并取得北京市发展改革委批复。

4. 兴安线工程（南干渠与廊涿干渠连通工程）

兴安线工程将规划大兴支线工程向南延伸，与河北廊涿干渠连通，实现新机场供水南取河北廊涿干渠、北引北京南干渠的双水源保障。建设输水管线46km，新建泵站1座，实现双向输水功能，新建调节池1座，调节容积50万m^3，实现日调节功能，保障供水及工程运行安全，新建管理处1个及现地管理站2处。

2015年，兴安线工程主要开展前期立项准备工作，初步选定了线路路由，完成项目建议书（代可研报告）初稿。

5. 北三县工程

北三县供水工程取水口位于廊涿干渠末端，供水对象为廊坊市下辖的三河市、大厂回族自治县和香河县。北三县供水工程北京段输水管线全长 31 782m，输水流量 2.51m^3/s，采用1根 DN1800 的球墨铸铁管输水。其中穿越凤河营村、北京市杂质泵厂、龙门庄村、京沪高速、京津高速和京塘路共6处采用顶管施工，DN3000 混凝土管内套 DN1800 球墨铸铁管的结构型式，顶管段总长 2260m；其余段均明挖铺设 DN1800 球墨铸铁管，明挖段总长 29 522m。

2015 年，北三县工程主要开展前期立项准备工作。

（二）配套水厂前期工作

1. 亦庄水厂

水厂位于亦庄调节池规划用地南侧，西至荣京西街、东至亦庄西十八号路、北至旧头路、南至黄奕路，服务范围为亦庄新城地区。一期规模 25 万 m^3/d，投资估算 15 亿元，其中工程投资 11 亿元，拆迁 4 亿元；远期规模 50 万 m^3/d。

2015 年工程可行性研究、节能报告已基本编完，并同步启动水评、环评、土地预审相关工作。

2. 门城水厂

水厂建设位置调整至门城中部、葡萄嘴环岛东侧，位于至体北路，西至西苑路，东、南至高压走廊、规划路，服务范围为门城镇、潭柘寺等地区。水厂规模为 5.3 万 m^3/d，投资估算 5.4 亿元，其中工程投资 4.1 亿元，拆迁 1.3 亿元。

2015 年 12 月取得立项批复。

3. 石景山水厂

水厂初步选址在刘娘府地区金顶山北侧的规划绿地，已委托北京市城市规划设计研究院做选址规划，服务范围为石景山地区。水厂规模为 10 万 m^3/d，投资估算 5.5 亿元，其中工程投资 2 亿元，拆迁 3.5 亿元。

2015 年，可行性研究报告已基本编制完成，同步启动水评、环评、土地预审相关工作。

（三）北京市南水北调配套工程后续规划

根据首都的新定位、新形势以及京津冀协同发展的新要求，从城市发展和资源承载力的长远角度考虑，经北京市委市政府研究同意，加快推进《北京市南水北调配套工程总体规划》（以下简称《总体规划》）修订工作，组织编制《北京市南水北调配套工程后续规划》，紧紧依靠国家调水战略，立足京津冀统筹，规划至 2030 年的配套工程建设，逐步构建首都外调水多元化保障体系，切实保障首都供水安全，切实保障首都供水安全，形成“双环供水，相互调配”的城乡供水安全保障格局。2015 年 1 月 12 日，北京市政府秘书长徐波组织召开规划编制启动会，后续规划编制正式启动；2015 年 4 月，完成了招投标、合同签订工作；2015 年 12 月 1 日，召开专题 3-1、专题 3-2、专题 3-4 阶段成果专家咨询会。

（高　赛）

投　资　计　划

根据《北京市南水北调配套工程 2012～2014 年行动计划》确定的建设时序及内容，北京市南水北调配套工程总投资 368 亿元，截至 2015 年底，北京市的 21 项配套工程中 16 项取得立项批复，已投入运行 7 项，立项批复总投资达 340 亿元，占总投资的 92%。

截至 2015 年底，配套工程完成总投资 246 亿元，其中，输水、调蓄及智能调度系统工程完成 204 亿元，配套水厂完成 42 亿元。为保证“有钱花、不浪费”，综合考虑建设资金需求及充分发挥资金效率，2015 年全年，完成投资 36 亿元，协调北京市发展改革委落实项目资本金 3 批，共计 8.135 亿元，有效保证了工程建设资金需求。

（高　赛　厉　萍）

资金筹措与使用管理

经北京市政府专题会议研究明确了南水北调市内配套工程资金解决方案，输水工程、调蓄工程和南水北调配套工程智能化调度系统参照国家南水北调主体工程建设模式，工程资金由北京市政府固定资产投资注入40%资本金，其余60%由市场融资解决。并经北京市政府批准成立北京南水北调工程投资中心，用于负责北京市南水北调配套工程融资工作，对银行贷款及债券等金融产品进行统贷统还。截至2015年底，已达成南水北调市内配套工程融资合作意向398亿元，累计签订南水北调融资合同143亿元，累计拨付南水北调建设融资款93.82亿元，其中2015年度拨付27.82亿元，融资到位率和资金拨付率达到100%，有力保障了南水北调市内配套南干渠工程、大宁调蓄水库工程、团城湖调节池工程、东干渠工程、密云水库调水等主要工程资金及时足额到位。

（高　赛　厉　萍）

在　建　项　目

（一）大宁调蓄水库工程

2015年度主要开展了泵站工程、永久外电源工程、河西村截污工程及管理设施工程建设。泵站工程于2015年5月完成试运行；永久外电源工程至2015年底完成总工程量的30%；河西村截污工程于2015年7月17日开工，9月17日完成并通过分部工程验收；大宁管理设施工程于2015年10月确定监理及施工单位。

（二）南干渠工程

主体工程全部完成，其中浅埋暗挖段已移交运行管理单位，盾构段在2015年下半年完成静水压试验工作。管理设施工程2015年3月移交运行管理单位投入使用。

（三）东干渠工程

2015年主要进行工程附属设施施工，截至2015年底，输水隧洞土建工程已完工，除配电室控制柜未安装外，其他水力机械设备已完成安装及验收。4处现地管理用房土建施工基本完毕；46座独立排气阀井围栏（墙）即户外设备间安装完成；电气二次施工基本完成。

（四）亦庄调节池工程

池体工程于2015年2月完成单位工程验收。2015年7月6日～8月14日，分3个阶段蓄水，达到设计高程，并通过第三方检测机构的渗漏检测。附属泵站主、副厂房、调流阀井、水机设备安装、进出水管线、退水管线、自动化施工等已全部完成。调度中心工程主体结构于2015年5月完工。2015年底前，相继完成主楼内外装修、燃气、厂区绿化、照明及道路施工，完成电气二次施工，基本具备入驻条件。

（五）团城湖调节池工程

2015年主要开展春季种植、秋季补栽及树木的养护、修剪等工作，完成雨、污水接入四环边沟的施工，确保了调节池周边四季景观环境。电气一次工程于2015年11月完工，并通过单位工程验收。电气二次工程于2015年4月开工，至2015年底，监控子系统、视频安防监控子系统均已完成75%；计算机网络子系统完成内外网、控制专网设备采购、安装；通信子系统完成团城湖环湖段、调度中心、进水口、各分水口光缆敷设，团城湖调度中心与管理处语音通信连接。给排水及燃气工程全部完成。

（六）南水北调来水调入密云水库调蓄工程

2015年3～4月，7座低扬程泵站开展了预试运行及试运行工作，试验结果满足设计要求。2015年7月，南水北调来水顺利引入怀柔水库。2015年8月、9月依次开展第8级、9级泵站试运行及7～9级泵站群联合运

行，一举实现向密云水库输水。至2015年底，除埝头泵站采用临时外电外，其余8座泵站外电源工程全部完工并送电。9座泵站已全部移交运行管理单位。

PCCP管道工程已完成打压试验，渠道及渠系改造工程、PCCP输水管道18km巡线路已完工。

（七）通州支线工程

2015年9月工程开工，主要进行围挡、明挖段土方开挖、明铺管线及顶管施工。截至2015年底，围挡施工已完成总工程量的92.6%；明挖段土方开挖完成总长度的27.5%；明铺管线完成总长度的20.8%；27座顶管工作井已完成8座施工，顶管施工完成50m。

（八）东水西调改造工程

工程起点位于海淀区的团城湖调节池，终点为门头沟区的城子水厂，全长约19.5km。工程建设内容为改造现状取水口，对玉泉山泵站、杏石口泵站、麻峪泵站和现状输水管线等进行改造。

工程投资建设管理采用BOT模式。截至2015年底，完成改造工程管线施工；变压器安装、进水闸室门窗更换、旧管理房拆除；新建管理房基础开挖。

（九）智能调度管理系统

建设内容包括开发监测预警、智能调水、抢险应急、工程运维、综合服务等应用系统，新建数据中心和调度指挥中心。项目建设完成后可实现南水北调来水的智能化、自动化调度，并可增加南水北调优化配置和应急处置能力。

2015年3月获得批复立项，核定项目概算总投资13 732万元，由北京市南水北调信息中心作为项目法人组织开展项目建设。9月启动项目招标工作，2015年12月完成招标及合同签订工作，进入项目实施阶段。

（十）城子水厂改扩建

门头沟区城子水厂是首批接收南水北调水源的郊区水厂，水厂的改扩建工程于2015年9月初具备通水运行条件，日供水能力提高4.3万m^3。工程新建机械加速澄清池、V形滤池、臭氧接触池等构（建）筑物，并改造了配水泵房、回流泵房及厂区管道等原有水厂构（建）筑物，日供水总能力达到8.6万m^3。

（十一）第十水厂

水厂位于朝阳区定福庄，东临三间房东路，北临幺家店路，南邻长营北路。服务范围为朝阳东部地区东坝、定福庄、垡头组团，水厂规模为50万m^3/d。项目采用BOT方式融资、建设、运营和移交。建设内容主要包括输水管道、提升泵站和净配水厂。

截至2015年底，水厂主体工程建设完成。

（十二）通州水厂

水厂位于通州新城西南地区，京哈公路北侧、台湖镇铺头村东、萧太后河北岸，服务范围为通州新城地区。一期规模20万m^3/d，可研批复工程投资3.6亿元，其中政府投资安排2.5亿元；二期40万m^3/d，远期规模60万m^3/d。建设内容主要包括净配水厂和配水管线。

截至2015年底，下部钢筋混凝土结构施工完成90%。

（十三）良乡水厂

水厂位于房山区青龙湖镇大苑村、西潞街道詹庄村，东至现状农业大棚，南至现状村庄，西至崇青干渠，北至南水北调线，服务范围为良乡新城地区。一期规模15万m^3/d，可研批复工程投资4.3亿元，其中政府投资安排3亿元；远期规模42万m^3/d。建设内容包括输水管道、提升泵站、调节池、净配水厂。

截至2015年底，已获得初设批复，并开展施工监理招标相关工作。

（高　赛　李　娟　赵冬梅）

建设管理

（一）工程建设体制与机制

（1）建章立制，规范管理，积极宣贯国

务院南水北调办《南水北调工程运行管理问题责任追究办法（试行）》《北京市安全生产“党政同责”规定》，修改和完善《北京市南水北调配套工程质量考核办法（试行）》，制订印发《北京市南水北调工程文明施工工厂化管理要求》，进一步完善北京市南水北调工程质量安全监管制度体系。

（2）严格落实拆迁工程时限，对重点工程继续执行周例会制度，定期会商，及时解决建设难题，加速推进工程建设。

（3）建立关键事项督办制度。逐一梳理影响重点项目进度的关键事项，明确解决问题的节点目标、责任单位和完成时限。顺利建设完成南水北调来水调入密云水库调蓄工程，实现了与惠南庄泵站加压输水的无缝衔接。

（4）提前谋划招标项目，调整思路，创新模式，加快审批。先期启动亦庄调节池扩建工程，缩短工程准备时间，协助通州水务局、丰台水务局开展通州水厂、丰台水厂有关招标工作。共开展21批次、39个标段招标工作，加快办理招标监督手续，实现了最短化招标周期。

（5）通过进度协调会、专题会商会，及时发现影响进度的关键问题，定期检查重点项目、重点关键节点事项落实情况和进度计划执行情况，促进了工程建设提速。

（6）多次组织现场踏勘，及时了解建设情况，全盘掌握工程进展。

（二）工程管理

（1）对参建单位的管控。依据工程管控办法加强工程过程控制，全年对70家参建单位及314名单位、部门负责人进行考核，分季度完成考核通报和阶段性奖励工作。在通州支线工程开展《北京市南水北调配套工程文明施工管理双十条例》试点工作，提升现场文明施工监管效率，确保配套工程建设的文明实施。

（2）质量管理。秉承责任意识，突出高压严监管，加强统筹协调，完善监管体系，细化监管措施，扎实推进建设，通力保障运行，确保工程质量安全趋势向好、总体受控。2015年，北京市南水北调工程没有发生较大的质量事故，工程质量、安全始终处于受控状态，各参建单位质量管理体系运行基本正常，工程实体质量基本符合设计要求。2015年对在建的亦庄调节池、亦庄调节池调度中心、东水西调改造及通州支线工程实体质量及行为质量进行监督，对大宁调蓄水库、南干渠、东干渠、团城湖调节池、密云水库调蓄工程和干线尾工工程的验收工作进行监督，全年共组织质量巡查153次，组织专项检查7次，质量集中检查2次，形成工程质量核查（抽查）记录表190份，质量监督检查结果通知书10份，质量集中检查工作报告2份，质量考核结果通报2份，质量监督工作月报12期，质量监督情况专报8期。对本年度市内配套工程20家参建单位进行考核，对出现严重质量管理违规行为的4家单位及其主要负责人进行约谈并通报批评。

（3）安全管理。明确责任，狠抓安全，把安全生产工作列入重要议事日程，完善机关各处室和办属单位安全生产工作职责，细化安全生产责任分工，实行安全生产工作逐级负责制度；坚持每月安全生产工作例会，对在建工程开展安全风险评估和预警，加强对薄弱环节和重点部位的管理，逐级建立隐患台账；积极协调属地政府、区县公安机关、运行管理单位按照统一协调、分级负责、多方配合、联防联动的原则，层层建立南水北调工程安全保卫工作协调机制。切实落实施工方案专项行动、组织安全生产月活动、全面开展“三项行动”大检查工作，共组织各类安全生产隐患专项检查15余次，召开月安全生产例会11次，完成安全生产督察周报46期，安全督查月报11期，累计安全生产检查、巡查及专项检查300余次，安全生产督查220多次，排除各类安全隐患400余项。通

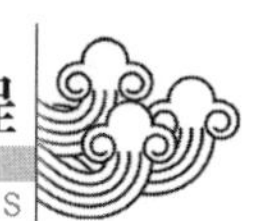

过购买服务，提升水平，解决安全监管工作任务重、专业要求高与工作力量薄弱的矛盾问题，提升安全监管的能力和水平，促进安全形势稳定好转。围绕“人防、技防、物防”开展防汛工作。人防方面，明确机构设置和责任分工，开展有效的实战演练，严格落实汛期值守等工作。技防方面，利用网络电信技术，保证各种重要信息的及时收发工作。通过雨量遥测系统监测降雨，通过OA系统共发送汛期预警信息和雨情信息5700余人次，通过800M电台累计呼叫588人次。物防方面，申请调拨冲锋舟3艘、皮艇5艘、救生衣50件用于北京市南水北调工程重点部位的防汛及应急抢险工作，化解防汛物资储备品种和数量不能满足工程建设及运行管理安全度汛实际需要的矛盾。

(4) 工程验收。结合北京市南水北调配套工程建设进度实际，开展密云水库调蓄工程1~9级泵站机组启动技术预验收、密云水库调蓄工程1~5级泵站机组启动验收、亦庄调节池（一期）工程蓄水验收等3项阶段验收工作。组织完成南干渠试验段工程、大宁调蓄水库工程施工第一标至第七标段和河西村截污工程等3项合同项目完成验收工作。

（姚宣德　赵冬梅）

运行管理

（一）调水管理

2015年，北京市南水北调工程经历了小流量自流输水、惠南站泵站加压输水、泵站停机以及冰期大流量输水等多种工况考验，密云水库调蓄工程实现了工程调试、试运行的顺利衔接，并尝试利用南水北调来水回补顺义顺潮白河水源地和怀柔应急水源地。面对工程运行初期各种复杂工况，建立指挥机构，制定方案，落实责任，加强监督，针对运行过程中暴露出的问题，积极协调、及时解决，确保干线工程和市内配套工程平稳运行。

（二）队伍建设

一是定标准，严管理，定人定岗定责，明确工序流程和操作标准，不断规范各项工程运行管理制度，保障工程安全运行；二是请进来，跟班学，通过购买社会化服务，解决运维管理队伍人手不足的问题；通过外聘骨干、技术交流，借助外省市技术力量，破解多级泵站联合调度运行管理经验不足的难题；三是勤总结，促提升，积极总结运行管理工作经验，逐步形成了高效、有序的调水协调机制，沟通联动、快速反应、安全运行、巡查保障等工作机制也在实践中不断完善提升。

（三）沟通机制

与中线建管局建立起各层级沟通协调机制。每日进行水量信息日报交换；每周就北京段运行管理过程中的有关事项进行电话或当面沟通；每月举行当月水量调度协调例会，总结当月调度运行有关情况，审议并通过下月的水量调度方案；定期举行会议，研究推进解决干线遗留问题以及干线运行中的暴露的新问题；及时会商，共同推进干线北京段工程委托管理事宜，共同推进《南水北调中线一期工程2015~2016年度供水合同》签订工作。

与北京市水务局建立用水计划沟通机制。每周参加北京市水资源配置计划例会，通报南水北调通水运行情况，掌握各用水单位的水量需求，参与水量分析研究，服从北京市水资源调度中心的调度指令。

（四）水质保护

一是采取自动监测、实验室监测、移动应急监测等多种手段对工程沿线全过程监测；二是与北京市有关部门及沿线省市建立了信息共享、协调联动机制，不定期会同北京市环保局、北京市水务局、北京市卫计委、北京市自来水集团、中线建管局进行座谈，就如何做好水质保障工作进行沟通交流，确保

"从源头到龙头、从丹江口到家门口、从起点到终点"的水质安全；三是建立责任明确、相互衔接、协同配合的工作机制，一旦出现水源污染事故或管网问题迅速应对和处理；四是在关键部位设置水污染突发事故防治"三道防线"，确保问题水"不入京、不入城、不入厂"；五是跟踪研究南水北调来水调入密云水库调蓄工程水质水生态安全性，成立了院士领衔、首席专家把关、特聘专家献计的专家团队和人员固定的科研团队，形成了定期会商、阶段报送成果的工作机制，确保密云水库水质水生态安全。

（五）穿越、跨越工程审批

编制《其他工程穿越、跨域或临近北京市南水北调工程技术规程》，进一步规范了其他工程穿越、跨越南水北调工程的项目审查和审批程序。2015年度，共完成25项其他工程穿越、跨越南水北调工程的项目审查和审批，有力地保障了南水北调工程安全。

（六）干线断水应急演练

编制完成《南水北调中线干线断水北京应急处置方案》，并会同北京市水务局、北京市自来水集团、中线建管局共同进行了模拟演练，国务院南水北调办主任鄂竟平、副主任张野、北京市副市长林克庆共同观看了演练，并对演练给予充分肯定。

（姚宣德　赵冬梅）

科技工作

（一）问计院士

邀请中国水利水电科学研究院王浩院士探讨安全高效利用南水北调来水、科学合理制定南水北调后续规划，以最大限度发挥南水北调工程效益；邀请刘昌明院士，研判南水北调来水调入密云水库调蓄水质水生态安全性，确保水质安全。

（二）争取资金支持

《南水北调来水藻类水华风险及应对关键技术研究》被列入2015年北京市级科技储备项目，争取资金支持260万元；《南水北调智能调度管理支持关键技术研究及示范》顺利结题，为智能调度系统顺利实施提供技术支撑。

（三）破解技术难题

完成《南水北调来水调入密云水库调蓄工程冬季输水冰情研究报告》《南水北调来水调入密云水库调蓄工程冰期运行方案》《其他工程穿越、跨域或临近北京市南水北调工程技术规程》《北京市南水北调工程运行安全及应急抢修系统规划方案》等课题研究30余项，组织专家评审咨询活动50余次，参与活动的专家达270余人次，在各类刊物上发表论文81篇。

（四）总结成果

编制《北京市南水北调科技成果集》，为科技创新工作提供借鉴和参考，提升科技创新能力。

（姚宣德）

征地拆迁

紧紧围绕南水北调工程建设和调度运行的大局，加强与北京市相关部门的沟通协调，强化责任意识，合力突破节点，全面推进各项征地拆迁工作。

（一）征地拆迁进展

南水北调来水调入密云水库调蓄工程建设项目选址意见书和永久占用林地手续获得批复；东水西调改造工程临时占用林地、临时占用绿地、树木伐移手续获得批复，场地移交全部完成，专项设施迁建全部完成，共计8处，其中市政管线5处，通信线缆2处，电力设施1处；通州支线工程临时占地及地上物补偿基本完成，专项设施迁建全部完成，共计19处，其中市政管线3处，燃气管道2处，通信线缆7处，电力设施7处。

亦庄调节池扩建工程纳入东干渠工程，

建设项目用地预审手续获得批复，征迁实施工作全面启动；河西支线、团城湖至第九水厂输水工程（二期）配合推进征地拆迁前期工作，可行性研究报告获得批复。

东干渠工程排空井、分水口及调度中心选址获市政府批准；团城湖调节池工程推进征地组卷工作，积极沟通海淀区国土分局开展权属审查、勘测定界等工作；大宁调蓄水库工程推进调度中心地上物拆迁和小哑叭河截污工程剩余住宅拆迁；南干渠工程调度中心国有土地使用证获得批复，调度中心的征地手续全部完成。

（二）完成投资情况

2015 年完成征地拆迁投资共计 207 720 万元。其中，大宁调蓄水库工程完成投资 5100 万元，南干渠工程完成投资 520 万元，东干渠工程完成投资 11 800 万元，通州支线工程完成投资 1300 万元，亦庄调节池扩建工程完成投资 189 000 万元。

（王贤慧　刘　畅）

天　津　市

概　述

按照《天津市南水北调中线市内配套工程总体规划》，天津市南水北调配套工程主要包括城市输配水工程、自来水供水配套工程、自来水厂及以下管网新扩建工程三大部分。城市输配水工程主要包括中心城区供水工程、滨海新区供水工程、王庆坨水库工程、北塘水库完善工程、引滦供水管线扩建工程、工程管理设施及自动化调度系统等，自来水供水配套工程主要包括西河原水枢纽泵站工程和西河原水枢纽泵站至宜兴埠泵站原水管线联通工程等，自来水厂及以下管网新扩建工程主要包括新建、扩建自来水厂（合计规模 230 万 t/d）、改造供水管网 1750km 等。

2015 年，天津市南水北调配套工程年度投资计划 6.8 亿元，实际完成投资 4.74 亿元，占年度投资计划（中期调整后）的 69.7%。其中，王庆坨水库工程完成投资 1.64 亿元，占年度投资计划的 82%，基本完成王庆坨镇一街至五街永久占地补偿工作，84% 的农户（企业）已签订赔偿协议，库底清理施工和进场道路铺设等施工前期准备工作陆续展开，启动部分堤坝和入库泵站土方工程施工。北塘水库完善工程完成投资 1.4 亿元，占年度投资计划的 107.7%，混凝土灌注桩等基础工程进展顺利，泵站水机设备、金属结构、电气设备和管材采购等工作已完成。2015 年，所有在建配套工程质量全部达到设计要求，单元工程一次验收质量合格率达到 100%、优良率达到 90% 以上，安全生产无亡人事故发生。

（刘丽敬）

前　期　工　作

积极协调天津市各有关部门，加快推进配套后续工程前期工作，进一步完善天津市南水北调配套工程总体布局。2015 年 5 月 8 日，天津市发展改革委批复北塘水库完善工程可行性研究报告；8 月 6 日，天津市南水北调办依据市发展改革核定的初步设计概算，批复了该工程初步设计报告；截至 2015 年底，该工程已进入实施阶段。2015 年 9 月 28 日，天津市发展改革委批复武清供水工程项目建议书。2015 年 8 月 3 日，天津市发展改革委批复宁汉供水工程项目建议书；11 月 26 日，天津市发展改革委批复宁汉供水工程管线工程可行性研究报告。2015 年 12 月 30 日，天津市内配套工程管理一期工程实施方案报送天津市发展改革委审批。2015 年 4 月 10 日，天津市发展改革委批复市内配套工程管理信息系统项目建议书。截至 2015 年底，水务投资集团已组织编制完成该项目可行性研究报告，待工程管理实施方案批复后报发展改革委审批。

（高旭明）

投 资 计 划

2015 年，天津市南水北调配套工程年初安排年度投资计划 7.1 亿元，年中根据配套工程前期工作进展情况和工程实际，及时调整投资计划为 6.8 亿元，实际完成投资 4.74 亿元，占年度投资计划的 69.7% 。

加强投资计划管理，按季、月、周分解年度投资计划，细化计划管理、影响因素和落实措施，以周保月、以月保季、以季保年，同时开展已完工程和在建工程投资计划及合同执行情况检查，保证投资计划完成。

（许光禄）

资金筹措与使用管理

积极协调天津市财政局，落实天津市南水北调配套工程偿还银团贷款本息 4.11 亿元，落实地方债券偿还银团贷款本金 5 亿元。加强与金融机构沟通协调，提取银团贷款 1.37 亿元。积极配合天津市发展改革委做好配套工程项目争取国家“两行一基金”工作，王庆坨水库工程争取到国家开发银行 3.8 亿元，北塘水库完善配套工程争取到国家农业发展银行 0.3 亿元。配合国务院南水北调办完成干线工程征地拆迁资金专项审计，并根据审计整改意见，协调有关区县整改，确保审计意见落到实处。修订完成《天津市南水北调办固定资产管理办法》，编制完成《天津市南水北调办内部控制管理制度》（草案）。

（许光禄　张艳青）

建 设 管 理

天津市南水北调办围绕 2015 年度质量安全监管工作目标，严格执行质量标准，加强全过程、全方位监管，保持质量安全监管高压态势，全面落实质量管理责任制，前移监管关口，明确质量责任，强化协调机制，严格监督管理。2015 年，所有在建配套工程质量全部达到设计要求，单元工程一次验收质量合格率达到 100% 、优良率达到 90% 以上，安全生产无亡人事故发生。

完善南水北调工程建设管理台账，健全项目法人、建设管理单位、监理单位“三级监控体系”，落实三级监控责任。编制完成《南水北调工程验收资料整理指南》和《南水北调工程竣工文件编制指南》。根据工程特点和不同的实施阶段，对每个工程项目都有针对性的制定工程建设监管工作方案，使工程监管工作有的放矢、实际有效。从工程准备阶段到实施阶段，全过程强化监管，确保工程建设质量始终处于受控状态。工程开工建设前，加强对各参建单位组织机构、人员、制度、预案等质量与安全管理体系情况的监督检查；工程实施过程中，定期对各参建单位质量安全管理行为进行检查，对工程实体质量采取抽查与重点部位跟踪检查相结合的形式实施监督，结合开展质量飞检行动，从工序、源头、单元工程等细节着手，扎实做好施工过程中的质量控制和监管。积极做好扬尘污染控制工作，做到了扬尘治理“5 个百分百”。加大工程建设管理业务培训力度，组织标准宣贯培训，落实持证上岗制度，全面提升队伍业务素质。

强化安全监督检查，认真查找工程建设中存在的问题和薄弱环节，对安全生产工作进行再分类、再部署、再坚持、再落实，建立健全了“党政同责，一岗双责，齐抓共管”的安全生产责任体系，坚持三级监管模式，全

年共开展安全生产专项行动8次，巡视检查42次，发现质量安全隐患17项，及时督促相关单位认真进行整改落实，实现了全年无亡人事故的目标。

（高啸宇）

运 行 管 理

天津市三级调度管理单位认真履职，上下联动，协调配合，科学规范地开展水源调度和运行管理工作，圆满完成引滦、引江水源多次切换工作，稳步实现了南水北调工作重心从工程建设向运行管理与工程建设并重的转型过渡。圆满完成引江3.98亿m^3年度调水任务，向城市安全供水3.77亿m^3，全年水质常规监测24项指标一直保持在地表水Ⅱ类标准及以上，中心城区、环城四区、静海区以及滨海新区部分区域超过800万居民用上安全放心的引江水，天津市形成一横一纵、引滦引江双水源保障的供水格局，为建设美丽天津提供了有力的水资源保障。

运行管理单位不断强化自身建设，初步建立起了结构合理、管理科学、运转协调、精干高效的内部管理机制，各项规章制度不断健全，日常工作有序开展，工程管理水平稳步提升。加强管线巡查监管，成立专职巡查队伍，建立起三级巡查机制，即代管单位每天巡查、运管单位每周抽查、调运中心定期督查，全年共出动车辆230车次、人员726人次，累计行程超13 000km，研发成功南水北调工程巡视巡查系统，通过卫星定位实时跟踪检查巡查工作，实现了移动化巡检、系统化操作、规范化管理。强化泵站运行值守，严格执行泵站交接班、巡视巡查打卡、故障处置等制度，确保泵站机组和工程实体运行安全，曹庄、西河泵站机组累计安全运行42 084台时。实行水政、公安、工程管理“三位一体”执法方式，清理处置5起占压违法事件。严格跨越南水北调工程项目的审查和监管，确保引江供水安全。建立起行之有效的引江水质监测协调保护机制，定期监测原水水质，加强监测数据的统计分析和管理。泵站调节池巡视巡查力度不断加强，购置应急打捞设备，形成打捞常态化，全年共打捞漂浮物约22t。初步建成工程运行管理安全生产体系，以输水管线、泵站、闸门、变电站等工程设施安全运行为重点，全年组织开展专项安全检查22次，对发现的问题全部整改完成。初步建成引江供水突发事件应急工作体系，多次开展技能培训和应急演练，为引江供水突发事件处置做好准备。

（刘丽敬）

河 北 省

概 述

南水北调中线一期工程分配河北省毛水量34.7亿m^3，占总调水量的36.5%。主要通过中线工程设置的37个分水口门（其中，总干渠31个，天津干线6个）输水，供水范围包括石家庄、廊坊、保定、沧州、衡水、邢台、邯郸7个设区市、92个县（市、区）、26个工业园区、140个供水目标。受水区总面积6.21万km^2，占全省的33%。按照河北省政府批准的《河北省南水北调配套工程规划》，配套工程分为水厂以上输水工程和水厂及配水管网工程两部分。其中，水厂以上输水工程由河北省主导筹资、建设和管理；水厂及配水管网工程由相关市、县负责筹资、建设和管理。

河北省配套工程水厂以上输水线路总长2055.8km，其中输水管道长1802.7km，石津干渠明渠段长159.1km，石津干渠暗涵段长94.0km。需铺设管道总长2063.9km（单管），需改造石津干渠现有明渠159.1km，需修建石津干渠暗涵94km。水厂及配水管网工程包括新（改）建120座地表水厂、改（扩）建部分城镇供水管网。

水厂以上输水工程批复概算总投资283亿元，主要建设内容包括：新改建廊涿、邢清、保沧、石津4条大型输水干渠，总长746km；新建7个设区市输水管道，总长1310km。截至2015年底，南水北调配套工程前期工作全部完成。完成形象投资235亿元，占总投资的83%。4条大型干渠具备通水条件，各市水厂以上输水管道主体工程完成90%以上。

截至2015年底，水厂以上输水工程管道铺设、渠道衬砌已完成约2000km，其中廊涿、邢清、石津、保沧4条大型输水干渠已全部建成，7市输水管道工程基本建成，目前正全力攻坚个别征迁难点、铁路穿越和泵站建设。需新（改）建的120座配套水厂（含有关市政府提出缓建8座）已开工建设106座，其中已建成88座。

（兰　松　戎立军　刘向华
曹　亮　王　策　王文杰）

前　期　工　作

完成专项设计报告编制、修改及报批工作。组织河北省水利水电勘测设计研究院编制完成了石津干渠桃园分水口门、和乐寺分水口门设计；石津干渠管理处变更设计、石津干渠绿化专题设计；石津干渠军齐至傅家庄段辛集市、深州市、冀州市征迁实施方案等工作。

（一）穿越铁路前期工作全部完成

协调中铁第五勘察设计院集团有限公司、铁道第三勘察设计院集团有限公司修改穿石太客专方案、安评报告、监测报告报送京石铁路客运专线有限责任公司。配合京石铁路客运专线有限责任公司审查方案设计并出具意见。报送北京铁路局关于石家庄市西南—东南水厂输水管线下穿石太客专方案变更事宜的函。北京铁路局批复了下穿铁路第四批设计方案审查意见。北京铁路局管辖的53处方案设计全部获得审批。河北省南水北调办批复剩余5处穿铁路概算。与铁道第三勘察设计院集团有限公司签订邯黄铁路和京沪铁路设计合同。与石济客专公司就良村管线与铁路交叉进行对接予以书面确认。

（二）征迁工作

河北水务集团负责石津干渠部分区段征迁工作，制定征迁工作流程，确保核查兑付资料经征迁设计、监理、户主、征迁办四方签字，手续齐全。协调完成藁城尚庄渡槽工程建设。督促河北省水利水电勘测设计研究院和石津建管中心完成石津干渠辛集段房屋拆迁核查和辛集市征迁变更报告，并通过了审查。协调解决了辛集西王封村土地历史遗留问题。

（三）编制并签订征迁协议94份

2015年拟制并办理了集团与有关单位签订的石津干渠石家庄市区试验段、晋州市区段、藁城段、深州段隔离护栏协议、辛集段绿化协议。石津干渠田庄暗渠段、北庄至晋州西段、军齐至傅家庄段、大田南干段、晋州、辛集、深州、藁城等征迁协议共94份。按照程序审核资金94笔，总计3.87亿元。

（四）河北省南水北调配套设施项目规划审批取得阶段性成果

多次跑办市城乡规划局，取得了河北省南水北调配套设施项目规划条件和用地规划许可证。组织设计院多次沟通、汇报设计方案，完成建筑规划总平图和设计方案审核，完成了现场公示，并与供水、电力、排水、燃气部门做了工作对接。

（五）文物保护外业工作全部完成

2015年，文物部门编制完成石津干渠和邯郸、邢台、石家庄、保定、廊坊、沧州、衡水等7个设区市文物保护方案并经河北省文物局批复。邯郸市南水北调办完成邯郸输水管线穿越赵王城遗址方案报河北省文物局，国家文物局批复了该方案。跨市干渠和7个设区市文物勘探及发掘工作已全部完成，进入内业资料整理工作。

（六）加强和规范穿越和邻接配套工程管理工作

河北水务集团向各市南水北调水办、相关水利设计院征求穿越南水北调配套工程办法和设计及安全评估技术要求意见，完成汇总修改。按照2015年12月10日河北省政府发布的《河北省南水北调配套工程供用水管理规定》，对穿越工程管理办法和工作程序进行了修改完善，使穿越配套工程工作规范化、制度化。受理了电力、高速公路、石油3家单位跨穿配套工程申请，签订安全协议。对地铁、铁路、高速公路、供水、石油、天然气管道、电力线路、桥梁等20项跨穿配套工程提出了复函意见。对京霸城际铁路、泊头热电项目、石家庄西北水厂高压供水管线等9个项目邻接申请提出了选址意见，为保护南水北调配套工程安全发挥了重要作用。

（七）办理了40余项前期手续

协助石家庄市南水北调办、保定市南水北调办、沧州市南水北调办办理了田庄暗渠管理站、桃园分水口、保定管理处、沧州管理处规划部门手续。办理保定市第三设计单元、第四设计单元，邢台市、沧州市水厂以上土地组卷、林地组卷手续。协助石家庄市南水北调办、廊坊市南水北调办、邯郸市南水北调办办理石津干渠管理处、保沧干渠廊坊段、石家庄市西北泵站、高新区、上庄、晋州、新乐、邯郸市永年、和乐寺等17处泵站用电手续。

为解决河北省廊坊市“北三县”水资源供需矛盾，经河北省政府同意，廊坊市“北三县”供水工程作为南水北调延伸工程。河北省南水北调办积极加快推进廊坊“北三县”供水前期工作，会同廊坊市开展了“北三县”供水工程方案设计、线路比选、选线勘查，初步确定了从廊涿干渠末端向“北三县”供水的方案，并明确工程分北京段及河北段分别组织开展前期工作。河北省南水北调办已委托北京市南水北调办组织开展北京段前期工作，河北省段前期工作正在开展。

（兰 松 戎立军 刘向华
曹 亮 王 策 王文杰）

在 建 项 目

（一）廊涿干渠工程

承担着向保定市的涿州、松林店和廊坊市的固安、固安工业区、永清及廊坊市区的输水任务，渠首设计规模11m^3/s。工程自中线总干渠三岔沟口门分水，向东过涿州、固安至廊坊市区，全长83km（含3km延长段），概算总投资17.6亿元。工程已全部完工，通过管道通水试验，并已正式通水。

（二）保沧干渠工程

承担着向保定、沧州和廊坊市的11个县（市）的输水任务，渠首设计规模9.9m^3/s。工程自中线总干渠中管头口门分水，向东过定州、安国、博野，在蠡县设调压井后分为南干线和北干线，其中北干线设泵站供水到文安县、大城县，南干线供水到河间。全长244km，概算总投资52亿元。截至2015年底，工程建设基本完成，完成整体打压实验，准备试通水。

（三）石津干渠工程

承担着向石家庄、衡水、沧州市的35个县（市、区）的输水任务，渠首设计流量50m^3/s。输水线路涉及石家庄、衡水、沧州市的13个县（市、区），工程自中线总干渠田庄口门分水，沿太平河南岸的古城西路南侧规划绿化带内布置无压箱涵，至赵陵铺进水闸下游汇入现有的灌溉渠道——石津灌区总干渠，之后利用石津灌区总干渠输水至军齐后分为沧州支线（终点为代庄引渠）和衡水支线（终点为傅家庄泵站）。工程全长253km，其中明渠段长159km，田庄暗渠段长4km，沧州支线压力箱涵段长90km。概算总投资64亿元。截至2015底，主体工程建设基本完成，并实现向沧州大浪淀水库应急补水3500万m^3，向石家庄市西北水厂输水3200万m^3。

（四）邢清干渠工程

承担着向邢台市的11个县（市）的输水任务，渠首设计规模5.0m^3/s。工程自中线总干渠赞善口门分水，向东过沙河、南和，在广宗县设调压井后分为清河支线和南宫支线。工程全长169km，概算总投资23亿元。主体工程基本完工，主管道已完成管道通水试验，已正式通水。

（五）石家庄市输水管道工程

承担着向石家庄市区和13个县（市）的输水任务，年输送引江水量7.8亿m^3。输水线路涉及20个县（市、区），概算总投资24.5亿元。输水管道总长186km，截至2015年底，累计完成管道铺设183km，占线路总长的98.5%。

（六）廊坊市输水管道工程

承担着向霸州、固安、永清3个县（市）的输水任务，年输送引江水量0.9亿m^3。输水线路涉及固安、永清、霸州3个县（市），概算总投资2.4亿元。输水管道总长23km，截至2015年底，累计完成管道铺设16km，占线路总长的70.8%。

（七）保定市输水管道工程

承担着向保定市区和20个县（市）的输水任务，年输送引江水量5.8亿m^3。输水线路涉及22个县（市、区），概算总投资24亿元。输水管道总长200km，截至2015年底，累计完成管道铺设171.5km，占线路总长的85.6%。

（八）沧州市输水管道工程

承担着向沧州市8个县（市）的输水任务，年输送引江水量2.2亿m^3。输水线路涉及12个县（市、区），概算总投资12亿元。输水管道总长174km，截至2015年底，累计完成管道铺设84.5km，占线路总长的48.6%。

（九）衡水市输水管道工程

承担着向衡水市区和10个县（市）的输水任务，年输送引江水量3.1亿m^3。输水线路涉及13个县（市、区），概算总投资20亿元。输水管道总长225km，截至2015年底，累计完成管道铺设197km，占线路总长的87.7%。

（十）邢台市输水管道工程

承担着向邢台市区和18个县（市）的输水任务，年输送引江水量2.8亿m^3。输水线路涉及18个县（市、区），概算总投资16亿元。输水管道总长195km，截至2015年底，累计完成管道铺设180km，占线路总长的93.1%。

（十一）邯郸市输水管道工程

承担着邯郸市区和13个县（市）的输水任务，年输送引江水量3.5亿m^3。输水线路涉及13个县（市），概算总投资28亿元。输水管道总长308km，截至2015年底，累计完成管道铺设305km，占线路总长的99.0%。

（兰　松　戎立军　刘向华
曹　亮　王　策　王文杰）

资金筹措与使用管理

河北省南水北调水厂以上配套工程建设资金筹措分项目资本金筹集和融资贷款两部分。2012年，根据项目前期初步成果，省长办公会议第74号纪要议定："河北省南水北调水厂以上配套工程投资按照300亿元投资规模筹资建设，筹资建设方案为：资本金40%，共120亿元，银行贷款60%，共180

亿元。资本金部分，省级负责筹集 70%，各受水区市县负责筹集 30%。”

资本金通过争取中央支持补助一部分，省级预算安排一部分，受水区、市、县分担一部分，吸引国有企业、社会资金投资入股一部分来筹集落实。最终，争取中央支持补助落实 21 亿元，省本级预算安排落实 59.14 亿元，各受水区、市、县筹集落实 21 亿元，通过与中国长江三峡集团公司、中建集团、河北建设和河北建投等多家企业的投资合作洽谈，最终与省建投达成以参股方式投资 18.86 亿元协议，全部落实 120 亿元项目资本金筹资渠道。

贷款方面，通过与多家金融机构的合作洽谈，最终与国家开发银行签订金融合作协议。国家开发银行给予了项目投资 60% 贷款的全额授信，按照工程建设贷款资金需要，累计签订贷款合同金额 174.78 亿元，贷款期限 20 年，贷款利率执行基准利率，并组建了以国家开发银行为牵头行，农发行、中、农、工、建、河北银行等金融机构为成员行的贷款银团发放贷款资金，保障了工程建设贷款资金的需要。

2015 年 9 月，为多渠道筹集工程建设资金，降低融资成本，集团积极争取专项建设基金，2015 年第一至四批和 2016 年第一批累计申请落实专项建设基金 41.88 亿元，使用期限 15 年，利率 1.2%，较正常贷款大幅度降低了建设融资成本。

在资金使用管理方面，项目法人建立了完善的财务管理和审计监督管理制度，制定出台了《河北省南水北调配套工程建设资金管理办法》《河北水务集团财务管理办法》《河北省南水北调水厂以上配套工程项目资本金使用管理办法》《河北省南水北调水厂以上配套工程价款结算管理办法》《河北省南水北调水厂以上配套工程项目建设单位自用固定资产使用管理办法》和《河北水务集团内部审计管理办法》等制度文件，通过以制度管人、管事、管钱，来保障资金使用管理的规范、安全。

（兰 松 戎立军 刘向华
曹 亮 王 策 王文杰）

建 设 管 理

河北省南水北调工程水厂以上输水工程由河北水务集团负责筹资建设，采取直接建设管理、委托建设管理和总承包建设管理三种建管模式。其中，石津干渠工程结合原石津灌区渠道改建工程、穿越国省干道工程以及配套工程自动化工程由河北水务集团直接负责建设管理；穿越铁路工程采用委托或总承包方式建设管理；其他工程委托邯郸、邢台、石家庄、保定、廊坊、沧州、衡水 7 个地市建设管理。

（一）安全生产管理

认真贯彻“安全第一，预防为主，综合治理”的方针，突出重点，严格监管。一是开展安全生产培训，通过多种形式的培训、知识竞赛等手段，强化职工的安全意识，增强职工做好安全生产工作的自觉性。二是认真做好汛期、“两节、两会”等特殊时期的安全生产工作。在重大节日和敏感期，领导带队深入一线检查指导安全生产工作，重点检查现场安全人员在岗和隐患排查情况，对安全生产提出具体要求，落实具体措施，保证安全生产顺利进行。三是精心组织，认真开展“建设工程落实施工方案专项治理”行动，把开展好“建设工程落实施工方案专项治理行动”作为强化安全生产的重要抓手和有效载体，重点对配套工程穿越铁路、公路的深基坑开挖防护、暗涵泵站的模板支立拆除、PCCP 和大口径钢管的安装、高压线下起重设备作业等施工方案的编制、审批、交底、实施、验收等环节进行了检查。对发现的问题进行了整改，并对存在问题的施工单位项目经理进行了安全生产谈话，强化了意识，落实了措施。据2015年统计，组织检查组检查13次，检查设计单元14个，发现施工作业前无安全技术交底文字记录1项，施工方案完成后无验收合格文字记录3项，全部整改完成。督促各市南水北调办督导检查15次，各现场建设管理部安排自查60余次，行动开展覆盖率100%，自查自纠整改率100%。四是抓好机关办公场所及车辆的安全管理。做好机关办公场所，特别是重要部门的安全防范，强化驾驶人员的安全教育，加强车辆日常维护和保养，全年没有出现失盗、失窃现象，车辆实现安全行驶50万km无事故。五是抓好安全生产宣传工作。在机关悬挂安全生产挂图和警示标志，在配套工程施工现场各施工标段都制作了大量安全标语、标牌，在工程重要部位和交通路口树起了安全生产提示牌，在现场机械设备显著位置制作了具体操作规程，宣传安全生产重要性，规范操作。全年未发生安全生产事故，保证了各项工作安全、工程安全、人员安全。

（二）工程质量管理

一是对工程建设质量进行检查，组织有关人员，对7个市29个建管项目部、62个现场监理部、186个土建施工项目进行了质量检查，共通报各类质量问题95项，下发检查通报20期，现场检查指出并督促整改质量问题50余项。二是组织检测单位对原材料及中间产品进行监测，重点对石津干渠混凝土原材、填缝材料、保温材料及沧州压力箱涵实体质量进行检查，出具第三方检测报告145份，均满足设计及规范要求，有力地保障了工程的建设质量。三是对12个阀门、水泵生产厂原材料、生产过程控制及阀门阀件产品进行质量检查和性能试验，共检测各类阀门阀件55余台套，查出不合格品1台套，出厂验收产品4945台套，确保了阀门、水泵的产品质量。

（三）工程进度管理

一是按照“保重点、攻节点”的工作思路，区分轻重缓急，加大工程建设进度督查力度，对各市重要节点工程，穿越铁路工程进行重点督导，现场分析问题，解决困难，限定时限，推动工程建设进度，据不完全统计，2015年共现场督导180余次，有力地推动工程建设进度。二是实行工程建设进度半月报、管线建设情况半月报、建设进度周报、泵站建设情况周报、穿越工程建设进度周报、现地站所建设进度半月报制度。及时掌握各条输水管线、配套设施及水厂的建设情况，便于领导决策重点督导，全年汇总整理3类半月报44期，3类周报78期。三是采取重点跟踪和巡查相结合的措施，对建设进度滞后的进行督促约谈，定期进行复查，严盯严控，保证进度。四是采用剩余工程量销号制，完成一项销号一项，较好地保证了工程建设进度。

（四）设计变更管理

一是本着“必要、节约、合理、优化”的原则，对各单位上报的设计变更，从变更缘由、方案比选、方案设计、项目概算上严格把关，做好设计变更初步审核。二是对工程设计变化或投资变化较大的，组织相关单位进行现场勘查，共同研究，优化方案，节省投资，合理确定工程设计方案。三是认真组织好设计变更的上报及审批工作，按照河北省南水北调办的管理办法，认真组织或上报设计变更，保证设计变更批复符合要求。2015年共审核设计变更67项，批、转55项，各市南水北调办报备设计变更32项。

（五）工程施工监理

配套工程水厂以上工程共计63个施工监理标。监理单位实行总监负责制，按照合同规定认真履行职责做好监理工作。按照“四控制、一协调”总体思路，一是做好现场监理，认真执行监理工作有关规定，对施工现场施工质量、施工安全、施工进度、工程投资进行管控；二是做好重点监理，对关键部位和工序实行旁站监理，跟踪监理，确保施工工序按照要求进行；三是做好有关监理资料的记录及管理工作；四是做好现场各方协调工作，通过发挥监理的作用，确保工程顺利进行。

（兰　松　戎立军　刘向华
曹　亮　王　策　王文杰）

运　行　管　理

（一）供用水管理工作

2015年是河北省南水北调供用水计划管理开始运行的第一年，河北水务集团提前安排、落实责任，严格按照“规范、准确、高效”的六字方针，做好供用水计划相关工作。按照水利部及国务院南水北调办要求，每年10月中旬编报下年度用水计划建议，水利部批复；每月20日编报下月用水计划，报南水北调中线干线管理局；每月上旬核定上月份实际供用水量情况；实时对河北省南水北调受水区供用水进行调度；每月10日编发《河北省南水北调供水月报》。另外，开展了河北省受水区南水北调供水应急预案、河北省受水区生态用水量、南水北调水量消纳预测等工作。

2015年，河北省南水北调中线受水区累计启用了中线干线口门19个、退水口门6处。实际引用南水北调水量16 983.8万m^3，其中向供水目标水厂供水（包含配套工程打压试验、水厂调试、试运行等用水）10 851.93万m^3；通过滏阳河、七里河、李阳河、泜河、午河和滹沱河退水闸退水4546.6万m^3；未计入水量1586.06万m^3（供水初期，田庄分水口门退水1181.78万m^3，高昌口门退水404.28万m^3）。

河北省受水区7个设区市已不同程度地利用了南水北调水，已切换或部分切换引江水的水厂有8个，分别是邯郸铁西水厂、磁县水厂、邢台威县水厂、南和水厂、石家庄西北水厂、保定第一地表水厂、廊坊固安水厂和沧州大浪淀水库，受益总人口约500万。

2015年河北省南水北调供用水情况见表1、表2。

表1　2015年河北省南水北调各口门实际用水量情况表　万m^3

序号	干线口	干线口门名称	口门供水量	未计入量	已实现江水切换利用的水厂名称
1	43	于家店	39.14		磁县水厂
2	44	白村	402.42		
3	45	下庄	386.02		邯郸铁西水厂
4	46	郭河	5.17		
5	48	吴庄	295.83		
6	49	赞善	1459.82		邢台威县水厂、南和水厂
7	52	刘家庄	0.21		
8	53	北盘石	0.30		
9	54	黑沙村	6.63		
10	55	沸河	0.24		
11	58	万年	2.88		
12	62	田庄	5725.47	1181.78	石家庄西北水厂、沧州大浪淀水库
13	63	永安	14.25		
14	66	中管头	160.67		
15	68	高昌	1607.11	404.28	保定第一地表水厂
16	72	荆轲山	0.16		
17	73	下车亭	6.27		
18	74	三岔沟	738.99		廊坊固安水厂
19	89	口头	0.34		
供水量合计			10 851.93	1586.06	备注：（1）截至2015年12月底，河北省通过干线分水口门（19个）和退水口门（6个）的实际累计引水量为1.54亿m^3。分水口门向受水区七个设区市累计供水1.08亿m^3，占水利部批复用水计划的23.3%；退水0.4546亿m^3。（2）未计入水量1586.06万m^3（供水初期，田庄分水口门退水1181.78万m^3，高昌口门退水404.28万m^3）。（3）2015年11～12月，对沧州大浪淀水库进行了应急补水，沧州地区部分实现了江水切换
1	滏阳河（邯郸）		821.05		
2	七里河（邢台）		2266.21		
3	李阳河（邢台）		400.75		
4	泜河（邢台）		59.96		
5	午河（邢台）		32.76		
6	滹沱河（石家庄）		965.07		
退水量合计			4545.8		
口门供水总量			10 851.93	15 397.73	
退水总量			4545.8		
未计入量			1586.06		
引用江水总量				16 983.8	

表 2　2015 年河北省受水区供水情况表 万 m^3

受水区	口门供水量	退水口退水量	合　计	未计入水量	引江水总量
邯郸	1128.58	821.05	1949.63		1949.63
邢台	1466.96	2759.68	4226.64		4226.64
石家庄	2733.39	965.07	3698.46	1181.78	4880.24
保定	1774.55		1774.55	404.28	2178.83
廊坊	738.99		738.99		738.99
沧州	3007.45		3007.45		3007.45
衡水	2.00		2.00		2.00
定州	0.00		0.00		0.00
辛集	0.00		0.00		0.00
合计	10 851.93	4545.80	15 397.73	1586.06	16 983.8

（二）水价政策及相关技术工作

2015 年，河北水务集团全力配合河北省物价局做好规范配套工程供水价格、提高收取水费保证工作，在鼓励使用引江水、促进水源切换等方面提出了具体措施。

2015 年 3 月 24 日，河北省发展改革委、河北省财政厅、河北省水利厅三部门联合发布了“关于南水北调中线一期配套工程供水价格的通知”（冀发改价格〔2015〕297 号），通知明确配套工程运行初期供水水价为 2.76 元/m^3。

2015 年 10 月 14 日，河北省物价局、河北省水利厅、河北省南水北调办、河北省财政厅出台了《关于南水北调配套工程实行过渡水价政策的通知》（冀价经费〔2015〕199 号），提出了在运行初期实行过渡水价和超额累减水价的方案，以加快江水切换。

（兰　松　戎立军　刘向华　曹　亮　王　策　王文杰）

江　苏　省

概　　述

江苏省南水北调一期配套工程主要目标是统筹江水北调工程和南水北调东线一期新建工程，完善江苏境内输配水工程，基本建立“统一调度、联合运行、配置优化、高效利用”的输配水体系，加强管理与保护，促进和保障受水区内输配水系统有效运行，保证用水户用水安全，充分发挥南水北调东线工程整体效益。

2010 年底，配套工程规划编制完成，于 2011 年 1 月通过江苏省发展改革委组织的专家审查。

2011 年以来，为保证东线一期工程通水时的水质安全，江苏省政府决定启动新一轮治污工程，配套工程规划中水质保护补充工程部分项目得以先期实施。截至 2015 年底，已开工建设的新沂市、丰县沛县、睢宁县尾水资源化利用和导流工程，全部建设完成，完成工程总投资 9.63 亿元；宿迁市尾水导流工程前期工作正在抓紧推进。

2014 年 9 月以来，江苏省水利厅、江苏省南水北调办组织启动配套工程可行性研究工作，目前已完成总体实施方案编制上报。

（薛刘宇）

前　期　工　作

（一）宿迁市尾水导流二期工程

2015 年，宿迁市尾水导流二期工程可行性研究报告已编制完成，可研审批的前置条

件中工程预选址、水土保持、入河排污口、社会稳定风险评估、环境影响评估等均已获得批复，土地预审、节能评估和工程可行性研究报告已上报待批。2015 年，完成工程勘测设计招标。

（二）配套工程总体实施方案

2014 年以来，为抓住国家加快推进节水供水重大水利工程的有利契机，江苏省水利厅、江苏省南水北调办决定以原配套工程规划为主要依据，结合南水北调东线一期主体工程运行以来存在的有关问题，启动配套工程可行性研究报告编制工作，并明确将配套工程整合为输水线路完善工程、输水干线水质保护——尾水导流完善工程、输水干线节水计量与监测监视工程三大单项工程开展可行性研究工作。2015 年 8 月，三大单项工程可行性研究中间成果通过了专家审查，初步明确了项目建设必要性、项目范围和工程安排。在此基础上，2015 年 11 月，《江苏省南水北调一期配套工程总体实施方案》编制完成，并通过江苏省水利厅厅长办公会审定；12 月 14 日，江苏省水利厅以《省水利厅关于报请审批〈江苏省南水北调一期配套工程总体实施方案〉的函》（苏水计〔2015〕128 号）报请江苏省发展改革委审批。

（薛刘宇）

在 建 项 目

新沂市尾水导流工程已于 2014 年以上建设完成，宿迁市尾水导流二期工程尚未正式开工建设。2015 年主要在建工程投资计划完成及建设进展情况如下：

（一）丰县沛县尾水资源化利用及导流工程

工程概算总投资 52 093 万元。截至 2015 年，工程已全部建设完成，并移交管理单位。2015 年度完成投资 4169 万元，总累计完成建设投资 52 093 万元，占总投资的 100%。

（二）睢宁县尾水资源化利用及导流工程

概算总投资 23 080 万元。截至 2015 年，工程已全部建设完成，通过了尾水泵站机组试运行验收、单位工程验收及合同项目完成验收。2015 年度完成投资 2905 万元，总累计完成建设投资 23 080 万元，占总投资的 100%。

（薛刘宇）

资金筹措与使用管理

先期开工实施的尾水导流工程，建设资金主要由省级财政直接投资和地方配套组成，其中省级投资 66%，地方配套 34%。目前已实施完成的新沂市尾水导流工程、丰县沛县尾水资源化利用及导流工程、睢宁县尾水资源化利用及导流工程，投资计划已完成，资金已基本到位；尚未正式开工建设的宿迁市尾水导流二期工程，省级投资已到位，地方配套资金正在落实中，投资计划尚未下达。

配套工程主体部分，因实施方案尚未批复，资金筹措方案正在研究中。

（薛刘宇）

运 行 管 理

2015 年，江苏省南水北调一期配套工程中先期开工实施的新沂市尾水导流工程、丰县沛县尾水资源化利用及导流工程、睢宁县尾水资源化利用及导流工程，均已落实了运行管理单位并移交管理，管理人员基本到位，管理责任体系和规章制度正在健全完善。2015 年，有关尾水导流工程与东线一期江苏境内主体工程中的其他截污导流工程一道，参与了 2014～2015 年度江苏南水北调向山东调水运行，为江苏境内输水干线的水质保障起到了重要作用。

（薛刘宇）

科　技　工　作

2015年，江苏省南水北调办持续做好科研创新工作，推进多项科研课题顺利进展。一是督促2013年以前的《南水北调东线江苏境内单项工程运管模式研究》《南水北调工程与区域生态文明建设研究》两个课题的成果修改完善，做好验收前准备。二是积极推进2014年立项的《江苏省南水北调截污导流工程对输水干线水质改善及区域水环境影响的损益研究》《南水北调东线工程调蓄湖泊联合优化调度研究》两个课题的研究进展，审议明确研究工作方案，协助搜集资料和开展调研，年内均已完成了中间成果。三是组织做好2015年度江苏省水利科技课题的立项申报，由江苏省南水北调办会同江苏省水利勘测设计研究院申报的《南水北调江苏省后续工程水量配置及工程布局研究》课题，获得了江苏省水利厅年度重大科研项目的立项和江苏省财政水利科研专项资金的扶持，该课题结合南水北调东线后续工程规划工作进展已取得了重要阶段成果。

（薛刘宇）

山　东　省

概　　述

南水北调东线一期工程山东省续建配套工程消纳调江水量14.67亿m^3，其中鲁南片2.10亿m^3、胶东片8.77亿m^3、鲁北片3.80亿m^3。续建配套工程建设涉及枣庄、济宁、菏泽、德州、聊城、济南、滨州、淄博、东营、潍坊、青岛、烟台、威海等13个市的68个县（市、区）。供水范围总面积为6.42万km^2，占山东省国土面积的40.85%。工程建设内容主要包括输水工程、调蓄工程、泵站工程和供水工程等。规划输水渠道747km，调蓄水库62座，新（改）建泵站88座，调蓄水库出库至净水厂供水管道总长806km，规划总投资253.2亿元。

经优化调整，山东省原规划41个供水单元工程调整为38个。截至2015年底，累计完成投资179.32亿元，具备消纳长江水9.32亿m^3的能力。

（李　娟）

前　期　工　作

（一）管理制度

2015年2月2日，山东省南水北调局向13市南水北调办事机构下发了《关于预下达南水北调配套工程省级资本金计划和分月投资计划的通知》，要求各市认真按照南水北调系统工作会议精神，立足“解决配套工程土地问题，倒逼任务目标分解，一月一考核，一月一通报”的要求，严格按下达的任务节点目标推进工程前期、建设进度，并及时将进度、相关成果报山东省南水北调局。

2015年3月2日，山东省南水北调工程建设指挥部印发《关于明确南水北调配套工程建设目标任务的通知》（鲁调水指字〔2015〕3号），按照山东省经济工作会议、农村工作会议和山东省“两会”政府工作报告的工作安排，结合山东省南水北调配套工程建设实际，在与各市对接协调的基础上，研究确定了2015年全面完成南水北调配套工程建设任务的目标计划。

2015年3月3日，山东省水利厅《关于

对全省水利重点工作进行督导检查的通知》（鲁水办函字〔2015〕3号），将配套工程建设列为重点工程督导对象，重点督导尚未完成前期工作的东营市中心城区，滨州市邹平、博兴，聊城市东昌府区、高唐、东阿、阳谷7个供水单元前期审批进度，确保按要求时限完成；督促13个市加快配套工程建设进度，提出2015年底前完成建设任务的保障措施；另外，督促工作基础相对较好的枣庄、潍坊、威海、德州4市抓紧研究制定区域综合水价制度改革实施方案，并争取上半年率先出台。

2015年3月16~20日，国务院南水北调办组织对山东省配套工程建设和用水情况进行调研。先后查看了德州市区、旧城河平原县、潍坊市寿光、淄博市区、济南市区配套工程情况，针对规划分配水量情况、制约配套工程建设的主要问题及解决措施、南水北调之水与当地水资源统筹配置情况、“三先三后”落实情况进行了座谈。

2015年3月31日~4月1日，山东省南水北调局在济南组织召开南水北调东线一期工程山东省博兴续建配套工程初步设计及概算审查会。

2015年4月2~3日，山东省南水北调局在济南组织召开南水北调东线一期工程山东省邹平续建配套工程初步设计及概算审查会。

2015年5月20日，为进一步加快前期工作进度，山东省南水北调局召集聊城市南水北调局、高唐县水务局、阳谷县水务局及设计单位在省水利勘测设计院三楼会议室召开协调会，对未完成配套工程前期工作的聊城市东昌府区、高唐、阳谷3个供水单元工程进行督促协调，要求建管单位及前期工作设计单位在压茬的基础上，加班加点完成设计报告，审查审批单位压缩程序完成审批工作，做好全省配套工程前期工作收官之战。

2015年5月25日，山东省南水北调局在济南组织召开南水北调东线一期工程东昌府区续建配套工程初步设计审查会。

2015年5月26日，山东省南水北调局在济南组织召开南水北调东线一期工程阳谷续建配套工程初步设计审查会。

2015年6月27~28日，山东省南水北调局在济南组织召开南水北调东线一期工程山东省高唐县续建配套工程初步设计审查会。

2015年8月17日，山东省水利厅印发了《山东省水利投资计划执行考核办法（试行）》（鲁水发规字〔2015〕52号），将南水北调配套工程建设纳入考核，并对各市投资计划执行考核情况进行通报，大大促进了配套工程建设进程。

2015年8月20日，山东省政府办公厅《转发省财政厅省发改委人民银行济南分行关于在公共服务领域推广政府和社会资本模式的指导意见的通知》（鲁政办发〔2015〕35号），鼓励社会资本参与公共服务领域投资运营，拓宽融资渠道，引导社会资本参与南水北调配套工程建设。

2015年8月26日，山东省南水北调局督导组对滨州市邹平、博兴2个供水单元进行了督导，并以山东省南水北调工程建设指挥部名义印发了《关于印发滨州市南水北调配套工程督导意见的通知》，要求滨州市按照督导意见组织做好相关工作。

2015年8月27日，山东省南水北调局督导组对东营市中心城区供水单元进行了督导，并以山东省南水北调工程建设指挥部名义印发了《关于印发东营市南水北调配套工程督导意见的通知》，要求东营市按照督导意见组织做好相关工作。

2015年11月11日，山东省人民政府《关于山东省地下水超采区综合整治实施方案的批复》（鲁政字〔2015〕234号），对控制地下水超采提出了要求，落实了责任主体和部门职能分工，通过实施地下水保护和超采漏斗区综合治理，逐步实现地下水采补平衡，促进山东省各受水区对长江水的消化。

2015年11月27日，山东省南水北调局在济南组织召开南水北调东线一期工程山东省邹平续建配套工程辛集洼水库引水工程初步设计变更审查会。

（二）进展情况

按照山东省南水北调工程建设指挥部印发的《关于明确南水北调配套工程建设目标任务的通知》（鲁调水指字〔2015〕3号）中前期工作目标要求，2015年6月底，山东省续建配套工程38个供水单元工程全部完成前期工作。

（张玉群　段志强　李　娟）

投资计划

山东省续建配套工程建设资金由资本金和融资两部分构成，其中资本金部分由省、市、县三级财政按一定比例筹集。按照山东省南水北调续建配套工程建设管理方式，各市人民政府为续建配套工程建设责任主体，市、县资本金及融资由各市具体负责，省发展改革委和省财政厅负责省级资本金筹措和计划安排。

2015年，山东省发展改革委分两批下达了省级资本金（省级财政专项资金）投资计划9.880 5亿元，具体包括：3月6日，以鲁发改投资〔2015〕187号文下达省省级财政专项资金投资计划78 040万元；8月13日，以鲁发改投资〔2015〕845号文下达省财政专项资金投资计划20 765万元。

另外，根据山东省南水北调局申请，2015年9月30日，山东省财政厅以《关于预拨2015年省财政水资源配置工程资金预算指标的通知》（鲁财农指〔2015〕99号）下达了因规划调整而增加的省级资本金21 586万元。

截至2015年底，山东省续建配套工程35个供水单元工程（除青岛市区、平度，引黄济青改扩建3个供水单元工程外）的省级资本金已全部下达，共计248 583万元。

（段志强　李　娟）

资金筹措

山东省续建配套工程筹资方案不考虑青岛市（计划单列）和引黄济青改扩建（单审单批）两个单项工程，规划阶段资本金占40%，融资占60%。即资本金94.33亿元，融资141.49亿元。资本金中省级负担30%，市、县负担70%，其中省级负担又按东部、中部、西部地区三个标准，东部地区20%，中部地区30%，西部地区40%，省财政直管县增加10%，剩余资本金由市级财力筹资40%，县级财力筹资60%。按规划投资测算，需筹措省级资金24.86亿元、市级资金18.56亿元、县级资金27.84亿元。

（段志强　李　娟）

建设管理

山东省南水北调配套工程共规划实施38个供水单元，规划总投资253.2亿元，截至2015年底，工程累计完成投资179.32亿元，占总投资的80.1%，其中2015年度累计完成投资111.73亿元，圆满完成了山东省政府确定的年度建设目标任务。

为加快配套工程建设进度，山东省各级政府及有关部门群策群力，采取了积极有力的措施办法。2015年底前全省配套工程基本建设完成，是山东省政府制定明确的建设目标。为实现这一目标任务，2015年山东省经济工作、农村工作以及山东省政府工作报告中，多次进行了明确强调。山东省省长郭树清同志多次就配套工程建设情况专题听取汇报、做出批示；副省长赵润田同志坚持每月一调度，并亲自督办重点难点问题，10月12～13日亲自到工程建设任务较重的聊城市进行了现场督导。山东省水利厅将全省配套工程建设列为全省水利“一号工程”，集中力量，持续跟进帮抓。2015 年 10 月 25 ~ 30 日，山东省政府派出两个督查组，分别对配套工程建设任务较重的聊城、滨州、东营市进行了督查，以山东省政府的名义向所在市政府下达了督查意见。山东省南水北调局积极将配套工程建设作为 2015 年首要重点工作，及时制定下发了《关于进一步加快配套工程建设进度的通知》（鲁调水局建字〔2015〕6 号），进一步明确了目标、落实了责任、建立了制度，形成大抓配套工程建设的氛围。2015 年 3 月底，组织对 13 市所辖供水单元的施工建设计划进行了月度分解，山东省南水北调局负责同志逐一与各市南水北调办事机构主要负责人签订了目标责任书。落实月考核通报制度，坚持每月以山东省南水北调工程建设指挥部的名义，对进展严重滞后的市地、未完成建设节点目标且进度严重滞后的供水单元给予红、黄牌提醒，下达督办通知书。落实季进度协调会制度，山东省南水北调局坚持每季度召开一次配套工程建设进度协调会，集中协调解决配套工程建设过程中的重点难点问题。落实分片包干督导制度，山东省南水北调局建设管理处、计划财务处、稽查处 3 个机关业务处室，分片负责各市配套工程建设督导任务，做到每月到各市配套工程供水单元建设现场进行一次检查督导，靠上帮助指导解决具体问题，较好地促进了各市南水北调配套工程的加快发展。各市政府积极落实主体建设责任，积极协调，攻坚克难，狠抓进度、严抓质量、大抓安全，如期实现了山东省政府确定的建设目标。

（杨忠堂）

运 行 管 理

（一）年度水量调度计划

2014 年 9 月 30 日，水利部下达了《南水北调东线 2014 ~ 2015 年度水量调度计划》（水资源〔2014〕318 号），山东省 8 个受水城市 2014 ~ 2015 年度计划用水 2.306 亿 m^3，分别为枣庄 2500 万 m^3、济宁 2800 万 m^3、德州 3000 万 m^3、济南 3000 万 m^3、淄博 2600 万 m^3、潍坊 6000 万 m^3、青岛 1000 万 m^3、烟台 2160 万 m^3。调水时段为 2014 年 11 ~ 12 月和 2015 年 2 ~ 5 月。

（二）水量调度计划执行情况

2014 ~ 2015 年度累计向受水市供水 11 034万 m^3。其中：南四湖下级湖向枣庄供水 1200 万 m^3，上级湖向枣庄供水 1300 万 m^3，合并向枣庄供水 2500 万 m^3；南四湖上级湖向济宁供水 2800 万 m^3；大屯水库向德州市供水 257 万 m^3；向济南供水 1500 万 m^3；向淄博供水 977 万 m^3；潍坊市从引黄济青闸分水 1933 万 m^3，从双王城水库取水 109 万 m^3，合计向潍坊市供水 2042 万 m^3；向青岛市供水 1000 万 m^3；烟台市没有用长江水。

（三）调度运行管理情况

1. 督促受水市按计划接纳水量

2014 年 10 月，水利部批复年度水量调度计划后，山东省南水北调局及时与山东省水利厅联系，并向各受水市转发并对准备工作提出具体要求，并多次配合山东省水利厅工作以落实水量调度计划。在调水即将开始前的 2015 年 4 月 20 日，山东省南水北调局与山东省水利厅水资源处联合组织召集 8 个计划受水地市的南水北调办事机构召开落实 2014 ~ 2015 年度南水北调水量调度计划会议，督促各受水市按计划接纳水量。

2. 保障区域调水需求

2015 年 8 月以来，山东省南水北调局按照山东省委、省政府指示要求，根据山东省水利厅部署安排和各相关地市实际需要，在干线工程正常运行管理的基础上，分别实现向潍坊市城区、寿光市、德州市进行区域调水工作，有力地保障了上述区域的水源供给，区域调水工作进展顺利。

根据山东省水利厅安排和潍坊市政府相关要求，山东南水北调双王城水库在向寿光市正常供水的基础上，于2015年8月29日起组织实施向潍坊市城区应急调水，截至9月25日累计向寿光市供水446.55万m^3，向潍坊城区供水1228.99万m^3，有效地保障了区域城市居民生产生活用水。

应济南市申请，利用南水北调济平干渠工程引黄河水，用于济南市保泉补源，自2015年2月3日~4月23日，累计补水681.74万m^3。2015年10月，济南市再次申请利用南水北调济平干渠工程，从平阴田山沉沙池引黄河水向济南进行生态补水，自2015年10月7日起，截至2015年底，累计补水1478.92万m^3。

2015年4月29日~6月15日，济宁市利用南水北调梁济运河段工程，引黄河水为南四湖上级湖补水，置换水量1467万m^3。

应德州市要求，2015年5月5日~6月23日，南水北调大屯水库开启德州供水洞，向德州市供水257.23万m^3，2015年8月11日~10月14日，大屯水库重新开启德州供水洞向德州市供水，累计供水量512.98万m^3。2015年11月9日~12月7日，大屯水库再次向德州供水累计280.39万m^3。

3. 做好配套工程试运行工作

应寿光市南水北调配套工程建设单位要求，2015年5月25日南水北调双王城水库向寿光市南水北调配套工程南干线供水，进行工程试通水。试通水任务完成后，转为正式小流量供水。截至2015年底，向寿光市供水工作仍在继续，累计供水近1000万m^3。

2015年5月8日，武城配套工程泵站机组试运行，累计放水时间1.08h，累计放水量462m^3；10月19日~12月8日，武城泵站机组继续试运行，累计放水时间112.5h，累计放水量7.18万m^3。

（徐瑞华　张立同　邵军晓）

河　南　省

前　期　工　作

（一）初步设计审批

2015年2月，河南省发展改革委批复配套工程仓储中心、维护中心工程初步设计报告；批复新增的濮阳市清丰县、焦作市博爱县供水配套工程初步设计，河南省南水北调配套工程初步设计报告审批工作全部完成。概算投资共153.46亿元。

（二）设计变更审批

配套工程2015年度共审批设计变更9项，增加投资1173.17万元。

（三）投资完成情况

2015年度，河南省南水北调配套工程累计完成投资112 305万元。开工以来累计完成投资1 072 015万元，其中，工程建设累计完成投资708 966万元，征地拆迁累计完成投资363 049万元。

（四）其他工程审批

为保证配套工程安全运行，规范穿越南水北调配套工程项目设计。依据国务院《南水北调工程供用水管理条例》，结合河南省南水北调配套工程特点，印发《其他工程穿越邻接河南省南水北调受水区供水配套工程设计技术要求（试行）》和《其他工程穿越邻接河南省南水北调受水区供水配套工程安全评价导则（试行）》。2015年共审查穿越配套工程设计方案7个，批复6个。

（赵　杰）

招标及合同签订

根据《河南省南水北调受水区供水配套工程自动化调度与运行管理决策支持系统项目委托代建合同》，受河南省南水北调建管局委托，2015 年，黄河国际工程咨询（河南）有限公司分两批完成河南省南水北调受水区供水配套工程自动化调度与运行管理决策支持系统项目招标工作。

2014 年 12 月 31 日，在中国采购与招标网、河南省南水北调网、河南招标采购综合网同时发布《河南省南水北调受水区供水配套工程自动化调度与运行管理决策支持系统 01 号招标项目》招标公告，招标内容为 6 个标段。1 标段：工程安全监测自动化、泵站与阀门监控及水量调度系统；信息采集系统的工程安全监测自动化系统、泵站与阀门监控系统以及应用系统中的水调业务处理系统的设备采购、软件开发和安装调试。2 标段：南区通信系统建设；南阳市、邓州市、周口市、漯河市（不含临颍县）、平顶山市通信系统的传输系统、沿输水管道光缆线路工程、各现地站通信网络至各县管理所的光缆建设、各县管理所至市管理处至省管理局的公网通道租用。3 标段：中区通信系统建设；许昌市（含临颍县）、郑州市、焦作市通信系统的传输系统、沿输水管道光缆线路工程、各现地站通信网络至各县管理所的光缆建设、各县管理所至市管理处至省管理局的公网通道租用。4 标段：北区通信系统建设；新乡市、鹤壁市、濮阳市、安阳市、滑县通信系统的传输系统、沿输水管道光缆线路工程、各现地站通信网络至各县管理所的光缆建设、各县管理所至市管理处至省管理局的公网通道租用。5 标段：UPS 及通信电源系统；省管理局、11 个管理处的 UPS 电源，43 个县管理所的 UPS 电源、高频开关通信电源及现地管理设施的高频开关通信电源的设备采购、安装调试。6 标段：省管理局调度中心 DLP 大屏幕采购及安装：省管理局调度中心 DLP 大屏幕采购及安装调试。2015 年 1 月 27 日开标，评标委员会推荐的第一中标候选人分别为：1 标段，大盛微电科技股份有限公司；2 标段，中国电信集团系统集成有限责任公司；3 标段，深圳市电信工程有限公司；4 标段，深圳市电信工程有限公司；5 标段，中华通信系统有限责任公司；6 标段，河南晟智科技有限公司。

2015 年 1 月 12 日，在中国采购与招标网、河南省南水北调网、河南招标采购综合网同时发布《河南省南水北调受水区供水配套工程自动化调度与运行管理决策支持系统 02 号招标项目》招标公告，招标内容为 5 个标段。7 标段省管理局机房装饰装修及配套工程：省南水北调管理局调度中心三、四、五层机房装饰装修工程以及会商室扩声设备和配套缆线、机房通风空调设备等的采购和安装调试。8 标段计算机网络系统：143 个现地站、43 个县管理所、11 个市管理处和省南水北调管理局调度中心的控制专网和业务内网的交换机、路由器和安全防护等设备及配套软件的采购、安装调试。9 标段视频及安防系统：自动化视频及安防监控系统的设备采购、软件配置和安装调试。10 标段异地视频会议系统及省管理局、市（县）管理处（所）投影显示设备：省管理局、市（县）管理处（所）异地视频会议系统，省管理局调度中心会商室投影设备，市（县）管理处（所）的投影和显示设备等采购及安装调试。11 标段数据存储与应用系统及系统总集成：综合办公系统、综合信息服务与会商决策支持、应用支撑平台和数据存储与管理系统的设备采购、软件开发和安装调试及整个河南省南水北调受水区供水配套工程自动化调度与运行管理决策支持系统的系统总集成。2015 年 2 月 15 日开标，评标委员会推荐的第一中标候选人分别为：7 标段，深圳市中饰南方建设工程有限公司；8标段，中国软件与技术服务股份有限公司；9标段，普天信息技术有限公司；10标段，联通系统集成有限公司；11标段，中兴软创科技股份有限公司。

河南省南水北调受水区供水配套工程自动化调度与运行管理决策支持系统签订合同目录见表3。

表3　河南省南水北调受水区供水配套工程自动化调度与运行管理决策支持系统签订合同目录

序号	合同名称	合同编号	中标单位	合同金额（万元）	签订日期
1	河南省南水北调受水区供水配套工程自动化调度与运行管理决策支持系统第一标段	NSBD-PTDJ/ZDH-01	大盛微电科技股份有限公司	1921.500 68	2015年3月3日
2	河南省南水北调受水区供水配套工程自动化调度与运行管理决策支持系统第二标段	NSBD-PTDJ/ZDH-02	中国电信集团系统集成有限责任公司	2118.105 5	2015年3月3日
3	河南省南水北调受水区供水配套工程自动化调度与运行管理决策支持系统第三标段	NSBD-PTDJ/ZDH-03	深圳市电信工程有限公司	1643.389 8	2015年3月3日
4	河南省南水北调受水区供水配套工程自动化调度与运行管理决策支持系统第四标段	NSBD-PTDJ/ZDH-04	联通系统集成有限公司	1390.354 8	2015年3月3日
5	河南省南水北调受水区供水配套工程自动化调度与运行管理决策支持系统第五标段	NSBD-PTDJ/ZDH-05	中华通信系统有限责任公司	2309	2015年3月3日
6	河南省南水北调受水区供水配套工程自动化调度与运行管理决策支持系统第六标段	NSBD-PTDJ/ZDH-06	河南晟智科技有限公司	597.7	2015年3月3日
7	河南省南水北调受水区供水配套工程自动化调度与运行管理决策支持系统第七标段	NSBD-PTDJ/ZDH-07	深圳市中饰南方建设工程有限公司	366.1	2015年3月3日
8	河南省南水北调受水区供水配套工程自动化调度与运行管理决策支持系统第八标段	NSBD-PTDJ/ZDH-08	中国软件与技术服务股份有限公司	2187.938 13	2015年3月3日
9	河南省南水北调受水区供水配套工程自动化调度与运行管理决策支持系统第九标段	NSBD-PTDJ/ZDH-09	普天信息技术有限公司	1080.940 8	2015年3月3日

续表

序号	合同名称	合同编号	中标单位	合同金额（万元）	签订日期
10	河南省南水北调受水区供水配套工程自动化调度与运行管理决策支持系统第十标段	NSBD-PTDJ/ZDH-10	联通系统集成有限公司	582.3	2015 年 3 月 3 日
11	河南省南水北调受水区供水配套工程自动化调度与运行管理决策支持系统第十一标段	NSBD-PTDJ/ZDH-11	中兴软创科技股份有限公司	1951.88	2015 年 3 月 3 日

（王海峰）

合 同 变 更

2011 年 7 月，河南省南水北调办以《关于印发河南省南水北调供水配套工程投资计划管理、投资统计管理、变更索赔管理办法（试行）的通知》（豫调办投〔2011〕1 号）颁布《河南省南水北调配套工程变更和索赔管理办法（试行）》，明确河南省南水北调建管局和其委托建管单位对配套工程变更和索赔事项的职责分工和管理权限。

2013 年 9 月，河南省南水北调建管局印发《关于明确各省辖市南水北调配套工程建设管理单位工程变更处理限额的通知》（豫调建投〔2013〕219 号），明确对于一次性变更金额在 100 万元限额以下（含限额，以下简称“限额以下”）的工程变更，由各省辖市南水北调配套工程建设管理单位（以下简称“各市建管局”）审批。其中，一次性变更金额 30 万元以下（含 30 万元）工程变更，由各市南水北调建管局直接审批；30 万元以上、限额以下工程变更，省辖市南水北调建管局组织，省南水北调建管局参会，进行联合审查，由省辖市南水北调建管局批复。权限外工程变更，监理部审核后，省辖市南水北调建管局报省南水北调建管局，省南水北调建管局组织省辖市南水北调建管局联合审查，由省南水北调建管局批复。

2015 年，配套工程共批复合同变更 613 项，增加投资 2.25 亿元。其中南阳市 72 项，增加投资 4606 万元；平顶山市 71 项，增加投资 1591 万元；漯河市 65 项，增加投资 2354 万元；周口市 20 项，增加投资 1198.85 万元；许昌市 220 项，增加投资 1409.9 万元；焦作市 15 项，增加投资 2670.85 万元；新乡市 23 项，增加投资 3409 万元；鹤壁市 25 项，增加投资 1843.8 万元；濮阳市 39 项，增加投资 619 万元；安阳市 63 项，增加投资 2747.01 万元。

（张海峰）

建 设 管 理

（一）建立剩余尾工台账，实行问题销号制度

2015 年，配套工程管道铺设部分穿越铁路和高速公路工程未完工。对制约工程建设的问题进行现场专题调研，2015 年 1 月建立“剩余尾工台账”，对存在的问题登记造册，逐一提出解决办法、实施方案和计划安排，制订进度保证措施，细化任务，责任到人，实行责任制和目标管理。

（二）对配套穿越工程施工重点加强现场管控

河南省配套工程共穿越河流、公路、铁路等400多处，由于穿越交叉工程涉及利益主体多、施工环境复杂、协调难度大，进展滞后较多。河南省南水北调办（建管局）把配套穿越工程建设作为重点，明确专人盯防，实行日报制度，跟踪建设进展。主动与郑州铁路局、河南省交通运输厅等有关部门沟通，及时召开穿越工程施工推进会，协调解决存在的问题。同时，督促各现场建管单位加强现场管控，组织施工单位优化方案，加大投入，提高工效，集中人力、物力、财力，加快配套穿越工程建设进度。

（三）加大监管力度实行责任追究制度

对配套工程尾工建设进展及问题解决情况进行定期督导，对干线剩余工程项目现场施工情况进行经常性地抽查和暗访，根据节点目标安排，不定期对配套工程尾工建设情况进行检查、考核。现场督查实行日报告制度，督促工程尽快完成，对未按要求完成任务的，对责任单位和相关人员进行问责。2015年，配套工程建设基本完成，进入扫尾阶段。

（刘晓英）

质　量　管　理

2015年，配套工程部分管道和穿越项目正在施工。河南省南水北调办（局）继续保持质量监管高压态势，持续执行质量管理办法和措施，对配套尾工项目施工质量加强监管，组织开展工程质量飞检、巡查，适时组织质量专项检查、稽察，加大对配套穿越工程的检查频次，发现问题及时通报、强力督促整改。

开展安全监测工作，落实监测实施方案，确保监测人员、设备、措施到位，保证监测频次，及时上报安全监测月报，并对发现的异常情况及时反映、及时分析、及时处置。

（刘晓英）

拾叁 组织机构

ORGANIZATIONAL STRUCTURE

国务院南水北调工程建设委员会办公室

概　述

国务院南水北调办2015年干部人事工作，认真贯彻党的十八大和十八届四中、五中全会精神，按照全国组织部长会议、人才工作会议、人力资源和社会保障工作会议、行政机关公务员管理工作会议等有关工作要求，坚持围绕中心、服务大局，坚持求真务实、开拓创新，以学习贯彻习近平总书记系列重要讲话精神、严格落实干部选拔任用工作条例、加强和改进干部监督管理为重点，积极推进领导班子、干部队伍、人才队伍建设，不断提高干部人事工作水平，为确保南水北调东、中一期工程高效平稳运行提供了坚强的组织保证和有力的人才支持。

（普利锋　刘德莉　管玉卉）

队　伍　建　设

（一）干部队伍建设

贯彻落实"凡提必核"要求，对拟提拔为处级及以上领导干部、转任重要岗位人选等全部进行个人事项报告核实和干部档案审核，防止"带病提拔""带病上岗"。严格执行《领导干部选拔任用工作条例》规定的原则、标准、条件、资格、程序和纪律，突出抓好各司各单位领导班子建设，统筹做好机关处级干部的选拔和轮岗工作。2015年共提拔使用16名办管干部，3名机关处级干部；2名办管干部、3名处级干部进行了交流轮岗。加大青年干部交流锻炼力度，分批选派机关8名青年干部到沿线三级管理处和地方政府交流锻炼，促使青年干部了解基层，贴近群众，提高解决实际问题的能力。按照中央扶贫工作要求，选派1名企业管理人员到对口支援的湖北郧县挂职锻炼，选派1名机关处级干部到湖北郧县农村任第一书记。进一步充实机关公务员队伍，通过2015年度中央国家机关公务员二次调剂工作补录4名公务员。印发《年度干部队伍建设工作计划》，以落实各项工作任务为抓手提高干部人事工作水平。

（二）干部教育培训和考核评价

继续贯彻落实《2013～2017年全国干部教育培训规划》，突出理想信念教育，注重知识教育和能力培养，充分利用各类培训资源，加大干部教育培训力度。做好干部调训和自主选学工作，组织开展了青年干部培训班，督促相关司局做好业务培训工作，进一步强化培训费管理，提高培训实效。完成2014年度办管干部考核工作，统筹完成机关处级以下公务员和聘用人员年度考核工作。组织编制2015年度办管干部考核任务书，完成机关处级以下公务员年度考核指标备案工作。结合转型期新形势需要，修订办管干部考核办法，完善业务考核内容，增强考核的针对性和操作性。

（三）干部监督管理

按照中组部要求，组织机关各司、事业单位副处级及以上和企业部门副职及以上共160名领导干部完成个人有关事项报告。按照保密要求，按时保质完成个人事项信息录入与综合汇总工作。制定随机抽查核实工作方案，利用抽查核实系统，按分类分级的原则和10%的抽取比例，随机抽取核实人员名单，经办领导同意后报中组部干部监督局进行查询。中组部反馈核查结果后，及时与干部本人填报情况进行比对，并将核查结果签报办领导审阅，研究提出核查结果不一致情况的初步处理意见；针对拟提拔为副处级以上领导岗位、转任重要岗位或群众反映的情况，开展个人有关事项报告重点核查工作，做好下属单位拟提拔人员个人有关事项报告的委托查询工作。围绕规范运行管理、落实“三先三后”、推进后续工程等重点工作任务，修订《领导干部问责办法》，完善领导干部问责领域，确保干部监管不留空白，为各项重点工作任务落实提供制度保证。按照中央要求，对机关、企事业单位退休干部在社会团体兼职的情况进行摸底，对不符合规定的进行清理规范，严格做好退休干部在社会团体兼职的审批和备案工作。积极推进干部人事档案专项审核，重点审核“三龄两历一身份”信息，针对审核发现的问题，区分不同情况，有序安排材料补充、调查核实等工作。

（四）收入分配制度改革

落实公务员薪酬制度改革，完成规范性津补贴调标、基本工资调标和养老保险个人缴费兑现工作，指导和督促事业单位同步做好有关工作。按照中央部门管理企业负责人薪酬制度改革工作部署和“改革后薪酬水平不得高于改革前”的精神，研究制定办管企业负责人薪酬制度改革实施意见，并结合企业功能性质定位和经营管理特点，制定办管企业负责人经营业绩和综合考核评价办法，经国务院领导小组批复同意后正式印发实施。完成机关事业单位“吃空饷”集中治理工作和机关事业单位工作人员受处分后工资待遇处理情况自查自纠工作。

（五）机构编制管理

根据转型期工作需要，调整机关各司各直属单位“三定”方案，使机构设置更合理，职责分工更明确，当前和今后一个时期的中心任务更突出。坚持从严控制、精简高效的原则，研究批复中线建管局运行期组织机构设置及人员编制方案，为中线高效平稳运行管理提供保障。

（普利锋　刘德莉　管玉卉）

人事管理

2015年3月3日，国务院南水北调办以办任〔2015〕1号文件，因到龄，免去王春林的综合司巡视员职务，按照国家有关政策，批准退休。

2015年4月13日，国务院南水北调办以办任〔2015〕2号文件，因工作调动，免去沈凤生的国务院南水北调工程建设委员会办公室总工程师职务。

2015年4月13日，国务院南水北调办以办任〔2015〕3号文件，任命李新军为国务院南水北调工程建设委员会办公室总工程师（试用期一年），免去其投资计划司司长职务；任命朱卫东为国务院南水北调工程建设委员会办公室总经济师（试用期一年），免去其经济与财务司司长职务；任命于合群为投资计划司司长（试用期一年），免去其南水北调工程建设监管中心主任职务；任命熊中才为经济与财务司司长（试用期一年）；任命苏克敬为国务院南水北调工程建设委员会办公室政策及技术研究中心主任（试用期一年），免去其建设管理司副司长职务。任命王松春为南水北调工程建设监管中心主任，免去其南水北调工程设计管理中心主任职务。任命耿六成为南水北调工程设计管理中心主任（试用期一年），免去其南水北调中线干线工程建设管理局副局长职务。

2015年4月13日，中共国务院南水北调办党组以办党任〔2015〕2号文件，免去耿六成同志的中共南水北调中线干线工程建设管理局党组成员职务。

2015年5月13日，国务院南水北调办以办任〔2015〕4号文件，任命杜丙照为综合司副巡视员；任命朱涛为建设管理司副巡视员；任命郭鹏为环境保护司副巡视员。

2015年5月20日，国务院南水北调办以办任〔2015〕5号文件，任命张景芳为征地移民司巡视员，免去其征地移民司副司长职务；

任命袁文传为建设管理司副司长（试用期一年），免去其建设管理司副巡视员职务；任命王宝恩为征地移民司副司长（试用期一年），免去其征地移民司副巡视员职务。

2015年7月13日，国务院南水北调办以办任〔2015〕6号文件，经任职试用期满考核合格，任命井书光为建设管理司副司长。

2015年8月18日，国务院南水北调办以办任〔2015〕7号文件，任命李开杰为综合司副巡视员；任命谢民英为经济与财务司副司长（试用期一年），免去其南水北调工程设计管理中心副主任职务；任命赵世新为环境保护司副司长（试用期一年），免去其监督司副巡视员职务；任命刘国华为国务院南水北调工程建设委员会办公室政策及技术研究中心副主任，免去其环境保护司副司长职务；任命孙庆国为南水北调工程设计管理中心副主任（试用期一年）。

2015年10月28日，国务院南水北调办以办任〔2015〕8号文件，经任职试用期满考核合格，任命戴占强为南水北调中线干线工程建设管理局副局长。

2015年12月4日，国务院南水北调办以办任〔2015〕9号文件，经任职试用期满考核合格，任命高必华、胡周汉为南水北调东线总公司副总经理。

（普利锋　刘德莉　管玉卉）

党建与精神文明建设

2015年，在中央国家机关工委和办党组领导下，南水北调办机关党建围绕“服务中心、建设队伍”两大核心任务，深入贯彻习近平总书记系列重要讲话精神，制定了《南水北调办贯彻落实全面从严治党要求实施意见》，成立了党建工作领导小组，实行了党组织负责人层层述职考评，落实好“两个责任”，构建了党建工作的新格局。办党组中心组学习制度进一步完善，直属机关党的组织建设得到全面加强，深入开展了“三严三实”专题教育，配合中央第十五巡视组开展党建工作巡视，集中处理了违纪违规人员，加强了党员队伍的党性教育和锻炼，为南水北调工程建设和运行管理提供了有力的思想政治保证。

（一）机关党建

（1）制定全面从严治党实施意见。根据《中国共产党党和国家机关基层组织工作条例》和《中央国家机关贯彻落实全面从严治党要求实施方案》，国务院南水北调办党组于2015年7月印发了《南水北调办贯彻落实全面从严治党要求实施意见》，提出要以落实全面从严治党要求为主线，强化从严治党责任，全面加强机关党建工作。积极筹备建立党建工作联席会议制度。

（2）成立党建工作领导小组。国务院南水北调办党组书记、主任鄂竟平任组长，办党组成员、副主任，直属机关党委书记蒋旭光任副组长，综合司、机关党委和纪委负责同志为领导小组成员，对办直属机关党建工作统一领导、统筹规划、推动落实。设立了领导小组办公室，负责党建工作的具体组织和督促检查。构建了党组书记负总责、分管领导分工负责、机关党委推进落实、司局长“一岗双责”的党建工作格局。

（3）党建工作述职评议考核。根据中央国家机关工委统一部署，研究制定了直属机关党建述职评议考核实施方案，实行三级联述联评联考，将述职评议考核作为落实党建工作责任制的重要抓手，进一步发挥考核的导向作用，党支部（党委）书记“抓好党建是本职，不抓党建是失职，抓不好党建是不称职”的责任意识显著增强。

（二）思想政治建设

（1）政治理论学习。采取集中学习、短期培训、专家辅导、学习讨论等多种形式，组织党员干部深入学习贯彻党的十八大和十八届三中、四中、五中全会精神，学习习近平总书记系列重要讲话精神，不断增强党性修养，提高政策理论水平和业务素质。2015年度，国务院南水北调办党组中心组围绕学习十八届三中、四中、五中全会精神和“三严三实”专题教育进行了13次集中学习讨论，举办了10次辅导报告，共有23人次进行了重点发言。向中央国家机关工委报送党组书记谈全面从严治党文章1篇和党组成员学习习近平总书记系列重要讲话成果文章3篇。不断创新学习形式，举办了十八届五中全会精神学习情况交流会，11位司局长在会上作了交流发言；举办了学习《中国共产党廉洁自律准则》和《中国共产党纪律处分条例》知识竞赛，直属机关12支队伍参赛，取得了良好效果。机关各党支部（党委）围绕“三严三实”专题教育和学习十八届三中、四中、五中全会精神、《准则》和《条例》等内容，认真组织党员干部进行集中学习讨论，普遍增强了党员干部“三严三实”意识和“三个自信”等政治素质。

（2）党员干部经常性教育培训。认真贯彻落实《2013～2017年全国干部教育培训规划》，适时开展各层次党员干部教育培训。2015年度共选派25名党员干部参加中组部、中央国家机关工委组织的学习培训。中线建管局在红旗渠举办了80多人参加的党支部书记培训班。同时，积极组织党员干部参加中央国家机关工委举办的历史文化讲座、“强素质、作表率”读书活动、中国干部网络学院等学习。

（3）党员干部自学。定期向各党支部发送《中办通讯》《党建研究》《党风廉政建设》《紫光阁》等学习材料。为党员干部发放购书卡、在线学习卡，购买《宪法》《“四个全面”党员干部读本》《习近平关于全面依法治国论述摘编》《领导干部“三严三实”学习读本》《习近平谈治国理政》《中国共产党廉洁自律准则》《中国共产党纪律处分条例》《学习习近平同志关于机关党建工作论述摘编》《党员干部违法违纪典型案例警示录》等30余种书籍，每半年向党员干部推荐阅读书目，引导和督促党员干部好读书，读好书，加强理论修养。

（4）思想政治教育。注重开展谈心谈话活动，2015年民主生活会前，国务院南水北调办领导和各司各直属单位领导班子成员坚持与党员干部进行谈心谈话，及时了解党员干部的思想动态，释惑解疑，理顺情绪，化解矛盾。机关党委及时召开退伍转业军人、党外人士、困难职工座谈会，听取意见建议，为党员干部办实事，积极解决他们的合理诉求。加强心理疏导，做好干部职工心理健康服务工作，8月举办了涵盖心理减压、心理探索、心理体验、心理互动、心理自助等多项内容的心理健康科普活动。下半年开展了南水北调系统干部职工思想状况问卷调查，发放问卷400份，收回372份，在对统计结果进行分析研判的基础上形成了调查报告，向中央国家机关工委党建研究会提交了课题成果。

（三）组织建设

（1）各级党组织建设。根据干部人事调整，及时调整部分机关和直属单位的党支部成员，落实好司局长“一岗双责”。及时推动新组建机构党的建设，东线总公司成立了临时党支部，中线建管局45个基层管理处基本上都成立了党支部，做到了支部建在基层一线。加强退休干部党支部建设，组织老同志开展学习交流活动，为他们订阅报刊书籍，加强人文关怀。2015年9月，召开了南水北调系统机关党建工作座谈会，交流了机关党建工作情况和进一步贯彻落实全面从严治党要求的思路措施，各省市南水北调办（局）、移民办（局）及项目法人共12个单位的代表参加会议。

（2）主题党日活动。以纪念中国人民抗日战争暨世界反法西斯战争胜利70周年为主题，开展革命传统和党性教育，7月组织党员干部参观了焦庄户地道战遗址纪念馆，9月组织党员干部观看电影《开罗宣言》。基层党组织结合实际和业务工作特点，积极开展多种形式的党日活动，例如经财司组织党员干部到山东枣庄铁道游击队纪念园和八路军115师指挥部旧址学习参观；建管司组织党员干部到红旗渠干部教育学院学习；设管中心组织党员干部观看了电影《百团大战》；中线建管局组织党员干部80多人到河南兰考参观焦裕禄事迹展览馆，重温入党誓词。

（3）基层服务型党组织创建活动。引导党员干部服务工程、服务基层和一线、服务沿线群众和移民群众。向工委推荐基层服务型党组织建设品牌2个，中线建管局河南分局党总支获评优秀典型。向工委推荐基层党组织制度建设优秀项目2个。推动各级党组织深入总结提炼践行群众路线支部工作法，探索符合党支部自身实际的工作方法。向工委报送监管中心“服务工程建设一线”、稽察大队“一点两线”等4个支部工作法。推进创先争优活动，争创先进基层党组织、优秀共产党员和优秀党务工作者。7月召开了直属机关党建工作总结暨“两优一先”表彰会，表彰了综合司党支部等6个先进党支部、杨益等34名优秀共产党员、严丽娟等30名优秀党务工作者。

（4）先进典型。组织各党支部（党委）积极申报法治人物与法治故事，向工委推荐了2个法治故事和4个法治人物。中线建管局河南分局李合生获评“中央国家机关最受欢迎的法治人物”，《〈山东省南水北调条例〉开启地方依法调水新篇章》获评“中央国家机关最受欢迎的法治故事”。

（5）日常组织管理工作。一是认真贯彻“坚持标准、保证质量、改善结构、慎重发展”的方针，积极稳妥地做好党员发展工作，2015年按计划共发展新党员7名。二是及时办理党员组织关系接转手续。三是认真做好党费收缴工作。四是认真做好党内统计工作。五是及时向中央国家机关工委报送信息。六是认真办好机关党建工作简报，办好“党建与精神文明”专区网站。

（四）党风廉政建设

（1）廉政教育。2015年1月，邀请中国社会科学院廉政中心副秘书长高波作学习辅导报告。11月以来，围绕学习《中国共产党廉洁自律准则》和《中国共产党纪律处分条例》，国务院南水北调办党组和机关各级党组织开展了集中学习讨论，邀请中央纪委法规室副主任谭焕民作了专题辅导报告，举办了知识竞赛，组织各司各直属单位召开了学习贯彻《准则》和《条例》的专题组织生活会。选编了工程建设领域违纪违法案件进行警示教育。中秋国庆元旦前夕，及时发出通知要求廉洁过节。东线公司组织全体党员干部赴“明镜昭廉”明代反贪尚廉历史文化园进行警示教育，观看了反腐教育电影《破局》。

（2）党风廉政建设主体责任和监督责任。一是举办了基层党支部书记落实主体责任专题培训班，邀请人社部和农业部机关司局党支部书记介绍了履行主体责任的经验，交流了机关各单位党组织履行主体责任情况，机关32位党支部书记参加培训，鄂竟平主任亲自作培训动员讲话，要求党员干部“政治上跟党走，经济上不伸手，生活上不丢丑”。二是协助办领导与新调整的各司各直属单位一把手签署了《党风廉政建设责任书》。三是抓好党风廉政建设责任制的贯彻落实，把廉政工作渗透到各项业务工作中去，同部署同落实同检查同考核。在工程建设中，对重大决策、重要干部任免、重大项目安排和大额度资金使用实行集体研究决策，规范党员领导干部行为。四是加强监督，严格执行重大事项报告制度、干部任前谈话和诫勉谈话制度，通过干部考核、问责以及督办等管理办法，对关键岗位，对领导班子、领导干部特别是“一把手”加强监督。五是按月及时向中央国家机关纪工委报送反映问题线索处置情况统计表和落实八项规定精神情况月报表。

（3）中央巡视组巡视工作。一是积极配合中央巡视工作，参与调查核实有关问题线索，根据中央巡视组指导意见，依据党章和《中国共产党纪律处分条例》，对违纪党员作出严肃处理，给予党内警告或严重警告处分4人。二是及时查处群众来信来访、举报调查、上级转办的问题线索，坚持依法依纪依规认真处理，尤其是对于有关征地移民补偿、工程质量安全以及拖欠农民工工资等方面的信访问题，及时进行处理。三是2015年9月，国务院南水北调办成立了巡视工作组，开展了内部巡视工作，通过听取汇报、问卷调查、个别谈话、查阅资料、召开座谈会、设立举报箱等形式对所属单位开展巡视。

（五）“三严三实”专题教育

（1）拟定“三严三实”专题教育实施方案。按照中央部署和国务院南水北调办党组要求，结合国务院南水北调办工作实际，认真拟订了《南水北调办开展“三严三实”专题教育实施方案》，经国务院南水北调办党组研究确定后组织实施。

（2）“三严三实”专题党课。鄂竟平主任于2015年5月26日以《开展好“三严三实”专题教育，以优良作风推进南水北调事业健康发展》为题讲授专题党课，为专题教育开局。国务院南水北调办党组成员和机关各司各直属单位党组织12名负责人也紧密联系南水北调工作实际讲授专题党课，引导党员干部深刻领会中央有关精神，把握实质和要义，深刻理解“三严三实”的重大意义和丰富内涵。机关党委及时派人参加了各司各单位的党课教育。

（3）三个专题学习研讨。2015年6～11月，集中开展了“严以修身”“严以律己”“严以用权”三个专题的学习研讨。每个专题都采取辅导报告和集中学习研讨相结合的方式，集中学习讨论2次，党组中心组带头开展学习讨论，起好表率作用；各司各直属单位党组织按照国务院南水北调办党组要求认真开展学习讨论，结合实际工作查找“不严不实”的问题。至11月，各司各直属单位集中时间和精力查摆了问题，列出了“不严不实”的问题清单。

（4）“三严三实”专题民主生活会和组织生活会。在做好学习教育、听取意见、谈心谈话、剖析检查、撰写对照检查报告的基础上，2015年12月，国务院南水北调办党组和各司各单位以践行“三严三实”为主题，召开党员领导干部专题民主生活会和党员干部专题组织生活会，严肃认真开展批评和自我批评，深入查摆“不严不实”问题，剖析问题产生的思想根源，提出整改措施和努力方向。会后，列出了整改清单，将认真整改落实，切实解决“不严不实”突出问题，推动践行“三严三实”要求常态化长效化，不断取得作风建设新成效。2015年度，12个司局级单位的47名司局级党员领导干部参加民主生活会，直属机关党委、纪委和综合司派员全程参加了各司各直属单位民主生活会。

（六）直属机关精神文明创建工作

（1）精神文明创建工作。一是关心职工权力和利益，为职工购置公园卡，发送生日祝福，及时慰问困难职工，举办中医养生保健活动，做好女职工专项体检，对孕期哺乳期女职工给予关心照顾。二是开展各类文体活动。组织职工参加中央国家机关第四届职工运动会和第五届中央国家机关青年篮球邀请赛；开展办机关第六届棋牌赛、职工羽毛球比赛、“通水杯”拔河比赛；开展玉渊潭公园健步走和“绿色出行万步走”活动；开展迎新春文化联谊活动；举办“燃青春激情、创调水伟业”演讲比赛。三是开展竞赛和调研活动。妇工委组织妇女干部赴江苏开展工程运行管理情况专题调研。中线建管局举办了运行管理技能大赛和安全生产知识竞赛。四是参与廉政建设活动。组织团员干部赴红旗渠开展“守纪律、讲规矩、促成长”主题团日活动；组织参加“守纪律，讲规矩、促成长”主题征文活动；参与以“清风正气传家远”为主题的家庭助廉活动。五是开展公益活动。在国务院南水北调办六楼大厅摆放了爱心屋，用以收集废旧纸张和书刊。开展了编织毛线献爱心活动。六是以“纪念中国人民抗日战争胜利暨世界反法西斯战争胜利

70周年”为主题，举办了第九届职工文化艺术展，共展出书画、摄影、手工艺三大类135件作品。七是扎实开展普法和知法守法活动，认真贯彻计划生育基本国策，引导党员干部遵守交通法规。八是文明创建活动取得显著成果，评选表彰“文明处室”15个、“文明职工”31个、“文明家庭”30个。2015年2月，国务院南水北调办经财司财务处被全国妇联授予“全国三八红旗集体”荣誉称号。

（2）统战和维稳工作。关心重视民主党派和无党派人士的思想、工作和生活，及时召开党外人士座谈会，引导他们用党的方针政策，特别是党的十八大和十八届三中、四中、五中全会精神统一思想，指导工作。认真做好维稳工作，配合行政部门，加强安全检查，保证机关的安全稳定。

（七）获得荣誉

（1）直属机关党委杜鸿礼、严丽娟承担的党建研究课题《以人为本，改进和加强机关思想政治工作——关于南水北调系统干部职工思想状况的调查》在中央国家机关党建研究会2015年党建课题研究成果评选中获得一等奖。直属机关党委获得组织奖。

（2）国务院南水北调办经财司财务处被全国妇联授予“全国三八红旗集体”荣誉称号。

（3）在中央国家机关工委举办的以“清风正气传家远”为主题的家庭助廉和寻找“最美家庭”系列活动中，国务院南水北调办朱梅、纪晓辉、赵宝印、张存有4位同志作品荣获“最美家风故事”，陈梅、孟令广、刘四平3位同志作品荣获“最美家书手札”，肖军、李卫华2位同志作品荣获“最美家教短片”。直属机关妇工委获优秀组织奖。

（4）直属机关妇工委荣获中央国家机关“《动漫急救》进家庭”活动优秀组织奖。

（5）在中央国家机关工委组织开展的“守纪律、讲规矩、促成长”主题征文活动中，中线建管局河北分局保定管理处朱梅同志的作品《心中有尺，做人方贤》荣获三等奖，河南分局卫辉管理处王霄红同志的作品《有这样一群筑梦者》、鲁山管理处崔肖肖同志的作品《愿守千里长堤四十年——关于习近平总书记“守纪律、讲规矩”讲话的心得体会》荣获优秀奖。

（6）在中央国家机关第四届职工运动会中，国务院南水北调办广播操比赛获得优胜奖，桥牌比赛获得甲级队第7名，羽毛球比赛获得甲组团体优秀奖，乒乓球厅局级干部代表队获得B组小组第2名。

（7）中线建管局河南分局党总支被评为中央国家机关基层服务型党组织建设优秀典型。中线建管局河南分局党总支《扎根一线，服务基层，做南水北调中线工程坚强筑梦者和守护人》被评为中央国家机关基层服务型党组织建设优秀品牌。

（严丽娟）

有关省（直辖市）南水北调工程建设管理机构

北 京 市

管 理 机 构

2015年，北京市机构编制委员会办公室以《关于同意调整市南水北调办机关党委机构编制的函》（京编办行〔2015〕199号）批复北京市南水北调办，同意在人事处加挂牌子的机关党委独立设置，调整后北京市南水北调办设9个内设机构和机关党委、工会，机关行政编制仍为42名，其中处级领导职数由11正4副调整为12正3副。北京市机构编制委员会办公室以《关于同意为市南水北调办所属部分事业单位调剂编制的函》（京编办事〔2015〕59号）、《关于同意调整市南水北调办所属部分事业单位机构编制事项的函》（京编办事〔2015〕120号），同意北京市南水北调工程拆迁办公室事业编制从15名增至18名，北京南水北调信息中心事业编制从10名增至15名、处级领导职数从1正1副增至1正2副；北京市南水北调调水运行管理中心加挂北京市南水北调水费收缴事务中心的牌子，增加“负责市南水北调工程供水计量和水费收缴工作”的职责，事业编制从18名增至23名；北京市南水北调工程建设管理中心加挂北京市南水北调宣传教育中心的牌子，增加“承担本市南水北调工程新闻宣传、舆情监测、对外交流方面辅助性工作”的职责，事业编制从38名增至43名，处级领导职数从1正2副增至1正3副；北京市南水北调大宁管理处加挂北京市南水北调干线管理处的牌子；北京市南水北调南干渠管理处、团城湖管理处、东干渠管理处处级领导职数从1正3副增至1正4副。调整后北京市南水北调办公室下属10个事业单位，事业编制共计598名。

（雷雨阳）

人事管理

按照《党政领导干部选拔任用工作条例》和《北京市干部选拔任用工作纪实办法》的要求，全年分3批选拔处级干部15人。根据北京市委组织部要求，对干部人事档案进行全面审核。编印干部人事档案专项审核工作手册、干部人事档案审核工作问答等相关文件材料，完成了处级以上干部和办机关公务员人事档案初审复审工作，共组织集中审核11次，收集补充材料180份，累计整理档案共计5000余页，组织认定7人。

（雷雨阳）

外事工作管理

2015年12月13～22日，北京市南水北调办有1人参加了北京世界园艺博览会事务协调局组织的“赴日本韩国香港访问团”，此次出访学习了国外、境外在举办大型博览会方面的先进经验和运营理念。

2015年11～12月，北京市南水北调办有1人参加北京市委组织部的“城市治理体系与治理能力建设”赴德国专题培训班，拓宽了领导干部视野，学习了德国城市发展与城市治理等方面的先进理念与成功经验。

2015年12月，应瑞士瓦莱州水务调度集团、德国水资源研究中心邀请，北京市南水北调办组织了3人赴瑞士、德国“异地水资源管理调度及综合利用专题调研团组”，并邀请北京市水利规划设计研究院1人参团，此次出访与两国交流并学习了异地水资源管理、调度及综合利用方面的先进经验，对于北京市江水进京后配套工程的运行管理及水资源调度使用等工作均有非常积极的指导作用。

2015年12月13～20日，北京市南水北调办有1人随团参加市地勘局组织的赴法国、英国“玻璃地球建设技术研究及信息化技术合作洽谈”，此次出访通过与外方进行交流合作，对建立科学、准确、完整、可视的智能地下管线信息系统并对管线进行监测方面具有重要的借鉴意义。

（雷雨阳）

党建与精神文明建设

（一）组织建设

一是完成机关党委换届工作。2015年1月，北京市南水北调办召开全体党员大会，选举产生新一届机关党委和机关纪委。二是重新调整基层党组织。在所有符合条件的处室、科室、闸站值守点均成立党支部或联合党支部。调整后，机关党委下设党总支5个，党支部31个。三是加强纪检监察工作力量。落实党风廉政建设主体责任，在各总支、支部委员会设立纪检委员。四是把好党员入口关。严格执行发展党员公示制和票决制，全年共接收预备党员13名，批准预备党员转正13名。五是领导工会完成组织完善和机关团委换届。

（二）制度建党

先后制定了2015年北京市南水北调办党组落实主体责任工作要点、办领导班子成员党建工作责任制分工、贯彻落实全面从严治党的实施办法等系列文件；印发了《机关党建2015》工作手册，涵盖党建工作制度、工作方法和文件资料等3大类58项内容，对机关党建各项工作进行了明确规范。加强宣传工作力度，共制作党建宣传展板706张，在内网刊发各类党群工作活动信息330条，更换机关党建宣传橱窗10期，举办党日活动专题展2期。

（三）42334党建工作模式

积极探索新时期党建工作规律，形成42334工作法。即搭建四级架构，机关党委、党总支、党支部、党小组；抓好两个教育，每月一次党支部活动日的日常教育、理论中心组固定学习日的专题教育；依托三个平台，办公室内网、微信、电子期刊；利用好三份资源，微信群学习资料、微党课、党建参考资料；实行四级述职，党员向党支部述职，党支部向党总支述职，党总支向机关党委述职，机关党委面向全体党员述职。

针对北京市南水北调办系统机构设置偏、远、散的特点，探索建立以“内网专栏、北京南水北调办公室微信群和南水北调微党建微信交流平台、党建参考电子期刊”为载体的“三位一体”党建工作平台，向广大党员干部随时推送党建资料，充分利用大家“碎片化”的学习时间，做到党建工作随时学、随手学，潜移默化提升党员素养。全年在微信群推送各类学习资料300多条，微信账号推送学习资料150条，电子期刊5期。

（四）活动组织

坚持每年开展“双十佳”评选活动，以10名优秀共产党员为事例，典型引领，推动基层党员模范作用的发挥；坚持抓好主题教育活动，七一大型党课、南水北调成果摄影比赛、国务院南水北调办系统“我为通水立新功”团拜会、“铭记历史，缅怀先烈，珍爱和平，开创未来”为主题的诗朗诵活动、纪念抗日战争暨世界反法西斯战争胜利70周年参观活动等深入民心，鼓舞士气。

（戴俊芳）

机关团建

2015年3月31日，北京市南水北调办机关团委第二届委员会经团员大会选举成立。机关团委贯彻“党建带团建”的工作原则，结合建管任务繁重、青年员工占比较高等实际情况，精心打造“4+3”青年品牌（即：“创先争优活动、五四主题活动、服务中心工作活动、志愿服务活动”4项品牌活动，“青春之窗平台、团刊《南水北调青年》平台、青年成长之路平台”3个青年平台），确保工作实现理念超前、形式新颖、全面覆盖。

全年中，机关团委组织全体青年建设者，积极参评“北京青年五四奖章”，刘峻伟脱颖而出，首摘殊荣；备战“北京市机关第二届青年技能大赛”，各单项均进入决赛，获一等奖1个、三等奖2个和最佳组织奖；精心谋划五四活动和日常青年活动，配合开展宣教工作，组织好愿服务，充分发挥党的助手职能。

在“创先争优品牌活动”中，甄选获奖人员和团队，借助新华社、北京电视台、北京日报、北京广播电台等平台扩大宣传，先后以微电影《中国梦的365个故事》等方式向社会推出翟绍淼、东干渠项目部青年团队、张国宇、刘峻伟、刘晓音、刘剑琼等。

在“五四主题品牌活动”中，开展了“饮水思源、相约五四”市直机关青年走进南水北调活动。水源区与北京市建设者代表进行了饮水思源宣讲，市直机关团工委向全市机关青年发出“珍惜生命之泉、守护碧水蓝天”的号召，市直各单位200名青年代表签字响应。北京广播电台对活动进行了阶段直播，新华社、北京电视台、湖北丹江口电视台等也对活动进行了报道，舆情反馈较好。

在“服务中心品牌活动”中，借助世界水日、中国水周等关键时间点，承办社区青年汇活动，千名代表走进南水北调，将青年活动与饮水思源、爱水节水宣教有机结合；配合北京市妇联、市旅游委等做好“最美家庭”走进南水北调、“自驾探秘南水北调中线”等活动，强化与兄弟单位的联系，形成工作合力。在“志愿服务品牌活动”中，除常规敬老院等志愿服务外，积极配合南水北调宣传工作要求，精心打造青年宣讲志愿队。一是在北京市迎“江水进京”“十三五展望”等巡回宣讲中，王冰等青年代表先后在北京市各区县、各系统、有关单位进行南水北调主题巡回宣讲报告40余场。二是“首都博物馆南水北调中线工程展”展出4个月内，累计接待各界参观32万人次，其中的重要参观均由北京市南水北调办青年代表负责讲解。三是青年代表认真配合社会预约参观的接待、讲解工作，全年累计接待社会各界团体300余批、1.8万人次。

在打造“青春之窗平台”中，引导青年、团员加强学习，努力实现素质、能力“双提升”。一是2014～2015年间，北京市南水北调办青年建设者先后在人民日报、新华社、北京日报等主流媒介发表稿件万余字。二是2015年上半年，青年建设者史晓宇摄影作品“团城湖调节池蓄水迎瑞雪”入选北京市2022年冬奥会申办用图。三是配合音乐创作人小柯，制作了北京南水北调歌曲《把世上最珍贵的给你》。四是积极参与团城湖明渠广场终端建设工作，2015年下半年设立了“青年林”（青年建设者进行实名认养）并配合推进“建设者足迹”（雕塑类）建设，为南水北调标志区域增添青春元素与活力。

（侯　丁）

党风廉政建设

（一）政治学习

始终把学习贯彻习近平总书记系列重要讲话精神当作一项重大政治任务，坚持领导带头，以上率下，第一时间、原原本本组织传达学习，切实增强学习贯彻的自觉性和紧迫性，切实把广大干部群众的思想和行动统一到讲话精神上来。分批组织处级以上党员领导干部参加北京市委理论中心组和北京市纪委辅导讲座，系统学习党的十八大和十八届历次全会精神，学习习近平总书记系列重要讲话精神，学习北京市委十一届七次、八次、九次全会精神；督促指导处级以上干部撰写相关学习体会200余篇。通过深入学习，引导大家自觉按照习近平总书记“四铁”标准加强党性修养、强化看齐意识，确保政令畅通，始终与以习近平为总书记的党中央保持高度一致，切实增强大局意识、责任意识、忧患意识，切实做好当前各项工作。

（二）制度建设

（1）落实党风廉政建设责任制。各级领导班子能够把党风廉政建设纳入总体布局，摆在突出位置。北京市南水北调办党组、驻办纪检组、机关党委重视落实党风廉政建设责任制，年初有部署，制定下发落实“两个责任”《工作要点》和《责任分解》，将北京市南水北调办系统全年党风廉政建设工作细分为六大项17个子任务，结合“一岗双责”明确责任清单，逐级签字背书，层层传导压力；年中有推进，机关各部门相互配合，形成合力，齐抓共管，加强督促检查，强化责任担当；年底有考核，北京市南水北调办党组召开专题会议审定方案、办领导带队检查指导责任制履行情况，坚持听主体责任落实情况与监督工作汇报相结合、查看相关资料与组织党员干部座谈相结合，并增加了民主测评和廉政知识考试，进行综合打分排名，帮助基层找准问题，形成知责明责、履责尽责的工作格局，切实推进党风廉政建设责任制落实。通过检查考核，落实党风廉政建设责任制比较好的单位是建管中心、拆迁办和团城湖管理处。

（2）健全制度保障体系。北京市南水北调办党组、驻办纪检组和机关党委围绕增强责任意识，严明党的纪律，建立健全“一方案两办法”：即《责任制检查考核工作方案》《市南水北调办贯彻落实全面从严治党实施办法（试行）》和《办领导班子“三重一大”决策制度实施办法》，形成用制度管人、按流程办事、遵规范用权的有效机制。纪检组制定《党风廉政建设工作约谈制度》，全年对新任处级领导干部廉政谈话 6 人次，对廉政建设方面存在问题的有关人员约谈 3 人次，做到早提醒、早教育。落实民主生活会、领导干部述职述廉和个人重大事项报告制度，召开局、处级领导干部述职述廉民主评议会，在北京市南水北调办系统全面推行党员向党支部述职，党支部向党总支述职，党总支向机关党委述职，机关党委面向全体党员述职的“四级述职”体系，广泛接受群众评议监督。

（3）严格干部选拔任用。认真贯彻落实《党政领导干部选拔任用工作条例》，按照习近平总书记“好干部”五条标准，不断完善干部选拔任用、教育培养、监督管理工作机制，着力培养政治素质好、业务能力强、作风纪律过硬、群众威信高的干部队伍。一年来，北京市南水北调办党组充分发挥领导和把关作用，全程接受纪检监察部门监督，严格按照程序选拔任用干部，进一步健全规范动议提名、民主推荐、组织考察等重点环节，分 3 批选拔处级干部 15 人，上下反映较好。认真落实干部任前档案审核制度和干部任前个人有关事项报告抽查核实制度，对不符合规定的坚决不予推荐、考察和上会。按照 10% 的比例对领导干部个人有关事项报告进行抽查核实。

（三）监督机制

（1）规范权力运行。在北京市南水北调办系统全面推行党政主要领导“三个不直接分管”制度，积极构建“副职分管、正职监管、集体领导、民主决策”的权力制约监督模式，强化廉政风险防控管理。认真落实“三重一大”和民主集中制等重要事项集体决策制度，严格执行党内监督条例，“三重一大”事项基本做到由办领导班子集体审议决策，有纪检监察部门参与监督。年度项目建设实行先由项目审核小组审核把关，再提交主任办公会决策。选拔任用干部和大额资金使用事项，基本落实了事先征求纪检监察部门意见的制度。注重信息化防控手段使用，研究开发了网上纪检监察工作平台，积极推进廉政风险防控“三个体系”建设，强化权力运行的监督制衡机制。

（2）纪律审查工作。加强对中央八项规定精神和北京市委实施意见贯彻执行情况的监督检查，紧盯“中秋”“国庆”等重要节点，认真落实“十个严禁”要求，持之以恒反对和纠正“四风”。紧扣重大改革任务、重点建设项目、重要民生工程，继续对东干渠和密云调蓄工程进行效能监察，改变以往参与一线检查、全程监督的做法，集中精力抓好履职尽责、工程变更、合同履行等情况监督，并根据工程进展情况开展不定期的专项检查、随机抽查，注重末端落实，有效推动工程建设。畅通信访渠道，在系统内网设立举报专栏，公布举报途径和电话。

（四）党风廉政教育

北京市南水北调办党组带头学习贯彻中央新修订的《中国共产党廉洁自律准则》和《中国共产党纪律处分条例》两大法规文件，办属各单位为每名党员干部购买了学习材料，并组织了集中学习和讨论交流。纪检组积极开展正风肃纪专题学习教育活动，为机关和基层各支部刻录发放了“正风肃纪”教育光盘，纳入办领导班子理论中心组和党员干部学习内容，切实做到让每一名党员干部受到严格的教育，坚定理想信念，筑牢思想防线。组织各类廉政教育活动累计2000余人次，进一步在全系统营造崇廉尚廉的良好氛围。

（五）党风廉政活动

（1）“三严三实”专题教育。按照中央和北京市委的部署要求，制定专题教育实施方案，成立工作协调小组，扎实推进“三严三实”专题教育。坚持以上率下，党组主要领导带头讲党课，其他党组成员在分管领域结合学习体会进行党课辅导；按照严以修身、律己、用权3个专题，组织了9次集中学习和3次专题研讨，实现机关及基层党员全覆盖，班子成员积极发言，相互交流，效果明显；紧扣“三严三实”主题，组织了3次全系统意见征集活动，召开了8次座谈会，广泛征求意见，认真梳理“不严不实”问题的具体表现，并做到立行立改；北京市南水北调办领导深入基层单位闸站、执守点，开展现场调研，深入了解基层党建、队伍建设、制度建设、科技创新以及运行管理实际情况，了解一线职工的工作和生活情况，与基层同志谈心交心，集中推动并解决了一批涉及基层职工出行难、办公条件紧张、食宿条件艰苦等问题。

（2）“为官不为、为官乱为”专项治理。由纪检组监察处牵头，制定了专项整治的实施方案，明确了工作任务、工作重点、工作步骤。各单位对照专项整治的内容，重点围绕群众观念淡薄、工作执行不力、工作能力不强、工作标准不高、工作不敢担当、工作状态不佳、工作作风漂浮、工作推诿扯皮等8个方面进行自查，在广泛征求工作对象、服务对象及干部职工意见建议的基础上，采取部门、单位自查，召开党总支（支部）会认真梳理，明确整改措施，建立工作台账等方式深入查找“为官不为”方面存在的突出问题。根据工作台账，明确整治目标、完成时限、责任部门、责任人等，即知即改，切实抓好整改落实，真正做到了思想认识提高到位、活动内容把握到位、活动整治开展到位。

（戴俊芳）

天 津 市

人 事 管 理

天津市南水北调办不断加强队伍建设，李宪文同志经任职试用期满考核合格，任天津市南水北调工程建设委员会办公室综合处副处长；王柔同志经任职试用期满考核合格，任天津市南水北调工程建设委员会办公室综合处副处长。

（刘丽敏）

党建与精神文明建设

天津市南水北调办结合南水北调工程建设实际，在天津市水务局党委的领导下，依托调水办机关党支部和各参建单位党组织，不断加强党的建设和精神文明建设。陆续开展“三严三实”专题教育三个阶段活动，把思想认识和行动高度统一到中央、市委和局党委决策部署上来，全面理解“三严三实”

的深刻内涵，认真查找问题，深刻剖析原因，制定整改措施，切实提高了党性修养，有效改进了工作作风。坚持廉政先行，结合工程建设全面加强党风廉政建设，认真落实党风廉政建设责任制，坚持打造廉洁工程。加强工程建设资金监管，规范领导干部权力运行，对关键岗位、关键环节加强监督，南水北调系统全年未出现干部违规违纪问题。精神文明建设活动广泛开展，组织学习贯彻习近平总书记系列重要讲话和社会主义核心价值观等活动，以党的最新理论成果武装干部职工；进一步加强民主管理，推进职工素质工程建设，广泛开展职工文体活动。

（刘丽敬）

河 北 省

人 事 管 理

河北省人力资源和社会保障厅冀人社任〔2015〕13号文件通知，河北省人民政府2015年2月11日决定，任命张铁龙为河北省南水北调工程建设委员会办公室主任；免去袁福河北省南水北调工程建设委员会办公室主任职务。

（河北省南水北调办）

党建与精神文明建设

2015年，河北省南水北调办认真组织学习了习近平总书记系列重要讲话精神，深入开展了“三严三实”专题教育和解放思想大讨论等活动，党建工作方式不断创新，工作机制不断完善，精神文明建设有效加强，各项党建工作圆满完成。

（一）理论学习

为适应新形势新任务的要求，河北省南水北调办坚持把学习摆在突出位置。学习中主要采取集中学习和自学相结合的办法，每月第一个星期五集中学习，参加学习人员和学习内容记入《党支部活动手册》。学习的主要内容有：一是加强对党章和《中国共产党廉洁自律准则》《中国共产党纪律处分条例》等党内规章的学习，并以答题考试方式深化理解，提高思想认识；二是深入贯彻学习习近平总书记系列重要讲话精神，特别是“三严三实”专题教育的重要指示；三是学习赵克志书记在全省开展“三严三实”专题教育党课暨领导干部警示教育大会、河北省委八届十二次全会上的讲话等；四是学习与工作有关的水利法律法规。通过学习，切实增强了全体党员干部的政治理论和业务水平，坚定了全心全意为人民服务的理想信念。

（二）制度建设

为强化党员干部执行制度的自觉性，不断提高党员干部的制度意识，实现用制度管人管事的目标，河北省南水北调办通过系列工作加强党的制度建设。一是广泛开展制度宣传教育，引导广大党员干部牢固树立条例、制度就是法规的思想，切实把中央颁发的一系列党的条例、准则制度规定上升到党规党纪的高度来落实。二是强化领导干部依法用权的责任意识。结合机关施行的学习制度、“三会一课”制度、民主生活会制度、民主评议党员制度、作风整顿请假制度等工作制度，由单位领导带头遵守，引导大家自觉做到用制度管权、按制度办事、靠制度管人，以榜样的力量感召和带动其他党员干部遵纪守法。三是按照要求定期召开党内民主生活会，每位同志都要进行发言，严肃认真开展批评和自我批评，自我批评不绕弯子，互相批评以诚相待，经过党内严肃政治生活的教育和洗礼，达到了“团结—批评—团结”的目的。

（三）作风建设

为切实加强党的作风建设，深入推进反腐倡廉工作，筑牢廉政防线，河北省南水北调办多措并举，成效显著。主要工作有：一是按“一岗双责”要求，将2015年度党风廉政建设责任进行任务分解，将各项工作任务分解到每一个工作岗位和每一个人；二是坚持把党员干部的党风廉政建设作为党风廉政教育工作的关键来抓，把反腐倡廉理论作为学习的重要内容，定期安排专题学习；三是认真贯彻落实中央八项规定精神和《中国共产党廉洁自律准则》《中国共产党纪律处分条例》，坚持加强教育、制度约束、监督管理并重的方针，把反腐倡廉贯穿于各个方面；四是认真落实民主集中制，加强对权力运行的制约和监督，确保权力正确行使，凡属重大决策均召开会议讨论做出决定；五是进行警示教育，时刻警钟长鸣，组织学习典型案例警示教育，不断增强党员干部的廉政意识；六是按照党风廉政建设廉政风险防范管理要求，组织全体党员干部深入查找个人作风，岗位职责风险点，力争将隐患消灭在萌芽状态。

（河北省南水北调办）

江　苏　省

管　理　机　构

根据江苏省委、省政府部署，江苏省水利厅、省南水北调办针对境内工程涉及防汛、调水、灌溉、航运等综合功能的复杂情况，在开展大量调研论证工作的基础上，提出了江苏省南水北调工程运行管理体制方案。2014年11月，经过江苏省委常委会研究，江苏省机构编制委员办公室已经批复同意成立江苏省南水北调工程管理局（在江苏省南水北调办基础上增挂牌子）。

（周珺华）

人　事　管　理

2015年，江苏省南水北调办按照江苏省水利厅党组的要求，加强干部队伍建设，做好干部教育培训工作。围绕党十八届三中、四中和五中全会精神、习近平总书记系列重要讲话精神、省委常委会十二届九次全会和省级机关第十九次党的工作会议精神，结合省水利厅系统党委（总支）中心组专题学习安排，定期组织干部职工参加政治学习和业务学习。同时，也将深化作风建设作为教育重点，扎实开展党的群众路线教育实践活动和“三严三实”专题教育。2015年全年，教育成果显著，作风建设优良，群众口碑较好。

（周珺华）

党建与精神文明建设

（一）理论学习

2015年，江苏省南水北调办党支部围绕党十八届三中、四中和五中全会精神、习近平总书记系列重要讲话精神、省委常委会十二届九次全会和省级机关第十九次党的工作会议精神，按照年度省水利厅系统党委（总支）中心组专题学习安排，组织集中理论学习和读书交流活动十余次，并积极组织党员干部参加水利厅机关党委举办的各类专题讲座、机关讲坛、党员大家讲、读书会等各项学习交流活动。在理论学习过程中，注重将理论要点与当前国家政治经济新形势相结合，注重通过典型案例分析讲解加深党员同志的学习领会，注重研究讨论南水北调中心工作与全面深化改革、构建社会主义核心价值观、建设现代农业、加强民生工作、打造生态文明等党的理论创新重点方向的有机关联。通过理论教育和学习交流，进一步领会党在新时期的新思想、新观念、新理念，跟紧党的理论创新步伐，提高思想政治觉悟，坚定理想信念，增强政治责任感和使命感。

（二）组织建设

2015 年初，江苏省南水北调办党支部进行了单独成立支部以来的首次支委选举，选出了一批优秀的青年党员同志充实到支委工作岗位上来，构建完善了支部的组织结构，走出了支部党员队伍建设的关键一步。全年，支部在加强党的思想理论学习同时，也将党的纪律要求、制度标准作为教育重点，组织全体党员同志逐字逐条地学习了《中国共产党廉洁自律准则》《中国共产党纪律处分条例》《江苏省行政程序规定》以及中央和江苏省委省政府关于公务差旅、培训、采购等方面的标准和规定。通过党纪党规的学习和讨论给同志们敲响警钟，通过支部组织生活和民主生活会上的批评与自我批评给同志们出出汗、醒醒脑，通过与其他支部和基层群众的交流活动、征询意见给同志们照镜子、正衣冠。

（三）组织生活

2015 年，江苏省南水北调办党支部根据江苏省水利厅机关党委的部署要求和自身工作实际，积极开展了丰富多彩的组织活动。在“三解三促”基层调研活动中，江苏省南水北调办党支部各位党员同志分成两组，深入基层，通过调研走访、集中座谈、个别访谈等形式，调查研究了南水北调里下河水源调整工程运行管理情况，以及南水北调在建截污（尾水）导流工程建设与运行管理情况，认真听取基层干部群众反映水利服务、水利工程建设运行与地方生产生活关系等方面的实际问题，认真完成调研报告及时上报厅机关党委，并努力采取各项措施推进调研发现问题的解决。在“支部结对共建”活动中，江苏省南水北调办党支部与徐州市抗旱排涝队党支部签署了共建协议，组织党员同志实地参观学习了基层党支部的工作情况，了解了基层同志们的学习、工作和思想状况，并向基层党支部和基层同志们赠送了慰问品和南水北调的书籍、画册，同时也邀请基层党支部的同志们来南京与进行座谈交流，参加江苏省南水北调办党支部的民主生活会。在“三严三实”专题教育活动中，办领导带头，各位处级以上干部认真开展读书调研，认真进行自我审视、自我剖析，并向全办党员同志们进行面对面的体会发言，既使自身得到了提高，也使普通党员同志们一样受到了教育，体会到了“严修身、严用权、严律己”的意义和“谋事实、创业实、做人实”的重要性。此外，江苏省南水北调办党支部还开展了向困难地区中小学生图书捐赠、党建知识答题竞赛、机关党员服务社区等活动，在丰富多彩的活动过程中，振奋精神，凝聚力量，提高党建工作的成效，打造和谐向上的党员队伍。

（薛刘宇）

党风廉政建设

2015 年，江苏省南水北调办全体党员认真学习贯彻习近平总书记系列重要讲话精神，在思想上、政治上、行动上始终与党中央保持高度一致。一是落实全面从严治党要求，扎实开展党的群众路线教育实践活动和“三严三实”专题教育，取得了显著成效。二是严明政治纪律和政治规矩，认真执行中央八项规定、江苏省委十项规定精神，不断深化“四风”整治，积极践行社会主义核心价值观，条线行风作风不断向好。三是根据江苏省水利厅党组《关于进一步落实党风廉政建设主体责任和监督责任的意见》，坚持以落实党风廉政建设责任制为龙头， 层层压实党风廉政建设主体责任，以加强思想教育、完善制度体系、强化监督检查为抓手，全面加强党风廉政建设和预防腐败工作各项措施；在不断发挥纪检监察工作现场派驻职能作用的基础上，充分发挥与江苏省检察院预防职务犯罪联席工作机制，持续在建设与管理一线开展监察检查、监督稽察、警示教育等监督教育活动，实现了"四个安全"。

（杨全海）

山东省

管理机构

2015年，山东省南水北调工程建设管理局（简称山东省南水北调局）不断加强人才队伍建设，组织修订了规章制度，健全完善了组织体系，严格干部选拔任免、强化干部教育培训、完善干部考核评价，取得了显著的成效，人才队伍能结构大大改善，职工队伍整体素质明显增强，为全省南水北调事业又好又快发展奠定了坚实的基础。

（1）山东省南水北调工程建设管理局。2015年，山东省南水北调局实有编制48名，共有在职人员47名，其中省管干部5名，处级干部23名，主任科员以下人员19人。

（2）地方办事机构。随着续建配套工程的全面建设，各有关地市、县级办事机构也逐渐完善，工程沿线济南、淄博、枣庄、济宁、泰安、德州、聊城、潍坊、东营、滨州、莱芜、临沂等市相继成立了领导机构，其中，济南、淄博、枣庄、济宁、泰安、德州、聊城、潍坊、东营、滨州、临沂等市成立了市南水北调工程建设管理局；淄博市高青县，枣庄市台儿庄区、滕州市，济宁市市中区、任城区、微山县、鱼台县、梁山县、嘉祥县、金乡县，泰安市东平县、宁阳县，德州市夏津县、武城县，聊城市东阿县、临清市、冠县、阳谷、高唐、茌平等多个县（市、区）成立了相应的县一级办事机构，具体负责辖区内的续建配套工程建设。各级办事机构的建立，为山东省南水北调工程建设提供了强有力的组织保证。

（隋励斌）

干部人事管理

（一）人事管理制度体系

一是认真学习贯彻上级有关政策要求，紧密结合自身特点，起草了山东省南水北调局党委《重大事项议事规则》，制定了《山东省南水北调局科级以下干部管理工作规则（暂行）》，使选人用人工作更加科学、公正、规范。二是修订《因公出国（境）管理暂行规定》《职工继续教育管理暂行办法》等，进一步规范加强外事管理和教育培训等工作。三是制定《山东省南水北调工程管理流动红旗评选工作方案》，结合联合稽查工作，在干线工程现场开展流动红旗评比活动，进一步调动了广大职工积极性、创造性，在工程一线形成了同业对标、争先进位、你追我赶、拼搏进取的工作氛围。

（二）人事调配

一是认真完成两名领导同志工作调动的工资转移、参公登记、增编销编等工作。二是配合山东省水利厅完成了对8名处级干部职务晋升民主推荐及考察组织工作。三是严格按照干部选拔任用程序，完成了山东省南水北调局编制5名副主任科员晋升主任科员工作任务。四是根据2015年初修订的山东干线公司《章程》，及时调整了公司董事、监事会成员，并在山东省工商局进行了备案。五是组织完成了对调水中心总经济师和总会计师的选任工作。

（三）人事档案专项审核

根据上级统一部署，结合山东省南水北调局实际，制定《人事档案专项审核工作实施方案》，开展档案审核和规范管理工作。一是建立规范化档案室，配齐了各类档案管理设施设备，完善了档案借阅、借用、流转登记等管理规定。二是对照干部人事档案专项审核重点查找的43个风险点，对局机关全体人员档案逐卷逐页细致审核、逐点逐项如实记录。截至2015年12月底，协助完成对省局机关副处级以上干部档案的审核、调查认定和相关材料整理工作；完成了局机关19名科级干部的档案初审、复审及问题调查核实、初步认定等工作。

（四）全系统目标管理考评和公司绩效考核

根据山东省南水北调局党委确定的2015年重点工作目标，制定印发《2015年度全省南水北调系统目标管理考核工作实施方案》，细化考核项目，完善考评标准，进一步明确了各级工作目标和责任要求。2015年底制发通知，对2015年度目标管理考核工作进行统筹安排，专门召集各单位分管领导和工作人员培训提要求，加强工作调度督促，确保各项考核工作按要求落实到位。

（五）工资、社保制度改革

一是按时间节点要求完成了局机关人员工资改革和养老保险改革各项数据测算报送审核、信息采集等一系列工作任务；二是按时完成对局编制人员职务变动和年度晋级晋档正常工资调整；三是配合财务等部门完成了2015年度工资预算及公车改革有关人事数据、住房改革房产信息统计报送等工作。

（六）第一书记扶贫帮包工作

2015年上半年，山东省南水北调局圆满完成第一轮对3个帮包村为期3年的扶贫帮包任务，并紧接着组织开展第二轮对2个贫困村为期2年的帮包工作。

（七）培训

2015年度，完成了山东省南水北调局处级以上干部8人次党校送训保障和局机关全体人员在干部学习网上的年度学习任务。

（隋勋斌）

党建与精神文明建设

2015年，山东省南水北调局党委坚持以十八大、十八届三中、四中全会和习近平总书记系列重要讲话精神为指导，深入贯彻落实从严治党重大决策部署，紧紧围绕科学良性推进工程运行管理大局，大力加强党的建设。通过深入开展党的群众路线教育实践活动和“三严三实”专题教育，充分发挥党组织的政治核心和党员干部的先锋模范作用，进一步增强了职工队伍的凝聚力和战斗力，为优质高效建设管理南水北调工程提供了强有力的思想和组织保证。

按照保持党的先进性、纯洁性要求，山东省南水北调局从思想建设、作风建设、组织建设、制度建设、廉政建设“五位一体”方面，着力提升党建工作水平，力求各项工作都有切入点、有平台、有抓手、可操作，将山东南水北调党建工作打造成制度化、规范化、标准化、务实化的精品工程。

（一）思想政治学习体系

山东省南水北调局党委把学习贯彻党的十八大、十八届三中、四中全会和习近平总书记系列重要讲话精神作为首要政治任务来抓，对党的新论断、新部署、新举措进行专题重点学习，迅速传达领会。制定出台了《山东省南水北调工程建设管理局党委中心组理论学习工作制度》《关于进一步加强和改进局党委中心组学习的实施意见》等，以制度规范不断强化党委班子和党员队伍政治建设。通过专题讲座、组织辅导等方式，引导党员

干部原原本本深入学习，深刻领会精神实质，教育引导党员干部讲党性、重品行、作表率。此外，局党委领导班子成员每月初固定组织召开“学习日”宣贯教育活动常抓不懈，传达讲解各级重大决策制度、情况通报以及时政热点和业务知识，引导局、公司的党员领导干部及时学习更新知识储备，养成勤于学习、善于思考、勇于探索的精神，推动理论武装工作的深化和落实。

各党支部切实按照局党委年度政治理论学习计划和党支部“三会一课”制度，认真制订本单位的学习计划、统筹安排工作，切实抓好政治理论学习的时间、内容、人员、效果，并做好会议记录和学习笔记进行交流传阅。督促检查各党支部每月学习制度、座谈会制度和季度谈心交流制度的落实情况，要求各党支部对过渡转型期职工思想波动及时进行梳理和引导，做到思想政治工作与解决实际问题两手抓、两不误。通过多措并举长治久抓，进一步帮助干部职工统一思想，坚定信心，凝聚共识，推动工程运行管理各项工作全面落实。

（二）党员队伍管理体系

为全面推进党支部规范化、标准化、精细化建设，特别是提升基层党支部党建工作规范化程度，山东省南水北调局组织党务工作人员通过搜集、摘编各类党建工作资料，结合山东南水北调局工作实际和党员队伍特点，编辑印制了《山东南水北调党员知识及党务工作手册》。手册共分为“基层党支部的设置、职责和选举”“党员发展工作”“党员管理工作”“党费收缴管理”“党组织关系管理”“常用文书模板”6个章节，约3万字，以64开红皮小册子形式印制，下发至各党支部和所有党员手中，方便广大党员及时学习查阅，极大提升了党员干部对党务知识和相关管理规则的熟悉程度。

同时，山东省南水北调局组织党务工作人员及各党支部骨干成员共同搜集编写了“山东南水北调党务学习知识测验试题题库”，包含党务工作知识试题约300道。2014年12月中下旬，组织山东省南水北调局、山东干线公司党总支和15个支部委员共67人进行了党建工作水平考试，并公示考试成绩。通过复习考试，大大提升了各党支部党务工作者的理论水平和业务能力，通过考核筛查，也及时发现了对党务知识不熟悉，工作态度不端正的党员干部，并予以交心谈心督促其整改提高。

（三）干部组织建设体系

鉴于山东南水北调面临管理体制和管理方式转变的新形势，山东省南水北调局党委适时建立调整了党总支及各党支部人员。按照“工程建设管理单位设置在哪里，党组织就相应设置在哪里”的原则，经省局党委研究批准成立了南水北调山东干线公司党总支，下设7个管理局党支部，并对机关各支部进行了调整，并按照组织程序选举产生了山东干线公司党总支委员会和15个党支部委员会，更好地为工程一线运行管理和基层党员服务。同时，及时充实党务干部，配齐、配好支部班子，严格实行党员承诺、践诺、评诺制度，建立完善党建工作长效机制，不断推进党员队伍建设高效化、务实化。

采取集中学习教育、辅导讲座和参观考察等多种形式搞好党员教育工作。针对工程战线长、点多面广，人员大都在建设一线的特点，专门成立了工地党员学习教育小组，定期开展教育活动，实现了党员教育全覆盖。持续在党员队伍中深入开展“三无一带头（党员身边无违纪、无事故、无难题，在困难和艰巨任务面前发挥带头作用）”活动，充分发挥党员队伍的先锋模范作用。注重德才兼备、建立健全干部培训、选拔和任用机制，针对工程建设全线展开、全面推进、加速建设的实际，按照“优先向工程建设管理一线倾斜，优先对急需岗位进行配备，择优从现有人员进行安排”的指导思想，严格标准，坚持科学选人用人，对干部队伍进行了充实加强，选拔调配到运行管理一线和急需岗位干部超过200人次，有力地促进了工程建设管理。

（邓　妍）

党风廉政建设

2015年，山东省南水北调局党委认真落实全面从严治党要求，紧紧围绕工程建设和运行管理实际，不断完善责任制落实体系，强化权力运行制约和监督，持续深化作风建设，建立完善党风廉政建设与工程建设管理联合督办、同步考核机制，加强党员干部廉洁从业管理，保障了党委中心工作的顺利完成和党风廉政建设主体责任、监督责任的有效落实，经受住了国家、山东省多次审计、稽察、检查的考验，确保了“工程、资金、干部”安全。

（一）党风廉政建设责任制

逐级签订了《党风廉政建设监督责任书》，明确责任主体、责任内容、检查考核和责任追究；主要负责同志认真履行第一责任人责任，定期听取党风廉政建设工作汇报，做到重要工作亲自部署、重大问题亲自过问、重点环节亲自协调、重要案件亲自督办，管好班子、带好队伍；班子成员按照“一岗双责”要求，对职责范围内的党风廉政建设负主要领导责任，坚持部署、调度、督促重点业务工作的同时，对党风廉政建设提出安排要求，定期对分管处室党风廉政建设责任制落实情况进行监督检查；局纪委与各党支部纪检委员签订了党风廉政建设监督责任书，明确监督责任内容，加强日常监督检查，建立起压力层层传导、责任层层落实的主体责任和监督责任落实体系。开展了党风廉政建设制度规范化试点工作，并及时总结推广试点成果，从学习教育、制度落实、风险防控管理、监督责任落实、干部廉政档案管理等5个方面对基层党风廉政建设工作进行规范，推动党风廉政建设主体责任和监督责任的深入落实。

（二）廉政教育

先后部署了《习近平关于党风廉政建设和反腐败斗争论述摘编》学习，组织观看了《前车之鉴》警示教育片，专题传达学习中央纪委五次全会和山东省纪委十届六次全会、山东省水利系统党风廉政建设工作会议精神，到各单位巡回开展党课教育，组织干部到山东省警示教育基地参观等警示教育活动，做到警钟长鸣；结合“三严三实”专题教育活动，深入学习研讨习近平总书记重要讲话精神和中央关于反腐倡廉建设的系列方针政策；专门组织纪检委员培训，对《中国共产党廉洁自律准则》和《中国共产党纪律处分条例》进行详细解读等，进一步强化了各级干部纪委、规矩意识。

（三）权力运行制约和监督

进一步规范山东省南水北调局党委议事规则和决策程序，专门制定了《山东省南水北调局重大事项决策议事工作规则》，对“三重一大”事项由局党委集体讨论后做出决定，凡属工程建设管理重大技术性问题或重要方案审定，必须经过专家咨询论证，协助局党委科学决策，局纪委全程参加局党委各种会议，对决策、执行等环节全程监督；除“三重一大”事项外，根据工作实际，专门明确了需局主要负责同志签发的报告、请示和由局法人代表签字、盖章的合同、重要事项、敏感问题，必须经主办处室、分管局领导审核签字，加大了对主要负责同志的监督力度；继续深化廉政风险防控管理，组织各部门（单位）重新梳理业务工作流程，深入排查廉政风险点，制定风险防控措施，健全完善相关工作制度，层层签订廉政风险防控责任承诺书，把责任最终落实到具体岗位、具体人；严格落实工程合同与廉政合同双签制度，督促山东干线公司先后与参与山东省南水北调工程建设、管理、咨询服务的14家合同中标单位签订了《廉政责任协议书》，做到了相互制约、相互监督。

（四）监督机制

出台《干部廉政谈话实施办法（试行）》，认真落实《山东省水利厅纪检监察工作约谈提醒制度》，对党员干部思想、工作、生活等方面存在的苗头性、倾向性问题，早发现、早提醒、早纠正；通过每月一次恳谈会和领导干部联系普通党员、每季度进行一次个别谈心，及时听取基层干部职工的意见建议，随时指出存在的问题，做到防微杜渐，防患未然；围绕落实中央八项规定精神，狠抓关键节点反腐；紧盯“四风”问题新形式、新动向，及时传达学习中央、山东省纪委下发的关于违反中央八项规定精神问题典型案例通报；深入开展“庸懒散”专项治理，把作风建设融入工程运行管理和干部队伍建设的方方面面；加强党员干部廉政档案管理，督促引导全体党员干部遵章守纪、创先争优、廉洁从业。

（五）督查督办工作

按照山东省南水北调局党委决策部署，将2015年初确定的249项重点工作任务，逐项落实责任单位和责任人，及时跟踪督办，按月提交督办报告。在涉及二级机构管理设施建设和合同外变更及索赔的督办工作中，建立督办与监察相结合的工作机制，对涉及的工作全程参与，既做好纪检监督，又时时督促工作进度，取得了显著效果。重点抓好局务会、局长办公会确定事项落实，加强督办催办，做到件件有落实，事事有回音。对领导批示需要督办的事项，深入调查，强化督导，有力推动了相关工作的落实。全年共提交年度重点工作任务督办报告11期，提交贯彻会议督办事项落实报告7期，促进了局党委决策部署和各项重点工作的贯彻落实。

（张铭锋　张慧清　李秋香）

河　南　省

概　述

2015年是河南省南水北调工程由建设管理转入运行管理的第一年。在河南省委、省政府的坚强领导下，在国务院南水北调办的精心指导和大力支持下，各项工作成效明显。

开展专题教育，践行“三严三实”，扎实开展“三严三实”专题教育，领导班子成员带头开展调研，带头讲党课，带头学习研讨，带头查摆“不严不实”问题，带头开展批评与自我批评。各支部规定动作不走样，自选动作有创新。深入查摆，建立台账，深化整改落实。建立健全制度体系，出台10项制度，用制度管权管事管人，确保党员干部践行“三严三实”制度化、常态化、长效化。

2015年4月，河南省南水北调办被河南省委、省政府作为2014年度全省经济社会发展十大突出贡献单位予以嘉奖；2015年7月，被河南省委、省政府表彰为全省“平安建设工作先进单位”；2015年11月，顺利通过河南省级文明单位复查。

（杜军民）

管　理　机　构

南水北调工程经国务院批准于2002年12月27日正式开工。依据国务院南水北调工程建设委员会有关文件精神，河南省于2003年11月成立河南省南水北调中线工程建设领导小组办公室（豫编〔2003〕31号），作为河南省南水北调中线工程建设领导小组的日常办事机构，设主任1名，副主任3名，与省水利厅一个党组，主任任省水利厅党组副书记，副主任任省水利厅党组成员。2004年10月，成立河南省南水北调中线工程建设管理局（豫编〔2004〕86号），是河南省南水北调配套工程建设的项目法人。同时明确，办公室与建管局为一个机构、两块牌子。

2015年，河南省南水北调办（河南省南水北调建管局）下设综合处、投资计划处、经济与财务处、环境与移民处、建设管理处、监督处、审计监察室7个处和南阳、平顶山、郑州、新乡、安阳5个南水北调工程建设管理处（豫编〔2008〕13号）。根据工作需要，内设机关党委。受国务院南水北调办委托代管南水北调工程河南质量监督站。批复人员编制156名，其中行政编制40名，工勤编制12名，财政全供事业编制104名。

（杜军民）

人 事 管 理

2015年11月，豫政任〔2015〕266号，刘正才同志任河南省南水北调中线工程建设领导小组办公室主任；2015年11月，豫组干〔2015〕769号，刘正才同志任河南省水利厅党组副书记。

2015年11月，豫政任〔2015〕262号，贺国营同志任河南省南水北调中线工程建设领导小组办公室副主任；2015年11月，豫组干〔2015〕761号，贺国营同志任河南省水利厅党组成员。

2015年6月，豫水人劳〔2015〕20号，免去王仲庆同志河南省南水北调中线工程建设领导小组办公室监督处调研员职务，并按规定办理退休手续。2015年11月，豫水组〔2015〕65号，免去李永清同志河南省南水北调中线工程建设领导小组办公室综合处处长职务，并按规定办理退休手续。2015年11月，豫水组〔2015〕72号，免去聂素芬同志河南省南水北调中线工程建设领导小组办公室经济与财务处处长职务，并按规定办理退休手续。

（王笑寒）

党建与精神文明建设

（一）纪检监察

2015年，河南省南水北调办着力标本兼治、综合治理、突出重点、狠抓落实，坚定不移推进党风廉政建设，不断提高拒腐防变能力，没有发现违法违纪案件，为河南省南水北调工程建设和安全运行提供了有力保证。一是坚持学习，学风政风风清气正。始终把学习作为干事创业的内生动力，定期开展学习活动。及时深入学习习近平总书记最新的重要讲话精神，全力推进全面从严治党要求。学习中纪委、河南省纪委历次全会精神，学习《中国共产党章程》和《中国共产党廉洁自律准则》《中国共产党纪律处分条例》等党规党纪，持续加强党性观念和廉洁意识。二是开展教育，引导高尚情操养成。河南省南水北调办历届领导班子均重视带头上党课，引导正确的意识形态。有计划地组织观看《中国梦：从民族救亡到民族复兴》等宣传片，运用先进典型开展正面教育。组织观看《诱发公职人员职务犯罪的20个认识误区》等警示片，运用腐败案例开展警示教育。邀请河南省纪检、监察部门领导举办专题讲座，引导党员干部自觉做到公私分明、克己奉公、严格自律，守住做人、处事、用权、交友底线。三是目标明确，强化廉政责任落实。出台《河南省南水北调办公室关于完善反腐倡廉制度的实施细则》，推动各级廉政责任具体化。把廉政建设融入到机关党建和南水北调工程建设管理各项工作中，班子成员带头作出廉政承诺，办公室与机关各处室、各项目建管处签订党风廉政建设目标责任书和工作目标责任书，确保"一岗双责"落到实处。

开展集体约谈，强化廉政提醒、预防和约束。坚持暗访、考核、约谈、问责、通报等方式相结合，其中针对“三严三实”专题教育、“三查三保”专项活动、“怠政懒政专项治理活动”、党风廉政建设、工作纪律、基层调研等先后开展明察暗访9次，切实加大执纪问责力度。四是完善制度，织密织牢拒腐笼子。围绕管住、管好“权、钱、物、人”这四个重点部位，完善权力运行制度，实行阳光透明的招投标制度，推行廉政合同制度，建立“4+4+2”党建制度，建立健全党风廉政建设规章制度，坚持以制度管事、管人、管权，努力构建全覆盖的风险预警、纠错整改、内外监督、考核评价和责任追究廉政风险防控体系。五是纪挺法前，严格实行监督审计。坚持纪严于法，纪挺法前，把纪律、制度作为党员干部的硬约束。对招投标工作全程进行跟踪监督，与河南省监察厅、省检察院、省审计厅联合成立南水北调工程建设廉洁效能监督预防机制联席会议办公室，定期进行内部审计，确保资金安全。六是监督检查，持续保持高压态势。建立完善信访工作制度，设立举报信箱和举报电话，广泛接受干部群众及社会各界监督。成立检查督导组，对机关各处室、各项目建管处人员在岗、工作纪律、廉洁自律、服务意识、工作作风等情况随机抽查和暗访。深入开展教育实践活动、“三严三实”专题教育、认领问题、建立台账，强化整改落实。通过责任追究倒逼“两个责任”的落实。

（二）“三严三实”专题教育

“三严三实”专题教育旗帜鲜明倡导“严”和“实”，突出“三个着力解决问题”，归结“三个目的见实效”，在“破”的基础上更强调立破并举，在落实上真抓实做。河南省南水北调办结合河南省南水北调工作实际，以“四个突出”为抓手，积极行动、融入其中、开拓进取、凝聚共识，扎实有效开展“三严三实”专题教育，以实际行动贯彻落实中央和河南省委有关要求，着力打造风清气正的省级文明单位形象。

（1）突出关键少数。党的群众路线教育实践活动的一个重要经验，领导干部示范作用发挥得好，取得的效果就显著。一是坚持兰考标准。51年前，焦裕禄同志在河南省自然条件最恶劣的兰考县以“敢教日月换新天”的担当和“心中装着全体人民、唯独没有他自己”的公仆情怀，团结并带领兰考人民治理“内涝、风沙、盐碱三害”，绘就兰考重生和发展蓝图，做出“三严三实”的榜样。习近平总书记两次到兰考调研指导党的群众路线教育实践活动，指出要发扬最讲认真的精神，把从严要求贯穿始终，以严促深入，以严求实效。河南省南水北调办领导班子带头践行“三严三实”，以焦裕禄同志为榜样，以习近平总书记联系指导兰考教育实践活动为标杆，突出严的要求，追求实的成效，始终把标准坚持好，组织和参与“三严三实”专题教育全过程。二是坚持问题导向。河南省南水北调办领导班子带头在“三严三实”专题教育和“三查三保”专项活动中，突出作风、紧扣发展、贴近民生，把发现问题、解决问题作为出发点和落脚点，从忠诚、干净、担当3个方面查找问题，带着问题去学习、去调研、去工作，把思想问题和实际问题结合起来，追根溯源、建立台账、研究措施、明确时限、落实责任，用一个个问题的解决作为践行“三严三实”的检验标准，先后研究制定6条措施解决领导班子6项“不严不实”问题，研究制定18条具体措施化解领导个人18项“不严不实”问题，破解影响河南省南水北调事业发展的难点重点问题6个，保障南水北调工程的正常供水运营。三是坚持实践特色。河南省南水北调办领导班子带头走出办公室、会议室，走进基层群众中间、工程现场，深学细照笃行焦裕禄同志的公仆情怀、求实作风、奋斗精神、道德情操，发扬焦裕禄同志对群众的那股亲劲、抓工作的那股韧劲、干事业的那股拼劲，直面群众和工程中的热点难点，想方设法解决问题；弘扬“自力更生、艰苦奋斗、团结协作、无私奉献”的红旗渠精神，发扬“负责、务实、求精、创新”南水北调精神，扛起南水北调人做人干事创业的旗帜，把南水北调工程建设好、管理好，供水达9.41亿m^3，直接惠及1400万沿线城镇居民，确保一渠清水永续北送，造福人民群众。四是坚持以上率下。河南省南水北调办领导班子坚持带头学习，带头讲党课，带头查找问题，带头开展批评与自我批评，带头整改问题，用勤学、身正、肯干的模范带头新形象，做忠诚、干净、担当的新表率，引领干部群众养成风清气正的新常态。五是坚持务求实效。河南省南水北调办领导班子以“严”为要求，以“实”为目标，强化经常性学习教育，进一步坚定宗旨意识、理想信念；深入对照检查，就实求实，反求诸己，深层次剖析，找准不严不实存在于自身的具体表象和原因，盯紧不放、对表要账、整改示范；真抓实干，敢于动真碰硬，着力解决“不严不实”问题，聚焦对党忠诚、个人干净、敢于担当，在深化“四风”整治、巩固和拓展教育实践活动成果上见实效，在守纪律讲规矩、营造良好政治生态上见实效，在推动改革发展稳定上见实效。

（2）突出工作结合。一是适应新常态，强力推动河南省南水北调工作再上新台阶。河南省南水北调办领导班子带头进一步增强责任感和使命感，围绕中央“四个全面”战略布局，主动适应新常态，落实河南省全面建成小康社会，加快现代化建设战略纲要，按照国务院确定的“三先三后”原则，坚持工作中心由建设管理为主逐步转向运行管理为主，工作重心由内部工作为主逐步转向外部协调为主的发展思路，强抓工作转型的有利时机和难得的机遇，谋划体制机制转换，制度设计与创新，着重抓好安全运行管理、水质环境保护、干部队伍建设等重点工作，最大限度地扩大南水北调工程的供水效益，为“四个河南”建设做出新的贡献。二是勇担社会责任，推进精准扶贫工作，让贫困地区人民享受党的惠民政策。省南水北调办在推进南水北调工程建设的同时，始终把定点扶贫工作作为一项重要的政治任务，常抓不懈。围绕群众关切和需求，坚持雪中送炭、锦上添花，坚持输血、造血双管齐下，打基础、管长远、谋发展，主动作为，真抓实干。第一，多次召开定点扶贫工作专题会议，学习贯彻中央定点扶贫工作精神，按照河南省委、省政府定点扶贫工作部署，精心组织，周密安排。主要领导亲自到定点扶贫村调研掌握情况，派驻得力干部任驻村第一书记，驻村人员常驻现场开展日常工作，把党的惠民政策落到实处。第二，在自筹10万元资金的基础上，争取国家、省直相关厅局项目资金支持，先后从水利部每年争取3000多万元资金用于村庄所在县的水利设施改造升级，从河南省水利厅引入90万元进行6个大塘淤泥清淤项目以解决1400亩土地灌溉难题，引入200万元在当地建设一座提灌站解决6个村民组的生产生活用水问题，争取河南省发展改革委和交通厅道路建设资金修建约8km水泥路，为贫困村注入发展动力。第三，开展产业扶贫。2015年下半年新确定的定点扶贫村肖庄村拥有得天独厚的旅游资源，海拔729m的千年岭风景秀美。计划引导地方开发建设千年岭农耕文化生态园，通过旅游业的发展带动肖庄村有机蔬菜种植业、生态养殖业、农家乐餐饮业建设和发展，以多业协调发展促进肖庄村脱贫致富。通过持续帮扶，第一个定点扶贫村下沟村的道路畅通、饮用水安全、灌溉有保证，新房越来越多，村庄越来越整齐，村容村貌焕然一新，村民逐渐富裕，下沟村成功如期脱贫。2015年，河南省南水北调办的定点扶贫工作得到当地村民和各级扶贫部门的好评与赞誉，同时被河南省政府授予“扶贫工作先进单位”称号，驻村人员也被授予“全省扶贫先进个人”称号。

（3）突出关键动作。一是领导带头把专题党课讲深讲透。2015年6月12日，河南省南水北调办主任刘正才到联系点郑州建管处以《紧密结合河南省南水北调转型实际、扎实开展“三严三实”专题教育》为题讲党课。6月25日，副主任李颖到联系点许昌建管处以《自觉践行“三严三实”，做忠诚、干净、担当的好干部》为题讲党课。6月16日，副主任杨继成到联系点南阳建管处，以12年来河南省南水北调工程建设过程中涌现的典型事例、明确指出践行“三严三实”建好管好南水北调工程的具体要求为内容讲党课。二是领导带头把专题研讨学深搞活。6月23日，河南省南水北调办组织开展“三严三实”专题教育第一专题学习研讨活动，刘正才围绕“严以修身，加强党性修养，坚定理想信念，把牢思想和行动的‘总开关’”为主题，阐述如何坚定理想信念，如何站稳党和人民立场，如何保持高尚的道德情操和健康的生活情趣。8月14日，组织开展“三严三实”专题教育第二专题学习研讨活动，刘正才指出，严以律己是新形势下加强党的思想政治建设和作风建设的重要原则，是领导干部的成事之要，深刻认识严以律己是共产党人的政治本色，纪律严明是共产党人的红色基因，是做人做事的基本要求，要做对党忠诚的老实人、做遵纪守法的干净人、做防微杜渐的明白人、做接受组织和人民监督的清醒人。11月2日，组织开展“三严三实”专题教育第三专题“严以用权”学习研讨活动，刘正才要求切实把握用权的法规界线、把握用权的为公界线、把握用权的阳光界线。学习研讨活动过程中，河南省南水北调办领导班子带头精读习近平总书记系列重要讲话，熟读党章党纪，重点研读《习近平谈治国理政》《习近平关于党风廉政建设和反腐败斗争论述摘编》，领会中央从严治党精神，查寻自己与践行“三严三实”先进典型人物身上的差距，汲取违法乱纪典型案例的深刻教训，以学明理、以学增智、以学促行。三是领导带头把民主生活会开出质量。河南省南水北调办领导班子带头在民主生活会前进行调研和征集群众意见，目标明确；会中开诚布公、坦诚面对，批评有的放矢、不留情面，思想碰撞激烈；会后意见统一、行动一致、相互协作、成效突出。四是领导带头把整改落实深入人心。河南省南水北调办领导班子带头带着问题去调研，带着问题去现场蹲点解决，重要事项上下联动，关键事项专项督查等，立学立行、边学边改，确保整改落实效果群众满意，深入人心。刘正才到剩余配套工程建设工地现场办公，现场协调解决影响工程建设的重点难点问题，现场帮助分析研究加快工程进度的具体措施；李颖到11个省辖市、直管市（县）配套工程自动化控制设施建设现场，听汇报、看进展，并针对影响工程建设的重点和难点问题，现场办公、现场协调、现场解决；杨继成会同河南省防汛办有关负责同志、中线建管局河南分局有关负责同志从渠首南阳开始，从南向北一个市一个市地开展南水北调工程防汛度汛安全明察暗访工作，检查防汛值班情况，检查防汛度汛预案制定情况，检查防汛度汛物质储备情况，检查防汛度汛应急队伍准备情况等，以明察暗访强力促进安全隐患消除。五是领导带头把立规执纪一抓到底。省南水北调办领导班子始终把立规执纪一抓到底，抓出成效。

（4）突出常态长效。河南省南水北调办领导班子坚持围绕中心、服务大局，把“三严三实”专题教育与做好当前改革发展稳定各项工作结合起来。一是高度重视，精心组织。成立以主任刘正才为组长，副主任李颖、杨继成为副组长，机关三总师、机关各处室主要负责同志为成员的河南省南水北调办“三严三实”专题教育领导小组，下设办公室负责日常工作。机关各处室、各项目建管处党支部要把开展“三严三实”专题教育作为重大政治任务，坚持真抓实做，认真谋划安排，精心组织实施。二是坚持“两不误”“两促进”。把开展“三严三实”专题教育和“三查三保”与自身工作实际结合起来，既把活动搞出特色，搞出实效，又推进各项工作有序开展，突出高效。把抓好习近平总书记系列重要讲话精神，读原著、学原文、悟原理与以知促行、知行合一结合起来，既领会核心要义和精神实质，又付诸行动，用行动来检验。把学习教育和解决问题结合起来，增强思想自觉和行动自觉，认真查摆和解决“不严不实”问题，使“三严三实”成为修身做人用权律己的基本遵循、干事创业的行为准则。把开展专题教育融入领导干部经常性学习教育之中，与做好当前南水北调各项工作结合起来，做到两手抓、两不误。三是建立长效机制，常态化抓好“三严三实”教育。第一，与党建责任结合起来，把贯彻“三严三实”要求作为党建工作的重要内容，落实“三严三实”要求与党建责任统一部署、一并考核、综合评价。第二，与教育问责结合起来，领导干部身上的“不严不实”问题，从根本上说是作风问题、党性问题、思想境界问题；开展专题教育，必须从思想根源入手，持续加强理论学习和理论武装，强化党性观念、宗旨意识、道德养成，打牢“三严三实”的思想基础；加大执纪检查力度，加强明察暗访，严格执纪监督；坚持抓早抓小，一有苗头就抓，加大惩戒问责力度，防止形成破窗效应。第三，与制度建设结合起来，针对“不严不实”突出问题，按照党纪严于国法、领导干部严于一般干部的原则，建制度，立规矩，围绕严肃党内政治生活、加强干部教育管理、加强权力运行制约监督等，建立健全领导班子思想作风建设常态、长效的制度和机制。

（三）党建工作

2015年，在河南省委、省政府的正确领导下，在省直工委、水利厅党组的精心指导下，河南省南水北调办领导班子带领全体党员干部职工深入学习习近平总书记系列重要讲话精神，贯彻党的十八大、十八届三中、四中、五中全会精神，学习领会河南省委九届八次、九次、十次全会和全省经济工作会议精神，围绕南水北调工程建设中心任务，服务南水北调工程建设管理大局，开展“三严三实”专题教育、“三查三保”专项活动、创先争优活动，落实从严治党责任，不断推进党的思想、组织、作风、制度建设，党的建设科学化水平得到全面提高。

（1）基本情况。机关党委下设13个基层党支部，党员95名，有党务专干和精神文明建设专干各1名，各党支部书记配备齐全，均设有组织员。党组织的活动经费能够满足需要。

（2）组织建设。2015年12月4日，成立中共河南省南水北调办公室党的建设工作领导小组。刘正才主任任组长，李颖副主任任副组长，张兆刚、申来宾、王家永、雷淮平、李国胜、刘亚琪、吕秀荣、卢新广为成员。领导小组下设办公室，负责日常工作，刘亚琪（兼）任办公室主任。根据河南省直属机关工会工作委员会的批复，成立机关工会组织，于2015年7月20日召开工会会员大会，选举产生第一届机关工会委员会、经费审查委员会和女职工委员会。并根据工作需要，指定专人负责共青团和妇委会工作。

（3）工作开展。开展2014年度民主评议党员、民主评议党支部的活动。组织所属党支部按照评议标准、开展民主评议党员、民主评议党支部的工作，在各支部推荐的基础上，经河南省南水北调办领导研究并报河南省水利厅机关党委和省委省直工委同意，确定3个先进党组织和14名优秀共产党员。对组织员进行培训。培训内容是学习中共中央《关于加强新形势下发展党员和党员管理工作的意见》《中国共产党发展党员工作细则》，培养发展党员的有关程序和内容。完成党内统计工作，河南省南水北调办原有党员98

名，2015年因工作调整转出党员5名，转入党员2名，党员共计95名。开展“三严三实”专题教育活动，通过专题学习研讨、深入查摆问题、深化整改落实等步骤深入开展学习教育活动，将“三严三实”制度化、常态化、长效化。开展“三查三保”活动，把“三查三保”活动的开展作为深化“三严三实”专题教育的有效途径及工作载体，作为检验“三严三实”专题教育成效的重要标准，注重统筹安排、协调推进，把专题教育融入到日常工作中。组织11名入党积极分子参加河南省直党校的培训，组织党员干部观看学习河南省委中心组2015年度第四次、第九次集体学习（扩大）报告会；组织学习《习近平谈治国理政》《习近平总书记系列重要讲话读本》《苦难辉煌：中国共产党的力量从哪里来?》；学习王岐山同志《坚持高标准　守住底线　推进全面从严治党制度创新》文章及原河南省委书记徐光春撰写的《社会主义核心价值观与河南移民精神》等书籍文章。组织党员干部学习郭庚茂书记在全省县级以上机关四项基础制度建设工作电视电话会议上的讲话精神，学习豫发〔2015〕5号、7号、11号文件和豫办〔2015〕20号文件精神。党的生日为全办党员发放购书卡，要求党员干部结合自身情况，购买相关书籍，通过自我学习、自我培训的方式，提高自身思想政治理论及业务技能水平。组队参加河南省水利厅《河南省全面建成小康社会加快现代化建设战略纲要》知识竞赛活动，并取得团体第二名的好成绩。开展学习贯彻国务院第647号令《南水北调工程供用水管理条例》，依法管好、护好、用好南水北调水。组织全体党员到大别山干部学院进行学习，学习党章、党史，重温入党誓词，接收革命传统教育。

（4）制度建设。建立完善“4+2”党建制度。领导班子专题组织主任办公会学习、宣传、贯彻、部署，多个部门通力协商研讨，结合河南省南水北调办机关实际，制定《关于贯彻执行民主集中制实施办法》《关于贯彻执行严肃县处级以上机关党员领导干部党内政治生活的意见》《关于贯彻〈中共河南省委关于改进干部选拔任用工作的若干意见〉》《关于完善反腐倡廉制度的实施细则》《关于贯彻执行全面从严治党监督检查问责机制的意见》《关于贯彻执行党风廉政建设主体责任和监督责任监督检查与责任追究的意见》《河南省南水北调办公室重大项目及投资决策制度》《河南省南水北调办公室议事工作规则》《党支部工作细则》《关于加强新形势下发展党员和党员管理工作的意见》等15个基础制度。按照河南省南水北调办工作的总体规划和具体部署，印发《中共河南省南水北调中线工程建设领导小组办公室机关委员会2015年工作要点》，进一步明确2015年河南省南水北调办党建工作的目标和重点。

（5）作风建设。根据《河南省南水北调办公室党风廉政建设主体责任落实年实施方案》的要求，河南省南水北调办机关党委负责全办主体责任落实情况的督查工作。督查内容是：各支部安排部署情况；“三严三实”专题教育建立整改台账、整改落实情况；是否研究制定构建作风建设常态化措施，持续加强作风建设情况；对中央八项规定精神和河南省委、省政府20条意见的执行情况及履职报告情况。督查方法是：查看实施方案，查看会议记录和学习记录，座谈了解情况。做好省级文明单位复查工作。印发省级文明单位年度考评工作方案，对照年度省级文明单位测评体系，逐项任务分解，细化分工，落实责任，并规定时间节点和完成时限。通过省级文明单位的年度考评验收及复查工作。开展创先争优流动红旗评比活动。每季度对各处室的学习建设、作风建设和文明建设等情况进行全面检查评比。每月不定期的进行纪律检查抽查，每周不定期进行在岗检查，对不在岗的人员由各处室负责人反馈说明情况。

（崔　堃）

（四）精神文明建设

（1）丰富活动载体，引领文明风尚。一是开展读书学习实践活动，建设学习型机关。先后开展以习近平总书记系列重要讲话精神为内容的学习活动、“三严三实”专题教育活动、创先争优流动红旗评比活动。在学习活动中，各支部充分利用“三会一课”制度，党员领导干部带头制定个人读书学习计划、做好读书笔记，撰写读书学习心得，开展学习交流活动。二是举办“道德讲堂”，加强干部职工思想道德建设。分板块、换地点，把道德讲堂开设到工地一线。同时，加入社会主义核心价值观、中国梦、中共党史的内容，不断丰富道德讲堂的文化内涵。开展文明处室、文明职工和最美文明家庭等评比活动；开展第四届省直“十大道德模范”评选活动、“我推荐、我评议身边好人”活动。三是开展学雷锋志愿服务活动，建设服务型机关。开展南水北调中线总干渠沿线防溺水宣传工作，党员志愿服务队分赴总干渠沿线各个村庄学校开展“预防溺水、关爱生命”宣传警示教育活动。不仅到中小学进行专题讲解，还通过播放公益广告、电视滚动字幕等多种形式，向社会各界宣传防溺水知识。与共青团河南省委联合开展河南省青少年南水北调工程生态环保宣传实践活动，宣传生态环保理念，普及环保科技知识，带动更多青少年共同参与美丽河南建设。四是开展文明旅游、文明餐桌、文明交通行动，建设文明节约型机关。通过制订文明餐桌实施方案，明确文明就餐具体规定，不断提升单位餐饮服务水平，培育健康文明、节俭惜福的餐饮文化。通过制订文明交通教育实践活动实施方案，印发文明出行倡议书，倡导文明、绿色出行。组织观看交通安全警示教育片，通过鲜活的案例和对相关的交规法律及注意事项进行全方位的讲解。五是开展帮扶慰问活动。对南阳市王村乡郑岗村开展帮扶活动，就社区建成后小区居民存在的用水问题，提出建议，对帮扶项目大力支持。春节前期，到郑岗村慰问，送去食品和体育用品。参与河南省教育发展基金会“关爱青少年健康成长系列丛书”的捐赠活动，关爱青少年健康成长。六是开展文明有礼和“我们的节日”主题活动。制作文明有礼提示牌和公益广告牌；组织观看由著名礼仪专家杨金波老师讲授的文明礼仪知识讲座，普及文明礼仪知识常识。举办元宵节猜灯谜、品元宵、话晚会；端午节包粽子、制香囊、除尘杂；清明节祭扫英烈；抗日战争70周年组织观看电影《百团大战》、观看抗日战争胜利70周年档案史料展等教育活动。

（2）根据河南省文明办《关于做好2015年度省级文明单位标兵和省级文明单位评选推荐工作的通知》（豫文明办〔2015〕28号）要求，河南省南水北调办领导高度重视，召开主任办公会，专题研究部署相关工作，按照《在届省级文明单位年度复查测评体系》及河南省南水北调办2015年度精神文明创建工作要点分解表，进一步细化分工、落实责任，将每一项工作落实到位，做好复查验收的各项准备。印发办公室工作人员文明行为规范、文明创建奖惩暂行规定、文明服务承诺、文明用餐、规定等多项规章制度。2015年，河南省南水北调办通过省级文明单位复查验收。

（3）获得荣誉。全省南水北调系统80个先进单位和280名先进个人受到河南省政府通报表彰；2个单位获得“河南省五一劳动奖状”，5个集体被授予“河南省工人先锋号”，10名同志获得河南省五一劳动奖章；6名同志和2个青年集体分别获得“河南青年五四奖章”和“河南青年五四奖章集体”；10名同志获得“河南省三八红旗手”荣誉称号。建设管理处被河南省委组织部授予“河南省人民满意公务员示范岗”称号。

（刘易洋）

湖　北　省

管　理　机　构

2015年9月，湖北省机构编制委员办公室正式批复“湖北省南水北调工程质量监督站”更名为“湖北省南水北调监控中心”，明确其主要职责，重新核定领导职数1正2副，分别按相当正、副处级选配，从湖北省引江济汉工程管理局划转人员控制数15名到省南水北调监控中心，调整后，湖北省南水北调监控中心事业编制5名、人员控制数15名，其他事项不变。同时，明确了湖北省汉江兴隆水利枢纽管理局和湖北省引江济汉工程管理局主要职责和调整后的人员控制数。

（寇慧英）

人　事　管　理

2015年2月13日，湖北省委鄂发干〔2015〕100号批准，湖北省人民政府发文鄂政任〔2015〕28号决定，任命刘文平同志为省南水北调管理局（省南水北调工程领导小组办公室）总工程师。

2015年根据《党政领导干部选拔任用条例》的有关规定和干部职数空缺情况，按照配齐配强班子和干部的要求，组织或配合组织完成总工程师任用，机关1名副处长的选拔，6名处级干部试用期考核，完成8名干部调研考察。为更好发挥干部才能，调整2名干部工作岗位，晋升1名副主任科员；年初通过湖北省直机关公开遴选公务员为办（局）机关遴选1名工作人员。

根据湖北省委省政府2015年军队转业安置政策，2015年12月份，湖北省南水北调管理局（湖北省南水北调工程领导小组办公室）接收安排1名团以下部队军转干部。

根据事业发展需求，结合单位岗位空缺，通过多种途径，积极充实基层力量，办理调动人员手续8名，组织直属事业单位面向社会公开招聘工作人员25名。

2015年，湖北省南水北调管理局水利电力工程技术中级职务评审委员会评审和审查认定了水利电力工程专业7名工程师和21名助理工程师。

组织制订2015年机关干部集中教育培训和专题教育培训工作计划，集中教育培训共举办8次，累计培训人员300余人次。2015年选派1名厅级干部、2名正处级干部、3名副处级干部参加湖北省委组织部开办的省级主体培训班。

（寇慧英）

党建与精神文明建设

（一）理论学习

围绕学习党的十八届四中、五中全会精神和习近平总书记系列重要讲话以及省委十届五次、六次全会精神等内容，落实党组中心组集体学习11次。重视抓好意识形态安全工作，结合社会出现的热点问题，及时教育引导干部职工澄清认识，确保思想上政治上行动上与党中央保持高度一致。积极开展“读原著、学原文、悟原理”活动，党员干部人人通读了《习近平谈治国理政》《习近平用典》《习近平总书记系列重要讲话读本》和《中国历史的教训》4本原著。积极开展“学党章、遵法律、守纪律、讲规矩”大家谈活动，把学习党章和党纪党规作为组织生活的重要内容，利用网站“党建专栏”广泛开展网上交流。干部参加在线学习参学率100%，在线学习平均364.9学时。参加湖北省直机关“干部讲堂”共11期42人次。开展了“课题调研式理论学习”，党员干部结合工作岗位，撰写调研报告50篇，其中“机关基层党支部落实全面从严治党作用发挥”调研报告，在湖北省直机关工委课题研讨会上受到工委领导好评。建立了理论学习“四学”制度，强化了各级抓学习的责任意识。

（二）基层组织建设

认真贯彻《条例》和《实施办法》，积极开展“红旗党支部”创建活动，细化了“红旗党支部”考评标准，开展了以支部书记为主体的党务知识培训。从严落实领导干部“双重组织生活”，推行每周“党日制度”，不断强化党员在党言党、在党爱党的意识。落实“五位一体”党建工作责任制，自下而上层层签订党建工作《公开承诺书》，强化了党组织书记抓党建“第一责任人”的责任。积极开展“服务型”党组织建设，持续抓好在职党员到社区报到为群众服务活动，实现报到率100%。着眼务实党建工作要求，2015年10～11月，开展抓党建“四个一”系列活动，包括组织一期新党员培训、一期支部组织委员（负责人）培训、一次示范党组织创建观摩、一次务实党建工作座谈会。通过扎实的工作，基层党组织建设水平进一步提升，直属机关党委和经济发展处党支部被湖北省直机关工委表彰为“先进基层党组织”。

（三）“三严三实”专题教育

从严抓好“三严三实”专题教育和“三抓一促”活动，组织党员干部重温《党章》，学习党的政治纪律和政治规矩优良传统，聘请教授就《中国共产党纪律处分条例》和《中国共产党廉洁自律准则》进行专题辅导，主要领导为党员上党课2次，组织集中辅导4次、研学交流3次，认真查找“不严不实”问题，按照抓细抓小、修枝剪叶的要求，列出“问题清单”“责任清单”和“整改清单”，梳理党员干部在作风上存在的23条具体问题，逐个进行整改。研究制定了《从严从实监督管理干部促进清廉为官事业有为的暂行办法》，加强了对干部的监督管理。深化“三短一简（俭）”活动，与上年相比，会议减少17.1%，文件减少10.2%，接待费减少41.2%。按照“三严三实”的要求，认真谋划开展“扶贫帮困”活动，组织党员干部为困难群众捐款2万余元，组织各支部到帮扶村“认领亲戚”9户，实施“一对一”扶贫脱贫措施。通过工作推动、检查监督、考评激励等措施，有力推动了作风建设。

（四）党风廉政建设

认真开展“第十六个党风廉政教育月”活动，层层签订了党风廉政建设承诺书，普遍开展廉政谈话，认真落实湖北省直机关党风廉政建设“两个责任”推进会精神，制定了《机关党委（支部）落实党风廉政建设“两个责任”的暂行规定》，强化党委（支部）的主体责任和党委（支部）书记履行“一岗双责”的意识。扎实开展“四个专项整治”活动，层层压实责任，坚持以教育为先导、以预防为目标、以惩处为手段的原则，采取明察暗访、抓细抓小、延伸监督等措施，有效杜绝了“四风”问题。

（五）群团组织建设

指导直属单位选举产生了基层工会、共青团和妇委会组织，配齐配强工青妇干部队伍，为直属单位办理了《工会法人资格证》，落实了工会经费由工会法人负责的管理制度。支持群团组织按章程开展各类活动，落实职工福利，积极开展为困难职工送温暖活动。重视“职工书屋”建设，争取湖北省直机关工委工会的大力支持，增添书籍1100余册。成立各类“兴趣小组”，开展健康有益的文化活动，参加湖北省直机关第四届职工运动会，获得“单位优秀组织奖”。积极开展“关爱妇女”活动，为女职工购买了“安康险”，开展了庆祝国际“三八”妇女节105周年系列活动，引江济汉工程管理局参加湖北省直机关妇委会组织的“我是妇女工作专家”演讲比赛受到表彰。开展群众性“道德讲堂”活动6次，大力培育社会主义核心价值观。建立学雷锋志愿服务队和网络文明传播志愿者队伍，积极开展各类志愿服务活动。重视做好未成年人教育工作，组织机关干部职工未成年子女到驻汉部队进行国防教育。积极开展“无烟机关”创建活动，被湖北省控烟办评为“无烟机关”创建先进单位。接受武昌区文明办和湖北省直机关工委文明办对局机关2013～2014年文明创建工作考核，被武昌区评为区级“最佳文明单位”和“文明城市创建贡献奖”，被湖北省直机关工委评为“省直文明单位”。

（谭　旻）

党风廉政建设

2015年，湖北省南水北调办（局）严格落实党风廉政建设责任制，强力推进惩治和预防腐败体系建设，做到了高起点谋划、高标准推进、高频次检查，党风廉政建设取得明显成效。主要表现是：规定动作质量不断提高，自选动作丰富多彩；没有发现腐败行为和其他违规问题；“三公经费”继续大幅下降，全年实际支出仅占预算的69.4%，比上年下降28.6%；湖北省纪委监察厅派出第一纪工委监察局总结半年工作时，在其所联系的8个省直单位中，唯一点名表扬了湖北省南水北调办（局）；湖北省纪委网站主要栏目6次、《湖北纪检监察信息》（第25期）1次报道湖北省南水北调办（局）党风廉政建设做法与经验。

（一）落实“两个责任”

第一，量化考核2014年和2015年党风廉政建设工作。2015年初，党组先后对机关处室（单位）和直属单位2014年党风廉政建设进行了量化考核、当场评分，并通报表彰了前3名。

第二，高标准谋划全年党风廉政建设工作。《办（局）2015年党风廉政建设和反腐败工作要点》明确2015年的工作围绕“四个三”展开：推动廉政教育三进（进机关、进基层、进家庭），筑牢思想防线；完善三个预防体系（规章制度体系、廉政风险防控体系、廉政阳光工程创建体系），健全约束机制；强化三个专项监督（监督全体党员干部讲政治纪律和政治规矩，监督全体党员干部加强作风建设，监督全体党员干部预防职务犯罪），保持高压态势；落实三个第一责任（党组的第一责任，各处室主要负责人的“第一关口”责任，专职纪检监察员的专业监督“第一环节”责任），强化组织领导。

第三，坚持示范带动、高压推动。一是压实责任，党组书记郭志高与机关处室（单位）签订了2015年党风廉政建设责任书。二是明确了分工。党组印发了《2015年度党风廉政建设主要任务责任分工方案》，将任务与责任分解到办（局）领导、相关处室（单位）。三是强化督促检查，湖北省南水北调办（局）领导特别是分管领导多次到直属单位调查研究，检查党风廉政建设责任制落实情况，有的领导还为直属单位干部进行了集体廉政谈话。四是配备了湖北省南水北调办（局）专职纪检监察员，明确了直属单位纪委书记。

第四，从严从紧监督检查。专职纪检监察员履行了“四员”职责：一是当好“联络员”，负责联络省纪委监察厅派出第一纪工委监察局和办（局）党组，起到了传指令、办事务、报信息的作用；二是当好“协助员”，协助党组落实党风廉政建设主体责任，起到了出主意、想办法、抓落实的作用；三是当好“监督员”，起到了早发现、早提醒、早查处的作用；四是当好“示范员”，带头严格执行廉政规定，起到了树标杆、聚能量、扬正气的作用。

（二）党纪建设

第一，密集进行廉政教育。坚持规定动作与自选动作相结合，规定动作求质量，自选动作求丰富的原则，开展了不同层次、不同范围、不同内容的廉政教育。其特点有四：一是领导带头；二是专家辅导；三是统分结合；四是氛围浓厚。

第二，突出抓好政治纪律和政治规矩专题教育活动。周密策划了活动方案，整个活动分集中培训、集中讨论、专题辅导、活动总结4个阶段进行，实现了引导党员干部明纪律、守纪律、懂规矩、讲规矩的初衷。

第三，超额完成第十六个党风廉政建设宣教月计划任务。开展了11项活动，超额完成了计划任务（计划开展10项活动）。整个活动做到了“三个结合”：听（听省委党校教授讲课）与说（领导干部带头进行廉政谈话）相结合；看（看警示教育片）与写（写心得体会）相结合；抓本级与抓下级（抓直属单位）相结合。湖北省纪委网站以《湖北省南水北调局宣教月活动延伸到基层》为题目，报道了湖北省南水北调办（局）的做法。

第四，加强对党政领导特别是对主要负责人的监督。湖北省南水北调办（局）领导严格落实中央和湖北省委重大决策部署，不仅传达学习迅速，而且能结合实际贯彻落实。制订了湖北省南水北调办（局）工作规则，明确湖北省南水北调办（局）的重要工作，分别由办（局）党组会议、主任（局长）办公会议、办（局）务会议讨论决定。全年召开党组会议、主任（局长）办公会议、办（局）务会议约40次，对干部人事、工程建设、资金安排、机关管理等工作进行集体讨论、研究，集思广益。此外，还成立了招标委员会、工程验收委员会等多个专门委员会，对相关事项进行民主决策。落实了主要负责人“四个不直接分管”制度，人事、财务、物资采购、基本建设由湖北省南水北调办（局）四位副职分管。湖北省南水北调办（局）领导严格执行了个人有关事项报告制度。

（三）作风建设

第一，改进工作作风。扎实开展“三抓一促”活动，分阶段、分主题推进“三严三实”专题教育活动，深化“三短一简（俭）”活动。

第二，坚持厉行节约。认真落实《党政机关厉行节约反对浪费条例》等各项制度，规范了公务接待、会议费、差旅费、培训费、出国经费管理等。

第三，开展专项整治。对机关内部食堂违规公款消费问题专项整治等“四项专项整治”，一是研究确定了总体方案，明确了总体要求、工作内容与方法步骤；二是成立了工作专班；三是开展了为期半年的自查自纠；四是及时上报了工作进展。

（四）预防腐败

第一，针对重点预防腐败。2015年是总投资110亿元的汉江中下游治理工程建设设计变更、资金结算的高峰年。为确保机关干部安全，对相对容易的项目，湖北省南水北调办（局）聘请社会上资深专家进行审核，办（局）领导不直接与施工单位接触。对难度较大的项目，办（局）启动合同完工结算第三方审核，从造价咨询服务单位备选库中，通过评分比选，选定6家咨询单位承担6个合同的完工结算审核工作。邀请第三方审核结算资金，既有利于公平、公正地确定结算金额，又避免了办（局）有关人员直接与施工单位接触，大大减少了腐败的机会。从目前掌握的情况来看，汉江中下游治理工程结算资金始终控制在国家批准的概算内，没有突破。此外，凡符合招标条件的，做到了应招尽招；不符合招标条件的，做到了规范询价，公开比选。

第二，完善廉政风险防控。湖北省南水北调办（局）通过自下而上的讨论，完成了《湖北省南水北调办（局）廉政风险防控手册》修订工作，将各项制度规定、工作流程图、权力编码表、岗位廉政风险点及防控措施汇编于一册。

（龚富华）

项目法人单位

南水北调中线干线工程建设管理局

管理机构

2015年5月15日，国务院南水北调办印发《关于南水北调中线干线工程建设管理局组织机构设置及人员编制方案的批复》（国调办综〔2015〕54号），对中线建管局组织机构设置及人员编制进行批复，组织架构按三个管理层级设置，实行三级扁平化管理；人员总编制为1819人，一级管理机构197人，二级管理机构320人，三级管理机构1302人。2015年6月9日，中线建管局印发《南水北调中线干线工程建设管理局机构设置、各部门（单位）主要职责及人员编制方案》，对全局组织机构及人员进行了调整。

（一）一级管理机构设置

一级管理机构为局机关，设15个部门（中心），负责决策指挥、统筹协调和监督指导，分别为综合管理部、计划发展部、人力资源部、财务资产部、科技管理部、审计稽察部、党群工作部、工会工作部、宣传中心、档案馆；5个生产管理部门总调中心、工程维护中心、信息机电中心、水质保护中心、安全监督中心。

（二）二级管理机构设置

二级管理机构为分局，设渠首、河南、河北、北京、天津5个分局，负责组织和部署生产运行。根据管理幅度和工作任务，各分局机关设置综合管理、人力资源、计划经营、财务资产、分调中心、工程管理（防汛及应急）、信息机电等、水质监测等处室。

（三）三级管理机构设置

三级管理机构为现地管理处，共设45个现地管理处，负责落实和操作具体生产业务。每个管理处设综合科、合同财务科、调度科、工程科4个科室。

（杨君伟　王升芝）

人事管理

经中共国务院南水北调工程建设委员会办公室党组2015年3月26日研究决定：免去耿六成南水北调中线干线工程建设管理局副局长职务。

根据新的组织机构设置及干部配置方案，结合工程实际，南水北调中线建管局对全局干部进行了优化配置。经中线建管局党组会研究，对干部调整如下：

（一）局机关

程德虎为中线建管局副总工程师，兼任河南分局副局长；刘瑞源为中线建管局副总工程师；李舜才为中线建管局副总经济师；刘德雄为中线建管局总法律顾问；曾国栋为中线建管局总调度师；郭永峰为计划发展部部长；王以亮为人力资源部部长；苏明中为财务资产部部长；黄礼林为审计稽察部部长；陈志荣为党群工作部（监察部）部长；庞敏为档案馆馆长；侯纯辉为宣传中心主任；曹洪波为工程维护中心主任；翟宜峰为信息机电中心主任；尚宇鸣为水质保护中心主任；

杜元强为综合管理部副部长；张杰平为计划发展部副部长；季茂祥为计划发展部副部长；秦颖为财务资产部副部长；王小娥为财务资产部副部长；孙卫军为科技管理部副部长；肖军为工会工作部副部长；张德华为档案馆副馆长；曹玉升为总调中心副主任；韩黎明为总调中心副主任；傅又群为工程维护中心副主任；边秋璞为工程维护中心副主任；刘彬为信息机电中心副主任；毛敏华为信息机电中心副主任；李静为信息机电中心副主任；侯召成为信息机电中心副主任；谈采田为水质保护中心副主任；韦耀国为水质保护中心副主任；田勇为水质保护中心副主任；孙建峰为质量安全监督中心副主任；台德伟为质量安全监督中心副主任；万金波为综合管理部副部长，兼任渠首分局邓州管理处处长；丁宁为审计稽察部副部长，兼任河南分局安阳管理处处长；李小卓为工会工作部副部长；王志文为宣传中心副主任；胡兴华为档案馆副馆长；陈晓楠为总调中心副主任；汪强为质量安全监督中心副主任，兼任北京分局涞涿管理处处长；苏霞为科技管理部部长助理；冯晓晶为工会工作部部长助理；冯国一为总调中心主任助理；黎咏梅为信息机电中心主任助理；王强为综合管理部综合处处长；高宇为计划发展部发展规划处处长；张瑞鹤为计划发展部计划合同处处长；赵本基为计划发展部采购管理处（采购中心）处长；杨君伟为人力资源部人事处处长；张同颖为人力资源部考核培训处处长；冯月勋为财务资产部财务处处长；吴燕燕为财务资产部资产处处长；梁宇为审计稽察部稽察处处长；邓小聪为党群工作部（监察部）机关党委办公室主任；刘世一为党群工作部（监察部）纪检监察处处长；张存有为宣传中心《中国南水北调报》编辑部主任；郭晓娜为工程维护中心工程管理处处长；槐先锋为工程维护中心应急与抢险处处长；石红伟为工程维护中心验收管理处处长；孙维亚为信息机电中心自动化处处长；王振兴为信息机电中心机电管理处处长；常志兵为水质保护中心环境保护处（土地管理处）处长；杨成宏为质量安全监督中心监督一处处长；张锐为质量安全监督中心监督二处处长；张跃生为综合管理部综合处副处长；孙斌为综合管理部综合处副处长；陶李为计划发展部发展规划处副处长；宋广泽为计划发展部计划合同处副处长；李文斌为计划发展部采购管理处（采购中心）副处长；夏国华为财务资产部会计处副处长；张卫红为财务资产部财务处副处长；左丽为科技管理部技术管理处副处长；温世亿为科技管理部科研管理处副处长；姚雄为科技管理部科研管理处副处长（排温世亿之后）；马艳军为工会工作部综合处副处长；胡敏锐为宣传中心新闻宣传处副处长；许安强为宣传中心《中国南水北调报》编辑部副主任；朱文君为宣传中心网络舆情处副处长；李立群为总调中心供水处副处长；刘爽为总调中心水情工情处副处长；李景刚为总调中心运行调度处副处长；郭芳为总调中心运行调度处副处长（排李景刚之后）；刘祥臻为工程维护中心工程管理处副处长；赵梁明为信息机电中心自动化处副处长；张娟为信息机电中心通信网络处副处长；汪明为信息机电中心通信网络处副处长（排张娟之后）；黄伟锋为信息机电中心机电管理处副处长；唐涛为水质保护中心水质监管处副处长；刘淑华为水质保护中心环境保护处（土地管理处）副处长；刘杰为质量安全监督中心监督一处副处长；戴星亮为质量安全监督中心监督二处副处长；晏绪芳为综合管理部秘书处副处长；秦昊为综合管理部法律事务处副处长；王树磊为水质保护中心水质监管处副处长；冯钊为档案馆管理利用处副处长。

（二）北京分局

蔡建平为北京分局局长；戴昆为北京分局副局长；黄磊为北京分局副局长；普利锋为北京分局副局长（挂职）；蒋建伟为北京分

局分调中心主任；吕玉峰为北京分局工程管理处（防汛与应急办）处长；王耿为北京分局信息机电处处长；仲华为北京分局综合管理处副处长；刘然为北京分局综合管理处副处长；徐飞为北京分局财务资产处副处长；李铁军为北京分局工程管理处（防汛与应急办）副处长；王宏波为北京分局计划经营处副处长；李向辉为北京分局易县管理处处长；于怀涛为北京分局易县管理处副处长；唐文富为北京分局惠南庄管理处处长；曹瑞峰为北京分局涞涿管理处主任工程师；李艳青为北京分局惠南庄管理处主任工程师；唐文富为北京分局惠南庄管理处处长。

（三）天津分局

胡金洲为天津分局副局长（主持工作）；孙建平为天津分局副局长；付清凯为天津分局总工程师，免去其天津分局综合管理处处长职务；冯士全为天津分局计划经营处处长；任强为天津分局分调中心主任；刘富叶为天津分局水质监测中心（水质实验室）主任；刘卫其为天津分局工程管理处（防汛与应急办）处长；郭莉为天津分局财务资产处副处长；许先水为天津分局工程管理处（防汛与应急办）副处长；张向东为天津分局信息机电处副处长；方红仁为天津分局财务资产处副处长；韩宗德为天津分局分调中心副主任；朱耘志为天津分局天津管理处处长；王东来为天津分局霸州管理处处长；陈秀菊为天津分局霸州管理处副处长；张晶为天津分局霸州管理处副处长（挂职）；肖智和为天津分局容雄管理处副处长；张忠林为天津分局西黑山管理处副处长；闫浩为涞涿管理处副处长；胡方田为天津分局徐水管理处处长；李永鑫为天津分局天津管理处主任工程师；邵士生为天津分局霸州管理处主任工程师；吴恒辉为天津分局容雄管理处主任工程师；刘力军为天津分局徐水管理处主任工程师；张超伟为天津分局西黑山管理处主任工程师。

（四）河北分局

孙永平为河北分局局长；牟纯儒为河北分局副局长；李耀忠为河北分局副局长；李英杰为河北分局副局长；傅春光为河北分局总工程师；刘爱军为河北分局局长助理；何韵华为河北分局局长助理（挂职）；熊雁晖为河北分局局长助理（挂职）；赖斯芸为河北分局局长助理（挂职）；张国利为河北分局综合管理处处长；胥元霞为河北分局计划经营处处长；张同颖为河北分局人力资源处处长；雷宇为河北分局工程管理处（防汛与应急办）处长；李武根为河北分局财务资产处处长；曹铭泽为河北分局综合管理处副处长；陈蒙为河北分局财务资产处副处长；周吉顺为河北分局信息机电处处长；王永军为河北分局水质监测中心（水质实验室）主任；郭贵有为河北分局监督一队（驻石家庄）队长；白武志为河北分局综合管理处副处长；康莉莉为河北分局人力资源处副处长；崔晔为河北分局财务资产处副处长；李占京为河北分局分调中心副主任（主持工作）；焦小彦为河北分局分调中心副主任；车传金为河北分局工程管理处（防汛与应急办）副处长；吴少华为河北分局信息机电处副处长；苗志强为河北分局信息机电处副处长；李红亮为河北分局水质监测中心（水质实验室）副主任；冀海河为河北分局监督一队（驻石家庄）副队长；孙海禄为河北分局监督一队（驻石家庄）副队长；彭运文为河北分局磁县管理处处长；孙孟彦为河北分局永年管理处处长；杨明生为河北分局沙河管理处处长；苏超为河北分局邢台管理处处长；王博为河北分局临城管理处处长；韩志成为河北分局保定管理处处长；单旭辉为河北分局高邑元氏管理处副处长；张根旺为河北分局石家庄管理处副处长；胡红军为河北分局石家庄管理处主任工程师；刘海旭为河北分局邯郸管理处处长；李书合为河北分局高邑元氏管理处处长；王秀贞为河北分局新乐管理处处长；梁万平为河北分

局定州管理处处长；郭爱兵为河北分局唐县管理处处长；刘红旗为河北分局顺平管理处处长；刘西永为河北分局磁县管理处副处长；赵爱凤为河北分局邯郸管理处主任工程师；贾君洋为河北分局永年管理处副处长；王志民为河北分局永年管理处主任工程师；李剑为河北分局沙河管理处副处长；郝明为河北分局邢台管理处主任工程师；杜彦军为河北分局临城管理处副处长；孙旭良为河北分局临城管理处主任工程师；王志强为河北分局高邑元氏管理处主任工程师；王龙为河北分局新乐管理处主任工程师；李巍为河北分局定州管理处副处长；张戈平为河北分局定州管理处主任工程师；刘浩杰为河北分局唐县管理处主任工程师；于志虎为河北分局顺平管理处主任工程师；张志永为河北分局保定管理处主任工程师。

（五）河南分局

陈新忠为河南分局局长；程德虎为河南分局副局长（兼）；王江涛为河南分局副局长；石惠民为河南分局副局长；杨胜祥为河南分局副局长；于澎涛为河南分局副局长；罗刚为河南分局局长助理（挂职）；吕书广为河南分局综合管理处处长；付帅为河南分局综合管理处副处长；薛和平为河南分局财务资产处副处长；王健为河南分局分调中心副主任；石文明为河南分局监督二队（驻郑州）副队长；孟兵锋为河南分局计划经营处处长；杨静为河南分局人力资源处处长；王怡为河南分局财务资产处处长；陶少雄为河南分局分调中心主任；李明新为河南分局工程管理处（防汛与应急办）处长；刘国玉为河南分局监督二队（驻郑州）队长；肖自龙为河南分局计划经营处副处长；王晓燕为河南分局人力资源处副处长；袁晏龄为河南分局分调中心副主任；付军为河南分局工程管理处（防汛与应急办）副处长；赵明勤为河南分局工程管理处（防汛与应急办）副处长；杨旭辉为河南分局工程管理处（防汛与应急办）副处长；曹桂英为河南分局信息机电处副处长（主持工作）；王雷为河南分局信息机电处副处长；卢家涛为河南分局信息机电处副处长；孔德刚为河南分局水质监测中心（水质实验室）副主任；徐合忠为河南分局宝丰管理处处长；韦国虎为河南分局穿黄管理处处长；岳广贤为河南分局卫辉管理处处长；马振啸为河南分局叶县管理处副处长；张建伟为河南分局鲁山管理处副处长；瞿行亮为河南分局鲁山管理处副处长（排张建伟之后）；张高伟为河南分局宝丰管理处副处长；高世中为河南分局郏县管理处副处长；安康为河南分局禹州管理处副处长；张伟为河南分局新郑管理处副处长；陈忠合为河南分局航空港区管理处副处长；马耀辉为河南分局郑州管理处副处长；南国喜为河南分局荥阳管理处副处长；周波为河南分局荥阳管理处副处长（挂职）；梁单禹为河南分局穿黄管理处副处长；李文轩为河南分局温博管理处副处长；纪明辉为河南分局焦作管理处副处长；杨勇为河南分局焦作管理处副处长（排纪明辉之后）；秦卫贞为河南分局辉县管理处副处长；王伟为河南分局卫辉管理处副处长；李合生为河南分局鹤壁管理处副处长；祁建华为河南分局鹤壁管理处副处长（排李合生之后）；张晓伟为河南分局安阳管理处副处长；蔡广智为河南分局穿漳管理处副处长；免去李明新河南直管建管局穿黄管理处处长职务；黄文强为河南分局长葛管理处处长；李钊为河南分局郑州管理处处长；崔浩朋为河南分局辉县管理处处长；栗保山为河南分局汤阴管理处处长；蒋成林为河南分局叶县管理处副处长；董志斌为河南分局叶县管理处主任工程师；马胜利为河南分局鲁山管理处主任工程师；张晓亮为河南分局宝丰管理处主任工程师；王国平为河南分局郏县管理处主任工程师；张启勇为河南分局禹州管理处副处长；赵峰为河南分局禹州管理处主任工程师；陈凯歌为河南分局长葛管理处主任工程师；赵

华民为河南分局新郑管理处副处长；赵宝印为河南分局新郑管理处主任工程师；马英豪为河南分局航空港区管理处副处长；李俊昌为河南分局航空港区管理处主任工程师；何大川为河南分局郑州管理处主任工程师；吴国权为河南分局荥阳管理处副处长；胡靖宇为河南分局穿黄管理处主任工程师；吴海洲为河南分局温博管理处主任工程师；宫亚军为河南分局焦作管理处主任工程师；张平喜为河南分局辉县管理处主任工程师；杨永来为河南分局卫辉管理处主任工程师；吴志强为河南分局鹤壁管理处主任工程师；刘卓为河南分局汤阴管理处主任工程师；徐金龙为河南分局安阳管理处主任工程师；郝一峰为河南分局穿漳管理处主任工程师。

（六）渠首分局

蔡建平为渠首分局局长（兼）；尹延飞为渠首分局副局长；郝继锋为渠首分局总工程师，免去其河南直管建管局南阳项目部工程管理处处长职务；刘亚丽为渠首分局计划经营处副处长；王军为渠首分局陶岔管理处副处长；李斌为渠首分局邓州管理处副处长；赵建伟为渠首分局镇平管理处副处长；高广灿为渠首分局南阳管理处副处长；孙晓辉为渠首分局方城管理处处长；张进为渠首分局综合管理处副处长；孙翔为渠首分局分调中心副主任；周学友为渠首分局工程管理处（防汛与应急办）副处长；甘露为渠首分局信息机电处副处长；孙甲为渠首分局水质监测中心（水质实验室）副主任；高义为渠首分局陶岔管理处主任工程师；宋明耀为渠首分局邓州管理处主任工程师；王西苑为渠首分局镇平管理处主任工程师；朱俊杰为渠首分局南阳管理处主任工程师；马世茂为渠首分局方城管理处主任工程师。

因工作调整，免去耿六成河南直管项目建设管理局局长职务；免去刘宪亮信息工程建管部部长职务；免去戴占强天津直管项目建设管理部部长、河北直管项目建设管理部部长职务；免去董永全工程运行管理部副部长职务；免去李庆中计划合同部计划统计处处长职务；免去许开健人力资源部劳资社保处副处长职务；免去刘纲惠南庄建管部工程运行处副处长职务。

（杨君伟　王升芝）

党建与精神文明建设

2015 年，在国务院南水北调办的正确领导下，中线建管局以党的十八大及其历次全会精神为指导，紧紧围绕中线干线工程建设运行管理工作大局，始终坚持党的领导、坚持全面从严治党、加强党风廉政建设、深入开展精神文明建设，有效促进了南水北调中线干线工程各项工作的开展，为中线建管局运行元年的良好开局发挥了积极作用。

（一）党建工作

（1）理论学习。

一是制定并落实《中线建管局党组中心组 2015 年度理论学习计划》，在加强自学的基础上，局党组中心组（扩大）会议集中学习 8 次，深入学习贯彻习近平总书记系列重要讲话精神和党的十八届四中、五中全会精神。组织党员干部参加宪法、刑法和《南水北调工程供用水管理条例》等法律法规专题学习，提高政策理论水平和依法护渠、依法管理的意识和能力。

二是及时宣传学习贯彻新修订的《中国共产党廉洁自律准则》和《中国共产党纪律处分条例》，通过举办学习竞赛等活动，唤醒党员干部的党章意识、纪律意识、规矩意识和组织意识，教育党员干部要永葆共产党人清正廉洁的政治本色。

三是推动以支部为单位开展主题党日活动，组织党员干部赴红旗渠、西柏坡等沿线教育基地参观学习，通过革命故事会、重温入党誓词等形式开展革命传统教育和爱国主义教育，进一步增强党性修养，改进工作作风。

四是组织基层各党支部（总支）书记、委员，党建工作业务骨干，局团委委员，以及各三级运管处相关负责人员一共80余人，赴河南林州红旗渠举办基层党建工作培训班，并邀请办直属机关党委副书记杜鸿礼上党课，提高基层领导工作能力及党建工作科学化管理水平。

五是组织开展多轮次的十八届五中全会精神集中学习研讨，围绕“创新、协调、绿色、开放、共享”五大发展理念，深入了解和把握“十三五”规划，努力做到真学、真懂、真做，开拓工作新思路。

（2）制度建设。

一是贯彻落实中央《深化党的建设制度改革实施方案》及国务院南水北调办有关要求，构建党建工作规范化制度化的长效机制，紧扣全面从严治党要求，以改革创新精神推进党建工作。

二是落实党内政治生活新要求，举办党建工作培训班，加强干部教育管理，通过理论学习、组织生活、案例警示和岗位考核等形式，不断提高党员领导干部特别是“一把手”两手抓的意识和能力，切实履行“一岗双责”和主体责任。

三是建立健全中线建管局党建工作规章制度，研究制定完善从严治党、“两个责任”、“三严三实”等方面8项制度措施，并在全局推广应用《党支部工作手册》，进一步提升党建工作制度化、规范化水平。

（3）组织建设。

一是积极建立和完善中线建管局党组书记负总责、党组成员分工负责、机关党委推进落实、各部门各单位主要负责人“一岗双责”的党建工作格局，并成立党建工作领导小组，统筹整合力量和资源。扎实推进基层党建工作，抓住2015年初工作部署和年终述职考核两个关键节点，推动党建工作各项任务具体落实。

二是严格落实《中国共产党党和国家机关基层组织工作条例》，结合中线建管局运行工作机构调整及实际工作需要，及时调整党的组织机构设置。截至2015年底，全局共有741名党员，设置1个机关党委、15个机关直属党支部、5个分局党总支及其下属54个党支部（其中渠首分局6个，河南分局21个，河北分局17个，天津分局6个，北京分局4个），共计75个基层党组织。

三是持续大力开展创先争优活动。注意发现、培养和宣传作风优良、实绩突出、廉洁自律的优秀干部，组织“两优一先”（先进基层党组织、优秀共产党员和优秀党务工作者）评选表彰，组织参加中央国家机关基层服务型党组织建设品牌选树活动、基层党组织组织建设优秀制度征集和评选工作，树典型，立标杆，起到典型引路、示范带动、促进工作的效果。2015年度，共评选表彰13个先进基层党组织，102名优秀共产党员和党务工作者；河南分局党总支获中央国家机关基层服务型党组织建设优秀品牌，《河北直管建管部党总支落实党风廉政建设主体责任主要措施》和《河南直管局党支部工作手册》获国务院南水北调办推荐为中央国家机关基层党组织制度建设优秀项目。

四是严格按照新“十六字”方针和有关程序，认真做好发展党员工作，落实入党积极分子的教育、培训、培养和考察，确保发展党员的质量。2015年根据计划及上级下达指标，全局共发展党员7名，新党员绝大多数来自基层。此外，及时做好党组织关系转接工作和党费收缴、信息报送工作。

五是扎实推进服务型党组织建设，围绕中心，面向一线，在全局深入开展“挑毛病、出点子、保运行”主题活动。一共征集了580条提案，甄选出多条具有典型意义的、可资借鉴和应用的、有益于运行管理工作的“金点子”。同时，深入各分局及管理处广泛开展党建工作现场调研，听取、搜集、整理了大量员工思想动态情况，并呈报局党组决策参考。

（4）“三严三实”专题教育。

一是制定和落实《南水北调中线建管局开展“三严三实”专题教育实施方案》及实施计划，扎实推进领导干部带头讲党课10余次，重点分严以修身、严以律己、严以用权3个专题认真开展学习研讨，真正把“三严三实”贯彻落实到实际工作中去。

二是推动领导干部按照“三严三实”要求加强党性修养、改进工作作风，认真查找党员干部个人及单位存在的“不严不实”问题，实行问题清单制度，切实解决实际问题。并把“三严三实”作为干部考核评价和选拔的重要依据，引导党员干部经常按照“三严三实”进行对照检查，使之内化于心、外化于行。

三是认真召开2015年度党员领导干部民主生活会，做好征求意见、谈心谈话、对照检查、批评和自我批评、整改落实等环节工作，既达到了“团结—批评—团结”的目的，又促进了干部队伍建设，有力推动了全局各项工作。

（5）述职评议和党风廉政建设责任制考核。

按照中央国家机关工委和国务院南水北调办直属机关党委的工作要求，研究制定《中线建管局机关党建述职评议考核实施方案》，采取机关党委、党支部、党员三级联述联评联考方式，组织局属各党支部（总支）扎实开展党建述职评议考核工作。结合中线建管局运行期的机构特点，研究制定《党风廉政建设责任制考核实施方案》，采取日常检查与年终考核相结合，集中检查考核与各分局自查相结合的方式，进一步加强对各分局以及各基层管理处党风廉政建设情况的检查考核力度。

（6）专项巡视。

把配合巡视工作作为加强党建工作的一次重要机遇。按照巡视组的安排部署，认真梳理并按时提交大量有关汇报和情况说明材料；同时，认真落实领导干部出京请假要求，保证巡视配合和工作开展两不误。积极行动，狠抓落实，对存在或出现的问题，立查立改，确保执行到位，圆满完成巡视配合工作。

（二）党风廉政建设

（1）党风廉政建设“两个责任”。

坚持业务工作与廉政工作“一岗双责”制，召开廉政工作会议，签订《党风廉政建设责任书》。认真执行《南水北调中线建管局党风廉政建设责任制实施办法》及落实主体责任、监督责任的有关措施和考核办法，从党组到机关党委和机关纪委、党支部（总支），层层传导压力、分解责任，推动“两个责任”严格落实。把纪律和规矩挺在前面，发挥纪检组织的监督责任，聚焦中心任务，强化监督执纪问责，通过严肃政治纪律和政治规矩带动其他纪律严起来。成立检查组，组织相关部门到各分局对纪律执行情况进行监督检查。

（2）反腐倡廉宣传教育。

认真组织落实《关于加强和改进中央国家机关廉政文化建设的意见》，加强党员干部党性党风党纪教育。做好反腐倡廉综合宣教工作，通过给各部门各单位领导班子订阅《纪检监察报》、编辑发送廉政短信、举办专题辅导报告、观看专题影像教育片、送廉政文化进项目等形式，深入开展典型示范教育和警示教育。充分发挥群众监督作用，抓好举报案件查办工作。大力学习宣传《中国共产党廉洁自律准则》和《中国共产党纪律处分条例》，促使党员干部特别是领导干部做廉洁自律的表率。

（3）廉政风险防控及作风建设。

认真贯彻落实《国务院南水北调办关于加强廉政风险防控的意见》，加强廉政风险点的动态监控和对防控措施落实情况的监督检查。组织开展廉政风险排查防控工作，加强对关键环节和重点岗位的管理及审计稽察力度，做好重点防范工作。坚决执行中央八项规定，健全和落实改进作风常态化制度。从严、从紧调配使用办公用房；推进节约型机关建设，2015年局机关管理费用支出在持续三年下降的基础上，降幅仍达到6%。

（三）精神文明建设

（1）精神文明创建活动。

组织文明员工、文明单位、文明家庭评选表彰，组织参加中央国家机关最美家庭评选活动。2015年度受国务院南水北调办表彰的有5个文明处室、15名文明职工、15个文明家庭，受中线建管局表彰的有10个文明部门（单位）、147名文明员工、142个文明家庭；河北分局王秀贞家庭荣获中央国家机关第九届“全国五好文明家庭”称号，北京分局蔡建平同志荣获“全国劳动模范”称号，河南分局鹤壁管理处负责人李合生被评为“最受欢迎的法治人物”，家庭助廉活动中朱梅等9人作品分别荣获“最美家风故事”奖、“最美家书手札”奖、“最美家教短片”奖。

（2）社会主义核心价值观宣传教育。

贯彻落实社会主义核心价值观和南水北调核心价值理念，切实营造文明和谐的工作环境和建设氛围。坚持典型引路、示范带动的导向，组织广大干部员工认真学习先进人物和身边模范，弘扬劳模精神，倡导优良作风，使广大干部员工干有方向、学有榜样、追有目标。从员工思想认识入手，加强形势任务教育，抓好爱国主义、集体主义和革命传统教育，积极开展思想作风建设，不断锤炼核心价值观，为各项业务工作顺利开展增添精神动力。

（3）践行社会主义核心价值观。

一是组织2014年度优秀党务工作者、优秀党员与先进基层党组织代表以及2013～2015年发展的新党员等80余名党员干部，赴河南省兰考县焦裕禄纪念园，实地学习焦裕禄精神，并举行党员宣誓活动，现场交流学习心得，结合思想和工作实际，谈体会、谈认识，提高思想境界和职业道德素质。

二是继承和发扬“五四”精神。开展南水北调中线建管局“五四”演讲比赛，号召广大团员青年积极投身南水北调事业，以“燃青春激情，创调水伟业”为主题，首次利用视频会议系统全线现场直播，极大地调动了广大青年参与积极性。

三是党员带头奉献社会，积极促进文明共建。如2015年8月，河北分局石家庄管理处党支部在获悉天津滨海新区发生爆炸、大量伤员需要充足血液供应的消息后，开展“情系天津　无偿献血”主题活动，21名党员积极参与，充分发挥先锋模范作用，弘扬了社会主义核心价值观，树立了南水北调良好形象。

（4）全面加强工会组织建设。

2015年2月3日，中线建管局召开了工会第一次会员代表大会，应到会会员代表102人，实到93人，会议依据《中华人民共和国工会法》和《中国工会章程》的要求，按照国务院南水北调办机关工会的指示精神，选举产生了中线建管局工会第三届工会委员会和经费审查委员会，刘杰等9名同志当选为工会委员会委员，梁宇等3名同志当选为经费审查委员会委员。工会会员代表大会结束后，随即分别召开了第三届工会委员会和经费审查委员会第一次会议。工会委员会应到会委员9人，实到会9人；经费审查委员会应到会委员3人，实到会3人。会议以等额选举方式，选举产生了工会主席、工会副主席和经费审查委员会主任。刘杰同志当选为工会主席，张德华同志当选为工会副主席；梁宇同志当选为经费审查委员会主任。

（徐振东　邓小聪　马艳军）

南水北调东线总公司

概　述

2015 年，东线总公司干部人事工作紧紧围绕公司工作大局，高度重视党建与精神文明建设，认真贯彻执行党的干部路线、方针、政策，以人员选配和理顺运行管理机制为重点，积极推进人员选聘选调，筹建工程运行管理分支机构，着力加强员工教育和培训，建立现代企业人力资源管理制度体系，初步实现了员工队伍管理的规范化，有力支撑和保障了东线工程平稳高效运行。

管 理 机 构

2015 年 5 月 29 日，东线总公司印发《关于成立南水北调东线总公司直属分公司（运行调度中心）的通知》（东线人发〔2015〕38 号），成立直属分公司，主要负责苏鲁省际未完工程建设、工程运行管理等有关工作，办公地点设在江苏省徐州市。

人 事 管 理

2015 年 3 月 27 日，经总经理办公会研究，决定聘任林永峰为计划资产部部长，聘期三年。

2015 年 4 月 13 日，经总经理办公会研究，决定聘任滕海波为工程运行部副部长（暂主持工作），聘期三年。

2015 年 5 月 29 日，经总经理办公会研究，决定副总经理高必华兼任直属分公司经理。

2015 年 6 月 5 日，经总经理办公会研究，决定聘任董永全为工程运行部副部长（主持工作），聘期三年。

2015 年 6 月 9 日，经总经理办公会研究，决定聘任李庆中为计划资产部副部长，刘纲为工程运行部副部长。以上同志聘期三年（试用期一年）。

2015 年 6 月 17 日，经总经理办公会研究，决定聘任李波为人力资源部部长，免去人力资源部副部长职务，聘期三年（试用期一年）。

2015 年 8 月 3 日，经总经理办公会研究，决定聘任石泉为监察审计部部长，程增宝为财务部副部长（主持工作）；赵明根为直属分公司副经理。以上同志聘期三年。

2015 年 9 月 14 日，副总经理胡周汉参加中央党校中央国家机关分校司局级干部进修班学习，计划资产部副部长李庆中参加中央党校中央国家机关分校处级干部进修一班学习，为期三个月。

2015 年 12 月 29 日，经总经理办公会研究，决定聘任董永全为工程运行部部长，免去工程运行部副部长职务；谢华为直属分公司副经理。以上同志聘期三年（试用期一年）。

（许开健　陈嘉旭）

党建与精神文明建设

（一）党建工作

（1）政治理论学习。东线总公司领导带头讲授 5 次党课，召开 3 次专题研讨会，各部门每月开展一次党小组专题教育学习活动，正确认识了“三严三实”专题教育、专题教育对东线总公司当前工作的意义，先后为党员发放了《习近平谈治国理政》等 22

套学习书籍，组织学习了《优秀领导干部先进事迹选编》等4本教材，观看了教育电影《焦裕禄》和《破局》，并组织全体员工赴中央国家机关廉政教育基地参观学习。通过系统地学习，加深了党员对“三严三实”的理解，为更好地践行“三严三实”奠定了良好地理论基础。制定下发了《问题查摆工作方案》，按照“下级提、自己找、上级点、互相帮”的工作原则，党员干部扎实推进“四个一”工作，共查摆出13个方面78个具体问题。

（2）党组织建设和制度建设情况。积极推动党组织建设工作，结合东线总公司实际情况，经南水北调办直属机关党委批准，于2015年11月20日成立了中国共产党南水北调东线总公司临时党支部。为加强党建工作，编制印发了《东线总公司党支部“三会一课”制度》等制度，建立健全了公司党建工作规章制度。

（二）群团工作及精神文明建设

2015年12月30日，国务院南水北调办机关工会下发《关于成立南水北调东线总公司工会的批复》（机工〔2015〕27号），东线总公司工会正式成立，大力支持开展员工健身活动，筹建职工活动室，配备乒乓球桌、健身器材等物品，丰富员工业余生活，充分调动了员工的工作积极性。积极开展法制宣传教育工作，为全体员工发放了《南水北调工程供用水管理条例》和《宪法》等。加强党性和道德教育，深入开展党性党风党纪教育，深化爱国主义教育，开展了中国梦宣传教育。加强中华传统文化和精神文明建设，印发了《关于开展“双优”部门评比活动的通知》，从工作纪律、办公区域环境、个人仪容仪表和团队协作等4个方面评比，设置“双优”部门流动红旗。在公司办公区域内大力宣传节能减排、环境绿化、交通安全、卫生健康、餐饮服务等宣传海报。

（郭绍坤　冯伯宁）

党风廉政建设

（一）落实一岗双责

2015年初，为坚决落实好“一岗双责”要求，东线总公司主要领导与分管领导、分管领导与中层干部逐级签订了《工作目标责任状》和《党风廉政建设责任状》。

（二）开展内部审计工作

2015年11月中旬起，为进一步加强企业管理，规范企业运行，强化内部控制，依据《中华人民共和国审计法》《审计署关于内部审计工作的规定》和《中央企业内部审计管理暂行办法》等有关法律、法规和规章，结合中央巡视组巡视工作，组织开展了内部审计，范围包括公司预算管理、合同管理、招投标管理、资金收支情况、“三重一大”决策、制度建设及执行等。

（郭绍坤　闫　飞）

南水北调中线水源有限责任公司

人事管理

（一）人事任免

2015年4月，中线水源公司中水源人〔2015〕89号文通知：吴世凡同志任南水北调中线水源有限责任公司临时党委办公室副主任；张安锦同志任南水北调中线水源有限责任公司纪委副书记（职级、待遇不变）。

2015年6月，中线水源公司中水源人〔2015〕89号文通知：李全宏为南水北调中线水源有限责任公司计划部处长（副处级），试用期一年；季丹勇为南水北调中线水源有限责任公司综合部人力资源处处长（副处级），试用期一年；免去吴世凡南水北调中线水源有限责任公司综合部人力资源处处长职务。

2015 年 8 月，根据《长江水利委员会关于张彬任职的建议函》（长任〔2015〕459 号）文件精神，公司董事会研究决定：聘任张彬为南水北调中线水源有限责任公司副总经理（副局级）。

2015 年 9 月，根据《长江水利委员会关于张小厅免职的建议函》（长任〔2015〕535 号）文件精神，免去张小厅的南水北调中线水源有限责任公司纪委书记、总工程师职务，退休。

2015 年 12 月，中共水利部党组决定，任命胡甲均为水利部长江水利委员会副主任、党组成员，免去其汉江水利水电（集团）有限责任公司董事长、党委书记、南水北调中线水源有限责任公司董事长、临时党委书记职务。

（二）人才队伍建设

加强员工的教育培训，适应由工程建设向运行管理的转变。制定了员工年度培训计划，积极参加上级举办的各类培训，举办了工程运行管理、财务决算、通讯员等培训班，完善员工的知识结构，拓展知识面，提高适应新职能任务的本领和能力。

党建与精神文明建设

2015 年，中线水源公司临时党委在长江委党组和直属机关党委的正确领导下，紧紧围绕“抓扫尾、保供水、促转型”的中心工作，认真落实中央和上级全面从严治党的各项部署，深入学习贯彻党的十八届四中、五中全会精神和习近平总书记系列重要讲话精神，扎实开展“三严三实”专题教育，不断强化党员干部的作风建设，发挥了党委的政治核心作用、基层党组织的战斗堡垒作用和党员的先锋模范作用，为全面实现年度工作目标提供了有力的政治、思想和组织保障。

（一）理论学习

充分发挥党委中心组的示范引领作用，按照建设学习型党组织的要求，与时俱进地强化政治理论学习。以中心组（扩大）学习会等方式，组织党员干部认真学习了党的十八大、十八届四中、五中全会精神和习近平总书记系列重要讲话精神，学习了 2015 年全国两会、中纪委十八届五次全会和上级重要会议精神，开展了“三严三实”、落实党风廉政建设主体责任和《中国共产党廉洁自律准则》《中国共产党纪律处分条例》的专题学习。通过学习，提高了党员干部对新形势、新要求的认识，坚定了理想信念，增强了政治意识、大局意识、责任意识、纪律意识和廉政意识，做到思想认识与时俱进，工作学习互相促进。

（二）专题教育

根据中央和长江委党组的统一部署，2015 年 6 月中线水源公司“三严三实”专题教育工作正式启动。一是高度重视，精心组织。公司党委切实履行好党建主体责任，统筹好开展专题教育和“抓扫尾、保供水、促转型”中心工作，确保中央和委党组的要求不折不扣地落实，确保公司年度工作目标的圆满实现。为保证活动的有序开展，公司党委制订印发了专题教育工作实施方案，明确了总体要求、基本原则、方法措施、组织领导和有关要求。二是讲好专题党课。紧扣“三个讲清楚”的要求，中线水源公司领导和各支部书记带头讲党课，提高了党员干部的思想认识，促进了行动自觉，推进了不严不实问题的查找与解决。三是开展好专题研学。按照个人自学和集中研讨相结合的方式，2015 年 7～11 月，公司分别开展了严以修身、严以律己、严以用权 3 个专题的集中研学，发放了学习材料，举办了党委中心组（扩大）学习班，观看了先进典型专题学习片。领导班子成员、党支部书记、中层党员干部分别围绕子专题作交流发言，做到把自己摆进去、把职责摆进去、把思想和工作摆进去。四是开好专题民主生活会和组织生活会。中线水源公司紧紧围绕“深入践行‘三严三实’，以优良作风推进公司转型发展”的主题，制订了工作方案，广泛征求了意见和建议，深入开展了谈心谈话，按照“六查六看”的要求认真撰写对照检查材料，深入查摆“不严不实”问题，严肃认真开展批评和自我批评，自觉打扫思想灰尘，达到了“坚持真理、修正错误，统一意志、增进团结”的目的。五是专题教育成效明显。公司党员干部的思想观念有较大转变，精神面貌明显提振，执行力明显增强，工作作风持续好转，有效地保证和促进了工程建设、运行管理、内部管理和公司转型发展的各项工作。

（三）党建工作

一是按照从严治党的要求，修订完善了党建和党风廉政建设的相关制度，提高了党建工作规范化水平。二是严格落实“中央八项规定”精神和准则、条例两项党内重要法规，党员干部的纪律意识明显增强。三是完善了党建工作体系。加强了党务及纪检干部队伍建设，开展了党支部的改选换届工作。四是按要求组织开展了长江委直属机关党委的换届推选和“红旗党支部”的创建工作。五是加大了宣传工作力度。制订印发了《关于加强和改进公司宣传工作的通知》，完善了通讯员队伍，建立了考核奖惩制度，开展了通水一周年专题报道，展示了工程和公司良好形象。六是做好了民主评议党员、党费收缴、党内统计等基础工作。

（四）干部队伍建设

一是加强领导班子建设。严格执行民主集中制和“三重一大”事项决策制，坚持“集体领导、民主集中、个别酝酿、会议决定”的原则，做到依法决策、科学决策、民主决策。坚持集体领导和个人分工相结合，根据班子成员的变动，及时调整领导分工，保证工作的连续性。二是注重人本管理，启动了干部选任工作。中线水源公司近十年没提任过中层干部，员工反响十分强烈，历届民主生活会都作为重点问题提出。2015 年初公司党委研究确定了“工作需要、分批有序、程序规范、公平民主”的干部选任原则，人事部门精心组织，细化方案，严格程序，确保选人用人质量。上半年提任了 2 名中层干部，目前正在按程序开展 4 个职位的干部选任工作。三是加大培训力度，适应转型需要。制订了员工年度培训计划，积极参加上级举办的各类培训，还举办了工程运行管理、财务决算、宣传等培训班，完善了员工的知识结构，拓展了知识面，提高了适应新职能任务的本领和能力。四是加强干部管理和监督。按要求做好了领导干部有关事项报告、干部人事档案专项审核、信息库建设等工作。

（五）“两个责任”

中线水源公司始终坚持工程建设管理和党风廉政建设两手抓、两手硬、两见效。一是认真落实党委的党风廉政建设主体责任。制定印发了《进一步落实党风廉政建设主体责任的实施意见》和《2015 年党风廉政建设和反腐败工作要点》，按照管理权限层层签订了廉政建设责任书和承诺书，并对落实情况进行考核，推动“一岗双责”的落实。充实了纪检力量，增设了纪委副书记，在支部换届中增设了纪检委员。二是充分发挥纪检监察部门的监督作用。加强对工程招投标、合同签订、变更与索赔、合同结算和干部选拔任用等关键环节的监督，对上级部门审计中发现的问题及时组织整改。深化源头治理，开展了廉政风险防控推进工作，完善了风险点、防控措施、风险预警等防控体系。对拟提任干部组织了廉政考试、进行了廉政谈话。三是深入开展党风廉政建设的宣传教育，提高了党员干部的廉政意识和纪律意识。四是加强了对违反八项规定精神和“四风”问题的监督检查。坚持节前廉政教育，重点对赠送节礼、公款吃喝、公款旅游、公车私用、大操大办婚丧嫁娶等违规事项进行监督检查，节假日对公车实行封存管理。全年未发现一起干部职工违规违纪现象。

（六）工会工作

工会以职工大会为平台，积极参与民主决策和民主监督，广泛征集群众意见，为公司建言献策。积极开展全国五一劳动奖状、南水北调工程建设先进集体、湖北省劳动模范的申报工作，宣传展示工程成果和公司成就。积极开展文化建设、文体活动和公益活动，荣获了长江委第二届职工运动会排球和羽毛球的亚军，开展了八段锦工间操、远足健身和送温暖等活动，深受员工好评。

南水北调东线江苏水源有限责任公司

管理机构

2015 年，江苏水源公司由工程建设运行管理为主转向工程运行管理业务与市场经营业务并重的新局面，根据转型发展需要，全面深化改革，及时进行机构调整，加强组织建设。

（一）机构改革

江苏水源公司明确了改革发展的目标、前景和方向。目标是做真正意义上的企业，通过经营提高能力，获得收益；前景是做具有成长性的健康企业，充满活力；方向是做特色鲜明的水行业龙头企业。围绕这一目标方向，对组织机构进行大幅调整，成立了党群工作部、行政事务部、管理部、工程部、财务审计部等 5 个部门，调度运行中心、建设管理中心、技术服务中心、资源开发中心、投资发展中心等 5 个中心，扬州分公司、淮安分公司、宿迁分公司、徐州分公司等 4 个分公司。强化 5 个中心的实体经营功能，据此构建调度运行、建设管理、技术服务、资源开发、投资发展五大经营平台，由以往单一的建设管理组织架构变成适应公司转型的新格局，为深化经营发展提供机构保障。在拓展市场经营业务的同时，高度重视调水运行主营业务不受影响，着力提高调水管理效率和水平，保质保量完成国家和江苏省交给的调水政治任务。

（二）班子建设

江苏水源公司党委重视班子建设，2015 年公司主要领导调整后，党委及时召开会议，研究班子成员分工。江苏省委巡视反馈后，又结合整改要求，对班子成员分工进行了调整，强化工作职责，增强班子整体合力。重视决策机制建设，按照省国资委要求，及时印发《江苏水源公司“三重一大”决策制度实施办法》，进一步明确公司重大决策、重要人事任免、重大项目安排和大额资金使用决策程序、决策要求。工作中严格执行《党委议事规则》，规范党委会决策范围、程序和要求。制定印发《关于加强公司会议管理的通知》，组织开好党委会，强化党委会与董事会、总经理办公会之间的有效衔接，严格决策事项的督查落实，提高决策效率和决策成效。全年党委召开会议 23 次，形成会议纪要 20 份，重点在研判形势、深化改革、机构设置、干部选拔、人才引进、内部管理、经营发展以及党的建设等方面研究方向思路，充分发挥了班子的整体工作效能。

（林　亮）

人事管理

围绕江苏水源公司转型发展要求，坚持党管干部原则，着眼长远发展，把干部选拔培养摆上重要日程进行研究，严格干部考察培养，加强人才管理，抓好干部学习培训教育，推动公司干部人才队伍健康发展。

（一）干部选拔

按照江苏省委组织部要求，研究制定公司落实从严管理干部“五个要”若干规定暂行办法，对关键岗位干部、年轻干部、中层以上干部等统筹分类管理，进一步严明纪律、严格标准，切实加强干部队伍建设。同时省委巡视要求，修订公司干部选拔任用办法，规范工作程序，加强全过程监督。做到凡是涉及干部人事事项，必须经过公司党委会集体研究决定，在公司形成科学的选人用人机制。年内组织对2014年提拔的3名中层领导干部试用期考核工作，客观评价干部试用期思想和工作表现，及时办理相关转正手续。组织公司5名部门正职、5名部门副职和5名中层助理民主推荐工作，制订公司中层副职（含中层助理）后备干部推荐方案，建立中层副职（含中层助理）后备干部人员库，结合公司“五部五中心”的构建对4名拟任中层正职人选进行考察任命，加强干部队伍建设，为加快公司转型发展提供组织保证。

（二）干部培训

根据江苏省委组织部和江苏省国资委安排，年内组织5名公司领导干部参加习近平总书记系列讲话精神、党的十八届五中全会精神、国企大讲堂等专题学习培训，选派1名党委班子成员赴英国参加省属企业领导人员第一期“经济国际化”专题海外学习交流，选派1名党委班子成员赴新加坡参加第一期省属企业主要负责人学习新加坡淡马锡专题培训班；选派1名中层干部参加县处级干部进修班学习；选派1名科级优秀骨干参加省第七批科技镇长团挂职锻炼，强化干部培训，提升发展意识和领导能力，适应公司转型发展新要求。

（三）干部考核

公司党委结合年度总结，年底组织中层干部开展述职述廉考评，科级以上员工参与测评，听取群众意见建议，客观评价干部履职成效和廉洁自律情况。考核结果与年度评优和绩效薪酬挂钩，彰显了公司正确的用人导向和严格的管理要求，不断提升干部管理成效。

（林　亮）

党建与精神文明建设

江苏水源公司高度重视党建与精神文明工作，将其摆在重中之重的位置，作为抓好公司组织管理和提升公司形象的重要抓手，提升党员干部队伍素质，凝聚推动改革发展的思想共识。

（一）思想建设

制定印发《2015年度江苏水源公司党委中心组理论学习调研计划》，对全年学习调研任务进行部署，分解任务，落实责任，发挥中心组学习教育主阵地和示范引领作用。年内组织党员干部采取集中教育与自学相结合的方式，认真学习了党的十八届四中全会、五中全会、中央经济工作会议、全国“两会”以及习近平总书记重要讲话精神；深入学习江苏省委十二届九次、十次、十一次全会、全国南水北调工作会议、全省国资监管会议、全省市县水利局长会议精神，落实江苏省委、省政府关于深化国有企业改革的决策部署，分析公司改革发展面临的新形势和新任务，研究新思路和新对策，引导党员干部坚定理想信念和政治立场，增强政治纪律和政治规矩，把思想和行动统一到推动完成年度重点工作上来。同时结合转型发展需要，组织学习经营管理、金融投资、资本运作、法律法规等知识，使学习贴近工作实际。公司领导干部带头执行学习制度，积极参加理论学习，认真做好学习笔记，全年中心组成员学习出勤率超过90%，收到学习体会12篇。学习中坚持以问题为导向，结合分管工作深入基层

调查研究，强化对公司转型期重大问题和重点工作的超前谋划、分析研究和有效解决。坚持拓展学习形式，开展“支部讲坛”“学习读书”等活动，加强学习交流，确保学习更好地指导和推动中心工作，促进了干部队伍整体素质的提升。

（二）“三严三实”专题教育

2015 年 5 月以来，根据江苏省委组织部安排，党委高度重视，精心组织，狠抓落实，深入开展“三严三实”专题教育，为推动江苏水源公司改革发展凝聚思想共识。党委及时研究成立公司“三严三实”专题教育领导小组，党委书记任组长，主抓专题教育，制定印发《公司开展“三严三实”专题教育实施办法》，对专题教育“四专题一强化”工作进行分解，落实责任。根据工作安排，5～7 月，公司党委分别以题为《认真开展“三严三实”专题教育　为推动公司转型发展提供组织保证》和《清澈干净　奋发而为》，为党员干部作了 2 场专题党课教育，阐述“三严三实”深刻内涵，结合公司转型发展要求，对开展好专题教育，推动企业发展提出要求。及时印发《关于扎实开展公司“三严三实”专题学习研讨的通知》，细化专题学习研讨内容和要求，围绕 3 个专题开展专题研讨 6 场，收看了专题片《周恩来的严与实》和《汲取榜样力量》，公司中层以上人员 15 人次结合学习思考，分别作了交流发言，公司干部员工 116 人次接受教育。教育期间征订发放《习近平总书记系列重要讲话读本》等“三严三实”学习读本以及全国干部学习培训教材 480 本，汇编印发学习材料 96 份，满足干部员工学习需求。班子成员始终把学习贯彻中央和省委精神与年度工作安排相结合，结合本职工作，查找自身“不严不实”问题，认真抓好整改，使专题教育过程成为干部员工解放思想、转变观念、凝心聚力、服务发展的过程。一年来，公司党委发挥中心组学习主阵地作用，以开展“三严三实”专题教育为载体，扎实抓好党员干部的思想建设，为推动公司深化改革和加快转型发展典型了坚实的思想基础。

（三）基层党建

一是完善组织体系。党委重视抓好组织建设，结合工作需要，及时调整机关党支部，选举充实支部委员。北京项目部成立后，及时研究决定在工程现场设立临时党组织，抓好对党员教育管理。按照巡视整改和机构设置要求，超前谋划新的组织体系，积极有序地推进组织建设。目前，党委下属 3 个党总支，14 个党支部，配备 32 名书记和委员，管理 95 名党员，实现了党建工作全覆盖。二是推进目标管理。印发《公司党支部目标管理办法》，深入分公司党总支、子公司党支部进行调研，对基层党支部开展目标管理工作进行指导，突出重点，明确任务，丰富工作内容，创新工作载体，加快推进党建工作规范化建设，促进党建工作与企业中心工作有效结合。三是开展“双示范”创建。结合党建工作实际，制定印发《公司开展创建“党员示范岗”和“党员示范窗口”活动实施意见》，及时对创建进行部署，进一步明确创建标准、实施步骤和工作要求，年内组织开展创建申报，经自下而上层层推荐，党委研究批准，确定 10 个“党员示范窗口”和 12 个“党员示范岗”进行预创建，实行挂牌工作，主动亮明身份，实行创建承诺，主动接受党员职工监督。党委通过培育先进典型，发挥示范作用，引导广大党员立足岗位、创先争优，促进党建工作更好地服务中心工作，夯实工作基础，激发工作活力，提升党建工作整体成效。

（四）党员管理

一是认真做好组织发展工作。按照江苏省国资委要求，严格执行《关于加强省属企业发展党员工作制度建设的意见》和《江苏水源公司发展党员工作流程》，做到发展工作计划管理、民主推荐、发展公示、讨论票决、发展预审、全程纪实和分析督查，规范程序，提高质量。2015 年内推荐 3 名入党积极分子参加短期培训，审查 2 名发展对象政历情况，批准接受 2 名预备党员，并按要求开展组织关系排查，清理“空挂”党员，理顺关系，优化结构，增强了队伍活力。二是组织评选表彰活动。“七一”前夕，研究落实纪念建党 94 周年活动计划，认真组织开展先进党支部、最美共产党员和优秀党务工作者评选表彰活动。经过自下而上层层推荐，泗洪站管理所党支部、北京项目部党总支等 5 个党组织分别被江苏省国资委党委、公司党委表彰为“先进党组织”，王丽慧等 12 名党员被表彰为“最美共产党员”，林亮等 2 名同志被表彰为“优秀党务工作者”，开辟专栏，宣传典型，引导党员比学赶超。三是开展主题教育活动。根据江苏省国资委党委部署，在公司党员中认真开展“坚定信念、忠诚于党”主题活动，先后组织开展学习读书活动；组织党员赴雨花台烈士陵园重温入党誓词；组织创作《人间天河》，参加主题朗诵会，讴歌党的丰功伟绩和南水北调事业取得的成就；选派 10 名党支部书记和党务工作者参加业务培训，提高党务干部的综合素质。一年来，广大党员在党支部的带领下，积极投身江苏省南水北调工程建设、运行管理、抗旱调水、经营发展以及内部管理等工作，吃苦在前、甘于奉献，恪尽职守、攻坚克难，在公司改革转型发展中发挥了先锋模范作用。

（五）精神文明建设

江苏水源公司党委结合改革发展实际，围绕员工精神文化需求，深入持久地开展文明创建，不断创新活动形式，丰富活动内涵，增强了队伍凝聚力，提升了公司文明创建成效。一是开展文明创建。认真落实年度文明创建计划，结合南水北调工程建设管理和公司年度工作要求，深入开展“文明单位”“五一劳动奖状”“工人先锋号”“模范职工之家”“和谐劳动关系企业”“青年文明号”“先进班组”等创建工作。以“生态文明”“水质保护”“交通协勤”“环境整治”等为主题，积极开展“关爱南水北调、打造清水廊道”志愿者服务活动，特别是在洪泽站组织了每年一度的植树活动，在 2015 年调水出省期间开展了多项专题志愿服务活动，全年系统有百余人参与活动，取得了显著成效。二是开展创建活动。根据年度计划安排，组织南水北调主题节目《人间天河》参加水利厅迎新春文艺演出；组织员工开展“迎新年登紫金山”活动；三八妇女节组织全体女员工赴高淳参观美丽乡村和考察水利工程；组织参加省属企业足球联赛，获优秀组织奖；积极参加省水利系统篮球赛，经过激烈比拼，勇夺冠军；继续组织在分公司开展“绿色行健步走”活动；同时组织好年度员工体检，劳保用品发放等活动，春节期间组织慰问困难职工。积极参加“省属企业滴水筑梦扶贫助学工程”，资助 20 万元帮助贫困苏北地区学生完成高中阶段学业，积极传播正能量，切实履行国有企业的社会责任。实施人文关怀，坚持为员工办实事、解难事，帮助员工解决实际困难，关心青年人才成长，寒暑季节组织慰问生产一线员工，及时看望生病住院员工，送去组织的关心和问候。一系列惠民措施的实施，进一步融洽了党群干群关系，促进了单位和谐稳定。

党风廉政建设

江苏水源公司党委围绕工作目标，学习贯彻国务院南水北调办党组、江苏省国资委党委和纪委工作要求，及时研究部署党风廉政建设，认真分解工作目标、责任和措施，确保年度廉政责任落实到位。

（一）廉政建设

一是抓好廉政教育。组织党员干部学习中纪委五次全会、江苏省纪委五次全会精神，自觉遵守《党章》和党的政治纪律、组织纪律、工作纪律、生活纪律、财经纪律，党员政治上思想上行动上与党中央保持高度一致。2015年内在公司开展4场次警示教育会，组织干部员工集中观看教育片《从严治企警示录》和《违纪之鉴》，累计260多人次接受了教育，进一步增强了党纪党规和廉洁自律意识。二是落实廉政责任。严格执行党风廉政建设“一把手”负责制，及时分解落实年度廉政责任，与江苏省南水北调2个专项工程建设单位、7个职能部门、4个分（子）公司“一把手”签订党风廉政建设责任书，与公司23名中层以上领导干部签订廉洁承诺书，严格“一岗双责”要求。三是加强廉政考核。结合江苏省委巡视整改要求，认真制定印发《江苏水源公司党风廉政建设百分制考核办法》，明确考核内容，量化考核指标，强化廉政考核，定期组织党风廉政建设考核和中层干部述职述廉考核，考核结果与部门评优、干部职务晋升和年度收入挂钩，增强考核针对性和实效性，提升公司党风廉政建设成效。

（二）惩防体系

一是构建预防机制。按照党风廉政建设要求，研究提出公司反腐倡廉制度架构，从教育预防、执纪监督、案件检查和责任追究等4个方面计划建立13项规章制度，年内印发《江苏水源公司党委落实党风廉政建设党委主体责任和纪委监督责任实施办法》《江苏水源公司落实党风廉政建设责任制实施办法》《江苏水源公司党风廉政建设百分制考核办法》《关于对江苏水源公司中层领导人员进行诫勉谈话和函询的暂行办法》等4项制度。推动落实“两个责任”“三重一大”决策、投资管理、内部审计、重大事项督查等制度建设，严格述职述廉、诫勉谈话、函询等制度规定，加强制度顶层设计，构建科学严谨的制度体系，确保权力在阳光下执行，推动制度预防常态化。二是加强廉洁风险防控。落实江苏省国资委党委《关于进一步加强省属企业廉洁风险防控工作的指导意见》，组织开展调研，认真起草《江苏水源公司廉洁风险防控机制建设实施办法》，围绕国有资产监管、重大决策、项目审批、财务审计、干部选拔等重点环节，开展廉政监督，对两个专项工程建设严格“三合同一承诺”制，对北京项目部加强廉政监督，协助驻厅纪检组对江苏省南水北调在建工程廉政合同执行情况开展专项检查，与河海大学联合开展风险防控体系项目建设，加强对市场风险、投资风险、财务风险、廉政风险防控研究和实践，加快构建风险防控体系，实现预防监督工作全覆盖。

（三）作风建设督查

严格中央八项规定和省委十项规定，围绕春节、元旦、五一、端午等重大节日，开展作风建设专题督查，明确纪律要求，向公司中层以上人员编发廉政短信120余条及时提醒；节日期间组织纪检人员随机抽查、明察暗访，深入有关单位检查公款吃喝、公款赠送节礼、公车私用等违纪违规问题；节后纪委监察室牵头，对分（子）公司节日期间作风建设，组织开展专项督查。今年以来，公司会议、文件、简报、信息数量同比有所下降。结合巡视整改要求，及时制定印发《江苏水源公司公务（商务）接待和会务管理暂行办法》，严格接待和会务管理，强化费用预算审批，对外接待中控制费用标准、接待规模和陪客人员，杜绝讲排场、比阔气等不良风气，公司“三公”经费得到有效控制，全年公司公款出国出境费用6.33万元，同期增长26.6%；公务用车费用64.76万元，同期下降11.37%；公务接待费用40.18万元，同期下降15.18%。

（四）纪检信访工作

始终保持查办案件和惩治腐败的高压态势，发挥查处案件治本功能。关注社会舆情，抓好信访举报工作，采取悬挂举报箱、公布举报电话等形式，进一步畅通信访举报渠道。2015年内收到江苏省国资委纪委结转信访1

件，收到江苏省委第九巡视组移交问题线索2件，收到江苏省国资委纪委移交的问题线索2件，结合江苏省委巡视整改要求，严格调查核实信访举报反映的问题，对上级结转信访件和移交的问题线索，及时进行登记，根据领导批示，认真开展调查核实处理，及时处理结果，坚持把纪律和规矩挺在前面，做到抓早抓小、快查快结。党委结合“三严三实”专题教育，在中层干部座谈会上通报情况，用身边的事教育身边的人，全体党员干部的纪律意识和规矩意识进一步增强。

（五）配合江苏省委巡视

按照江苏省委第九巡视组工作要求，党委积极配合巡视组开展工作，并落实巡视反馈意见，认真制定整改方案，抓好整改措施落实，确保巡视整改取得实效，推动公司持续健康发展。一是切实加强组织领导，圆满完成巡视任务。根据工作要求，党委及时研究成立了公司巡视工作联络组，党委书记任组长，党委副书记、党委委员为副组长，各部门主要负责人为成员，不断加强对巡视联络工作领导，认真做好配合和服务保障工作，促进了巡视任务顺利完成。二是认真制定整改方案，迅速推进整改工作。围绕巡视组反馈的公司在执行政治纪律、廉洁纪律、组织纪律以及群众纪律、工作纪律、生活纪律等六大纪律方面存在的主要问题，细化为34个具体问题，制定了99项整改措施，明确分管领导、牵头部门、配合部门、责任人和完成时间。为认真抓好整改落实，党委研究成立了巡视整改领导小组和办公室，定期研究分析整改任务推进情况，协调解决问题，审议讨论制度性文件。截至2015年12月底，江苏省委巡视反馈的34个主要问题，有31个问题已经整改到位，还有3个问题正在抓紧整改落实，整改率为91.2%。通过巡视，公司党员干部政治意识和纪律意识有了新提高，公司规章制度不断健全，促进了公司持续健康发展。江苏省委巡视组肯定了公司巡视整改工作，认为水源公司在整改过程中敢于顶真碰硬、富有成效。

（吴丹华）

南水北调东线山东干线有限责任公司

管 理 机 构

南水北调东线山东干线有限责任公司（简称山东干线公司）设董事会和监事会，实行董事长领导下的总经理负责制。目前公司下设综合部、工程管理部、发展运营部、财务部、调度运行部、信息运行管理中心、纪检督察室、监管中心、征地移民部、南水北调济南局、南水北调济宁局、南水北调枣庄局、南水北调泰安局、南水北调德州局、南水北调聊城局、南水北调胶东局、济宁工程应急抢险分中心等17个部门。

（庄 严）

人 事 管 理

（1）人事管理制度体系。出台了山东干线公司《管理人员岗位竞聘管理办法》《失职渎职行为责任追究办法》《山东省南水北调工程管理流动红旗评选工作方案》，修订了山东干线公司《章程》《因公出国（境）管理暂行规定》《职工继续教育管理暂行办法》，为公司依法规范运营管理提供了制度保障。

（2）人员调配工作。一是及时调整公司董事、监事会成员，并在山东省工商局进行了备案；二是对山东干线公司本部有关部门和所属人员进行了调整归并，进一步理顺和规范了公司本部各部门职能；三是完成了山东干线公司科室副职以上管理人员职务统一解聘后重新聘用工作；四是完成了对公司31名副科级及以上管理人员的选拔聘用和15名管理人员岗位变动等工作；五是成立了安全生产办公室、法务科、水质科、济宁应急抢险分中心、济南应急抢险分中心和聊城应急抢险分中心，并配备了专兼职人员；六是通过组织岗位竞聘，选聘了20名泵站运行值班人员一级值班长。

（3）人事档案管理。完善配套高标准、规范化的档案管理设施，完成了山东干线公司科级以上人员档案信息整理、初审、复审等工作以及新提拔的32名干部的任前档案审核工作。

（4）职称评审和技能鉴定工作。2015年度，共组织8名同志申报正高专业技术职务，13名同志申报副高专业技术职务，7名同志申报中级专业技术职务，确认了26名同志的专业技术职务。组织完成了经济师、会计师等报名考试及职称外语考试、职称计算机考试的报名和申报材料初审工作。组织对38名新招聘泵站运行工进行了技能鉴定。

（5）岗位培训工作。2015年重点加强岗位培训，制定《职工培训工作计划》，对近几年新进的105名职工进行了系统的入职培训。对公司本部、各管理局、各三级管理处90余名综合管理人员，集中进行公文写作、办文流转、信息宣传、人事劳资、信访等业务培训，有效规范和提高了综合部门办事效率和工作质量。

（庄　严）

CHINA SOUTH-TO-NORTH WATER DIVERSION PROJECT CONSTRUCTION YEARBOOK

拾肆 统计资料

THE STATISTICAL INFORMATION

基建投资统计

概　　述

截至2015年底，国家累计安排国务院南水北调办负责投资计划管理的南水北调主体工程建设项目投资计划2617.8亿元，按投资来源分：中央预算内投资254.2亿元，中央预算内专项资金（国债）106.5亿元，南水北调工程基金196.5亿元，国家重大水利工程建设基金1584.8亿元，贷款475.9亿元，见图1。

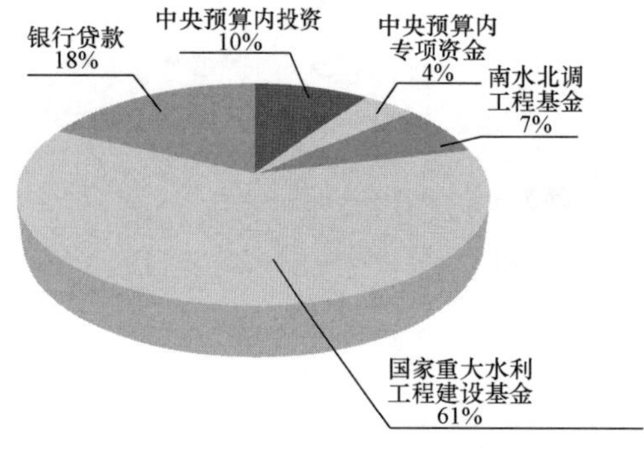

图1　累计安排投资计划

其中：国务院南水北调办累计下达投资计划2611亿元（工程建设投资计划2439.6亿元，初步设计工作投资14.2亿元，文物保护工作投资10.9亿元，待运行期管理维护费10.3亿元，过渡性资金融资费用136亿元）。水利部累计下达6.8亿元，全部为前期工作投资。

截至2015年底，累计完成投资2579亿元，占在建设计单元工程总投资2619.6亿元的98%，其中东、中线一期工程分别累计完成投资323.9亿元和2136.4亿元，分别占东、中线在建设计单元工程总投资的97%和99%；过渡性资金融资费用117.8亿元，其他0.9亿元。累计完成投资中不包含里下河水源补偿工程的地方分摊投资和陶岔渠首枢纽工程的电站投资。

各年完成情况是：2003年完成投资7.7亿元，2004年完成投资12.6亿元，2005年完成投资18.3亿元，2006年完成投资80.5亿元，2007年完成投资71.3亿元，2008年完成投资51.1亿元，2009年完成投资147.9亿元，2010年完成投资408.3亿元，2011年完成投资578亿元，2012年完成投资652.9亿元，2013年完成404.9亿元，2014年完成109.2亿元，2015年完成43.5亿元，见图2。

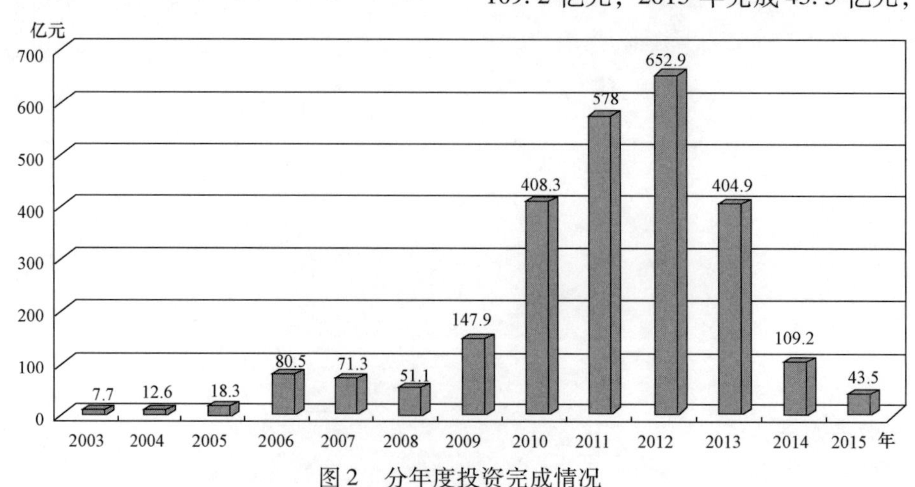

图2　分年度投资完成情况

2015 年，国家安排南水北调主体工程建设项目投资计划 56.1 亿元，全部为国家重大水利工程建设基金。其中，安排工程建设投资 20.9 亿元，东线工程建设投资 2.9 亿元，中线工程建设投资 18 亿元；安排待运行期管理维护费投资 0.2 亿元；安排过渡性资金融资费用投资 35 亿元。

完成投资 43.5 亿元（其中，东线一期工程完成 6.3 亿元，中线一期主体工程 12.3 亿元，库区移民安置工程 1.5 亿元，过渡性资金融资利息 23.4 亿元），见图 3。

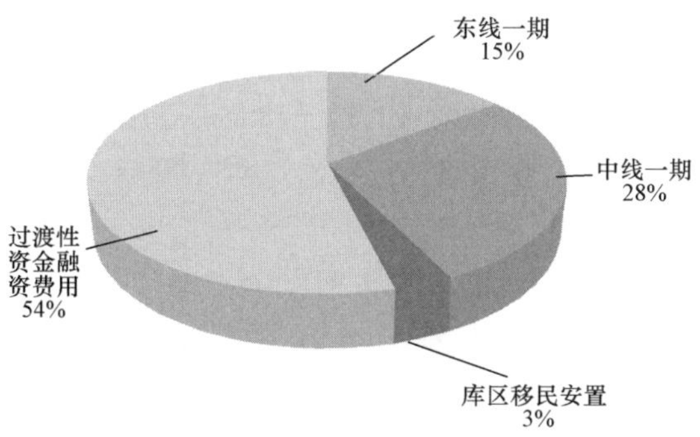

图 3　2015 年投资计划完成情况

（王　熙）

东线一期工程建设进展情况

根据各项目法人单位报办的 2015 年建设投资统计年报，截至 2015 年底，南水北调东线一期在建各设计单元工程建设进展情况如下：

（一）三阳河潼河宝应站工程

三阳河潼河宝应站工程于 2002 年 12 月开工建设，是南水北调首个开工工程，2005 年 9 月基本完成。工程总投资 97 922 万元，已完成全部投资。完成土方 2713 万 m^3，石方 5.95 万 m^3，混凝土 13.39 万 m^3，金属结构 237t。工程已通过完工验收并移交运管单位。

（二）长江—骆马湖段 2003 年度工程

（1）江都站改造工程。工程总投资 30 302 万元，已完成全部投资。完成土方 64.46 万 m^3，石方 1.76 万 m^3，混凝土 2.56 万 m^3，金属结构 1000t，机电设备 17 台（套）。工程于 2013 年 6 月全部建成，已通过完工验收并移交运管单位。

（2）淮阴三站工程。工程总投资 29 145 万元，已完成全部投资。完成土方 247 万 m^3，石方 4.51 万 m^3，混凝土 2.53 万 m^3，金属结构 307t，机电设备 17 台（套）。工程已通过完工验收并移交运管单位。

（3）淮安四站工程。工程总投资 18 476 万元，已完成全部投资。完成土方 153.8 万 m^3，石方 2.35 万 m^3，混凝土 2.35 万 m^3，金属结构 460t，机电设备 4 台（套）。工程于 2008 年底建成，已通过完工验收并移交运管单位。

（4）淮安四站输水河道工程。工程总投资 31 898 万元，已完成全部投资。完成土方 412.51 万 m^3，石方 1.31 万 m^3，混凝土 2.42 万 m^3，金属结构 339.2t，机电设备 21 台（套）。工程已通过完工验收。

（三）骆马湖—南四湖段工程

（1）刘山泵站工程。工程总投资为 29 576万元，已完成全部投资。完成土方 196 万 m^3，石方 3.65 万 m^3，混凝土 4.69 万 m^3，金属结构 660t，机电设备 5 台（套）。工程已通过完工验收并移交运管单位。

（2）解台泵站工程。工程总投资为 23 242万元，已完成全部投资。完成土方 110.9 万 m^3，石方 6.17 万 m^3，混凝土 3.88 万 m^3，金属结构 460t，机电设备 5 台（套）。工程已通过完工验收并移交运管单位。

（3）蔺家坝泵站工程。工程总投资为 25 700万元，已完成全部投资。完成土方 121.99 万 m^3，石方 0.4 万 m^3，混凝土 3.49 万 m^3，金属结构 457.04t，机电设备 4 台（套）。工程已移交运管单位。

（四）长江—骆马湖段其他工程

（1）高水河整治工程。工程总投资 15 996万元，2015 年完成投资 1226 万元，已完成全部投资。完成土方 135 万 m^3，石方 40 万 m^3，混凝土 0.86 万 m^3。

（2）淮安二站改造工程。工程总投资 5464 万元，2015 年完成投资 129 万元，已完成全部投资。完成土方 3.52 万 m^3，石方 0.52 万 m^3，混凝土 0.11 万 m^3，金属结构 67t，机电设备 2 台（套）。工程已通过完工验收并移交运管单位。

（3）泗阳站改建工程。工程总投资 33 447万元，已完成全部投资。完成土方 128.51 万 m^3，石方 3.88 万 m^3，混凝土 3.89 万 m^3，金属结构 292t，机电设备 6 台（套）。工程已移交运管单位。

（4）刘老涧二站工程。工程总投资 22 923万元，已完成全部投资。完成土方 80.27 万 m^3，石方 2.8 万 m^3，混凝土 3.04 万 m^3，金属结构 285t，机电设备 4 台（套）。工程已通过完工验收并移交运管单位。

（5）皂河二站工程。工程总投资 29 268 万元，已完成全部投资。完成土方 172.71 万 m^3，石方 1.22 万 m^3，混凝土 4.38 万 m^3，金属结构 359.8t，机电设备 3 台（套）。工程已移交运管单位。

（6）皂河一站更新改造工程。工程总投资 13 248 万元，已完成全部投资。完成土方 30.33 万 m^3，石方 0.46 万 m^3，混凝土 3.23 万 m^3，金属结构 130t，机电设备 2 台（套）。工程已通过完工验收并移交运管单位。

（7）泗洪站枢纽工程。工程总投资59 784 万元，2015 年完成投资 659 万元，已完成全部投资。完成土方 558.8 万 m^3，石方 7.31 万 m^3，混凝土 14.07 万 m^3，金属结构 1560t，机电设备 5 台（套）。工程已移交运管单位。

（8）金湖站工程。工程总投资39 954 万元，2015 年完成投资 258 万元，已完成全部投资。完成土方 176 万 m^3，石方 5.31 万 m^3，混凝土 4.5 万 m^3，金属结构 885t，机电设备 5 台（套）。工程已移交运管单位。

（9）洪泽站工程。工程总投资 51 817 万元，2015 年完成投资 448 万元，已完成全部投资。完成土方 540.22 万 m^3，石方 0.64 万 m^3，混凝土 11 万 m^3，机电设备 5 台（套）。工程已移交运管单位。

（10）邳州站工程。工程总投资 33 138 万元，2015 年完成投资 63 万元，已完成全部投资。完成土方 103.72 万 m^3，石方 2.18 万 m^3，混凝土 5.15 万 m^3，金属结构 489.7t，机电设备 4 台（套）。工程已移交运管单位。

（11）睢宁二站工程。工程总投资255 18 万元，2015 年完成投资 349 万元，已完成全部投资。完成土方 115.5 万 m^3，石方 1.51 万 m^3，混凝土 5.18 万 m^3，金属结构 118.9t，机电设备 4 台（套）。工程已移交运管单位。

（12）金宝航道工程。工程总投资102 722 万元，2015 年完成投资 1539 万元，已完成全部投资。完成土方 859.4 万 m^3，石方 0.53 万 m^3，混凝土 12.35 万 m^3，金属结构 378.4t，机电设备 30 台（套）。工程已移交运管单位。

（13）里下河水源调整工程。工程总投资 182 118 万元（不含地方分摊投资），已完成全部投资。完成土方 2958.98 万 m^3，石方 11.63 万 m^3，混凝土 17.34 万 m^3，金属结构 5421t，机电设备 123 台（套）。工程建设已全部完成。

（14）骆马湖以南中运河影响处理工程。工程总投资 12 527 万元，2015 年完成投资 3 万元，已完成全部投资。完成土方 38.75 万 m^3，石方 0.55 万 m^3，混凝土 1.45 万 m^3，金属结构 655.7t。工程已陆续移交管理单位。

（15）沿运闸洞漏水处理工程。工程总投资 12 252 万元，已完成全部投资。完成土方 79.5 万 m^3，石方 4 万 m^3，混凝土 1.7 万 m^3，金属结构 433.67t，机电设备 225 台（套）。

（16）徐洪河影响处理工程。工程总投资 27 609 万元，2015 年完成投资 560 万元，已完成全部投资。完成土方 150.4 万 m^3，石方 4.88 万 m^3，混凝土 11.72 万 m^3，金属结构 20t，机电设备 5 台（套）。

(17) 洪泽湖抬高蓄水位影响处理工程江苏省境内工程。工程总投资 26 003 万元，已完成全部投资。完成土方 163.44 万 m^3，石方 1.42 万 m^3，混凝土 12.87 万 m^3，金属结构 333.34t，机电设备 65 台（套）。

(18) 洪泽湖抬高蓄水位影响处理工程安徽省境内工程。工程总投资 37 493 万元，累计完成投资 37 230 万元，批复建设内容已完成。累计完成土石方 542.6 万 m^3，混凝土 6.37 万 m^3。

（五）江苏段专项工程

(1) 江苏省文物保护工程。工程总投资 3362 万元，已完成全部投资并发挥作用。

(2) 血吸虫北移防护工程。工程总投资 4643 万元，2015 年完成投资 215 万元，已完成全部投资。累计完成土石方 1.36 万 m^3，混凝土 4.54 万 m^3。工程已全部建成。

(3) 江苏段调度运行管理系统工程。工程总投资 58 221 万元，2015 年完成投资 5120 万元，累计完成投资 26 893 万元。完成光缆线路工程 210km，基本完成水质自动站工程，完成部分通信设备系统集成总承包工程。

(4) 江苏段管理设施专项工程。工程总投资 44 505 万元，2015 年完成投资 5580 万元，累计完成投资 36 681 万元。南京一级机构管理设施正式合作协议已签订；淮安二级机构、徐州二级机构管理设施购买合同已签订，正在进行内部规划设计；扬州二级机构管理设施框架协议已签订；宿迁二级机构管理设施正在进行实施方案比选。

(5) 江苏段试通水费用。工程总投资 4010 万元，含苏鲁省际段试通水费用 40 万元。累计完成投资 4000 万元。

(6) 江苏段试运行费用。工程总投资 3872 万元，含苏鲁省际段试运行费用 42 万元。

（六）南四湖水资源控制、水质监测和骆马湖水资源控制工程

(1) 二级坝泵站工程。工程总投资31 962 万元，累计完成投资 32 846 万元。累计完成土石方 234 万 m^3，混凝土 4.97 万 m^3。工程已全部建成并发挥效益。

(2) 姚楼河闸工程。工程总投资 2412 万元，由江苏和山东共同完成。累计完成投资 2175 万元。累计完成土方 8.5 万 m^3，石方 0.1 万 m^3，混凝土 0.33 万 m^3，金属结构 34t，机电设备 6 台（套）。工程已全部完工并移交管理单位。

(3) 杨官屯河闸工程。工程总投资 5996 万元，由江苏和山东共同完成。累计完成投资 7272 万元。累计完成土方 5.3 万 m^3，石方 0.2 万 m^3，混凝土 1.24 万 m^3，金属结构 111t，机电设备 4 台（套）。工程已全部完工并移交管理单位。

(4) 大沙河闸工程。工程总投资 11 776 万元，由江苏和山东共同完成。累计完成土方 46 万 m^3，石方 1 万 m^3，混凝土 2.4 万 m^3，金属结构 396t，机电设备 11 台（套）。工程已全部完工并移交管理单位。

(5) 潘庄引河闸工程。工程总投资 1497 万元，累计完成投资 1360 万元。工程已建设完成并发挥效益。

(6) 南四湖水质监测工程。工程总投资 5486 万元，由江苏和山东共同完成。2015 年完成投资 378 万元，累计完成投资 378 万元。工程正在建设中。

(7) 骆马湖水资源控制工程。工程总投资 3081 万元，累计完成投资 3081 万元。累计完成土方 15.53 万 m^3，石方 0.88 万 m^3，金属结构 82.5t，机电设备 4 台（套）。工程已建成并移交管理单位。

（七）南四湖下级湖抬高蓄水位影响处理工程

工程总投资 63 749 万元，由江苏和山东共同完成。累计完成投资 63 749 万元。累计完成土石方 542.6 万 m^3，混凝土 6.37 万 m^3。工程建设全部完成。

（八）东线其他专项工程

（1）苏鲁省际工程管理设施专项工程。工程总投资3793万元，累计完成投资618万元。2015年完成投资67万元。

（2）苏鲁省际工程调度运行管理系统工程。工程总投资14 461万元，累计完成投资10 346万元。2015年完成投资2124万元，其中安装工程完成2060万元，其他费用完成64万元。

（3）东线公司开办费。总投资4325万元，累计完成投资2795万元。2015年完成投资2795万元。

（九）东平湖蓄水影响处理工程

工程总投资49 488万元，累计完成投资49 488万元。累计完成土方101.49万m^3，混凝土0.23万m^3。围堤防渗加固工程完成全部2670m的湖堤截渗墙；济平干渠湖内引渠清淤工程完成清淤76万m^3。

（十）济平干渠工程

工程总投资150 241万元，累计完成投资150 241万元，已通过完工验收。累计完成土石方1221.83万m^3，土方725.46万m^3，钢筋19 094t；混凝土及钢筋混凝土53.32万m^3，机电设备581台套，完成金属结构605.43t，渠道衬砌完成约86km，完成桥梁130座，倒虹39座，水闸33座，渡槽7座，排涝站2座，跌水1座，完成植树33.2万株。

（十一）韩庄运河段工程

（1）台儿庄泵站工程。工程总投资26 611万元，累计完成投资26 874万元，累计完成土方121.5万m^3，石方0.11万m^3，混凝土5.37万m^3，金属结构804t。

（2）韩庄运河段水资源控制工程。工程总投资2268万元，累计完成投资2268万元，累计完成土方4.28万m^3，混凝土0.21万m^3。

（3）万年闸泵站工程。工程总投资26 259万元，累计完成投资27 190万元，累计完成土方163.38万m^3，石方5.1万m^3，混凝土5.06万m^3，金属结构1228.14t。

（4）韩庄泵站工程。工程总投资30 357万元，累计完成投资30 905万元。累计完成土方155.5万m^3，石方4.66万m^3，混凝土3.79万m^3。

（十二）南四湖—东平湖段工程

（1）长沟泵站工程。工程总投资30 091万元，累计完成投资30 238万元。累计完成土石方156.67万m^3，混凝土7.54万m^3。

（2）邓楼泵站工程。工程总投资27 730万元，累计完成投资28 685万元。累计完成土石方131.31万m^3，混凝土5.74万m^3。

（3）八里湾泵站工程。工程总投资28 683万元，2015年完成投资555万元，累计完成投资28 683万元。累计完成土石方开挖35.73万m^3，土石方回填50.47万m^3，混凝土4.94万m^3。

（4）柳长河段工程。工程总投资52 499万元（不含地方分摊投资），2015年完成投资1354万元，累计完成投资52 449万元。累计完成土方690.43万m^3，混凝土13.02万m^3。

（5）梁济运河段工程。工程总投资79 445万元（不含地方分摊投资），2015年完成投资827万元，累计完成投资79 445万元。累计完成土方767.3万m^3，混凝土25.45万m^3。

（6）南四湖湖内疏浚工程。工程总投资23 348万元，累计完成投资24 132万元。累计完成土方292万m^3。

（7）两湖段引黄灌区影响处理工程。工程总投资18 696万元，累计完成投资19 974万元。累计完成土石方224万m^3，混凝土5.37万m^3。

（十三）胶东济南—引黄济青段工程

（1）济南市区段工程。工程总投资305 319万元，2015年完成投资1956万元，累计完成投资312 192万元。累计完成土石方700.59万m^3，混凝土89.49万m^3。

（2）明渠段工程。工程总投资271 371万元，2015年完成投资1823万元，累计完成投资271 463万元。累计完成土石方1872.5万

m^3，混凝土 56.56 万 m^3。

（3）东湖水库工程。工程总投资 102 099 万元，2015 年完成投资 1063 万元，累计完成投资 102 099 万元。累计完成土石方 1574.11 万 m^3，混凝土 15.16 万 m^3。

（4）双王城水库工程。工程总投资 86 804万元，2015 年完成投资 1158 万元，累计完成投资 86 804 万元。累计完成土石方 989.8 万 m^3，混凝土 19.43 万 m^3。

（5）陈庄输水线路工程。工程总投资 33 103万元，2015 年完成投资 1138 万元，累计完成投资 33 011 万元。累计完成土石方 242.31 万 m^3，混凝土 8.01 万 m^3。

（十四）东线穿黄河工程

工程总投资 70 245 万元，2015 年完成投资 2616 万元，累计完成投资 70 245 万元。累计完成土石方 709.02 万 m^3，混凝土 22.07 万 m^3。

（十五）鲁北段工程

（1）小运河段工程。工程总投资 262 601 万元，2015 年完成投资 17 185 万元，累计完成投资 262 601 万元。累计完成土方开挖 1366.62 万 m^3，土方回填 536.18 万 m^3，混凝土 53.62 万 m^3。

（2）七一·六五河工程。工程总投资 66 672万元，2015 年完成投资 2356 万元，累计完成投资 66 672 万元。累计完成土方 582.82 万 m^3，混凝土 7.18 万 m^3。

（3）鲁北灌区影响处理工程。工程总投资 35 008 万元，2015 年完成投资 1022 万元，累计完成投资 35 008 万元。累计完成土石方 573 万 m^3，混凝土 2.89 万 m^3。

（4）大屯水库工程。工程总投资 130 829 万元，2015 年完成投资 2639 万元，累计完成投资 130 829 万元。累计完成土方 2436.03 万 m^3，混凝土 8.72 万 m^3。

（十六）山东段专项工程

（1）山东段调度运行管理系统工程。工程总投资 68 299 万元，2015 年完成投资 200 万元，累计完成投资 54 976 万元。完成工程沿线具备条件的全部硬件设备的安装、调试工作；基本建设完成济南以东段，水情工情的采集、电话、内外网及安防视频已完成，形成整体调度功能；基本开通鲁北段，小运河光缆单侧单路由、七一·六五河双侧双路由开通，具备条件的站点设备调试已完成；应用系统开发基本完成，并将在 2015～2016 年度调水中上线试运行；完成了鲁南段 7 个泵站及部分管理处的综合布线、处业务内网和业务外网延伸至桌面；双王城水库新增流量计安装调试完成。完成新增 4 处水质自动监测站单位工程验收和合同验收，完成东平湖周边光缆工程单元检验、分部工程验收、单位工程验收工作，完成济南市区段暗涵工程及穿黄河工程光缆敷设工程、小清河输水段通信及光缆工程的初步验收和合同验收工作，完成济南以东段、鲁南段施工 5 标、施工 6 标、施工 7 标、施工 8 标的单元检验工作，完成济南以东段通信管道与光电缆施工标 1 标单元检验工作。

（2）山东省文物专项工程。工程总投资 6776 万元，累计完成投资 6776 万元，建设任务全部完成。共保护地下文物 62 处，地面文物 5 处，建设资料整理基础 8 处。

（3）山东段管理设施专项工程。工程总投资为 57 521 万元，2015 年完成投资 9253 万元，累计完成投资 24 653 万元。

（4）山东段试通水费用。工程总投资 2887 万元，含苏鲁省际段试通水费用 40 万元。

（5）山东段试运行费用。工程总投资 2164 万元，含苏鲁省际段试运行费用 43 万元。

（王　熙）

中线一期工程建设进展情况

根据各项目法人单位报办的 2015 年建设

投资统计年报，截至2015年底，南水北调中线一期在建各设计单元工程建设进展情况如下：

（一）京石段应急供水工程

京石段应急供水工程共包含19个设计单元工程，以及新增的滹沱河等7条河流防护影响处理工程、北拒马河暗渠穿河段防护加固工程及PCCP管道大石河段防护加固工程两个专项工程。京石段应急供水工程总投资2 259 148万元，2015年完成投资1227万元，累计完成投资2 157 671万元。除北京段工程管理专题外，已全部完工。累计完成土方17 000万 m^3，石方2535万 m^3，混凝土504.61万 m^3，金属结构7046t，钢筋302 952t。

（二）漳河北—古运河南段工程

（1）磁县段工程。工程总投资382 011万元，2015年完成投资6391万元，累计完成投资381 106万元。累计完成土方2822万 m^3，石方104万 m^3，混凝土59.40万 m^3，金属结构387t，钢筋19 595t，机电设备152台（套）。

本工程渠道全长38 986m，共有各类建筑物78座。其中，大型河渠交叉建筑物4座、左岸排水建筑物18座、渠渠交叉建筑物4座、铁路交叉建筑物2座、节制闸和退水闸共3座、排冰闸2座、分水口门3座、公路交叉桥梁42座，已全部完工。

（2）邯郸市—邯郸县段工程。工程总投资226 644万元，2015年完成投资5730万元，累计完成投资231 076万元。累计完成土方1733万 m^3，石方15万 m^3，混凝土35.37万 m^3，金属结构260t，钢筋15 644t，机电设备152台（套）。

本工程渠道全长20 997m，共有各类建筑物43座，其中，大型河渠交叉建筑物1座，左岸排水建筑物10座，分水口门工程3座，控制性工程3座，铁路交叉工程1座，跨渠桥梁25座，已全部完工。

（3）永年县段工程。工程总投资148 654万元，2015年完成投资2168万元，累计完成投资149 127万元。累计完成土方1039万 m^3，石方325万 m^3，混凝土18.49万 m^3，钢筋4490t。

本工程渠道全长17 262m，共有各类建筑物30座。其中，大型河渠交叉建筑物1座，左岸排水建筑物9座，分水闸1座，跨渠桥梁19座，已全部完工。

（4）洺河渡槽工程。工程总投资37 481万元，累计完成投资36 038万元。工程已全部完工，累计完成土方98万 m^3，石方8万 m^3，混凝土9.8万 m^3，金属结构182t，钢筋8283t，机电设备30台（套）。

（5）沙河市段工程。工程总投资191 905万元，2015年完成投资4543万元，累计完成投资191 590万元。累计完成土方1863万 m^3，石方101万 m^3，混凝土30.74万 m^3，钢筋3769t。

本工程渠道全长14 031m，共有各类建筑物19座。其中，大型河渠交叉建筑物1座，左岸排水建筑物7座，渠渠交叉建筑物1座，跨渠桥梁9座，分水口1座，已全部完工。

（6）南沙河倒虹吸工程。工程总投资102 088万元，2015年完成投资2821万元，累计完成投资101 995万元。累计完成土方763万 m^3，石方17万 m^3，混凝土31.67万 m^3，金属结构362t，钢筋11 985t。

本工程全长2080m，倒虹吸管身共129节，已全部完工。

（7）邢台市段工程。工程总投资193 611万元，2015年完成投资2271万元，累计完成投资193 328万元。累计完成土方1607万 m^3，石方128万 m^3，混凝土31.95万 m^3，金属结构273t，钢筋9768t，机电设备100台（套）。

本工程渠道全长15 033m，共有各类建筑物27座，其中有大型交叉建筑物2座，左岸排水建筑物2座，节制闸、退水闸和排冰闸3座，分水口门2座，公路交叉桥梁18座，已全部完工。

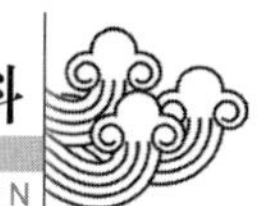

（8）邢台县和内邱县段工程。工程总投资 286 461 万元，2015 年完成投资 1784 万元，累计完成投资 283 804 万元。累计完成土方 1873 万 m^3，石方 280 万 m^3，混凝土 56.65 万 m^3，金属结构 614t，钢筋 22 300t，机电设备 89 台（套）。

本工程渠道全长 31 666m，共有各类建筑物 25 座，其中，大型河渠交叉建筑物 5 座，左岸排水建筑物 11 座，控制性建筑物工程 8 座，铁路交叉建筑物 1 座，已全部完工。

（9）临城县段工程。工程总投资 237 614 万元，2015 年完成投资 5896 万元，累计完成投资 239 429 万元。累计完成土方 1646 万 m^3，石方 475 万 m^3，混凝土 43.22 万 m^3，金属结构 169t，钢筋 12 768t，机电设备 97 台（套）。

本工程渠道全长 26 379m，共有各类建筑物 26 座，其中，大型河渠交叉建筑物 3 座，左岸排水建筑物 17 座，渠渠交叉建筑物 3 座，分水口门工程 2 座（分水闸），临城县管理处房建 1 座，已全部完工。

（10）高邑县—元氏县段工程。工程总投资 313 877 万元，2015 年完成投资 2393 万元，累计完成投资 312 948 万元。累计完成土方 2115 万 m^3，石方 158 万 m^3，混凝土 67.76 万 m^3，金属结构 1231t，钢筋 27 493t，机电设备 135 台（套）。

本工程各类交叉建筑物 73 座，包括大型河渠交叉建筑物 6 座、左岸排水建筑物 13 座、渠渠交叉建筑物 7 座，控制工程 6 座（分水口门 4 座，节制闸和退水闸各 1 座），排冰工程 1 座，公路交叉桥梁 40 座，已全部完工。

（11）鹿泉市段工程。工程总投资 127 242万元，2015 年完成投资 1513 万元，累计完成投资 126 825 万元。累计完成土方 783 万 m^3，混凝土 28.56 万 m^3，金属结构 903t，钢筋 11 399t，机电设备 35 台（套）。

本工程渠道全长 12 786m，共有各类建筑物 16 座，其中，大型河渠交叉建筑物 3 座，左岸排水建筑物 4 座，渠渠交叉建筑物 4 座，控制工程 5 座，已全部完工。

（12）石家庄市区段工程。工程总投资 192 501 万元，2015 年完成投资 1648 万元，累计完成投资 207 367 万元。累计完成土方 1503 万 m^3，混凝土 33.30 万 m^3，金属结构 319t，钢筋 15 237t。

本工程渠道全长 10 439m，共有各类建筑物 21 座，其中，大型河渠交叉建筑物 3 座，左岸排水建筑物 1 座，控制性分水口门 1 座，跨渠桥梁 16 座，已全部完工。

（13）电力设施专项迁建。工程总投资 34 979万元，2015 年完成投资 552 万元，累计完成投资 34 979 万元。工程已全部完工。

（14）邯邢段压矿及有形资产补偿。工程总投资 27 602 万元，2015 年完成投资 122 万元，累计完成投资 27 602 万元。工程已全部完工。

（三）穿漳河工程

工程总投资 44 244 万元，2015 年完成投资 275 万元，累计完成投资 42 477 万元。主体工程已基本完工，累计完成土方 180 万 m^3，混凝土 10.56 万 m^3，金属机构 602t，钢筋 9628t，机电设备 32 台（套）。

（四）黄河北—漳河南段工程

（1）温博段工程。工程总投资 185 434 万元，累计完成投资 184 667 万元。累计完成土方 1482 万 m^3，石方 8 万 m^3，混凝土 47.15 万 m^3，金属结构 699t，钢筋 21 156t，机电设备 90 台（套）。

本工程全长 27.1km，共有大型河渠交叉建筑物 6 座，左岸排水建筑物 4 座，渠渠交叉建筑物 2 座，均已全部完成。

（2）沁河渠道倒虹吸工程。工程总投资 41 206 万元，2015 年完成投资 55 万元，累计完成投资 40 612 万元。累计完成土方 561 万 m^3，石方 3 万 m^3，混凝土 11.9 万 m^3，金属结构 289t，钢筋 9014t，机电设备 17 台（套）。

（3）焦作 1 段工程。工程总投资 264 535

万元，2015 年完成投资 9670 万元，累计完成投资 312 794 万元。累计完成土方 1147 万 m^3，混凝土 75.7 万 m^3，金属结构 1376t，钢筋 52 499t，机电设备 132 台（套）。

本工程全长 12.9km，渠道衬砌 33 234m，已全部完成。河渠交叉建筑物 5 座，全部完成主体工程施工；跨渠桥梁 11 座均已通车。

（4）焦作 2 段工程。工程总投资 426 904 万元，2015 年完成投资 3415 万元。累计完成投资 423 463 万元。累计完成土方 3594 万 m^3，石方 1172 万 m^3，混凝土 67.66 万 m^3，钢筋 36 293t。其中，2015 年完成混凝土 2731 方，钢筋 19t。

本工程全长 23.8km，其中挖方渠段 20.8km，填方渠段 2.98km，已全部完成。

（5）辉县段工程。工程总投资 489 734 万元，2015 年完成投资 2294 万元，累计完成投资 477 778 万元。累计完成土方 4531 万 m^3，石方 237 万 m^3，混凝土 108.44 万 m^3，金属结构 3166t，钢筋 52 848t，机电设备 141 台（套）。

本工程全长 43.4km，河渠交叉建筑物 7 座，左岸排水建筑物 18 座，渠渠交叉建筑物 2 座，跨渠桥梁 42 座，已全部完工。

（6）石门河倒虹吸工程。工程总投资 30 985万元，2015 年完成投资 143 万元，累计完成投资 29 900 万元。累计完成土方 239 万 m^3，混凝土 12.49 万 m^3，金属结构 271t，钢筋 9392t，机电设备 18 台（套）。工程已全部完工。

（7）新乡和卫辉段工程。工程总投资 211 008万元，2015 年完成投资 1229 万元，累计完成投资 207 574 万元。累计完成土方 1818 万 m^3，石方 259 万 m^3，混凝土 53.93 万 m^3，金属结构 1209t，钢筋 24 302t，机电设备 61 台（套）。工程已全部完工。

（8）鹤壁段工程。工程总投资 268 530 万元，2015 年完成投资 5773 万元，累计完成投资 283 033 万元。累计完成土方 2198 万 m^3，石方 721 万 m^3，混凝土 59.8 万 m^3，钢筋 25 296t，机电设备 91 台（套）。工程已全部完工。

（9）汤阴段工程。工程总投资 205 402 万元，2015 年完成投资 1369 万元，累计完成投资 203 917 万元。累计完成土方 819 万 m^3，石方 866 万 m^3，混凝土 40.6 万 m^3，金属结构 432t，钢筋 16 827t，机电设备 73 台（套）。工程已全部完工。

（10）膨胀岩（潞王坟）试验段工程。工程总投资 30 834 万元，2015 年完成投资 61 万元，累计完成投资 29 977 万元。累计完成土方 152 万 m^3，石方 332 万 m^3，混凝土 3.08 万 m^3，钢筋 644t。工程已全部完工。

（11）安阳段工程。工程总投资 247 215 万元，2015 年完成投资 12 402 万元，累计完成投资 280 223 万元。累计完成土方 2288 万 m^3，石方 865 万 m^3，混凝土 62.28 万 m^3，金属结构 929t，钢筋 23 157t。工程已全部完工。

（五）中线穿黄工程

工程总投资 343 366（含工程管理专题）万元，2015 年完成投资 6851 万元，累计完成投资 365 568 万元。累计完成土方 2156 万 m^3，石方 22 万 m^3，混凝土 57.54 万 m^3，金属结构 466t，钢筋 50 254t，机电设备 36 台（套）。工程已全部完工。

（六）沙河南—黄河南段工程

（1）沙河渡槽工程。工程总投资 303 656 万元，2015 年完成投资 5681 万元，累计完成投资 299 321 万元。累计完成土方 461 万 m^3，石方 144 万 m^3，混凝土 126.49 万 m^3，金属结构 68t，钢筋 116 840t，机电设备 29 台（套）。工程已全部完工。

（2）鲁山北段工程。工程总投资 71 170 万元，2015 年完成投资 831 万元，累计完成投资 70 577 万元。累计完成土方 320 万 m^3，石方 286 万 m^3，混凝土 14.3 万 m^3，钢筋 7949t，机电设备 9 台（套）。工程已全部完工。

（3）宝丰—郏县段工程。工程总投资467 731万元，累计完成投资454 736万元。累计完成土方2297万m^3，石方1061万m^3，混凝土96.59万m^3，金属结构2500t，钢筋49 211t，机电设备102台（套）。工程已全部完工。

（4）北汝河倒虹吸工程。工程总投资67 246万元，2015年完成投资1319万元，累计完成投资66 896万元。累计完成土方196万m^3，石方86万m^3，混凝土21.4万m^3，金属结构373t，钢筋18 661t，机电设备27台（套）。工程已全部完工。

（5）禹州和长葛段工程。工程总投资561 645万元，2015年完成投资11 184万元，累计完成投资547 886万元。累计完成土方4119万m^3，石方804万m^3，混凝土104.92万m^3，金属结构1420t，钢筋40 916t，机电设备241台（套）。其中2015年完成混凝土380m^3，钢筋65t。工程已全部完工。

（6）潮河段工程。工程总投资537 152万元，2015年完成投资1884万元，累计完成投资512 887万元。累计完成土方3970万m^3，混凝土77.19万m^3，金属结构639t，钢筋29 809t，机电设备19台（套）。工程已全部完工。

（7）新郑南段工程。工程总投资163 994万元，2015年完成投资6925万元，累计完成投资163 665万元。累计完成土方1184万m^3，混凝土43.96万m^3，金属结构663t，钢筋22 517t，机电设备26台（套）。工程已全部完工。

（8）双洎河渡槽工程。工程总投资79 196万元，累计完成投资77 331万元。累计完成土方350万m^3，石方5万m^3，混凝土30.74万m^3，金属结构689t，钢筋26 048t，机电设备40台（套）。工程已全部完工。

（9）郑州2段工程。工程总投资380 219万元，2015年完成投资2269万元，累计完成投资367 887万元。累计完成土方3846万m^3，混凝土63.38万m^3，金属结构1479t，钢筋32 702t，机电设备30台（套）。工程已全部完工。

（10）郑州1段工程。工程总投资162 760万元，2015年完成投资717万元，累计完成投资159 602万元。累计完成土方1171万m^3，混凝土29.88万m^3，金属结构373t，钢筋17 667t，机电设备12台（套）。工程已全部完工。

（11）荥阳段工程。工程总投资244 874万元，2015年完成投资4318万元，累计完成投资243 695万元。累计完成土方2199万m^3，混凝土50.6万m^3，金属结构308t，钢筋34 907t，机电设备88台（套）。工程已全部完工。

（七）陶岔渠首—沙河南段工程

（1）淅川段工程。工程总投资848 744万元，2015年完成投资2788万元，累计完成投资825 805万元。累计完成土方8704万m^3，混凝土137.3万m^3，金属结构700t，钢筋111 724t，机电设备67台（套）。

本工程全长50.8km，渠道衬砌长度148 710m，共有河渠交叉建筑物6座，左岸排水建筑物16座，渠渠交叉建筑物3座，跨渠桥梁59座，已全部完工。

（2）湍河渡槽工程。工程总投资48 317万元，2015年完成投资2025万元，累计完成投资48 221万元。累计完成土方48万m^3，混凝土13.42万m^3，钢筋13 229t，机电设备18台（套）。工程已全部完工。

（3）镇平段工程。工程总投资379 939万元，2015年完成投资3095万元，累计完成投资378 816万元。累计完成土方2691万m^3，混凝土68.09万m^3，金属结构1128t，钢筋38 329t。

本工程全长35.825km，共有各类建筑物63座，其中大型河渠交叉建筑物2座，左岸排水建筑物21座，渠渠交叉建筑物1座，分水口1座，跨渠桥梁38座，已全部完工。

（4）南阳市段工程。工程总投资496 947万元，2015年完成投资8924万元，累计完成投资496 212万元。累计完成土方3249万m^3，混凝土103.8万m^3，钢筋69 994t。

本工程共布置各类建筑物63座，其中左排建筑物19座，河渠交叉建筑物4座，分水口2座；渠渠交叉建筑物4座；桥梁工程共34座，已全部完工。

（5）南阳膨胀土试验段工程。工程总投资18 856万元，累计完成投资18 818万元。累计完成土方228万m^3，石方1万m^3，混凝土5.56万m^3，钢筋2075t。工程已全部完工。

（6）白河倒虹吸工程。工程总投资54 925万元，2015年完成投资917万元，累计完成投资54 561万元。累计完成土方247万m^3，石方4万m^3，混凝土26.63万m^3，钢筋19 858t。工程已全部完工。

（7）方城段工程。工程总投资599 736万元，2015年完成投资7453万元，累计完成投资595 102万元。累计完成土方4855万m^3，混凝土140.72万m^3，钢筋75 052t。

本工程全长60.794km，共有各类建筑物102座。其中，河渠交叉建筑物8座，左排建筑物22座，分水口门3座，渠渠交叉建筑物11座，桥梁工程58座。工程已全部完工。

（8）叶县段工程。工程总投资354 857万元，2015年完成投资5105万元，累计完成投资352 832万元。累计完成土方3120万m^3，石方3万m^3，混凝土59.99万m^3，金属结构481t，钢筋34 307t。

本工程全长29.406km，共有各类建筑物58座，其中大型河渠交叉建筑物1座，左岸排水建筑物17座，渠渠交叉建筑物8座，跨渠桥梁32座，工程已全部完工。

（9）澧河渡槽工程。工程总投资44 394万元，2015年完成投资205万元，累计完成投资43 189万元。累计完成土方94万m^3，混凝土12.22万m^3，金属结构434t，钢筋10 336t，机电设备17台（套）。

澧河渡槽槽体工程轴线总长540m，共计14跨槽身，工程桩156根，15个槽墩，工程已全部完工。

（10）鲁山南1段工程。工程总投资132 752万元，2015年完成投资2444万元，累计完成投资130 867万元。累计完成土方824万m^3，石方160万m^3，混凝土24.7万m^3，金属结构173t，钢筋12 256t，机电设备17台（套）。

本工程全长13.5km，共有10座渠渠交叉建筑物，6座左岸排水建筑物，14座跨渠桥梁，1座大型河渠交叉建筑物，工程已全部完工。

（11）鲁山南2段工程。工程总投资94 560万元，2015年完成投资2089万元，累计完成投资93 449万元。累计完成土方553万m^3，石方90万m^3，混凝土21.42万m^3，钢筋12 424t，机电设备30台（套）。

本工程全长9.8km，共有7座渠渠交叉建筑物，3座左排建筑物，9座跨渠桥梁，2座大型河渠交叉建筑物，工程已全部完工。

（八）天津干线工程

（1）西黑山进口闸—有压箱涵段工程。工程总投资86 184万元，累计完成投资83 042万元。累计完成土方757万m^3，石方3万m^3，混凝土38.06万m^3，金属结构295t，钢筋30 346t，机电设备93台（套）。工程已全部完工。

（2）保定市1段工程。工程总投资288 331万元，累计完成投资269 612万元。累计完成土方1998万m^3，混凝土142.1万m^3，金属结构335t，钢筋126 426t，机电设备66台（套）。工程已全部完工。

（3）保定市2段工程。工程总投资95 914万元，2015年完成投资计划672万元，累计完成投资91 409万元。累计完成土方721万m^3，混凝土45.78万m^3，钢筋39 970t，机电设备9台（套）。工程已全部完工。

（4）廊坊市段工程。工程总投资376 965万元，累计完成投资376 044万元。累计完成土方2878万m^3，混凝土173.39万m^3，金属结构210t，钢筋148 163t，机电设备72台（套）。工程已全部完工。

（5）天津市1段工程。工程总投资176 515万元，累计完成投资171 319万元。累计完成土方1196万m^3，混凝土62.21万m^3，金属结构319t，钢筋54 532t，机电设备333台（套）。工程已全部完工。

（6）天津市2段工程。工程总投资26 426万元，累计完成投资26 306万元。累计完成土方131万m^3，石方1万m^3，混凝土7.93万m^3，金属结构23t，钢筋5907t，机电设备5台（套）。工程已全部完工。

（7）天津干线河北段输变电工程迁建。工程总投资7620万元，累计完成投资7620万元。工程已全部完工。

（九）中线干线专项工程

（1）中线干线自动化调度与运行管理决策支持系统工程（京石段除外）。工程总投资149 980万元，2015年完成投资2525万元，累计完成投资117 849万元。

（2）中线干线工程调度中心土建项目。工程总投资22 684万元，累计完成投资22 684万元。

（3）中线干线文物保护专项工程。工程总投资41 025万元，累计完成投资41 025万元。工程已全部完成并发挥作用。

（4）中线干线测量控制网（京石段以外）。工程总投资2400万元，累计完成投资1066万元。

（5）京石段临时通水措施费。工程总投资9062万元，累计完成投资10 315万元。累计完成土石方51万m^3，混凝土0.92万m^3。

（6）待运行期管理维护费。中线干线待运行期维护费累计完成49 663万元。

（十）陶岔渠首枢纽工程

工程总投资58 847万元（不包含电站部分投资），投资已全部完成。累计完成土方63.79万m^3，石方45.18万m^3，混凝土26.37万m^3，金属结构2069t，机电设备2台（套）。工程已全部建成并投入运行，所划分的6个单位工程已验收4个，59个分部工程已验收55个。

（十一）丹江口大坝加高工程

工程总投资292 118万元，2015年完成投资6076万元，累计完成投资288 243万元。累计完成土石方609.92万m^3，混凝土117.11万m^3。主体工程施工已完成；初期大坝混凝土缺陷检查与处理工作已全部完成；电厂机组设备改造和安装工程、大坝机电和金属结构设备及安装工程已全部完成；左右岸施工道路、过江施工大桥、左右岸临时交通码头等前期临时工程均使用正常；左岸王家营砂石骨料加工系统、小胡家岭拌和系统、右岸砂石骨料筛分系统、混凝土拌和系统等临时工程已拆除，场地清理完毕。2015年进行坝顶栏杆、建筑物贴面及铺装、坝顶绿化及排水系统完善等尾工项目施工。

（十二）丹江口库区移民安置工程

工程总投资4 983 840万元，2015年完成投资14 909万元，累计完成投资4 989 696万元。河南、湖北两省累计搬迁移民近34.5万人。城集镇迁建、专项设施恢复改建及工业企业淹没处理均已完成。

（十三）中线水源专项工程

中线水源专项工程总投资4923万元，主要建设内容是中线水源工程供水调度运行管理专项、武警营房专题投资等。工程正在实施中。

（十四）中线水源文物保护工程

工程总投资54 025万元，用于河南、湖北两省文物保护工作，工程已完成。累计完成投资54 025万元。

（十五）兴隆水利枢纽工程

工程总投资342 789万元，2015年完成投资3350万元，累计完成投资343 481万元。

累计完成土石方2736.89万m^3，混凝土70.49万m^3。工程已建成并投入运行。

（十六）引江济汉工程

工程总投资691 636万元（含引江济汉调度运行管理系统工程），2015年完成投资10 650万元，累计完成投资696 089万元。累计完成土石方8030.91万m^3，混凝土149.36万m^3。工程已经建成并已通水。

（十七）部分闸站改造工程

工程总投资56 423万元，累计完成投资56 423万元。累计完成土石方378.39万m^3，混凝土14.48万m^3。工程已建成并投入运行。

（十八）局部航道整治工程

工程总投资46 142万元，累计完成投资46 142万元。累计完成土石方378.8万m^3，混凝土2.39万m^3。工程已建成并投入运行。

（十九）汉江中下游文物保护项目

工程总投资3633万元，累计完成投资3633万元。项目已完成并发挥作用。

（王　熙）

投资计划统计表

南水北调东、中线一期设计单元工程投资情况表

截至2015年底

序号	工程名称	在建设计单元工程总投资（万元）	累计完成投资（万元）	投资完成比例（%）	2015年完成投资（万元）
总计		**26 196 074**	**25 789 364**	**98**	**434 842**
东线一期工程		**3 332 107**	**3 239 273**	**97**	**63 174**
江苏水源公司		**1 137 964**	**1 094 975**	**96**	**12 665**
（一）	**三阳河、潼河、宝应站工程**	**97 922**	**97 922**	**100**	
（二）	**长江—骆马湖段2003年度工程**	**109 821**	**109 821**	**100**	
1	江都站改造工程	30 302	30 302	100	
2	淮阴三站工程	29 145	29 145	100	
3	淮安四站工程	18 476	18 476	100	
4	淮安四站输水河道工程	31 898	31 898	100	
（三）	**骆马湖—南四湖段工程**	**78 518**	**78 518**	**100**	
1	刘山泵站工程	29 576	29 576	100	
2	解台泵站工程	23 242	23 242	100	
3	蔺家坝泵站工程	25 700	25 700	100	
（四）	**长江—骆马湖段其他工程**	**693 788**	**693 788**	**100**	**5234**
1	高水河整治工程	15 996	15 996	100	1226
2	淮安二站改造工程	5464	5464	100	129
3	泗阳站改建工程	33 447	33 447	100	

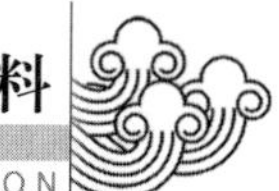

续表

序号	工程名称	在建设计单元工程总投资（万元）	累计完成投资（万元）	投资完成比例（%）	2015年完成投资（万元）
4	刘老涧二站工程	22 923	22 923	100	
5	皂河二站工程	29 268	29 268	100	
6	皂河一站更新改造工程	13 248	13 248	100	
7	泗洪站枢纽工程	59 784	59 784	100	659
8	金湖站工程	39 954	39 954	100	258
9	洪泽站工程	51 817	51 817	100	448
10	邳州站工程	33 138	33 138	100	63
11	睢宁二站工程	25 518	25 518	100	349
12	金宝航道工程	102 722	102 722	100	1539
13	里下河水源补偿工程[①]	182 118	182 118	100	
14	骆马湖以南中运河影响处理工程	12 527	12 527	100	3
15	沿运闸洞漏水处理工程	12 252	12 252	100	
16	徐洪河影响处理工程	27 609	27 609	100	560
17	洪泽湖抬高蓄水位影响处理江苏省境内工程	26 003	26 003	100	
（五）	**江苏段专项工程**	**118 613**	**75 579**	**64**	**10 915**
1	江苏省文物保护工程	3362	3362	100	
2	血吸虫北移防护工程	4643	4643	100	215
3	江苏段调度运行管理系统工程	58 221	26 893	46	5120
4	江苏段管理设施专项工程	44 505	36 681	82	5580
5	江苏段试通水费用[②]	4010	4000	100	
6	江苏段试运行费用[②]	3872			
（六）	**南四湖水资源控制、水质监测工程和骆马湖水资源控制工程**	**16 537**	**16 582**	**100**	
1	姚楼河闸工程[③]	1206	1206	100	
2	杨官屯河闸工程[③]	4346	4346	100	
3	大沙河闸工程[③]	6849	6849	100	
4	南四湖水资源监测工程[③]	1055	1100	104	
5	骆马湖水资源控制工程	3081	3081	100	
（七）	**南四湖下级湖抬高蓄水位影响处理（江苏）**	**22 765**	**22 765**	**100**	**-3484**
	安徽省南水北调项目办	**37 493**	**37 230**	**99**	
（四）	**洪泽湖抬高蓄水影响处理工程安徽省境内工程**	**37 493**	**37 230**	**99**	
	东线公司[④]	**22 579**	**13 759**	**61**	**4986**
（八）	**东线其他专项**	**22 579**	**13 759**	**61**	**4986**
1	苏鲁省际工程管理设施专项工程	3793	618	16	67
2	苏鲁省际工程调度运行管理系统工程	14 461	10 346	72	2124

续表

序号	工程名称	在建设计单元工程总投资（万元）	累计完成投资（万元）	投资完成比例（%）	2015年完成投资（万元）
3	东线公司开办费	4325	2795	65	2795
	山东干线公司	**2 134 071**	**2 093 309**	**98**	**45 523**
（六）	**南四湖水资源控制、水质监测工程和骆马湖水资源控制工程**	**45 673**	**44 374**	**97**	**378**
1	二级坝泵站工程	31 962	32 846	103	
2	姚楼河闸工程③	1206	969	80	
3	杨官屯河闸工程③	1650	2926	177	
4	大沙河闸工程③	4927	5895	120	
5	潘庄引河闸工程	1497	1360	91	
6	南四湖水资源监测工程③	4431	378	9	378
（七）	**南四湖下级湖抬高蓄水位影响处理（山东）**	**40 984**	**40 984**	**100**	
（九）	**东平湖蓄水影响处理工程**	**49 488**	**49 488**	**100**	
（十）	**济平干渠工程**	**150 241**	**150 241**	**100**	
（十一）	**韩庄运河段工程**	**85 495**	**87 237**	**102**	
1	台儿庄泵站工程	26 611	26 874	101	
2	韩庄运河段水资源控制工程	2268	2268	100	
3	万年闸泵站工程	26 259	27 190	104	
4	韩庄泵站工程	30 357	30 905	102	
（十二）	**南四湖—东平湖段工程**	**260 492**	**263 656**	**101**	**2736**
1	长沟泵站工程	30 091	30 238	100	
2	邓楼泵站工程	27 730	28 685	103	
3	八里湾泵站工程	28 683	28 683	100	555
4	柳长河工程①	52 499	52 499	100	1354
5	梁济运河工程①	79 445	79 445	100	827
6	南四湖湖内疏浚工程	23 348	24 132	103	
7	引黄灌区影响处理工程	18 696	19 974	107	
（十三）	**胶东济南—引黄济青段工程**	**798 696**	**805 569**	**101**	**7138**
1	济南市区段工程	305 319	312 192	102	1956
2	明渠段工程	271 371	271 463	100	1823
3	东湖水库工程	102 099	102 099	100	1063
4	双王城水库工程	86 804	86 804	100	1158
5	陈庄输水线路工程	33 103	33 011	100	1138
（十四）	**穿黄河工程**	**70 245**	**70 245**	**100**	**2616**
（十五）	**鲁北段工程**	**495 110**	**495 110**	**100**	**23 202**
1	小运河工程	262 601	262 601	100	17 185

续表

序号	工程名称	在建设计单元工程总投资（万元）	累计完成投资（万元）	投资完成比例（%）	2015 年完成投资（万元）
2	七一·六五河段工程	66 672	66 672	100	2356
3	鲁北灌区影响处理工程	35 008	35 008	100	1022
4	大屯水库工程	130 829	130 829	100	2639
（十六）	**山东段专项工程**	**137 647**	**86 405**	**63**	**9453**
1	山东段调度运行管理系统工程	68 299	54 976	80	200
2	文物保护	6776	6776	100	
3	山东段管理设施专项工程	57 521	24 653	43	9253
4	山东段试通水费用②	2887		0	
5	山东段试运行费用②	2164		0	
	中线一期工程	**21 482 367**	**21 363 756**	**99**	**137 927**
	中线建管局	**14 947 991**	**14 827 177**	**99**	**102 942**
（一）	**京石段应急供水工程**	**2 259 148**	**2 157 671**	**96**	**1227**
1	永定河倒虹吸工程	37 045	38 240	103	289
2	惠南庄泵站工程	86 278	85 066	99	522
3	北拒马河暗渠工程	15 902	15 561	98	84
4	北京西四环暗涵工程	117 119	116 591	100	38
5	北京市穿五棵松地铁工程	5824	5823	100	–594
6	北京段铁路交叉工程	19 545	20 000	102	133
7	惠南庄—大宁段工程、卢沟桥暗涵工程、团城湖明渠工程	415 811	449 582	108	–141
8	滹沱河倒虹吸工程	66 884	63 956	96	–3286
9	釜山隧洞工程	24 711	24 389	99	191
10	唐河倒虹吸工程	28 315	28 117	99	204
11	漕河渡槽段工程	102 397	96 387	94	702
12	古运河枢纽工程	22 592	22 445	99	174
13	河北境内总干渠及连接段工程	1 150 586	1 092 062	95	2465
14	北京段永久供电工程	7586	4124	54	120
15	北京段工程管理专项	4673			
16	河北段工程管理专项	9369	5905	63	
17	河北段生产桥建设	36 675	36 675	100	
18	北京段专项设施迁建	26 926			
19	中线干线自动化调度与运行管理决策支持系统工程（京石应急段）	55 970	43 330	77	193
20	滹沱河等七条河流防洪影响处理工程	6224	3777	61	104

续表

序号	工程名称	在建设计单元工程总投资（万元）	累计完成投资（万元）	投资完成比例（%）	2015年完成投资（万元）
21	北拒马河暗渠穿河段防护加固工程及PCCP管道大石河段防护加固工程	18 716	5641	30	29
（二）	**漳河北—古运河南段工程**	**2 502 670**	**2 517 214**	**101**	**37 764**
1	磁县段工程	382 011	381 106	100	6391
2	邯郸市—邯郸县段工程	226 644	231 076	102	5730
3	永年县段工程	148 654	149 127	100	2168
4	洺河渡槽工程	37 481	36 038	96	-68
5	沙河市段工程	191 905	191 590	100	4543
6	南沙河倒虹吸工程	102 088	101 995	100	2821
7	邢台市段工程	193 611	193 328	100	2271
8	邢台县和内邱县段工程	286 461	283 804	99	1784
9	临城县段工程	237 614	239 429	101	5896
10	高邑县—元氏县段工程	313 877	312 948	100	2393
11	鹿泉市段工程	127 242	126 825	100	1513
12	石家庄市区工程	192 501	207 367	108	1648
13	电力设施专项迁建	34 979	34 979	100	552
14	邯邢段压矿及有形资产补偿	27 602	27 602	100	122
（三）	**穿漳河工程**	**44 244**	**42 477**	**96**	**275**
（四）	**黄河北—漳河南段工程**	**2 401 787**	**2 473 938**	**103**	**31 668**
1	温博段工程	185 434	184 667	100	-4743
2	沁河渠道倒虹吸工程	41 206	40 612	99	55
3	焦作1段工程	264 535	312 794	118	9670
4	焦作2段工程	426 904	423 463	99	3415
5	辉县段工程	489 734	477 778	98	2294
6	石门河倒虹吸工程	30 985	29 900	96	143
7	新乡和卫辉段工程	211 008	207 574	98	1229
8	鹤壁段工程	268 530	283 033	105	5773
9	汤阴段工程	205 402	203 917	99	1369
10	膨胀岩（潞王坟）试验段工程	30 834	29 977	97	61
11	安阳段工程	247 215	280 223	113	12 402
（五）	**穿黄工程**	**343 366**	**365 568**	**106**	**6779**
1	穿黄工程	341 839	364 046	106	6779
2	工程管理专项	1527	1522	100	
（六）	**沙河南—黄河南段工程**	**3 039 643**	**2 964 483**	**98**	**33 200**
1	沙河渡槽工程	303 656	299 321	99	5681

续表

序号	工程名称	在建设计单元工程总投资（万元）	累计完成投资（万元）	投资完成比例（%）	2015 年完成投资（万元）
2	鲁山北段工程	711 70	705 77	99	831
3	宝丰—郏县段工程	467 731	454 736	97	-974
4	北汝河渠道倒虹吸工程	67 246	66 896	99	1319
5	禹州和长葛段工程	561 645	547 886	98	11 184
6	潮河段工程	537 152	512 887	95	1884
7	新郑南段工程	163 994	163 665	100	6925
8	双洎河渡槽工程	79 196	77 331	98	-954
9	郑州 2 段工程	380 219	367 887	97	2269
10	郑州 1 段工程	162 760	159 602	98	717
11	荥阳段工程	244 874	243 695	100	4318
（七）	**陶岔渠首—沙河南段工程**	**3 074 027**	**3 037 872**	**99**	**34 146**
1	淅川县段工程	848 744	825 805	97	2788
2	湍河渡槽工程	48 317	48 221	100	2025
3	镇平县段工程	379 939	378 816	100	3095
4	南阳市段工程	496 947	496 212	100	8924
5	膨胀土（南阳）试验段工程	18 856	18 818	100	-899
6	白河倒虹吸工程	54 925	54 561	99	917
7	方城段工程	599 736	595 102	99	7453
8	叶县段工程	354 857	352 832	99	5105
9	澧河渡槽工程	44 394	43 189	97	205
10	鲁山南 1 段工程	132 752	130 867	99	2444
11	鲁山南 2 段工程	94 560	93 449	99	2089
（八）	**天津干线工程**	**1 057 955**	**1 025 352**	**97**	**-44 642**
1	西黑山进口闸—有压箱涵段工程	86 184	83 042	96	-1443
2	保定市 1 段工程	288 331	269 612	94	-14 957
3	保定市 2 段工程	95 914	91 409	95	672
4	廊坊市段工程	376 965	376 044	100	-25 582
5	天津市 1 段工程	176 515	171 319	97	-2013
6	天津市 2 段工程	26 426	26 306	100	-1319
7	天津干线河北段输变电工程迁建规划	7620	7620	100	
（九）	**中线干线专项工程**	**225 151**	**192 939**	**86**	**2525**
1	中线干线自动化调度与运行决策支持系统工程	149 980	117 849	79	2525
2	南水北调中线干线工程调度中心土建项目	22 684	22 684	100	
3	中线干线文物专项	41 025	41 025	100	
4	中线干线测量控制网建设（京石段除外）	2400	1066	44	

续表

序号	工程名称	在建设计单元工程总投资（万元）	累计完成投资（万元）	投资完成比例（%）	2015 年完成投资（万元）
5	北京 2008 年应急调水临时通水措施费	9062	10 315	114	
	待运行费⑤		49 663		
	淮委建设局	**58 847**	**58 847**	**100**	
（十）	**陶岔渠首枢纽工程⑥**	**58 847**	**58 847**	**100**	
	中线水源公司	**5 334 906**	**5 331 964**	**100**	**20 985**
（十一）	**丹江口大坝加高工程**	**292 118**	**288 243**	**99**	**6076**
（十二）	**库区移民安置工程**	**4 983 840**	**4 989 696**	**100**	**14 909**
（十三）	**中线水源管理专项工程**	**4923**			
（十四）	**中线水源文物保护项目**	**54 025**	**54 025**	**100**	
	湖北省南水北调管理局	**1 140 623**	**1 145 768**	**100**	**14 000**
（十五）	**兴隆水利枢纽工程**	**342 789**	**343 481**	**100**	**3350**
（十六）	**引江济汉工程**	**691 636**	**696 089**	**101**	**10 650**
1	引江济汉工程	681 914	686 367	101	10 650
2	引江济汉调度运行管理系统工程	9722	9722	100	
（十七）	**部分闸站改造**	**56 423**	**56 423**	**100**	
（十八）	**局部航道整治**	**46 142**	**46 142**	**100**	
（十九）	**汉江中下游文物保护**	**3633**	**3633**	**100**	
	设管中心	**21 400**	**8500**	**40**	
1	前期工作投资	8500	8500	100	
2	东、中线一期工程项目验收专项费用	4900			
3	中线一期工程安全风险评估费	8000			
	过渡性资金融资费用	**1 360 200**	**1 177 835**	**87**	**233 741**

注 部分设计单元工程 2015 年度投资小于 0 的原因是项目法人对其完成的建设期贷款利息在不同的设计单元工程之间进行了调整。

① 里下河水源补偿工程、梁济运河工程和柳长河工程总投资和累计完成投资为南水北调工程分摊投资，不含地方分摊投资。

② 江苏段试通水费用和山东段试通水费用各含苏鲁省际段试通水费用 40 万元；江苏段试运行费用含苏鲁省际试运行费用 42 万元，山东段试运行费用含苏鲁省际试运行费用 43 万元。

③ 姚楼河闸总投资 2412 万元，杨官屯河闸总投资 5996 万元，大沙河闸总投资 11 776 万元，南四湖水资源监测工程总投资 5486 万元，由江苏和山东两省各执行一部分投资。

④ 2015 年 12 月，东线一期苏鲁省际工程管理设施专项和调度运行管理系统两个工程的投资计划执行单位由淮委沂沭泗局调整为东线公司。

⑤ 中线干线待运行费总投资已分解计入各设计单元工程总投资。

⑥ 陶岔渠首枢纽工程总投资和累计完成投资不含电站投资。

⑦ 本表格序号同东线、中线一期工程建设进展情况相对应。

（王　熙）

南水北调东、中线一期工程设计单元工程完成工程量表

截至2015年底

序号	工程名称	总土石方（万 m^3）	累计完成土石方（万 m^3）	土石方完成比例（%）	总混凝土（万 m^3）	累计完成混凝土（万 m^3）	混凝土完成比例（%）
	总计	**161 875**	**159 877**	**99**	**4316**	**4279**	**99**
	东线一期工程	**29 468**	**27 886**	**95**	**598**	**592**	**99**
	江苏水源公司	**11 196**	**10 614**	**95**	**170**	**164**	**96**
（一）	**三阳河、潼河、宝应站工程**	**2718.95**	**2718.95**	**100**	**13.39**	**13.39**	**100**
（二）	**长江—骆马湖段2003年度工程**	**1064**	**887.70**	**83**	**13**	**10**	**74**
1	江都站改造工程	74.98	66.22	88	2.92	2.56	88
2	淮阴三站工程	251.51	251.51	100	2.53	2.53	100
3	淮安四站工程	100.54	156.15	155	3.54	2.35	66
4	淮安四站输水河道工程	637.21	413.82	65	4.26	2.42	57
（三）	**骆马湖—南四湖段工程**	**457.63**	**439.11**	**96**	**12.27**	**12.06**	**98**
1	刘山泵站工程	199.65	199.65	100	4.69	4.69	100
2	解台泵站工程	116.78	117.07	100	3.68	3.88	105
3	蔺家坝泵站工程	141.20	122.39	87	3.90	3.49	89
（四）	**长江—骆马湖段其他工程**	**6761.91**	**6383.89**	**94**	**114.06**	**112.84**	**99**
1	高水河整治工程	184.60	175.00	95	0.86	0.86	100
2	淮安二站改造工程	4.03	4.04	100	0.11	0.11	100
3	泗阳站改建工程	142.81	132.39	93	3.90	3.89	100
4	刘老涧二站工程	89.24	83.07	93	3.13	3.04	97
5	皂河二站工程	173.93	173.93	100	4.63	4.38	95
6	皂河一站更新改造工程	53.87	30.79	57	3.23	3.23	100
7	泗洪站枢纽工程	571.91	566.11	99	14.07	14.07	100
8	金湖站工程	195.98	181.31	93	4.50	4.50	100
9	洪泽站工程	621.00	540.86	87	11.00	11.00	100
10	邳州站工程	106.74	105.90	99	5.15	5.15	100
11	睢宁二站工程	117.01	117.01	100	5.18	5.18	100
12	金宝航道工程	889.47	859.93	97	13.06	12.35	95
13	里下河水源补偿工程	3020.46	2970.61	98	17.43	17.34	99
14	骆马湖以南中运河影响处理工程	51.40	39.30	76	2.43	1.45	60
15	沿运闸洞漏水处理工程	160.11	83.50	52	1.30	1.70	131
16	徐洪河影响处理工程	169.67	155.28	92	10.25	11.72	114

续表

序号	工程名称	总土石方（万 m³）	累计完成土石方（万 m³）	土石方完成比例（%）	总混凝土（万 m³）	累计完成混凝土（万 m³）	混凝土完成比例（%）
17	洪泽湖抬高蓄水位影响处理江苏省境内工程	209.68	164.86	79	13.83	12.87	93
（五）	**江苏段专项工程**	**7.73**	**1.36**	**18**	**5.71**	**4.54**	**80**
2	血吸虫北移防护工程	7.73	1.36	18	5.71	4.54	80
（六）	**南四湖水资源控制、水质监测工程和骆马湖水资源控制工程**	**78.59**	**76.63**	**98**	**4.91**	**4.85**	**99**
1	姚楼河闸工程	8.60	8.60	100	0.39	0.33	85
2	杨官屯河闸工程	7.46	5.50	74	1.24	1.24	100
3	大沙河闸工程	47.00	47.00	100	2.40	2.40	100
5	骆马湖水资源控制工程	15.53	15.53	100	0.88	0.88	100
（七）	**南四湖下级湖抬高蓄水位影响处理（江苏）**	**106.80**	**106.80**	**100**	**6.10**	**6.10**	**100**
	安徽省南水北调项目办	**543**	**543**	**100**	**6**	**6**	**100**
（四）	**洪泽湖抬高蓄水影响处理工程安徽省境内工程**	**542.69**	**542.60**	**100**	**6.37**	**6.37**	**100**
	山东干线公司	**17 730**	**16 729**	**94**	**422**	**422**	**100**
（六）	**南四湖水资源控制、水质监测工程和骆马湖水资源控制工程**	**310.06**	**295.10**	**95**	**7.98**	**6.96**	**87**
1	二级坝泵站工程	248.96	234.00	94	5.77	4.97	86
2	姚楼河闸工程	8.60	8.60	100	0.39	0.17	44
3	杨官屯河闸工程	5.50	5.50	100	0.62	0.62	100
4	大沙河闸工程	47.00	47.00	100	1.20	1.20	100
（九）	**东平湖蓄水影响处理工程**	**102.00**	**101.49**	**100**	**0.29**	**0.23**	**79**
（十）	**济平干渠工程**	**2313.00**	**1947.29**	**84**	**55.32**	**55.32**	**100**
（十一）	**韩庄运河段工程**	**457.30**	**454.53**	**99**	**16.79**	**14.43**	**86**
1	台儿庄泵站工程	121.61	121.61	100	6.21	5.37	86
2	韩庄运河段水资源控制工程	4.70	4.28	91	0.21	0.21	100
3	万年闸泵站工程	170.83	168.48	99	6.47	5.06	78
4	韩庄泵站工程	160.16	160.16	100	3.90	3.79	97
（十二）	**南四湖—东平湖段工程**	**2421.42**	**2347.91**	**97**	**63.37**	**62.06**	**98**
1	长沟泵站工程	156.67	156.67	100	7.54	7.54	100
2	邓楼泵站工程	130.99	131.31	100	6.62	5.74	87
3	八里湾泵站工程	86.20	86.20	100	5.06	4.94	98
4	柳长河工程	764.26	690.43	90	13.02	13.02	100

续表

序号	工程名称	总土石方（万 m^3）	累计完成土石方（万 m^3）	土石方完成比例（%）	总混凝土（万 m^3）	累计完成混凝土（万 m^3）	混凝土完成比例（%）
5	梁济运河工程	767.30	767.30	100	25.76	25.45	99
6	南四湖湖内疏浚工程	292.00	292.00	100			
7	引黄灌区影响处理工程	224.00	224.00	100	5.37	5.37	100
（十三）	**胶东济南—引黄济青段工程**	**5444.47**	**5379.31**	**99**	**195.09**	**188.65**	**97**
1	济南市区段工程	765.83	700.59	91	94.92	89.49	94
2	明渠段工程	1872.50	1872.50	100	57.11	56.56	99
3	东湖水库工程	1574.11	1574.11	100	15.53	15.16	98
4	双王城水库工程	989.80	989.80	100	19.52	19.43	100
5	陈庄输水线路工程	242.23	242.31	100	8.01	8.01	100
（十四）	**穿黄河工程**	**687.63**	**709.02**	**103**	**23.76**	**22.07**	**93**
（十五）	**鲁北段工程**	**5993.79**	**5494.65**	**92**	**59.18**	**72.41**	**122**
1	小运河工程	2386.39	1902.80	80	40.01	53.62	134
2	七一·六五河段工程	589.00	582.82	99	7.18	7.18	100
3	鲁北灌区影响处理工程	575.99	573.00	99	3.27	2.89	88
4	大屯水库工程	2442.41	2436.03	100	8.72	8.72	100
	中线一期工程	**132 407**	**131 991**	**100**	**3718**	**3687**	**99**
	中线建管局	**120 046**	**119 747**	**100**	**3326**	**3306**	**99**
（一）	**京石段应急供水工程**	**19 685.00**	**19 535.00**	**99**	**517.08**	**504.61**	**98**
1	永定河倒虹吸工程	270.00	267.00	99	14.13	13.90	98
2	惠南庄泵站工程	149.00	149.00	100	15.61	15.61	100
3	北拒马河暗渠工程	133.00	121.00	91	6.90	6.18	90
4	北京西四环暗涵工程	107.00	107.00	100	24.86	24.20	97
5	北京市穿五棵松地铁工程	1.00	1.00	100	0.46	0.41	90
6	北京段铁路交叉工程	11.00	11.00	100	2.84	2.82	99
7	惠南庄—大宁段工程、卢沟桥暗涵工程、团城湖明渠工程	3012.00	2944.00	98	49.60	48.95	99
8	滹沱河倒虹吸工程	623.00	583.00	94	24.10	24.10	100
9	釜山隧洞工程	74.00	73.00	99	7.20	7.20	100
10	唐河倒虹吸工程	278.00	278.00	100	11.00	11.00	100
11	漕河渡槽段工程	396.00	396.00	100	36.61	36.61	100
12	古运河枢纽工程	142.00	126.00	89	7.60	7.60	100
13	河北境内总干渠及连接段工程	14 299.00	14 299.00	100	304.80	293.70	96
17	河北段生产桥建设	163.00	161.00	99	8.38	8.38	100
21	北拒马河暗渠穿河段防护加固工程及PCCP管道大石河段防护加固工程	27.00	19.00	70	3.00	3.95	132

续表

序号	工程名称	总土石方（万 m^3）	累计完成土石方（万 m^3）	土石方完成比例（%）	总混凝土（万 m^3）	累计完成混凝土（万 m^3）	混凝土完成比例（%）
（二）	**漳河北—古运河南段工程**	**19 415.00**	**19 456.00**	**100**	**453.49**	**446.91**	**99**
1	磁县段工程	2925.00	2926.00	100	58.51	59.40	102
2	邯郸市—邯郸县段工程	1748.00	1748.00	100	35.24	35.37	100
3	永年县段工程	1364.00	1364.00	100	27.28	18.49	68
4	洺河渡槽工程	109.00	106.00	97	9.80	9.80	100
5	沙河市段工程	1964.00	1964.00	100	30.71	30.74	100
6	南沙河倒虹吸工程	780.00	780.00	100	31.67	31.67	100
7	邢台市段工程	1735.00	1735.00	100	31.95	31.95	100
8	邢台县和内邱县段工程	2153.00	2153.00	100	56.65	56.65	100
9	临城县段工程	2121.00	2121.00	100	43.00	43.22	101
10	高邑县—元氏县段工程	2230.00	2273.00	102	66.94	67.76	101
11	鹿泉市段工程	783.00	783.00	100	28.56	28.56	100
12	石家庄市区工程	1503.00	1503.00	100	33.17	33.30	100
（三）	**穿漳河工程**	**180.00**	**180.00**	**100**	**10.56**	**10.56**	**100**
（四）	**黄河北—漳河南段工程**	**23 380.00**	**23 292.00**	**100**	**542.31**	**543.03**	**100**
1	温博段工程	1490.00	1490.00	100	47.15	47.15	100
2	沁河渠道倒虹吸工程	564.00	564.00	100	11.90	11.90	100
3	焦作 1 段工程	1147.00	1147.00	100	75.70	75.70	100
4	焦作 2 段工程	4764.00	4766.00	100	67.28	67.66	101
5	辉县段工程	4768.00	4768.00	100	108.15	108.44	100
6	石门河倒虹吸工程	239.00	239.00	100	12.58	12.49	99
7	新乡和卫辉段工程	2077.00	2077.00	100	53.79	53.93	100
8	鹤壁段工程	3009.00	2919.00	97	59.80	59.80	100
9	汤阴段工程	1685.00	1685.00	100	40.60	40.60	100
10	膨胀岩（潞王坟）试验段工程	484.00	484.00	100	3.08	3.08	100
11	安阳段工程	3153.00	3153.00	100	62.28	62.28	100
（五）	**穿黄工程**	**2107.00**	**2178.00**	**103**	**57.40**	**57.54**	**100**
（六）	**沙河南—黄河南段工程**	**22 457.00**	**22 499.00**	**100**	**658.57**	**659.45**	**100**
1	沙河渡槽工程	603.00	605.00	100	126.49	126.49	100
2	鲁山北段工程	606.00	606.00	100	14.30	14.30	100
3	宝丰—郏县段工程	3358.00	3358.00	100	96.59	96.59	100
4	北汝河渠道倒虹吸工程	272.00	282.00	104	21.35	21.40	100
5	禹州和长葛段工程	4923.00	4923.00	100	104.51	104.92	100
6	潮河段工程	3970.00	3970.00	100	76.84	77.19	100

续表

序号	工程名称	总土石方（万 m^3）	累计完成土石方（万 m^3）	土石方完成比例（%）	总混凝土（万 m^3）	累计完成混凝土（万 m^3）	混凝土完成比例（%）
7	新郑南段工程	1184.00	1184.00	100	43.96	43.96	100
8	双洎河渡槽工程	355.00	355.00	100	30.73	30.74	100
9	郑州2段工程	3846.00	3846.00	100	63.38	63.38	100
10	郑州1段工程	1141.00	1171.00	103	29.82	29.88	100
11	荥阳段工程	2199.00	2199.00	100	50.60	50.60	100
（七）	**陶岔渠首—沙河南段工程**	**24 942.00**	**24 871.00**	**100**	**610.94**	**613.85**	**100**
1	淅川县段工程	8704.00	8704.00	100	137.30	137.30	100
2	湍河渡槽工程	48.00	48.00	100	13.42	13.42	100
3	镇平县段工程	2711.00	2691.00	99	68.09	68.09	100
4	南阳市段工程	3244.00	3249.00	100	102.25	103.80	102
5	膨胀土（南阳）试验段工程	228.00	229.00	100	5.51	5.56	101
6	白河倒虹吸工程	262.00	251.00	96	26.48	26.63	101
7	方城段工程	4850.00	4855.00	100	138.88	140.72	101
8	叶县段工程	3120.00	3123.00	100	57.89	59.99	104
9	澧河渡槽工程	94.00	94.00	100	12.22	12.22	100
10	鲁山南1段工程	998.00	984.00	99	24.70	24.70	100
11	鲁山南2段工程	683.00	643.00	94	24.20	21.42	89
（八）	**天津干线工程**	**7829.00**	**7685.00**	**98**	**474.70**	**469.47**	**99**
1	西黑山进口闸—有压箱涵段工程	764.00	760.00	99	38.20	38.06	100
2	保定市1段工程	2007.00	1998.00	100	143.30	142.10	99
3	保定市2段工程	743.00	721.00	97	47.43	45.78	97
4	廊坊市段工程	2974.00	2878.00	97	175.30	173.39	99
5	天津市1段工程	1196.00	1196.00	100	62.21	62.21	100
6	天津市2段工程	145.00	132.00	91	8.26	7.93	96
（九）	**中线干线专项工程**	**51.00**	**51.00**	**100**	**0.92**	**0.92**	**100**
5	北京2008年应急调水临时通水措施费	51.00	51.00	100	0.92	0.92	100
	淮委建设局	109	109	100	26	26	100
（十）	**陶岔渠首枢纽工程**	**108.97**	**108.97**	**100**	**26.37**	**26.37**	**100**
	中线水源公司	**620**	**610**	**98**	**125**	**117**	**93**
（十一）	**丹江口大坝加高工程**	**619.70**	**609.92**	**98**	**125.45**	**117.11**	**93**
	湖北省南水北调管理局	**11 632**	**11 525**	**99**	**240**	**237**	**99**
（十五）	**兴隆水利枢纽工程**	**2843.88**	**2736.89**	**96**	**70.49**	**70.49**	**100**

续表

序号	工程名称	总土石方（万 m^3）	累计完成土石方（万 m^3）	土石方完成比例（%）	总混凝土（万 m^3）	累计完成混凝土（万 m^3）	混凝土完成比例（%）
（十六）	引江济汉工程	**8030.91**	**8030.91**	**100**	**149.57**	**149.36**	**100**
（十七）	部分闸站改造	**378.39**	**378.39**	**100**	**14.48**	**14.48**	**100**
（十八）	局部航道整治	**378.80**	**378.80**	**100**	**5.89**	**2.93**	**50**

注 本表格序号同投资情况表相对应。

（王　熙）

拾伍 大事记

MAJOR EVENTS

一　月

4日　国务院南水北调办主任鄂竟平主持召开南水北调安全生产工作专题办公会议，传达贯彻习近平总书记、李克强总理等中央领导同志近日有关安全方面的重要批示精神，研究部署春节、元宵节期间南水北调安全生产工作。

同日　国务院南水北调办召开领导班子会议，学习领会习近平总书记的新年贺词。

5日　国务院南水北调办主任鄂竟平主持召开主任专题办公会，听取南水北调中线尾工建设进度和跨渠桥梁验收移交工作计划有关情况汇报。

6日　国务院南水北调办主任鄂竟平在京会见中国电力建设集团有限公司晏志勇董事长一行。

同日　国务院南水北调办主任鄂竟平主持召开主任专题办公会，听取南水北调中线陶岔枢纽电站机组启动试运行及验收安排有关工作情况汇报，研究独立费用价差调整工作。

同日　国务院南水北调办副主任张野参加全国安全生产电视电话会议。

7~9日　国务院南水北调办副主任张野调研南水北调中线河南段工程运行管理情况，并在郑州召开运行管理座谈会。期间，会见了河南省政府党组成员、省委农村工作领导小组副组长赵顷霖，就南水北调工程建设与管理交换意见。

7~9日　国务院南水北调办副主任蒋旭光率检查组对山东境内南水北调工程质量及运行管理情况进行检查。其间，会见了山东省副省长赵润田，就有关工作交换了意见。

12~14日　国务院南水北调办副主任蒋旭光出席十八届中央纪律检查委员会第五次全体会议。

13日　国务院南水北调办主任鄂竟平出席十八届中央纪律检查委员会第五次全体会议。

同日　国务院南水北调办副主任蒋旭光出席中宣部、国家发展改革委举办的南水北调东中线工程沿线城市“人人节水行动”推进工作座谈会。中宣部、国家发展改革委有关负责同志出席。

14~15日　2015年南水北调工作会议在河南南阳召开。贯彻落实党的十八大和十八届三中、四中全会精神，深入落实党中央、国务院有关南水北调工程建设的重大决策部署，深入学习贯彻习近平总书记、李克强总理、张高丽副总理等中央领导关于南水北调的系列重要指示批示精神，全面系统总结南水北调工程建设工作，客观分析南水北调工作面临的新形势和新任务，安排部署2015年南水北调工作。

15日　国务院南水北调办主任鄂竟平对南水北调中线平顶山段工程通水运行情况进行了检查。

同日　国务院南水北调办副主任蒋旭光出席全国机关事业单位养老保险制度改革工作电视电话会议。

16日　《光明日报》刊登国务院南水北调办副主任蒋旭光署名文章《节水是南水北调的长期任务》。

19日　国务院南水北调办主任鄂竟平参加国务院第四次全体会议。

同日　国务院南水北调办副主任张野一行调研北京市南水北调配套工程郭公庄水厂。

20日　南水北调办党组书记、主任鄂竟平主持召开办党组中心组（扩大）会议，传达学习十八届中央纪委第五次全会精神。

同日　南水北调中线工程通水荣膺为国内十大环保新闻。

21~22日　国务院南水北调办副主任蒋旭光带队，对南水北调中线黄河以南段部分工程质量和通水安全运行情况进行了检查。

1月　国务院南水北调办召开党组（扩

大）会议，宣读中央关于免去于幼军同志的国务院南水北调办党组成员、副主任职务的决定，宣读中央关于任命王仲田同志为国务院南水北调办党组成员、副主任的决定。

27日　国务院南水北调办主任鄂竟平主持召开主任专题办公会，听取《南水北调工程突发舆情事件应对工作预案》编制情况汇报。

28日　国务院南水北调办主任鄂竟平主持召开主任专题办公会，听取中电建、中能建函商建设亏损有关事宜和南水北调中线运行管理工作调研情况汇报。

29日　国务院南水北调办主任鄂竟平出席办公室基层党支部书记落实党风廉政建设主体责任专题培训班开办式并讲话。

29~30日　国务院南水北调办副主任蒋旭光带队，对南水北调中线工程河北段部分设计单元工程质量及安全运行情况进行了检查。

30日　国务院南水北调办主任鄂竟平出席中央国家机关第二十九次党的工作会议暨第二十七次纪检工作会议。

同日　国务院南水北调办安全生产领导小组和重特大事故应急处理领导小组在京组织召开第十四次全体会议。国务院南水北调办副主任、领导小组组长张野主持会议并讲话。

同日　国务院南水北调办副主任张野出席中国大坝协会2015年工作会议。

二　月

2~6日　国务院南水北调办主任鄂竟平参加省部级主要领导干部“学习贯彻十八届四中全会精神，全面推进依法治国”专题研讨班。

3~5日　国务院南水北调办副主任蒋旭光一行赴河南省调研南水北调工程丹江口库区移民工作，看望慰问移民干部、群众。

4日　国务院南水北调办副主任王仲田带队赴北京市调研南水北调中线工程建设运行以及调水水质安全保障工作。

9日　国务院南水北调办主任鄂竟平出席国务院第三次廉政工作会议。

同日　国务院南水北调办主任鄂竟平主持召开办务会议，听取各司各单位转型开拓有关工作任务、措施和职能调整意见的汇报。

10日　国务院南水北调办主任鄂竟平主持召开主任专题办公会，听取《丹江口水利枢纽调度规程》专家复审会有关情况汇报。

同日　国务院南水北调办副主任蒋旭光主持召开主任专题办公会，研究南水北调中线工程临时用地退还工作。

同日　河北省副省长沈小平到石家庄市西北地表水厂就南水北调通水工作进行现场调研。

11日　国务院南水北调办党组成员、副主任王仲田主持召开民主党派代表和党外人士迎新春座谈会。

11~12日　国务院南水北调办主任鄂竟平带队，对南水北调中线郑州段至荥阳段工程通水运行情况进行飞检。

12日　国务院南水北调办副主任张野出席国务院南水北调工程建设委员会专家委员会主任工作会。

13日　国务院南水北调办主任鄂竟平主持召开主任办公会，审议南水北调东、中线一期工程信息系统建设方案。

同日　国务院南水北调办主任鄂竟平主持召开主任专题办公会，听取配套工程建设情况汇报。

15日　国务院南水北调办主任鄂竟平主持召开主任办公会，听取南水北调中线渠道水质情况和各司各单位机构调整方案的汇报。

16日　国务院南水北调办主任鄂竟平带队，对南水北调中线京石段工程通水运行情况进行了检查。

18日 南水北调歌曲《人间天河》登上2015年中央电视台春节联欢晚会。

25日 国务院南水北调办主任鄂竟平参加国务院第83次常务会议。

同日 国务院南水北调办主任鄂竟平主持召开主任专题办公会，听取南水北调中线渠道水质情况汇报。

26日 国务院南水北调办主任鄂竟平主持召开主任办公会，传达学习习近平总书记在省部级主要领导干部专题研讨班上的讲话精神，研究南水北调东中线一期工程建成通水表彰总体工作方案。

27日 国务院南水北调办主任鄂竟平主持召开主任专题办公会，听取南水北调东中线一期工程水价政策执行情况和东线一期工程运行初期成本及费用测算情况汇报。

同日 国务院南水北调办副主任张野主持召开南水北调中线一期工程水量调度座谈会。

28日 国务院南水北调办主任鄂竟平参加国务院会议。

同日 国务院南水北调办主任鄂竟平主持召开主任办公会，听取南水北调中线运行规范化管理工作情况汇报。

同日 湖北团风镇黄湖移民新村党支部书记赵久富当选中央电视台“感动中国”人物。

三　月

2日 国务院南水北调办主任鄂竟平前往南水北调中线京石新乐至顺平段工程，检查水质监测、工程巡视、水量调度等通水运行工作。

同日 国务院南水北调办副主任蒋旭光带队，对南水北调中线保定管理处和西黑山管理处所辖工程质量、安全和运行情况进行了检查。

3日 国务院南水北调办主任鄂竟平主持召开主任专题办公会，听取南水北调中线工程移交方案编制情况和跨渠桥梁移交工作进展情况汇报。

5日 第十二届全国人民代表大会三次会议开幕，国务院总理李克强作政府工作报告。李克强说，2014年南水北调正式使用，惠及亿万群众。会议期间，国务院南水北调办主任鄂竟平列席会议。

同日 国务院南水北调办召开办务扩大会议，传达学习李克强总理在国务院第三次廉政工作会议上的讲话精神，安排部署办机关2015年工作。国务院南水北调办主任鄂竟平出席会议并讲话，副主任蒋旭光、王仲田出席会议。

7日、11日 国务院南水北调办副主任蒋旭光参加全国政协十二届三次会议。

9日 国务院南水北调办召开保密委全体会议。国务院南水北调办副主任、保密委主任蒋旭光出席会议并讲话。

10日 国务院南水北调办主任鄂竟平主持召开主任专题办公会，研究进一步完善内部管理机制的有关事宜。

同日 国务院南水北调办副主任蒋旭光主持召开主任专题办公会，听取南水北调东线南四湖淹没补助的有关情况汇报。

同日 国务院南水北调办党组成员、副主任王仲田主持召开会议，学习贯彻《中共中央关于加强和改进党的群团工作的意见》，研究国务院南水北调办机关2015年工青妇工作。

12日 国务院南水北调办副主任、扶贫工作领导小组组长蒋旭光主持召开定点扶贫领导小组全体成员会议，研究部署2015年度定点扶贫工作。

同日 国务院南水北调办副主任王仲田主持召开专题会议，研究南水北调东、中线水费收缴工作方案。

13日 国务院南水北调办主任鄂竟平主持召开主任专题办公会，研究组织京津市民代表考察南水北调工程工作方案。

16 日　国务院南水北调办召开主任办公会，传达学习贯彻全国"两会"精神，研究部署南水北调有关工作。国务院南水北调办主任鄂竟平出席会议并讲话，副主任蒋旭光、王仲田出席会议。

18 日　国务院南水北调办公室主任鄂竟平带队，对南水北调中线邯郸段——邢台市区段工程通水运行情况进行飞检。

19～20 日　国务院南水北调办公室副主任蒋旭光带队，对南水北调中线禹州、长葛、新郑、鹤壁、卫辉、辉县管理处所辖工程质量和运行情况进行检查。

21 日　北京市副市长林克庆带队实地考察南水北调中线工程渠首所在地陶岔渠首枢纽工程，调研工程运行和水质保护情况。

23 日　国务院南水北调办副主任蒋旭光主持召开主任专题办公会，研究南水北调中线工程临时用地退还工作。

3 月　南水北调工程纪录片《水脉》英文版在中央电视台播出。

24 日　国务院南水北调办党组中心组（扩大）学习宪法专题并进行研讨。

24～25 日　国务院南水北调办主任鄂竟平率调研组赴湖北省调研丹江口水库移民安置和水质保护工作，看望慰问库区移民干部群众。湖北省政府副省长梁惠玲陪同调研。

25～26 日　国务院南水北调办主任鄂竟平率调研组赴河南省调研丹江口库区移民工作，看望慰问库区移民干部群众。河南省政府副省长王铁陪同调研。

25 日　国务院南水北调办副主任蒋旭光带队赴北京市调研南水北调配套工程建设及通水运行工作。

27 日　国务院南水北调办主任鄂竟平主持召开主任专题办公会，听取综合司关于强化综管措施落实工作责任有关方案的汇报。国务院南水北调办副主任蒋旭光出席。

30 日　中国南水北调网发布《国务院南水北调办 2014 年政府信息公开工作报告》。

31 日　国务院南水北调办主任鄂竟平主持召开主任专题办公会，研究水费收缴工作并听取财政存量资金统筹使用有关问题汇报。

31 日～4 月 2 日，国务院南水北调办国务院南水北调办副主任蒋旭光带队，调研南水北调东线江苏境内工程运行管理工作。期间，会见了江苏省委常委、副省长徐鸣，就有关工作交换了意见。

四　月

1 日　国务院南水北调办主任鄂竟平参加国务院第 86 次常务会议。

同日　国务院南水北调办副主任王仲田赴北京专题调研南水北调中线工程水费缴纳工作。

同日　山东省第十二届人民代表大会常务委员会第十三次会议通过《山东省南水北调条例》，并予公布，自 2015 年 5 月 1 日起施行。

2 日　《人民日报》刊登国务院南水北调办主任鄂竟平专访文章《南水北调成在"三先三后"》。随后《财经国家周刊》也进行了刊登。

7 日　国务院南水北调办主任鄂竟平主持召开主任专题办公会，研究河北用水问题。

同日　国务院南水北调办副主任蒋旭光出席国家防汛抗旱总指挥部 2015 年第一次全体会议。

7～8 日　国务院南水北调办副主任蒋旭光带队，对南水北调中线天津干线通水运行情况进行了飞检。

8 日　国务院南水北调办副主任张野赴河北调研南水北调配套工程建设和用水情况，并与河北省政府进行座谈。河北省政府沈小平副省长陪同调研。

8～9 日　国务院南水北调办主任鄂竟平带队，调研南水北调中线河南段工程运行管理工作。

4月 南水北调工程大型文献纪录片《水脉》同名图书由中国水利水电出版社公开出版发行。

8~11日 国务院南水北调办副主任王仲田赴江苏、山东专题调研南水北调东线工程水费缴纳和水质保障工作。

9日 国务院南水北调办副主任蒋旭光主持召开会议，研究南水北调干线维稳有关工作。

15日 国务院南水北调办主任鄂竟平参加国务院第88次常务会议。

同日 国务院南水北调办主任鄂竟平主持召开主任专题办公会，研究南水北调中线调水风险问题，听取预防弧形闸门下滑措施汇报。

15~17日 国务院南水北调办主任鄂竟平率队检查南水北调中线河北段工程防汛工作。期间，会见了河北省省长张庆伟，就加快推进配套工程建设交换了意见。国家防汛抗旱总指挥部办公室督察专员李坤刚参加检查。

15~17日 国务院南水北调办副主任蒋旭光率队检查南水北调中线河南境内工程防汛工作。

20日 国务院南水北调办副主任蒋旭光主持召开主任专题办公会，研究南水北调中线天津干线工程运行监管工作。

21日 国务院南水北调办主任鄂竟平参加中共中央召开的“三严三实”专题教育工作座谈会。

22~23日 中共中央政治局常委、国务院副总理、国务院南水北调工程建设委员会主任张高丽在河南调研南水北调工程建设管理有关工作。22日，张高丽巡视了丹江口水库，察看现场提取的水样，了解库区水环境保护情况；深入到河南淅川县陶岔村实地考察中线渠首枢纽工程，察看大坝，了解并听取通水有关情况介绍；走进九重镇桦栎扒移民新村调研和看望村民。23日上午，在河南南阳召开南水北调工程建设管理工作座谈会，传达学习习近平总书记和李克强总理关于南水北调建设管理的重要指示批示精神，听取南水北调工作情况汇报，研究部署下一阶段工作。

24日 国务院南水北调办主任鄂竟平主持召开主任专题办公会，听取水费收缴工作有关情况汇报。

27日 国务院南水北调办主任鄂竟平主持召开会议，传达贯彻中共中央政治局常委、国务院副总理、国务院南水北调工程建设委员会主任张高丽在南水北调工程建设管理工作座谈会上的重要讲话精神，部署南水北调有关工作。

同日 河南省委召开常委（扩大）会议，传达学习习近平总书记、李克强总理关于南水北调工程建设管理的重要指示批示精神和张高丽副总理在河南调研南水北调工程建设管理工作时的重要讲话精神，研究部署贯彻落实意见。

同日 国务院南水北调办党组中心组（扩大）学习习近平总书记为第四批全国干部学习培训教材所作序言和行政法专题并进行研讨。国务院南水北调办党组书记、主任鄂竟平，党组成员、副主任蒋旭光、王仲田参加学习。

28日 国务院南水北调办主任鄂竟平主持召开主任专题办公会，研究尾工建设关键事项。

同日 国务院南水北调办副主任王仲田出席全国人大常委会水污染防治法执法检查组第一次全体会议。

同日 2015年庆祝“五一”国际劳动节暨表彰全国劳动模范和先进工作者大会在北京人民大会堂隆重举行。中线建管局河南直管局副局长、南阳项目部部长、惠南庄建管部部长蔡建平荣获全国劳动模范光荣称号。

28~29日 国务院南水北调办副主任蒋

旭光带队，对南水北调中线元氏段、石家庄段工程通水运行管理情况进行飞检，看望慰问一线运行管理人员。

28～30 日　国务院南水北调办副主任王仲田率队检查南水北调东线山东段工程防汛工作。其间，会见了山东省副省长赵润田，就有关工作交换了意见。

29～30 日　国务院南水北调办主任鄂竟平赴河南郑州、许昌调研南水北调中线工程调蓄水库建设有关工作。

五　月

4 日　国务院南水北调办副主任蒋旭光主持召开主任专题办公会，研究工程运行监管工作。

5 日　国务院南水北调办副主任蒋旭光主持召开主任专题办公会，研究征地移民工作。

6 日　国务院南水北调办召开节约能源资源、社会治安综合治理、爱国卫生、交通安全和绿化等社会事务工作综合会议。国务院南水北调办副主任王仲田出席会议并讲话。

6～8 日　国务院南水北调办副主任蒋旭光带队，对南水北调中线邢台、邯郸、磁县、安阳（穿漳）、汤阴、鹤壁、卫辉、郑州和穿黄等工程安全运行情况进行了飞检。

10 日　国务院南水北调办主任鄂竟平主持召开系统会议，深入贯彻落实张高丽副总理在南水北调工程建设管理工作座谈会上的重要讲话精神，听取工程沿线各省市学习贯彻情况汇报，进一步研究和部署有关工作。

11 日　国务院南水北调办党组成员、副主任、直属机关党委书记蒋旭光主持召开会议，研究部署直属机关党建工作。

同日　国务院南水北调办副主任王仲田主持召开主任专题办公会，研究南水北调中线水费收缴工作。

11～14 日　国务院南水北调办副主任王仲田带队赴湖北省、陕西省对南水北调中线水源区水质保障工作进行了专题调研。

12 日　国务院南水北调办主任鄂竟平参加国务院召开的全国推进简政放权放管结合职能转变工作电视电话会议（主会场）。

同日　国务院南水北调办副主任蒋旭光主持召开主任专题办公会，研究工程运行管理相关工作。

12～14 日　国务院南水北调办副主任王仲田赴陕西、湖北开展丹江口库区及上游水污染防治和水土保持专题调研。

13 日　国务院南水北调办副主任蒋旭光主持召开会议，研究信访相关工作。

同日　南水北调中线工程河南省供水补充协议签订仪式在郑州率先举行。中线建管局负责人与河南省南水北调办负责人签署《南水北调中线一期工程 2014－2015 年度供水补充协议》。

13～15 日　国务院南水北调办副主任蒋旭光带队赴河北省检查南水北调中线工程运行管理和征迁工作。

14 日　国务院南水北调办在江苏徐州组织召开了南水北调工程安全生产工作会议，国务院南水北调办副主任张野出席会议并讲话。

18～20 日　国务院南水北调办副主任蒋旭光参加中央统战工作会议。

18 日　国务院南水北调办副主任王仲田主持召开主任专题办公会，研究落实水费收缴工作方案。

同日　河南省政府在郑州召开全省南水北调工程建设管理工作会议，传达中央领导同志重要指示批示精神，表彰河南省南水北调工作先进单位和先进个人，安排部署下步南水北调工作。

20 日　国务院南水北调办副主任蒋旭光主持召开主任专题办公会，研究质量问题整改相关工作。

20～22 日　国务院南水北调办副主任蒋旭光检查南水北调东线山东段工程调水运行

管理情况。

24日　国务院南水北调办副主任王仲田在北京市团城湖管理处会见财政部农业司王建国司长等一行，并一起调研了团城湖明渠工程。

26日　国务院南水北调办党组书记、主任鄂竟平以《开展好“三严三实”专题教育，以优良作风推进南水北调事业健康发展》为题讲授专题党课，为“三严三实”专题教育扎实开局。中组部有关同志到场指导。办党组成员、副主任蒋旭光、王仲田出席会议，机关全体党员干部及直属单位中层以上领导干部参加会议。

同日　国务院南水北调办党组成员、副主任、机关党委书记蒋旭光主持召开会议，部署“三严三实”专题教育实施工作。

27日　国务院南水北调办副主任蒋旭光主持召开主任专题办公会，研究工程运行监管工作。

28日　国务院南水北调办主任鄂竟平主持召开主任专题办公会，研究水质信息共享机制，听取中线干线两侧水源保护区执法依据有关问题汇报。

同日　国务院南水北调办主任鄂竟平主持召开主任专题办公会，研究南水北调中线工程断水应急处置方案。

同日　国务院南水北调办主任鄂竟平主持召开主任专题办公会，研究地方南水北调办事机构在建设期的运行管理职责。

28～29日　国务院南水北调办副主任蒋旭光率调研组赴湖北省调研丹江口库区移民帮扶发展工作。

六　月

1日　国务院南水北调办副主任蒋旭光主持召开主任专题办公会，研究南水北调中线干线征迁工作。

同日　国务院南水北调办党组成员、副主任王仲田以“坚定理想信念”为题讲授专题党课，认真贯彻落实办党组有关推进“三严三实”专题教育的部署要求。

2日　国务院南水北调办党组成员、副主任蒋旭光以“加强作风建设，切实整改问题”为题为分管司局讲授专题党课。

同日　国务院南水北调办党组成员、副主任王仲田主持召开会议，研究国务院南水北调办2015年度外事工作。

4日　国务院南水北调办在河南郑州召开南水北调工程运行监管工作会议，分析工程运行监管形势，研究部署工程运行监管工作，确保工程平稳安全运行。国务院南水北调办副主任蒋旭光出席会议并讲话。

8日　国务院南水北调办副主任张野主持召开主任专题办公会，听取南水北调东线工程水量调度及运行管理模式有关情况汇报。

9日　国务院南水北调办党组成员、副主任张野以“践行‘三严三实’，加强党性修养”为题为分管司局讲授专题党课。

同日　国务院南水北调办副主任蒋旭光主持召开主任专题办公会，研究南水北调工程运行监管工作。

9～11日　国务院南水北调办副主任蒋旭光参加2015年中央国家机关部门机关党委书记培训班。

10日　国务院南水北调办副主任张野参加国务院第94次常务会议。

11～12日　国务院南水北调办副主任张野赴河北省调研配套工程建设情况。

11～12日　国务院南水北调办副主任蒋旭光带队，对南水北调中线天津干线通水运行情况进行了飞检。

12日　国务院南水北调办副主任王仲田主持召开主任专题办公会，研究南水北调中线干线藻类防控有关问题。

14日　国务院南水北调办副主任张野主持召开主任专题办公会，研究解决惠南庄泵站弧形闸门检修，保障北京供水安全有关事宜。

同日　南水北调中线工程北京市供水补充协议签订仪式在北京举行。国务院南水北调办副主任王仲田出席签订仪式并讲话。

15 日　国务院南水北调办副主任王仲田主持召开主任专题办公会，研究南水北调中线水费收缴等有关工作。

15～16 日　国务院南水北调办党组中心组（扩大）举办“严以修身”专题学习研讨。党组成员、副主任张野、蒋旭光、王仲田参加学习。

16 日　湖北省副省长任振鹤到湖北省南水北调办（局）调研工作，要求办（局）要切实履职尽责、敢于担当，进一步做好库区水质保护和汉江中下游生态环境保护工作。

16～18 日　国务院南水北调办副主任蒋旭光带队，对南水北调中线陶岔渠首、淅川段至禹州长葛段工程安全运行及度汛情况进行飞检。

17 日　国务院南水北调办副主任张野主持召开主任专题办公会，听取南水北调中线干线自动化调度系统调试工作情况汇报。

同日　国务院南水北调办副主任张野出席专家委员会主任办公会，研究讨论专家委员会2015年工作计划。专家委员会主任陈厚群院士主持会议，副主任高安泽、宁远、汪易森出席。

同日　以“拥抱我的梦”为主题的第三届优秀国产纪录片及创作人才扶持项目表彰活动在湖南省长沙市举行，南水北调纪录片《水脉》荣登“优秀系列片”榜单。

18 日　国务院南水北调办副主任张野检查南水北调中线惠南庄泵站运行工作。

23 日　国务院南水北调办副主任蒋旭光主持召开主任专题办公会，研究移民后期扶持规划和工程运行监管工作。

同日　国务院南水北调办副主任王仲田主持召开主任专题办公会，研究水费收缴工作。

24 日　国务院南水北调办党组成员、副主任、直属机关党委书记蒋旭光主持召开直属机关党委会议，研究 2014 年度“两优一先”表彰及半年工作总结等工作。

24～26 日　国务院南水北调办副主任蒋旭光调研汉江中下游治理工程运行监管工作。其间，会见了湖北省政府任振鹤副省长，就有关工作交换了意见。

25 日　国务院南水北调办在江苏省淮安市召开南水北调工程运行管理工作会暨现场观摩会，国务院南水北调办副主任张野出席会议并讲话。

29 日　国务院南水北调办副主任王仲田主持召开主任专题办公会，研究落实南水北调中线干线藻类防控有关工作。

30 日　国务院南水北调办副主任蒋旭光主持召开主任专题办公会，研究南水北调工程运行监管工作。

同日　国务院南水北调办副主任蒋旭光赴三峡办调研移民后期扶持规划编制工作。

七　月

1 日　国务院南水北调办召开直属机关党建工作总结暨“两优一先”表彰会，国务院南水北调办党组成员、副主任张野、蒋旭光、王仲田出席会议。

1～3 日　国务院南水北调办副主任张野检查南水北调中线河南段工程运行管理和尾工建设情况。

2 日　国务院南水北调办党组印发《南水北调办贯彻落实全面从严治党要求实施意见》。

同日　国务院南水北调办副主任王仲田主持召开主任专题办公会，研究水费收缴工作。

2～3 日　国务院南水北调办副主任蒋旭光带队检查丹江口大坝加高工程质量、运行监管及度汛工作。

6日　国务院南水北调办成立党建工作领导小组，国务院南水北调办党组书记鄂竟平任组长，国务院南水北调办党组成员蒋旭光任副组长。

同日　国务院南水北调办主任鄂竟平参加中央党的群团工作会议第一次全体会议。

6~7日　国务院南水北调办副主任蒋旭光参加中央党的群团工作会议。

6~7日　国务院南水北调办副主任张野率队检查南水北调东线山东段工程防汛工作和管理设施建设情况。期间，会见了山东省政府赵润田副省长，就山东段工程运行管理模式交换了意见。

7日　国务院南水北调办副主任王仲田主持召开主任专题办公会，研究南水北调中线水费收缴工作。

8日　国务院南水北调办副主任蒋旭光主持召开主任专题办公会，研究南水北调工程运行监管工作和征地移民工作。

9日　南水北调中线工程天津市供水补充协议签订仪式在北京举行。国务院南水北调办副主任王仲田出席签订仪式并讲话。

9~11日　国务院南水北调办副主任蒋旭光带队，对南水北调中线河南禹长段至新卫段工程通水运行情况进行了飞检。

10日　南水北调中线金属结构机电及相关自动化运行监管专题工作会在河南郑州召开。国务院南水北调办副主任蒋旭光出席会议并讲话。

同日　国务院南水北调办副主任蒋旭光赴河南南阳出席“核心价值观百场讲坛”活动，原河南省委书记徐光春同志做社会主义核心价值观与河南移民精神主题报告。

13日　国务院南水北调办主任鄂竟平主持召开办党组2015年第9次会议，学习《中国共产党党组工作条例》等有关文件。

同日　国务院南水北调办主任鄂竟平主持召开主任办公会，研究南水北调东中线一期工程通水表彰有关问题、听取南水北调中线河南段征迁投资实施情况调查分析汇报、研究成立南水北调中线工程保安公司有关问题。

14日　国务院南水北调办党组中心组（扩大）举行“严以修身”专题第二次学习研讨，国务院南水北调办党组书记、主任鄂竟平主持研讨并讲话，办党组成员、副主任张野、蒋旭光、王仲田参加学习。

同日　国务院南水北调办副主任王仲田主持召开主任专题办公会，研究河北水费收缴工作。

15日　南水北调中线工程全线供水达10亿m^3，工程运行平稳，水质稳定达标，效益初步彰显。

16日　国务院南水北调办主任鄂竟平主持召开主任专题办公会，听取建管司工作汇报和南水北调中线工程断水应急处置机制研究情况汇报。

同日　国务院南水北调办副主任王仲田主持召开主任专题办公会，听取中线建管局藻类应急防控预案编制工作情况汇报。

16~17日　国务院南水北调办副主任蒋旭光带队，对南水北调中线京石段新乐管理处至涞涿管理处所辖工程通水运行情况进行了飞检。

17日　国务院南水北调办副主任张野赴国务院法制办与夏勇副主任商谈《南水北调工程供用水管理条例》实施有关事宜。

同日　国务院南水北调办副主任王仲田赴财政部与胡静林副部长交流有关工作。

20日　国务院南水北调办党组中心组（扩大）学习习近平总书记重要讲话精神，国务院南水北调办党组书记、主任鄂竟平主持学习并讲话，办党组成员、副主任张野、蒋旭光、王仲田参加学习。

同日　国务院南水北调办副主任张野主持召开主任专题办公会，听取北京市南水北调办关于落实北京市委市政府贯彻《京津冀协同发展规划纲要》意见中有关北京市南水北调工作的汇报。

21日　国务院南水北调办主任鄂竟平主持召开主任专题办公会，研究南水北调中线防控桥面污染物进入渠道风险及处置机制。

21~23日　国务院南水北调办副主任张野检查丹江口大坝加高工程和汉江中下游治理工程运行情况。

22日　国务院南水北调办党组成员、副主任蒋旭光主持召开“三严三实”专题教育工作会议，听取机关各司各直属单位工作进展情况汇报，安排部署下一步工作。

同日　国务院南水北调办副主任王仲田率队对南水北调中线河北段水质保护工作进行了检查。

22~23日　国务院南水北调办主任鄂竟平带队，对南水北调中线辉县、卫辉、鹤壁、邯郸、石家庄段等工程通水运行情况进行飞检。

22~23日　国务院南水北调办主任鄂竟平检查南水北调中线河南新乡至河北石家庄段工程运行管理工作。

24日　国务院南水北调办主任鄂竟平主持召开主任办公会，审议南水北调工程运行管理问题责任追究办法。

26日~8月1日，国务院南水北调办副主任王仲田率领财政部、环境保护部、住房和城乡建设部、水利部等部委考核组，对陕西、湖北、河南三省2014年度《丹江口库区及上游水污染防治和水土保持“十二五”规划》实施情况进行考核。河南省副省长张维宁、省政府副秘书长王登喜，湖北省副省长任振鹤、省政府副秘书长吕江文，陕西省政府副秘书长王拴虎，以及三省南水北调、发展改革、财政、环境保护、住房城乡建设、水利部门负责同志陪同并交换工作意见。

29日　国务院南水北调办主任鄂竟平带队，对南水北调中线京石段部分工程防洪度汛情况进行检查，并在中线建管局河北分局的唐县管理处召开了防洪度汛工作座谈会。

30日　国务院南水北调办组织党员干部赴顺义区焦庄户地道战遗址纪念馆进行学习参观，重温地道战历史和峥嵘岁月。国务院南水北调办党组书记、主任鄂竟平，办党组成员、副主任张野、蒋旭光与办直属机关党员干部110余人一起参加活动。

同日　国务院南水北调办主任鄂竟平主持召开主任专题办公会，听取稽察大队近期飞检查处问题和中线机电金结及相关自动化运行管理发现问题情况汇报。

31日　国务院南水北调办主任鄂竟平主持召开主任专题办公会，研究南水北调工程设计缺陷和防汛有关工作。

同日　国务院南水北调办副主任蒋旭光带队，对南水北调中线天津段工程通水运行情况进行了检查。

八　月

4~6日　国务院南水北调办副主任张野带队检查南水北调中线黄河以南段工程防汛和运行管理工作。

4~6日　国务院南水北调办副主任蒋旭光赴河北石家庄、邢台、邯郸，河南安阳、新乡等地检查工程供水运行和质量监管情况。

5日　国务院南水北调办副主任王仲田主持召开主任专题办公会，研究河北水费收缴工作。

11日　国务院南水北调办主任鄂竟平主持召开主任专题办公会，听取南水北调中线干线工程重点输水建筑物安全监测情况汇报。

同日　国务院南水北调办印发《南水北调工程运行管理问题责任追究办法（试行）》（国调办监督［2015］105号）。

12日　国务院南水北调办主任鄂竟平主持召开主任专题办公会，研究贯彻落实中央领导在中办湖北回访调研报告上的批示精神。

12~14日　国务院南水北调办副主任蒋旭光赴河南许昌、南阳调研库区后扶规划和移民发展工作。

13～14 日　国务院南水北调办副主任张野赴河北廊坊、沧州调研南水北调配套工程建设情况。

15 日　国务院南水北调办主任鄂竟平应邀出席中央和国家机关“强素质 作表率”读书活动主题讲坛，并作题为《南水北调：资源配置的实践》的演讲。

18 日　国务院南水北调办党组中心组（扩大）举办“严以律己”专题学习研讨。国务院南水北调办党组书记、主任鄂竟平，党组成员、副主任蒋旭光、王仲田参加学习。

19 日　国务院南水北调办主任鄂竟平主持召开主任专题办公会，听取近期工程运行监管发现问题有关情况汇报。

19～20 日　国务院南水北调办副主任蒋旭光带队，对南水北调中线临城段至石家庄段工程运行监管和防汛度汛工作进行了飞检。

20 日　国务院南水北调办副主任蒋旭光赴国家发展改革委出席南水北调工程建设座谈会。

24 日　国务院南水北调办主任鄂竟平主持召开主任办公会，传达学习中央领导关于安全生产工作的重要批示和讲话精神。

25 日　国务院南水北调办副主任张野主持召开主任专题办公会，听取江苏省南水北调办关于南四湖水资源监测工程江苏境内工程实施方案有关情况汇报。

25～26 日　国务院南水北调办主任鄂竟平带队飞检南水北调中线工程河南郑州段至河北临城段通水运行情况。

26 日　国务院南水北调办主任鄂竟平赴河北，会见河北省委书记赵克志、省长张庆伟、省委秘书长范照兵、副省长沈小平，并与张庆伟省长就南水北调供用水有关事宜进行商谈。

27 日　国务院南水北调办副主任张野赴北京调研南水北调来水调入密云水库调蓄工程运行情况。

28 日　国务院南水北调办主任鄂竟平主持召开主任专题办公会，听取关于湖北省南水北调办反映有关问题处理情况汇报。

同日　国务院南水北调办副主任张野主持召开主任专题办公会，研究东线一期苏鲁省际工程管理设施专项和调度运行管理系统变更建设管理单位事宜。

九　月

1 日　国务院南水北调办主任鄂竟平主持召开主任专题办公会，听取受水区节水和地下水压采有关情况汇报。

同日　国务院南水北调办党组成员、副主任，直属机关党委书记蒋旭光主持召开工青妇组织负责人会议。

2 日　国务院南水北调办主任鄂竟平主持召开主任专题办公会，听取南水北调中线防控污染物进入渠道风险应对处置情况汇报，审议中线干线工程藻类防控预案。

6 日　国务院南水北调办主任鄂竟平主持召开主任办公会，研究落实国务院领导在央广南水北调中线行调研报告上的批示精神。

7 日　国务院南水北调办主任鄂竟平主持召开主任专题办公会，听取关于利用南水北调回补华北地区地下水课题研究情况汇报。

同日　国务院南水北调办副主任蒋旭光主持召开主任专题办公会，研究工程运行监管工作。

同日　国务院南水北调办副主任王仲田主持召开主任专题办公会，研究水费收缴工作。

8～11 日　国务院南水北调办副主任蒋旭光赴江苏徐州、淮安、南京等地调研南水北调东线工程运行监管工作。

9 月　随着南来之水进京后持续发挥作用，北京市地下水埋深比 6 月底回升 15cm。

这是1999年以来北京地下水位首次回升，整体地下水储量增加了8000多万立方米。

9日　国务院南水北调办主任鄂竟平带队飞检南水北调中线潮河段至禹长段工程运行情况。

9~11日　国务院南水北调办副主任蒋旭光带队对江苏境内工程运行监管工作进行调研。其间，会见了江苏省委常委、副省长徐鸣，就有关工作交换了意见。

10日　国务院南水北调办副主任张野调研南水北调中线部分管理处自动化运行管理工作。

11日　国务院南水北调办主任鄂竟平率队检查北京中线干线断水应急处置工作，国务院南水北调办副主任张野参加检查，北京市林克庆副市长陪同检查。

14日　国务院南水北调办副主任蒋旭光主持召开主任专题办公会，研究通水表彰和京津市民考察南水北调工程相关工作。

15日　国务院南水北调办党组中心组（扩大）举办“严以律己”专题第二次学习研讨，国务院南水北调办党组书记、主任鄂竟平主持学习研讨并讲话，办党组成员、副主任张野、蒋旭光、王仲田参加学习。

15~16日　国务院南水北调办副主任张野赴山东省济南市与赵润田副省长商谈东线工程运行管理模式有关事宜。

16日　国务院南水北调办主任鄂竟平就南水北调中线调蓄工程建设有关问题听取河南省新乡市、河南省南水北调办的汇报。

16~18日　国务院南水北调办副主任蒋旭光一行赴湖北省调研丹江口库区移民和定点扶贫工作，看望慰问定点扶贫干部。

17日　国务院南水北调办主任鄂竟平主持召开主任专题办公会，研究南水北调中线工程断水应急管理工作。

18日　国务院南水北调办主任鄂竟平主持召开主任专题办公会，听取南水北调东、中线一期工程主要设计遗留问题及功能完善问题处理建议的汇报。

21日　国务院南水北调办主任鄂竟平主持召开主任办公会，审议南水北调东、中线一期工程主要设计遗留及功能完善问题处理原则。

同日　国务院南水北调办副主任蒋旭光主持召开主任专题办公会，研究南水北调工程运行监管工作。

22日　国务院南水北调办主任鄂竟平主持召开主任专题办公会，听取2015年工程资金内部审计工作情况汇报。

同日　国务院南水北调办主任鄂竟平主持召开会议，听取办机关“三严三实”专题教育开展情况汇报。

同日　国务院南水北调办在河南省新乡市召开南水北调中线干线工程跨渠桥梁建设协调小组会暨验收移交协调会，交流跨渠桥梁验收移交工作情况，研究加快推进跨渠桥梁验收移交工作措施。国务院南水北调办副主任张野出席会议并讲话。

23日　国务院南水北调办主任鄂竟平主持召开主任专题办公会，听取南水北调中线工程尾工建设进展情况汇报。

23~24日　南水北调系统机关党建工作座谈会在河南南阳召开，国务院南水北调办副主任蒋旭光出席会议并讲话。

24日　国务院南水北调办主任鄂竟平主持召开主任专题办公会，研究落实李克强总理在央广南水北调中线行调研报告上的重要批示精神。

同日　国务院南水北调办在武汉召开南水北调工程丹江口库区移民商处会，研究部署库区移民总体验收和移民后续帮扶发展规划编制工作。国务院南水北调办副主任蒋旭光出席会议并讲话。

29日　国务院南水北调办副主任蒋旭光带队，对南水北调中线工程京石段易县管理处、涞涿管理处及惠南庄泵站所辖工程的运行管理情况进行飞检。

十 月

8 日 国务院南水北调办副主任蒋旭光主持召开主任专题办公会，研究南水北调工程运行监管工作。

9 日 国务院南水北调办主任鄂竟平主持召开主任专题办公会，听取南水北调中线自动化及安防系统运行情况汇报。

同日 国务院南水北调办副主任王仲田主持召开主任专题办公会，研究水价政策有关工作。

同日 中央国家机关工委陈存根副书记率组到国务院南水北调办督查调研中央八项规定贯彻执行情况。国务院南水北调办主任鄂竟平会见督查调研组一行，国务院南水北调办副主任蒋旭光参加会见并与督查调研组进行了个别访谈。

10 日 国务院南水北调办主任鄂竟平主持召开主任办公会，听取对李克强总理重要批示精神的研究落实情况汇报。

12 日 国务院南水北调办主任鄂竟平主持召开座谈会，听取陈厚群院士等专家委员会主要专家的意见建议。

13 日 国务院南水北调办党组中心组（扩大）专题学习习近平总书记在中央政治局第二十六次集体学习时的讲话、刘云山同志在部分地方单位学习贯彻习近平总书记重要讲话精神深化“三严三实”专题教育工作座谈会上的讲话和中央关于深化国有企业改革的指导意见，国务院南水北调办党组书记、主任鄂竟平主持学习研讨并讲话，办党组成员、副主任张野、王仲田参加学习。

同日 丹江口库区移民干部、河南省淅川县西簧乡党委书记向晓丽荣获全国道德模范提名奖。

13～16 日 国务院南水北调办成功举办“金秋走中线 饮水话感恩”京津市民代表考察南水北调中线工程活动。国务院南水北调办主任鄂竟平出席考察座谈会并讲话，河南省副省长王铁致辞。京津市民代表、中央和地方媒体记者等七十余人参加活动。

14 日 国务院南水北调办主任鄂竟平主持召开主任专题办公会，听取南水北调东线工程供水合同签订工作进展情况汇报。

14～16 日 国务院南水北调办主任鄂竟平带队，对南水北调中线南阳段至方城段工程运行管理情况进行飞检。

15～16 日 国务院南水北调办副主任张野调研南水北调中线天津干线工程和天津市配套工程运行情况。

16 日 国务院南水北调办在北京召开受水区落实“三先三后”原则工作座谈会，交流节水、地下水压采、治污环保等工作情况，研究部署下一步工作。国务院南水北调办副主任王仲田主持会议并讲话。

20 日 国务院南水北调办副主任张野赴河南郑州市调研南水北调中线自动化系统运行管理情况。

10 月 国务院南水北调办在北京召开了国务院南水北调工程建委会专家委员会部分在北京专家座谈会。国务院南水北调办主任鄂竟平主持了会议并做了讲话。

20～21 日 国务院南水北调办主任鄂竟平率调研组对南水北调北京段工程进行了调研。北京市领导夏占义陪同调研。

21 日 国务院南水北调办主任鄂竟平主持召开主任专题办公会，听取南水北调工程沿线垃圾场及污水点专项稽查情况汇报。

22 日 国务院南水北调办主任鄂竟平赴河南新乡市调研南水北调中线干线调蓄工程前期有关工作。

23 日 国务院南水北调办党组中心组（扩大）举办“严以用权”专题学习研讨。国务院南水北调办党组书记、主任鄂竟平，党组成员、副主任张野、蒋旭光、王仲田参加学习。

同日 国务院南水北调办副主任蒋旭光

出席全国培养选拔年轻干部和女干部、少数民族干部、党外干部工作座谈会。

26日　国务院南水北调办副主任张野参加国务院会议，研究南水北调有关工作。国务院副秘书长丁向阳、江泽林主持会议。发展改革委、财政部、水利部、国资委、法制办负责同志参加。

26~29日　国务院南水北调办主任鄂竟平参加中央十八届五中全会。

27日　国务院南水北调办副主任王仲田主持召开主任专题办公会，研究南水北调中线水费收缴工作。

27~28日　国务院南水北调办副主任张野赴河北省邯郸市调研配套工程建设和运行情况。

29日　国务院南水北调办副主任张野主持召开主任专题办公会，听取中线建管局冰期输水调度方案研究情况汇报。

31日　南水北调中线工程首个水量调度年度顺利结束，累计供水21.67亿立方米，惠及京津冀豫四省市3500万人。

十　一　月

1日　中央第十五巡视组巡视国务院南水北调办工作动员会召开。国务院南水北调办党组书记鄂竟平主持会议并作动员讲话，中央第十五巡视组组长杨文明就即将开展的专项巡视工作作了讲话。中央巡视工作领导小组办公室有关负责同志就配合做好巡视工作提出要求。

2日　国务院南水北调办主任鄂竟平主持召开主任专题办公会，传达学习十八届五中全会精神。

同日　国务院南水北调办副主任张野参加重要领域国产密码应用工作推进会。

同日　著名作家梅洁反映南水北调中线工程的报告文学《为了润泽北方大地》荣获中国作家协会、人民日报社联合主办的“中国故事”征文奖。

3日　国务院南水北调办副主任王仲田赴发展改革委，与何立峰副主任以及相关司负责同志商谈《丹江口库区及上游水污染防治和水土保持“十三五”规划》编制及水质保障长效机制建立等事宜。

4日　国务院南水北调办副主任张野主持召开主任专题办公会，研究南水北调北京段工程运行管理委托有关事宜。

同日　国务院南水北调办副主任蒋旭光主持召开主任专题办公会，研究南水北调工程运行监管工作。

4~6日　国务院南水北调办在南京召开南水北调干线工程征迁工作会，研究协调落实干线征迁安置重点工作。国务院南水北调办副主任蒋旭光出席会议并讲话。

5日　国务院南水北调办主任鄂竟平参加中央国家机关学习宣传贯彻十八届五中全会精神动员部署会。

6日　国务院南水北调办副主任张野检查南水北调中线惠南庄泵站运行情况。

同日　国务院南水北调办环保司和政研中心在北京联合组织举办水污染防治和水质保护学术报告会，邀请英国阿特金斯咨询公司水与环境战略评估部首席专家司马博文教授和英国生态水文研究中心水文化学营养物研究资深专家迈克·鲍斯博士来华作学术报告。国务院南水北调办副主任王仲田出席会议并致辞。

9日　国务院南水北调办党组中心组（扩大）专题学习《中国共产党廉洁自律准则》和《中国共产党纪律处分条例》，国务院南水北调办党组书记、主任鄂竟平主持学习并讲话，办党组成员、副主任张野、蒋旭光参加学习。

10日　国务院南水北调办党组中心组（扩大）举办“严以用权”专题第二次学习研讨，国务院南水北调办党组书记、主任鄂竟平主持学习研讨并讲话，办党组成员、副主任张野、蒋旭光、王仲田参加学习。

11日 国务院南水北调办主任鄂竟平主持召开主任专题办公会，研究南水北调中线沿线垃圾场及污水点处置工作。

12～13日 国务院南水北调办主任鄂竟平分两组召集机关各司、各直属单位主要负责同志集中学习中共中央十八届五中全会精神。

12～13日 国务院南水北调办副主任张野调研南水北调中线黄河以南段自动化系统运行管理工作。

17日 国务院南水北调办党组中心组（扩大）专题学习党的十八届五中全会精神，国务院南水北调办党组书记、主任鄂竟平，党组成员、副主任张野、王仲田参加学习。

18～19日 国务院南水北调办副主任张野赴江苏、山东调研南水北调东线苏鲁省际工程运行情况。

18日 国务院南水北调办副主任王仲田主持召开主任专题办公会，研究南水北调中线藻类防控预案落实工作。

20日 国务院南水北调办主任鄂竟平主持召开主任专题办公会，听取稽察大队关于中线工程值班值守工作调研情况汇报，研究南水北调中线跨渠桥梁运行管理工作。

同日 国务院南水北调办副主任张野主持召开主任专题办公会，听取南水北调中线机电设备及自动化系统运行维护情况汇报。

23日 中线建管局与河北省南水北调办在北京签订2014－2015年度供水补充协议。

26日 国务院南水北调办召开党的十八届五中全会精神学习情况交流会，国务院南水北调办党组书记、主任鄂竟平主持会议并讲话，党组成员、副主任张野、王仲田出席会议。

27日 国务院南水北调办主任鄂竟平参加中央扶贫工作会议第一、第二次全体会议。

27～28日 国务院南水北调办副主任张野参加中央扶贫工作会议。

30日 国务院南水北调办传达学习中央扶贫开发工作会议精神，安排部署定点扶贫工作。国务院南水北调办党组书记、主任鄂竟平主持会议。办党组成员、副主任张野、王仲田出席。

十 二 月

2日 国务院南水北调办举行《中国共产党廉洁自律准则》和《中国共产党纪律处分条例》专题辅导报告，国务院南水北调办党组书记、主任鄂竟平，办党组成员、副主任张野、王仲田参加学习。

2～3日 国务院南水北调办主任鄂竟平率队检查郑州市中线干线断水应急处置工作，观摩郑州市中线断水应急预案演练。河南省副省长王艳玲出席观摩会。

4日 南水北调中线一期工程通水一年累计分水水量达21.7亿m^3，工程运行安全平稳，水质稳定达标，工程惠及北京、天津等10余个大中城市3800多万人，提高了沿线城市的供水保证率，社会、经济、生态效益逐步显现。

7日 国务院南水北调办主任鄂竟平主持召开主任办公会，审议《南水北调工程竣工（完工）财务决算编制规定》（修订稿），研究南水北调东、中线一期工程验收计划。

10日 国务院南水北调办主任鄂竟平率队检查天津市中线干线断水应急处置工作。

同日 河北省政府公布《河北省南水北调配套工程供用水管理规定》。

10～11日 国务院南水北调办副主任张野赴河南许昌市、新乡市调研南水北调中线河南段调蓄工程选址及前期工作。

11日 国务院南水北调办主任鄂竟平参加全国党校工作会议第一次全体会议。

同日 国务院南水北调办举行《中国共产党廉洁自律准则》、《中国共产党纪律处分条例》学习知识竞赛。国务院南水北调办党组书记、主任鄂竟平观看比赛并向获奖队颁奖。

同日　国务院南水北调办副主任蒋旭光参加中央单位定点扶贫工作会议。

11～12 日　国务院南水北调办副主任王仲田率队对河北省受水区落实“三先三后”有关工作进行调研。调研期间，会见了河北省副省长沈小平，就“三先三后”、工程运行和效益发挥等问题交换意见。

14 日　国务院南水北调办主任鄂竟平主持召开主任办公会，传达学习全国党校工作会议精神。

同日　国务院南水北调办主任鄂竟平主持召开主任专题办公会，审议《南水北调工程建设期运行管理阶段工程安全应急预案（试行）》。

15 日　国务院南水北调办主任鄂竟平主持召开主任专题办公会，研究落实中央领导在中办督查室“习总书记北京调研二次回访”调研报告上的重要批示精神，研究河北省南水北调工程运行管理有关问题。

16 日　国务院南水北调办主任鄂竟平主持召开主任专题办公会，听取南水北调中线干线工程通水验收遗留问题整改检查情况汇报。

17 日　国务院南水北调办副主任张野赴河北省保定市调研南水北调中线配套工程建设与运行情况。

18 日　国务院南水北调办副主任蒋旭光主持召开主任专题办公会，研究运行监管工作。

18～21 日　国务院南水北调办主任鄂竟平参加中央经济工作会议。

21～22 日　国务院南水北调办副主任张野赴山东与赵润田副省长商谈南水北调东线运行管理模式有关事宜。

22 日　国务院南水北调办党组书记、主任鄂竟平主持召开会议，传达学习中央经济工作会议和中央城市工作会议精神。

23 日　国务院南水北调办主任鄂竟平主持召开主任专题办公会，听取稽察大队关于南水北调中线干线工程部分系统性问题调查情况报告。

24～25 日　国务院南水北调办副主任张野参加中央农村工作会议。

29 日　国务院南水北调办党组书记、主任鄂竟平主持召开 2015 年度办党组专题民主生活会，以“严以修身、严以用权、严以律己，谋事要实、创业要实、做人要实”为主题，认真开展对照检查，深刻进行思想剖析，以整风精神开展批评与自我批评。

30 日　国务院南水北调办主任鄂竟平带队，对南水北调中线工程的卫辉管理处、辉县管理处、焦作管理处辖区内的通水运行情况进行飞检。

Contents

Specials Operation Benefits

Chapter One Important Meeting

Chapter Two Important Speeches

Chapter Three Important Events

Chapter Four Policies, Laws and Regulations

Chapter Five Important Files

Chapter Six Visit and Inspection

Chapter Seven Article and Interview

Chapter Eight General Management

Chapter Ten The Middle Route Project of the SNWDP

Chapter Twelve The Matching Projects

Chapter Fourteen The Statistical Information

Chapter Fifteen Major Events

南水北调系统有关单位规范名称

全　　称	简　称
国务院南水北调工程建设委员会	建委会
国务院南水北调工程建设委员会专家委员会	专家委员会
国务院南水北调工程建设委员会办公室	国务院南水北调办（南水北调办）
机关各司及直属事业单位	
国务院南水北调办综合司	综合司
国务院南水北调办投资计划司	投资计划司（投计司）
国务院南水北调办经济与财务司	经济与财务司（经财司）
国务院南水北调办建设管理司	建设管理司（建管司）
国务院南水北调办环境保护司	环境保护司（环保司）
国务院南水北调办征地移民司	征地移民司（征移司）
国务院南水北调办监督司	监督司
国务院南水北调办直属机关党委	机关党委
国务院南水北调工程建设委员会办公室政策及技术研究中心	政研中心
南水北调工程建设监管中心	监管中心
南水北调工程设计管理中心	设管中心
各省（直辖市）南水北调办（建管局）	
北京市南水北调工程建设委员会办公室	北京市南水北调办
天津市南水北调工程建设委员会办公室	天津市南水北调办
河北省南水北调工程建设委员会办公室	河北省南水北调办
江苏省南水北调工程建设领导小组办公室	江苏省南水北调办
山东省南水北调工程建设管理局	山东省南水北调建管局
河南省南水北调中线工程建设领导小组办公室	河南省南水北调办
湖北省南水北调工程领导小组办公室	湖北省南水北调办
项　目　法　人	
南水北调中线干线工程建设管理局	中线建管局
南水北调东线总公司	东线总公司
南水北调中线水源有限责任公司	中线水源公司
南水北调东线江苏水源有限责任公司	江苏水源公司
南水北调东线山东干线有限责任公司	山东干线公司
湖北省南水北调管理局	湖北省南水北调管理局
淮河水利委员会治淮工程建设管理局	淮委建设局
安徽省南水北调东线一期洪泽湖抬高蓄水位影响处理工程建设管理办公室	安徽省南水北调项目办
淮河水利委员会沂沭泗水利管理局	淮委沂沭泗管理局

续表

全　　称	简　称
其 他 常 用 单 位	
河北省南水北调工程建设管理局	河北省南水北调建管局
河南省南水北调中线工程建设管理局	河南省南水北调建管局
河南省人民政府移民工作领导小组办公室	河南省移民办
湖北省移民局	湖北省移民局
水利部水利水电规划设计总院	水规总院

注　淮委建设局、安徽省南水北调项目办、淮委沂沭泗管理局不具有项目法人身份，但承担相关工程建设任务，为方便行文统称为项目法人。

《中国南水北调工程建设年鉴 2016》编辑出版工作人员

终　　审　张运东

复　　审　杨伟国

责任编辑　姜　萍　安小丹　孙建英　张　洁

美术设计　王红柳　张俊霞

版式设计　赵姗姗

责任校对　黄　蓓　王开云

出版印制　蔺义舟